ALLE ZEIT WACH
1842

# Laser/Optoelektronik in der Technik
# Laser/Optoelectronics in Engineering

## Vorträge des 9. Internationalen Kongresses
## Proceedings of the 9th International Congress

## Laser 89 Optoelektronik

Herausgegeben von/Edited by W. Waidelich

Mit 758 Abbildungen/With 758 Figures

Springer-Verlag Berlin Heidelberg NewYork
London Paris Tokyo Hong Kong 1990

Dr. rer. nat. Wilhelm Waidelich

o. Professor, Vorstand des Instituts für Medizinische Optik der Universität München
em. Direktor des Instituts für Angewandte Optik der Gesellschaft für Stahlen- und Umweltforschung, Neuherberg

ISBN-13: 978-3-540-51433-6 e-ISBN-13: 978-3-642-48372-1
DOI: 10.1007/978-3-642-48372-1

CIP-Titelaufnahme der Deutschen Bibliothek.
Laser, Optoelektronik in der Technik : Vorträge des ...
Internat. Kongresses Laser ... Optoelektronik = Laser, Optoelectronics in engineering
Berlin ; Heidelberg ; New York ; London ; Paris ; Tokyo ; Hong Kong : Springer.
Auf d. Haupttitels. auch: Internat. Congress Laser, Optoelektronik
NE: Internationaler Kongress Laser, Optoelektronik; PT 9. 1989. –



2362/3020-543210

# Vorwort

Stimuliert durch den Laser entwickeln sich in beachtlicher Dynamik neue Anwendungen der Optoelektronik. Das Spektrum der Anwendungsgebiete ist so breitgefächert, daß selbst Experten nur noch Teilgebiete übersehen.

Von zentraler Bedeutung ist daher eine globale Darstellung dieser neuen Technologie, wie sie seit 1973 auf den in zweijährigem Turnus stattfindenden Veranstaltungen der Münchner Messe erfolgt. Die bewährte Kombination von Kongreß und Fachaussstellung schlägt eine Brücke zwischen Theorie und Praxis und vereinigt Wissenschaftler, Hersteller und Anwender.

Der 1989 von der Münchner Messe- und Ausstellungsgesellschaft veranstaltete Internationale Kongreß LASER 89 OPTOELEKTRONIK MIKROWELLEN gab in Verbindung mit der weltweit größten Fachausstellung wieder eine aktuelle Übersicht über den neuesten Stand. Der Kongreß vermittelte Basiswissen, Ergebnisse aus Forschung und Entwicklung, praktische Erfahrungen aus wichtigen Anwendungsgebieten, und nicht zuletzt Tendenzen für zukünftige Entwicklungen.

Im vorliegenden Band sind die Referate aus dem technischen Bereich dieses Kongresses zusammengestellt, die Vorträge über Laser-Medizin werden in einem gesonderten Band publiziert.

Die hier veröffentlichen Ergebnisse des 9.Internationalen Kongresses LASER 89 ermöglichen Information aus erster Hand und Zugriff zur neuen Schlüsseltechnologie LASER OPTOELEKTRONIK.

Zu danken ist den Autoren für ihre Beiträge, sowie dem Springer-Verlag für die Herstellung des Buches.

München, Januar 1990 Wilhelm Waidelich

# Preface

The laser stimulates the development of new optoelectronics applications with remarkable dynamics. The spectrum of applications has such great variety that even experts have an overview of selected branches only.

Therefore, a global representation of this new technology is of crucial significance, which is the reasoning behind events the Münchner Messe have staged every other year since 1973. The successful combination of the congress and specialised exhibition bridges theory and practice and rallies scientists, manufacturers, and users.

In combination with the largest specialised exhibition worldwide, the 9th International Congress LASER 89 OPTOELECTRONICS MICROWAVES organised by the Münchner Messe provided an up-to-the-minute overview of the latest state of the art. The congress imparted basic knowledge, research and developement results, practical experience from important fields of application, and last but not least it revealed trends for future developments.
This volume contains the papers of the technical part of this congress, the Laser-Medicine papers will be published in a separate volume.

The results of the 9th International Munich Laser Congress published here furnish first-hand information and thus open the door to the new key technology LASER OPTOELECTRONICS.

We thank the authors for their contributions, as well as the Springer-Verlag for producing the book.

Munich, January 1990 Wilhelm Waidelich

# Inhaltsverzeichnis – Contents

SITZUNGSLEITER / SESSION CHAIRMEN . . . . . . . . . . . . . . XXVII

REFERENTEN / CONTRIBUTORS . . . . . . . . . . . . . . . . . . XXIX

## 1. Laser und Lasersysteme . . . . . . . . . . . . . . . 1
## Laser and Lasersystems . . . . . . . . . . . . . . . 1

### 1.1. Excimer Laser

STAND DER ENTWICKLUNG VON HOCHLEISTUNGS-EXCIMERLASERN
W. Mückenheim / D . . . . . . . . . . . . . . . . . . . . . . 3

A FIRST STEP TO UNDERSTANDING THE INFLUENCE OF THE ELECTRODE- AND PREIONIZATION-PROFILE ON THE HOMOGENITY OF $XeCl^*$-LASERS (MODEL AND EXPERIMENT)
M. Bähr, W.Bötticher / D . . . . . . . . . . . . . . . . . . . 13

ZWEIDIMENSIONALE BERECHNUNG DER AUSBREITUNG VON DICHTE-STÖRUNGEN IN GEPULSTEN HOCHLEISTUNGSLASERN
A. Holzwarth, K. Grünewald, P. Berger / D . . . . . . . . . . . . 17

ADVANCED LITHOGRAPHY EXCIMER SYSTEM: ABSOLUTE WAVELENGTH ADJUSTMENT, 5W AVERAGE POWER
P. Oesterlin, P. Lokai, B. Burghardt, W. Mückenheim, H.-J. Kahlert, D. Basting / D . . . . . . . 22

ZUVERLÄSSIGKEIT UND LEBENSDAUER MODERNER INDUSTRIE-EXCIMERLASER
P. Oesterlin, H.-J. Kahlert / D . . . . . . . . . . . . . . . . . 26

EXCIMERLASER TESTED TO 10 BILLION SHOTS
U. Rebhahn, U. Brinkmann, W. Mückenheim, D. Basting / D . . . . . . . . . 30

RECENT PROGRESS IN XeF (C - A) EXCIMER LASER TECHNOLOGY
F. K. Tittel, C. B. Dane, Th. Hofmann, S. Yamaguchi, G. J. Hirst,
R. Sauerbrey, W. L. Wilson / USA . . . . . . . . . . . . . . . 34

## 1.2. $CO_2$-Laser

$CO_2$-LASER FÜR DIE INDUSTRIELLE FERTIGUNG. NEUE WEGE DER GERÄTEENTWICKLUNG UND ANWENDUNG
H. Opower / D . . . 38

BEAM QUALITY OF A FAST AXIAL FLOW $CO_2$-LASER WITH RF-EXCITATION
O. Märten, V. Sturm, J. Franek, P. Alzer, M. Niessen, P. Loosen / D . . . 47

MULTIPASS-RESONATORS FOR COMPACT $CO_2$-LASERS
A. Bauer, O. Märten, P. Loosen / D . . . 52

NEUE HF-ANREGUNGSQUELLEN ZUR OPTIMIERUNG VON $CO_2$-LASER-ANWENDUNGEN
A. Meddour / D . . . 57

$CO_2$-HOCHLEISTUNGS-WELLENLEITERLASER DER 1 KW KLASSE
R. Nowack, H. Opower, U. Schaefer, K. Wessel, Th. Hall / D . . . 61

KENNGRÖSSEN IN DER STRAHLDIAGNOSTIK
H. Oebels, R. Kramer, P. Loosen / D . . . 66

ANPASSUNG HOCHFREQUENZANGEREGTER LASER AN DIE ENERGIEVERSORGUNG
R. Paul, A. Giesen, M. v. Borstel / D . . . 71

OPTIMIZATION OF THE OPTICAL SYSTEM FOR A HIGH-POWER TRANSVERSE-FLOW $CO_2$-LASER
G. Rabczuk / PL . . . 77

INVESTIGATION OF THE SPATIAL HOMOGENITY OF HIGH FREQUENCY EXCITED LASER DISCHARGES
H. Schwede, K. Du, J. Franek, P. Loosen, O. Märten, R. Wagner / D . . . 81

TEMPORAL MEASUREMENT OF $CO_2$-LASER OUTPUT RESOLVED INTO TRANSVERSE DIRECTION, POLARIZATION COMPONENTS AND ROTATIONAL TRANSITIONS
V. Sturm, L. Gronewäller, P. Loosen, H. Schülke / D . . . 87

IGNITION OF RF-EXCITED LASERS WITH SOLID STATE AND TUBE GENERATORS
B. Walter, M. Bohrer, D. Schuöcker / A . . . 93

STRAHLFORMUNG VON $CO_2$-LASERSTRAHLUNG
U. Zoske, A. Giesen, H. Hügel / D . . . . . . . . . . . . . . . . . 98

OPTOELECTRONICS FOR ROBOTIC SYSTEMS
E. Marszalec, J. Marszalec / PL . . . . . . . . . . . . . . . . . 104

1.3. Festkörperlaser / Solid State Laser

NEUE TECHNOLOGISCHE ENTWICKLUNGEN AUF DEM GEBIET DER HOCHLEISTUNGSFESTKÖRPERLASER
H. Schmidt, I. Schütz, R. Wallenstein / D . . . . . . . . . . . . . . 110

APPLICATION OF THE DIODE LASER: PRESENT STATUS AND FUTURE DEVELOPMENTS
P. Chall / NL . . . . . . . . . . . . . . . . . . . . . . . 122

INTRACAVITY CONVERSION OF Nd-WAVELENGTH BY LIF ($F_2^-$) Q-SWITCHING CRYSTAL
T. T. Basiev, I. Czigany, B. I. Denker, K. Ferencz, Z. Horvath, I. Kertesz, N. Kroo, S. B. Mirov, V. V. Osiko, V. G. Pak, A. M. Prokhorov / H . . . . . . . . . . . . 129

INVESTIGATIONS ON UNSTABLE POLARIZATION COUPLED Nd:YAG LASER RESONATORS
K. Vogler, Li Ho Min/ DDR . . . . . . . . . . . . . . . . . . 133

INTENSE X-RAY PLASMA PRODUCED BY A TABLE TOP Nd:YAG LASER SYSTEMS
K. Vogler, He Hong / DDR . . . . . . . . . . . . . . . . . . 137

SPEKTRALE ALTERUNG KOMMERZIELLER GaAlAs-DIODENLASER
A. Abou-Zeid / D . . . . . . . . . . . . . . . . . . . . . . 141

REALIZATION OF A PRACTICAL CW TITANIUM SAPPHIRE LASER
A. Alfrey, M. S. Keirstead, T. H. Gray / USA . . . . . . . . . . . . . 145

NEW SOLID-STATE LASER CRYSTAL DEVELOPMENTS SHAPE HIGH-AVERAGE POWER LASER DESIGNS
D. G. Dawes / USA . . . . . . . . . . . . . . . . . . . . . 149

SENSIBILISIERTER, DURCHSTIMMBARER ERBIUM-GLASLASER
E. Heumann, M. Ledig, D. Ehrt, W. Seeber / DDR, G. Huber, H. Stange / D . . . . . . . 153

COMPREHENSIVE PERFORMANCE EVALUATION OF A 670 NM VISIBLE LASER DIODES
L. A. Johnson, T. Hertsens, E. G. Vaerewyck / USA . . . . . . . . . . . . . . . . 157

THEORETICAL STUDY OF THERMAL PROFILE IN A FINIT LASER SLAB
B. Lü, Y. Liao, B. Cai / PR China . . . . . . . . . . . . . . . . . . . . 161

OPTISCHES PUMPEN VON Nd:YAG-LASERN MIT LASERDIODEN
N. P. Schmitt, P. Peuser, W. Waidelich / D. . . . . . . . . . . . . . . . . . 166

INVESTIGATIONS ON THE BEAM PROFILE OF SOLID-STATE LASERS
R. Gase, G. Sargsjan, G. Wiederhold / DDR . . . . . . . . . . . . . . . . . 170

LASER ACTION IN THE STOICHIOMETRIC $KPrP_4O_{12}$ CRYSTALS
W. Wolinski, M. Malinowski, R. Wolski / PL. . . . . . . . . . . . . . . . . . 174

KONZENTRATIONS- UND TEMPERATURFELDMESSUNGEN ÜBER DIE ZWEIDIMENSIONALE LASER-RAYLEIGH-TECHNIK
G. Kowalewski, K.-U. Münch, A. Leipertz / D . . . . . . . . . . . . . . . . . 177

PERFORMANCE CHARACTERISTICS OF Nd:YAG GEOMETRY LASERS IN PULSED, CW AND Q-SWITCHED OPERATION
H.-P. von Arb, S. Ochsenbein, F. Studer / CH . . . . . . . . . . . . . . . . 181

1.4. Andere Laser / Other Lasers

PROBLEME DER WANDEREROSION IN ENTLADUNGSRÖHREN FÜR EDELGAS-IONENLASER
W. Ebert, L. Redlich, M. Schubert / DDR . . . . . . . . . . . . . . . . . . 182

HIGH-POWER OPERATION OF A CW ULTRAVIOLET DYE LASER
S. C. Guggenheimer, A. B. Petersen / USA . . . . . . . . . . . . . . . . . 186

BESTIMMUNG UND ANWENDUNG DER NORMIERTEN STRAHLQUALITÄTS-KENNZAHL K BEI DER AUSBREITUNG VON LASERSTRAHLUNG
R. Kramer, H. Oebels, P. Loosen / D . . . . . . . . . . . . . . . . . . . . 189

APPLICATIONS FOR HIGH POWER COPPER VAPOUR LASERS
R. R. Lewis / GB . . . . . . . . . . . . . . . . . . . . . . . . . . . 197

$O_2(^1\Delta)$ GENERATOR PARAMETER EFFECT
ON THE OPERATION OF COIL
A. L. Petrov et al / UDSSR . . . . . . . . . . . . . . . . . . . . . . 199

CALCULATION OF ENERGETIC CHARACTERISTICS OF CHEMICAL
OXYGENE-IODINE LASER FOR HOMOGENIOUS FIELD RESONATORS
V. N. Azyazov, V. I. Igoshin, V. A. Katulin, N. L. Kupriyanov / UDSSR . . . . . . . . . . 203

LASERNORMUNG: WEGE, KOSTEN, NUTZEN
H. Greve, K. Teske / D. . . . . . . . . . . . . . . . . . . . . . . 207

## 2. OE Mess- und Prüftechnik . . . . . . . . . . . . 215
## OE Measuring and Testing . . . . . . . . . . . . 215

### 2.1. OE-Meßsysteme und Verfahren / OE Measuring Systems and Applications

DUAL-WAVELENGTH INTERFEROMETER FOR SURFACE PROFILE
MEASUREMENTS
S. Manhart, R. Maurer, H. J. Tiziani, Z. Sodnik, E. Fischer / D,
A. Mariani, R. Bonsignori, G. Margheri, C. Giunti, S. Zatti / I . . . . . . . . . . . . . 217

HETERODYN-INTERFEROMETER ZUR BERÜHRUNGSLOSEN WEG- UND
WINKELMESSUNG FÜR INDUSTRIELLE ANWENDUNGEN
P. Drabarek, T. Pfendler, K. Winter / D. . . . . . . . . . . . . . . . . . . . 225

LASER-MESS-SYSTEME: ANWENDUNGEN UND ERFAHRUNGEN IN
DER QUALITÄTSKONTROLLE UND FERTIGUNG
M. Ring / CH . . . . . . . . . . . . . . . . . . . . . . . . . . 229

TRIANGULATIONS-SENSOREN FÜR ROBOTERANWENDUNGEN
G. Seitz, G. Jahn, H. J. Tiziani / D . . . . . . . . . . . . . . . . . . . . 235

MINIATUR LASER-DOPPLER-VELOCIMETER WITH
SEMICONDUCTOR LASER DIODE
S. Damp / F . . . . . . . . . . . . . . . . . . . . . . . . . . 241

RINGLASERKREISEL ALS WINKELMESSER
D. Ullrich, E. Lübeck, V. Wetzig / D . . . . . . . . . . . . . . . . . . . 245

ANGULAR RESOLUTION IN LASER WARNING DEVICES
Z. Vizintin / YU. . . . . . . . . . . . . . . . . . . . . . . . . . 249

COMPUTER CONTROLLED SYSTEM FOR THE DETERMINATION OF TRANSFER CHARACTERISTICS OF NONLINEAR MATERIALS
W. Balzer, R. Neubecker, T. Tschudi / D . . . . . . . . . . . . . . . . . . 252

EFFECT OF REFRACTION ON LASER ALIGNMENT METHOD
M. Kaspar, J. Pospisil / CSSR . . . . . . . . . . . . . . . . . . . . . 256

ABSOLUT MESSENDES REFRAKTOMETER
W. Luhs, H.-P. Meiser, H.-J. Daams / D . . . . . . . . . . . . . . . . . . 260

MINI BINOCULAR LASER RANGEFINDER
B. Vukas, D. Zadravec, P. Kavicic, M. Kazic / YU . . . . . . . . . . . . . . 264

THE STUDY OF ELEMENTARY PROCESSES IN GAS-PHASE REACTION WITH AN INTRACAVITY LASER SPECTROSCOPY METHOD
S. A. Mulenko / UDSSR . . . . . . . . . . . . . . . . . . . . . . 267

LOW COST POSITION PHOTODETECTOR OF LARGE SENSITIVE AREA
A. Wozniak, W. Knapczyk / PL . . . . . . . . . . . . . . . . . . . . . 274

GLASSCHEIBENKALORIMETER ALS ARBEITSNORMAL ZUR MESSUNG DER ENERGIE VON LASERIMPULSEN
F. Brandt, K. Möstl / D . . . . . . . . . . . . . . . . . . . . . . . 278

2.2. Holographische Interferometrie / Holographic Interferometry

INDUSTRIELLER EINSATZ DER DIGITALEN BILDVERARBEITUNG IN DER HOLOGRAPHIE UND ÄHNLICHEN MESSTECHNIKEN
H. Steinbichler, T. Franz, J. Engelsberger, W. Sixt, J. Sun / D . . . . . . . . . . . 282

DIE DARSTELLUNG DER ANIMATION VON HOLOGRAFISCH GEMESSENEN VERFORMUNGEN IN PRÄGEHOLOGRAMMEN
H. Marwitz / D . . . . . . . . . . . . . . . . . . . . . . . . . 292

HOLOGRAPHIC INTERFEROMETRY IN EXPERIMENTAL BIOMECHANICS-REVIEW
H. Podbielska / Israel . . . . . . . . . . . . . . . . . . . . . . . 296

HOLOGRAPHISCHE VERFAHREN IN DER PRAKTISCHEN ANWENDUNG
M. Hoffmann / D . . . . . . . . . . . . . . . . . . . . . . . . . 300

COMPUTER MOIRE-SCHLIEREN DEFLECTOMETER USING SELF-IMAGING OF A GRATING
V. I. Vlad, D. Popa, I. Apostol / RO. . . . . . . . . . . . . . . . . . . . . 308

HOLOGRAPHISCHE AUSWERTUNG VON PARTIKELN IN MEHRPHASEN-STRÖMUNGEN DER CHEMISCHEN VERFAHRENSTECHNIK
J. Timko / H . . . . . . . . . . . . . . . . . . . . . . . . . 309

DIE HOLOGRAFISCHE MESSUNG VON DEHNUNGEN AUF OBERFLÄCHEN UND IM INNEREN VON BAUTEILEN. GROSSE DEFORMATIONEN UND DAS DURCHSCHEINVERFAHREN ( TRANSLUCENCE METHOD )
G. Schönebeck / D . . . . . . . . . . . . . . . . . . . . . . 312

LASERMESSTECHNIK IN VERBINDUNG MIT ANDEREN MESSTECHNIKEN. INSTRUMENTARIUM ZUR REDUZIERUNG VON GERÄUSCHPROBLEMEN
A. Wiest / D . . . . . . . . . . . . . . . . . . . . . . . . . 317

UNTERSUCHUNGEN VON DER THERMISCH INDUZIERTEN VERFORMUNG VON OBERFLÄCHENMONTIERTEN BAUELEMENTEN MIT HILFE DER HOLOGRAPHISCHEN INTERFEROMETRIE
P. Valenta / D . . . . . . . . . . . . . . . . . . . . . . . . 323

HOLOGRAPHISCHE UNTERSUCHUNGEN AN GROSSFLÄCHIGEN CFK-BAUTEILEN
K. Roesener, S. Wagner, W. Jüptner / D . . . . . . . . . . . . . . . 327

ZUM EINSATZ HOLOGRAMMINTERFEROMETRISCHER 3-D-VERFORMUNGSMESSTECHNIK
V. Großer, J. Vogel, D. Vogel, R. Höfling / DDR . . . . . . . . . . . . 332

ON-LINE-STREIFENAUSWERTUNG IN DER SPECKLE-INTERFEROMETRIE
B. Breuckmann / D . . . . . . . . . . . . . . . . . . . . . . 336

OPTIMAL PROPERTIES OF PHOTOREFRACTIVE MATERIALS $Bi_{12}SiO_{20}$, $Bi_{12}TiO_{20}$ FOR REAL-TIME HOLOGRAPHY INTERFEROMETRY
G. E. Dovgalenko, Y. A. Goryslavec, A. T. Martsenko / UDSSR. . . . . . . . . . 340

LASER INTERFEROMETRIC ON-LINE MEASUREMENT OF PAPER SURFACE ROUGHNESS
E. Lorincz, P. Richter / H . . . . . . . . . . . . . . . . . . . . 341

3. Bildverarbeitung . . . . . . . . . . . . . . . . . . . . 343
Image Processing . . . . . . . . . . . . . . . . . . . 343

MONOCULAR COMPUTER VISION: EXPLOITING THE THEORY OF MENTAL ROTATION
H. Bässmann, P. W. Besslich / D . . . . . . . . . . . . . . . . . . . 345

PSEUDOCOLOUR DISPLAYS IN DIGITAL IMAGE PROCESSING
H. Brettel / D . . . . . . . . . . . . . . . . . . . . . . . 349

FARBE UND 3. DIMENSION: NEUE INFORMATIONSKANÄLE IN DER BILDVERARBEITUNG
B. Breuckmann / D . . . . . . . . . . . . . . . . . . . . . 354

QUANTITATIVE AUSWERTUNG VON INTERFERENZMUSTERN MIT DEM FOURIER-TRANSFORMATIONSVERFAHREN
T. Kreis, J. Geldmacher, W. Jüptner / D . . . . . . . . . . . . . . . 360

OPTICAL FEEDBACK-SYSTEMS WITH HIGH SPACE-BANDWIDTH PRODUCT
T. Tschudi, C. Denz, T. Kobilka, F. Laeri / D . . . . . . . . . . . . .265

APPLICATION OF THE IMAGING SPECTROMETER "ROSIS"
R. Buschner, R. Doerffer, H. v. d. Piepen / D . . . . . . . . . . . . .386

GRÖSSENSELEKTION IN VIDEO-ECHTZEIT
K.-H. Schmidt, W. Waidelich / D . . . . . . . . . . . . . . . . . 374

NICHTLINEARE MATRIXFILTERUNGEN
M. Wimmer, K.-H. Schmidt, W. Waidelich / D . . . . . . . . . . . . . 379

THE FOURIER DIFFRACTOMETRY WITH DIRECTIONALLY CHANGED INCIDENT LIGHT WAVE
M. Daszkiewicz / PL . . . . . . . . . . . . . . . . . . . . 383

4. Umweltmesstechnik . . . . . . . . . . . . . . . . . . 385
Environmental Measuring . . . . . . . . . . . . . . 385

NUTZUNG VON LASER-STREULICHT-TECHNIKEN IN DER WÄRME-, STRÖMUNGS- UND VERFAHRENSTECHNIK
A. Leipertz / D . . . . . . . . . . . . . . . . . . . . . . 387

UNTERSUCHUNGEN VON VERBRENNUNGSPROZESSEN ÜBER DAS ROTATION-CARS-VERFAHREN
A. Leipertz, E. Magens / D . . . . . . . . . . . . . . . . . . 394

EINSATZ DER LASER-INDUZIERTEN CHLOROPHYLL-FLUORESZENZ IN DER WALDSCHADENSFORSCHUNG
B. Ruth / D . . . . . . . . . . . . . . . . . . . . . . . 399

FIBER-OPTIC FLUORESCENCE SENSOR FOR IN VIVO MEASUREMENTS OF PHOTOSYNTHETIC DEFECTS
H. Schneckenburger, W. Schmidt, P. Hammer, K. Hudelmaier, R. Pfeifer / D . . . . . . . . 403

OZONMESSUNG MITTELS LIDAR AM HOHENPEISSENBERG
H. Claude / D . . . . . . . . . . . . . . . . . . . . . . 408

LIDAR-POLLUTION MONITORING OF THE ATMOSPHERE
H. J. Kölsch, P. Lambelet, H. G. Limberger, P. Rairoux, S. Recknagel, J.-P. Wolf, L. Wöste / CH . . 412

REFLEXIONSSPEKTROMETRISCHE MESSUNGEN AN ZWEIGEN GESCHÄDIGTER FICHTEN
H. Hiendl, E. Hoque, P. J. S. Hutzler / D . . . . . . . . . . . . . . . 416

5. Laser-Materialbearbeitung . . . . . . . . . . . . 421
Materials Processing Using Lasers . . . . . . . . . 421

5.1. Lasersysteme, Diagnostik, Optik / Laser-Systems, Diagnostics, Optics

FIBER TECHNOLOGY IN PROCESSING WITH LASER RADIATION
M. G. Jones / USA. . . . . . . . . . . . . . . . . . . . . . 423

ZÜNDVERHALTEN VON HOCHFREQUENZANGEREGTEN $CO_2$-LASERN
M. von Borstel, A. Giesen, R. Paul / D . . . . . . . . . . . . . . . . 424

STRÖMUNGSMASCHINEN ALS UMWÄLZGEBLÄSE FÜR $CO_2$-LASER
F. Diedrichsen, H. Öbels, W. Winkelströter, H. H. Henning / D . . . . . . . . . . . 428

PLANUNG UND WIRTSCHAFTLICHKEIT VON LASERSYSTEMEN
H. Schunk, H. Trappmann / D . . . . . . . . . . . . . . . . . . . . . 434

A DIAGNOSTIC DEVICE FOR BEAM PROFILE MEASUREMENTS
OF PULSED HIGH POWER SOLID STATE LASERS
J. Bakker, J.G. van der Laan / NL . . . . . . . . . . . . . . . . . . . 438

VERGLEICHENDE BETRACHTUNGEN ZUR LASERSTRAHLDIAGNOSTIK
VON $CO_2$-HOCHLEISTUNGSLASERN
S. Biermann, J. Hutfless, N. Lutz, M. Geiger / D . . . . . . . . . . . . . . 439

ADAPTIVE OPTIK FÜR $CO_2$-HOCHLEISTUNGSLASER
M. Bea, S. Borik, A. Giesen / D . . . . . . . . . . . . . . . . . . . 446

INVESTIGATIONS OF TRANSMITTING OPTICAL COMPONENTS
FOR $CO_2$-LASER RADIATION
E. W. Kreutz, B. Lang, R. Risters / D . . . . . . . . . . . . . . . . . 452

UNTERSUCHUNGEN ZUR LASERFESTIGKEIT SCHICHTOPTISCHER
BAUELEMENTE BEI DER WELLENLÄNGE 1,06 $\mu$m
G. Zscherpe, R. Wolf, B. Steiger, D. Schäfer, B. Brauns, E. Hacker, H. Lauth, J. Meyer / DDR . . . 458

EINSATZMÖGLICHKEITEN VON SPIEGELTELESKOPEN IN DER
LASERMATERIALBEARBEITUNG
B. Hollermann, G. Sepold, C. Binroth / D . . . . . . . . . . . . . . . . 462

ABSORPTIONSMESSUNGEN AN OPTISCHEN KOMPONENTEN
UND ZWEI STAHLLEGIERUNGEN BEI 10,6 $\mu$m
A. Giesen, R. W. Serchinger / D . . . . . . . . . . . . . . . . . . . 466

5.2. Anwenderforum "Laser-Anwendungen Industrie"
Application Seminar: Laser in Industry

BEAM GUIDING AND SHAPING FOR SURFACE PROCESSING WITH
LASER RADIATION
A. Gasser, E. W. Kreutz, K. Wissenbach / D . . . . . . . . . . . . . . . . 472

FÜHRUNG UND FORMUNG DES $CO_2$-LASERSTRAHLES FÜR DIE OBERFLÄCHENBEHANDLUNG
W. Amende, J. Buchner / D . . . . . . . . . . . . . . . . . 478

TECHNIQUE TO CONTROLL THE BORING PROCESS IN LASER BEAM CUTTING
P. Abels, D. Petring, E. Beyer / D . . . . . . . . . . . . . . . . . 482

ERFASSEN VON PRODUKTIONSTECHNISCHEN EINFLUSSFAKTOREN BEI LASERSCHNEIDANLAGEN DURCH 2-D UND 3-D LASER PRÜFWERKSTÜCKE
C. Hardock / D . . . . . . . . . . . . . . . . . . . . . . . . 487

MATERIAL- UND PROZESSOPTIMIERUNG FÜR DIE LASERBESCHRIFTUNG
H. F. Jundt, D. Wildmann / CH. . . . . . . . . . . . . . . . . . 488

5.3. Oberflächenveredeln / Laser Surface Treatment

OPTIMIERUNG DER STRAHLQUALITÄT BEIM LASERHÄRTEN
D. Burger / D . . . . . . . . . . . . . . . . . . . . . . . . . 492

UNTERSUCHUNG DER KORRELATION ZWISCHEN LASERSTRAHL-KENNGRÖSSEN UND DEM BEARBEITUNGSERGEBNIS BEIM LASERSTRAHLHÄRTEN
W. König, H. Willerscheid, D. Scheller / D . . . . . . . . . . . . . 496

ERFAHRUNGEN ZUM LASERSTRAHL-DRAHTBESCHICHTEN
R. Becker, C. Binroth, G. Sepold / D . . . . . . . . . . . . . . . 501

OBERFLÄCHENVEREDELN THERMISCH GESPRITZTER SCHICHTEN MITTELS $CO_2$-LASER
E.-R. Sievers, H.-D. Steffens,W. Brandl, Ch. Buchmann / D. . . . . . . . . 506

ERFAHRUNGEN ZUM LASERHÄRTEN BEI KOMPLIZIERTER BAUTEILGEOMETRIE
D. Pollack, H. Paul, W. Reitzenstein / DDR. . . . . . . . . . . . . . 510

OBERFLÄCHENHÄRTEN VON KALTARBEITSSTAHL, WARMARBEITSSTAHL UND KUNSTSTOFFORMENSTAHL MIT LASERLEISTUNGEN BIS 4 KW
M. Bohrer, B. Walter, D. Schuöcker / A . . . . . . . . . . . . . . . 518

LASERSTRAHLHÄRTEN MIT DEM $CO_2$-LASER UND DEM FESTKÖRPERLASER
C. Meyer, E. Beske / D . . . . . . . . . . . . . . . . . . . . . 519

LASER THERMAL HARDENING OF CUTTING TOOLS
A. Solovjev / UDSSR . . . . . . . . . . . . . . . . . . . . . . . . . . 524

SURFACE TREATMENTS OF METALS WITH EXCIMER LASERS
E. Schubert, H. W. Bergmann / D . . . . . . . . . . . . . . . . . . . . . . . . 528

RESIDUAL STRESS FORMATION IN LASER TREATED SURFACES
M. Roth, R. Hauert, A. Frenk, M. Pierantoni, E. Blank / CH . . . . . . . . . . . . 532

5.4. Schweissen / Welding

SCHWEISSEN VON DICKBLECH BIS 25 MM BEI LASERSTRAHLLEISTUNGEN VON 20 KW
M. Funk, U. Köhler, K. Behler, E. Beyer / D . . . . . . . . . . . . . . . . . 538

TIEFSCHWEISSEN MIT GEPULSTEM $CO_2$-LASERSTRAHL
Th. Wahl, J. Scholz, F. Dausinger / D . . . . . . . . . . . . . . . . . . . 539

IMPROVEMENT OF ENERGY COUPLING OF WELDING ALUMINIUM BY $CO_2$-LASERS
R. Schäfer, K. Behler, E. Beyer / D. . . . . . . . . . . . . . . . . . . . 544

MODELL ZUR BESCHREIBUNG DER ENERGIEEINKOPPLUNG VON $CO_2$-LASERSTRAHLUNG BEIM TIEFSCHWEISSEN
M. Beck, f. Dausinger, H.Hügel / D. . . . . . . . . . . . . . . . . . . . 550

ASPEKTE DES LASERSTRAHLSCHWEISSENS VON ALUMINIUMLEGIERUNGEN
T. C. Zuo, C. A. Binroth, G. Sepold / D . . . . . . . . . . . . . . . . . . 554

GENAUIGKEITSANFORDERUNGEN BEIM LASERSTRAHL-SCHWEISSEN MIT INDUSTRIEROBOTERN
R. Wahl, W. Bloehs, F. Dausinger / D . . . . . . . . . . . . . . . . . . . 558

NEW WELDING PROCESSES WITH HIGH POWER PULSED YAG LASERS
A. P. Hoult, G. Burrows, C. L. M. Ireland, A. W. Pasternak, T. M. Weedon / GB . . . . . . . 563

LASERSTRAHLSCHWEISSEN MIT KW Nd:YAG LASER UND LICHTLEITFASER
H. K. Tönshoff, E. U. Beske, C. Meyer / D . . . . . . . . . . . . . . . . . 567

WELDING PERFORMANCE OF UTIL 6 AND 14KW-LASERS
J. S. Foley, R. F. Duhamel, J. Timmins / USA . . . . . . . . . . . . . . . . . . 572

WECHSELWIRKUNGEN ZWISCHEN WIG-SCHWEISSLICHTBOGEN UND FOKUSSIERTEM LASERSTRAHL
H. Cui / VR China, I. Decker, J. Ruge / D . . . . . . . . . . . . . . . . . . 577

FACTORS OF INFLUENCE ON WELDING 3-DIMENSIONAL WORKPIECES
U. Wolff, A. Gillner, J. Appold, E. Beyer / D . . . . . . . . . . . . . . . . . . 582

CAD/CAM-KOPPLUNG EINER 3D-LASERBEARBEITUNGSANLAGE MIT INDUSTRIEROBOTERN
J. Milberg, F. Garnich, H. Schwarz / D. . . . . . . . . . . . . . . . . . . 586

BERÜHRUNGSLOSE SCHALLEMISSIONSANALYSE BEIM LASERPUNKTSCHWEISSEN
C. Hamann, B. Läßiger / D. . . . . . . . . . . . . . . . . . . 590

5.5. Schneiden / Cutting

CUTTING OF ALUMINIUM AND TITANIUM ALLOYS BY $CO_2$-LASERS
B. Juckenath, H. W. Bergmann, M. Geiger, R. Kupfer / D . . . . . . . . . . . . . 595

LASER BEAM CUTTING OF HIGHLY ALLOYED THICK SECTION STEELS
D. Petring, P. Abels, E. Beyer, W. Nöldechen, K. U. Preissig / D . . . . . . . . . . 599

GESCHWINDIGKEITSBEGRENZENDE FAKTOREN BEIM LASERSTRAHL-SCHNEIDEN VON SCHWER TRENNBAREN METALLISCHEN WERKSTOFFEN
F. Dausinger, R. Edler, U. Schreiner, E. Bächle, K. Riehle / D . . . . . . . . . . 605

EINFLÜSS DER LEGIERUNGSELEMENTE AUF DEN LASERSTRAHLSCHNEIDPROZESS
Y.-H. Han, I. Decker, J. Ruge / D . . . . . . . . . . . . . . . . . . 610

EINFLUSS DER SAUERSTOFFREINHEIT AUF DIE SCHNEIDGESCHWINDIGKEIT UND DIE SCHNEIDKOSTEN BEIM LASERSTRAHLSCHNEIDEN
M. Mair, J. Hermann / D . . . . . . . . . . . . . . . . . . 615

FESTIGKEITSEIGENSCHAFTEN LASERSTRAHLGESCHNITTENER STÄHLE
R. Giere, I. Decker, J. Ruge / D . . . . . . . . . . . . . . . . . . 619

TRENNEN MIT $CO_2$-HOCHLEISTUNGSLASERN:
ANALYSE DER SCHNITTQUALITÄT - PARAMETERVARIATIONEN
F. Eichhorn, M. Faerber, J. Schneegans / D . . . . . . . . . . . . . . . . 625

UNTERSUCHUNGEN VON LASERSCHNEIDDÜSEN
P. Berger, M. Herrmann, H. Hügel / D . . . . . . . . . . . . . . . . . . 630

KOMBINIERTES LASERSTRAHLSCHNEIDEN UND -SCHWEISSEN
VON BLECHFORMTEILEN
A. Rief, R. Nuss, M. Geiger / D. . . . . . . . . . . . . . . . . . . . 635

BEARBEITUNG VON BLECHFORMTEILEN
MIT $CO_2$-HOCHLEISTUNGSLASERN
P. Hoffmann, S. Biermann, R. Nuss, M. Geiger / D. . . . . . . . . . . . . . 644

**5.6. Anwenderforum "Laser-Anwendungen Automobilbau"**
**Application Seminar Laser in Car Manufacturing**

CAR BODY WELDING WITH LASER RADIATION
R. Imhoff, K. Behler, E Beyer / D . . . . . . . . . . . . . . . . . . . . 651

PROCESS MONITORING AND PROCESS CONTROL
OF LASER BEAM WELDING
W. Gatzweiler, D. Maischner, F. J. Faber, S. Juchem, E. Beyer / D. . . . . . . . . . . . 655

**5.7. Microbearbeitung / MicroTreatment**

RELAISFEDERJUSTIERUNG MITTELS GEPULSTER Nd:LASER
C. Hamann, H.-G. Rosen / D . . . . . . . . . . . . . . . . . . . . . 661

DER EINFLUSS DES "THERMAL-LENSING"-EFFEKTS BEI DER
MATERIALBEARBEITUNG MIT FESTKÖRPERLASERN
U. Hildebrandt / D . . . . . . . . . . . . . . . . . . . . . . . 666

LASERSTRAHLSCHNEIDEN FASERVERSTÄRKTER KUNSTSTOFFE
R. Müller, S. Biermann, M. Geiger / D . . . . . . . . . . . . . . . . . . 669

EINIGE BESONDERHEITEN BEIM SCHNEIDEN VON KERAMIKEN
J. Breuer, G. Sepold, J. Drozak, H. Steffens / D . . . . . . . . . . . . . . 675

REMOVAL AND DRILLING OF METALS BY EXCIMER LASER RADIATION
W. Schulze, R. Poprawe, E. W. Kreutz / D . . . . . . . . . . . . . . . . . 679

ABLATION WITH ULTRASHORT UV EXCIMER LASER PULSES
S. Küper, M. Stuke / D. . . . . . . . . . . . . . . . . . . . . 685

CONTROLLED DECOMPOSITION OF ORGANOMETALLICS
FOR LASER SURFACE PROCESSING
S. Küper, M. Stuke / D. . . . . . . . . . . . . . . . . . . . . 686

BESCHRIFTEN VON KUNSTSTOFFEN MIT FREQUENZVERDOPPELTEM
Nd:YAG-LASER
D. Wildmann / D, B. Pietsch / CH, H. F. Jundt / D . . . . . . . . . . . . . . . 687

MIKROKENNZEICHNEN MITTELS LASER
L. P. Boruc / PL, M. Eckstein, B.-U. Zehner / DDR . . . . . . . . . . . . . . . 691

ANFORDERUNGEN AN MODERNE LASERBESCHRIFTUNGSSYSTEME
P. Thöny, M. Ferri / CH . . . . . . . . . . . . . . . . . . . . 696

## 5.8. Chemische Bearbeitung / Chemical Treatment

LASERINDUZIERTE ABSCHEIDUNG DÜNNER SCHICHTEN
AUS DER GASPHASE
G. Reiße, K. Zimmer, F. Gänsicke, G. Zscherpe / DDR . . . . . . . . . . . . . . 701

LASER DIRECT WRITING OF PLATINUM LINES
C. Garrido, B. Leon, M. Perez-Amor / E, D. Braichotte, H. van den Bergh / CH. . . . . . . 705

LASER-INDUCED CHEMICAL VAPOR DEPOSITION OF SILICA FILMS
ON SILICON AND STAINLESS STEEL
M. D. Fernandez, P. Gonzales, B. Leon, M. Perez-Amor / E . . . . . . . . . . . . 709

LASER-INDUCED CHEMICAL VAPOR DEPOSITION (LCVD) OF
HYDROGENATED AMORPHOUS SILICON FILM
P. Gonzales, M. D. Fernandez, B. Leon, M. Perez-Amor / E . . . . . . . . . . . . 713

$CO_2$-LASER-INDUCED CVD OF TIN DIOXIDE FILMS
V. I. Dernovskii, E. A. Galiulin, L. V. Povolotskaya / UDSSR. . . . . . . . . . . . 717

LASERSCHNEIDEN TECHNISCHER KERAMIK
C. Emmelmann, H. K. Tönshoff / D . . . . . . . . . . . . . . . . . . . 720

DÜNNSCHICHTERZEUGUNG MIT EINEM HOCHENERGIE-EXCIMERLASER
AM BEISPIEL DER HOCH-$T_C$-SUPRALEITER
G. Endres, B. Roas, L. Schultz, K. J. Schmatjko / D . . . . . . . . . . . . . . 723

SCHMELZEN VON THERMOPLASTISCHEN KUNSTSTOFFEN
MIT IR-LASERSTRAHLUNG
R. Klein, E. W. Kreutz, H. Pütz, H. Rest / D. . . . . . . . . . . . . . . . 728

THE APPLICATION CW $CO_2$-LASER FOR SYNTHESIS OF THE
HIGH-TEMPERATURE SUPERCONDUCTING Y-Ba-Cu-O CERAMICS
S. A. Mulenko / UDSSR . . . . . . . . . . . . . . . . . . . . 734

LASERBEARBEITUNG VON METALLISCHEN UND
NICHTMETALLISCHEN DENTALMATERIALIEN
G. Zscherpe, U. Seifert, H. Dobberstein, Hei. Dobberstein, R. Zuhrt/ DDR . . . . . . . . . 738

## 6. OE-Komponenten und Systeme . . . . . . . . . . . 743
## OE-Components and Systems . . . . . . . . . . . 743

IR-KOMPONENTEN, STAND DER TECHNIK, ZUKUNFTSTRENDS
K. J. Stahl / D . . . . . . . . . . . . . . . . . . . . . . . . 745

STABILITÄT VON PHOTOELEMENTEN IM SPEKTRALBEREICH
250 NM BIS 1800 NM
K. D. Stock, R. Heine / D . . . . . . . . . . . . . . . . . . . . 756

HIGH-SENSITIVITY FIBRE-OPTIC SPECTROPHOTOMETER
S. Donati, G. Martini / I . . . . . . . . . . . . . . . . . . . . 760

SPECIAL OPTICAL FIBRES
R. S. Romaniuk / PL . . . . . . . . . . . . . . . . . . . . . 766

AN OPTICAL FIBRE MAGNETIC FIELD SENSOR SYSTEM FOR MEASURING
LOW FREQUENCY FIELDS
L. Yanbing, Z. Jinru / VR China . . . . . . . . . . . . . . . . . 770

THE RELATION OF THE SENSITIVITY OF AN OPTICAL FIBRE MAGNETO-STRICTIVE SENSOR TO ITS MAGNETOSTRICTIVE JACKET THICKNESS
L. Yanbing, Z. Jinru / VR China . . . . . . . . . . . . . . . . . . . . 774

ALL-FIBER WAVELENGTH MULTIPLEXERS
V. Annovazi-Lodi, S. Donati / I . . . . . . . . . . . . . . . . . . . . 780

SPECIAL GLASSES FOR OPTICAL MULTIMODE WAVEGUIDES
Ch. Kaps, T. Possner / DDR . . . . . . . . . . . . . . . . . . . . 785

ÄNDERUNG DER EIGENSCHAFTEN OPTISCHER KOMPONENTEN BEI BESTRAHLUNG
H. P. Wagner, S. Borik, A. Giesen / D . . . . . . . . . . . . . . . . 789

DAMAGE TESTING FACILITY FOR OPTICAL COMPONENTS USING EXCIMER LASER RADIATION
K. Mann, H. Gerhardt / D . . . . . . . . . . . . . . . . . . . . 795

MASSANSCHLUSS EINER LINEAREN HALBLEITERKAMERA
R. Christoph, H. Kramer, D. Hantke / DDR . . . . . . . . . . . . . . . 801

OPTOELECTRONIC DEVICES FOR THE VISUALLY IMPAIRED PERSONS PRESENT APPLICATIONS AND EXPECTED SOLUTIONS
E. Kurcz / PL . . . . . . . . . . . . . . . . . . . . 805

SUBPICOSECOND OPTO-ELECTRONIC SWITCHES
M. Lambsdorff, J. Kuhl, E. Lopez, H. Leier, A. Forchel, A. Axmann, R. Osori, J. Rosenzweig / D . . . 809

RECENT ADVANCES IN DETECTORS FOR SINGLE-PHOTON COUNTING
B. Leskovar / USA . . . . . . . . . . . . . . . . . . . . 813

EXPERIMENTAL METHODS FOR DESIGNING FLASHLAMPS AND CW ARC LAMPS USED IN OPTICALLY PUMPED LASERS
J. Loughboro, B. Smith / USA . . . . . . . . . . . . . . . . . . . . 823

HIGHLY STABLE XENON COMPACT ARC TECHNOLOGY
M. Kramer / USA . . . . . . . . . . . . . . . . . . . . 827

ORIENTIERTE EINKRISTALLZÜCHTUNG VON $MgF_2$-KRISTALLEN
L. Ackermann, H. A. Meier / D, R. Shauxia, Y. Zhang / VR China . . . . . . . . . . 831

EXACT PHASE SPACE TRACING OF LASER BEAMS THROUGH OPTICAL SYSTEMS
W. A. E. Goethals / NL. . . . . . . . . . . . . . . . . . . . . . . . . 834

INFLUENCE OF GAIN DISTRIBUTION ON THE PROPERTIES OF UNSTABLE RESONATORS
D. Keming, P. Loosen, G. Herziger / D. . . . . . . . . . . . . . . . . . . 838

MAGNETOOPTICAL ISOLATOR FOR PARTIALLY POLARIZED LASER BEAM
A. W. Domanski / PL . . . . . . . . . . . . . . . . . . . . . . . . . 843

NEW CCD TECHNOLOGY
G. Simms / USA . . . . . . . . . . . . . . . . . . . . . . . . . . 846

## 7. Optische und Mikrowellenkommunikation . . . . . . 847
## Optical and Micro Waves Communication . . . . . . 847

FASEROPTISCHE SYSTEME FÜR TV/HDTV-VERTEILUNG
C. Baack, G. Heydt, G. Walf / D . . . . . . . . . . . . . . . . . . . . 849

PASSIVE OPTICAL NETWORKS IN THE SUBSCRIBER LOOP
D. W. Faulkner / GB . . . . . . . . . . . . . . . . . . . . . . . . 853

SUBCARRIER MULTIPLEXED LIGHTWAVE SYSTEMS FOR BROADBAND VIDEO DISTRIBUTION
W. I. Way / USA . . . . . . . . . . . . . . . . . . . . . . . . . . 858

OPTICAL COMMUNICATION BETWEEN SATELLITES
G. Ohm / D . . . . . . . . . . . . . . . . . . . . . . . . . . . . 861

VERGLEICH VERSCHIEDENER Nd:YAG-LASERSYSTEME FÜR KOHÄRENTE SATELLITENKOMMUNIKATION
G. Hacker / D . . . . . . . . . . . . . . . . . . . . . . . . . . . 876

## 8. Mikrowellen Anwendungen . . . . . 881
## Micro Waves Application . . . . . 881

ELEKTROMAGNETISCHE WELLEN IM DIENSTE DER VERKEHRSSICHERHEIT
R. Feld, K. Biehl / D . . . . . 883

MILLIMETERWELLEN-KOMMUNIKATION ALS ALTERNATIVE ZUR OPTISCHEN KOMMUNIKATION
W. Körner / D . . . . . 889

ENTWICKLUNG MONOLITHISCH INTEGRIERTER GaAs-MILLIMETERWELLENSCHALTUNGEN
B. Adelseck, A. Colquhoun, K. E. Schmegner, W. Schwab / D . . . . . 900

NEW SEMICONDUCTOR COMPONENTS FOR LOW NOISE HIGH FREQUENCY COMMUNICATION
H. Dämbkes / D . . . . . 904

MILLIMETER-WAVE FREQUENCY TRIPLING IN BULK
F. Keilmann / D . . . . . 910

DIE KRÄHENNEST ANTENNE, REALISIERUNGSMÖGLICHKEITEN EINER RÄUMLICHEN PHASED-ARRAY-ANTENNE
R. Maschen / D . . . . . 913

EINE METHODE ZUR BESTIMMUNG DER RAUSCHPARAMETER RAUSCHARMER MIKROWELLENTRANSISTOREN
K. Oppelt, G. Flachenecker / D . . . . . 919

EINFLÜSSE DER UMGEBUNG AUF DIE VERFÜGBARKEIT VON DATENKANÄLEN ZWISCHEN SATELLITEN UND KRAFTFAHRZEUGEN
J. Brose, G. Flachenecker / D . . . . . 923

INTEGRIERTE MIKROWELLENSCHALTUNGEN FÜR EINEN SCHWUNDSIMULATOR 6,3 GHZ - 7,1 GHZ
G. Hanke, W. Lorek / D . . . . . 927

RESONANT BIOLOGICAL ACTION OF MILLIMETER MICROWAVES
F. Keilmann / D . . . . . 931

MICROWAVE PHOTOCONDUCTIVITY TECHNIQUE FOR
THE ANALYSIS OF SEMICONDUCTOR MATERIALS
G. Betz, R. Ploschies, C. Winter, K. Kaehmer / D . . . . . . . . . . . . . . 932

BESTIMMUNG UND SIMULATION VON REFLEKTOROBERFLÄCHENFEHLERN
R. Maschen / D . . . . . . . . . . . . . . . . . . . . . . 936

EINSATZ DES GEO-RADAR IM INGENIEUR-BAU
R. Vilhjalmsson, R. Feld / D . . . . . . . . . . . . . . . . . . 942

## 9. Europäische Forschungsprogramme . . . . . . . . 945

INFORMATIONEN ZUM EG-FORSCHUNGSPROGRAMM BRITE EURAM
B. Vierkorn-Rudolph, Kernforschungsanlage Jülich / D. . . . . . . . . . . . . 947

LASER UND EUREKA
J. Billmann, VDI-Technologiezentrum Düsseldorf / D . . . . . . . . . . . . 951

## 10. VDI-Workshop . . . . . . . . . . . . . . . . . . . 955

### 10.1. Lasersicherheit in der Materialbearbeitung

SICHERHEITSPHILOSOPHIE BEI DER LASERANWENDUNG
P. Schreiber / D . . . . . . . . . . . . . . . . . . . . . . 957

MEDIZINISCHE SICHERHEITSASPEKTE :
WAS IST ZUR VERMEIDUNG VON GEFÄHRDUNGEN DES MENSCHEN
BEIM EINSATZ VON LASERN ZU BEACHTEN ?
G. Müller, H.-P. Berlien, R. Hagemann / D . . . . . . . . . . . . . . . . 962

STAND UND ENTWICKLUNG BERUFSGENOSSENSCHAFTLICHER
VORSCHRIFTEN IN DER LASERSICHERHEIT
R. Peuker / D . . . . . . . . . . . . . . . . . . . . . . . 968

### 10.2. Analytische Laseranwendungen in den modernen Oberflächendünnschichttechnologien

OPTIMIERUNG DER PROZESSPARAMETER BEI DER MIKROANALYSE
S. Kaesdorf, H. Schröder, K. L. Kompa / D. . . . . . . . . . . . . . . . 975

# Sitzungsleiter – Session Chairmen

| | |
|---|---|
| W. Amende | Laser-Oberflächenveredeln |
| D. Basting | Laser |
| E. Beyer | Laser-Anwendungen Automobilbau |
| K. Biedermann | Holographische Interferometrie |
| F. Biermann | Laser-Schneiden |
| L. Cleemann | Lasersicherheit bei der Materialbearbeitung |
| G. Flachenecker | Mikrowellen-Anwendungen |
| E. Hartmann | Verkehrssicherheit |
| P. Hutzler | Bildverarbeitung |
| K. L. Kompa | Laser |
| E. W. Kreutz | Laser-Materialbearbeitung / Chemische Bearbeitung |
| F. Lanzl | OE-Komponenten und Systeme |
| P. Loosen | Laser-Systeme, Diagnostik, Optik |
| S. Maslowski | Optische und Mikrowellen-Kommunikation / Millimeterwellen-Technik |
| W. Mückenheim | Excimer-Laser |
| H. Opower | $CO_2$-Laser |
| R. Poprawe | Laser-Mikrobearbeitung |
| H. G. Rosen | Laser-Anwendungen Industrie |
| G. Sepold | Laser-Schweißen |
| J. Thietke | Oberflächen-Dünnschichttechnologien |
| H. J. Tiziani | OE-Meß- und Prüftechnik |
| W. Waidelich | Kongreß-Koordination |
| H. Wallenstein | Festkörperlaser |
| H. Walter | Europäische Laserprojekte |
| C. Werner | Umweltmeßtechnik |

# Referenten – Contributors


Abels P., 482 / 599
Abou-Zeid A., 141
Ackermann L., 831
Adelseck B., 900
Alfrey A. J., 145
Alzer P., 47
Amende W., 478
Annovazi-Lodi V., 780
Apostol I., 308
Appold J., 582
Arb H.-P. von, 181
Axmann A., 809
Azyazov V. N., 203

Baack, 849
Bächle E., 605
Bähr M., 13
Bässmann H., 345
Bakker J., 438
Balan N. F., 199
Balzer W., 252
Basiev T. T., 129
Basting D., 22 / 30
Bauer A., 52
Bea M., 446
Beck M., 550
Becker R., 501
Behler K., 538 / 544 / 651
Berg H. van den, 705
Berger P., 17 / 630
Bergmann H. W., 528 / 595
Berlien H.-P., 962
Beske E. U., 519 / 567
Besslich P. W., 345
Betz G., 932
Beyer E., 482 / 538 / 544
582 / 599 / 651 / 655
Biehl K., 883
Biermann S., 439 / 644 / 669
Billmann J., 951
Binroth C., 462 / 501 / 554
Blank E., 532
Bloehs W., 558
Bohrer M., 93 / 518
Bonsignori R., 217
Borik S., 446 / 789
Borstel M. v., 71 / 424
Boruc L. P., 691
Bötticher W., 13
Braichotte D., 705
Brandl W., 506
Brandt F., 278
Brauns B., 458
Brettel H., 349
Breuckman B., 336 / 354
Breuer J., 675
Brinkmann U., 30
Brose J., 923
Buchmann C., 506
Buchner J., 478
Burger D., 492
Burghardt B., 22
Burrows G., 563
Buschner R., 368

Cai B., 161
Chall P., 122
Christoph R., 801
Claude H., 408
Colquhoun A., 900
Cui H., 577
Czigany I., 129

Daams H.-J., 260
Dämbkes H., 904
Damp S., 241
Dane C. B., 34
Daszkiewicz M., 383
Dausinger F., 539 / 550
558 / 605
Dawes D. G., 149
Decker J., 577 / 610 / 619
Denker B. I., 129
Denz C., 265
Dernovskii V. I., 717
Diedrichsen F., 428
Dobberstein H., 738
Dobberstein Hei., 738
Doerffer R., 368
Domanski A. W., 843
Donati S., 760 / 780
Dovgalenko G. E., 340
Drabarek P., 225
Drozak J., 675
Du K., 81 / 838
Duhamel R. F., 572

Ebert W., 182
Eckstein M., 691
Edler R., 605
Ehrt D., 153
Eichhorn F., 625
Emmelmann C., 720
Endres G., 723
Engelsberger J., 282

Faber F. J., 655

Faerber M., 625
Faulkner D. W., 853
Feld R., 883 / 942
Ferencz K., 129
Fernandez M. D., 709 / 713
Ferri M., 696
Fischer E., 217
Flachenecker G., 919 / 923
Foley J. S., 572
Forchel A., 809
Franek J., 47 / 81
Franz T., 282
Frenk A., 532
Funk M., 538

Gänsicke F., 701
Galiulin E. A., 717
Garnich F., 586
Garrido C., 705
Gase R., 170
Gasser A., 472
Gatzweiler W., 655
Geiger M., 439 / 595 / 635
644 / 669
Geldmacher J., 360
Gerhardt H., 795
Giere R., 619
Giesen A., 71 / 98 / 424
446 / 466 / 789
Gillner A., 582
Giunti C., 217
Goethals W. A. E., 834
Gonzales P., 709 / 713
Goryslavec Y. A., 340
Gray T. H., 145
Greve P., 207
Großer V., 332
Gronewäller L., 87
Grünewald K., 17
Guggenheimer S. C., 186
Guizatullin R. M., 199

Hacker E., 458
Hacker G., 876
Hagemann R., 962
Hall Th., 61
Hamann C., 590 / 661
Hammer P., 403
Han Y. H., 610
Hantke D., 801
Hanke G., 927
Hardock C., 487
Hauert R., 532
Heine R., 756
Henning H.-H., 428
Herrmann J., 615
Herrmann M., 630
Hertsens T., 157
Herziger G., 838
Heumann E., 153
Heydt G., 849
Hiendl H., 416
Hildebrandt U., 666
Hirst C. J., 34
Hoffmann M., 300
Hoffmann P., 644
Höfling R., 332
Hofmann Th., 34
Hollermann B., 462
Holzwarth A., 17
Hong He, 133
Hoque E., 416
Horvath Z., 129
Hoult A. P., 563
Huber G., 153
Hudelmaier K., 403
Hügel H., 98 /550 / 630
Hutfless J., 439
Hutzler P. J. S., 416

Igoshin V. I., 203
Imhoff R., 651
Ireland C. L. M., 563

Jahn G., 235
Jinru Z., 770 / 774
Johnson L. A., 157
Jones M. G., 423
Juchem S., 655
Juckenath B., 595
Jüptner W., 327 / 360
Jundt H. F., 488 / 687

Kaehmer K., 932
Kaesdorf H., 975
Kahlert H.-J., 22 / 26
Kaps Ch., 785
Kaspar M., 256
Katulin V. A., 199 / 203
Kavicic P., 264
Kazic M., 264
Keilmann F., 910 / 931
Keirstead M. S., 145
Kertesz I., 129
Klein R., 728
Knapczyk W., 274
Kobilka T., 265
Köhler U., 538
Kölsch H. J., 412
König W., 496
Körner W., 889
Kompa K. L., 975
Kowalewski G., 177
Kramer H., 801
Kramer M., 827
Kramer R., 66 / 189
Kreis T., 360
Kreutz E. W., 452 / 472
679 / 728
Kroo N., 129
Küper S., 685 / 686
Kuhl J., 809
Kupfer R., 595
Kupriyanov N. L., 203
Kurcz E., 805
Kurov A. U., 199

Läßiger B., 590
Laan J.G. van der, 438
Laeri F., 265
Lambelet P., 412
Lambsdorff M., 809
Lang B., 452
Lauth H., 458
Ledig M., 153
Leier H., 809
Leipertz A., 177 / 387 / 394
Leon B., 705 / 709 / 713
Leskovar B., 813
Lewis R. R., 197
Liao Y., 161
Limberger H. G., 412
Lokai P., 22
Loosen P., 47 / 52 / 66 / 81
87 / 189 / 838
Lopez E., 809
Lorek W., 927
Lorincz E., 341
Loughboro J., 823
Lü B., 161
Lübeck E., 245
Luhs W., 260
Lutz N., 439

Magens E., 394
Mair H., 615
Maischner D., 655
Malinowski M., 174
Manhart S., 217
Mann K., 795
Margheri G., 217
Mariani A., 217
Marszalec J., 104
Marszalec E., 104
Märten O., 47 / 52 / 81
Martini G., 760
Martsenko A. T., 340
Marwitz H., 292
Maschen R., 913 / 936
Maurer R., 217
Meddour A., 57
Meier H. A., 831
Meiser H.-P., 260
Meyer C., 519 / 567
Meyer J., 458
Min Li Ho, 133
Milberg J., 586
Mirov S. B., 129
Möstl K., 278
Mückenheim W., 3 / 22 / 30
Müller G., 962
Müller R., 669
Münch K.-U., 177
Mulenko S. A., 267 / 734

Neubecker R., 252
Niessen M., 47
Nikolayev V. D., 199
Nöldechen W., 599
Nowack R., 61
Nuss R., 635 / 644

Ochsenbein S., 181
Oebels H., 66 / 189 / 428
Oesterlin P., 22 / 26
Ohm G., 861
Opower H., 38 / 61
Oppelt K., 919
Osiko V. V., 129
Osori R., 809

Pak V. G., 129
Pasternak A. W., 563
Paul H., 510
Paul R., 71 / 424
Perez-Amor M., 705 / 709
713
Petersen A. B., 186
Petring D., 482 / 599
Petrov A. L., 199
Peuker R., 968
Peuser P., 166
Pfeifer R., 403
Pfendler T., 225
Pichkasov V. M., 199
v. d. Piepen H., 368
Pierantoni M., 532
Pietsch B., 687
Ploschies R., 932
Podbielska H., 296
Pollack D., 510
Popa D., 308
Poprawe R., 679
Pospisil J., 256
Possner T., 785
Povolotskaya L.V., 717
Preissig K. U., 599
Prokhorov A. M., 129
Pütz H., 728
Rabczuk G., 77
Rairoux P., 412
Rebhan U., 30
Recknagel S., 412
Redlich L., 182
Reiße G., 701
Reitzenstein W., 510
Rest H., 728
Richter P., 341
Rief A., 635
Riehle K., 605
Ring M., 229
Risters R., 452
Roas B., 723
Roesener K., 327
Romaniuk R. S., 766
Rosen H.-G., 661
Rosenzweig J., 809
Roth M., 532
Ruge J., 577 / 610 / 619
Ruth B., 399

Sargsjan G., 170
Sauerbrey R., 34

Schaefer U., 61
Schäfer D., 458
Schäfer R., 544
Scheller D., 496
Schmatjko K. J., 732
Schmegner K. E., 900
Schmidt W., 403
Schmidt K.-H., 374 / 379
Schmidt H., 110
Schmitt N. P., 166
Schneckenburger H., 403
Schneegans J., 625
Schönebeck G., 312
Scholz J., 539
Schreiber P., 957
Schreiner U., 605
Schröder H., 975
Schubert E., 528
Schubert M., 182
Schülke H., 87
Schütz I., 110
Schultz L., 723
Schulze W., 679
Schunk H., 434
Schuöcker D., 93 / 518
Schwab W., 900
Schwarz H., 586
Schwede H., 81
Seeber W., 153
Seifert U., 738
Seitz G., 235
Sepold G., 462 / 501 / 554
675
Serchinger R. W., 466
Shauxia R., 831
Sievers E.-R., 506
Simms G., 846
Sixt W., 282
Smith B., 823
Sodnik Z., 217
Solovjov A., 524
Stahl K. J., 745

Stange H., 153
Steffens H.-D., 506 / 675
Steiger B., 458
Steinbichler H., 282
Stern J. R., 853
Stock K. D., 756
Studer F., 181
Stuke M., 685 / 686
Sturm V., 47 / 87
Sun J., 282
Svistun M. J., 199

Teske K., 207
Thöny P., 696
Timko J. J., 309
Timmins J., 572
Tittel F. K., 34
Tiziani H. J., 217 / 235
Tönshoff H. K., 567 / 720
Trappmann H., 434
Tschudi T., 252 / 265

Ullrich D., 245

Vaerewyck E. G., 157
Valenta P., 323
Vierkorn-Rudolph B., 947
Vilhjalmsson R., 942
Vizintin Z., 249
Vlad V. I., 308
Vogel D., 332
Vogel J., 332
Vogler K., 133 / 137
Vukas B., 264

Wagner H. P., 789
Wagner R., 81
Wagner S., 327
Wahl R., 539 / 558
Waidelich W., 166 / 374
379
Walf G., 849

Wallenstein R., 110
Walter B., 93 / 518
Way W. I., 858
Weedon T.M., 563
Wessel K., 61
Wetzig V., 245
Wiederhold G., 170
Wiest A., 317
Wildmann D., 488 / 687
Willerscheid H., 496
Wilson W. L., 34
Wimmer M., 379
Winkelströter W., 428
Winter C., 932
Winter K., 225
Wissenbach K., 472
Wolf R., 458
Wolf J.-P., 412
Wolff U., 582
Wolinski W., 174
Wolski R., 174
Wöste L., 412
Wozniak A., 274

Yamaguchi S., 34
Yanbing L., 770 / 774

Zadravec D., 264
Zaguidullin M. V., 199
Zatti S., 217
Zehner B.-U., 691
Zhang Y., 831
Zimmer K., 701
Zoske U., 98
Zscherpe G., 458 / 701
738
Zuhrt R., 738
Zuo T. C., 554

# 1. Laser und Lasersysteme Laser and Lasersystems

1.1 Excimer Laser

1.2 $CO_2$-Laser

1.3 Festkörperlaser/Solid State Laser

1.4 Andere Laser/Other Laser

# Stand der Entwicklung von Hochleistungs-Excimerlasern

W. Mückenheim
Lambda Physik
Postfach 2663, D-34OO Göttingen

## Einleitung

Die Bezeichnung Excimer (abgeleitet von excited dimer) wurde im Jahre 1960 von Stevens und Hutton [1] für Dimere, die nur im angeregten Zustand existieren, geprägt. Heute versteht man darunter auch heterogene Verbindungen mit dieser Eigenschaft und darüber hinaus auch solche, deren Grundzustand so schwach gebunden ist, daß er praktisch sofort zerfällt. Sobald derartige Moleküle im angeregten Zustand gebildet worden sind, ist die zur Lasertätigkeit notwendige Voraussetzung der Besetzungsinversion automatisch erfüllt.

Von größtem praktischen Interesse für den Laserbetrieb sind Edelgashalogenide, da sie die Erzeugung leistungsstarker, kohärenter UV-Strahlung erlauben. Das angeregte Edelgasatom ist isoelektrisch zu den Alkalien und somit sehr reaktionsfreudig. Die Darstellung dieser Excimere erfolgt mit Hilfe von energiereichen Elektronen in einer Mischung aus Edelgasen und Halogen. Die Komponenten werden angeregt oder ionisiert und bilden dann ein Molekül, das nach einer Lebensdauer von nur wenigen Nanosekunden unter Photonemission zerfällt. Für die Realisierung von Hochleistungslasern kommen vor allem $KrF^*$ und $XeCl^*$ in Betracht, die bei 248 nm bzw. 308 nm emittieren. Drei Anregungsmechanismen sind von praktischer Bedeutung: Hochdruck-Gasentladung, Mikrowellen- und Elektronenstrahlanregung.

Bei der Hochdruck-Gasentladung wird ein Hochspannungsimpuls zwischen zwei im Lasergas befindliche Elektroden angelegt. Kurz vorher werden im Gas freie Elektronen erzeugt. Diese sogenannte Vorionisierung kann z. B. mit Hilfe von UV-Strahlung erfolgen. Benötigt wird eine anfängliche Dichte von etwa $10^7$ freien Elektronen pro Kubikzentimeter, um auch bei Drucken von mehreren Atmosphären eine homogene Plasmaentladung über 50 bis 100 ns aufrechtzuerhalten. Der Prozeß wird als Lawinenentladung (avalanche discharge) bezeichnet, weil die Dichte der freien Elektronen dabei lawinenartig auf über $10^{15}$ $cm^{-3}$ anwächst; er endet auch ebenso unkontrollierbar.

Mikrowellenanregung erfolgt mit Hilfe von zwei Elektroden, die sich außerhalb einer das Lasergas enthaltenden Kapillare befinden. Für die Konstruktion eines Hochleistungslasers ist dieses Prinzip aber gegenwärtig ohne Bedeutung. Zwar sind Wiederholraten bis zu 8 kHz demonstriert worden [2], doch die erzielbare mittlere Leistung liegt weit unter 1 W.

Mit dem Elektronenstrahl lassen sich höchste Impulsenergien realisieren. Die Wiederholrate ist allerdings begrenzt. Elektronen können nur im Vakuum hinreichend beschleunigt werden. Um sie im

Lasergas einsetzen zu könnnen, muß dies durch eine dünne Folie abgeschlossen sein, die der Druckdifferenz von einigen Atmosphären standhält, aber die Elektronen nicht nennenswert bremst. Die Aufheizung dieser Folie begrenzt die Wiederholrate. Kürzlich wurde zwar über einen derartigen Laser mit 10 J Impulsenergie und 100 Hz Wiederholrate, also 1 kW mittlerer Leistung berichtet [3], doch funktioniert das Ganze nur über jeweils 3 Impulse, im sogenannten "Burst Mode". Außerdem ist die Lebensdauer der Folie auf einige $10^4$ Impulse beschränkt. Für einen zuverlässig über längere Zeit arbeitenden Hochleistungslaser bleibt somit nur die direkte Hochdruck-Gasentladung. Grundlagen und gegenwärtiger Stand dieser Technologie sollen im folgenden skizziert werden.

## Der entladungsgepumpte Excimerlaser

Die wesentlichen Elemente sind ein Resonator, eine Laserkammer mit zwei Elektroden und dem Lasergas sowie ein Schaltkreis zur Erzeugung von Hochleistungsimpulsen. Nicht gezeigt ist in Abb. 1 die Vorionisierungseinrichtung, die nach unterschiedlichen Methoden funktionieren kann. Am gebräuchlichsten und am einfachsten ist die Ausnutzung des ultravioletten Anteils von elektrischen Funken, die in vielen kleinen Funkenstrecken im Laser erzeugt werden. Diese Anordnung kann sich neben den Elektroden befinden oder auch dahinter. (Im letzteren Falle muß die entsprechende Elektrode natürlich perforiert sein.) Allerdings wird der besonders wirksame kurzwellige Anteil des Funkenspektrums im Lasergas stark absorbiert, so daß bei großen Querschnitten eine inhomogene Verteilung von freien Elektronen entsteht, was sich nachteilig auf die Qualität der Hauptentladung auswirkt. Anstelle von Funkenstrecken können auch dielektrische Corona-Entladungen benutzt werden. Etwas aufwendiger ist der Einsatz von Röntgenstrahlung, die auch für großvolumige Laser eine sehr homogene Vorionisierungsdichte sicherstellt.

Obwohl der Grundzustand unbesetzt ist, tritt auch im Excimerlaser Absorption a auf. Es muß also eine minimaler Verstärkungskoeffizient g erzeugt werden, um die Laserbedingung $e^{(g-a)} > 1$ zu erfüllen. Wie man für Laser ganz allgemein abschätzen kann, wächst die dafür erforderliche Anregungsleistung (bei konstanter Bandbreite $\Delta\nu$ des Lasers) mit dem Kubus der Frequenz, was sich (bei konstanter Linienbreite $\Delta\lambda$) in den noch eindrucksvolleren Faktor $\lambda^{-5}$ umformen läßt. Diese Zahlenspielerei soll lediglich verdeutlichen, daß bei UV-Lasern enorme Anforderungen an den Anregungsmechanismus gestellt werden. Es ist also ein sehr niederinduktiver aber leistungsfähiger elektrischer Schaltkreis erforderlich. Üblicherweise verwendet man zwei oder mehr Kondensatoren, deren erster verhältnismäßig langsam (im Millisekundenbereich) von einem Netzgerät aufgeladen und dann durch ein Schaltelement, z. B. ein Wasserstoffthyratron, geerdet wird (s. Abb. 1). Die Kondensatoren $C_1$ und $C_2$ bilden damit einen Schwingkreis, so daß die gespeicherte Energie von $C_1$ nach $C_2$ fließt. Dieser Umladekreis ist wegen des darin befindlichen Schalters und der aus isolationstechnischen Gründen recht hohen Induktivität noch verhältnismäßig langsam (einige 100 ns). Sobald aber $C_2$ die Zündspannung erreicht hat, setzt die Gasentladung ein und die Energie fließt im sehr niederinduktiven Entladekreis, der kein Schaltelement enthält und räumlich den Elektroden eng benachbart ist, von $C_2$ in die Entladung, wobei Zeitkonstanten unter 100 ns erreicht werden. Typische Maximalwerte von Spannung und Strom für einen Laser der mittleren Energieklasse (1 J) sind 40 kV und 30 kA. Diese

Maximalwerte treten zwar nicht gleichzeitig auf, da die Spannung bereits wieder abnimmt, sobald Strom durch die Entladung zu fließen beginnt. Trotzdem beträgt die Spitzenleistung nahezu 1 GW. Allerdings werden hiervon nur wenige Prozent in Laserstrahlung umgewandelt.

Im wesentlichen ist die Reaktionskinetik für die Verluste verantwortlich, da prinzipiell nicht alle Energie, die zur Bildung eines Excimermoleküls benötigt wird, wieder in Form von Strahlung von diesem abgegeben werden kann. z. B. beträgt die minimale Anregungsenergie des Kryptonatoms 10 eV, während das beim Zerfall des $KrF^*$-Moleküls emittierte Photon nur eine Energie von 5 eV besitzt. Oft verläuft der Prozeß über höhere Anregungszustände. Außerdem werden nicht ausschließlich $KrF^*$-Moleküle gebildet, nicht alle $KrF^*$-Moleküle zerfallen unter Photonemission, und nicht alle Photonen werden im Laserstrahl emittiert.

Aufgrund der geringen Effizienz $\eta$ wird fast die gesamte elektrische Leistung im Lasermedium dissipiert. Daher benötigt jeder Hochleistungs-Excimerlaser ein Gaszirkulations- und Kühlsystem, um die überschüssige Wärme abzuleiten. Zwischen zwei Impulsen muß das Gas im Entladungsvolumen ohnehin mindestens einmal ausgetauscht werden, denn während der Entladung entstehen auch längerlebige absorbierende Verbindungen, die erst wieder zerfallen müssen, bevor das Gas erneut eingesetzt werden kann. Daher besitzt jeder Hochleistungs-Excimerlaser ein großvolumiges Gasreservoir, das neben dem Zirkulationssystem und der Kühlvorrichtung oftmals noch mit speziellen Filtern zur Gasreinigung ausgestattet ist.

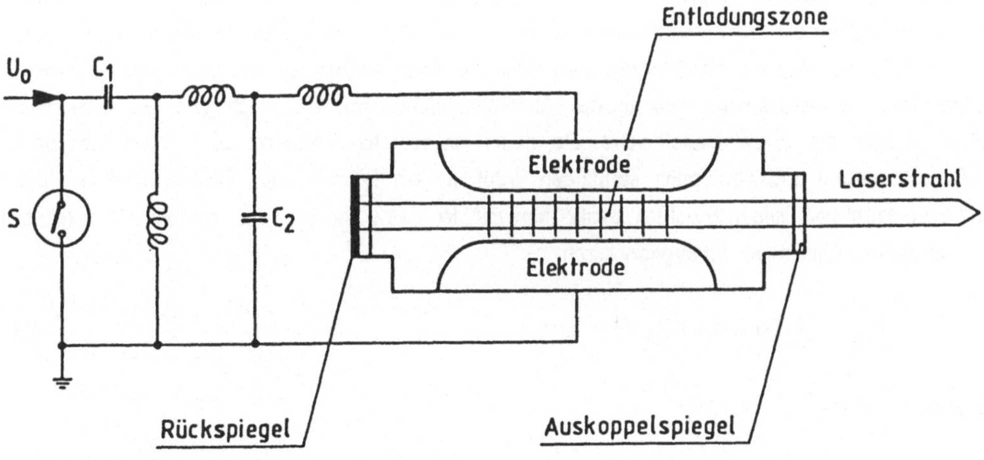


Abb. 1 Entladungssystem eines Excimerlasers. S: Schaltelement, $U_0$: Hochspannung vom Netzgerät, $C_1$, $C_2$: Kondensatoren. Die zu $C_2$ parallele Induktivität dient lediglich zum Potentialausgleich und wirkt während des Umladeprozesses wie ein Isolator; die übrigen symbolisieren die Induktivitäten der entsprechenden Kreise.

**Leistungsfaktoren**

Da Excimerlaser gepulste Strahlungsquellen sind, unterscheidet man zwischen Spitzenleistung und mittlerer Leistung oder Dauerleistung. Erstere ist der Quotient aus Impulsenergie und Impulsdauer. Hohe Spitzenleistungen erreicht man durch Kompression der Impulsdauer, wobei der Excimerlaser nur als Verstärker benutzt wird. Thema dieses Beitrags sind jedoch Excimerlaser mit hoher mittlerer Leistung. Sie ist das Produkt aus Impulsenergie und Wiederholrate. Um einen Excimerlaser hoher mittlerer Leistung zu konstruieren, müssen beide Parameter, die natürlich nicht unabhängig voneinander sind, aufeinander abgestimmt optimiert werden.

Betrachten wir zunächst die Impulsenergie. Sie skaliert in gewissen Grenzen mit dem Entladungsvolumen, dem Gasdruck und der Zündspannung. Bei gegebener Gaszusammensetzung hängt diese maximal erreichbare Spannung ab von Gasdruck und Elektrodenabstand sowie Elektrodenform und Spannungsanstiegsgeschwindigkeit.

Der Gasdruck kann (wenn es die Behälterkonstruktion erlaubt) 7 bis 8 bar betragen [4,5]. Höhere Drucke begünstigen Stoßdesaktivierung und die Bildung von Trimeren, die in diesem Zusammenhang unerwünscht sind. Gewöhnlich sind Hochleistungs-Excimerlaser für 5 bar Betriebsdruck ausgelegt.

Das Entladungsvolumen kann in allen drei Dimensionen vergrößert werden, wobei allerdings sowohl praktische als auch prinzipielle Beschränkungen bestehen. Wenn der Laser transportabel sein soll, darf seine Länge ca. 3 m kaum überschreiten. Läßt man diesen praktischen Gesichtspunkt außer acht, so wird die Länge dadurch beschränkt, daß zum Laser ein Resonator gehört, der von einigen Photonen mehrmals durchlaufen werden sollte. Andernfalls wird ein hoher Anteil der Strahlung inkohärent abgegeben und auf die Wände des Lasers treffen. Um unnötige Verluste zu vermeiden, muß außerdem sichergestellt sein, daß der Großteil der Strahlung das Lasermedium bereits verlassen hat, wenn der Verstärkungskoeffizient kleiner wird als der Absorptionskoeffizient. Der wichtigste längenbegrenzende Faktor ist aber die Extraktionseffizienz. Da neben stimulierter Emission auch spontane Emission, Stoßdesaktivierung und Absorption stattfinden, trägt nur ein Bruchteil der Excimermoleküle Photonen zum Laserstrahl bei. Diesen Bruchteil erfaßt man mit der Extraktionseffizienz, die bei Vernachlässigung des sättigbaren Anteils der Absorption durch

$$\eta_{ex} = (I/I_s)\,[(1 + I/I_s)^{-1} - (a/g_o)] \tag{1}$$

gegeben ist, wobei

$$I_s = h\nu/\sigma\tau_o \tag{2}$$

die Sättigungsintensität und $I$ die Strahlintensität bezeichnet.

$$g_o = n_o\sigma \tag{3}$$

ist der Verstärkungskoeffizient im Grenzfall $I \rightarrow 0$, die sogenannte Kleinsignalverstärkung. Um ein Gefühl für die nützliche Länge eines Hochleistungs-Excimerlasers zu gewinnen, berechnen wir die Intensität aus der Dichte der Excimermoleküle $n_o$, ihrer Lebensdauer $\tau_o$ und der Laserlänge l

$$I = h\nu \, (n_o/\tau_o) \, l \, \eta_{ex} = I_S \, g_o \, l \, \eta_{ex}. \tag{4}$$

Eingesetzt in (1) ergibt sich die für $l \gg (g\text{-}a)^{-1}$ gültige Beziehung

$$\eta_{ex} = (1 + al)^{-1} - (g_o l)^{-1}. \tag{5}$$

Mit den typischen Werten $a = 0{,}01 \text{ cm}^{-1}$ und $g_o = 0{,}1 \text{ cm}^{-1}$ beträgt die Extraktionseffizienz bei l = 1 m noch 40 % während sie für l = 3 m bereits auf 22 % und bei l = 8 m unter 10 % gesunken ist. Die Laserleistung steigt zwischen l = 3 m und l = 10 m um lediglich 25 %. Diese Überlegungen beschränken die nützliche Entladungslänge auf wenige Meter.

Die Breite des Entladungsvolumens wird zum einen durch den Skineffekt begrenzt. Bei großem Entladungsquerschnitt beginnt die Entladung außen und wächst dann nach innen [6]. Um einen einigermaßen homogenen Laserstrahl zu erhalten und das gesamte Entladungsvolumen auszunutzen, muß dies erfolgt sein, bevor die Entladung instabil wird. Zum anderen darf die Breite der Entladungskammer nicht zu groß gewählt werden, da sonst die Induktivität so groß wird, daß keine schnelle Entladung mehr möglich ist. Das gleiche gilt für den Elektrodenabstand, der bei gegebenem Gasdruck außerdem durch die verfügbare Hochspannung begrenzt wird.

Ein quadratischer Entladungsquerschnitt bringt gewisse Vorteile für die Anwendung des Lasers (minimale Beugung an Blenden) und die gleichmäßige Belastung der meist aus einfach zu fertigender Rundoptik bestehenden Spiegel. Für die Anregungstechnik (und für die Gaszirkulation) ist allerdings ein rechteckiger Strahlquerschnitt vorzuziehen, wobei der Abstand h zwischen den Elektroden größer als die Entladungsbreite b ist. Um dies zu verstehen, müssen wir einen Blick auf den Entladekreis werfen.

Sobald die Entladung einsetzt, kann der Spannungsverlauf an den Elektroden durch

$$U(t) = U_{max} \, e^{-(R/2L)t} \cos \omega t \tag{6}$$

approximiert werden. Den wesentlichen und für die Leistungseinkopplung allein maßgeblichen Beitrag zum Widerstand R liefert die Entladung. Zwar ist R nicht konstant, sondern sinkt sehr rasch auf Werte im 0,1 Ω - Bereich, doch soll für die folgende grobe Abschätzung ein über die entscheidende Entladungsphase $(0 \leq t \leq \pi/\omega)$ gemittelter Widerstand angenommen werden. Notwendig für eine schnelle Leistungseinkopplung ist eine hohe Dämpfungskonstante R/2L. Da R nicht beliebig vergrößert werden kann, muß die Induktivität L des Entladekreises so niedrig wie möglich sein (Größenordnung 10 nH). Die Kapazität C des (in Abb. 1 mit $C_2$ bezeichneten) Enladekondensators ist durch die Zündspannung $U_{max}$ und die aufgrund der Reaktionskinetik aus dem Entladungsvolumen zu extrahierenden Impulsenergie

$$E = \eta\, C\, U^2_{max}/2 \tag{7}$$

ebenfalls festgelegt (Größenordnung 100 nF). Folglich dominiert der LC-Beitrag in

$$\omega^2 = (LC)^{-1} - (R/2L)^2 \tag{8}$$

so stark, daß die Kreisfrequenz durch $\omega \approx (LC)^{-1/2}$ gut approximiert werden kann.

Für einen Laser mit vorgegebenem Strahlquerschnitt $b \cdot h$ = const. und vorgegebener Impulsenergie E kann man nun folgende Überlegung anstellen. R ist proportional zu h und zu $b^{-1}$. Vergrößerung des Elektrodenabstandes h führt also unter dieser Bedingung auf $R \sim h^2$. Da die vom Strom umflossene Fläche des Entladekreises ungefähr konstant gehalten werden kann, ist für L keine signifikante Änderung zu erwarten. Indessen wächst die Zündspannung $U_{max}$ ebenfalls proportional zu h, was nach (7) eine Reduzierung der Kapazität $C \sim h^{-2}$ ermöglicht. Die Vergrößerung des Elektrodenabstandes auf Kosten der Breite bringt somit zwei Vorteile für den Enladekreis. Es wächst sowohl die Dämpfungskonstante R/2L (quadratisch) als auch die Kreisfrequenz $\omega$ (linear) mit h.

Der zur Zeit energiereichste entladungsgepumpte Excimerlaser wurde von Champagne et al. [6] gebaut. Er emittiert 66 J Impulsenergie bei 22 l Entladungsvolumen und 5 bar Gasdruck. Kürzlich gelang es Hasama et al. [7] aus 10 l Entladungsvolumen 50 J Impulsenergie zu extrahieren. Diese Laser arbeiten aber nur im Einzelimpulsbetrieb. Für die hier benötigten Spannungen von mehreren 100 kV wird als Schaltelement stets eine Funkenstrecke verwendet.

Damit kommen wir zum zweiten Faktor, nämlich zur Wiederholrate. Zwischen zwei Impulsen muß ja das Lasermedium im Entladungsvolumen vollständig ausgetauscht werden. Dies geschieht optimal durch eine schnelle, zur optischen Achse des Lasers transversale Gasumwälzung. Der Volumenstrom ist über das pro Zeit zu fördernde Gasvolumen der Laserleistung direkt proportional. Wie man leicht sieht, wächst jedoch die dafür aufzuwendende Leistung mit dem Kubus der Laserleistung.

Um das Gas im Entladungsvolumen der Breite b zwischen zwei Impulsen vollständig auszutauschen, muß es bei der Wiederholrate f mindestens mit der Geschwindigkeit

$$v = b f \tag{9}$$

strömen. Also besitzt das Gas im Entladungsvolumen V die kinetische Energie $\rho V v^2/2$ ($\rho$ = Gasdichte). Während der Zirkulation im Gaskreislauf, vor allem beim Durchströmen des Kühlers, verliert es einen erheblichen Teil q ($0{,}5 \le q \le 1$) seiner Energie. Pro Zeiteinheit erfolgt dies f mal. Dieser Verlust muß durch die Gebläseleistung $P_G$ kompensiert werden

$$P_G = \rho\, V\, v^2 \cdot f \cdot q/2\,. \tag{10}$$

Bezeichnet man die pro Volumenelement der Entladung vom Laser gelieferte Impulsenergie mit $E_V$, so ist die Laserleistung

$$P = E f = E_V V f . \tag{11}$$

Damit folgt

$$P_G \sim P^3 b^2 q \; / \; E_V E^2 . \tag{12}$$

Im Grunde wächst $P_G$ jedoch noch stärker mit P als aus (12) ersichtlich, da q ebenfalls mit P zunimmt. Größere Leistungen bedingen stärkere Kühler und implizieren höhere Verluste an kinetischer Energie. Außerdem muß auch die vom Gebläse aufgebrachte, im Vergleich zum Entladekreis nicht unbeträchtliche Leistung wieder durch Kühlung aus dem Gas entfernt werden, wodurch Kühlergröße und Verlustfaktor q weiter steigen.

Die schnellsten entladungsgepumpten Excimerlaser kommen - teilweise im Burst Mode - auf Wiederholraten von 2 bis 3 kHz [8,9,10], jedoch auf Kosten der Impulsenergie. Um einen Hochleistungslaser zu konstruieren, muß also ein Kompromiß zwischen Impulsenergie und Wiederholrate geschlossen werden. Allerdings gibt es kein scharf definiertes Optimum. Zumindest ist ein solches nicht bekannt.

## Hochleistungslaser

Die gegenwärtig leistungsstärksten Excimerlaser sind in Abb. 2 markiert. Es handelt sich dabei um Forschungslaser, die erfahrungsgemäß dann und wann ausfallen, oder überhaupt nur im "Burst Mode", d. h. über wenige Impulse, arbeiten. Die stärksten kommerziellen Geräte sind zum Vergleich ebenfalls angegeben.

Den ersten 300 W Laser haben Butcher und Fahlen 1986 publiziert [11]. Er emittiert 0,6 J Impulsenergie bei 500 Hz Wiederholrate. Der Elektrodenabstand beträgt 2,5 cm, die Elektrodenlänge 75 cm. Als Besonderheit ist zu erwähnen, daß hier die Vorionisierung durch eine dielektrische Corona-Entladung erfolgt, die hinter einer der Elektroden angeordnet ist.

v. Bergmann et al. [12] verwenden die konventionelle Funkenvorionsierung und erzielen 300 W bei 600 bis 800 Hz. Mit 2,5 kW Gebläseleistung wird bei 2 cm Elektrodenabstand eine Srömungsgeschwindigkeit von 35 m/s in der 1,5 cm breiten und 65 cm langen Entladungszone erreicht. Dieser für Drucke bis 4 bar ausgelegte Laser ist insofern eine Ausnahme, als er mit $KrF^*$ arbeitet. Alle anderen im Übersichtsdiagramm angegebenen Forschungslaser werden mit $XeCl^*$ betrieben.

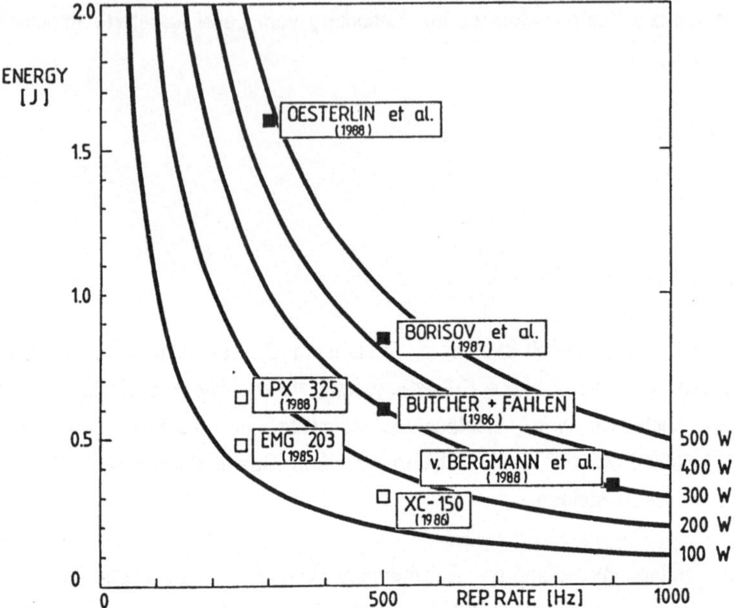


Abb. 2 Die gegenwärtig leistungsstärksten Excimerlaser der Forschungslabors (■) und kommerzieller Produzenten (□).

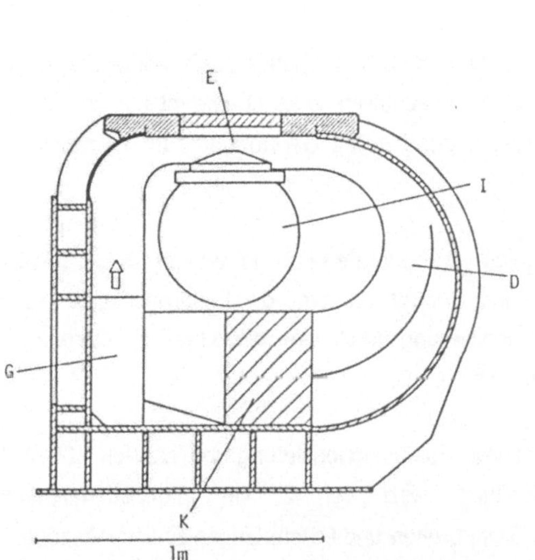


Abb. 3 Querschnitt durch den Gasbehälter des 0,5 kW Lasers [15]. G: Gebläse, E: Entladungsbereich, I: Innenrohr, D: Diffusor, K: Kühler.

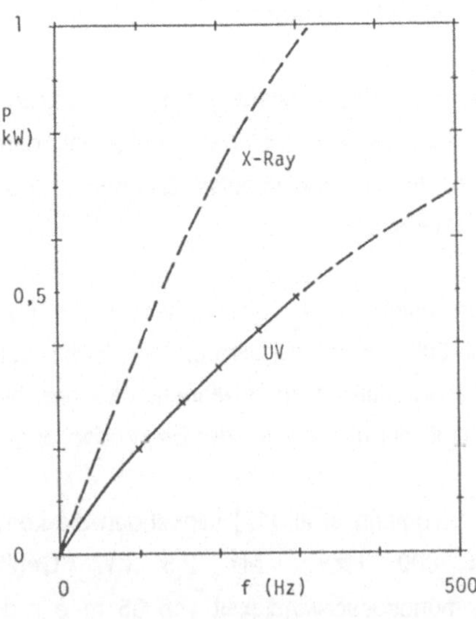


Abb. 4 Mittlere Leistung P als Funktion der Wiederholrate f.

Die 400 W Marke haben erstmals Borisov et al. [13] erreicht[1] - allerdings mit einem kleinen Trick: sie beschritten den russischen Weg und bauten 2 Laser in einen. Beide besitzen eine gemeinsame Erdelektrode, so daß man wohlwollend von anderthalb Lasern sprechen kann. Die Vorionisierung erfolgt durch Funkenstrecken neben den Elektroden. Das Gebläse erzeugt im Entladungsvolumen (3 x 1,5 x 90 $cm^3$) eine Strömungsgeschwindigkeit von 30 m/s, die jedoch nur für wenige Sekunden aufrechterhalten werden kann, so daß die bei 500 Hz erreichbare maximale Leistung nur kurzzeitig zur Verfügung steht.

Den Weltrekord[2] hält gegenwärtig ein bei Lambda Physik gebauter Laser mit 0,5 kW [15]. Der Gaskreislauf ist in Abb. 3 im Querschnitt abgebildet. Der Entladungsquerschnitt beträgt 4,5 x 5 $cm^2$. Die Strömungsgeschwindigkeit im Entladungskanal ist mit 50 m/s hoch genug, um Wiederholraten bis zu 1 kHz zu ermöglichen. Betrieben wurde der Laser bis 300 Hz, limitiert durch die Leistungsfähigkeit des Netzgerätes. Die Funken-Vorionisierung erfolgt durch eine perforierte Elektrode. Es ist beabsichtigt, sie durch eine Röntgenröhre zu ersetzen. Die durchgezogene Kurve in Abb. 4 gibt die gemessene Leistung wieder. Bei 500 Hz Wiederholrate sind 600 bis 700 W zu erwarten. Wie aus Versuchen mit kleineren Lasern bekannt ist, läßt sich bei XeCl* mit Hilfe von Röntgenvorionisierung die Impulsenergie deutlich steigern [17]. Man kann erwarten, daß damit die 1 kW Marke bereits unterhalb von 500 Hz erreicht wird.

## Ausblick

Die Entwicklung von Hochleistungs-Excimerlasern wird gegenwärtig auf breiter Front vorangetrieben. In Japan arbeitet ein Forschungskonsortium (AMMTRA = Advanced Material-Processing and Machining Technology Research Association) mit Unterstützung des MITI an der Realisierung eines Excimerlasers mit 2 kW Ausgangsleistung bei 5 kHz Wiederholrate. Dieses Projekt begann 1986 und erstreckt sich über acht Jahre. Ein Ergebnis sind die hochrepetierenden Laser von Ito et al. [9] und Takagi et al. [10].

In den USA erfolgt die Entwicklung von Hochleistungs-Excimerlasern im wesentlichen in Großforschungslabors im Rahmen von Regierungsaufträgen. Konkrete Daten sind nicht allgemein zugänglich.

Die Arbeiten am oben beschriebenen 0,5 kW-Laser werden 1989 im Rahmen eines überwiegend von Deutschland und Frankreich getragenen EUREKA Projektes fortgesetzt, nach dessen gegenwärtiger Planung der erste Excimerlaser mit 1 kW Leistung in den frühen neunziger Jahren verfügbar sein wird. Anschließend sollen 3 kW erreicht werden und noch in diesem Jahrtausend 10 kW.

---

1) Nach Pressemeldungen [14] wurde bereits 1985 von Stappaerts et al. ein XeCl* Laser mit 4 J Impulsenergie und 100 Hz Wiederholrate realisiert, jedoch scheint bisher keine authentische Veröffentlichung zu existieren.

2) Nach Pressemeldungen [16] wurde die 0,5 kW-Marke inzwischen auch in den USA erreicht.

**Literatur**


[1] B. Stevens, E. Hutton: Nature **186** (1960) 1045

[2] C. P. Christensen, C. Gordon, C. Moutoulas, B. J. Feldman: Opt. Lett. **12** (1987) 169

[3] C. F. Zahnow: A 1 kW e-Beam Pumped Excimer Laser, International Congress on Optical Science & Engineering, 19. - 23. 9. 1988, Hamburg (SPIE Proc. **1023**)

[4] M. Steyer, H. Voges: Appl. Phys. B **42** (1987) 155

[5] J. W. Gerritsen, G. J. Ernst: Appl. Phys. B **46** (1988) 141

[6[ L. F. Champagne, A. J. Dudas, N. W. Harris: J. Appl. Phys. **62** (1987) 1576

[7] T. Hasama, K. Miyazaki, K. Yamada, T. Sato: IEEE J. Quantum Electron. **25** (1989) 113

[8] C. P. Wang, O. L. Gibb: IEEE J. Quantum Electron. **15** (1979) 318

[9] S. Ito, M. Arai, K. Hotta: 2-kHz High Repetition-Rate XeCl Excimer Laser, CLEO ´89, 24. - 29. 4. 1989, Baltimore

[10] S. Takagi, N. Okamoto, K. Kakizaki, S. Satoh, T. Goto, K. Ishikawa: High Repetition Rate Excimer Laser, CLEO ´89, 24. - 29. 4. 1989, Baltimore

[11] R. R. Butcher, T. S. Fahlen: Corona preionized 300 W excimer laser, CLEO ´86, San Francisco, Digest of Technical Papers, S. 194

[12] H. M. von Bergmann, G. L. Bredenkamp, P. H. Swart: High Repetition Rate High Power Excimer Lasers, International Congress on Optical Science & Engineering, 19. - 23. 9. 1988, Hamburg (SPIE Proc. **1023**)

[13] V. M. Borisov, A. Y. Vinochodov, Y. B. Kiryuchin: Kvant. Elektr. **14** (1987) 936

[14] Laser Focus, Mai 1985, S. 22

[15] P. Oesterlin, W. Mückenheim, D. Basting: High Power Excimer Laser: First Results, International Congress on Optical Science & Engineering, 19. - 23. 9. 1988, Hamburg (SPIE Proc. **1023**)

[16] Laser Focus World, April 1989, S. 9

[17] E. Müller-Horsche, D. Basting, U. Brinkmann, P. Oesterlin, W. Mückenheim: X-Ray Preionization Studies in Chlorine and Fluorine Containing Excimer Gases, "Laser '87 Optoelektronik", W. Waidelich (Hrsg.), Springer, Berlin, 1987, S. 21

# A First Step to Understanding the Influence of Electrode- and Preionization-Profile on the Homogenity of XeCl*-Lasers (Model and Experiment)

M. Bähr, W. Bötticher
Institut für Plasmaphysik, Universität Hannover, Callinstraße 38, D-3000 Hannover, FRG

## Introduction

For producing a $XeCl^{*}$-laser with long pulses and an optimum beam quality it is necessary to achieve a very homogenous discharge. Due to the not exactly known lateral distribution in the preionization the electrode profile has to be matched individually in most cases.

To investigate this behaviour a laser system producing long current pulses (> 80 ns) was developed. Streak exposures of the light emission show the dynamic of the discharge geometry depending on the preionization, gas and circuit parameters.

These results are compared with a one dimensional model, which describes the critical interaction between these parameters. In addition, mechanisms responsible for instabilities can be verified with this model /3/.

## Experimental setup

To get a defined preionization we use a flash X-ray tube (90 ns pulswidth), producing an electron density of $4 \cdot 10^{14}$ $m^{-3}$ in 100 mbar Xe. The X-ray puls and the distribution of the radiation over the length (20 cm) is monitored by a fast szintillator (2 ns), placed between the X-ray tube and the laser.

The laser head is designed for pressures up to 10 bar. In principle the discharge volume is defined by the electrode distance (10 mm) and the cross-section of the window for the X-radiation (20x200 $mm^2$). The anode is plane, whereas the cathode has a chang-profil /5/. Integrated in the laser head are a capacitor divider, a shunt and a faraday probe measuring the voltage and the current of the discharge.

The pulsforming network (PFN) is built up by eight discrete LC-elements with a single transit time of 134 ns and an impedance of 0.53 Ω. This PFN is switched by a load capacitor with a $H_2$-thyratron. Therefore the voltage at the PFN and also between the electrodes increases slowly with typical time constant of 400 ns.

To investigate the influence of the current density on the stability of the discharge optionally an $CuSO_4$ resistor can be placed between the PFN and the laserhead without changing other circuit parameters like head inductance.

To characterize the homogenity of the discharge, we used a fast streak camera to detect the light emission of the discharge end-on (integrated over the length of 200 mm). So we get time resolved information about the structure in the discharge.

## Experimental results

Streak exposures show that the discharge in this special experiment is dominated by large structures, not by small filaments as one would assume by analyzing time integrated pictures of the light emission. The structure between the electrodes can be classified into three regions: Near the cathode (<0.76 mm) the discharge is dominated by "hot spot's" and shows a strong structure. This looks quite different at greater distances (>3 mm). Here the discharge becomes homogenous, but the light emission is wider than near the cathode.

Between the "hot spot's" and the homogenous region a "dark space" is observed (1-3 mm width), which increases with the delay time between the discharge and the preionization. This is due to the drift of the preionization electrons during the ignition time. Due to this drift the discharge starts near the cathode with a lower preionization density than in the remaining volume. This emphasizes the requirement for a short ignition time, i.e. a fast voltage rise time.

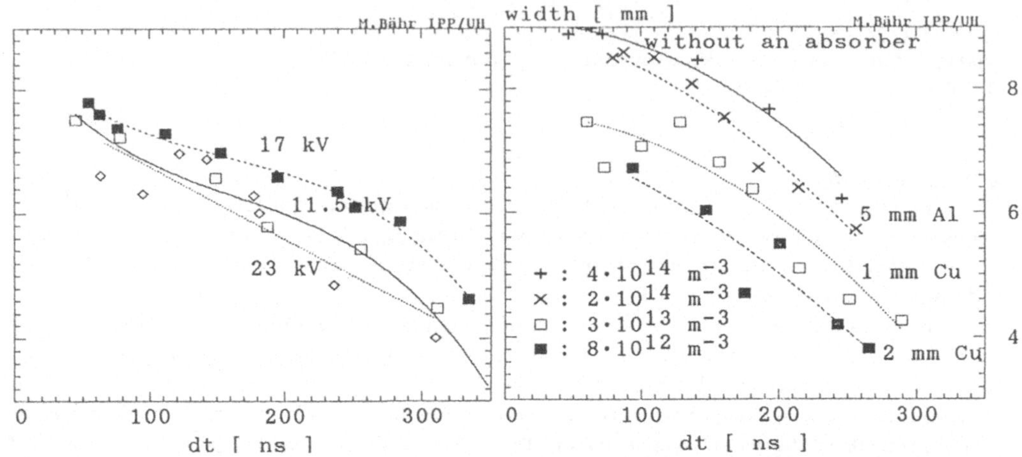


**Fig. 1** The width of the light emission depending on the distance from the cathode.

**Fig. 2** The width of the light emission depending on the preionization electron density and the delay time dt.

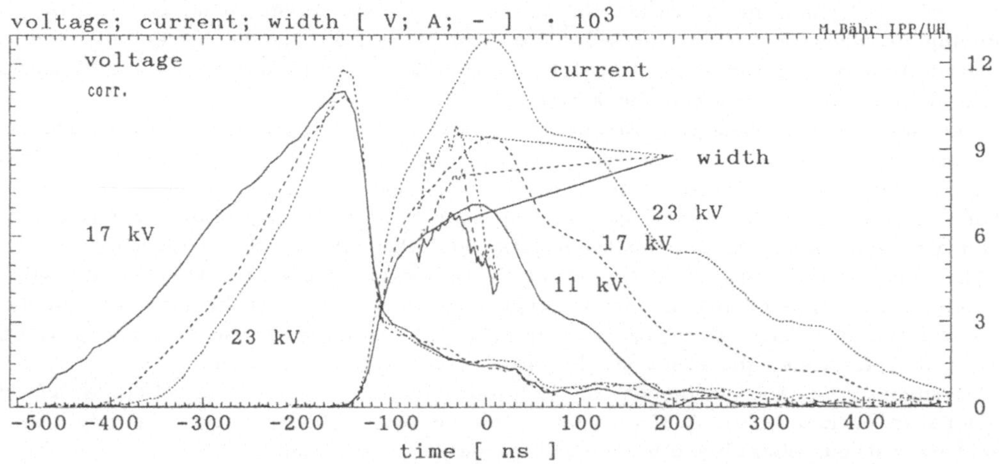


**Fig. 3** The voltage, current and the width of the ligth emission for three different load voltages (limiting resistor : Rv = 950 mΩ).

But also the homogenous region depends strongly on the preionization. With increasing delay time dt of the discharge or a reduced preionization electron density the width of the light emission becomes smaller, whereby the influence of the delay time is stronger (Fig. 2).

In addition we observed a second feature in the homogenous region. The width of the light emission W(t) shows a "breathing" of the discharge (Fig. 3). A short time after the current rise the width increases with the current, but 80 ns later the discharge starts contracting into one small channel. The current density evaluated with a cross-section of the discharge, given by the whole length (200 mm) and the time depending width of the light emission, is nearly constant during this homogenous period of the discharge, although the total current increases strongly. In addition the current density for different total currents (different load voltages and limiting resistors) seem to be a constant. In all these measurements we get a current density of 600 - 700 $A/cm^2$ (Fig. 4a,b).

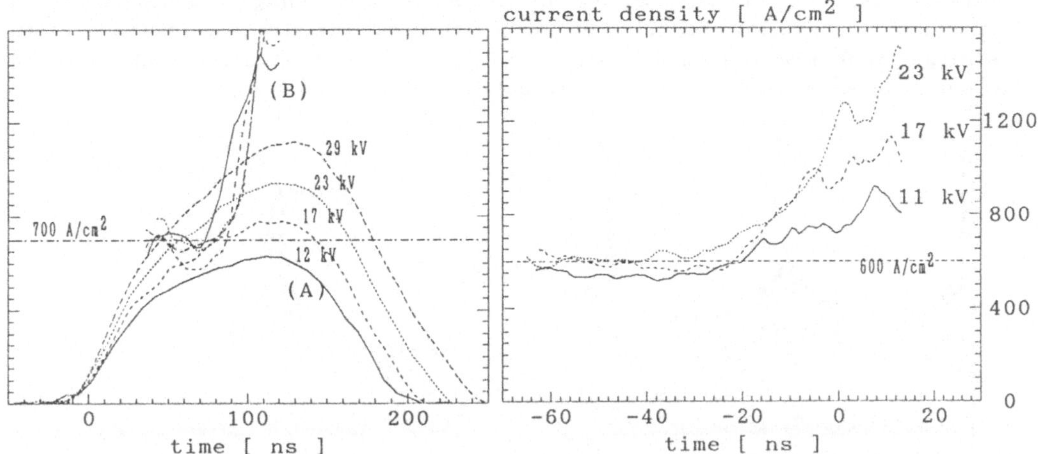


**Fig. 4a** The current density evaluating from the measured current with a constant cross-section (A) and with W(t) (B) for different load voltages (limiting resistor : **R = 0 mΩ**).

**Fig. 4b** The current density evaluating from the measured current with W(t) for different load voltages (limiting resistor : **R = 950 mΩ**).

**The model - SPARK -**

Presently available models include no spatial variation of the discharge cross-section. Because of the large computing time of these models some approximations in the theory have to be used. At first we reduce the number of reactions. Only the strongest describing the electron balance are taken into account:

Xenon ionization :

$Xe + e \rightarrow Xe^+ + 2e$

$Xe^* + e \rightarrow Xe^+ + 2e$

Xenon excitation and de-excitation :

$Xe + e \rightleftharpoons Xe^* + e$

HCl excitation and deexcitation :

$HCl(v=i) + e \rightleftharpoons HCl(v=j) + e \quad i,j=0...3 \; j>i$

HCl attachment :

$HCl(v=i) + e \rightarrow H + Cl^- \quad i=0...3$

Secondly we use a maxwellian electron energy distribution given by the electron temperature $T_e$, to evaluate rate coefficients and the mobility of the electrons. $T_e$ is calculated from the electron energy balance. We want to stress that this procedure is a rough approximation providing a first step only in the development of tools to model the temporal <u>and</u> spatial structure of high pressure glow discharges. But it is possible to reduce the fault due to this approximation by fitting the rate coefficient for the one step ionization of Xenon on a large model describing the same discharge without spatial resolution /1,2/.

The present model is quasi one dimensional. The discharge is divided into m channels connecting the electrodes in parallel. There is no interaction between the channels besides the coupling to the pulse forming network (PFN), which is modeled by usual lumped circuit equations.

**Results of the model calculations**

Simulating an imperfect x-ray preionizer we assume a lateral preionization distribution, which decays to 70 % at the outer boundary: $n_e(x) = (1-(2x/D)^2 \cdot 0.3)$. The electrode profile produces a field $E(x) = V_D/d \cdot (1-(2x/D)^2 \cdot f)$. We model two cases. A): f=0 i.e. homogenous field; B): f=0.005 i.e. 0.5 % decay (Fig. 5).

$V_D$ and $I_D$ are very similar in A) and B). But at about 400 ns the current concentrates either into the side channels (A) or into the central channel (B). Also the load voltage is a critical parameter. A lower load voltage (case A) produces a strong concentration into side channels, whereas an increasing load voltage produces a concentration into the central channel (Fig. 6). In all cases the strong contraction of the discharge takes place, when the voltage of the PFN decreases. Especially this behaviour is in agreement with the experimental results shown before.

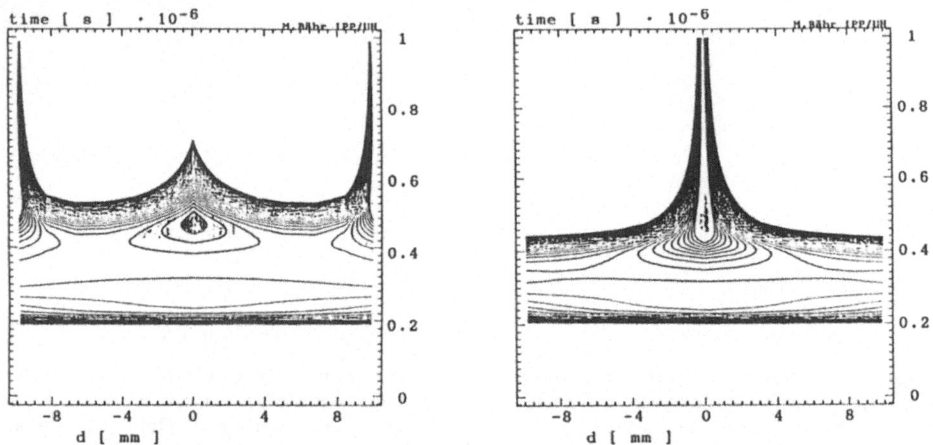


**Fig. 5** The electron density distribution for a plane electrode profil (case A: left) and a decay of the electric field strength of 0.5 % to the outer boundary (case B: right). In this two cases the preionization density decays to 70 % at both sides.

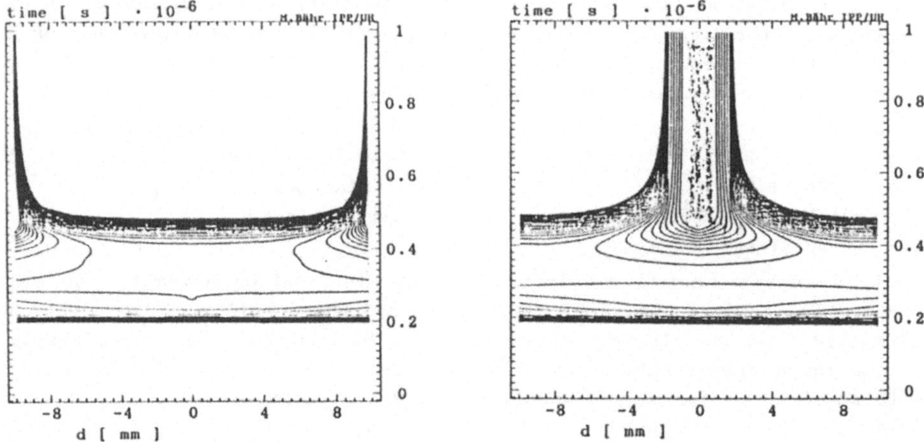


**Fig. 6** The electron density distribution for a plan electrode profile. Only the load voltage is different: 30 kV (left) and 35 kV (right).

The observed macroscopic discharge instabilities are induced by the voltage decay produced by the PFN. HCl-depletion in the various channels develops differently due to a sensitive balance of two step ionization via $Xe^*$ and dissoziative attachment of vibrationally excited HCl, which are controlled by the initial $n_{eo}(x)$ and E(x).

This work was sponsered by the BMFT, Bonn. Project No. FN 13N5406.

/1/ Stielow, G., Hammer, Th., Bötticher, W., 1988, Appl. Phys. B, **47**, 333-342
/2/ Hammer, Th., Bötticher, W., 1989, Appl. Phys. B, **48**, 73-84
/3/ Bähr, M., Dissertation Universität Hannover, April 1989
/4/ Chang, T.Y., 1973, Rev. Sci. Inst. **44**(4), 405

# Zweidimensionale Berechnung der Ausbreitung von Dichtestörungen in gepulsten Hochleistungslasern

A. Holzwarth, K. Grünewald, P. Berger

Universität Stuttgart, Institut für Strahlwerkzeuge,

Pfaffenwaldring 43, 7000 Stuttgart 80

## 1. Einleitung

In Gaslasern wie $CO_2$- und Excimerlasern hängen die Homogenität der elektrischen Entladung und die erreichbare Strahlqualität unter anderem von der gasdynamischen und optischen Qualität des laseraktiven Mediums ab. Inhomogenitäten im Lasergas werden durch die Aufheizung während der Energieeinkopplung verursacht, was zu Dichteänderungen und daraus resultierenden Änderungen der Verteilung der reduzierten Feldstärke E/n und des Brechungsindex führt. Eine inhomogene Verteilung der reduzierten Feldstärke begrenzt die erreichbare Pulsrepetitionsrate, wogegen die nichtlineare Verteilung des Brechungsindex senkrecht zum Laserstrahl eine veränderte Intensitätsverteilung im Fernfeld des Laserstrahls und eine Verkippung der Strahlachse bewirkt. Deshalb muß der Einfluß solcher Dichtestörungen im Entladungs- und Resonatorraum durch eine entsprechende Kanalgeometrie und Anpassung von Betriebsparametern begrenzt werden.

## 2. Dichteänderungen in $CO_2$- und Excimerlasern

In $CO_2$-Lasern kann die thermische Energie, die das Lasergas aufheizt, in zwei Anteile unterteilt werden. Der erste bewirkt eine direkte Heizung im Entladungsraum, während der zweite aufgrund molekularer Abregung erst nach einer Relaxationszeit von einigen Mikrosekunden frei wird [1]. Das Lasergas ist ein Gemisch aus $He/N_2/CO_2$ = 0.75/0.20/0.05 bei einem Druck von 100 mbar, einer Temperatur von 300 K und einer Strömungsgeschwindigkeit von 100 m/s. Die Pulsdauer von 250 $\mu$s führt bei einer Gesamtleistungsdichte von 50 $W/cm^3$ zu einer Energiedichte von 12,5 J/l.

Eine zweidimensionale Berechnung der Dichteänderungen in einem hochfrequenzangeregten $CO_2$-Laser wurde für eine Pulsfrequenz von 2 kHz durchgeführt [2]. In Abb. 1 sind Linien gleicher Dichteänderung in Abständen von $\Delta\rho/\rho$ = 1 % für verschiedene Zeitschritte dargestellt. Die kreisförmige Energiefreisetzung im Resonator führt nicht nur in Strömungsrichtung (von links nach rechts) zu ungleichförmigen

Dichteverteilungen, sondern auch senkrecht dazu zwischen den Elektroden. In den Abbildungen sind jeweils die maximalen Dichteänderungen und die Nullinie gekennzeichnet. In Abb. 2a ist für den ersten Puls dieser Verlauf der Dichte in der Kanalmitte zu vier Zeitpunkten dargestellt. Während des Pulses entstehen zwei entgegengesetzte Dichteänderungen. Von den Rändern des Entladungsraums ausgehend laufen Druckwellen mit Schallgeschwindigkeit nach außen und bewirken eine Verdichtung des Gases. Der Massenstrom aus dem Entladungsraum hat in diesem eine anwachsende Verdünnung zur Folge. Das Verdünnungsgebiet wird mit der Grundströmung weggetragen. Der nächste Laserpuls nach 500 $\mu$s findet noch die Dichtestörungen des vorhergehenden Pulses vor, so daß er in ein bereits inhomogenes Medium trifft (Abb. 1).

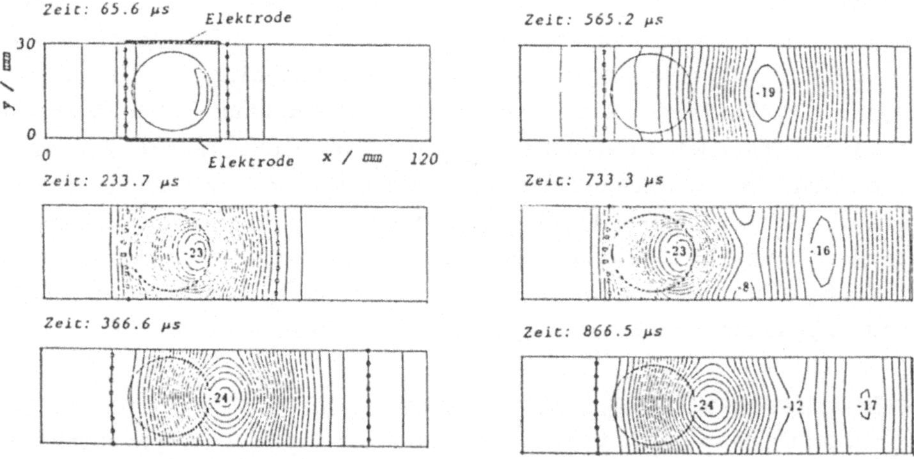


Abb. 1. Linien gleicher relativer Dichteänderung in einem $CO_2$-Laser (in %).

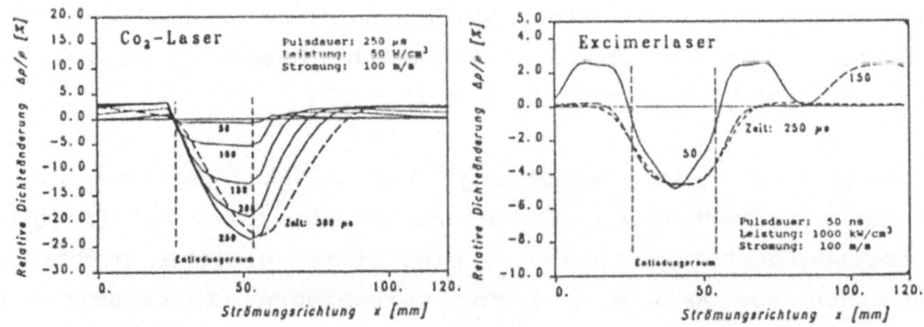


Abb. 2. Verlauf der Dichte im $CO_2$-Laser (a) und im Excimerlaser (b) längs des Strömungskanals zu verschiedenen Zeitpunkten.

## 3. Ausbreitung und Reflexion von Druckwellen in einem Excimerlaser

Die entladungsphysikalischen und strömungsmechanischen Verhältnisse im Excimerlaser unterscheiden sich stark von jenen im $CO_2$-Laser. Das Lasergas ist eine Mischung aus Ne/HCl/Xe = 0.994/0.001/0.005 bei p = 4 bar, T = 300 K und Strömungsgeschwindigkeiten bis 10 m/s. Die Pulslänge von 50 ns führt bei einer Leistungsdichte von 1000 $kW/cm^3$ zur vierfachen Energiedichte wie beim $CO_2$-Laser. Zum Vergleich der daraus entstehenden Dichtestörungen mit jenen des $CO_2$-Lasers sind diese in Abb. 2b zu verschiedenenen Zeitpunkten nach dem Puls dargestellt. Der Betrag der Dichteänderungen ist trotz wesentlich höherer Energiemenge sehr viel kleiner als beim $CO_2$-Laser. Die Dichteabnahme im Entladungsraum ist etwa doppelt so groß wie die stromauf und stromab laufenden Verdichtungswellen.

Die zweidimensionale Ausbreitung dieser Wellen wurde mit Hilfe einer Finite-Differenz-Methode untersucht. Es wird die zeitliche Änderung der Druckverteilung in einem Laserkanal mit in den Resonatorraum ragenden Elektroden betrachtet (Abb. 3a). Elektrodenabstand und Länge betragen jeweils 4 cm. Die in DC-Entladungen zu beobachtende erhöhte Energiefreisetzung im Kathodenfall wurde mit 200 J/l in einer 2 mm dicken Schicht angenommen.

In Abb. 3b ist der Strömungskanal um jeweils einen Krümmer im Zu- und Abströmbereich erweitert. Dargestellt sind die relativen Dichteänderungen $\Delta\rho/\rho$ zu Zeitpunkten, die mit denen der gezeigten Druckverteilungen vergleichbar sind. Die Energiezufuhr wurde jedoch bei gleicher Pulsdauer verdoppelt.

In der Kathodenschicht steigt der Druck stark an und bildet nach kurzer Zeit eine in Richtung Anode laufende Druckwelle. Das Druckplateau im Entladungsraum wird an den Rändern bereits durch in den Gaskanal laufende Druckwellen abgebaut. Die Bilder zeigen die fortschreitende Ausbreitung dieser Wellen, überlagert durch die zwischen den Elektroden hin- und herreflektierte Kathodenwelle. Die Kathodenwelle wird bei jeder Reflexion an den Ecken der Elektroden teilweise in den Laserkanal abgelenkt, so daß sie mit der Zeit immer schwächer wird. Dagegen bleibt die durch die Aufheizung des Gases entstandene Verdünnungszone im Entladungsraum stehen und wird erst mit der Grundströmung weggetragen. Die in den Gaskanal laufenden Wellen werden an der Innenseite des Krümmers gebeugt und abgelenkt, während sie sich außen aufsteilen und teilweise wieder in Richtung des Entladungsraumes reflektiert werden.

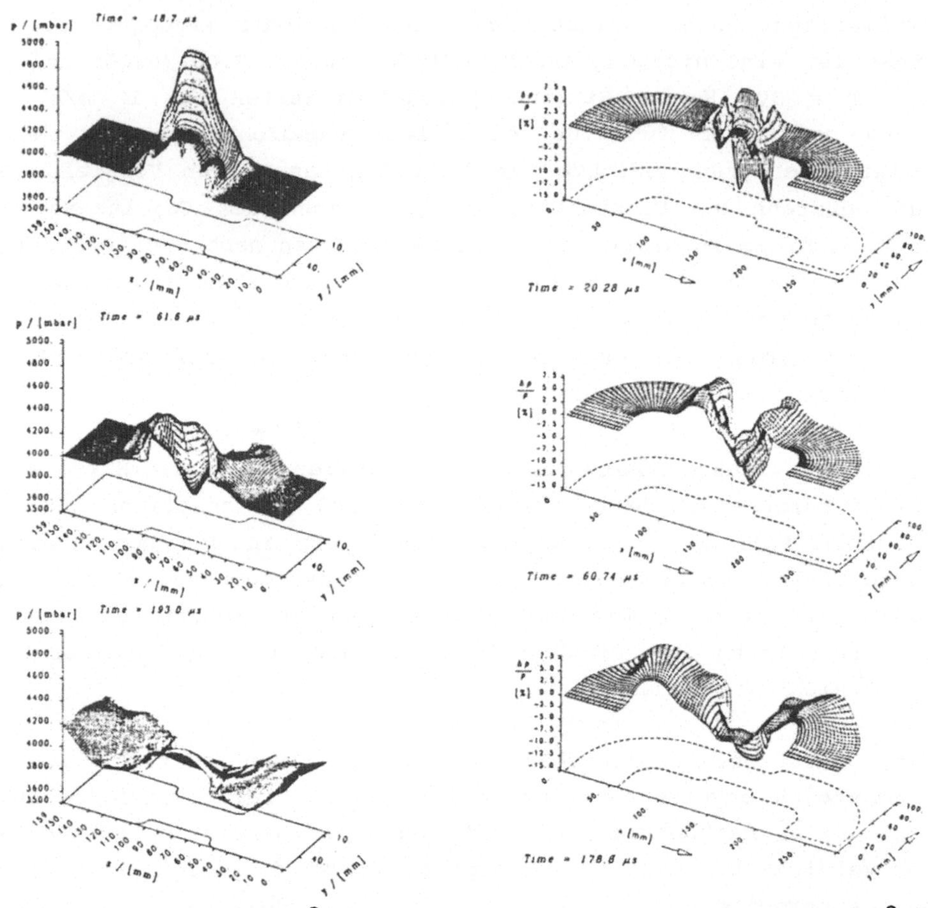


a) Leistung: 1000 kW/cm$^3$ b) Leistung: 2000 kW/cm$^3$

Abb. 3. Verteilung des Druckes (a) und der relativen Dichteänderung (b) in einem Excimerkanal mit vorspringenden Elektroden und anschließenden Krümmern (b) zu verschiedenen Zeitpunkten.

Da nicht nur zwischen den Elektroden, sondern auch in Richtung der optischen Achse zwischen den Resonatorspiegeln Dichteschwankungen beobachtet werden, wurde in dieser Ebene ebenfalls eine Berechnung durchgeführt. Die prinzipielle Geometrie und die Lage des Rechennetzes zeigt Abb. 4. Der Spiegelabstand beträgt 40 cm, die Elektrodenlänge und Breite 30 cm x 1,5 cm. Dies ist auch die Fläche, in der die Energieeinkopplung (1000 kW/cm$^3$ in 50 ns) angenommen wurde. Ausgehend von den Rändern der Entladung bewegen sich Verdichtungsstöße parallel zur Strömungsrichtung (x - Achse) und senkrecht dazu (z - Achse) (Abb. 5). Sie haben nach 200 µs gerade den Rand des betrachteten Gebietes erreicht und verlassen dieses bzw. werden an den Resonatorspiegeln reflektiert. Das bleibende Gebiet starker Verdünnung wird mit der Grundströmungsgeschwindigkeit von 10 m/s stromab getragen.

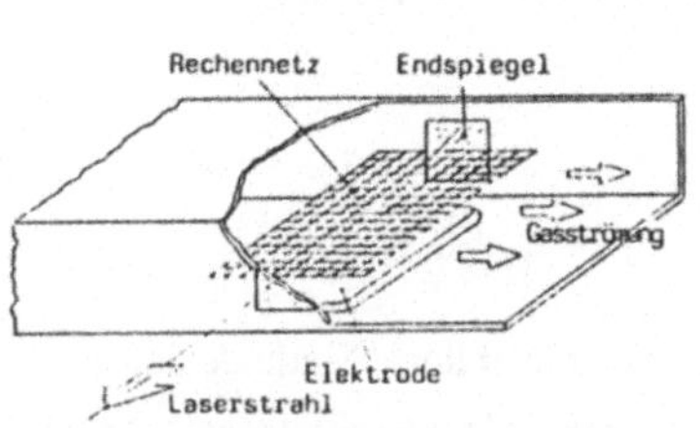


Abb. 4. Rechennetz in der Ebene der optischen Achse im Excimer - Strömungskanal.

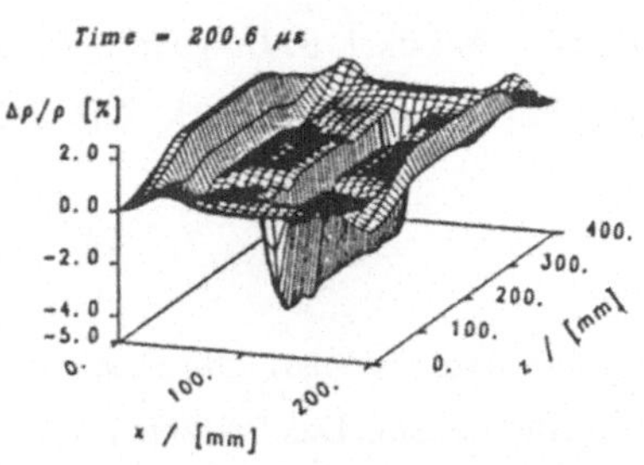


Abb. 5. Dichteänderungen in der Ebene der optischen Achse eines Excimerlasers.

Abhängig von der geforderten Strahlqualität müssen die vorhandenen Dichtestörungen im Bereich $\Delta\rho/\rho = 10^{-3}$ bis $10^{-5}$ liegen [3]. Der nächste Puls darf also nicht gestartet werden, bevor die Dichtestörungen unter dieses Niveau gefallen sind. Die vorhandenen Inhomogenitäten begrenzen also die Pulsrepetitionsrate und somit die mittlere Leistung des Lasers.

## 4. Zusammenfassung

Die Entstehung und Ausbreitung von Dichtestörungen in $CO_2$- und Excimerlasern wurde vergleichend untersucht. Die durch die Entladung initiierten Druckwellen laufen in allen drei Raumrichtungen. Dies sind die Strömungsrichtung, die Richtung der optischen Achse und jene zwischen den Elektroden bei DC-Anregung. An Krümmern werden die Wellen teilweise in den Kanal zurückreflektiert und teilweise abgelenkt. Zur Steigerung der mittleren Leistung und der Strahlqualität ist es notwendig, diese Wellen zum Beispiel durch geeignete Gestaltung des Resonatorraums und der Gasführungen abzuschwächen.

Diese Arbeiten wurden im Rahmen des EUREKA - Verbundprojektes: "EUROLASER: High Power Excimer Lasers" (EU 205) gefördert.

## 5. Literatur

[1] P. BERGER, R. HOLTBECKER, A. HOLZWARTH, H. HÜGEL, Dichteschwankungen in gepulsten $CO_2$-Hochleistungslasern, S.317-320, Lasers 87, München (1987).

[2] R. HOLTBECKER, Berechnung der Dichteänderungen in gepulsten $CO_2$-Lasern, Studienarbeit, IFSW 88-10, Institut für Strahlwerkzeuge (1988).

[3] J. SHWARTZ, V.A. KULKARNY, D.A. AUSHERMAN, Pressure Wave Attenuation in Repetitivly Pulsed Fusion Lasers, Int. Symp. on Shock Tubes and Waves, Jerusalem (1979).

# Advanced Lithography Excimer System: Absolute Wavelength Adjustment, 4 W Average Power

P. Oesterlin, P. Lokai, B. Burghardt, W. Mückenheim, H.-J. Kahlert, D. Basting

Lambda Physik GmbH, Postfach 2663, D-3400 Göttingen

Optische Projektions-Mikrolithographie mit Wafer-Steppern ist eine etablierte Methode der Halbleiterherstellung. Das Verfahren besteht darin, die Struktur einer Maske mittels eines Objektivs auf einen mit Photolack beschichteten Wafer abzubilden. Dabei wird das Bild typischerweise um einen Faktor 5 verkleinert.

Bekanntermaßen hängt die erreichbare Auflösung nicht nur von der Qualität des Abbildungsobjektives ab, sondern die verwendete Wellenlänge setzt ein Limit, das aus physikalischen Gründen nicht unterschritten werden kann. Um möglichst kleine Strukturen, also hohe Packungsdichten erzeugen zu können, muß die Belichtung mit möglichst kurzer Wellenlänge erfolgen. Die Standardlichtquelle heutiger Wafer-Stepper ist die Quecksilberdampflampe, aus deren Emissionsspektrum entweder die G-Linie bei 436 nm oder die I-Linie bei 365 nm herausgefiltert wird.

Um für die Herstellung von hochintegrierten Schaltkreisen die Strukturen auf unter 0,5 µm zu verkleinern, muß eine Lichtquelle mit noch kürzerer Wellenlänge verwendet werden. Excimerlaser, die bei 248 nm emittieren, also mit KrF arbeiten, sind dafür besonders gut geeignet, da sie auch die nötige Lichtleistung emittieren können.

Ein Problem entsteht dadurch, daß Objektive für 248 nm nicht chromatisch korrigiert werden können. Für diese Wellenlänge stehen nicht genügend viele transmittierende Elemente mit verschiedenen Brechungsindizes zur Verfügung, die nötig sind, um achromatische Objektive zu entwickeln. Die Halbwertsbreite eines normalen breitbandigen KrF-Lasers von 0,7 bis 0,8 nm reicht aus, um chromatische Abbildungsfehler so groß werden zu lassen, daß eine Auflösung unter 0,5 µm nicht erreicht werden kann. Das Problem kann nur durch den Einsatz schmalbandiger Excimerlaser gelöst werden.

## A) Absolutwellenlängenkalibrierung

Seit knapp 1 Jahr hat die Lambda Physik GmbH einen speziell für den Betrieb mit Wafer-Steppern entwickelten Excimerlaser im Lieferprogramm, den Lithographielaser Lambda 248 L. Zur Überwachung der Qualität des Laserstrahls (Bandbreite , Wellenlängenstabilität, Leistung) besitzt dieser Laser ein Monitorsystem, daß kürzlich um die Möglichkeit erweitert wurde, eine absolute Wellenlängenkalibrierung durchzuführen.

Dieses Monitorsystem besteht aus 3 Modulen, für die ein geringer Teil des Laserstrahls ausgespiegelt wird.

Als erstes Modul dient der Energiemonitor zur Messung der Pulsenergie des Lasers. Sein Signal wird dazu benutzt, über eine Regelung die Pulsenergie auf einen vorgegebenen Wert zu stabilisieren.

Als zweites wird ein Monitoretalon zur Bestimmung der Bandbreite und Wellenlängenstabilität des Lasers verwendet. Das von ihm erzeugte Ringsystem wird mittels eines Diodenarrays aufgenommen und in dem den Laser steuernden Computer ausgewertet. Die Breite der Maxima ist ein Maß für die Bandbreite des Lasers. Der Meßwert, der typisch zwischen 0,2 und 0,3 pm liegt, wird an die Steuerung des Lasers bzw. an die automatische Steuerung des Steppers übergeben.

Ein Verschieben der Position der Maxima ist ein Indiz dafür, daß die Wellenlänge des Lasers sich verändert. Diese Abweichung wird dazu benutzt, in einem Regelkreis die Stellung des Abstimmelementes der Schmalbandoptik zu verändern und somit die Wellenlänge zu stabilisieren.

Das dritte Modul des Monitorsystems ist das Wavemeter. Es ist ein speziell für die absolute Wellenlängenkalibrierung dieses Lasers entwickeltes Gerät. Sein Funktionsprinzip beruht auf dem Vergleich der Wellenlänge des Lasers mit einer atomaren Emissionswellenlänge. So hat z.b. Quecksilber im Abstimmbereich des Lasers mehrere Linien, die zum Vergleich herangezogen werden können.

Die Kalibrierung der Wellenlänge läuft in folgenden Schritten ab: Die Wellenlänge des Lasers wird durchgefahren. Dieses Prozeß wird gestoppt, wenn die Laserwellenlänge mit einer eindeutig identifizierten Vergleichslinie übereinstimmt. Dann wird der Abstand zwischen dieser Vergleichslinie und der Sollwellenlänge des Lasers berechnet und in freie Spektralbereiche des Monitoretalons umgerechnet. Mit Hilfe des Bildes des Ringsystems auf dem Diodenarray wird die Wellenlänge des Lasers um entsprechend viele freie Spektralbereiche verändert.

Die absolute Genauigkeit dieser Kalibrierung ist besser als ± 0,9 pm, die Wiederholgenauigkeit besser als ± 0,8 pm. diese Genauigkeit ist dadurch auch langfristig gesichert, daß eine natürliche Linie als Referenz benutzt wird, und keine Elemente, die Veränderungen unterliegen können. Die Steuerung des Lasers führt diesen Prozess automatisch durch. Der Benutzer muß einmal die gewünschte Wellenlänge vorgeben. Bei jedem Einschalten des Lasers wird automatisch eine Kalibrierung vorgenommen. Die dazu benötigte Zeit liegt unter 2 Minuten.

B) Leistungssteigerung

Eine Steigerung der optischen Leistung von Excimerlasern für die Lithografie wird von Herstellern der Wafer-Stepper schon seit längerem gewünscht, um den Durchsatz an Wafern zu erhöhen.

Der Lithografielaser Lambda 248 L konnte durch verschiedene Maßnahmen so verändert werden, daß sich seine Ausgangsleistung etwa verdoppelte. Dieses Ziel konnte ohne Erhöhung der Netzeingangsleistung erreicht werden.

Dazu wurden folgende Maßnahmen ergriffen:

- Der Wirkungsgrad des optischen Systems wurde um etwas mehr als ein Drittel verbessert. Dies wurde durch ein Neudesign der Schmalbandoptik erreicht.

- Die Gasentladung wurde derart überarbeitet, daß eine Pulswiederholfrequenz von 400 Hz möglich ist. Gleichzeitig wurde der Wirkungsgrad der Entladung verbessert, also die Umsetzung von elektrischer Energie in angeregte KrF-Moleküle.

- Anschließend wurden intensive Tests, besonders der Optik durchgeführt, um sicherzustellen, daß die erhöhte Leistung nicht zu Lebensdauerproblemen irgendwelcher Komponenten führt.

Die Spezifikationen des verbesserten Lasers sind in Tabelle 1 im Vergleich zu dem älteren 2,5 W-Modell angegeben. Das neue Modell hat die gleichen optischen Eigenschaften wie das ältere. Die mittlere Leistung ist mit 4 W spezifiziert, weit genug unter der Maximalleistung, um Lebensdauer- und Zuverlässigkeitsprobleme aller Komponenten auszuschließen. Die angegebenen Leistungen stellen nicht die maximal erreichbare Ausgangsleitung dar, sondern den Pegel, mit der die Laser stabilisiert für mindestens 8 Stunden betrieben werden können.

Die Lebensdauer der Entladungseinheit, in Laserpulsen gemessen, konnte verdoppelt werden. Da der neue Laser mit der doppelten Pulswiederholfrequenz arbeitet, ergibt sich in Stunden die gleiche Lebensdauer. Wegen der höheren Leistung können in dieser Zeit aber nahezu doppelt so viele Wafer belichtet werden.

C) Zusammenfassung

Der weltweit eingesetzte Lithografielaser Lambda 248 konnte durch die Entwicklung eines speziellen Wavemeters und durch eine Leistungssteigerung verbessert werden. Die höhere Leistung führt zu höherem Durchsatz an Wafern durch den Stepper. Die Lebensdauer und die Zuverlässigkeit des Lasers wurden dadurch in keinem Maße eingeschränkt

Die Möglichkeit, die absolute Wellenlänge des Lasers mit einer Genauigkeit von besser als ± 0,001 nm einzustellen, führt zu reproduzierbaren Belichtungsresultaten und verringert somit die Zahl der nötigen Probebelichtungen. Dies führt ebenfalls zu einem erhöhten Durchsatz.

Tabelle 1. Daten des Lithografie-Excimerlasers Lambda 248 L

Specifications of the Lambda 248 L

| | Version 1<br>2.5 W | Version 2<br>4 W |
|---|---|---|
| wavelength | (248.38 ± 0.2 nm) | (248.38 ± 0.2) nm |
| bandwidth | ≤ 0.003 nm | ≤ 0.003 nm |
| wavelength stability | ± 0.001 nm | ± 0.001 nm |
| max. stab. average power | 2.5 W | 4.0 W |
| stab. pulse energy | 10 to 15 mJ | 10 to 15 mJ |
| max. rep.-rate | 200 Hz | 400 Hz |
| beam size (FWHM) (v x h) | (21 x 3.5) $mm^2$ | (21 x 3.5) $mm^2$ |
| typ. discharge unit replacement interval | 0.4 to 0.5 x $10^9$ pulses | 0.8 to 1 x $10^9$ pulses |

# Zuverlässigkeit und Lebensdauer moderner Industrie-Excimerlaser

P. Oesterlin und H.-J. Kahlert

Lambda Physik GmbH, Postfach 2663, D-3400 Göttingen

Excimerlaser werden seit einigen Jahren vermehrt in industiellen Fertigungsprozessen eingesetzt. Für diese Laser gelten andere Anforderungen als an Laser, die im wissenschaftlichen oder medizinischen Bereich eingesetzt werden.

Excimerlaser für die industrielle Fertigung müssen sich an dem Stand messen lassen, den Materialbearbeitungslaser wie $CO_2$- und YAG-Laser heutzutage erreicht haben. Die technische Entwicklung dieser Infrarotlaser hat einige Jahre Vorsprung vor der Entwicklung von Excimerlasern. Dieser Vorsprung wird jedoch zunehmend geringer, was besonders durch die speziell für industrielle Fertigungsverfahren entwickelten Excimerlaser demonstriert wird.

Tabelle 1 stellt ein Anforderungsprofil von Excimerlasern dar. Man muß zwischen Lasern unterscheiden, die für wissenschaftliche, für medizinische oder für industrielle Zwecke eingesetzt werden. Den in der Tabelle aufgeführten Punkten werden für die verschiedenen Einsatzzwecke natürlich unterschiedliche Prioritäten zugeordnet.

Zuverlässigkeit, Lebensdauer, Servicefreundlichkeit:

Diese Kriterien sind entscheidend für den Einsatzgrad eines Industrielasers und damit für das Verhindern teurer Produktionsausfälle. Sie sind daber extrem wichtig für den industriellen Einsatz.

Hohe Lebendauer und Zuverlässigkeit industrieller Excimerlaser muß sowohl durch geeignete Material- und Komponentenauswahl erreicht werden wie auch durch Betreiben aller Komponenten weit unterhalb ihrer maximalen Leistungsdaten. In jedem Fall sind intensive Tests nötig, um die erwartete Lebensdauer und Zuverlässigkeit sicherzustellen.

Servicefreundlichkeit, d.h. schnelles Lokalisieren von defekten Bauteilen bzw. Modulen sowie schnelles Auswechseln dieser Komponenten, kann nur durch ein streng modulares Konzept erreicht werden.

Bei wissenschaftlichen und medizinischen Lasern wird gegen die Anschaffungskosten abgewogen. Die Lebensdauer in Betriebsstunden oder Laserpulsen ist bei wissenschaftlichen und medizinischen Lasern weniger wichtig, da wegen der geringeren mittleren Einschaltdauer immer eine lange Nutzungsdauer, in Jahren gerechnet, vorliegt.

Vielseitigkeit:
Die möglichst vielseitige Verwendbarkeit von Lasern ist ein Punkt, der im wesentlichen wissenschaftliche Benutzer interessiert. Bei Excimerlasern speziell bedeutet dies einen möglichst weiten Einstellbereich aller Betriebsparameter, also auch der emittierten Wellenlänge. Wissenschaftliche Excimerlaser müssen also mit verschiedenen Gasgemischen betrieben werden können (Multigaslaser).

Bei medizinischen und industriellen Excimerlasern steht, gegeben durch die Anwendung, die Emissionswellenlänge von vornherein fest. Solche Laser sind daher nur für eine Wellenlänge optimiert und können nicht mit anderen Wellenlängen betrieben werden. Der Vorteil sind höhere Lebensdauer und Zuverlässigkeit.

Bedienerfreundlichkeit :
Wissenschaftliche Geräte sind oft, bedingt durch ihre Vielseitigkeit, kompliziert zu bedienen. Für industrielle und medizinische Laser ist eine solche Bedienungsweise nicht akzeptabel. Die Steuerung

dieser Laser muß sich auf wenige Knopfdrücke beschränken, und sie muß Fehlbedienungen genauso verhindern wie das Herbeiführen von Betriebszuständen, die der Lebensdauer des Gerätes abträglich sind.

Da industrielle Laser häufig in Bearbeitungssysteme eingebunden werden, muß die Möglichkeit zur vollständigen Fernsteuerung gegeben sein, wobei Bedienerfreundlichkeit und Sicherheit gegen Fehlbedienung natürlich ebenso gewährleistet sein müssen.

Sicherheitsnormen:
Ein sehr wichtiger Punkt ist die Erfüllung gängiger Sicherheitsnormen. Nahezu kein Laser aus dem wissenschaftlichen Bereich, ob Excimerlaser-, Argonionen- oder HeNe-Laser, kann die strengen Sicherheitsnormen vollständig erfüllen, die an Industriemaschinen gestellt werden. Solche Normen gelten für die elektrische Sicherheit ebenso wie für die Sicherheit bzgl. der hochintensiven optischen Laserstrahlung und den Umgang mit gefährlichen Stoffen. Tabelle 2 zeigt eine Liste der in Europa und den USA gültigen und zu beachtenden Vorschriften. Nur das Einhalten dieser Standards kann sicherstellen, daß ein Laser als industrietauglich akzeptiert wird.

Flexibilität:
Der wissenschaftliche Mark für Excimerlaser und in gewissem Maße auch der medizinische lassen sich mit Standardmodellen weitgehend befriedigen. Im industriellen Einsatz sieht dies jedoch anders aus. Spezielle Materialbearbeitungsmaschinen oder spezielle Bearbeitungsprozesse verlangen häufig nach Anpassungen der Laser, sei es im mechanischen Bereich oder im Bereich der Steuerung, die an die Steuerung des Gesamtsystems angepaßt werden muß. Auch können firmeninterne Sicherheitsvorschriften gewisse Modifikationen erforderlich machen.

Der Hersteller steht hier dem Problem gegenüber, einen Standardlaser mit verschiedenen Modifikationen in kleinen Stückzahlen zu produzieren. Das läßt sich nur befriedigend erreichen, wenn der Laser modular aufgebaut ist.

Preis:
Für in der Forschung eingesetzte Laser ist der Anschaffungspreis ein sehr wesentliches Kriterium, da dem Finanzierungsrahmen normalerweise enge Grenzen gesetzt sind. Anders sieht dies bei industriell genutzten Lasern aus. Bei ihnen wird der Anschaffungspreis immer im Zusammenhang mit den Betriebs- und Wartungskosten und möglichen kostspieligen Produktionsausfällen gesehen. Bei einem langlebigen Laser treten die reinen Anschaffungskosten oft hinter die Betriebs- und Wartungskosten zurück.

Auf der Basis dieser Überlegungen wurde bei Lambda Physik eine Familie von industriellen Excimerlasern entwickelt. Es handelt sich derzeit um drei Modelle mit den Typenbezeichnungen Lambda 1000, Lambda 3000 und Lambda 248 L.

Das Modell Lambda 248 L ist ein schmalbandiger Excimerlaser für 248 nm, der speziell für die Projektions-Mikrolithographie entwickelt wurde.

Die Modelle Lambda 1000 und Lambda 3000 sind Mittel- bzw. Hochleistungslaser für die Materialbearbeitung. Ihre wesentlichen Daten sind in Tabelle 3 angegeben. Die Laser sind jeweils für den Betrieb bei einer Wellenlänge optimiert, aber in verschiedenen Versionen für verschiedene Wellenlängen (verschiedene Gasgemische) erhältlich.

Die angegebenen Leistungsdaten stellen, im Gegensatz zu Datenblättern wissenschaftlicher Laser, nicht die maximal erreichbare Leistung dar, sondern den Leistungspegel, auf den die Laser stabilisiert werden können. Diese Leistung steht bei ununterbrochenem Betrieb für mindestens 8 Stunden zur Verfügung. Sie ist so gewählt, daß alle Komponenten der Laser weit unterhalb ihrer Maximaldaten betrieben werden. Nur so kann die verlangte hohe Lebensdauer und Zuverlässigkeit auch realisiert werden.

Die Tabelle zeigt auch die typischen Lebensdauern der wichtigsten Komponente moderner Excimerlaser, der Entladungseinheit. Man sieht, daß bei einigen Versionen mit einer Lebensdauer von einigen Milliarden Pulsen (einigen Jahren je nach Einsatz) gerechnet werden kann.

Zusammenfassung:
Die Anforderungen an industrielle Excimerlaser: hohe Lebensdauer, Zuverlässigkeit und Servicefreundlichkeit, lassen sich nur dadurch erfüllen, daß alle Baugruppen eingehend auf ihre Eignung überprüft und im Zweifelsfalle neu entwickelt werden.

Geltende Sicherheitsnormen müssen vollständig eingehalten werden, wenn die Laser weitgehende Akzeptanz finden sollen.

Der Hersteller industrieller Laser muß zu hoher Flexibilität bereit sein, kundenspezifische Modifikationen in kleinen Serien zu verwirklichen. Dazu ist ein modularer Aufbau notwendig.

Die diskutierten Punkte stellen Kriterien dar, nach denen Industrie-Excimerlaser zu konzipieren sind. Es ist unzureichend, nur einige dieser Kriterien zu beachten. Erst die Gesamtheit all dieser Punkte führt zu Lasern, die als industrietauglich bezeichnet werden können.

Design Criteria for Excimer Lasers

| Application / Criteria | Scientific | Medical | Industrial |
|---|---|---|---|
| Reliability | o | • | • |
| Lifetime | o | o | • |
| Serviceability | o | • | • |
| Versatility | • | o | o |
| Ease of Operation | o | • | • |
| Consideration of Safety Standards | o | • | • |
| Flexibility | o | o | • |
| Price | • | • | o |

o important
• very important

Liste der für Industrielaser wichtigen Sicherheitsstandards

- VDE 0113 : Elektrische Ausrüstung von Industriemaschinen (FRG)
- NFPA 79 : Electrical Standard for Industrial Machinery (USA)
- VDE 0836 : Bestimmung für die elektrische Sicherheit von Lasergeräten und -anlagen (FRG)
- VDE 0837 : Strahlungssicherheit von Laser-Einrichtungen (FRG)
- ANSI Z 136.1 : American National Standard for the Safe Use of Lasers (USA)
- IBM : Non product Equipment Design (USA)
- RöV : Röntgenverordnung (FRG)

Lambda 1000/3000 Specifications

Lambda 1000

| Laser Medium | ArF | KrF | XeCl | |
|---|---|---|---|---|
| Wavelength | 193 | 248 | 308 | (nm) |
| Max. Stabilized Pulse Energy | 100 | 250 | 125 | (mJ) |
| Max. Repetition Rate | 200 | 200 | 200 | (Hz) |
| Max. Stabilized Average Power | 20 | 50 | 25 | (W) |
| Typical Discharge Lifetime | 0.7-1 | 1.5-2 | 3-5 | ($10^9$ pulses) |

Lambda 3000

| Laser Medium | KrF | XeCl | |
|---|---|---|---|
| Wavelength | 248 | 308 | (nm) |
| Max. Stabilized Pulse Energy | 400 | 500 | (mJ) |
| Max. Repetition Rate | 250 | 300 | (Hz) |
| Max. Stabilized Average Power | 100 | 150 | (W) |
| Typical Discharge Lifetime | 0.4-0.5 | 1.5-2 | ($10^9$ pulses) |

# Excimer Laser Tested to 10 Billion Shots

U. Rebhan, U. Brinkmann, W. Mückenheim, D. Basting
Lambda Physik
P.O.Box 2663, D-3400 Göttingen, F.R.G.

## Introduction

A main goal of current excimer laser research is to improve component life time and over-all reliability in order to minimize down time. We run a long-term test which yielded statistically significant data on both typical down time and component abrasion.

In order to reach high shot numbers in a reasonable time, an accelerated test was prepared with a high repetition rate laser. Its discharge circuit was optimized for XeCl as the laser gas. The stabilized average power was 10 W at 750 Hz. In spite of this low power the significant design parameters were chosen to mimic those of medium-power (50 W) excimer lasers. In particular the specific pump energy deposited per discharge volume and the current density as well as the electric charge per electrode area amounted to 60% and 70%, respectively, of the corresponding value of a 50 W laser (LPX 120iCC, Lambda Physik). For the electric parts exposed to the laser gas, special, as yet confidential, materials were chosen which are chemically resistant to HCl. While the usual gas composition could be used the discharge width had to be reduced with respect to standard excimer lasers in order to achieve the parameters mentioned above. The high voltage power supply as well as the power control were the same types as those used with standard lasers. Gas purification was achieved by circulating the laser gas in a bypass via a mechanical filter (Millipore) and a cryogenic gas purifier (GP 2000, Oxford Lasers).

Power stabilization to 10 W was accomplished by

- high-voltage (HV) control, i.e. increasing HV if output decreases,
- halogen injection, since halogen is chemically depleted,
- partial gas replacement: exchanging about 10% of the complete gas mixture,
- total gas replacement.

If the sequence of these means did not keep the output at the preselected level any more, usually the optics had to be cleaned or exchanged. This was done by flushing the laser reservoir with a rare gas to avoid contamination with ambient air.

The test started on 28 August 1987 and was finished after 183 days of operation when the goal of 10 billion shots was reached. The test was switched off for two days in September when the factory was closed, during Christmas holidays (23 December to 5 January) and Easter but usually operated over normal weekends. The laser still delivered output specifications at the end of the test series.

## Test recording and results

Detailed records were documented listing all events, failures, cleaning intervals, numbers of halogen injection a.s.o. Fig. 1 shows the evolution of the number of halogen injections per 100 million shots, the actual data points averaged visually by a "deck chair" curve which gives the overall trend.

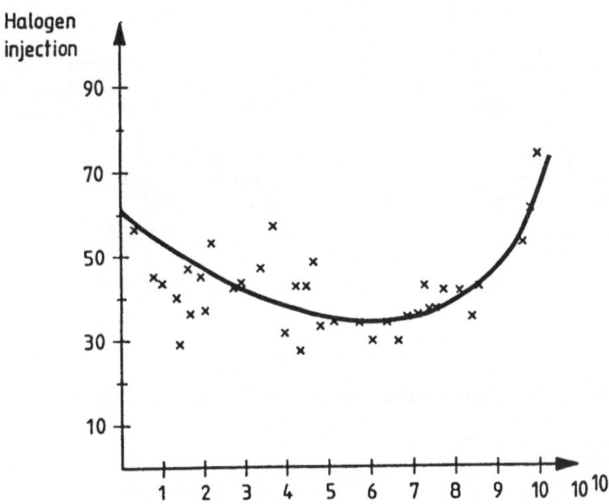


Fig. 1. Number of halogen injections per 100 million shots

Clearly, the decrease tendency in the first third of the total test series, the plateau, and the increase at the end can be distinguished. Qualitatively, this is a reasonable behaviour since system passivation improves in the beginning, and more frequent halogen injections are required if the system becomes polluted by sputtered material. The considerable scatter of the individual data points can have many reasons, e.g. variation of the pureness of the supplied laser gas, or pureness of the filter in the bypass of the cryogenic cooler which during the test had to be exchanged 5 times. 4 times the cryogenic purifier had to be exchanged, 6 times these devices had to be cleaned. Fig. 2 shows a histogram of the operating cycles until optics change due to loss of transparency, i.e. the frequency of certain shot numbers reached. For this plot actual shot numbers which have been accumulated between two cleaning procedures are grouped into "channels" of 25 million shots width, each number counting as one event. The shot numbers listed are the mean values of these channels. The histogram displays a fairly broad distribution and shows a maximum at 175 million shots. Two singular events occured with 550 and 850 million shots. The total shot number of all events used for evaluation amounts to 91.5% of the complete run. The remaining 8.5% have not been taken into account since interruptions occured due to miscellaneous reasons. In such cases optics were changed at the same time to restart with clean optics, and the preceding cycle was discarded.

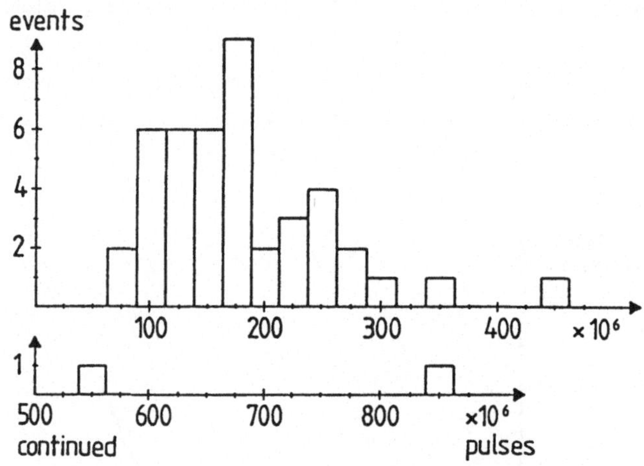


Fig. 2. Histogram of the optics operation cycles

It is interesting to list those parts which did not show any failure during the run:

- thyratron LP 189
- all high-voltage capacitors
- magnetic switch
- discharge electrodes: still showing good shape
- UV preionization: still fully operative
- HV power supply
- hardwarc of computer control
- water cooling line
- oil cooling line
- discharge chamber and gas reservoir
- gas valves
- vacuum pump
- optics: no cracks

## Discussion

From the data in Fig. 2 it can be seen that 8 out of 45 events show less than 125 million shots between optics cleaning. From the raw data, however, it is derived that only 11% lie below 100 million. This means that changing optics at 100 million shots routinely would provide about 90% safety to have uninterrupted operation up to this shot number.

The minimum maintenance time which has to be scheduled results from the number of total gas replacements and optics exchanges, each lasting a typical time interval, and the time necessary for filter exchange and purifier cleaning. During the 10 billion shots run, minimum scheduled maintenance time for optics and gas exchange would amount to 28 h or 0.75% of 154 days of operation. The time required for filter exchange and purifier cleaning summed up to 54 h or 1.5% additional time.

Breakdown of trivial parts and functions occured several times, but in total the down time brought about by such events remained below 2%. Thus the total up time exceeds 95%.

With the exception of thyratron and magnetic switch all components listed above were exposed to between 50 and 100% the stress occuring in a medium power excimer laser. In particular the new materials used for elctrodes and preionization have shown an excellent durability. Even if tentatively assuming a cubic depence of abrasion on current density, they should last for more than 3 billion shots in a medium power laser. Hence the data reported here strongly suggest that it is possible to design a 50 W XeCl laser which will operate over 3 billion shots without serious damage and with an up time of 95%.

# Recent Progress in XeF (C-A) Excimer Laser Technology

F.K.Tittel, C.B.Dane, Th.Hofmann, S.Yamaguchi,
C.J.Hirst, R.Sauerbrey and W.L.Wilson
Rice University
Houston, TX 77251-1892, U.S.A.

The development of the XeF (C-A) eximer laser has been motivated because of its broad wavelength tunability in the visible region which can be utilized for the amplification of ultrashort injection and tunable narrow spectral bandwidth laser pulses.

The main objective of the present work have been concerned with the scaling of an electron beam pumped XeF (C-A) laser to higher energies, improvement of the pulse repetition rate, and demonstration of a broad tuning range. Further, the study of novel cavity configurations was emphasized, in particular injection controlled external and off axis resonators. Injection control permits convenient wavelength and linewidth control by using an external control laser. Furthermore, the injection of a seeding signal enhances energy extraction by more effective photon flux build up and bleaching of transient absorption species. The only proviso to such improved performance is to prevent back coupling of the XeF (C-A) laser to the seed laser.

**XeF(C→A) Laser Scale-Up Objectives**

Previous laser system:

- Active volume 10 cm x 1.6 cm diameter ~ 0.02 liter.
- Single shot experiment.
- Unstable resonator M ~ 1.1 optics.
- Tuning range of 460 - 510 nm.
- Maximum energy output ~ 30 mJ (1.5 J/l).

Scaled laser system:

- Active volume 50 cm x 3.5 cm diameter ~ 0.50 liter.
- Repetition rate of 1 Hz.
- Unstable resonator M ~ 2 optics.
- Tuning range of 460 - 510 nm (greater range expected).
- Maximum energy output > 500 mJ.

Fig.1

The scaling to higher energies was based on previous experiences with a 30 mJ transversely electron beam pumped XeF (C-A) laser device [1]. A summary of the scale up objectives is listed in Fig.1.

All the experiments were performed based on appropriate data obtained from a newly developed numerical model for the photon flux especially adapted to the unique properties of the XeF (C-A) laser [2]. Guidelines for the electron beam energy deposition in the laser gas and the resulting time dependent gain and absorption profiles were obtained from kinetic modelling. The dependence of the output energy on the pumped gas volume was assumed to be linear. In order to obtain an output energy in the 0.5-1 J range, the laser cell had to be increased from 20 $cm^3$ to 500 $cm^3$. Because of the limited penetration depth of the electron beam in highly pressurized gas, the increase in volume had to be accomplished by enlarging the electron beam area, mainly be increasing the laser cell length. The e-beam generator was carefully designed to yield approximately the same electron energy deposition of 120 J/l in the gas mixture as in the previous experiments. The electron energy was 650 kV with a peak diode current of 80 kA in a Maxwell Laboratories Pocobeam machine. The short electron pulse duration of 10 ns was set in order to produce a high peak gain in the electron beam pumped active medium. This is particularly important for subsequent tuning experiments in the far spectral wings of the gain profile.

The increased cavity length and the resulting larger round trip time and gain require a specially designed resonator. The optimum configuration was obtained by means of computer modelling. The cavity for the new cell as well as the old cell consists of a positive branch, confocal unstable resonator which permits injection of a tunable laser seed signal into a hole in the concave mirror.

First measurements with the new laser system included Faraday probe and energy deposition measurements. The electron current density on the optical axis is 160 A/cm$^2$, comparable to the average value measured for the original Physics International Pulserad machine. The energy deposition in the gas is 140 J/l, slightly higher than before.Both the current density and the energy deposition are very uniformly distributed over the cavity length, the maximum deviation on the optical axis is less than 20%. The design of the e-beam excitation was successful in providing an equally large pumping power density for the increased gas volume, which is an important factor for scalability.

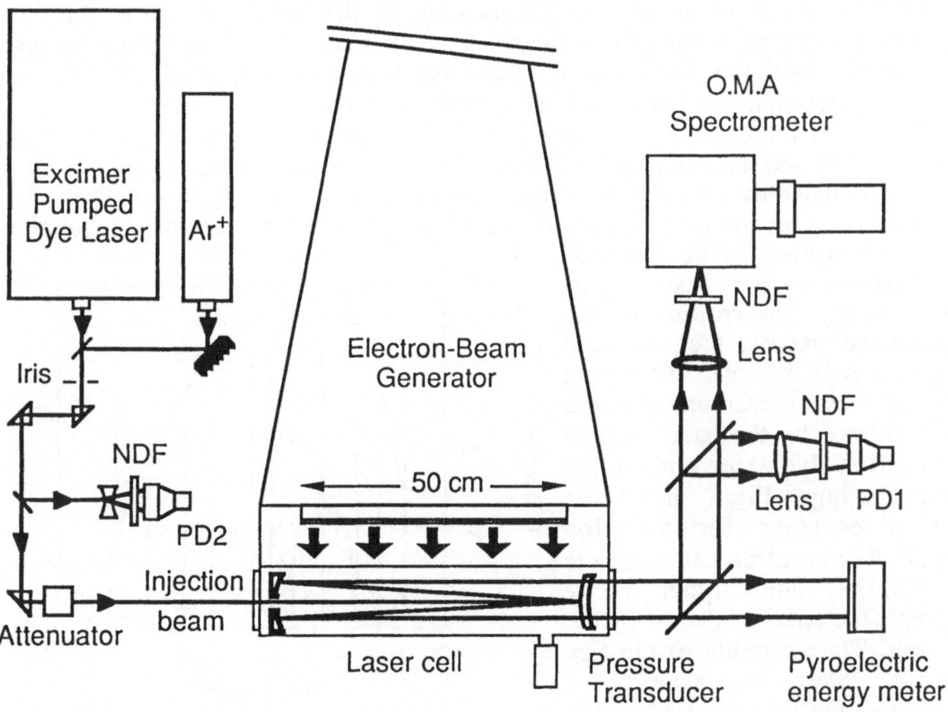


Fig.2 Experimental apparatus

The largely increased cavity length initially led to amplified UV KrF emission thereby decreasing the output of XeF (C-A). Reoptimisation of the gas composition for the new laser resulted in almost completely suppression of lasing on the 248 nm KrF wavelength. Parallel to this, the peak net gain for the (C-A) transition was raised to 3.2 %/cm on the optical axis. The optimum gas mixture is comprised of 16 mbar Xenon, 1.3 mbar Fluorine, 16 mbar $NF_3$, 1 bar Krypton and 5.5 bar Argon.

The experimental set-up is shown in Fig.2. An eximer pumped dye laser is used to inject a 40 ns, 2 mJ pulse into the amplifier which might later be replaced by a compact diode or diode pumped solid state laser. Precise timing is extremely important to overlap the dye and the e-beam pulse. The resonator, which is located inside the laser cell is mounted on flexible bellows to allow alignment. With this configuration the laser produces a 700 mJ, 6 ns pulse at 486 nm. The extracted energy density is 1.5 J/l and the intrinsic efficiency is 1.2 %, which are almost the same values that were obtained previously [3]. The laser scales linearly with the volume and it can be expected, that even larger machines with the same efficiency can be build.

The e-beam generator was designed to work at a maximum repetition rate of 1 Hz. The XeF laser was demonstrated at a 0.1 Hz repetition rate because so far only a slow longitudinal gas flow system has been available which significantly limits the clearing ratio of the pumped active medium. The energy dropped by less than 20% during the continuous operation for 50 shots. After ten minutes a further shot was taken, showing almost completely recovered laser output. The decrease in energy at operation over long time periods is believed to be caused by decomposition of the laser gas and accumulation of impurities in the cell. The operation at higher repetition rates is limited by the build up of strong turbulence in the laser cell due to the large temperature increase in the gas with each e-beam pulse. For future experiments a transverse sub-sonic flow gas handling system has been designed, which should permit long time operation as well as a much higher repetition rate.

The most remarkable property of the XeF (C-A) laser is its large wavelength tuning range of >60 nm from 460 to 520 nm. The e-beam pumped laser could so far be continuously tuned over a range of 40 nm, with a decrease in energy by less than 50 %. The small cross section for the stimulated emission of the (C-A) transition enables the internal absorption to be bleached out. Therefore even at wavelengths where strong absorption of the fluorescence occurs, the extracted energy exceeds 300 mJ. The tuning range at these measurements was mainly limited by the bandwidth of the injection dye laser and of the mirror coatings. Fig.3 shows the obtained energies for injection controlled operation at discrete wavelengths. The upper curve represents the energy injected by the dye laser. The spectrum of the free running laser is given for comparison. For an optimized set-up, a tuning range of more than 60 nm is expected.

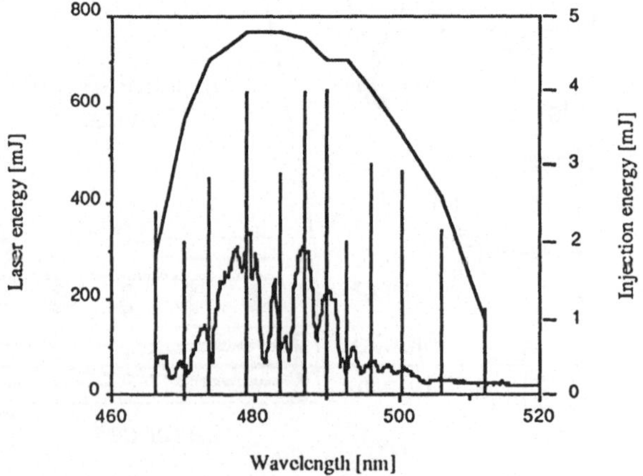

Fig.3 Tuning range of the XeF (C-A) laser

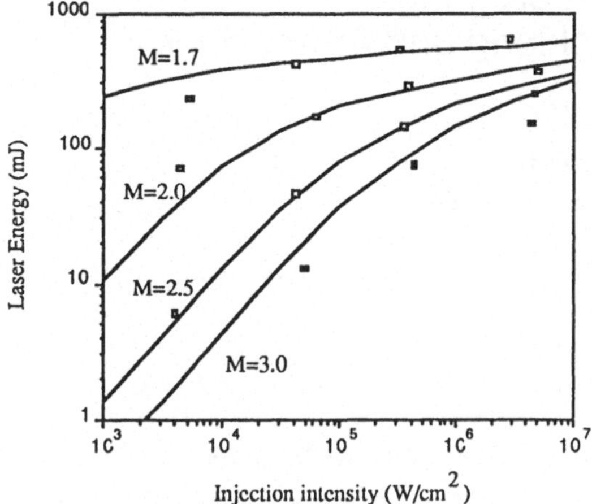


Fig.4 Dependence of XeF (C-A) laser energy on injection intensity M=1.7 internal resonator M=2.0-3.0 external resonator

Guided by the promising results of numeric modelling, some external resonators were also tested. There are various advantages in placing the mirrors outside the laser cell. The most obvious one is the ease of aligning the resonator. But even more important is the fact that the mirrors are no longer attacked by the aggressive fluorine gas mixture as for internally placed resonator optics. This also affects the specification for the optics. If no compromise has to be taken to achieve fluorine resistant coatings, other properties of the mirrors such as damage threshold and bandwidth may be improved. The dependence of laser output on injected intensity was measured for external resonators with magnification factors 2.0, 2.5 and 3.0. All measurements showed good agreement with model calculations (Fig.4). The maximum observed energy for external optics was 500 mJ, obtained with a conventional resonator of magnification 2.0.

The laser gas is presently pumped by the e-beam only from one side, leading to a nonuniform gain profile perpendicular to the optical axis. An external, off axis, unstable resonator was introduced in a way that the output mirror was located near the e-beam side in the high gain region. This results in a faster build up of the laser beam and thus in an increased extraction efficiency. Square mirrors were chosen because of their better overlap with the pumped gas area. With the external off axis resonator the output of the laser could be increased by 10% to 550 mJ.

A number of interesting applications of the XeF (C-A) laser are possible, especially if efficient operation with discharge excitation instead of electron beam pumping can be achieved. Applications include blue-green optical communications and remote sensing, amplification of ultrashort laser pulses, two photon absorption, and plasma displays.

References:

(1) N.Hamada, R.Sauerbrey, F.K.Tittel, W.L.Wilson and W.L.Nighan
IEEE J.Quantum Electron. QE 24, pp 1571-1578 (1988)

(2) N.Hamada, R.Sauerbrey and F.K.Tittel
IEEE J.Quantum Electron. QE 24, pp 2458-2466 (1988)

(3) G.J.Hirst, C.B.Dane, W.L.Wilson, R.Sauerbrey, F.K.Tittel and W.L.Nighan
Appl. Phys. lett 54, pp 1851-1853 (1989)

# $CO_2$-Laser für die industrielle Fertigung Neue Wege der Geräteentwicklung und Anwendung

Hans Opower
DLR - Institut für Technische Physik
Pfaffenwaldring 38-40, D-7000 Stuttgart 80

## 1. Ausgangslage

Der $CO_2$-Laser wird in Kürze 25 Jahre alt. Von Anfang an war sein hoher Wirkungsgrad bestechend und nährte die Hoffnung, daß mit ihm Anwendungsziele erreichbar würden, die vorher abstrakte Phantasie waren.

Die Entwicklung hat diese Hoffnung bestätigt, wenngleich erst nach einer mehr als zehnjährigen Anlaufphase, in der die notwendigen grundlegenden Kenntnisse erworben werden mußten, damals noch wenig beeinflußt von unmittelbaren wirtschaftlichen Erwägungen. Mittlerweile haben wir ein hochgelegenes Plateau erreicht, von wo aus sowohl die Ziele als auch die dahin führenden Wege deutlich erkennbar sind.

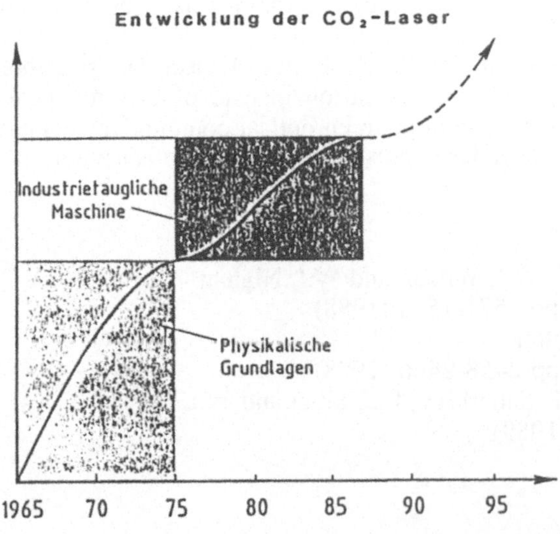


Abb. 1: Entwicklungsverlauf der $CO_2$-Laser

Wir dürfen außerdem unterstellen, daß die $CO_2$-Laser im eigentlichen Hochleistungsbereich auf absehbare Zeit ihre führende Stellung gegenüber konkurrierenden anderen Lasertypen werden behaupten können, wenngleich auch dort langfristig interessante Entwicklungen sich anbahnen, die den Konkurrenzkampf auf einem insgesamt höheren Niveau spannend machen.

Die wichtigsten Verfahren, die heute den Lasern in der industriellen Fertigung zukommen, das Trennen, das Fügen, das Oberflächenhärten, sind im großen und ganzen bekannt; es ist nicht erforderlich, daß wir an dieser Stelle ausführlich darauf eingehen. Erhebliche Bedeutung hat aber eine kritische Analyse der Gesichtspunkte, die für eine wirtschaftliche Einführung in großem Maßstab, d.h. nicht nur für besonders herausgehobene Sonderfertigungen, verantwortlich sind. Die derzeitigen Umsatzziffern von ca. 250 Mio DM weltweit weisen eindeutig noch auf einen Nischenmarkt hin, selbst wenn das gesamte Volumen unter Einbeziehung aller damit zusammenhängenden Systemkomponenten bereits eine größere Ausstrahlungskraft erkennen läßt.

Die Erschließung eines wirklich bedeutenden Marktes für Hochleistungslaser innerhalb der Werkzeugmaschinen setzt fünf Gegebenheiten voraus:

eine größtmögliche Universalität der Bearbeitungsverfahren
die Zuverlässigkeit der Geräte
einen hohen Bekanntheitsgrad mit Möglichkeiten der fachlichen Ausbildung und Schulung
eine gute Adaptierbarkeit an vorhandene Serienmaschinen
günstige Kosten im Vergleich zu konkurrierenden Verfahren

Wir dürfen die ersten Punkte als hinreichend erfüllt betrachten: Trennen und Fügen nahezu aller metallischen Werkstoffe sind prinzipiell möglich; die entsprechenden Verfahren werden großenteils auch bereits beherrscht.

Das formgebende Abtragen sehr harter metallischer und keramischer Materialien ist eine lösbare Aufgabe. Die Veredelung von Oberflächen durch Einsatz von Lasern beim Härten, Beschichten und Legieren wird unentbehrlich für die Herstellung hochwertiger Werkstoffe. Es ist deshalb die Behauptung erlaubt, daß Laserlicht jedes andere Werkzeug an Universalität der Verwendbarkeit übertrifft.

Nach mehrjähriger Anlaufzeit darf heute den Industrielasern auch die Zuverlässigkeit im Betrieb nicht abgesprochen werden.

Die entscheidenden Defizite der heutigen Generation von Hochleistungslasern liegen in den letzten beiden Punkten, in der noch zu voluminösen technischen Gestaltung und in den zu hohen Kosten. Hier muß die Weiterentwicklung einsetzen, eine Weiterentwicklung, die sicherlich mehr sein wird als die technische Verbesserung bestehender Konzepte.

## 2. Gesichtspunkte der Geräteentwicklung

Sowohl die konstruktive Auslegung als auch die Kosten von Hochleistungslasern werden von der Lösung der drei Grundaufgaben bestimmt:

der elektrischen Anregung des Lasergases,

der Kühlung, d.h. der Beseitigung der im Lasergas entstehenden Verlustwärme,

der Erzeugung einer kohärenten Strahlung

Die Notwendigkeit der Beseitigung der Verlustleistung ergibt sich aus dem nur unvollkommenen inneren Umsetzungswirkungsgrad der zugeführten elektrischen Leistung in Lichtleistung.

Die ursprüngliche Methode, nämlich einfache Wärmediffusion an die Wände eines Glas- oder Quarzrohres, hatte eine Limitierung der noch vernünftigerweise erzielbaren Laserleistung auf einige Hundert Watt zur Folge, weil für je 50 Watt etwa ein Meter Rohrlänge erforderlich waren. Der Durchbruch zum Kilowattlaser geschah durch die Einführung schneller Gasströmungen, durch die Verbindung von Strömungsmechanik und Entladungsphysik. Das Ergebnis sind die wohlbekannten, derzeit auf dem Markt befindlichen $CO_2$-Laser, im Leistungsbereich bis zu einigen Kilowatt in der Regel als axial durchströmte Rohrsysteme aufgebaut, darüber im Bereich bis zu einigen Zehnkilowatt in transversaler Geometrie, d.h. Gasströmung, elektrisches Feld und optische Strahlrichtung aufeinander senkrecht stehend.

Zumindest in der mittleren, den Kilowattbereich überdeckenden Leistungsklasse, die den überwiegenden Teil des Marktes bedient, bahnt sich eine konstruktive Wende an: die Rückkehr zu einfacher Diffusionskühlung ohne Pumpen und Turbinen. Dies ist - im Gegensatz zum Kenntnisstand vor 20 Jahren - in äußerst kompakter Bauweise möglich, wenn man die begrenzenden Wände des laseraktiven Gasraumes eng zusammenführt und damit die keineswegs störende Konsequenz in Kauf nimmt, daß die optische Strahlausbreitung nicht mehr seitlich frei, sondern nach den Gesetzen der Wellenleitung erfolgt. Die pro Flächeneinheit abführbare Verlustleistung errechnet sich aus der einfachen Wärmeleitungsbeziehung nach Abb. 2, wobei $\Delta T$ die maximale Temperaturerhöhung des Gases gegenüber den gekühlten Wänden bezeichnet.

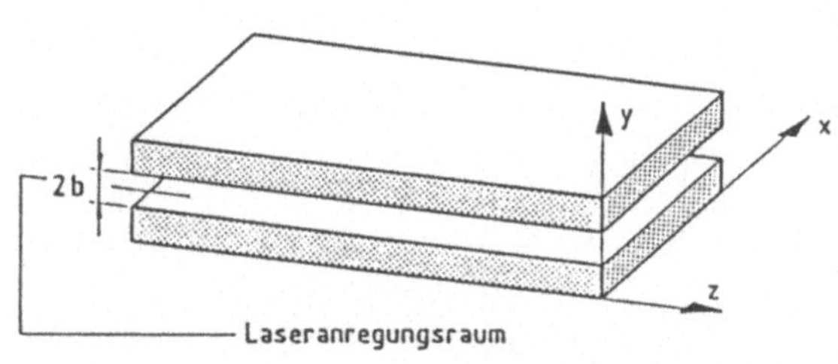


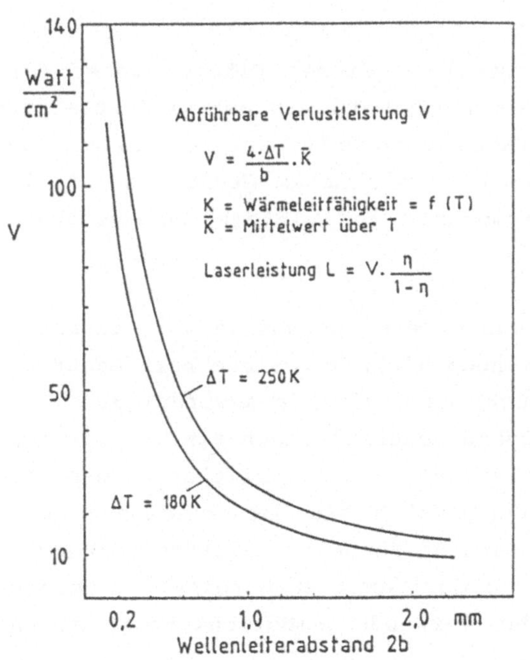


Abb. 2: Wärmeableitung in einem von gegenüberliegenden Wänden eng begrenzten Anregungsraum als Funktion des Wandabstandes 2b.
Die erzielbare Laserleistung L ergibt sich aus der Verlustleistung V und dem internen Wirkungsgrad $\eta$.

Nach Umrechnung in die Ausgangsleistung des Lasers kommt man auf Werte in der Größenordnung einiger Watt/cm$^2$ oder einiger Zehnkilowatt pro Quadratmeter. Solche Ergebnisse wurden mittlerweile auch experimentell bereits erreicht. Der durch die Wellenleitung vorgegebene Rahmen der optischen Ausbreitung läßt einen beliebig weiten Spielraum in der Ausdehnung zu, insbesondere wenn man nach dem Beispiel der Abb. 3 metallische Flächen zugrunde legt.

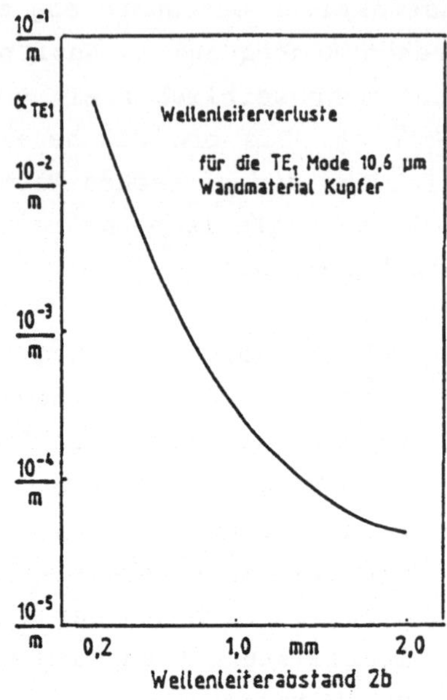


Abb. 3: Optische Verluste für einen ebenen Bandleiter als Funktion des Wandabstandes 2b.

Durch geschickte geometrische Gestaltung dieser Flächen unter Einschluß von Faltungen und/oder Krümmungen wird ein Mehrkilowatt-Laser in einem Volumen von einigen Litern unterbringbar. Der Laser, der heute noch eine eigenständige Maschine mit hohem Gewicht darstellt, reduziert sich damit zu einem kompakten und einfach austauschbaren Bauelement.

Bis zu welcher Leistung die strömungsfreie Konzeption vorteilhafterweise erweiterbar ist, kann heute noch nicht mit Sicherheit beantwortet werden. Die Beantwortung braucht auch nicht als vordringlich angesehen werden, weil das unmittelbare Bedürfnis nach einem strömungsfreien, kompakten Leichtbau-Laser vorzugsweise im mittleren, eine hohe Mobilität erfordernden Leistungsbereich die entscheidenden Fortschritte bringt, während die Generatoren höchster Leistung zwangsweise stationär bleiben werden, so daß dort auch ausgereifte Strömungskonzepte ohne Beeinträchtigung der Verwendungsmöglichkeiten des Lasers die Kühlung besorgen können.

Ein besonders wichtiges, keineswegs schon zufriedenstellend geklärtes Problem betrifft die Frage nach der optimalen Anregung. Zur Diskussion steht die gesamte Breite möglicher Entladungsformen:

Gleichfeld - Mittelfrequenz - Hochfrequenz - Mikrowelle

Die derzeit bei den deutschen Laserherstellern bevorzugte Hochfrequenz besitzt einige Vorzüge, insbesondere was die Unabhängigkeit von geometrischen und strömungstechnischen Zwängen, die Steuerbarkeit und daneben auch Wartung und Verschleiß anbelangt, aber auch Nachteile, z.B. was die Kosten betrifft. Hier sind einschneidende Verbesserungen bei der elektrischen Versorgung notwendig und auch machbar. Der Übergang zu Höchstfrequenzen, d.h. zu Mikrowellen, muß ebenfalls in die Überlegungen einbezogen werden, weil damit auf die in Großserie billig herstellbaren handelsüblichen Magnetrons zurückgegriffen werden kann, was die Kosten für die elektrische Versorgung der Laser deutlich erniedrigen würde. Die Mikrowellenanregung ist vom Grundsatz her erprobt und liefert zufriedenstellende Ergebnisse. Es darf aber nicht übersehen werden, daß eine halbwegs räumlich homogene Einkopplung von Mikrowellenleistung, sei es in große Wellenleiterflächen oder in große Strömungsvolumina, noch einige ungelöste Probleme bereitet.

Es spricht einiges dafür, daß es auch in Zukunft kein einheitliches Anregungskonzept geben wird, daß vielmehr für jede Leistungsklasse eine andere Methode mit Untervarianten, wie z.B. mehrstufigen Entladungen, zu optimalen Lösungen führt.

Die Bedeutung gaschemischer Prozesse darf nicht unterschätzt werden. Man hat früher solche Prozesse meist nur in Zusammenhang mit der Lebensdauer abgeschlossener Systeme gesehen, ihren unmittelbaren Einfluß auf die erreichbare Laserleistung und damit indirekt auch auf den Wirkungsgrad weniger beachtet. Unter diesen gaschemischen Prozessen ist keineswegs nur der $CO_2$-CO Haushalt zu verstehen, sondern auch die Bildung bzw. Beseitigung von Molekülen, die in der Entladung zu Elektronenfängern werden, d.h. den Stromtransport teilweise auf negative Ionen übertragen und dadurch elektrische Leistung der Laseranregung entziehen. Eine konsequente Entwicklungsarbeit auf diesem Gebiet wird ausschlaggebend dafür sein, daß die neue Generation von Industrielasern näher an die von der Physik her vorgegebenen Grenzwerte heranrückt.

## 3. Erweiterung des Fertigungspotentials für eine neue Generation von $CO_2$-Lasern

Das Wort Fertigungspotential drückt die Eignung zum Einsatz in Fertigungsprozessen aus. Dazu gehört selbstverständlich die Beurteilung der Verfahren, die mit dem Werkzeug Licht beherrscht werden. Neben dem Verfahren spielt aber die Integrationsfähigkeit in vorhandene

Fertigungssysteme eine entscheidende Rolle. Die moderne industrielle Fertigung beruht überwiegend auf voll numerisch gesteuerten, in mehreren Freiheitsgraden beweglichen Handhabungssystemen. Als Beispiel sei die Automobilindustrie angeführt, wo die wichtigsten Arbeitsprozesse von Robotern ausgeführt werden. Genau an dieser Stelle setzt die Problematik heutiger Laser ein. Sie sind nur bedingt in vorhandene Bewegungssysteme integrierbar, bedürfen vielmehr entweder eigens für sie entwickelter Sonderanlagen, z.B. aufwendiger und entsprechend teuerer Portalsysteme, oder zumindest einschneidender Umkonstruktionen bei der Verwendung herkömmlicher Roboter.

Die neue Generation kompakter $CO_2$-Laser in Leichtbauweise wird hier ein Umdenken erlauben. Komplizierte Strahlführungen erübrigen sich, wenn die Laserquelle unmittelbar dort plaziert werden kann, wo ihre Strahlung gebraucht wird. Dies eröffnet nicht nur die Möglichkeit einer Verbindung mit Serienrobotern sondern auch mit Serienwerkzeugmaschinen. Die jetzt noch zwangsweise vorgegebene Denkweise der um den Laser herum konstruierten Fertigungsanlage wird einer Denkweise Platz machen, die den Laser als Werkzeug sieht, als ein beliebig in alle Werkzeugmaschinen und Fertigungsanlagen integrierbares Zubehör.

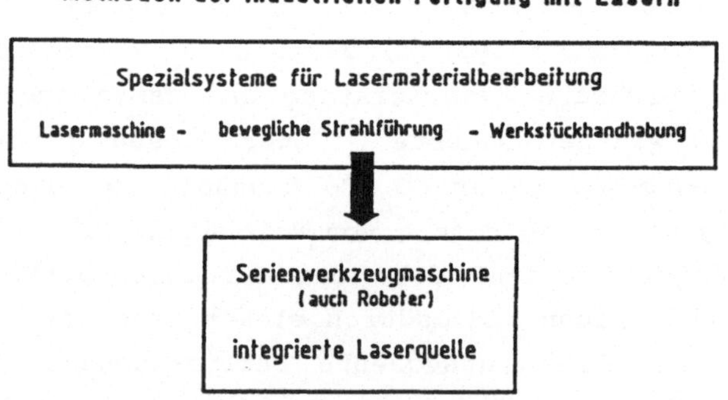


Abb. 4: Vom Spezialsystem der Lasermaterialbearbeitung zur künftigen Serienanlage mit integriertem Laser

Damit eröffnet sich auch ein Weg aus dem Labyrinth der Marktnischen. Denn kein Verfahren kann für sich die Alleingültigkeit beanspruchen, auch wenn es so vielseitige Bearbeitungen zuläßt wie das kohärente Licht. Aber als Teil unter anderen wird das Laserlicht zum unverzichtbaren Bestand aller Fertigungsmaschinen werden, wenn seine Quellen problemlos integrierbar sind und nicht speziell konstruierter Sondermaschinen bedürfen.

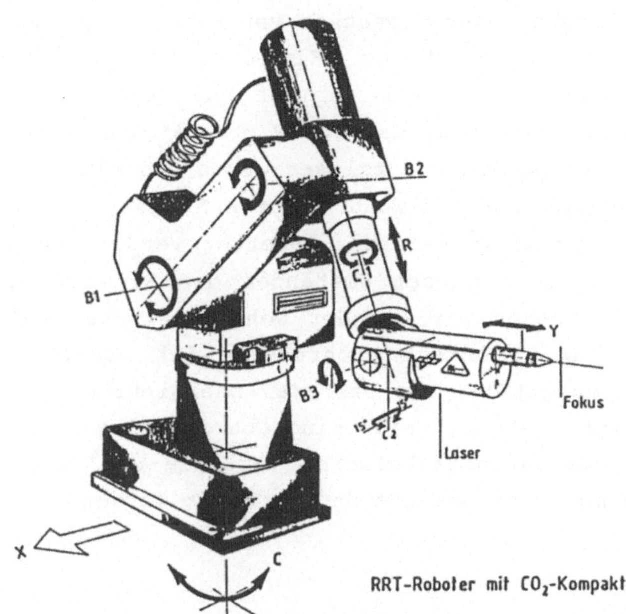

RRT-Roboter mit $CO_2$-Kompaktlaser

Abb. 5: Beispiel für die Integration eines $CO_2$-Lasers der neuen Generation in einen Serienroboter.

Diese Feststellungen gelten für das weite Feld der feineren Fertigungstechnik, wo naturgemäß auch das große Marktvolumen zu finden ist. Die dafür benötigten Laser gehören der Kilowattklasse an, etwa dem Bereich unterhalb 5 kW Strahlleistung. Darüber setzt der schwere Maschinenbau ein mit notwendigerweise eingeschränkter Mobilität. Man wird nicht mehr verlangen dürfen, daß Laser um und über 10 kW auf dem Arm mittlerer Roboter untergebracht werden können; die volle Mobilität muß hier durch Strahlführungssysteme erreicht werden.

Eine schon seit mehreren Jahren, zuletzt während der EUREKA-Diskussionen, gestellte Frage betrifft den Sinn und Zweck von Höchstleistungslasern, d.h. von Lasern mit einer Strahlleistung über 20 kW mit unbestimmter Obergrenze. Es steht außer Zweifel, daß solche Laser eine bedeutsame Rolle in großen, vorwiegend Grundwerkstoffe erzeugenden Industrieunternehmungen spielen können. Man denke an das Verschweißen dickwandiger Platten und Rohre mit Zusatzmaterial, die Herstellung von Sonderlegierungen, das großflächige Oberflächenvergüten.

Bei den meisten Anwendungen dieser Art steht die extreme Fokussierbarkeit der Strahlung nicht so im Vordergrund wie bei den Lasern der tieferen Leistungsklassen; diese Aussage gilt auch für das Schweißen, weil im Bereich der Großwerkstoffe von wesentlich gröberen Toleranzen auszugehen ist als beispielsweise bei der Präzisionsfertigung von Getrieben im Fahrzeugbau. Damit wird das wichtigste Kriterium für die

Beurteilung der Wirtschaftlichkeit des Einsatzes von Höchstleistungslasern die Effizienz der Energieumsetzung. Ein Gesamtwirkungsgrad ("Steckdosenwirkungsgrad") von knapp 10 %, wie er bei den heutigen Lasern noch üblich ist, würde bedeuten, daß 50 kW produktiver Strahlungsleistung von einem halben Megawatt nutzloser Wärme begleitet wären, deren Beseitigung zusätzlichen Aufwand erfordert. Eine solche Rechnung darf kaum als eine positive Referenz gewertet werden, wenngleich in Einzelfällen auch unter diesen Umständen der Einsatz gerechtfertigt sein mag. Hier stehen wir vor der wohldefinierten Aufgabe, das Wirkungsgradproblem zu lösen. Kohärentes Licht darf vom Prinzip her für viele Anwendungsfälle als besserer Energieträger angesehen werden als elektrischer Strom. Beide sind aber bereits Formen hochwertiger Energie. Die verfahrenstechnischen Vorteile des Laserlichtes können nicht mit einer Energievergeudung erkauft werden.

## 4. Zusammenfassung

Wenn man versucht, die zeitliche Entwicklung und den heutigen Stand der $CO_2$-Laserquellen zu charakterisieren, findet man einen Verlauf, der fast typisch zu sein scheint in allen Bereichen, wo wissenschaftliche Grundlagen in technische Produkte umgesetzt werden: Die richtungsweisenden wissenschaftlichen Erkenntnisse werden in kurzer Zeit erarbeitet. Die kreative ingenieurmäßige Umsetzung kann damit nicht Schritt halten; das in den wissenschaftlichen Ergebnissen liegende technische Potential wird erst allmählich erkannt. Heute gelangen wir in eine neue technische Innovationsphase, die nicht von der Physik sondern von der Anwendung als Werkzeug erzwungen wird.

Abb. 6

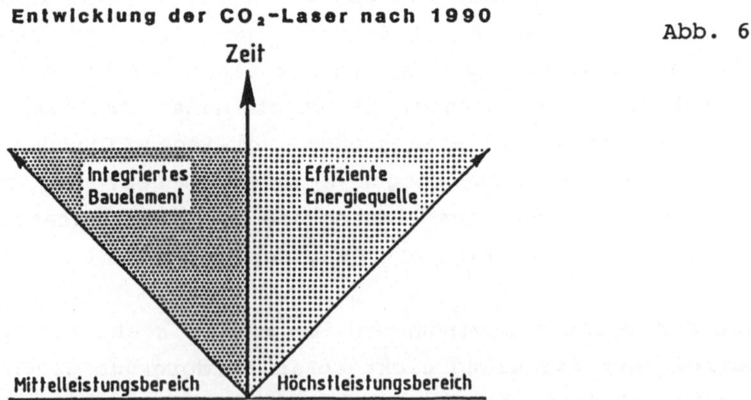


Diese letzte Innovationsphase wird die wichtigste in der Geschichte des $CO_2$-Lasers werden, weil sie aus ihm ein effizientes, in allen Bereichen der Fertigungstechnik kostengünstig einsetzbares Gerät macht.

# Beam Quality of a Fast Axial Flow $CO_2$-Laser with RF-Excitation

O. Märten, V. Sturm, J. Franek, P. Alzer, M. Niessen, P. Loosen
Fraunhofer Institut für Lasertechnik, Steinbachstr. 15, D-5100 Aachen

Abstract

The beam quality of a laser system is defined as a figure of merit for the optimum focus geometry (minimum spot size and maximum focus length), obtained with an ideal focusing optic. Optimization of this beam quality is one objective of laser development, especially in the field of lasers for precision machining. We have investigated the beam quality of a fast axial flow $CO_2$-laser with transverse rf-excitation. Nearfield and farfield intensity distribution have been measured as a function of resonator aperture radius in order to calculate the beam quality. The goal was to optimize the aperture radius for the gauss mode with maximum beam quality. The experiments show the existence of optimum apertures for the observed gauss and donat modes where the beam quality exceeds a local maximum. With these optimized apertures, the beam quality is close to the theoretical limit. In the transition region between gauss and donat mode, the beam quality decreases sharply and the nearfield intensity distribution is superimposed by strong diffraction fringes. It has been demonstrated, that the transition region between two modes can be shifted either to higher or lower aperture radii by varying the spatial gain distribution.

Introduction

The transition of the gauss mode into a higher order mode has been investigated theoretically by several authors concerning to the influence of diffraction at apertures and the gain saturation /1-3/. According to these calculations, the spatial distribution of the small signal gain has been assumed to be homogeneous. One result of these calculations is that the transition of the gauss mode into the next higher order mode should occur when the aperture radius is about 1.5 times the beam radius of the gauss beam in an ideal, empty resonator /1/. This result has been veryfied for some YAG-lasers /1/. Experiments with $CO_2$-lasers especially with some rf-excited axial flow $CO_2$-lasers show that the transition occurs at smaller aperture radii than predicted. This causes low output efficiency of the laser in the gauss mode. The output efficiency is determined by the diffraction losses of the laser mode which rise sharply with decreasing aperture radius /4/. Investigations of the light emitted from the discharge of an rf-excited $CO_2$-laser indicate that the gain distribution may not be as homogeneous as assumed for the calculations /6/. With some YAG-lasers similar effects have been demonstrated: By focussing the spatial

gain distribution to the central line of the laser rod the transition region of the gauss mode has been shifted to higher aperture radii resulting in an increased output efficiency of the laser /5/.
Within this work, the beam quality of a fast axial flow rf-excited $CO_2$-laser has been investigated experimentally in order to estimate the optimal aperture radius for the gauss mode. Additionally the influence of the spatial gain distribution on the transition of the gauss mode into the next higher order mode of the laser system has been investigated.

## Experimental results

A fast axial flow $CO_2$-laser with transverse rf-excitation has been used, which consists of a linear arrangement of four separate discharge tubes. Half shell shaped electrodes have been used as standard electrode geometry with curvature radius close to the outer tube radius. The laser system typically operates at discharge pressures above 10kPa with an output power of more than 500W in multimode operation. The mode discrimination is done by an aperture located at the outcoupling mirror.
A set-up of two beam diagnostic systems /7/ and a focusing lens have been used to measure the near and farfield intensity distribution of the laser beam in order to calculate the beam quality. The experimental set up is shown schematically in fig.1. One diagnostic system is located in front of the laser system at the outcoupling mirror and the second diagnostic system measures the intensity distribution in the focal region of the lens. The beam radius is calculated by integrating the intensity distribution until 86% of the laser power is located inside the radius.
The beam quality can be calculated with

$$K = \frac{\lambda f}{\pi \cdot w_B \cdot w_F} \quad /7/,$$

where $\lambda = 10.6\mu m$ represents the wave length, f the focal length of the lens, $w_F$ the focus radius and $w_B$ the beam radius at the lens.

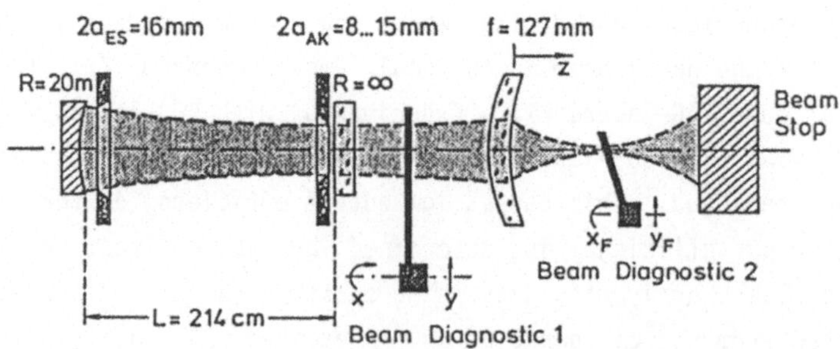


Fig. 1: Experimental set up for measurements of the beam quality

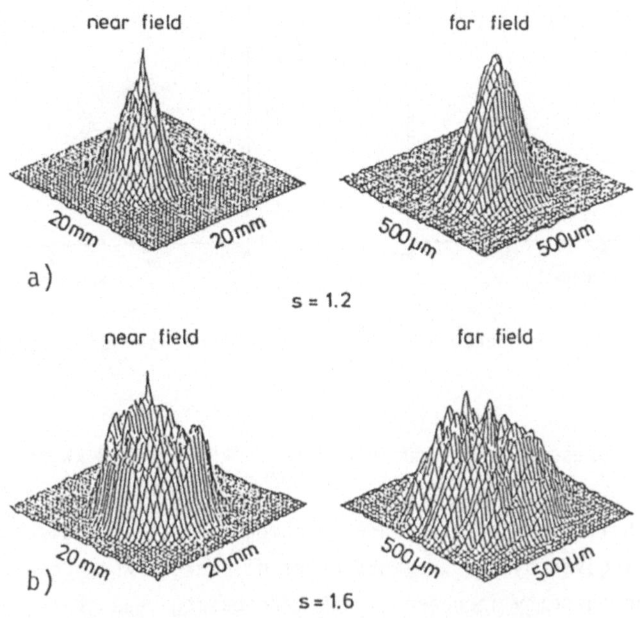


Fig. 2: Near and far field intensity distribution for an aperture of a) s = 1.2 b) s = 1.6

The beam quality has been measured as a function of the aperture radius. In the following the normalized aperture radius $s = a/w_L$ will be used, where a is the aperture radius and $w_L$ is the gaussian beam radius at the aperture.

The experiments described below are carried out at constant pressure and electrical power in the discharge ($p_E$ = 6 kpa, $P_{el}$ = 1.6kW).

Fig.2 shows intensity distributions of the near- and farfield with two aperture radii. Two intensity distributions are similar to a gauss mode (s = 1.2) and the other intensity distributions are similar to the donat mode (s = 1.6). The nearfield and the farfield distributions do not have the same shape as it should be expected for ideal modes. The near field distribution of the gauss mode looks similar to a cone. This can be explained by diffraction at the aperture, superimposing the near field distribution. Because this diffraction has a large divergence compared to that of the mode, the shape of the far field distribution is closer to the shape of the ideal gauss mode.

Fig.3 and 4 show the beam and the focus radius as a function of the aperture diameter 2a. Fig.3 shows an increase of the beam radius with aperture diameter. In fig.4 it can be seen, that the focus radius has two local minima versus aperture diameter corresponding to the onset of the gauss and donat-Modes. With the data of fig.3 and 4 the beam quality K has bees calculated (fig.5). With inceasing aperture the beam quality for the gauss mode increases and reaches a local maximum at s = 1.2. With higher aperture the mode changes into the donat mode and the beam quality decreases. At s = 1.5 the beam quality has its second local maximum for the donat mode.

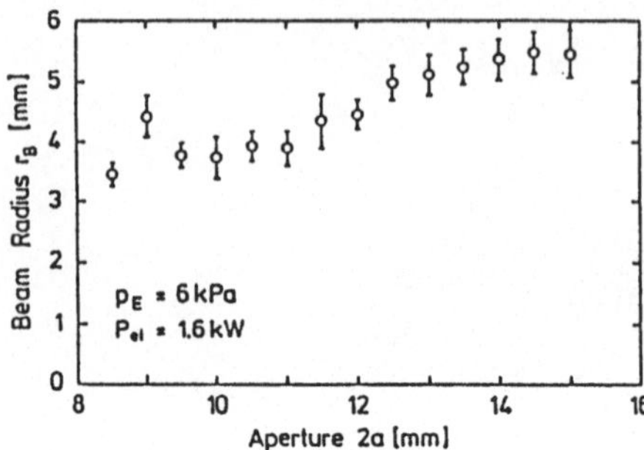


Fig. 3: Beam radius versus aperture 2a

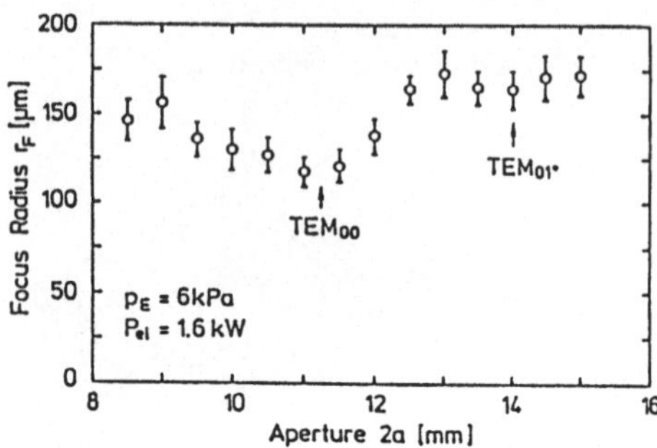


Fig. 4: Focus radius versus aperture 2a

Increasing the gas pressure and input power to 15 kPa and 3.3 kW respectively results in a shift of the mode-transition-region to lower normalized radii (fig.5). The reason for this shift might be a stronger inhomogeneity of the discharge. A hint to this assumption is given by measurements of rf discharges which are reported in /6/. The discharge inhomogeneity increases with increasing gas pressure which then may cause changes in the intensity distribution.

## Conclusion

The investigation of beam quality of an axial flow $CO_2$-laser with transverse rf-excitation shows that with the used electrode geometry gauss mode operation with high beam quality can only be achieved with small aperture radii. Investigations of the transverse gain distribution in /6/ show a local minimum of the gain at the tube center.

To improve the homogeneity of the transverse gain distribution, an optimization of the electrode geometry is necessary. As a result of a homogeneous gain distribution gauss mode operation should be achieved with larger aperture radii.

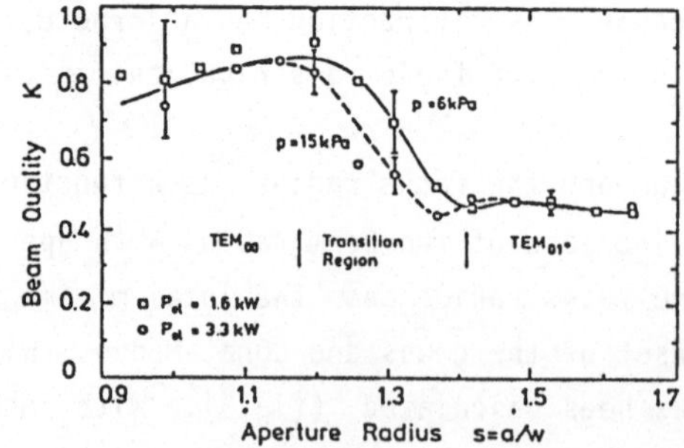


Fig. 5: Beam quality versus aperture radius with two discharge pressures (6kPa, 15kPa)

Literature

/1/ Kortz et al., Appl. Optics, 20 (11), 1981

/2/ Dembowski et al., Proc Gas Flow and Chemical Lasers, Plenum Press, New York, 1984

/3/ Meisterhofer, Proc Conf Lasers and Optoelectronics 1983, Springer Verlag, Berlin, 1984

/4/ Li, Bell Sys Tech Jour (5), 1965

/5/ Hodgson, Proc SPIE, Vol. 1021, Conf High Power Solid State Lasers, to be published

/6/ Schwede et al., Proc Conf Lasers and Optoelectronics, 1989, Springer Verlag, to be published

/7/ Kramer et al., Proc Conf Lasers and Optoelectronics, 1987, Springer Verlag, Berlin, 1988

# Multipass-Resonators for Compact $CO_2$-Lasers

A. Bauer[1], O. Märten[2], P. Loosen[2]

1 Lehrstuhl für Lasertechnik, RWTH Aachen (D)

2 Fraunhofer-Institut für Lasertechnik, Aachen (D)

Abstract

The application of $CO_2$-lasers for example in medicine requires compact laser heads by preserving high output power. This results in the necessity of multiple paths of the beam through the excited medium. The linear and the spherical multipass-resonator satisfy these conditions with a small number of mirrors.
By making use of special stability-diagrams, criterions for practical construction of such resonators can be elaborated. Thus the sensitivity according to tolerances of the mirror curvatures and distance can be determined.
The experiments with a linear multipass-resonator by using a RF-excited $CO_2$-laser yield a power increase with increasing number of paths. A beam quality of 0.9 has been achieved with 5 paths.
The optimal range of application of the linear multipass-resonator reaches to 100 W while the spherical multipass-resonator may also be adapted to higher power. Here, the limits of power dimensioning are not yet reached in the experiments.

Einführung

Die Nachfrage nach kompakten $CO_2$-Lasern mit geringer Stellfläche, speziell in der Lasermedizin, führt zur Entwicklung neuer Faltungskonzepte für den Strahl im Resonator /0/.
Die Anforderungen an einen Faltungsresonator lassen sich wie folgt zusammenfassen:

- stabiler Resonator mit Grundmodequalität
- geringer Abstand der Faltungsspiegel
- wenige Faltungsspiegel bei hoher Faltungszahl
- hoher Füllfaktor (Modenvolumen/Anregungsvolumen)
- wenige einzeln justierbare Komponenten

Der lineare und der sphärische /1-2/ Multipass-Resonator erfüllen diese Kriterien. Sie bestehen aus maximal 2 Faltungsspiegeln, einem Endreflexionsspiegel und einer Auskoppelplatte, unabhängig von der Anzahl der Faltungen des Strahls durch das aktive Medium.

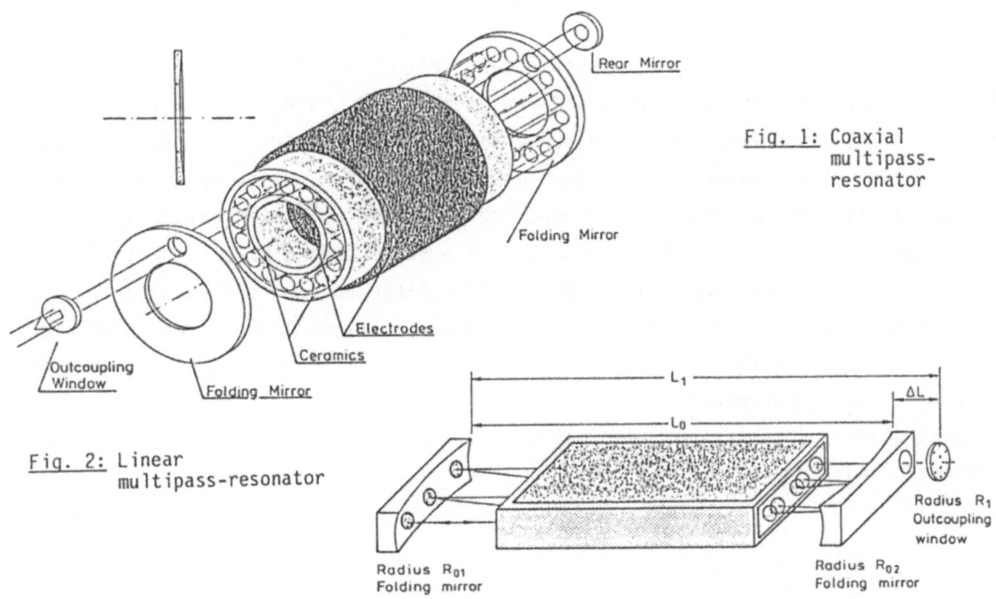


Fig. 1: Coaxial multipass-resonator

Fig. 2: Linear multipass-resonator

Sphärischer und linearer Multipass-Resonator

Beim sphärischen Multipass-Resonator (Abb. 1) wird der Strahl zwischen zwei sphärischen Faltungsspiegeln hin und her reflektiert, wobei die Auftreffpunkte auf konzentrischen Kreisen bezüglich der optischen Achse liegen. Jeder Faltungsspiegel ist mit einer Bohrung versehen, wobei hinter der einen eine Auskoppelplatte und hinter der anderen ein Endspiegel steht, der den Strahl in sich selbst zurückreflektiert. Bei geeigneter Justierung der Spiegel befinden sich die Auftreffpunkte in gleichmäßigem Abstand voneinander, ohne daß eine Überlappung stattfindet. Dieses Resonatorkonzept eignet sich für ein durch koaxial angeordnete Elektroden begrenztes Entladungsvolumen.

Beim linear gefalteten Multipass-Resonator (Abb. 2) liegen die einzelnen Strahlbündel in einer Ebene, so daß speziell quaderförmige Anregungsvolumina ausgefüllt werden können. Einer der beiden Endspiegel kann mit einem Faltungsspiegel identisch sein, wenn der Strahl am letzten Auftreffpunkt senkrecht auf die Faltungsspiegelfläche auftrifft. In diesem Fall besteht der gesamte Resonator nur aus zwei Faltungspiegeln und einer Auskoppelplatte.

Durch die Reflexion des Strahls an den Faltungsspiegeln werden in beiden Konzepten bei geeigneter Dimensionierung nahezu konstante Modendurchmesser erzielt. Die Auswahl der Systemparameter $L_1$, $L_0$, $R_1$, $R_{01}$ (Abb. 2) erfolgt nach der Anzahl von Durchgängen M und den damit verbundenen Strahlradien. Diese richten sich ihrerseits nach den geometrischen Abmaßen des Anregungsvolumens.

Stabilitätsdiagramme und Strahlradien

Im folgenden wird ein linearer Multipass-Resonator mit drei Komponenten betrachtet (zwei Faltungsspiegel mit Krümmungsradius $R_{01} = R_{02} = R_0$ und eine plane Auskoppelplatte, deren Abstand zum Faltungsspiegel 10 cm beträgt, cfr. Abb. 2). Zur Berechnung der Strahlparameter der Gauß-Moden und zur Bestimmung der Stabilitäts- und Instabilitätsbereiche wird das Konzept der äquivalenten Linsenleitung mit zugehörigen Strahltransfermatrizen /3-4/ benutzt. Die Strahlradien bzw. die Rayleigh-Längen in allgemeinerer Form können nun über Faltungsspiegelabstand und -radien in Stabilitätsdiagramme eingetragen werden. Anhand dieser Diagramme lassen sich Spiegelradientoleranzen und Abstandsschwankungen beurteilen sowie Entscheidungen hinsichtlich günstiger Systemparameter treffen. In Abb. 3 ist dies für einen typischen Gauß-Strahlradius an einem der Faltungsspiegel bei M = 5 Durchgängen durch das System durchgeführt worden.

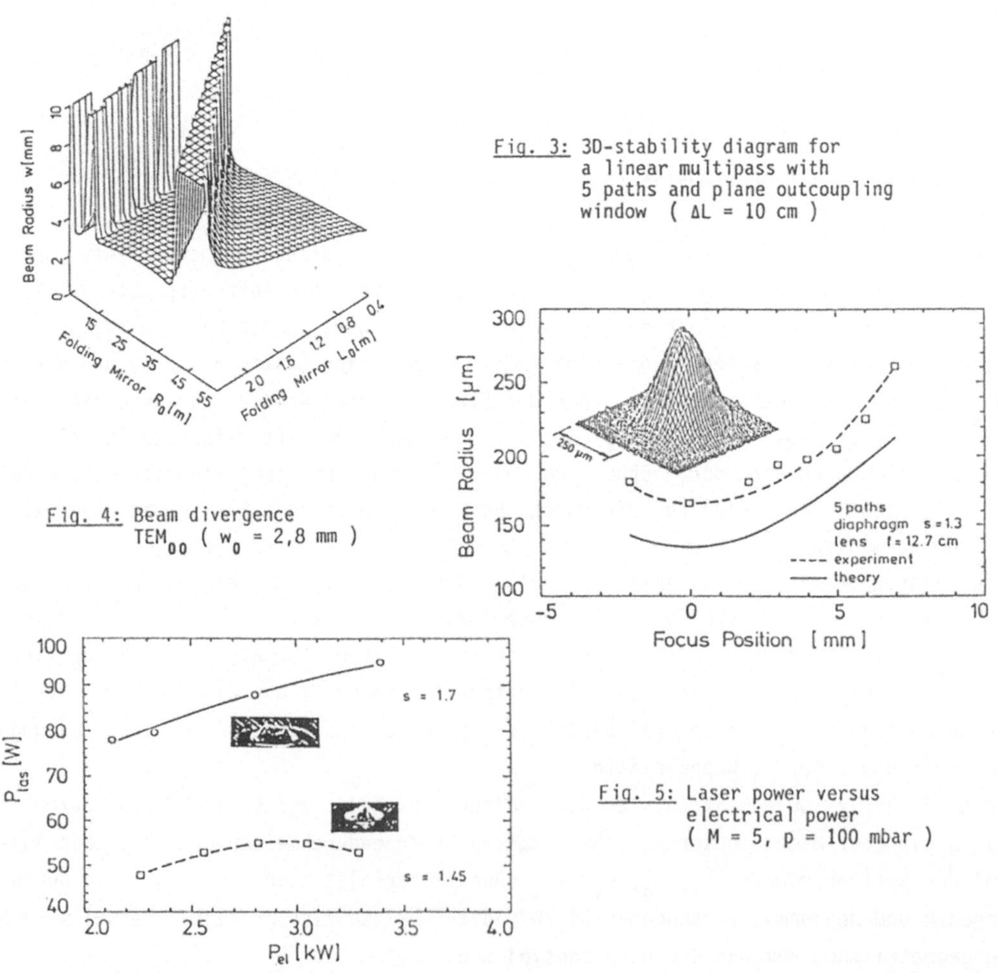


Fig. 3: 3D-stability diagram for a linear multipass with 5 paths and plane outcoupling window ( $\Delta L$ = 10 cm )

Fig. 4: Beam divergence $TEM_{00}$ ( $w_0$ = 2,8 mm )

Fig. 5: Laser power versus electrical power ( M = 5, p = 100 mbar )

Das Diagramm zeigt einerseits Stabilitätsbereiche (SB), gekennzeichnet durch leicht gewölbte ausgedehnte Plateaus, andererseits Instabilitätsbereiche (IB), gekennzeichnet durch steile Flanken und einen unstetigen Verlauf der Fläche. Hier ist ein kritisches Verhalten der Laserleistung gegenüber Radientoleranzen und Abstandsänderungen zu erwarten. Die Anzahl der IB ist direkt proportional zur Faltungsanzahl. Bei gegebenen Faltungsspiegelradien und -abständen sowie fester Faltungszahl M führt eine Variation der Lage und Brennweite der Auskoppelplatte zu einer Änderung der Breite der IB, ohne jedoch deren Lage im Diagramm wesentlich zu verändern. Falls $R_1 = R_0$ und $L_1 = L_0$, so verschwinden alle IB und die Strahlradien sind identisch zu jenen bei einem Durchgang (einfacher Resonator mit zwei Endspiegeln). Da dies technisch jedoch nur annähernd realisierbar ist, muß der Fall $R_1 \rightarrow R_0$ und $L_1 \rightarrow L_0$ betrachtet werden. Hierbei konvergieren die IB zu einzelnen Ebenen, die durch $L_0 = R_0\ (1 \pm \cos(n \cdot \pi/2M)$ mit $n \in N$ und $0 \leqq n \leqq M$, wobei M Anzahl der Durchgänge des Strahls durch das Medium, gegeben sind.

Experimentelle Ergebnisse

Experimentell wird ein linearer Multipass-Resonator in einem HF-angeregten $CO_2$-Laser (27 MHz) mit schneller Gasströmung untersucht. Die Systemparameter sind:

- <u>Gasgemisch:</u> $He/N_2/CO_2$ = 80/15/5 Volumenanteile
- <u>Druck:</u> 40/100 mbar
- <u>Elektroden:</u> 2 parallele Elektroden mit Abmaße 50 mm•250 mm, Abstand = 21 mm
- <u>Faltungsspiegel:</u> 2" CU mit $R_0$ = 10 m
- <u>Auskoppelplatte:</u> 1" ZnSe plan mit 80 % Reflexion
- <u>Abstände der Spiegel:</u> $L_0$ = 78 cm, $L_1 = L_0$ + 6 cm (vgl. Abb. 2)

An der Austrittsöffnung des Faltungsspiegels befindet sich eine Blendenhalterung. Im Resonator werden bis zu 5 Faltungen durch das Anregungsmedium eingestellt. Das optimale Verhältnis s zwischen Blendenradius und theoretisch berechnetem Strahlradius liegt für den Gauß-Mode zwischen 1,3 und 1,45. Mit einem Diagnostikgerät /5/ wird die Intensität ortsaufgelöst gemessen und in 3D-Graphiken dargestellt. Zur Bestimmung der Strahlqualität $K = (\lambda/\pi)/(\Theta_f \cdot w_f)$ wobei $\Theta_f$ Fernfelddivergenz, $w_f$ Taillenradius (= 86 % der Gesamtleistung), wird der bei Blende s = 1,3 und 5 Faltungen erzeugte Strahl (p = 40 mbar) mit Hilfe einer 12,7 cm-Linse fokussiert. Zwei Diagnostikgeräte für unfokussierten und fokussierten Strahl erlauben bei Verschiebung der Linse die Aufnahme der Strahlkaustik und die Bestimmung von $\Theta_f$ und $w_f$.

Abb. 4 zeigt die Ergebnisse dieser Messung, wobei das Intensitätsprofil im Fokus graphisch dargestellt ist. Der unfokussierte Strahlradius beträgt 2,8 mm, der fokussierte 166 µm. Die Abweichung zum theoretischen Strahlverlauf im bwz. außerhalb des

Resonators beträgt ca. 18 % und ist auf die endliche Apertur, auf den Einfluß des Mediums und auf die Abweichungen der Parameter des experimentellen Systems von jenen des theoretischen Modells zurückzuführen. Die Strahlqualität K beträgt 0,9.
Die Leistungskennlinien bei einem Innendruck von 100 mbar sind in Abb. 5 mit den zugehörigen Einbränden in PMMA dargestellt. Experimentell ergibt sich ein Gauß-Mode bis 50 W bei s = 1,45 und ein $TEM_{10}$-Mode bis 100 W bei s = 1,7. Im industriellen System kann durch Anpassen der Elektrodenabmaße an die jeweilige Faltungskonfiguration der Wirkungsgrad optimiert werden.

Der industrielle Einsatz des linearen Multipass-Resonators im 100 W Bereich und des sphärischen Multipass-Resonators für höhere Leistungen ist von der Dimensionierung her möglich, wird jedoch von weiteren Untersuchungen zur Dejustierempfindlichkeit und zum Einfluß des Mediums auf die Strahlqualität abhängen.

Literatur

/0/ HERAEUS GmbH: Patentschrift DE 3515679 C1
/1/ SCHÜLKE H., HERZIGER G., WESTER R.: Proceedings SPIE 801, 45 (1987)
/2/ XIN J. G., HALL D. R.: Appl. Phys. Letter 51, No. 7, 469 (1987)
/3/ MOGILNITSKII B.S., KOLOMNIKOW Y.D.: Opt. Spectr. 40, No. 5, 871 (1976)
/4/ KOGELNIK H., LI T.: Appl. Opt. 5, No. 10, 1550 (1966)
/5/ BEYER E., HERZIGER G., KRAMER R., LOOSEN P.: Proceedings SPIE 650, 170 (1986)

# Neue HF-Anregungsquellen zur Optimierung von $CO_2$-Laser-Anwendungen

A. Meddour
c/o Fa. Flender-Himmelwerk GmbH
Geschäftsbereich Hoch- und Mittelfrequenzanlagen
D-7400 Tübingen 3

## 1) Einleitung

In der Materialbearbeitung, die eine höhrer Laserleistung erfordert, werden fast ausschließlich $CO_2$-Laser eingesetzt. Die Anforderungen, denen ein moderner $CO_2$-Laser genügen muß, sind im wesentlichen:

- Kompaktheit und preiswerter Aufbau
- Niedrige Betriebskosten
- Hoher Wirkungsgrad
- Strahlqualität auch bei großen Leistungen
- Flexible Steuer- bzw. Regelbarkeit der Laserausgangsleistung

Einige dieser Anforderungen lassen sich nur mit einer entsprechenden HF-Anregungsquelle erfüllen. Für die HF-Anregung von $CO_2$-Lasern wurden bisher überwiegend die teueren fremdgesteuerten Sender eingesetzt. Dies hat teilweise historische Gründe, teilweise glaubte man, damit bessere Steuerungsmöglichkeiten zu haben. Der Einsatz solcher Sender stößt aber an seine Grenzen, wenn es darum geht, die Forderungen nach:

a) kompaktem und preiswertem Aufbau,
b) hohem Wirkungsgrad,
c) flexibler Steuer- bzw. Regelbarkeit der Laserausgangsleistung

zu erfüllen. Der Einsatz freischwingender Generatoren mit einer Leistungstriode genügt den Forderungen a) und b), bleibt jedoch bei der Erfüllung c) beschränkt, denn die dabei zur Verfügung stehenden Steuermöglichkeiten sind, abgesehen von einer Anodenspannungssteuerung, nur auf das Steuergitter begrenzt. Die Einführung der Leistungstetrode in freischwingende Generatoren erlaubt eine Steuerung zugleich an zwei Gittern. Die Kombination von beiden Steuermöglichkeiten eröffnet neue Wege zur Realisierung schneller Regelungen bzw. Steuerungen der Laserausgangsleistung.

## 2) Tetroden-Generator für Laseranregung

Der Hauptunterschied zwischen einem fremdgesteuerten Sender und einem freischwingenden Generator besteht darin, daß die Schwingfrequenz im ersten Fall vom Sender bestimmt wird, hier ist die Frequenz starr, im zweiten Fall von der Gesamteinheit Last und Generator, die Frequenz ist hier freilaufend. Dieser Unterschied hat weitreichende

Auswirkungen auf die Flexibilität eines Laser-Systemes mit HF-Anregung. Der Laser stellt nur im bereits gezündeten Zustand bei konstant zugeführter HF-Leistung eine konstante Last für die HF-Quelle dar. Wird die HF-Leistung kontinuierlich verändert, so verändert sich die Impedanz des Lasers fast linear mit (1).
Mit zunehmender Leistung wird nicht nur die Impedanz kleiner, sondern es findet auch eine Phasendrehung statt, d. h. zu der am Anfang reine kapazitive Last wird bei größer werdender Leistung ein zunehmend ohmscher Anteil addiert (1). Diese Laständerung hat eine Frequenzänderung zur Folge. Wird der Laser von einem freischwingenden Generator angeregt, so folgt der Generator dieser Frequenzänderung der Last augenblicklich, da er immer auf der Resonanzfrequenz arbeitet. Somit ist es möglich, durch Änderung der Spannungsamplitude $U_{HF}$ die Laserausgangsleistung in einem weiten Bereich kontinuierlich zu verändern. Bei einem fremdgesteuerten Sender muß man, um diesen weiten Leistungsbereich durchfahren zu können, die Last immer wieder mittels einer mechanischen Matchbox auf die starre Senderfrequenz neu abstimmen. Diese relativ langsame mechanische Abstimmung läßt es nicht zu, die Laserausgangsleistung schnell zu verändern. Und gerade dies ist die Hauptbedingung, um ein schnelles flexibles Lasersystem zu realisieren.
Fig. 1 zeigt das Prinzipschaltbild eines Tetroden-Generators für die HF-Anregung eines $CO_2$-Lasers.

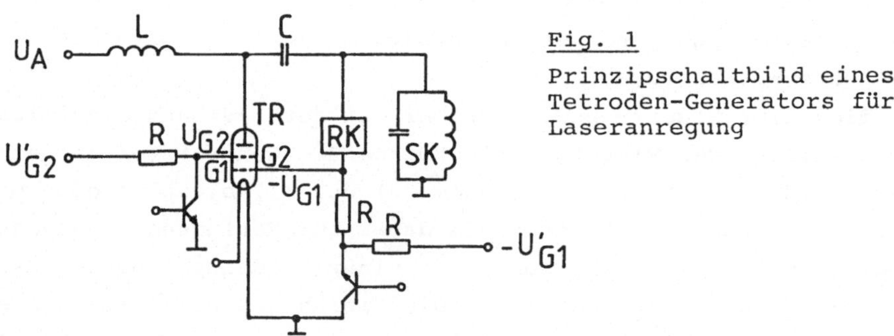


Fig. 1
Prinzipschaltbild eines Tetroden-Generators für Laseranregung

Während man mit Hilfe des Steuergitters 1 die HF-Spannung mit einer Frequenz bis zu 100 kHz tasten kann, wird mit Hilfe des Schirmgitters 2 die Amplitude der HF-Spannung kontinuierlich verändert.
Fig. 2 zeigt ein Beispiel von einem solchen Fall, wobei die HF-Spannung $U_{HF}$ als Hüllkurve dargestellt ist.
Die Bilder 3, 4 und 5 zeigen Beispiele von aufgenommenen Hüllkurven der HF-Spannung von einem 40 kW Tetroden-Generator vom Typ HGL-40.

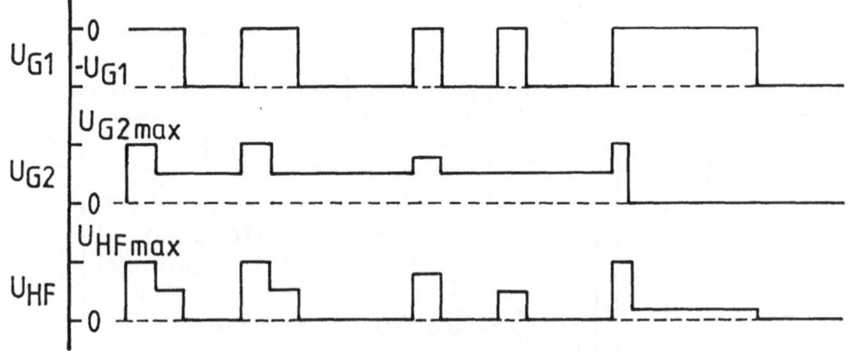


Fig. 2: Beispiel möglicher Kurvenverläufe

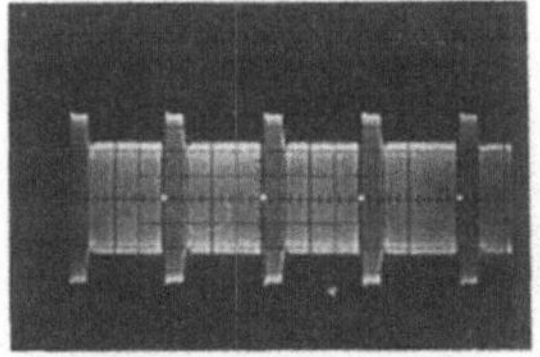

Bild 3 F = 1 kHz
Pulsverhältnis 1 : 2

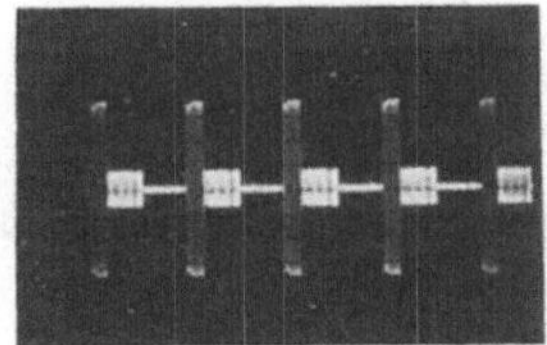

Bild 4 F = 1 kHz
Pulsverhältnis 1 : 10

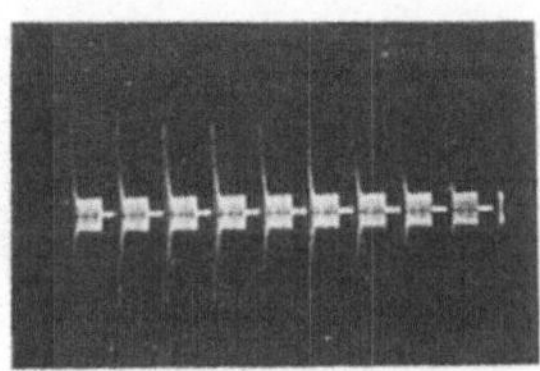

Bild 5 F = 10 kHz
Pulsverhältnis 1:10

Aus den Bildern ist es ersichtlich, daß es möglich ist, innerhalb von einigen µs eine eingestellte Leistung um ein vielfaches zu erhöhen. Ein sogenanntes sofortiges Superpulsen des Lasers ist somit problemlos realisierbar.

3) Steuer- und Regelmöglichkeiten

Aus den Bildern von Kap. 2 geht hervor, daß es möglich ist, die Grundleistung des Lasers kontinuierlich im weiten Bereich zu verändern, weiterhin ist es möglich, die Höhe und die Breite des Superpulses sehr schnell (innerhalb von 2 bis 3 µs) zu steuern, sowie die Taktfrequenz und die Impulsbreite. Diese Möglichkeiten eröffnen den Weg zu einem flexiblen Steuer- bzw. Regelsystem. Bild 6 zeigt ein Beispiel von einem solchen System. Die Regelung der HF-Leistung kann, abhängig vom Arbeitsprozeß (Schneiden, Schweißen...), vom Material (Aluminium, Stahl...) usw. gesteuert bzw. geregelt werden. Je nach den Anforderungen kann die optimale Pulsfrequenz, Pulsbreite, Grundleistung und Höhe des Superpulses automatisch gewählt werden. Dieselben Steuer- bzw. Regelmöglichkeiten ergeben sich, wenn die Laserleistung abhängig vom Ergebnis der Bearbeitung, z. B. beim Schweißen oder Härten der Werkstücktemperatur, gesteuert bzw. geregelt wird.

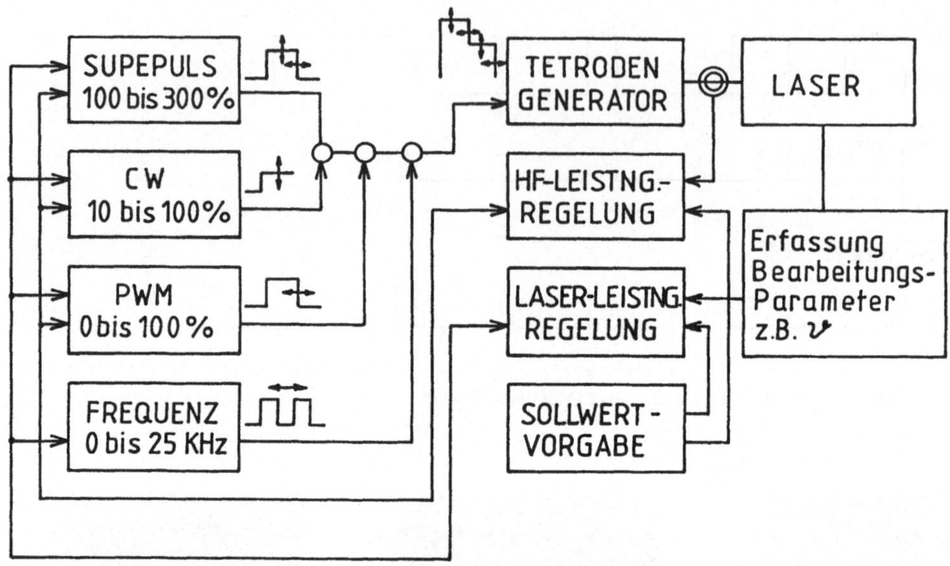


Fig 6 Steuer- bzw. Regelbeispiel eines $CO_2$-Lasers

4) Zusammenfassung

Die Einführung der Leistungstetrode im freischwingenden Generator für die Anregung von $CO_2$-Lasern bringt neben folgenden Vorteilen die Realisierung eines flexiblen Lasersystems:

- Problemloses Anpassen des Generators an den Laser,
- kompakter und preiswerter Aufbau,
- hoher Wirkungsgrad.

Dieses neue Konzept gestattet eine voneinander unabhängige Pulsweiten- und Amplitudenmodulation der HF-Spannung. Somit können beliebige Pulsformen realisiert werden, die eine Optimierung der $CO_2$-Laser-Anwendungen möglich macht.

Literatur.

(1) R. WESTER: Dissertation-RWTH Aachen (1987)

# $CO_2$-Hochleistungs-Wellenleiterlaser der 1 kW Klasse

R. Nowack, H. Opower, U. Schaefer, K. Wessel, Th. Hall
DLR, Institut für Technische Physik, D-7000 Stuttgart 80

H. Krüger, H. Weber, Siemens AG, D-8000 München

## 1. Einleitung

Die konstruktive Auslegung moderner $CO_2$-Materialbearbeitungslaser basiert auf einer schnellen, je nach Leistungsklasse longitudinalen oder transversalen Gasströmung zur Abfuhr der bei der elektrischen Anregung anfallenden Verlustleistung, in Kombination mit einer transversalen Hochfrequenzentladung [1].

Das dazu benötigte Gasumwälzungs- und Kühlsystem verursacht erhebliche Kosten und begrenzt die Kompaktheit dieser Systeme, eine Grundvoraussetzung für den flexiblen Einsatz und die Integrationsfähigkeit des Lasers in die Fertigung.

Eine der Stoßrichtungen der aktuellen $CO_2$-Laserentwicklung ist es, den geströmten $CO_2$-Laser in der Leistungsklasse unterhalb 5 kW durch diffusionsgekühlte Laser zu ersetzen.

Im wesentlichen gibt es dazu zwei Ansätze: Den koaxialen $CO_2$-Rohrlaser [2-4] und den $CO_2$-Slablaser [5-8]. Beiden Lasertypen ist bei großflächigen Elektroden der kleine Elektrodenabstand gemeinsam, was eine effektive Kühlung des Lasergases über die Wände erlaubt.

Bei hohen Laserleistungen ist der Slablaser dem koaxialen Rohrlaser in der Auskoppelbarkeit der Laserstrahlung bei guter Strahlqualität deutlich überlegen.

## 2. Der $CO_2$-Slab Laser nach dem Wellenleiterprinzip

Diffusionsgekühlte Rohrlaser haben, auf die Längeneinheit bezogen, unabhängig vom Rohrdurchmesser ungefähr die gleiche spezifische Ausgangsleistung [9], da ein größeres Anregungsvolumen mit einer schlechteren Kühlung einhergeht.

Die kompaktesten Rohrsysteme sind die $CO_2$-Wellenleiterlaser, bei denen der Rohrdurchmesser derart geschrumpft ist, daß die Wände bereits auf die Ausbreitung des Strahlungsfeldes Einfluß nehmen und zu Verlusten führen. Diese können jedoch durch geeignete Wandmaterialien gering gehalten werden. Solche $CO_2$- Wellenleiterlaser werden kommerziell bis zu Leistungen von 50 W (einfach gefalteter Strahlengang) angeboten. Darüber hinaus werden die Anforderungen an die mechanische Stabilität des Resonatoraufbaus und die Belastbarkeit der Optik zu hoch.

Höhere Laserleistungen können erzielt werden, indem eine Querabmessung vergrößert und damit zum Bandleiter mit größerem Entladungsvolumen übergegangen wird (Abb. 1). Dieser weist dann nur noch in einer Richtung Wellenleitercharakteristik auf, in der anderen erfolgt freie Strahlungsausbreitung.

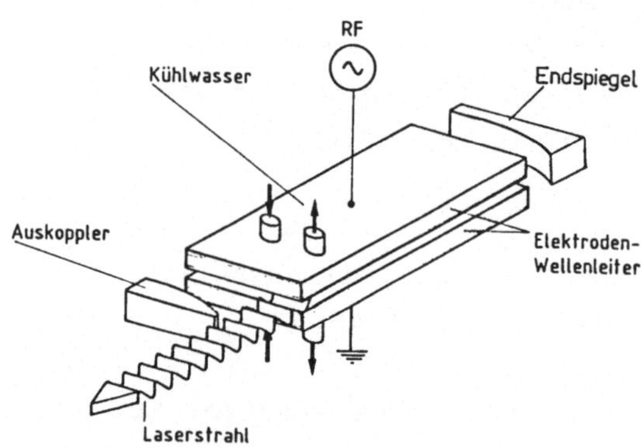


Abb. 1: Prinzip des Bandleiterlasers

Die Wahl des Abstandes der wassergekühlten Elektroden, die metallisch oder dielektrisch sein können, muß einen Kompromiß zwischen effektiver Kühlung des Lasergases und geringen Wellenleiterverlusten für das Strahlungsfeld darstellen.

Im Hinblick auf Entladungshomogenität und lange Lebensdauer (abgeschlossener Betrieb) kommt als Entladung nur die transversale HF-Entladung in Betracht, wobei wegen der nicht zur optischen Verstärkung beitragenden Grenzschichten Frequenzen > 80 MHz benötigt werden. Frequenzen im Mikrowellenbereich sind grundsätzlich denkbar, erfordern aber eine Lösung des räumlichen Inhomogenitätsproblems.

Die Strahlungsfelder von Kompaktlasern sind naturgemäß durch hohe optische Leistungsdichten gekennzeichnet. Im Gegensatz zu koaxialen Rohrlasern (die im Übrigen im Wellenleiterregime höhere Verluste aufweisen), bei denen man nur mit transmittierender Resonatoroptik arbeiten kann, erlaubt die Slabgeometrie unter Verwendung eines instabilen Resonators und einer internen Optik zur Strahlformung bis auf ein Strahlaustrittsfenster den ausschließlichen Gebrauch von Reflexionsoptik.

Ein solcher instabiler Wellenleiterresonator weist sowohl in Wellenleiterrichtung als auch in instabiler Richtung ein beugungsbegrenztes Strahlungsfeld auf.

Ein weiterer Vorteil des diffusionsgekühlten $CO_2$-Slablasers gegenüber geströmten Systemen ist, daß er dank moderner Metall-Keramiktechnologie als abgeschlossenes System betrieben werden kann. Des weiteren bietet er wegen der planaren Elektrodenflächen sehr gute Voraussetzungen für Beschichtungen mit katalytisch wirksamen Materialien, die der $CO_2$-Zersetzung entgegen wirken.

Wegen der effektiven Gaskühlung des Slablasers über die Wände ist dieser auch hervorragend als CO-Laser höherer Leistung bei 5 µm Wellenlänge geeignet. Dazu muß lediglich der Kühlkreislauf bei tieferen Temperaturen betrieben werden. Die Wellenlänge von 5 µm koppelt bei vielen Materialien besser an als die 10,6 µm des $CO_2$-Lasers.

## 3. Experimentelle Ergebnisse

Mit einer 35 x 5 $cm^2$ großen Bandleiterstruktur nach Abb. 1 konnte unter Verwendung von diamantgefrästen Kupfer-Elektroden in einer $He:N_2:CO_2$ = 3:1:1 + 5% Xe Gasmischung unter optimierten Bedingungen mit instabilem Wellenleiterresonator eine Laserleistung von 350 W bei einem Wirkungsgrad von 11,2 % erzielt werden. Dies entspricht einer flächenspezifischen Leistung von 20 $kW/m^2$. Ein 42 x 7 $cm^2$ großer Bandleiterlaser nach dem gleichen Prinzip lieferte unter noch nicht optimierten Bedingungen eine Laserleistung von 500 W.

Die spezifische elektrische Leistung in der wandstabilisierten Entladung bei 96,5 MHz liegt beim Laserbetrieb mit 80 - 140 $W/cm^3$ je

a) Intensität und Phase im Nahfeld

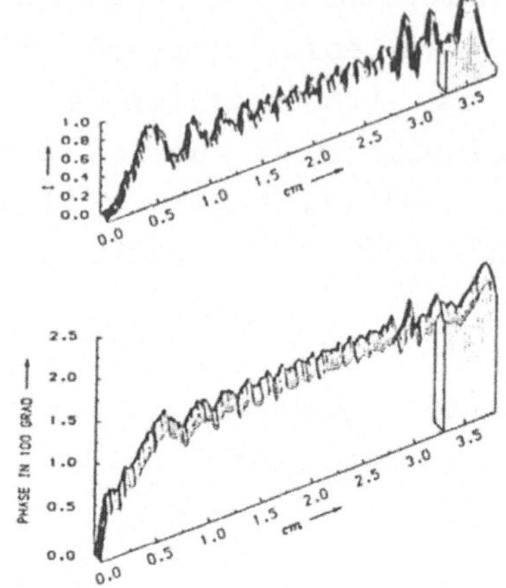


b) Intensitätsverteilung im Fernfeld

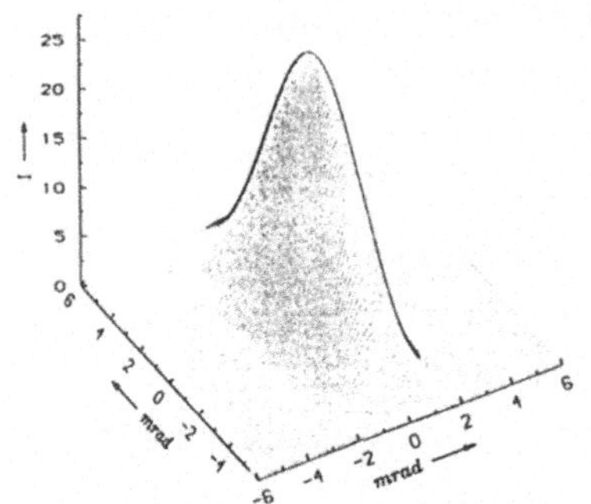


c) Plexiglaseinbrand Fernfeld

Abb. 2: Nah- und Fernfeld eines 3,8 cm breiten und 35 cm langen instabilen Resonators (Auskoppelöffnung schraffiert).

nach Versuchsbedingungen mehr als 3 mal so hoch wie bei geströmten, RF angeregten Systemen, ebenso die spezifische Ausbeute an Laserleistung. Dabei ist der Laser, bei dem die Elektroden durch Kühlwasser nahe Raumtemperatur gehalten werden, thermisch begrenzt und nicht durch Entladungsinstabilitäten, die selbst bei spezifischen elektrischen Leistungen von 250 $W/cm^3$ nicht beobachtet werden konnten.

Abb. 2 zeigt das nach der Kirchhoff-Fresnelschen Beugungstheorie berechnete Nah- und Fernfeld für einen Resonator des verwendeten Typs, sowie im Vergleich dazu einen Plexiglaseinbrand im Fernfeld. Danach ergibt sich in Übereinstimmmung mit der Theorie sowohl für die Wellenleiterrichtung als auch für die instabile Richtung ein beugungsbegrenzter Laserstrahl.

Unter gleichen Versuchsbedingungen lieferte der Laser mit geschliffenen $Al_2O_3$ Elektroden 30 % weniger Laserleistung als mit Kupferelektroden, vermutlich auf Grund der höheren Wellenleiterverluste dieses keramischen Materials.

Bei einer Elektrodentemperatur von - 25 °C wurde aus einer CO-Lasergasmischung ungefähr die halbe Leistung des entsprechenden $CO_2$ Bandleiterlasers ausgekoppelt.

## 4. Zusammenfassung

Die erzielten Ergebnisse zeigen, daß der diffusionsgekühlte $CO_2$-Slablaser, speziell in Wellenleitergeometrie, das Potential zu einem kompakten Materialbearbeitungslaser hat, der sich leicht in die Fertigung integrieren läßt und der robotergestützten Lasermaterialbearbeitung neue Möglichkeiten schafft.

In ungefalteter Bauweise erlaubt die Slabgeometrie den Bau von 1 kW Lasern, Faltungen eröffnen höhere Leistungsklassen.

Die effektive Kühlung des Lasergases über die Elektroden erlaubt den Bau von CO Lasern höherer Leistung für die Materialbearbeitung, ohne aufwendige gasdynamische oder kryogene Kühlung.

## Literatur

[1] W. Schock, A. Giesen, Th. Hall, W. Wittwer, H. Hügel SPIE Proceedings Vol. 668, 246 (1986)
[2] H. Opower et. al: US. Pat. 4,553,242 (1985)
[3] J. Xin, D. Hall: Appl. Phys. Lett. 51, 469 (1987)
[4] Alumor LTD, EP 0 278 201
[5] S. Yatsiv, Proc. 6. Int. Symp. Gas Flow and Chemical Laser, Jerusalem 1986
[6] J. Macken, H. Wrench, M. Samis, Proc. Conf. on Laser and Electro-Optics, Washington DC, 1988
[7] K. Abramski, A. Colley, P. Jackson, H. Baker, D. Hall, Proc. Conf. on Laser and Electro-Optics, Baltimore 1989
[8] X. Zhang, H. Baker, D. Hall, Proc. Conf. on Laser and Electro-Optics, Baltimore 1989
[9] A. Ladermann, S. Byron, J. of Applied Physics 42, 3138 (1971)

## Danksagung

Die Autoren danken dem BMFT, vertreten durch das VDI-TZ, für die Förderung dieser Arbeit.

# Kenngrößen in der Strahldiagnostik

H. Oebels, R. Kramer, P. Loosen
Fraunhofer-Institut für Lasertechnik, Steinbachstr. 15, 5100 Aachen

## 1. Einleitung

Die Diagnostik der Strahlverteilung von $CO_2$ Hochleistungslasern hat sich bei Strahlquellenentwicklung und Applikation zu einem hilfreichen Meßinstrument entwickelt. Mit ihrer Hilfe läßt sich die Justage von Lasern gezielter durchführen oder Veränderungen des Laserstrahls feststellen, die Ursache für einen fehlerhaften Bearbeitungsprozeß sein können.

Die industrielle Anwendung in der Produktion als zentrales Element von Überwachungssystemen erfordert eine Reduktion der Fülle von Information, die in den Messungen enthalten sind, auf einige charakteristische Kenngrößen, anhand derer Überwachungskriterien erstellt werden können. Dadurch wird zudem eine Beschreibung der Korrelation Laserstrahl - Bearbeitungsanlage oder -prozeß ermöglicht bzw. vereinfacht. Im folgenden wird ein Vorschlag zur Definition und Systematisierung von Strahlkenngrößen dargestellt.

## 2. Diskussion von Strahlkenngrößen

Der Laserstrahl läßt sich durch seine physikalischen Grundeigenschaften Intensitätsverteilung $I(r,t)$, Phasenverteilung $\Phi(r,t)$ und Polarisationszustand be-

Abb. 1 Systematik der Laserstrahlkenngrößen

schreiben. Aus diesen lassen sich allgemeine strahlspezifische Kenngrößen ableiten, beispielsweise Polarisationsrichtung, Strahlradius, Symmetrie der Strahlquerschnittsfläche, Orientierung (bei einer nicht rotationssymmetrischen Fläche) oder Lasergesamtleistung, die jeweils eine Charakteristik des Laserstrahls beschreiben. In der Verbindung mit Randbedingungen, die von Anlage, Prozeß oder Material bestimmt werden (z.B. Vorschubgeschwindigkeit oder Materialkonstanten), ergeben sich neue Kenngrößen, die eine Bewertung der Korrelation von Laserstrahl mit Bearbeitungsanlage oder -prozeß zulassen. Dabei muß zwischen anlagen- und prozeßspezifischen Kenngrößen unterschieden werden, wobei unter Anlage zum einen die Strahlquelle, zum andern die Strahlführung und -formung verstanden werden. Dazu zwei Beispiele : zur Charakterisierung der Strahlquelle ist die Kenngröße "Strahlqualität", definiert, welche bei Vorgabe des Strahldurchmessers vor einer Fokussiereinrichtung die Bestimmung der Fokusgeometrie (Tiefenschärfe, Fokusradius) erlaubt /1/; beim Laserstrahlschweißen kann die Korrelation Laserstrahl-Einschweißtiefe durch die Kenngröße "max. Intensität * Fokusradius" beschrieben werden /1/. Weitere Kenngrößen, speziell bei der Oberflächenbearbeitung werden in /3/ vorgestellt.

Im folgenden werden die Berechnungsverfahren der geometrischen Kenngrößen "Lage", "Form", "Orientierung", "Abmessung", "Symmetrie" für eine automatisierte Softwareauswertung aufgezeigt. Die mathematischen Algorithmen lassen sich auf alle Meßverfahren anwenden, welche die Strahlverteilung als digitalisiert Intensitätswertematrix bereitstellen.

Für rotationssymmetrische Moden ist der charakteristische Laserstrahlradius durch die Schnittfläche bestimmt, in der 86 % der gesamten Laserleistung liegen und die durch eine Linie konstanter Intensität begrenzt wird /2/. Für rotationssymmetrische Flächen ergibt sich daraus direkt der Strahlradius. Eine asymmetrische Fläche, welche oftmals bei realen Moden auftritt, kann in eine flächenäquivalente Kreisfläche überführt werden, woraus sich ein Radius bestimmen läßt. Dies führt in vielen Fällen zu einer nicht akzeptablen Näherung, beispielsweise bei der Vermessung von Fokussieroptiken mit astigmatischem Verhalten. Aus diesem Grunde wird eine Verallgemeinerung obiger Radiusdefinition angestrebt, indem die Abmessung der 86%-Fläche durch zwei charakteristische Kenngrößen (Halbachsen) beschrieben wird. Ist der Strahl beispielsweise elliptisch oder rechteckähnlich, ist eine geeignete Beschreibung der Abmessungen durch die Angabe der beiden Halbachsen bzw. der Kantenlängen gegeben. Ehe in einem automatisierten Berechnungsverfahren solche Abmessungen bestimmt werden können, muß der zu charakterisierende Strahl in eine Symmetrieklasse eingeteilt werden. Dazu muß entschieden werden ob er näherungsweise elliptisch, rechteckförmig oder asymmetrisch ist. Diese drei Symmetrieklassen wurden gewählt, da erfahrungsgemäß nahezu alle realen Fälle damit zu erfassen sind. In Abb.2 sind die Symmetrieklassen an realen Beispielen dargestellt. Weiterhin zeigt diese Abbildung, durch welche Kenngrößen die geometrischen Eigenschaften der Grundfläche bzw. der

Verteilung in den einzelnen Klassen bestimmt werden. Eine softwaremäßige

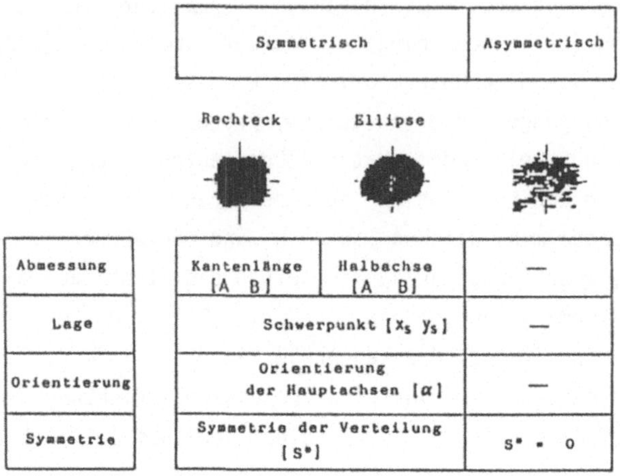

| | Symmetrisch | | Asymmetrisch |
|---|---|---|---|
| | Rechteck | Ellipse | |
| Abmessung | Kantenlänge [A B] | Halbachse [A B] | — |
| Lage | Schwerpunkt [$x_s$ $y_s$] | | — |
| Orientierung | Orientierung der Hauptachsen [$\alpha$] | | — |
| Symmetrie | Symmetrie der Verteilung [S*] | | S* = 0 |

Abb. 2 Einteilung in Symmetrieklassen



Automatisierung läßt sich folgendermaßen realisieren. Aufgrund der Überprüfung, ob Punktsymmetrie der 86%-Fläche vorliegt, wird die Hauptklasse ermittelt. Im weiteren werden die Hauptachsen der 86%-Fläche bestimmt, die für die folgenden Berechnugen das relative Koordinatensystem bilden. Wird die 86%-Begrenzungslinie als stetige Funktion interpretiert und differenziert, läßt sich feststellen, ob längere gerade Strecken enthalten sind und damit wird eine Entscheidung zwischen elliptischen und rechteckigen Grundflächen getroffen. Dabei ist zu bemerken, daß reale Strahlverteilungen in der Regel nicht ideale Ellipsen- oder Rechteckform aufweisen. Das Verfahren muß also mit empirisch vorgegebenen Toleranzschwellen arbeiten, wobei durchaus der Fall auftreten kann, das Mischformen zwischen Rechteck- und Ellipsengeometrie je nach Toleranzschwelle in die eine oder andere Klasse eingeordnet werden. Zur Bestimmung der Hauptachsen wird ein Verfahren eingesetzt, das auf der aus der digitalen Bildverarbeitung bekannten Momentenberechnung /2/ basiert, wobei die Verwendung von Zentralmomenten eine orts- und lageinvariante Berechnung erlaubt. Momente (M) und Zentralmomente (m) berechnen sich nach folgenden Formeln:

$$M_{i,j} = \sum_i^m \sum_j^n I_{i,j} \cdot x^i \cdot y^j \qquad m_{i,j} = \sum_i^m \sum_j^n I_{i,j} \cdot (x - x_s)^i \cdot (y - y_s)^j$$

I = Intensität

x, y = Abstandskoordinaten

$x_s$, $y_s$ = Schwerpunktkoordinaten

Die Ordnung der Momente wird durch i*j bestimmt.

Das Momentenvefahren liefert nicht nur die Hauptachsen, sondern ist Grundlage für die Berechnung weiterer Kenngrößen (Abb.3). Das Moment 0.Ordnung beschreibt das Volumen (V) der Strahlverteilung und ist damit proportional zur Laserleistung. Das Moment 1.Ordnung liefert den Schwerpunkt der Strahlfäche und damit das Strahlzentrum, womit die Definition der Kenngröße "Strahllage" gegeben ist. Die Hauptachsen der 86% Grundfläche werden durch die Bedingung $M_{11} = 0$ bestimmt. Die Lösung dieser Gleichung liefert die "Orientierung" der Fläche bezüglich des ortsfesten Koordinatensystems. Die charakteristischen Abmessungen wie Halbachsen bzw. Kantenlängen ergeben sich aus den Zentralmomenten 2.Ordnung. Durch eine Koordinatenrotation um den Orientierungswinkel der Hauptachsen wird eine rotationsinvariante Berechnung der Strahlabmessung erreicht. Abb.3 zeigt die geometrischen Verhältnisse zur Ermittlung der Kenngrößen und die Anwendung auf die Messung einer Laserstrahlverteilung .

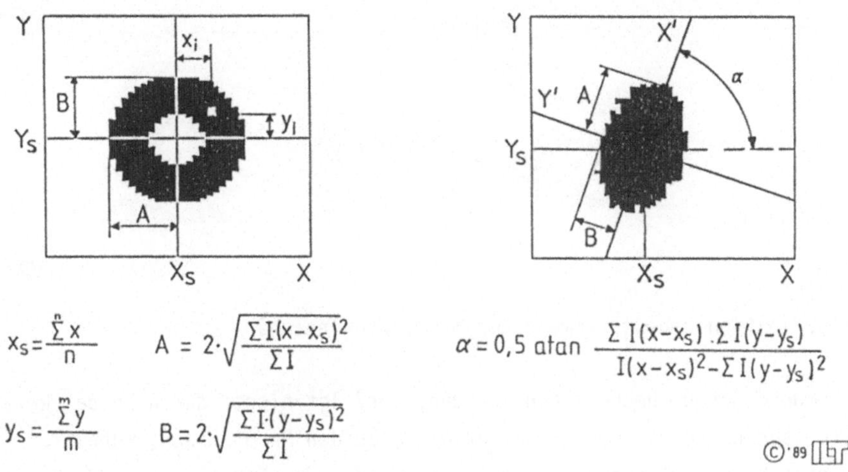


Abb. 3 Kenngrößen Abmessung, Lage, Orientierung

Die Ermittlung von Kenngrößen kann nicht nur die Betrachtung der 86%- Fläche beinhalten, sondern muß auch die räumliche Verteilung der Intensität mit einschließen, da sich auf der gleichen 86% Grundfläche durchaus unterschiedliche Intensitätsverteilungen, rotations- oder auch schiefsymmetrisch, aufbauen können. Die dreidimensionale Symmetrieeigenschaft einer Verteilung ist eine weitere entscheidende Kenngröße zur Charakterisierung eines Strahlprofils. Zur Beschreibung dieser wird die aus der Statistik bekannte Definition der "Schiefe" angewendet.

$$S = \frac{M_3}{\sqrt{M_2^3}}$$

Für Polarkoordinaten ergibt sich folgende Vorgehensweise (Abb.4). Durch die Intensitätsverteilung wird ein Längsschnitt durch das Strahlzentrum gelegt. Von dieser Schnittverteilung wird die Schiefe berechnet wobei mit der 4. Potenz der Intensität gewichtet wird, was eine eindeutigere Bewertung von Asymmetrien der Intensitätsverteilung bewirkt. Diese Schnittlinie wird schrittweise in $n_B$ Schritten um das Strahlzentrum rotiert (bis zu 180 Grad), und jeweils die Schiefe berechnet. Typische Schrittweiten liegen bei 5 - 10 Grad. Die mittlere quadratische Abweichung aller berechneten Schiefen definiert die charakteristische Symmetriekennzahl der Strahlverteilung (S*). Die Berechnung für Strahlverteilungen, welche durch karthe-

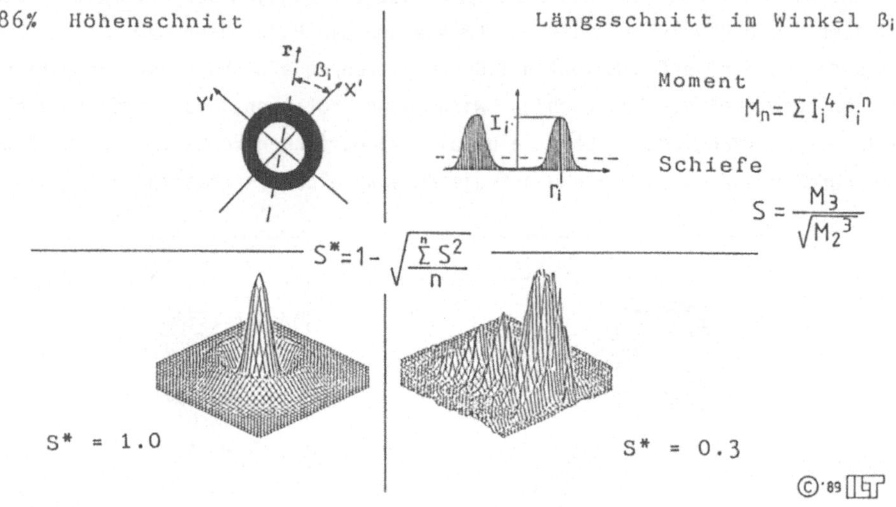


Abb. 4 Definition und Bestimmung der Symmetriekennzahl

sische Koordinaten beschrieben werden, erfolgt nicht durch eine Rotation der Schnitte, sondern durch eine Translation in beiden Hauptachsen, wobei für jede Achse eine eigene Symmetriekenngröße ermittelt wird. Für Strahlen mit idealsymmetrischen Intensitätsverteilungen ist die Schiefe entlang jeder Schnittlinie Null, die Symmetriekennzahl S* nimmt für diesen Fall den Maximalwert 1 an. Für eine völlig asymmetrische Verteilung erreicht sie den Minimalwert von 0. Typische Werte für S* liegen im Bereich größer 0,7.

## 3. Die Zusammenfassung

Die Charakterisierung einer Laserstrahlverteilung erfolgte bisher in erster Linie nur durch die Angabe eines Strahlradius. Bei realen, oftmals nicht rotationssymmetrischen, Verteilungen ist dies nicht ausreichend. Aus diesem Grunde wurden Definitionen und Berechnungsverfahren vorgestellt welche die Strahlverteilung nach Abmessung, Lage, Orientierung und Symmetrie charakterisieren.

Literatur:


/1/ L.Cleeman,"Handbuch des Laserschweißens",VDI-Verlag Düsseldorf,1987

/2/ M.R.Teague, Image analysis via the general theorie of moments, J.Opt.Soc.Am., Vol.70,No.8,Aug.1980

/3/ H.Willerscheid,W.König,"Untersuchungen der Korrelation zwischen Laserstrahlkenngrößen und dem Bearbeitungsergebnis beim Laserstrahlhärten",Beitrag in diesem Band

# Anpassung hochfrequenzangeregter Laser an die Energieversorgung

R. Paul, A. Giesen, M. von Borstel*
Institut für Strahlwerkzeuge (IFSW), Universität Stuttgart
Pfaffenwaldring 43, D-7000 Stuttgart 80
*Trumpf Lasertechnik GmbH
Johann-Maus-Straße 2; D-7257 Ditzingen

Um das elektrische Verhalten eines HF-angeregten Lasers zu analysieren und zu optimieren, wurde das vollständige elektrische Schaltbild von Anpaßnetzwerk und Laserkopf erstellt. Daraus wurde exemplarisch das HF-Verhalten des Lasers im ungezündeten und gezündeten Fall untersucht. Das Zündverhalten konnte auf diese Weise analysiert und die Plasmaimpedanz der Entladung berechnet werden.

## 1 Einleitung

Der verwendete HF-angeregte Laser besteht aus den vier Hauptkomponenten HF-Generator, HF-Kabel, Anpaßnetzwerk und Laserkopf. Der Laserkopf enthält u.a. die Gasentladungsstrecken, deren komplexe Impedanzen mit Hilfe des Anpaßnetzwerkes auf den Wellenwiderstand des HF-Übertragungskabels (50 Ω reell) transformiert werden. Eine weitere Aufgabe des Anpaßnetzwerkes besteht darin, die Ausgangsspannung des Generators auf Werte zu transformieren, die das Erreichen der Zündfeldstärke des Lasergases und damit das Zünden der Gasentladung gestatten. Für das Anpaßnetzwerk verwendet man vorzugsweise Reaktanzen, so daß der Vorteil der kapazitiven verlustfreien Leistungseinkopplung voll erhalten bleibt. Um die immer vorhandenen ohmschen Verluste $P_V=R_V \cdot I^2$ in Spulen und Zuleitungen zu minimieren, sollen die Blindströme möglichst klein sein. Dies läßt sich, wie man mit Hilfe eines Smith-Diagramms [1,2,3] sieht, mit zwei Blindwiderständen realisieren. Durch zusätzliche Bauelemente gewinnt man weitere Freiheitsgrade zur Beeinflussung der Bandbreite oder für die in der Praxis günstigste Auswahl der Bauelemente. In der vorliegenden Arbeit wurde ein Collins-Filter [2], bestehend aus 3 Reaktanzen, in $\pi$-Schaltung verwendet.

Um das HF-Verhalten von Anpaßnetzwerk und Laserkopf zu simulieren und zu analysieren, wurden die entsprechenden detaillierten Schaltbilder entwickelt.

## 2 Erstellen der elektrischen Schaltbilder

Um ein "vollständiges" elektrisches Schaltbild des Lasers zu erstellen, müssen alle diskreten Impedanzen einschließlich zusätzlich wirkender Streuimpedanzen (-kapazitäten) berücksichtigt werden. Verteilte Impedanzen werden durch ihre für den entsprechenden Frequenzbereich gültige Ersatzschaltung erfaßt. Durch diese enge Korrelation zwischen dem elektrischen Schaltbild und den entsprechenden realen Bauteilen ist es möglich, Einflüsse realer Bauteile zu analysieren und zu simulieren. Ein einfaches Ersatzschaltbild des Lasers leistet dieses nicht. In den Bildern 1 und 2 sind die so ermittelten Schaltbilder des Anpaßnetzwerkes und des ungezündeten Laserkopfes dargestellt. Im Anpaßnetzwerk sind die diskret vorhandene Längsinduktivität $L_m$ und die beiden veränderbaren Vakuumkondensatoren $C_l$ und $C_t$ erkennbar. Bei den übrigen Bauteilen handelt es sich um im betrachteten Frequenzbereich zu berücksichtigende Streuimpedanzen. Die HF-Zuleitung in Bild 2 verbindet das Anpaßnetzwerk mit den insgesamt 8 Entladungsstrecken. Der gezündete Laser unterscheidet sich vom ungezündeten lediglich durch einen veränderten kapazitiven und einen zusätzlichen ohmschen (Plasmawiderstand) Anteil. Der Plasmawiderstand ergibt sich nach diesem Verfahren unmittelbar aus der Forderung, daß die Laserimpedanz bei der Betriebsfrequenz (hier: 13,56 MHz) 50 Ω reell sein muß.

## 3 Gemessene und gerechnete Impedanzkurven

Zur Erfassung der Streuimpedanzen wurde in einem iterativen Verfahren das elektrische Schaltbild so lange geändert, bis die gemessenen und gerechneten Impedanzkurven bestmöglich übereinstimmten. Die Streuimpedanzen und diskreten Impedanzen verursachen hochohmige (parallele) bzw. niederohmige (serielle) Resonanzen, deren Amplituden und Orte auf der Frequenzachse das elektrische Schaltbild im betrachteten Frequenzbereich charakterisieren. Bild 3 zeigt exemplarisch die gerechnete Änderung von Impedanzbetrag und -phase des ungezündeten Lasers im Frequenzbereich zwischen 0 und 100 MHz. Bild 4 zeigt die entsprechende Messung am Laserkopf. Im Bereich bis ca. 60 MHz wurde gute Übereinstimmung erzielt.

## 4 HF-Verhalten im ungezündeten und gezündeten Fall

Wie Bild 5 zeigt, fallen die Resonanzen der Elektrodenspannung mit den niederohmigen Resonanzen der Impedanz des ungezündeten Lasers zusammen. Ziel für ein optimiertes Zündverhalten ist es, diese Spannungsresonanz in die Nähe der Betriebsfrequenz (hier: 13,56 MHz) zu schieben [4]. Dies kann z.B. durch Ändern der Induktivität des Anpaßnetzwerkes geschehen, wie Bild 6 exemplarisch zeigt.

Im gezündeten Fall wird die hochohmige Resonanz in der Nähe der Betriebsfrequenz (siehe Bilder 3 und 4) durch die Plasmaimpedanz bedämpft und in Richtung Betriebsfrequenz verschoben. Bei korrekter Einstellung des Anpaßnetzwerkes (= minimale reflektierte HF-Leistung) ergibt sich dann bei der Betriebsfrequenz ein Impedanzbetrag von genau 50 Ω (= Wellenwiderstand des HF-Kabels) und einer Phase von 0°. Niederohmige und hochohmige Impedanzresonanz sollten also möglichst eng beisammen liegen, um sowohl eine zuverlässige Zündung, als auch eine optimale Anpassung zu ermöglichen.

Der spezifische Plasmawiderstand wurde nach obigem Verfahren exemplarisch bei einer eingekoppelten HF-Leistungsdichte von ca. 3,5 W/cm$^3$, einem Lasergasdruck von 115 hPa und einem Mischungsverhältnis $N_2:CO_2:He$ = 2:0,5:8 zu 2,5 kΩ·cm bestimmt.

## 5 Zusammenfassung der Ergebnisse

Mit Hilfe des vollständigen elektrischen Schaltbildes eines hochfrequenzangeregten Lasers können durch Rechnersimulationen die Einflußgrößen des Zündverhaltens analysiert und optimiert werden. Außerdem ermöglicht eine Analyse der Blindströme in Spule und Zuleitungen eine Minimierung der ohmschen Verluste. Aus den Rechnungen ergibt sich unmittelbar die Plasmaimpedanz bei abgestimmtem Anpaßnetzwerk. Somit können Änderungen der Plasmaimpedanz mit Gasdruck, Mischungsverhältnis oder eingekoppelter HF-Leistung bestimmt werden.

## 6 Literatur


[1] Meinke, Gundlach; Taschenbuch der Hochfrequenztechnik, Springer
[2] Zinke, Brunswig; Lehrbuch der Hochfrequenztechnik, Springer
[3] H.-G. Unger; Elektromagnetische Wellen auf Leitungen, Hüthig
[4] M. von Borstel, A. Giesen, R. Paul; Zündverhalten von hochfrequenzangeregten $CO_2$-Lasern, Laser 89, (1989)

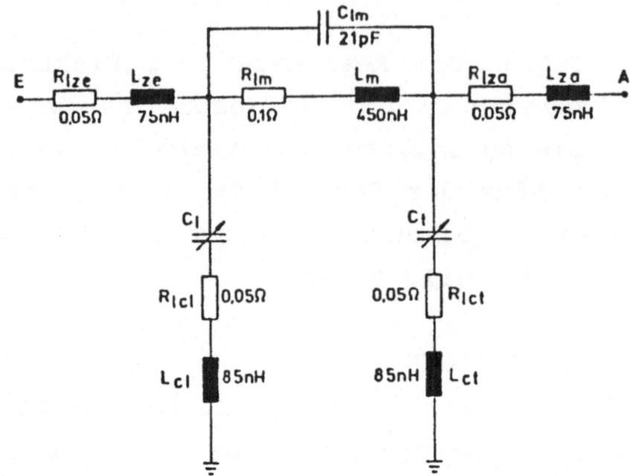


Bild 1: Elektrisches Schaltbild des Anpaßnetzwerkes (Collins-Filter)

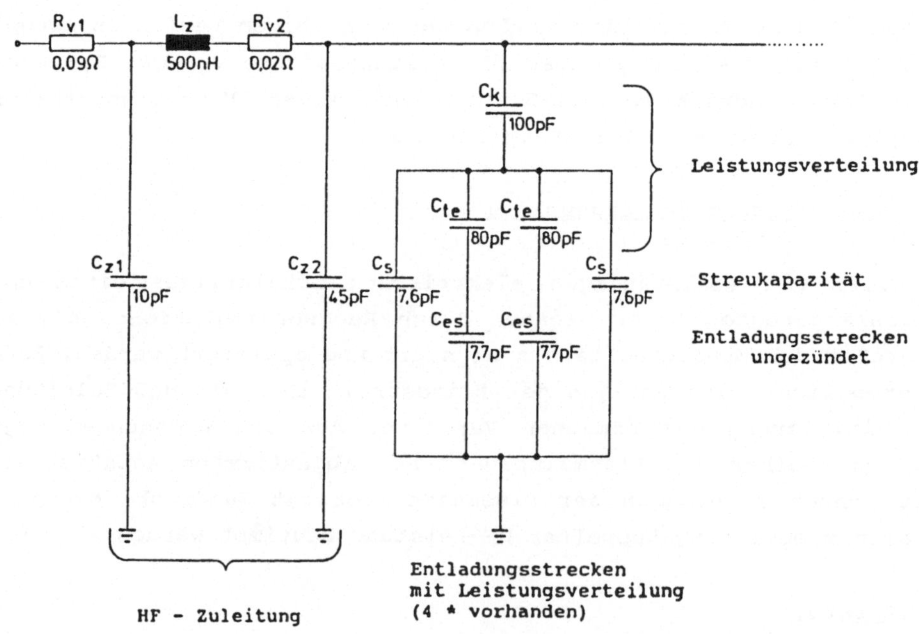


Bild 2: Elektrisches Schaltbild des ungezündeten Laserkopfes

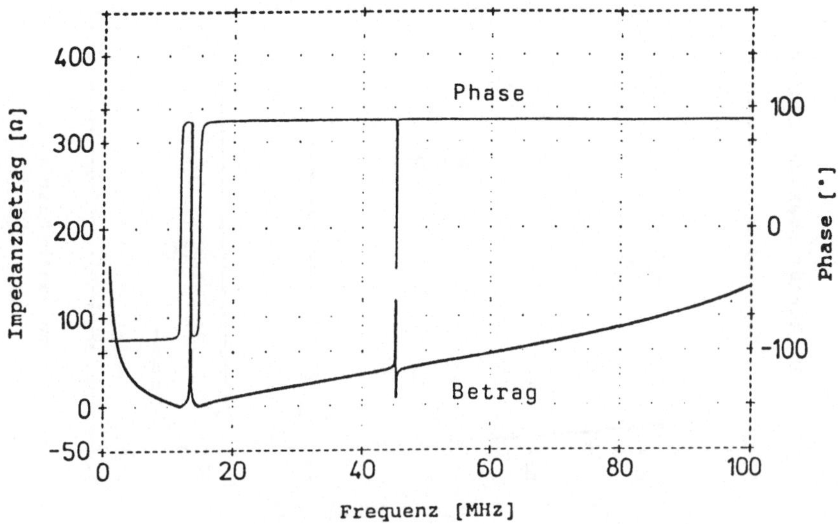


Bild 3: Gerechnetes Frequenzverhalten der Impedanz des ungezündeten Lasers (Anpaßnetzwerk + Laserkopf)

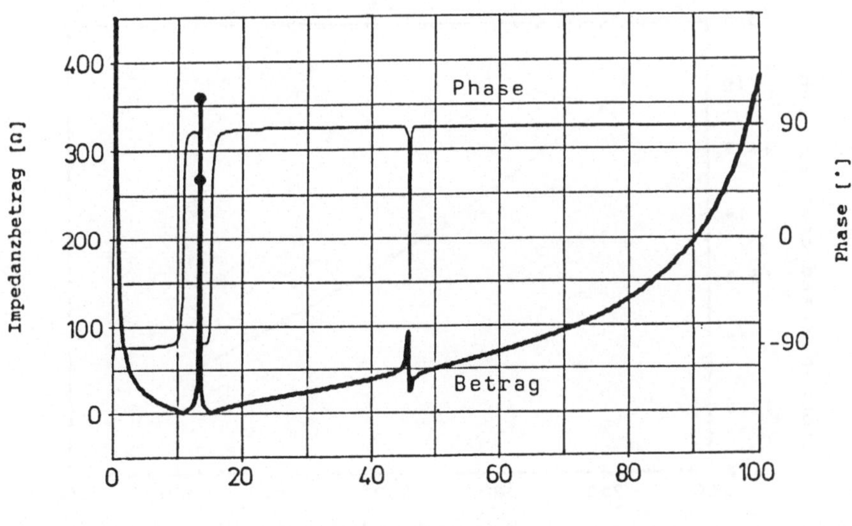


Bild 4: Gemessenes Frequenzverhalten der Impedanz des ungezündeten Lasers

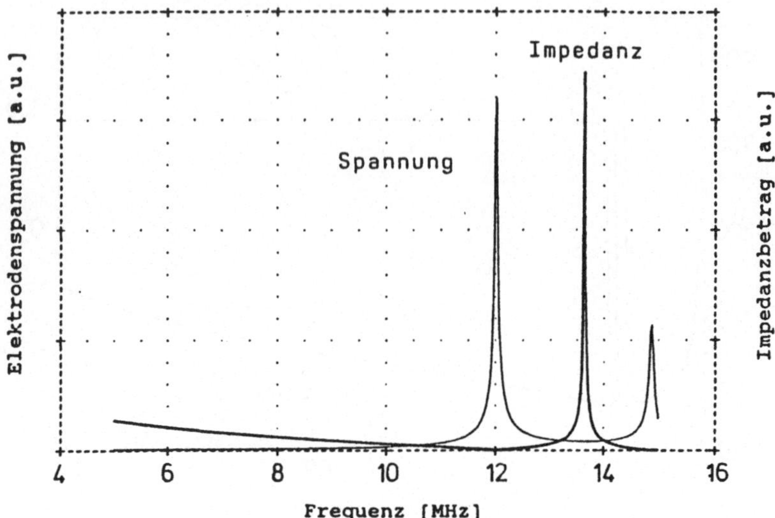


Bild 5: Spannungsresonanzen und entsprechende Impedanzresonanzen im Bereich der Betriebsfrequenz

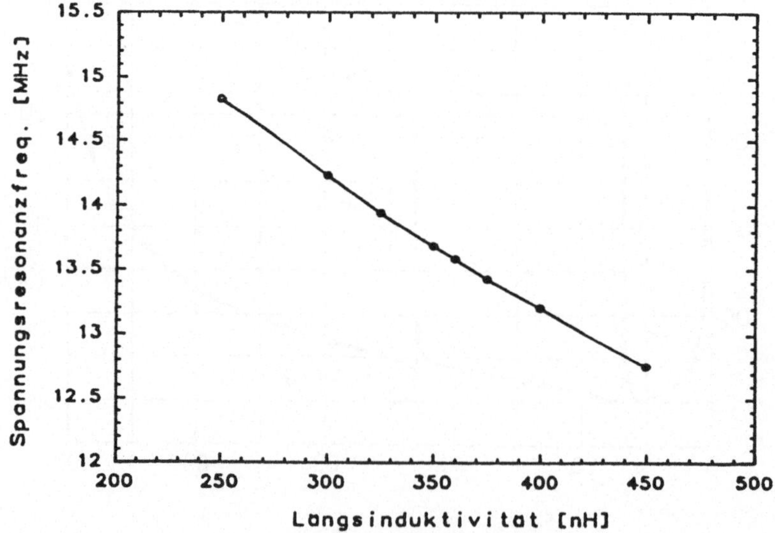


Bild 6: Einfluß der Längsinduktivität eines Anpaßnetzwerkes auf die Resonanzfrequenz der Elektrodenspannung

# Optimization of the Optical System for a High-Power Transverse Flow $CO_2$-Laser

G. Rabczuk
Institute of Fluid Flow Machinery
Polish Academy of Sciences
PL 80-952 Gdańsk, Poland

## INTRODUCTION

The paper contains the review of the results of numerical analysis concerning the basic properties of the optical systems designed for a $CO_2$-$N_2$-He transverse flow laser excited by a high power glow discharge[1]. To get the reliable predictions of the transverse-mode structure properties and far-field behaviour the Kirchoff-Fresnel equations describing the field distributions over the limited optical cavity mirrors have to be solved with taking into account nonlinear saturable gain influence. The gain medium characterized by the intensity dependent factor is assumed to be contained in two thin sheets near mirrors. In this approximation the variation of the saturated gain along the propagation path is negligible. However the approach allows for transversally varying gain. For getting some insight into the resonator modes behaviour with transversally varying unsaturated gain $\alpha_0(r)$, it was assumed that $\alpha_0(r)$ is axially symmetric. The influence of the mirrors tilt on the laser operation characteristics is accounted for by multiplying the complex field amplitude on the mirrors (in the perpendicular symmetry) by an additional linear phase term.

## DISCUSSION OF THE RESULTS

Depending on the required level of the output power a single- two- or three pass configuration of unstable, positive branch resonator of folded type can be chosen as the optical system for the laser under consideration. The dimensions and geometry of the laser cavity are specified by the laser design requirements. The optical length of the cavity is set to be equal to n×1.77 m (n - number of passes), an active zone length is n×1.2 m. For the study the main mirrors concave and convex have been chosen to have the same radii of curvature (20 m, -10 m)and (27 m, - 14 m). Their effective diameters are determined by the discharge gap length of 63 mm. The plane folding mirrors are taken into account only by their absorption losses -(2 %). The main parameters of the cavities under consideration decided about their optical properties and the output power values predicted by the theory as well as those obtained experimentally are gathered in Table 1.

Table 1. Parameters for the optical cavities

| | $r_1 = 20$ m | $r_2 = 10$ m | | $r_1 = 27$ m | $r_2 = 14$ m | |
|---|---|---|---|---|---|---|
| | | P 3 | | | P 1 | |
| | | theory | experim. | | theory | experim. |
| n = 1 | M = 1.7<br>$N_{eq} = 5.8$ | 8.6 $I_S$ | 1.5 kW | M = 1.57<br>$N_{eq} = 4.8$ | 9.6 $I_S$ | 2 kW |
| n = 2 | M = 1.94<br>$N_{eq} = 4.2$ | 26.6 $I_S$ | 6 kW | M = 1.94<br>$N_{eq} = 3.4$ | 29.8 $I_S$ | 3.7 kW |
| n = 3 | M = 1.99<br>$N_{eq} = 3.2$ | 47.8 $I_S$ | 8 kW | M = 1.9<br>$N_{eq} = 2.7$ | 51.5 $I_S$ | ---- |

The power calculations were carried out for the small signal gain equal to 0.4 [1/m]. In the Table 1 $I_S$ - means the saturation intensity parameter. The steady-state field patterns obtained for the cavities investigated are typical for the unstable positive- branch resonator of the reported in Table 1 equivalent Fresnel number ($N_{eq}$) value. There are differences in angular width of the far-field patterns, obtained at the focal length of the annular concave output mirror of $r$ = 20 m, where about 90 % of the output power is focused. For n = 1 this angular width is abt. 1.4 mrad, for n = 2; 1.0 mrad and for n = 3; 1.2 mrad respectivelly. For the fixed values of the mirrors spacing and their radii of curvature the equivalent Fresnel number and thus different modes oscillation conditions are determined by the diameter of the small convex mirror($D_2$). It is evident from Fig. 1 that even relatively small changes in $D_2$ are followed by the significant differences in the field structure. For a given value of the diameter of the back mirror($D_1$) there is an optimum value of $D_2$. If $D_2$ is too large(or $D_1$ is too small)the beam being magnified by the reflection on the convex mirror is aperatured by the back mirror that not only introduces the addtitional diffraction losses to the system but also deteriorates the focusing efficiency. It follows from our analysis that the medium(of $\alpha_0$ = const) influence upon the field distribution is noticeable (Fig. 2)but it does not change its form. For a high value of $\alpha_0$ the slight effect of defocusing of the beam is observed in the far-field pattern.

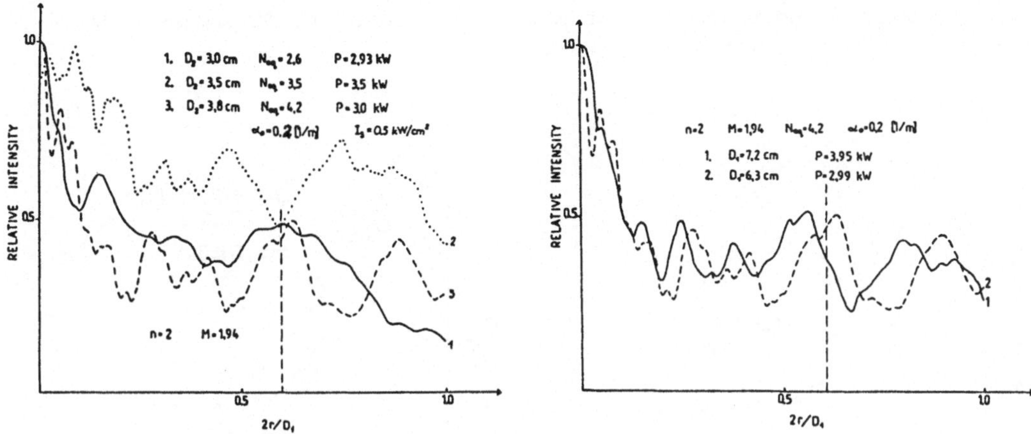


Fig. 1 Near-field intensity patterns for different diameters of the cavity mirrors.

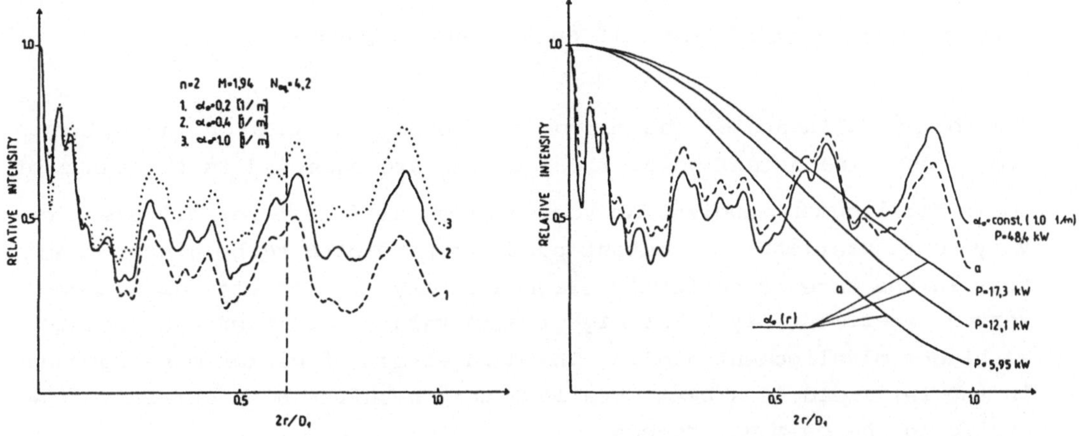


Fig. 2 Near-field intensity patterns for different values of the small gain coefficient.

In the case when $\alpha_0$ is profiled (curves-a-on the Fig. 3)the intensity distributions are smoothed slightly by the gain. The high-frequency modes are filtered out of the field structure (the numerical propagation code became quickly converged). As it is seen on the Fig. 1 the output power values very strongly depend on the small signall-gain coefficient value (and profile). The effect of mirror misalignment on the output power recorded theoretically and experimentally[3] is shown on Fig. 3. For cavities under consideration at tilt agle of only 50$\mu$rad where the output power is reduced to 95 % the mode patterns become distinctly distorted.

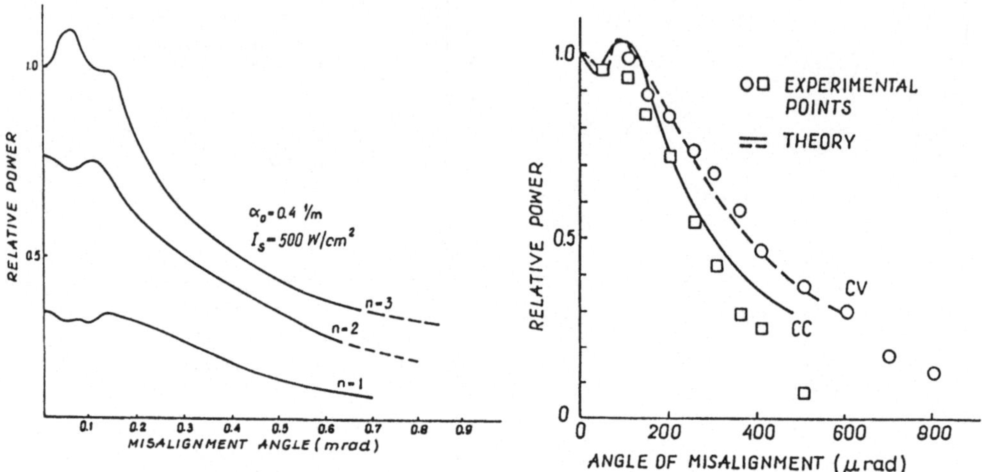


Fig. 3. Effect of mirror tilt on the output power

Due to the influence of the mirror tilt on $N_{eq}$ and thus on the diffraction losses the output power fluctautions are observed in the range of small misalignment angles. At some angles , different for different cavity configurations the output power is predicted to be higher than that in the case of perfectly aligned cavity the effect was not observed experimentally . For higher gain values the laser can operate at higher misalignment angles. The main effect of mirror misalignment in the far field is a beam steering, that results in an effective increase in the beam divergence.

Literature

(1) J. Stańco et al., Appl.Phys. B41, 245, 1986
(2) A.G.Fox, T.Li, Bell Syst.Tech. J.40, 153 1966
(3) G.Śliwiński et al., Proc. 7th GCL Symp. Viena 1988 in print

# Investigation of the Spatial Homogenity of High Frequency Excited Laser Discharges

H. Schwede, K. Du, J. Franek, P. Loosen, O. Märten, R. Wagner
Fraunhofer Institut für Lasertechnik, Steinbachstraße 15, D-5100 Aachen

## 1. Introduction

The intensity distribution of a laser beam is determined by resonator geometry as well as the characteristics of the active medium. The influence of the active medium on the intensity distribution has been investigated theoretically and experimentally by several authors /1-3/. They found out that an inhomogeneous spatial gain distribution may influence the mode selection of longitudinal and transversal modes /2,3/.

Since several years rf-discharges gain importance for excitation of high power $CO_2$-lasers. Our aim is to investigate experimentally the transversal homogenity of such discharges. Problems of a direct measurement of the small signal gain $g_0$ are discussed. In the case of an inhomogeneous gain distribution also a variation of the saturation parameter $I_s$ is obtained /6/. As the product $g_0 \cdot I_s$ controls laser output and is proportional to pumping power we investigate the spatial homogenity of energy deposition. This is done by analysing end-on luminosity density and use of a high-order-mode test resonator to estimate the homogenity of energy input.

## 2. Experimental set-up

Subject of the investigations is a transverse dielectric capacitively coupled radio frequency discharge with a fast axial gasflow in a cylindrical quartz tube (Fig. 1). The radio frequency source is coupled directly to the discharge and does not need explicit impedance matching /4/. A typical rf-coupling structure is outlined in Fig. 2. It is built up by two half-shell-shaped electrodes. Usually the radius of curvature of the electrodes is chosen to match nearly the outer radius of the discharge tube. The electric field between the electrodes has been calculated by numerical solution of the poisson equation (neglecting the plasma conductivity). In Fig. 3 a plot of a quarter of the discharge geometry can be seen. The electrode is represented by a small plateau. For a better clearness the field strength in the wall of the tube and in the outer space is faded out. The picture shows, that the electric field inside the discharge tube is highly nonuniform.

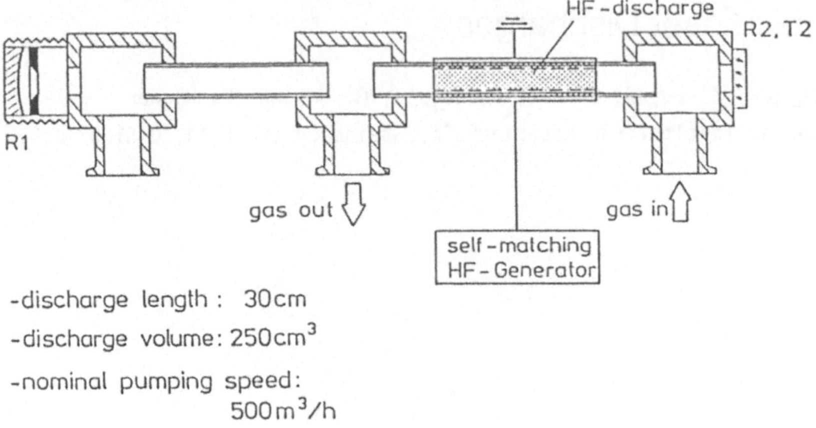


Fig. 1 Experimental set up

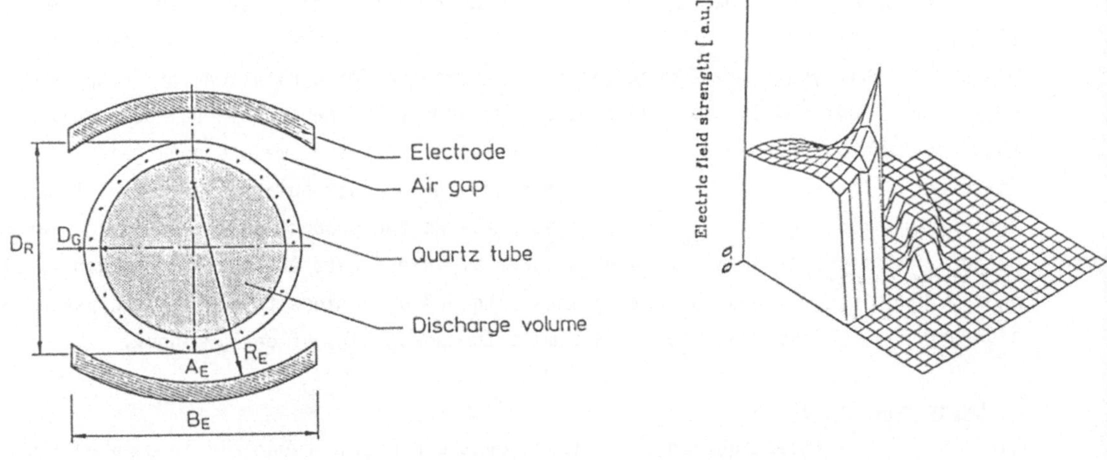


Fig. 2 Scheme of the capacitively coupling structure $D_R$- outer diameter of the discharge tube, $D_G$-thickness of the discharge tube, $B_E$-width of the electrodes, $R_E$-radius of curvature of the electrodes $A_E$-air gap between electrodes and discharge tube

Fig 3. Electric field strength in the discharge tube without a plasma

## 3. Diagnostic techniques

To test exitation homogenity usually gain-measurements are taken with probe laser beams, which are directed through the active medium. By comparing the input and the amplified output beam the amplifying medium can be characterized. However, care has to be taken when applying this method to lasers with flowing active media like fast flow $CO_2$-lasers. In contrast to lasers with fixed or nearly fixed medium , the molecules in a fast flow $CO_2$-laser are moving transversely through the laser beam, either due to the gas flow itself (transverse flow lasers) or due to turbulence induced transversal mass transport /7/. Depending on the type of laser typical time constants for this transversal transport of molecules are in the range of some 10-100 µs. During laser operation these transport processes are not significant because due to the high intensity in the laser cavity the time constant of stimulated emission is well below the time constant for transverse mixing processes.

However, when analysing such a laser with a low power laser beam, the vibrational excited molecules will move over considerable distances during their lifetime which may lead to a "smearing out" of the gain profil. Due to these problems two alternative indirect methods to analyse the excitation profil have been examined.

One method to get some information about discharge homogenity is to analyse the local luminosity density. Spontaneous decay of electronical excited atoms and molecules leads to emission in the visible range of the spectrum. The intensity of this luminosity L is mainly determined by the electron density $n_e$ and the electron temperature $T_e$ ($T_e = T_e$ (E/N)). There is:

$$L\,(x,y) \quad \propto \quad n_e\,(x,y) \cdot k_{ex}\,(E/N)$$

with:

$n_e \quad \propto \quad P_{el}/(E/N)^2$

$k_{ex}$ - rate coefficient for electronical excitation

$P_{el}$ - rf - power density

E/N - reduced electric field strength

In a stationary $CO_2$-laser discharge with a homogeneous electric field there is an equilibrium of electron gain and loss processes at each point of the discharge. This implies a gasmixture specific fixed reduced electric field strength $(E/N)_0$ in the discharge /5/. In an nonuniform field (Fig. 3) inhomogenities are damped by rising electron density in regious of high E/N leading to a decrease of the electric field.

As:

$$P_p\,(x,y) \quad \propto \quad n_e\,(x,y) \cdot k_p\,(E/N)$$

$P_p$ - pumping power into the laser relevant vibrational excited states of $N_2$ and $CO_2$ (001)

$k_p$ - rate coefficient for these vibrational excitations

and
$$\frac{d\,k_{ex}}{d\,(E/N)} \quad \neq \quad \frac{d\,k_p}{d\,(E/N)}$$

in a rough approximation, if local variation of E/N is only weak, end-on luminosity can be taken as a qualitative measure of excitation homogenity. For a detailed analysis of discharge luminosity there had to be taken into account: the variation of the fractional power transfer to the different excitation processes /8/ by changing E/N, electron transport processes, effects in the boundary layers as well as the occurance of metastable electronical excited states in the discharge.
Fig. 4 shows a typical example of a measurement of luminosity as well as a cross-section through the luminosity profil taken at a discharge with a coupling structure according to Fig. 2.
To ensure the results obtained with the technique just discussed a second "resonator method" has been used, which shows qualitatively good agreement with the luminosity technique. For this purpose a high-mode-order test resonator has been built up. As in this resonator such modes will oscillate, which have the strongest overlap with the gain profil, the resulting intensity distribution of the test resonator is an image of the gain distribution. Figure 5, taken with a beam diagnostic system /9/, gives an illustration. Investigated is the same active medium as in Fig. 4, as can be seen there is a qualitative agreement. The intensity of the testresonator is at a maximum in regions where the luminosity and therefore the input power density is highest.

## 4. Measurements

With the luminosity diagnostic and the use of a test resonator coupling structures are investigated at different pressures and power densities. A conventional coupling structure leads to inhomogeneous luminosity - and laser intensity distributions (Fig. 4-5) with a maximum of excitation in a region between the edges of the electrodes. As a measure of luminosity homogenity the contrast along the horizontal profil is chosen. For increasing discharge pressure a rise of luminosity contrast is obtained (Fig. 6). Just a weak influence of dissipated power can be seen. The pressure dependence of the contrast could be explained by homogenization phanomena

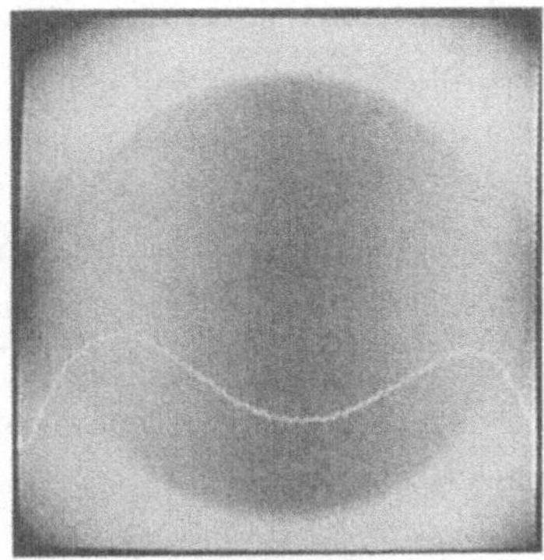

Fig 4. End-on discharge luminosity of a conventional coupling structure (10 kPa, 3.0 kW)

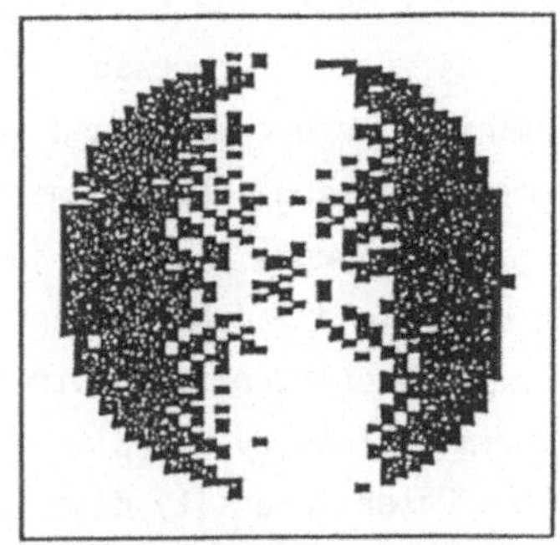

contour line at 60%

Fig 5. Laser intensity distribution of a test resonator at a conventional coupling structure (10 kPa, 3.0 kW)

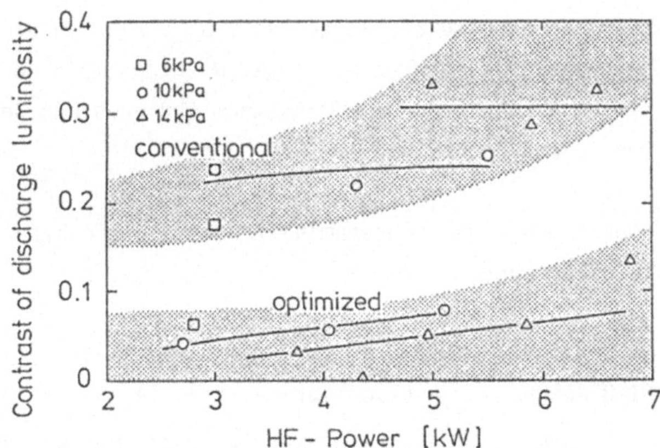


Fig 6. Comparison of contrast of discharge luminosity for conventional and optimized coupling structures

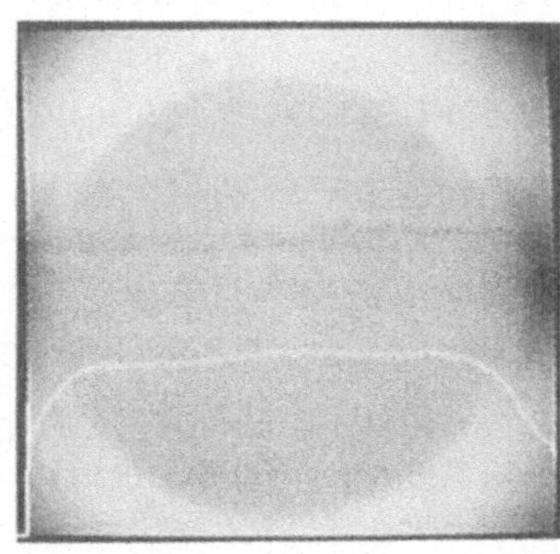

Fig 7. End-on discharge luminosity of an optimized coupling structure (14 kPa, 5.6 kW)

contour line at 60%

Fig 8. Laser intensity distribution of a test resonator at an optimized coupling structure (14 kPa, 5.6 kW)

as the reduction of field inhomogenities by increasing plasma conductivity and the electron diffusion processes. Both are reduced with increasing pressure.
The numerical method mentioned in chapter 2 has been used to optimize the coupling structure by varying the geometry parameters ($B_E$, $A_E$, $R_E$ (Fig. 2)) taking into account a homogeneous plasma conductivity. A structure with a low local variation of the electric field had been found. Tests of this coupling structure lead to luminosity, and laserintensity distributions as demonstrated in Fig. 7 and Fig. 8. The contrast in luminosity sharply decreases (Fig. 6), pressure and power dependence are only weak. Laser intensity distribution becomes more homogeneous.

## 5. Conclusion

Analysing of discharge luminosity density has been used to estimate the homogenity of spatial energy input in a capacitively coupled high frequency discharge. Investigations with a high order multimode test resonator show good qualitatively agreement with these measurements.
With a conventional coupling structure a large spatial variation of energy input is obtained rising with increasing discharge pressure. With an improved coupling structure homogenization of the discharge and reduction of the pressure dependence of the inhomogenities have been demonstrated.

This work has been supported by the "Bundesministerium für Forschung und Technologie", Federal Republic of Germany.

## References

/1/ U. GANIEL, Y. SILBERBERG — Applied Optics Vol. 14, No. 2, 306, 1975

/2/ H. KOGELNIK, S. V. SHANK — J. Appl. Phys. Vol. 43, No. 5, 232, 1972

/3/ N. HODGSON — Proc. SPIE Vol. 1021 Conf. High Power Solid State Lasers, to be published

/4/ A. MEDDOUR — Proc. Conf. Laser and Optoelectronics 1989, to be published

/5/ L. DENES, J. LOWKE — Appl. Phys. Lett. Vol. 23, No 3, 130, 1973

/6/ D. FRANZEN, R. COLLINS — IEEE J. Quant. Elec. Vol. 8, No 4, 400, 1972

/7/ H. SCHLICHTING — Grenzschichttheorie, G. Braun, Karlsruhe 1982

/8/ W. L. NIGHAN, J. H. BENETT — Appl. Phys. Lett. Vol 14, No 8, 240, 1969

/9/ R. KRAMER et al. — Proc. Conf. Lasers and Optoelectronics 1987 ed. W. Waidelilch, Springer Verlag Berlin (1986)

# Temporal Measurement of $CO_2$-Laser Output Resolved into Transverse Direction, Polarization Components and Rotational Transitions

V. Sturm[1], L. Gronewäller[2,3], P. Loosen[1], H. Schülke[2,3]

1) Fraunhofer-Institut für Lasertechnik, 2) Lehrstuhl für Lasertechnik, RWTH Aachen

Steinbachstr. 15, D-5100 Aachen

3) now with W. C. Heraeus GmbH, Hanau

Measurement of the temporal behaviour of laser beam properties like total beam power, intensity distribution, polarization or frequency can be necessary for a better understanding of laser dynamics as well as processing results in laser material working. In this paper, we report on the measurements with a linear 12-segment array of pyroelectric detectors, which allow parallel registration of the detector signals with a bandwidth of 1 MHz.

Although the relevant time constants of the thermal processes in $CO_2$ laser material processing in many cases are greater than the time constants, we are reporting here, knowledge of the temporal behaviour of the laser beam parameters can be important for special applications, e. g. precise material working with small workpiece dimensions. Pulse modulation capability, e. g. by pump power modulation, increases the flexibility of a laser source, but disregarding laser dynamics can lead to undesired processing results or failure of processing.

## Experimental set-up

The diagnostic set-up consists of the detector unit with the linear array detector, amplifiers and power supply (fig.1) and further data processing devices for A/D convertion and storage. The existing deviation of sensitivity of the detector elements is compensated numerically. The detector array is positioned in the beam cross-section of the unfocused, possibly attenuated, laser beam for spatial resolution or behind a spectrometer, e.g. for rotational frequency resolved measurements. The axial-

Fig.1 Detector unit with linear array detector ( lithium tantalate pyroelectric elements), amplifiers and power supply.

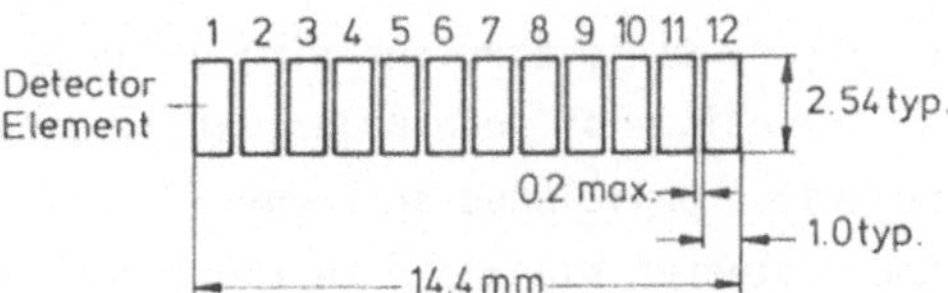

flow $CO_2$ laser consists of two discharge tubes (i. diam. 24 mm, tube length 40 cm) with transverse 27 MHz-rf excitation (capacitively coupling structure, electrode length 10 cm). A linear resonator configuration (length 1.27 m) with a concave rear mirror (radius of curvature 10 m, reflectivity 0.99) and a plane outcoupler (reflectivity 0.9) is used for the presented measurements (except fig. 5 and 6). The maximum cw output power of the laser operated with this configuration with full aperture ($TEM_{30}$ mode) is approx. 800 W. For the measurements, the transverse mode order is reduced by a mode diaphragm accompanied by a reduction of output power.

Spatially resolved measurements

The temporal development of total laser power and beam distribution resolved in a transverse direction by the array detector is shown in fig. 2 and 3. The laser is operated in pulsed mode by switching the rf pump power. The time-averaged beam distribution (burn-in pattern), the position of the array detector in the beam cross-section (1m away from the outcoupling mirror) and the diameter of the aperture of the outcoupling mirror are given in the upper part of the diagrams. The traces represent the signals of every second array element, the trace in the background is proportional to the total beam power measured by focusing the power transmitted through the rear mirror on a single pyroelectric detector, the bandwith of which is equal to the one of the array channels.

If the laser emission is constricted to the fundamental ($TEM_{00}$) mode by the inserted mode diaphragm (fig. 2a), the total laser power exhibits the known temporal behaviour with the gain switch spike at the onset of laser emission /1/. The temporal behaviour stays the same over the whole beam cross-section and is equal to the one of the total beam power. The $TEM_{00}$ profile as it is drawn by the dashed line at the end of the pump pulse is maintained at every point. Fluctuations with frequencies of several 100 kHz as shown later or reported in /1/ respectively, are not observed for fundamental mode operation of the laser.

With an increased mirror aperture adapted to the $TEM_{01}^*$ mode, the laser emission starts with a $TEM_{00}$-like distribution before changing into 'donut' distribution (fig. 2b). The integrated laser power exhibits an additional relaxation peak when the beam distribution changes. The time delay between onset of $TEM_{00}$ and $TEM_{01}^*$ laser emission can be explained by the higher diffraction losses of the $TEM_{01}^*$ mode. With increasing transversal mode order allowed by the laser resonator, the time delay decreases due to the approximating diffraction losses of the lowest modes.

Misalignment of the laser resonator separates this relaxation peak into two peaks and fluctuations of the signals are occurring with the second peak (fig. 3a). Vice versa, the total laser power signal can be used for a proper alignment of the laser cavity by minimizing the time delay between the modes and the peak separation.

A selection of one polarization component of the unpolarized laser output by a polarizer positioned in front of the array detector leads to strong modulations of the detector signals with the onset of the $TEM_{01}^*$-mode. The oscillations are not

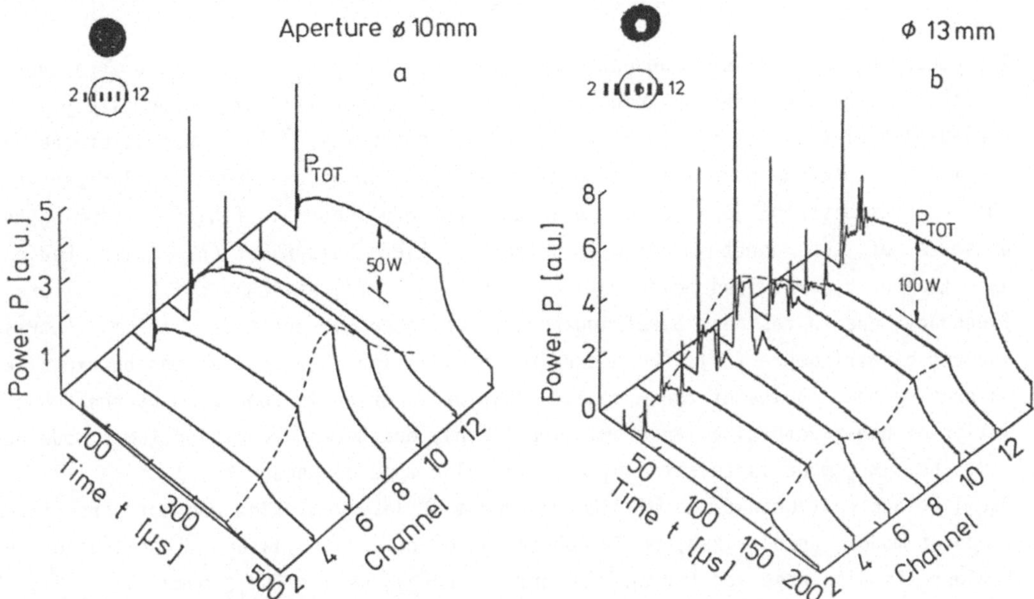


Fig.2 Temporal behaviour of total laser power (trace in the background) and beam distribution resolved in transverse direction for two mirror aperture (a) $TEM_{00}$ and (b) $TEM_{01}{}^{*}$ (time averaged mode pattern), gas pressure 6 kPa, He:$N_2$:$CO_2$=8:1:1.

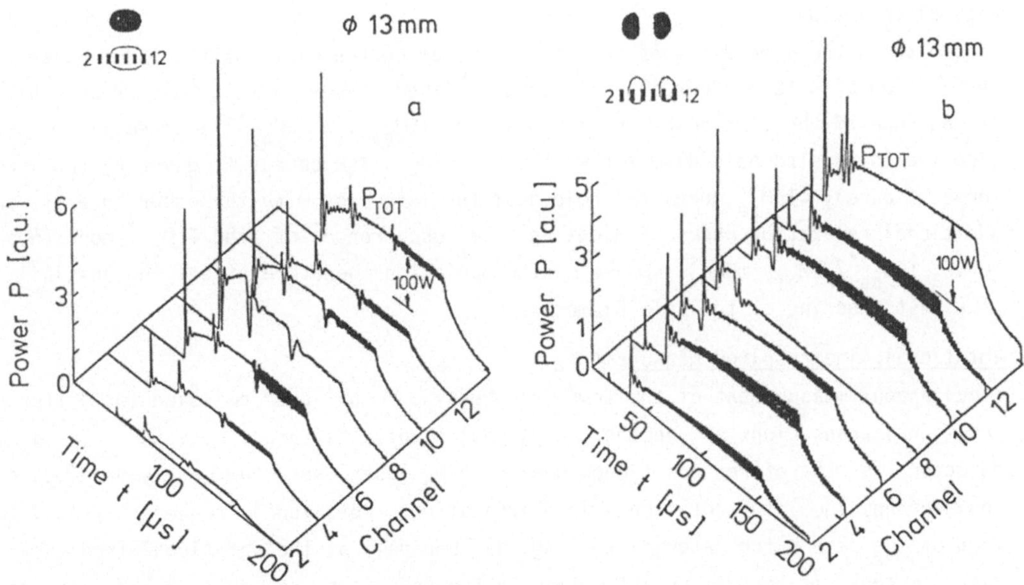


Fig.3 Measurements under the same condition as fig. 2b except that for (a) the laser resonator is misaligned and for (b) a polarizer is positioned in front of the array detector. Oscillation frequency (approx. 0.7 MHz) is not resolved in this figure.

detected for the total laser power ($P_{tot}$ detected without polarizer at the rear mirror).

The occurring oscillation frequencies of several 100 kHz are well below transverse or longitudinal mode beating frequencies ($\Delta\nu$ = 14 MHz or 117 MHz, respectively). In explanation of this, it has to be mentioned that the $TEM_{01}^*$ laser output of the laser without internal polarizing components is split up by an external polarizer into the two beam distributions (time averaged pattern) shown in fig. 4. Assuming the presence of two donut modes with different field distributions (with radial, azimuthal or hyperbolical polarization, see e.g. /2/) having a slightly different frequency due to residual birefringence of the laser mirrors (e.g. thermal stress induced birefringence /3/), the occurring oscillation frequencies can be explained as beating frequencies of these modes. This explanation is supported by the observation of non-fluctuating laser emission if only one Hermite-Gaussian $TEM_{01}$ mode beside the $TEM_{00}$ mode is selected by a rectangular mode diaphragm.

Oscillations or fluctuations of higher order mode laser emission are not constricted to donut modes, unpolarized, pulse operated or rf-excited lasers. Oscillation behaviour is also observed for an apparent Laguerre-Gaussian $TEM_{10}$-mode /4/. Fig. 5 gives an example for the possibly transient oscillating behaviour of a cw-operated, dc excited laser with a folded resonator configuration and linearly polarized laser output which cannot be split up by a polarizer. Small misalignment of the laser resonator as indicated by the asymmetric $TEM_{01}^*$ burn-in pattern can lead to modulation of total laser power (upper trace) and strongly modulated transverse resolved intensity distribution.

Fig. 6 shows the dependence of the hole diameter on the width of the laser pulse for perforation of a thin PVC foil with single laser pulses, a fact which represents a consequence of the time delay between onset of $TEM_{00}$ and $TEM_{01}^*$ laser emission. Beside the increasing hole diameter with increasing pulse energy as given by the lower curve ('purely' $TEM_{00}$ mode) the hole diameter increases with the occurrence of the additional relaxation peaks indicating the occurrence of the $TEM_{01}^*$ mode (upper curve: $TEM_{00}^*/TEM_{01}^*$ mode). Pulse width modulation therefore offers the possibility of a fast steering of the hole diameter.

Rotational line resolved measurements

Simultaneous measurement of the temporal behaviour of laser emission for different rotational transitions is another application of the array detector. The array detector is therefore positioned behind a $CO_2$ laser spectrum analyzer (Optical Engineering, Inc.) for rotational line separation. Rotational frequency stabilization of $CO_2$ lasers for material working is unusual, as the rotational frequency of laser output is not important as far as the processes are thermal and material absorption is independent of rotational frequency. But changes of the rotational line may be important as they can be connected with variation of total power as well as polarization of laser output. For fundamental mode operation simultaneous os-

Fig.4 Burn-in mode pattern for a laser resonator without polarizing elements analysed by an external polarizer.

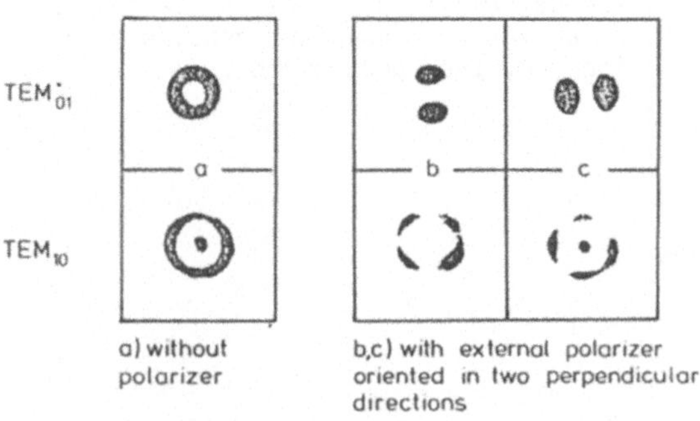


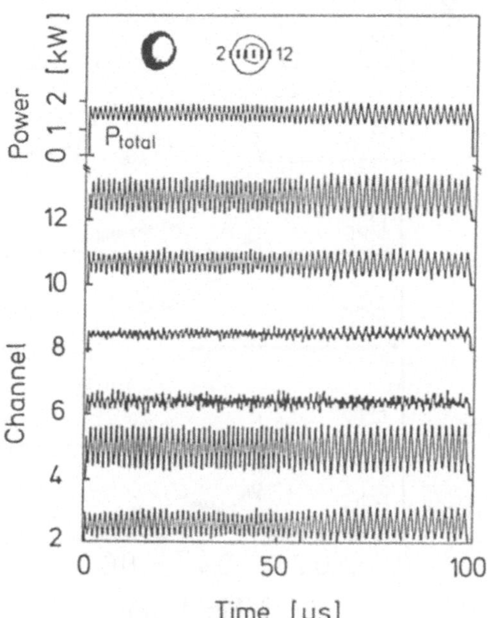


Fig.5 Laser power oscillations of a cw operated, slightly misaligned laser with linearly polarized laser output. The occurrence of the oscillations and their frequency (during this measuring interval approx. 0.6 MHz) are fluctuating.

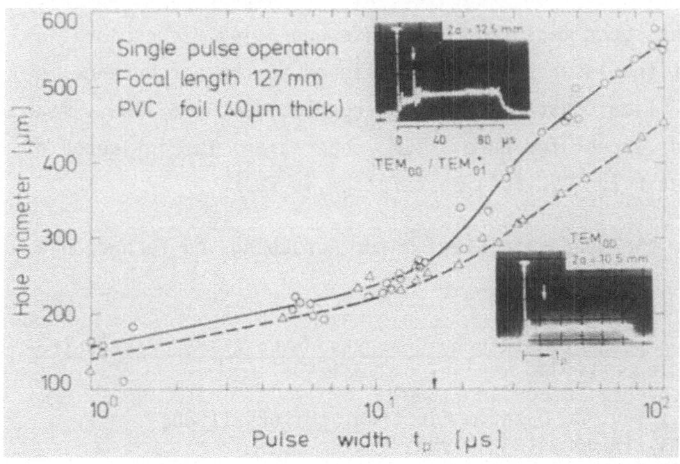


Fig.6 Influence of pulse width on hole diameter for two mirror apertures (diam. 2a), laser pulse power approx. 500 W ( 300 W ), 2a = 12.5 mm ( 10.5 mm), focal spot diameter for cw operation is 330 μm ( 250 μm) as measured in /5/.

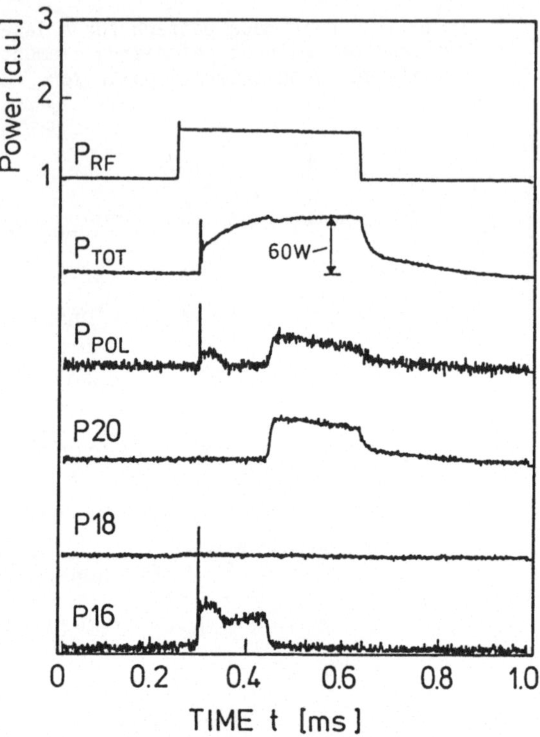


Fig.7 Temporal development of total laser power ($P_{tot}$), one polarization component ($P_{pol}$) and three rotational lines (PJ) with switched pump power ($P_{rf}$). The change of P(16) signal with the polarization change is due to the polarization dependent grating efficiency of the spectrometer.

cillation of more than one rotational line is not observed, but line hopping which is mostly connected with polarization changes can be observed (fig. 7). Depending on the gain of the lines involved, the total power exhibits a more or less increase or decrease with line jumps. Simultaneous emission of two lines can either be observed in the higher transversal mode operation or if a frequency selecting grating mirror is used.


Summary

The temporal behaviour of beam distribution resolved into transverse direction with a detector bandwidth of 1 MHz has been measured. For pulse operation, irregularities of the temporal behaviour of the laser pulses are assigned to the occurrence of higher order transversal modes. Time constant total laser power does not always mean time constant beam distribution, except for purely $TEM_{00}$ operation. The influence of laser pulse width on hole diameter for PVC foil perforation is shown.


This work has been supported by the Bundesministerium für Forschung und Technologie, Federal Republic of Germany.

References


(1) H. Schülke, V. Sturm: Proc. of the 7th Intern. Congress on Laser 85 Optoelectronics, ed. W. Waidelich, Springer Verlag Berlin, p. 23 (1986)
(2) H. Weber: "Optische Resonatoren", TU Berlin (1988)
(3) V. N. Snopko, O. V. Tsaryuk: Sov. J. Quantum Electron. 10, 624 (1980)
(4) J. Eklund: thesis of diploma, TH Darmstadt (1987)
(5) O. Märten et al: these proceedings

# Ignition of rf-Excited Lasers with Solid State and Tube Generators

B. Walter, M. Bohrer, D. Schuöcker
TU Wien, Forschungsinstitut f. Hochleistungsstrahltechnik, Gußhausstr. 25, 1040 Wien.

## 1. Introduction

An rf-excited $CO_2$ laser has been developed at the Technical University Vienna. The construction bases upon a fast axial gas flow system with the gas flow divided into eight discharge tubes. The equivalent distribution of the mass flow is controlled by an integrated gas delivery system /1/.

Each discharge is transversely excited by capacitively coupled electrodes positioned outside the dielectric discharge tube /2/. A solid state rf-generator consisting of eight 1kW modules energizes the plasma. Each discharge section is driven by a 1kW module via a 50Ω transmission line and an impedance matching network /3/. At an electrical input power of 5.95kW a laser power of more than 1200W has been obtained. This optical power entails a plasma efficiency of more than 20.3%. This laser was used to investigate the ignition behaviour of rf-excited gas discharges for tube and solid state rf-generators.

## 2. Solid state generators

In case of solid state generators the electrical output power is limited to 1kW per generator modul at present stage. This limited power results in a segmentation of the laser plasma with each section driven separately. Therefore these rf-discharges are electrically independent.

The rf-power is fed via a 50Ω transmission line and an impedance matching network to the electrodes (Figure 1). The impedance matching network transformes the impedance of the rf-plasma into the impedance of the transmission line to obtain reflection free power transmission. This matching characteristic proves true only when the discharge has already ignitioned. Special care has to be taken when using solid state generators to obtain reliable ignition under various working conditions.

When the incident voltage wave comes to the network, a part of the rf-power is reflected and causes an additional power loss at the transistors. As field effect transistors are very sensitive to their maximum output voltage and power, a fast control circuit limits the output power to 400W before the discharge has ignitioned /4/.

Due to this limited power solid state generators need special requirements to obtain reliable ignition of the laser plasma.

In case of our Witron rf-generator the field effect transistor amplifier needs the impedance infinity at its output to deliver the maximum voltage. This impedance is obtained by the use of a special designed network at the electrodes and a specific length of the transmission line.

Before the discharge starts the impedance of the plasma equals infinity. This so called "open circuit" is transformed by a part of the Collins filter into the impedance of a "short circuit" at the input of the network. By the use of a $\lambda/4$ cable the short circuit is transformed again into an open circuit. The length of the subsequent transmission line has to be choosen such that this open circuit impedance is transformed by the line and the output network of the generator into an open circuit impedance again. In practice the length of the transmission line (including the $\lambda/4$ transformation) between generator and network has been set to 8.5m.

The ignition of the plasma is improved by the $\Pi$ filter (see Figure 1). The components L-$C_2$ have been calculated so that a series resonance occurs at the generator frequency. This series resonance does not only transform the electrode impedance appropriate to get the maximum generator voltage, but produces an enhanced voltage drop at the electrodes. The dependence of the electrode voltage on the capacitance $C_2$ is illustrated in Figure 2. It is seen that the generator voltage is enlarged by a factor of 30 at the electrodes. This is in good agreement to the theoretical calculation of the voltage drop at the capacitor $C_2$. This voltage is given as

$$\frac{U_2}{U_1} = \frac{\sqrt{L/C_2}}{R} \qquad (1)$$

when R denotes the total loss of the inductor L, the capacitor $C_2$, and the voltage probe. With $L=3{,}68\mu H$, $C_4=37pF$, and $R=11\Omega$ a ratio $u_2/u_1=28$ has been calculated.

In the next measurement series the ignition time was measured with respect to the input power. This was done for a gas pressure of 100mbar and an rf-signal modulated by 1kHz with 50% duty cycle. The ignition time was defined as time difference between the rising electrode voltage and the peak electrode voltage. This peak voltage coincides with the maximum reflected power signal at the bidirectional coupler (figure 3). After ignition the electrode voltage decreases to the steady state level of the operating voltage, whereas the reflected power decreases to its minimum when the impedance has been matched properly.

At high input power the electrode voltage rises above ignition threshold so that the ignition time could only be measured from the time behaviour of the reflected power signal.

At the threshold electrical input power where the discharge even starts, the time for ignition extends 22$\mu$s. With increasing input power this time decreases (Figure 4). As mismatching enlarges the ignition time, impedance matching was adjusted for each value of input power. For the usual operating range the ignition time lies below 10$\mu$s and decreases slightly with increasing input power. This time is low when compared to the time behaviour of the laser pulse given in reference /5/. Therefore the maximum repetition rate of an rf-excited $CO_2$ laser will not be reduced by the onset time of the discharge.
The ignition voltage (peak to peak) versus gas pressure at the inflow side of the laser is illustrated in Figure 5. It is seen that the minimum voltage for ignition increases quite linearly with gas pressure. This behaviour restricts the useful operating range of the gas pressure when using solid state generators. These generators can deliver only a part of the total output power before the discharge has started. In our case the useful operating range was limited to 120mbar at the inflow side of the laser. Within this range reliable ignition of all discharges and successful pulse amplitude modulation up to more than 100 kHz can be maintained.

## 3. Crystal controlled tube generators

Crystal controlled tube generators are available in the power range up to 1MW. When using tube rf-generators for laser excitation, one rf-generator energizes the whole laser. In this case plasma segmentation is not required by the generator but is a consequence of the limited flow velocity in the discharge tubes.

When the incident voltage wave comes to the impedance matching network a part of the power is reflected to the generator and causes an additional power loss at the tube. As tube generators are capable to withstand power loss in excess of their technical data for a long time when compared with transistors, this reflection will not damage the tube. As a result no limiting network is required to protect the tube from overload. The rf generator is capable to deliver the total output power even if the discharge has not yet started.

The rf-power from the generator is fed directly (Figure 6) or via a 50Ω transmission line (Figure 7) to one impedance matching network. That network energizes all discharges (Figure 6). As the laser discharges are connected electrically in parallel it is difficult to start these electrically coupled discharges simultaneously. Consequently the network has to be calculated such that a reliable ignition of all discharges is obtained. However impedance matching is no longer obtained. As tube generators can deliver high output power an increased power loss by mismatching can be accepted.

## 4. Conclusion

Ignition of an rf excited laser gas discharge energized by a solid state generator need special requirements. The Mosfet transistors demand the impedance of an open circuit at the output to deliver the maximum output voltage. This impedance is reached by the use of a three element Π matching filter and a specific length of the transmission line. In this case reliable ignition and impedance matching during operation can be obtained. Tube generators which energize several discharge sections are matched to the rf-electrodes to obtain reliable ignition of all discharges. Reflection free power transmission cannot be obtained in this regime.

## 5. References

/1/ B. WALTER: A new concept of an rf-excited $CO_2$ laser with solid state generators, Gas Flow & Chemical Lasers VII, SPIE 1031 (1989).
/2/ B. WALTER, M. BOHRER, D. SCHUÖCKER: Rf-excited $CO_2$ laser with improved electrode geometry, SPIE 1132 (1989).
/3/ B. WALTER: Impedance matching of rf-excited $CO_2$-lasers, SPIE 1020, p. 57-67 (1989).
/4/ H. TAUBER: Private communications, Witron, D-8481, Parkstein.
/5/ H. SCHÜLKE, V. STURM: Pulsed high Power $CO_2$ lasers, Laser 85, p. 23-27, Springer Verlag 1986.

This work was supported by the Fonds zur Förderung der wissenschaftlichen forschung, contract number 6304.

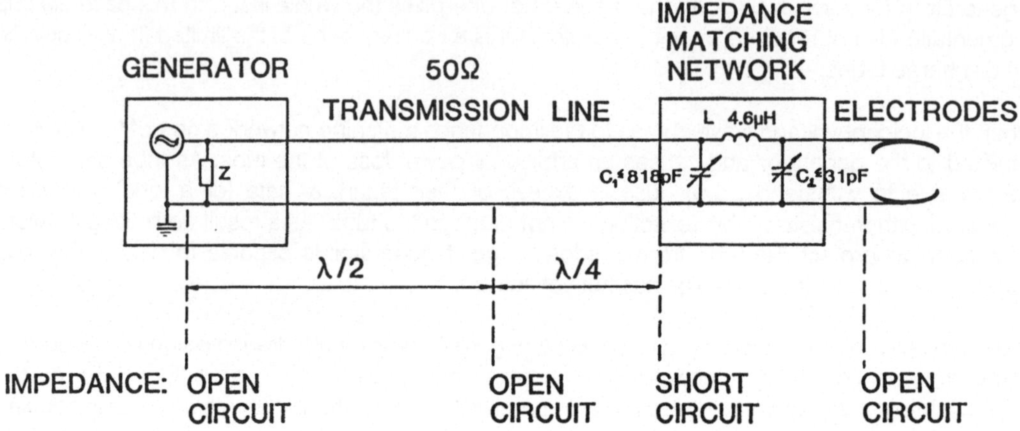


Figure 1

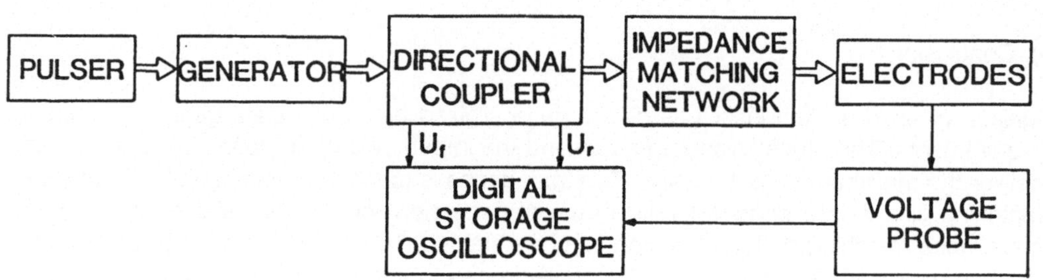


Figure 3

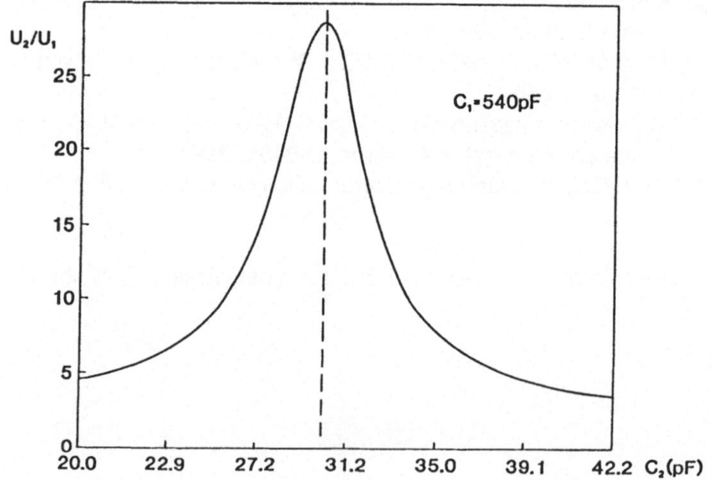


Figure 2

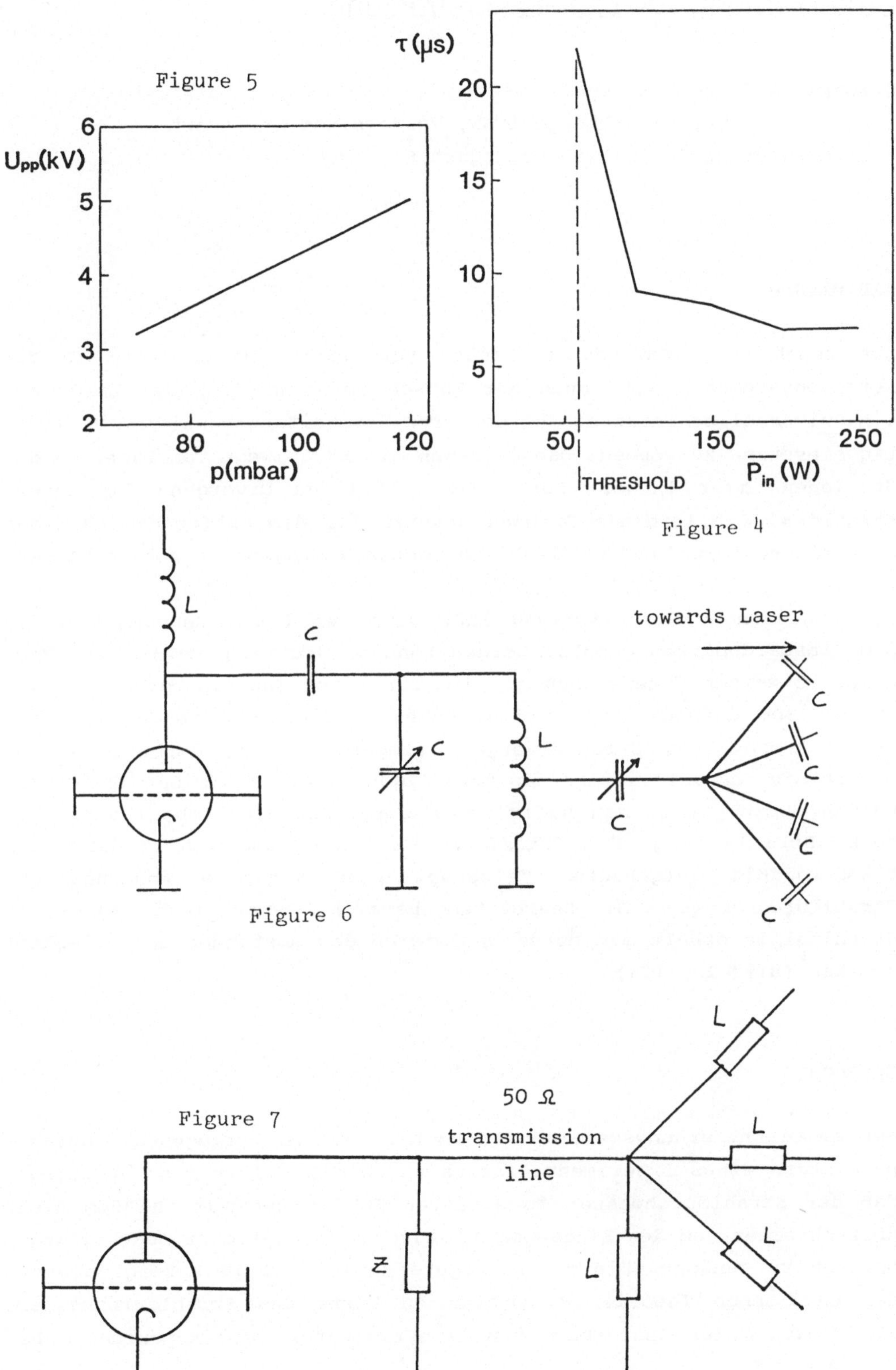


Figure 5

Figure 4

Figure 6

Figure 7

# Strahlformung von $CO_2$-Laserstrahlung

U.Zoske, A.Giesen, H.Hügel
Institut für Strahlwerkzeuge IFSW, Universität Stuttgart
Pfaffenwaldring 43, D-7000 Stuttgart 80

## Einleitung

Mit zunehmenden Anwendungsgebieten von Hochleistungslasern in der Fertigungstechnik wird auch der Wunsch immer größer, den Laser als ein universelles Werkzeug auf mehreren Bearbeitungsstationen vielseitig einsetzen zu können. Dabei werden die Strahlwege vom Laser zu den Stationen immer länger. Durch die natürliche Divergenz des Laserstrahls sind allerdings Grenzen gesetzt für die Entfernung, bei der noch sinnvollerweise handelsübliche Optiken eingesetzt werden können.

Durch geeignete Strahlformung läßt sich der Entfernungsbereich, in dem Standardoptiken genutzt werden können, deutlich vergrößern. Vorgestellt werden Untersuchungen, die für einen Entfernungsbereich von 5m bis 30m durchgeführt wurden. Dabei werden aufweitende Teleskope zur Reduktion der Strahldivergenz eingesetzt. Bei deren Auslegung müssen die Charakteristika des jeweiligen Laserstrahls berücksichtigt werden. Dazu greift man üblicherweise auf die Gauß'sche Theorie zurück. Bild 1a zeigt die Transformation eines Gaußstrahls durch ein standardmäßig aufgebautes Teleskop. Eine minimale Änderung des Strahldurchmessers im Bearbeitungsbereich symmetrisch zu einer Strahltaille erhält man durch Optimieren des Abstandes der Teleskopoptiken (Bild 1b, [1]).

## Messungen

Für einen Entfernungsbereich von 5m bis 25m und vorgegebenen Strahlparametern eines Experimentallasers wurde ein Teleskop so ausgelegt, daß der Strahldurchmesser im gesamten Entfernungsbereich 35mm nicht überschreitet, um den Eingangsaperturen handelsüblicher Bearbeitungsoptiken zu genügen. Die durchgezogene Kurve in Bild 2 zeigt die von der Gauß'schen Theorie vorhergesagten Werte des Strahldurchmessers als Funktion der Entfernung vom Laserresonator. Die Experimente bestätigen zum einen, daß es mit Hilfe eines für die jeweiligen Randbedingungen optimierten Teleskops möglich ist, über einen relativ großen Entfernungsbereich den Strahldurchmesser kleiner als die Aperturen handelsüblicher Bearbeitungsoptiken zu halten. Zum anderen zeigen sie ein deutlich von der Theorie abweichendes Verhalten im Taillenbereich. Diese Abweichung ist durch den Gauß-Formalismus nicht zu erklären. Um die Diskrepanz verstehen zu können, wurde die Form der Intensitätsverteilung analysiert.

Bild 3 zeigt Schnittbilder durch die gemessenen Intensitätsverteilungen. Das Ergebnis macht deutlich, daß kein Gauß-Mode vorlag, da eine Gauß'sche Intensitätsverteilung bei Propagation erhalten bleiben muß. An den in Bild 3 gezeigten Schnittbildern erkennt man gravierende Änderungen der Intensitätsverteilung bei wachsender Entfernung vom Laser. Der extrem starke Strukturwandel in einem engen Bereich hinter der Taille fällt mit dem sprunghaften Anstieg des Strahldurchmessers zusammen. Die eingezeichneten Schnittbilder - aus Plexiglaseinbränden gewonnen - wurden auf gleiche Bildbreite normiert. Der Strahldurchmesser wurde an der Stelle bestimmt, an der die Einbrandtiefe auf 10% der maximalen Tiefe abgenommen hatte. Dieses Verfahren ist streng genommen nur anwendbar für relative Aussagen, wenn kein Strukturwechsel stattfindet. Eine adäquatere Bestimmung des Strahldurchmessers, z.B. über den Durchmesser einer Blende, durch die 86.5% der Laserleistung hindurch gehen, steht noch aus.

Zur Klärung der Frage der Fokussierbarkeit der gemessenen Intensitätsverteilungen wurde eine Bearbeitungsoptik in unterschiedlichen Entfernungen vom Laser positioniert und die Fokuskaustiken vermessen. In Bild 4a wird die gemessene Strahlkaustik einer Optik mit 150mm Brennweite gezeigt, die in 12m Entfernung vom Laser positioniert war. Die Strahlkaustik verläuft hinter dem Fokus in charakteristischen Stufen. Über dem gesamten Meßbereich tritt in der Intensitätsverteilung kein merklicher Strukturwechsel auf. Die Verteilung ähnelt überall mehr oder weniger einem $TEM_{OO}$-Mode. Die gemessene Strahlkaustik in 24m Entfernung zeigt Bild 4b. Auch hier ist der stufige Verlauf der Strahlkaustik hinter dem Fokus klar erkennbar. Deutlich sichtbar verändert sich aber in dieser Position die Form der Intensitätsverteilung. Vor dem Fokus ist eine Ringstruktur zu erkennen, deren Minimum im Zentrum sich um so mehr füllt, je mehr man sich dem Fokus nähert. Hinter dem Fokus ähnelt die Intensitätsverteilung der eines $TEM_{OO}$-Modes. Die Kaustik in 30m Entfernung vom Laserresonator ist in Bild 4c wiedergegeben. Hinter dem Fokus zeigt sich wiederum die sprunghafte Zunahme des Strahldurchmessers. Doch hier hat die Intensitätsverteilung, im Gegensatz zur Messung bei 24m Entfernung, vor dem Fokus eine Verteilung mit zentralem Maximum und der Strukturwechsel - diesmal hin zur ringförmigen Verteilung - tritt hinter dem Fokus auf.

Die Bilder 4a - 4c zeigen Kaustiken in drei keineswegs besonders ausgezeichneten Entfernungen vom Laser. An jeder der drei Positionen wurde jedoch ein vollkommen anderes Ergebnis erzielt.

## Zusammenfassung

Die Motivation der Untersuchung bestand darin, Laserstrahlen über weite Strecken unter Einbehaltung eines vorgegebenen maximalen Strahldurchmessers zu leiten. Mit Hilfe eines optimierten Teleskops konnte dieses Ziel erreicht werden. Der Strahldurchmesser liegt im geforderten Entfernungsbereich deutlich unter 35mm, wodurch überall handelsübliche Bearbeitungsoptiken eingesetzt werden können.

Der Vergleich des experimentell ermittelten Strahldurchmessers als Funktion der Entfernung vom Laserresonator mit den aus der Gauß'schen Theorie gewonnenen Werten ergab im Taillenbereich eine deutliche Diskrepanz. Eine Analyse der Form der Intensitätsverteilung deckte nicht erwartete Strukturwechsel auf, bei denen ringförmige Verteilungen mit solchen mit zentralem Maximum wechseln.

Eine Diskrepanz zwischen Gauß'scher Theorie und Experiment zeigte sich auch bei den Untersuchungen zur Fokussierbarkeit. Hinter dem Fokus tritt jeweils ein charakteristisch sprunghafter Verlauf der Kaustik auf. Des weiteren ergab die Analyse der Intensitätsverteilung einen unterschiedlichen Verlauf je nach Position der Fokussieroptik.

Zur exakten Beschreibung dieses durch resonatorinterne Beugungseffekte hervorgerufenen Verhaltens ist ein weitaus komplexerer Formalismus als der Gauß'sche notwendig. Von dessen Ergebnissen und von weiteren Experimenten, die sich in Vorbereitung befinden, sind Hinweise zur Erklärung des beobachteten Verhaltens zu erwarten.

Die vorgestellten Ergebnisse zeigen sehr deutlich, daß die Intensitätsverteilung eines Laserstrahls an irgend einer Stelle sehr wohl einem reinen Gauß-Mode gleichen kann, ohne daß dieser Mode tatsächlich vorliegt. Inwieweit kommerzielle $CO_2$-Hochleistungslaser dieses Verhalten aufweisen, muß jeweils im Einzelfall untersucht werden.

Literatur

[1] U.ZOSKE, A.GIESEN : LASERS in manufacturing, Proceedings of the 5th International Conference (LIM-5), Optimization of the beam parameters of focusing optics, 267, Springer-Verlag (1988)

[2] CLEEMANN (Hrsg.) : VDI-Technologie Aktuell, Band 4, Schweißen mit $CO_2$-Hochleistungslaser, 202, VDI-Verlag (1987)

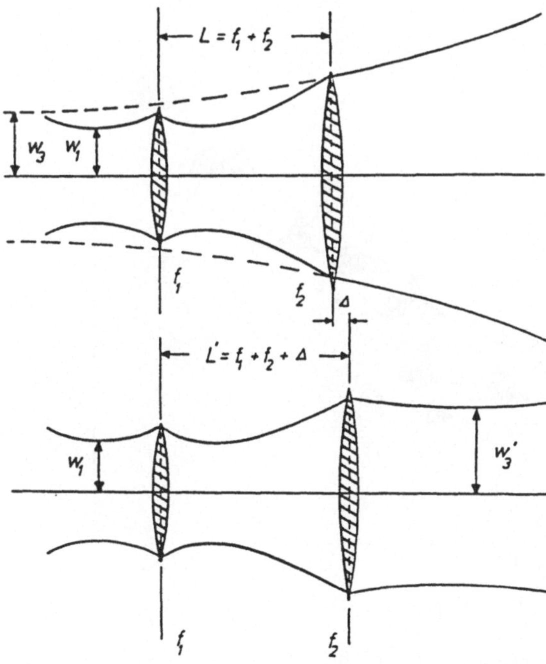


Bild 1a
Transformation eines Gaußstrahls mit Strahlradius $w_1$ durch ein standardmäßig aufgebautes Teleskop. Der Abstand L der Optiken ist gleich der Summe der Brennweiten $f_1+f_2$. Der transformierte Gaußstrahl besitzt eine virtuelle Taille mit dem Radius $w_3$. Die Divergenz reduziert sich um das Brennweitenverhältnis $f_2/f_1$.

Bild 1b
Eine reelle Strahltaille läßt sich durch Variation des Abstandes L der Teleskopoptiken um einen Betrag Δ erzielen. Der Laserstrahlradius $w_3'$ und der Ort der Strahltaille sind Funktionen der Laserstrahlparameter des einfallenden Strahls sowie der Teleskopparameter einschließlich der Verschiebung Δ.

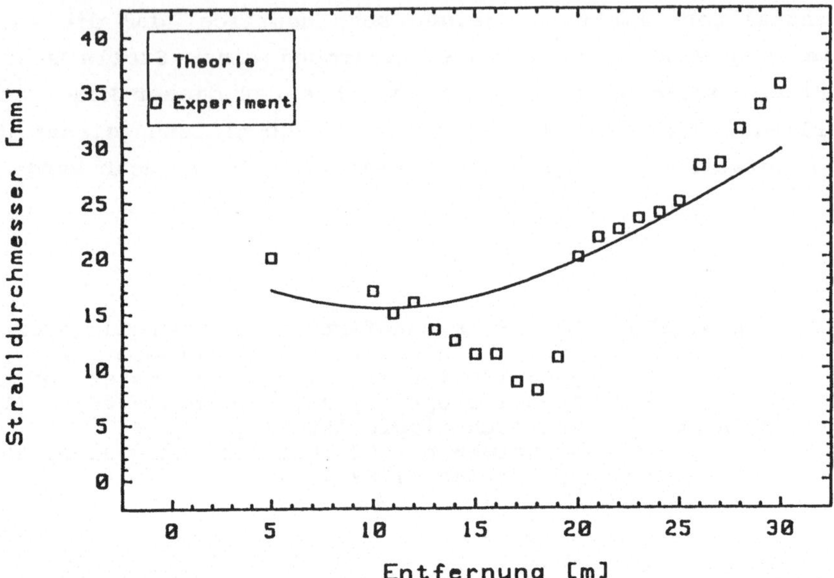


Bild 2
Die durchgezogene Kurve zeigt den von der Gauß'schen Theorie vorhergesagten Verlauf. Die gemessenen Werte des Strahldurchmessers sind hier mit Quadraten eingezeichnet.

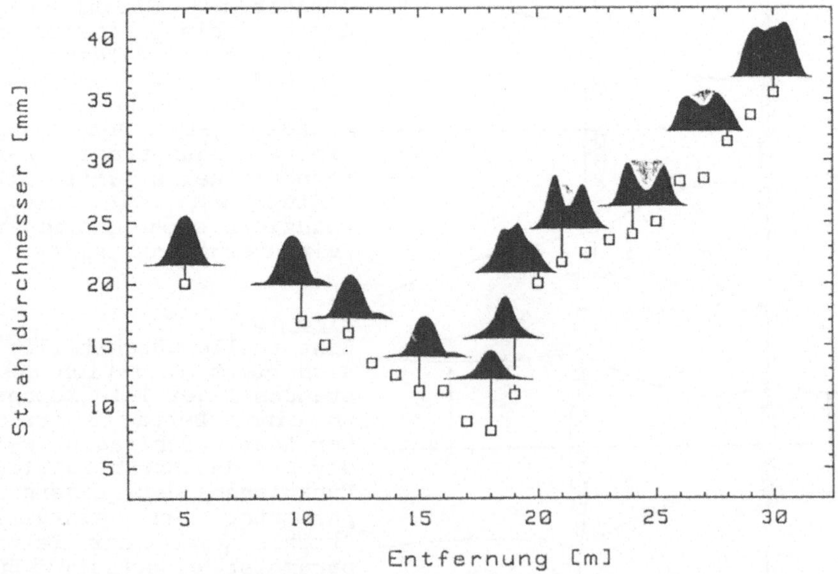


Bild 3
Änderung der Intensitätsverteilung als Funktion der Entfernung vom Laserresonator. Die eingezeichneten Schnittbilder wurden auf gleiche Bildbreite normiert. Die Schnittbilder selbst und die Werte der Strahldurchmesser wurden aus Plexiglaseinbränden gewonnen. Der Strahldurchmesser wurde an der Stelle bestimmt, an der die Einbrandtiefe auf 10% der maximalen Tiefe abgenommen hatte.

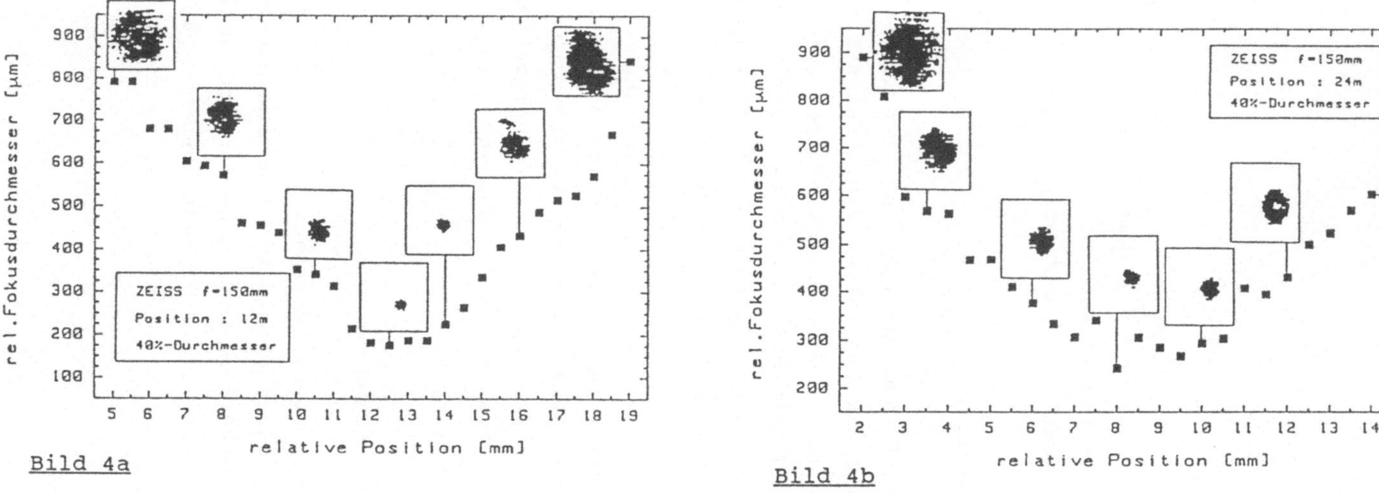


Bild 4a

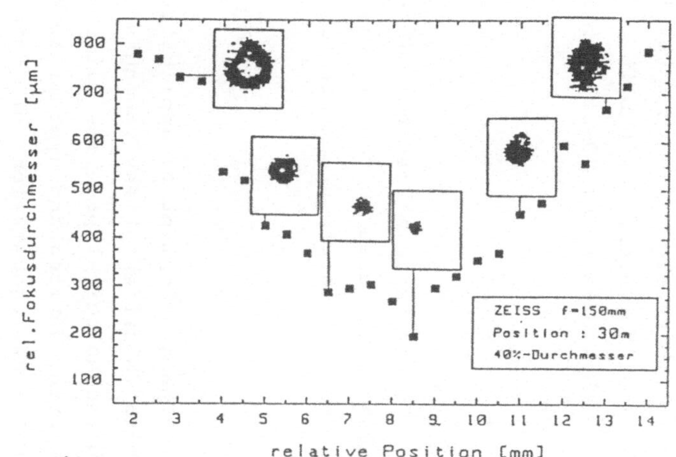


Bild 4b

ZEISS f=150mm
Position : 30m
40%-Durchmesser
rel.Fokusdurchmesser [μm]
relative Position [mm]

Bild 4c

Bild 4
In diesen Bildern sind die gemessenen Strahlkaustiken einer Optik mit 150mm Brennweite gezeigt, die in 12m (4a), 24m (4b) und 30m (4c) Entfernung vom Laser positioniert wurde. Die Ausbreitungsrichtung des Laserstrahls ist von rechts nach links. Die Strahldurchmesser und die horizontalen Schnitte durch die Intensitätsverteilung wurden mit einem Prometec-Fokusmeßgerät aufgenommen [2]. Ausgewertet wurde der 40%-Durchmesser, um einen großen Bereich durchmessen zu können. Die Größenangaben sind relativ.

# Optoelectronics for Robotic Systems

Elzbieta Marszalec, Janusz Marszalec
Technical University of Lublin
ul. Nadbystrzycka 36, 20-618 Lublin
Poland

Abstract

In the paper a review of optoelectronic systems, lasers and optical fiber used in robotics is presented as well as some remarks on the integration of optoelectronic devices into robot grippers.

## 1. Introduction

The development of applications of new designs of intelligent robots in different environments still has to solve many scientific and technological problems. It concerns the development of appropriate measuring devices and systems to build effective sensory system of robot, the transmission of data for long distances in different environmental conditions, the transmission of high energy (e.g. laser radiation) and many other problems. Many needs of robotics at the present and future stages of its development may be accomplished by the integration of optoelectronic systems (e.g. vision systems, lasers and fiber optics) into robotic systems. Some tendencies to solve those problems already seen as well as future prospects for the application of optoelectronics to robotic systems constitute a subject of the paper.

## 2. Machine vision systems

Machine vision systems constitute a very important part of the total sensory system of a robot. The basic optoelectronic transducers used in vision systems are linear or area scan CCD image sensors. Both CCD cameras and machine vision systems of different designs and performances (as one of the only few sensors for robots) are available on the market.

At the present time in the field of machine vision systems the important research problems constitute the development of colour vision systems, 3-D vision systems and the utilization of holography for robot vision. Much attention is also paid to new methods of image processing.

From the viewpoint of hardware as well as information acquisition and processing methods the machine vision systems present a big separate research problem. There are many international symposia and conferences organized on these problems (for example series of SPIE [1,2,3,4] and IEEE conferences [5,6]). Details on separate questions from this area can be found in the proceedings of these conferences.

In the paper the problem of machine vision systems is just mentioned to give a more complete presentation of optoelectronic devices and systems used in robotics.

## 3. Lasers in robotic systems

The combination of lasers and robots represents one of the major steps in the advancement of flexible manufacturing systems. Lasers integrated with robots are used to realize two types of tasks. The first task consist in measurements of state parameters of the robot itself and the state of the robot's environment. The second task is material processing using high power laser radiation emitted towards the object from the robot's end effector.

In robotics several kinds of laser measurement systems are used, e.g. laser range finders to measure distances [7,8], 3-D laser vision systems [9,10] and special sensors for dimensional measurements in robot welding. An interesting solution is a laser - based 3D sensor for teaching robot paths [11]. Laser measurement systems usually use He-Ne lasers or semiconductor lasers. In some applications lasers are connected with optical fibers and then create new type of measurement systems, which combine advantages of laser technology and fiber optics (see position 3 in table 1 of the next chapter).

During the last few years high power lasers integrated with robots become to be more often used for material processing. Such laser robot systems very flexibly execute such operations as drilling, cutting, welding, engraving in hard materials (steel, titanium and nickel alloys ), plastics and many others. For material processing Nd:YAG lasers and $CO_2$ lasers are used. The Nd:YAG laser beam is delivered to the robot end effector by optical fiber delivery systems [12,13]. Power from a $CO_2$ laser source is conveyed to the work surface via an articulated light pipe [14,15].

## 4. Fiber optics in robotic systems

Lately new possibilities in the field of systems for collection and transmission of information in robotic systems have appeared as a consequence of the progress in fiber optics. The research and application in the area is based on the experience with applications of optical fibers for telecommunication purposes and very intensive research in optical fiber sensor technology.

Different types of optical fiber systems are applied in robotics, namely, various kinds of optical fiber sensors, optical fiber data transmission systems, optical fiber laser beam delivery systems, optical fiber illuminators and coherent optical fiber bundles. The more detailed specification of optical fiber systems applied in robotics with some characteristics is presented in Table 1. A more comprehensive survey on applications of optical fibers in robotic systems with short descriptions of some technical solutions and 50 references is presented in [16].

## 5. Integration of optoelectronic devices into robot gripper

One of the very important problems in the development of new types of robots is the design of intelligent grippers which have possibilities to collect information from the robot gripper's environment. This information is very substantial for the correct control of movements of the gripper and the robot arm during execution of planned tasks.

An interesting and profitable approach in the design of intelligent grippers is the integration of various types of optoelectronic and fiber optic sensors into the gripper, and the development of an intelligent optically powered robot gripper [17,18]. In such a gripper different configurations of vision systems can be applied. The most profitable construction seems to be the construction of eye-in-hand vision system with optical fiber illuminators and coherent optical fiber bundles. Other types of vision sensors with optical fibers (linear array of optical fibers, optical fiber colour

Table 1. Optical Fiber Systems used in Robotics

| | Type of System | Kind of System | Data Parameters | Advantages Remarks |
|---|---|---|---|---|
| 1. | Optical Fiber Sensors | proximity | z=0 to 0,3 m | immunity to EMI, use various prin- principles and sensing technique small dimensions of sensor heads |
| | | tactile | cell of 5x5 mm$^2$ | |
| | | slip | slip sensitive area of 1 mm | |
| | | colour | plastic fibers or o.f. bundles sensor has own o.f.illuminator | small dimensions of sensor head, for objects of differ.glossiness |
| | | gas | various prinsiples and sensors | for gas detection and concentration measurements |
| | | gyroscopes | | for mobile robots |
| 2. | Data Transmis- sion Systems | short distance links | silica fiber 200/280,l=100 m source:LED, LD | immunity to EMI, high quality of transmitted signals, small dimensions and weight |
| | | FOLANs | for MAP, IEEE 802.4 standard (10 Mb/s) | |
| 3. | Transmis- sion Systems of Laser Radiation | transmission systems for He-Ne lasers or semicondu- ctor lasers used for measurements | usually PCS or plastic fibers | flexibility and geometrical versatility, small dimensions EMI, good for underwater applications |
| | | flexible laser beam delivery systems for material processing | for Nd:YAG: d=1mm and l=23m glass fiber, power: -average:400 W -peak: 10000 W | flexibility and geometrical versatility, small dimensions |
| 4. | Optical Fibers in Machine Vision Systems | optical fiber illuminators | l= 0,5m - 5m d= 1mm - 20mm one or a few branches | illumination of -many points from one source, -inaccessible small places |
| | | coherent optical fiber bundles | length: ~ 2 m, bundle ended with microlens | possibility to remove image sen- sor from grippers harsh environment |

sensor [19]) can also be applied in this gripper as well as a 3D optical fiber proximity sensing system [20], an optical fiber tactile matrix for tactile imaging and an optical fiber slip sensor. In some specific applications the gripper can be instrumented with optical fiber gas sensors and optical fiber temperature sensors. The sensor data from the gripper to the robot control system is transmitted by optical fiber links. Some problems connected with the designing of intelligent optically powered grippers are described in [17].

It seems that intelligent optically powered robot grippers of different design, in which only photons and photoconductive materials are involved in the realization of measurement and transmission functions are very useful for many applications, especially in harsh environments like nuclear power plants, high power and megavoltage environments, high temperature environment etc.

## 6. Conclusions

The paper presented a review of optoelectronic systems used in robotics. The discussion concerned individual systems as well as the integration of some of them into the robot gripper towards the development of the intelligent optically powered robot gripper.

The applications of optoelectronics in robotics is a result of the research conducted during the last few years. Only a few types of the systems presented are available on the market, many solutions exist as laboratory models. One should suppose that the direction in the application of optoelectronics in robotics will be developing even more dynamically than it has done so far in subsequent years. The possible potentials of the optoelectronics, already examined today, are much broader. Thus, there already exists a prepared, relatively sound basis for the further development of optoelectronic systems for robots. Moreover, these potentials will be expanded still further along with advances made in optoelectronics and integrated optics. Thus it seems that these developments will exert a significant influence on the future application of intelligent robots in different environments.

## References


1. SPIE Conferences on Intelligent Robots and Computer Vision, Proc. of SPIE, vol.579 (1985), vol.726 (1986), vol.848 (1987), vol. 1002 (1988).
2. SPIE Conferences on Automated Inspection and High Speed Vision Architecture, Proc. of SPIE, vol.849 (1987), vol. 1004 (1988).
3. SPIE Conferences on Optics, Illumination, and Image Sensing for Machine Vision, Proc. of SPIE, vol.728 (1986), vol.850 (1987), vol. 1005 (1988).
4. Conference on Visual Communication and Image Processing'88,Proc. of SPIE, vol. 1001 (1988).
5. Proceedings of 1986 IEEE Intern. Conference on Robotics and Automation.
6. Proceedings of 1988 IEEE International Workshop on Intelligent Robots and Systems.
7. Nimrod N., at al., A Laser Based Scanning Range Finder for Robotic Applications, in *"Robot Sensors"*, vol.1, Vision, IFS (Publications), (1986).
8. Loughin C., Line, Edge and Contour Following with Eye - in - Hand Vision System, in *"Robot Sensors"*, vol.1, Vision, IFS (Publications), (1986).
9. Mayer R., at al., Optical Considerations in a 3D Laser Tracking Instrument, *Proc. of RoViSeC-6*, 217, (1986).
10. Clergot H., Laser Range Finding Sensor for Robotics, *Proc. of RoViSeC-6*, 235, (1986).
11. Makynen A., at al., A Laser-Based 3D Sensor for Teaching Robot Paths, "Optical Testing and Metrology", *Proc. of SPIE*, vol.954 (1988).
12. Flexible Welding, News Spectra, *Photonics Spectra*, vol.18, N.1 (1984).
13. Dance B., U.K. Pursues Fiber optic Laser Power Delivery, *Laser Focus World*, Vol.25, N.5, 87 (1989).
14. Werth D.L., The Laser/Robot Combo, *Photonics Spectra*, vol.19, N.4 (1985).
15. Schraft R.D., at al., Robot Guided Laser for Three Dimensional Laser Processing, "Laser Technology in Industry", *Proc. of SPIE*, vol. 952 (1988).
16. Marszalec E., at al., On the Application of Fiber Optics in the Development of Sensor Systems of Intelligent Robots, "Sensor Fusion and Scene Interpretation", *Proc. of SPIE*, vol. 1003 (1988).
17. Marszalec E., at al., Intelligent Optically Powered Robot Gripper, "Sensor Fusion and Scene Interpretation", *Proc. of SPIE*, vol. 1003 (1988).
18. Marszalec E., Functionnement de la pince intelligent d'un robot - pince dotee d'un systeme de capteurs à fibres optiques, *Proc. of OPTO'89*, ESI Publications (1989).
19. Marszalec E., Reflectance Spectrum Analysis Method and Based on This Method Optical Fiber Colour Sensor for In-Process Colour Recognition, "In-Process Optical Measurements", *Proc. of SPIE*, vol. 1012 (1988).
20. Marszalec J., Multiple Optical Fiber Proximity Sensing System for Control of Operation of Industrial Robot Gripper in Assembly Process", "In-Process Optical Measurements", *Proc. of SPIE*, vol. 1012 (1988).

# Neue technologische Entwicklungen auf dem Gebiet der Hochleistungsfestkörperlaser

H. Schmidt, I. Schütz und R. Wallenstein
Laser Zentrum Hannover
Welfengarten 1, 3000 Hannover 1

## Einleitung

Seit mehr als zwei Jahrzehnten ist der optisch angeregte Festkörperlaser ein Instrument, das mit Erfolg in der wissenschaftlichen Grundlagenforschung genutzt wird. Auf Grund seiner besonderen Eigenschaften ist der Festkörperlaser heute ein Gerät, das auch für technisch-industrielle Anwendungen in den Bereichen der Lasermeßtechnik, der Medizin und der Lasermaterialbearbeitung vielseitig verwendet wird.

Zu den Vorteilen optisch-angeregter Festkörperlaser gehören der kompakte Aufbau, der zuverlässige Betrieb und die vergleichsweise einfache Handhabung. Mit den heute verfügbaren laseraktiven Kristallen erzeugen diese Laser leistungsstarke Strahlung im Spektralbereich von 700 - 3000 nm. Dieser Wellenlängenbereich bietet vor allem zwei Vorteile. Die Absorption ist sowohl in biologischem Gewebe als auch in nicht-organischen Werkstoffen wesentlich höher als zum Beispiel die Absorption der 10,6 um Strahlung des $CO_2$-Lasers. Der genannte Wellenlängenbereich liegt im Transmissionsbereich von Lichtleitfasern. Der Lichttransport in geeigneten Fasern ist für viele Anwendungen z.B. in der Medizin und der Lasermaterialbearbeitung von großem Vorteil.

Gegenwärtige Forschungs- und Entwicklungsarbeiten konzentrieren sich vor allem auf die Verbesserung von Systemparametern, die für technisch-industrielle Anwendungen von besonderer Bedeutung sind. In diesem Beitrag sollen wesentliche Aspekte dieser Anstrengungen erläutert und die zu erwartenden Verbesserungen diskutiert werden.

## Prinzipieller Aufbau

Der Aufbau eines optisch angeregten Festkörperlasers enthält prinzipiell nur wenige Komponenten. Der laseraktive Kristall befindet sich in einem optischen Resonator, der aus zwei Spiegeln besteht. Der Laserkristall wird mit Bogen- oder Blitzlampen angeregt. Geeignete Reflektoren sorgen für eine optimale Ausleuchtung des stabförmigen Lasermaterials.

Zur Verbesserung der Lasereigenschaften (wie zum Beispiel Wirkungsgrad, Ausgangsleistung, Strahlprofil und Standzeit) sind die genannten Komponenten Gegenstand intensiver Forschungs- und Entwicklungsarbeit. Einige Ziele dieser Arbeiten sollen im folgenden zusammenfassend dargestellt werden.

## Resonator

Ein wichtiger Gesichtspunkt beim Design des optischen Resonators ist die Optimierung des Modenvolumens im angeregten laseraktiven Kristall. Für Multimode-Systeme liefern Resonatoren mit planen Spiegeln oft gute Ergebnisse. Für Laser, die im $TEM_{00}$ Mode arbeiten, muß der Resonator bei möglichst großem Modenvolumen eine hinreichende Diskriminierung der transversalen Moden höherer Ordnung gewährleisten. In der Berechnung der Parameter des Resonators sind naturgemäß die optischen Eigenschaften der resonatorinternen Elemente zu berücksichtigen. Von besonderer Bedeutung ist dabei die im Stab thermisch induzierte Linse. Die Ausgangsleistung und das Strahlprofil sollen hinreichend unempfindlich gegenüber Dejustie- rungen der Laserkomponenten und geringfügigen Schwankungen der Brennweite der thermisch induzierten Linse sein.

Die für das Design des Resonators benötigten theoretischen Grundlagen sind gut entwickelt. Entsprechende Computerprogramme liefern brauchbare Ergebnisse, die im Experiment am jeweiligen Lasersystem experimentell zu verifizieren und zu optimieren sind.

Die Herstellung der Resonatorspiegel bereitet prinzipiell keine wesentlichen Probleme. Im Spektralbereich der Festkörperlaseremission sind Spiegel aus dielektrischen Vielfachschichten mit dem gewünschten Reflektionsgrad in guter optischer Qualität herzustellen. Für hohe Impuls- und mittlere Leistungen sind jedoch die Zerstörschwellen oft zu niedrig um einen störungsfreien Langzeitbetrieb zu gewährleisten. Das Ziel gegenwärtiger Forschungs- und Entwicklungsarbeiten ist daher die Optimierung des Schichtdesigns und der Herstellungsverfahren zur Produktion von homogenen, absorptionsarmen dielektrischen Vielfachschichten mit hoher Zerstörschwelle.

<u>Laserkristalle</u>

Wichtige Gesichtspunkte bei der Wahl des laseraktiven Materials sind die Art des Kristalls und seine geometrische Form.

Für kommerzielle Hochleistungssysteme ist Nd:YAG nach wie vor der Kristall erster Wahl. Mit diesem Material sind Leistungen bis zu
1 kW zuverlässig zu realisieren. Jedoch ist die Erzeugung von Leistungen deutlich über 1 kW mit konventionellen Nd:YAG Systemen fraglich, da dieses Material in der Effizienz (mit etwa 4%) und in den Dimensionen (speziell für die Slab Geometrie) begrenzt ist.

Neben Nd:YAG ist Nd:Glas ein oft benutztes Material. Nd:Glas besitzt sehr gute optische Eigenschaften und kann in nahezu beliebigen Dimensionen hergestellt werden. Den guten optischen Eigenschaften wie z.B. geringe thermische Linsenwirkung und breite Absorptionsbanden sowie große Dotierungskonzentration steht die im Vergleich zu Kristallen geringe Wärmeleitfähigkeit gegenüber. Für den Laseraufbau erfordert die geringe Wärmeleitfähigkeit spezielle Anordnungen, wie z.B. horizontal bewegte Nd:Glasplatten oder rotierende Zylinder.

Eine wesentliche Verbesserung des Wirkungsgrades ist mit neuen Cr-codotierten Lasermaterialien (wie z.B. Nd,Cr:GSGG (Gadolinium-Scandium-Gallium-Granat) oder verwandten Granaten (wie z.B. GGG, YGG, YSGG und YSAG) zu erreichen. Die Codotierung mit Chrom erhöht die Absorption im sichtbaren Spektralbereich und verbessert damit die Effizienz der optischen Anregung druch Bogen- oder Blitzlampen.

Die genannten Kristalle sind mit hinreichend großen Abmessungen herzustellen. Sie haben mehr als die zweifache Effizienz von Nd:YAG. Mit Stäben aus Nd,Cr:YSGG, die mit Blitzlampen angeregt wurden, sind beispielsweise Wirkungsgrade von bis zu 10% erreicht worden. Nachteilig ist jedoch die starke thermische Linsenbildung, die ein spezielles Design (wie z.B. die Slabgeometrie) unbedingt erfordert.

Für weitere Lasermaterialien wie z.B. Nd,Cr:LNA, Nd:YLF und Nd:YALO) ist die Bedeutung für Hochleistungslaser noch nicht endgültig zu beurteilen. Ausgehend vom jetzigen Stand der Entwicklung besteht durchaus die Möglichkeit, daß sich in Zukunft Hochleistungslaser mit diesen Materialien realisieren lassen.

Neben Nd-dotierten Materialien werden vor allem YAG und YLF-Kristalle als Lasermaterial entwickelt und getestet, die mit Thulium, Holmium und Erbium dotiert sind. Das Licht dieser Laser (mit Wellenlängen von etwa 2 um (Tm, Ho) und 3 um (Er)) wird im Wasser besonders stark absorbiert. Da die Absorptionslänge um bis zu zwei Größenordnungen kleiner ist als die der 1.06 um Strahlung des Nd:YAG Lasers ist dieses Licht für medizinische Anwendungen von besonderem Interesse.

In kommerziellen Systemen werden heute fast ausschließlich stabförmige Laserkristalle benutzt. Stabsysteme haben eine Reihe von Vorteilen. Sowohl der mechanische Aufbau als auch die Fertigung der Laserkristalle ist vergleichsweise einfach und preisgünstig. Die Form und das Volumen der optischen Resonatormoden und des angeregten Lasermediums sind gut aneinander anzupassen. Der Strahlquerschnitt ist zirkular.

Nachteilig ist dagegen die Tatsache, daß die Strahlqualität und die maximale Ausgangsleistung von konventionell angeregten Stabsystemen durch thermisch induzierte Effekte begrenzt wird. Zu diesen Effekten gehören insbesondere die Fokussierung des Laserlichts (thermische Linse), die Depolarisation des Laserlichts (thermisch induzierte Doppelbrechung) und der Bruch des Lasermaterials (thermisch induzierte mechanische Spannungen).
Diese Effekte begrenzen die Ausgangsleistung, die sinnvoll mit einem konventionell angeregten Laserkopf zu erzeugen ist, auf etwa 400 Watt.

Die in Stablasern vorhandene thermische Linse begrenzt insbesondere den dynamischen Bereich in dem die Ausgangsleistung - ohne starke Einbußen in der Qualität des Strahlprofils - veränderlich ist.

In Slablasern ist der negative Einfluß von thermischen Effekten und von Inhomogenitäten in der optischen Anregung auf die Qualität des Strahlprofils wesentlich verringert. Slablaser sind daher von Vorteil für die Erzeugung von Laserlicht mit hoher Leistung und gutem ($TEM_{00}$) Strahlprofil.

Zu den Nachteilen von Hochleistungsslablasern gehören der aufwendigere (teure) Aufbau, die präzise (und damit teure) Fertigung der Slabs, der (zur Zeit) vergleichsweise geringe Extraktionswirkungsgrad, mögliche Veränderungen der reflektierenden Slaboberflächen im Langzeitbetrieb, mögliche interne Energieverluste durch parasitäre Moden im Laserkristall und die rechteckige Form des Strahlprofils.

Der Vergleich der genannten Vor- und Nachteile beider Lasersysteme zeigt, daß Slablaser vorzugsweise dort einzusetzen sind, wo ein optimales ($TEM_{00}$) Strahlprofil und eine Variation der Laserleistung erforderlich ist. Zu diesen Anwendungen gehören Bearbeitungsverfahren wie z.B. das Beschriften, das Schneiden und - in eingeschränktem Maße - das Schweißen. Für den Einsatz in der Oberflächenbearbeitung und für viele Schweißverfahren ist dagegen die Strahlqualität von Stablasern (selbst mit konventioneller Anregung) ausreichend. Diese Aussage gilt auch für die Übertragung des Laserlichtes mit der Lichtleitfaser. Die Strahlführung mit der Lichtleitfaser ist jedoch für viele Fertigungsverfahren von Vorteil und wird entsprechend breite Anwendung finden. Es ist daher zu erwarten, daß für diese Anwendungen bevorzugt Stablaser eingesetzt werden.

Optische Anregung

Lichtquellen, die heute zum Beispiel für die Anregung von cw Festkörperlasern hoher Leistung verwendet werden, sind mit dem Edelgas Krypton gefüllte Bogenlampen, deren Lichtemission aus einem spektral breitbandigen Untergrund sowie mehreren Spektrallinien besteht, die im Wellenlängenbereich der Nd:YAG Absorptionsbanden liegen.

Der Anteil der elektrischen Anregungsenergie, die im Bereich dieser Absorptionsbanden emittiert wird, beträgt typisch 8-10 Prozent. Da in der Lampe mehr als 50 Prozent der elektrischen Leistung in Wärme umgewandelt wird ist eine intensive Wasserkühlung des Lampenkörpers erforderlich. Die Leistung des Laserlichtes, das im Multimode-Betrieb emittiert wird, beträgt nur etwa 3-5 Prozent. Das Volumen des $TEM_{00}$ Grundmodes ist im allgemeinen wesentlich kleiner als das optisch angeregte Volumen des Lasermediums. Die dadurch verringerte Effizienz im $TEM_{00}$-Betrieb beträgt daher erfahrungsgemäß weniger als 1 Prozent.

Die Lebensdauer von Hochleistungsbogenlampen ist auf einige hundert Stunden begrenzt. Zu den physikalischen Vorgängen, die die Lebensdauer begrenzen, gehört vor allem die Zerstörung der Elektroden auf Grund der Abtragung von Elektrodenmaterial durch die Entladung. Das abgetragene Material schlägt sich zum Teil auf der Innenseite der Lampenhülle nieder. Die dadurch erhöhte Lichtabsorption heizt den Lampenkörper zusätzlich auf. Die starke lokale Erwärmung führt zum Bruch der Lampe.

Da die genannten Veränderungen an den Elektroden die Lebensdauer der Lampen verkürzen, sollten elektrodenlose Lampen in dieser Hinsicht von Vorteil sein. Neuere Untersuchungen an elektrodenlosen Lampen, wie sie zur Zeit im Laser Zentrum Hannover durchgeführt werden, zeigen erste, vielversprechende Ergebnisse. Diese Lampen werden in einem Hochfrequenzfeld mit 27 MHz induktiv angeregt. Zu den Vorteilen gehört der einfache Aufbau, die günstige das aktive Medium konzentrisch umschließende Form und das große Anregungsvolumen. In ersten Untersuchungen wurden bei Gasdrucken von 1-4 bar Hf-Leistungen von bis zu 8 kW in das Plasma der Entladung eingekoppelt. Die spektrale Verteilung des Lichtes, das von der erzeugten, stabilen und homogen Entladung emittiert wird, ist praktisch identisch mit dem der Bogenlampe. Die Hf-Lampen haben darüberhinaus die gleiche Effizienz wie konventionelle Bogenlampen. Die Optimierung der geometrischen Abmessungen, des Gasdruckes und mögliche Gaszusätze lassen eine weitere Steigerung der Effizienz erwarten. Diese Lampen sind in der Herstellung preiswert und sollten eine vergleichsweise lange Lebensdauer besitzen. Andererseits wird auch mit diesen Lampen durch die breitbandige Anregung des Laserkristalls dessen thermische Belastung nicht verringert.

Weitere wesentliche Fortschritte in der Technologie der Festkörperlaser wird in dieser Hinsicht die Anregung mit Diodenlasern und Diodenlaserarrays ermöglichen. Der Wirkungsgrad und die Ausgangsleistung von Diodenlasern konnte in jüngster Zeit in starkem Maße verbessert werden. Die Anwendung dieser Laser für die optische Anregung von Festkörperlasern hat in wenigen Jahren zu einer Renaissance der Festkörperlaserentwicklung geführt. Das Ergebnis dieser Entwicklung werden äußerst leistungsfähige kompakte Festkörperlaser mit langer Lebensdauer sein.

Im Vergelich zu Gasentladungslampen besitzen Diodenlaser wesentliche Vorteile. Diese Tatsache wird aus folgenden Eigenschaften der Diodenlaser deutlich. Die Diodenlaser, die heute vorzugsweise für die Anregung von Festkörperlasern benutzt werden, sind GaAlAs Laser, die im Bereich von 790 - 820 nm emittieren. Laser mit einer einzigen aktiven Zone erzeugen Leistungen von typisch 40 mW. Höhere mittlere Ausgangsleistungen werden mit Diodenarrays erzielt. Gebräuchlich sind Arrays mit 10 aktiven, phasengekoppelten Zonen. Die Abmessungen der einzelnen Zonen betragen typisch 1 x 6 µm, der Abstand etwa 10 µm. Auf diese Weise werden Laserleistungen von bis zu 1 W erreicht. Der elektrisch-optische Wirkungsgrad beträgt bis zu 50 Prozent. Die von Temperatur und Ausgangsleistung abhängige Lebensdauer ist im allgemeinen größer als 10.000 Stunden.

Die spektrale Breite der emittierten Strahlung beträgt etwa 2 nm. Die Emissionswellenlänge kann durch Änderung der Diodentemperatur auf eine geeignete Absorptionsbande des Festkörpermaterials abgestimmt werden. Licht des Diodenlasers, das spektral auf die 810 nm Absorptionsbande des Nd:YAG abgestimmt ist, wird in diesem Material auf einer Länge von wenigen Millimetern vollständig absorbiert. Auf Grund der hohen Quanteneffizienz des Nd:YAG Materials ist die thermische Belastung vergleichsweise gering.
Eine Kühlung des laseraktiven Mediums ist daher bei kleinen Leistungen kaum erforderlich und thermisch induzierte Fokussierung und Doppelbrechung sind praktisch nicht vorhanden.
Ein weiterer wesentlicher Vorteil, den Diodenlaser im Vergleich zu inkohärenten Lichtquellen bieten, ist die Kollimier- und Fokussierbarkeit des emittierten Lichtes. In einem Lasersystem mit longitudinaler Anregung kann daher das Volumen des aktiven Mediums, das durch das Diodenlaserlicht angeregt wird, gut an das Volumen des $TEM_{00}$-Grundmodes angepaßt werden. Festkörperlaser, die in dieser Geometrie angeregt werden, laufen auf natürliche Weise

Volumen des $TEM_{00}$-Grundmodes angepaßt werden. Festkörperlaser, die in dieser Geometrie angeregt werden, laufen auf natürliche Weise im $TEM_{00}$-Grundmode, ohne daß resonatorinterne Aperturen erforderlich sind. Die emittierte $TEM_{00}$-Leistung des Festkörperlasersystems beträgt bis zu 10 Prozent der zur Anregung des Diodenlasers erforderlichen elektrischen Leistung.

Einen Vergleich spezifischer Eigenschaften von Blitzlampen und Diodenlasern enthält die Tabelle I. Wesentliche Merkmale von diodengepumpten Festkörperlasern, die aus den Eigenschaften der Diodenlaser resultieren, sind in Tabelle II aufgeschrieben.

Der prinzipielle Aufbau und die speziellen Eigenschaften von realisierten mit Diodenlasern longitudinal angeregten Festkörperlasern sind in mehreren Übersichtsartikeln ausführlich dargestellt [1,2,3]. Die beschriebenen Resultate zeigen deutlich die wesentlichen Vorzüge dieser Lasersysteme für die Entwicklung von äußerst effizienten, kompakten Festkörperlasersystemen.
Mit linearen, longitudinal angeregten Lasern werden voraussichtlich Leistungen von etwa 10 W zu erzeugen sein. Für höhere Ausgangsleistungen im Bereich von 10-1000 W bieten dagegen transversale Pumpgeometrien wesentliche Vorteile bzw. sind unabdingbar notwendig.
Die realisierbaren Ausgangsleistungen von diodenlaserangeregten Festkörperlasern werden heute durch die Leistungen der verfügbaren Diodenlaser begrenzt. Die von einem zehnstreifigen Diodenarray emittierte Leistung liegt im Bereich von 0,2 bis 2 W. Während kurzer Betriebszeiten sind Leistungen von bis zu 6 W erreichbar. Höhere Gesamtleistungen sind durch eine lineare Anordnung derartiger Arrays zu erzeugen. Mit 20 auf einer 1 cm langen Platte montierten Diodenlaserarrays wurden Leistungen von 100 - 130 W realisiert[4]. Da die in den Diodenlasern erzeugte Wärme durch die vergleichsweise dünne Montageplatte abgeführt werden muß, werden die genannten Leistungen bisher nur im quasi-kontinuierlichen Betrieb (Impulsdauer: 100-200 usek, Wiederholrate: 10-100 Hz) erreicht. Durch eine geeignete Stapelung dieser mit Diodenlasern bestückten Platten ist eine weitere Leistungssteigerung möglich. Mit 3 bzw. 13 gestapelten Platten (mit je 20 vierzigstreifigen Diodenlaserarrays) sind Impulsleistungen von 300 bzw. 800 W realisiert worden[4].
Diese Technik erlaubt eine einfache Skalierung der Ausgangsleistung. Im Rahmen von (nicht im Detail) veröffentlichten

Tabelle I: Vergleich der Eigenschaften von Bogenlampen und Diodenlasern

| | Blitzlampe | Diodenlaser |
|---|---|---|
| Lebensdauer | 200 - 1000 Std. | 5.000 - 10.000 Std. |
| Betriebsspannung | 1 - 2 kW | 2 - 4 V |
| Netzgerät | groß aufwendig | kompakt |
| Modulierbarkeit | ——— | voll modulierbar |
| räumliche Lichtemission | nahezu isotrop | fokussierbar |
| spektrale Lichtemission | breitbandig | schmalbandig, abstimmbar |
| Verhältnis der opt. Leistung zur elektr. Leistungsaufnahme | 40 - 60% | 30 - 50% |
| Zur Laseranregung genutzter Anteil der Lichtemission | ca. 10% | ca. 100% |
| Verhältnis der Laserleistung zur Leistung der elektr. Anregung | 1 - 4% | 10 - 20% |
| Aufheizung des Festkörperlasers | sehr hoch | vergleichsweise gering |

---

Tabelle II: Eigenschaften von diodenlaserangeregten Festkörperlasern

| | |
|---|---|
| - hoher Wirkungsgrad | 10-20% der elektrischen Primärenergie kann in Laserlicht umgesetzt werden. |
| - gutes und stabiles Strahlprofil | geringe Aufheizung des Lasermaterials reduziert thermische Störungen wie Linsenbildung und Doppelbrechung; Fokussierbarkeit des Pumplichtes ermöglicht Modenkontrolle durch räumlich selektive Anregung des Festkörperlasers |
| - große Standzeiten | Laserdioden haben bei Raumtemperatur im cw-Betrieb Lebensdauern von 5.000 - 10.000 h |
| - Kompaktheit | kleine geometrische Abmessungen; robust, da vollständig aus Festkörperelementen aufgebaut. |

Ergebnissen konnte mit dieser Technik Diodenlaserlicht mit Impulsenergien von bis 0,9 J erzeugt werden[1].
Im kontinuierlichen Betrieb betragen die Ausgangsleistungen eines 1 cm langen linearen Arrays 5-10 W, kurzzeitig sind bis zu 50 W erreicht worden.
Zweidimensionale Arrays sind naturgemäß für eine transversale Pumpgeometrie gut geeignet. Die gepulste transversale Anregung eines Stablasers erzeugte eine Impulsleistung von 21 W. Die resonatorinterne Frequenzverdopplung lieferte mit diesem System 532 nm-Strahlung mit einer Spitzenleistung von 3 W[5]. Für die optische Anregung mit zweidimensionalen Diodenlaserarrays sind Laser mit Slab-Geometrie ideal geeignet. In ersten veröffentichten Experimenten mit Nd:YAG- und Nd:Glas-Slablasern (typische Abmessungen für Nd:YAG: 31 x 6 x 4,6 mm, und für Nd:Glas: 14,5 x 6 x 2 mm) wurden Impulsleistungen von 70 kW erzeugt. Die mittlere Leistung betrugt bis zu 585 mW[6].

Die Ergebnisse von weiteren veröffentlichten Untersuchungen transversal angeregter Laser sind in Tabelle III zusammengefaßt. In den meisten transversal angeregten Systemen war der Wirkungsgrad geringer als der longitudinal gepumpter Laser. Durch spezielle Pump- und Resonatorgeometrien ist es jedoch gelungen, die Überlagerung von gepumptem Kristall- und Modenvolumen zu optimieren. Auf diese Weise wurde in einem Stabsystem eine optische Pumpeffizienz von 54% und ein Gesamtwirkungsgrad (Verhältnis der Laserausgangsleistung zur elektrischen Leistungsaufnahme der Diodenlaser) von 18% realisiert [7]. Slabgeometrien lieferten optische Pumpeffizienzen von über 40% und einen Gesamtwirkungsgrad von ca. 9% im $TEM_{00}$-Betrieb bei 3,8 W Ausgangsleistung [8].

Diese Ergebnisse zeigen in überzeugender Weise, daß transversal angeregte diodengepumpte Stab- und Slablaser sehr effiziente, äußerst leistungsfähige Lasersysteme sind, deren Ausgangsleistung auf einfache Weise skalierbar ist. Es besteht daher kein Zweifel, daß diese Laser eine große technische und wirtschaftliche Bedeutung erlangen, sobald die dafür benötigten Diodenlasersysteme zu akzeptablen Preisen verfügbar sind.

Tabelle III :

# Transversal mit Diodenlasern angeregte Lasersysteme

| Geo-metrie | Laserleistg. / -energie | Pump-quelle | Dioden-effizienz | opt. Kon-versionseff. | elektr./opt. Effizienz | Bemerkungen |
|---|---|---|---|---|---|---|
| Slab | 7,5W | 3 Zeilen | 15% | 25% | 4% | 10% D.F. (1) |
| Slab | 1mJ/10W | 2 Zeilen | 24% | 10% | 2,4% | (2) |
| Stab | 4,4mJ,22 W<br>0,8mJ/ 4W | 3 Zeilen | 25% | 27% | 7%<br>1,1% | 200us/50Hz<br>SHG/KTP(3) |
| Slab | 7,5mJ<br>5mJ/70kW<br>1,3mJ | 13 Zeilen | 24% | 16%<br>10% | 4%<br>2,5%<br>0,7% | (4)<br>KD*P-QSW<br>SHG/$LiNbO_3$ |
| Slab | 7,5mJ/37W | 6 Zeilen | ca. 24% | 22% | ca. 5% | Nd:Glas<br>200us (5) |
| Stab | 27mJ/135W | 5 Zeilen | 35% | 51% | 18% | 200us (6) |
| Stab | 1W | 2 Dioden | 25% | 12% | 3% | cw (7) |
| Stab | 1,6W | 4 Zeilen | 25% | 8% | 2% | cw (8) |
| Stab | 1,8W | 3 Zeilen | 23% | 12% | 2,8% | cw (9) |
| Slab | 3,5W | 20 Dioden | ca. 25% | 31% | ca. 8% | cw (10) |
| Slab | 3,8W | 10 Dioden | 25% | 35% | 9% | cw (11) |

("Zeile" steht für einen Diodenlaserarray mit 1 cm breiter aktiver Zone und "Diode" für einen Diodenlaser mit 0,1 - 0,2 mm breiter aktiver Zone)


(1) D L Begley, D J Krebs, M Ross, SPIE 712(86)42

(2) D Golla, R Wallenstein, LZH unveröffentlicht

(3) F Hanson, D Haddock, Appl. Opt. 27(88)80

(4) M K Reed, W J Kozlovsky, R L Byer, G L Harnagel, Opt. Lett. 13(88)204

(5) F Hanson, G Imthurn, IEEE J. of Qu. El. 24(88)1811

(6) A D Hayes, R Burnham, G L Harnagel, Cleo (89) paper PD-9

(7) M Kuzumoto, K Kuba, S Yagi, Cleo (89) Paper FJ2

(8) R Burnham, A D Hayes, Opt. Lett. 14(89)27

(9) D L Begley, D J Krebs, Laser Focus Jan. 87, S. 6

(10) S Watanabe, S Kudo, T Yamane, K Washio, Cleo (89) paper PD-8

(11) T M Baer, D F Head, M Sakamoto, Cleo (89) Paper FJ5

Referenzen


1. R.L. Byer, Science 239, 742 (1988)
2. T.Y. Fan und R.L. Byer, IEEE J.Quantum Electron. 24, 895 (1988)
3. I. Schütz, S. Wiegand und R. Wallenstein, Laser und Optoelektronik, 20, 39 (1988)
4. W. Streifer, D.R. Scifres, G.L. Harnagel, D.F. Welch, J. Berger, M. Sakamoto, IEEE J.Quantum Electron. 24, 883 (1988)
5. F. Hanson, D. Haddock, Appl. Opt.27, 80 (1988)
6. M.K. Reed, W.J. Kozlovsky, R.L. Byer, G.L. Harnagel und P.S. Cross, Opt. Lett. 13, 204 (1988)
7. A.D. Hays, R. Burnham, G.L. Harnagel, Cleo Baltimore (1989) Postdeadline Paper PD-9
8. T.M. Baer, D.F. Head, M. Sakamoto, Cleo Baltimore (1989) Paper FJ5

# Application of the Diode Laser: Present Status and Future Developments

P.Chall
Solid State Lasers,Ned.Philips Bedrijven B.V.
Gerstweg 2,6534 AE Nijmegen,Nederland

The diode laser (DL) has evolved as the light source for most of the information handling technologies such as: Digital Optical Recording (DOR),Fiber Optic Communication (FOC),barcode reading,laser printing. In the future even the calculation within a processor will be done optically (optical computing).

Small size,high reliability and low operating voltage make the DL very well suited for these high volume applications.

Cost is a driving factor for the application of the DL for the information technologies.Stimulated by the great success of the CD-player a strong price reduction of the CD-laser has taken place over the last years.Making use of the mass-production assembly technologies of the CD-laser a similar price reduction could be expected for other LDs too (short/long haul FOC-lasers).

Each of the applications of the DL requires a specific wavelength range.The operating wavelength can be selected by the choice of the material used for the growth of the DL.Within each material system the wavelength can be varied by changing the concentration of the individual constituents in the several layers of the laser-crystals .These thin layers are grown by LPE,MOCVD or MBE on a substrate.The growth process,the material composition and the laser structure determine the specific characteristics of the DL.Their impact on the applications can best be described by focusing on two important examples:DOR and FOC.

Wavelength region covered by standard laser diodes

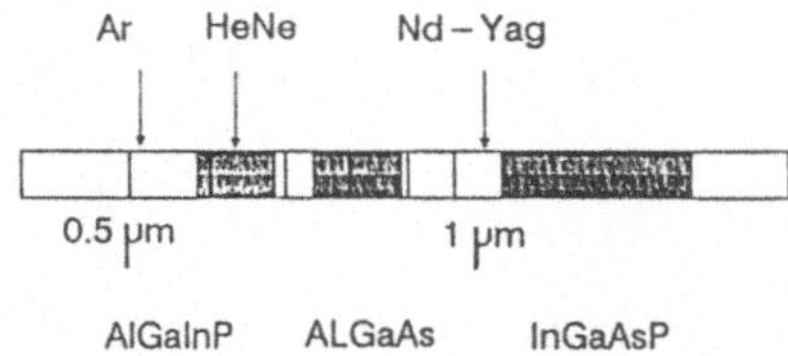

Wavefront behaviour,optical power and wavelength determine the spot formation on an optical disc.High modulation rate,narrow spectral width and wavelength tunability are points of interest for FOC.

Digital Optical Recording ( DOR )

DOR is a technique of storing information as a sequence of small spots ($\phi$ =< 1$\mu$m) produced by a focused laser beam in a thin layer on the surface of a rotating disc.In writing the information the laser beam locally changes the physical status of the recording medium due to thermal effects induced by the laser energy.This change is accompanied by a change of the reflected light used for the read process of the information e.g.: change of the reflected light intensity at ablative and phase-change recording;change of polarisation of the reflected light at magneto-optic (MO) recording.

While ablative recording results in write-once systems (WORM),MO- and phase change materials are promising candidates for erasable recording.

Two optical functions are common to all DOR-recording schemes:Collimation of the divergent laser light into a parallel light beam and Focusing the parallel light beam to a small spot.An optical Focusing or Collimation system (e.g. lens,mirror,etc) transforms spherical wavefronts emitted from a point source into spherical wavefronts contracting towards an image point.For the collimation this image point is located at infinity (parallel beam) and can be regarded as the source point for the focusing lens.The proper transformation can be achieved by refraction on an aspheric surface or by a sequence of spherical surfaces.An effective technique to obtain aspheric one element lenses is the replica process described in /1/.

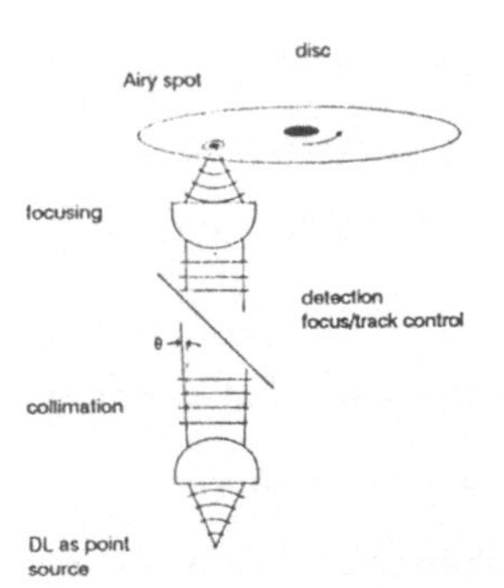


Due to diffraction at the finite opening of the lenses ($\phi$ = D) deviation from the ideal transformation behaviour occurs.The diffraction phenomenon limit the parallelism of a collimated beam to a natural divergency of $\lambda$/D even for ideal point sources.Focusing an ideal parallel beam results in a blurred focus spot with a diameter $\phi = 1.22 * \lambda/NA$ : Airy spot ($\lambda$ wavelength,NA numerical aperture of the focus lens). Optical systems which could obtain the physical limit in collimation (natural divergency) and focusing (Airy spot) are called diffraction limited optics (DLO).The smallest spot size on the disc formed by a DLO will be achieved if the laser behaves like a real point source which emits pure spherical wavefronts.Any deviation from those spherical surfaces (aberrations) increases the divergency of the collimated beam and the spot size on the disc.

Depending on the optical guiding mechanism in the active layer of the DL (lateral plane) slight optical aberration can occur.For a gain-guided laser the aberration (astigmatism) is caused by the lateral variation of the index of refraction due to temperature- and electron-density gradients in the active region of the laser.The resulting spherical wavefronts of the farfield show slightly different radii of curvature for two scan-directions:one in the lateral plane the other perpendicular to it.The cylindrical surface needed to correct this astigmatism of the wavefronts can be replicated on the back face of the one element aspheric collimation lens /1/.

Current developments in DOR aim at increased capacity and write rates as well as faster access times.Those targets will be approached with higher laser output power,smaller wavelength and integrating the laser-crystal with optical and electronic functions to form a compact,light weight opto-electronic head.

## Increased data rates - higher laser output

For the current DOR drives optical power levels of 5-10 mW are sufficient to induce the thermal writing process on the disc.With a total power throughput of 20-30 % the DL has to emit about 30 mW.Even more power is necessary for an increased write rate.The corresponding power density on the laser mirror of some $MW/cm^2$ induces catastrophic facet-damage and mirror-coating degradation.Both effects can be reduced by increasing the nearfield of the DL or by using high bandgap material in the mirror region (window-lasers).

MOCVD is an effective growth technique for growing very thin active layers which are necessary for reducing the transverse optical confinement in the direction of current injection.This reduced confinement influences the optical field penetration into the cladding layers of the DL and thus increases the spot size on the mirror.Decreasing the active layer width to values where quantum effects of the electrons come into effect allows to grow quantum well lasers with the additional advantages of low threshold,high gain and high reliability;all items which do favourably influence the maximum power output of the DL.

Higher disc capacity-shorter wavelength

The disc-capacity is limited by the size of the Airy spot and depends on the square of the inverse wavelength.Presently great effort is taken to reduce the wavelength of the light sources for DOR.Lack of epitaxial material for growing blue emitting DL operating at room-temperature has moved the interest towards frequency mixing in nonlinear materials.High power of standard DL is coupled into a nonlinear crystal or waveguide to directly double the frequency of the DL /2/.Pumping solid state crystals with GaAlAs-DL with subsequent frequency mixing is another promising approach for producing compact,blue emitting coherent light sources for DOR.

Shorter access time - compact optical heads

Size and weight of the optical head influence the access time of a DOR-drive.In the future integrated optics offer opportunities to get an all planar optical head.The DL is directly coupled to a planar waveguide on top of which there is a corrugated grating region.The grating takes over the optical functions of collimation,focusing,collecting and imaging the reflected light from the disc to the integrated detectors /3/.

At present intermediate solutions are commercially available which comprise laser,detection diodes and holographic gratings in one standard laser house:integrated light way /4/.

Fiber Optic Communication (FOC)

Modulation bandwidth in the GHz-range makes the DL ideally suited for high speed data links,short/long haul telecommunication,LANs,CATV etc. The laser structure,parasitic capacitance and inductance of the bonding wires,connecting pins and the laser housing are dominant factors which determine the modulation bandwidth of the DL.

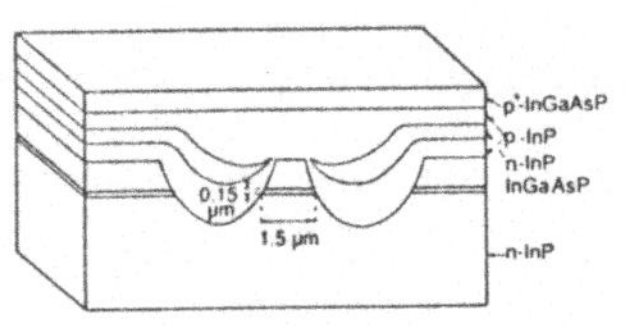


In the DCPBH laser structure the capacity is reduced by confining the injection current to a narrow channel of width 1.5 $\mu$m.Mounted into a housing with low parasitic capacitance and inductance (DIL 14) which additionally contains the electronic matching circuit a bandwidth in excess of 5 GHz is standardly available /5/.

Three wavelength windows in which an optical fiber shows favourable characteristics of the attenuation and dispersion overlap with the wavelength ranges in which standard DL can be produced:850 nm (first-), 1.3 $\mu$m (second -),1.55 $\mu$m (third window).

Due to the cost aspects of the optical components the first transmission window (centered at 850 nm) has attracted much interest over the last few years.Here the CD-laser and standard Si-PIN-diodes can be coupled with an easy-to-align multimode fiber.Although low cost these components additionally show excellent performance for high speed transmission over short distances up to 1-2 km.The standard CD-laser can be modulated much higher than 1 GHz /6/.Standard 1.3 $\mu$m graded index multimode fibers grown by PCVD have a bandwidth of nearly 500 MHz* km at 850 nm /7/.Optimized for 850 nm this value could exceed 1 GHz*km limited by the modal dispersion of the fiber.

Long haul telecommunication takes advantage of the low attenuation of the fiber at 1.55 $\mu$m (0.2 dB/km).In contrast to the second window (dispersion minimum) the chromatic dispersion of a single mode fiber has to be taken into account at 1.55 $\mu$m.For long transmission distances a laser oscillating at a single mode has to be used as transmitter. Additionally this single mode has to be stable even if light is reflected back into the laser cavity.Fabry Perot lasers show mode hopping effects if there is optical feedback (external cavity) or changes in temperature or driving current.The wavelength selectivity of the laser mirrors is low (low finess Fabry Perot resonator) so that adjacent modes can come up if the there is a slight change in environmental conditions or fluctuations of the laser current.

A Distributed Feedback Laser (DFB) exploits the high mode selectivity given by the multiple beam interference phenomenon.Multiple beam interference is obtained by periodically changing the index of refraction on top of the upper or lower cladding layers of the laser crystal.At each individual index step part of the plane light wave propagating in the laser waveguide in one direction is reflected.Summed up all these individual reflections built up the counter propagating wave in the laser.The oscillating single mode of the DFB laser is determined by the Bragg condition of the grating.Adjacent modes have much higher losses and are therefore suppressed.With a DFB laser based on the DCPBH-structure a transmission rate of some Gbit/s over a distance of about 100 km can be achieved.

Tunable diode lasers

The technique of growing DFB lasers can be applied to produce continuously tunable DLs for coherent optical transmission.To achieve this the grating is separated from the gain region of the laser (Distributed Bragg Reflector DBR).Both regions are separated by a waveguide.In all three parts of the device (active-,waveguide-,and grating region) individually adjustable current is injected.The electrons injected into the grating region change the index of refraction and thus the Bragg condition.To match the phase of the resonator wave to the new laser wavelength the index of refraction in the waveguide region has to be changed simultaneously.This is done by a corresponding change of the electron density in the waveguide region.With a tunable device based on the DCPBH structure a tuning range of 5 nm was achieved at 1.55 μm /8/.

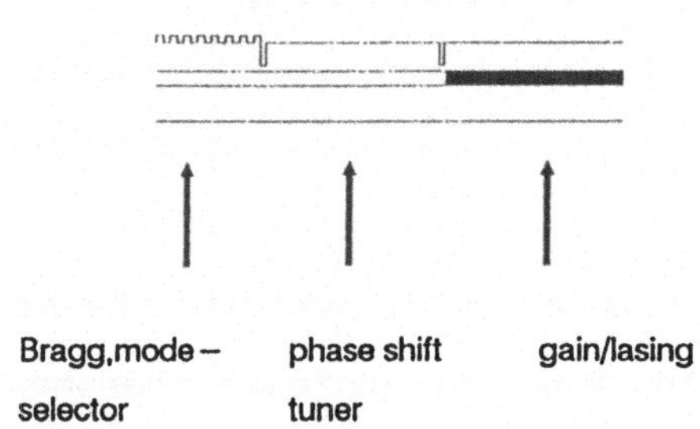


references:

/1/ G.B.Hut and J.W.Versluis,Laser Focus World,march 89

/2/ T.Taniuchi,JEE nov.86,93-95

/3/ T.Suhara et al,IOOC-ECOC,1985,117-120

/4/ J.P.J.Heemskerk,US Patent no.4665310,1987

/5/ Philips application note on DFB lasers:CQF61/D,CQF62/D

/6/ Philips application note "short wavelength semiconductor lasers for fiber-optic communications"

/7/ Philips "product information optical fibre"

/8/ P.Kuindersma,technical digest of the IOOC 89,Kobe/Japan,19A2-1

# Intracavity Conversion of Nd-Wavelength by Lif ($F_2^-$) Q-Switching Crystal

*T.T. Basiev, I. Czigány, B.I. Denker, K. Ferencz, Z. Horváth, I. Kertész, N. Kroó, S.B. Mirov, V.V. Osiko, V.G. Pak, A.M. Prokhorov*

Joint Laser Research Group of the Soviet General Physics Institute and the Hungarian Central Research Institute for Physics
H-1525 Budapest, POB. 49

ABSTRACT

Linear intracavity conversion of the radiation of a portable mini phosphate-glass Nd laser by means of a LiF crystal with $F_2^-$ color-centers has been studied. The mirrors of the two coupled resonators and the LiF($F_2^-$) crystal had several functions. The appropriately chosen reflectivity of the mirrors, the simultaneous Q-switching, and active role of the broad band lasing LiF($F_2^-$) crystal ensured a conversion efficiency near the theoretical limit. The dependence of output parameters on initial (1.055 μm) absorption (optical density: OD) of the Q-switch and output mirror reflectivity are given.

Lithium fluoride crystals with $F_2^-$ color centers (LiF:$F_2^-$) are known as reliable Q-switches for Nd lasers, and recently as widely applicable active laser materials, working at room temperature (1). Some years ago a laboratory system, shown in Fig. 1a., with perpendicular (Nd- to LiF-resonator) arrangement gave high conversion efficiency and output energy (2), but this solution proved to be invonvenient for smaller commercial lasers.

In this paper we propose a three mirror resonator for the conversion of the Nd to color center laser wavelength (Fig.1b.). The axial

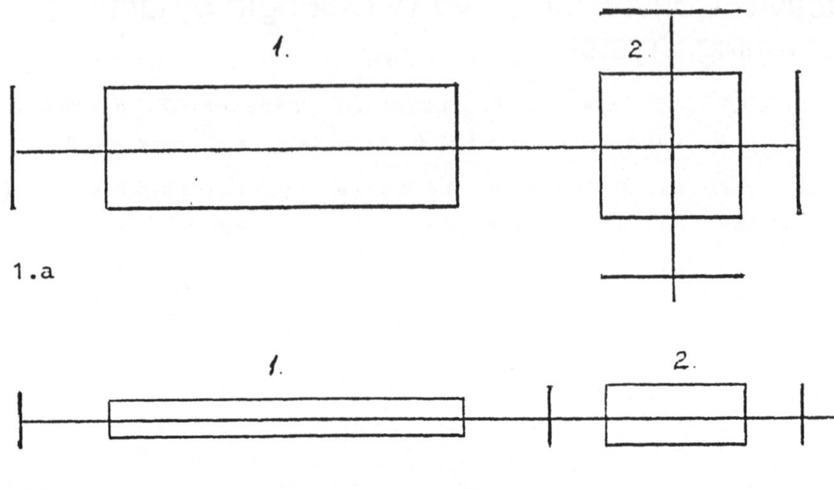


Fig.1.(a): Perpendicular and (b):axial arrangements for intracavity Nd-wavelength (1.055 μm) conversion by $LiF:F_2^-$ crystal.

1: Nd-glass element; 2. $LiF:F_2^-$ crystal.

arrangement of the coupled resonators may offer the possibility to use the color-center converter for almost any pulsed Nd-laser even if they are as small as our mini phosphate-glass laser.

Our resonator consisted of two outer mirrors highly reflecting at the 1.055 μm lasing wavelength of $Nd^{3+}$: phosphate-glass, one of them being partially transparent for the lasing wavelength (1.12-1.24 μm) of the $F_2^-$ color centers. The third (inner) mirror was highly transparent for 1.055 μm wavelength and reflected 85% at about 1.15 μm instead of the optimal 100%, since for the used output mirror reflectivities of 78% and 72% the high circulating power would have caused damage at higher than 85% reflection.

The inner mirror separated the Ø3x60 mm phosphate-glass rod of $8 \times 10^{20}$ $Nd^{3+}/cm^3$ and the $LiF:F_2^-$ crystal with an initial optical density (OD) ranging from 0.35 to 1.35 at 1.055 μm wavelength. Despite the separation the cavities are coupled due to the low inner-mirror reflectivity, absorption load at 1.055 μm and output at 1.15 μm.

With the above mentioned mirrors we obtained laser operation in the 1.145-1.155 μm range. There was no change in the spectrum with $LiF:F_2^-$ crystals of different initial optical densities. The laser pulse duration changed between 50 and 20 ns if this density was changed. The dependence of output energy and pumping threshold on OD of $LiF:F_2^-$ can be seen in Fig.2 for the two different output mirrors used in the experiments. Up to an optical density of 0.85 the output energy in-

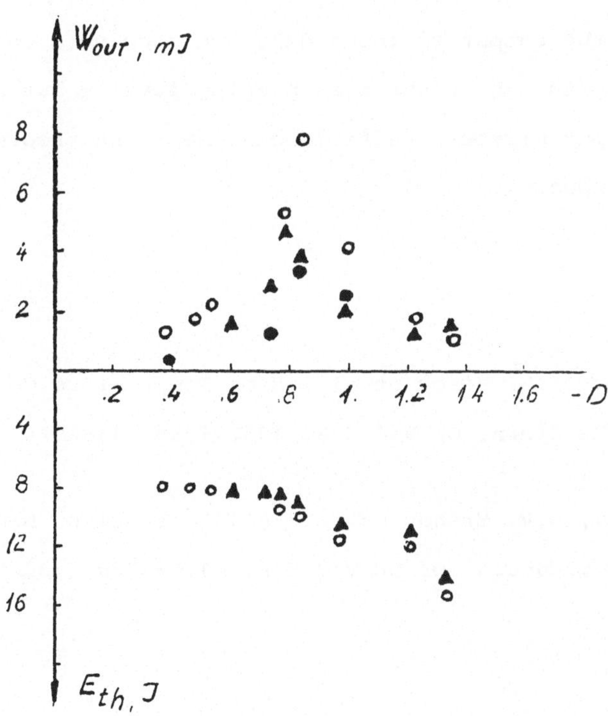


Fig.2. Output energy at λ = 1.15 μm (upper part) and pumping threshold (lower part) dependence on optical density (-D) of $LiF:F_2^-$ at λ = 1.055 μm.

▲: R(1.15 μm) = 72%; ●: R(1.15 μm) = 78%;
o: 0.5 times shorter $LiF:F_2^-$ resonator with $R_{out}$ = 78%.

creases while above this value the lasing volume (beam diameter) and the pulse energy decreases. For an 0.5 times shorter LiF:$F_2^-$-resonator the beam diameter became larger and the rate of the energy drain from 1.055 μm to 1.15 μm increased resulting in much higher output as shown in Fig.2 by the circles.

To estimate the conversion efficiency a passively Q-switched Nd laser was optimized to maximum output (at 1.055 μm). With LiF:$F_2^-$ of OD=0.77 and 36% output mirror reflectivity, output pulses of 16 mJ, 1.055 μm, $TEM_{oo}$ were obtained at 12.2 J pumping energy. With the same LiF-crystal in the three mirror resonator we obtained 8.0 mJ at 1.15 μm, $TEM_{oo}$ but at 8.0 J pumping energy (the output mirror reflectivity being too high). Thus comparing the output to input data we receive a conversion efficiency of 75%, though at the same pumping level - but using more transparent output mirrors - efficiencies near the theoretical maximum of 90% may be expected.

## REFERENCES

(1) T.T. Basiev, S.B. Mirov et al.: Room Temperature Color Center Lasers, IEEE Journ. QE V24.N°6. 1052-1069 (1988)

(2) T.T. Basiev, B.V. Ershov et al.: A 100J Laser on LiF:$F_2^-$ Color Centers, Sov. Journ. of QE V12.N°6. 1125-1126 (1985)

# Investigations on Unstable Polarization Coupled Nd:YAG-Laser Resonators

K. Vogler, Li Ho Min
Friedrich-Schiller University Jena, Department of Physics
Max-Wien-Platz 1, Jena, DDR-6900, GDR

Unstable laser resonators (UR) have been extensively investigated for many years /1, 2/ and have shown to be successfully applied to high gain gas /3/ and solid state lasers /4/, delivering a greater output energy, a better energy extraction and lower beam divergence than stable resonators (SR) in the $TEM_{00}$-mode operation.
Unfortunately the output beam quality of most unstable configurations in the near field commonly suffers from strong intensity modulations or a zero intensity annulus in the centre /5/.
From these points there originate serious prejudices against the uncontested application of UR in laboratory experiments or for material processing in industry. Also for amplifiers it is very unconvenient to obtain good beam quality only after several meters in the far field distance.
To improve the near field beam pattern of UR a great success was achieved by GOBBI et al./6/ introducing a novel self-filtering UR (= SFUR), see Fig. 1. However suitable conditions for self-filtering are not restricted to the necessity of the use of a negative branch UR (= NBUR), as suggested.
We have established a positive branch UR (= PBUR) which also utilizes the self-filtering condition. With this type of much more compact and unfolded resonator we also get a very smooth central Airy-function-like intensity distribution of the laser beam in the near field while maintaining the other profitable properties of an UR /7, 8/.

Generally in the SFUR configuration (Fig. 1) the diffraction from a suitable dimensioned aperture (diameter 2a) situated in the common focus of both mirrors ($M_1$ and $M_2$) produces a central Airy-disk-like laser cavity mode. The small aperture produces a strong diffraction of the plane wave comming from the mirror $M_2$ which is counterbalanced by the focusing action of $M_1$ working together with the aperture as a low-pass spatial frequency filter and blocking all outer diffraction rings.

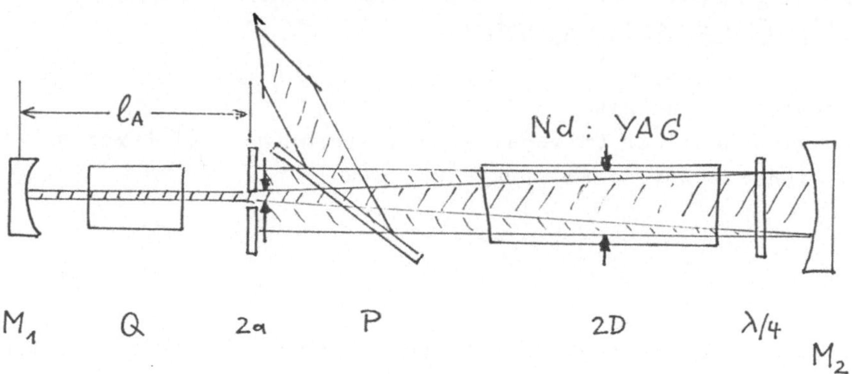


Fig. 1. Negative branch unstable resonator (NBUR) with self-filtering according GOBBI et al., commonly labeled as SFUR ($L = f_1+f_2$, /4-quarter wave plate, P - polarizing output coupler, Q - Q-switch unit, $l_A = f_1$)

For this special operation regime the basic design condition is

$$a = (0.61\ \lambda\ f_1)^{1/2} \qquad /6/$$

which means to choose the aperture radius "a" of such a dimension that a plane wave incident on it is after diffraction refocused by the mirror $M_1$ to an Airy disk having the same radius ($\lambda$ -wavelength, $f_1$ - focus length of $M_1$).

Up to now self-filtering condition in telescopic resonators was only realized in NBUR configurations, but we found it is also possible for PBUR installations /7/. In the case of a PBUR there is also a well predestinated demand for the aperture diameter 2a allowing the UR to operate in the self-filtering condition (Fig. 2). This diameter is again determined by the shorter mirror focal length $f_1$ of $M_1$ which is now a convex mirror, acting together with a virtual diffraction aperture (2a-diameter).

Using a real object diaphragma 2A at a certain distance $l_A$, which is the real counterpart of the virtual aperture image 2a, forces anew the self-filtering laser oscillation

$$2A = 2a\left[1 + l_A/L\ .\ (1.5\,M - 1)\right]\ .$$

We have proved that both UR the NB/SFUR and the PB/SFUR, possessing equal magnification and corresponding mirror parameters, deliver identical output values of the laser beam. The only remarkable difference of both resonator designs is the overall optical length, which is much shorter for the PB/SFUR. This is very convenient for the construction of small compact laser cavity. Another advantage is the relatively free choise of size and position of the aperture 2A inside of the laser cavity, facilitating the installation of further resonator elements and adjustment.

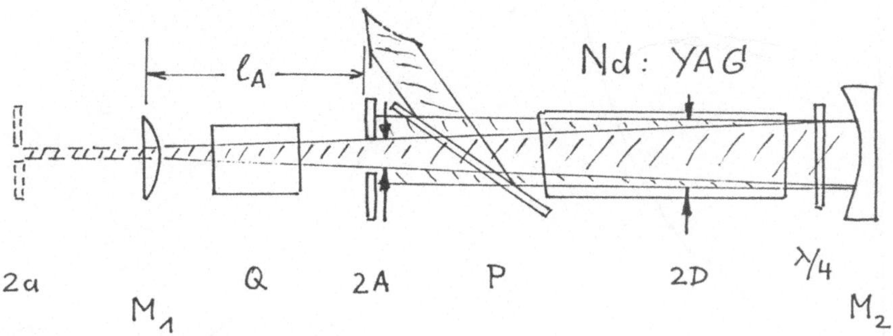


Fig. 2. Positive branch unstable resonator PBUR with self-filtering ($L = f_2 - f_1$, 2A - real object aperture determined by the virtual image aperture 2a and $l_A$, $l_A$ - distance at choice)

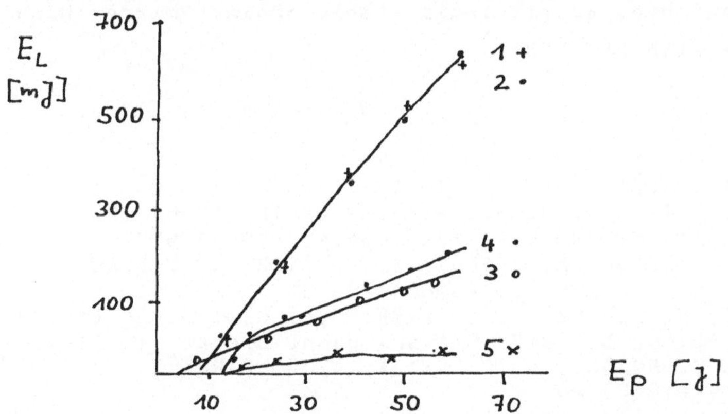


Fig. 3. 1: NB/SFUR $M = 4$; $M_1$: $f_1 = 0.25$ m; $M_2$: $f_2 = 1.0$ m
$L = 1.17$ m; $2a = 0.8$ mm

2: PB/SFUR $M = -4$; $M_1$: $f_1 = -0.25$ m; $M_2$: $f_2 = 1.0$ m
$L = 0.67$ m; $2A = 2.0$ mm; $l_A = 0.30$ m

3: $TEM_{oo}$-mode SR, optimum output coupling
$L = 0.70$ m; $M_1$: $f_1 = \infty$ ; $M_2$: $f_2 = 1.0$ m

4: Q-switch PB/SFUR

5: Q-switch SR

Fig. 3 and Fig. 4 show some preliminary experimental results achieved with a laser rod of a dimension of 6 x 90 mm doped with a Nd-concentration of $1 \cdot 10^{20}$ $cm^{-3}$ and pumped by one linear Xe-flash lamp.

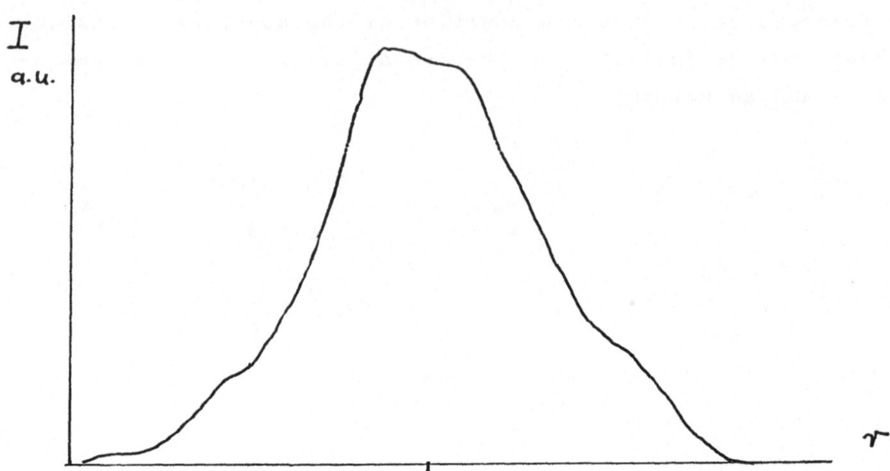


Fig. 4. Near field beam profile behind the output coupler

The far field intensity distribution is very Gaussian-like possessing no diffraction rings. It is very insensitive to the pumping level of the laser head and even surprisingly stable against mirror misalignment, comparable with NB/SFUR.

References

/1/ A. E. SIEGMAN: Appl. Opt. 13 (1974) 353; id.
IEEE J. Quant. Electr. QE-12 (1976) 35
/2/ D. B. RENSCH, A. N. CHESTER: Appl.Opt.12 (1973) 997
/3/ R. BARBINI, A. GHIGO, M. GIORGI, K. N. IYER, A. PALUCCI, S. RIBEZZO: Opt. Commun. 60 (1986) 239
/4/ R. L. HERBST, H. KOMINE, R. L. BYER: Opt. Commun. 24 (1977) 5
/5/ D. C. HANNA, L. C. LAYCOCK: Opt.and Quant.Electr. 11 (1979) 153
/6/ P. G. GOBBI, S. MOROSI, G. C. REALI, A. S. ZARKASI: Appl. Opt. 24 (1985) 26
/7/ LI HO MIN, K. VOGLER: patent pending
" " : submitted to Opt.Commun.

# Intense X-Ray Plasma Produced by a Table-Top Nd:YAG-Laser System

K. Vogler, He Hong
Friedrich-Schiller University Jena, Department of Physics
Max-Wien-Platz 1, Jena, DDR-6900, GDR

X-ray emission from laser produced plasmas (LPP) has been extensively investigated over the past 15 years especially in the relation to laser fusion efforts.

Such X-ray plasma research using huge till big laser equipments (100 kJ...1 kJ, e.g./1/) are mostly concerned with the exploration of typical fusion plasmas /2/, the production of extreme conditions for plasma radiation /3/ or the realization of X-ray lasers /4/, requiring laser intensities of $10^{14}...10^{17}$ $Wcm^{-2}$.

On the other hand soft X-ray and XUV emission from LPP have a laser threshold intensity of only $< 10^{12}$ $Wcm^{-2}$ and the soft X-ray conversion efficiency for ns-pulses reaches maximum at about $10^{13}...10^{14} Wcm^{-2}$.

Therefore for many applications e.g. X-ray shadowgraphy /5/, X-ray microscopy /6/ or X-ray lithography /7/ table-top laser systems with more convenient working conditions got very attractive.

Some new trends in soft X-ray LPP research are:

- utilization of compact ps-Nd:YAG laser devices at high repetition frequencies /8/;
- use of commercially available low cost excimer lasers with favourable UV-laser wavelength /9/;
- investigations of LPP produced by sub-ps laser pulses /10/;
- advances in registration techniques of very soft X-rays ($\lambda > 20$ Å) /11/.

This report presents some results achieved from X-ray emission of a plasma produced by a small table-top picosecond Nd:YAG laser device using various target materials and spetrally and spatially resolved X-ray registration methods.

Laser device:

The laser system consists of an actively-passively mode-locked Nd:YAG oscillator, a cavity dumping single pulse selection unit and a three-stage amplifier operation at a repetition rate of 1 Hz (Fig. 1).

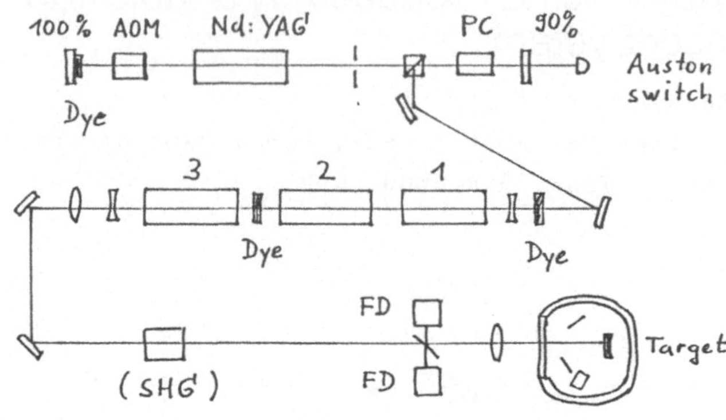


Fig. 1. Scheme of the laser device

Laser pulse duration is 30 ps, pulse energies of $E_L(1.06\ \mu m) = 200$ mJ and $E_L(0.53\ \mu m) = 50$ mJ are easily obtained. The ASE-background energy is less than 0.5 %.

The nearly rectangular laser beam with a divergence of $\theta < 0.5$ mrad is focused by a aspheric lens of f = 16.5 cm onto planar bulk targets to a focus diameter of $\leq 50\ \mu m$ providing a maximum irradiance on the target of $I = 2 \cdot 10^{14}\ Wcm^{-2}$.

X-ray diagnostics:

Until now the experiments are restricted to a X-ray spectral range of $2 Å \leq \lambda_x \leq 10$ Å.

In most experiments for X-ray registration the Orwo TF-10 film has been employed which is absolutely calibrated. Several X-ray filters Be, Al and Al-coating on mylar have been used. Spectral resolution was achieved by a flat quartz crystal enabling a spectral resolution of $\lambda / d\lambda = 10^3$.

X-ray plasma dimension was measured by pinhole cameras and knife-edge technique with a spatial resolution of $< 10\ \mu m$.

Results /12/:

Following the methode of BOIKO /13/ et al. we have carefully determined the electron temperature Te and electron density $n_e$ of the plasma using He- and Li-like lines of Al- and Si-plasmas.

So we have measured temporally and spatially averaged values of $T_e = 450...500$ eV, $n_e = 3...4 \cdot 10^{20}\ cm^{-3}$. A mean charge state of the Al-plasma of $Z = 12^+$ has been estimated, showing the high ioniza-

tion level within the plasma. The diameter of the emission zone was found to be 30...60 µm and its height above the target surface h = 20...50 µm, which is a nearly point-like X-ray source also in accordance with the measured isotropic emission of the plasma.
Fig. 2 shows the atomic number dependence of the overall X-ray emission within the observed spectral region.

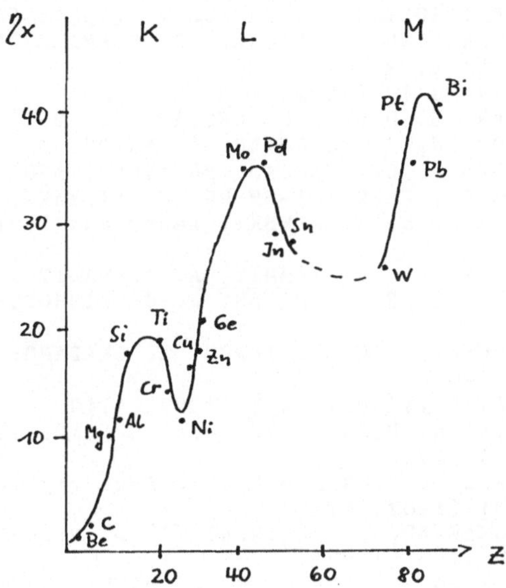


Fig. 2. Total relative X-ray emission in the 2 KeV...6 KeV emission band versus atomic number Z

The X-ray intensity increases from low (Be, C) to high Z-material (Pt, Pb, Bi) by about a factor of 30...40 but reveals typical undulations. These strong variations in the X-ray emission can be explained by some resonance excitation of the K-, L- and M-shell at certain electron temperature $T_e$ for the elements with maximum emission.

Various experiments have been performed to investigate the X-ray conversion rate $\eta_x$ in dependence on the laser intensity or energy under special conditions /12/. For instance in one set of experiments we changed the laser pulse energy $E_L$ keeping constant the laser intensity. We have found $\eta_x$ to be nearly proportional to $E_L^2$.
The total conversion efficiency of our incident laser energy was roughly estimated to be 0.2...1 % for 1.06 µm-radiation. Careful investigation of the craters, produced by the ps-laser pulses, shows that only a small fraction of ablated material is really evaporated. Also

a big amount > 60 % of the incident laser energy is diffusive reflected though only 3 % experiences specular reflection backward to the laser. A double or prepulse excitation experiment shows only during temporal overlap of both pulses an increased X-ray output.

References


/1/ R. P. DRAKE: Laser and Particle Beams 6 (1988) 235

/2/ C. De MICHELIS, M. MATTIOLI: Nucl.Fusion 21 (1981) 677

/3/ G. D. TSAKIRIS, P. HERRMANN, R. PAKULA, S. SCHMALZ, R. SIGEL,S. WITKOWSKI: Europhys.Lett. 2 (1986) 213
R. SIGEL: Europhys.News 17 (1986) 116

/4/ D. MATTHEWS, M. ROSEN, S. BROWN, N. CEGLIO, D. EDER, A. HAWRYLUK, C. KEANE, R. LONDON, B. Mc GONAN, S. MAXON, D. NILSON, J. SCOFIELD, J. TREBES: J.Opt.Soc.Am. B4 (1987) 576

/5/ J. B. FOELDES, R. SIGEL, CHEN SHI-SHENG, K. EIDMANN, R. F. SCHMALZ, G. D. TSAKIRIS, S. WITKOWSKI: Laser and Particle Beam 6 (1988) 123

/6/ J. C. E. TURCU, F. O'NEILL, U. ZAMMIT, A. AL-HADITHI, R. W. EASON, A. M. ROGOYSKI, C. P. B. HILLS, A. G. MICHOTTE: SPIE 831 (1987) 211

/7/ G. O'NEILL, M. C. GOWER, J. C. E. TURCU, Y. OWADANO: Appl. Opt. 25 (1988) 464

/8/ N. NAKANO, H. KURODA: Phys. Rev. A35 (1987) 4719

/9/ R. POPIL, P. D. GUPTA, R. FEDOSEJEVS, A.A. OFFENBERGER: Phys. Rev. A35 (1987) 3874

/10/ D. KUEHLKE, U. HERPERS, D. VON DER LINDE: Appl.Phys.Lett. 50 (1987) 1785; SPIE 831 (1987) 91
G. KUEHNLE, F. P. SCHAEFER, S. SZATMARI, G. D. TSAKIRIS: submitted to Appl.Phys. B (1988)

/11/ K. EIDMANN, T. KISHIMOTO, P. HERRMANN, J. MIZUI, R. PAKULA, R. SIGEL, S. WITKOWSKI: Laser and Particle Beams 4 (1986) 521

/12/ HE HONG, K. VOGLER, E. FOERSTER: submitted to Scientific Instr. (Poland)

/13/ V. A. BOIKO, S. A. PIKUZ, A. Ya. FAENOV: J. Phys. B Atom.Mol. Phys. 12 (1979) 1889; idem, Kvant.Elektr. 2 (1975) 1216; idem, Kvant.Elektr. 5 (1978) 394

# Spektrale Alterung kommerzieller GaAlAs-Diodenlaser

A. Abou-Zeid

Physikalisch - Technische Bundesanstalt

Bundesallee 100

3300 Braunschweig

Für den Einsatz in der interferenziellen Meßtechnik benötigt man eine Lichtquelle, deren spektrale Eigenschaften zeitlich stabil sind. Der Diodenlaser als alternative Lichtquelle zum meist in der Meßtechnik verwendeten He-Ne-Laser hat zwar viele Vorteile im Bezug auf Miniaturisierung, relativ hohe Strahlungsleistung, niedriger Spannungs- und Strombedarf u.a.. Seine spektralen Eigenschaften sind aber zeitlich nicht stabil /1,2/. Dies ist im allgemeinen auf Änderungen der optischen Eigenschaften des Resonators, des thermischen Widerstandes zwischen der aktiven Zone und der Diodenwärmesenke und des elektrischen Serienwiderstandes zurückzuführen. Als Ursache für die spektrale Alterung von Diodenlasern kommt u.a. folgendes in Frage /3,4,5/ : 1.) Bildung und Wachstum von Dunkellinien-Defekten in der aktiven Zone und ihrer benachbarten Schichten, 2.) Degradation der Spiegelflächen des Resonators, 3.) Degradation des Bondingmaterials (In) des Laserchips und 4.) Degradation der elektrischen Diodenkontakte. Das Ziel der vorliegenden Arbeit besteht darin, die Vakuumwellenlänge, die emittierte Strahlungsleistung und den Schwellstrom in Abhängigkeit von der Betriebszeit t (≤3,2 Jahre) von kommerziell erhältlichen GaAlAs-Diodenlasern zu untersuchen.

Ein rechnergesteuertes Lambda-Meter (Meßunsicherheit $\leq\pm 5*10^{-8}$) dient zur Bestimmung der Vakuumwellenlänge $\lambda_V$ von Diodenlasern /6/. Dieses stellt ein gemeinsames Zweistrahl-Interferometer sowohl für einen Diodenlaser als auch für einen als Normal verwendeten stabilisierten He-Ne-Zweifrequenzlaser dar. Die emittierte Strahlungsleistung $P_L$ wird mit einem Strahlungsleistungsmesser (≤±5µW) bestimmt. Der Diodenstrom i wird auf ≤±2µA und die Temperatur der Diodenwärmesenke $T_{WS}$ auf ≤±1mK stabilisiert.

Die spektrale Alterung von 10 GaAlAs-Diodenlasern verschiedener Typen und Hersteller (maximal zulässige Strahlungsleistung 5mW)

wurden bei Raumtemperatur an Luft untersucht /7/. Jeder zu untersuchende Diodenlaser wurde fest in ein kompaktes Modul eingebaut und ist während der Alterungsmessungen nicht aus- und wieder eingebaut worden. Die Diodenlaser wurden bei konstantgehaltenen Diodenparametern (Strom = $1{,}3 i_{th}$ - $1{,}5 i_{th}$ Temperatur der Diodenwärmesenke $T_{WS}$ = 18°C - 22°C) in der Mitte eines modensprung- und hysteresefreien Wellenlängenbereich im Dauerstrich betrieben.
Abb. 1 zeigt die Abhängigkeit der Strahlungsleistung von der Betriebszeit t für drei Diodenlaser, Abb. 2 die des Schwellstromes und Abb. 3 die der Vakuumwellenlänge $\lambda_V$. Der Diodenlaser DL Alt 1 wurde bei $i=1{,}35 i_{th}(t=0)$ und $T_{WS}$=18,2°C betrieben, DL Alt 4 bei $i=1{,}3 i_{th}(t=0)$ und $T_{WS}$=20,1°C und DL Alt 8 bei $i=1{,}45 i_{th}(t=0)$ und $T_{WS}$=21,4°C. Die Meßergebnisse zeigen eine monotone Ab- bzw. Zunahme der Strahlungsleistung (durchschnittliche Änderung ≤0,4 mW/Jahr) bzw. des Schwellstroms (≤1,5 mA/Jahr) mit der Betriebszeit bei allen untersuchten Diodenlasern (für DL ALT 1, 4 und 8 s. Abb. 1 bzw. 2). Die Vakuumwellenlänge von acht der untersuchten zehn Diodenlaser fällt mit deren Betriebszeit ab (für DL Alt 1 und DL Alt 4 s. Abb. 3), während $\lambda_V$ von DL Alt 8 (s. Abb. 3) und DL Alt 10 zunimmt.

Die emittierte Frequenz eines Diodenlasers hängt hauptsächlich von seinen Parametern Strom und Temperatur der Diodenwärmesenke ab. Wird ein GaAlAs-Diodenlaser bei konstantgehaltenen Parametern über einen längeren Zeitraum betrieben, so ist mit einer Verschiebung seiner Vakuumwellenlänge (≤±0.02 nm/Jahr) zu rechnen, wobei meistens eine Abnahme von $\lambda_V$ auftritt.

Literatur :

/ 1 / M.OHTSU; M.HASHIMOTO; H.OZAWA : Proc. of the 39th Ann. Symp. on Frequency Control, S.43 (1985)
/ 2 / F.FAVRE; D.Le GUEN : Electron. Lett., 19 , 603 , (1983)
/ 3 / R.L.HARTMAN; F.R. NASH; P.J.ANTHONY : SPIE Vol. 616 Opt. Tech. for Comm. Sat. Appl. , 267 (1986)
/ 4 / W.BOTH; G.ERBERT; A.KLEHR; R.RIMPLER; G.STADERMANN; U. ZEIMER : IEE Proc. Vol.34, Pt. J , No.1 ,95 (1987)
/ 5 / S.NITA; H.NAMIZAKI; S.TAKAMIYA; W.SUSAKI : IEEE J.Q. Electron. , QE-15 , 1208 (1979)
/ 6 / A.ABOU-ZEID : Symposium Braunschweig 3.-4. Nov. 1987 , VDI-Verlag Düsseldorf ( VDI-Berichte 659 )
/ 7 / A.ABOU-ZEID : in Vorbereitung

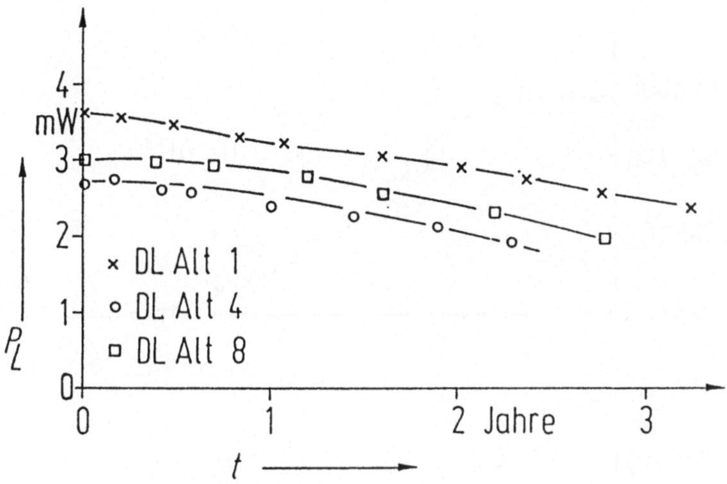


Abb. 1. Die Stahlungsleistung $P_L$ als Funktion der Betriebszeit t für drei Diodenlaser

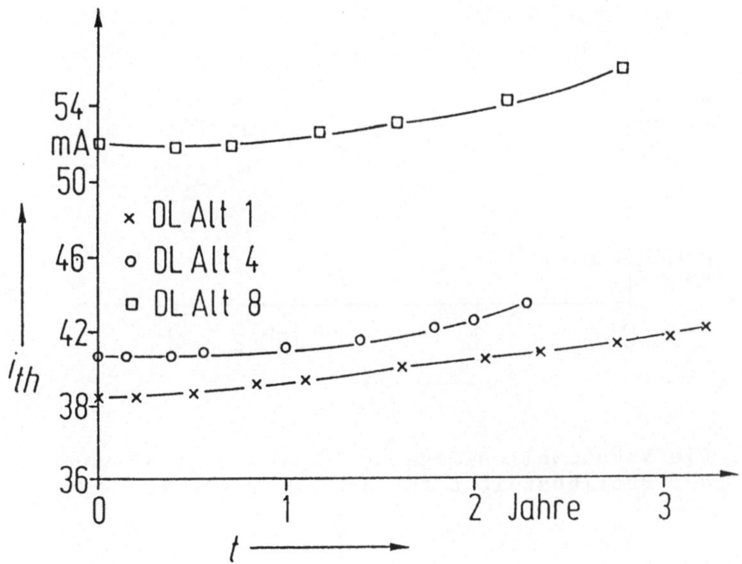


Abb. 2. Der Schwellstrom $i_{th}$ als Funktion der Betriebszeit t für drei Diodenlaser

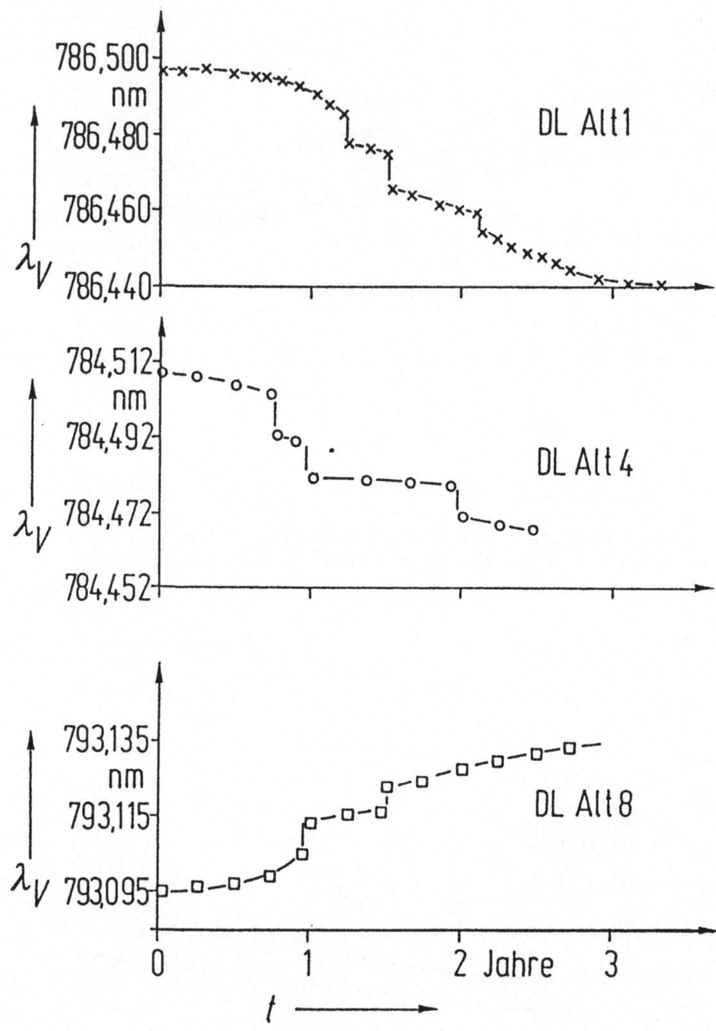


Abb. 3. Die Vakuumwellenlänge $\lambda_V$ in Abhängigkeit von der Betriebszeit t für drei Diodenlaser

# Realization of a Practical CW Titanium Sapphire Laser

Anthony J. Alfrey, Mark S. Keirstead, and Timothy H. Gray
Spectra-Physics, Inc.
Mountain View, CA

The performance of the cw Ti:sapphire laser is singularly impressive: it exhibits about three times the tuning range and output power of a cw dye laser operating in the same spectral region. This performance is the result of several key factors. One has been the significant improvement in quality of commercially available Ti:sapphire over the last several years. A second factor, and one just as important as improved material quality, is the design of a laser cavity optimized for cw operation. In this paper we review a model for a longitudinally pumped cw Ti:sapphire laser utilizing a folded, astigmatically compensated optical cavity. We discuss the performance of this laser as well as new results in extending its tuning range and frequency doubling the output with $KNbO_3$.

Longitudinal pumping is a fairly common technique in a number of solid-state lasers. In this configuration the pump beam and cavity mode propagate collinearly through the gain media. For efficient transfer of pump power to oscillator output, optimum mode-matching is required over the entire gain length. In the case of relatively large spot sizes and short absorption depths, the pump and cavity modes remain nearly constant over the entire gain length.

However, when tightly focused pump and cavity modes of greatly different wavelengths are used with gain lengths on the order of the Rayleigh range, a constant spot size can no longer be assumed. A relatively long gain length with tightly focused pump and cavity modes appears to be the best choice for a cw Ti:sapphire oscillator. The material exhibits low level absorption at the lasing wavelength which can be minimized by keeping the doping concentration low [1]. This requires the oscillator employ a Ti:sapphire rod length of several centimeters for adequate pump absorption. A cavity designed around a long, low-doped rod will also benefit from reduced thermal effects.

In an earlier paper the performance of a Ti:sapphire oscillator with an astigmatically compensated cavity and astigmatic Gaussian mode within the gain medium for both the pump and cavity beams was modeled and verified [2]. Predictions for power output require the numerical solution for the expression

$$P_p = \frac{(T + 2\alpha_c L + \eta) h c \pi^2}{8\sigma\tau\lambda_p\alpha_p \int_0^L \frac{e^{-\alpha_p z}}{w_{c_x} w_{c_y} w_{p_x} w_{p_y}} Q'(z)\,dz} \qquad (18')$$

with the variables

$$Q'(z) = \int_{-\infty}^{\infty}\int_{-\infty}^{\infty} \frac{e^{-A_x x^2 - A_y y^2}}{1 + B e^{-D_x x^2 - D_y y^2}}\,dx\,dy \qquad (16')$$

and

$$A_x = \frac{2\left(w_{p_x}^2 + w_{c_x}^2\right)}{w_{p_x}^2 + w_{c_x}^2} \qquad (17'a)$$

$$A_y = \frac{2\left(w_{p_y}^2 + w_{c_y}^2\right)}{w_{p_y}^2 + w_{c_y}^2} \qquad (17'b)$$

$$D_x = \frac{2}{w_{c_x}^2} \qquad (12'a)$$

$$D_y = \frac{2}{w_{c_y}^2} \qquad (12'b)$$

$$B = \frac{4sP_c}{\pi w_{c_x} w_{c_y}} \qquad (11')$$

Figure 1 shows the performance predicted for a Ti:sapphire oscillator output as a function of input pump power. Although in principle a number of parameters impact oscillator performance, once a cavity configuration has been selected (e.g. waist sizes, rod length, etc...) material figure of merit (FOM) becomes the determinant of laser performance. FOM is defined as the ratio of pump absorption to the loss at the lasing wavelength.

Moulton [3] has pointed out that even though the model treats astigmatic, diffracting beams, one would expect that the slope efficiency should nearly follow the expression derived for plane waves given below:

$$\text{Slope Efficiency} = \eta \frac{T}{T+L}$$

where $\eta$ is the pumping quantum defect, T the output coupling transmission, and L the round trip loss. Given that the matching between pump and cavity modes is less than perfect, a slope efficiency less than that predicted by the model should be expected. For the oscillator described in [2], the output coupling is 3.5% and the round trip loss has nearly the same value. With a pump quantum defect of about 64%, the above approximation yields a slope efficiency of 32%. The slope efficiency predicted by the model is 30%.

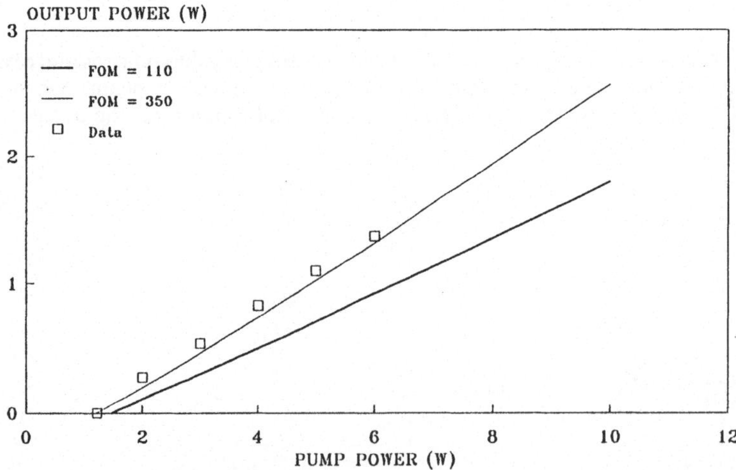


Figure 1. Theoretical and experimental $TEM_{00}$ output power versus input pump power.

A reexamination of the computer code used to numerically solve (18') revealed an error in the integration procedure. The corrected program predicts much lower performance for a FOM of 110 which was the value reported for the material used in the modeling study. Based on a new, calorimetric technique for measuring FOM and performance results from a much larger sample of Ti:sapphire rods, the original material is now believed to have a FOM of 350. Unfortunately the original rod is no longer available for remeasurement, but based on this extrapolation, the predicted performance for a rod with a FOM of 350 has been calculated and is shown in Figure 1. It compares favorably with the experimental data.

This oscillator has produced more than 5 W of output power at 790 nm. Given this capability of operating with high pump fluence levels, efforts have recently been made to extend the cw tuning range below 700 nm and beyond 1000 nm [4]. With additional optics sets, a continuous tuning range in excess of 440 nm from 658 to 1100 nm has been observed. Four sets of optics were coated to provide coverage over the 630 to 1150 nm range. The output coupling was 3.5% and a single three-plate birefringent filter tuned the laser over the entire wavelength range. Figure 2 shows the tuning performance of the laser.

Maximum laser output was 5.5 W at 710 nm. One would normally expect maximum output at the gain peak near 790 nm. With 20 W of pump power and 3.5% output coupling, the laser cavity is undercoupled at 790 nm which reduces the maximum output power available at the gain peak. At 1064 nm more than 1.6 W was obtained. Vertical lines in Figure 2 show where wavelength shifts occur due to the multiple tuning orders in a birefringent filter.

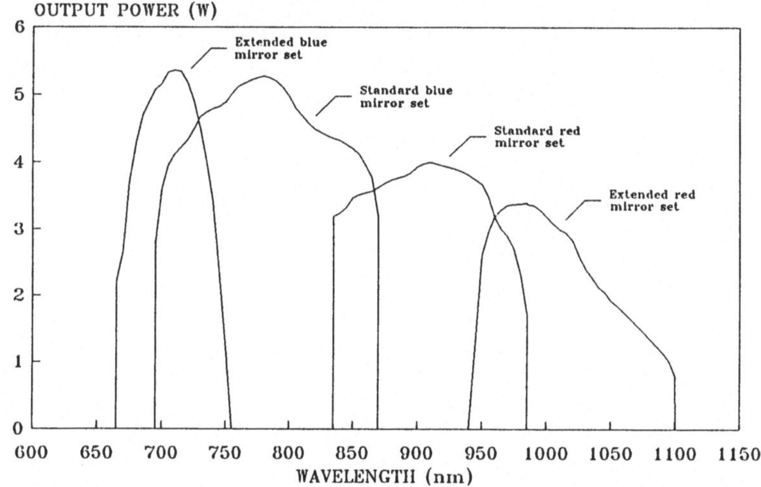


Figure 2. Ti:sapphire cw tuning performance with 20 W input pump power.

$KNbO_3$ is an excellent candidate to frequency double the output from a high power Ti:sapphire laser. It phase matches from 420 to 470 nm with a doubling efficiency of 1% per Watt by temperature tuning from -20° to 200°C. The output of a Model 3900 Ti:sapphire laser was frequency-doubled in a 5 mm long crystal with a 50 micron beam waist. The crystal temperature was servo controlled with a thermoelectric cooler from about 0° to 100°C. With an average input power of 2.5 W, more than 70 mW of second harmonic output was obtained from 425 to 450 nm. A plot of second harmonic output versus input shows that a quadratic relationship still applies, so even more blue output should be possible with further optimization.

Based on a model for the astigmatic pumping of Ti:sapphire, an oscillator has been developed which maximizes both tunability and output power. As material FOM improves, so should realized laser performance. This cavity design will most likely form the basis for further cw laser development such as mode-locked and single-frequency operation.

Acknowledgements

The authors would like to thank Michael Watts for technical assistance and J.D. Kafka and Tom Baer for helpful discussions.

References

[1] R.L. Aggarwal, A. Sanchez. M.M. Stuppi, R.E. Fahey, A.J. Strauss, W.R. Rapoport, and C.P. Khattak, IEEE J. Quantum Electron., 24, 1003 (1988).

[2] A.J. Alfrey, IEEE J. Quantum Electron., 25, 760, (1989).

[3] P.F. Moulton, Schwartz Electro-Optics, Inc., private communication.

[4] M.L. Watts, J.D. Kafka, and A.J. Alfrey, paper PD10, reported at Tunable Solid State Lasers, Cape Cod, MA, May 1-3, 1989.

# New Solid-State Laser Crystal Developments Shape High-Average Power Laser Designs

David G. Dawes
Airtron Division of Litton Systems, Inc.
Charlotte, North Carolina

## *Introduction*

The active elements of today's solid-state lasers are fabricated predominately from crystals of the garnet family. Large, high quality garnet crystals are principally grown by the Czochralski method. Extrinsic properties such as tensile strength, refractive index inhomogeneity, optical losses, and maximum crystal dimensions are a function of the crystal growth and finishing processes. For a particular crystal composition, these properties are the only factors that can be varied to improve the performance of a high average power laser system.

## *Facet-induced Strain*

In garnet crystals grown on the <111> axis, the primary facets form along the {211} directions. The growth rate on a facet surface is slow due to the difficulty nucleating new growth on such surfaces. The differential growth rate between the on- and off-facet regions of the crystal leads to an inhomogeneous distribution of dopant ions which results in strain induced wavefront distortion and birefringence. The location and size of the faceted regions of a Czochralski grown crystal depend on the shape of the interface between the melt and the growing crystal. The interface shape is a complex function of the melt fluid-dynamics. Temperature gradients, melt flow properties, rotation rate and crystal/crucible dimensional aspect ratios all interplay to influence the melt fluid-dynamics. In practice there are two possible interface configurations: a flat interface and a deep, conically-shaped interface.

A flat interface would be the most ideal shape since the facet regions are driven to the outer circumference of a garnet crystal growing along the <111> direction. Gallium garnets such as neodymium- and chromium- substituted gadolinium scandium gallium garnet (Nd,Cr:GSGG) grow relatively readily with a flat interface[1]. The maximum extractable cross-sectional dimension of material suitable for laser applications is a little less than the full crystal diameter.

In practice it has been found to be very difficult to achieve and maintain stable flat-interface growth of substituted aluminum garnets such as neodymium-doped yttrium aluminum garnet (Nd:YAG). Instead, Nd:YAG is usually grown with a deep, conical-shaped interface. In this configuration the faceted region is confined to a tight central core and material suitable for laser use is extractable from the cross-sectional region between the core and the outer edge of the crystal. This limits the maximum cross-sectional dimension of a laser element to something less than half the crystal boule diameter.

A feature that we have found with scaling crystals to larger dimensions is that the facet size is independent of crystal diameter, so that the strain they induce in the crystal diminishes in proportion to the crystal diameter increase[2]. Large diameter boule growth is then the key to both increased laser element cross-sectional dimensions and improved optical homogeneity.

*Fracture-limited Operation*

The active element of a high average power solid-state laser is optically pumped throughout its volume and cooled at its surface. As a result a thermal gradient is established across the active element. The thermal gradient induces a radially symmetric tensile stress pattern in the pumped rod which reaches a maximum at its cooled surface. Through this effect the extractable average power is fracture-limited. The maximum average power extractable from a rod shaped active element is linearly dependent on the pumped rod length and on the thermal shock resistance factor[3].

Nd:YAG crystal boules as long as 23 cm have been grown which in principal yield active elements capable of 50% more extractable average power than the current maximum available length of 15 cm. In theory, Nd:YAG laser rods are capable of dissipating up to 145 $Wcm^{-1}$ of absorbed thermal power[4]. This value is statistical in nature so it has to be de-rated by a safety factor of 2-3 depending on the rod surface quality. It should be feasible to extract over 1 kW of average power from a single 23 cm long Nd:YAG rod.

*Scaling Crystals to Larger Dimensions*

The key to successful scaling is understanding the temperature profile of the growth station and controlling it carefully and reproducibly over the full growth cycle. Heat energy is primarily transferred radiatively at the temperatures at which garnet crystals grow. The temperature profile of the growth station is most easily engineered through the positioning of the heating elements, metal baffles, and insulating ceramics. The best configuration is determined largely by trial and error.

The single most common problem experienced scaling up boule size is cracking under thermal-gradient driven strain. The melting point of typical garnet crystals falls in the range of 1800-2100 °C necessitating the use of iridium (Mt. Pt. 2445 °C) crucibles to hold the constituent melt oxides during the growth process. Temperature gradients become more shallow as boule diameter is increased, since the temperature profile is bounded by the crucible wall's maximum safe operating temperature (2150 °C) and the crystal's melting point. Shallow temperature gradients tend to destablize the growth conditions. A balance has to be found between the thermal gradients high enough for stable growth yet low enough to prevent excessive strain and cracking.

Nd:YAG crystals grow very slowly (at a typical rate of 0.2 mm/hour). The growth cycle for a 23 cm long crystal boule is typically 7 weeks. During this time, maintaining the stability of the growth process is of paramount importance. Continuity of power and reliability of the controls must be assured. Noise in the control loop and melt fluid dynamical instabilities are responsible for small fluctuations in growth rate which are manifested as fine striated layers of slighly different composition, fluctuating about an average. The striae are unavoidable, although the amplitude of the fluctuations can be minimized by refinement of the control loop.

In the case of Nd:YAG crystal growth, Nd is incorporated at a level roughly equal to 1/5th. the concentration of Nd ions in the melt. As a consequence the remaining melt becomes increasingly more concentrated in Nd ions as the crystal is pulled from the melt. Our experience has shown that it is impractical to extract more than 25% of an Nd:YAG melt in crystal form.

*Limits to Scaling*

All garnet crystals encountered in our work appear to be ameanable to further scaling in the same fashion as has been demonstrated with Nd:YAG and Nd,Cr:GSGG. It should be fairly straight forward to produce large boules of Er- or Ho-doped YAG should the demand ever arise. There appears to be no immediate fundamental technological limit to the continued scaling of Nd:YAG and Nd,Cr:GSGG crystal boules.

*References*


1. S.E. Stokowski, M.H. Randles and R.C. Morris, "Growth and Characterization of Large Nd,Cr:GSGG Crystals for High-Average-Power Slab Lasers." *IEEE J. Quantum Electron.*, **24**, 934-48, 1988.
2. D.G. Dawes, "Growing Crystals for Solid-State Lasers." *Lasers & Optronics*, Dec. 1987, 48-50, 1987.
3. D.C. Brown and K.K. Lee, "Methods for Scaling High-Average Power Laser Performance." *SPIE Proceedings*, **622**, 30-41, 1986.
4. C.L.M. Ireland, "Kilowatt Power Levels Extend Industrial-YAG Processing Capabilities.", *Laser Focus/Electro-Optics,* Nov. 1988, 49-64, 1988.

# Sensibilisierter durchstimmbarer Erbium-Glaslaser

E. Heumann, M. Ledig, D. Ehrt, W. Seeber
Friedrich-Schiller-Universität Jena, Max-Wien-Platz 1, Jena, DDR-6900
G. Huber, H. Stange
Universität Hamburg, Jungiusstraße 11, D-2000 Hamburg 36

Laser, die im Wellenlängenbereich von 1,5 bis 1,6 µm emittieren, sind für Anwendungen in der Navigation, der Meteorologie, der optischen Kommunikation und der Medizin besonders interessant. Eine Möglichkeit zur Erzeugung von Laserstrahlung in diesem Bereich ist die Ausnutzung des Überganges $^4I_{13/2}$- $^4I_{15/2}$ von $Er^{3+}$-Ionen in verschiedenen Kristallen und Gläsern (1). Entsprechend des 3-Niveau-Charakters dieses Überganges kann Lasertätigkeit nur für relativ geringe Erbium-Konzentrationen (weniger als 1 %) erreicht werden. Da $Er^{3+}$ nur wenige Absorptionslinien im Emissionsbereich konventioneller Pumplichtquellen besitzt, wird bei solchen Konzentrationen die Anregung sehr uneffektiv. Diese Laser haben somit vergleichsweise hohe Schwellwerte und einen geringen Wirkungsgrad. Durch Kodotierung des Lasermaterials mit geeigneten Sensibilisator-Ionen kann die Effektivität des Erbium-Lasers wesentlich gesteigert werden (2).

Im vorliegenden Artikel wird über effektive Energietransferprozesse von $Cr^{3+}$ über $Yb^{3+}$ zum $Er^{3+}$ in Fluoroaluminat-Glas und dessen Lasereigenschaften berichtet.

Die wesentlichen Bestandteile des verwendeten Fluoroaluminat-Glases sind Aluminiumfluorid und Erdalkali-Metaphosphate. Solche Gläser haben bei Raumtemperatur einen schwach negativen Wert für dn/dT (n - Brechzahl, T - Temperatur). Bei Erwärmung des Materials, z. B. durch Einstrahlung von Licht, kann nahezu vollständige Temperaturkompensation erreicht werden.

Zur Charakterisierung des Materials wurden Absorptions- und Fluoreszenzmessungen (statisch und zeitaufgelöst) an Glasproben verschiedener Zusammensetzung und Dotierung durchgeführt.

Abbildung 1 zeigt die Transmission eines Yb,Er-Glases im Vergleich mit einem Cr,Yb,Er-Glas im Spektralbereich zwischen 300 und 900 nm. Der Zusatz von Cr führt zu einer starken breitbandigen Absorption mit Maxima bei 450 und 650 nm. Die Fluoreszenzspektren von Cr und Yb bei Anregung von Cr mit dem Kryptonlaser (647,1 nm)sind in Abbildung 2 dargestellt.

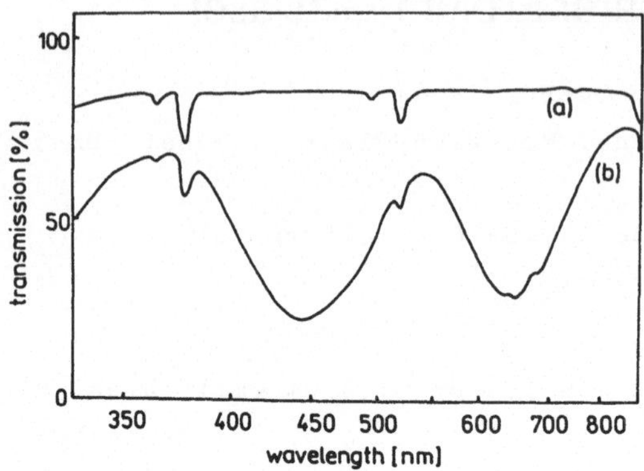


Abb. 1:

Transmission des Yb, Er-Glases (a) und des Cr,Yb, Er-Glases (b)

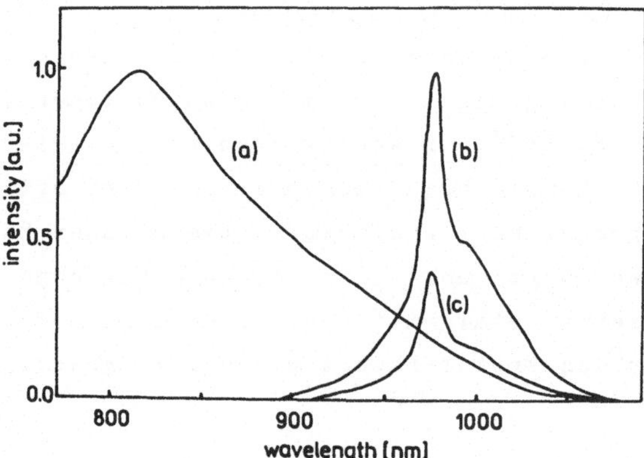


Abb. 2:

Fluoreszenz von $Cr^{3+}$ und $Yb^{3+}$ (a) Cr-Glas, (b) Cr,Yb-Glas, (c) Cr,Yb,Er-Glas

Glasproben, die nur $Cr^{3+}$ enthalten, zeigen breitbandige Fluoreszenz mit einem Maximum um 820 nm. Dieses Fluoreszenzsignal verschwindet vollständig bei Kodotierung mit $Yb^{3+}$ im Konzentrationsbereich oberhalb $5 \cdot 10^{20}\ cm^{-3}$, und eine intensive Yb-Fluoreszenz tritt auf. Die zusätzliche Dotierung mit $Er^{3+}$ bewirkt eine starke Löschung der Yb-Fluoreszenz. Diese Resultate weisen auf einen effektiven Energietransfer von Cr über Yb zum Er in dem verwendeten Glassystem hin (Abb. 3). Abbildung 4 zeigt das registrierte Fluoreszenzsignal von $Er^{3+}$ im Spektralbereich um 1,5 µm.

Aus zeitaufgelösten Messungen der Cr-, Yb- und Er-Fluoreszenz an Gläsern verschiedener Zusammensetzung und Dotierung können wichtige Parameter der Energietransferprozesse abgeschätzt werden. Die bisher besten Resultate ergaben sich für ein Glas, das im wesentlichen die Komponenten $AlF_3$ (80 %) und $Sr(PO_3)_2$ (20 %) enthält bei folgender Dotierung: $Cr^{3+} = 2 \cdot 10^{19} cm^{-3}$, $Yb^{3+} = 1 \cdot 10^{21} cm^{-3}$, $Er^{3+} = 3 \cdot 10^{19}\ cm^{-3}$.

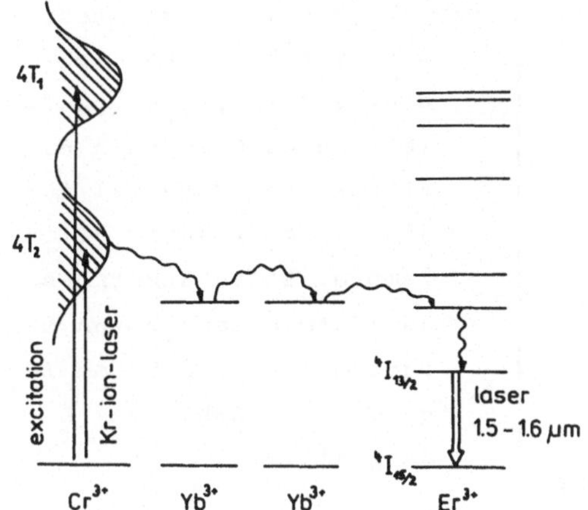


Abb. 3:
Schema der Energietransferprozesse in Cr,Yb,Er-Fluoroaluminat-Glas

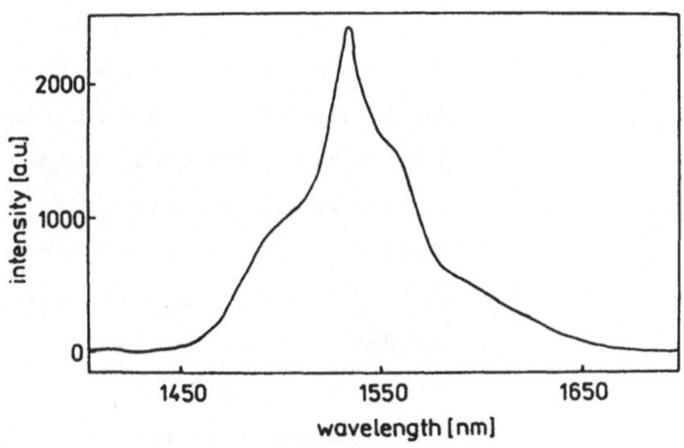


Abb. 4:
$^4I_{13/2}$ - $^4I_{15/2}$ Fluoreszenz von Er in Cr,Yb,Er-Fluoroaluminat-Glas

Der Energietransfer ist charakterisiert durch den Mikroparameter c(Cr-Yb)= 5,5 . $10^{-38} cm^6 s^{-1}$ und die Transferraten $\eta$ (Cr-Yb) ~ 1,0, $\eta$ (Yb-Er) ~ 0,8. Die Kinetik der $Er^{3+}$-Fluoreszenz zeigt einen exponentiellen Verlauf mit der charakteristischen Zeitkonstante von 7 ms.

Für die Laserexperimente wurden Glasproben von 4 mm Länge in einem nahezu konzentrischen Resonator angeordnet, der aus zwei sphärischen Spiegeln mit dem Krümmungsradius von 7,5 cm und hoher Reflektivität im Spektralbereich 1,5-1,6 µm bestand. Die Anregung des Glases erfolgte longitudinal über das $Cr^{3+}(^4T_2)$-Absorptionsband mit dem Kryptonlaser. Im Resultat konnte erstmalig kontinuierlicher Laserbetrieb eines Er-Glases bei Zimmertemperatur erreicht werden (3).
Entsprechend der Bandbreite der Er-Fluoreszenz von mehr als 100 nm (vgl.Abb.4) wurde versucht, die Laserwellenlänge durchzustimmen. Der hierbei verwendete experimentelle Aufbau war ähnlich dem 3-Spiegelresonator für einen Farbstofflaser mit einem Prisma als Durchstimmelement. Bei der verfügbaren Pumpleistung konnte ein Abstimmbereich von

etwa 60 nm realisiert werden (Abb. 5). Durch die breitbandige Absorption von $Cr^{3+}$ und die starke Absorption von $Yb^{3+}$ ist dieses Glas auch ein attraktives Material für die Anregung durch Blitzlampen. Erste Ergebnisse an einem Glasstab von 5 mm Durchmesser und 50 mm Länge sind in Abbildung 6 dargestellt.

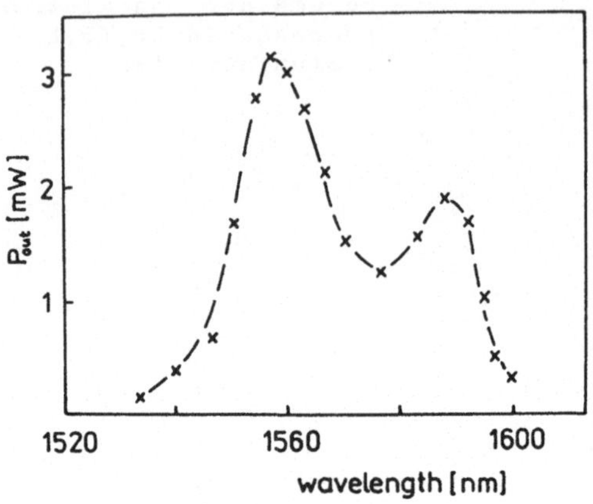


Abb. 5: Durchstimmcharakteristik des cw-Cr,Yb,Er-Glaslasers

Bei Verwendung von Spiegeln mit unterschiedlicher spektraler Reflexionscharakteristik konnte Lasertätigkeit auf zwei verschiedenen Wellenlängen erreicht werden. Diese Tatsache läßt eine kontinuierliche Abstimmung der Wellenlänge auch im Impulsbetrieb vermuten.

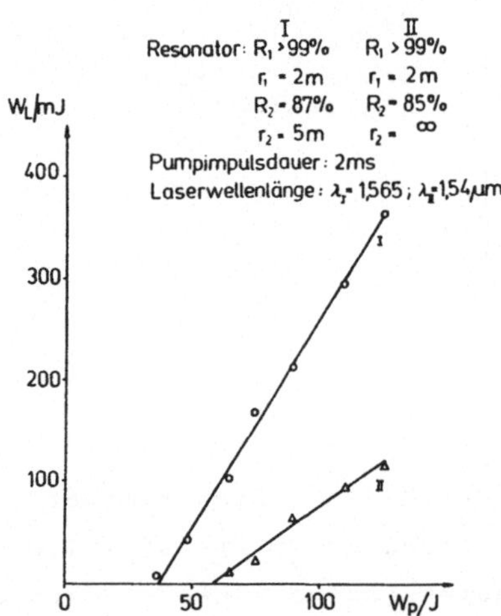


Abb. 6: Input/Output-Charakteristik des mit einer Xe-Blitzlampe gepumpten Er-Glaslasers

Effektiver Laserbetrieb des Cr,Yb,Er-Fluoroaluminat-Glases sollte auch durch Anregung über $Yb^{3+}$ nahe 940 nm bei Verwendung geeigneter Laserdioden oder LED-Arrays möglich sein.

Literatur:

(1) E. SCHNITZER, R. WOODCOOK: Appl. Phys. Lett. 6, 45 (1965)
(2) C. G. LUNTER u.a.: Opt.Spectrosc. (USSR) 55, 345 (1983)
(3) E. HEUMANN u.a.: Appl.Phys.Lett. 52(4), 255 (1988)

# Comprehensive Performance Evaluation of 670 nm Visible Laser Diodes

Lawrence A. Johnson, Tyll Hertsens, and Eugene G. Vaerewyck

ILX Lightwave Corporation, Bozeman, MT 59771 USA

**Introduction** - Effective use of visible laser diodes often requires detailed knowledge of their complex operating characteristics. Important operating characteristics include light output and forward voltage versus drive current (L/I and V/I), internal monitor photodiode tracking ratio, spectral properties, and far-field pattern. Since these characteristics vary substantially with temperature, evaluation over a range of temperatures is usually desirable.

We have recently completed the design and construction of an automated characterization system for TO-can laser diodes. This system was used to perform comprehensive characterizations of 4 commercially available 670 nm, visible laser diodes. The results of these characterizations dramatize several interesting characteristics of these lasers including: laser to laser variations, non-linearities in the L/I curves, complex spectral characteristics, and far-field pattern stability.

**Lasers Tested** - The 4 lasers tested were from the same manufacturer and production lot. The manufacturer's specified operating characteristics are summarized below:

**Table 1**
**Specified Optical-Electrical Characteristics ($T_C$ = 25 C)**

| | | Min | Typ | Max | Unit |
|---|---|---|---|---|---|
| Threshold Current | | -- | 76 | 90 | mA |
| Operating Current | $P_o$ = 2 mW | -- | 85 | 100 | mA |
| Operating Voltage | $P_o$ = 2 mW | -- | 2.3 | 3.0 | V |
| Lasing Wavelength | $P_o$ = 2 mW | -- | 670 | 680 | nm |
| Beam Divergence | $P_o$ = 2 mW | -- | 7x34 | -- | Deg |
| Monitor Current | $P_o$ = 2 mW | 0.15 | 0.45 | 0.70 | mA |
| PD Dark Current | $V_r$ = 10 V | -- | -- | 100 | nA |

**Automated Laser Diode Characterization System** - The measurements reported here were made with an ILX Lightwave 9000 Automated Laser Diode Test System with Universal Test Head. This system is comprised of an IBM PC/AT compatible engine which controls the following functional blocks:

* 0 - 200 mA current source
* Analog measurement I/O
* Digital PID temperature controller
* Temperature controlled device fixture with nitrogen purge capability
* Far-field scanner
* Calibrated optical power monitor
* CCD array-based spectrometer

**Instrument Settings** - All L/I and V/I data was acquired by stepping the laser drive current from 0 to the current level required to reach an optical output power of 4.0 mW. The current step size was 0.25 mA. Spectral and far-field data was acquired at an optical output power of 2 mW. The spectral data was acquired with a CCD-based, double 0.25 meter spectrometer with approximately 0.2 nm resolution. The sample interval was 0.04 nm. Far-field data was sampled over arc angles of ± 40 degrees and with an angular step size of 1.0 degree.

**Laser to Laser Variations** - Figure 1 shows laser to laser variations in L/I and V/I, monitor PD tracking, spectral, and far-field characteristics. All data was taken at 25 C. Measured operating parameters are summarized in Table 2 below. Note that all data is within the manufacturers stated specifications (see Table 1).

**Table 2**
**Summary of Measured Laser Operating Parameters**
**Four Lasers, 25 C**

| Operating Parameters (25 C) | | Laser # 1 | 2 | 3 | 4 | Units |
|---|---|---|---|---|---|---|
| Threshold Current | | 84.0 | 73.0 | 79.5 | 81.3 | mA |
| Operating Current | $P_o$ = 2 mW | 87.4 | 75.9 | 83.9 | 83.7 | mA |
| Operating Voltage | $P_o$ = 2 mW | 2.38 | 2.33 | 2.41 | 2.37 | V |
| Lasing Wavelength | $P_o$ = 2 mW | 672.1 | 673.5 | 670.7 | 671.0 | nm |
| Beam Divergence | $P_o$ = 2 mW | 7 | 6 | 5 | 6 | Deg |
| | | 26 | 27 | 27 | 27 | Deg |
| Monitor Current | $P_o$ = 2 mW | .499 | .519 | .587 | .457 | mA |

All of the lasers show the high spontaneous emission levels, multimode spectral characteristic, and tendency to multi-lobed far-field pattern behavior we find common in the new visible laser diodes.

**Variation Over Temperature** - All four lasers were tested at 8 temperatures ranging from -20 C to 50 C in 10 C steps. Results for one of the lasers is shown in Figure 2. V/I and monitor photodiode data have been omitted from the figure because these characteristics show little change with temperature.

In the figure it is interesting to note to pronounced non-linearities in the L/I curve that begins to appear at high operating powers and low temperatures. For all lasers tested this non-linearity occurred outside the manufacturers specified operating power.

Similarly, it is interesting to note the complex change in spectral profile with temperature. Typically, 10 to 20 longitudinal modes are supported in these lasers. As temperature and operating current vary, different modes may dominate, often leading to asymmetric spectral profiles.

Temperature variation also affects the far-field pattern, particularly beam spread parallel to the laser's semiconductor junction. As seen in Figure 2, an auxiliary transverse mode becomes pronounced at low operating temperatures and high optical powers. This characteristic is not mentioned in the manufacturer's data sheets but is important in some applications.

Table 3 summarizes the temperature sensitivity of operating current (for $P_o$=2 mW) and operating wavelength.

**Table 3**
**Temperature Sensitivity of Operating Current and Wavelength**
**($P_o$ = 2 mW)**

| Operating Parameter | Laser # 1 | 2 | 3 | 4 | Units |
|---|---|---|---|---|---|
| Threshold Current, $dI_{op}/dT$ | .51 | .42 | .51 | .51 | mA/C |
| Lasing Wavelength, dWv/dT | .15 | .13 | .16 | .15 | nm/C |

**Conclusions** - Comprehensive testing of four commercially available, 670 nm visible laser diodes has revealed the complex behavior of these devices. Although they all operated within the manufacturer's supplied min, max, and typical operating parameters at 25 C, data taken over a wide temperature range suggests that careful testing may be important to determine suitability of these devices for many applications.

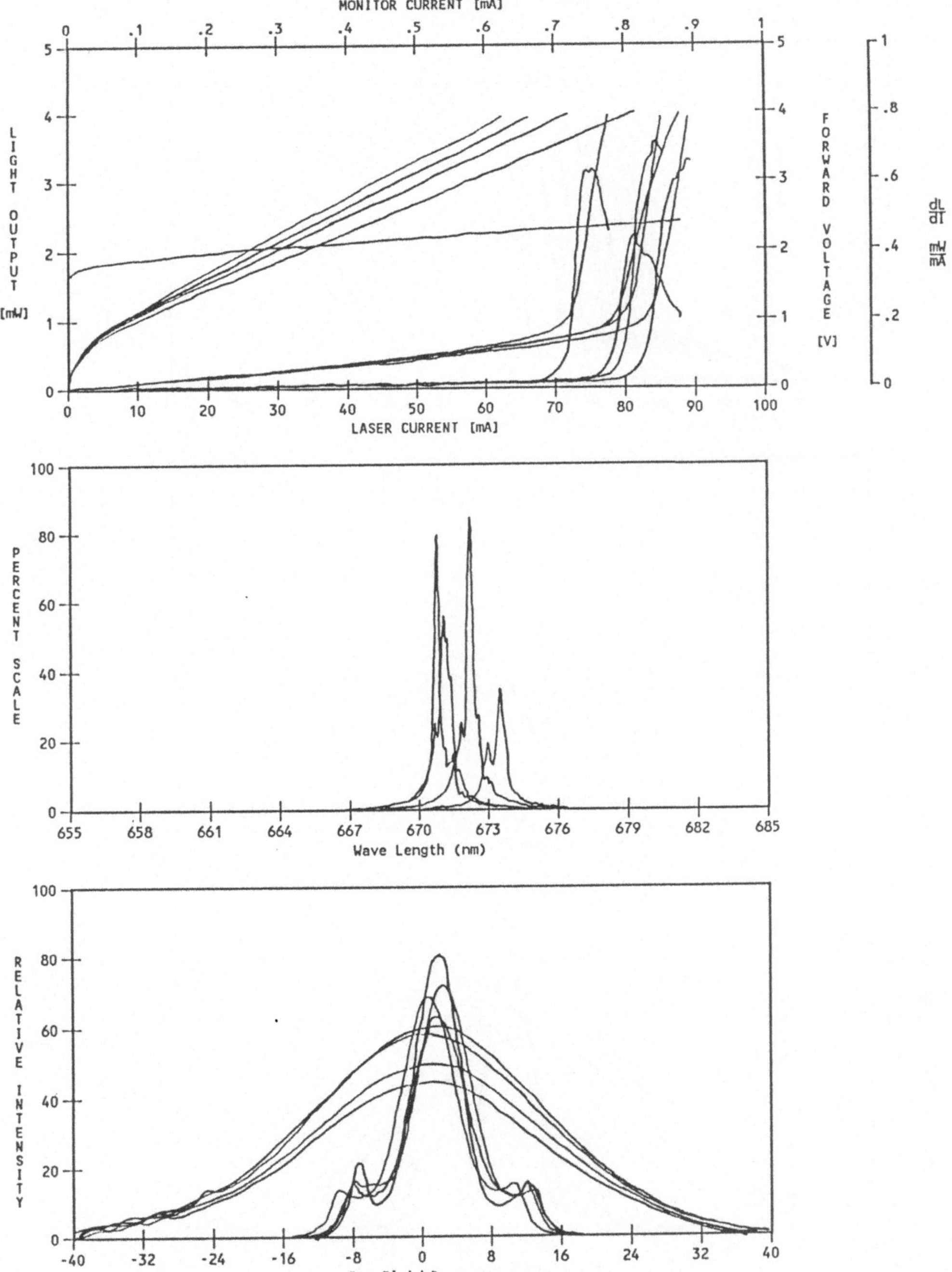


Figure 1. Laser to Laser Characteristic Variations

The graph shows data for 4 lasers from the same manufacturer and production lot. All data was taken at 25 C.

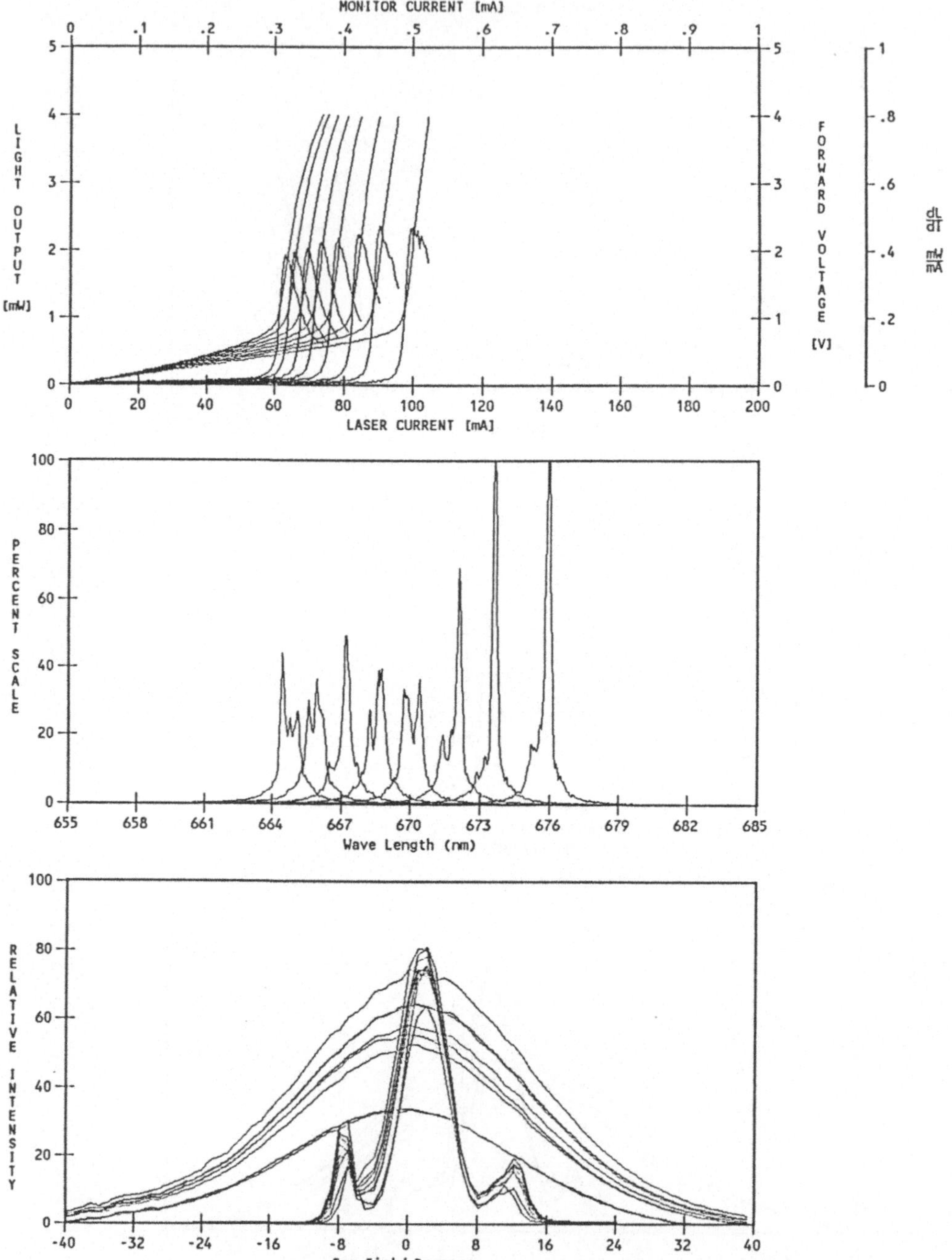


Figure 2. Laser Characteristics at 8 Temperatures

The graph shows data taken at 8 temperatures ranging from -20 C to 50 C in 10 C steps.

# Theoretical Study of Thermal Profile in a Finite Laser Slab

B.Lü, Y.Liao, B.Cai

Department of Physics, Sichuan University, P.R.China

In recent years lots of theoretical and experimental investigations have been devoted to slab lasers[1]-[5]. At high pumping level thermal effects in slab lasers are observed in the experiments[3][4], in which edge and end effects, asymmetrical temperature distribution in the zig-zag optical path are main reasons causing thermal distortions. Obviously, the one-dimensional model used as yet in describing thermal profile in slab lasers can hardly give a satisfactory explanation to those effects. In this paper, a three-dimensional model for a finite laser slab is presented. Closed-form temperature distributions are derived in general case by which it is convenient to analyse the dependence of pump parameters, laser materials on slab temperature profile. Computerized calculations are also carried out to explain our theoretical results.

## 1. Three-dimensional model for a finite laser slab

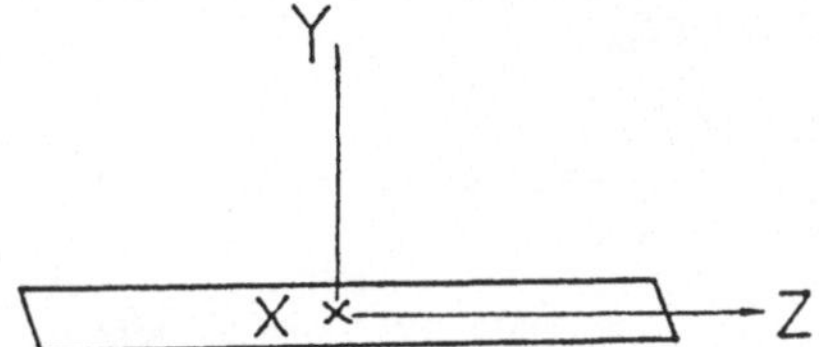


Fig.1. Rectangular coordinate system in a slab

In Fig.1 a rectangular xyz coordinate system is built up for a finite laser slab, whose dimensions are length x width x thickness = Lxaxb. The three-dimensional thermal conduction equation and corresponding boundary and initial conditions are[6]

$$\begin{cases} \Delta_3 T + \dfrac{h}{\varkappa} = \dfrac{1}{m}\dfrac{\partial T}{\partial t} \\ \dfrac{\partial T}{\partial x}\Big|_{x=\pm 1} = 0 \\ \dfrac{\partial T}{\partial y}\Big|_{y=\pm 1} = \mp \dfrac{b\lambda}{2\varkappa}(T - T_c)\Big|_{y=\pm 1} \\ \dfrac{\partial T}{\partial z}\Big|_{z=\pm 1} = \mp \dfrac{L\lambda}{2\varkappa}(T - T_c)\Big|_{z=\pm 1} \\ T - T_c\Big|_{t=0} = 0 \end{cases} \quad (1)$$

where $T, T_c$ are the slab and coolant temperature. and the coordinate x,y,z are normalized with a/2,b/2,L/2, respectively,

$$h(x,y,z) = \frac{\eta\, p(t)}{V} f(x,y,z) \tag{2}$$

—the rate of the heat supply per unit time per unit volume; $\eta$ is the thermal efficiency, p(t), the pump-power function; V, the volume; f(x,y,z), the distribution function determined by the spatial distribution of pump light;

$$m = \varkappa / pc \tag{3}$$

—the diffusivity; $\varkappa$ is the thermal conductivity; p, the mass density; c, the specific heat; $\lambda$, the surface heat transfer coefficient, assuming that $\lambda$ in y and z direction is equal. Under the given boundary and initial conditions the solution of the thermal conduction equation can be derived as

$$T - T_c = \sum_{i,j,l=1}^{2} \sum_{\substack{n=0 \\ k,r=1}}^{\infty} B^{i,j,l}_{n,k,r} X_{in}(x) Y_{jk}(y) Z_{lr}(z) T^{i,j,l}_{n,k,r}(t) \tag{4}$$

where

$$X_{in}(x) = \begin{cases} \cos \mu_{1n} x & i=1 \quad \mu_{1n} = n\pi \\ \sin \mu_{2n} x & i=2 \quad \mu_{2n} = (n+1/2)\pi \end{cases} \quad n=0,1,2,3,\ldots.. \tag{5}$$

$$Y_{jk}(y) = \begin{cases} \cos \xi_{1k} y & j=1 \quad \tan \xi_{1k} = \lambda b / 2\varkappa \xi_{1k} \\ \sin \xi_{2k} y & j=2 \quad \operatorname{ctg} \xi_{2k} = -\lambda b / 2\varkappa \xi_{2k} \end{cases} \quad k=1,2,3,\ldots.. \tag{6}$$

$$Z_{lr}(z) = \begin{cases} \cos \delta_{1r} z & l=1 \quad \tan \delta_{1r} = \lambda L / 2\varkappa \delta_{1r} \\ \sin \delta_{2r} z & l=2 \quad \operatorname{ctg} \delta_{2r} = -\lambda L / 2\varkappa \delta_{2r} \end{cases} \quad r=1,2,3,\ldots.. \tag{7}$$

$$T^{i,j,l}_{n,k,r}(t) = \exp(-t / \tau^{i,j,l}_{n,k,r}) \tag{8}$$

$$\frac{1}{\tau^{i,j,l}_{n,k,r}} = 4m\left[\left(\frac{\mu_{in}}{a}\right)^2 + \left(\frac{\xi_{jk}}{b}\right)^2 + \left(\frac{\delta_{lr}}{L}\right)^2\right] \tag{9}$$

The coefficients in (4) are determined by (2) as

$$B^{i,j,l}_{n,k,r} = \frac{\eta}{Vpc} C^{i,j,l}_{n,k,r} \int_0^t p(t') \exp(t' / \tau^{i,j,l}_{n,k,r}) dt' \tag{10}$$

where

$$C^{i,j,l}_{n,k,r} = \frac{\int_{-1}^{1} dx \int_{-1}^{1} dy \int_{-1}^{1} X_{in}(x) Y_{jk}(y) Z_{lr}(z) f(x,y,z) dz}{\int_{-1}^{1} X^2_{in}(x) dx \int_{-1}^{1} Y^2_{jk}(y) dy \int_{-1}^{1} Z^2_{lr}(z) dz} \tag{11}$$

From (4)-(11) one can see that for a finite slab T is a function of x,y,z and t in general. The temperature is different at the slab ends and centre, and varies with time t. The spatial symmetry of the solution depends on that of f(x,y,z). If f(x,y,z) is asymmetrical about a coordinate axis (for example, $f=1+0.4y$), then an asymmetrical temperature profile in the given direction may appear. If f(x,y,z) is symmetrical but nonuniform about an axis ($f=1+0.4y^2$), then temperature nonuniformity in this direction may appear.

For practical problems some terms in (4) may vanish. For example, in uniform-pump case $f(x,y,z)=1$, (4) is simplified to

$$T-T_c=\sum_{i,j,l=1}^{2}\sum_{k,r=1}^{\infty} B_{o,k,r}^{1,1,1}\cos\xi_{1k}y\cos\delta_{1r}z\exp(-t/\tau_{o,k,r}^{1,1,1}) \tag{12}$$

where
$$B_{o,k,r}^{1,1,1}=\frac{\eta}{Vpc}C_{o,k,r}^{1,1,1}\int_0^t p(t')\exp(t'/\tau_{o,k,r}^{1,1,1})dt' \tag{13}$$

$$C_{o,k,r}^{1,1,1}=\frac{\int_{-1}^{1}dy\int_{-1}^{1}\cos\xi_{1k}y\cos\delta_{1r}zdz}{\int_{-1}^{1}\cos^2\xi_{1k}ydy\int_{-1}^{1}\cos^2\delta_{1r}zdz} \tag{14}$$

Physically, it means that uniformity of the pumping and cooling, and insulation boundary condition result in an uniform temperature profile in x direction, which may vary with time t, but is independent on x coordinate. The nonuniformity of temperature profile in x direction appears as long as the insulation condition is violated. Whereas, the situation in z direction, where end temperature gradient can't be avoided even though under the uniformly pumped condition, differs essentially from that in x direction,owing to Newton's boundary condition and the finite length of the slab.

If $L\rightarrow\infty$ in (1), Eq. is simplified to a two-dimensional (x,y) one, and its solution can be derived in the similar way. Furthermore, (1) becomes an one-dimensional equation under the condition that f is independent on x, and the solution is

$$T-T_c=\sum_{k=1}^{\infty}[B_k^{(1)}\cos\xi_{1k}y\exp(-t/\tau_k^{(1)})+B_k^{(2)}\sin\xi_{2k}y\exp(-t/\tau_k^{(2)})] \tag{15}$$

where
$$\tau_k^{(1)}=b^2/4m\xi_{1k}^2,\qquad \tau_k^{(2)}=b^2/4m\xi_{2k}^2 \tag{16}$$

$$B_k^{(1)}=\frac{\eta}{Vpc}C_k^{(1)}\int_0^t p(t')\exp(t'/\tau_k^{(1)})dt'$$
$$B_k^{(2)}=\frac{\eta}{Vpc}C_k^{(2)}\int_0^t p(t')\exp(t'/\tau_k^{(2)})dt' \tag{17}$$

$$C_k^{(1)}=\frac{\xi_{1k}^2}{[(1+b\lambda/2\varkappa)b\lambda/2\varkappa+\xi_{1k}^2]\cos^2\xi_{1k}}\int_{-1}^{1}f(y)\cos\xi_{1k}ydy$$
$$C_k^{(2)}=\frac{\xi_{2k}^2}{[(1+b\lambda/2\varkappa)b\lambda/2\varkappa+\xi_{2k}^2]\sin^2\xi_{2k}}\int_{-1}^{1}f(y)\sin\xi_{2k}ydy \tag{18}$$

(16) consists of both symmetrical and antisymmetrical terms of y by considering the pumping asymmetry in y direction,which results in the asymmetrical temperature profile during the pumping process. In the case of symmetrical pump, it can be easily shown that $B_k^{(2)}=0$, and the solution becomes the well-known symmetrical form[5].

The relation of slab temperature distribution to pump-power function p(t) is described by (10), which is convenient for single-shot operation. In repetitively pumped operation, considering the summability of the devotions of M-pulses to the temperature profile, M being number of pump pulses, one gets

$$B_{n,k,r}^{i,j,l} = \frac{\eta}{Vpc} C_{n,k,r}^{i,j,l} \left[ \int_0^t p(t') e^{t'/\tau_{n,k,r}^{i,j,l}} dt' + \frac{1-e^{-(M-1)t_p/\tau_{n,k,r}^{i,j,l}}}{e^{t_p/\tau_{n,k,r}^{i,j,l}} - 1} \int_0^{t_p} p(t') e^{t'/\tau_{n,k,r}^{i,j,l}} dt' \right] \quad (19)$$

where $t_p$ is the pulse interval.

Eqs.(4)(10) and (19) characterize the dependence of slab temperature profile on pump parameters and laser materials. It is worth noting that time t in (19) is counted from the starting point of the Mth-pulse for the repetitively pumped operation.

## 2. Numerical Calculations

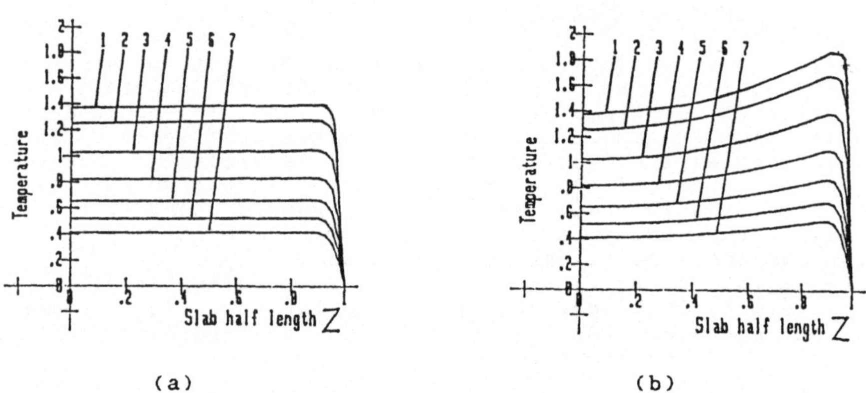


(a) (b)

Fig.2 Temperature profile in z direction in a slab
(a) $f(x,y,z)=1$, (b) $f(x,y,z)=1+0.4z^2$

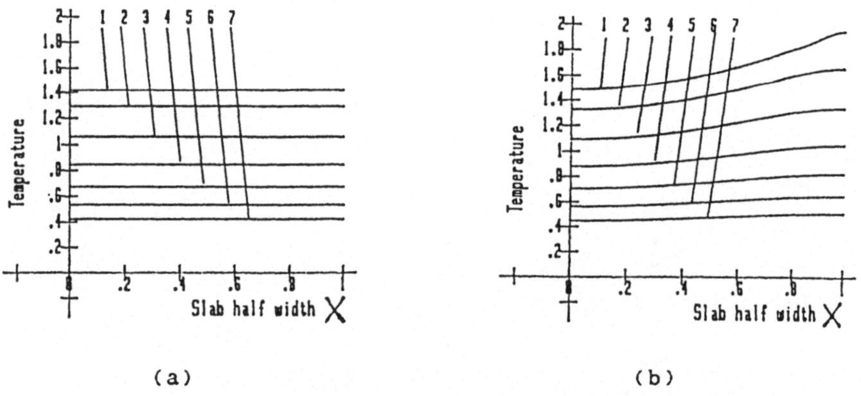


(a) (b)

Fig.3 Temperature profile in x direction in a slab
$L \to \infty$, (a) $f(x,y)=1$, (b) $f(x,y)=1+0.4x^2$

Computerized calculations are performed to determine temperature profile in a 5x15x150 mm slab phosphate glass under repetitively pumped condition ($M \to \infty$), where $\varkappa = 0.0067 W/cm \cdot K$, $\lambda = 0.8 W/cm^2 \cdot K$, $p = 2.60 g/cm^3$, $c = 0.568 J/g \cdot K$, $m = 0.00454 cm^2/s$. Typical examples are compiled in Fig.2.3.4. Fig.2 gives the slab temperature profile in z direction, taking y=0, and $t/\tau$ as a parameter (In the calculations time t is always normalized with $\tau = b^2/4m$ and $1 - t/\tau = 10^{-4}$, $2 - t/\tau = 0.1$, $3 - t/\tau = 0.2$, $4 - t/\tau = 0.3$, $5 - t/\tau = 0.4$, $6 - t/\tau = 0.5$ $7 - t/\tau = 0.6$), (a) $f(x,y,z)=1$; (b) $f(x,y,z)=1+0.4z^2$. The temperature profile in x direction is plotted in Fig.3, where $L \to \infty$, $y=0$, (a) $f(x,y)=1$; (b) $f(x,y)=1+0.4x^2$. In addition to confirmation of the theoretical predictions in Sec.1, Fig.2 has pointed out that the pumping nonuniformity increases end temperature gradient. In Fig.2.3 we have calculated until $t/\kappa = 0.6$ in order to illustrate temperature variation during heat removal process, but end temperature gradient in Fig.2 and temperature nonuniformity in Fig.3(b) still exist.

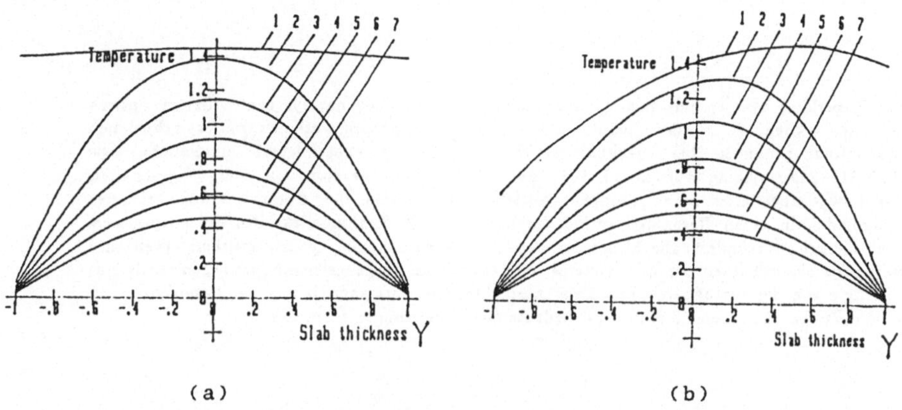


(a) (b)

Fig.4 Temperature profile in y direction in a slab, $L \to \infty$
(a) $f(x,y)=1+0.4y^2$, (b) $f(x,y)=1+0.4y$

The curves in Fig.4 denote the slab temperature profile in y direction, where $L \to \infty$, (a) $f(x,y)=1+0.4y^2$; (b) $f(x,y)=1+0.4y$. In comparison with Fig.4(a) and (b) one can get that the asymmetrical temperature profile in y direction during the pumping process is caused by pumping nonunifomity in that direction. Obviously, the temperature asymmetry in y direction would lead to thermal distortions and has to be avoided in practice.

In conclusion we have built up the three-dimensional model for a finite laser slab and discussed the thermal profile in the slab. The results obtained in the general case could be useful for the slab laser design.

This work was supported by the Sichuan Province Council of Science and Technology.

References

1. J.M.Eggleston, et al., IEEE J. Quant. Electron., QE-20, 289 (1984)
2. T.J.Kane, et al., IEEE J.Quant. Electron.QE-21, 1195 (1985)
3. J.Eicher, Laser 87, München, Springer Verlag, 49, (1987)
4. T.J.Kane et al., IEEE J.Quant.Electron., QE-19, 1351 (1983)
5. B.Lü et al., SPIE, Hamburg, (1988).
6. H.S.Carslaw, conduction of heat in solids, clarendon Press, (1959)

# Optisches Pumpen von Nd:YAG-Lasern mit Laserdioden

N.P. Schmitt[†‡], P. Peuser[†], W. Waidelich[‡]

‡ Institut für medizinische Optik der Ludwig–Maximilians–Universität München, D

† Messerschmitt Bölkow Blohm GmbH, München–Ottobrunn, D

Festkörperlaser können mit modernen Hochleistungs–Laserdiodenarrays sehr effizient optisch angeregt werden. Es wurden mehrere longitudinale Pumpkonfigurationen mit verschiedenen Resonatoranordnungen bei maximal 3 W Pumpleistung experimentell untersucht. Die Nd:YAG–Lasersysteme wurden $TEM_{00}$, Multi–Mode, frequenzverdoppelt und Q–geschaltet, direkt wie über Glasfasern gekoppelt betrieben. Integration der Pumpstrahlung mehrerer Laserdioden in einen Resonator wurde durchgeführt; die Strahlqualität des Festkörperlasers blieb hierbei unverändert. Die Effizienzen der Laser lagen nahe der Quanteneffizienz. Weiterhin wurde die Skalierbarkeit der Lasersysteme untersucht. Die Ausgangsleistung ist gegenwärtig nur abhängig von der verfügbaren Pumpleistungsdichte bzw. Ausgangsleistung der Laserdioden. In diesem Punkt ist in naher Zukunft mit bedeutenden Steigerungen zu rechnen.

Mit der Entwicklung moderner Dünnschichttechnologien (z.B. MOCVD) ist es seit wenigen Jahren möglich geworden, Laserdioden mit einer kontinuierlichen Ausgangsleistung von einem Watt bei einer Emissionsfläche von etwa 200 $\mu m^2$ und einer Lebensdauer von größer 10.000 Stunden herzustellen. Diese Laserdioden auf AlGaAs–Basis emittieren bei ca. 810 nm und können sowohl in Mehrstreifen–Technik (phasengekoppelte Arrays) als auch in Form eines breiten Einzelstreifens aufgebaut sein und sind monolithisch bedampft mit den entsprechenden Spiegelschichten. Die leistungsbegrenzende Größe ist letztlich die Flächenleistungsdichte, welche hier bereits bei 0.5 $MW/cm^2$ liegt. In Folge hiervon treten bei einer weiteren Steigerung gegenwärtig noch Probleme der Haltbarkeit der (bei kontinuierlichem Betrieb notwendigen) Spiegelschichten als auch strahlungsloser Rekombination und somit Reabsorption an den Resonatorendflächen auf (sogen. "catastrophic facet damage") .

Der Wirkungsgrad dieser Laserdioden liegt typisch bei größer 30% optischer Laserausgangs– zu elektrischer Eingangsleistung, bei einem Watt Ausgangsleistung werden so bei einer typischen Betriebsspannung von 2 V etwa 1.6 A Gleichstrom zum Betrieb benötigt.
Aufgrund ihrer inhärent schlechten Strahlcharakteristik (40° Divergenz in Richtung senkrecht zum PN–Übergang, 10° parallel hierzu mit inhomogener Strukturierung) sind Laserdioden meist schlecht geeignet, hohe Strahldichten zu erzeugen. (Abb. 1)

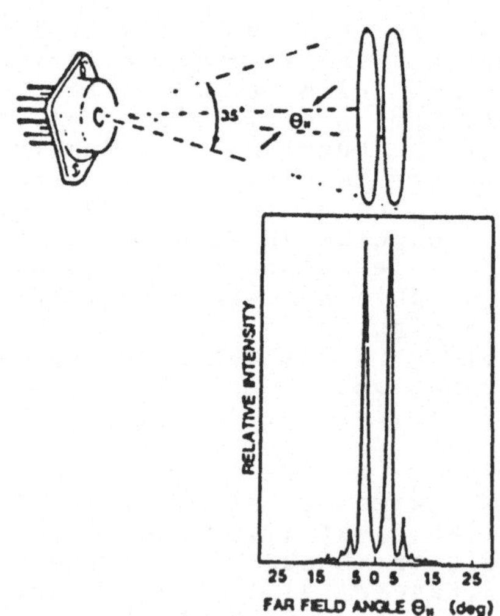


Abb. 1. Räumliches Strahlprofil einer Hochleistungs–Laserdiode

Weiterhin sind Verfahren wie Güteschaltung und Frequenzverdopplung sowie Betrieb auf einer einzelnen longitudinalen Mode nur schlecht zu realisieren – Hochleistungs–Laserdioden im 1 Watt–Bereich emittieren meist über ein stark strukturiertes Spektrum von etwa 2–3 nm Breite, welches durch Änderung der PN–Übergangstemperatur in der Wellenlänge etwas verschoben werden kann.

Einem glücklichen Zufall ist es zu verdanken, daß Laserdioden auf AlGaAs—Basis genau in jenem spektralen Bereich emittieren, in welchem die meisten Festkörper–Lasermaterialien eine starke Absorption aufweisen. Durch Änderung der PN–Übergangstemperatur kann die Emission zudem exakt in das Absorptionsmaximum des Festkörper–Lasermaterials gelegt werden (Abb. 2); Laserdioden können so hervorragend zum optischen Pumpen von Festkörper–Lasermaterialien verwendet werden.

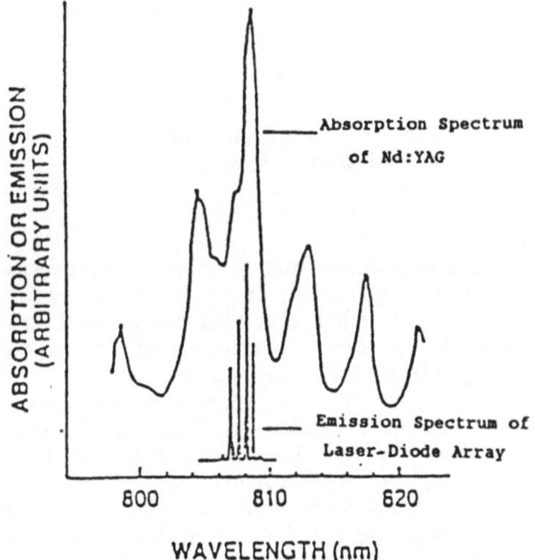


Abb. 2 Spektraler Überlapp Laserdioden– Emission und Nd:YAG–Absorption

Desweiteren erlaubt die Strahlcharakteristik der Laserdioden eine gewisse Fokussierung, so daß die Anregungs–Lichtenergie der Laserdiode exakt von einer Stirnseite des Festkörper–Laserresonators her an das TEMoo–Modenvolumen des Resonators angepaßt werden kann (Abb.3).
Aufgrund dieses sehr großen spektralen Überlapps der Laserdioden–Emission und der Festkörper–Absorption, sowie des gleichzeitig guten räumlichen Überlapps von Pumplichtvolumen und Modenvolumen sind sehr hohe Effizienzen der optischen Anregung von Festkörperlasern mit Halbleiter–Laserdioden zu erwarten.

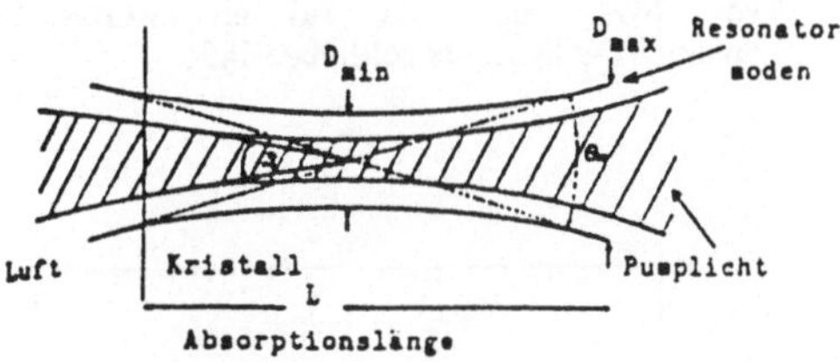


Abb. 3 Räumlicher Überlapp Pumplichtvolumen — Modenvolumen bei longitudinalem Pumpen

Im einfachsten Falle wird das Laserdiodenlicht über eine geeignete Transferoptik in einen monolithischen Festkörper–Laserresonator fokussiert; monolithisch bedeutet in diesem Zusammenhang, daß die Endflächen des Laserkristalles in geeigneter Weise poliert und bedampft sind und so als Resoator wirken können.

Es konnten in diesem Aufbau bei Verwendung einer 1 W–Pumpdiode 570 mW kontinuierlicher Ausgangsleistung bei 1064 nm unter Verwendung von ND:YAG als laseraktivem Material erzielt werden(Abb. 4).

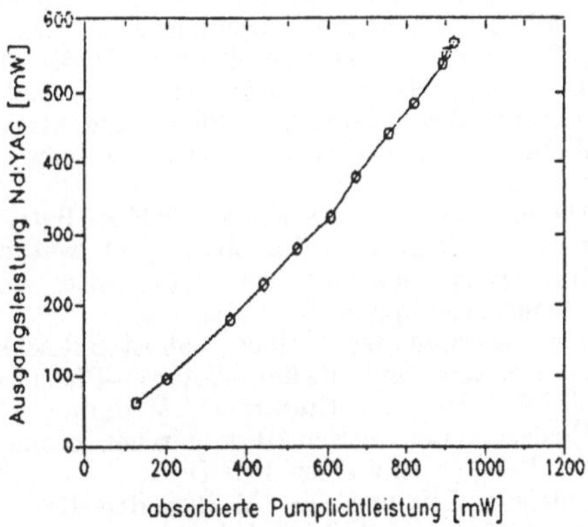


Abb. 4 Laserausgangsleistung als Funktion der abs. Pumplichtleistung (monol. Aufbau)

Die Konversionseffizienz absorbierter Pumplichtleistung zu Festkörperlaser–

leistung betrug hierbei 61.8%, die differentielle Konversionseffizienz 73.3% (Abb. 5), was bereits sehr nahe dem theoretischen Limit der Quanteneffizienz, berechnet aus dem Quotienten Pumplicht- zur Laserlichtwellenlänge, von 76%, liegt und auf ein weitgehend optimiertes Systems schließen läßt.

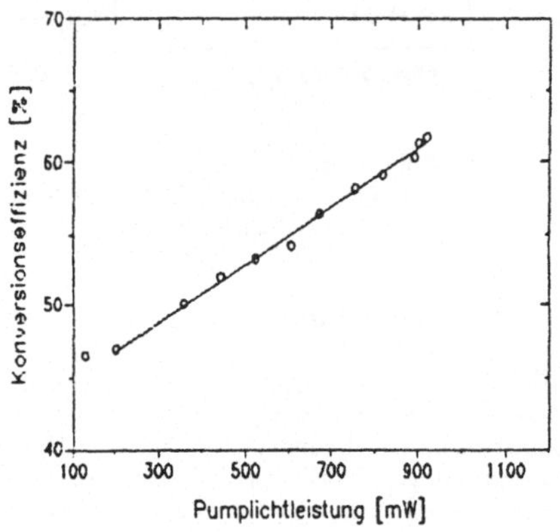


Abb. 5 Konversionseffizienz in monolithischem Aufbau

Bei Verwendung eines separat plazierten Auskoppelspiegels (halbmonolithischer Aufbau) konnten 390 mW TEMoo erreicht werden, Konversionseffizienz 53%, differentielle Konversionseffizienz 62.5%. Die Divergenz betrug 1.7 mrad; es konnte somit eine um den Faktor 5 * $10^5$ höhere Strahldichte gegenüber der Laserdiode erzeugt werden.
Dieser Aufbau bietet neben TEMoo–Betrieb noch die Möglichkeit des Einbringens weiterer Intracavity–Elemente wie Güteschalter und Frequenzverdoppler–Kristalle.
Bei Verwendung eines akustooptischen Q–Schalters und Kalium–Titanyl–Phosphat (KTP) als nichtlinearem Medium zur Erzeugung der zweiten Harmonischen konnten bei Pumpen mit einer 1W–Diode 150 mW mittlere Leistung in Multimoden–Betrieb sowie 114 mW TEMoo bei 532 nm erzeugt werden, Repetitionsrate 0.5–40 kHz, Pulsenergie (bei 500 Hz) 38 $\mu$J (Abb. 6), Pulsleistung 720 W bei Pulslängen von 50 ns.

Zur Skalierung der Ausgangsleistung wurde die Integration der Strahlung mehrerer Laserdioden in einen einzelnen Laserresonator über Lichtleiter untersucht.

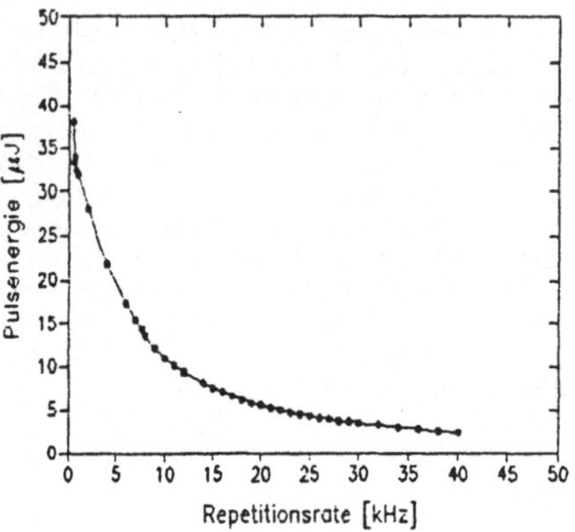


Abb. 6 Pulsenergie als Funktion der Repetitionsrate (532 nm)

Drei Laserdioden mit je einem Watt Ausgangsleistung wurden in ein Lichtleiterbündel gekoppelt, welches über eine geeignete Transferoptik in den Laserresonator stirnseitig (longitudinal) fokussiert wurde.
Die Effizienz des Festkörperlasers errechnet sich hier als Produkt von Pumplichtleistung am Faserende (die hier auftretenden Verluste beruhen im wesentlichen auf Ein– und Auskoppelverlusten und konnten auf die Größenordnung der Reflexionsverluste reduziert werden) sowie der Kopplungseffizienz des Faserbündels an den Laserresonator, also des Überlapps von Pumplicht– und Modenvolumen. Alle drei Laserdioden waren einzeln temperaturstabilisiert zur maximalen Absorption der Pumplichtstrahlung in das obere Laserniveau.
Nach Optimierung von Faserbündel und Laserresonator konnte eine Ausgangsleistung von 1010 mW Nd:YAG–Laserstrahlung bei 1064 nm erzielt werden, die Gesamteffizienz Festkörperlaser–Ausgangsgleistung zu Laserdiodenleistung lag bei 32%.

In gleicher Pumpkonfiguration wurde ein Twisted–Mode–Cavity–Laser gepumpt, welcher 490 mW single–frequency bei einer Linienbreite von kleiner 10 kHz emittierte.
Die spektrale Strahldichte lag um den Faktor $10^{18}$ höher gegenüber der reinen Laserdiode [1].

Abschließend betrachtet kann man mit Laserdioden Festkörperlaser äußerst effizient optisch pumpen bei gleichzeitig ausgesprochen unkritischen mechanischnen Eigenschaften und kleiner Bausweise. In Bezug auf die Effizienz solcher Systeme konnte in vorliegender Arbeit in die Nähe der theoretischen Grenzwerte vorgestoßen werden, so daß zukünftige Lasersysteme dieser Bauart im wesentlichen größere Ausgangsleistungen in entsprechender Proportion zur Pumplichtleistungsdichte der erhältlichen Laserdioden aufweisen dürften.

Trotz alledem sind dieser Steigerung der Pumpleistungsdichten auch Grenzen gesetzt, weswegen zur Realisation von dioden–gepumpten Hochleistungslasersystemen letztlich die Notwendigkeit bestehen dürfte, zu transversalem Pumpen überzugehen. Bei sehr hohen Pumpleistungen sind hier in geeigneten Konfigurationen auch schon beachtlich hohe Effizienzen erreicht worden [2].

Was aber Lasersysteme kleiner und mittlerer Leistung, also etwa im Bereich einiger Watt kontinuierlicher Leistung, entsprechend einigen kW in gütegeschaltetem Betrieb, betrifft, dürften sich, insbesondere auch in Bezug auf die Gesamteffizienzen, longitudinal gepumpte Laser auch in Zukunft durchsetzen, weisen in diesem Leistungsbereich transversal gepumpte Systeme doch noch einen recht kleinen Wirkungsgrad auf.

Lit.:

[1] Laser Focus Apr. 1989 S. 38/40

[2] Allik, Hovis et. al., Opt. Lett. 14 2, Jan. 1989

# Investigations on the Beam Profile of Solid-State Lasers

R. Gase, G. Sargsjan und G. Wiederhold

Friedrich-Schiller-Universität Jena, Sektion Physik

Max-Wien-Platz 1, DDR - 6900 Jena

High power solid state lasers are of increasing importance in industrial applications and in medicine. Beam quality is besides others the most interesting parameter with respect to material processing and coupling into fibres. High laser power can be performed by means of an instable resonator or a stable resonator in the transversal multimode regime, both having special advantages and disadvantages [1]. In this paper we deal with the stable resonator.

The parameters of the laser radiation are strongly influenced by the thermally induced refractive power of the rod. As a first step in laser design a survey of the stability region is desirable. Approximating the thermal lens by a thin lens, we easily obtain the critical values $D_c$ of the refractive power D [2]. If we represent the product of the g-parameters $g_1 * g_2$ as a function of D, we obtain a parable, and the resonator is stable within the stripe

$$0 < g_1 * g_2 < 1.$$

We have built up a cw-Nd:YAG laser on the basis of a single lamp pumping chamber and a laser rod with the dimensions 6 x 75 $mm^2$. The thermal lensing coefficient amounts to $\alpha$ = 35 µm/kW. A semifocal resonator with the length L = 405 mm and a 100 % rear mirror with the curvature R= 300 mm was applied. In Fig. 1 the interesting part of the parable is to be seen (dotted line). The full line is obtained by computer calculation dealing with the

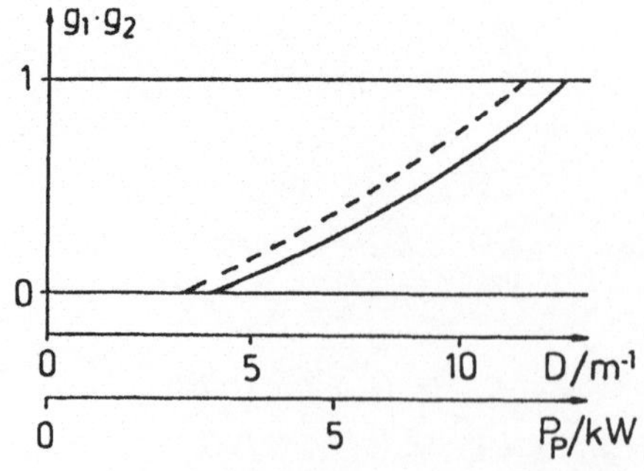


Figure 1
The "stability parable" of the resonator

thermal lens as a thick lens.
With this laser we have generated radiation of wavelength 1.064 μm as well as radiation of 1.32 μm using output mirrors with reflectivities of 80 % and 94 % at the corresponding laser frequency. The power can be variated continuously from 0 to 100 W at 1.064 μm and from 0 to 30 W at 1.32 μm.
First, to determine the intensity distribution in the plane of the laser rod we measured the intensity distribution in front of the flat output mirror. We get a waist radius ($1/e^2$ in intensity) of about 2.1 mm. This radius does not change with laser power in the realized power range. From these measurements we conclude that the beam radius at the laser rod is 0.7 times the rod radius.
Second, the farfield divergency (taken at the $1/e^2$ points of the intensity) $\Theta_m$ was investigated by measuring the intensity distribution in the focal plane of a lens. In Fig. 2 the brigthness (power per area and solid angle) in dependence on

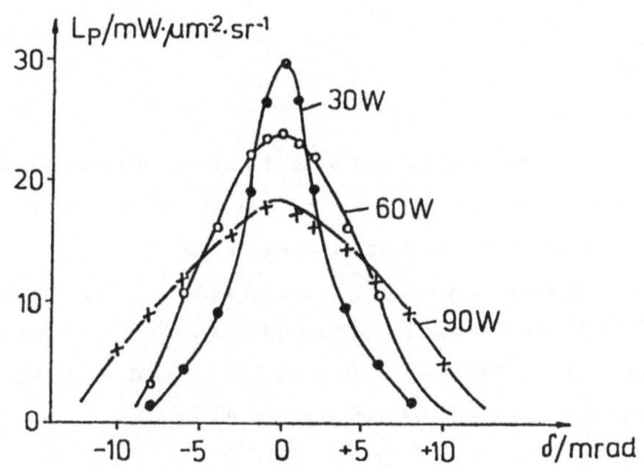


Figure 2
Brightness in dependence of angle δ for 1.064 μm

the radiation angle δ is shown for various values of the laser power at 1.06 μm. From these measurements the farfield divergency $\Theta_m$ was determined. The results are represented in Fig.3 by crosses. It is to be seen that because of the behaviour of the divergency $\Theta_m$, the brightness at the centre decreases with increasing power.
Third, the beam parameter $\Theta_m * w_m$ was calculated and the result is represented in Fig.3 by circles. By knowledge of the slope efficiency $\eta_s$ and the thermal lensing coefficient $\alpha$ it is possible to calculate the quality factor [2]

$$P_{out,max}/(\Theta_m * w_m)_{max} = 2\pi\eta_s/\alpha \quad (1)$$

We get a value of 6 kw/mm.

We get a value of 6 kw/mm.
For the figure of merit

$$Q' = P_{out}/(\Theta_m * w_m) \qquad (2)$$

we measured a maximum value of about Q' = 5 kw/mm.

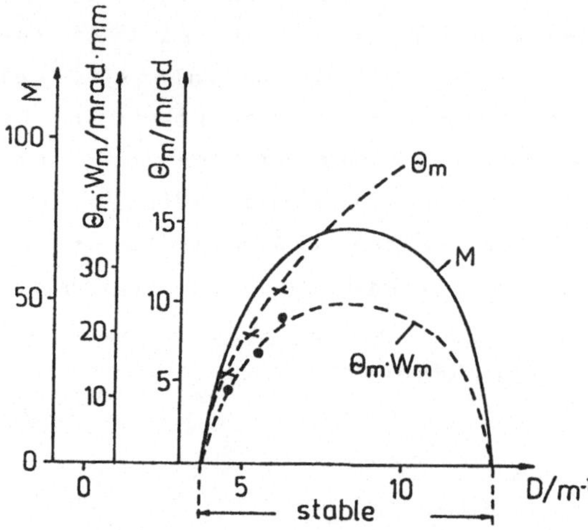


Figure 3
Experimental and theoretical values of divergency $\Theta_m$, beam parameter $\Theta_m w_m$, and coherence number M as a function of refractive power D

The multimode radiation of high power solid state lasers usually is described as a superposition of a lot of modes of very high order. However, because of the inhomogeneity in the laser rod, the modes are not the modes of the homogeneous resonator and the superposition coefficients are not available. Therefore, we propose a new method, which is as simple as possible and which, nevertheless, describes well all measured beam parameters.

The multimode radiation is characterized by the fact that the field strength with respect to amplitude and phase changes strongly within a plane. Therefore we try to describe the radiation in a statistic manner:
We start from the mutual coherence function [3] of the $TEM_{00}$-mode radiation $\Gamma_{00}(x_1,x_2)$ and go over to a partially coherent function

$$\Gamma(x_1,x_2) = \Gamma_{00}(x_1,x_2) * \exp[-(x_1 - x_2)^2/l_c^2], \qquad (3)$$

whereby $l_c$ is a correlation length. From $\Gamma(x_1,x_2)$ we form the Wigner distribution function WDF [3,4] containing all the spatially and angle information on the radiation. The propagation of the WDF through optical systems can easily be dealt with by means of the ABCD matrix technique. The result of longer calculation is that multimode radiation can be treated very similar to the $TEM_{oo}$ radiation if the complex ray parameter 1/q [5] is replaced by the generalized form

$$1/q_M = 1/R - i2M/kw^2 \tag{4}$$

with the "coherence number" M

$$M = (1 + 2w^2/l_c^2)^{1/2} \tag{5}$$

The "coherence number" M remains unchanged by passing through optical systems. It correspondends to the ordering number m + 1 of the resonator [1], and $TEM_{oo}$-mode radiation with M = 1 means the correlation length $l_c \to \infty$.
Analogously to [5] the parameters of the radiation generated in the resonator of our laser were calculated, whereby M is determined by the condition that the calculated beam radius is 0.7 times the radius of the laser rod. In the special case of applying our method the results are similar to those obtained in [6]. They are represented in Fig.3. It is demonstrated that the experimental and theoretical values are in good agreement.

References.

(1) H. Weber: Laser und Optoelektronik 20, 60 (1988)
(2) H. Weber, R. Iffländer, P. Seiler: SPIE 650, 92 (1986)
(3) R. Gase, H.-E. Ponath, M. Schubert: Annalen der Physik 43, 487 (1987)
(4) M.J. Bastiaans: ICO-Conference "Optics in four dimensions", Mexico 1980
(5) H. Kogelnik, T. Li: Proc.IEEE 54, 1312 (1966)
(6) H.P. Kortz, R. Iffländer, H. Weber: Appl.Opt. 20, 4124 (1981)

# Laser Action in the Stoichiometric $KPrP_4O_{12}$ Crystals

W.Woliński, M.Malinowski, R.Wolski
Institute of Microelectronics and Optoelectronics,
Warsaw University of Technology,
ul.Koszykowa 75, 00-662 Warsaw, Poland.

$KPrP_4O_{12}$ belongs to the group of so called stoichiometric laser materials having active ion concentration 20 to 40 times greater than in a typical solid state crystals. High active ion concentration increases the absorption of pump light, yielding more efficient conversion of the optical pump energy then in similar lasers based on other materials. Several stoichiometric neodymium $Nd^{3+}$ phosphate crystals have been successfuly lased (1,2,3,). However, there has been relatively little development of praseodymium; $Pr^{3+}$ activated materials. $Pr^{3+}$ is promising laser source because it offers visible emission from a four-level system at a number of wavelengths from about 605 to 720 nm. Up today stimulated emission of $Pr^{3+}$ has been measured in $LiYF_4$ (4,5) and $LiLuF_4$ (6) as well as in stoichiometric $PrCl_3$ (7), $PrP_5O_{14}$ (8) and $LiPrP_4O_{12}$ (9). In the case of $LiPrP_4O_{12}$ simultaneous laser operation at four different wavelengths was reported.

In this paper we report on a $KPrP_4O_{12}$ laser working also at room temperature. Crystals of $KPrP_4O_{12}$ and $KPr_xY_{1-x}P_4O_{12}$ were grown in our laboratory by the method of Miyazawa et al. (10). The crystals were hexagonally shaped and had typical dimensions of 0.5 x 1 x 3 mm, in the case of stoichiometric compound they were intense green. The main spectroscopic parameters of this system have been determined and were presented in an earlier paper (11). On the basis of low temperature spectra the complete energy level scheme of $Pr^{3+}$ ion in $KPrP_4O_{12}$ has been established. It was found that several transitions, namely $^3P_0$-$^3H_5$, $^3H_6$, $^3F_2$ and $^3F_4$ have similar values of emission cross sections, suggesting thus a possibility of simultaneous multiwavelength laser action in visible and near IR. The room temperature fluorescence spectrum of $KPrP_4O_{12}$ is presented in Fig.1 demonstrating that most of the $Pr^{3+}$ emission is channeled into transitions from the $^3P_0$ level. In the same figure, the spectral transmission characterisitic of the mirrors used in our laser experiments is also shown. The value of the effective emission cross section for the strongest $^3P_0$-$^3F_0$ transition was determined to be $\sigma_{eff}=37.6 \times 10^{-21}$ cm².

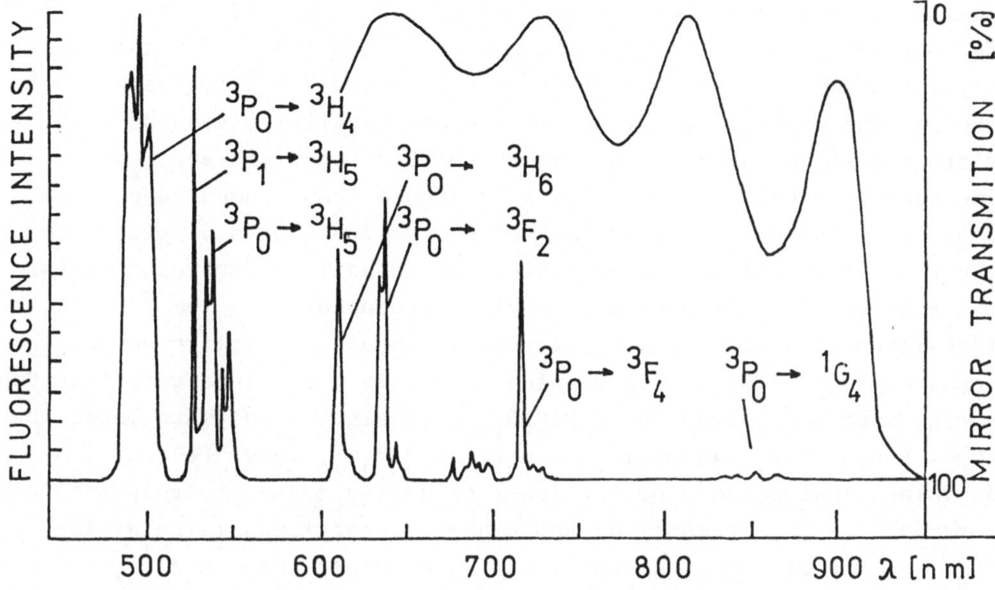


Fig.1. Emission spectrum of $KPrP_4O_{12}$ crystal at 300 K.

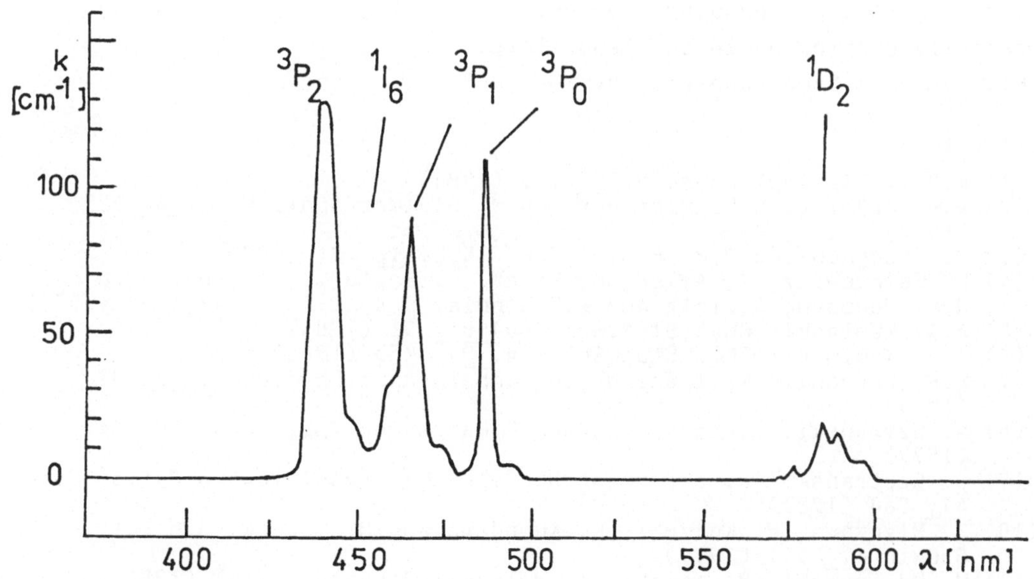


Fig.2. Absorption spectrum of $KPrP_4O_{12}$ crystal in the visible region measured at 300 K.

The room temperature absorption spectrum of $KPrP_4O_{12}$ is presented in Fig.2. The strongest absorption lines in the 435-485 nm band are related to the $^3H_4$-$^3P_o$, $^3P_1$ and $^3P_2$ transitions. The absorption coefficient exceeds 100 $cm^{-1}$ making this spectral region most suitable for optical pumping. For our laser experiments a good optical quality crystal of $KPrP_4O_{12}$ of the dimensions 0.35 x 0.7 x 2 mm has been chosen. The crystal was placed in a plane parallel resonator with mirrors distance of 2 mm and their transmissions $T_1$=0 and $T_2$=5%. The radiation pulses from a 500 kW nitrogen laser pumped Coumarine C481 dye laser operating at $\lambda$ = 468 nm excited a crystal placed in the focal point of f = 20 mm microscope objective. The laser emission was observed for 636.9 nm wavelength corresponding to the $^3P_o$- $^3F_2$ transition (11), see also Fig.1. The threshold excitation energy was measured to be 110μJ. This pumping energy is a little higher than 80μJ energy used for lasing the $LiPrP_4O_{12}$ crystals (9) but much lower than about 400μJ at $\lambda$ = 447nm in the case of $PrP_5O_{14}$ laser (8). We think, that because of the lower effective emission cross sections, for the $^3P_o$- $^3F_4$ transitions and higher mirror transmision at the $^3P_o$- $^3H_6$ transition wavelenght, lasing at other than $^3P_o$- $^3F_2$ transitions will be obtained at higher excitation energies.

In conclusion, initial measurements on the $KPrP_4O_{12}$ indicate that this is a promissing material for a visible laser. Further investigations in different pumping and resonator configurations are being presently carried on in our laboratory.
This work has been sponsored by the CPBR 8.14 program.

Literature.

(1) H.R. Telle Appl.Phys. B 35, 195 (1984)
(2) W.W. Krühler, R.D. Plättner and W. Stetter Appl.Phys. 20, 329 (1979)
(3) C. Gueugnon and J.P. Budin IEEE J.Q.E. 16, 94 (1980)
(4) L. Esterowitz, R. Allen, H. Kruer, F. Bartoli, L.S. Goldberg, H.P. Jenssen, A.Lintz and K.O.Nicolai J.Appl.Phys. 48, 650 (1977)
(5) A.A. Kaminskii Phys.Stat.Sol. (a) 87, 11 (1985)
(6) A.A. Kaminskii Phys.Stat.Sol. (a) 97, K53 (1986)
(7) K.R. German, A.Kiel and H. Guggenheim Appl.Phys.Lett. 22, 87 (1973)
(8) M. Szymański, J. Karolczak and F.Kaczmarek Appl.Phys. 19, 345 (1979)
(9) C. Szafrański, W. Stręk and B. Jeżowska-Trzebiatowska Optics Comm. 47, 268 (1983)
(10) S. Miyazawa, H. Koizumi, K. Kubodera and H. Iwasaki J.Cryst. Growth 47, 351 (1979)
(11) M. Malinowski, R. Wolski, W. Woliński J.Lumin. 35, 1 (1986)

# Konzentrations- und Temperaturfeldmessungen über die zweidimensionale Laser – Rayleigh – Technik

G. Kowalewski, K. -U. Münch und A. Leipertz

Ruhr - Universität Bochum, Institut für Thermo- und Fluiddynamik, Bochum, D

Turbulente Strömungs- und Verbrennungsprozesse sind ihrem Charakter nach dreidimensional und weisen in ihren Strömungs-, Mischungs- oder Temperaturfeldern in bestimmten Bereichen große kohärente Strukturen auf, die die Durchmischung und die Verbrennung im wesentlichen steuern /1/. Zur Entwicklung geeigneter Modelle und zur Untersuchung dieser Phänomene sind qualitative Analysen notwendig. In den letzten Jahren sind verschiedene Meßtechniken, die auf mechanische Sonden /2/ oder auf Sichtbarmachung /3/ beruhen, entwickelt worden. Die Anwendung dieser Techniken ist allerdings nicht ganz unproblematisch. Zum einen können Sonden durch ihre geometrischen Abmessungen das Strömungsfeld stören, zum anderen besitzen die Sichtbarmachungstechniken nur einen mehr qualitativen Charakter.

Laserstreulichttechniken, speziell das Rayleighstreulichtverfahren, haben hiergegenüber den Vorteil, daß durch die optische Wechselwirkung mit den Gasmolekülen eine quantitative Bestimmung von Gasdichten berührunglos mit einer hohen zeitlichen ($< \mu s$) und räumlichen ($< mm^3$) Auflösung möglich wird. Zusätzlich erhält man gegenüber den punktuellen Meßtechniken eine gleichzeitige Meßinformation von mehr als 200.000 Datenpunkten.

In Abb.1 ist das Meßprinzip schematisch dargestellt. Für einen vorgegebenen Versuchsaufbau ist die zeitlich fluktuierende Streulichtintensität $I_R(t)$ proportional zur schwankenden Teilchendichte $n(t)$ der Gasmoleküle, die eine Funktion des Druckes und der Temperatur darstellt, und des effektiven Rayleighstreuquerschnittes. Er ergibt sich aus der Summe der Einzelstreuquerschnitte $(d\sigma/d\Omega)_i$ der Gaskomponenten, gewichtet mit den jeweiligen Molanteilen $x_i$ der Gesamtgasmischung.

$$I_R(t) \sim n(t) \sum_i x_i \, (d\sigma/d\Omega)_i \qquad (1)$$

Die aufbauspezifischen Größen wie die Aufbaukonstante k, die Lasereinstrahlintensität $I_o$, die Länge des Probenvolumens l und der Raumwinkel $\Omega$ können durch eine Vergleichsmessung unter festgelegten Bedingungen eliminiert werden.

Im allgemeinen wird die Anwendung dieser Streulichttechnik durch die Bedingung einer partikelfreien Strömung eingeschränkt /4/, denn die Lichtintensität der Partikelstreuung, genannt Mie - Streuung, ist wesentlich höher als die der Rayleighstreuung und überlagert sie vollständig. Der Anteil der Partikel läßt sich jedoch unter Laborbedingungen durch den

Einsatz von Mikrofiltern in den Gaszuleitungen wesentlich reduzieren. Weiterhin müssen für eine quantitative Analyse der Messungen die Streuquerschnitte der einzelnen Gaskomponenten bekannt sein. Für eine Vielzahl von Gasen liegen allerdings bereits Meßdaten vor oder sie können über den Brechungsindex theoretisch abgeschätzt werden. Konzentrationsmessungen sind nur in binären Gemischen unter isothermen Bedingungen möglich. Für solche Meßbedingungen ergibt sich die Konzentration der Gaskomponente 1 eines Zweikomponentengemisches zu :

$$c = (I_R - S)/D \qquad (2)$$

wobei S und D aus den Messungen der Streulichtintensitäten der reinen Komponenten gewonnen werden können :

$$S = I_{R_2} = k_1(d\sigma/d\Omega)_1 \qquad (3)$$

$$D = I_{R_1} - I_{R_2} \qquad (4)$$

Temperaturen werden über eine Messung der Moleküldichte bestimmt. Kann der Druck als konstant angenommen werden, so ergibt sich durch das ideale Gasgesetz ein direkter Zusammenhang zwischen der Temperatur T(t) und der Moleküldichte n(t). Wenn der effektive Streuquerschnitt im Untersuchungsfeld als konstant angesehen werden kann, was in den einfachen vorgemischten Kohlenwasserstoffflammen als gegeben angenommen werden kann /5,6/, so ist die Rayleighintensität indirekt proportional zur Temperatur. Die gesuchte Temperatur wird aus dem Verhältnis der Intensitäten zweier Streulichtmessungen bestimmt, wobei eine der Messungen bei einer bekannten Temperatur zumeist der Umgebungstemperatur erfolgt. In Abb. 2 ist der Aufbau der zweidimensionalen Rayleighsonde schematisch dargestellt. Ein gepulster Rubinlaser mit einer Pulslänge von 20ns wird durch eine Kombination von Zylinderlinsen zu einem Laserlichtschnitt einer Dicke von ca. 200$\mu$m geformt. Das durch das Laserlicht erzeugte Rayleighstreulicht wird senkrecht zur Einstrahlrichtung durch eine Linsenkombination auf den zweidimensionalen Detektor abgebildet. Ein schmalbandiger Interferenzfilter dient zur Unterdrückung von Falschlichtanteilen. Das analoge Detektorsignal wird digitalisiert und auf einen Rechner für die nachfolgenden Auswertealgorithmen übertragen. Durch den Einsatz eines Hochspannungspulsgenerators werden störende Lichteinflüsse wie das Eigenleuchten der Flamme durch kurzzeitiges Öffnen des Detektors wesentlich reduziert. Zur Erhöhung der Einstrahlenergie wird eine sog. Multipasszelle eingesetzt. Die Abb. 3 zeigt den Aufbau und den Strahlverlauf des Lichtschnittes innerhalb der bei uns benutzten Zelle. Sie besteht aus zwei zylindrischen Spiegeln, die das 'Lasersheet' mehrfach hin und her reflektieren. Durch zusätzliche Überlappungen lassen sich Erhöhungen der Laserenergie gegenüber einer einfachen Aufweitung um den Faktor 10 - 30 erreichen. Die zeitliche Auflösung der Rayleighsonde wird festgelegt durch die Belichtungszeit oder die Auslesezeit

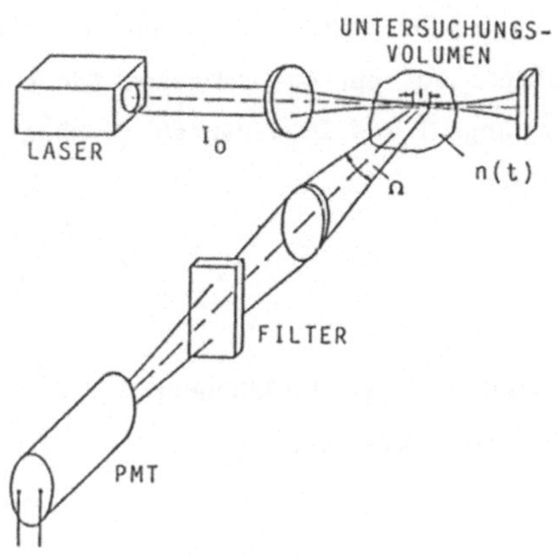


Abb. 1: Schematische Darstellung des Meßprinzips

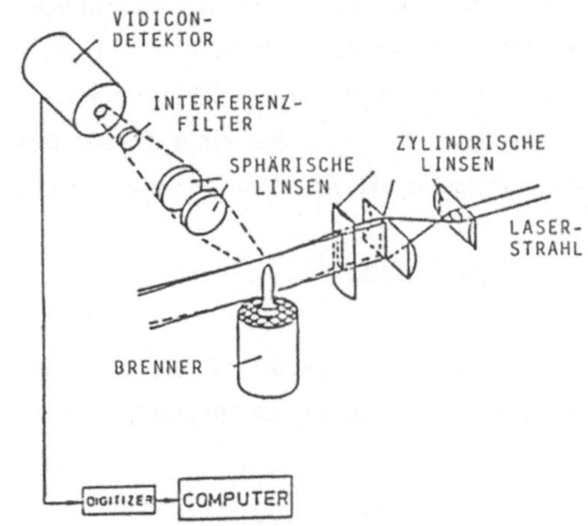

Abb. 2: Schematische Darstellung der zweidimensionalen Rayleigh-Sonde

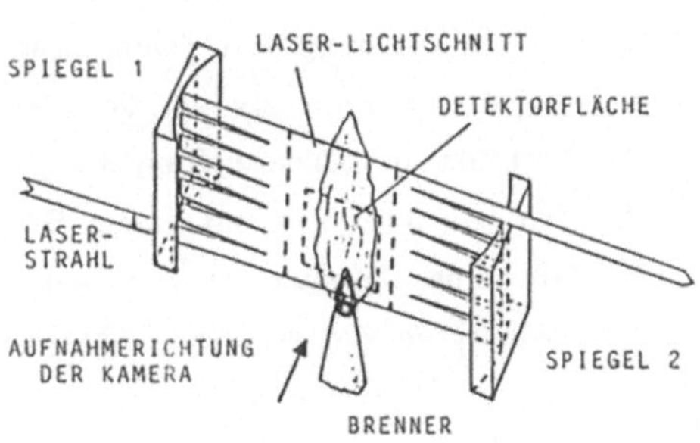


Abb. 3: Multipasszelle

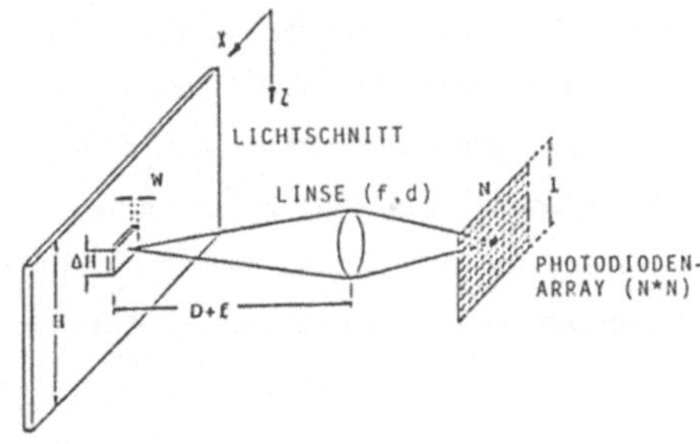


Abb. 4: Lokale Auflösung und Empfindlichkeit der 2D-Sonde

Abb. 5: Konzentrationsverteilung eines Propan-Freistrahls in Stickstoff-umgebung (Re = 636)

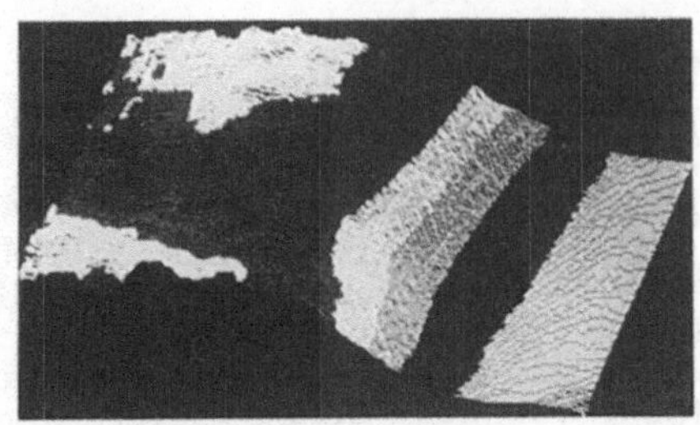

Abb. 6: Temperaturverteilung in der Nachreaktionszone einer Methan/Luft - Vormischflamme (Re = 434, $\lambda$=1,16)

des Detektors. Im Bezug auf die räumliche Auflösung muß ein Kompromiß zwischen der Empfindlichkeit der Rayleighsonde und der erreichbaren lokalen Auflösung gefunden werden. Abb. 4 zeigt schematisch die Abbildung des Lasersheets auf ein quadratisches Diodenfeld durch die Registrieroptik. Bei einer festen Diodenarraylänge l und Diodenanzahl N hängt die lokale Auflösung ΔH von dem Abbildungsmaßstab M ab :

$$\Delta H = l/NM \tag{5}$$

Leitet man einen Ausdruck für die detektierbaren Photonen pro Bildelement $N_p$ aus der allgemeinen Gleichung für die Rayleighintensität (Gl. 1) wie folgt her,

$$N_p \sim \frac{M}{(M+1)^2}\, n(t)\, E_L \tag{6}$$

so wird deutlich, daß bei einer Erhöhung der lokalen Auflösung, gleichbedeutend mit einer Vergrößerung des Abbildungmaßstabes, eine Verringerung der Empfindlichkeit erfolgt.
Die zweidimensionale Rayleighsonde ist für die Bestimmung von Konzentrationsfeldern von verschiedenen axialsymmetrischen Freistrahlen und für die Untersuchung von Temperaturverteilungen an Kohlenwasserstoffflammen eingesetzt worden. Abb. 5 zeigt als ein Beispiel die Konzentrationsverteilung eines laminaren Propan - Freistrahls in Stickstoffumgebung mit einer Reynoldszahl von 636, aufgenommen in einem Bereich von 3d - 15.5d mit einem Düsendurchmesser von d = 2mm. Der Aufnahmebereich umfaßt eine Datenmenge von mehr als 20000 Meßpunkten. Deutlich ist die Aufweitung und das Auftreten von großen Strukturen zu erkennen.
Abb. 6 zeigt die Temperaturverteilung in der Nachreaktionszone einer laminaren nahezu stöchiometrischen Methan/Luft - Vormischflamme mit einer Reynoldszahl von 434. Der Aufnahmebereich liegt hier zwischen 3 - 6d mit d = 3.8mm. Die Meßdaten beider Aufnahmen wurden bezüglich Hintergrundcharakteristiken des Detektors und Inhomogenitäten bei der Einstrahlung korrigiert.

Literatur.

(1) J. JIMENEZ : The Role of Coherent Structures in Modelling Turbulence and Mixing, Berlin - Heidelberg : Springer (1981)
(2) J. MATHIEU, G. CHARNEY : in Ref. /1/, 146-187
(3) K. NOTTMEYER, H. E. FIEDLER : Abstr. Vol. Euromech 237 (1988)
(4) A. LEIPERTZ : Applied Optics 21, 2872 (1984)
(5) I. NAMER, R. W. SCHEFER, M. CHAN : Interpretation of Rayleigh scattering in flame, Western States Section/Combust. Institute Paper no. 80 -18, Irvine CA (1980)
(6) I. NAMER, R. W. SCHEFER : Error estimates for Rayleigh scattering density and temperature measurements in premixed flames, Exp. Fluids 3, (1985)

# Performance Characteristics of Nd:YAG Geometry Lasers in Pulsed, CW and Q-Switched Operations

H.P. von Arb, S. Ochsenbein, F.Studer
OPTIRAY AG, 6330 Cham, Schweiz

The use of Nd:YAG crystals in slab geometry with internal zigzag optical path strongly reduces the effect of thermal focussing in the optically pumped gain medium, which is one of the major disadvantages in rod geometry solid lasers. In addition to the improvement in pumping efficiency the maximum heat generation per unit volume at which breakage of the crystal occurs lies higher in a slab than in a rod system.

Optimized slab lasers for industrial applications have been developed. Our cw laser delivers 400 W of multimode output power in a 5mm × 14mm beam at a slope efficiency of 3.9 % and an overall efficiency of 2.6 %. The absence of lensing effects permits Q-switched operation of the laser up to the highest input powert levels. With the limiting 5mm × 5mm aperture of the Q-switch cell the average output power reaches 120 W at a Q-switch frequency of 20 kHz.

Characteristics of this cw slab laser as well as a 500 W class slab laser in normal pulse operation will be discussed.

# Probleme der Wanderosion in Entladungsröhren für Edelgas-Ionenlaser

W. Ebert, L. Redlich, M. Schubert
Physikalisch-Technisches Institut der Akademie der Wissenschaften der DDR
Helmholtzweg 4, DDR-6900 Jena

Es werden Überlegungen und Ergebnisse mitgeteilt, die die Wechselwirkung des Entladungsplasmas mit dem Wandmaterial betreffen, weil davon z. B. die erreichbare Leistung des Laserrohres und seine effektive Lebensdauer abhängen können. In der Entladung erzeugte Elektronen und Ionen erreichen die Wand durch freien Fall in einem radialen Potential, welches sich so einstellt, daß der mittlere Elektronen- und Ionenstrom zur Wand gleich groß sind. Dieses Potential ist negativ, d. h. es beschleunigt die Ionen und bildet ein Anlaufpotential für die Elektronen. Bei sehr hohen Stromdichten treten in der Entladung auch doppelt ionisierte Argonionen auf (entsprechend UV-Laserstrahlung). Aus der Gleichheit von Elektronen- und Ionenstrom an der Wand ergibt sich für das Wandpotential $V_w\,[V] = 5.65 \cdot T_e\,[eV]$ für Argon und $V_w\,[V] = 6{,}02 \cdot T_e\,[eV]$ für Krypton (/1/, /2/, /3/). Die Teilchenstromdichten $j_w$ der einfach geladenen positiven Ionen können aus $j_w\,[(cm^2\,sec)^{-1}] = 1{,}1 \cdot 10^5 n_e [cm^{-3}] \cdot \sqrt{T_e}$, $T_e\,[eV]$ für Argon und $j_w = 7{,}5 \cdot 10^5 \cdot n_e \cdot \sqrt{T_e}$ für Krypton berechnet werden.
Aus Messungen ist bekannt, daß an der Laserschwelle für Argon $T_e = 3$ eV und $n_e = 10^{13}$ $cm^{-3}$ beträgt und im Hochleistungsbereich $T_e = 8$ eV und $n_e = 10^{14}$ $cm^{-3}$ erreicht werden /3/. Damit ergibt sich für Argon $j_w = 2 \cdot 10^{18}$ $(cm^2\,sec)^{-1}$ an der Laserschwelle und $j_w = 3 \cdot 10^{19}$ $(cm^2\,sec)^{-1}$ im Hochleistungsbereich. Das Wandpotential $V_w$ liegt zwischen 17 V und 45 V.
Die Entladungsrohrwand unterliegt weiterhin einer VUV Bestrahlung bei Argon von 72 nm (17,2 eV) mit einer Photonenflußdichte von $10^{17}$ bis $10^{18}$ $(cm^2\,sec)^{-1}$.
Die an der Wand der Laserentladungsrohre vorliegenden Bedingungen sind mit denen im Wandbereich von Fusionsanlagen vergleichbar. Es hat in den letzten Jahren viele Ergebnisse über die Wechselwirkung von Plasmen mit Wänden gegeben, die hier mit zu beachten sind, das betrifft insbesondere viele Arbeiten über Graphitwände /4/, /5/, /6/ Außerdem sind Ergebnisse des reaktiven Plasmaätzens mit in Betracht zu ziehen. Die gleichzeitige Anwesenheit von Elektronen, Ionen und Photonen kann zu synergistischen Effekten führen, wie z. B. bei $SiO_2$ /7/.
Geeignet als Wandmaterial für Edelgas-Ionenlaser sind gut wärmeleitende Materialien mit einer hohen Schwelle für die Zerstäubung (Sputtern) durch Edelgasionen und eine geringe Sputterrate Y in der Nähe der Schwellwerte $E_{th}$. Bei hohen Entladungsstromdichten ist mit einem hohen Anteil an ArIII-Ionen zu rechnen (bis zu 10 % von ArII), die beim Durchfallen des Wandpotentials $V_w$ die doppelte Energie gewinnen wie ArIII-

Ionen und evtl. auch ein Anteil von ArIV-Ionen (ca. 0,1 % von ArII) wesentlich für die Zerstäubungsprozesse werden. Zahlenwerte für Sputterschwellen sind in der Tabelle 1 dargestellt. Von den angeführten Werkstoffen werden Graphit (C), Wolfram und einige Keramiken als Wandmaterial in kommerziellen Systemen genutzt.
Experimentelle Werte von Sputterraten Y für ArII-Ionen bei niedrigen Ionenenergien sind in Abb. 1 eingetragen /8/, /9/. In der Arbeit /10/ wird gezeigt, daß bei bekannter Masse des Targets $M_2$ und des Projektils $M_1$ sowie der Schwellenergie $E_{th}$ die Rate des Abtrags mit guter Genauigkeit berechnet werden kann, wenn $M_2 \gg M_1$ ist. Für die Kombination Wolfram - Argon ist das gut erfüllt. In der Abb. 1 sind auch berechnete Werte eingetragen, die durch Kreuze gekennzeichnet sind.
Für die Wanderosion sind folgende Kriterien maßgebend:

1. Die Energie der die Wand treffenden einfach geladenen Ionen ist kleiner als die Sputterschwelle, dann findet kein Abtrag statt.
2. Die Energie der einfach geladenen Ionen ist größer, dann erfolgt ein Abtrag entsprechend Abb. 1.
3. Sind mehrfach geladene Ionen vorhanden, dann erfolgt ein Abtrag bereits unterhalb der Sputterschwelle $E_{th}$ mit einem steilen Anstieg der Sputterrate bei Zunahme der Ionenenergie.

Für eine "Vergrößerung" eines Rohrradius von 1,5 mm um 0,1 mm innerhalb 1000 Stunden durch Materialabtrag ist bei Graphit eine Sputterausbeute Y von $10^{-5}$ Atome/Ion und bei Wolfram von $10^{-6}$ Atome/Ion erforderlich. Im Hochleistungsbereich werden diese Werte um mindestens 2 - 3 Größenordnungen übertroffen, so daß abgetragenes Material wieder nahezu vollständig an der Entladungsrohrwand deponiert werden muß. Zu diesen Vorgängen sind weitere Untersuchungen erforderlich, um optimale Materialien für diesen Einsatzzweck zu finden.
Bei unseren Untersuchungen von Graphitwänden zeigte sich, daß im Hochleistungsbereich ein verstärkter Materialabtrag vorliegt. Da eine Anwesenheit von Wasserstoff und Sauerstoff ausgeschlossen ist, kommen hierfür thermische Effekte in Betracht.
In der Arbeit /11/ wurde der Einfluß der Temperatur des Graphits auf die Sputterrate für Argonionen experimentell untersucht. Die relative Zunahme von Y ist aus Tabelle 2 zu ersehen. Zur Senkung der Temperatur an der Entladungswand wurde durch ein Reinigungsverfahren dafür gesorgt, daß von der Bearbeitung des Graphits verbliebene Rückstände vollständig entfernt wurden, da lose Graphitteile eine sehr hohe Temperatur erreichen können (Abb. 2). Mit dem präparierten Graphit wurden Wandsegmente durch Vergrößerung des Außendurchmessers so gestaltet, daß eine kritische Temperatur von 1300 K nicht überschritten wurde. Das Ergebnis war eine 2 - 3 fache Verlängerung der Lebensdauer der Entladungswand.

Durch spektroskopische Untersuchungen konnte das Wandmaterial im Entladungsplasma oberhalb einer Schwelle nachgewiesen werden, die als eine Belastungsgrenze angesehen werden kann.

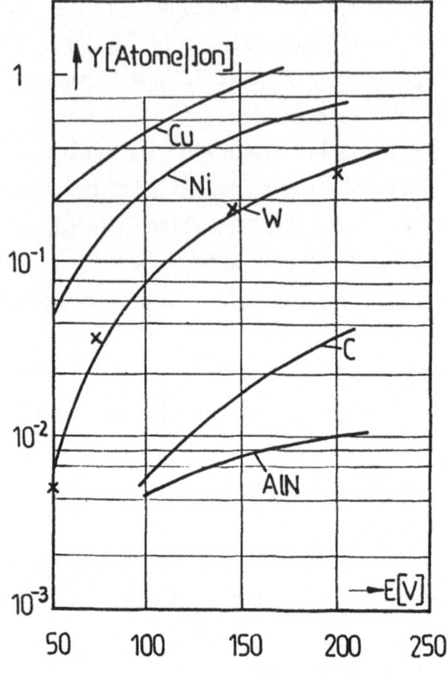


Abb. 1 Sputterraten Y in Abhängigkeit von der Ionenenergie E

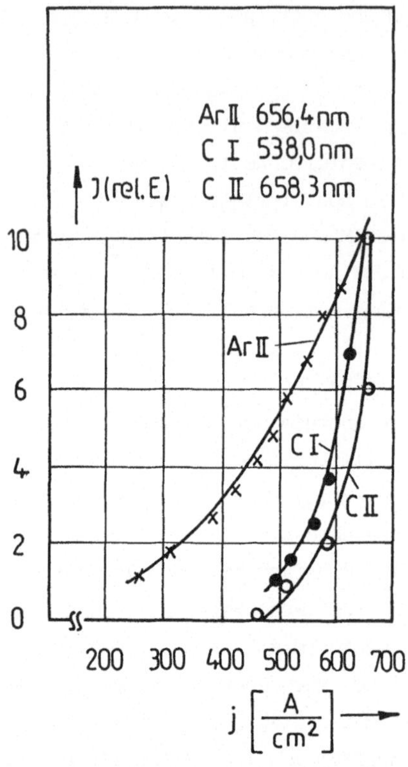


Abb. 3 Relative Intensität verschiedener Spektrallinien in Abhängigkeit von der Entladungsstromdichte j

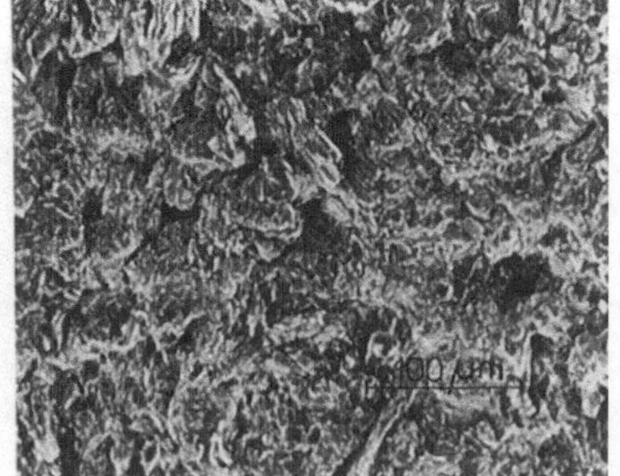


Abb. 2 REM-Aufnahmen von bearbeitetem Graphit (links) und gereinigtem Graphit (rechts)

Ein gutes Wandmaterial für Edelgas-Ionenlaser muß eine hohe Sputterschwelle gegenüber Edelgas-Ionen, eine geringe Rate oberhalb der Schwelle haben und unter den gegebenen Bedingungen keine synergistischen Effekte aufweisen. Der Eintrag von Teilchen der Wand in das Entladungsplasma führt zur Verschlechterung der Anregungsbedingungen für die Laserniveaus, da die Ionisationspotentiale der Verunreinigungen erheblich unter denen von Argon oder Krypton liegen (siehe Tabelle 1). Diese Anteile sind bei Entladungsuntersuchungen im Hochleistungsbereich unter Umständen mit zu berücksichtigen.

| Material | $E_{th}$ | $U_i$ |
|---|---|---|
| C | 29,6 | 11,26 |
| W | 35,3 | 7,98 |
| Cu | 14,0 | 7,72 |
| Ni | 17,8 | 7,63 |
| $Al_2O_3$ | 30,0 | - |
| $SiO_2$ | 32,0 | - |
| AlN | 31,2 | - |

Tab. 1 Sputterschwellen $E_{th}$ und Ionisationsenergien $U_i$ in eV

| T K | $Y_{rel}$ |
|---|---|
| 500 | 1,0 |
| 700 | 1,1 |
| 1000 | 1,5 |
| 1300 | 3,5 |
| 1600 | 10,0 |
| 2000 | 25,0 |

Tab. 2 Relative Sputterrate $Y_{rel}$ für Graphit bei verschiedenen Temperaturen nach /11/

Literatur:

/1/ HERNQVIST, K.G.; J.R. FENDLEY: IEEE J. of Q. E. 3, (1967) 66
/2/ VALENTINI, H.B.: Beiträge aus der Plasmaphysik 12, 87 (1972)
/3/ EBERT, W.: Beiträge aus der Plasmaphysik 19, 285 (1979)
/4/ ROTH, J.; J. BOHDANSKY J.: of Nucl. Mat. 111/112, 775 (1982)
/5/ VIETZE, E.; K. FLASKAMP; V. PHILIPPS: J. of Nucl. Mat 111/112, 763 (1982)
/6/ WEBB, A. P.; R. BREWER; u. a.: J. of. Nucl. Mat 93/94, 634 (1980)
/7/ VIETZE, E.; M. ERDWEG; u. a.: Proc. IX IVC-V ICSS, Madrid 627 (1983)
/8/ STUART, R. V.; G. K. WEHNER: J. of Appl. Phys. 33, 2345 (1962)
/9/ ANDERSEN, H. H.; L. BAY in: Topics in Appl. Phys. Vol. 47, Springer 1981
/10/ BOHDANSKY, J.; J. ROTH; H. L. BAY: J. Appl. Phys. 51, 2861 (1980)
/11/ PHILIPPS, V.; K. FLASKAMP; E. VIETZE: J. of Nucl. Mat. 111/112, 781 (1982)

# High Power Operation of a CW Ultraviolet Dye Laser

S. C. Guggenheimer and A. B. Petersen
Spectra-Physics, Inc., Mountain View, California, USA

Within the past year, there has been increased interest in CW dye lasers operating in the near UV, due to scientific applications in this spectral region (1,2) as well as the development of higher power UV pump sources (3,4). Prior to 1988, only one laser dye, polyphenyl 1, had been shown to operate CW at wavelengths less than 400 nm (5). Polyphenyl 1 is only marginally soluble in ethylene glycol, the standard CW dye laser solvent. Furthermore, its absorption spectrum is near 300 nm, too short to be pumped effectively by the high power argon laser lines at 351 nm and 364 nm. Recently, several new UV-fluorescing dyes have been developed at Exciton, Inc. These dyes are readily soluble in ethylene glycol or another high-viscosity solvent, PPH. They are of a rigidized structure and exhibit a low Stokes shift in fluorescence. Figure 1 illustrates absorption spectra for four of the new dyes. The spectra show good overlap with the argon laser pump lines at 334-364 nm or 300-336 nm.

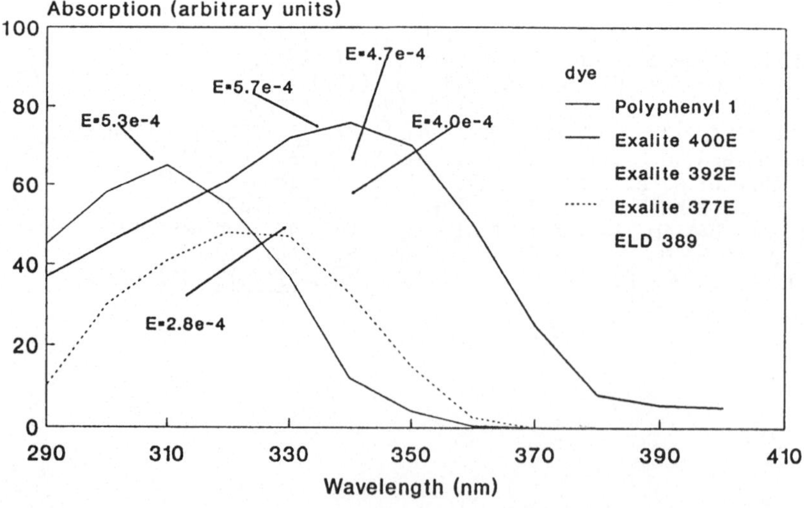


Figure 1. Absorption spectra of UV emitting dyes. Peak values are in 1/Mcm.

Figure 2 shows laser output tuning curves for three of the dyes, Exalite 400E, 392E, and 377E, in ethylene glycol solution.

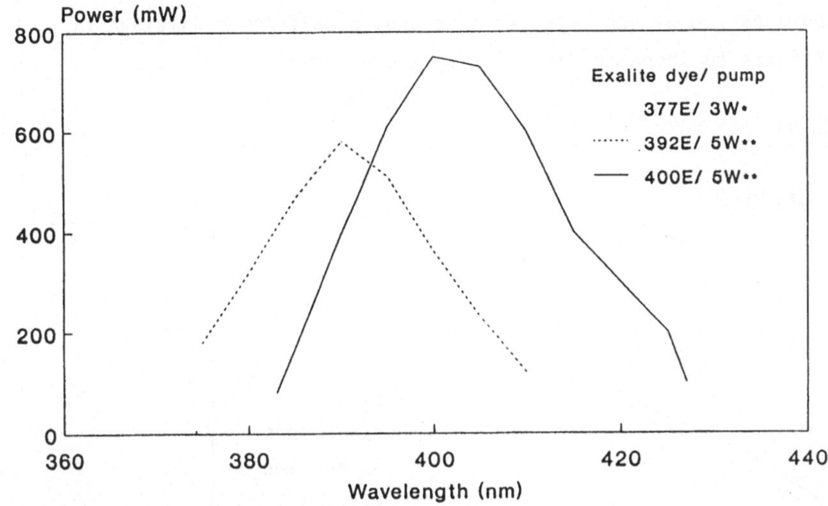


Figure 2. Tuning characteristics of three dyes dissolved in ethylene glycol.

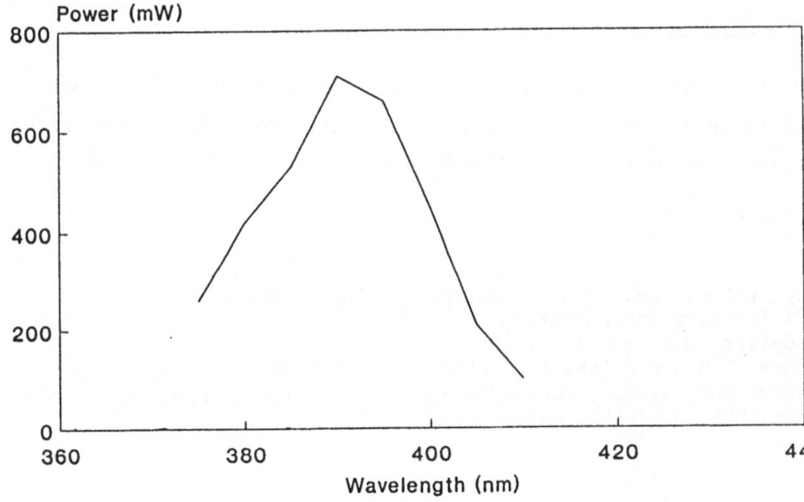


Figure 3. Tuning characteristics of the dye ELD 389 dissolved in PPH. Pump power was 5 W at 334-364 nm.

Figure 3 shows a similar curve for the dye ELD 389 in the solvent PPH. Equipment used in these tests included a conventional, standing-wave, jetstream dye laser (Spectra-Physics 375B) pumped by a Spectra-Physics model 2045 argon ion laser. The dye laser was equipped with mirrors covering the range 360-425 nm and tuned with a single plate birefringent filter. All the dyes except Exalite 377E were pumped with argon lines in the range 334-364 nm. Exalite 377E also lased in this configuration, but pump absorption and dye laser output were much higher with a 300-336 nm pump.

Dye laser output as a function of pump input is illustrated in Figure 4. In our particular laser, all the dyes showed a slope efficiency of~20 % and a pump threshold of~0.75 W. Maximum dye output power was 1.3 W at 399 nm, obtained with Exalite 400E at a pump level of 7.0 W. Our tests to date show a half-power lifetime of about 25 Whr/l. Efforts to increase dye lifetime are underway.

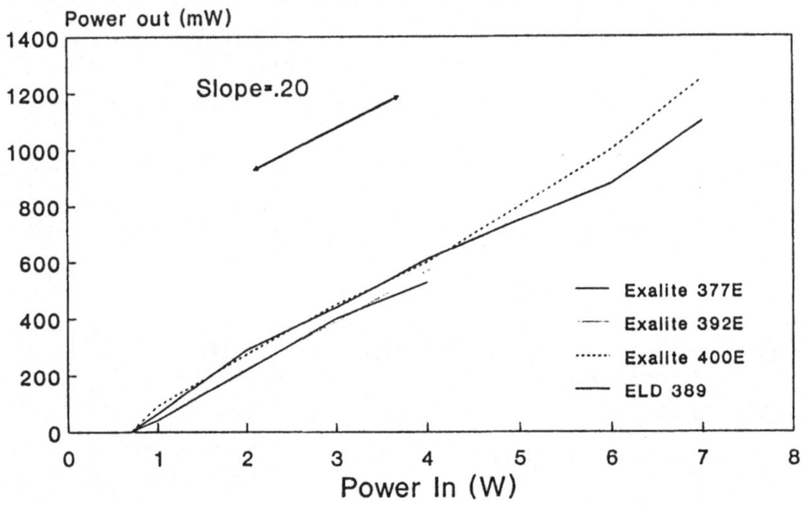


Figure 4. Dye laser output power versus pump laser input power.

In conclusion, four efficient new dyes have been developed and tested in a commercial dye laser. When pumped by a high power UV argon laser, they cover the tuning range 365-425 nm and provide several times the output power of previously available systems.

Literature.

(1) F.P. TULLY, J.L. DURANT, JR.: Applied Optics 27, 2096 (1988)
(2) J.A. HOFFNAGLE: (private communication)
(3) T.J. JOHNSON: Optics Comm. 69, 147 (1988)
(4) S.C. GUGGENHEIMER, A.B. PETERSEN, L.E. KNAAK, R.N. STEPPEL: in Conference on Lasers and Electro-Optics, Baltimore, MD. April 24-28 (1989), paper WF4
(5) W. HUFER, R. SCHIEDER, H. TELLE: Optics Comm. 33, 85 (1980)

# Bestimmung und Anwendung der normierten Strahlqualitätskennzahl K bei der Ausbreitung von Laserstrahlung

R. Kramer, H. Oebels, P. Loosen
Institut für Lasertechnik
Steinbachstr. 15, 5100 Aachen

## 1. Einleitung

Zur genauen Dimensionierung von Strahlführungssystemen und Fokussierungsoptiken ist die Kenntnis des Verlaufs des Strahldurchmessers während der Propagation notwendig, um Strahlführungsrohre, Umlenkspiegel und Fokussierungsoptiken hinsichtlich ihrer notwendigen Apertur auslegen zu können (Bild 1). Weiterhin ist bei Bearbeitungsanlagen mit veränderlichem Abstand zwischen der Laserstrahlquelle und der Fokussieroptik, z.B. bei Portalanlagen, die Variation des Strahldurchmessers von Interesse, um den Fokusdurchmesser abschätzen zu können, der sich näherungsweise umgekehrt proportional zum Strahldurchmesser ändert.

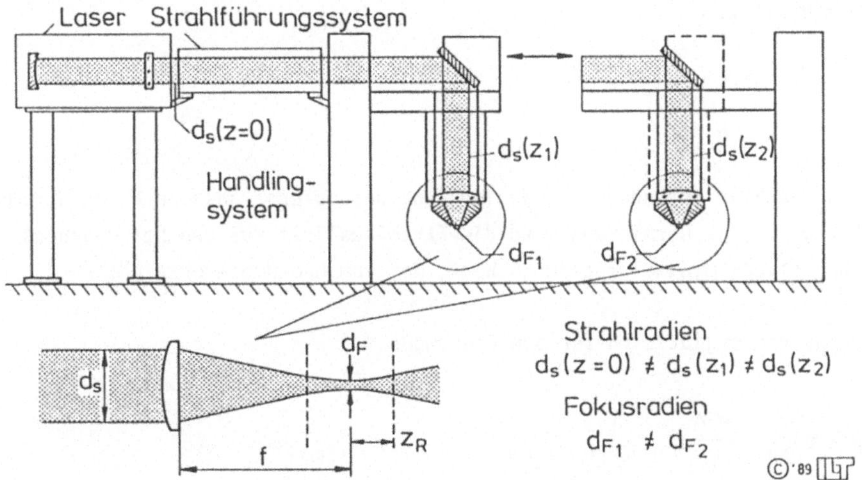


Bild 1 Schematische Darstellung eines Strahlführungssystems

## 2. Beschreibung der Strahlausbreitung

Im Fall des Resonators vom stabilen Typ, der im Grenzfall als Intensitätsverteilung ideale Moden emittiert, kann die Strahlausbreitung mit Hilfe der Gauß'schen Optik beschrieben werden. Der Strahldurchmesser d wird durch die Gleichung 1 an jedem Ort beschrieben.

$$d(z) = d_T \left[ 1 + \left( \frac{2z \cdot d \cdot \theta}{d_T^2} \right)^2 \right]^{1/2} = d_T \left[ 1 + \left( \frac{4 z\lambda}{\pi \, d_T^2 \cdot K} \right)^2 \right]^{1/2} \quad (1)$$

$d_T$ = Strahldurchmesser in der Strahltaille

$\theta \cdot d$ = Strahlqualität

$K$ = normierte Strahlqualität

Bei z=0 liegt die Strahltaille, d.h. die Stelle mit dem geringsten Durchmesser.

Mit den Gleichungen 2 und 3 lassen sich sowohl die Rayleighlänge als auch der Fokusdurchmesser berechnen.

$$Z_R = 2F^2 \, \theta \cdot d = F \, d_F = \frac{4\lambda}{\pi} \frac{F^2}{K} \quad (2)$$

$$d_F = 2F \, \theta \cdot d = \frac{Z_R}{F} = \frac{4\lambda}{\pi} \frac{F}{K} \quad (3)$$

Die Strahlqualität $\theta \cdot d$ ist von besonderer Bedeutung, weil diese bei Strahltransformationen, z.B. Fokussierung durch eine Optik, eine Konstante ist. Dies bedeutet, daß die Strahlqualität im fokussierten als auch im unfokussierten Strahl den gleichen Wert besitzt.

$$\theta \cdot d = \text{const}$$
$$\theta_F \cdot d_F = \theta_u \cdot d_u \quad (4)$$

Die Strahlqualität ist neben der Wellenlänge des Laserstrahls auch von der Modenordnung abhängig. Zur Normierung wird die Strahlqualität auf den bei gegebener Wellenlänge theoretisch minimal möglichen Wert, der vom Grundmode erreicht wird, normiert.

Aus der Theorie ergibt sich für den Grundmode

$$(d \cdot \theta)_{00} = \frac{2\,\lambda}{\pi} \quad (5)$$

und für die normierte Strahlqualität K

$$K = \frac{2\,\lambda}{\pi} * \frac{1}{d \cdot \theta} \qquad (\, 0 < K \leqq 1 \,) \quad (6)$$

Die normierte Strahlqualität K hat den Wert eins für den Grundmode und ist für alle anderen Intensitätsverteilungen kleiner als eins.

Aus der Theorie des leeren Resonators ergeben sich folgende normierte Strahlqualitäten für die höheren Laguerre'sche Moden

$$K = \frac{1}{2p+l+1} \qquad (7)$$

Die Indizes p und l geben die Ordnung des Modes an.

Die Zuordnung einer gemessenen Intensitätsverteilung zu einem idealen Mode ist häufig nicht möglich, weil in der Regel die Intensitätsverteilung des vom Laser emittierten Strahls nicht aus einem einzelnen Mode, sondern aus einer Überlagerung verschiedener Moden besteht. Weiterhin werden die Moden des leeren Resonators durch das verstärkende Medium verändert. In diesen Fällen muß die normierte Strahlqualität experimentell ermittelt werden.

Die Messung kann unter der Voraussetzung Gauß'scher Optik nach Gleichung (4) sowohl im Rohstrahl als auch im fokussierten Strahl vorgenommen werden und ergibt bei der Verwendung von näherungsweise idealen optischen Komponenten gleiche Ergebnisse. Zur Fokussierung sollte eine qualitativ hochwertige, langbrennweitige Optik verwendet werden, um sphärische Abberationen und eine astigmatische Fokussierung zu vermeiden, die das Meßergebnis ungünstig beeinflussen würden.

## 4. Meßtechnische Bestimmung

Zur meßtechnischen Ermittlung der normierten Strahlqualität muß sowohl der Strahlradius in der Strahltaille als auch die Fernfelddivergenz bestimmt werden. Bei der Messung am Rohstrahl muß dieser u.U. bis zu hundert Meter propagieren, um mit der Fernfeldivergenz auseinanderzulaufen.

In Bild 2 ist die Kaustik des Rohstrahls eines kommerziellen 5- KW-Lasersystems dargestellt. Der Durchmesser der Strahltaille konnte nicht gemessen werden, weil er innerhalb der Srahlquelle liegt. Um trotzdem die normierte Strahlqualität zu bestimmen, wurde mittels Gleichung 1 und der Methode der kleinsten Fehlerquadrate eine Ausgleichskurve an die Meßwerte angepasst. Aus der Messung ergibt sich eine normierte Strahlqualität von K = 0.21. Die geringen Abweichungen der Meßwerte von der Ausgleichskurve zeigen, daß sich die Ausbreitung dieses Laserstrahls gut mit der Gauß'schen Optik beschreiben läßt.

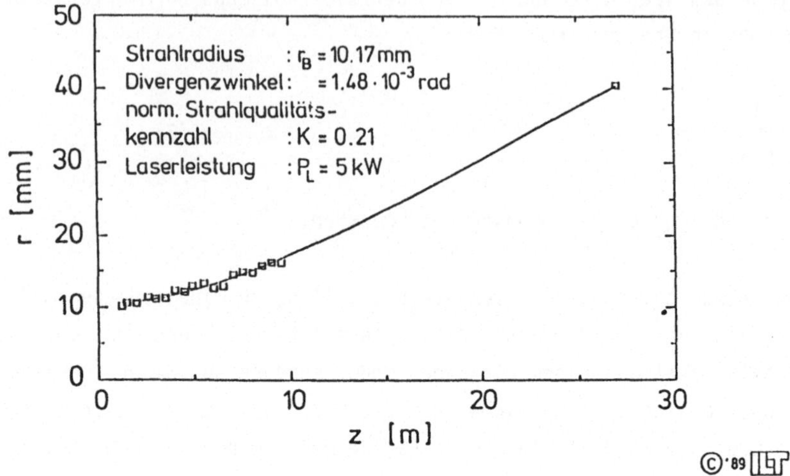


Bild 2 Kaustik des freilaufenden Laserstrahls einer 5kW-Strahlquelle

Die Kaustik desselben, mit einer 5''-Linse fokussierten Laserstrahls ist in Bild 3 dargestellt. Die Fernfelddivergenz ergibt sich aus dem Strahlradius am Ort der Optik und deren Brennweite mittels Gleichung 8

$$\theta = \frac{d}{2f} \qquad (8)$$

Die normierte Strahlqualität ergibt sich in diesem Fall aus Gleichung 6 und 8 zu 0.21. Die Abweichung zu der Messung am Rohstrahl liegt innerhalb der Fehlertoleranzen.

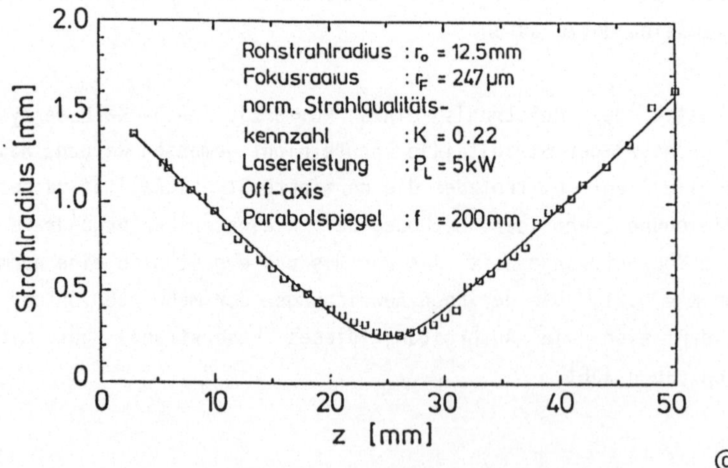


Bild 3 Kaustik des fokussierten Laserstrahls

## 5. Meßfehler

Zur Messung des Strahldurchmessers wird bei den am Markt befindlichen Strahldiagnosesystemen /2/ die Intensitätsverteilung digitalisiert und nach einer gegebenen Definition der Strahldurchmesser berechnet. Bei $CO_2$-Hochleistungslasern wird der Strahldurchmesser oft über die in ihm enthaltene Laserleistung, z.B. 86% der Gesamtleistung definiert /3/.

Der Gesamtfehler bei der Messung des Strahldurchmessers wird im wesentlichen durch die in Bild 4 schematisch dargestellten Fehlerquellen verursacht:

a) Offsetfehler
b) Endliche Meßfenstergröße
c) Integration über die Abtastlochfläche

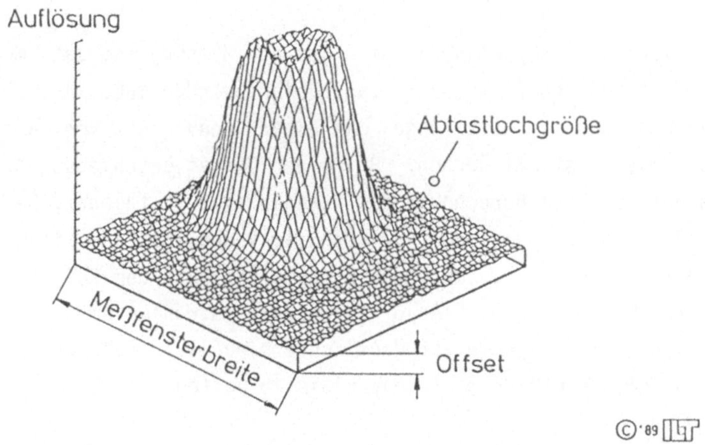


Bild 4 Fehlerquellen bei der Abtastung eines Laserstrahls

Zur Quantifizierung der einzelnen Fehler wurde in einem numerischen Modell eine gegebene Intensitätsverteilung (TEM00) bekannter Größe unter Simulation der entsprechenden Fehlerquellen abgetastet, der Strahlradius ermittelt und mit dem vorgegebenen Radius verglichen. Im Modell wurde das Meßsystem hinsichtlich der Amplitude optimal ausgesteuert, d.h. der maximale Meßwert betrug 255 bei einer Auflösung von 256 Stufen. Die Abweichung zwischen dem errechneten Strahlradius und dem vorgegeben Strahlradius ist in den nachfolgenden Diagrammen als Fehler in Prozent auf der Ordinate aufgetragen.

### a) Fehler durch Offsetverschiebung

Die Bestimmung des Strahlradius erfolgt über das Volumen der gemessenen Verteilung,

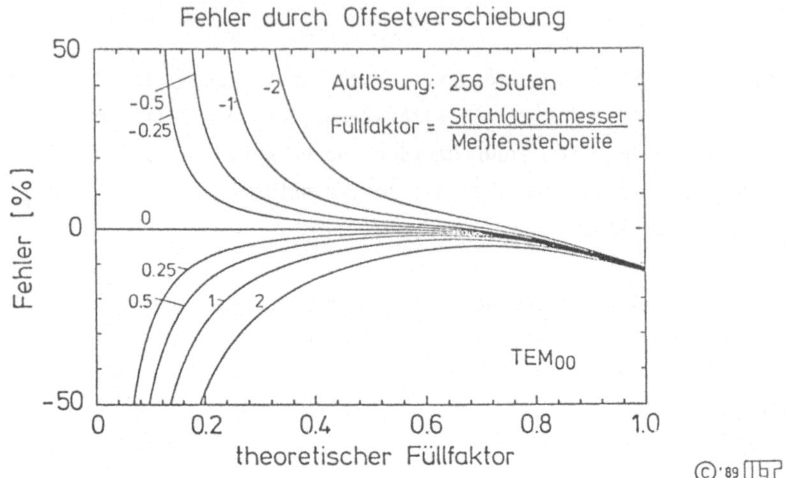


Bild 5 Fehler durch ungenaue Offesetbesimmung und endliche Meßfenstergröße (siehe b.)

das der gesamten Laserleistung proportional ist. Bei der Messung ist das Meßsignal in der Regel mit einem Offset behaftet, der subtrahiert werden muß. Auf Grund der endlichen Diskretisierung kann der Offsetpegel mit einer Genauigkeit von maximal einen Digitalisierungsschritt bestimmt werden. Bei einer Offsetverschiebung tritt ein zusätzliches Volumen auf, das die Berechnung des Strahlradius verfälscht. Der Fehler ist umso größer, je kleiner das gemessene Volumen im Verhältnis zum Offsetvolumen ist. In Bild 6 ist der Fehler für verschiedene Offsetwerte über dem Füllfaktor dargestellt, wobei kleine Füllfaktoren kleine gemessene 'Strahlvolumen' und damit große Fehler bedeuten. Aus dem Diagramm ist deutlich ersichtlich, daß der Füllfaktor über 0.3 liegen sollte, um den Fehler möglichst klein zu halten.

b) Endliche Meßfenstergröße

Das Meßfenster, über das der Strahl abgetastet wird, ist begrenzt. damit liegt immer ein Bruchteil des Laserstrahls, der aufgrund der Beugung unendlich ausgedehnt ist, außerhalb des Fensters. Der Füllfaktor des Meßfensters, d.h. das Verhältnis zwischen Meßfensterbreite und Strahldurchmesser sollte beim Grundmode kleiner als 0.7 sein, damit der daraus entstehende Fehler kleiner als ein Prozent ist. In Bild 6 ist diese Fehlerquelle ebenfalls eingearbeitet. Die Verfälschung des Meßergebnisses bei großen Füllfaktoren (> 0.7) ist deutlich zu erkennen.

c) Integration über die Lochfläche

Die Fläche, die die Verteilung abtastet, besitzt eine endliche Ausdehnung und in-

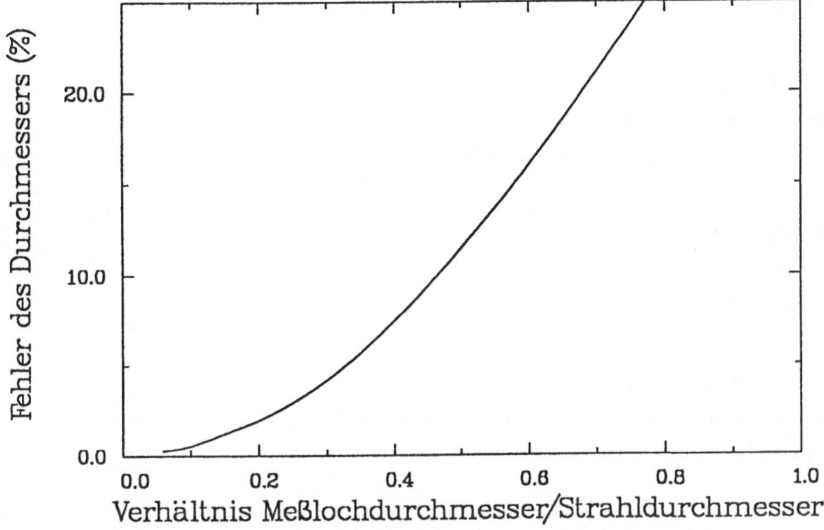


Bild 6 Meßfehler durch die Integration über die Lochfläche

tegriert deshalb über einen Bereich der Intensitätsverteilung. Dieser Fehler ist für ein Verhältnis des Meßloch- zum Strahldurchmesser von 0.1 kleiner als 2%. Diese Verhältnis ist selbst bei der Messung im Fokus problemlos zu realisieren. In Bild 6 ist der Fehler über dem Verhältnis von Meßloch- zu Strahldurchmesser dargestellt.

Bei der korrekten Aussteuerung des Meßsystems hinsichtlich der Amplitude und dem Füllfaktor kann der Gesamtfehler für die Strahlradiusberechnung unter 5% gehalten werden. Da für die Bestimmung der normierten Strahlqualitätskennzahl zwei Radiusmessungen notwendig sind, kann bei Zugrundelegung der diskutierten Fehlerquellen diese mit weniger als 10% Meßfehler bestimmt werden.

## 5. Zusammenfassung

Die normierte Strahlqualität, die Position und der Durchmesser der Strahltaille stellen einen Satz von Parametern dar, mit dem die Ausbreitung von Laserstrahlung mit ausreichender Genauigkeit beschrieben werden kann. Die Messung der einzelnen Größen kann mit einer den Anforderungen der Praxis ausreichenden Genauigkeit vorgenommen werden. Zur genaueren Charakterisierung einer Laserstrahlquelle sollten diese Parameter über der Laserstrahlleistung angegeben werden.

Literatur:

/1/ H.Kogelnik, T. Li
Laserbeams and Resonators
Applied Optics, Vol. 5, No. 10, pa 1550

/2/ P. Loosen, E. Beyer, R. Kramer
Diagnostik von $CO_2$-Laserstrahlung
Laser und Optoelektronik Nr.3/1985

/3/ R. Kramer, E. Beyer, P. Loosen and G. Herziger
Strahldiagnostik an fokussierter und unfokussierter Laserstrahlung
Proceedings Laser '87

# Applications for High Power Copper Vapour Lasers

R.R. Lewis
Oxford Lasers Ltd.,
60 Magdalen Rd.,
Oxford, OX4 1RD, U.K.

Research and development of elemental copper vapour lasers has been carried out in Oxford since 1980. During this time copper lasers have continuously improved in their reliability and performance. Many varied applications have benefitted greatly from the development of a dependable source of high power visible laser light. The laser operates simultaneously at two wavelengths, 511nm - green and 578nm - yellow.

Recently we have completed the development of a single module 100W copper vapour laser and have delivered two such devices to a U.K. customer. The laser is constructed around a 60mm bore ceramic tube which determines the output beam diameter. The input power requirement is 12-13kW so the laser efficiency is close to 1%. Cooling water requirements are modest.

The 100W laser exhibits an optimum pulse repetition frequency of 5kHz at which it produces 20mJ pulses with a FWHM pulse width of 50ns and a peak power in the pulse of 400kW. These lasers have already run for a total of 1500 hours and have shown a copper fill lifetime of over 300 hours to half power.

The major driving force behind the world-wide development of copper vapour lasers has been their application as a pump light source for high power dye lasers. These are used in the isotope separation programmes of various countries including the USA and Japan. The isotopic enrichment of naturally occuring material is accomplished using a process known as resonant ionisation in which narrow bandwidth dye lasers are used to selectively excite a particular isotope into ionization where it can be collected electrostatically. Specifically, for the enrichment of uranium, a set of three dye lasers tuned to different wavelengths in the orange-red region of the spectrum are employed to excite atoms of U235 in three steps up through the energy level manifold into ionisation. The bandwidths of the dye lasers have to be sufficienty narrow to avoid exciting a significant number of U238 atoms which have energy levels at slightly different positions relative to those of the desired lighter isotope.

Copper vapour lasers are used extensively in this application because of the efficient conversion of pulsed green-yellow light into tunable orange-red light in the dyes. They are also electrically efficient and high power single modules can be arranged into amplifier chains where they can add more power as amplifiers than they can generate as individual oscillators. These factors of efficiency and reliability make them the most attractive choice of pump laser for commercial plant operations.

The process described above of resonant ionisation can also be used in a similar way to detect particular isotopes of a single element or, more usually, to detect the presence of a particular element against a much larger background of other elements. This technique is called resonance ionisation spectroscopy. The same selective step-wise excitation is employed to ionise the sought-after species. The detection of the species is achieved either by measuring the ion current or by the addition of a mass spectrometer to analyse the ionised material. Extreme sensitivity can be achieved using this RIMS process which makes it very attractive for the detection of low levels of pollutants or impurities.

Many different industries have shown interest in this technique including the nuclear industry, semiconductor manufacturers, and Earth scientists.

The semiconductor industry is also investigating the use of copper vapour lasers in the manufacturing process. Using the crystal beta-barium borate the light from the copper laser can be doubled in frequency (halved in wavelength) to produce high repetition rate ultra-violet laser light. We have recently achieved a conversion efficiency of 3% for the process of doubling the frequency of 21W of green light at 510.6nm into 630mW of light at 255.3nm (ref. 1). These initial results can doubtless be improved by developing a more suitable optical scheme for focussing the light from the copper laser into the crystal, and an improved sheme for the generation of the light from the copper laser in a higher power, lower divergence beam.

Techniques have been developed for extracing efficiently from a CVL in a near diffraction limited beam (ref. 2). A pair of copper lasers are coupled together in a shared confocal cavity and one laser is fired slightly before the other. The light pulse within the first laser evolves through the pulse to a low divergence, high quality beam in the tail. The second laser is fired at a time when the tail of this first pulse is flooding the cavity of the second laser. The gain in the second laser then builds up from this high quality seed light to produce a high power, high quality output beam. This output beam can then be used to extract from a further amplifier stage and maintain a high quality beam.

Interest in the CVL for industrial applications has also centered on the use of the CVL gain medium as an optical amplifier for a microscope system. Spontaneous emission from the CVL passes through a magnifying lens onto a sample. Some of the light which is reflected from the sample under study passes again through the laser where the light intensity is greatly amplified. This amplified signal can be projected onto a large screen where it can be viewed easily. At Oxford we have constructed a system which combines the functions of an optical projection microscope with a micro-machining capability. This combination has been used to score lines of a few micron resolution on silicon chips with very high positional accuracy.

A further display application has been developed by British Aerospace Training Division (ref. 3). A CVL is used to display computer generated graphic images onto a screen. The laser pulses are passed through an acousto-optic modulator and then spread in one dimension onto a screen. Each pulse spreads to generate one complete line of video information. A low frequency (50Hz) galvonometer mirror oscillates in the vertical plane to move down the position of the line focus between pulses. A total of 625 pulses then write a complete video frame and this is repeated 25 times each second. The laser pulse repetition frequency then has to be 15.625kHz.
This paper describes some of the applications which have advanced from the use of copper vapour lasers. There are many more and doubtless even more as yet unrealised.

Literature.

(1) G.A. Naylor, R.R. Lewis, A.J. Kearsley. Proceedings CLEO 89.
(2) G.A. Naylor, R.R. Lewis, A.J. Kearsley. Proceedings CLEO 86.
(3) S. Hiles, D. Denniel. Laser Focus, April 1989

# $O_2(^1\Delta)$ Generator Parameter Effect on the Operation of Coil

N.F.Balan, R.M.Guizatullin, M.V.Zaguidullin, V.A.Katulin, A.U.Kurov, V.D.Nikolayev, A.L.Petrov, V.M.Pichkasov, M.J.Svistun

Lebedev Physical Institute, USSR Academy of sciences, Kuibyshev branch, Kuibyshev, USSR

The procedure of parameter computation for a singlet oxygen generator (SOG) of the barbotage type is presented. On the basis of this procedure the SOG has been developed, the usage of which in a chemical oxygen-iodine laser (COIL) allowed to odtain the specific energy output $\approx 3$ joules/l at the optimum oxygen pressure $\approx 5$ tor. In the experiments $CH_3I$ was used as the atomic iodine donor.

In chemical oxygen-iodine lasers (COIL) the reaction of chlorination of hydrogen peroxide alkali liquor is used for ssnglet oxygen $O_2(^1\Delta)$ generation [1]. The most friquently in the COIL a chemical reactor of barbotage type is the source of $O_2(^1\Delta)$ [2÷7] . The main requirement to the $O_2(^1\Delta)$-generator is that the chlorine consumption was as full as possible, and the $O_2(^1\Delta)$-content considerably exceeded 15% of the full oxygen content. The presence of chlorine in the gas mixture at the outlet from the SOG must not lead to a considerable decrease of the amount of energy extracted from the singlet oxygen. These simple requirements must be considered as the basis of any SOG types development.

Let us show the result of satisfying these requirements for the SOG of barbotage type. The main features of the SOG operation may be considered within the frames of a simple model of the bubble regime of chlorine barbotage. Let it necessary to obtain oxygen with the pressure P and sufficiently high content of singlet oxygen at the outlet from the SOG of barbotage type. Then the time of the gas phase movement through the solution must satisfy the inequality $\tau \lesssim 1/P$, if it is assumed, that $O_2(^1\Delta)$ is deactivated mainly in the process of reaction $O_2(^1\Delta) + O_2(^1\Delta) \rightarrow O_2(^1\Delta) + O_2(^3\Delta)$ having a constant rate of $2\cdot 10^{-17} cm^3/s$. On the other hand the radius of a gas bubble must be sufficiently small so that the required degree of the chlorine consumption $R_0$ $C(D\ )^{1/2}$ may be achieved during the time $\tau$; here D $(cm^2/S) \approx 70/P(tor)$ is the diffusion coefficient of chlorine. The constant C depends on the required degree of the chlorine consumption and on the pattern of bubble growth during their rising to the surface. It may differ for continuous wave COILs and for pulsed COILs. Thus the simultaneous implementation of the two main requirements in barbotage type SOG results in limitation of the bubble size.

$$R_0 < \frac{8C}{P} \tag{1}$$

In the barbotage regime of a bubble chain the radius $R_0$ of a bubble in the moment of its breaking off and the volume rate of the gas flow q through a separate bubbler hole are related by expression [8]:

$$q \approx Ag^{1/2} R_0^{5/2} \tag{2}$$

or in vie of Eq (1):

$$q < Ag^{1/2} \left( \frac{8C}{P} \right)^{5/2} \tag{3}$$

where $A \approx 20$ is constant,

$g$- acceleration due to gravity.

When the volume rate of the gas flow above the solution in SOG is equal to Q then the number of holes necessary for the implementation of condition (1) must satisfy the requirement:

$$N = \frac{Q}{q} \frac{p}{p+\rho g h} > \frac{Q p^{7/2}}{8^{5/2} A g^{1/2} C^{5/2} (p+\rho g h)} \tag{4}$$

where $\rho$ the density of solution

$h$ -the height of solution layer.

It is obvious that if it is necessary to double the oxygen pressure then the number of holes must be increased more than 5 times. However if the pressure increasing is simultaneous with the decreasing of the evacuating velocity in SOG due to the introduction of gas-dynamic resistance at the SOG exit, then the required number of holes may be reduced.

For a sufficiently high content of the singlet oxygen the solution height over the bubble must satisfy the condition $h \approx U_s \tau < U_s/P$, where $U_s$ is the velocity of the bubble rising up to the surface. It is known 8 that the velocity of the bubble rising up to the surface has a weak dependence on its diameter and is equal to 20÷40 cm/s in the range of d=0,05÷1,0 cm.

The barbotage of bubbles of the required diameter will be steady on condition that the gas flow rate q through a separate bubbler hole is limited in accordance with Eq (3), and does not suffer considerable fluctuations. This condition may be satisfied when the pressure difference in the bubbler substantially exceeds possible pressure fluctuations in the growing bubbles, i.e. $P \gg \rho g h + 2\sigma/r$, where $\sigma$ is the coefficient of surface tension, and r is the radius of bubbler holes.

Practically it can be realized by the corresponding augmentation of the gas-dynamic resistance of a separate bubbler channel owing to the increase of the bubbler plate thickness and to the diminution of the diameter of its holes.

It is obvious that the distance between separate bubbler holes must satisfy the inequality $l > 2R_o$ that allows to avoid the coalescence of bubbles at the stage of their generation. Note that at the most dense spacing of the holes the bubbler area S satisfies the relation:

$$S > \pi N R_o^2 > \frac{Q \rho \pi}{R_o^{1/2} A g^{1/2} (P + \rho g h)} \qquad (5)$$

The realization of these simple principles made it possible to develop a pulsed COIL with the SOG of barbotage type operating in the range of oxygen pressure up to 10 tor [7]. The barbotage plate was a teflon disk of 100 mm - diameter and 15 mm - thickness having 750 holes of 0,3 mm diameter. The solution layer height was ~5 cm, and the pressure under the bubbler was more than 60 tor. The singlet oxygen concentration was increasing in the whole range of working pressures up to 10 tor and specific accumulated energy reached the value of ≈10 joules/litre.

In Fig.1 the specific energy output as the function of the oxygen pressure is presented, here $CH_3I$ was used as the atomic iodine donor. The maximum energy output was obtained at the oxygen pressure 4,2 tor and was equal to 2,2 joules/litre. At P>4,6 tor no generation was observed. In reference [7] it was supposed that the quenching of generation was caused by the deterioration of the chlorine consumption in SOG at higher pressures. The adding of $CH_3J$ led to dark yield of ICL and $I_2$-molecules which are efficient quenchers of $O_2(^1\Delta)$ and $I(^2P_{1/2})$. Probably, the quenching of generation was also caused by a thermal relaxation explosion when at a certain concentration of $Cl_2$ the yield of the quencher of $O_2(^1\Delta)$ increases ythe temperature of the gaseous mixture and the velocity of the quencher accumulation to such an extent that the heat removal to the tube walls is not fast enough to stabilize this process.

In order to improve the chlorine consumption in the next variant of SOG the barbotage plate diameter was increased up to 150 mm and the number of holes - up to 2000. In this case the generation with $CH_3I$ was observed all over the pressure range up to 10 tor (fig.1). The maximum specific energy output of 3 j/l was obtained at P≈5 tor. Then the percentage of energy extracted from the singlet oxygen exceeded 35%. The cause of the incomplete energy output is apparently the same: the dark yield of ICl and $I_2$ in the presence of chlorine. Therefore

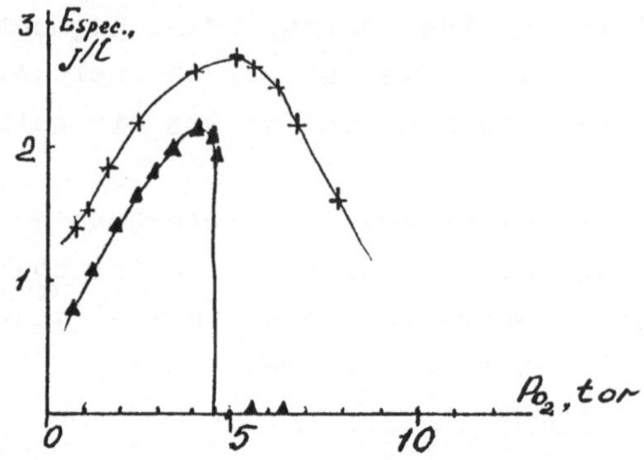


Fig.1. Specific energy output as the function of oxygen pressure
+ - bubbler diameter 150 mm
▲ - bubbler diameter 100 mm

the further augmentation of the specific energy output and the percentage of the energy extracted from singlet oxygen is possible owing to both the improvement of the chlorine consumption and the diminution of the time of the quencher dark accumulation. The latter can be achieved by realizing the development of a pulsed COIL with lateral circulation of the active medium.

Literature.

(1) Held A.M., Halko D.J., Hurst J.K., J.Amer.Chem.Soc., vol.100, p.5732-5740, 1978.
(2) Benard D.J., Mc.Dermott W.E., Pchelkin N.R., Bousek R.R., Appl. Phys.Lett., vol.34, p.40-41, 1979.
(3) Yoshimoto M., Yamakoshi M., Shibukawa Y., Uchigama T., J.Appl. Phys., vol.59, p.3965-3967, 1986.
(4) Bachar J., Rosenwaks S., Appl.Phys.Lett., vol.41, p.16-18, 1982.
(5) Bonnet J., David D., Georges E., Leporq B., Pigache D., Verdier C. Appl.Phys.Lett., vol.45, p.1009-1011, 1984.
(6) Basov N.G., Vaguin N.P., Kryukov P.G., Nurligaryeev D.N., Pazyuk V.S., Yuryshev N.N., J.Quantum Electronics, vol.11, p.1893-1894, 1984.
(7) Balan N.F., Guizatullin R.M., Katulin V.A., Kurov A.U., Nikolayev V.D., Petrov A.L., Pichkasov V.M., Svistun M.J., J.Brief Reports on Physics, vol.4, p.40-41, 1988.
(8) Kutateladze S.S., Nakoryakov V.E., Heat Exchange and Waves in Gas-Liquid Systems, Novosybirsk, Nauka Publ.H.,1984.

# Calculation of Energetic Characteristics of Chemical Oxygen-Iodine Laser for Homogeneous Field Resonators

V.N.Azyazov, V.I.Igoshin, V.A.Katulin, N.L.Kupriyanov

Lebedev Physical Institute, Academy of Sciences, Kuibyshev Branch, Kuibyshev, USSR

A theoretical model of the chemical oxygen-iodine laser (COIL), elaborated in works [1] and [2] allows to reveal the energetic characteristics dependence upon a great number of the active medium and resonator parameters. In the present work on the basis of reasonable assumptions a similarity criterion is introduced by means of which a laser efficiency can be easiby calculated. The elaborated approach makes it possible to reduce numerous dimensional parameters of the active medium resonator to several non-dimensional parameters. The optimization of the resonator length down the flow is also carried out.

The inverse population at the electron transition $^2P_{1/2} \rightarrow {}^2P_{3/2}$ of the iodine atom is due to the process:

$$O_2(^1\Delta) + I(^2P_{3/2}) \underset{K_2}{\overset{K_1}{\rightleftarrows}} O_2(^3\Sigma) + I(^2P_{1/2}) \qquad (1)$$

A detail kinetic scheme of physical-chemical reactions in the active media of COIL is presented in papers [1], [2]. In the present work it is assumed that the decay of electron excitation takes place in reactions of the following type:

$$I(^2P_{1/2}) + M_i \xrightarrow{K_i} I(^2P_{3/2}) + M_i + Q_i \qquad (2)$$

Then $H_2O$, $H_2O_2$, $Cl_2$, $O_2(^1\Delta)$ may serve as quenching components. The total rate of the electron excitation decay is summed up of several reaction velocities: $V = \sum_i K_i n_i n_{I^*}$ . Later on for short we'll use the following expression: $V = K_j n_j (1 + \sum_i K_i n_i / K_j n_j) n_{I^*} = K_j n_j n_{I^*} \ell$

Where $\ell = 1 + \sum_{i \neq j} K_i n_i / K_j n_j$

The gain coefficient $K(x)$ of the active media is expressed in such a way: $k(x) = \sigma (n_{I^*} - 0.5 n_I)$

where $n_{I^*}$ , $n_I$ are the concentrations of iodine atoms in conditions $^2P_{1/2}$, $^2P_{3/2}$; $\sigma$ - is the cross-section of the induced radiation; $x$ - is the coordinate with respect to the stream. The resonator optical axis of the length L is placed across the flow. In the present work it is assumed that the resonator maintains uniform intensity distribution all over its volume.

The field intensity in the resonator is limited by the mirror ray strength $J_{\ell r} \geq 10\ kW/cm^2$. Let us show that intensities have no inlluence on the value of $K(x)$ and that the gain coefficient value is fully determined by the velocities of direct and reverse transfer of electron excitation (reaction (1)). Indeed, the ratio of the velocity of the induced energy output at the level $I(^2P_{1/2})$ and the velocity of energy transfer to this level from $O_2(^1\Delta)$, $\sigma J/K_1 n_\Delta$, is less than one up to the field intensity values $J \approx 50$ kW/cm$^2$ (for $P_\Delta \simeq 1$ tor, $K_1 = 7{,}6 \cdot 10^{-11} cm^3/sec$), and this is much larger than the mirror ray strength. In the analogous way it may be shown that typical quenching velocities also have no significant influence on the $K(x)$ value. With regard of all this we have [2]: $n_{I^*} = n_{I_0} f$, $f = 1/[\frac{1}{K_p}(\frac{1+\alpha}{\eta_\Delta} - 1) + 1]$,

$K_p = K_1/K_2$, $n_{I_0} = n_{I^*}$, $\alpha = n^\circ_\Sigma / n^\circ_\Delta$, $\eta_\Delta = n_\Delta / n^\circ_\Delta$.

$n_\Sigma$, $n_\Delta$ - concentrations of oxygen in conditions $^3\Sigma$, $^1\Delta$;

$T$ - gas temperature;

later on the index (0) will indicate the value at the entrance into the resonator. For a relative fraction we may write the following equation (for the case when the flow rate of the quenching componet is constant in any tract section);

$$d\eta_\Delta/dx = -\ell K_j n_j n_{I_0} f/\varrho^\circ_\Delta (T/T_0)^2 - \sigma J n_{I_0}(3f-1)T_0/2T\varrho^\circ_\Delta \quad (3)$$

where $\varrho^\circ_\Delta = n^\circ_\Delta U$, U - gas velocity. Let us normalize the coordinate $x = \xi X_0$, $(X_0 = \varrho^\circ_\Delta / K_j n^\circ_j n_{I_0} \ell)$ and introduce a non-dimensional parameter $A = \sigma J / 2 K_j n^\circ_j \ell$, that represents the ratio of the induced output velocity and velocity of electron excitation decay. Then

$$d\eta_\Delta / d\xi = -f/\tilde{T}^2 - A(3f-1)/\tilde{T} \quad (4)$$

Note that the following relation is always valid:

$$\eta_\Delta(\xi = 0) = 1, \quad \tilde{T} = T/T_0$$

In the present work a stationary generation regime is considered. For the resonators with homogeneous field the condition of stationary generation is expresed by the following relation [3]:

$$\int_0^d K(x) d(x) = d(1-r)/2L \quad (5)$$

where d-resonator length along the flow

$1-r$ -transmission coefficient of the exit mirror.

Let us determine the laser efficiency $\eta$ as the ratio of the output energy of the laser radiation $W_r = J(1-r)d/2$ and the energy fed to the resonator inlet $W_0 = \varrho^\circ_\Delta L$ per unite of time.

By expressing J in terms of A using relation (5) we'll have:

$$\eta = A \int_0^\xi (3f-1)/\tilde{T}\, d\xi \quad (6)$$

The gas flow temperature at the adiabatic flow is described by the relation: $\tilde{T} = 1 + mQ(1-\eta_\Delta - \eta)/c_p$ (7)

where $m = 1/(c_p^{B} n_0^{B}/c_p n_\Delta^{0} + 1 + \alpha)$ - is degree of singlet oxygen dilution, $n^{B}$ - is concentration of buffer gas, $c_p$, $c_p^{B}$ are molar heat capacities.

Thus, the laser efficiency along the coordinate $\xi$ is estimated by means of a joint solution of equations (5)-(7). At this the solution practically depends only on a singlet parameter A. The Fig.1 the calculated values $\eta$, $\eta_\Delta$ for two values of the parameter A are presented.

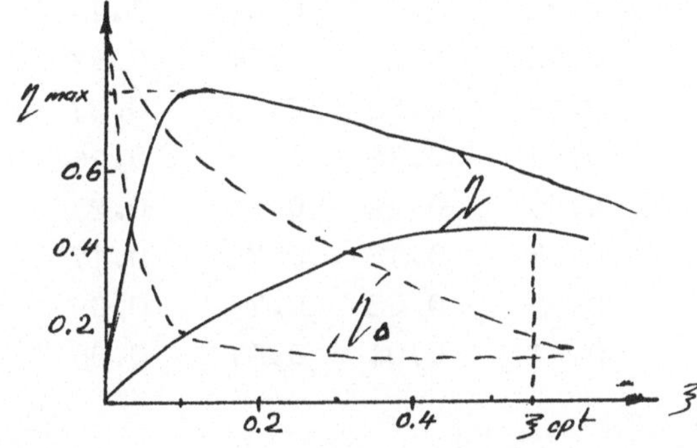


At $\xi = \xi_{opt}$ the peak (maximum) of the $\eta$ - curve is achieved. It is obvious that the resonator length $d_{opt.} = \xi_{opt.} X_0$ will be optimal at is very value of the A - parameter. Thus, if $d < d^{opt.}$ then energy output is below the normal value, if $d > d_{opt.}$ then the energy quenching occurs in reaction (2) at the region where $K(x) < 0$. In Table 1 the values of $\xi_{opt.}$ and $\eta^{max}$ for the A - parameter values A =0,2÷40 for isothermal and adiabatic cases are presented.

From this table it is evident that at A>50 $\eta^{max}$ tends to this possible limit. The heat emission in the laser track results in the increase of the resonator optimum length and in the decrease of maximum efficiency. Thus, for A=1 in the isothermel case - $\xi^{opt.}$=0,53; $\eta^{max}$ $\eta^{max}$=0,5 and in the adiabatic case - $\xi^{opt.}$=2,8; $\eta^{max}$=0,44.

Thus the offered approach with its assumptions allows to determine highest possible efficiency of the COIL and optimum resonator length along the flow.

Literature.

(1) V.N.AZYAZOV, M.V.ZAGUIDULLIN, V.I.IGOSHIN, N.L.KUPRIYANOV: Prenpint of the Phys.Institut of the Academy of Sgienc.,M.,1983,N199.
(2) N.G.BASOV, M.V.ZAGUIDULLIN,V.I.IGOSHIN, V.A.KATULIN, N.L.KUPRIYANOV. The Papers of Phys.Institute,171,30 (1986).
(3) S.A.LOSEV. Gas Transport Lasers. M., Science, 1977.

Table 1.

| A | Isothermal flow | | | | Adiabatic flow | | | |
|---|---|---|---|---|---|---|---|---|
| | $\alpha=0,\ T_0=300K$ | | $\alpha=0.2,\ T_0=1000K$ | | $\alpha=0,\ T_0=300K$ | | $\alpha=0.2,\ T_0=1000K$ | |
| | $\xi^{opt.}$ | $\eta^{max}$ | $\xi^{opt.}$ | $\eta^{max}$ | $\xi^{opt}$ | $\eta^{max}$ | $\xi^{opt}$ | $\eta^{max}$ |
| 0.2 | 0.95 | 0.2 | 0.94 | 0.12 | 12 | 0.2 | 2.8 | 0.12 |
| 0.4 | 0.8 | 0.32 | 0.82 | 0.19 | 7.2 | 0.29 | 2.1 | 0.19 |
| 0.6 | 0.68 | 0.4 | 0.71 | 0.25 | 4.9 | 0.36 | 1.6 | 0.25 |
| 0.8 | 0.6 | 0.46 | 0.65 | 0.25 | 3.6 | 0.41 | 1.3 | 0.28 |
| 1 | 0.53 | 0.5 | 0.6 | 0.32 | 2.8 | 0.44 | 1.14 | 0.32 |
| 2 | 0.36 | 0.63 | 0.42 | 0.42 | 1.2 | 0.54 | 0.67 | 0.41 |
| 4 | 0.22 | 0.72 | 0.28 | 0.49 | 0.52 | 0.63 | 0.37 | 0.48 |
| 6 | 0.17 | 0.75 | 0.22 | 0.53 | 0.31 | 0.68 | 0.26 | 0.51 |
| 8 | 0.13 | 0.77 | 0.18 | 0.55 | 0.22 | 0.71 | 0.2 | 0.54 |
| 10 | 0.11 | 0.78 | 0.15 | 0.56 | 0.17 | 0.73 | 0.17 | 0.55 |
| 20 | 0.06 | 0.82 | 0.09 | 0.59 | 0.08 | 0.77 | 0.09 | 0.58 |
| 40 | 0.04 | 0.83 | 0.05 | 0.61 | 0.04 | 0.81 | 0.05 | 0.6 |

# Lasernormung; Wege, Kosten, Nutzen

P. Greve, Carl Zeiss, Oberkochen und
K. Teske, Winsen, FR Germany

Bedingt durch die steigende Akzeptanz der Laseranwendungen gibt es immer mehr Anbieter für Gesamtsysteme, OEM-Laser, einzelne Baugruppen oder einzelne Komponenten am Markt. Davon zeugt unter anderem die heute eröffnete internationale Messe und Ausstellung. Der OEM-Kunde oder aber auch der Endverbraucher kann die sich daraus ergebenden Vorteile bei der Beschaffung in vielen Fällen jedoch nicht nutzen, da eine Vergleichbarkeit der Daten oft nicht gegeben ist.

Durch das sich verbreiternde Anwendungspotential werden andererseits auch neue Käufer- und Nutzerschichten angesprochen. Laser bzw. Lasersysteme sind heutzutage nicht mehr nur in der Hand des Physikers oder Laserspezialisten. Entsprechende Systeme werden von Technikern, Ingenieuren oder auch Medizinern genutzt. Der Erfahrungsaustausch wird jedoch oft schon durch einen mangelnden gemeinsamen Wortschatz erschwert. Dies sei anhand einfacher Beispiele erläutert:

Was verstehen wir z. B. unter dem Begriff "Lasergerät" oder "Lasersystem"? Es kann der reine Laserkopf sein oder aber der Laserkopf mitsamt den nötigen Versorgungseinheiten wie Netzgerät und Kühlsystem oder aber auch der Laserkopf mit den Versorgungseinheiten und ersten Überwachungs- und Regeleinheiten oder aber auch vielleicht die Gesamtanlage. Der Physiker im Labor wird hier sicherlich eine andere Antwort geben als der Ingenieur in der Fertigungsstraße oder aber der Mediziner im Operationssaal.

Was bedeutet "Strahldivergenz"? Ist der Winkel zwischen der Strahlausbreitungsrichtung und der asymptotischen Laserstrahlbegrenzung für die $1/e^2$-Punkte gemeint oder aber wie vielfach bei Halbleiterlasern spezifiziert, die Strahlbegrenzung bei dem halben Intensitätsmaximum oder aber vielleicht der Vollwinkel in Abstrahlrichtung? Je nach Anwendungsfall mag die Angabe einer kleinen Strahldivergenz oder einer großen Strahldivergenz aus Sicht des Herstellers wünschenswert sein. Fällt ein solches Datenblatt in die Hand eines Nutzers ohne spezielle Vorkenntnisse, so kann dieser jedoch oft gar nicht erkennen, was gemeint ist.

Als letztes lassen Sie mich den Begriff "Strahlqualität" erwähnen. Was versteht man darunter, was ist gemeint, wenn heutzutage von verbesserter Strahlqualität eines Lasersystems die Rede ist.? Vergleichen kann man nur, wenn die Begriffe klar sind und quantifizierbare Merkmale festgelegt wurden.

Jeder von uns war wahrscheinlich schon einmal in der Situation, ein komplettes Lasergerät samt Strahlführung und Optik zu kaufen, zu verkaufen bzw. zu entwerfen oder zu entwickeln. Dabei galt es dann stets eine Liste von Spezifikationen abzuhandeln, die ich hier einmal - ohne Anspruch auf Vollständigkeit - aufgelistet habe. Typische Datenblätter können, je nach Anwendung, viele weitere Angaben über das System enthalten. Es ist für alle Beteiligten, Käufer, Verkäufer, Entwickler, Anwendungstechniker, die Mitarbeiter in der zentralen Prüfabteilung und Qualitätssicherung usw. ein unschätzbarer Vorteil, wenn nicht bei jeder dieser Angaben hinterfragt werden muß, welche Definition oder welches Meßverfahren eigentlich zugrunde liegt. Nachdem ich anhand dieses fiktiven Beispiels verdeutlicht habe, welche sprachlichen, herstellungstechnischen, garantierechtlichen, prüftechnischen und haftungsrechtlichen Schwierigkeiten die heutige Situation mit sich bringen kann, möchte ich noch einmal zusammenfassend die Problemkreise umreißen, die sich daraus ableiten.

Es ist notwendig, die Begriffsbestimmung zu vereinheitlichen. Hervorzuheben ist die Eindeutigkeit fundamentaler Begriffe für alle Bereiche, sei es die Forschung, sei es die Anwendung, sei es die Meß- und Prüftechnik. In Diskussionen und Gesprächen muß der Entwickler mit den benutzten Worten und Begriffen das gleiche verbinden wie der Mann in der zentralen Prüfabteilung oder der Nutzer.

Viele Komponenten in Lasersystemen sind Verschleißteile im weiteren Sinne und müssen mehr oder weniger häufig ausgetauscht werden. Dies gilt insbesondere für die Bogen- oder Blitzlampen, welche einem natürlichen Verschleiß unterliegen. Aber auch die sogenannten passiven optischen Komponenten können bei den heutzutage möglichen hohen Laserleistungen beschädigt werden, sei es durch Unsauberkeiten auf der Oberfläche, erhöhte Leistungsdichten durch ungewollte Fokussierung oder unsachgemäße Behandlung. Sollen bei einem Auswechseln gewisser Komponenten die Spezifikationen des Gesamtsystemes erhalten bleiben, so müssen die Ersatzteile gleiche Qualität in den leistungsbestimmenden Merkmalen aufweisen.

Es wäre hilfreich, wenn für Komponenten eine gewisse Vereinheitlichung von geometrischen Maßen und Abmessungen erfolgen könnte. Dies würde die Austauschbarkeit und damit die Unabhängigkeit des Nutzers von eventuellen Lieferengpässen vermindern helfen. Ferner würde es helfen, durch wirtschaftlichere Fertigungsmethoden zu kleineren Stückzahlkosten zu kommen.

Unabdingbar ist, daß entscheidende Systemparameter in gleicher Weise definiert und angegeben werden. Was nützen Lebensdauerangaben, wenn jeder Hersteller bei der Angabe seines Wertes etwas anderes meint. Was nützen Leistungs- und Energieangaben, wenn sie bei vergleichbaren Systemen an verschiedenen Stellen gemessen werden, ohne daß dies dem Nutzer transparent ist. Entscheidend ist doch allemal die Strahlleistung oder Energie, welche direkt am Werkstück oder sonstigen Ort des Geschehens appliziert wird.

Eine große Herausforderung steckt in den Prüfverfahren. Es müssen Prüfverfahren für kritische Spezifikationen erarbeitet und festgelegt werden. Ansonsten ist eine Vergleichbarkeit von Spezifikationen wie "Strahlungsbelastbarkeit", "Sauberkeit" usw. nicht möglich. Bei unterschiedlichen Prüfverfahren können sich durchaus unterschiedliche Werte ergeben. So ist die Zerstörschwelle für eine optische Komponente sicherlich nicht nur von der Laserleistungs- oder Energiedichte abhängig, sondern auch davon ob im Dauerstrichbetrieb oder im gepulsten Betrieb gemessen wird, auch die Repetitionsrate und Pulsform kann in das Ergebnis eingehen.

Laserlicht bringt nicht nur Vorteile, sondern auch Gefahren mit sich. Deshalb umfaßt die Gerätesicherheit für Lasergeräte weitaus mehr als elektrische Sicherheit und mechanische Sicherheit. In hohem Maße ist die "optische Sicherheit" zu gewährleisten. Je mehr solche Geräte in Routineanwendungen vordringen, desto betriebssicherer müssen sie werden. Während es in der elektrotechnischen Industrie eine lang gepflegte und bewährte Tradition bezüglich der elektrischen Sicherheit von Geräten gibt, muß die optische Sicherheit von Geräten sicher in manchen Bereichen noch grundlegend erarbeitet werden.

Für viele Anwendungen im medizinischen Bereich z. B. geht es ja nicht nur darum den Benutzer zu schützen. Gleichzeitig soll ja der Patient kontrolliert "bestrahlt werden". Das heißt der "Laserschutz" im klassischen Sinne muß für den Patienten modifiziert werden. Hier müssen die entsprechenden Prüfstellen, die einschlägige Industrie und die Anwender bzw. übergeordnete Institute wie Laser-Medizin-Zentren eng zusammenarbeiten.

Zielvorstellung aller dieser Bemühungen könnte ein sogenanntes "Gerätequalitätssiegel" sein, welches z. B. besagt, daß alle aufgeführten Spezifikationen nach einer DIN-Grundnorm angegeben worden sind. Dies würde die Vergleichbarkeit von Datenblättern und Ergebnissen wesentlich verbessern.

Diese Problematik erkennend und aufgreifend wurde am 31. Oktober 1986 ein Arbeitsausschuß 'Laser' im Normenausschuß Feinmechanik und Optik des DIN gegründet. Dieser hatte zunächst vier Arbeitskreise:

1. 'Begriffe, Prüfgeräte und Prüfverfahren',
2. 'Optische Komponenten und Werkstoffe',
3. 'Systeme und Schnittstellen',
4. 'Laser in der Medizin'

Ergänzend wurde am 20./21. Oktober 1988 ein Arbeitausschuß 'Sicherheit optischer Geräte' gegründet.

Diese Arbeitsausschüsse im Normenausschuß Feinmechanik und Optik können und dürfen jedoch nicht alleine stehen. Auch in anderen Normenausschüssen gibt es Arbeitsausschüsse, Komitees oder Arbeitskreise, welche sich mit einzelnen Fragen der Lasertechnik und/oder Laseranwendung beschäftigen. So gibt es bei der DKE schon seit etwa 10 Jahren die Thematik der 'elektrischen Sicherheit von Lasergeräten', welche später in Richtung 'Strahlungssicherheit von Lasereinrichtungen' erweitert wurde. Im Normenausschuß 'Schweißtechnik' beschäftigt man sich mit anwendungsrelevanten Fragen. Auch in anderen Normenausschüssen, z. B. für Bühnenlaser, werden die eine oder andere wichtige Frage behandelt. Alle diese Arbeiten dürfen natür-lich nicht beziehungslos nebeneinanderstehen. Deshalb wurde die Koordinierungsstelle Laser bei der Geschäftsleitung des DIN installiert. In ihr sollen Fragen der gegenseitigen Abstimmung und Kompatibilität behandelt werden. Beratend steht dieser Koordinierungsstelle Herr Prof. Dr. Teske, Mitautor dieses Beitrages, bei.

Die nationalen Arbeiten werden getragen durch die ehrenamtliche Mitarbeit von Experten aus der Industrie, Instituten, von Verbänden, Berufsgenossenschaften, Prüfinstituten und Überwachungsvereinen. Finanziert werden die Arbeiten im wesentlichen aus Industriebeiträgen und in jüngster Zeit auch durch ein bewilligtes BMFT-Vorhaben. Dieses finanziert hauptsächlich vorbereitende Arbeiten, welche zur Ermittlung funktionsbezogener Leistungsmerkmale, einer einheitlichen Fachtechnologie, der Entwicklung und Erprobung von Prüfverfahren und weiteren vorbereitenden Entwicklungsarbeiten, welche notwendig sind, bevor die eigentliche Normungsarbeit beginnen kann.

Natürlich darf die Normungsarbeit auf einem Gebiet wie der Lasertechnik nicht auf die nationale Ebene beschränkt sein. Dies sei anhand der Warenflüsse im Jahre 1987 veranschaulicht (Abb. 1). Der Export und Import von Lasern aus der Bundesrepublik bzw. in die Bundesrepublik hinein hat mit der Europäischen Gemeinschaft die gleiche Größenordnung angenommen wie mit den USA. Auch die Warenflüsse von und nach Japan sind recht beträchtlich. Insgesamt gibt es eine große Verflechtung der einzelnen Warenflüsse, was einen internationalen Austausch von Informationen, Daten und Komponenten bedeutet. Einheitliche Sprachregelungen, Begriffe und

Standards können diesen Warenaustausch nur fördern.

Deshalb wurde von der europäischen Normenorganisation CEN die Unterkommission 'Laser und Laserausrüstung' genehmigt. Die Gründungssitzung des TC 123 'Lasers and Laser related Equipment' fand vom 21. - 23. Februar 1989 unter deutschem Vorsitz statt. Es wurden Arbeitsgruppen und vorbereitende Arbeitsgruppen gegründet, welche sich mit den Themen 'Grundlagen', 'Schnittstellen', 'Lasersicherheit' und 'Laser in der Medizin' beschäftigen. Zudem zwei Berichtsarbeitsgruppen zu den Themen:

'Lasersysteme für Anwendungen in der Medizin'

und 'Lasersysteme für allgemeine Anwendungen'.

Spätestens im Frühjahr 1990 soll dann auch die Arbeit auf internationaler Ebene im ISO TC 172 SC9 beginnen.

Will die Normung dem jeweiligen technischen Stand so schnell wie möglich Rechnung tragen, dann sind neue Verfahrenswege zum Normen unabdingbar. Es entspricht dem ausgesprochenen Willen der europäischen Regierung, die Normungsarbeit in die europäische Kooperation 'Eurolaser' zu integrieren. Da die 'Eurolaser-Projekte' jedoch meist Entwicklungsprojekte mit hochgesteckten technologischen Zielen sind, ist das Schlagwort der 'entwicklungsbegleitenden Normung' entstanden. Dieses Stichwort beinhaltet ein Verfahren, die vorbereitenden Arbeiten für die Normung in der Lasertechnik umfangreich und schnell zu bewerkstelligen. Die formalen Grundlagen bestehen bereits. So werden bei der Harmonisierung neuer EG-Rechtsvorschriften nur grundlegende Forderungen berücksichtigt. Die technischen Spezifikationen werden von den autorisierten Normengremien ausgearbeitet. Die entstehenden Normen dürfen nur unbeachtet bleiben, wenn ein anders gewählter Weg nachweislich die Grundanforderungen erfüllt.

Die Experten sollen ihre Expertise möglichst auf kürzestem Wege in eine europäische Vornorm (ENV) einbringen können. Hierbei gewinnt die Vereinbarung an Bedeutung, daß Normen nicht mehr auf dem in Deutschland üblichen allgemeinen Konsens entstehen, sondern daß Mehrheitsbeschlüsse wirksam werden können. Allerdings besteht diese Mehrheit nicht einfach aus dem Auszählen von Einzelstimmen, vielmehr entwickelte sich ein gewertetes System, welches die jeweilige wirtschaftliche Bedeutung berücksichtigt.

Unbegründet ist die Gefahr, daß die kurzfristige Ausarbeitung der ENV's zu länger gültigen Festlegungen in der Norm führt, welche nicht mehr die aktuellen Entwicklungen berücksichtigt. Die ENV muß nach drei Jahren geprüft werden, erst dann ist zu entscheiden ob sie geändert oder unverändert in eine europäische Norm (EN) übernommen wird. Die Einzelheiten dieses neuen Konzeptes sind in einigen Zeitschriftenartikeln und Grundsatzpapieren eingehend beschrieben /1,2/.

Die Kosten für die Normung können nur grob, z. B. aus dem Etat der Normeninstitutionen abgeschätzt werden. Natürlich läßt sich daraus kein pauschaler Wert speziell für die Normung der Lasertechnik gewinnen. Bei aller Unsicherheit kann jedoch angenommen werden, daß bei den bisherigen Verfahren jede Seite einer DIN-Norm Kosten von etwa 20.000,-- bis 30.000,-- DM verursacht. Davon sind ca. 90 % von der Industrie und dem Handwerk zu tragen.

Die entwicklungsbegleitende Normung in der Lasertechnik sollte jedoch zu deutlich günstigeren Zahlen führen. Verkürzte Bearbeitungszeiten sollten zu einer zeitlichen Entlastung der Firmenmitglieder und zu einer Minderung der Reisekosten führen. Besser geplante Büroarbeit und eine zentrale Bearbeitung der Normvorlagen könnte zu weiteren Kostenreduktionen beitragen. Andererseits muß bedacht werden, daß aus Zeitgründen zunächst sicher nach dem neuen Konzept mehr Seiten pro Jahr erarbeitet werden müssen. Dadurch nimmt die Belastung des Etats der hauptamtlichen Normungsmitarbeiter zu. Die zunächst vermehrten Seitenzahlen und damit Kosten gehen jedoch nach der Erarbeitung der dringlichsten Vorlagen zurück, vermutlich sogar unter die sonst üblichen Zahlen. Wie die spätere Kostenentwicklung nach der Konsolidierung der entwicklungsbegleitenden Normung verlaufen wird, hängt im Wesentlichen von der Weiterentwicklung der Lasertechnik und Laseranwendungen ab.

Schätzungen über den quantitativen Nutzen der Normung sind nur sehr schwer möglich. Aus einem Bericht anläßlich des 60jährigen Bestehens des dänischen Normungsinstitutes geht hervor, daß durch Handelshemmnisse jedem Land etwa 5 % des Industrieumsatzes als zusätzliche unnötige Kosten entstehen. Ein beachtlicher Teil dieses Betrages könnte durch sinnvolle, internationale Normung gespart werden. Der Nutzen einer internationalen Lasernormung liegt jedoch zunächst in einem Beitrag zum europäischen Binnenmarkt 1992. Die vielfältigen Einsatzmöglichkeiten von Lasern auf den verschiedensten Gebieten haben zu einer Einstufung der Lasertechnik als 'Schlüsseltechnologie' geführt. Hierdurch soll zum Ausdruck gebracht werden, daß sie nicht nur eine überragende technische Bedeutung besitzt, sondern auch wirtschaftliche und gesellschaftliche Änderungen bewirken kann. Deshalb sei hier durchaus ein Vergleich mit der datenverarbeitenden Industrie speziell mit den PC-Rechnern erlaubt. Der Siegeszug dieser Systeme in den verschiedensten unterschiedlichen Anwendungsgebieten konnte nur greifen durch eine Standardisierung von Begriffen und Sprachgebrauch, Schnittstellen und Verschleißteilen wie z. B. Disketten. Hätte jeder PC seine eigenen Schnittstellen und Diskettenformate, so wäre die heute bereits erfolgte Durchdringung von Wissenschaft, Technik und Anwendung nicht denkbar. Deshalb verbinden wir mit einer weltweiten Lasernormung die Hoffnung und Erwartung, daß der gesamte Lasermarkt mit einheitlichen technischen Regeln gestärkt wird. Damit sollten sich die technischen Vorzüge der Lasertechnologie auch verstärkt in wirtschaftliche und ökologische Vorteile umsetzen lassen.

Literatur:
CEN/CENELEC: Geschäftsordnung Ausgabe 1, Jan. 1988
K. TESKE: Laser-Normung: Die "Neue Konzeption", Laser Magazin 1/89, Seite 13 ff.

Abb. 1

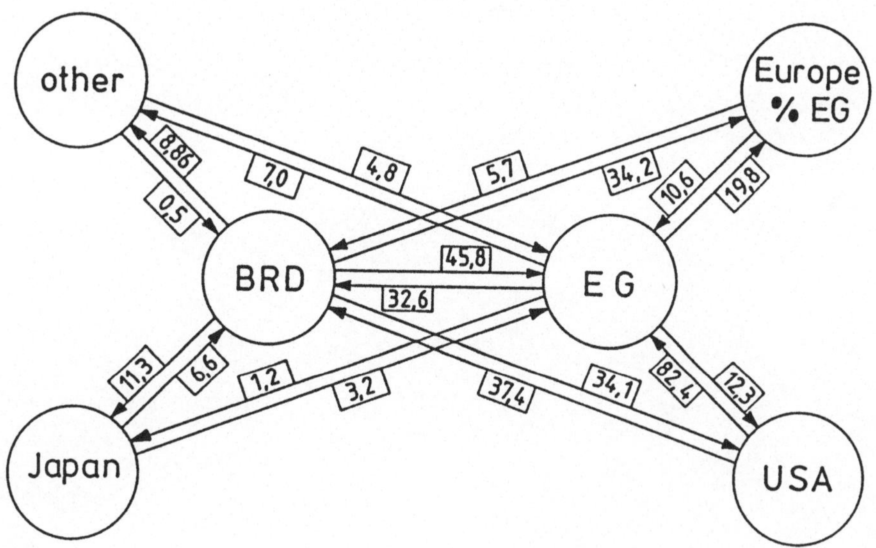

# 2. OE Mess- und Prüftechnik<br>OE Measuring and Testing

2.1 OE – Meßsysteme und Verfahren
OE – Measuring Systems and Applications

2.2 Holographische Interferometrie
Holographic Interferometry

# Dual-Wavelength Interferometer for Surface Profile Measuremts

S. Manhart[1)], R. Maurer[1)], H.J. Tiziani[2)], Z. Sodnik[2)],
E. Fischer[2)], A. Mariani[3)], R. Bonsignori[3)], G. Margheri[3)],
C. Giunti[3)], S. Zatti[3)]

[1)] MBB Space, P.O.Box 801169, D-8000 München 80 (FRG)
[2)] Inst. für Techn. Optik, Univ. Stuttgart, Pfaffenwaldring 9
[3)] Officine Galileo, I-50013 Campi Bisenzio / Firenze (I)

**Abstract**

The design and first experimental results of a dual-wavelength heterodyne interferometer (DWHI) for precise surface profile measurements are presented. The DWHI is based on a Mach-Zehnder type interferometer with the surface to be measured in the sensing arm of the interferometer. Two adjacent wavelengths are simultaneously used in the interferometer; the range information is gained from the beat frequency of both heterodyne interferometer signals. Thus, the extreme range ambiguity of classical interferometers and their sensitivity to mechanical distortions are reduced by the ratio of laser frequency to beat frequency. The DWHI is expected to have the good S/N performance a of coherent detection system but also the capability of measuring to diffusely scattering targets. The main features of the system presented here are:

- use of a single diode laser in combination with a high frequency Bragg cell to generate two adjacent wavelengths
- use of an all-fiber concept for the optomechanical build-up

**Introduction**

The need of remote sensors in manufacturing processes and in robotics has stimulated the development of refined techniques for 3-D mapping. The most frequently used techniques are: focused beam probing, triangulation, time-of-flight radar, and interferometry. Interferometry - without doubt - is the most sensitive one, but in general it requires smooth surfaces and a very stable build-up. To get rid of these restrictions dual-wavelength techniques can be applied[1]. Although dual-wavelength interferometry is known since years a novel approach using a Michelson type interferometer was presented by R. Dändliker et al.[2]. Two adjacent laser wavelengths are frequency shifted by acousto-optic modulators and are simultaneously passed through the interferometer. The heterodyne signals of both laser lines are electrically mixed and the resulting beat frequency is taken for the range evaluation.

In our approach the two adjacent laser lines for the DWHI are produced from a single laser source by passing the collimated beam through a high frequency Bragg cell. The diffracted beam is frequency shifted with respect to the undiffracted beam by the Bragg cell drive frequency. In another step we reduce alignment and backreflection criticalities and strive for a rugged and compact configuration by using an all-fiber optical concept.

**Principle of Operation**

The basic operation scheme of our DWHI is shown in Fig.1. Two laser beams of frequency $\nu 1$ and frequency $\nu 2$ are passed through the acousto-optic modulators AOM1 and AOM2. The diffracted beams are frequency shifted by f1 and f2. The four beams are distributed by mirrors and beamsplitters in a way that interferometric signals can be gained from $\nu 1$ and $\nu 1+f1$ and from $\nu 2$ and $\nu 2+f2$, $\nu 1$ and $\nu 2$ travelling via the target arm z and $\nu 1+f1$ and $\nu 2+f2$ travelling via the reference arm l. Photodetector D1 will provide the following signal:

$$I(t) = [a_1 + a_2 + a_3 + a_4]^2 \qquad (1)$$

$$\text{with } a_1 = A_1 * \exp i(2\pi\nu 1*t - 4\pi\nu 1*z/c)] \qquad (2a)$$

$$a_2 = A_2 * \exp i(2\pi\nu 2*t - 4\pi\nu 2*z/c)] \qquad (2b)$$

$$a_3 = A_3 * \exp i[2\pi(\nu 1+f1)*t - 4\pi(\nu 1+f1)*l/c)] \qquad (2c)$$

$$a_4 = A_4 * \exp i[2\pi(\nu 2+f2)*t - 4\pi(\nu 2+f2)*l/c)] \qquad (2d)$$

z is the target arm length, l is the reference arm length

By filtering the heterodyne signals of frequency f1 and f2 we get

$$I'(t) = 2A_1A_3*\cos(2\pi f1*t + 4\pi\nu 1*z/c) + 2A_2A_4*\cos(2\pi f2*t + 4\pi\nu 2*z/c) \qquad (3)$$

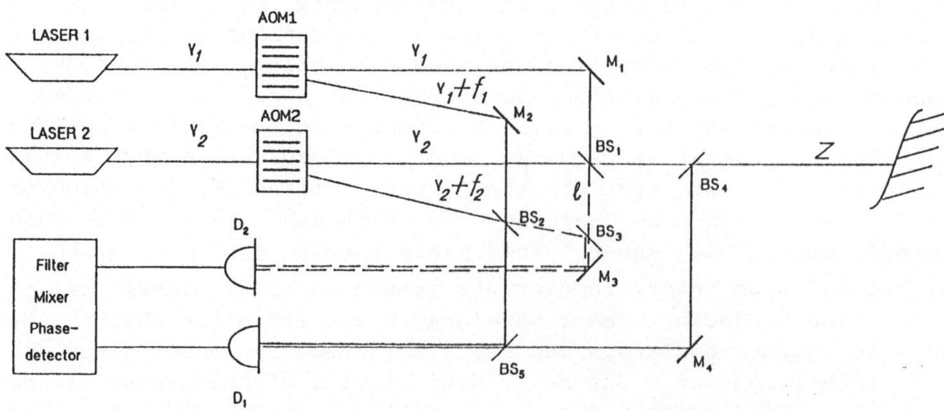


Fig. 1 Scheme of the Dual-Wavelength Heterodyne Interferometer

Both heterodyne signal are phase sensitive according to the laser wavelength.
Mixing both heterodyne signals and filtering the beat frequency yields

$$I''(t) = A''\cos[2\pi(f1-f2)*t + 4\pi(\nu1-\nu2)*z/c] \quad (4)$$

The phase sensitivity of the beat signal now is no longer related to the laser wavelengths but to a synthetic wavelength of

$$\Lambda = \frac{\lambda_1 * \lambda_2}{|\lambda_1 - \lambda_2|} \quad (5)$$

Photodetector D2 provides the phase reference signal.

The main problems in realizing a DWHI system are:
1) the coherence lengths of the laser lines and the mutual wavelength stability
2) the alignment of the laser beams
3) parasitic backreflections and straylight

**Laser Source**

Out of a large variety of possible laser sources[2] diode lasers are most attractive for a future DWHI because they are small, rugged, and low power consuming. It is however obvious that two independent laser diodes hardly can fulfil the mutual stability requirements for accurate measurements. If, for example, a range resolution of dz = 0.1 mm is strived for and a phasemeter resolution of $d\emptyset/2\pi = 3*10^{-4}$ is assumed the difference frequency of both laser lines should be $\nu1-\nu2$ = 500 MHz to have the maximum of range unambiguity. The mutual stability of both laser lines then has to be better than

$$d\nu = (\nu1-\nu2)*dz/\Delta z \quad (6)$$

$$d\nu = 150\ \text{kHz} \qquad \text{for } \Delta z = 300\ \text{mm measuring range}$$

In consideration that the frequency walk of a single mode GaAlAs laser diode with temperature and injection current is approximately:

$$d\nu/dT = 26\ \text{GHz/K}\ (d\lambda/dT = 0.06\ \text{nm/K}) \quad (7)$$

$$d\nu/dI = 3\ \text{GHz/mA}\ (d\lambda/dI = 0.007\text{nm/mA}) \quad (8)$$

it is evident that it would be extremely difficult to control two individual diodes to the mutual frequency stability required for a DWHI as described above. Therefore the more promising approach is to use only a single laser diode in combination with a high frequency Bragg cell. If, after passing the laser beam through the Bragg cell, the diffracted beam and the undiffracted beam are used for the DWHI both laser lines are correlated in frequency and phase.

Modern monomode laser diodes (e.g. Hitachi HLP 1400 or HL 8314) show stable single frequency emission at dc operation conditions. Fig.2 and Fig.3 show the spectral changes with temperature and injection current. Single frequency emission is obtained over a wide range of temperature and injection current.

Fig.4 shows the linewidth of the HL 8314 at its nominal injection current of 125 mA measured by a scanning Fabry Perot interferometer. Since the FP resolution was only 10 MHz it can be derived from Fig.4 that the laser linewidth is smaller than 10 MHz. A self-heterodyning experiment (Fig.5) gives a better resolution of the laser linewidth. It could be shown that the linewidth is about 2 MHz at 125 mA injection current (30 mW optical power output); it increases to 5 MHz when the injection current is decreased to 90 mA (15 mW output power). During the linewidth measurements the laser diode was stabilized within 10 mK in temperature and within 10 µA in injection current. Fig.6 shows the spectrum of the self-heterodyne signals at 125 mA and 90 mA laser diode injection current.

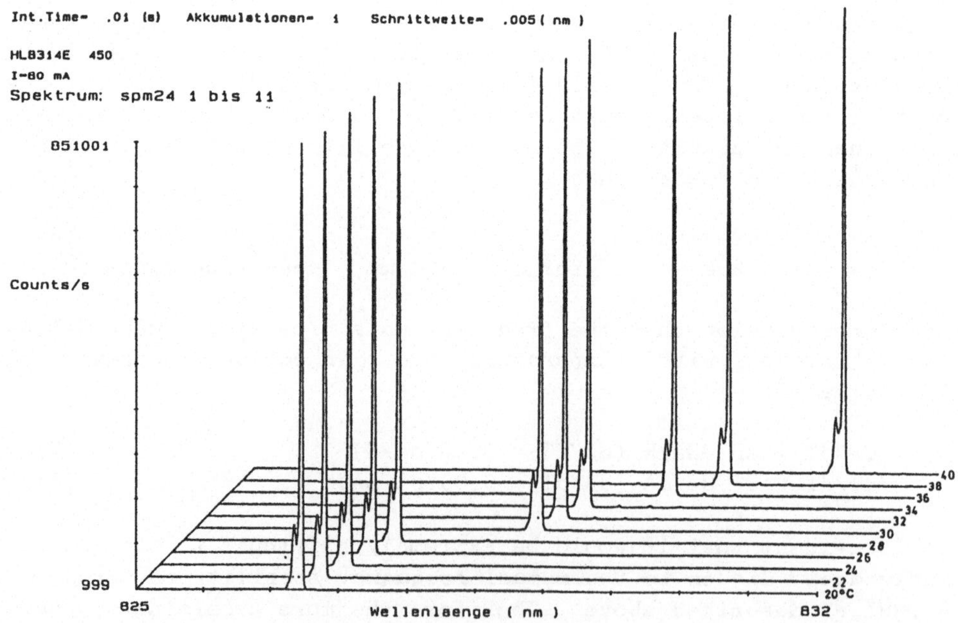


Fig. 2 Laser Diode Single Mode Operation and Spectral Walk with Temperature (Hitachi HL 8314)

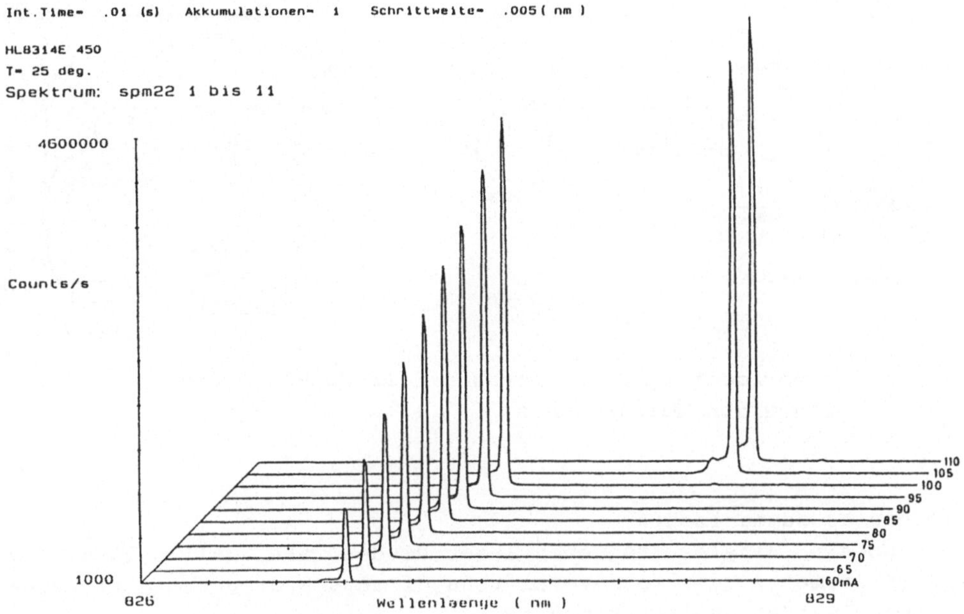


Fig. 3 Laser Diode Single Mode Operation and Spectral Walk with Injection Current (Hitachi HL 8314)

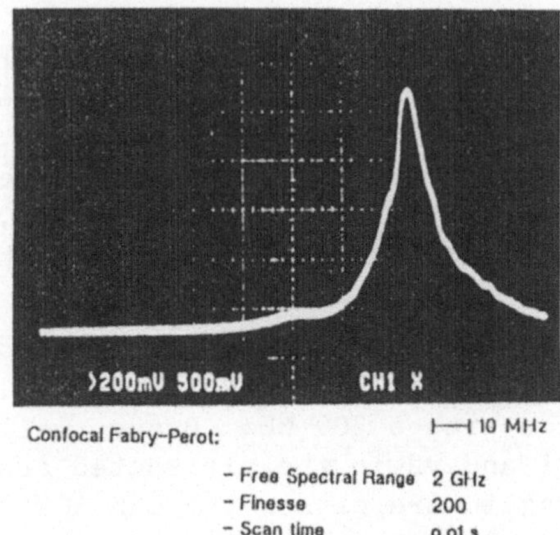


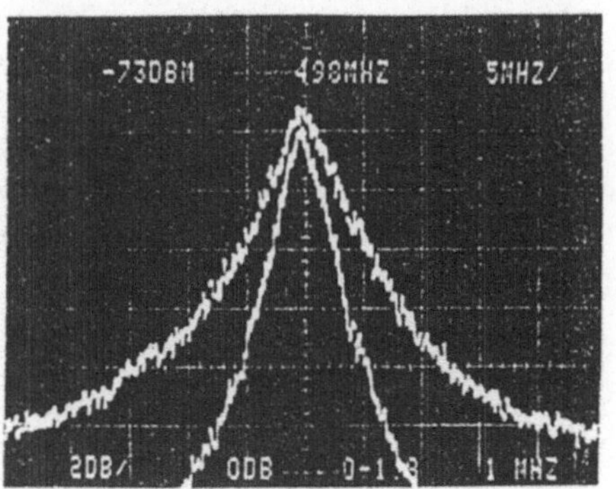


horizontal: 5 MHz/Div.
vertical: 2 dB/Div.

Fig. 4 Linewidth Measurement by a Scanning Fabry Perot Interferometer

Fig. 6 Linewidth Measurement by a Self-Heterodyning Experiment

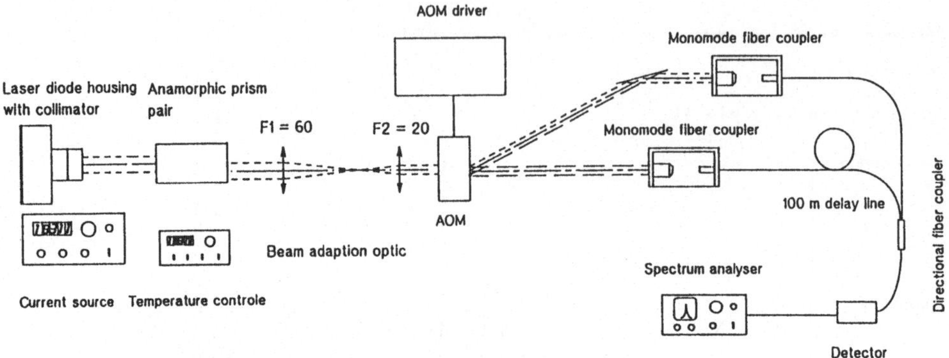


Fig. 5 Experimental Set-up for the Self-Heterodyning Linewidth Measurements

It can be summarized:

a) Modern single frequency laser diodes are well-suited for interferometry up to several tens of meters of path difference between target and reference arm.

b) For dual-wavelength interferometry it is more convenient to generate both wavelengths by passing one laser beam through a Bragg cell instead of controlling two independent sources.

## Optical Configuration

Single optical elements, e.g. beam splitters or quater wave plates, as used in former dual-wavelength interferometer set-ups, introduce the risks of non-perfect beam alignment and of parasitic straylight and backreflections.

Non-perfect beam alignement causes the speckle phases from rough surfaces in both beams to vary in an undefined way[3]. Thus, phase measurements to rough surfaces will be extremely critical. Reflections from optical surfaces can cause light to propagate from the reference arm to the target arm or vice versa. Thus, phase errors are introduced in the detector beat signal which strongly affect the ranging accuracy.

In our approach an all-fiber concept was chosen which is expected to remove the above risks. Fig.7 schematically shows the set-up. A single diode laser in combination with a 500 MHz Bragg cell provides two adjacent laser lines $\nu 1$ and $\nu 2$ in the diffracted and the undiffracted beam. Both beams again are passed through AOM's of f1 = 40.0 MHz and f2 = 40.1 MHz. The resulting beams are fed into monomode fibers. The directional fiber couplers DC1 and DC2 combine $\nu 1$ and $\nu 2$ in a target arm signal, and $\nu 1$+f1 and $\nu 2$+f2 in a reference arm signal. Part of the target signal and part of the reference signal are fed to detector D2 to provide the phase reference. A variable fiber delay line DL2 makes it possible to

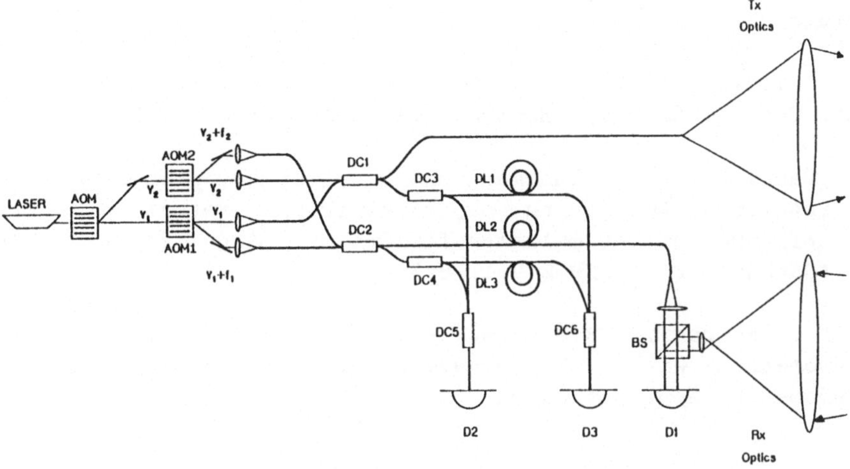


Fig. 7 Optical Configuration of the Dual-Wavelength Heterodyne Interferometer

extend the measuring range to larger distances than given by the laser coherence lenght. Detector D3 and the fiber delays DL1 and DL3 are part of an auxiliary fiber interferometer for system calibration. Intermittent switching between D1 and D3 during the measurements allows for compensation of electronic drifts and aging effects and makes absolute distance measurements at high accuracies possible.

**DWHI realization and outlook**

A breadboard of a DWHI is now being accomplished under an European Space Agency contract. First tests on monomode fiber coupling and signal mixing have already been performed. The results are encouraging. Laser to fiber coupling efficiencies of up to 70% have been achieved. Backreflections from fiber couplers are very low and presumably do not affect the measuring accuracy. Backreflections from other optical components and from fiber ends can be reduced significantly by using adequate coatings and surface tilts. We expect that the realization of the DWHI described in this paper is a significant step towards a versatile precise surface mapping system.

**Acknowledgement**

This work was performed under an European Space Agency contract. We would like to thank Mr. Ph. Roussel, ESTEC, for his helpful contributions to this work in which he is the technical manager. We also would like to acknowledge the assistance of Prof. Leeb, Inst. für Nachrichtentechnik, TU Vienna, in the assessment an selection of the laser sources.

**Literature**

1. H.J. Tiziani, "Real-time measurement in optical metrology", 5th Int. Congr. LASER'81, Munich 1981 (Conf. Proc. p.127)

2. R. Dändliker, R. Thalmann and D. Prongué, "Two-wavelength laser interferometer using super-heterodyne detection", 14th Congr. of the Int. Commission for Optics, Aug. 24-28, 1987, Quebec (Canada), B1.2 (SPIE Vol. 813)

3. A.F. Fercher, H.Z. Hu and U. Vry, "Rough surface interferometry with a two-wavelength heterodyne speckle interferometer, Appl Optics 24 (1985), 2181

# Heterodyn-Interferometer zur berührungslosen Weg- und Winkelmessung für industrielle Anwendungen

P. Drabarek, T. Pfendler, K. Winter
Robert Bosch GmbH
Postfach 10 60 50, D - 7000 Stuttgart 1

## 1. Einleitung

Die Aufgabe der vorgestellten Arbeit war die relative Bewegung des Drehelements eines Stellers gegen das schwingende Gehäuse zu vermessen.
Ein Heterodyn-Interferometer (HI), in dem das Laser-Dopplerverfahren /1-2/ benutzt wird, um Bewegungen von rauhen Objekten quer zur Beobachtungsrichtung zu messen, ist für die Lösung von solchen Problemen gut geeignet. Je nach Meßkonzept können mit dem Interferometer relativ schnell bewegte Objekte (im vorgestellten Fall 1.5 m/s) mit einer Wegauflösung von ca. 1 $\mu$m vermessen werden.

## 2. Meßprinzip

### 2.1 Laser-Dopplerverfahren

Für die Interferometrie ist es sinnvoll, das Laser-Dopplerverfahren als Phasenverschiebung einer Lichtwelle, die als Beugungsordnung eines optischen Gitters entsteht, zu betrachten. Für ein sinusförmiges bewegtes Phasenreflektionsgitter, für das nur zwei höhere Ordnungen (+1 und -1 ) existieren, gilt:

$$\varphi = (+/-)360 \cdot X/d \qquad (2.1.1)$$

wobei:

- $\varphi$ - Phasenverschiebung in Winkelgrad. Das Vorzeichen hängt von der Beugungsordnung und der Bewegungsrichtung der Verschiebung ab.
- X - Verschiebung des Gitters
- d - Gitterkonstante

Die Gitterkonstante, die Wellenlänge $\lambda$ und der Einfallswinkel $\alpha$ hängen folgendermaßen zusammen :

$$\sin(\alpha) = \lambda/d \qquad (2.1.2)$$

Wird z. B ein Gitter von zwei kohärenten Lichtwellen mit der Wellenlänge $\lambda = 0,6328$ $\mu$m unter den Einfallswinkeln $\alpha_1 = 18$ und $\alpha_2 = -18$ Grad beleuchtet, dann sieht ein Fotodetektor die relative Phasenverschiebung $\varphi_1$ von beiden gebeugten Wellen (Ordnung +1 und -1) nach der Formel:

$$\varphi_1 = 360 \cdot X \qquad (2.1.3)$$

In diesem speziellen Fall wird also eine Verschiebung des Gitters um 1 $\mu$m als relative Phasenverschiebung beider Lichtwellen um 360 Grad gemessen.

Eine rauhe Oberfläche ist ein stochastisches Amplituden-Phasengitter, das als eine Summe von sinusförmigen Gittern betrachtet werden kann. Das bedeutet, daß das auf dieser Oberfläche gebeugte Licht in der Fourier-Ebene räumlich aufgeteilt wird, wobei zu jedem Raumpunkt nur die Beugungsordnung kommt, die einem bestimmten Sinusgitter entspricht. Man kann sagen, daß ein schmaler Detektor, der in der Fourier-Ebene sitzt (praktisch weit genug von der Oberfläche), das Licht so sieht, als käme es von einem "sauberen" Sinusgitter. Auf Grund dieser Betrachtungen können drei wichtige Eigenschaften in Bezug auf die Weg- und Winkelmessung gezeigt werden:

a. Maßstab - es kann mit dem einfachen Abbildungsystem einer rauhen Oberfläche ein Maßstab (Sinusgitter) zugeordnet werden;
b. Erkenung der Bewegungsrichtung - das Meßsystem unterscheidet Verschiebung in positiver oder negativer Richtung;
c. Schmutzunempfindilchkeit - die Schmutzpartikel der Oberfläche sind, bis zu einer bestimmten Grenze, für einen Detektor in der Fourier-Ebene praktisch unsichtbar.

## 2.2 Heterodynphasenmessung

Das Prinzip einer Heterodynphasenmessung wird schematisch auf der Abbildung 1 gezeigt.

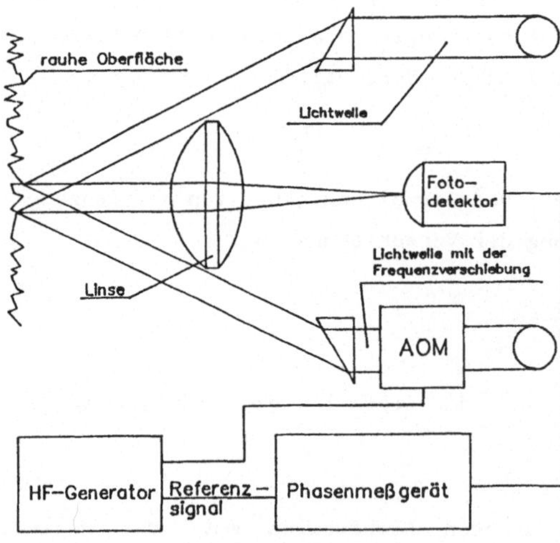


Abb.: 1 Heterodynphasenmessung

Mit Hilfe z. B. eines akustooptischen Modulators (AOM) wird die Frequenz einer von zwei zur Oberfläche kommenden Lichtwellen verschoben. Die entsprechend gebeugten Wellen interferieren und beleuchten einen Fotodetektor. Infolge des Frequenzunterschiedes wird die Lichtintensität sinusförmig moduliert, wobei die Frequenz und die Phase dieser Modulation dem Frequenz- bzw. Phasenunterschied der beiden Lichtwellen entspricht. Die Phasenmessung wird in einem Phasenmeßgerät realisiert, welches Fotodetektor-und Referenzsignal vergleicht. Die Heterodynphasenmessung erlaubt prinzipiell, eine Auflösung von 360/1000 Winkelgrad zu erreichen. Dies ist jedoch nur für langsame Bewegungen möglich. Für den Fall aber, daß eine Auflösung von 360 Grad (entspricht in unserem Beispiel 1 $\mu$m Wegauflösung) ausreichend ist, läßt sich auch ein Meßsystem für schnell bewegte Objekte realisieren.

## 2.3 Fehlerbetrachtungen

Es wurde gezeigt, daß einer rauhen Oberfläche ein sinusförmiger Maßstab zugeordnet werden kann. In Wirklichkeit kann es passieren, daß an bestimmten Stellen dieser Oberfläche die Amplitude des ausgewählten Sinusgitters so gering ist, daß praktisch kein Licht zum Fotodetektor gelangt. Durch einen starken Laser können diese Effekte verringert werden.

Bei genauen Messungen sollten alle Fehlerursachen, die für Interferometrie bedeutend sind, beachtet werden.

Bei der Meßgeometrie ist zu beachten, daß die Bewegungsrichtung und die optische Achse beider Lichtstrahlen in der gleichen Ebene liegen.

## 3. Meßaufbau eines HI zur Weg- und Winkelmessung

Der Meßaufbau eines HI wird in Abbildung 2 präsentiert.

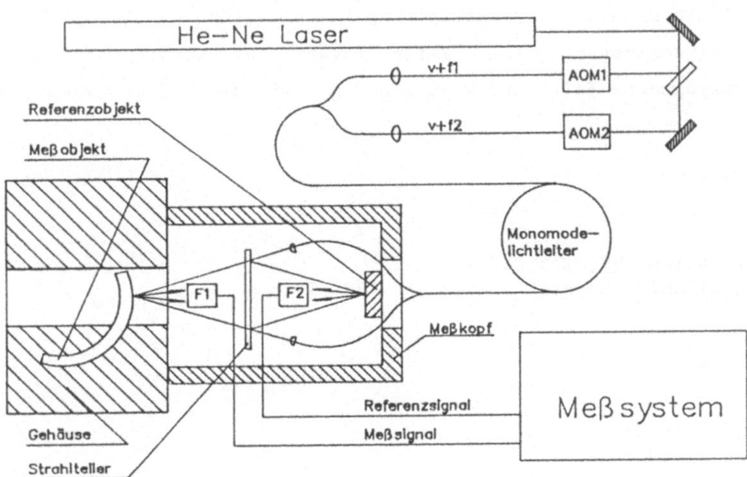


Abb.: 2 Heterodyn–Interferometer zur Weg– und Winkelmessung

Der Strahl eines 30-mW-He-Ne-Lasers wird in zwei Komponenten aufgeteilt. Zwei akustooptische Modulatoren ($AOM_1$ und $AOM_2$) verschieben die Lichtfrequenz $\nu$ von beiden Strahlkomponenten jeweils um $f_1 = 80$ MHz bzw. $f_2 = 85$ MHz. Der relative Frequenzunterschied beträgt also 5 MHz. Über Monomode-Lichtleiter wird das Licht zum Meßkopf geführt. Der Meßkopf ist so konzipiert, daß äußere Störungen und auch Schwingungen des Gehäuses des Meßobjekts sich zum großen Teil kompensieren. Dies wurde folgendermaßen erreicht:

Die ausgekoppelten Lichtwellen treffen zuerst auf einen Strahlteiler, der als eine Symmetrie-Ebene des Meßkopfes angesehen werden kann, und beleuchten denselben Fleck jeweils des Meßobjekts und des Referenzobjekts. Das gestreute Licht beleuchtet entsprechend einen Meß- und einen Referenzfotodetektor ($F_1$ und $F_2$). Das Referenzobjekt ist fest mit dem Gehäuse des Meßkopfes verbunden, der seinerseits mit dem Gehäuse des zu vermessenden Gerätes verbunden wird. In diesem Fall entspricht der gemessene Phasenunterschied zwischen Referenz- und Meßsignal dem Bewegungsunterschied zwischen Meßobjekt und Gehäuse.

Mit dem oben beschriebenen Meßsystem wurden die Untersuchungen der Funktion von verschiedenen Stellern durchgeführt. Es wurden die Bewegung (Drehwinkel) und die Schwingungen des Drehelements gemessen. Die Wegauflösung beträgt 1 $\mu$m und die maximale Geschwindigkeit der Bewegung 1,5 m/s. Der Meßfehler bisher durchgeführter Messungen lag unter +/-0,62 % bei einem Meßweg von ca. 1 mm. Bei jeder Messung wurden 1024 Meßpunkte ausgewertet. Die Schwingungen des Gehäuses - Amplitude ca. 40 $\mu$m, Frequenz 100 Hz - wurden durch die Referenzanordnung kompensiert.

## 4. Zusammenfassung

Mit dem hier vorgestellten Heterodyn-Interferometer ist es gelungen, die berührungslose, dynamische Drehwinkelmessung eines Teils relativ zum schwingenden Gehäuse durchzuführen. Die vorgegebene Zeit- und Wegauflösung sowie die Meßgenauigkeit wurden dabei erreicht.

Literatur.

(1) P. ZERVOS: PTB-Mitteilung 98, 115 (1988)

(2) H. MEERKAMM, G. HILTSCHER: Kongreß SENSOR'88, 187 (1988 Nürnberg)

# Laser-Mess-Systeme. Anwendungen und Erfahrungen in der Qualitätskontrolle und Fertigung

M. Ring
Georg Fischer AG, Messtechnik
CH-8201, Schaffhausen / Schweiz

## 1. Einleitung

Die Zuverlässigkeit und Lebensdauer eines Produkts ist dann gewährleistet, wenn die entsprechende Qualitätsprüfung im Fertigungsbereich durchgeführt wird. Der Fortschritt in der Lasertechnik hat wesentlich dazu beigetragen, dass die optische Abtastung nicht nur in den Labors, sondern auch unmittelbar im Fertigungsbereich zur Messung von Werkstücken herangezogen wird. Hier kommt die Entwicklung optoelektronischer Verfahren dem steigenden Bedarf an flexiblen, hochgenau und schnell arbeitenden Messeinrichtungen entgegen.

## 2. Laser-Mess-Systeme

### 2.1 Schattenprojektionsverfahren

Wird ein Gegenstand mit einem parallelen Licht angestrahlt, erzeugt dieses einen mehr oder weniger genauen Schatten. An der Schattengrenze sind abwechslungsweise helle und dunkle Streifen erkennbar, die parallel zur Objektkontur verlaufen. Diese Erscheinung ist darauf zurückzuführen, dass Licht z.B. an der Kante eines Werkstückes von der geradlinigen Ausbreitung abweicht (Abb. 1). Dadurch ergibt sich eine Umverteilung seiner Intensität, es kommt zu Interferenzmustern, d.h. zu den oben erwähnten streifenförmigen Hell-Dunkel-Zonen.

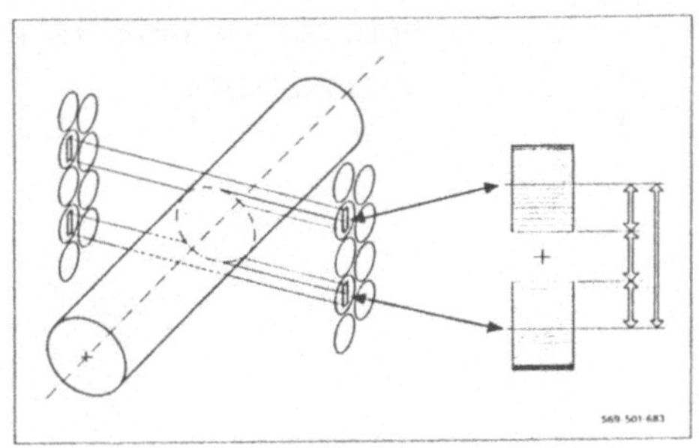

**Abb. 1: Lichtbeugung an der Objektkontur**

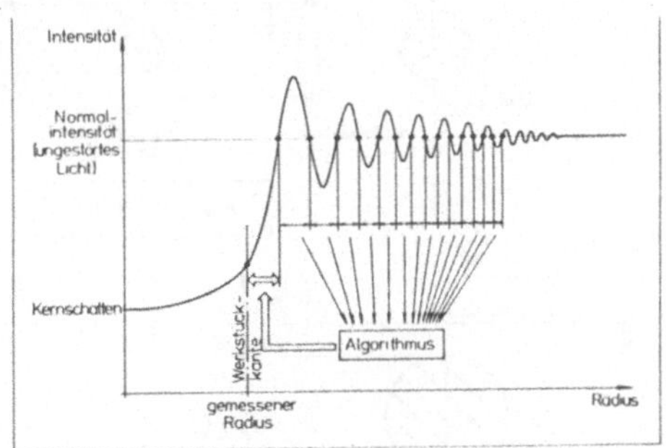


**Abb. 2: Rechnergestützte Analyse der Beugungsstruktur**

Man spricht von einem Beugungsmuster, das beim Laser - eine Folge seiner Kohärenz - besonders ausgeprägt ist.
Es hat sich herausgestellt, dass im Intensitätsverlauf und in der Lage einer Beugungsstruktur jene Informationen stecken, die für die Messtechnik von Interesse sind. Aus den gemessenen Lichtintensitätskurven (Abb. 2) lässt sich genau und reproduzierbar der Ort der beugenden Kante im µ-Bereich bestimmen.

**Abb. 3:**
**Optoelektronisches Mess-System OMS-C für rotationssymmetrische Werkstücke**

## 2.2 Zeitkorrelationsverfahren (Laser-Scanner)

Dieses System sendet einen scharfgebündelten Laser-Lichtstrahl (He-Ne-Laser) parallelgerichtet und kontinuierlich durch den Abtastbereich. Eine Fotozelle ermittelt die Zeitdauer der Unterbrechung des Strahlengangs - z.B. durch ein Messobjekt -, die dann eine Auswerteelektronik in lineare Masseinheiten umwandelt (Abb. 4).

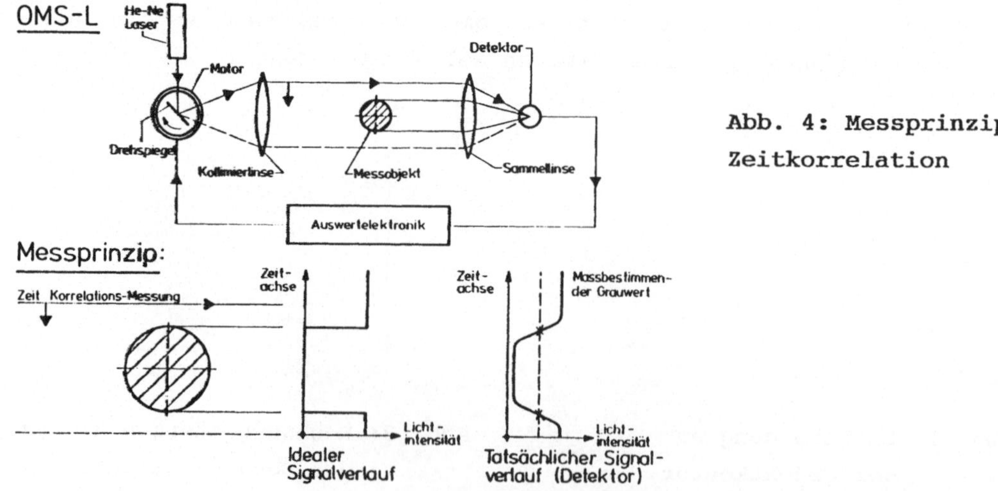


Abb. 4: Messprinzip Zeitkorrelation

Ein inkrementales Linear-Mess-System dient zur Positionierung des Werkstückes und zur Ermittlung der Messwerte für Längsmasse. Mittels Zeitkorrelationsmessung des Laser-Scanners und Messung mit inkrementalem linearen Längsmess-System werden Durchmesser, Längsmasse, Winkel und Gewindeprofile erfasst (Abb. 5).

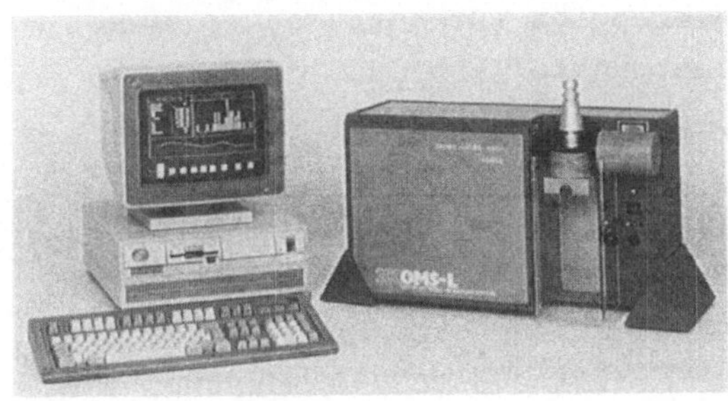


**Abb. 5:**
**Optoelektronisches Mess-System OMS-L für rotationssymmetrische Werkstücke**

## 2.3 Triangulationsverfahren

Die Vermessung eines Profilpunktes erfolgt mit Hilfe der Lasertriangulation (Abb. 6).
Der vom Spiegelrad abgelenkte Laser-Messstrahl überstreicht in Streifen (Scans) die Oberfläche des Profils, eine Kugelkalotte oder die Brennkammer eines Zylinderkopfes (Abb. 7 und 8).

MEASURING PRINCIPLE: Triangulation

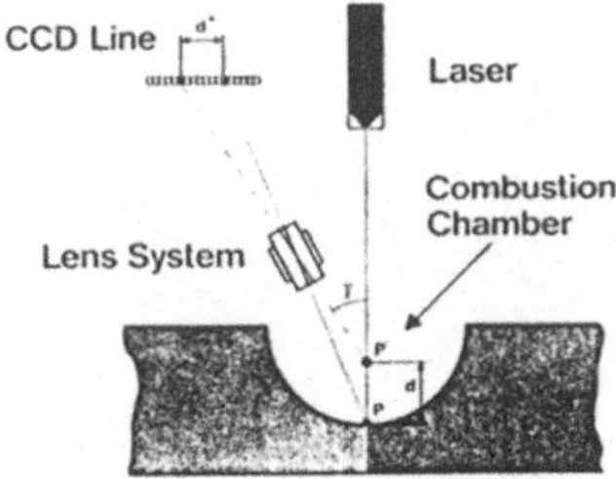


Abb. 6: Messprinzip Triangulation

Laser Beam Scanning

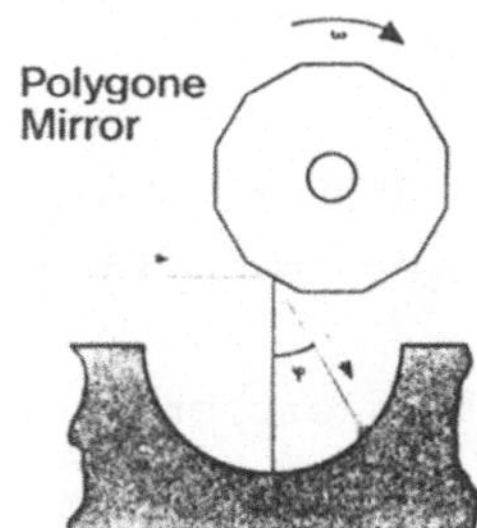


Integration

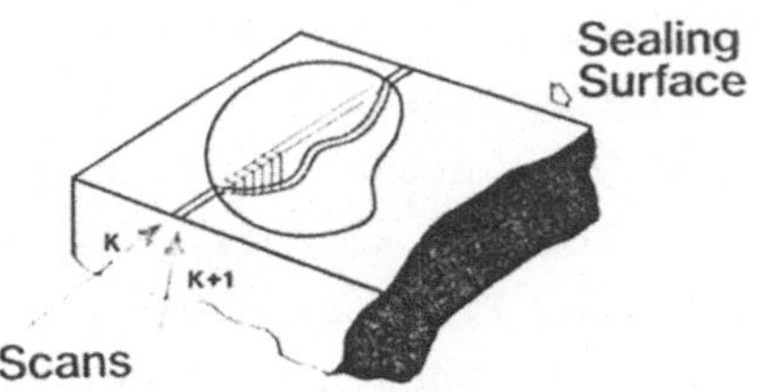


Abb. 7, 8:
Scanning

Die Reflexspur wird von zwei CCD-Kameras, die in bestimmter optischer Anordnung zum Messobjekt stehen, erfasst. Aus der Lage der Lichtspur im CCD-Bild und aus der Drehlage des lichtablenkenden Spiegelrades ergibt sich die Koordinate des bestrahlten Profilpunktes.
Die Dichte der Scans und der Abstand der Messpunkte kann variiert werden. Bei der Abtastung eines Zylinderkopfes (Brennräume) ergeben sich z.B. ca. 100.000 bis 200.000 Abtastpunkte (Abb. 9).

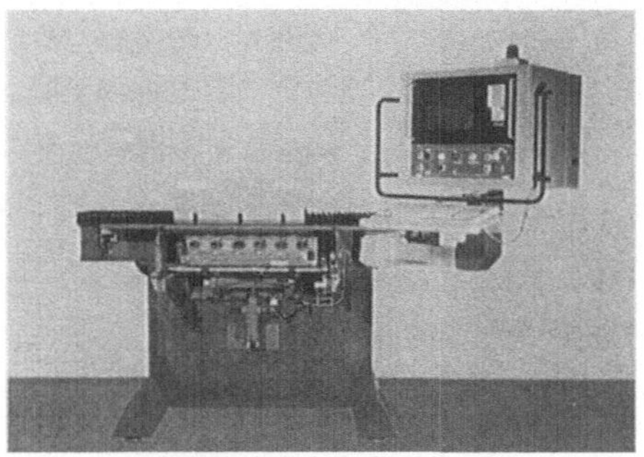

**Abb. 9:**
**Optoelektronisches Mess-System OMS-P für Profil-und Volumenmessung, z.B. Brennraum-Messung (Zylinderkopf)**

## 3. Praktische Anwendungen

## 3.1 Optoelektronisches Mess-System OMS-C

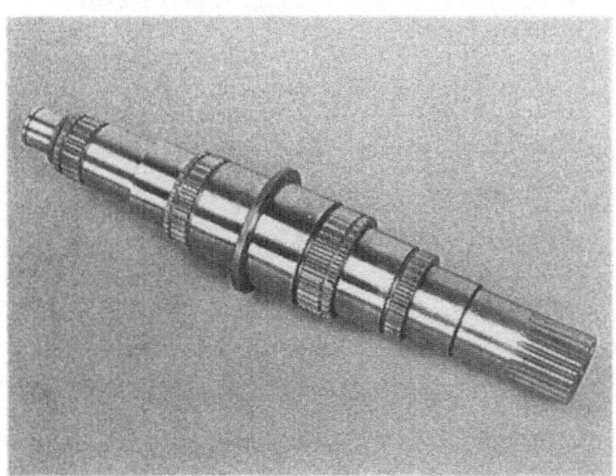

| | |
|---|---|
| **KUNDE / WERKSTÜCK:** | **Produktion/Getriebewellen-Familie** |
| **MESSAUFGABE:** | Schulterlängen, Durchmesser, Einstichtiefe, Einstichbreite, Rundlauf, Rundheit, Planlaufmessung |
| **PROBLEMATIK:** | 1. Vollautomatische, flexible Fertigungszellen fordern umrüstfreies, hochpräzises Mess-System zur Prozesssteuerung.<br>2. 100% Endkontrolle erfordert umfangreichen Messmittel und Zeitaufwand. |
| **+GF+ PROBLEMLÖSUNG:** | 1. OMS-C mit vorgeschalteter Reinigungsmaschine |

und automatischer Beschickung sowie autom. Werkzeugkorrektur und Umgebungstemperaturkompensation.

2. OMS-C als Einzelmaschine im Messraum. Aufgrund der Umrüstfreiheit können wahllos Einzelstücke verschiedenster Konfiguration ohne Zeitverlust vermessen werden.

| | |
|---|---|
| WIEDERHOLSTANDARD-ABWEICHUNG: | Nach DIN 1319, Teil 3 (20°C)<br>s = 0,5 µm bei Durchmessermessung<br>s = 1 µm bei einer Schultermessung |

## 3.2 Optoelektronisches Mess-System OMS-L

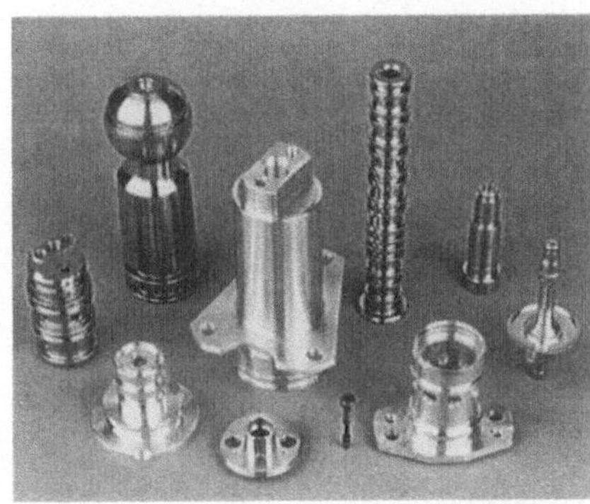

| | |
|---|---|
| KUNDE / WERKSTÜCK: | **AUTOMATENDREHEREI (Fertigung, Montage)**<br>Div. Kleindrehteile aus Messing, Kupfer, Stahl und Kunststoff |
| MESSAUFGABE: | Durchmesser-, Längen-, Kegel-, Einstich-, Radien-, Gewindemessung; Bestimmung von Rundlauf, Rundheit, Koaxialität und Zylindrizität. |
| PROBLEMATIK: | • hohe Kapitalbindung durch werkstückspezifische Messvorrichtungen, schwierige Prüfmittelüberwachung<br>• Lohnintensive, aufwendige und langsame Prüfung von aufwendigen Radien, Einstichen und Kegel mit Hilfe von Lehren und/oder Profilprojektor.<br>• statistische Auswertung von Fertigungslosen zur Optimierung des Fertigungsprozesses<br>• 100%-ige Protokollierung von Hochsicherheitsteilen zur Auslieferung |

| | |
|---|---|
| +GF+ PROBLEM-LÖSUNG: | OMS-L 200 mit Drehachse, Dynamik-, Profil- und Gewindemessprogramm, div. Spannmitteln und SPC-Kopplung (MEFASS).<br>Die gemessenen Daten können nach Abschluss des Prüfauftrages an den jew. SPC-Arbeitsplatz über IBM-Netzwerk transferiert werden. |
| MESSBEREICH: | • Durchmesser 0 bis 49,5 mm<br>• Länge 200,0 mm |
| WIEDERHOLSTANDARD-ABWEICHUNG: | Nach DIN 1319, Teil 3 (20°C)<br>s = 1 µm bei Durchmessermessung<br>s = 5 µm bei einer Schultermessung |

## 3.3 Optoelektronisches Mess-System OMS-P

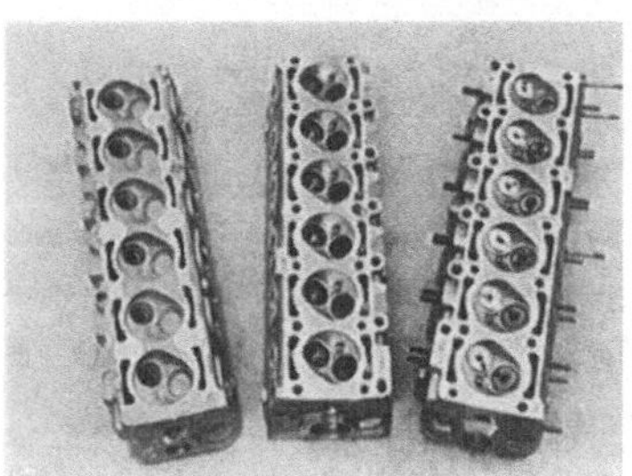

| | |
|---|---|
| KUNDE / WERKSTÜCK: | ZYLINDERKOPFGIESSEREI (Fertigung, Montage)<br>Gussrohling, 6 Brennraumkalotten |
| MESSAUFGABE: | Bestimmung der einzelnen Brennraumvoluminas, Ebenheit und Lage der Dichtfläche zu den Referenzpunkten. |
| PROBLEMATIK: | Volumenbestimmung (Auslitern) am Rohling nicht möglich. Messdatenermittlung zur Prozesssteuerung. |
| TAKTZEIT: | ca. 5 Minuten |
| +GF+ PROBLEMLÖSUNG: | OMS-P 800 mit manueller Beschickung.<br>Ermittlung der Brennraumvoluminas, Dichtflächenparameter und Brennraumprofiles durch optoelektronisches Abscannen. |
| MESSZEIT: | ca. 2 Minuten pro Zylinderkopf |
| WIEDERHOLSTANDARD-ABWEICHUNG: | Nach DIN 1319, Teil 3 (20°C)<br>s = 0,05 $cm^3$ bei Volumenmessung |

# Triangulationssensoren für Roboteranwendungen

G. Seitz, G. Jahn, H. J. Tiziani
Institut für Technische Optik
Pfaffenwaldring 9
7000 Stuttgart 80

Viele Meß- und Prüfprobleme in Fertigung und Montage sind durch reine Grauwert-Bildverarbeitung nicht befriedigend zu lösen, weil hier nur ein informationsreduziertes zweidimensionales Abbild der real dreidimensionalen Szene als Informationsbasis zur Verfügung steht. Dreidimensionale Objektinformation bietet hingegen ein wesentlich höheres Informationspotential und ermöglicht neben völlig neuen Lösungsansätzen auch weniger aufwendige Lösungen von Standardproblemen /1/.

Zur dreidimensionalen Objekterfassung werden punkt- und flächenhaft arbeitende Verfahren eingesetzt. Punktverfahren gewinnen Abstandsbilder durch zeitsequentielle Meßpunkterfassung, wohingegen flächenhafte Verfahren auf zeitlich paralleler Erfassung von 3-D-Information beruhen /2/. Die folgenden Ausführungen beschränken sich ausschließlich auf punktorientierte Verfahren. Bild 1 zeigt einige punktorientierte, für Roboteranwendungen geeignete Abstandsmeßverfahren.

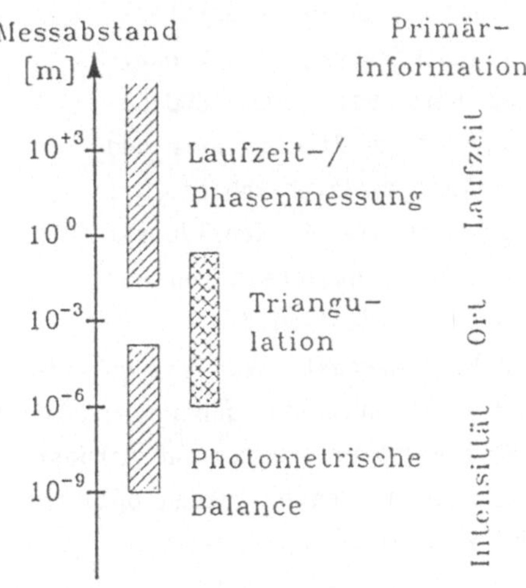


Bild 1: Abstandsmeßverfahren für Roboteranwendungen

Photometrische Balance-Verfahren basieren auf optischer Pupillen-Triangulation; die Auflösung hängt also direkt von der Apertur des Meßsystems ab. Da große Aperturen im allgemeinen nur bei geringen Objektweiten unter vertretbarem Aufwand realisierbar sind, ist der Anwendungsbereich auf kleine Objektabstände begrenzt.

Laufzeit bzw. Phasenmeßverfahren basieren auf der zeitlichen Vermessung eines modulierten Lichtsignals /3/. Die obere Meßbereichsgrenze wird durch das Signal/Rauschverhältnis der Detektionsmimik bestimmt und kann bei günstigen Intensitätsverhältnissen, etwa bei Verwendung von Retroreflektoren, mehrere tausend Kilometer betragen. Die untere Grenze scheint durch die technischen Möglichkeiten zur Auflösung von Signallaufzeiten im Pikosekundenbereich gegeben zu sein. (Laufzeit für 1mm: 6 ps). Der für Roboteranwendungen interessante Bereich zwischen 1 µm und 1 m wird voll durch die optische Triangulation abgedeckt /4/.

Eine in diesem Zusammenhang interessante Eigenschaft der Triangulation liegt darin, daß der Kompromiß zwischen Auflösung und Meßbereich direkt durch Wahl der Triangulationsbasis vorgegeben werden kann (Bild 2). Die Z-Auflösung der Triangulation ist also unter Annahme eines der Basis entsprechenden Meßabstandes gleich dem doppelten Produkt aus Basis und Winkelauflösung des Detektionssystems. Die im Beispiel angegebene Winkelauflösung wird bei einem CCD-Detektor mit 10 µm Pixelperiode und einem Abbildungsmaßstab von ca. 3:1 erreicht, wenn die Punktbildposition mit einer Genauigkeit von nur einem Pixel aufgelöst wird.

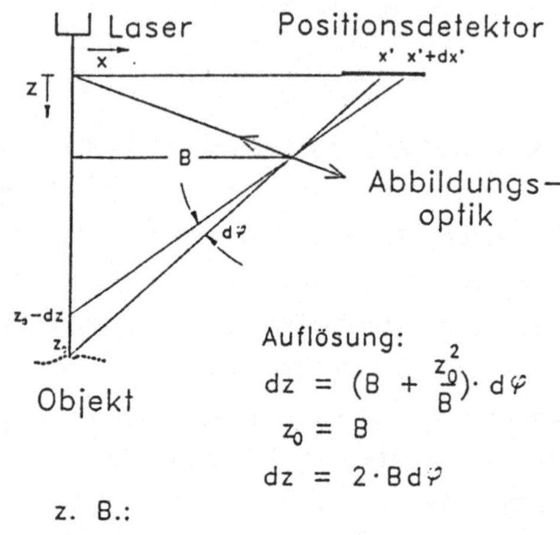


Bild 2: Prinzipskizze optische Triangulation

Das in Bild 2 dargestellte Triangulationsverfahren mißt nur den z-Abstand des Antastpunkts und arbeitet daher eindimensional. Eine mehrdimensionale Erweiterung dieses Verfahrens erfordert, daß mindestens einer der beiden Strahlengänge umgelenkt wird. Zur dynamischen Umlenkung optischer Strahlengänge können folgende Prinzipien verwendet werden:

- Spiegelpolygone
- Akusto-optische Modulatoren
- Galvanometerspiegel

Spiegelpolygone sind mechanisch schnell rotierende Körper und können infolge von Kreiselmomenten nur unter großen Problemen am Roboterarm betrieben werden. Akustooptische Modulatoren sind zwar sehr schnell, arbeiten aber nur in Ablenkbereichen bis ca. 1 Grad, was keine ausreichenden Meßfelder zuläßt. Galvanometerscanner erreichen dahingegen Ablenkbereiche von ca. 40 Grad und verursachen keine merklichen Kreiselmomente. Galvanometerscanner scheinen daher momentan die besten Voraussetzungen zur Verwendung in einem Robot-Sensor zu bieten.

Der einfachste Ansatz zur dreidimensionalen Lasertriangulation ist das in Bild 3 wiedergegebene direkte Triangulationsverfahren: ein über 2 Galvanometerspiegel abgelenkter Laserstrahl markiert einen Oberflächenpunkt P, welcher dann auf ein Kameratarget abgebildet wird. Aus den Stellwinkeln der Galvanometerscanner sowie den Koordinaten des Bildpunktes P' folgen die 3 räumlichen Koordinaten des Antastpunkts P. Zur Positionsdetektion können neben CCD-Kameratargets auch Lateraleffektdioden verwendet werden. Verglichen mit CCD-Kameratargets erreichen Lateraleffektdioden wesentlich höhere Geschwindigkeiten. Lateraleffektdioden haben jedoch den Nachteil, daß ein Signal erzeugt wird, welches den Intensitätsschwerpunkt des Gesamtbildes wiedergibt. Existieren also neben dem Punkt P' noch weitere, etwa durch Umgebungslicht verursachte Bildmerkmale, so erfolgt eine Verfälschung der Punktkoordinate. Schmalbandige, auf die Wellenlänge des Antastlasers abgestimmte Interferenzfilter reduzieren zwar diesen Effekt, bieten jedoch keine Abschirmung gegen sekundäres Streulicht. Eine ausreichende Störsignalunterdrückung scheint nur bei Verwendung ortsauflösender Sensoren möglich, wo durch eine nachgeschaltete Signalverarbeitung Sekundärreflexionen aufgelöst und anhand einfacher Merkmale wie z. B. geringerer Signalamplitude eliminiert werden können. Zweidimensionale CCD-Arrays sind augenblicklich mit bis zu 2000 * 2000 Pixeln erhältlich und bieten daher eine ausreichende Auflösung. Die Bildfrequenzen dieser CCD-Sensoren sind jedoch mit ca. 6 Bildern/Sekunde sehr niedrig. Im Unterschied hierzu arbeiten Hochgeschwindigkeits-CCD-Targets mit Bildfrequenzen von mehreren KHz bei Pixelzahlen in der Größenordnung von 250 * 250 Pixeln, was wiederum keine ausreichende Auflösung gewährleistet.

Berücksichtigt man nun, daß die Triangulation auf der Vermessung eines ebenen Dreiecks beruht, dessen Neigung über den Stellwinkel des Galvanometerscanners 2 (Bild 3) bekannt ist, so wird klar, daß die y-Koordinate des Punktbildes P' zur Bestimmung der Antastkoordinaten überhaupt nicht erforderlich ist. Das CCD-Kameratarget könnte also durch eine CCD-Zeile ersetzt werden, wodurch eine hohe Meßgeschwindigkeit bei gleichzeitig hoher Auflösung erzielt werden kann. Voraussetzung hierfür ist, daß das Punktbild auf die Zeile abgebildet wird. Dies kann durch eine anamor-

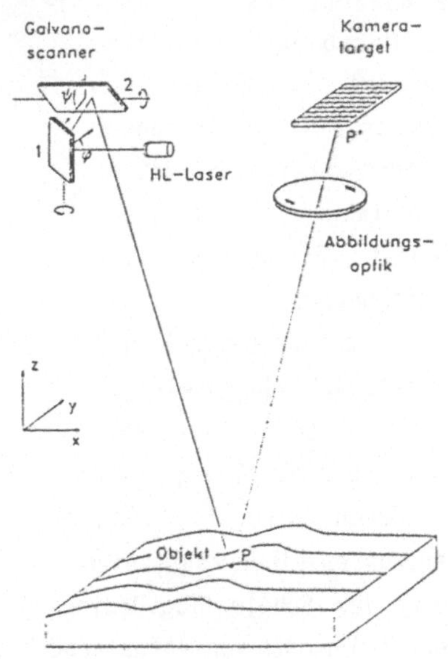


Bild 3: Direkte Lasertriangulation

photische Optik näherungsweise erreicht werden (Bild 4).
Die in Bild 4 gezeigte Anordnung wurde in einen Roboterkopf (Bild 5) eingebaut und wird zur Vollständigkeitsprüfung elektronischer Leiterplatten eingesetzt. Erreicht werden folgende Leistungsdaten:

- Antastvolumen: 100*70*100 mm³
- Meßabstand: 200 mm
- Auflösung: 0.1 mm
- Meßzeit: >= 1 ms/Punkt

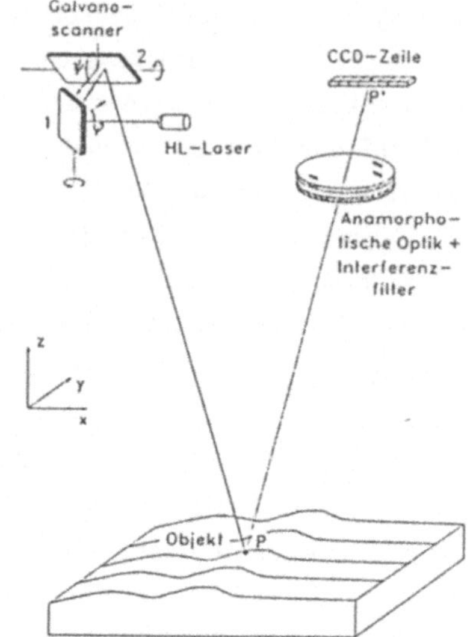

Bild 4: Direkte Lasertriangulation mit Zeilensensor

Die Meßzeit ist variabel und wird entsprechend den Intensitätsverhältnissen des Antastpunkts eingestellt.
Der Meßbereich des beschriebenen direkten Triangulationsverfahrens wird durch Schärfentiefeprobleme bei der Abbildung eingeschränkt. Da die Beleuchtungsstärke in der Bildebene etwa quadratisch mit dem Abstand des Meßobjekts von der Fokusebene abnimmt, ist der Tiefenmeßbereich dieses direkten Triangulationsverfahrens verhältnismäßig klein; das Verfahren eignet sich also vornehmlich für Objekte mit geringer z-Ausdehnung.

Bild 5: Roboterkopf mit Triangulationssensor

Ein erweiterter z-Meßbereich kann durch verbesserte abbildungsseitige Schärfentiefenverhältnisse erreicht werden. Durch geeignete Anordnung von Antaststrahl, Detektor und Abbildungssystem kann die Scheimpflug-Bedingung erfüllt werden (Bild 6). Hierdurch wird eine scharfe Abbildung des Antastpunkts über den gesamten Meßbereich aufkosten einer konstanten Vergrößerung gewährleistet.
Eine Erfüllung der Scheimpflug-Bedingung im zweidimensionalen Fall erfordert nun eine synchrone Ablenkung von Antast-und Abbildungsstrahlengang. Bild 7 zeigt hierzu einen Ansatz: der Laserstrahl wird über einen Galvanometerspiegel abgelenkt, dessen

Rückseite zur Ablenkung des Abbildungsstrahlengangs verwendet wird. Bei einer Drehung des Galvanometerspiegels folgt das Bildfeld dem Antastpunkt. Laserstrahl und optische Achse der Detektionsoptik schneiden sich bei Durchfahren des Meßbereichs allerdings nicht unter exakt gleichbleibendem Winkel. Da jedoch ein konstanter Winkel zwischen Antaststrahl und optischer Achse notwendige Bedingung zur Erfüllung der Scheimpflug-Bedingung ist, kann diese nicht exakt über den gesamten Meßbereich erfüllt werden.

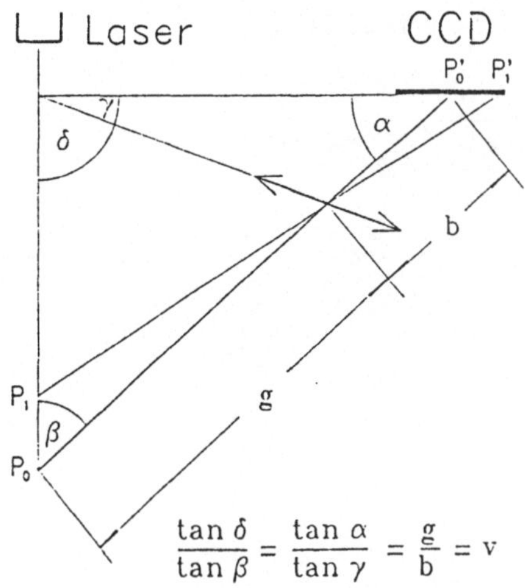


Bild 6: Scheimpflug-Bedingung

Einen weiteren Ansatz zeigt Bild 8: Laserstrahl und Abbildungsstrahlengang werden über dieselbe Fläche eines Galvanometerspiegels abgelenkt, wodurch der Winkel zwischen Antaststrahl und optischer Achse auch bei Drehen des Galvanometerspiegels konstant bleibt; die Scheimpflug-Bedingung kann also über den gesamten Meßbereich exakt erfüllt werden. Laser-Streulicht, verursacht durch Staubpartikel auf dem Galvanometerspiegel, hat keinen entscheidenden Einfluß auf die Punktdetektion, da dieser Spiegel nahe einer Pupillenebene des Abbildungssystems liegt und Pupillen- und Bildebene über eine Fouriertransformation zusammenhängen; punktförmige Objekte in der Pupillenebene erhöhen also nur den Gleichlicht-Anteil in der Bildebene.

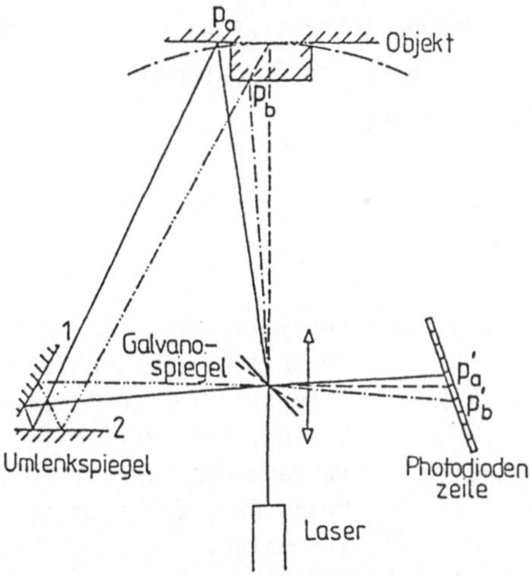


Bild 7: Synchrones Triangulationsverfahren

Diese zweidimensional arbeitende Anordnung kann nun durch Verschieben des Seitenspiegels in Richtung der Galvanometerspiegel-Drehachse um die dritte Meßdimension erweitert werden. Die hierbei auftretende Defokussierung des Punktbilds ist durch Hinzunahme eines entsprechenden Seitenspiegels im Abbildungsstrahlengang zu verhindern (Bild 9). Dieser Spiegel wird mit dem antastseitigen Seitenspiegel starr gekoppelt, wodurch eine exakte Fokussierung des Antastpunktes über den gesamten Meßbereich erreicht werden kann.

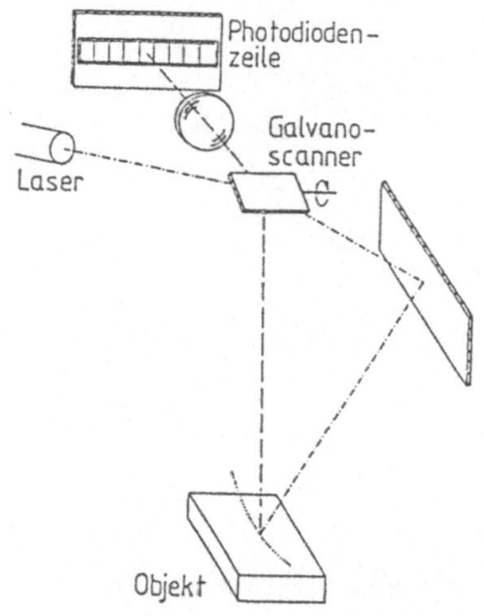


Bild 8: Synchrones Triangulationsverfahren mit verflochtenem Strahlengang

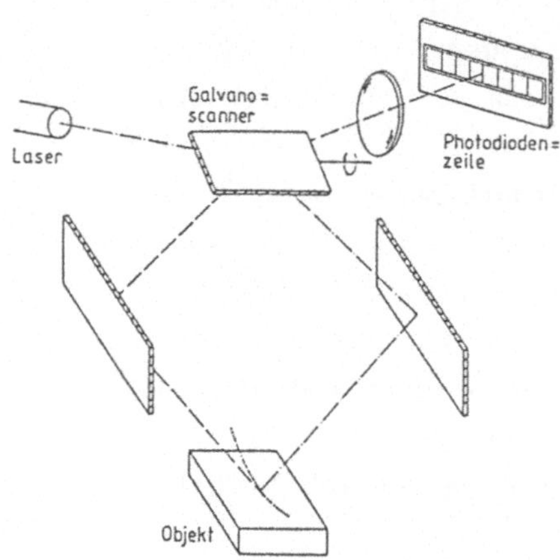


Bild 9: 3-D-Triangulationsverfahren mit verflochtenem Strahlengang

Schrifttum:

/1/ Tiziani, H., J.: Automatisierung der optischen Qualitätsprüfung Technisches Messen Vol. 55, Nr. 12, 1988, S. 481-491

/2/ Jarvis, R., A.: A Perspective on Range Finding Techniques for Computer Vision; IEEE Vol. PAMI-5, Nr. 2, 1983, S. 122-139

/3/ Schwarte, R.: Performance Capabilities of Laser Ranging Sensors. Proc. ESA, Workshop on Space Laser Applications and Technology (ESA SP-202, May 1984).

/4/ Seitz, G.; Tiziani H. J.; Litschel, R.: 3-D Koordinatenmessung durch optische Triangulation. Feinwerktechnik + Messtechnik, Vol. 94, Nr. 7, 1986, S. 423-425

# Miniature Laser-Doppler-Velocimeter with Semiconductor Laser Diode

S. Damp

Deutsch-Französisches Forschungsinstitut Saint-Louis (ISL)

rue de l'industrie, B.P.301 — Postfach 1260

F-68301 Saint-Louis — D-7858 Weil am Rhein 1

## Introduction

The use of laser-Doppler-velocimeters (LDVs) is well established in research and development for measuring local mean velocities and turbulence intensities. Nowadays the main applications are in wind and water tunnel experiments to study flowfields and optimize objects which interact with flows, like cars, airplanes or ships. LDVs therefore not only supplement but also substitute other equipments, like hot-wire anemometers. There are enough references, describing comprehensively theory and construction of LDVs e.g. (1). Users not only can build their own systems, but also can choose commercially available systems. Nevertheless, the LDVs are in general voluminous, expensive, need much input energy and can only be handled by trained stuff. This is even true for the fiber-LDV-systems, which have very small separated measuring probes. To make the laser-Doppler principle interesting also for industrial use, the system dimensions and the power consumption have to be reduced drastically. Using a semiconductor laser instead of a gas laser is the key to fulfil these demands. Dopheide et al. (2) presented such a complete system in a portable arrangement. Designed for highly precise measurement it was not optimized with respect to small dimensions and to low power consumption. In the present paper a LDV-system with dimensions of 10cm by 4cm by 4cm is described additionally along with a miniaturized signal processing unit to determinate the mean value of velocity. This processing unit has the dimension of a handheld multimeter (3), (4).

## Principle of laser-Doppler measurement

Figure 1 shows the principle of laser-Doppler measurement, explained by the more didactical "fringe model" instead of deriving the Doppler-equations. Two coherent laser beams form with their crossing section the measuring volume by building interference fringes. The fringes have the shown direction. Their distance depends only on the wavelength $\lambda$ and the included half angle $\alpha$ of the two beams. When a particle, following the fluid to be measured, crosses the interference fringes, a detector receives the scattered light as the shown signal. This is the intensity profile of the beams, modulated by the interferences. The particle velocity v can be derived by the measured frequency f of the detected signal and the constants of the system layout (see formula).

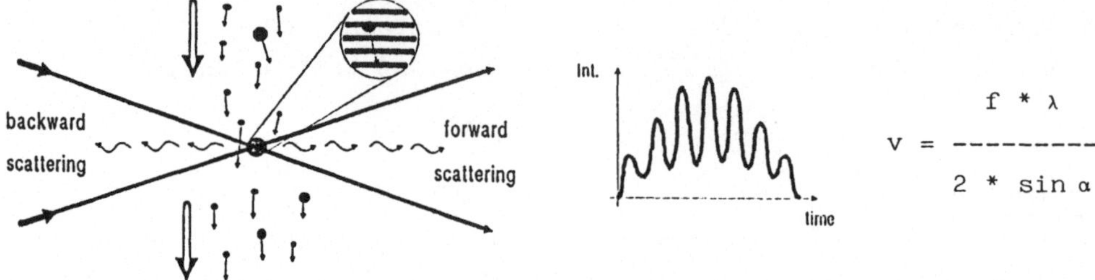


Figure 1: Principle of measurement

Attend to the fact that the measured velocity (or measured frequency) is totally independent of fluid attributes. It depends only on system constants, therefore it allows absolute measurements which is the main advantage of the principle (for this, it is also interesting for precise measurement of moving surfaces). A flow to be measured is not disturbed by this optical principle, because the particles, which have to be added by very clean flows, are very small (several µm). Because of first applications in anemometry, the name laser-Doppler-anemometer (LDA) is often used equal to the more universal name laser-Doppler-velocimeter (LDV), not only for applications in gas flows.

Miniaturized LDV-construction

Figure 2 shows the arrangement for miniaturization which gives a very compact system with small spatial volume. The beam of the laser diode (1) is collimated and focused into the measuring volume by the collimator (2). The two beams, coming out of the symmetrical beam splitter (3) form the measuring volume by help of the two mirrors (4). The scattered light from the particles, passing the measuring volume, is focused onto a detector (6) with a high aperture fresnel lens (5). Because of the perpendicular arrangement of emitting and receiving optics, there is automatically space (7) for necessary electronics, like laser diode driver and preamplifier. The practical realization of this system can be seen in figure 4. The distance

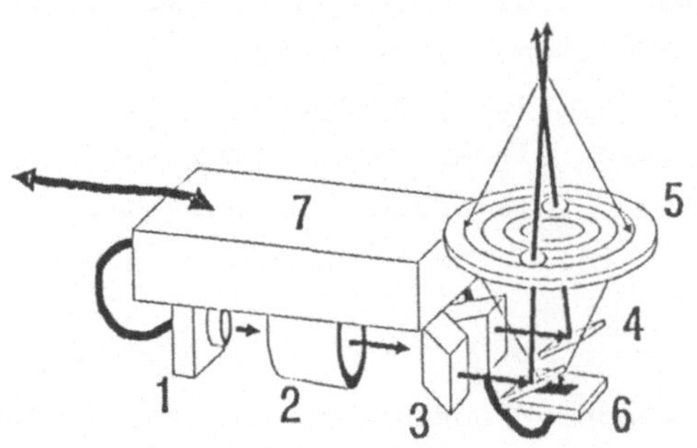


Firgure 2: Miniature-LDV construction

between measuring volume and LDV-system is around 10cm. Essentially larger distances do not make sense for miniature-systems because the diameter of the receiving lens (5) has to be increased due to the very low intensities of the scattered light. With the definition of optimal miniaturization by making emitting and receiving section with similar spatial volume, a distance between 5cm and 15cm seems to be optimal for general applications.

Especially in gas flows the scattering intensities are very small, so high laser power is necessary. Figure 3 shows the intensity profiles of

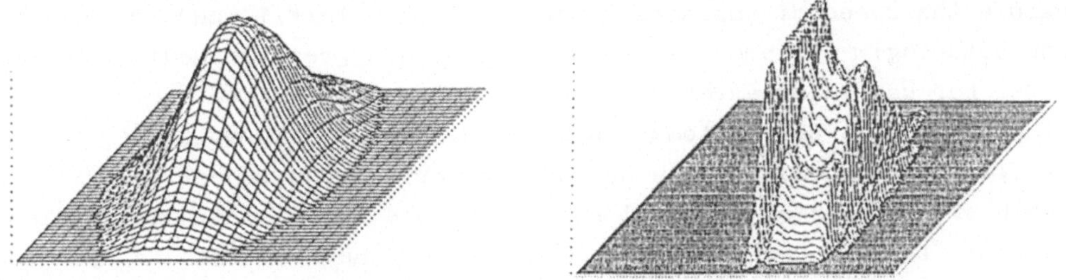

Figure 3: Intensity profile of laser diodes (HL7805, SLD304)

the farefields of two laser diodes. The left one (5mW) has a good profile and the ellipticity can be accepted, while the right one (1W) is not very useful without additional correction optics. Especially its nearfield, whose image normally is used in a miniature system for the measuring volume has such a large ellipticity, that the useful power density is poor. Laser diodes with profiles like the left one are available up to 50mW and announced up to 100mW.

With wavelengths around 800nm, Si-detectors are used. While PIN-receiver are more comfortable to handle than APDs (avalanche photo diodes), in the shown system an opto-hybrid detector with PIN-diode is used. For general applications in gas flows APDs are necessary due to their internal gain.

Semiconductor lasers are supplied by low voltages (2V to 3V) and moderate currents (0.1A or more) caused by their high efficiency. Nevertheless, the power supply has to be built very carefully. In the described system a power supply is implemented, which drives in constant maximal power mode with low temperatures (constant current mode would stress or even damage the laser facet because of powers above absolute maximum ratings) and constant maximal current mode with rised temperatures (constant power mode would stress or even diffuse the semiconductor layers because of currents above absolute maximum ratings). In the case of heat accumulation the laser is switched off. Spikes are delayed by a filter, that a peak detection electronics can switch off the laser. It will be switched on with an automatic soft start. With error demands around 1% over temperature (50K), a wavelength stabilization is not necessary. For higher precision a wavelength stabilization by temperature control of the laser diode can be added (not implemented with the shown system).

## Applications

The elements of the described system are fixed after adjusting, so the system can not disadjust itself. As a result the system use is very simple. Industrial applications are now possible, for example to measure the speed of surfaces precisely (e.g. textil industry or paper manufacturing) or process measurement with aggressive media or dust flows. For use in research and development, complex beam steerings like with traditional LDV-systems can be eliminated. With multiple systems correlation measurements can be made or active wind tunnel controle is possible. The system is small enough to make measurements in airplanes in real flight. Because a determination of the flow sign is yet not applicable in such a miniature system, the traditional systems will only be supplemented, especially in research.

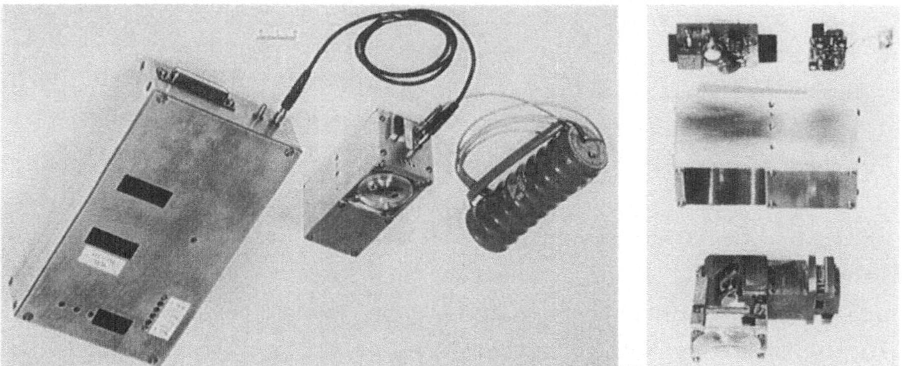

Figure 4: Miniature-LDV with signal processing unit

For industrial use, the traditional signal processing is with a miniature system not practicable. Figure 4 shows in addition to the LDV-system and an accumulator as possible power supply, a complete miniaturized signal processing unit to determinate the mean velocity. The function of this modificated counter principle is described in (4).

## Literature


(1) F.DURST, A.MELLING, J.H.WHITELAW: Principles and Practice of Laser Doppler Anemometry. Academic Press, London (1976)

(2) D.DOPHEIDE, M.FABER, G.REIM, G.TAUX: PTB-Mitteilungen 98 pp30 (1988)

(3) S.DAMP: Tagungsband MessComp88 Wiesbaden, pp6B.4.1-6 (1988)

(4) J.H.WHITELAW et al.: Applications in Laser Anemometry. Springer Verlag, to be published (1989)

# Ringlaserkreisel als Winkelmesser

D. Ullrich, E. Lübeck* , V. Wetzig*

Physikalisch-Technische Bundesanstalt, Bundesallee 100, D-3300 Braunschweig, *Deutsche Forschungs- und Versuchsanstalt für Luft- und Raumfahrt, Postfach 3267, D-3300 Braunschweig

## 1. Ringlaserkreisel

Interferometrische Winkelmessung mit herkömmlichen Laserwinkelinterferometern ist durch den mechanischen Aufbau dieser Meßeinrichtungen nicht über einen Vollkreis möglich. Mit steigendem Winkel nimmt die Meßunsicherheit schon ab einem Meßbereich von einigen Winkelsekunden stark zu. Die Ursache hierfür ist letztlich die lineare Struktur des Laserresonators. Eine für die Winkelmessung bessere Konfiguration besitzt ein flächenhaft ausgebildeter Resonator mit 3 oder 4 Spiegeln in Form eines Ringlasers. Bild 1 zeigt einen solchen Aufbau mit dem aktiven Lasermedium zwischen 2 Spiegeln, in dem die angeregten Eigenschwingungen im positiven und negativen Uhrzeigersinn umlaufen.

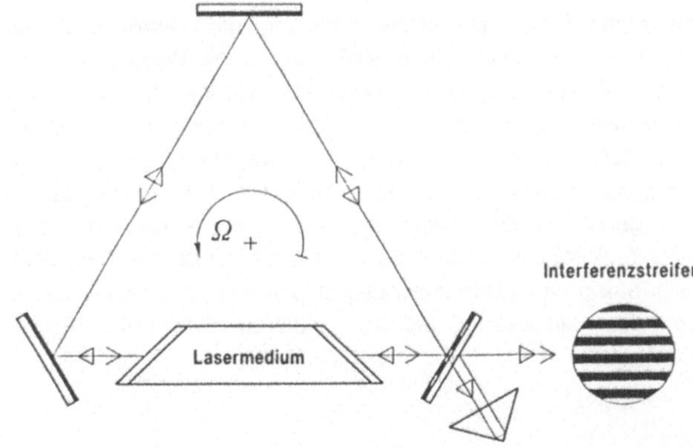


Bild 1:
Schematischer Aufbau eines Ringlaserkreisels

Bei Drehung der Anordnung um eine Achse senkrecht zur Resonatorfläche (Fläche F, Umfang l) mit der Winkelgeschwindigkeit $\Omega$ tritt infolge des Sagnac-Effektes eine Frequenzdifferenz $\Delta\nu$ zwischen den in entgegengesetzten Drehrichtungen laufenden Lasermoden (Wellenlänge $\lambda$) auf [1, 2].

$$\Delta\nu = \frac{4F}{l\lambda} * \Omega \tag{1}$$

Auskopplung des Lichtes und interferometrische Überlagerung der gegensinnig umlaufenden Wellen (s. Bild 1) zeigt bei ruhendem Resonator ein stehendes Interferenzbild. Bei Einsetzen einer

Drehung bewegen sich infolge der auftretenden Frequenzdifferenz die Interferenzstreifen. Durch Integration der Drehrate ergibt sich folgender Zusammenhang zwischen Drehwinkel $\alpha$ und der mittels einer Photodiode erfaßten Anzahl n von Interferenzstreifen:

$$n = \frac{4F}{l\lambda} * \alpha = K * \alpha \qquad (2)$$

K wird Skalenfaktor genannt.

Eingeschränkt wird die Funktionsfähigkeit des Ringlasers durch die Eigenschaft, daß er unterhalb einer bestimmten Drehrate, der sogenannten Lock-in-Schwelle kein Ausgangssignal liefert. Man kann dies z.B. umgehen, indem man der zu messenden Drehung eine Drehschwingung überlagert. Das häufige Durchqueren des Lock-in-Bereiches ist Ursache für einen Rauschterm den sogenannten "Random Walk", der die Meßunsicherheit einschränkt. Der Ringlaser muß hinsichtlich Skalenfaktor und Drift kalibriert werden.

Technische Ausführungen von Ringlasern werden heute bereits in der Navigationstechnik zur Drehgeschwindigkeitsmessung eingesetzt. Da sie dort den klassischen mechanischen Kreisel ersetzen, spricht man häufig von Laserkreiseln.

## 2. Meßaufbau zur Winkelmessung

Bild 2 zeigt das Funktionsschema des Meßaufbaus zur Winkelmessung mit Laserkreisel. Auf einem Drehtisch ist der Laserkreisel (Typ GG 1342, Honeywell) sowie als Winkelnormal ein 12-flächiges Spiegelpolygon montiert. Die Flächen des Spiegelpolygons werden mit Hilfe eines Autokollimationsfernrohres zur optischen Achse ausgerichtet. Da der Laserkreisel ein inertialer Sensor ist, der keine ortsfesten Teile benötigt, muß zur Korrektion der Erddrehung die Zeit erfaßt werden. Meßdaten sind ferner die Zählersignale des Interferometers und das Ausgangssignal des Autokollimators. Die Datenerfassung geschieht über eine schnelle Schnittstelle mit einer quarzgesteuerten Taktrate von 60 Hz. Der reziproke Wert des Skalenfaktors bei dem verwendeten Laserkreisel beträgt etwa 2". Bei der Kalibrierung und Winkelmessung erfolgt eine Ausgleichung von Signal-Zeit-Verläufen nach der Methode der kleinsten Quadrate, was zu einer beträchtlichen Reduzierung des Quantisierungsrausches führt [3].

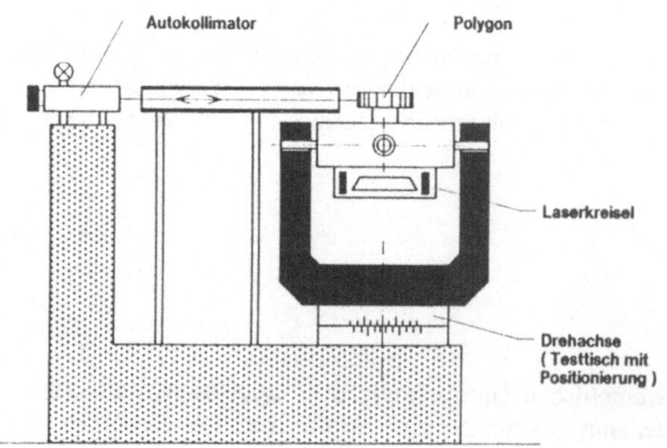


Bild 2:
Schematische Darstellung des Meßplatzes zur Winkelmessung mit Laserkreisel

## 3. Ergebnisse

Bei der statischen Messung von Winkeln war der Testtisch in der Anfangs- und Endposition der Drehung in Ruhe. Bild 3a zeigt als Beispiel eine mit dem Spiegelpolygon als Normal ausgeführte Serie von Winkelschritten in ihrem zeitlichen Ablauf. In Bild 3b sind die zugehörigen Winkelabweichungen und in 3c die aufsummierten Werte dargestellt.

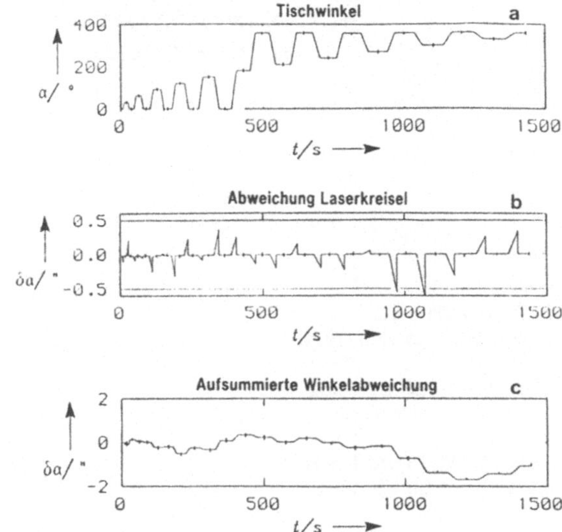


Bild 3:
Abweichung der Winkelmessung mit dem Laserkreisel von der Polygon-Winkelreferenz (b und c) in einer Meßserie mit Teilungsschritten von 30° bis 180° (a) im zeitlichen Meßablauf

Durch Drift und Random Walk nehmen die Abweichungen mit steigender Meßzeit zu. Aus dem Bild ist zu ersehen, daß trotz relativ langer Meßzeiten zwischen 20s und 120s die maximalen Winkelabweichungen 0,5" für Winkel von ± 180° nicht überschreiten. Die Meßunsicherheit der Winkelmessungen mit dem Spiegelpolygon und dem Autokollimationsfernrohr liegen zwischen 0,1" und 0,2".

Für eine Reihe von technischen Anwendungen ist eine statische Winkelmessung zu langsam oder prinzipiell nicht möglich. Bild 4 zeigt ein Beispiel für eine dynamische Winkelmessung mit dem Laserkreisel an dem für die Experimente verwendeten Testtisch, der sich bei der Messung mit 40°/s drehte. Es wurden 9 volle, aufeinanderfolgene Umläufe ausgewertet, und über jeweils 5° (Zeitintervall 0,125s) eine Ausgleichung vorgenommen, wodurch kurzperiodische Abweichungen geglättet werden. Die senkrechten Striche kennzeichnen den infolge der Kreiselquantisierung auftretenden Streubereich. Die mittleren Abweichungen der Mittelwerte aus den dynamischen Messungen und den ebenfalls eingezeichneten statischen Messungen betragen 0,3".

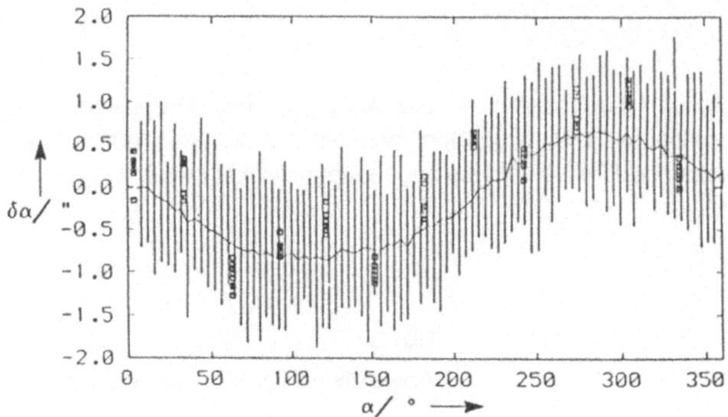


Bild 4:
Dynamisch mit Laserkreisel gemessene Richtungsabweichung des Testtisches. Drehrate 40°/s, Zeitintervall für Ausgleichung 0,125s.
□ : Statisch mit Spiegelpolygon gemessene Abweichung

Literatur:

[1] ARONOWITZ, F.: The Laser-Gyro; in "Laser Application", Bd. 1, S. 131-200, Hrsg.: M. Ross; Academic Press New York, London (1971)

[2] RODLOFF, R.: Der Laserkreisel. Laser und Optoelektronik 2 (1985), S. 131-140

[3] ULLRICH, D., LÜBECK, E., PAHL, W., WETZIG, V., WITTEKOPF, R.: Winkelmessung mit Laserkreisel. Technisches Mesen tm 55 (1988) S. 389-395

# Angular Resolution in Laser Warning Devices

**Zdenko Vižintin**

Iskra Centre for Electro-Optics, Ljubljana, Yugoslavia

## Abstract

The paper describes laser warning devices that operate in the spectral bandwidth of 0,6 to 1,1 μm. The emphasis is on angular resolution as the most important information given by such an instrument. Presented are problems whose solution is essential to an optimum horizontal resolution. A possible method is to integrate several independent receivers into one unit. Explained is the optoelectronic solution of a precise definition of the field of view of individual receivers and the circuit introduced which prevents the laser beam, reflected by the receiver unit surroundings, to affect determination of the original beam direction.

## Introduction

After the widespread adoption of laser rangefinders the need for a device that would warn of exposure to laser irradiation soon became apparent.

Most of today's laser sources, used in ranging and aiming devices, irradiate within the 0,6 to 1,1 μ spectral bandwidth, so a direct beam can injure the eye. The great danger, of course, laser irradiation represents in war where it announces the arrival of a grenade or laser-guided missile. A timely warning gives the menaced crew a chance to carry out a self-defence manoeuvre. Quality information, rendered by a warning device at the moment of alarm, is of prime importance for the endangered crew to be able to take appropriate steps. Knowledge of enemy laser source properties, direction and distance offers high probability of avoiding the peril and of counterattacking.

In the last few years, Iskra Centre for Electro-Optics have developed and manufactured several types of laser warning devices. The types differ in their construction and information on the laser source.

The LIRD-1A (Laser and Infrared Irradiation Detector) is one of our most accomplished laser warning devices. When irradiated by laser, it indicates data on incident beam direction, kind of laser source, and intensity and type of irradiation. Besides, the LIRD-1A is able to detect continuous IR sources in night conditions, to transmit irradiation data to other devices and to operate in two sensitivity modes.

## Angular Resolution

Essential information required of a laser warning device is the direction: to know where the irradiation is coming from.

Direction of laser irradiation source can be determined by various means. The most frequent method is based on a system of several independent sensors which observe particular fields of view. Combinations of these fields determine angular resolution of the system.

Employing such a method of incident beam direction definition, the designer faces all sorts of problems, of which two are the most prominent:

1. How to achieve the highest possible resolution with the shortest possible sensor head diameter, thereby considering also the high dynamics of the input optical signal.
2. How to prevent the beam echo from the immediate sensor head vicinity to affect determination of the beam direction.

In our design, we tried to solve the first problem by defining the field of view of each sensor with highest accuracy, by trying to achieve the highest possible absorption of laser light scatter, and by constructing a two-level detection threshold of each receiver.

Fig. 1 illustrates the response angular dependence of a couple of neighbouring sensors whose fields of view overlap by one third on each side. Dotted line represents the desired (ideal) angular sensitivity, full line the measured actual response. Expansion of curves in the lower part results from the light, scattered from edges of slots that restrict individual fields of view.

By special construction of these slots we succeeded in achieving a 1 : 300 ratio between the direct and scattered light. Unfortunately, such attenuation of scattered light is not yet sufficient. At higher energy densities the scattered laser light still affects determination of the laser beam direction. Further elimination of scattered light effects was attained by two detection levels with a 1 : 200 ratio between their thresholds. A stronger irradiation - which is detected also at the second level - thus automatically eliminates the influence of all receivers whose signal exceeds only the first detection level as it is probably just a consequence of scattered light.

How a reflected beam can affect determination of original incident beam direction is seen in Fig. 2. If a reflected beam is not eliminated due to intensity difference the process logic will take it into account in computing the incident direction. Our basis for differentiation of direct and reflected beams is the delay between the two.

Circuit in Fig. 3 presents the principle of the time lock which in a minimum reaction interval after reception of the first signal closes all inputs to estimation circuitry. The average reaction time of this lock, reached by standard ACL integrated circuitry, is approx. 6 ns.

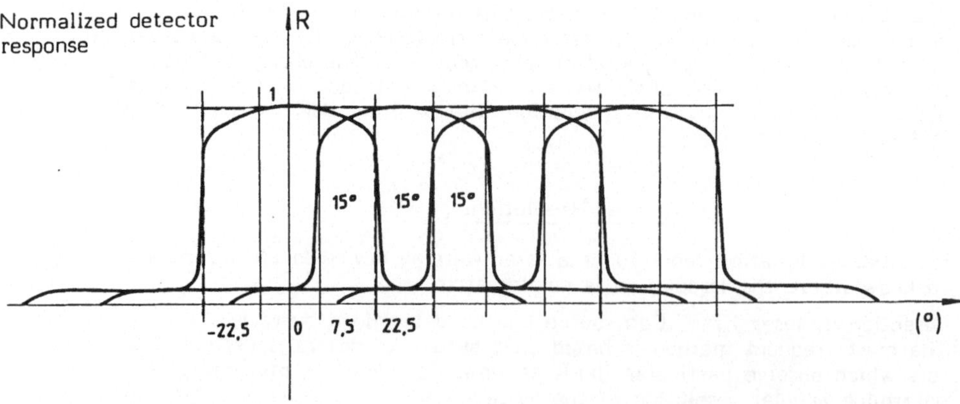


Fig. 1. Angular displacement $\varphi(^{o})$ of the light source with respect to detector axis.

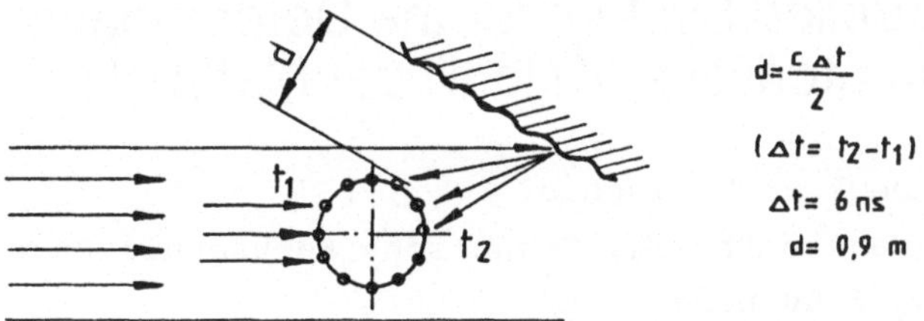


Fig. 2.

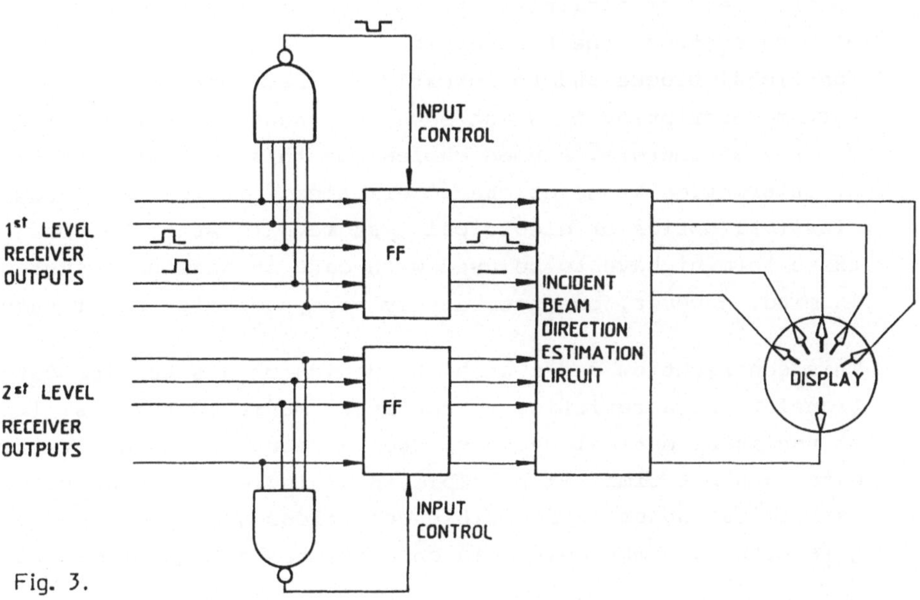


Fig. 3.

## Conclusion

Having found the described solutions we developed and are manufacturing a small, lightweight, compact laser warning device which on the principle of overlapping fields of view of a couple of neighbouring, radially mounted detectors, defines the incident beam direction with a $15^{\circ} \pm 1^{\circ}$ accuracy within 500 m to >20 km range, regardless of the emanating source energy, but under condition that within 1 m area around the detector head there are no reflective surfaces.

## Literature

1. Kazovsky, L.G.: Beam position estimation by means of detector arrays; Optical and Quantum Electronics; Vol. 13; pp. 201-208; 1981.
2. Mc Cartney, E.J.: Optics of the Atmosphere; Wiley & Sons; N.Y., 1976.

# Computer-Controlled System for the Determination of Transfer Characteristics of Nonlinear Materials

W. Balzer, R. Neubecker, T. Tschudi
Institut für Angewandte Physik, Technische Hochschule Darmstadt
Hochschulstraße 6, 6100 Darmstadt

Optical systems tend to evolve to more size and complexity, especially in the field of nonlinear optics. To obtain understanding and control of such systems, the best approach is to divide them into appropriate functional blocks and to investigate them separately. This leads to a system description in which each component is characterized by only a few key parameters. A good choice for this parameter space can be that of information transfer characteristics, giving formal equivalence to classical optics or electrical systems. It has to be considered that these termini have to be used with care in nonlinear systems; with this in mind, however, one gets a very handy description of such systems.

This contribution deals with the design of a setup for determination of transfer characteristics of nonlinear media as the most important part of nonlinear optical systems. Such a setup should deliver all necessary data in short time, if possible in a single run. Measurements should be carried out under reproducible conditions which is important for acquisition of comparable data on a greater number of materials.

The demands mentioned above suggest the use of a computer-controlled system. The program performing the measurement can be parametrized in a problem-oriented way; measurement data can be preprocessed to support decisions by the experimenter or even for final documentation purposes. A computer-controlled setup can save time to the experimenter, if the measurement has to be run several times under similar conditions. An even more important advantage is the elimination of the most serious sources of error in high-resolution measurements: the experimenter itself. Presence of a human being in an environment for interferometric precision will cause air motion, vibration and effects due to thermal gradients. An optical bench alone does not protect from these disturbations.

The setup we developed is shown in fig. 1. It follows the demands sketched above and is capable of determining the whole set of transfer characteristics: modulation transfer function, modulation sensitivity and response times. Optionally, other parameters like sample temperature can be included easily.

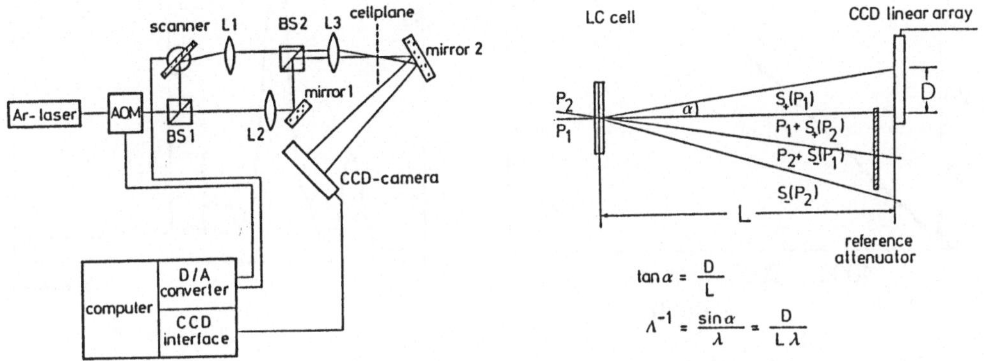


Fig. 1: Setup of measurement system

The technique used to determine the nonlinear characteristics is the generation of "holographic gratings". By two intersection laser beams, grating-like intensity distributions produce in the limits of spatial resolution, corresponding index distributions. Analysis of diffracted light from these gratings reveals information about the nonlinear response of the medium. In our case, the material class was liquid crystals; the setup, however, can be used on arbitrary materials.

Key components are the acousto-optical modulator for intensity control; the galvanometer scanner for control of spatial frequency of induced gratings; and the CCD linear arry for data acquisition. Setups known from the literature using the technique of "holographic gratings" /2,3/ have the main disadvantage that a change in spatial frequency shifts the point of beam intersection, requiring readjustment. We avoid this by a simple optical principle. The center of rotation of the scanner is imaged onto the cell plane. Fig. 2 shows a calibration curve for the scanner.

All optical information generated by the nonlinear medium, i.e. diffracted light from the induced grating is picked up by the CCD array. Fig. 3 shows a typical signal. By knowledge of the distance between cell plane and camera, absolute values are determined for the spatail frequency (which enables a closed-loop feedback control of the scanner). Intensities can either be measured absolutely or simply, without camera calibration necessary, as ratio between zero and first order beam intensities.

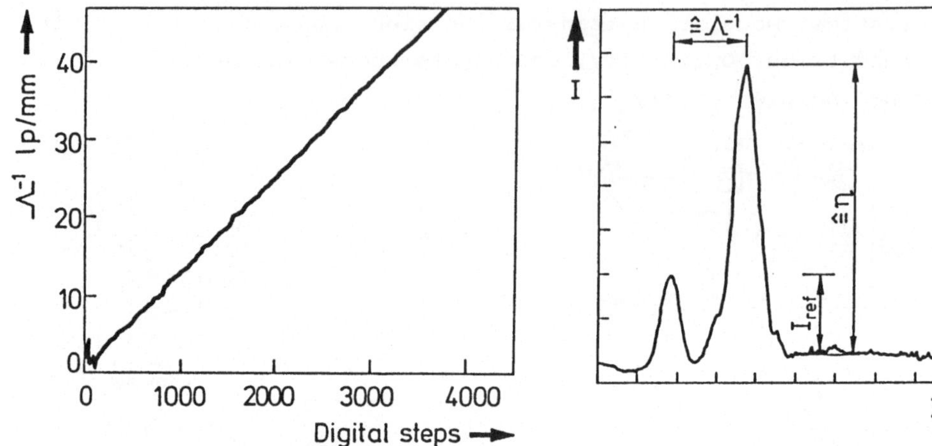


Fig. 2: Scanner calibration curve

Fig. 3: Typical CCD signal

The CCD camera used is directly controlled by the computer. By adaptive control of exposure time /3/ it covers the whole range of laser input intensities without the need of changing absorbers or other means.

Fig. 4 shows measurement data on modulation responsivity, while fig. 5 shows a typical MTF for a liquid-crystalline material. By simple geometrical changes of the setup, other ranges of spatial frequencies can easily be chosen.

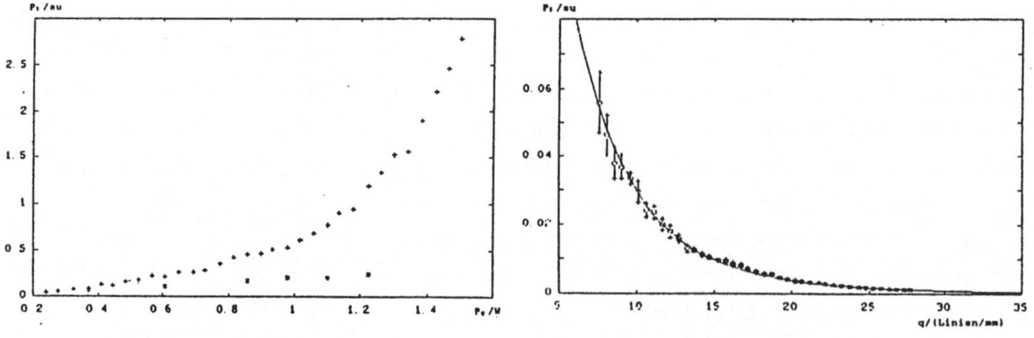

Fig. 4: Typical data set on modulation responsivity (LC medium)

Fig. 5: Typical data set on MTF (LC medium)

Measurement of response times is done with the same setup with the AOM acting as a shutter or the scanner deflecting one of the writing beams of the image field; this depends on the particular experimental demand. Resolution in time domain is limited by the CCD readout rate. For faster materials, it can be necessary to use an extra point detector.

Since the induced grating produces two diffracted orders symmetrical to the writing beams, this can be done without changing the basic setup.

The software for the measurement system is written in Turbo-Pascal with some machine language subroutines for speed. The whole package is structed into several modules, which support hardware drivers, CCD-related data processing functions, user interface and graphics as well as higher-level functions as beam analysis. The main program uses procedures from these modules. Thus, the control software is easy to maintain. Besides of the main measurement control, it supports several functions for the ease of adjustment.

In conclusion, we presented a computer-controlled optical setup for the characterization of nonlinear media. Its advantages are a high degree of reproducibility, ease of use, and operation without the need of human manipulation during a measurement.

Part of this work was supported by the Deutsche Forschungsgemeinschaft.

References.

(1) Khoo, IEEE J.Q.E. Vol. QE-22, No 8(1986)

(2) Fuh, Code, Xu: J.Appl.Phys. 54(11) (1983)

(3) Balzer, Tschudi: Laser & Optoelektronik, Vol. 4(1989)

# Effect of Refraction on Laser Alignment Method

M. Kašpar and J. Pospíšil
Department of Special Geodesy of the Faculty of Civil Engineering
Technical University of Prague
Prague 6, Thákurova 7, ČSSR

## 1. Introduction

In laser alignment method, the effect of environment on laser light beam passage should be considered. There is a number of physical factors affecting propagation of laser radiation in various environment, their variation is seen from space and time deviations of geometric and energetic parameters. The change in the laser light beam propagation is the most important from the geodetic viewpoint. This problem has been dealt with already in many papers CHRZANOWSKI, JARZYMOWSKI, KAŠPAR (1976), POSPÍŠIL (1980), KAŠPAR, POSPÍŠIL (1981), (1986), HÜBNER (1986). Results of laser alignment method on a grass surface are discussed in this contribution. The method of Earth surface radiation balance is used for decreasing the effect of atmosphere on the results of measurement.

## 2. Method of Earth surface radiation balance in laser alignment

Direct solar radiation and dispersed solar radiation impinge on horizontal Earth surface and their sum equals to global radiation Q. If A = albedo of the Earth surface, then the amount of heat which is absorbed by the horizontal surface is $Q(1 - A)$.
The so-called effective outgoing radiation E equalling to the difference between the Earth surface outgoing radiation and re-radiation of atmosphere absorbed by this surface is of great importance for the radiation regime of the Earth surface.
The difference between totally absorbed solar radiation and effective outgoing radiation is total radiation balance R of the Earth surface:

$$R = Q(1 - A) - E \qquad (1)$$

SAPOZHNIKOVA (1950) found high correlation between the time of radiation balance passage through zero and time of origin and disintegration of night radiation inversion in the near-soil atmospheric layer (1.5 to 2 m over the soil). These findings were taken into account by POSPÍŠIL (1986, 1986) for suggestion of a suitable time for laser alignment and processing of the measured values:

1) the laser light beam passes as high as possible over the soil surface with focussing to the end point without re-focussing during measurement;
2) the laser light beam position is determined simultaneously in vertical as well as horizontal direction, namely from the end target to the initial one;
3) measurement proceeds, if possible, in equal instants of time symmetrically to the moment of isothermy;
4) temperature is measured, at least, in two height levels at the beginning and in the middle of the line of sight; temperatures in horizontal direction perpendicular to the line of sight are measured simultaneously;
5) barometric pressure of air and partial pressure of water vapour are measured at the same places like temperatures;
6) graphical dependence of laser light beam displacement on the gradient of refractive index of air in vertical direction $g_{nv}$ and horizontal direction $g_{nh}$ are constructed from the measured values;
7) the matrix of the values obtained in this way is approximated by linear dependence ( $Z = a + b.g_{nv}$ ), ( $l = c + d.g_{nh}$ );
8) the value of position of the laser radiation "non-affected" by terrestrial refraction is then determined by substitution of $g_{nv} = 0$, $g_{nh} = 0$ in the approximating relationships;
9) from the relationship according to POSPÍŠIL (1986)

$$H_i = H_P\left(1 - \frac{s_i}{s_{PK}}\right) + H_K \frac{s_i}{s_{PK}} + \frac{s_i}{2R}(s_i - s_{PK}) + Z_P\left(1 - \frac{s_i}{s_{PK}}\right) + Z_K \frac{s_i}{s_{PK}} - Z_i \quad (2)$$

where

$H_P$ ($H_K$) = altitude above sea level of the initial (end) point,

$s_i$ ($s_{PK}$) = distance of the i-th initial (end) point from the origin,

$R = 6.381.000$ m

$Z_P$, $Z_i$, $Z_K$ = position head of the laser light beam in points P, i, K,

then, altitude above sea level $H_i$ of the i-th point is determined;

10) using similar transformation of POSPÍŠIL (1986)

$$d_i = \left(l_i - l_P - \frac{l_K - l_P}{s_{PK}}\right) s_{PK} \left[s_{PK}^2 - (l_K - l_P)^2\right]^{-\frac{1}{2}} \quad (3)$$

where $l_P$, $l_i$, $l_K$ = horizontal position of the laser light beam in points P, i, K; then horizontal displacement of the i-th point from the line of sight $\overline{PK}$ is determined.

Time around the beginning and disintegration of night inversion, i.e. time with $R \approx 0$, can be considered suitable for measurement. Theis time is on our territory approx. 0.5 to 2.5 hours after sunset and before sunrise. Cloudiness always reduces the absolute values of R but the time $R \approx 0$ does not change practically. Moremarked change of the time $R \approx 0$ is caused by change of surface humidity - rain, water level.

3. Results of measurement over a grass surface

For verification of the Earth surface radiation balance, the results of laser alignment in points of the levelling net of the waterwork Želivka in the neighbourhood of Nesměřice ( Czechoslovakia ) were used. The Czechoslovak laser TKG 205 was situated and oriented so that the laser light beam passed on average 0.5 m over the grassy ground of the downstream side at the dam crown. The distance between the origin P and the first point of measurement $s_{P1}$ = 92.182 m, the second point of measurement $s_{P2}$ = 191.533 m and the end point K is $s_{PK}$ = 286.162 m. The reference levelling measurement was made using a compensating levelling instrument Zeiss Ni 007 with micrometer onto a half - centimeter levelling staff Zeiss with invar scale KAŠPAR, POSPÍŠIL (1981).

It is seen from the relationship ( 2 ) that $Z_i$ keeps always its full value whereas $Z_P$ with weight $(1 - \frac{s_i}{s_{PK}})$ and $Z_K$ with weight $\frac{s_i}{s_{PK}}$ and, therefore, dependence of Z on the gradient of refractive index in the vertical direction in point P was used for determination of $H_1$ and on the gradient in the middle of the line of sight was used for determination of $H_2$ as these values better correspond to atmospheric conditions of the microclimate.

The differences of heights determined by levelling and laser alignment method are given in the Table 1 where $\Delta H$ is without correction for refraction, $\Delta \bar{H}$ is determined using radiation balance method. The difference $\Delta H$ expresses the effect of refraction, $\Delta \bar{H}$ residual refraction error. The evaluated measuring time in October was between 15.00 and 18.00 hour. $R \approx 0$ was between 16.40 and 16.50. The sunset was approximately at 17.30.

Table 1

| | $\Delta H$/mm | $\Delta \bar{H}$/mm |
|---|---|---|
| point 1 | 2.34 | 0.92 |
| point 2 | 1.16 | 0.01 |

## 4. Conclusion

The method of Earth surface radiation balance in laser alignment method belongs to efficient methods reducing the environmental effect on results of measurement. In the applications done until now, its effectiveness was 30 % to 90 %. The suggested method of measurement and processing of results enables to reduce the environmental effect on the results of measurement. The research of this method continues.

## 5. References

1) CHRZANOWSKI, A., JARZYMOWSKI, A., KAŠPAR, M.: The Canadian Surveyor 30, 81 (1976)
2) POSPÍŠIL, J.: GaKO, 26/68, 9 (1980)
3) KAŠPAR, M., POSPÍŠIL, J.: Acta Polytechnica, 18 (I,3), 5 (1981)
4) KAŠPAR, M., POSPÍŠIL, J.: Laser Optoelektronik in der Technik. Springer Verlag, 213 (1986)
5) HÜBNER, E.: Vermessungstechnik, 34, 49 (1986)
6) SAPOZHNIKOVA, S.A.: Gidrometeoizdat, Leningrad (1950)
7) POSPÍŠIL, J.: Dissertation, Technical University Prague (1986)
8) POSPÍŠIL, J.: Proceedings of the Symposium "Mining Příbram in Science and Technique", Section I - Mine Surveying and Engineering Geodesy, Příbram 1986, 125
9) KAŠPAR, M., POSPÍŠIL, J.: Application of Microprocessor and Laser Technique in Geodesy, FeNTO, Proceedings, Sofia 167 (1987)

# Absolut messendes Refraktometer

W. Luhs, H.-P. Meiser, H.-J. Daams
Fa. Spindler & Hoyer
Königsallee 23, D - 3400 Göttingen

**Zusammenfassung**

Laserinterferometer werden zur hochgenauen Längenmessung und zur Kalibrierung hochpräziser Längenmeßvorrichtungen eingesetzt. Dazu ist die exakte Kenntnis der Brechzahl der Luft von entscheidender Bedeutung. Sie bestimmt letztendlich die Unsicherheit der interferometrischen Messung.

**2. Brechzahl der Luft**

Die Brechzahl der Luft ist im wesentlichen durch die Dichte der Luft bestimmt, die ihrerseits von Luftdruck, Temperatur und Luftzusammensetzung abhängt. [ 1 ]

Die gebräuchlichste Formel zur Berechnung der Brechzahl der Luft als Funktion des Luftdrucks p (in hPa) und der Temperatur $\vartheta$ (in °C) stammt von Edlén und lautet für trockene Standardluft:

$$(n-1)_{p,\vartheta} = 2{,}8775 \cdot 10^{-7} \cdot p \cdot \frac{1 + 10^{-6} \cdot p \cdot (0{,}613 - 0{,}00997 \cdot \vartheta)}{1 + 0{,}003661 \cdot \vartheta} \qquad (1)$$

Wird die Luft in industrieller Umgebung gemessen, so können beträchtliche Abweichungen der Luftzusammensetzung zu Standardluft auftreten, z.B. durch Dämpfe von Lösungsmitteln, Gase usw. Die Anwesenheit solcher Fremdgase führt daher in der Regel dazu, daß die nach der Edlén-Formel bestimmte Brechzahl systematisch zu klein ist. Für Längenmessungen im Unsicherheitsbereich $< 10^{-6}$ ist daher eine direkte Brechzahlbestimmung mit Refraktometern erforderlich.

## 2. Methoden zur Bestimmung der Brechzahl

### 2.1 Das Parameterverfahren

Bei der zur Zeit am häufigsten angewandten Methode werden in Einzelmessungen mittels hochpräziser Barometer und Temperatursensoren die Parameter Luftdruck und Lufttemperatur bestimmt und daraus über die Edlén-Formel die Brechzahl berechnet.

### 2.2 Relativ messende Refraktometer

Mit einem relativ messenden Refraktometer können Änderungen der Brechzahl von einem willkürlichen Anfangspunkt an verfolgt werden. Wird die Brechzahl am Anfangspunkt mit einem anderen Verfahren bestimmt, so kann mit diesem Refraktometer ständig der aktuelle Brechungsindex zur Verfügung gestellt werden.

Eine Prinzipskizze eines solchen relativ messenden Refraktometers ist in Bild 1 dargestellt.

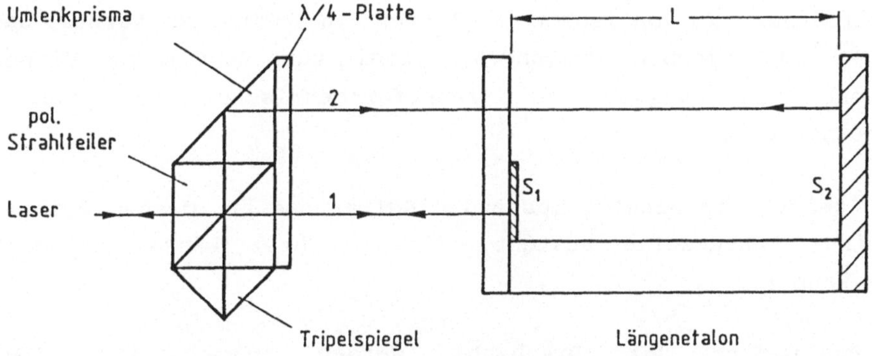


Bild 1: Relativ messendes Refraktometer, aufgebaut aus einem Differenzinterferometer und einem Längenetalon

Es besteht aus einem Differenzinterferometer und einem Längenetalon, das aus einem Material mit möglichst kleinem thermischen Ausdehnungskoeffizienten, z.B. Zerodur, gefertigt ist. Das Interferometer kann z.B. wie folgt aufgebaut sein: Der einfallende Laserstrahl wird in einem polarisierenden Strahlteiler in zwei senkrecht zueinander polarisierte Strahlen 1 und 2 aufgeteilt. Strahl 1 durchläuft zweimal die Strecke zum

Planspiegel $S_1$ und zurück, Strahl 2 durchläuft entsprechend zweimal die Strecke zum Planspiegel $S_2$ , bevor die beiden Strahlen vom Strahlteiler wieder vereinigt werden, so daß die Interferenz der beiden Strahlen ausgewertet werden kann. Aus einer mit dem Interferometer gemessenen Längenänderung $\Delta s$ läßt sich eine Brechzahländerung $\Delta n$ wie folgt berechnen:

$$\Delta n = \frac{\Delta s}{4L} \tag{2}$$

Obwohl das Längenetalon aus Zerodur gefertigt ist, muß dessen Temperatur entsprechend der thermischen Längenausdehnung berücksichtigt und die gemessene Brechzahländerung gegebenenfalls korrigiert werden.

### 2.3 Absolut messende Refraktometer

Absolut messende Refraktometer messen die Brechzahl direkt aus der Differenz der optischen Weglängen in Luft und Vakuum bei gleichen mechanischen Weglängen, wobei zur Bestimmung dieser Differenz im allgemeinen interferometrische Meßverfahren eingesetzt werden.

Bild 2 zeigt ein absolut messendes Refraktometer, dessen Prinzip auf einer Vakuumzelle besteht, die in ihrer Länge verändert werden kann [ 2 ].

Zur Bestimmung der Brechzahl werden gleichzeitig zwei Interferometer 1 und 2 betrieben. Mit dem inneren (in der Skizze 1) wird direkt die Dehnung der Vakuumzelle in Einheiten der Vakuumwellenlänge des Lasers bestimmt, wobei das Fenster $F_1$ feststeht und das Fenster $F_2$ in Richtung des Pfeils hin- und herverschoben wird. Somit ergibt sich die Streifenzahl $N_1$ zu:

$$N_1 = \frac{2L}{\lambda_0} \tag{3}$$

L: Längenänderung der Vakuumzelle

Beim äußeren Interferometer (in der Skizze 2) ändert sich die Wegstrecke in Luft um die gleiche geometrische Wegstrecke wie in Vakuum, so daß sie die Streifenzahl $N_2$ ergibt:

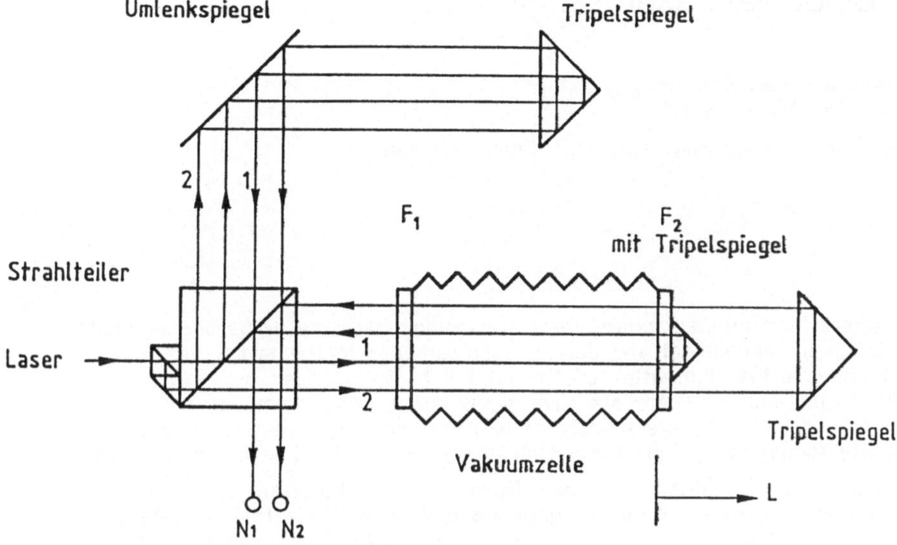


Bild 2: Absolut messendes Refraktometer

$$N_2 = \frac{2n \cdot L}{\lambda_0} - \frac{2L}{\lambda_0} \qquad (4)$$

Aus diesen beiden Beziehungen läßt sich die Brechzahl ermitteln:

$$n = 1 + \frac{N_2 \cdot \lambda_0}{2L} \qquad (5)$$

D.h. die Brechzahl der Luft ergibt sich direkt aus dem Verhältnis der Streifenzahlen in beiden Interferometern. Die Brechzahl von Luft unter Normalbedingungen beträgt etwa 1,00027, so daß das Verhältnis $N_2/N_1$ bei 1/3700 liegt.

Mit diesem Refraktometer wird eine Genauigkeit von $5 * 10^{-7}$ erreicht, so daß die bisherige Meßgenauigkeit in industrieller Umgebung um einen Faktor 3 verbessert werden kann.

**Literatur**

(1) Edlén, B.: The Refractive Index of Air
Metrologia 2 (1966), 71 - 80

(2) Frölich, D.: Laserinterferometer - Refraktometer
EP 0 277 496 A2 (1988)

# Mini Binocular Laser Rangefinder

**Božo Vukas, Dušan Zadravec,**
**Peter Kavčič, Marko Kažič**

Iskra Centre for Electro-Optics, Ljubljana, Yugoslavia

## Introduction

The progress in microelectronics, laser technology, new materials and computer aided design of mechanical and optical subassemblies in the last 8 years has brought about a 50% diminution of the typical hand-held laser rangefinder size and 60% of its volume. There are several miniature rangefinders of 1 to 1.5 kg on the market, but they are merely ranging devices. None of them represents a complete rangefinding and observation device, least of all in binocular form.

Starting point in designing of the new Iskra miniature binocular laser rangefinder BLD was its greatest possible functional compatibility with an existent instrument. The requirement involves also two-eyed viewing which is a novelty in hand-held laser rangefinders. Accomodation to future user's accustomed way with conventional binoculars necessitated minimization of the number of knobs, buttons and switches on the instrument casing. Therefore the BLD lacks the possibility of range blocking; instead of ranging the first and the second target within laser beam it ranges the first and the last target in interval of 10 km. This solution ensued from the assumption that the most interesting target is hidden behind a cover or more or less masked and therefore the last in a beam. Interpupillary distance that is indispensable in an observation instrument is - due to dissymetry of the two BLD channels - adjusted by linear relative shift of one channel against the other (and not by rotation around central axis).

A maximum possible autonomy of BLD is enabled by 12 V Li battery supply. The batteries are disposable; their capacitance: min. 1500 measurements at $20^{o}$ C.

## Mechanical Design

The mechanical design enables integration of the laser transmitter and of optical, optoelectronic and electronic components into a compact unit. By the CAD system for designing and engineering we made a high density construction with optimized parameters of size, mass, shape and performance.

Essential requirement for optimum laser rangefinder performance is that the optical axes of the laser transmitter, receiver and sight remain parallel (tolerance $\pm$0.1 mrad) under harsh environmental and mechanical conditions. Design of the BLD casing ensures stability of optical axes, as the sighting-receiving system objective and the transmitting optics are fitted in the box-like support in front, and the laser transmitter and the sighting-receiving optics prism system cantilevered behind them. Such a structure, built symmetrically around optical axes of the instrument and of appropriate material has low radial temperature gradients, so it expands uniformly and is rigid which renders stability to optical axes. The overall result is high reliability of the rangefinder performance.

## Laser

A diminutive instrument like BLD requires a small, simple and inexpensive laser, yet of unimpaired quality. Our solution with ceramic resonator housing - solid and with low coefficient of expansion - gives the resonator mechanical and thermal stability. It serves as an excellent insulation against the flash trigger high voltage as well. The resonator mirrors are cemented directly onto housing, so the expensive and usually large alignment system becomes superfluous. The laser operates in lower modes which enables a favourable output beam divergence.

Laser characteristics: length 78 mm, diameter 25 mm, output energy 8 to 10 mJ, divergence 2.5 mrad, laser pulse length 6 ns.

## Optical Design

The main aim of optical design was to attain, with a minimum number of smallest possible elements, the closest agreement with existing military specifications concerning optical parameters and image quality. In this respect rather conventional objective and eyepiece types were selected and carefully optimized to balance aberrations. Porro systems of the second order act as image inverters and in the combined observation-receiver channel the third prism is replaced by a beamsplitting cube - a well established practice at Iskra CEO.

Due to special laser resonator design a beam expander with only two lenses turned out to be satisfactory. Careful selection of glasses in combination with suitable spacer material makes the expander thermally insensitive. Also the interference filter in front of the receiver photodiode functions in an unconventional manner. Collimating optics is omitted and the filter is placed directly over the receiver pinhole. Consequently, a slight wavelength shift of the outer zone rays occurs but has virtually no effect upon ranging characteristics.

## Electronic Circuitry

The BLD control and counter unit is composed of a single chip microcontroller, oscillator of 59960 kHz and a custom-designed IC, named LUMP. LUMP is an interface between the microcontroller and other rangefinder circuitry. It is connected to the data and address bus like any other peripheral unit. This interface is designed to sense the state of laser rangefinder subunits and to forward it to the processor. The processor instructions are transmitted to rangefinder subunits and at the same time all operations carried out that cannot be performed directly by the slower processor - such as, primarily, target ranging by counting the quartz oscillator pulses. Further LUMP functions are: determination of conditions for laser triggering; triggering; control of the receiver TVG; control of all voltage regulators.

The receiver design with an avalanche photodiode has been taken from a previous efficient rangefinder by the same firm, with the exception that it is now hybridized because of miniaturization. Besides smaller size the effect is also an increased gain and decreased sensitivity to interference. The 4-character, 7-segment display is hybridized as well. It is placed in the eyepiece focal plane and contains 4 LED chips and all required control electronics. The printed circuitry is a combination of multilayer, rigid and flexible segments with leaded and SMD components.

## Literature


1. Guyer, R.C.; Stenton, C.W.: Mini Laser Rangefinder, Proceedings of SPIE, Vol. 663; Laser Radar Technology and Applications; Quebec City, 1986.
2. Johnson, A.M.: Handheld Laser Rangefinders - System Constraints; Proceedings of EO/LASER '81 Conference; Anaheim, CA 1981.
3. Vukas, B.: Sistem za procesiranje laserskega signala; magistrsko delo, Ljubljana, 1988.

## Envisaged Further Development

The BLD electronic, optical, optoelectronic and mechanical subassemblies represent the basic design modules for the new generation laser rangefinders up to the year 1995. A simpler and cheaper monocular version (MLD) of the described BLD as well as the day/night binocular laser rangefinder (BLD-N) are in advanced development stage. In its left optical channel the BLD-N has a 3rd generation image intensifier. On the strength of the present development we estimate at least 80% of subassemblies will be the same in all three instruments.

Iskra BLD Binocular Laser Rangefinder

## Basic BLD and MLD Properties

| | | |
|---|---|---|
| Mass (kg) | 1.3 | MLD 0.9 |
| Dimensions (mm) | 156 x 140 x 60 | MLD 156 x 106 x 60 |
| Minimum ranging distance (m) | 200 | MLD 200 |
| Maximum ranging distance (m) | 9998 | MLD 9998 |
| Accuracy (m) | 5 | MLD 5 |
| Magnification | x7 | MLD x7 |
| Field of view ($^{o}$) | 6.5 | MLD 6.5 |

# The Study of Elementary Processes in Gas-Phase Reaction with an Intracavity Laser Spectroscopy Method

S.A.MULENKO
INSTITUTE OF METAL PHYSICS, AS USSR, KIEV

In order to study the elementary processes in gas-phase reactions it is necessary to measure the rate constants of chemical reactions with the participation of atoms and radicals, to determine the energy being transfered owing to collisions excited molecules and also to investigate of the molecule dissociation mechanism. The time-dependence of a relative or an absolute concentration of atoms, radicals and products of their recombination should be known to resolve this problem. The absolute concentration of atoms and unstable radicals is usually $(10^{10}-10^{16})$ cm$^{-3}$ and their lifetime is about $(10^{-3}-10^{-6})$ s. So it is perspectively to apply the laser spectroscopy methods for detection these particles as high-sensitive and high-speed spectroscopy methods. One of these methods is an intracavity laser spectroscopy method (ILS).

In this paper ILS method was applied to study elementary processes with participation of iodide atom ($J$) and free radicals $HCO$, $NH_2$, $CH_3$, $CF_3$. These particles are interesting because forming in flames, under action of laser radiation on gases and in other processes. A bandly tuned flashlamp dye laser with the range of radiation 5750-6200 Å was applied in ILS method. The detail description of the experimental arrangement was given in works [I,2]. The dye laser spectrum was recorded on a photoplate by means of a grating spectrograph with dispersion of 2 Å/mm. Photographic blackening is proportional to integrated laser intensity of radiation: $\int_0^\tau J(t)dt$ and spectrograms were being carried out according to the relation:

$$\frac{\int_0^\tau J(t)\,dt}{\int_0^\tau J_0\,dt} = \frac{1-\exp[-K(\omega)c\tau L/L_0]}{K(\omega)c\tau L/L_0} \qquad (\mathrm{I})$$

where $J_0$ is laser intensity of radiation out of a cavity without selective losses; $J(t)$ - laser intensity of radiation with selective losses inside a cavity at a frequency $\omega$ ; $K(\omega)$ - an absorption coefficient owing to losses inside a laser cavity at a frequency $\omega$ ; $\tau$ - a dye laser pulse duration; $c$ - light velocity; $L_0$ - geometric length of the dye laser cavity; $L$ - the absorption path length inside a laser cavity. As it is known the absorption coefficient $K(\omega)=\sigma(\omega)N$ , where $\sigma(\omega)$ is an absorption cross-section of a particle transition inside a cavity; $N$ - an absolute concentration of absorbing particles inside the dye laser cavity. Therefore registrating generation spectrum of the dye laser with absorption lines at the different time after forming of the absorption particles, we are able to receive the information about the kinetic of these particles. Microphotograms of absorption spectra of $HCO$ and $NH_2$ radicals and $J_2$ molecules which have been received with ILS method are presented in Fig.I. In the present work free radicals $HCO$ and $NH_2$ were being detected in absorption in the range of the absolute concentration (0.00I-I.0)xIO$^{15}$ cm$^{-3}$ and iodide molecules in the range of the absolute concentration (0.I-I.0)xIO$^{14}$ cm$^{-3}$ with ILS method.

The radical $HCO$ was produced with a pulsed UV photolysis and a pulsed electrical discharge of acetaldehyde ($CH_3CHO$). It is known $CH_3CHO$ having been photolyzed with a pulsed UV radiation, $CH_3$ and $HCO$ radicals were formed. The absolute concentrations of these radicals are approximatly equal immediately after finishing the dissociation pulse ($[HCO]_o \simeq [CH_3]_o$). Main elementary processes with participation $HCO$ and $CH_3$ radicals will be the following:

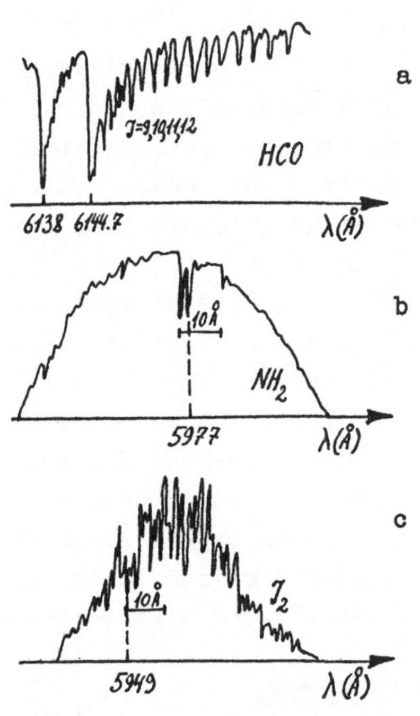


Fig.I.

$$HCO + CH_3 \xrightarrow{K_1} CH_4 + CO, \qquad (2.a)$$

$$HCO + HCO \xrightarrow{K_2} H_2 + 2CO, \qquad (2.b)$$

$$CH_3 + CH_3 \xrightarrow{K_3} C_2H_6. \qquad (2.c)$$

The relative meanings $HCO$ concentration were calculated from the ratios $K(\omega)/K_o(\omega)$. The relation between the rate constants $K_1$, $K_2$ and $K_3$ was established: $K_3 > K_2 > K_1/2$ from the ratios $[HCO]/[HCO]_o$ and trends of their variations in the recombination process. The kinetic measurements were made at the total pressure of acetaldehyde and argon or helium in the range (4-80) torr. The rate constant $K_3$ is equal to 4.I7xIO$^{-II}$cm$^3$/s [3] in this range of pressures. The difference in the time-dependence of the relative concentration of $HCO$ radical obtained when decomposing $CH_3CHO$ with a pulsed UV photolysis and a pulsed electric discharge is used to establish the mechanism of dissociation of the original molecule in pulsed electric discharge: $[CH_3]_o \gg [HCO]_o$. The rate constants have been measured from two experiments for the following elementary processes:

$$HCO + CH_3 \xrightarrow{K_1} CH_4 + CO, \qquad K_1 = (4.4 \pm 1.6) \times 10^{-11} cm^3/s$$
$$HCO + HCO \xrightarrow{K_2} H_2 + 2CO, \qquad K_2 = (3.6 \pm 0.5) \times 10^{-11} cm^3/s.$$

The rotational temperature of $HCO$ radical was determined from the intensity distribution of the rotational lines with J=9,10,11,12 which was the translational one in the experiment conditions. In the experiment with a pulsed UV photolysis the gas mixture temperature was following: (293±30) K and in the discharge experiment - (340±30) K. It was established that the gas mixture temperature has been constant during all visual time of $HCO$ radicals ($t_{vis.} \simeq 50 \mu s$).

The radical $NH_2$ was produced with a pulsed UV photolysis of ammonia ( $NH_3$ ). The recombination process of $NH_2$ radicals has been looked at the total pressure of ammonia and argon in the range (1-42) torr. The recombination of $NH_2$ radical is determined in general in this range of the pressure by the following elementary processe:

$$NH_2 + NH_2 + M \xrightarrow{K_4} N_2H_4 + M \qquad (3)$$

where $M$ is the total concentration of $NH_3$ and $Ar$ . Study of the recombination processes in the range of pressures where the rate constant is a function of a total pressure gives the possibility to receive the information about the energy exchange for a high excited molecule. The absorption cross-section of $NH_2$ radical at the line 5977 Å is known: $\sigma(\omega) = (3.9 \pm 0.39) \times 10^{-18} cm^2$ [4]. So the absolute concentration of $NH_2$ radicals may be determined as a function of time after a pulsed UV photolysis at any time-point. It was established that the rate constant recombination of radicals had been increasing with increasing of the total pressure. The rate constant recombination of $NH_2$ radicals was determined at a low pressure when the third body (M) was ammonia and argon:

$$K^o_{4(NH_3)} = (3.85 \pm 2.0) \times 10^{-28}\ cm^6/s, \qquad K^o_{4(Ar)} = (1.3 \pm 0.7) \times 10^{-28} cm^6/s.$$

Having used the experimental rate constants at the low pressure ( $K^o$ ) and their calculated datas which were made according "strong collision" theory ( $K^{osc}$ ) the probability of the deactivation ( $\beta = K^o / K^{osc}$ ) excited molecule $N_2H_4^*$ was determined owing to the collision with $NH_3$ and $Ar$ :

$$\beta(NH_3) = (0.56 \pm 0.30), \qquad \beta(Ar) = (0.28 \pm 0.15).$$

The average energy was calculated out of $\beta$ meanings which the excited molecule $N_2H_4^*$ could transfer per a collision with a molecule or an atom of the gas-diluent ($\langle\Delta E\rangle = RT\frac{\beta}{1-\sqrt{\beta}}$):

$\langle\Delta E\rangle_{300}^{NH_3}$ = I.30 kcal/mole, $\langle\Delta E\rangle_{300}^{Ar}$ = 0.36 kcal/mole.

All kinetic measurements were being made at the temperature ~300 K. Received results of $\beta$ and $\langle\Delta E\rangle$ are in agreement with the statistical theory.

Iodide atoms and $CH_3$, $CF_3$ radicals were produced while the dissociation of $CH_3J$ and $CF_3J$ molecules with TEA $CO_2$-laser radiation. One of the fundamental modes of methyl iodide ($CH_3J$) molecule ($\nu_6$ = 880.I $cm^{-I}$) absorbs TEA $CO_2$-laser radiation: P(30) line (935 $cm^{-I}$) of the $00^0$I-I$0^0$0 vibrational band, and one of the fudamental modes of $CF_3J$ molecule ($\nu_1$ = I075.2 $cm^{-I}$) absorbs TEA $CO_2$-laser radiation too: R(I4) line (I074.65 $cm^{-I}$) of the $00^0$I-$02^0$0 vibrational band. Transmittance spectra of $CH_3J$ molecules and $CF_3J$ molecules are presented in Fig.2. in the range of TEA $CO_2$-laser generation. Iodide atoms and $CH_3$, $CF_3$ radicals are being produced mainly in found states owing to the dissociation $CH_3J$ and $CF_3J$ molecules at IR laser radiation. Main elementary processes with participation $J$ atoms and $CH_3$, $CF_3$ radicals will be the following:

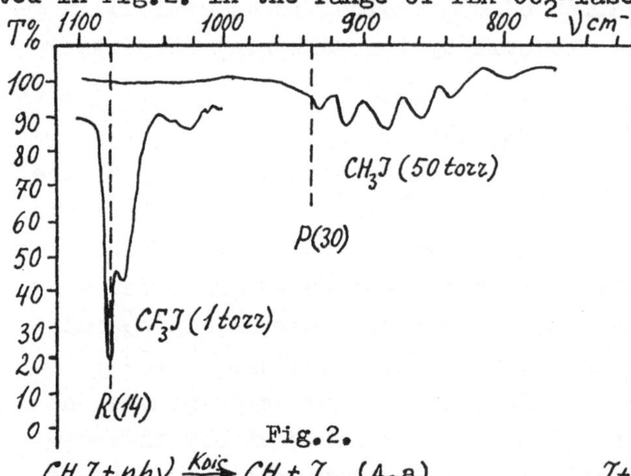


Fig.2.

$$CH_3J + nh\nu_L \xrightarrow{K_{dis}} CH_3 + J, \quad (4.a) \qquad J + J + CH_3J \xrightarrow{K_5} J_2 + CH_3J, \quad (4.b)$$

$$CH_3 + J \xrightarrow{K_6} CH_3J, \quad (4.c) \qquad CH_3 + CH_3 \xrightarrow{K_7} C_2H_6. \quad (4.d)$$

$$CF_3J + nh\nu_L \xrightarrow{K_{dis}} CF_3 + J, \quad (5.a) \qquad J + J + CF_3J \xrightarrow{K_8} J_2 + CF_3J, \quad (5.b)$$

$$CF_3 + J \xrightarrow{K_9} CF_3J, \quad (5.c) \qquad CF_3 + CF_3 \xrightarrow{K_{10}} C_2F_6. \quad (5.d)$$

where $n$ - the number of TEA $CO_2$-laser photons excessing of the dissociation energy of $CH_3J$ and $CF_3J$ molecules corresponding to $C - J$ bond; $\nu_L$ - the TEA $CO_2$-laser frequency; $h$ - Plank constant. From the time-dependece of the absolute concentration $J_2$ which had been observeing with ILS method and the rate constants $K_7$, $K_5$ [3,5], $K_8$, $K_{10}$ [6,7] having been measured before the rate constants $K_6$ and

$K_9$ have been determined. The rate constants $K_7$ and $K_5$ were taken from the literature: $K_7$ = 4.17x10$^{-11}$ cm$^3$/s; $K_5$ = 1,53x10$^{-31}$ cm$^6$/s at T$\simeq$400 K. Meanings of the rate constants $K_8$ and $K_{10}$ were taken from the literature too: $K_8$ = 5x10$^{-32}$ cm$^6$/s; $K_{10}$ = 3.9x10$^{-11}$ cm$^3$/s. It is needed to know the temperature in IR laser caustic for the determination of the absolute concentration $J_2$ molecules in each time point after finishing the dissociation pulse as an absorption cross-section $\sigma(\omega)$ of $J_2$ molecule is a temperature function [8]. The temperature of $CH_3J$ in TEA $CO_2$-laser caustic was calculated from meaning of the absorbed energy of radiation in the caustic volume ($E_{abs.}\simeq$0.17 J) and was about 400 K. The incident energy of P(30) line TEA $CO_2$-laser was about 1.2 J. The thermal effect of chemical reactions with participation $CH_3$ radicals and $J$ atoms in the comparison with heating owing to the absorbed energy of IR laser radiation may be neglected as the dissociation degree of $CH_3J$ molecules was about 0.14% in conditions of the present experiment. The absorption cross-section $J_2$ at 5949 Å at T$\simeq$400 K was about 7.8x10$^{-19}$ cm$^2$. The temperature of $CF_3J$ in TEA $CO_2$-laser caustic was calculated from meaning of the absorbed energy of radiation in the caustic volume ($E_{abs.}\simeq$0.145 J) and the thermal effect of chemical reactions with participation $CF_3$ radicals and $J$ atoms as the dissociation degree of $CF_3J$ molecules was about 65%. The incident energy of R(14) line TEA $CO_2$-laser was about 1.1 J. This temperature was about 930 K. The absorption cross-section $J_2$ at 5949 Å at T$\simeq$930 K was about 10.45x10$^{-19}$ cm$^2$. The time dependences of the absolute concentration $J_2$ being observed with ILS method (1-owing to the dissociation of $CH_3J$ molecules; 2-owing to the dissociation of $CF_3J$ molecules) in different time points after finishing TEA $CO_2$-laser pulse are presented in Fig.3. To determine the dissociation degree of $CH_3J$ and $CF_3J$ molecules in TEA $CO_2$laser field it is needed to review the excitation process of these molecules which is differ sufficiently. The excitation and the dissociation mechanism of $CH_3J$ molecule in TEA $CO_2$-laser field was reviewed in detail in the present experiment in the work [2]. As inequalities $\tau_p \gg \tau_{rot.}$ and $P_{rot.} \gg W$ ($W = \sigma J_0 \simeq$ 1.4x10$^5$s$^{-1}$ - the probability of the induced transitions bet-

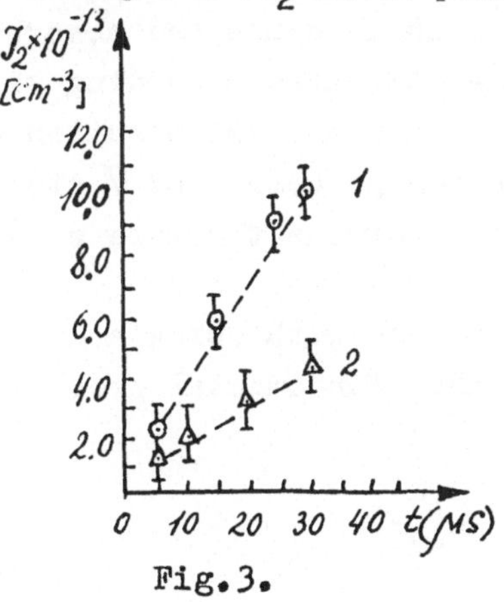

Fig.3.

ween the vibrational levels 0-I of $V_6$ mode $CH_3J$ molecule; $\sigma \simeq 3.33$x $IO^{-2I}$ cm$^2$ - the absorption cross-section of $CH_3J$ molecules at the line of 935 cm$^{-I}$; $P_{rot.} \simeq I.75xIO^7 s^{-I}$ - the probability of the rotation relaxation; $\tau_{col.} \simeq 5xIO^{-9}$s - the time between collisions of $CH_3J$ molecules at pressure 80 torr and T $\simeq$ 400 K) are fulfiled at $CH_3J$ pressure of 80 torr, TEA $CO_2$-laser pulse duration ($\tau_p$ ) about 3x $IO^{-6}$s and the intensity of IR laser radiation ( $J_0$ ) about 4.2x $IO^{25}$phot./cm$^2$xs so the excitation process of high vibrational levels ($V > I$) $CH_3J$ molecules was owing to collisions. The dissociation of $CH_3J$ molecules should be collisional in conditions of the present experiment. The absolute concentration of $CH_3J$ molecules to have been dissociated under TEA $CO_2$-laser action was estimated according to the unimolecular reaction theory (RRKM) and was about $2xIO^{I5}$ cm$^{-3}$. As in conditions of the present experiment $\tau_p > \tau_{V-T}$ ($\tau_{V-T}$ - the time of vibration-translation relaxation) the absolute concentration of $CH_3J$ molecules to have been dissociated was being calculated with accounting of vibration-translation relaxating [2]. The numerical solution of the system (4.a-d) describing recombination processes of $J$ atoms and $CH_3$ radicals gave the possibility to determine the rate constant $K_6$ = (I.I7±0.75)x$IO^{-II}$ cm$^3$/s. As inequalities $\tau_p < \tau_{rot.}$ and $P_{rot.} \ll W$($W = \sigma J_0 \simeq IO^7 s^{-I}$; $\sigma \simeq 2.33xIO^{-I9}$ cm$^2$- the absorption cross-section of $CF_3J$ molecules at the line of I074.65 cm$^{-I}$; $P_{rot.} \simeq 2xIO^5 s^{-I}$; $\tau_{col.} \simeq 5xIO^{-7}$s - the time between collisions of $CF_3J$ molecules at pressure I torr and T $\simeq$ 930 K) are fulfiled at $CF_3J$ pressure of I torr, TEA $CO_2$-laser pulse duration about $3xIO^{-6}$s and the intensity of IR laser radiation about $4.2xIO^{25}$phot./cm$^2$xs so the excitation process of high vibrational levels ($V > I$) $CF_3J$ molecules was multiphoton and collisionles. The absolute concentration of the dissociated $CF_3J$ molecules to have been excited vibrationally by TEA $CO_2$-laser radiation with accounting of each molecule had absorbed about 24 photons in IR laser caustic was estimated according to RRKM theory and was about $2.IxIO^{I6}$cm$^{-3}$. The numerical solution of the system (5.a-d) describing recombination processes of $J$ atoms and $CF_3$ radicals gave the possibility to determine the rate constant $K_9$ = (I.0±0.3)x$IO^{-IO}$cm$^3$/s.

In this paper the perspectivity ILS method with using a dye laser is shown for the decision of a number fundamental problems in chemical physics.

References

I.Mulenko S.A. J.P.S., I980. v.33. N 7. P.35.

2.Mulenko S.A. J.P.S., I985. v.42. N 4. P.559.
3.Glanzer K., Quack M., Troe J. Chem.Phys.Lett., I976. v.39. N 2. P.304.
4.Hanes T.H., Bair E.J. J.Chem.Phys., I963. v.38. P.672.
5.Engleman R., Davidson N.R. J.Am.Chem.Soc., I960. v.82. N I8. P.4770.
6.Andreiva T.L., Kuznetzova S.V., Maslov A.I. et al. Chimia visokih energy, I972. v.6. N 5. P.4I8.
7.Donovan R.G., Husain D. Trans.Faraday Soc., I960. v.62. P.II.
8.Sulzer P., Wieland R. Helv.Phys.Acta, I952. v.25. N 6. P.653.

# Low Cost Position Photodetector of Large Sensitive Aera

A. M. Woźniak and W. Knapczyk
Ship Research Institute
Technical University of Gdańsk
Majakowskiego 11/12, PL - 80 952 Gdańsk

## 1. Introduction

In laser measuring systems there are commonly applied one- and two-axes position sensors of various kind. The mostly widespread lateral effect photodetectors and quadrant photodetectors have rather small sensitive area and measuring range. In some industrial applications, e.g. in positioning systems, the sensors of extended measuring range are needed. In these cases the matrix photodetectors, CCD cameras, etc. can be used. They are, however, of much more complicated structure and using them considerably increases costs of the measuring systems.

At the Ship Research Institute TU Gdansk there has been developed a low cost quadrant photodetector of a large sensitive area in the range of 300x300 mm. This new two-axes position sensor can be applied in a variety of measuring systems where a light sensitive field of large dimensions is necessary.

## 2. Construction of the photodetector

The developed position sensor is a kind of the quadrant photodetector, i.e. its sensitive area consists of four separate sections. As light sensitive elements there are applied typical photodiodes of only 3x3mm sensitive area. To obtain the desired exceptionally large sensitive area of the quadrants (in this case 150x150 mm), a special construction based on the principle of the total reflection and the light-guiding, i.e. light transmission to the desired location, was applied.

General view of the photodetector on the test stand is given in Fig. 1. Each quadrant of the detector consists of a flat square plate made of plexiglass (or similar material). The photodiode fixed on the external corner of the plate is viewing into it towards the centre of the photodetector. The plate surfaces are so prepared that the possibly big part of the perpendicular falling laser light is inner dispersed and due to the inner total reflection is transmitted through the plate towards this corner of the quadrant, in which the photodiode is fixed. Another part of the laser light goes out of the plate and is lost.

To eliminate the external light influence on the measurement accuracy, the use of the modulated laser light in the mesuring system is assumed.

The functional diagram of the detector electronics is shown in Fig. 2. The signal generated by the photodiode consists of a high frequency signal caused by the modulated laser light and of a low frequency or /and the DC signals caused by the external light. To cut off these disturbances from the position signals, the band-pass filters and the rectifiers are included at the input of each channel. In this way only the signals caused by the laser light are further processed. They are next directed to the output socket as separate signals from each quadrant, or the laser beam (X,Y) position on the detector can be hard- or soft-ware estimated following the formulas:

$$X = K * \frac{(I + IV) - (II + III)}{(I + II + III + IV)} \qquad Y = K * \frac{(I + IV) - (II + III)}{(I + II + III + IV)}$$

where:

I, II, III, IV - position signal values [V]
K - calibration coefficient [mm]

The whole sensor electronics as well as the supply batteries are situated within the case of the detector. All measured signals are available on the output socket. If needed, optional analog or digital (LCD) displays can be attached to the top of the case.

## 3. Laboratory test

The idea of the stand for testing the photodetector is shown in Fig. 3. In course of the test the detector was attached to the (X-Y) position table driven by two stepping motors. As a light source was used a laser geodetic instrument - Laser Eyepiece WILD GLO2 combined with theodolite WILD T2. The laser light was modulated by means of a mechanical chopper. The whole testing process, i.e. the movement of the photodetector along the X and Y axes, the acquisition of the position signals from the detector and the further processing of the collected data was program controlled by the IBM PC/AT compatible computer.

While testing the sensitivity distribution on each quadrant, the laser beam was focused to the diameter of 1 mm and the applied transverse displacement was at the rate of 5 mm. In Fig. 4 is given an example of the sensitivity distribution on the whole surface of one quadrant.
The correlation between the laser beam position on the photodetector and the position signals from the detector was tested in the range of

+/- 13 mm, i.e. the whole diameter of the applied laser beam. The X/Y displacement was at the rate of 0.2 mm. In the remaining range of the sensitive area the position signals are constant and they indicate only which quadrant is illuminated by the laser beam.
As it is evident from graphs in Figs. 5 and 6 a good linearity in the measuring range of +/- 5mm has been obtained, whereas a proportionality in the measuring range of +/- 10mm is quite satisfactory.

## 4. Conclusions

With respect to the currently used position sensors the developed detector has a much greater sensitive area in the range of 300x300 mm. In this field there should be distinguished the following two zones:

- position measuring zone, close to the detector axes - in the range of the laser beam diameter; with a good linearity of the position signals in the range of approx. +/- 5 to +/-10 mm,
- position indicating zone, farther field of the sensitive area, where two state (+/- X,Y) signals indicate only the direction of the necessary movement of the detector.

These properties of the position sensor qualify it as a good solution for many applications, e.g. in automatic positioning systems.
The described detector features a simple construction and can be manufactured of generally available materials. It is relatively high resistant to the environment conditions, and therefore it can particularly be recommended for industrial applications.

## 5. Acknowledgment

The presented detector was developed at the Ship Research Institute of the TU Gdańsk within the Project 17 CPBR 9.5 and an important part of the laboratory test was performed during my 9 months fellowship at the Chair of Geodesy I of the RWTH Aachen (research grant of the Heinrich Hertz Foundation, Dusseldorf). Appreciation should be expressed to the Authorities of these Institutions for their kind support of this work. Special thanks are due to Prof. Dr.-Ing. B. Witte at RWTH Aachen for his encouragement and advice during my stay at his Chair in Aachen.

## 6. Literature

(1) A. Woźniak, W. Knapczyk: A Laser System for Automated Positioning of Constructions, Proceed. of the 7th Intern. Congress LASER '85, Munich 1-5 July 1985, (1986)
(2) B. Witte - Personal contacts (during 1986 - 88)
(3) A. Woźniak: Computer Aided Laser Measuring System for Ship Production, Report for the Heinrich-Hertz-Foundation, Duesseldorf,(1986)
(4) A. Woźniak, W. Knapczyk: Position Photodetector of Large Sensitive Area, Report of the Ship Research Institute TU Gdańsk, (1989)

Fig.1 View of the photodetector on the test stand

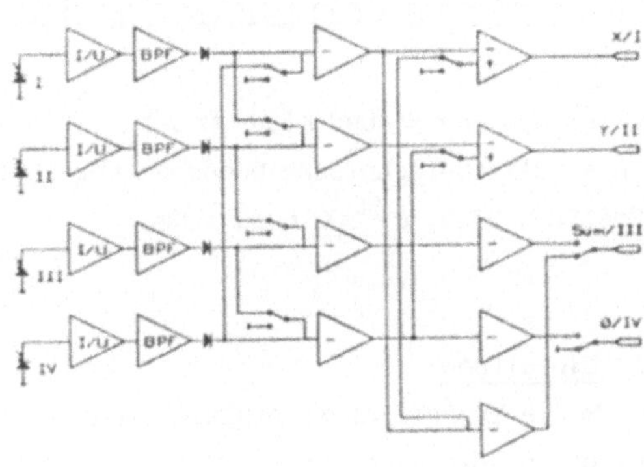


Fig.2 Functional diagram of the detector electronics

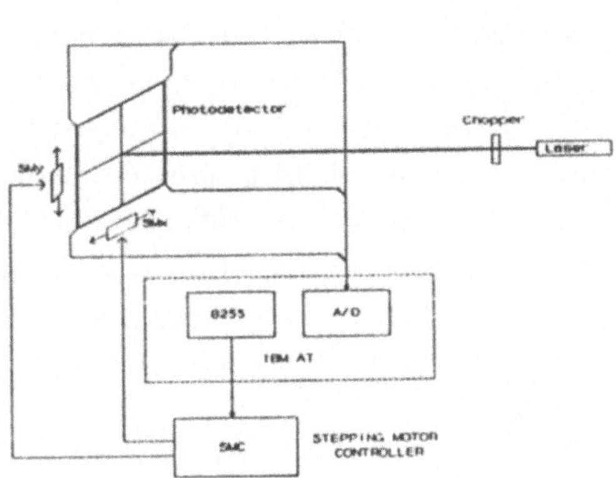


Fig.3 Diagram of the test stand

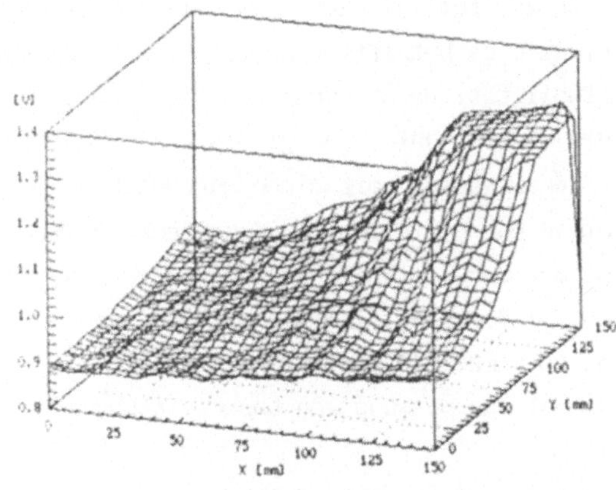


Fig.4 Sensitivity distribution of one quadrant

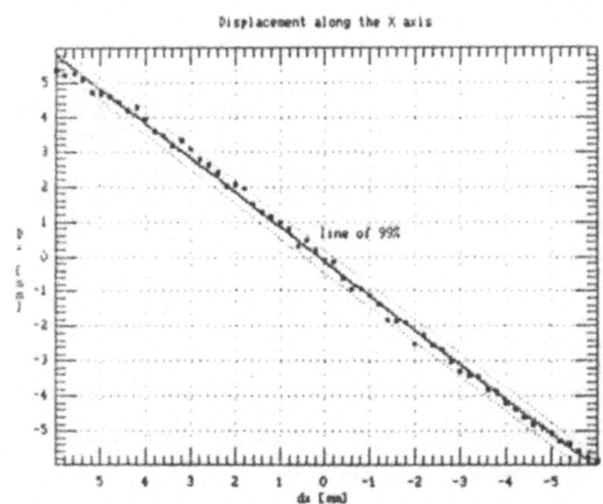


Fig.5 Position signal vs displacement

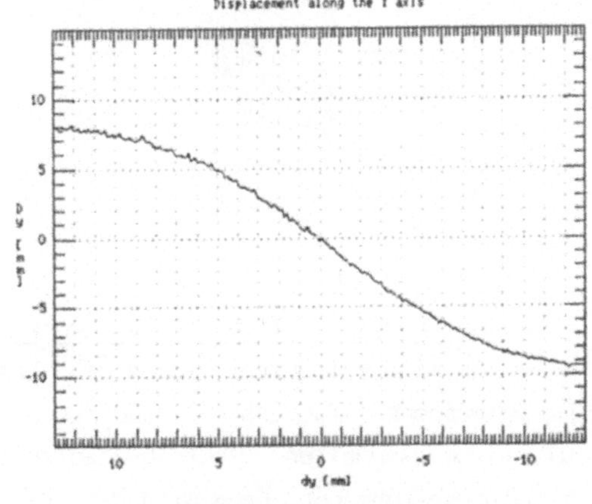


Fig.6 Position signal vs displacement

# Glasscheibenkalorimeter als Arbeitsnormal zur Messung der Energie von Laserimpulsen

Friedhelm Brandt und Klaus Möstl
Physikalisch-Technische Bundesanstalt (PTB), Abt. Optik (4.11)
Postfach 3345, D-3300 Braunschweig

## 1. Einleitung

Um die Energie eines einzelnen Laserimpulses zu messen, benötigt man eine Meßeinrichtung, die einer hohen Strahlungsleistung während des Impulses standhält, ohne beschädigt zu werden. Sie soll aber auch bei kleinen Energien von wenigen mJ ein gut messbares, rauscharmes Signal liefern. Außerdem sind neben einer möglichst einfachen Handhabung Forderungen an die Konstanz der Empfindlichkeit einer solchen Meßeinrichtung zu stellen, wenn diese als Arbeitsnormal für Kalibrierungen häufig eingesetzt wird. Dies betrifft Linearität, Homogenität, spektrale Unselektivität und Langzeitstabilität. Dafür wurde ein Glasscheibenkalorimeter /1,2,3/ ausgewählt. Bei ihm wird die eingestrahlte Energie in einer Grauglasscheibe absorbiert und die darin auftretende Erwärmung mit einer angebrachten Thermosäule gemessen. Bild 1 zeigt den Aufbau eines kommerziellen Glasscheibenkalorimeters (GSK), wie es in der PTB als Arbeitsnormal zur Kalibrierung anderer Meßsysteme für die Energie von Laserimpulsen verwendet wird. Da es sich hierbei um einen nicht elektrisch kalibrierbaren Empfänger handelt, wurde ein Meßverfahren entwickelt, bei dem eine Kalibrierung mit dem Primärnormal zur Messung von Laserleistung möglich ist /4,5/.

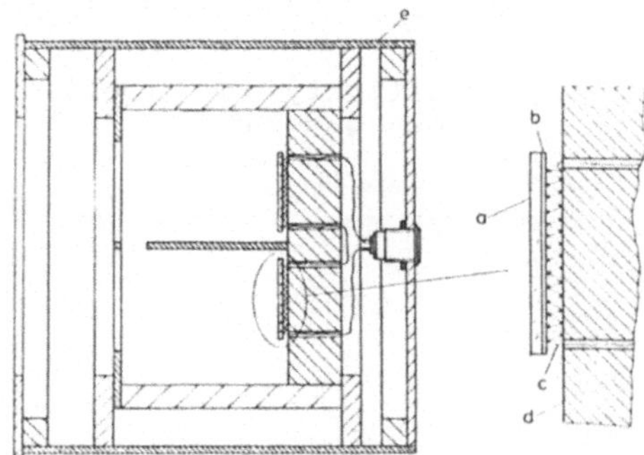


Bild 1:
Querschnitt des kompensierten Glasscheibenkalorimeters und Vergrößerung der wichtigsten Komponenten: (a) Grauglasabsorber, (b) homogenisierende Metallscheibe, (c) Thermosäule, (d) Wärmesenke, (e) thermisch isoliertes Gehäuse

## 2. Kalibrierung des Glasscheibenkalorimeters

Das GSK wird kalibriert, indem die Leistung $\Phi$ eines Dauerstrich-Laserstrahls mit dem Primärnormal für Laserleistung genau gemessen wird. Der Laserstrahl wird danach mit einem schnellen elektromechanischen Verschluß gesperrt und das GSK in die Strahlachse gebracht. Dann wird der Verschluß für eine bestimmte, genau gemessene Zeit $t_p$ geöffnet und so ein Strahlungsimpuls der Energie $Q = \Phi \cdot t_p$ auf das GSK gegeben.

Vor, während und nach dem Impuls wird die Spannung der Thermosäule des Glasscheibenkalorimeters mit einem hochgenauen Digitalvoltmeter mit einer Meßrate von ca. 4 Messungen/s gemessen. Aus den Werten der Thermospannung vor dem Impuls wird der Offset $U_{off}$ berechnet und vom Maximalwert $U_{max}$ nach dem Impuls abgezogen. Die Empfindlichkeit $s$ des GSK ergibt sich so zu:

$$s = \frac{U_{max} - U_{off}}{Q}$$

Da die verwendeten Impulse erheblich länger sind, als die von Impulslasern abgegebenen, wurde die Abhängigkeit der Empfindlichkeit $s(t_p)$ von der Impulsdauer $t_p$ untersucht. Das GSK wurde dazu mit verschiedenen Impulsdauern bei gleicher Energie und gleicher Wellenlänge kalibriert. Bild 2 zeigt die Meßpunkte mit ihren Meßunsicherheiten (a), normiert auf den Wert bei $t_p$ = 50 ms. Die Kurve (b) ist das Ergebnis von Faltungen der Signalkurve des GSK, als Antwort auf einen sehr kurzen Impuls eines Impulslasers, mit Rechteckfunktionen für die Impulsdauern von 25 ms bis 3 s. Es ist zu sehen, daß innerhalb der Meßunsicherheit bis $t_p \leq 0{,}5$ s weder aus dem Experiment noch aus dem Modell eine Abhängigkeit von der Impulsdauer erkennbar ist und deshalb auch für sehr kurze Impulse aus Impulslasern eine Kalibrierung mit Impulslängen bis 0,5 s gültig ist.

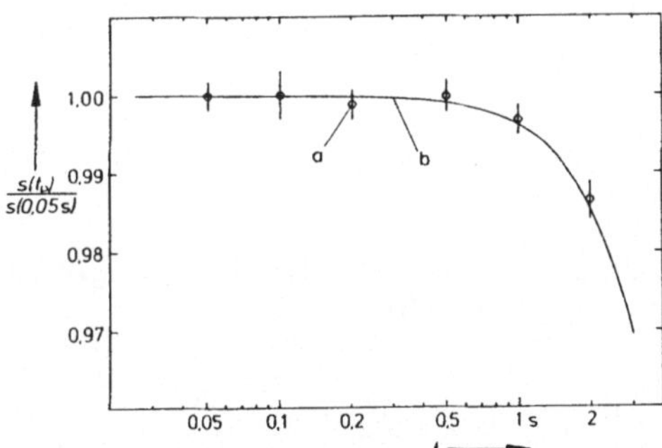


Bild 2:
Meßpunkte der normierten Empfindlichkeit mit Meßunsicherheiten (a) und Kurve der aus einem Modell berechnete Empfindlichkeit (b) in Abhängigkeit von der Impulsdauer

## 3. Quantifizierung von Eigenschaften des GSK

Mit dem beschriebenen Meßverfahren wurde das GSK mit verschiedenen zur Verfügung stehenden Laserlinien zwischen 350 nm und 1047 nm kalibriert. Die Meßpunkte mit ihren Meßunsicherheiten (a), normiert auf die Empfindlichkeit bei $\lambda_o$ = 647,1 nm, sind in Bild 3 dargestellt. Es ist zu sehen, daß die Empfindlichkeit im blauen und im UV-Bereich abnimmt. Die Messung des spektralen Reflexionsgrades $\varrho(\lambda)$ der Grauglasscheibe ergab einen höheren Reflexionsgrad bei kürzeren Wellenlängen. Die Kurve (b) zeigt die spektralen Reflexionsverluste 1-$\varrho(\lambda)$ normiert auf ihren Wert von $\lambda_o$. Sie deckt sich mit den Meßpunkten der normierten Empfindlichkeit innerhalb deren Meßunsicherheiten, womit erwiesen ist, daß die spektrale Abhängigkeit nur auf spektralen Reflexionsverlusten beruht.

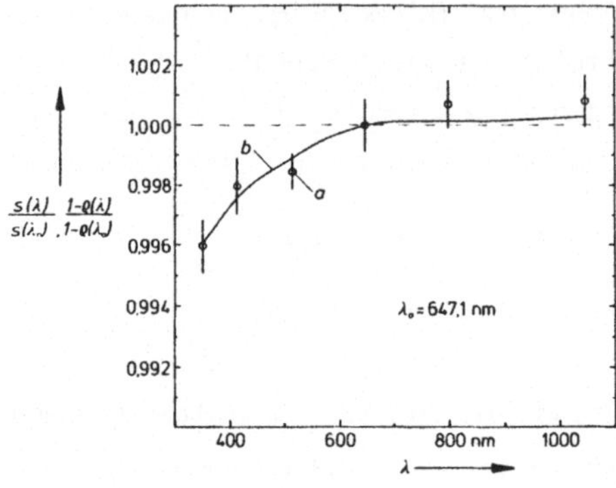


Bild 3:
Meßpunkte mit Meßunsicherheiten (a) der Empfindlichkeit $s(\lambda)$ und Ausgleichskurve (b) der Reflexionsverluste $1-\varrho(\lambda)$, beide normiert auf ihren Wert bei $\lambda_0$ = 647,1 nm

Des weiteren wurde die Abhängigkeit der Empfindlichkeit des GSK von der Energie der Laserimpulse untersucht. Dabei ergab sich ab etwa 0,5 J eine Abnahme der Empfindlichkeit, die bei 5 J fast 0,5 % betrug. Bei Benutzung des GSK in diesem Energiebereich kann die Empfindlichkeit mit Hilfe der Kurve in Bild 4 entsprechend korrigiert werden.

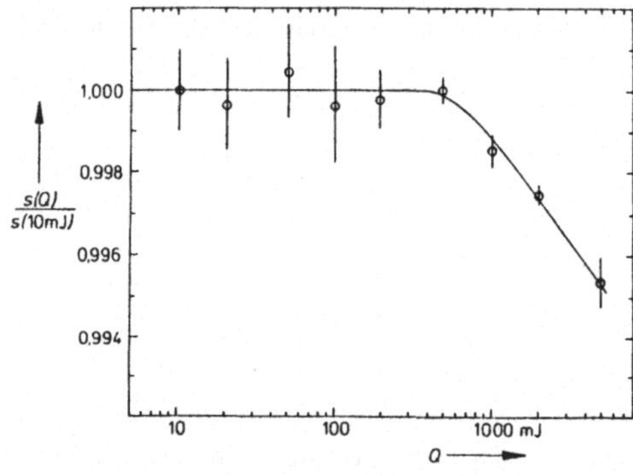


Bild 4:
Normierte Empfindlichkeit in Abhängigkeit von der Impulsenergie

Um die Homogenität der Empfindlichkeit des GSK zu testen, wurde es mit verschieden großen Bündeldurchmessern kalibriert. Dabei ergab sich für Bündeldurchmesser bis 25 mm keine Änderung der Empfindlichkeit innerhalb einer statistischen Meßunsicherheit von $\pm$0,1 %.

Für ein Arbeitsnormal, wie für dieses GSK, ist es wichtig, daß die Empfindlichkeit über einen möglichst langen Zeitraum stabil ist. Dazu ist natürlich eine sorgfältige Handhabung notwendig. Insbesondere sollte die vom Hersteller angegebene maximale Belastbarkeit bezüglich Bestrahlungsstärke nicht überschritten werden.

Es können durch Alterung des Grauglasses /6/ Änderungen des Reflexionsgrades und damit der Empfindlichkeit auftreten. Auch bei der Befestigung des Thermosäule an dem Grauglas sind Alterungen nicht auszuschließen. Bei dem untersuchten GSK ist das bisher nicht aufgetreten. In Bild 5 ist zu sehen, daß sich die Empfindlichkeit über einen Zeitraum von 5 Jahren innerhalb der Meßunsicherheiten nicht geändert hat.

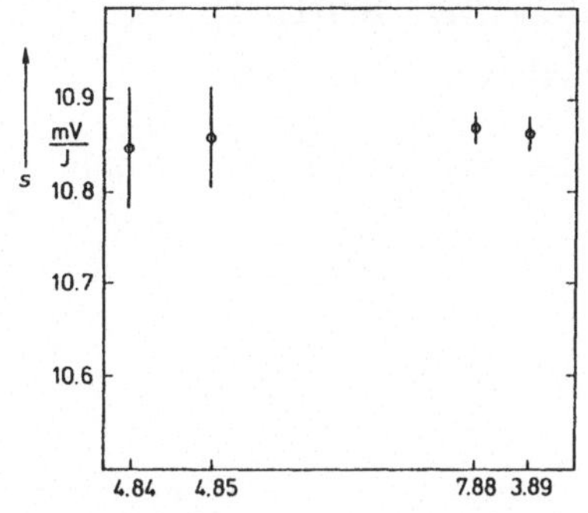


Bild 5:
Absolute Empfindlichkeit mit Meßunsicherheit des Glasscheibenkalorimeters über einen Zeitraum von 5 Jahren

## 4. Schlußfolgerung

Sorgfältig ausgewählte Glasscheibenkalorimeter sind als Arbeitsnormale geeignet. Ihre Kalibrierung ist mit einem Normal für Laserleistung und mechanisch gewonnenen langen Laser-Rechteckimpulsen bekannter Energie möglich. In der PTB wurde so die Empfindlichkeit eines GSK mit einer systematischen Unsicherheit von 0,15 % genau vermessen. Die Abhängigkeiten von Energie und Wellenlänge sind bekannt und können entsprechend korrigiert werden. Die Homogenität und die Stabilität sind ebenfalls überprüft worden.

## Literatur


/1/ J.G. Edwards: A glass disk calorimeter for pulsed laser; J. Phys. E: Sci. Instrum. 3 (1970), S. 452-454

/2/ S.G. Gunn: Calorimetric measurements of laser energy and power; J. Phys. E: Sci. Instrum. 6 (1973), S. 105-114

/3/ S.G. Gunn: Volume-absorbing calorimeters for high-power laser pulses; Rev. Sci. Instrum., 45 (1974), S. 936-943

/4/ K. Möstl: Ein Präzisionsradiometer für Laserstrahlung. In: Waidelich, W. (Hrsg.): Laser/Optoelektronik in der Technik. Berlin, Heidelberg, New York, Tokio: Springer-Verlag, 1986, S. 254-258

/5/ F. Brandt: Kalibrierung von Laser-Glasscheibenkalorimetern mit Dauerstrich-Lasern; PTB-Mitt., 99 (1989) Nr.3 (im Druck)

/6/ W.R. Blevin: Ageing of neutral glass filters; Optica Acta 6 (1959), S. 99-101

# Industrieller Einsatz der digitalen Bildverarbeitung in der Holographie und ähnlichen Meßtechniken

Dr. H. Steinbichler, T. Franz, J. Engelsberger, W. Sixt, J. Sun

## 1. Allgemeines

Die holografische Interferometrie wird heute erfolgreich zur Schwingungs- und Verformungsanalyse sowie zur zerstörungsfreien Werkstoffanalyse eingesetzt.

Da die resultierenden, charakteristischen Streifenmuster, die Interferogramme, oft kompliziert sind, und nur von einem geschulten Auge ausgewertet werden können, liegt der Wunsch nach automatischer Auswertung und übersichtlicher Darstellung nahe. Das Bildverarbeitungs-Problem der Interferometrie liegt also in der automatischen Erkennung und Auswertung von Linien, sowie der Unterscheidung der Linien von Objektkonturen, Schatten etc. Mit einer solchen Bildverarbeitung können dann auch andere, nicht holografische, Liniensysteme ausgewertet werden. Die Anwendung liegt nicht nur in der automatischen Auswertung von holografischen Interferogrammen, sondern auch in der optischen Vermessung der Form von beliebigen Objekten über aufprojizierte Konturlinien, in der Auswertung von speckle- und spannungsoptischen Aufnahmen und Moiré-Bildern.

## 2. Prinzip

Das Auswertesystem basiert auf einer Phasenshift-Technik von Dändliker [1]. Es wurde mit Unterstützung des BMFT in Zusammenarbeit mit der M.A.N.-Technologie GmbH entwickelt.

Es werden mindestens 3 Bilder mit definiert verschobener Phase mit einer Videokamera in den Rechner eingelesen (Bild 1). Damit wird die Auswertung auf eine 3-fache Intensitätsmessung zurückgeführt, die optoelektronisch einfach und sehr genau durchgeführt werden kann. Das

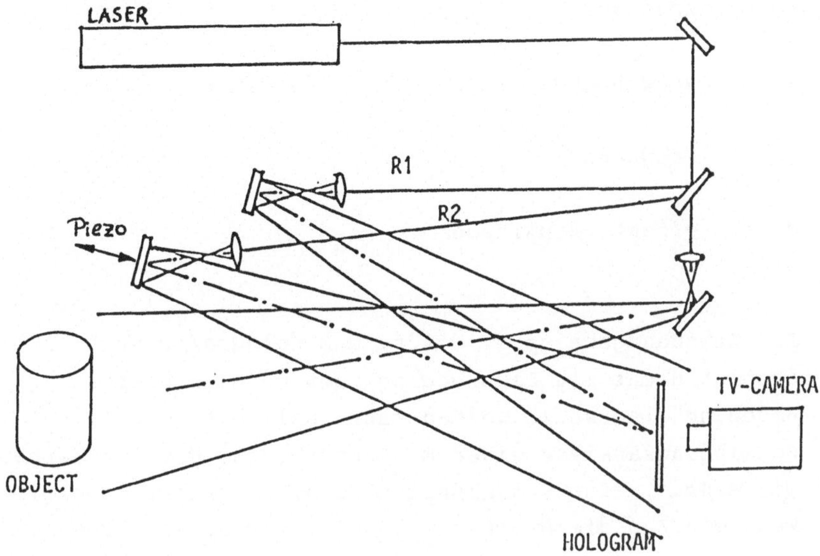


Bild 1: Prinzipieller Aufbau des Phasenshift-Verfahrens

Ergebnis ist eine anschauliche, vorzeichenrichtige und sehr genaue Darstellung der Linienformation in Form von Tabellen, Falschfarbengrafiken und isometrischen Plots.

## 3. Anwendung

### 3.1 Schwingungsanalyse

Das Ziel einer holografischen Schwingungsanalyse ist meist eine experimentielle Spannungsanalyse oder eine Geräuschreduzierung. Die Amplitudenverteilung, die eine Schallmission hervorruft, wird holografisch gemessen; allerdings ist zu beachten, daß bei Betriebsbeanspruchung des Objekts im Hologramm nicht die gesamte Amplitude, sondern nur ein Bruchteil, gemessen wird. Zusätzlich ist also die Phasenlage der Hologrammbelichtungen und das Frequenzspektrum zu berücksichtigen.

Der Zusammenhang zwischen Amplitude und abgestrahlter Schalleistung ist durch folgende Gleichung gegeben [2].

$$P = K A d^2 \cdot f^2 \qquad (1)$$

K = Konstante

A = schwingende Fläche

f = Frequenz

d = effekt. Amplitude

Als Anwendungsbeispiel dafür, daß Holografie auch in absolut nicht mit Laborbedingungen vergleichbarer Umgebung eingesetzt werden kann, soll hier die Schwingungsanalyse einer Eisenbahnbrücke gezeigt werden. Die Brücke, eine Stahlkonstruktion, emittiert Schall, wenn ein Zug die Brücke überquert. Zur Geräuschreduzierung ist es notwendig, die durch den Zug angeregte Schwingungsamplitudenverteilung auf den Brückenflächen zu ermitteln (Bild 2).

Die Amplitudenverteilung eines transienten Vorgangs ist in Bild 3 dargestellt, in dem eine Metallplatte durch einen Stoß erregt wird.

## 3.2 Zerstörungsfreie Werkstoffprüfung

Fehler in einem Bauteil verursachen bei einer geeigneten Prüfbelastung fehlertypische Oberflächendeformationen, die sich im allgemeinen von den fehlerfreien Bereichen deutlich unterscheiden. Diese fehlerspezifischen Verformungen liegen im um-Bereich und können mit Hilfe der holografischen Interferometrie eindeutig gemessen werden.

Wenn große Stukturteile wie das Seitenruder eines Flugzeugs untersucht werden sollen, so müssen große Bauteilbewegungen und erhebliche reguläre Verformungen überlagert mit den kleinen fehlerspezifischen

Deformationen erwartet werden. Die Ganzkörperbewegungen lassen sich teilweise durch einen geeigneten optischen Strahlengang eliminieren. Durch eine rechnergestützte Auswertung kann die Testergebnisinterpretation wesentlich

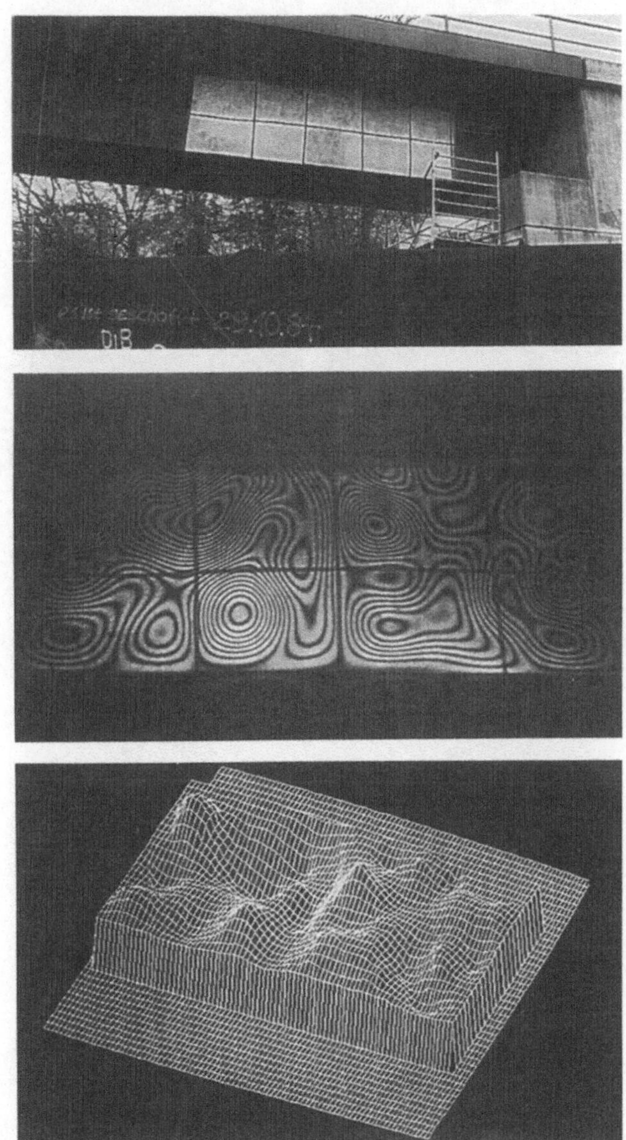

Bild 2: Holografische Schwingungsanalyse einer Eisenbahnbrücke (in Kooperation mit Thyssen, Forschungszentrum Kassel)

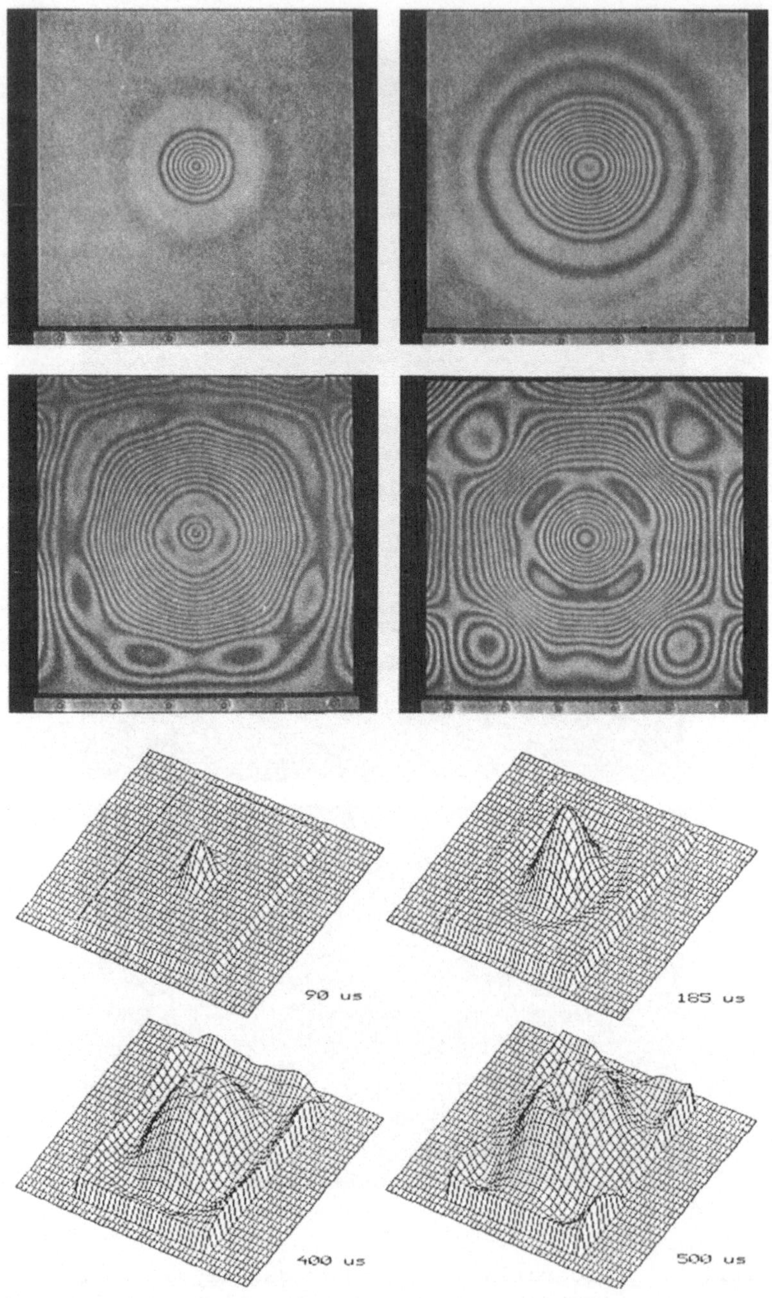


Bild 3: Stoßausbreitung auf einer Metallplatte

verbessert werden. Sowohl Ganzkörperbewegungen als auch große Regulärverformungen lassen sich für eine klare Fehlererkennung unterdrücken. (Bild 4)

## 3.3 Konturvermessung

Zur Konturvermessung werden auf dem Objekt Höhenschichtlinien erzeugt. Dies kann holografisch mit 2 Wellenlängen, oder 2 Brechzahlen, durch Moiré oder durch Projektion eines Linienmusters geschehen.

Zur Herstellung von Zahnersatz wird heute ein Abdruck des beschliffenen Zahns mit elastischem Material angefertigt; da die Genauigkeit der Abdruckverfahren problematisch ist, wurde versucht, diese Abdrücke durch optische Messungen zu ersetzten [3].

Im Bild 5 ist eine Konturvermessung eines präparierten Zahnstumpfes dargestellt. Es ist eine Genauigkeit von 10 Mikrometern erzielbar.

## 3.4 Tröpfchen-Analyse

Im Hologramm wird ein 3-dimensionales Bild des Objekts gespeichert. Durch den Einsatz eines Pulslasers kann auch ein bewegtes Objekt im Hologramm "eingefroren" werden. Deshalb wird z. B. die Tröpfchenverteilung in Einspritzstrahlen von Kfz-Motoren holografisch untersucht (Bilder 6,7).
Mit einem Pulslaser wird ein Hologramm des Einspritzstrahles aufgezeichnet. Die Belichtungszeit

beträgt dabei 20 nsec. Das Hologramm wird rekonstruiert und ein vergrößertes Bild des Strahles auf das Target einer Videokamera abgebildet.

Die Auswertung erfolgt automatisch [4]. Neben dem Lokalisationsort können auch Größe und die Rundheit der Tröpfchen bestimmt werden. (Bild 7)

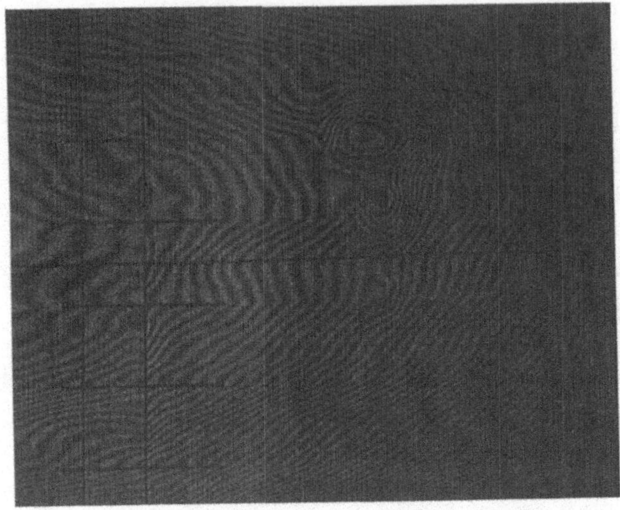

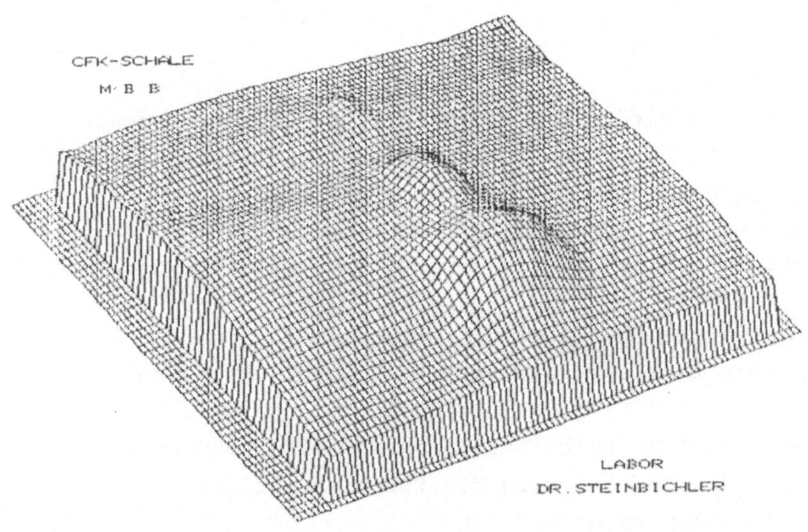


Bild 4: Präparierte Fehler in einer CFK-Struktur. Die reguläre Verformung wurde unterdrückt. (In Kooperation mit MBB-Ottobrunn Zentrallabor)

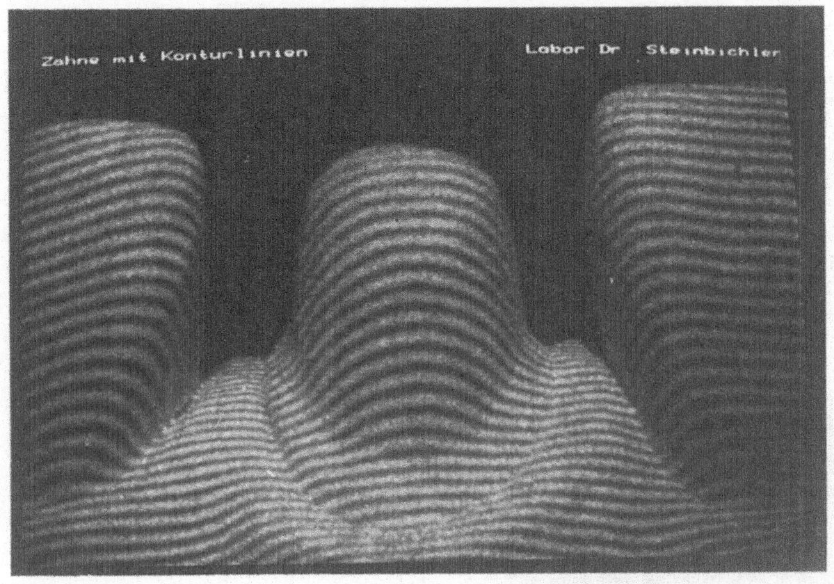


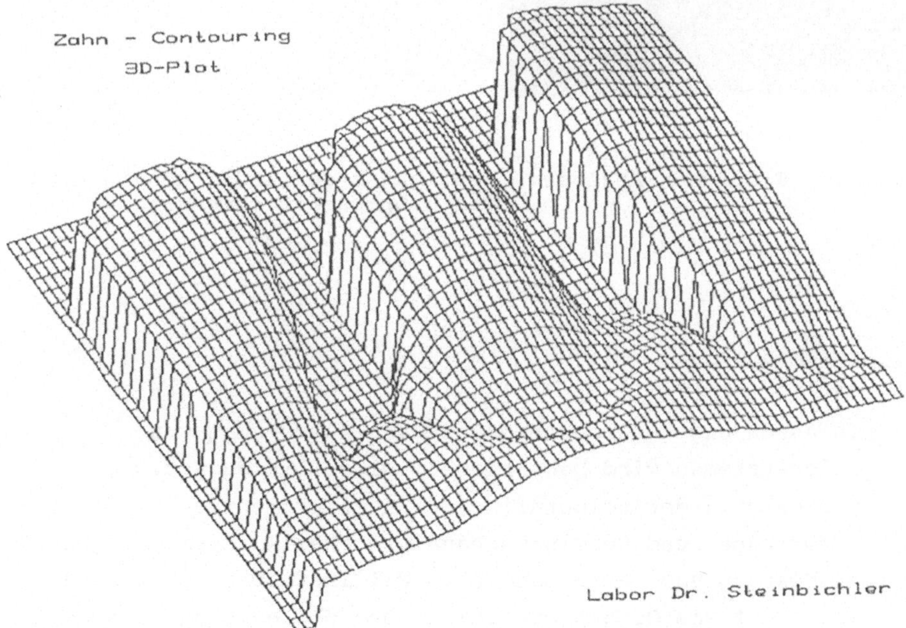


Bild 5: Vermessung eines beschliffenen Zahnstumpfs

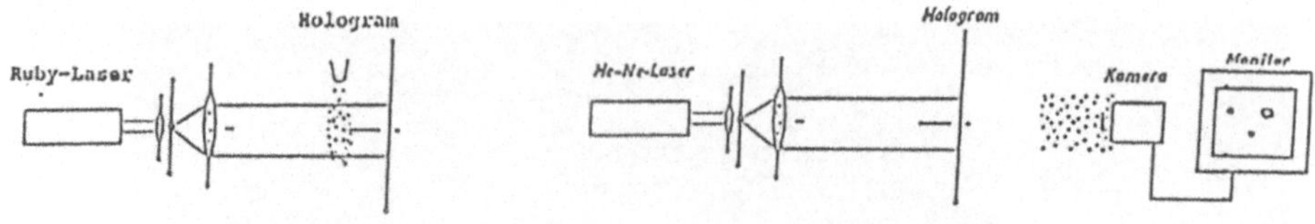


Bild 6: Tröpfchen Analyse: Optische Anordnung

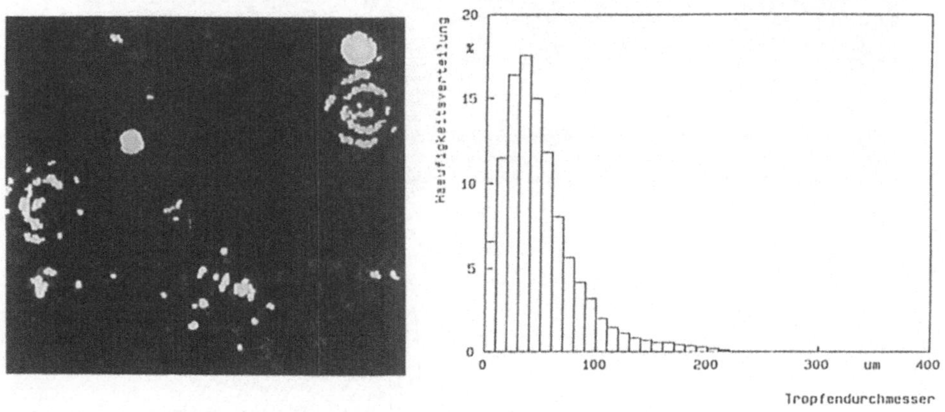


Bild 7: Tröpfchen Analyse: Häufigkeit der Tröpfchen in Abh. vom Tröpfchendurchmesser

## 4. Zusammenfassung

Die Anwendung der rechnergestützten Auswertung von Liniensystemen wird beschrieben. Diese Liniensysteme entstehen in der holografischen Interferometrie bei der Verformungs- und Schwingungsanalyse. Bei Konturmessungen und der Messung von Verformungen im Millimeterbereich werden Gitter auf das Objekt projiziert und die entstandenen Schnittkurven ausgewertet.

Eine andere Auswertetechnik wird in der Tröpfchenanalyse benützt. Ein dreidimensionales Bild, das im Hologramm gespeichert ist, wird zur Untersuchung von Einspritzvorgängen vermessen.

## 5. Literatur

1. Dändliker, R., Thalmann, R., Willemin, J.F.: Fringe Interpretation by Two-Reference-Beam Holographic Interferography: Reducing Sensitivity to Hologram Misalignment, Opt. Comm. 42, 301 (1982).

2. Ulrich, P., Honsberg, W., Broich, B.: Holografie als Mittel zur Schallreduzierung - Beispiele aus der Kfz-Entwicklung.

3. Willer, J., Steinbichler H.,: Abdruckloses, optisches Verfahren zur Erfassung und Wiedergabe präparierter Zahnformen, ZWR, 3/88

4. Arndt, S. Holografische Spray-Analyse Tagungsband T-30-629-056-8 Holografie und Holografische Interferometrie", Haus d. Technik, Essen 28./29.06-1988

# Die Darstellung der Animation von holografisch gemessenen Verformungen in Prägehologrammen

**Hartmut Marwitz**
Mercerdes-Benz AG
H-Abt. Schwingungen und Beanspruchungen (EP/ZSS)
Postfach 600202, 7000 Stuttgart

1. Zusammenfassung

Holografisch gemessenen Verformungen haftete bislang das Handicap an, daß die Ergebnisse in Form von Streifenmuster präsentiert werden mußten. Die höhenlinienartigen Interferenzstreifen waren schwierig zu interpretieren. Hieraus ergab sich eine Akzeptanzschwelle des gesamten Verfahrens.

Über die Digitalen Bildverarbeitung, die sowohl das holografisch gemessene Verformungsbild als auch die optisch vermessene Kontur in Datensätze umwandelt, konnte mit Hilfe der Animationstechnik die Kontur des vermessenen Körpers nach Maßgabe der gemessenen Verformung bewegt dargestellt werden.

Um diese Ergebnisse auch einem größeren Kreis zugänglich zu machen, wurde dieser bewegte Vorgang in ein Multiplex-Stereo-Weißlichthologramm eingelesen und in Form von Prägehologrammen massenhaft reproduziert.

## 2 HOLOGRAFISCHE MESSUNG DER VERFORMUNG EINES ZYLINDERKOPFES UNTER INNENDRUCK

### 2.1 MEßTECHNIK

Ein Zylinderkopf wurde gegen eine Platte, die als Kurbelgehäuseersatz diente, geschraubt (Bild 1).
Der zur Messung notwendige optische Sichtkontakt wurde durch einen Durchbruch mit Zylinderdurchmesser erreicht. Eine dicke Glasplatte bildete den Abschluß des entstandenen Druckraumes. Der Gasdruck wurde statisch durch unter Druck stehendes Glyzerin im Brennraum simuliert. Die zwei Belichtungen des holografischen Interferogrammes wurden bei verschiedenen Flüssigkeitsdrücken durchgeführt.

Bild 1 : Versuchsaufbau

### 2.2 DIGITALE BILDVERARBEITUNG

Dieses Doppelbelichtungshologramm (Bild 2) wurde nach dem "phase-shift"-Verfahren bildverarbeitet. Da aber auch der Versuchsaufbau mit der sich unter Druck wölbenden Glasplatte einen Beitrag zur

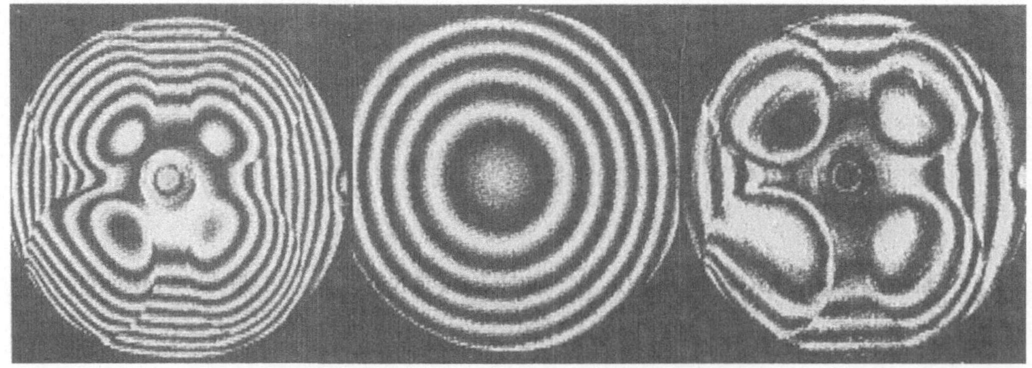

Bild 2: Primäres Meßbild        Bild 3: Fehlerbild        Bild 4: Fehlerkorrigiertes Bild

Streifenstruktur liefert, mußte dieser Fehler kompensiert werden. Hierzu wurde der gleiche Versuch noch einmal wiederholt, jetzt aber anstelle des Zylinderkopfes mit einer sehr steifen Platte (Bild 3).

Die holografischen Interferenzmuster liegen durch die Bildverarbeitung vorzeichenrichtig und in kalibrierten Verformungswerten im Bildspeichern mit der Ortsauflösung von 512 x 512 Bildpunkten und mit einer inhaltlichen Auflösung von 256 Stufen (oder auch Grauwerten) vor.
Die Subtraktion der beiden Bilder erfolgte durch punktweise Subtraktion der Bildspeicherinhalte mit einer nachfolgenden Neukalibrierung.

Das fehlerkorrigierte Ergebnisbild (Bild 4) stellt nun die reine Verformung des Zylinderkopfes unter Innendruck dar und ist in Falschfarben- oder Gitter- Darstellung zu präsentieren.

## 2.3 KONTURGENERIERUNG

Um diese Verformung animiert darzustellen, d.h. die Kontur des Brennraumes nach Maßgabe der gemessenen Verformung in hinreichend kleinen Phasen hintereinander darzustellen, benötigte man eben noch diese Kontur des Brennraumes in passender Formatierung.

Zur rechentechnischen Bewältigung, muß jedem Verformungswert, der im Bildspeicher abgelegt ist, auch ein entsprechender Geometriepunkt des Objektes zugeordnet sein. Aus dieser Forderung heraus konnte nur ein optisches Konturgenerierungsverfahren zur Anwendung, das mit der gleichen TV-Kamera aus identischer Einstellung heraus, sowohl die Verformungs- als auch die Konturauswertung durchführt.
Das unter dieser Prämisse ausgewählte Verfahren projeziert auf das Objekt interferometrisch erzeugte, parallele und äquidistante Streifen und wertet aus der tiefenproportionalen Verzerrung punktweise die Tiefenkoordinate aus. Da dies in identischem Aufbau erfolgt, hat der entstandene Datensatz die gleiche laterale Ausdehnung wie der des Verformungsdatensatzes. Nur stellt aber nun der kalibrierte Bildspeicherinhalt (Grauwert) nicht mehr einen Verformungswert, sondern die geometrische Tiefenkoordinate dar (Bild 5).

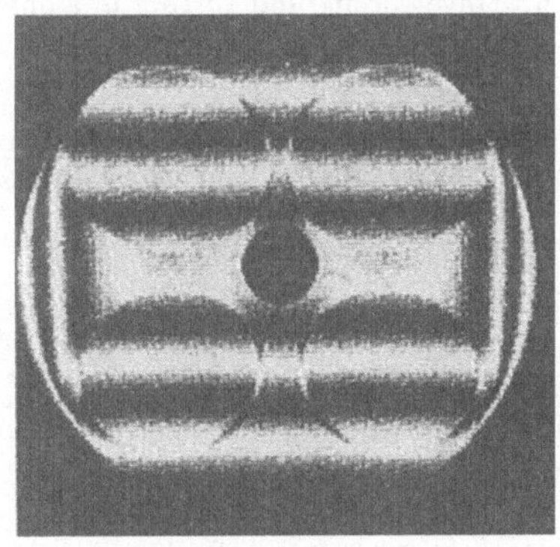

Bild 5: Der Konturdatensatz

## 3 DATENWEITERBEHANDLUNG AUF DEM GROSSRECHNER

Nach der holografischen und konturtechnischen Bildverarbeitung liegen die Datensätze der Verformung und der Kontur in der Dimension 512x512x8 bit auf der PC-Ebene vor. Diese beiden Datensätze werden nun in die Großrechnerwelt überspielt.

Nach einer numerischen Datenaufbereitung, die das Rauschverhältnis um ca 15 dB anhebt, muß die Datenmenge problemorientiert reduziert werden, da die bewegte Darstellung auf den Animationsrechnern nur mit etwa 5000 Knoten sinnvoll ist.
Aus dem Konturdatensatz wird dazu eine problem- bzw oberflächenorientierte Gitter- bzw Flächenelementbeschreibung, die Topologie, abgeleitet. Die Schnittpunkte werden in der "Knotenpunktsliste" mit der Beschreibung der Geometrie abgelegt.

Für die Animation gemessener Verformungen wird anschließend die gleiche Topologie dem Verformungsdatensatz zu Grunde gelegt. D.h. für alle Knoten der Knotenpunktsliste werden aus dem Verformungsdatensatz die Verschiebungsvektoren herausgegriffen und in einem reduzierten Datensatz abgelegt.
Aus diesen Datensätzen wird in einem anschließenden Rechenschritt eine beliebige Zahl von Bildphasen der Verformung mit frei wählbarer Amplitudenüberhöhung berechnet und in einem Animationsdatensatz abgelegt. Der Animationsrechner setzt diese Zwischenschrittbilder schließlich so schnell zusammen, daß die Illusion einer kontinuierlichen Verformung des Bauteils entsteht. Bild 6 stellt die zwei Extrempositionen der Verformung zusammen.

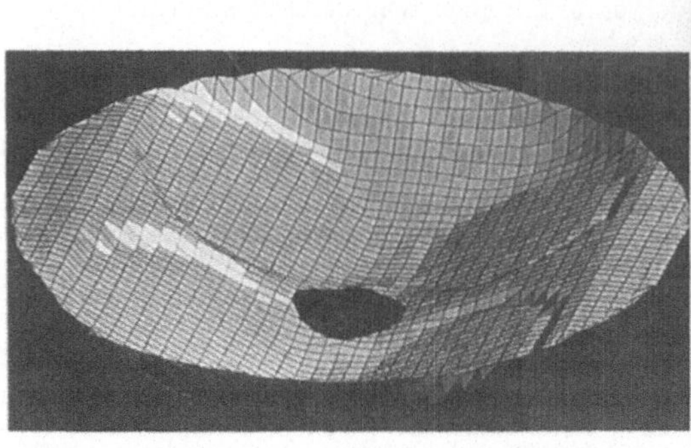

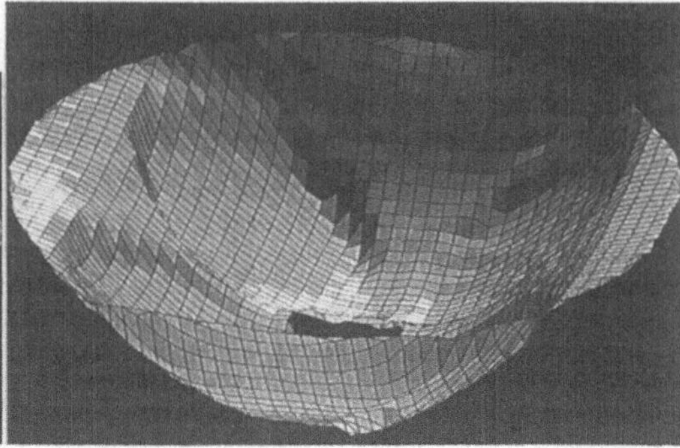

Bild 6 : Unverformte und verformte Kontur des Brennraumes auf dem Großrechner

## 4 DIE ANIMIERTE DARSTELLUNG DER HOLOGRAFISCH GEMESSENEN VERFORMUNGEN IM PRÄGEHOLOGRAMM

Um die Ergebnisse auch einem größeren Publikum zu präsentieren, wurden an diesem Beispiel die holografischen Möglichkeiten, nämlich durch vier Dimensionen (Raum und Zeit) zweidimensional zu speichern und zu reproduzieren, erprobt:

Durch die sogn. Multiplextechnik wird über den Zwischenschritt fotografisch gespeicherter Einzelbilder ein Hologramm erzeugt, das die vielen Einzelbildern sich ändernder Szenen und Perspektiven speichert und sie in der Reproduktionsphase mit Weißlicht reproduziert. Diese Einzelbilder werden bei der Reproduktion, d.h. bei der Betrachtung aufgrund der Hologrammeigenschaften ortsrichtig wiedergegeben.
Hierzu muß in einem ersten Schritt der Rechner eine hinreichend große Zahl von Bildern des Objektes erzeugen (200 Stück) und in präzise abgestimmter Koordination von Aspektwinkel (Blickwinkel des Objektes vom Betrachter), Perspektive, laterale Position des Bildes auf dem Bildschirm und mit der passenden Verformung fotografiert werden.

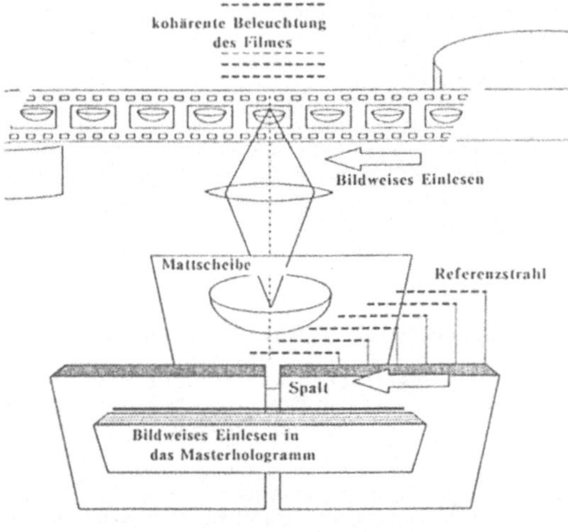


Bild 7: Prinzip der Masterproduktion für Multiplex- Hologramme

Diese Bilder werden mit einer konventionellen Kamera vom Bildschirm derart abfotografiert, daß passend zur lateralen Position der Kamera, die von Aufnahme zu Aufnahme um jeweils 2 mm verschoben wird, das passende Bild dargestellt wird. Die Objektgröße, die Ausdehnung des Bildschirmes und die Schrittweite der Kamera zwischen den Bildern begrenzen die aufzunehmende Bilderzahl.

Der entwickelte Film wird nun bildweise mit Laserlicht auf eine Mattscheibe projeziert. Dieses ebene und reelle Bild ergibt die Objektwelle, die in einem Masterhologramm mit einem Referenzstrahl abgespeichert wird. Allerdings wird pro Einzelbild nur ein schmaler Spalt, etwa mit der Breite einer menschlichen Pupille, freigegeben. Auf diese Weise werden alle Negative in Gestalt schmaler Spalte nebeneinander in das Hologramm eingelesen.

Durch mehrere holografische Umkopierprozesse wird ein Weißlichhologramm erzeugt, das den beiden Augen einen lateral eng begrenzten Blick auf ein zueinander passendes Bildpaar gestattet (Bild 8). Der Beobachter sieht nun jeweils ein Bildpaar mit gleichem Verformungszustand, mit passendem Aspektwinkel und der notwendigen Perspektive. Durch dieses Zusammenspiel wird im menschlichen Gehirn die räumliche Illusion der Gitterstruktur des Brennraumes erzeugt. Durch seitliches Verschieben oder Verkippen um die Vertikalachse gelangen kontinuierlich alle Bildpaare in den Blickbereich der Augen und erzeugen den Eindruck eines sich hin und her verformenden Brennraumes.

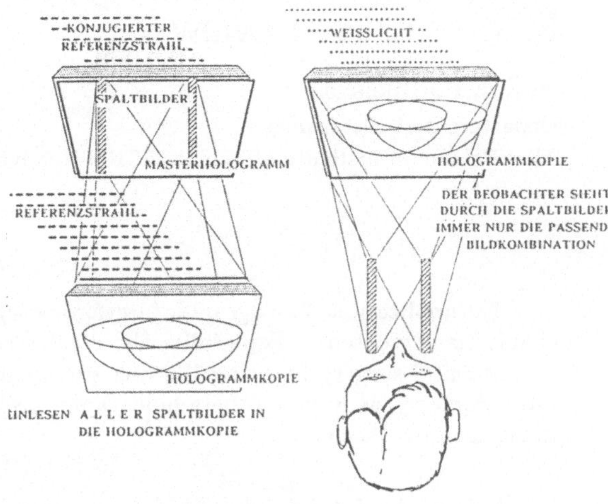


Bild 8: Prinzip der Herstellung von Multiplex-Weißlicht- Hologrammen

Die vorliegende Ausführungsform des Weißlicht-Multiplex-Stereo-Hologrammes in Heißprägetechnik wurde in Zusammenarbeit mit der Fa Holtronic, Ottersberg erstellt.

# Holographic Interferometry in Experimental Biomechanics-Review

Halina Podbielska
Department of Electronics
The Weizmann Institute of Science,76100 Rehovot/Israel

## ABSTRACT

The application of holographic interferometry to deformation analysis in experimental biomechanics is presented . Especially, the results concerned with biomechanical investigations in experimental surgery by using the holography, are reported. The double-exposure holographic interferometry, as well as others holographic techniques important for biomechanical investigations, are mentioned.

## INTRODUCTION

Holographic interferometry is a fully established method in the field of technical and industrial applications[1-5]. Recent developments show that it has increasingly gained importance as a technique for non-destructive testing in biomedical research as well[6-10]. Holographic interferometry allows a non-contact, high resolutions full-field deformation measurement of the object under examination. It is not restricted to investigations on models, as photoelastic techniques[11],nor to pointwise analysis, when using extensometers or strain gauges[12],nor to some structural models, as with the finite element analysis method[13]. Some examples of using the holographic interferometry in experimental biomechanics are presented.

## APPLICATIONS OF DOUBLE-EXPOSURE HOLOGRAPHIC INTERFEROMETRY TO IN VITRO STUDY THE MECHANICAL PROPERTIES OF BIOLOGICAL OBJECTS

Out of the variety of holographic measuring methods, the most popular for biomedical applications, is the double- exposure method. In this method two positions of the object in two consecutive states, are recorded in the same recording medium. When the object is displaced or deformed between exposures, the reconstructed holographic image is covered by fringes. In this manner,by reconstructing the double-exposure hologram, two holographic images are obtained. Since both are coherent and exist in approximately the same place in space (if the deformation is small), they interfere with each other, producing the image described above. All information of changes in object between exposures can be determined from this fringe pattern.

The most widely used application of double-exposure holographic interferometry is deformation analysis in experimental orthopeadics[14]. Particulary, holographic deformation analysis is of special interest in the fields of osteosynthesis and endoprothesis research[15,16]. Different types of surgical fixing devices were studied: ostheosynthesis plates of Mittelmeier type and femur hip endoprothesis[17], mounted on tibial shaft AO plates under axial load[18] or in bending and torsion[19]. Results of double-exposure holographic examination on tibia supplied by an external fixator are presented in Ref.[20] (axial load) and in Ref.[21] (torsion and bending). The quality test of functioning of the joints connecting transfixing pins and side bars of a Hoffman-Vidal external fixator is reported in Ref.[22]. The potential use of holographic measurement can augment results obtained by contact methods[23,24].

Double-exposure holographic interferometry has been used in experimental dentistry to examine deformation of teeth, jaws, prosthodontic appliances and skull[25,26,27]. Dental applications of holography have been comprehensively reviewed[28,29].

Further application of double-exposure holographic interferometry relates to the study of elastomechanical properties of bone. In this way the function of tibiofibular complex was examined[30,31], as well as the deformations of human pelvis[32] and human vertebrae[33,34].The human femur under bending load was tested by this method[35] and the human tibia rigidity was calculated from double-exposure holographic interferograms[36].

## OTHERS TECHNIQUES OF HOLOGRAPHIC INTERFEROMETRY

Although, double-exposure holographic interferometry is most widely used for measuring purposes, there are others methods of holographic interferometry.

In real-time holographic interferometry, the hologram is replaced, after processing in exactly the same position in which it was recorded. The problem of exact positioning is solved when using in situ development or thermoplastic camera. When looking at the object through recorded and processed hologram, the changes on the object can be seen in real-time. Biomedical applications of this technique are complicated due to uncontrollable alterations in biological specimens. Therefore, these experiments are done mostly on models or rigid objects,likes macerated bone.

The real-time holographic interferometry was applied to study human tibia after fracture and fixation by compression plate[37], to study the function of ankle joint and the leg-foot complex[18,38], and to optimize hip joint prostheses[39]. The deformation of the human calvaria[40], as well as the thermal expansion of human teeth and dental materials was examined by using this method[41].

The other holographic technique which can be of importance for biomechanical measurements, is holographic contouring. Holographic contouring is an extension of holographic interferometry, closely related to it in concept and practice. Contour generation is the formation of an image of an object on which contours of constant elevation with respect to some plane are superimposed. In this way, full-field display of three-dimensional surface shape can be obtained.

There are three basic method for holographic contour generation. In one method named dual source contouring, the object illumination source is moved slightly between the two exposure. Two-refractive index contouring is carried out by immersion of the object in transparent liquid and change of the refractive index between exposures.In the third method, named two-wavelength contouring , the recording of double-exposure hologramis achieved by using different wavelength for each exposure. The contour can be also generated by reflection hologram or by photogrammetric method. The review of the contouring methods can be found for example in Ref.[42].

The combination of contour mapping with real-time holography was used to measure the wear of knee prostheses[43], acetabular cups and in vivo worn mitral heart valve[44]. The rates of wear in dental materials can also be studied by this technique[45,46]. The principe of the application of holographic contouring to the wear estimation is by comparison of the pre-wear to the post-wear surface contour of the object under study. This can be done by digitising the contour information and computer processing. Opto/computer contouring method was applied to the evaluation of a range of acetabular cups[47].

## CONCLUSIONS

This review presents some possible applications of different methods of holographic intereferometry in medicine. Although only few of the numerous examples are mentioned, it is possible to see that holographic interferometry has been intensively investigated, aimed to become a useful tool in biomechanical research. The capabilities of this technique, however, have not as yet been fully explored. It is expected that the still growing interdisciplinary cooperation between physicians, physicists and engineers will extend the area of advantageously applying holographic interferometry.

This work is a part of the research project CPBP 0106. The support from Alexander von Humboldt Foundation for participating in the International Congress Laser'89 is greatfully acknowledged. Mein Dank gilt auch der Firma Rottenkolber Holo-System.

* The author is recipient of the Edmond I. and Lillian S. Kaufmann Postdoctoral Fellowship. On leave from the Institute of Physics, Technical University Wroclaw/Poland.

## REFERENCES


1. R.K.ERF (ed.),"Holographic non-destructive testing, Academic Press,(1974)
2. C. M. Vest, "Holographic interferometry", John Wiley and Sons, (1979)
3. N Abramson, "The making and evaluation of holograms", Academic Press, (1981)
4. E. Marom, A.A. Friesem, E.Wiener (eds.) "Applications of holography and optical Data Processing", Pergamon Press, (1977)
5. J. Ostrovsky. M. Butusov, G. Ostrovskaya, "Interferometry by Holography", Springer Series in Optical Sciences, Springer-Verlag (1980)
6. P. Greguss, (ed.), "Holography in Medicine", IPC Science and Technology Press, (1975)
7. M. Hoke, G. V. Bally, Proc. Symp. 1976 Spec. Res. Area and Int. Conf. on Electrocochl. and Holography in Medicine, Muenster, (1976)
8. G. v. Bally (ed.), "Holography in Medicine and Biology", Springer Series in Optical Sciences, Springer Verlag, (1979)
9. G. v. Bally, P.Greguss, (eds.), "Optics in Biomedical Sciences", Springer Series in Optical Sciences, Springer Verlag, (1982)
10. G. v. Bally, "Holography in Biomedicine", SPIE, vol.673, 327, (1987)
11. B. Kummer, "Photoelastic studies of the functional structure of bone, Fol. Biotheor. 6, 31, (1966)
12. R. Pellcev, S. Saha, "Stress wave propagation in bone", J. of Biomech. 16, 481, (1983)
13. R Huiskes, E. Chao, "A survey of finite element analysis in orthopaedic biomechanics", J. of Biomech. 16, 385, (1983)
14. K. Piwernetz, G. v. Bally,"Holography in Orthopeadics", 7, in 8
15. U. Hanser et al, "Spannungsoptische und holographische Untersuchungen zur Biomechanik der Plattenosteosynthese, MOT 2, 47, (1974)
16. U. Hanser, "Holographische Bestimmung von Verformungen in der experimentellen Biomec Biomedizinische Technik, Ergänzungs Band 23, 186, (1978)
17. U. Hanser, "Quantitative Evaluation of Holographic Deformation Investigations in Experimental Orthopeadics", 27, in 8
18. D. Vukicevic et al., "Holographic investigation of Mechanical Characteristics of the Complex Leg-Foot in Conditions of Lesion and Reconstruction, 34, in 8
19. A. Kojima et al., "Holographic investigation of mechanical properties of tibia fixed with an internal fixation plate", Selected Proceedings of the Fith Meeting of the European Society of Biomechanics, 243, Martinus Nijhoff Publisher, (1987)
20. H. Podbielska, H. Kasprzak, "Biomechanical investigation of external fixing devices by holographic interferometry", Abstracts of XI Int. Congress of Biomechanics, Amsterdam, 257, (1987)
21. H. Podbielska et al., "Holographic investigation of different types of surgical fixing devices", SPIE vol.952, in press, (1988)
22. P. Jacquot, "Mechanical testing of the external fixator by holographic interferometry", Orthopaedics 7:3, 513, (1984)

23. M. Manley et al.,"Evaluation of double-exposure holographic interferometry for biomechanical measurements in vitro", J. of Ortop. Research 5, 144, (1987)

24. B. Ovryn et al., "Holographic interferometry: a critique of technique and its potential for biomedical measurements", Annals of Biomedical Engineering 15, 67, (1987)

25. R. Pryputniewicz et al., "Determination of arbitrary tooth displacements", J.Dent. Research 57, 663, (1978)

26. I. Dirtoft, "Holographic measurment of deformation in complete upper dentures - clinical application, 100, in 9

27. P. Pavlin et al., "Strain distribution in the facial skeleton arising from orthodontic appliance activity", 177, in 8

28. H. Bjelkhagen, "Holography in dentistry", 157, in 8

29. I. Dirtoft, "Dental Holography", SPIE vol. 370, 108, (1983)

30. J.Wagner et al., "Application de l'interferometrie holographique a l'etude du complexe tibio-peroniere charge", Acta Orthop. Belgica 41, 24, (1975)

31. s. in 18

32. D. Vukicevic et al., "Holographic investigation of the human pelvis", 138, in 9

33. Th. Wesendhal et al.,"Untersuchungs des Verformungsverhalten menschlicher Wirbelkoerper mittels holografischer Interferometrie", Laser u. Elektrooptik 1, 37, (1977)

34. K. Piwernetz et al, Elastomechanical properties of trabecular bone from the human vertebral body", 15, in 8

35. H.Kasprzak et al, "Mechanical features of the human thigh bone investigated by means of holographic interferometry", Acta Politechnica Scandinavia 150, 198, (1985)

36. H. Kasprzak et al, "Human tibia rigidity examined in bending and torsion loading by using double-exposure Holographic interferometry", SPIE vol.1026, in press

37. K. Harding, "Preliminary study of fracture fixation using holographic interferometry", 3o7, in 7

38. U. Hanser, "Anwendung der holographischen Interferometrie in der experimentellen interferometrie", 343, in 7

39. G. Häusler et al, "Holographische Deformationsmessungen zur Optimierung von Hüftgelenk Implantaten, 349, in 7

40. H. Podbielska et al, "Mechanical reaction of human skull bones to external load examined by holographic interferometry, SPIE vol.673, 321, (1987)

41. J. Kinder et al, "Holographische Untersuchungen des thermischen Verhaltens von Schmelz, Dentin und ausgewälten Dentalstoffen", 301, in 7

42. P. Hariharan. "Holographic contouring",246, in P. Hariharan, "Optical Holography",Camb University Press, (1984)

43. J.Calkins, "Fundus camera holography", 85, in 6

44. J. Atkinson et al.,"Mesurement of the area of real contact between, and wear of, articulating surfaces using holographic interferometry, 289, in 4

45. M. Lalor et al.,"Holographic studies of wear in implant materials and devices", 20, in 8

46. M. Koukash et al., "The measurement of wear in dental restorations using digital image processing techniques", Proc.IEEE No 265, 63, (1986)

47. J. Atkinson et al., "Opto/computer methods applied to the evaluation of a range of acetabular cups", "Engineering in Medicine", (1986)

# Holographische Verfahren in der praktischen Anwendung

M. Hoffmann
THYSSEN Henschel Forschungszentrum
Henschelplatz 1 - 3500 Kassel

In dem folgenden Abschnitt soll auf einige physikalische Wirkprinzipien der holografischen Interferometrie eingegangen und deren praktische Auswirkungen an Beispielen aufgezeigt werden.

Licht besitzt die Eigenschaften elektromagnetischer Wellen und nimmt nur einen sehr kleinen Bereich auf der Frequenzachse des bekannten Spektrums ein:

| | | | | | | |
|---|---|---|---|---|---|---|
| Radio- und Fernsehbereich | = | 10 | bis | $10^{9}$ | Hz | |
| Radar | = | $10^{9}$ | bis | $10^{11}$ | Hz | |
| Infrarotlicht | = | $10^{11}$ | bis | $10^{14}$ | Hz | |
| sichtbares Licht | › | $10^{14}$ | bis | $10^{15}$ | Hz | « |
| UV-Strahlen | = | $10^{15}$ | bis | $10^{17}$ | Hz | |
| Röntgenstrahlen | = | $10^{16}$ | bis | $10^{20}$ | Hz | |
| Gammastrahlen | › | $10^{20}$ | Hz | | | |

Für den Frequenz- bzw. Wellenlängenbereich des sichtbaren Lichtes wurden die Methoden der holografischen Interferometrie entwickelt.

Die für die optische Holografie erforderlichen Eigenschaften von Wellen lassen sich im Bereich des sichtbaren Lichtes nur mit hochkohärenten Lichtquellen herstellen. Eine Eigenschaft, die Laserlicht besitzt:

Sehr große Phasengleichheit und Phasenkonstanz des ausgestrahlten monochromatischen Lichtes. Das Licht entsteht scheinbar nur in einen Punkt (idealerweise in nur einem Atom).

Im Vergleich dazu besitzt normales Tageslicht alle Farben (nicht monochromatisch) und praktisch keine Kohärenz (keine Phasen- und Frequenzgleichheit).

Laser für meßtechnische Zwecke strahlen im Normalfall Licht mit Wellenlängen von rd. 600 bis 700 nm bei Frequenzen von rund 4*10^15 bis 5*10^15 Hz (letztere mit 600 nm) aus.

Das Laserbasis-Material (der sogenannte Resonator) ist dabei üblicherweise:

| | |
|---|---|
| Neon-Gas | = 594 bis 614 nm oder |
| Helium-Neon-Gas | = 633 nm oder |
| Rubin ($Al_2O_3$) | = 694 nm. |

Für die holografische Interferometrie gelten die Gesetze der Superposition (Bild 1):

Aus zwei aufeinandertreffenden Wellen entsteht eine neue Welle mit der Summe der Eigenschaften der beiden ursprünglichen Wellen. Den Vorgang der Überlagerung zweier Wellen nennt man Interferenz und ist eine wesentliche Voraussetzung für die holografische Interferometrie.

Aus den oben angeführten Angaben zu den Wellenlängen des Laserlichtes lassen sich sehr einfach die Empfindlichkeiten interferometrischer Meßsysteme ableiten. Nimmt man die kleinste vollständige Änderung der Eigenschaften zweier interferierender Lichtwellen als Maß für das Auflösungsvermögen dieses Meßverfahrens an, so ergeben sich Größenordnungen von der halben Wellenlänge des jeweils verwendeten Lichtes also etwa 0,3 um.

Bezieht man zur Beurteilung der Leistungsfähigkeit dieser "Sensorik" noch die Möglichkeiten der flächigen Vermessung von Bauteilverschiebungen ein, so steht dem Anwender ein außerordentlich empfindliches Werkzeug zur Bauteilprüfung zur verfügung.

Die genannten physikalischen Wirkprinzipien können mit handelsüblichen Dauerstrich- und Pulslasern und einer geeigneten optischen Bank technisch genutzt werden.

Mit beiden Lasersystemen können Verformungen erfaßt werden, die sich entweder nur kurzzeitig einstellen (z. B. Körperschall) oder auch solche, die als quasistatische Verformungen oder Verschiebungen einzuordnen sind. Beide Verfahren unterscheiden sich in der Arbeitsweise der Laser voneinander:

Versuche mit dem Dauerstrichlaser erfordern in den meisten Fällen eine sehr gute Sicherung gegen Schwingungseinwirkungen aus der Umgebung. Die Belichtung kann dann über eine längere Zeit (Echtzeitholografie) und über größere Zeitabstände vorgenommen werden (z.B. im Sekundentakt oder länger).

Gepulste Lasersysteme dagegen zeigen sich weniger empfindlich gegen Erschütterungen, die sich natürlich auch als Verformungen des Objektes bemerkbar machen können. Der Pulslaser belichtet die Oberfläche eines Prüflings in sehr kurzen Zeitabständen hintereinander (Mikrosekunden). Die Belichtungszeit bewegt sich im Nanosekundenbereich.

Der praktische Nutzen der holografisch-interferometrischen Meßtechnik soll mit den folgenden Beispielen für statische und dynamische Verformungsuntersuchungen gezeigt werden. Jeder Vergleich mit anderen Meßverfahren wird leicht zeigen, daß die Vorteile der holografischen Interferometrie sich in idealer Weise zu den bekannten Leistungen konventioneller Verfahren addieren (und umgekehrt).

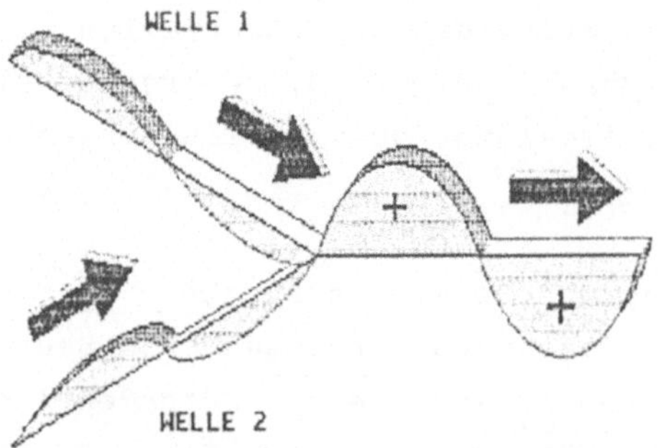


Bild 1: Interferenz zweier Wellen im Punkt "X"

Die Dehnungen eines Bauteils unter statischer Belastung können mit Dehnungsmeßstreifen erfaßt werden. Die richtige Lage der Dehnungsmeßstreifen kann durch einen einfachen Belastungsversuch und ein dabei aufgenommenes Hologramm vorab geklärt werden.

In dem Hologramm in Bild 2 sind die Verformungen eines Bauteils bei einfacher Belastung sichtbar. Dehnungsmeßstreifen sollten in Richtung der Normalen zum größten Gradienten der Höhenschichtlinien geklebt werden. Die Unstetigkeit im Verlauf der Höhenschichtlinie (Bildmitte) entsteht hier durch die ausknickende Schweißnaht.

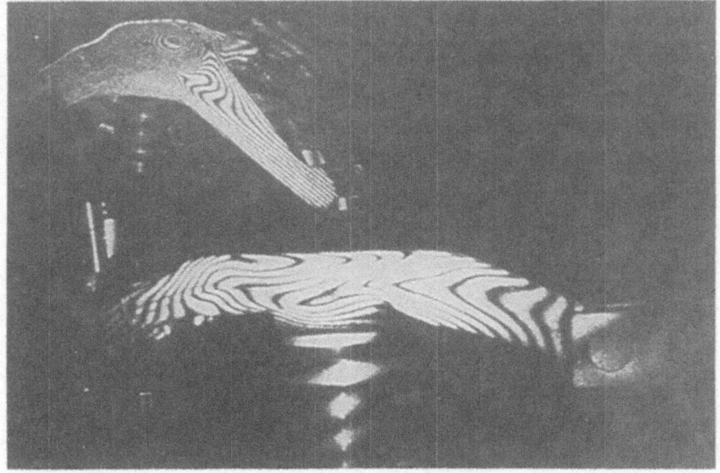

Bild 2: Verformung einer PKW-Vorderachse unter statischer Belastung - Lokalisierung von Schwachstellen

In Bild 3 (oben) ist der Querschnitt einer stählernen Hohlkastenbrücke dargestellt. An einer solchen Brücke wurden in einem Gemeinschaftsvorhaben Untersuchungen zur Beurteilung des Schwingungsverhaltens der Brücke im akustischen Frequenzbereich durchgeführt. Ziel dieses Vorhabens war es, durch konstruktive Maßnahmen die Luftschallabstrahlung zu mindern.

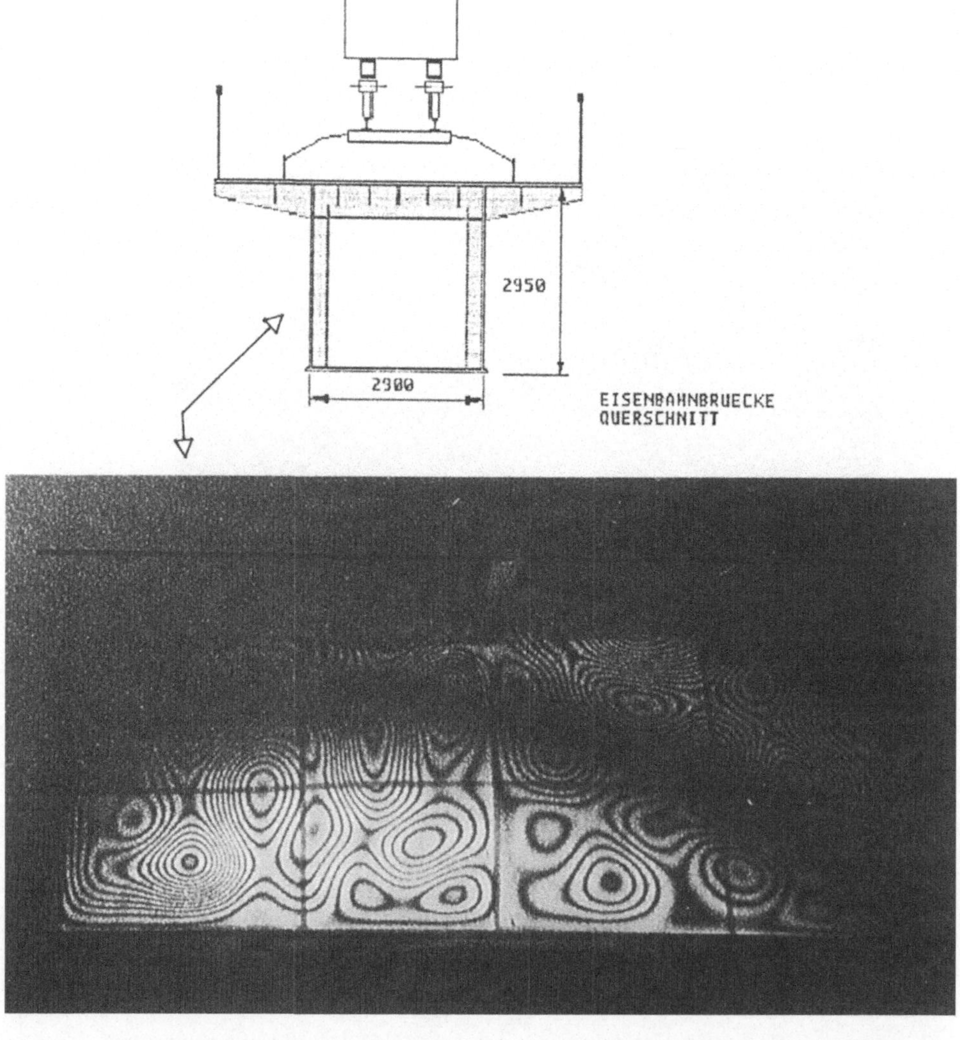


Bild 3: Eigenschwingungen in den Seitenwänden einer Stahlbrücke bei überfahrendem Reisezug (Körperschalleigenverhalten)

Parallel zu den holografischen Untersuchungen wurden in verschiedenen Querschnitten Körperschallbeschleunigungen erfaßt. Beispiele für Meßsignale der Körperschallmeßpunkte sind in Bild 4 gezeigt.

Sehr deutlich wird die Art der Informationsausbeute für den geübten Leser von Hologrammen im Vergleich zu den Auswertungen der Körperschallspektren:

> Die gemeinsame Auswertung der Körperschallbeschleunigungen und der Höehenschichtlinien der Hologramme liefert Erkenntnisse über das Schwingungsverhalten der Seitenbleche und erste Ansätze für die Auswahl konstruktiver Maßnahmen. Beispielweise ist leicht zu erkennen, daß eine diagonale Rippe zur Versteifung der seitlichen Platten keine große Schwingungsminderung herbeiführen würde. Die Schwingungsformen können sich leicht neu orientieren.

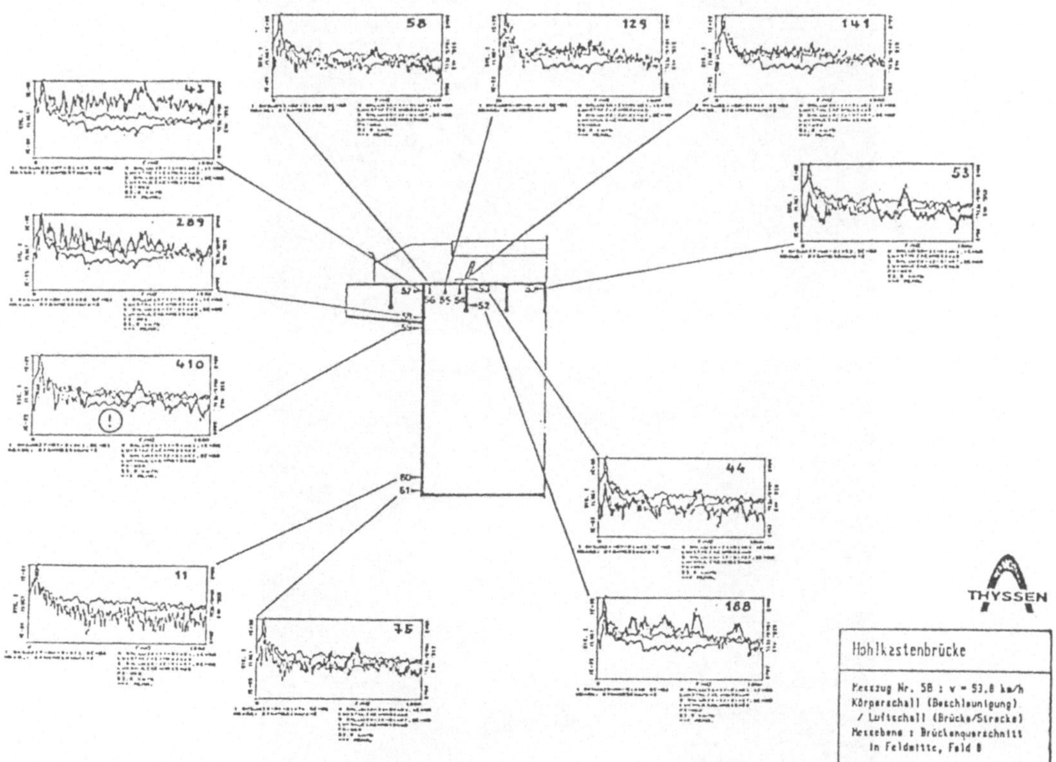


Bild 4: Körperschallsignale von verschiedenen Meßpunkten an der Brücke

Bild 5 zeigt ein Eisenbahnrad mit und ohne Schalldämpfung (jeweils oben und unten). Um die Leistungsfähigkeit der holografischen Interferometrie zu verdeutlichen sei hier nur die jeweils angesetzte Zeit für die Untersuchungen zur Erfassung der Schwingundsformen des Rades angeführt:

Für die im Rahmen eines früheren Vorhabens durchgeführten Körperschallmessungen (Systemidentifikation) wurde ein Zeitraum von etwa 4 bis 6 Wochen angesetzt (reine Meßzeiten). Die Zuordnungen von Eigenfrequenzen und den entsprechenden Schwingungsformen des Rades wurden über umfangreiche modalanalytische Messungen ermittelt.

Spätere Untersuchungen mit der holografischen Interferometrie liefen über einen Zeitraum von etwa 14 Tagen (reine Meßzeiten).

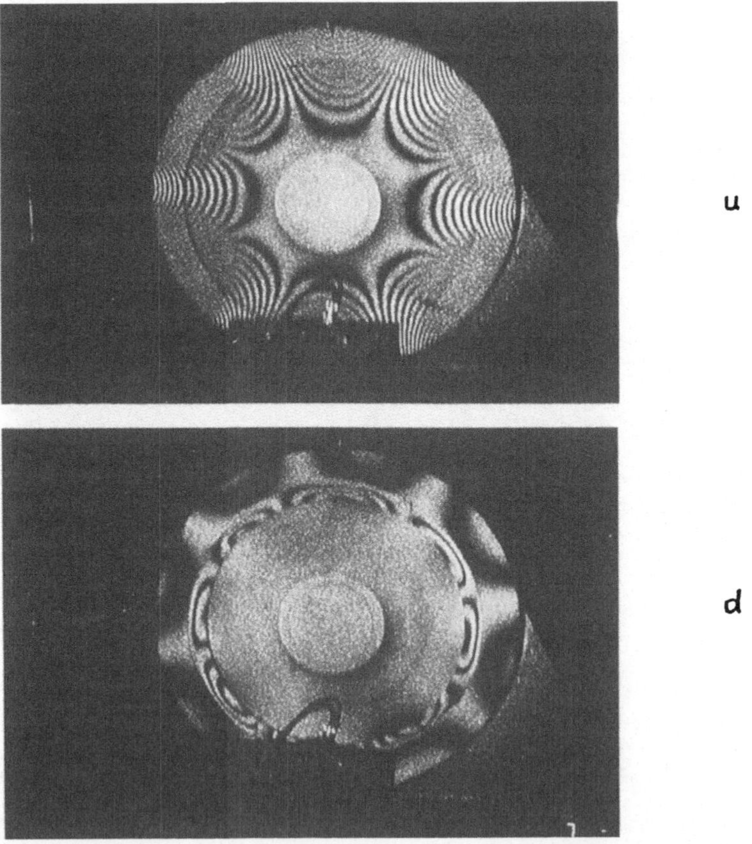


Bild 5: Körperschallspektrum des ungedämpften und gedämpften Eisenbahnrades

Quietschende Bremsen sind eine bekannte Belästigung. Untersuchungen an quietschenden Trommelbremsen sind ohne die Hilfe der holografischen Interferometrie nicht denkbar. Die zu betrachtenden Bauteile bewegen sich oder besitzen zu kleine geometrische Ausdehnungen, um Körperschallaufnehmer zur Identifikation des dynamischen Eigenverhaltens aufzunehmen. In einigen Fällen würde der richtig plazierte Aufnehmer das Eigenschwingungsverhalten so wesentlich ändern, daß falsche Ergebnisse entstehen.

In den Bild 6 ist die Schwingungungsform einer quietschenden Trommelbremse holografisch erfaßt worden. Nach der Auswertung holografischer Aufnahmen von der quietschenden Bremse und unter Berücksichtigung der Ergebnisse von Luft- und Körperschallmessungen konnte das Quietschgeräusch dieser Bremse ausgeschaltet werden.

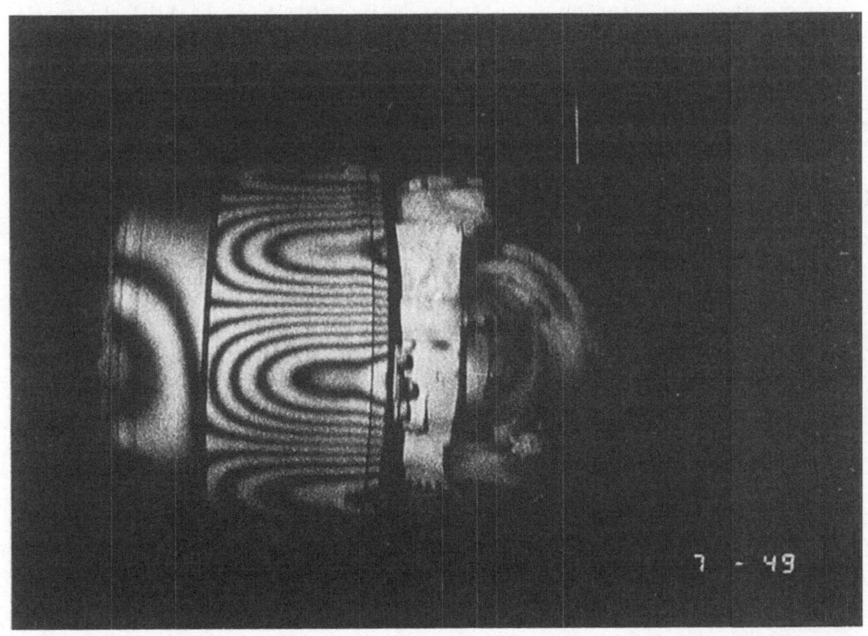


Bild 6: Eigenschwingformen einer quietschenden Trommelbremse.

# Computer Moiré-Schlieren Deflectometer Using Self-Imaging of a Grating

V.I.Vlad, D.Popa and I.Apostol
Central Institute of Physics, P.O.B.MG–6, Bucharest, ROMANIA

Moiré–schlieren systems using two properly positioned grids instead of the knife–edge have been described /1/. The method of moiré deflectometry is using the object wavefront to change the moiré pattern produced by two gratings (grids) /2/. A new system – computer moiré–schlieren deflectometer (CMSD) – was designed with only one grating located at integer multiples, n, of the Talbot distance ($z_T = 2\Lambda^2/\lambda$, $\Lambda$ – the period of the gratings; $\lambda$ – the light wavelength) from the vidicon tube of a TV camera. The second grating is generated by a program and mixed with the direct image on the TV monitor or, alternatively, the direct image is compared with an etalon/previous image of the object (taken through the grating) /3/. In this system, a lens is eliminated (due to the self–imaging of the grating at Talbot distances), the grating is of the same dimension as the vidicon and with a period equal to the resolution of the vidicon tube ($\Lambda \sim 10^{-1}$mm) and the need of a second grating (with all optical imperfections and positioning problems) is avoided by the use of digital image processing (which performs also the automated interpretation of the fringes). The sensitivity of CMSD can be changed independently by three parameters: $\Lambda$, n and $\Theta$ – the grating tilt. The experiments with CMSD have established a precise, quantitative optical method in a robust and simple system.

/1/ P.Waddell: Proc. SPIE, Vol. 398, 200 (1983)
/2/ O.Kafri: Opt. Lett., Vol. 5, 555 (1980)
/3/ V.I.Vlad, D.Popa, I.Apostol: Preprint LOP–67–1988, C.I.P Press, Bucharest.

# Holographische Auswertung von Partikeln in Mehrphasenströmungen der chemischen Verfahrenstechnik

J. J. Timkó
Forschungsinstitut für Technische Chemie der
Ungarischen Akademie der Wissenschaften
Pf. 98. Budapest 1502. Hungary

Die Vorgänge der Verfahrenstechnik, wo in irgendeiner Weise disperse Systeme behandelt werden, sind schwierig zu erfassen. Für mehr Information von einem schnell ablaufendem Prozess störungsfrei zu bekommen, eignet sich Impulsholografie als Messmethode hervorragend. Die Ergebnisse sind in beliebiger Zeit wieder hervorrufbar, ohne in den Prozess eingreifen zu müssen.

Heute hat die Holographie den Stand erreicht, dass man die Grundlagen und wichtigen Teilprobleme der holographischen Technik als erforscht ansehen darf. Der Kreis der vielen, inzwischen bekanntgewordenen Anwendungsmöglichkeiten erweitert sich ständig. Eine der jüngsten Gebiete ist die chemische Verfahrenstechnik.

Mit holographischen Methoden können Strömungen, Wärme- und Stoffaustausch ebenso abgebildet werden, - wie unwiderholbare Eigenschaften eines dispersen Systems, z. B. von Wirbelschicht oder Flokkulation.

Von dem Zwang, auch die industrielle Anwendung anzustreben, wurde in dem holographischen Laboratorium unseres Forschungsinstitutes eine patentierte Aufnahme-Anordnung gebildet; die nicht nur im Laboratorium zu verwendet ist.

Als Belichtungsquelle dient ein Impulsrubinlaser, mit Blitzdauer von 20 ns; die Hologramme werden auf AGFA-Gevaert "Holotest" Filme aufgenommen; gleichzeitig mit der Geradeaus-Methode und mit getrenntem Referenzbündel. Dem abbildendem Prozess gemäss werden die Aufnahmen entweder mit einer Streulinse aufgeweitetem Laserstrahl, oder mit parallelem Laserstrahl durchgeführt.

Die Wiedergabe erfolgt durch einem He-Ne-Laser /50 mW/. Das räumliche Bild erscheint am Monitor einem geschlossenen TV-System, Ebene auf Ebene scharfgestellt. Dabei können überlagerte Teilchen getrennt werden. Die Auswertung der nacheinanderfolgenden Bildreihe kann auch elektrooptisch, automatisch vorgenommen werden. Dazu dient ein Analysengerät, mit einer Rechenmaschine gekoppelt.

Das Messverfahren wurde in dem Laboratorium und auch bei Versuchen in Industriegrössen mehrfach verwendet.

Die Methode war bisher bei Zerstäubung /mechanische- und pneumatische Düsen, Zentrifugalscheiben/; Sedimentation /mit und ohne Flokkuliermittel/; Wirbelschicht; Kristallbildung- und auflösung; Luftfiltrieren und Blasenbildung erfolgreich verwendet.

Gemeinsam ist in allen Fällen die Bestimmung des Partikel-mittelwertes / $\bar{d}$ / und der Verteilungsfunktion / $\sigma$ /. Dazu kommt natürlich die Lösung speziellen Fragen, die ich jetzt von einigen Versuchen mit strömenden Feststoffpartikeln bekanntgeben möchte.

Als ein Gas-Feststoff System haben wir Wirbelschicht gewählt. Das Fluid-Bett wurde mit Gáborscher Anordnung aber auch mit getrenntem Referenzbündel holographiert.

Wir wählten zwei verschiedene Grösse des Apparates, die wir durch Dimensionsanalyse bestimmten.

Die Wirbelschicht selbst zeigte die Anwendungsgrenzen unserem Verfahren deutlich. Die obere Schicht ist leicht auszuwerten, mit der Methode, Ebene auf Ebene scharfgestellten Bilderreihe, von einem einzigen Hologramm. Dabei ist es auch möglich die sich überlagernden Teilchen von einander mit Verschiebung des Hologrammes zu trennen.

In dem unteren Teil aber, wo die Partikel so dicht nebeneinander sind, dass sich kein Referenzbündel bei der "in-line" Anordnung bilden kann, haben wir grosse Probleme mit der Wiedergabe bekommen. Eigentlich können wir von Erfolg nur bei den Reflexionshologrammen sprechen, wo der obere 5 cm hohe Raumteil mit den dichten Partikeln abzubilden war.

Unsere Versuche wo Partikel in Flüssigkeit abzubilden und auszuwerten waren sind z. B. die Sedimentationserscheinungen.

Die Experimente wurden zuerst mit einer Sand- Wasser Suspension durchgeführt. Dann nahmen wir verschiedene Suspensionen und Abwasser der Chemischen- und der Lebensmittelindustrie. Unsere Versuche dienten dazu, die Sedimentationsgeschwindigkeit von industriellen Suspensionen exakt beschreiben zu können.

Von den Hologrammen kann beobachtet werden, wie mit der Zeit immer weniger Partikel sich im Versuchsvolumen befinden, und wie sich ihre Lage im Raum verändert am Ende des Prozesses.

Diese Bilder können natürlich auch automatisch, durch dem elektrooptischen Bildanalysengerät ausgewärtet werden und die Ergebnisse in Form von Häufigkeitskurven erscheinen.

Diese Resultate gaben Versuche, wo die Dichte ungefähr 4 $gr/dm^3$ war und die Suspension sich unbehandelt sedimentierte.

In der industriellen Anwendung von Flockenbildner, wo der Ziel eine möglicht schnelle Abwasserreinigung wäre, ist das holographische Messverfahren auch brauchbar. Es gibt neue Information über die optimale Form des Gefässes, dem Rührer, oder der Menge des Flockenbildner, die eine optimale Sedimentation ermöglicht.

Unsere Versuche wurden im Rahmen eines Umweltschutz-Forschungsplanes gemacht worden. Angestrebt wurde die Konstruktion eines Sedimentierapparates, der kontinuierlich arbeiten kann, und industrielle Abwasser klärt, mit möglich wenigen Flockenbildner.

Um den Vorgang besser beurteilen zu können, können die mit Flockenbildner behandelte Abwasser am Anfang und am Ende der Sedimentation nebeneinander gezeigt werden. Der Einfluss der Flockenbildnermenge ist auch deutlich zu sehen.

Diese Hologramme sind dazu geeignet, den Vorgang von der Seite den Beeinflussenden Parametern qualitative beurteilen zu können. Zu einer Grössenverteilung-Analyse sind solche Hologramme nicht brauchbar. Mit der Reflexions-Methode ist es uns aber gelungen, auch zur elektrooptischen Analyse geeignete Hologramme zu schaffen.

Ich hoffe mit diesen wenigen Ergebnissen auch zeigen zu können, dass angewandte Holographie als Messmethode bei dispersen Systemen der Verfahrenstechnik wegen ihren zahlreichen Vorteilen brauchbar ist. Diese Vorteile und den damit verbundenen Informationszusatz bietet kaum noch ein Messverfahren. Zu diesen Vorteilen gehören die räumliche Abbildung und die Separationsmöglichkeit von den Partikeln, die sich im Raum überlagern, die Speicherung von einem schnell ablaufendem Prozess und die spätere Auswertungsmöglichkeit.

Literatur.

/1/ J.J. TIMKÓ: Bild und Ton, 32, 269 /1979/

/2/ J.J. TIMKÓ, T. BLICKLE: Journal of Powder Bulk Solids Tech. 3, 22 /1979/

/3/ J.J. TIMKÓ: "METROP" SPIE Vol. 210. 140 /1979/

Patents: Hung. Patent 175.498, U.S.A. Patent 4,278.319, U.K. Patent GB 2.042.754B.

# Die holographische Messung von Dehnungen auf Oberflächen und im Inneren von Bauteilen. Große Deformationen und das Durchscheinverfahren (Translucence Method).

G. Schönebeck
Denkhauser Höfe 220, D-4330 Mülheim/Ruhr

Zusammenfassung
Die 2 vorgestellten neuen Verfahren schöpfen die Möglichkeiten des Ellipsoiden-Verfahrens aus. Das 1. Verfahren erlaubt es, die Holografie auch für große Deformationen bis zu ca. o.1 mm anwenden zu können, das 2. Verfahren erlaubt die Messung von Deformationen in einer Ebene, auch im Inneren von Objekten, wenn sie durchsichtig sind. D.h. man kann Dehnungen in der Meßebene bestimmen. (Durchscheinverfahren oder Translucence method)

## Einführung

Aus demEllipsoiden Verfahren von Abramson (1), (Bild 1) wurden,in zeitlicher Reihenfolge dargestellt, folgende holografische Methoden entwickelt, die ihren Eingang in die meßtechnische Praxis gefunden haben:
Das Sphärenverfahren hat Steinbichler (2) eingeführt. Vorteil:Die gemessene Deformationsrichtung ist die Blickrichtung. (Bild 1, Punkt 0) Die Sphären sind die kleinsten Krümmungskreise der Ellipsen,die Brennpunkte liegen hintereinander oder fallen zusammen.

Das Spiegelverfahren von Schönebeck (3) benutzt 3 verschiedene Beobachtungsrichtungen und/oder Beleuchtungsrichtungen mit nur einem holografischen Aufbau und einem Hologramm, um den räumlichen Verschiebungsvektorsimultan zu bestimmen.

Um Moiré-Effekte bei unterschiedlichen Beleuchtungsrichtungen zu vermeiden, nutzt Ettemeyer (4) die Kohärenzlänge der z.B. 3 verschieden langen Beleuchtungsstrahlen aus, so daß quasi-simultan belichtet wird. Die Gesamtbelichtung erfolgt innerhalb von wenigen ns, d.h.also praktisch doch simultan.
Aus dem Ellipsoiden-Verfahren lassen sich noch weitere Verfahren ableiten, die in der holografischen Praxis von Nutzen sein können und hier erstmals vorgestellt werden.

1. Das Verfahren für große Deformationen bis zu ca. 0.1 mm (Bild 1, Punkt 1)
2. Das Durchscheinverfahren um Verformungen in der Objektoberfläche messen zu können. (Bild 1, Punkt 2)

## 1. Große Deformationen(Bild 1, Punkt 1)

Ausgehend von der Grundgleichung zur Auswertung von holografischer Interferometrie (Deformation)

$$|\vec{n}| = \frac{\lambda}{2} \cdot \frac{1}{\cos \alpha/2} \cdot N$$

ergibt sich der Vergrößerungsfaktor

$$V_N = \frac{1}{\cos \alpha/2}$$

Bei üblichen Aufnahmen versucht man $V_N \rightarrow 1$ zu machen , d.h. $\alpha/2 < 15°$ um möglichst kleine Deformationen messen zu können. Macht man $\alpha/2$ absichtlich größer, wird auch $V_N$ größer und damit auch der Deformationsmeßbereich (Bild 2) Je größer $\alpha/2$ ist, um so genauer muß auch $\alpha/2$ für jeden Auswertpunkt ermittelt werden, besonders natürlich bei ausgedehnten Objekten. Deformationen bis zu ca. 0.1 mm können gemessen werden.

Bei sehr schrägen Ansichten kann die starke Verzerrung durch Spiegel entzerrt werden, (Bild 3) um die Auswertung zu erleichtern. Bild 6 zeigt eine holografische Aufnahme eines schwingenden Stabes. Linker Streifen von vorn, rechter Streifen unter $\alpha/2 = 70{,}5^\circ$ von links vorn beleuchtet. Das zugehörige Interferenzmuster ist bei (I) im rechten Spiegel zu finden. Die Zahl der Interferenzstreifen ist hier sehr viel kleiner als bei direkter Beleuchtung und Beobachtung.

2. Das Durchscheinverfahren (Bild 1, Punkt 2) Translucence method
Das Durchscheinverfahren ist nicht zu verwechseln mit der Durchlichtmethode! Dieses Verfahren eignet sich für durchsichtige Objekte, bei denen die zu messende Oberfläche oder eine Schnittebene im Inneren des Objektes diffus matt, aber durchscheinend wie bei einer Mattscheibe gemacht werden muß. Der Beleuchtungsstrahl kommt von hinten, der Beobachtungsstrahl von vorn. (Bild 1, Punkt 2) Die Oberfläche der diffus reflektierenden Ebene liegt in der Winkelhalbiernden $\alpha/2$, d.h. die meßbareDeformationsrichtung in der mattierten Ebene. Es ist darauf zu achten, daß der Beleuchtungsstrahl von hinten auf die Meßebene den Auftreffwinkel von $\alpha/2$ hat. D.h. evtl. Brechungseffekte müssen beim holografischen Aufbau mit berücksichtigt werden. Bei unregelmäßigen Oberflächen des durchsichtigen Objektes muß das Objekt in eine Küvette mit geeigneterImmersionsflüssigkeit gestellt werden. Durch Wahl kleiner Winkel wird die Empfindlichkeit gegen Deformationen erhöht.(Siehe Abschnitt 1; Bild 2)

Bild 3 zeigt den holografischen Aufbau. Mit dem dort gezeigten Winkelanzeigegerät werden Beleuchtungs- und Beobachtungsrichtung im Hologramm registriert. Bild 4 gibt die holografische Aufnahme wieder. Der obere Streifen ist ein normales Auflichthologramm. Der untere Streifen istvon hinten beleuchtet. Durch geeignetes Abdecken der Strahlen kann man somit simultan Durchbiegungen senkrecht zur Oberfläche , und Deformationen in der Oberfläche (Dehnungen) gemeinsam messen. Man kann mit dieser Methode "in plane" messen, was bisher direkt holografisch nicht möglich war.

Bild 5 zeigt eine reine Durchscheinaufnahme eines gelochten Plexiglasstabes mit dem Aufbau nach Bild 3. Rechts ist das gültige Interferogramm zu sehen, links im Spiegel das entzerrte Bild mit einem Interferenzmuster, welches aber nicht berücksichtigt werden darf. Der Stab ist unter $\alpha/2 = 48{,}2^\circ$ von hinten beleuchtet und mit $\alpha/2$ von vorn beobachtet. An der Spitze ist eine Einzellast angebracht. Das Winkelanzeigegerät ist sehr deutlich sichtbar.

## Literatur


(1) N. Abramson — Appl. Optics 8, S. 1235 (1969)
Appl. Optics 9, S.97,2311 (1970)
Appl. Optics 10,S. 2155 (1971)
Appl. Optics 11,S. 1143 (1972)
(2) H. Steinbichler — Diss. TU-München 1973
(3) G. Schönebeck — Diss. TU-München 1979
(4) A. Ettemeyer — Diss. Uni. Stuttgart 1988

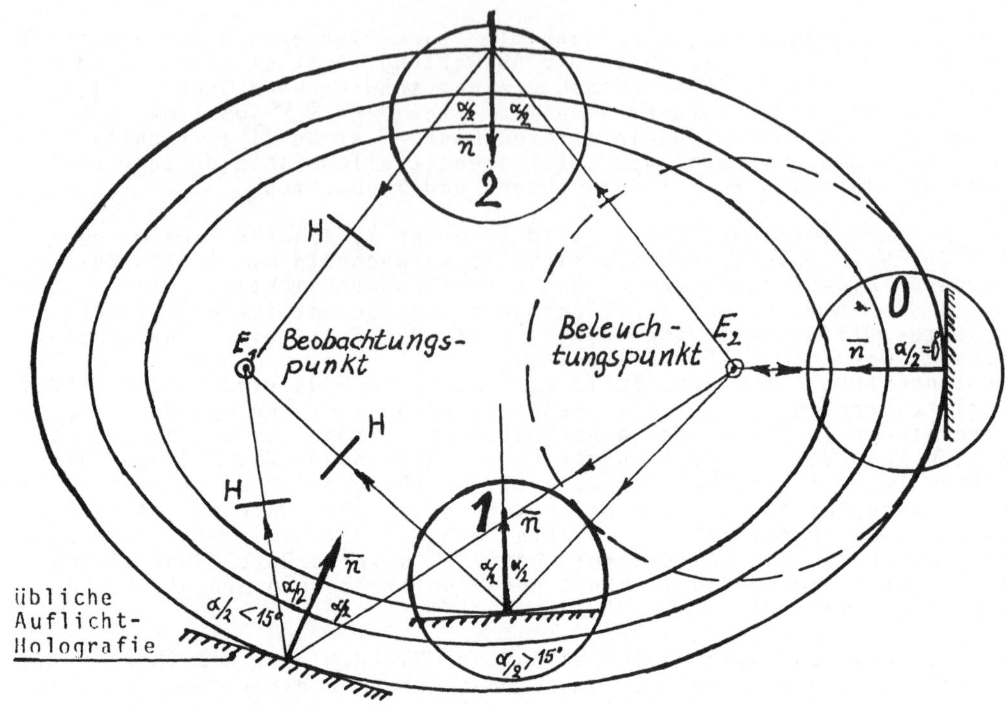


Punkt 0 Das Sphärenverfahren $\alpha/2 \rightarrow 0°$
Punkt 1 Verfahren für große Deformationen $\alpha/2 > 15°$
Punkt 2 Das Durchscheinverfahren (Translucence method)
H Hologramm $E_1, E_2$ Brennpunkte

Bild 1 Das Ellipsoidenverfahren

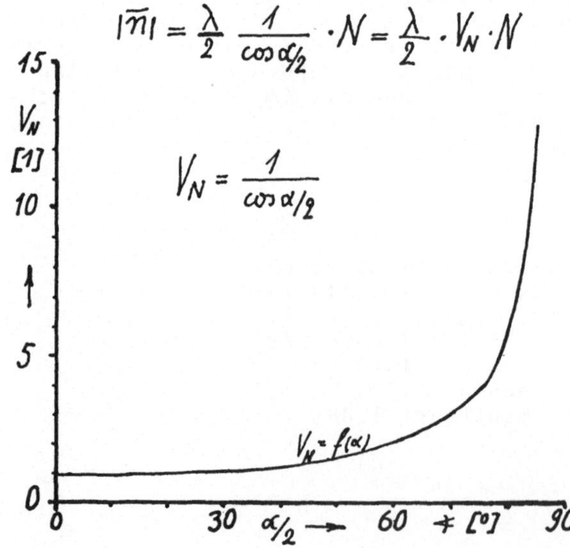


| $V_N$ [1] | $\alpha/2$ [°] |
|---|---|
| 1 | 0 |
| 1,5 | 48.2 |
| 2 | 60 |
| 3 | 70,5 |
| 4 | 75,5 |
| 5 | 78,5 |
| 6 | 8o,4 |
| 10 | 84,26 |

Bild 2 Vergrößerungsfaktor $V_N$ in Abhängigkeit von $\alpha/2$

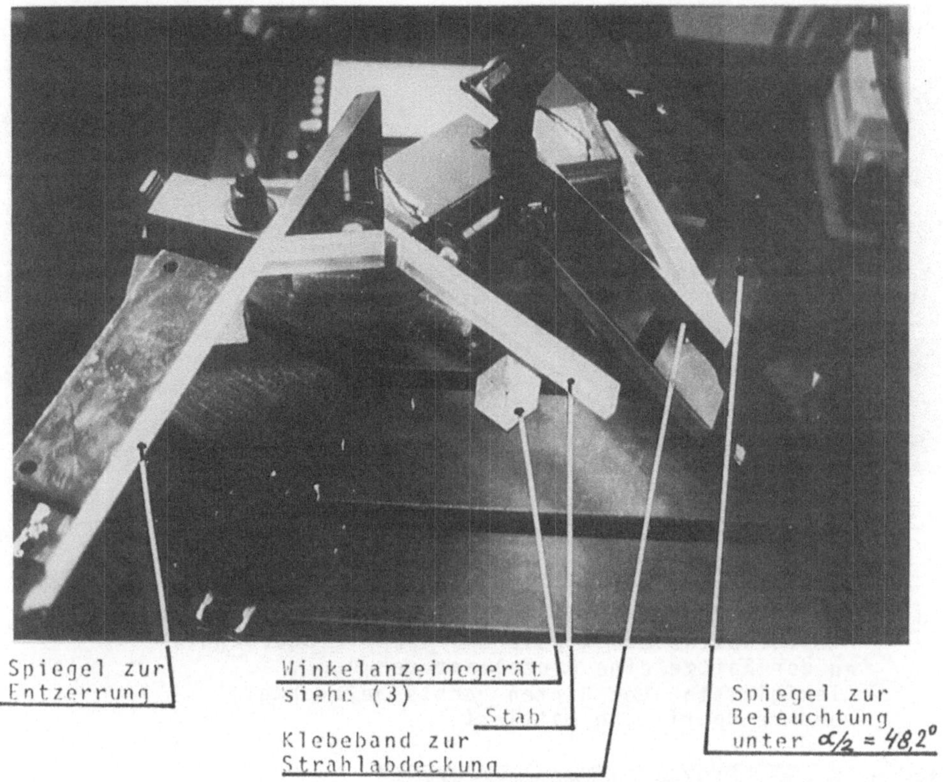


Bild 3 Aufbau zum Durchscheinverfahren, $\frac{\alpha}{2} = 48{,}2^\circ$; $V_N = 1{,}5$

Interferogramm oben, von vorn beleuchtet

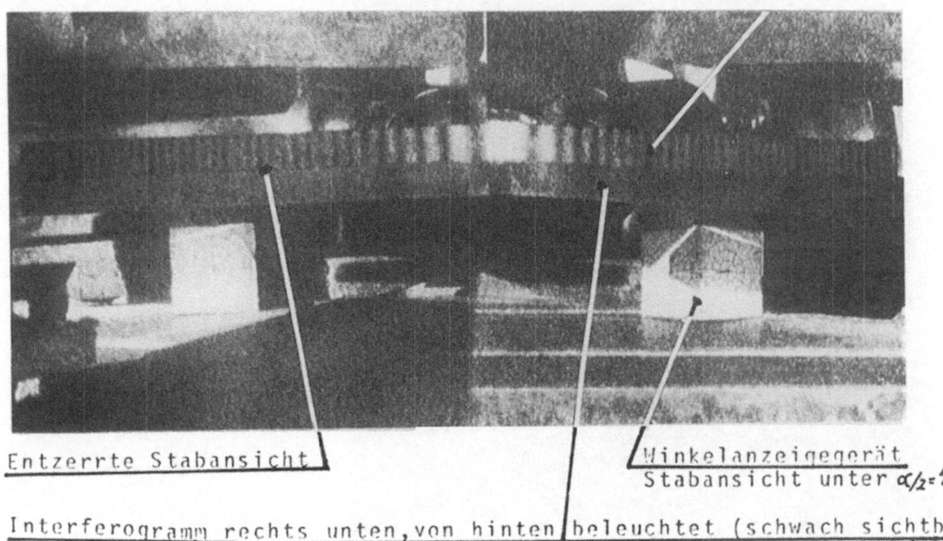


Interferogramm rechts unten, von hinten beleuchtet (schwach sichtbar)

Bild 4 Durchscheinverfahren, Aufbau nach Bild 3 $\alpha/2 = 48{,}2^\circ$ ; $V_N = 1{,}5$

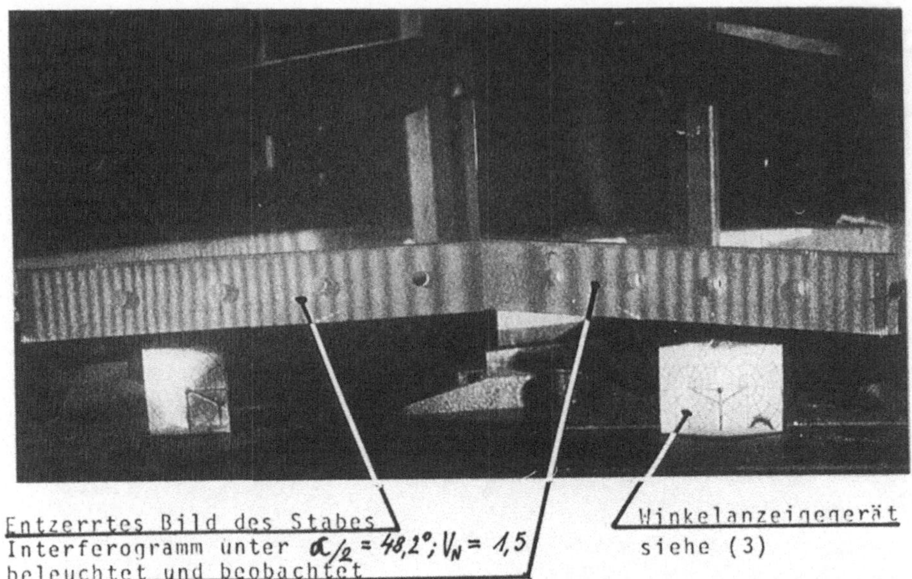


Bild 5 Durchscheinverfahren, Aufbau nach Bild 3
Plexiglasstab 3oo x 35,5 x 8 5omm eingespannt,
an der Spitze eine Einzellast von 4 g ,
Plexiglasstab von hinten rechts beleuchtet,
vordere Oberfläche mattiert

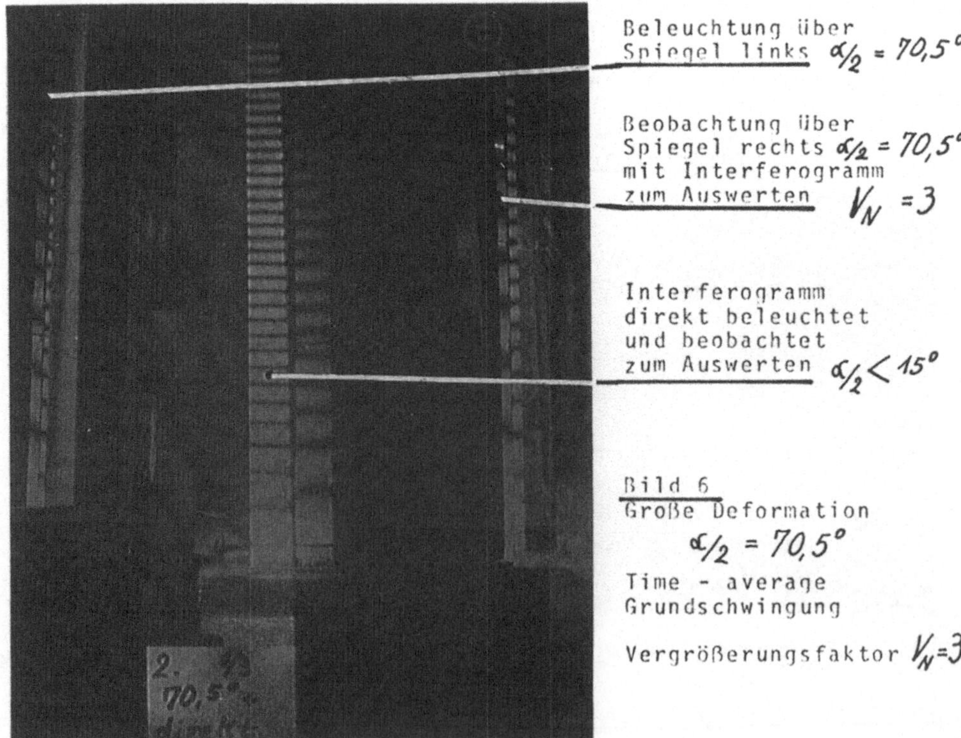


Bild 6
Große Deformation
$\alpha/2 = 70{,}5°$
Time - average
Grundschwingung

Vergrößerungsfaktor $V_N = 3$

# Lasermeßtechnik in Verbindung mit anderen Meßtechniken. Instrumentarium zur Reduzierung von Geräuschproblemen

A. Wiest

Ford Werke AG, Köln

## I. Einleitung

Bei Schwingungs- und Geräuschproblemen handelt es sich in der Regel um komplexe Vorgänge. Zur Lösung dieser Probleme sind umfangreiche Testprogramme mit aufwendiger Meßtechnik notwendig. Anhand des Beispieles "Bremsenquietschen" sollen die Vor- und Nachteile der einzelnen Meßmethoden sowie eine kurze Beschreibung des Verfahrens aufgezeigt werden.
Die vier hauptsächlichen Testmethoden für die Untersuchung von Geräusch- und Schwingungsproblemen sind: die Geräuschmeßtechnik, die Schwingungsmeßtechnik, die optische Meßtechnik, insbesondere die holografische Interferometrie, und die Metallogie.

## II. Meßtechniken

### 1. Geräuschanalysen

Die Geräuschanalysen liefern Informationen über die Quietschfrequenz und deren Amplitude unter verschiedenen Test- und Umweltbedingungen. Mitunter weist ein und dasselbe Testobjekt bei gleichen Testbedingungen die unterschiedlichsten Frequenzspektren auf.

#### 1.1 Schalldruckpegel

Die Schalldruckpegelerfassung ist eine einfache und sichere Meßmethode. Für einfache Messungen wird in der Grundausstattung lediglich ein Mikrofon und ein Schalldruckpegelmesser benötigt. Sind Frequenzanalysen gewünscht, werden diese mit einem FFT - Analysator durchgeführt.
Am Beispiel Bremsenquietschen ist es unumgänglich, Geräuschmessungen an mehreren Bremsen bzw. Fahrzeugen gleichen Typs durchzuführen. Hierbei zeigt sich, inwieweit Meßergebnisse von der Straße ins Labor übertragbar sind und mit welcher Häufigkeit einzelne Quietschfrequenzen auftreten.
Dieses Bild zeigt zwei von über zehn gemessenen Geräuschanalysen einer quietschenden Bremse.

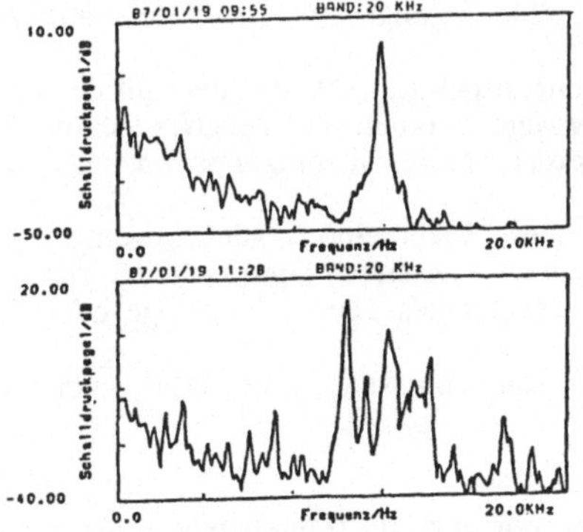


Ist nun ein Geräuschbild der Bremse erstellt, müssen die einzelnen Schallquellen lokalisiert werden. Hauptsächliche Schallabstrahler sind die Bremsscheibe, die Bremstrommel und das Bremsträgerblech. Aber auch Teile des Federbeins und Abdeckkappen können zu Schwingungen angeregt werden und wie ein Lautsprecher Schall abstrahlen.
Entscheidend für die Schallabstrahlung ist aber nicht nur der Ort und Größe der Schallquellen, sondern auch ihre gegenseitige Phasenbeziehung. So kann der hydrodynamische Kurzschluß durch akustische Interferenz erhebliche Anteile der Schallenergie absorbieren. Zum Auffinden von Schallquellen sind optische Meßverfahren am geeignetsten.

#### 1.2 Schalleistungsmessung

Die Schalleistung beschreibt, wieviel Energie pro Sekunde eine Schallquelle in ihre Umgebung abgibt. Anders ausgedrückt, die Schalleistung stellt die Schallenergie dar, die pro Zeiteinheit durch eine beliebig große, senkrecht zur Schallausbreitung befindliche Fläche hindurchströmt. Bei gleichmäßig verteilter Schallintensität erhält man die Schalleistung als Produkt aus der Schallintensität und der durchschallten Fläche.
Um dies zu vereinfachen, wird die Schalleistungsmessung in einem Hallraum durchgeführt. Bei bekannten Abmessungen des Raumes und Kenntnis der Nachhallzeit läßt sich die Intensitätsmessung

auf eine einfachere Meßmethode, der Integration des Schalldruckes, gemessen an mehreren Stellen im Hallraum, zurückführen.
Diese Meßmethode wird hauptsächlich bei der Motorenentwicklung benützt. Für das Problem Bremsenquietschen bringt sie gegenüber der Schalldruckpegelmessung keine weiteren Erkenntnisse und ist daher nicht zwingend nötig.

1.3 Intensitätsmessung
Bei der Schalldruckmessung wird die Messung in einem großen Abstand zur Schallquelle durchgeführt. Die Intensitätsmessung erfolgt im Nahfeld der Schallquelle, d.h. möglichst direkt auf der Objektoberfläche. Die Meßsonden für die Schallintensität messen den Schalldruck an zwei Stellen des Schallfeldes gleichzeitig. Aus dem Druckgradienten wird die Schallschnelle abgeleitet und diese unter Berücksichtigung der Phasenverschiebung mit dem (mittleren) Schalldruck multipliziert. Die Meßsonden nicht nur nach dem Ort, sondern auch nach der räumlichen Richtung positioniert werden. Die Erfassung der Richtung im Schallfluß enthüllt eine neue Variable unter den Meßdaten. Kam früher die Schalldruckmessung wegen einer gewissen Unschärfe ihrer Ergebnisse mit wenigen Meßpunkten auf der entsprechenden Fläche aus, muß nun bewußt eine bessere Mittlung über beteiligte Flächen erfolgen. Diese Meßtechnik braucht sehr viele Meßpunkte, deren genaue Plazierung am besten mit einem Positionierungsroboter zu bewerkstelligen ist. Auch wird ein relativ großes Speichermedium für die vielen gemessenen Spektren benötigt. Als Ergebnis erhält man eine Iso-Intensitäts-Karte und 3-D-Plots von der Geräuschquelle, die sehr anschaulich und gut zu interpretieren sind.

1.4 Zusammenfassung
Geräuschuntersuchungen liefern einen Überblick über das Abstrahlverhalten von Meßobjekten. Die Frequenzanalyse, z.B. mit FFT, besitzt die Möglichkeit, das Geräuschproblem intensiv auszuwerten und zu beurteilen. Die Meßergebnisse können nachempfunden werden. Die Erkenntnisse aus den Frequenzanalysen sind für die optische Meßtechnik von Vorteil.

## 2. Schwingungsanalysen
Schwingungsmessungen mit Beschleunigungsaufnehmern ähneln den Geräuschmessungen. Der hauptsächliche Unterschied liegt darin, daß mit dem Mikrofon der Luftschall und mit dem Beschleunigungsaufnehmer der Körperschall gemessen wird.

2.1 Schwingbeschleunigungsmessungen
Für die Schwingbeschleunigungsmessungen werden auf der Objektoberfläche Aufnehmer (meistens piezoelektrische Schwingbeschleunigungsaufnehmer) angebracht (geschraubt, geklebt etc.). Diese Messungen erfolgen punktweise ein- bis drei- dimensional.
Bei der Messung von Schwingungen ist man aber nicht an der Beschleunigung selbst als Parameter gebunden. Mit elektronischen Integratoren kann das Beschleunigungssignal in Geschwindigkeit und Weg umgeformt werden.
Bei der einfachen Schwingungsmessung mit breitem Frequenzspektrum ist die Auswahl der Parameter von Bedeutung. Durch eine Messung des Schwingweges werden die niederfrequenten Anteile am stärksten zur Geltung kommen, und umgekehrt werden bei Beschleunigungsmessungen die hochfrequenten Anteile stärker hervorgehoben.
Für die Beurteilung von Bremsenquietschproblemen ist diese Meßmethode alleine weniger geeignet, da die Messungen mit Piezoaufnehmern z.B. an einer rotierenden Bremsscheibe, nur mit erheblichen Instrumentierungsaufwand (Übertragung des Meßsignals über Schleifringe oder Telemetrie, Temperaturprobleme) zu realisieren ist.
Als Zusatzmessungen für andere Meßmethoden ist die Messung mit Hilfe von Beschleunigungsaufnehmern jedoch unumgänglich.

2.2 Modalanalyse
Werden die Beschleunigungsmeßwerte gespeichert und mit einem Referenzpunkt verglichen (Amplitude und Phase), so kommt man zur Modalanalyse. Sie ist eine geeignete Meßtechnik für die Darstellung großflächiger Grundschwingungsformen und ebenfalls als Animationsgrafik von Nutzen.
Die Modalanalyse ist aber nicht besonders gut für die Untersuchung von Bremsquietschproblemen geeignet. Die niederfrequenten Grundschwingungsmoden können noch in annehmbarer Zeit ermittelt werden, bei höheren Ordnungen steigt aber die Anzahl der Meßpunkte und damit der Zeitaufwand erheblich an. Die Messungen erfolgen zu dem nicht berührungslos, sondern mit einem massenbehafteten Aufnehmer, der eine nicht zu vernachlässigende Beeinflussung des Schwingsystems darstellt.

2.3 FEM - Rechnung

Die FEM-Rechnung ist ein hervorragendes Hilfsmittel für die Konstruktion. Für die Bearbeitung von Bremsquietsch- und anderen Schwingungsproblemen ist sie aber weniger geeignet. Im Gegensatz zur Modalanalyse ist zwar auch für höherfrequente Schwingungen eine Aussage möglich, sie hängt nur von der Rasterung und den Fähigkeiten des Rechners ab, es bedarf jedoch einiger Korrekturen, hinsichtlich der Einspann- und Randbedingungen.
Für die Rechnung wird ein lineares Dämpfungsverhalten und ein homogenes Material angenommen. In der Praxis ist dies aber nicht der Fall, da sonst jede Bremse gleich schwingen müßte, was aber, wie gezeigt, nicht der Fall ist.

2.4 Zusammenfassung

Die FEM-Rechnung ist ein schnelles Hilfsmittel für die Konstruktion. Versteifungsmaßnahmen und sonstige konstruktive Änderungen lassen sich im voraus berechnen.
Die niederfrequenten großflächigen Grundschwingungsmoden sind mit der Modalanalyse gut erfaßbar und darstellbar.
Mit Beschleunigungsaufnehmern lassen sich Übertragungswege lokalisieren und Maßnahmen bzw. der Einfluß von Konstruktionsänderungen nachweisen.
Nachteile dieser Meßmethoden sind durch den hohen Zeitaufwand und durch die Beeinflussung des Testobjektes durch Aufbringen zusätzlicher Massen gegeben. Je höher die Resonanzfrequenz ist, desto kleiner wird in der Regel die schwingende Fläche und desto feiner muß die Rasterung der Meßpunkte werden, um die Schwingungsform interpretieren zu können. Die Messungen erfolgen immer Punktweise.

## 3. Optische Meßtechnik

3.1 Holografische Interferometrie

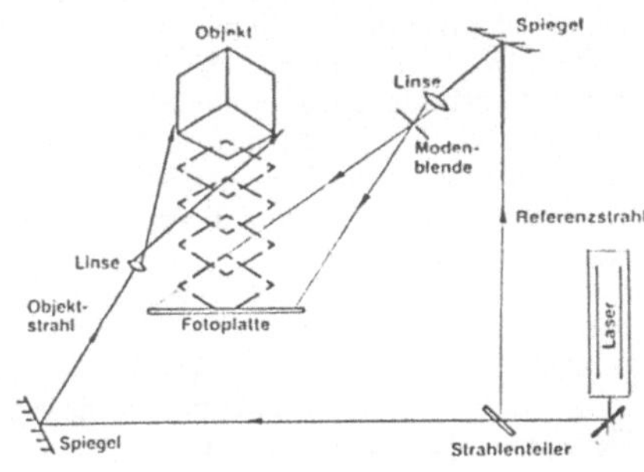


Die holografische Interferometrie ist eine Meßmethode, mit der berührungslos Schwingungen bzw. Verformungen der Oberfläche dargestellt werden können.
Das Prinzip der holografischen Interferometrie besteht in der Erzeugung zweier kohärenter Lichtwellen, die sich nach dem Durchlaufen verschiedener optischer Weglängen wieder überlagern. Im Gebiet dieser Überlagerung interferieren die beiden Lichtwellen. Diese Interferenzstruktur kann auf einem fotoempfindlichen Material, der Hologrammplatte, gespeichert werden.
Bei der holografischen Interferometrie kommen hauptsächlich zwei Verfahren zur Anwendung.
o Die Doppelbelichtungsmethode
o Das Real-Time- und Time-Average-Verfahren

3.1.1 Die Doppelbelichtungsmethode

Die Doppelbelichtungsmethode eignet sich für Untersuchungen der kompletten Bremsanlage unter Betriebsbedingungen.
Ein Doppelpulshologramm enthält aber keine Information über die Frequenz des schwingenden Bauteils. Es zeigt nur die Verformungsänderung zwischen zwei festzulegenden Momentaufnahmen. Um eine eindeutige Aussage über die Schwingfrequenz zu erhalten sind begleitende Messungen, z.B. mit einem Beschleunigungsaufnehmer oder besser berührungslos mit einem Laser-Doppler-Vibrometer, erforderlich. Diese Signale können auch gleichzeitig als Triggersignal für den Puls-Laser benützt werden.

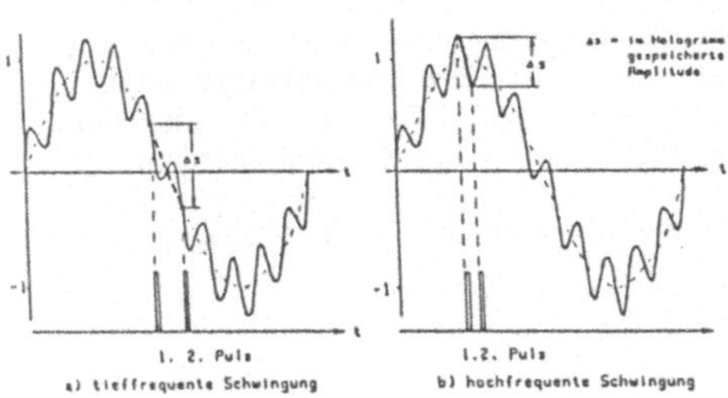


Das Doppelpulshologramm zeigt die Verformung zwischen den beiden Momentaufnahmen. Liegt nur eine Schwingfrequenz vor, ist die Aussage eindeutig und kann interpretiert werden. Liegt aber ein Frequenzgemisch vor, das bei der Untersuchung unter Betriebsbedingungen fast immer der Fall ist, wird die resultierende Verformung dargestellt.
Durch gezielte Triggerung der Momentaufnahmen ist eine begrenzte Frequenzfilterung möglich, z.B. dann, wenn einer tiefen Frequenz, der ersten Radharmonischen, eine hochfrequente Schwingung, Quietschen, überlagert ist.

Um ein Hologramm interpretieren zu können, müssen etwa fünf Interferenzstreifen vorhanden sein. Bei einer Auflösung von einer Linie/0,35 µm Deformation bedeutet dies, daß mindestens eine Verformungsamplitude von 1,7 µm nötig ist. Bei einer Schwingfrequenz von 1 kHz entspricht dies einer Schwingbeschleunigung von 70 m/sec$^2$; bei einer Frequenz von 7 kHz bereits 3450 m/sec$^2$. Solch hohe Beschleunigungswerte werden aber selbst von stark quietschenden Bremsen kaum erzeugt.Mit der Doppelbelichtungsmethode werden auch nicht alle Schwingungsmoden gefunden, da die Resonanzfrequenzen vorher bekannt sein müssen, z.B. aus Geräuschanalysen.

3.1.2 Real-Time- und Time-Average-Verfahren

Für die holografische Untersuchung von Bremsen ist das Real-Time- bzw für die Dokumentation das Time-Average-Verfahren gut geeignet.

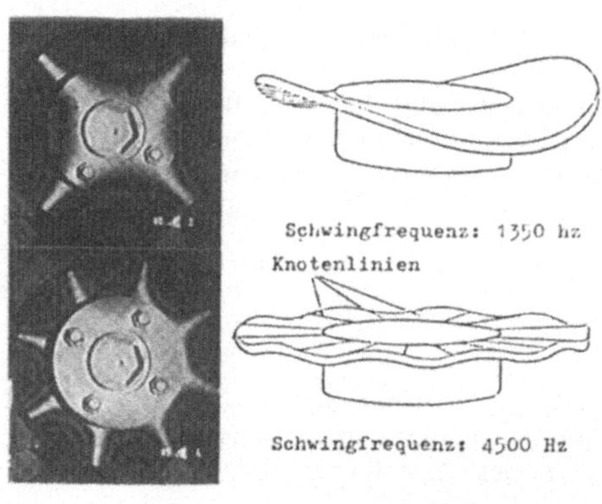


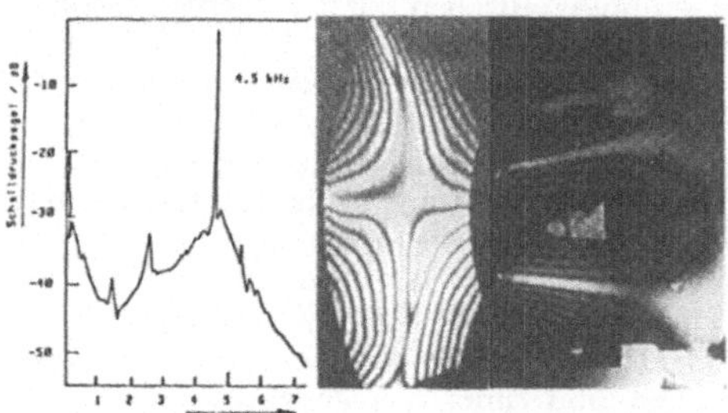


Alle im interessierenden Frequenzbereich liegenden Schwingungsmoden werden gefunden. Auch ist eine eindeutige Bestimmung von Knotenlinien und Schwingungsbäuchen gegeben.

Für dieses Verfahren werden entweder einzelne Komponenten des zu untersuchenden Objektes oder das ganze Objekt auf seine Resonanzschwingungen hin untersucht. Das Objekt wird hierzu möglichst originalgetreu auf einen schwingungsgedämpften Tisch aufgebaut und mit Hilfe eines elektrodynamischen Erregers sinusförmig angeregt. Zwei der chladnischen Grundschwingungsformen einer Scheibenbremse sind im linken Bild dargestellt.

Eine Anzahl von Schwingungsformen führt durch hydrodynamischen Kurzschluß nicht zur Schallabstrahlung. Sie werden daher in den Geräuschspektren nicht gefunden. Die manchmal zu beobachtenden geringe Frequenzverschiebungen zwischen Schallmessung und Holografie sind auf Temperatureinflüsse und geänderte Einspannbedingungen zurückzuführen.

Das 2. Bild zeigt die Korrelation zwischen der Geräuschmessung und der Holografie. Gemessen wurde eine Geräuschspitze bei 4,5 kHz. Die Verursacher dieses Problems sind der Bremsbelag mit einer Torsionsschwingung, die Scheibe (s.o.) mit einer Schwingung höherer Ordnung und der Bremssattel mit einer Biegung zweiter Ordnung.

3.2 Moiré - Technik

Die Moiré-Technik unterscheidet sich nicht wesentlich von der Holografie. Bei der Moiré-Technik wird ein Gitter auf die Objektoberfläche projeziert und ein normales Foto erstellt. Wird nun die Oberfläche des Objektes verändert, so ändert sich das Abbild des Gitters auf der Objektoberfläche. Auch von diesem Bild wird ein Foto erstellt. Der Unterschied dieser zwei Abbildungen kann nun ausgewertet werden. Am einfachsten geschieht dies durch Überlagern der beiden Negative (Moiré 2. Ordnung), oder durch Auswertung der Negative mit Hilfe eines Densitometers. Am elegantesten ist eine digitale Bildauswertung, ähnlich der, die für die holografische Interferometrie zur Anwendung kommt. Die Auflösung dieses Verfahrens ist direkt von der Gitterkonstanten abhängig. Je nach vorhandener Auflösung der Meßvorrichtung (Auflösung des Filmmaterials oder der Kamera für die Bildauswertung) kann eine Verformung der Oberfläche vom Millimeterbereich bis in den Zentimeterbereich gemessen werden.

Diese Meßmethode eignet sich besonders für Kunststoffteile, da hierfür die Holografie in der Regel zu empfindlich ist.

### 3.3 Spannungsoptik

Bei der Spannungsoptik wird im Gegensatz zur Holografie die Materialspannung und nicht die Verformung sichtbar gemacht. Das Prinzip der Spannungsoptik ergibt sich aus dem Phänomen der optischen Lichtbrechung, die man bei festen transparenten Werkstoffen beobachten kann, wenn diese mechanisch belastet werden. Zur Anwendung kommen hauptsächlich drei Verfahren. Diese sind:

- o das Oberflächenschicht-Verfahren
- o das Durchlicht-Verfahren
- o das Einfrier-Verfahren

#### 3.3.1 Oberflächenschicht - Verfahren

Für das Oberflächenschichtverfahren wird das zu untersuchende Bauteil mit einer spannungsoptisch aktiven Schicht beklebt. Zur Messung der Dehnungs- oder Spannungsrichtung wird ein Meßaufbau mit planpolarisiertem Licht benötigt; zur Messung der Dehnungs- oder Spannungsgrößen muß mit zirkularpolarisiertem Licht gearbeitet werden. Der gesamte Meßaufbau wird in der Fachsprache Polariskop genannt.

Bei mechanischer Beanspruchung des Bauteils übertragen sich seine Oberflächendehnungen in die Schicht, wodurch diese durch die erfolgte Doppelbrechung ( 1x beim Eintritt, das 2.mal beim Austritt) eine der mechanischen Beanspruchung äquivalente Lichtbrechung, sichtbar als Farbmuster, erzeugt. Die Unterseite der Schicht muß fest mit dem Bauteil verbunden und lichtreflektierend sein. Infolge dieser festen Verbindung können nicht nur, wie bei der klassischen Spannungsoptik, elastische Dehnungen, sondern auch bleibende Verformungen oberhalb der Streckgrenze ermittelt werden.

Gegenüber der Messung mit Dehnungsstreifen bietet das Oberflächenschichtverfahren oder auch Photo-Stress-Verfahren den Vorteil, daß das Bauteil großflächig und nicht nur punktweise untersucht werden kann.

#### 3.3.2 Durchlicht - Verfahren

Das Durchlicht - Verfahren ist das klassische Verfahren der Spannungsoptik. Hierzu wird von dem Modell ein transparenter Abguß z.B. aus Expoxid- oder Polyesterharzen angefertigt. Für die Analyse der Spannungen wird das Modell mit polarisiertem Licht durchstrahlt und mit Hilfe eines Analysators betrachtet. Im Objekt ist hierdurch ein spannungsbedingtes Farbmuster zu beobachten.

#### 3.3.3 Einfrier - Verfahren

Das Einfrier-Verfahren ist eine Verfeinerung des Durchlicht-Verfahren.

Es beruht auf der Tatsache, daß sich bei einigen vernetzten Kunststoffen (in der Regel Epoxyharze) bei einer bestimmten Temperatur (80°C - 120°C) die sekundären Molekularbindungen lösen, das Primärnetz jedoch erhalten bleibt. Diesen Umwandlungspunkt nennt man Erweichungs- oder Einfrierpunkt. Der E-Modul des Modellwerkstoffes verringert sich auf 1/100 des E-Moduls bei Raumtemperatur, wobei das rein elastische Verhalten des Materials voll erhalten bleibt. Belastet man das Modell oberhalb dieser Einfriertemperatur und kühlt es unter der Last langsam ab, so halten die sich wieder bildenden Sekundärbindungen als Primärnetz im verformten Zustand fest. Der Verformungs- bzw. Spannungszustand wird damit eingefroren.

Es lassen sich anschließend in jeder gewünschten Ebene Schnitte anfertigen, so daß der Spannungszustand räumlich analysiert werden kann.

### 3.4 Zusammenfassung

Vorteile der optischen Meßtechnik, vor allem der holografischen Interferometrie liegen darin, daß man sehr schnell einen großflächigen Gesamtüberblick über Schwingungsverhalten des zu untersuchenden Objektes erhält. Die Messung erfolgt zudem berührungslos und besitzt eine sehr hohe Auflösung. Mit einem Doppel-Puls-Laser-System können Messungen unter Betriebsbedingungen durchgeführt werden.

Die Spannungsoptik zeigt Spannungsspitzen an kritischen Stellen. An den Kunststoffmodellen können schnell Änderungen durchgeführt werden und deren Auswirkungen betrachtet werden.

Nachteil aller optischen Meßverfahren ist, daß das zu untersuchende Bauteil optisch zugänglich sein muß.

Die Vorbereitungszeit für die Spannungsoptik ist sehr zeitintensiv und erfordert einige Erfahrung.

Nachteile der holografischen Interferometrie sind dadurch gegeben, daß ein Doppelpulshologramm unter Betriebsbedingungen keine Aussage über die Schwingfrequenz enthält.

Die komplexen Interferenzmuster, sofern es sich nicht um chladnische Schwingungsfiguren handelt, sind nur noch mit geübtem Auge oder mit der digitalen Bildauswertung auswertbar.

**4. Metallogie**

Bei Schwingungsproblemen allgemein, aber insbesondere beim Problem Bremsenquietschen, muß die Auswahl der zur Verwendung kommenden Materialien mit größter Sorgfalt erfolgen.

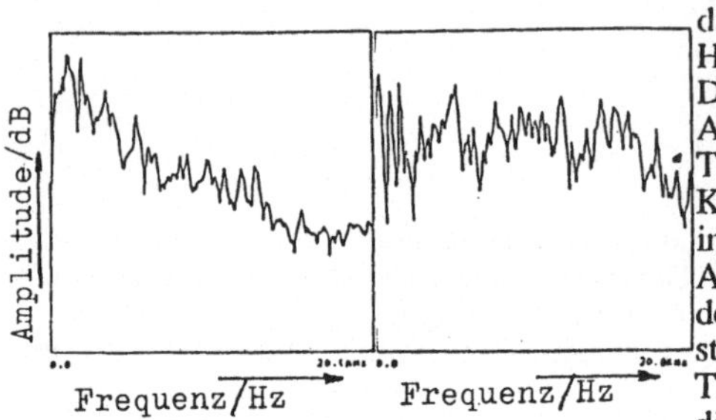


Hauptsächlicher Verursacher für das Quietschen ist das Reibverhalten zwischen Scheibe und Belag. Für die Scheibe, die Trommel und besonders für die Haltebleche sollten Materialien mit hoher innerer Dämpfung zur Verwendung kommen. Bei einer Anregung mit einem Impulshammer klingt eine Trommel aus ungedämpftem Material wie eine Kirchenglocke, hingegen eine aus Material mit hoher innerer Dämpfung dumpf wie eine Bleiplatte.
Auch die Auswahl von den Belägen ist von großer Bedeutung. Zwischen den Belägen verschiedener Hersteller gibt es erhebliche Unterschiede. Die linke Tabelle zeigt das Ergebnis einer Untersuchung, in der die Beläge auf das Quietschverhalten hin getestet wurden.

| Belag-Nr.: | Anfachungswinkel | Dämpfung | Beurt. |
|---|---|---|---|
| Nr.1 | -13 Grad | 5.55 | 2 |
| Nr.2 | -25 Grad | 3.51 | 1 |
| Nr.3 | +15 Grad | 3.64 | 6 |
| Nr.4 | +6.5 Grad | 5.58 | 5 |
| Nr.5 | -12 Grad | 5.51 | 3 |
| Nr.6 | +3.5 Grad | 5.89 | 4 |

Diese subjektive Untersuchung zeigt den Einfluß von Dämpfung und Reibverhalten auf die Geräuschentwicklung. Bewertet man das Dämpfungsverhalten alleine, erweisen sich die Beläge Nr.2 und Nr.3 als die kritischsten. Wichtet man hingegen den Anfachungswinkel stärker als die Dämpfung, so ergibt sich die Reihenfolge rechts in der Tabelle, die qualitativ mit der Beurteilung aus der Fahrerprobung übereinstimmt. Belag Nr.2 ist der leiseste, Belag Nr.3 der lauteste.

**III. Schlußwort**

Es hat sich gezeigt, daß das Problem des Bremsenquietschens, wie auch andere komplexe Schwingungsaufgaben, weder durch die Holografie, noch mit der Geräusch- oder Schwingungsmeßtechnik incl. Modalanalyse allein gelöst werden kann. Kombiniert man aber alle Verfahren, so erhält man folgende Ergebnisse:
Mit Hilfe der Schallmeßtechnik wird der tatsächlich abgestrahlte Luftschall gemessen und bewertet. Die holografische Interferometrie zeigt die örtlichen Schallquellen bzw. die Verteilung des Körperschalls. Zusätzliche Messungen mit Beschleunigungsaufnehmern und nachgeschalteten Frequenz- und Signalanalysatoren liefern an ausgewählten Meßpunkten die Phasenbeziehung zwischen den verschiedenen Schallquellen. Mit dieser Meßmethode können Körperschallbrücken lokalisiert werden und Isolationsmaßnahmen sowie Einflüsse von Konstruktionsänderungen sehr rasch nachgewiesen werden.
Die FEM-Rechnung und die Spannungsoptik liefern gute Hinweise für die Konstruktion.
Erst durch die Kombination der Meßverfahren und der Auswahl von geeigneten Materialien erhält man das Instrumentarium, das notwendig ist, die komplexe Aufgabe einer weitgehenden Geräuschreduzierung realisieren zu können. Mit diesem Instrumentarium der Meßtechnik sollte es möglich sein, Geräusch- oder Schwingungsprobleme, mögen sie auch noch so komplex sein, zu lösen.

**Literaturhinweise**


1. Dr.Ing. G Wernicke, Dipl.Phys. W Osten "Holografische Interferometrie" VEB Fachbuchverlag Leipzig 1982
2. M Heckl, HA Müller " Taschenbuch der technischen Akustik" Springer Verlag
3. Karl-Heinz Hansen Manuskript "Schallintensität, die bekannte Unbekannte" Brüel & Kjaer GmbH, Zweigstelle München
4. A Wiest "Grundlagen und Anwendung der Real-Time/Time-Average- Holografie in der Schwingungsanalyse" HDT Essen Tagungs-Nr. T-30-629-056-8
5. A Wiest "Bremsenquietschen, eine kritische Betrachtung der Untersuchungsmethoden und Lösungswege" HDT Essen Tagungs- Nr. T-30-927-056-8 und Tagungs-Nr. Y-30-233-056-8

# Untersuchungen der thermisch induzierten Verformung von oberflächenmontierten Bauelementen mit Hilfe der holographischen Interferometrie

Pavel Valenta

SEL AG, Lorenzstr. 10, D-7000 Stuttgart 40

Die Oberflächenmontage elektronischer Bauelemente verdrängt in zunehmendem Maße die konventionelle Lochverdrahtungsmethode. Sie ermöglicht hohe Packungsdichte der Bauelemente auf der Leiterplatte und damit eine hohe Funktionsdichte und kurze Verbindungsleitungen für hohe Frequenzen. Automatisierte Montage und Reparatur der Baugruppen ist möglich mit geringeren Kosten.

Für die Oberflächenmontage integrierter Schaltkreise werden Gehäuse mit und ohne Beinchen verwendet. Aufgrund der unterschiedlichen Wärmeausdehnungskoeffizienten der Bauelemente und des Substrates führt eine thermische Wechselbeanspruchung der Bauelemente zu einer mechanischen Wechselbeanspruchung der Lötverbindungen. Bei Gehäusen mit Anschlußbeinchen (leaded chip carrier) werden die auftretenden mechanischen Spannungen weitgehend durch die Elastizität der Beinchen abgefangen, bei Gehäusen ohne Beinchen (leadless chip carrier) muß allein die Lötverbindung imstande sein, diese Spannungen abzufangen. Um eine hohe Zuverlässigkeit der Baugruppen zu gewährleisten, ist deshalb eine sorgfältige Auswahl der Werkstoffe und der Technologien notwendig.

Zur Untersuchung der Verformungen oberflächenmontierter Bauelemente wird die Methode der holographischen Interferometrie eingesetzt. Die Experimente werden in Zukunft durch theoretische Berechnungen mit Hilfe eines Finite-Elemente-Programmes unterstützt. Wir verwenden ein modular aufgebautes Holographiesystem, das die Methode der Phasenshiftholographie mit zwei Referenzstrahlen benutzt. Hier ist der Laser durch ein flexibles Glasfaserkabel mit dem Referenzstrahlmodul und dem Objektbeleuchtungsmodul verbunden. Dadurch ist ein leichter Umbau des optischen Systems für Untersuchung von Objekten unterschiedlicher Größe möglich (Baugruppe, Bauelement, Anschlußbeinchen). Für die Aufnahme der Hologramme wird eine thermoplastische Kamera verwendet. Die Vorteile dieser Aufnahmetechnik gegenüber der konventionellen Glasplatte (schnelle Verfügbarkeit des Ergebnisses) überwiegen dabei die Nachteile (kritischere Empfindlichkeit der Einstellparameter der Kamera und kleinerer Beobachtungwinkel). Die Aufnahme und Wiedergabe der Hologramme sowie die quantitative Auswertung wird durch ein menügeführtes Bildverarbeitungsprogramm gesteuert.

Für den Vergleich der Verformung eines oberflächenmontierten Bauelementes mit und ohne Beinchen wurde ein Bauelement im PLCC-68 Gehäuse (plastic leaded chip carrier) und ein Bauelement im 3LCC-68 Gehäuse (3-layer ceramic leadless chip carrier) verwendet. Sie wurden im Zentrum einer FR4-Testleiterplatte im Doppeleuropaformat montiert und mit unterschiedlichen Verlustleistungen betrieben. Die Testleiterplatte befand sich in einer Halterung, die einerseits eine genügende Schwingungsstabilität gewährleistete und andererseits eine geringe seitliche Ausdehnung der Testleiterplatte ermöglichte. Damit wurden Randbedingungen verwirklicht, die möglichst realistisch den Betrieb der Leiterplatte in einem 19"-Einschub wiedergeben.

Die Abbildungen 1 und 2 zeigen jeweils das mit einer arctan-Funktion modulierte Phasenverteilungsbild und die Verformungsprofile längs einer Linie über das Zentrum des Bauelementes (Profil 1) und über die Leiterplatte direkt unterhalb des Bauelementes (Profil 2). Die automatische Demodulation des Phasenverteilungsbildes wurde getrennt für die Bauelemente- und Leiterplattenoberfläche vorgenommen. Der ausgeblendete Übergangsbereich ist im Phasenverteilungsbild schwarz gekennzeichnet und im Profil als eine Unterbrechung der Linie sichtbar. Die unterschiedlichen Wärmeausdehnungskoeffizienten des plastikverkapselten und des keramikverkapselten Bauelementes im Vergleich zum FR4-Substrat und die unterschiedlich starke Ankopplung des Bauelementes an das Substrat führen zu einer unterschiedlichen Verformung.

Das keramikverkapselte Bauelement wandert während der Aufheizung nach hinten (in Richtung der unbestückten Seite), da dessen Wärmeausdehnung kleiner ist als diejenige des Substrates. Das plastikverkapselte Bauelement wandert hingegen nach vorne (in Richtung der bestückten Seite), weil die Wärmeausdehnung des Bauelementes größer ist und obwohl die mechanische Kopplung zwischen dem Bauelement und dem Substrat nur schwach ist.

Die unterschiedlich starke mechanische Ankopplung des Bauelementes an das Substrat wird aus dem qualitativen Vergleich der Verformungsprofile des Bauelementes und des Substrates deutlich. Die Verformung des keramikverkapselten Bauelementes fügt sich in stärkerem Maße an die

Verformung des Substrates darunter, als es beim plastikverkapselten Bauelement der Fall ist. Dieses Verhalten muß noch weiter untersucht werden und mit Finite-Elemente-Rechnungen verglichen werden, um einen quantitativen Vergleich unterschiedlicher Technologien zu erhalten.

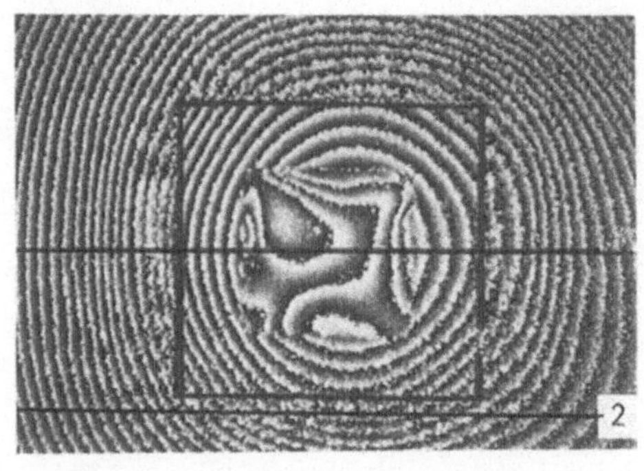


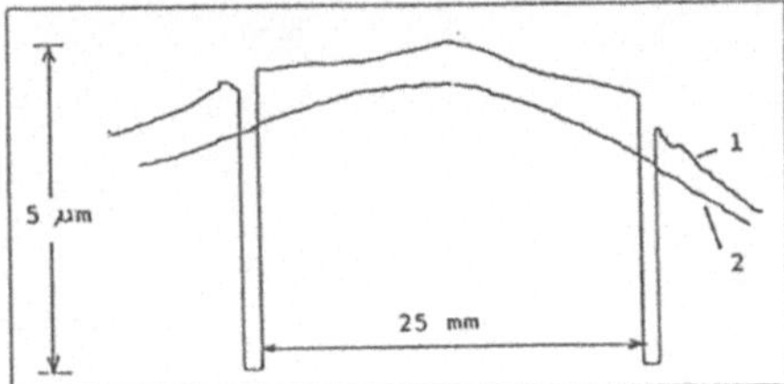


Abbildung 1:
Phasenverteilungsbild und Verformungsprofil des Bauelementes PLCC-68 beheizt mit 800 mW.

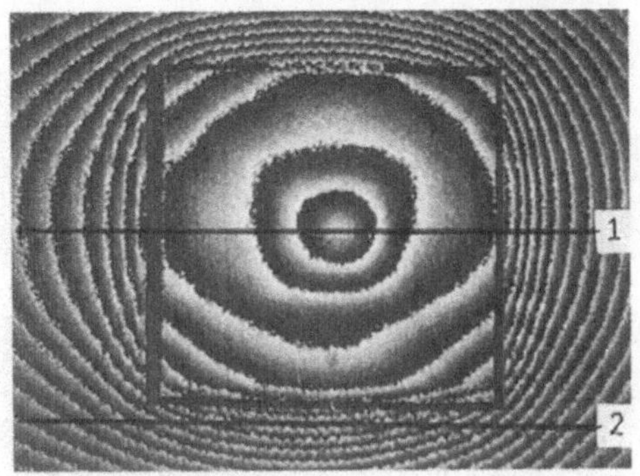


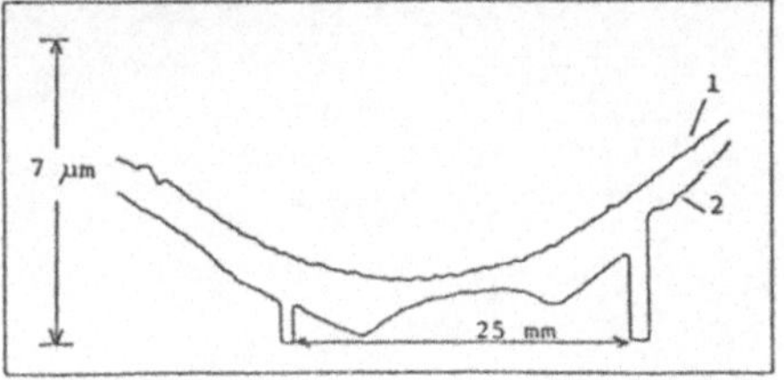


Abbildung 2:
Phasenverteilungsbild und Verformungsprofil des Bauelementes 3LCC-68 beheizt mit 400 mW.

Für Messung der Verformung von Bauelementebeinchen wurde ein optischer Aufbau entwickelt, der die Aufnahme stark vergrößerter Hologramme (bis zum Maßstab 35 : 1) ermöglicht. In den Strahlengang zwischen dem Objekt und der Holokamera wurde ein Objektiv mit 50 mm Brennweite gebracht. Das hierdurch erzeugte virtuelle Zwischenbild wurde mit dem Makroobjektiv der Videokamera hinter der Holokamera (Brennweiten 18 bis 108 mm) weiter vergrößert. Die Abbildung 3 zeigt als Beispiel das Pseudo-3D Bild der Verformung eines 0,8 mm breiten Beinchen des Bauelementes PLCC-68. Während der Aufheizung des Bauelementes verkippen die Beinchen um 3 µm nach außen, da - wie bereits erwähnt - sich das Bauelement stärker ausdehnt als das Substrat. Der optische Aufbau soll weiter entwickelt werden, um auch die Verformung von Lötverbindungen der Bauelemente ohne Beinchen zu ermöglichen. Hier müssen unebene Oberflächen beobachtet werden und die Anforderungen an die erforderliche Tiefenschärfe ist höher.

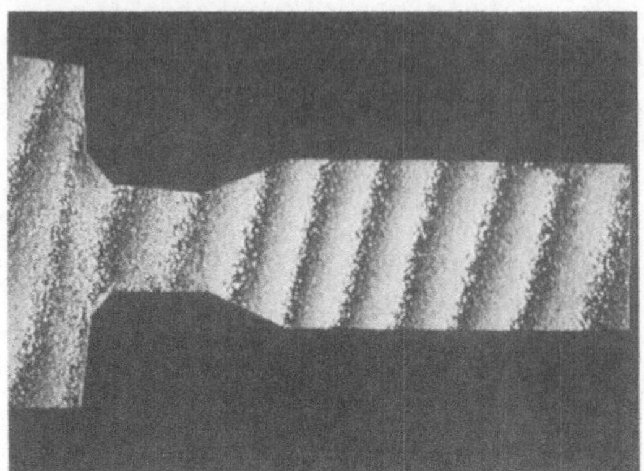

Abbildung 3:
Phasenverteilungsbild und Pseudo-3D Bild der Verformung eines Anschlußbeinchens. Bauelement PLCC-68 beheizt mit 400 mW. Blickrichtung senkrecht zur Oberfläche des Beinchens.
Oben: Bauelement
Unten: Lötpunkt auf der Leitplatte

# Holographische Untersuchungen an großflächigen CFK-Bauteilen

K. Roesener, S. Wagner, W. Jüptner

BIAS - Bremer Institut für angewandte Strahltechnik

Ermlandstraße 59, D-2820 Bremen 71

## Einleitung

Kohlenstoffaserverstärkte Kunststoffe (CFK) haben gegenüber herkömmlichen Materialien entscheidende Vorteile wie hohe Festigkeit und Steifigkeit bei geringer Dichte, was besonders bei großen Bauteilen zu einer bedeutenden Gewichtseinsparung führt. Außerdem besitzen sie eine hohe Beständigkeit gegen Korrosion und Materialermüdung /1/. Diese Eigenschaften machen sie zu einem idealen Werkstoff in vielen Bereichen, insbesondere in der Luft- und Raumfahrtindustrie.

Eine Einschränkung erfuhr der Einsatz von Faserverbundwerkstoffen unter anderem dadurch, daß besonders für große Bauteile kaum ein geeignetes, flächenhaft messendes Prüfverfahren zur Verfügung stand. In dieser Veröffentlichung wird gezeigt, daß die holografische Interferometrie zur Detektion und Bewertung von Fehlern an großflächigen CFK-Bauteilen unter Industriebedingungen geeignet ist.

## Fehlerdetektion an CFK-Bauteilen

Für die holografischen Untersuchungen standen Verbundbauteile zur Verfügung, die strukturell Bauteilen aus der Airbusfertigung ähneln und in die z.T. definierte Fehler eingebracht waren.

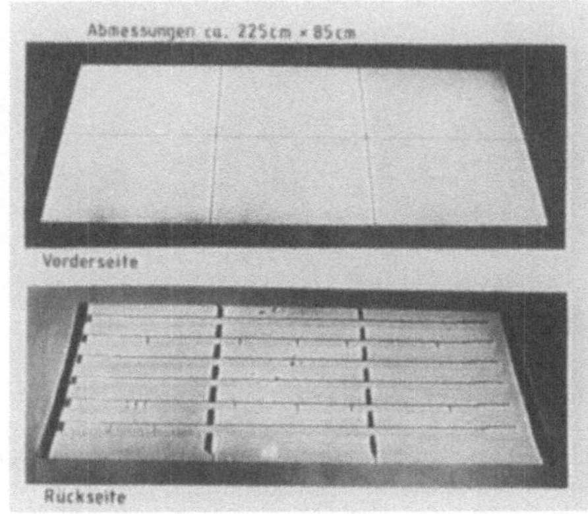


Bild 1: CFK-Panel (19er Schale)

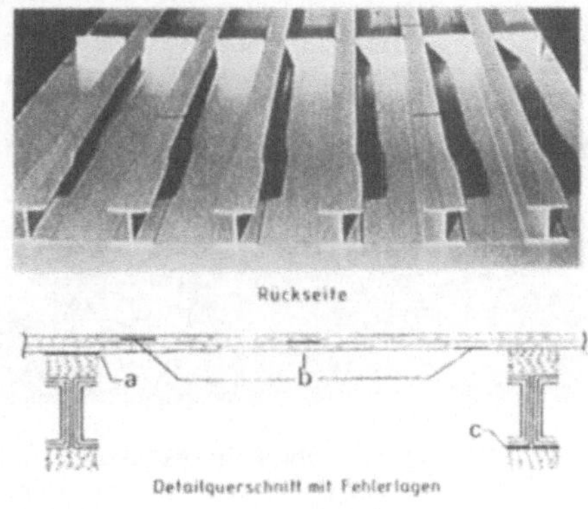


Bild 2: CFK-Panel mit künstlich eingebrachten Fehlern

Bild 1 zeigt eine sogenannte 19er Schale mit den Abmessungen 225 cm x 85 cm. Sie besteht aus einem CFK-Hautfeld und rückseitigen I-förmigen Versteifungen (Stringern). Als Fehler, die auch unter normalen Einsatzbedingungen oder bei der Produktion auftreten können, wurden eingebracht: Ablösungen des Stringers vom Hautfeld (Bild 2-a), Delaminationen in verschiedenen Tiefen (Bild 2-b), Ablösung des oberen Stringergurtes (Bild 2-c) und andere.

Ziel der Untersuchungen war es nun festzustellen, ob bzw. wie sich die verschiedenen Fehler bei unterschiedlichen Belastungsarten im holografischen Interferenzmuster bemerkbar machen /2/.

Bild 3 zeigt das Interferenzlinienmuster einer fehlerfreien 19er Schale bei thermischer Belastung durch Gleichstrom. Erwartungsgemäß hat sich das Objekt im Bereich der rückwärtigen Versteifungen nur wenig verformt. Aus den regelmäßigen und achsensymmetrischen ellipsenförmigen Streifensystemen kann man ersehen, daß die Verformung des gesamten Objektes bei dieser Belastungsart sehr gleichmäßig erfolgt.

Auf Bild 4 sieht man ein baugleiches CFK-Panel mit künstlichen Stringerablösungen bei einer thermischen Belastung von ca. 0,5 K. Auffällig ist ein großes Ringsystem im Interferenzlinienmuster im oberen Teil des Bildes. Es korrespondiert mit einer hier eingebrachten 20 cm langen Stringerablösung. In diesem Bereich ist die Oberflächenverformung etwa fünfmal größer als in den angrenzenden Bereichen. Das Fehlerfeld dieses Fehlers reicht bis in den Bereich des nächsten Stringers und überlagert sich mit dem Fehlerfeld der dort liegenden Stringerablösung von 10 cm Länge.

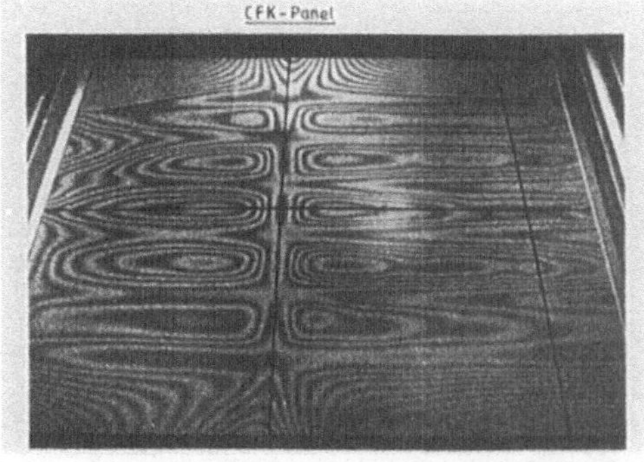


Bild 3: Holografisches Interferenzmuster einer fehlerfreien thermisch belasteten Probe

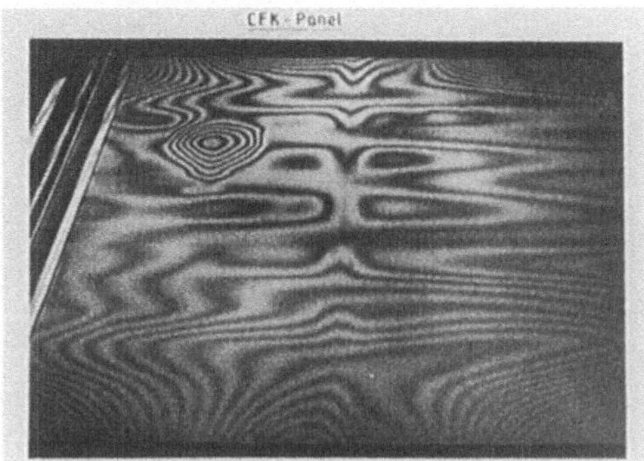


Bild 4: Holografisches Interferenzmuster einer thermisch belasteten Probe mit Stringerablösung

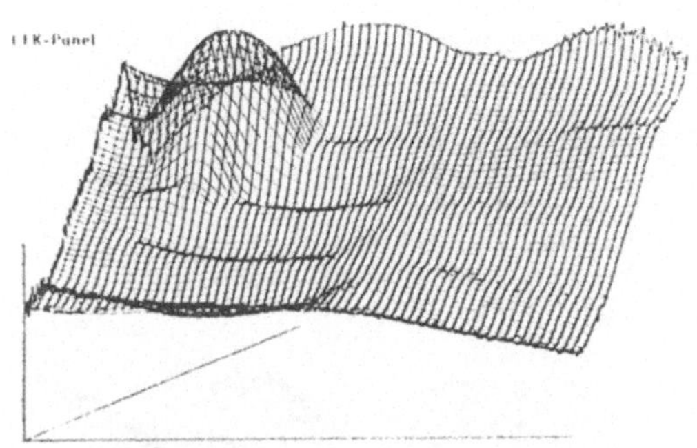


Bild 5: Aus dem Interferenzmuster von Bild 4 berechnetes Verformungsfeld (thermische Belastung)

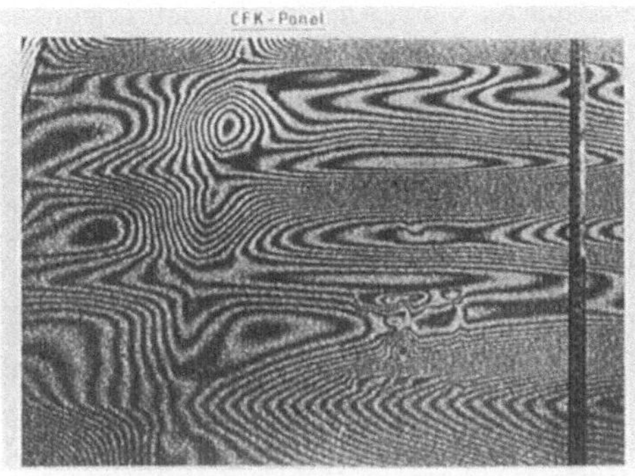


Bild 6: Holografisches Interferenzmuster einer thermisch belasteten Probe mit Delaminationen

Bild 5 zeigt das auf einer am BIAS entwickelten digitalen Bildverarbeitungsanlage mit Hilfe des Phasenschiebeverfahrens /3/ errechnete Feld der Normalverschiebungen des gleichen Oberflächenbereiches wie Bild 4. Man sieht sehr deutlich die starke Verformung der Oberfläche über der 20 cm langen Stringerablösung, ansatzweise ist auch direkt darunter die 10 cm lange Fehlstelle zu erkennen.

Bild 6 zeigt ein mittels Gleichstrom thermisch belastetes CFK-Panel mit Delaminationen, die durch doppelt gelegte Teflonfolie simuliert wurden. Durch die Folie wird die Haftung zwischen den CFK-Schichten gestört, offenbar jedoch nicht großflächig wie bei den Stringerablösungen, sondern an verschiedenen Stellen des doppelt gelegten Bereiches unterschiedlich. Das Fehlerfeld ist eine komplexe Überlagerung von Verformungsfeldern unterschiedlich haftender Teilbereiche. Je tiefer der Fehler liegt, desto weniger macht er sich als Störung der Oberflächenverformung bemerkbar. Die entstehenden inneren Spannungen werden also zumindest teilweise von dem darüber liegenden Material kompensiert bzw. im Material verteilt.

Im allgemeinen konnten quadratische Delaminationen bis herab zu 10 cm Seitenlänge unter ein und zwei Prepreglagen, in Einzelfällen sogar bis 3 mm Seitenlänge holografisch detektiert werden.

Holografische Messung am Airbus-Seitenleitwerk

Um die im Labor gewonnenen Erkenntnisse auf ihre Anwendbarkeit unter Industriebedingungen zu überprüfen, fand eine holografische Messung an einem Airbus-Seitenleitwerk während der normalen turnusmäßigen Wartung dieses Bauteils statt. Das Seitenleitwerk des Airbus ist mit einer Länge von etwa 12 Metern das größte CFK-Bauteil, das momentan für die Luftfahrt serienmäßig hergestellt wird.

Für die Messung an diesem realen Bauteil vor Ort mußte ein mobiler nicht-schwingungsisolierter holografischer Aufbau nach dem Phasenreferenzspiegelverfahren /4/ erstellt werden. Belastet wurde das Bauteil thermisch von der Innenseite des Leitwerkkastens her durch ein Heißluftgebläse. Die Auswertung der Interferenzlinienmuster erfolgte auf der oben erwähnten digitalen Bildverarbeitungsanlage mit Hilfe des Phasenschiebeverfahrens.

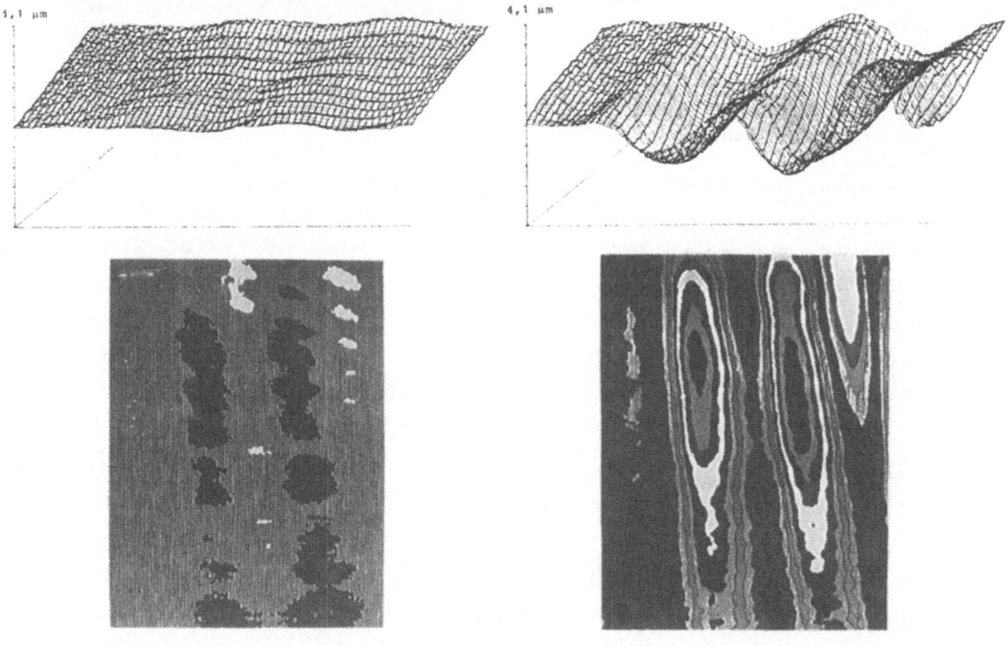


Bild 7: Berechnetes Verformungsfeld eines Seitenleitwerk-Teilbereichs bei niedriger thermischer Belastung

Bild 8: Berechnetes Verformungsfeld eines Seitenleitwerk-Teilbereichs bei hoher thermischer Belastung (gleiche Skalierung wie Bild 7)

Bild 7 zeigt das Feld der Normalverschiebungen eines Teilbereiches der Seitenleitwerksoberfläche bei einer thermischen Belastung < 0,5 K. Das Objekt hat sich noch wenig verformt, aber man kann schon die Lage der rückwärtigen Versteifungen erkennen. Auf dem unteren Teil des Bildes sieht man eine Falschfarbendarstellung des errechneten Verformungsfeldes.

Bild 8 zeigt das Feld der Normalverschiebungen des gleichen Bereiches der Seitenleitwerksoberfläche bei einer thermischen Belastung > 1 K. Im Bereich der rückwärtigen Versteifungen verformt sich das Seitenleitwerk nur wenig, die Lage der Versteifungen ist deutlich von der Vorderseite aus zu erkennen. Die Differenz von minimaler zu maximaler Amplitude beträgt ca. 4 µm.

## Zusammenfassung

Die holografische Interferometrie hat sich im Verlauf der Untersuchungen als ein sicheres Instrument zur Fehlerdetektion erwiesen. So wurden z.B. Stringerablösungen bis herab zu einer Länge von 20 mm, Delaminationen bis herab zu 10 mm Seitenlänge, in Einzelfällen auch bis 3 mm Seitenlänge gefunden.

Durch die Messung am realen Großbauteil, einem komplett montierten Airbus-Seitenleitwerk, wurde die Übertragbarkeit der im Labor gewonnenen Erkenntnisse in die industrielle Prüfumgebung bestätigt und die Eignung der holografischen Interferometrie zur flächenhaft messenden Prüfung auch an großen Verbundbauteilen nachgewiesen.

## Danksagung

Die hier veröffentlichten Ergebnisse wurden im Rahmen eines vom BMFT geförderten Verbundprojektes zwischen dem BIAS, MBB München und dem Labor Dr. Steinbichler erarbeitet. Wir danken MBB für die Bereitstellung der Verbundbauteile und die Möglichkeit der Messungen im Werk Stade.

## Literatur

/1/ Fitzer, E.
Status 88 von faserverstärkten Polymeren und Perspektiven für die Zukunft
Symposium Materialforschung 1988, 849 - 888 (1988)

/2/ Roesener, K.; Wagner, S.; Jüptner, W.
Holografische Untersuchungen an CFK-Verbundbauteilen
Symposium Materialforschung 1988, 1250 - 1262 (1988)

/3/ Roesener, K.; Kreis, Th.; Jüptner, W.
Holografisch interferometrische Verformungsmessung mit dem Phase-Step-Verfahren
Proc. Laser 87 Conf., Springer Verlag, 165 - 170 (1987)

/4/ Kreitlow, H.; Kreis, Th.; Jüptner, W.
Holographic interferometry with reference beams modulated by the object motion
Applied Optics, vol. 26, no 16, 4256 - 4262 (1987)

# Zum Einsatz hologramminterferometrischer 3d-Verformungsmeßtechnik

V.Großer, J.Vogel, D.Vogel, R.Höfling
Akademie der Wissenschaften der DDR
Institut für Mechanik
Postfach 408
Karl-Marx-Stadt, DDR-9010

## 1. Zielstellung

Die Forderungen von Forschung und Industrie nach leistungsfähiger und hochpräziser Verformungsmeßtechnik hat sich mit der Notwendigkeit der Optimierung von Erzeugnissen und dem Einsatz neuartiger Werkstoffe ständig verstärkt. Mit der kommerziellen Bereitstellung leistungsfähiger Laser in den 60-iger Jahren haben sich aus den genannten Forderungen resultierend die Verfahren der holografischen Interferometrie und der Specklemeßtechniken entwickelt und als industrielle Prüfverfahren etabliert. Problematisch war bisher zum Teil die Interpretation der Interferenzmuster und die quantitative Bestimmung der optisch registrierten Verschiebungsfelder. Mit der Entwicklung leistungsfähiger Rechentechnik und digitaler Bildverarbeitung ergeben sich Möglichkeiten ,die quantitative Bestimmung der Verschiebungsfelder effektiv durchzuführen. Im weiteren wird ein kohärent-optisches Meßsystem beschrieben, daß es gestattet, das dreidimensionale Verschiebungsfeld infolge einer statischen Belastung oder das dreidimensionale Schwingungsamplitudenfeld an harmonisch schwingenden beliebigen Festkörpern hologramminterferometrisch zu bestimmen.

## 2. Hologramminterferometrisches 3d-Meßsystem

Das hologramminterferometrische 3d-Meßsystem besteht aus
- einem Laser - als kohärent-optischer Lichtquelle,
- einer hologramminterferometrischen Meßeinrichtung (s.a. Abb.1),
- einer TV-Kamera mit digitalem Bildverarbeitungssystem.

Die hologramminterferometrische Meßeinrichtung benutzt vier verschiedene Beleuchtungsrichtungen zur Berechnung des räumlichen Verschiebungsvektors. Die Hologramme werden zeitlich nacheinander auf einer Holografieplatte gespeichert, wobei einem Vorschlag aus /1/ aufgreifend, die vier Hologramme sektorenweise gespeichert werden. Infolge der konstanten Beobachtungsrichtung entfallen Probleme der optischen Entzerrung.

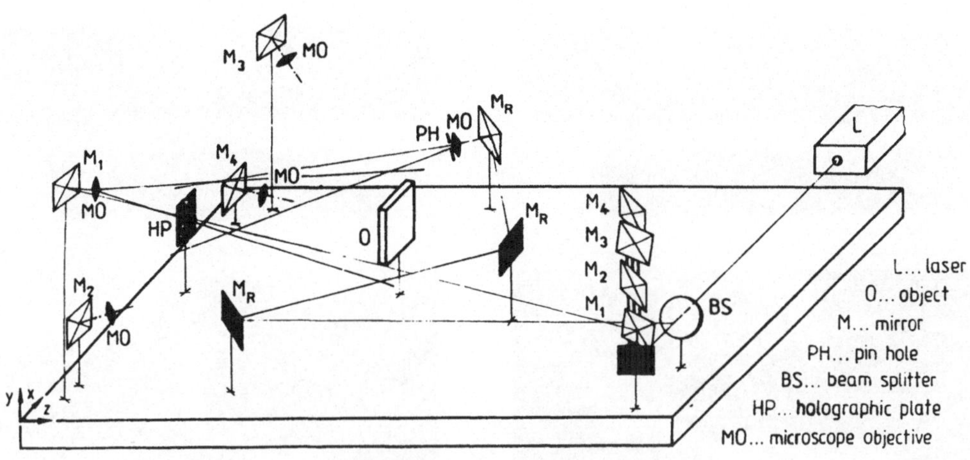


Abb.1: Schema der Interferometeranordnung

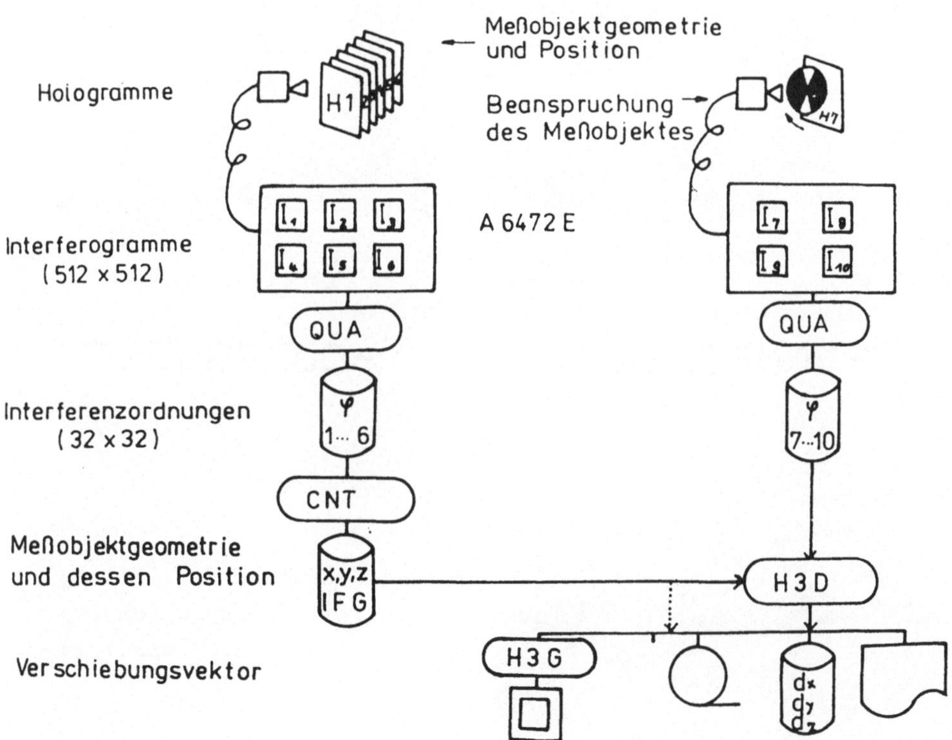


Abb.2: Bearbeitungsablauf zur Bestimmung des 3d-Verschiebungsfeldes

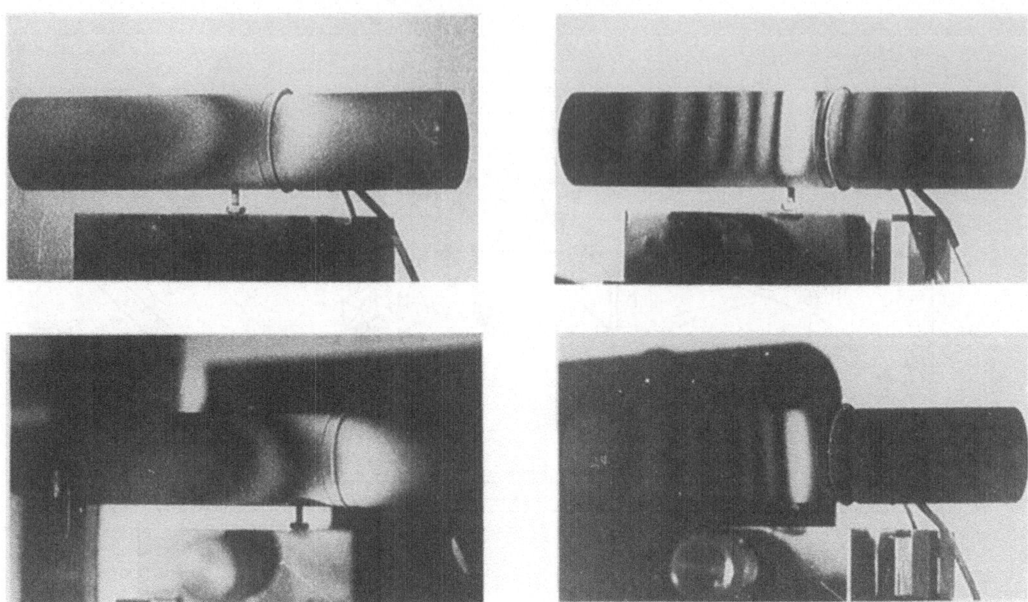

Abb.3: Holografische Zeitmittelungsinterferogramme eines US-Wandlers

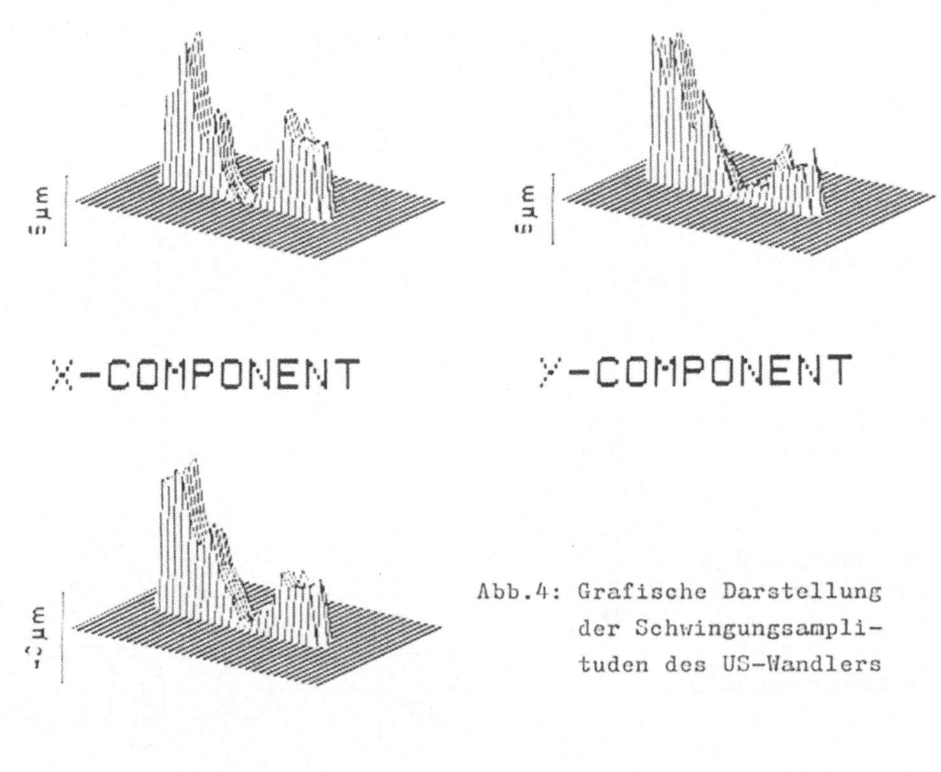


Abb.4: Grafische Darstellung der Schwingungsamplituden des US-Wandlers

Zur Bestimmung des 3d-Verschiebungsfeldes wird die Interferometergeometrie, die Kontur und die Lage des Meßobjektes im Interferometer sowie die jeweiligen Interferenzordnungen in den Meßpunkten benötigt. Alle diese Informationen können auf hologramminterferometrischem Weg bereitgestellt werden. Den dafür benutzten Bearbeitungsalgorithmus zeigt die Abb.2. In einem ersten Schritt (Abb.2,links) wird bei bekannter Interferometergeometrie die Kontur und die Lage des Meßobjektes im Interferometer bestimmt. Hierzu werden nacheinander sechs holografische Interferogramme mit jeweils definiert verschobenen Beleuchtungsquellpunkten aufgezeichnet.
Für die eigentliche Verformungsmessung wird in einem zweiten Schritt (Abb.2,rechts) das Meßobjekt aus den vier Beleuchtungsrichtungen holografiert. Die Rekonstruktion und die Bildeingabe in das Bildverarbeitungssystem erfolgt mittels TV-Kamera. Die bildverarbeitungsgestützte Berechnung des 3d-Verschiebungsvektors nutzt Software zur Ermittlung der absoluten Interferenzordnungen in den Meßpunkten (s.a. /3/), zur Berechnung der Vektorkomponenten und zur grafischen Darstellung der Meßergebnisse in einem Raster von 32x32 Punkten. Je nach Aufgabenstellung kann eine sofortige Weiterverarbeitung mit Hilfe von spezieller Mechaniksoftware, z.B. zur Dehnungs- oder Spannungsberechnung, erfolgen. Bisher wurden Objekte bis zu 500x500 mm Größe untersucht.

## 3. Ein Einsatzbeispiel - Schwingungsanalyse von US-Wandlern

In der Medizintechnik kommen verstärkt US-Skallpelle zum Einsatz. Die US-Erzeugung erfolgt mittels piezokeramischer Wandler. Abb.3 zeigt die Zeitmittelungsinterferogramme derartiger Resonanzwandler. Die berechneten Schwingungsamplituden sind in Abb.4 grafisch dargestellt. Die größten Amplituden treten an der linken Auskoppelseite auf. Auffallend ist weiterhin ein Amplitudenmaximum im Bereich der Keramikscheiben. Derartige lokale Maxima lassen sich nur mit Hilfe der quantitativen Auswertung erkennen.

## 4. Literatur


/1/ R.THALMANN,R.DAENDLIKER: Appl.Opt.,26(10),1964-71,(1987)

/2/ D.VOGEL,V.GROßER,et al.:in FRINGE'89,ed. W.OSTEN, Akademie Verlag Berlin,39-41,1989

/3/ W.OSTEN,J.SAEDLER,W.WILHELMI:Laser Magazin 2/87,56-66,1987

# On-Line-Streifenauswertung in der Speckle-Interferometrie

Bernd Breuckmann
Opto-Tech, Labor Dr. Breuckmann
Kunkelgasse 1, D-7588 Meersburg

## 1.) Einleitung

Holografische Interferometrie und Speckle-Interferometrie haben sich in den vergangenen Jahren einen festen Platz in der industriellen Meßtechnik und zerstörungsfreien Prüfung erobert. Dabei weist die elektronische Speckle-Interferometrie gegenüber der holografischen Interferometrie den Vorteil der rein elektro-optischen Datenaufzeichnung auf. Da der Entwicklungsprozess holografischer Aufzeichnungsmaterialien entfällt, sind extrem kurze Taktzeiten möglich. Dies ist insbesondere für die industrielle Serienprüfung von entscheidender Bedeutung. Gerade hier kann jedoch der genannte Vorteil nur voll ausgenutzt werden, wenn innerhalb der Taktzeit von wenigen Sekunden auch eine automatische Auswertung der Interferogrammdaten incl. Gut/Schlecht-Entscheidung möglich ist.

Der Vortrag berichtet über ein on-line-fähiges Auswerte-System für die schnelle Streifenanalyse, welches eine quantitative Analyse der Speckle-Interferogramme mit Taktzeiten von ca. 2-4 Sekunden ermöglicht. Dies wird mit einem Video-Film demonstriert.

## 2.) Theoretische Grundlagen

Für die rechnergestützte Streifenauswertung hat sich in den vergangenen Jahren vor allem die Phasen-Shift-Technik durchgesetzt. Neben den bekannten prinzipiellen Vorteilen bei der Streifenanalyse:

- hohe Auswertegenauigkeit
- Separation von Streifen und Hintergrund
- automatische Bestimmung der relativen Interferenzphase

bietet dieses Verfahren vor allem die Möglichkeit für eine schnelle automatische Rechnerauswertung. Dies resultiert aus der besonderen Form der Phasen-Shift-Gleichung

$$I_i = (x,y) = a\,(x,y)\,\left[1+m(x,y) * \cos\,(\varphi(x,y)+\varphi_i)\right] \qquad (1)$$

mit $a\,(x,y)$ die Hintergrundsintensität
$m\,(x,y)$ der Streifenkontrast
$\varphi\,(x,y)$ die zu messende Interferenzphase

Als spezielle Lösung der Phasen-Shift-Gleichung für $n=4, \Delta\varphi = 90$ Grad ergibt sich:

$$\varphi = \arctan\,(-Z/N), \quad a = S/n, \quad m = 2 * \sqrt{Z^2 + N^2}\,/\,S \qquad (2)$$

$$\text{mit} \quad Z = I_2 - I_4, \quad N = I_3 - I_1, \quad S = I_1 + I_2 + I_3 + I_4 \qquad (3)$$

Die Lösungen der Phasen-Shift-Gleichung (1) lassen sich, ebenso wie die weiteren Auswerteschritte, in Einzeloperationen zerlegen, die - mit einer Ausnahme - alle von folgender Form sind:

$$O = f\,(B1,B2) \qquad (4)$$

Gleichung (4) bedeutet, daß alle Bildpunkte der Bilder B1 und B2 pixelweise mittels derselben Funktion f verknüpft werden. Ein Sonderfall von Gleichung (4) sind Operationen, bei denen die Funktion f nur von einer Eingangsbildgröße B1 abhängt. Hier sind insbesondere Filter-Operationen zu nennen, bei denen jeder Bildpunkt eines Bildes mit seinen n*m Nachbarpunkten verrechnet wird.
Für die Lösung der Phasen-Shift-Gleichungen werden neben Addition und Subtraktion von Bildern vor allem die Funktionen

$$f = \arctan ( Z / N) \qquad \text{und} \qquad f = \sqrt{Z^2 + N^2}$$

sowie spezielle Filteroperationen benötigt.

## 3.) Phasen-Enhancement von Speckle-Interferogrammen

Während in der klassischen und holografischen Interferometrie die aus der Lösung der Phasen-Shift-Gleichung resultierenden Interferenzphasen $\varphi \bmod 2\pi$ i.a. unmittelbar weiter verrechnet werden können (Demodulation der Phasensprünge), ist in der Speckle-Interferometrie eine spezielle Aufbereitung der Phasen-Information (Phasen-Enhancement) in den meisten Fällen notwendig. Hierzu wurde von uns ein Filter-Algorithmus entwickelt, der folgende Aufgaben erfüllt:

a) Die durch das Speckle-Rauschen reduzierte Phasen-Information wird geglättet.
b) Die Information über im Bild vorhandene Phasensprünge bleibt erhalten bzw. wird verbessert.
c) Der Gesamtalgorithmus lässt sich durch eine Serie von insgesamt fünf Bild-Operationen der Gleichung (4) darstellen.

Die Wirkung dieser Filtertransformation ist in Abb.1 dargestellt.

Der Grad der hierdurch erreichten Phasenverbesserung kann durch die Größe der in den Filteroperationen verwendeten Filterkernel beeinflußt werden. In der Praxis zeigte sich, daß in der Speckle-Interferometrie i.a. eine Filtergröße von mindestens 5*5 Pixel notwendig ist, um eine hinreichende Phasenverbesserung zu erreichen. Da durch den Filterprozess die auszuwertende Streifendichte auf das 1 1/2-fache der Filtergröße begrenzt wird, ergibt sich ein minimaler Streifenabstand von ca. 8 Pixeln. Bei schlecht konfigurierter Aufnahmeoptik der Speckle-Kamera bzw. bei ungünstigen Objektoberflächen können Filtergrößen von bis zu 8*8 Pixeln notwendig werden, womit der erforderliche Streifenabstand auf ca 12 Pixel ansteigt.

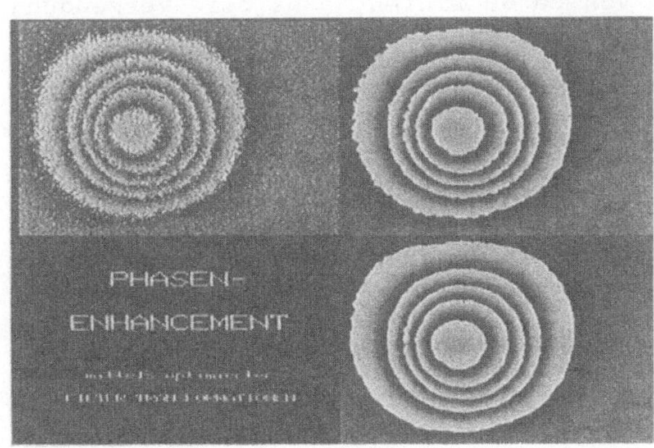


Abb. 1

Phasen-Enhancement mittels optimierter Filter-Transformationen

## 4.) Security-Auswertung

Trotz der wesentlichen Verbesserung der Phasen-Information mit dem in Kap.3 aufgezeigten Phasen-Enhancement können in Speckle-Interferogrammen aufgrund eines zu kleinen lokalen Speckle-Kontrastes Bildbereiche existieren, in denen Phasen-Sprünge nicht bzw. nur ungenügend definiert sind. Hier wurde ebenfalls ein spezieller Algorithmus entwickelt, der sich aus fünf aufeinanderfolgenden Operationen gemäß Gleichung (4) schreiben läßt, mit dem lokal die Güte der vorliegenden Phasen-Information anhand eines softwaremäßig einstellbaren Security-Parameters beurteilt werden kann.

In "guten" Bereichen erfolgt eine direkte Fortschreibung der Interferenzordnung anhand der codierten Phasen-Sprünge. In "schlechten" Bereichen wird mittels zusätzlicher Nachbarschaftsoperationen versucht, eine eindeutige Phasen-Information zu erhalten. Ist dies im Rahmen des gewählten Security-Parameters nicht möglich, so werden die entsprechenden Bildbereiche von der Auswertung ausgenommen.
Auf diese Weise kann eine sehr schnelle und trotzdem sichere Weiterverarbeitung der Phasen-Informationen gewährleistet werden, da die komplexen und damit zeitaufwendigen Nachbarschaftsoperationen auf die i.a. wenigen "schlechten" Bildbereiche beschränkt bleiben.
Abb. 2 zeigt eine Auswertung mit und ohne Security-Konzept.

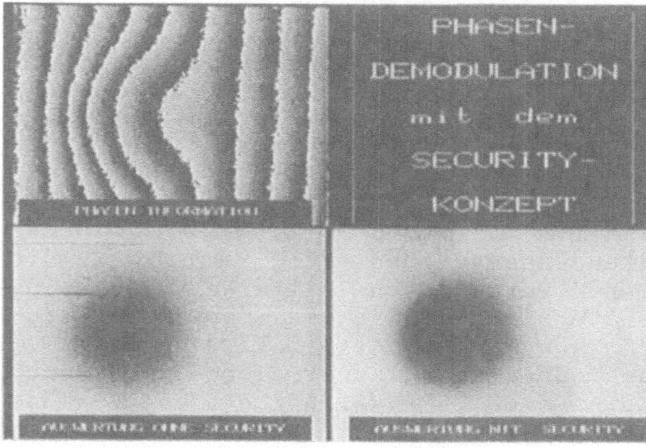


Abb. 2

Phasen-Demodulation mit und ohne Security-Konzept

## 5.) Erweiterung des Meßbereichs

Aus dem in Kap.3 gesagten ergibt sich bei Verwendung der heute standardmäßig verfügbaren Kameras und Bildspeichersysteme mit ca 512*512 Pixel ein maximaler Meßbereich von ca 60 Linien, was bei Verwendung eines He-Ne-Lasers und einer Aufnahme-Empfindlichkeit von $\lambda/2$ einer maximalen Verformung von knapp 20 µm entspricht.
Damit ist der Meßbereich der rechnergestützten Speckle-Interferometrie um ungefähr den Faktor 2 kleiner als in der Holografie. Dieser Nachteil kann jedoch in vielen Fällen dadurch kompensiert werden, daß ein Lastzustand, der eine hohe Liniendichte erzeugt, in eine Serie von einzelnen, kleineren Lastzuständen aufgeteilt wird. Dabei dient die Speckle-Phase des (n-1)-sten Lastzustandes dem n-ten-Zustand jeweils als Referenz. Da mit dem in Kap. 6 beschriebenen Auswertesystem OPTOVision die Aufnahme und Berechnung der Phasen-Information für einen Lastzustand innerhalb von 200 msec erfolgt, können bis zu 5 Lastzustände/Sekunde aufgenommen und gespeichert werden, eine entsprechende Steuerung der Belastung vorausgesetzt. Bei einer maximalen Bild-Speicherkapazität des OPTOVision-Systemes von 50 Phasen-Bildern können somit insgesamt 50 aufeinanderfolgende Lastzustände aufgezeichnet und verrechnet werden.

## 6.) Der Fast-Frame-Processor ffp-16

In den vorherigen Kapiteln wurde ausgeführt, daß sich die Streifenauswertung mit dem Phasen-Shift-Verfahren im wesentlichen auf bildorientierte Operationen gemäß Gleichung (4) zurückführen läßt. Es ist daher naheliegend, hier einen speziellen Prozessor einzusetzen, der auf dem Datentyp "Bild" basiert und in dem Bilder wie Register angesprochen und verarbeitet werden können.

Dieses Konzept wurde im fast-frame-processor ffp-16 realisiert, der als zentraler Bildrechner in dem von uns entwickelten OPTOVision-System fungiert.
Die wesentlichen Merkmale dieses Systemes sind:

- Der Bus entspricht der industriellen VME-Bus-Norm C.1.
- Bilder werden als eigener Datentyp gespeichert und verarbeitet.
- Das System verfügt über einen 16 bit Video-Bus, mit dem Bilddaten mit einer Tiefe von bis zu 64 K Bildwerten/Pixel verarbeitet werden können.
- Es stehen 2 S/W-Eingangskanäle à 8 bit bzw. ein 16 bit Eingangskanal für Echtfarbbilder zur Verfügung.
- Die Verarbeitung von Bildern erfolgt in Echtzeit-Rechenwerken, die softwaremäßig konfiguriert werden können.
  Alle Rechenwerke arbeiten in Video-Real-Time; d.h. eine Bildoperation benötigt jeweils nur 40 msec.
- Es können bis zu 56 Bildregister und bis zu 56 Rechenwerke implementiert werden.
- Als spezielle Rechenwerke sind verfügbar:
  * Lookup-Tabellen-Rechenwerke, mit denen Bildoperationen der Gleichung (4) ausgeführt werden
  * 8*8 FIR-Filter mit programmierbaren Filterkoeffizienten
  * Thinedger zur Kantenextraktion

## 7.) On-Line-Streifenanalyse mit dem OPTOVision-System

Der Einsatz des OPTOVision-Systems mit dem ffp-16 erlaubt die Analyse von Speckle-Interferogrammen im Sekundenbereich. Für die einzelnen Auswerteschritte werden folgende Zeiten benötigt:

a) Aufnahme der Phasen-geshifteten Auswertebilder:
   4 Fernsehtakte = 160 msec.

b) Lösung der Phasen-Shift-Gleichung:
   1 Fernsehtakt = 40 msec.

c) Vergleich der Speckle-Phasen von Lastzustand 1 und 2:
   1 Fernsehtakt = 40 msec.

d) Phasen-Enhancement:
   5 Fernsehtakte = 200 msec.

e) Berechnung der Phasen-Security und Detektion der Phasen-Sprünge:
   5 Fernsehtakte = 200 msec

f) Normierung der Ergebnisdaten:
   2 Fernsehtakte = 80 msec.

Gesamtzeit der im ffp-16 ausgeführten Bildoperationen : <u>720 msec.</u>

Für Auswerteschritte, die nicht im Bildprozessor ausgeführt werden (zusätzliche Nachbarschaftsoperationen, Fortschreibung der Interferenzlinienordnungen, etc.) werden vom Prozessor des Hostrechners (derzeit MC 68020) je nach Güte des Streifenmusters ca 2-4 Sekunden benötigt, sofern das komplette Streifenbild ausgewertet wird. Für Prüfzwecke ist es i.a. ausreichend, Teilbilder zu analysieren, womit die Auswertung von Speckle-Interferogrammen bis hin zur Entscheidungsfindung (gut/schlecht-Information) im Sekundentakt ermöglicht wird.

# Optimal Properties of Photorefractive Materials $Bi_{12}SiO_{20}$ $Bi_{12}TiO_{20}$ for Real-Time Holography Interferometry

G.E. Dovgalenko, Y.A. Goryslavec, A.T. Martsenko

Kiev region youth center for scientific and technology
"NOVATOR", USSR-Ukraine, Kiev-196, 252196, PL. Lesi Ukrainki, 1

Holographic interferometry is a nondestructive testing technique with a growing number of industrial applications. Photosensitive plates used for coherent wavefront recording generally require processing time, and it seems of particular interest to have new reusable materials allowing in situ interferogram writing and erasure with a recerding energy comparable with high resolution photographic plates (1,2).

It is shown (3,4) that dynamical hologram formation in photorefractive, optically active crystals is accompanied by polarization and energy exchange. These effects may be used like new effective holographic methods for determinations of crystal parameter and optical signal processing in real time. In self-diffraction a polarization rotation the order of degrees/cm for $Bi_{12}TiO_{20}$ is predicted and experimental verification of simultaneous recordings and readout of volume hologram was performed on single crystal of $Bi_{12}TiO_{20}$. The anisotropic diffration phenomen can be successfully used for development of real-time holographic interferometry systems. As an example, it is shown the interferograms of living fish in water obtained using the technique anisotropic diffraction.

References

1. J.P. Huignard and J.P. Herriau:
   Appl. Opt., 16, 1807 (1977)
2. I.M. Küchel and H.J. Tiziani:
   Optics Comm., 38, 17 (1981)
3. N.V. Kukhtarev, G.E. Dovgalenko, and V.N. Starkov:
   Appl. Phys. A 33, 227 (1984)
4. G.E. Dovgalenko, N.V. Kukhtarev, S.M. Maevskii and V.V. Murav'ev:
   Pis'ma Zh. Tekh. Fiz. 12, 966 (1986)

# Laser Interferometric On-Line Measurement of Paper Surface Roughness

Emoke Lorincz, Peter Richter
Technical University Budapest, Hungary

A coherent optical method for continious measurement of paper surface roughness and the corresponding instrument has been developed and patented. The method is based upon on-line computarized statistical analysis of the intensity fluctuations of the laser light backscattered from the moving paper surface.

The optical correlation length supplied by this method is related to the surface topography through the derivative surface profile.

Laboratory and plant experiments confirmed the applicability of the optical correlation length technique in the characterisation of random surfaces.

# 3. Bildverarbeitung
Image Processing

# Monocular Computer Vision: Exploiting the Theory of Mental Rotation

H. Bässmann and Ph.W. Besslich
University of Bremen, FB-1
D-2800 Bremen 33, West Germany

## Introduction

The human visual system is usually able to recognize objects *as well as* their spatial relations *without* the support of depth information like stereo vision. For this reason we can easily understand cartoons, photographs and movies. It is the aim of our current research to exploit this aspect of human perception in the context of computer vision. From a monocular TV image we obtain information about the type of an object observed in the scene *and* its position relative to the camera (viewpoint). This paper deals with the theory of human image understanding as far as used in this system and describes the realization of a vision system based on these principles.

## Two Aspects of Human Image Understanding

The first principle we use is Biederman's approach to vision [5], [6]. He defined a set of 36 basic visual components which he named geons (geometrical ions). They are generalized cones described by their edges. The objects of a scene are recognized as an arrangement of a few geons: Recognition-by-Components (RBC).

Secondly we exploit another interesting cognition, namely that human beings "rotate" the 3-D representation of an object in their mind in order to determine spatial relations of this object represented by a 2-D image. This phenomena of human vision is known as "mental rotation" [7], [10]. This is to say the human visual system *searches* for the viewpoint, but does not keep all possible projections in memory. This searching procedure is fast due to parallel processing [7]. Equally important is the fact that this procedure is carried out on the geon level. Hence, the search space becomes rather small.

## Strategy of the proposed Vision System

To keep the realization of the system simple, presently our objects are parts of blocks world scenes which are grabbed from a single TV camera. According to the RBC approach we extract polygons and polyhedra from the image which represent blocks in the current scene. For this purpose we use several tools which are described in [1], [2], [3] and [4].

The particular part of the system emphasized in this paper is a matching procedure which finds correspondences between a polyhedron in the scene and a projection of the model of a blocks world object. If such a match fails, the projection parameters have to be varied until a succesful match occurs. This procedure is a simple realization of the idea of mental rotation. Due to the high complexity of such a search for the viewpoint an efficient handling seems to be impossible. However, as the next section will show that our vision system allows to solve this problem easily.

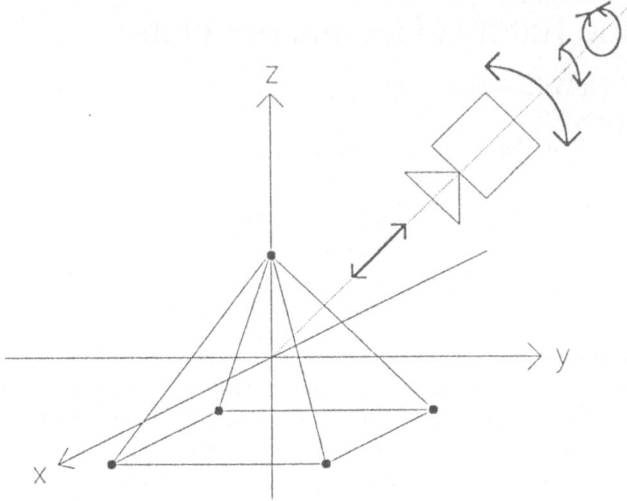


Fig. 1: Projection scenario.

## Matching Algorithm

The matching procedure proceeds in three steps: (a) a *coarse* step which compares the number and type of visible polygons of an object in the scene with the model base, (b) a *medium* step, which compares the outlines of an object in the scene with the models extracted by the coarse step, and (c) a *fine* step, which checks the results of the previous steps.

The coarse step extracts a limited number of models from the model base which relate to the respective polyhedron in the scene. Therefore the search effort of the following matching steps is reduced essentially. Due to its simplicity, the coarse step itself is very fast.

The medium step is based on the projection scenario depicted in Fig. 1. The model block (e.g. a pyramid) is represented by its vertices and centred around the origin. A camera pointing at the origin has four degrees of freedom: (a) distance from the origin, (b) rotation around the z axis with the angle $\varphi$, (c) rotation on the arc of the meridian with the angle $\theta$ and (d) rotation around the optical axis of the camera. The polyhedron representing the model block must now be projected onto the camera plane and compared with the outline of the current polyhedron in the scene. If the two outlines are similar the result is stored for further considerations. Otherwise the camera parameters have to be varied until a satisfying match occurs. For our blocks world examples, perspective projection is not necessary since the distance between camera and object is much larger than the size of the object itself. Therefore the distance between camera and origin may be ignored. Furthermore the rotation around the optical axis is irrelevant because only the outlines are to be compared. Hence, only two angles ($\varphi$ and $\theta$) have to be varied in order to perform the medium step.

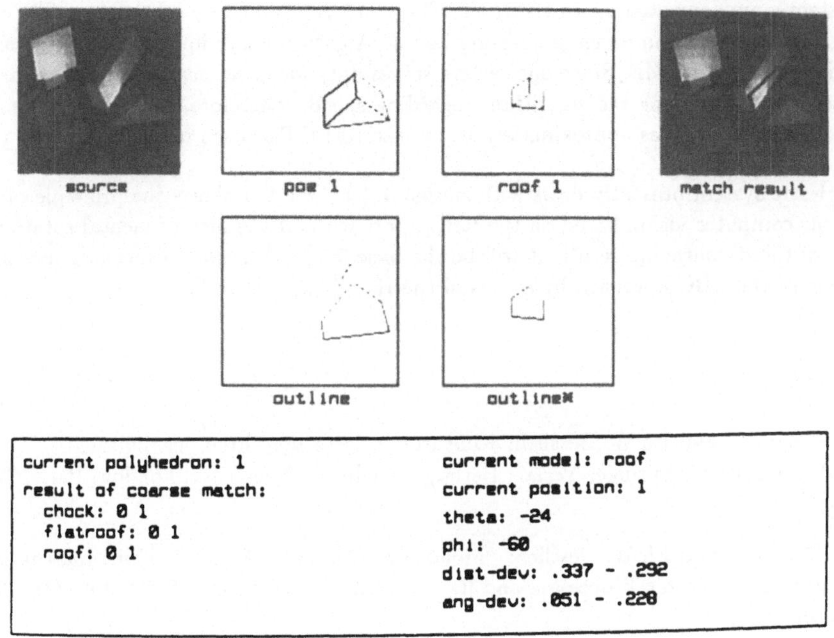


Fig. 2: Example for the medium matching step.

Fig. 2 illustrates an example for the medium matching step. The source picture (128 × 128 × 8) is shown in the top left corner. Next to it the current polyhedron with label 1 ("poe 1") and its outline ("outline") are depicted. In the bottom row of the picture information generated by the matching procedure is notified. According to that, the coarse matching step offers three possible models named "chock", "flatroof" and "roof" as well as labels which describe typical viewpoints of the models. These data allow to considerably simplify viewpoint search. The results of these steps are shown in the right part of Fig. 2. The model of consideration is "roof" with the typical viewpoint "1" and the current values of $\varphi$ and $\theta$. The parameters "dist-dev" and "ang-dev" describe the similarity of the outlines. If these values happen to satisfy certain criteria data describing this match will be stored for further processing.

In further steps refined matching algorithms will have to verify and to complete these results. In particular, the spatial relations *between* the recognized objects must be determined. This is the aim for future work.

## Realization and Conclusion

Our system is implemented on an IBM/AT. The scene is grabbed by an ordinary TV camera and digitized by a plug-in image processing board. Algorithms are implemented in C and the LISP dialect PC-SCHEME. Since our system serves only for basic investigations, so far we dispensed with optimizing the algorithms regarding speed. Therefore, computing time for the example shown above was approximately 15 minutes if LISP is used in the interpreting mode.

Although the system presently deals with simple objects only, it shows the principle of monocular computer vision based on the RBC approach and the idea of mental rotation. Because of the encouraging results it will be the base for further work, especially for the utilization of the RBC approach by means of the Hough transform [8].

## References

[1] H. Bässmann and Ph.W. Besslich: Konturorientierte Verfahren der digitalen Bildverarbeitung. Springer-Verlag, Berlin, Heidelberg, New York, London, Paris, Tokyo (1989)

[2] H. Bässmann and Ph.W. Besslich: "Monocular Computer Vision". Third International Conference on Image Processing and its Applications, Warwick, 18.-20. July (1989), to appear.

[3] Ph.W. Besslich and H. Bässmann: "Curve Enhancement Using Rule-Based Relaxation". Int. Cong. on Optical Science and Engineering, Hamburg, 19.-23. Sept. 1988, P.J.S. Hutzler and A.J. Oosterlinck (Eds.), Image Processing II, SPIE Proc. No. 1027, 154-160 (1989)

[4] Ph.W. Besslich and H. Bässmann: "A Tool for Extraction of Line-drawings in the Context of Perceptual Organization". International Conference on Computer Analysis of Images and Patterns, Leipzig, 8.-10. Sept. (1989) to appear.

[5] I. Biederman: "Human Image Understanding: Recent Research and a Theory". CVGIP 32, 29-73 (1985)

[6] I. Biederman: "Matching Image Edges to Object Memory". First Int. Conf. on Computer Vision, 384-392 (1987)

[7] B.V. Funt: "A Parallel-Process Model of Mental Rotation". Cognitive Science 7, 67-93 (1983)

[8] L. Kanal and Th. Tsao: "Artificial Intelligence and Natural Perception". Int. Conf. on Intelligent Autonomous Systems, 60-70 (1986)

[9] D.G. Lowe: "The Viewpoint Consistency Constraint". Int. Journal of Computer Vision 1, 57-72 (1987)

[10] R.N. Shepard and J. Metzler: "Mental Rotation of three-dimensional Objects". Science 171, 701-703 (1971)

# Pseudocolour Displays in Digital Image Processing

Hans Brettel

*Laboratoire de Physique Appliquée, CNRS, 43 rue Cuvier, F-75005 Paris*
*Institut für Medizinische Psychologie der Universität, Goethestraße 31, D-8000 München 2*
*Arbeitsgruppe Optische Informationsverarbeitung, medis, GSF München, D-8042 Neuherberg*

The results of digital image processing are usually presented to the human observer as grey-scale images on the screen of a video monitor. Many image processing display systems also provide pseudocolour possibilities by lookup tables which allow to assign different colours to each of the original grey levels. With such displays, pseudocolour scales can be used instead of luminance scales in order to enhance the discriminability of different parts within an image (e.g. [1]). The appropriate use of pseudocolour in display applications requires luminance and colour scales which are adapted to the characteristics of human contrast and colour perception. In this paper, the generation of such luminance and colour scales with computer based display systems is discussed; for further details see [2].

## Colour image display systems

For image presentation to the human observer, digital image processing systems typically use a colour video monitor with analog inputs for the red, green, and blue (RGB) video signals. Each of the three video signals is generated by a fast digital to analog converter (DAC) of up to 8 bit resolution. With 8 bits, $2^8 = 256$ different signal levels are possible on each of the three colour channels providing a palette of $256^3 = 16777216$, i.e. more than 16 million possible combinations. Even 6 bits per DAC like in the popular VGA display boards of PC-type microcomputers still yield $2^6 = 64$ levels per video signal, and the number of different combinations is $64^3 = 262144$.

Digital image memories, however, typically only store 8 bits per pixel corresponding to 256 different states. The mapping between the 8 bit output signal of the image memory and the $3 \times 8$ bits which are required for the video DACs is done by so-called colour lookup tables (LUTs). These tables simply consist of three fast digital random access memories (RAMs), in our example three tables of $256 \times 8$ bit. The 8 bit value of each pixel serves as *address* to these tables and the *content* of the addressed table location is used to drive the associated video DAC.

By suitable programming of the video lookup tables, it is possible to obtain pseudocolours which are defined by their colour coordinates and luminance.

## Colorimetry

Colorimetry is based on the observation that *any given colour* can be matched by suitable additive mixing using *three* primary illuminants. Therefore, for a given set of primaries, any colour stimulus can be specified by three numbers which represent the quantity of each primary as required for the match. Besides this so-called trichromacy principle, colour matching shows properties like additivity and proportionality (GRASSMAN's laws, 1853 [3]).

The matching characteristics of additive colour mixtures correspond to the algebraic properties of *vector addition* and *multiplication of vectors by scalars.* This leads to the concept of colour space as a three-dimensional linear vector-space in which colour stimuli are conveniently represented by vectors. Then, the algebra of linear vector-spaces can be applied to describe additive colour mixtures. In particular, linear transformations of base vectors and vector components can be represented by matrix equations.

In practical colorimetry, the components of colour vectors, called *tristimulus values* $(X, Y, Z)$, are obtained from the spectral power distribution of a given stimulus $\varphi(\lambda)$ (in radiometric units) and three different spectral weighting functions $\bar{x}(\lambda), \bar{y}(\lambda), \bar{z}(\lambda)$ by numerical integration over the spectral range from $\lambda = 360$ to 830 nm:

$$X = k\int\varphi(\lambda)\,\bar{x}(\lambda)\,\mathrm{d}\lambda\,, \quad Y = k\int\varphi(\lambda)\,\bar{y}(\lambda)\,\mathrm{d}\lambda\,, \quad \text{and} \quad Z = k\int\varphi(\lambda)\,\bar{z}(\lambda)\,\mathrm{d}\lambda \tag{1}$$

The weighting functions $\bar{x}(\lambda), \bar{y}(\lambda), \bar{z}(\lambda)$ have been defined in 1931[1] by the COMMISSION INTERNATIONALE D'ECLAIRAGE (CIE) [4]; they are representative for the colour matching characteristics of observers with normal colour vision for visual field sizes from about 1° to 4° at photopic levels of adaptation. The constant $k$ determines the photometric unit; with $k = 683$ lumens per Watt, $Y$ is obtained in photometric SI units (Système Internationale d'Unitées)[2]. The function $\bar{y}(\lambda)$ as defined by the CIE is *identical* to the photopic spectral luminous efficiency $V(\lambda)$, and the tristimulus value $Y$ therefore directly represents the photopic *luminance*.

The tristimulus vector $(X, Y, Z)$ is a full representation of a given colour stimulus in the CIE 1931 standard colorimetric system, carrying colour *and* intensity information. In many applications, it is preferred to represent colour only information in a two-dimensional chromaticity diagram. Chromaticity coordinates $x, y, z$ are defined by

$$x = \frac{X}{X+Y+Z}\,, \quad y = \frac{Y}{X+Y+Z}\,, \quad \text{and} \quad z = \frac{Z}{X+Y+Z} \tag{2}$$

Since $x + y + z = 1$, the third chromaticity coordinate $z$ is completely determined by $x$ and $y$:

$$z = 1 - x - y \tag{3}$$

By plotting $x, y$ in rectangular coordinates, a CIE 1931 chromaticity diagram is obtained which allows to represent colour stimuli independent of their intensity.

## Additive colour mixing with CRTs

The cathode ray tube (CRT) of an RGB video monitor contains three different types of phosphor which show luminescence in the red, green, and blue parts of the visible spectrum. The spectral characteristics of each of the three phosphors do not depend on the beam intensity under normal operating conditions of the CRT. Therefore, each of the three so-called primary stimuli of the CRT is conveniently characterized by its chromaticity coordinates. Table 1 shows the nominal chromaticities of the primaries of two types of CRT phosphors which are commonly used in colour displays (data from [5] and [6]). Plotted in a chromaticity diagram, the three locations of the R, G, and B primary colours define the corners of a triangle.

[1]The colour matching functions $\bar{x}(\lambda), \bar{y}(\lambda), \bar{z}(\lambda)$ of 1931 were defined for $\lambda = 380$ to 780 nm at intervals of 5 nm. In 1971, the CIE recommended an extended table at 1 nm intervals covering $\lambda = 360$ to 830 nm [3].

[2]This value corresponds to the definition of the candela adopted by the Conférence Générale des Poids et Mesures (CGPM) in 1979 [3]: *The candela is the luminous intensity, in a given direction, of a source which is emitting monochromatic radiant energy of frequency* $540 \times 10^{12}$ *hertz and whose radiant intensity in that direction is* 1/683 *watt per steradian.*

| | P22 | | B22 | |
|---|---|---|---|---|
| | $x$ | $y$ | $x$ | $y$ |
| Red | .674 | .326 | .610 | .340 |
| Green | .218 | .712 | .280 | .590 |
| Blue | .146 | .052 | .152 | .063 |

Table 1: Nominal chromaticities of the primaries of CRT phosphors P22 and B22.

By additive mixing of the three primary stimuli, all colours can be obtained whose chromaticity coordinates are located inside this triangle. According to the representation of colour stimuli as tristimulus vectors, this additive mixing can be written as

$$\mathbf{C} = l_r\,\mathbf{P}_r + l_g\,\mathbf{P}_g + l_b\,\mathbf{P}_b \tag{4}$$

where the vectors $\mathbf{P}_r, \mathbf{P}_g, \mathbf{P}_b$ represent the three CRT primaries. The coefficients $l_r, l_g, l_b$ are weighting factors which determine the relative contribution of each primary to the generated colour stimulus $\mathbf{C}$. In terms of their CIE 1931 tristimulus values, $\mathbf{C}$ and the three $\mathbf{P}_i$ are expressed as

$$\mathbf{C} = \begin{pmatrix} X_c \\ Y_c \\ Z_c \end{pmatrix}, \qquad \mathbf{P}_i = \begin{pmatrix} X_i \\ Y_i \\ Z_i \end{pmatrix}, \qquad (i = r, g, b) \tag{5}$$

Using this representation, Equation (4) becomes in matrix notation

$$\begin{pmatrix} X_c \\ Y_c \\ Z_c \end{pmatrix} = \underbrace{\begin{pmatrix} X_r & X_g & X_b \\ Y_r & Y_g & Y_b \\ Z_r & Z_g & Z_b \end{pmatrix}}_{\mathsf{T}} \begin{pmatrix} l_r \\ l_g \\ l_b \end{pmatrix} \tag{6}$$

If a colour stimulus specified by $\mathbf{C} = (X_c, Y_c, Z_c)$ should be generated on an RGB monitor, $(l_r, l_g, l_b)$ must be obtained by solving (6) which is easily done by means of computing the inverse of the matrix $\mathsf{T}$. The elements of the matrix $\mathsf{T}$ are given by the tristimulus values $X_i, Y_i, Z_i$, $(i = r, g, b)$ of the CRT primaries; they can be obtained from the chromaticity coordinates of the three CRT phosphors and of the nominal white stimulus of the monitor in the following way:

Equation (2) implies that, for each primary $i$, tristimulus values and chromaticity coordinates are related by

$$X_i = m_i\,x_i\,, \quad Y_i = m_i\,y_i\,, \quad \text{and} \quad Z_i = m_i\,z_i\,, \qquad (i = r, g, b) \tag{7}$$

where the symbol $m_i$ stands for $(X_i + Y_i + Z_i)$. In (7), $x_i, y_i$ are known from the technical data of the CRT (cf. Table 1), and $z_i$ is given by $z_i = 1 - x_i - y_i$ (see (3)); the three constants $m_r, m_g, m_b$, however, are yet unknown. Substitution of (7) in (6) yields:

$$\begin{pmatrix} X_c \\ Y_c \\ Z_c \end{pmatrix} = \underbrace{\begin{pmatrix} x_r & x_g & x_b \\ y_r & y_g & y_b \\ z_r & z_g & z_b \end{pmatrix}}_{\mathsf{t}} \begin{pmatrix} m_r l_r \\ m_g l_g \\ m_b l_b \end{pmatrix} \tag{8}$$

The nominal white stimulus of maximum luminance is generated by equal 100% video signals at all three video inputs of an RGB-monitor. This corresponds to full contributions of all three CRT primaries, i.e. $l_r = 1,\ l_g = 1$, and $l_b = 1$. Then, (8) becomes

$$\begin{pmatrix} X_w \\ Y_w \\ Z_w \end{pmatrix} = \mathbf{t} \begin{pmatrix} m_r \\ m_g \\ m_b \end{pmatrix} \tag{9}$$

where $X_w, Y_w, Z_w$ are the tristimulus values of the nominal white stimulus. Finally, $m_r, m_g, m_b$ are obtained by solving (9), i.e. by means of computing the inverse of $\mathbf{t}$. Substitution of these $m_r, m_g, m_b$ in (7) provides the required elements of matrix $\mathbf{T}$.

The $l_r, l_g$, and $l_b$ are relative *luminance* contributions of each CRT primary to the generated colour stimulus C. The R, G, B outputs of a digital image processing display system, however, are video signals which depend linearily on the digital signals sent from the colour LUTs into the DACs. Since we want to program these lookup tables for given colour scales, the relation between the $l_r, l_g, l_b$ values and the corresponding video signal amplitude is required.

## CRT luminance characteristics

The luminance of a CRT screen is approximately proportional to the intensity of the electron beam. This beam current $I_A$ is modulated by the voltage difference $U_{G1}$ between the grid cup and the cathode of the electron gun, and this modulation generally shows a nonlinear characteristic of the form $I_A \propto U_{G1}^{\gamma}$ with an exponent $\gamma$ of about 2.2. The video amplifiers of RGB monitors, however, are normally linear which makes $U_{G1}$ proportional to the video input signal. Thus, for each colour channel $i$ $(i = r, g, b)$, the luminance $L_i$ of the CRT primary colour $i$ is roughly proportional to the square of the amplitude of the corresponding video signal $s_i$:

$$L_i(s_i) = L_{i_{max}}\, s_i^{\gamma}\ , \qquad (i = r, g, b) \tag{10}$$

The $L_{i_{max}}$ are constant for a given monitor; their ratios $L_{r_{max}} : L_{g_{max}} : L_{b_{max}}$ which are set by gain adjustments of the video amplifiers determine the nominal "white" colour for signals of equal amplitude at all three video inputs. The $s_i$ in (10) represent normalized video signal amplitudes, i.e. $s_i = 1$ for 255 DAC units. Substitution of the *relative* luminance contributions

$$l_i(s_i) = \frac{L_i(s_i)}{L_{i_{max}}}\ , \qquad (i = r, g, b) \tag{11}$$

into (10) finally yields

$$l_i(s_i) = s_i^{\gamma}\ , \qquad (i = r, g, b) \tag{12}$$

which is the required relation between the coefficients $l_r, l_g, l_b$ in an additive colour mixture according to (4) and the corresponding video signal amplitudes.

## Uniform Colour Spacing

Equal changes in the CIE 1931 $(x, y)$ chromaticity coordinates do not correspond to equally perceived colour differences [7]. Therefore, other chromaticity diagrams have been considered yielding colour spacing perceptually more nearly uniform than in the CIE 1931 $(x, y)$ diagram. In 1960, the CIE recommended the MacAdam uniform-chromaticity scale diagram of 1937 [8] as the CIE 1960 UCS diagram. This recommendation was superseded in 1976 when the CIE recommended a new UCS chromaticity diagram (Section 4.1 of [9]). The chromaticity coordinates of this new *CIE 1976 UCS diagram* are defined by

$$u' = \frac{4X}{X + 15Y + 3Z}\ , \quad \text{and} \quad v' = \frac{9Y}{X + 15Y + 3Z} \tag{13}$$

in which $X, Y, Z$ are tristimulus values. In order to include the transformation $(X, Y, Z) \mapsto (u', v')$ in a sequence of matrix operations, we can introduce the associated tristimulus values $U', V', W'$ (which are *not* part of the CIE recommendation), and then express (13) as

$$\begin{pmatrix} U' \\ V' \\ W' \end{pmatrix} = \begin{pmatrix} 4 & 0 & 0 \\ 0 & 9 & 0 \\ -3 & 6 & 3 \end{pmatrix} \begin{pmatrix} X \\ Y \\ Z \end{pmatrix} \tag{14}$$

Substitution of $U', V', W'$ as given by (14) in

$$u' = \frac{U'}{U' + V' + W'}, \quad \text{and} \quad v' = \frac{V'}{U' + V' + W'} \tag{15}$$

confirms that the matrix multiplication (14) is consistent with (13).

## Conclusion

The quantitative analysis of colour space transforms and CRT characteristics provides the basis for programming pseudocolour scales in digital image processing displays. Within the limits of the triangle as defined by the chromaticity coordinates of the CRT primaries, virtually *any* colour stimulus can be generated according to its colorimetric specification.

*Acknowledgement* - I am grateful to Françoise Viénot for helpful discussions.

# References

[1] W. K. PRATT: *Digital Image Processing*, Wiley, New York (1978).

[2] H. BRETTEL: *Quantitative Luminance and Colour Representation with CRT Displays.* In P. J. S. HUTZLER and A. J. OOSTERLINCK (eds.): *Image Processing II*, pp. 107–112, SPIE Vol. 1027 (1988).

[3] G. WYSZECKI and W. S. STILES: *Color Science*, 2nd ed., Wiley, New York (1982).

[4] CIE: *CIE Standard Colorimetric Observers*, Publ. CIE No. S002, Central Bureau of the CIE, Vienna (1986).

[5] R. A. BELL: *Principles of Cathode-Ray Tubes, Phosphors, and High-Speed Oscillography*, Application Note 115, Hewlett-Packard, Colorado Springs (1970).

[6] BARCO: *Spécifications technique du CD 351*, Ref. Bl BVC 5.01.2510.02, Barco Industries, Kortrijk, Belgium (1984).

[7] D. L. MACADAM: Visual sensitivities to color differences in daylight. *J. Opt. Soc. Am.* **32**, 247–274 (1942).

[8] D. L. MACADAM: Projective transformations of I.C.I. color specifications. *J. Opt. Soc. Am.* **27**, 294–299 (1937).

[9] CIE: *Colorimetry*, 2nd ed., Publ. CIE No. 15.2, Central Bureau of the CIE, Vienna (1986).

# Farbe und 3. Dimension: Neue Informationskanäle in der Bildverarbeitung

Bernd Breuckmann
Opto-Tech, Labor Dr. Breuckmann
Kunkelgasse 1, D-7588 Meersburg

## 1.) Einleitung

In der industriellen Bildverarbeitung wird derzeit nur ein geringer Teil der optisch verfügbaren Informationen genutzt. Dabei werden heute i.a. allein Binär- bzw. Grauwertdaten der zu überprüfenden bzw. zu vermessenden Szene 2-dimensional erfaßt, weiterverarbeitet und zur Entscheidungsfindung herangezogen.
Als Informationsträger unberücksichtigt bleiben sowohl Farbe als auch die Tiefeninformation des erfaßten Bildausschnittes.

In dem Vortrag soll an aktuellen Problemen der industriellen Prüfung aufgezeigt werden, in welcher Weise diese zusätzlichen Informationskanäle für die Bildverarbeitung genutzt werden können.
Dabei wird ein schneller Bildprozessor vorgestellt, mit dem
a) Farbinformationen in Echtzeit klassifiziert und
b) 3D-Daten im Sekundentakt erfaßt und ausgewertet werden können.

Letzteres erfolgt mittels der Phasen-Shift-Moiré-Technik, die auf die Erfordernisse einer automatischen Prüfung hin angepaßt wurde.
Die Möglichkeiten des Systemes sollen anhand eines Video-Filmes demonstriert werden.

## 2.) Rechnen mit Bildern

Mit den steigenden Anforderungen an die Bildverarbeitung, die insbesondere aus dem industriellen Bereich (Robotic Vision) definiert werden, wachsen in starkem Maße auch Menge und Komplexität der zu verarbeitenden Bilddaten. Während beispielsweise in der Binärbildverarbeitung noch mit 1 bit pro Bildpunkt (Pixel) gearbeitet wurde, werden in der Graubildverarbeitung 8 bit/Pixel, für die Echtfarb-Bildanalyse bereits 16-24 bit/Pixel benötigt.

Um zu gewährleisten, daß auch bei den hier anfallenden hohen Datenmengen eine Bildanalyse in der erforderlichen Geschwindigkeit erfolgen kann, werden insbesondere an die Bildvorverarbeitung immer höhere Leistungsanforderungen gestellt, die eine effektive und schnelle Datenreduzierung ermöglichen.Um diesen Anforderungen gerecht zu werden, wurden in der Vergangenheit eine Reihe von Spezialprozessoren entwickelt, mit denen eine Hardware-Verarbeitung der jeweils benötigten Auswerte-Algorithmen möglich war. Dem Vorteil der hohen Rechenleistung steht hier allerdings der Nachteil entgegen, daß für jeden neuen bzw. abgewandelten Algorithmus ein neues Hardwareboard benötigt wird.

Demgegenüber geht das Konzept des fast-frame-processors ffp-16, das im folgenden besprochen werden soll, von der Idee der "software-konfigurierbaren" Hardwarelösung aus. Damit kann zum einen die Flexibilität der verwendeten Hardware wesentlich gesteigert werden, zum anderen können die Kosten des Gesamtsystemes reduziert werden.

Um die Flexibilität und Leistungsfähigkeit von Rechnern zu erhöhen, wurden bereits für unterschiedliche Aufgabenstellungen Hardwarelösungen entwickelt, die ein Rechnen mit speziellen Datentypen ermöglichen, so z.B. für Gleitkommazahlen, Datenfiles u.s.w. Der Gedanke ist also naheliegend, für das Rechnen mit Bildern einen speziellen Bildprozessor zu entwickeln, der auf dem Datentyp "Bild" basiert.

Dies ist die grundlegende Idee, die in dem fast-frame-processor ffp-16 realisiert wurde.

## 3.) Bild-orientierte Verarbeitungsalgorithmen

Bevor in Kap.4 die Hardware-Struktur des ffp-16 kurz erläutert wird, sollen im folgenden eine Reihe von Spezifikationen definiert werden, was ein Bild-orientierter Prozessor leisten soll.

Die in der Bildvorverarbeitung benötigten Bild-Operationen können im wesentlichen in folgende Klassen aufgeteilt werden:

A) Operationen, mit denen Bilder pixelweise verknüpft werden, z.B. Schwellwert-Operationen, Subtraktion, Mittelung von Bildern.
B) Operationen, mit denen Nachbarschaftsverknüpfungen durchgeführt werden, z.B. Filter-Operationen, Kanten-Extraktion.
C) Histogramm-Operationen, Min-Max-Detektion, Run-Length-Codierung
D) Geometrie-Operationen, z.B. Rotation, Vergrößerung, Lineare Transformationen.

Den aufgeführten Operationen ist gemeinsam, daß es sich in jedem Fall um Bild-orientierte Algorithmen handelt, mit denen die Eingangs-Bilddaten bildpunktweise mittels derselben Funktion in die Ergebnisbilder umgerechnet werden.

Damit ergeben sich für den ffp-16 folgende Anforderungen:

1.) Es werden Bildspeicher benötigt, die als Register angesprochen werden können.
2.) Es werden Rechenwerte benötigt, mit denen die Bildregister verknüpft werden können.
3.) Die zu einer Klasse gehörigen Bildoperationen sollten möglichst mit einem Hardware-Rechenwerk ausführbar sein.

In der 1. Entwicklungsstufe wurden die Bildregister sowie Hardware-Rechenwerke für Operationen der Klassen A) und B) realisiert.Diese Komponenten stehen seit Anfang '89 in Serienreife zur Verfügung.

## 4.) Der Fast-Frame-Processor ffp-16

Der ffp-16 ist ein diskret aufgebauter Prozessor, der aus folgenden Komponenten besteht:

a) Der Video-Controller

Die Steuerung des ffp-16 erfolgt über den Video-Controller bzw. über den darauf befindlichen Programmspeicher.
Außerdem sind hier die Eingangs A/D- und Ausgangs-D/A-Wandler untergebracht (je 3 à 8 bit).
Es stehen 2 S/W-Eingänge à 8 bit bzw. 1 Farbeingang à 16 bit zur Verfügung. Ebenso können im Ausgangskanal 2 S/W-Monitore à 8 bit bzw. 1 RGB-Monitor mit 16 bit angeschlossen werden.

b) Die Bildregister

Entsprechend den in Kap. 3 abgeleiteten Anforderungen werden die Bildspeicher als Register adressiert und verarbeitet. Es sind bis zu 56 Bildregister über ihre Register-Nummer ansprechbar, in denen Bilder bis zu einer Größe von derzeit 512*512 Pixel à 8 bit gespeichert werden können.
Kamera und Monitor können wie Bildregister angesprochen und adressiert werden.
Da alle Bildregister in den Arbeitsspeicher des Host-Rechners memory gemapped sind, ist auch ein direkter Zugriff des Host auf alle Bilddaten möglich.

c) Die Rechenwerke

Die Verknüpfung und Verarbeitung der Bildregister erfolgt über Software-konfigurierbare Rechenwerke, wobei bis zu max. 56 Rechenwerke in einem System integriert und über ihre Rechenwerks-Nummer angesprochen werden können.
Sämtliche Bild-Operationen zur pixelweisen Verknüpfung von Bildern gemäß Kap. 3, Klasse A, erfolgen in Video-Echtzeit mit Lookup-Tabellen, " LUT's ", deren Tiefe sowohl eingangs- als auch ausgangsseitig 16 bit beträgt. Dies ermöglicht jede beliebige Verknüpfung von zwei Bildern, wobei entweder zwei Ergebnisbilder à 8 bit oder ein Bild à 16 bit berechnet werden können.
Auf diese Weise können in einem einzelnen Fernsehtakt z.B. Summe und Differenz zweier Bilder gleichzeitig berechnet werden. Es können jedoch auch komplexe Operationen wie arctan(A/B) in Video-Echtzeit ausgeführt werden. Insbesondere sind alle für die Farbklassifizierung notwendigen Algorithmen in Echtzeit möglich (siehe Kap.5).

Für die Nachbarschaftsoperationen gemäß Klasse B steht ein 8*8 Hardware-Filter mit softwaremäßig ladbaren Koeffizienten zur Verfügung. Damit können unterschiedliche 2-dimensionale Filter wie Hochpass, Tiefpass, Sobel-Operator u.s.w. realisiert werden, wobei jede Filter-Operationen in Video-Echtzeit erfolgt.

Die Lookup-Tabellen sowie die Koeffizienten des Filter-Boards sind wie die Bildregister memory gemapped, so daß eine ständige Zugriffsmöglichkeit über den Host-Rechner gewährleistet ist.

## 5.) Farbbild-Verarbeitung

Der durchgängig verfügbare 16 bit Video-Bus sowie die 16 bit Lookup-Tabellen-Rechenwerke ermöglichen die Erfassung, Speicherung und Echtzeit-Verarbeitung von Farbbilddaten mit bis zu 64 K Farbwerten, was der doppelten Farbauflösung des menschlichen Auges entspricht.
Dabei erfolgt die Digitalisierung der von der Kamera kommenden RGB-Daten mit 5-6-5 bit. Über die 16 bit LUT's kann eine Umrechnung der RGB-Eingangs-Daten in jeden beliebigen Farbraum (z.B. IHS, YUV, CIE, u.s.w.) in Echtzeit erfolgen.
Ebenso ist eine Farbklassifizierung (Selektierung einzelner Farbkomponenten) in Video-Real-Time möglich. Auf diese Weise können z.B. die Farbdaten während des Einlesevorgangs problemangepaßt binarisiert werden, was einer Datenreduzierung von 16 bit auf 1 bit entspricht.

Neben den vielfältigen Möglichkeiten, die die Farbbild-Verarbeitung und Farbklassifizierung für die Erkennung, Vermessung, Selektion und Überprüfung von farbigen Objektstrukturen eröffnet (siehe auch Abb. 1 und 2), sei im folgenden ein weiteres Beispiel für den Einsatz von

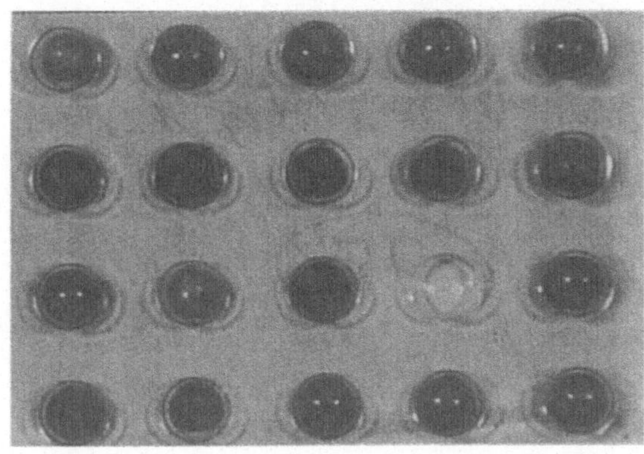

Automatische Prüfung von Tabletten bei der Verpackung :

Abb.1: Im Grauwertbild können Tabletten mit unterschiedlichen Farben nur bedingt erkannt werden.

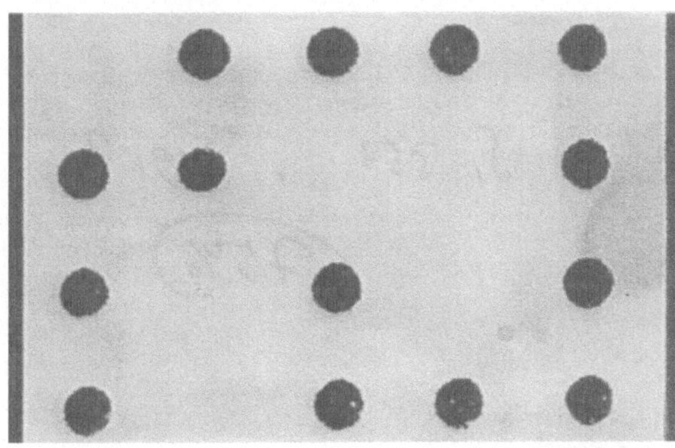

Abb.2: MitFarbklassifikatoren können sowohl fehlende als auch Tabletten mit falschen Farben eindeutig detektiert werden.

In der Bildverarbeitung, insbesondere im Bereich "Robotic Vision", tritt immer wieder das Problem auf, wie eine Objektstruktur von dem Hintergrund getrennt werden kann. Hier kann in vielen Anwendungsfällen über die Farbinformation ein einfaches, schnell berechenbares und sicheres Kriterium gefunden werden. Voraussetzung ist, daß sich Objekt und Hintergrund eindeutig in der Farbe unterscheiden, was durch gezielte Wahl des Hintergrundes bzw. durch Beleuchtung von Objekt oder Hintergrund mit farbigem Licht einfach realisiert werden kann.

Insbesondere sei hier auf die Erkennung von metallischen Gegenständen hingewiesen. In der Grauwertverarbeitung sind aufgrund von Spiegelungen, Abschattungen u.s.w. die Bilder des Gegenstandes nur über komplexe Verarbeitungs-Algorithmen zu interpretieren. Filter- und Schwellwert-Operationen, auch solche mit adaptiver Schwelle, sind hier ungenügende Werkzeuge (siehe auch Abb. 3). Durch gezielten Einsatz der Farbinformation kann das Objekt vom farbigen Hintergrund mit Hilfe von Farklassifikatoren in Video-Echtzeit getrennt werden. Das so ermittelte Binärbild kann mit bekannten Bildverarbeitungs-Algorithmen ohne Schwierigkeiten weiterverarbeitet werden. Abb. 4 demonstriert die Richtungsbestimmung mittels Sobel-Filter und Winkelhistogramm.

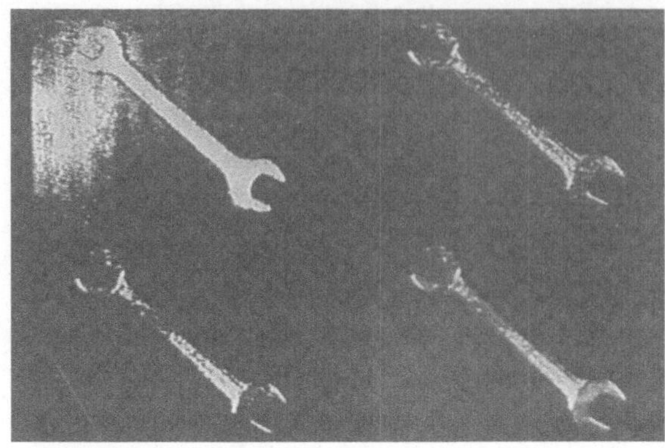

Abb.3:
Objekterkennung mittels Grauwertverarbeitung

In der Grauwertverarbeitung können metallische Gegenstände mit einfachen Algorithmen (Schwellwert- bzw. Filter-Operationen) nur ungenügend vom Hintergrund getrennt werden.

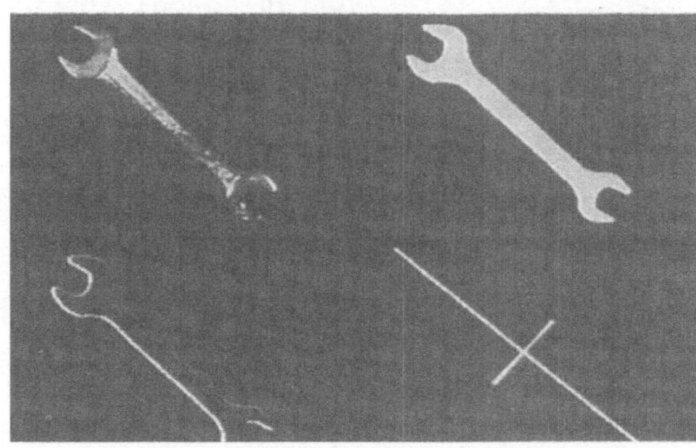

Abb.4:
Objekterkennung mittels Farbbildverarbeitung

Mittels Farbklassifikatoren kann das Objekt (links oben) vom farbigen (roten) Hintergrund eindeutig separiert werden (rechts oben). Mittels eines Sobel-Filter können die Objektränder richtungscodiert werden (links unten) und aus dem daraus ermittelten Winkelhistogramm kann die Orientierung des Objektes (rechts unten) berechnet werden.

## 6.) 3 D-Meßtechnik

Zur hochauflösenden 3-dimensionalen Objektvermessung werden seit einigen Jahren verstärkt optische Meßverfahren auf der Basis der Moiré- und Projected-Fringe-Techniken eingesetzt /1/. Bei diesen Verfahren wird auf die zu vermessende Objekt-Oberflächhe ein definiertes Streifenmuster aufprojiziert. Durch optische bzw. rechnerische Überlagerung mit einem Referenzmuster entstehen Moiré-Linien, die als Höhenschichtlinien der 3 D-Kontur zu interpretieren sind.

Die rechnergestützte quantitative Auswertung dieser Moiré-Streifen-Systeme erfolgt heute überwiegend mit dem Phasen-Shift-Verfahren /2/. Von entscheidender Bedeutung dabei ist, daß sich die bei dieser Auswertetechnik verwendeten Bildverarbeitungs-Algorithmen fast ausschließlich durch Operationen der Klassen A) und B) darstellen lassen /3/.
In der Praxis können mit dem ffp-16 damit Auswertezeiten im Sekundenbereich realisiert werden, womit das Verfahren auch für die industrielle Serienprüfung geeignet ist.

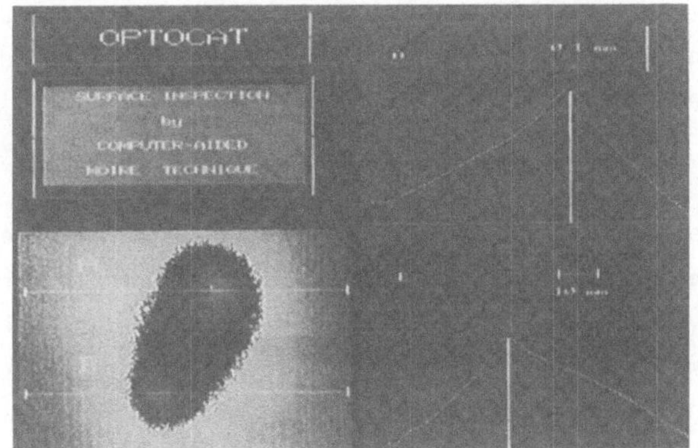


Abb.5: Oberflächenprüfung mit dem Moiré-Verfahren

Mit dem Phasen-Shift-Moiré-Verfahren lassen sich bei einer lateralen Auflösung von 512*512 Bildpunkten heute Tiefenauflösungen von 1/10 000 der Objektgröße darstellen, was einer Auflösung von 25 µm bei einer Bildgröße von 25 cm entspricht. Die wichtigsten industriellen Anwendungsgebiete liegen in der Form- und Formtreueprüfung, in der Oberflächeninspektion (siehe Abb.5), Verformungsanalyse sowie im Bereich der 3-dimensionalen Objekterkennung.

/1/ B.BREUCKMANN, P.LÜBECK, "EINSATZ HOCHAUFLÖSENDER OPTISCHER MESSVERFAHREN IN DER OBERFLÄCHENPRÜFUNG UND 3 D-MESSTECHNIK", VDI BERICHTE 679, 1988, S.71-76

/2/ K.ANDRESEN, "DAS PHASENSHIFTVERFAHREN ZUR MOIRÉ-BILDAUSWERTUNG", OPTIK 72 (1986), S.115-119

/3/ B.BREUCKMANN, "ON-LINE FRINGE ANALYSIS BY REAL-TIME PHASE-SHIFT-PROCESSING", SPIE PROCEEDINGS, VOL 1027, HAMBURG 1988

# Quantitative Auswertung von Interferenzmustern mit dem Fourier-Transformations-Verfahren

Th. Kreis, J. Geldmacher und W. Jüptner
BIAS - Bremer Institut für angewandte Strahltechnik
Ermlandstraße 59, D-2820 Bremen 71

## Einleitung

Der wesentliche Schritt jeder automatischen quantitativen Auswertung von Interferenzmustern mit Hilfe digitaler Bildverarbeitungssysteme ist die Bestimmung der Interferenzphasenverteilung. Zusammen mit den Geometriedaten über den verwendeten Meßaufbau läßt sich dann entsprechend dem gewählten interferometrischen Verfahren das Feld der Oberflächenkontur, der Verschiebungen, der Verformungen, der ebenen Dehnungen, der Schwingungsamplituden oder der Brechzahlen berechnen. Zur punktweisen Bestimmung der Interferenzphasenverteilung hat sich das Fourier-Transformations-Verfahren als geeignet erwiesen. Im vorliegenden Artikel soll das Verfahren dargestellt werden, wobei insbesondere die Berücksichtigung der aufgenommenen Hintergrundausleuchtung und die Auswertung nicht formatfüllender Muster behandelt werden.

## Fourier-Transformations-Verfahren

Das Interferenzmuster liegt nach seiner Rekonstruktion und Aufnahme durch die Kamera des digitalen Bildverarbeitungssystems als Grauwertverteilung $i(x,y)$ an den diskreten Bildpunkten $(x,y)$ vor /1, 2/, wobei auch der Grauwert $i(x,y)$ nur endlich viele diskrete Werte annimmt. Die aufgenommene Intensitätsverteilung läßt sich ausdrücken als

$$i(x,y) = a(x,y) + b(x,y) \cos(\varphi(x,y)) \tag{1}$$

wobei $a(x,y)$ die additiven Störungen wie variierenden Hintergrund und $b(x,y)$ die multiplikativen Störungen wie Speckles und lokalen Kontrast beschreiben. $\varphi(x,y)$ ist die zu bestimmende Interferenzphasenverteilung.

Durch Einführung von

$$c(x,y) = 0{,}5\, b(x,y) \exp(j\, \varphi(x,y)) \tag{2}$$

läßt sich (1) umformulieren in

$$i(x,y) = a(x,y) + c(x,y) + c^*(x,y) \tag{3}$$

j bezeichnet hier die imaginäre Einheit, $^*$ bedeutet komplexe Konjugation.

Die Anwendung der diskreten endlichen Fouriertransformation auf $i(x,y)$ liefert das Ortsfrequenzspektrum

$$I(u,v) = A(u,v) + C(u,v) + C^*(u,v) \tag{4}$$

Da $i(x,y)$ im Ortsbereich reell ist, ist $I(u,v)$ im Ortsfrequenzbereich hermitesch:

$$I(u,v) = I^*(-u,-v) \tag{5}$$

Durch ein Bandpassfilter im Ortsfrequenzbereich werden nun $A(u,v)$ und $C^*(u,v)$ eliminiert. Das verbleibende Spektrum $C(u,v)$ allein ist nun nicht mehr hermitesch, deshalb erhält man nach Anwendung der inversen Fourier-Transformation auf $C(u,v)$ ein komplexes $c(x,y)$ mit nichtverschwindendem Imaginärteil. Aus diesem $c(x,y)$ wird nach

$$\varphi(x,y) = \arctan \frac{\mathrm{Im}(c(x,y))}{\mathrm{Re}(c(x,y))} \qquad (6)$$

punktweise die Interferenzphase mit Werten zwischen -pi und +pi, den Hauptwerten des Arcustangens, berechnet.

Filter im Ortsfrequenzraum

Hauptaufgabe der Bandpassfilterung ist die Ausschaltung der hermiteschen Eigenschaft des Ortsfrequenzspektrums. Hierzu wird $A(u,v)$, welches die niederfrequente Variation des Hintergrunds sowie den Gleichanteil beschreibt und um das zentrale Maximum konzentriert ist, vollständig ausgeblendet /1, 2/. Dies erfolgt numerisch durch Nullsetzen der Spektralwerte an den entsprechenden Ortsfrequenzen $(u,v)$. $C(u,v)$ und $C^*(u,v)$ liegen bezüglich des zentralen Gleichanteils punktsymmetrisch zueinander. Durch Nullsetzen einer gesamten komplexen Halbebene wird $C(u,v)$ oder $C^*(u,v)$ eliminiert. Sofern $C$ und $C^*$ nicht überlappen, bleibt in (6) nur das globale Vorzeichen unbekannt. Weder aus dem Interferenzmuster noch aus dem Ortsfrequenzspektrum ist zu erkennen, welcher Term $C$ und welcher $C^*$ ist. Bei Überlappung im Ortsfrequenzraum, was insbesondere bei Vorliegen von Ringsystemen im Interferenzstreifenmuster auftritt, kann das Vorzeichen in (6) nur für eine Teilmenge von Bildpunkten wechseln. Hinweise auf eine Korrektur dieser Vorzeichenwechsel erhält man aus zweifacher Auswertung des gleichen Musters mit orthogonal zueinander orientierten Bandpassfiltern /3, 4/.

Neben dem Ausschalten eines variierenden Hintergrunds läßt sich durch geeignete Wahl der oberen Grenzfrequenzen des Bandpassfilters gezielt das hochfrequente Speckleräuschen unterdrücken /1, 2/.

Eine besonders erfolgreiche Unterdrückung von Hintergrund, Speckles und Störmustern, wie zusätzlichen Beugungsringen, erhält man bei Berücksichtigung der vor der Erzeugung der Interferenz aufgenommenen ausgeleuchteten Oberfläche /3, 4/. In der holografischen Interferometrie ist das möglich durch Aufnahme der nur durch die Objektwelle beleuchteten Oberfläche oder durch Aufnahme der holografischen Rekonstruktion der Oberfläche durch die Referenzwelle allein bei abgeblockter Objektbeleuchtung im Echtzeitverfahren. Die aufgenommene Oberfläche sei $i'(x,y)$, das dazugehörige Ortsfrequenzspektrum sei $I'(u,v)$. Dieses Ortsfrequenzspektrum wird normiert, so daß die Gleichanteile von $I(u,v)$ und $I'(u,v)$ gleich sind, und von $I(u,v)$ subtrahiert /5/:

$$I(u,v) - \frac{I(0,0)}{I'(0,0)} I'(u,v) \qquad \text{für alle } (u,v) \qquad (7)$$

Nach dieser Subtraktion wird eine Halbebene ausgeblendet, um die hermitesche Eigenschaft zu zerstören, die inverse Fouriertransformation angewandt und nach (6) punktweise die Interferenzphase berechnet.

Bild 1a zeigt das holografische Interferenzmuster eines thermisch belasteten Verbundpaneels, welches aus einer inneren Aluminium-Wabenstruktur und einer aufgeklebten Schicht aus kohlenstoffaserverstärktem Kunststoff besteht. Das ausgeleuchtete Paneel ist in Bild 1b dargestellt. Nach Berücksichtigung des Hintergrundspektrums und Anwendung eines Bandpassfilters, welches nur positive Ortsfrequenzen in horizontaler, dagegen positive und negative Ortsfrequenzen in vertikaler Richtung hindurchläßt, ergibt sich die Interferenzphasenverteilung modulo 2 pi aus Bild 1c. Zur Verstetigung, auch Demodulation genannt, werden die Differenzen der Phasewerte an nebeneinanderliegenden Punkten betrachtet, Differenzen größer als pi sind nach dem Abtasttheorem nicht zulässig, sie werden durch Addition oder Subtraktion von 2 pi korrigiert. Eine Darstellung der Differenzen in vertikaler Richtung nach dieser Korrektur zeigt Bild 1d. Kleine Differenzen nahe Null erscheinen grau, negative Differenzen dunkler und

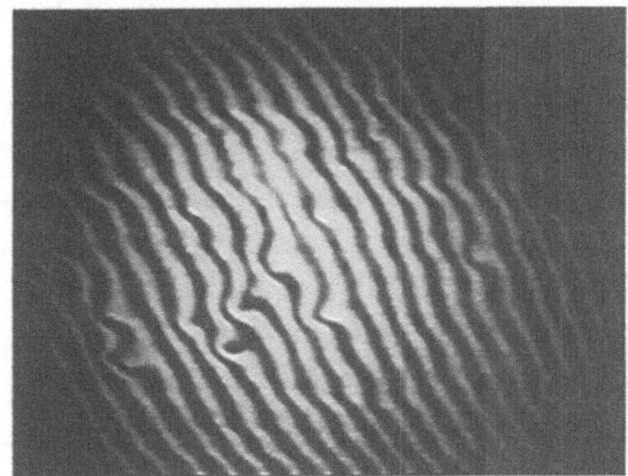

Bild 1a. Holografisches Interferenzmuster

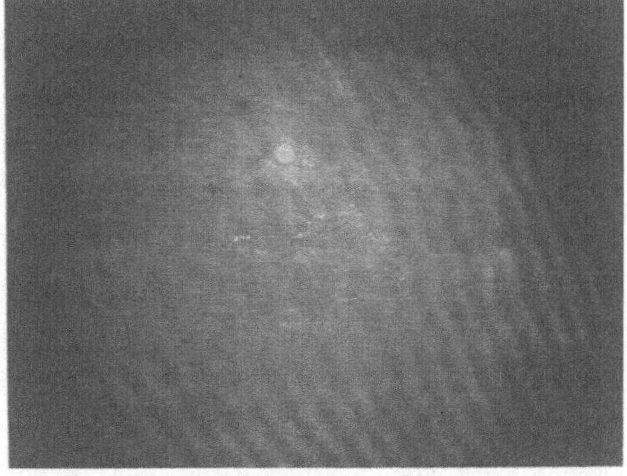

Bild 1b. Ausgeleuchteter Hintergrund

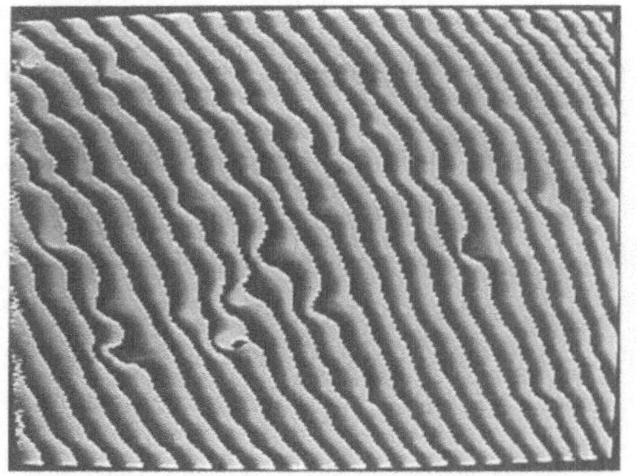

Bild 1c. Interferenzphasenverteilung

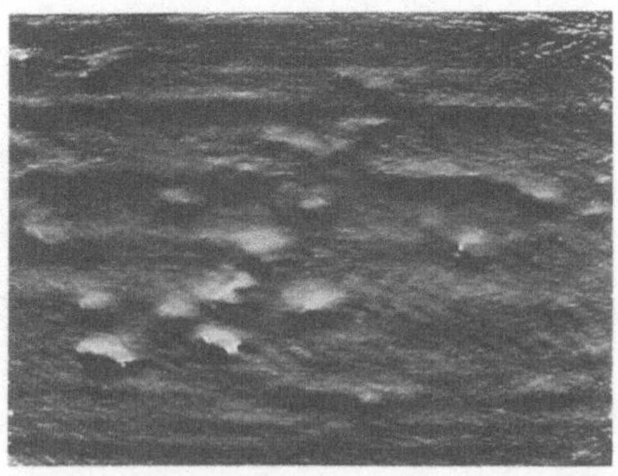

Bild 1d. Interferenzphasendifferenzen

positive heller. Bild 1d kann als Schattenwurf der Hügel und Täler des Verformungsfeldes interpretiert werden. Die stetige Interferenzphasenverteilung erhält man durch Aufsummieren der korrigierten Phasendifferenzen, sie ist in Bild 1e wiedergegeben. Aufgrund des gewählten holografischen Aufbaus in diesem Experiment ist diese Verteilung proportional dem Feld der Normalverschiebungen der Oberfläche.

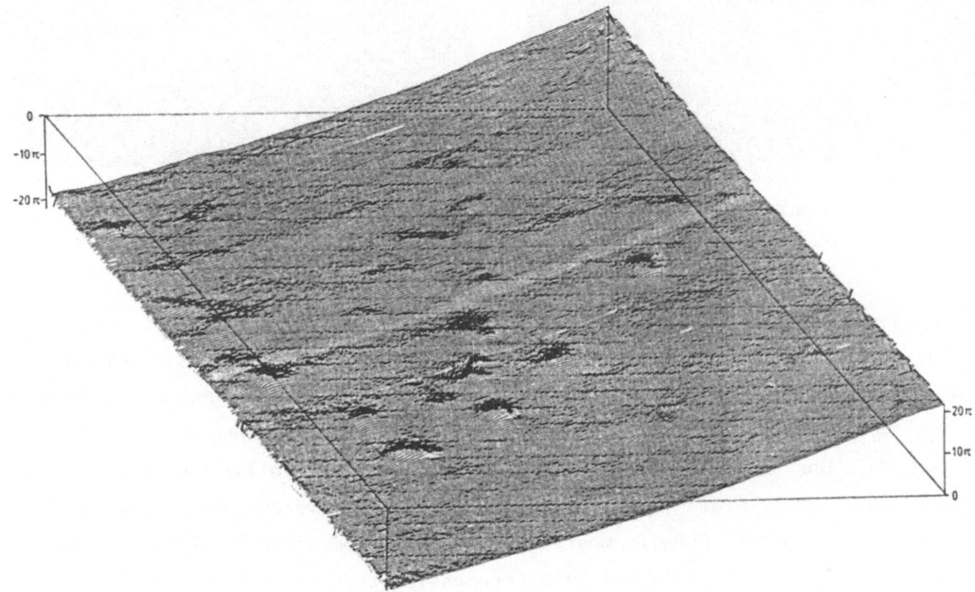


Bild 1e. Stetige, vorzeichenkorrigierte Interferenzphasenverteilung

Auswertung nicht formatfüllender Bilder

Da bei der Fouriertransformation alle Bildpunkte des gesamten Bildes zur Rechnung herangezogen werden, können Schwierigkeiten bei der Auswertung nicht formatfüllender Objekte auftreten /5, 6/.

Ein Ausweg ist, viereckige Teilbereiche des Bildes auf den gesamten Bereich geometrisch zu transformieren und das Ergebnis auf den ursprünglichen Bereich zurück zu transformieren. Hierbei müssen Grauwerte zwischen den Bildpunkten interpoliert werden, wofür sich die bilineare Interpolation als vorteilhaft erwiesen hat. Allerdings ist die Inverse zur bilinearen Transformation nicht wieder bilinear. Deshalb ist dieses Verfahren nur für rechteckige Teilbereiche zu empfehlen.

Guten Erfolg zeigt jedoch auch hier wieder die Verwendung des aufgenommenen beleuchteten Objekts /5/. Dieses Verfahren berücksichtigt implizit die äußeren Konturen der auszuwertenden Oberfläche. Ein Beispiel zeigt Bild 2. Zum holografischen Interferenzmuster aus Bild 2a gehört die Interferenzphasenverteilung aus Bild 2b. Die Phasenwerte außerhalb der Objektumrisse spielen keine Rolle und können ausgeblendet werden.

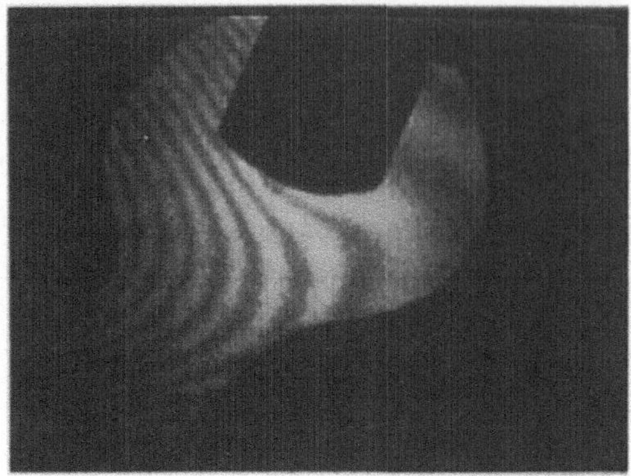

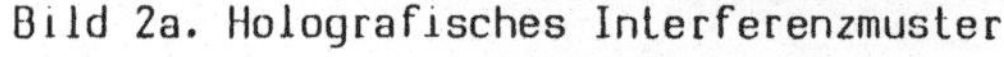

Bild 2a. Holografisches Interferenzmuster

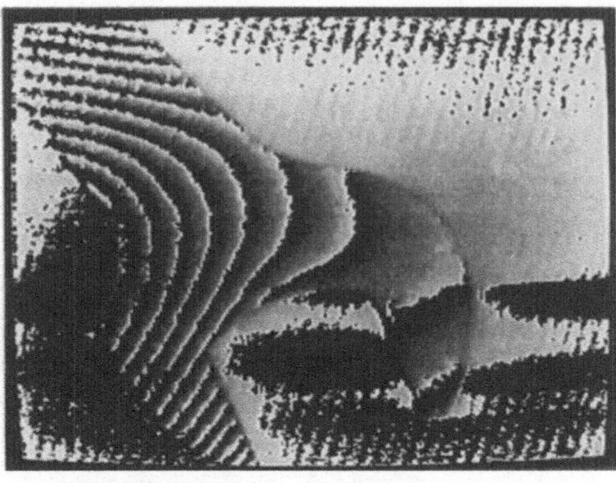

Bild 2b. Interferenzphasenverteilung modulo 2 pi

Zusammenfassung

Das Fourier-Transformations-Verfahren bestimmt punktweise eine Interferenzphasenverteilung zu einem einzigen Interferenzmuster. Es erlaubt dabei die gezielte Unterdrükkung von verschiedenartigen Störungen und erreicht eine Auflösung im Sub-Wellenlängenbereich /6/. Das Verfahren eignet sich sowohl für eine vollautomatische Auswertung als auch zur interaktiven Manipulation der Interferenzmuster. Das Verfahren läßt sich auf nahezu alle Streifenmuster der interferometrischen Meßtechniken wie z.B. klassische oder holografische Interferometrie, Speckleinterferometrie, Formvermessung durch projizierte Streifen, Moiretechnik oder Shearografie anwenden.

Danksagung

Die Autoren danken der Deutschen Forschungsgemeinschaft (DFG), die die Arbeiten im Rahmen des Forschungsvorhabens Kr 953/1-1 unterstützte.

Literatur

/1/ TH. KREIS: JOSA-A 3(6), 847 - 855 (1986)

/2/ TH. KREIS: VDI-Fortschritt-Bericht 8(108), (1986)

/3/ TH. KREIS: Proc. SPIE 814, 365 - 371 (1987)

/4/ TH. KREIS: Proc. SPIE 863, 68 - 77 (1987)

/5/ TH. KREIS: Proc. SPIE 1026, (1988)

/6/ TH. KREIS: Laser und Optoelektronik 21(2), 54 - 61 (1989)

# Optical Feedback-System with High Space-Bandwidth Product

T.Tschudi, C.Denz, T.Kobialka und F.Laeri
Institut für Angewandte Physik, TH Darmstadt,
Hochschulstrasse 2,D-6100 Darmstadt

## 1. Introduction

There has been a growing interest in optical information processing techniques because of the possibility of processing large amounts of data in parallel. Optical feedback systems in particular show interesting properties for applications in this field. The implementation of nonlinear and active elements, e.g. optical image amplifiers result in a wide variety of achievable transfer functions. In this paper we present a coherent optical feedback system that is capable of processing a large number of channels entirely in parallel. The system consists of a phase-conjugating resonator with a photorefractive phase-conjugating mirror (PCM) as an image amplifier. The aberration compensating property of optical phase-conjugation allows us to realize a feedback system with a large space-bandwidth product, which would hardly be achievable otherwise. In addition, optical resonators employing PCM`s show spatial and temporal properties different from conventional resonators. In this paper we concentrate mainly on the spatial properties of a new phase-conjugate resonator configuration consisting of a ring interferometer connected with a linear resonator arm.

## 2. Phase-conjugate mirror

The key element of our feedback system is a photorefractive PCM consisting of a 6mm x 12mm x 3mm ferroelectric $BaTiO_3$ crystal in the four-wave-mixing-configuration [1]. An Argon-ion cw laser was used with $TEM_{00}$ single longitudinal mode output of 150mW at 514.5 nm. The $BaTiO_3$ crystal was operated at room temperature and without any externally applied electric field. We demonstrated a steady-state reflectivity of thuch a PCM of 50x. Time constant of the PCM is in the order of 1 sec.

## 3. Resonator configuration for feedback system

For the design of a coherent optical feedback system appropriate to image transmission, two important conditions have to be taken into account: each pixel has to be imaged onto itself after each round trip, and the feedback phase has to be well defined and constant over a sufficiently large image field. In the PCM-resonator configuration no additional optical elements are needed to fulfill the self-imaging condition. The use of a PCM in a self-imaging feedback system permits different geometrical configurations. Spatial separation of the forward and feedback paths is possible by choosing a ring structure. Fig. 1 shows the resonator configuration that was realized in our experiments. The input beam, modulated by the two-dimensional amplitude distribution in the input plane $i_1$ is injected into the resonator through $S_1$ and is amplified by the PCM located in the forward path. Only one lens, $L_1$, is used to converge the input image field into the PCM. The PCM generates an image with unit magnification in the output plane $i_2$ and in the plane $i_3$ in the feedback path. The beam-splitter, *BS*, divides the beam coming from the PCM into twowaves, passing the feedback path in opposite directions. If the optical path length from the beam splitter to the plane $i_3$ is equal for both directions of propagation, the plane $i_3$ is imaged onto itself after each round trip. For a given round trip distance adjusting the correct position of the input transparency ensures that the self-imaging condition is fulfilled. Note that the length of the linear resonator arm and the shifting of $L_1$ along the resonator axis do not affect the selfimaging condition. However, a round-trip distance as short as possible is advantageous for the image-bearing oscillation (higher Fresnel number). Amplification as well as image-oszillation and self-oscillation is possible with space-bandwidth-products up to $10^6$. The phase-comjugate mirror as a coherent, parametric amplifier,provides the gain for effects like self-oscillation, where the amplification of the system is higher than the losses in the system and so the resonator achieves a stable intensity distribution without any external signal. This effect is an important mean to obtain information about the system performance, because the intensity and the spatial structures of the self-oscillation pattern depend only on the properties of the system. On the other hand the PCM is capable of transmitting images with an excellent resolution, so the system is predestinated for research in nonlinear image processing. In addition it will be useful for feedback- and bus-structures in optical computing. Here the long time constant of the PCM is predestinated to assure aberration compensation in the loop. The logic signals transmitted through the feedback system can then be much faster than the time constant of the PCM.

This work is partially sponsered by the Deutsche Forschungsgemeinschaft DFG, Sonderforschungsbereich 185 "Nichtlineare Dynamik".

References

[1] H.Klumb, A.Herden, T.Kobialka, F.Laeri, T.Tschudi, Active coherent optical feedback system with phase-conjugating image amplifier. J.Opt.Soc.Americ.B5 (1988) 2379-85.

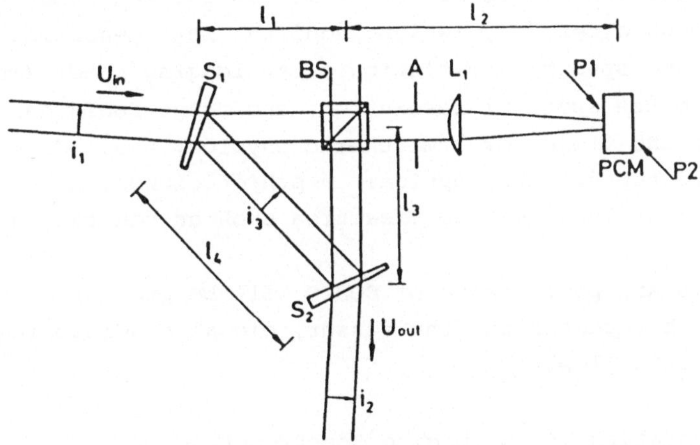


Figure 1: Self-imaging phase-conjugate ring resonator with amplifying PCM. $i_1$-$i_3$: image planes; A: aperture

# Imaging Spectrometer ROSIS

R. Buschner, MBB-Space Systems Group, Munich, F.R.G.
R. Doerffer, GKSS, Geesthacht, F.R.G.
H. van der Piepen, DLR, Oberpfaffenhofen, F.R.G.

## Introduction

The airborne imaging spectrometer ROSIS (Reflective Optics Imaging Spectrometer) has been designed for remote monitoring of the phytonplankton content in coastal zone waters, ref.1,2. Mapping of the phytoplankton concentration in water is very important for environmental research, e.g. for fishery and for determination of water quality and biomass.

The detection of phytonplankton is based on the chlorophyll_a absorption and fluorescence band at 440 nm and 685 nm respectively. Due to additional organic and inorganic suspended matter as well as dissolved organic substances (Gelbstoff) in coastal areas the detection has to be performed at the weak and narrow fluorescence band,ref.3 , which requires for measuring high radiometric and spectral resolution of an imaging spectrometer.

According to the spectral resolution and range ROSIS has also potential in the field of atmospheric physics, e.g. determination of cloud top heights, optical depth of clouds, as well as in extraction of land surface features such as vegatation type and status.

The principle and performance of ROSIS will be presented in the following with emphasis on the sensor, signal conditioning and the related data flow.

## Principle Operation of an Imaging Spectrometer

The panchromatic information of a ground track with several elements is imaged on a matrix CCD sensor, see fig.1. One line of the track corresponds to one CCD line. The panchromatic light of this line is diffracted by means of a grating. The spectral information is now represented by the different CCD lines. The spatial resolution of each single ground element in flight direction is derived from the ground track velocity multiplied by the integration time (exposure time); perpendicular to the flight direction it is determined by the imaging optics. The spectral resolution depends primarily on the grating and on the imaging optics. But the sensitivity and characteristics ( e.g. number of spectral lines) of the imaging spectrometer depends very much on the selection of the appropriate CCD matrix sensor.

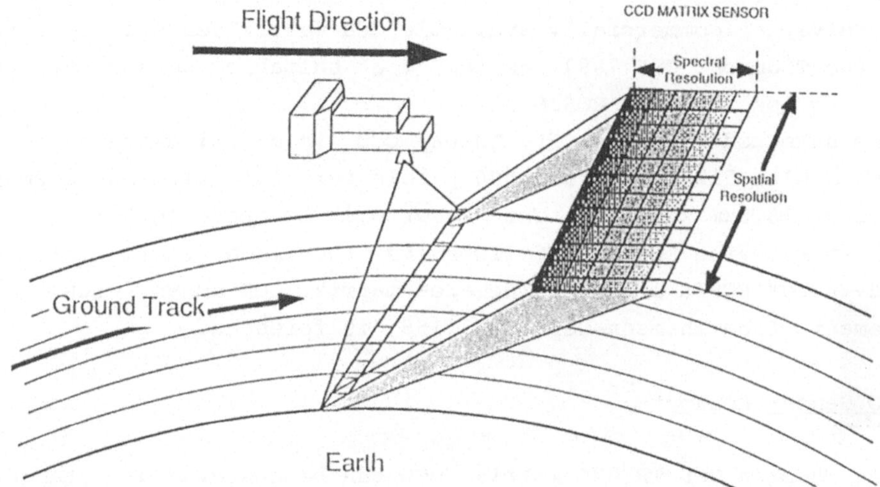


Figure 1. Principle Operation of an Imaging Spectrometer

## ROSIS Performnce Data

The ROSIS performance data are mainly determined by its geometric, radiometric and spectral properties related to the imaging optics and detector.The overall performance is listed in table 1 hereafter.

Table 1:ROSIS performance data
at 4 km flight altitude

| | |
|---|---|
| -total FOV (degree) | +/-16 |
| -instant FOV (mrad) | 0.55 |
| -swath width (km) | +/-1.15 |
| -ground pixel size (m) | 2.2 |
| -no of pixel/scan line | 500 |
| -spectral coverage of optics (nm) | 400-1000 |
| -focal length (mm) | 31.5 |
| -f-number | 3.5 |
| -spectral bandwidth (nm) | 5 |
| -no. of selectable channels | 85 |

-radiometric resolution fluorescence < $5x10^{-4}$
channel at 685 nm

## Matrix CCD Sensor

A survey of commercially available CCD matrix sensors resulted in the Thomson CSF 7884 as the most suitable sensor for the imaging spectrometer ROSIS.

The selected Thomson CSF TH7884 CCD is a solid-state image sensor with 512 lines and 500 pixels per line with an element size of 18.5µm x 23.5µm. The sensor will be operated as a frame transfer device with 256 lines in the image zone. For the "advanced" ROSIS a new large area matrix CCD sensor with 1024 elements from Thomson-CSF (THX31156) is foreseen.

## CCD Sensor Readout

The Thomson CSF TH7884 matrix CCD can be operated at standart TV-readout frequency of 50 frames per second with a 10 MHz pixel clock. In order to reduce the feedthrough of the clock ringing and to apply correlated double sampling we set the pixel clock to 5 MHz, which results in a reduction of the frame rate to 37 Hz.

In our application of ROSIS the maximium frame rate is 85 frames/second. To achieve this goal only 85 spectral lines will be read out. The remaining 171 lines can either be added blockwise or entirely in the readout register and then clocked out. This method allows us frame rates up to 100 Hz,ref.4.

To apply this technique the sensitive CCD area must be covered with a mask to prevent any exposure of the unused lines and subseqently no overflow in readout register after summation of the unexposed lines. The mask will be deposit on the backside of the detector cover glass.

The CCD drive electronics is set up such, that the selection of spectral lines and readout modes will be programmable by the user. This includes spectral combining in the readout register to improve signal to noise ratios.

## Imaging Spectrometer Signal Conditioning

The video signal from the CCD is fed into a multiplexer, which is inserted for calibration purposes ,fig.2. The calibration can

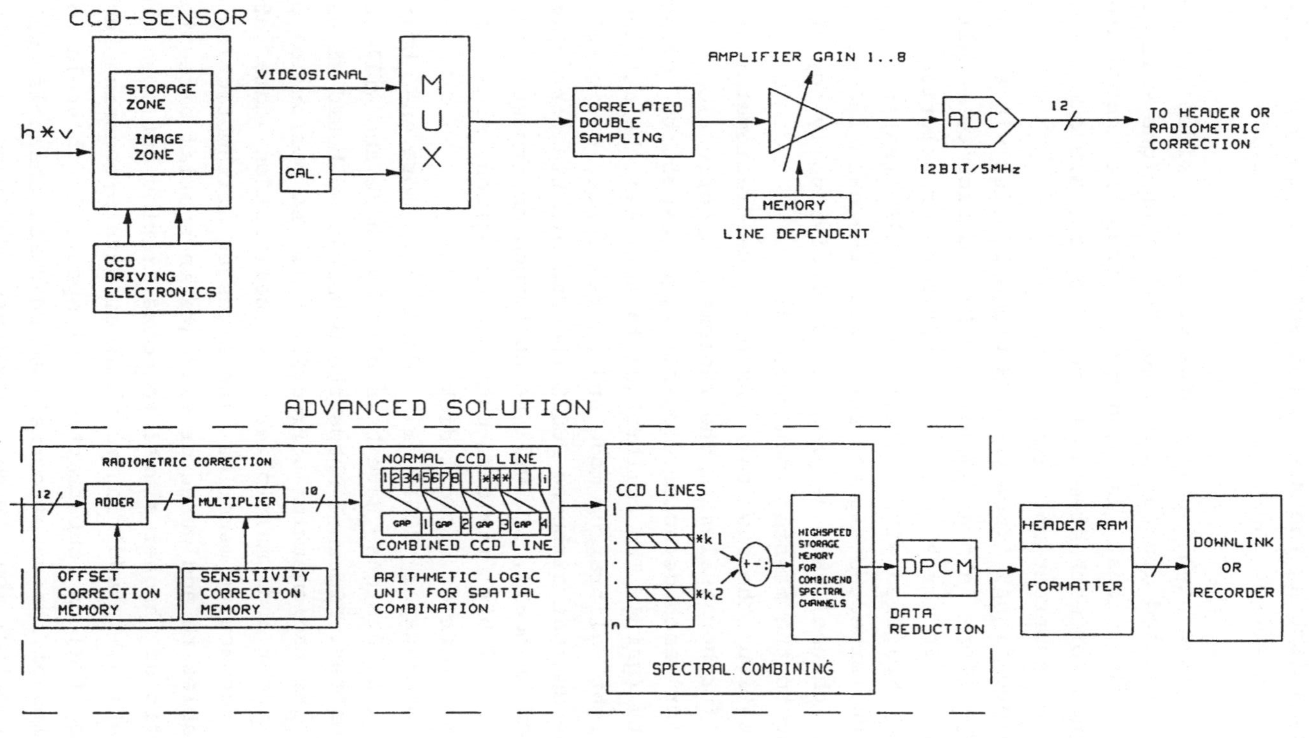


Figure 2 :ROSIS Signal Conditioning

be perfomed by switching the MUX to the second input and applying zero bias for offset and different bias levels for linearity evaluations.

In order to achieve high dynamic range of the CCD video output signals the correlated double sampling (CDS) technique will be applied. The video signal is substracted from the correlated reference signal for each element by means of two S/H amplifiers and a subsequent subtraction circuit.

The "pure" video signal from the CDS-stage is fed via a gain selectable amplifier into a 12 bit, 5 MHz analog to digital converter (ADC). In order to gain optimium resolution the signals can be amplified with a factor of 1-8, $2^3$ respectively. Due to different expected signal amplitudes the gain factor of each spectral channel can be programmed individually by the user according to the mission requirements.

After digitization the raw data have to be radiometrically corrected for further analysis. The radiometric correction will be performed for each detector element with respect to offset and sensitivity (gain). The calibration factors will be attained in the pre-flight calibration mode and stored in the calibration memory. In the current airborne ROSIS the radiometric correction is not foreseen on board, it will be performed on ground. This means, that the 12 bit raw data must be memorized on a high density tape recorder or optical disk.

Further developments of ROSIS will deal with more on- board signal processing. Designs have been already made and will be discussed hereafter. Figure 2 shows the possible on-board signal conditioning. The radiometric correction will be performed by means of an adder and multiplier. The calibration data are stored in the respective memories. The foreseen arithmetic logic unit (ALU) enables to add detector elements in spatial direction with the benefit of higher signal to noise ratios but loss in spatial resolution. In addition we think of data processing such as factorizing (kx) or substraction of spectral channels or even, generating of ratios of correlated spectral channels with the purpose of online monitoring of dedicated features.

## Data Rate

The current airborne Rosis will store the data on a tape recorder immediately after the 12 bit ADC. So the data of one frame, consisting of 32 spectral channels and 500 spatial elements accumulates to 24 Kbytes. A 1.1 km x 1.1 km imaged area amounts to 12 Mbytes. The maximum data rate will be 16.32 Mbits/sec without any monitor and control. In order to reduce the high data rates on-board DPCM (digital pulse code modulation) techniques can be applied. A reduction from 12 to 8 or even 6 bits is achievable. With this technique data rates can be reduced to 10.88 Mbits/sec.

## Conclusion

The airborne imaging spectrometer ROSIS, as a prototype of a spaceborne system, offers a lot of interesting application for marine and land use as well as for atmopheric physics.
The use of all available information of an imaging spectrometer requires advanced signal conditioning and data reduction techniques as well as high recording capabilities. Beside this one should consider the amount of data, which have to be processed on ground. Application of imaging spectrometers will force in addition fast image processing algorithms and hardware tools.

The authors will acknowledge the contributions from Reiner Ziegler and Dirk Viemann (both MBB).

## References

1.Messerschmitt-Bölkow-Blohm GmbH, Space Systems Group, "Chlorophyll Mapping of the Ocean by Means of Detector Array Sensors", DVFLR BPT/WF Contract NO.:KZ 01 QS 85088 (June 1986).

2.ESA Ocean Color Working Group, Report ESA SP-1083 (July 1987).

3.GKSS Research Center Geesthacht, "The Use of Chlorophyll Fluorescence Measurements from space for Seperating Constituents of Sea Water", ESA Contract No.:RFQ 3-5059/84/NL/MD (December 1988)

4.R. Buschner and D. Viemann,"Application of the Thomson-CSF Matrix Sensor for Imaging Spectrometer ROSIS", SPIE Proc., Vol.1027, 52-58 (1988)

# Größenselektion in Video-Echtzeit

Schmidt K–H, Waidelich W.
Institut für Med. Optik der Ludwig–Maximilians Universität München
8 München 40, Barbarastr. 16

Zur Auswertung zytologischer Abstrichpräparate wurde ein Pipelineprozessor aufgebaut, mit dem im Videobild normale Zellkerne (ca 7μm) von atypisch vergrößerten Kernen (ca. 10μm bis 15μm) getrennt werden können. Die Zellkerne werden durch Schwellwertfilterung vom Zytoplasma getrennt. Das so erhaltene Binärbild wird digitalisiert und im Pipelineprozessor nach Kreisflächen, deren Durchmesser dem verdächtiger Zellkerne entspricht, abgetastet. Der Ausgang des Prozessors liefert ein Videosignal, bei dem die Positionen der detektierten Objekte bis auf eine konstante Verschiebung erhalten bleiben. Weitere Anwendungsgebiete sind Materialprüfung und Qualitätskontrolle.

Aufbau (Abb. 1)

Als Mikroskop wurde ein Leitz Orthoplan verwendet. Das Präparat wird mit einem Scanningtisch (Zeiss, 100μ Schrittweite) mäanderförmig bewegt. Das Bildfeld wird über ein Objektiv (40x) auf die Kamera (Aqua HR 600), die über dem Objektivrevolver angebracht ist, abgebildet. Aus der Bildinformation des jeweiligen Bildausschnittes werden mit dem Matrixfiltermodul die verdächtigen Zellen ausgefiltert und deren Koordinaten zur späteren visuellen Beurteilung abgespeichert. Als Bildfeld wurde eine Fläche von 400 μm * 400 μm gewählt. Das ergibt bei einer Gesamtpräparatfläche von 15 mm * 40 mm 3750 Halbbilder. Ein komplettes Halbbild wird bei der verwendeten CCIR–Norm in 20 ms aufgenommen. Der Zeitbedarf, ein ganzes Präparat durchzuscannen ergibt sich dann zu 75 sec. Hierbei sind jedoch keine Positionierzeiten für den Scanningtisch enthalten, die man jedoch sehr klein halten kann, wenn man den Tisch kontinuierlich bewegt. Mit Positionierzeit kann eine Zeitbedarf von 2 bis 3 Minuten als realistisch angesehen werden.

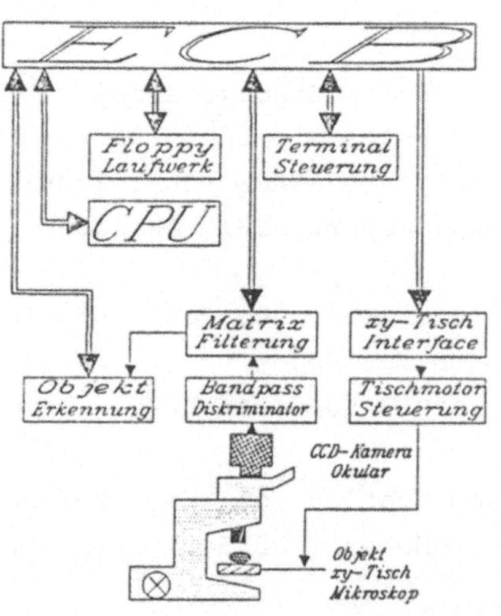


Abb. 1 Aufbau des Systems zur Größenselektion

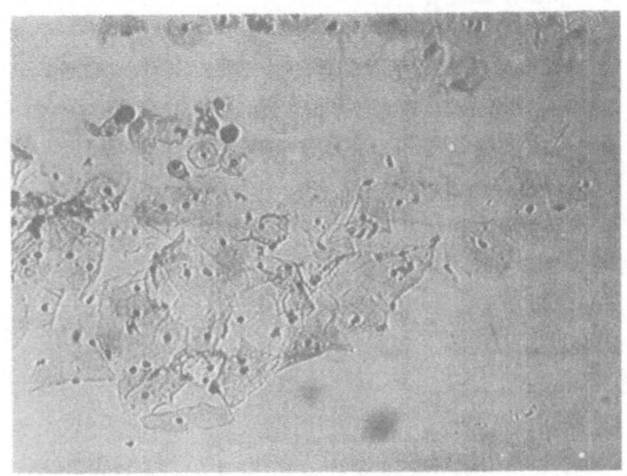

Abb.2 Mikroskopisches Bild

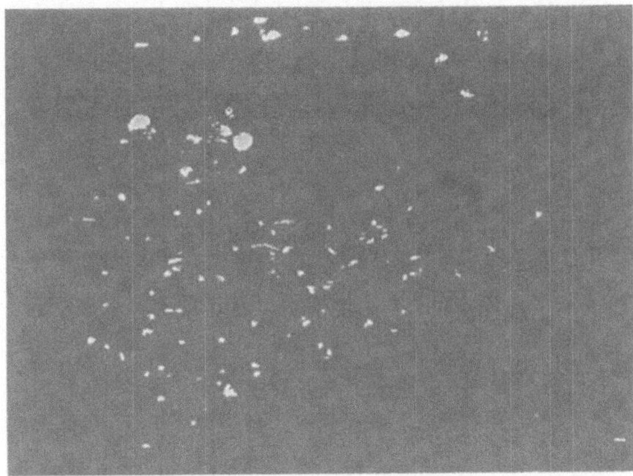

Abb.3 Schwellwertdiskriminiertes Bild

Abb.4 Matrixgefiltertes Bild

Vom Videosignal des Bildes in Abb. 2 werden die Synchronsignale ausgeblendet. Eine Klemmschaltung mit Hochpass legt den Nullwert des Videosignals auf den Weißpegel und unterdrückt die ungleichmäßige Ausleuchtung des Bildfeldes, die sich bei der Schwellwertdiskriminierung störend bemerkbar machen würde. Die Zellkerne werden im so aufbereiteten Bild durch negative Impulse dargestellt. Diese negativen Impulse werden mit einem Komparator mit einem Schwellwert verglichen. Der Schwellwert wird so gewählt, daß im digitalen Ausgangssignal des Komparators nur die Zellkerne detektiert werden. (Abb. 3)

Dann wird das Signal im Schaltungsteil A des Matrixfitermoduls (Abb. 5) in 256 x 128 Bildpunkte gerastert und mit der Schieberegistermatrix A zu jedem Pixel eine quadratischen lokale 8x8 Matrix benachbarter Bildpunkte erzeugt (siehe Abb. 5,6). Diese 64 Leitungen gehen in die über die Multiplexer als look–up–Tabelle programmierbaren Vergleichselemente B (AM 2149–35DC 1Kx4 RAM), deren Ausgänge $f_n$ die Zahl der übereinstimmenden Pixel angibt. Die Werte der einzelnen Vergleichsbausteine werden in C (Texas Instr. 74S83) addiert, und mit dem Schwellwert S verglichen. (TI 74S85). Die Ausgänge $g_n$ liefern das Bit für die AND Maskierung. Diese Leitungen werden in D AND–verknüpft und dann nochmal mit dem Signal aus dem Vergleicher AND–verknüpft. F ist nur dann 1, wenn die Zahl der übereinstimmenden Pixel über dem Schwellwert S liegt, und der Wert der AND–Verknüpfung nicht 0 ist (Abb. 4).

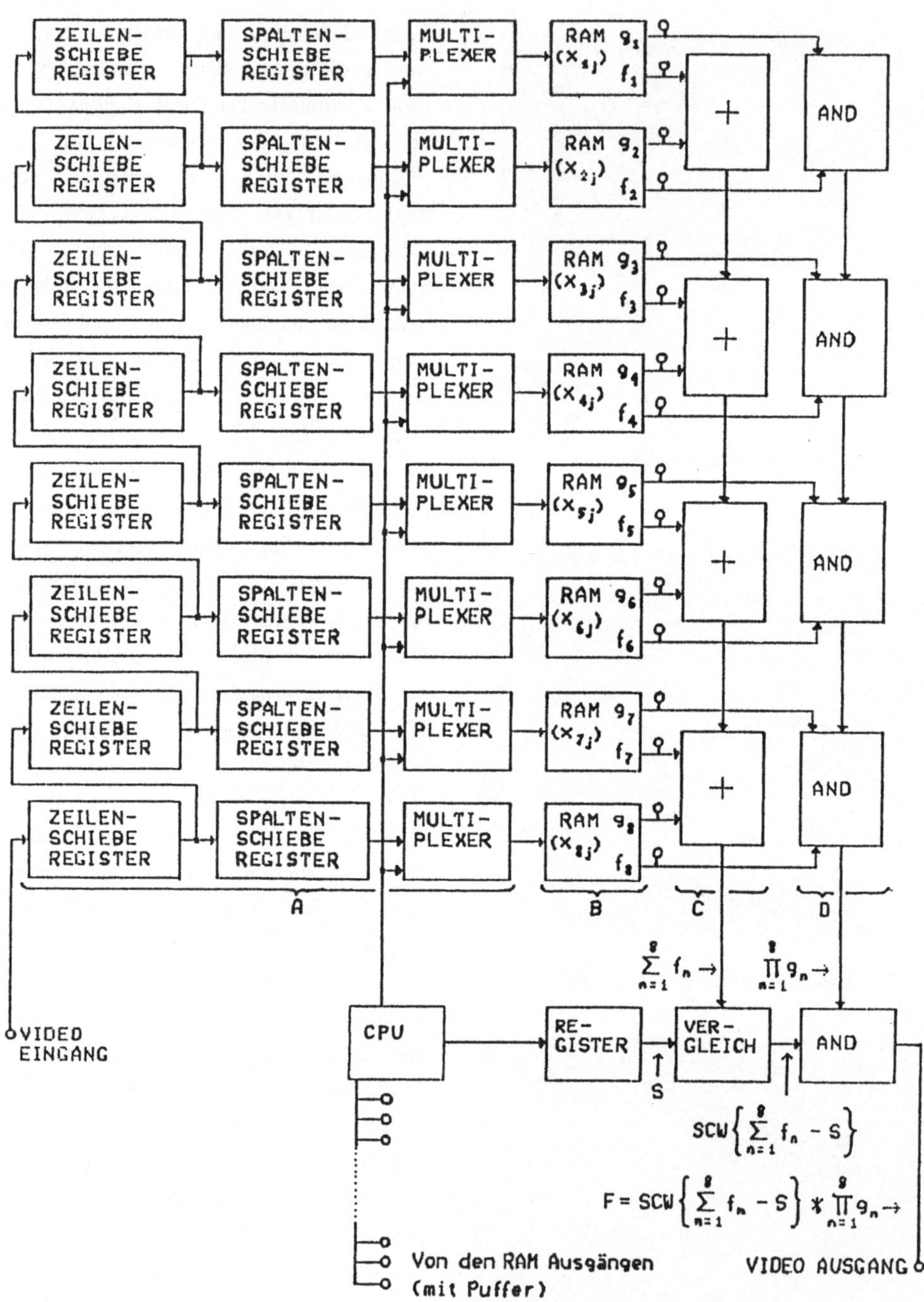


Abb.5 Elektronischer Aufbau der Matrixfilterung (vereinfacht)

### Filterfunktion

Für jeden Bildpunkt $\tilde{x}_{ab}$ wird eine lokale Matrixfilterung F durchgeführt. Im Folgenden soll das zu untersuchende Bildelement fest sein. Die Bildelemente, die zu dem Pixel $\tilde{x}_{ab}$ gehören, sind in einer 8 x 8 Matrix angeordnet:

| j= | 1 | 2 | 3 | 4 | 5 | 6 | 7 | 8 | |
|---|---|---|---|---|---|---|---|---|---|
| | $x_{11}$ | $x_{12}$ | $x_{13}$ | | | | | $x_{18}$ | n=1 |
| | $x_{21}$ | | | | | | | | n=2 |
| | | | | | | | | | n=3 |
| | | | | | | | | | n=4 |
| | | | | | | | | | n=5 |
| | | | | | | | | | n=6 |
| | | | | | | | | | n=7 |
| | $x_{81}$ | | | | | | | $x_{88}$ | n=8 |

Weiterhin soll zur Vereinfachung gelten:

$x_{nj} = \tilde{x}_{(a+n)(b+j)}$ $\qquad$ $a \in [0,256]$ $\quad$ $b \in [0,128]$

Die Filterfunktion F hat folgende Form, die sich aus dem elektronischen Aufbau (Abb. 5) ableitet:

$$F=SCW((\sum_{n=1}^{8} f_n(x_{n1}, x_{n2},\dots,x_{n8}))-S) \bullet \prod_{n=1}^{8} g_n(x_{n1}, x_{n2},\dots,x_{n8}) \qquad (1)$$

Die Funktion SCW(y) hat folgende Werte:

$$SCW(y) = \begin{cases} 0 \text{ für } y \leq 0 \\ 1 \text{ für } y > 0 \end{cases}$$

Für die Funktionen $f_n$ und $g_n$ sind alle Funktionen, die im entsprechenden Wertebereich liegen, zugelassen. Die Funktionswerte $f_n$ werden durch die elektronische Schaltung in C addiert und mit der Schwelle S verglichen. Wenn $\Sigma f_n > S$ und alle $g_n = 1$ sind, dann ist F=1, sonst ist F=0.

### Verwendete Filterfunktion

Die verwendeten Funktionen $f_n$ sind so gewählt, daß $f_n$ die Zahl der übereinstimmenden Pixel $x_{nj}$ mit den Vergleichselementen $m_{nj}$ angibt, wenn die $x_{nj}$ mit den $m_{nj}$ an den Stellen $a_{nj}=1$ übereinstimmen. sonst ist F=0.

$$F=SCW((\sum_{n=1}^{8} \sum_{j=1}^{8} (\overline{x_{nj} \otimes m_{nj}}))-S) \bullet \prod_{n=1}^{8} \prod_{j=1}^{8} ((\overline{x_{nj} \otimes m_{nj}}) \vee \overline{a_{nj}}) \qquad (2)$$

## Eigenschaften der verwendeten Maske

In Abb. 6 sind zwei Filtermasken abgebildet. Ein Punkt bedeutet $m_{mj}$ =0 und $a_{nj}$ =0 (helles Pixel im Fernsehbild), ein schwarzes Quadrat $m_{nj}$ =1 und $a_{nj}$ =0 .Ein schwarzes Quadrat mit einem weißen Kreis in der Mitte steht für $m_{nj}$ =1 und $a_{nj}$ =1 (AND Verknüpfung).

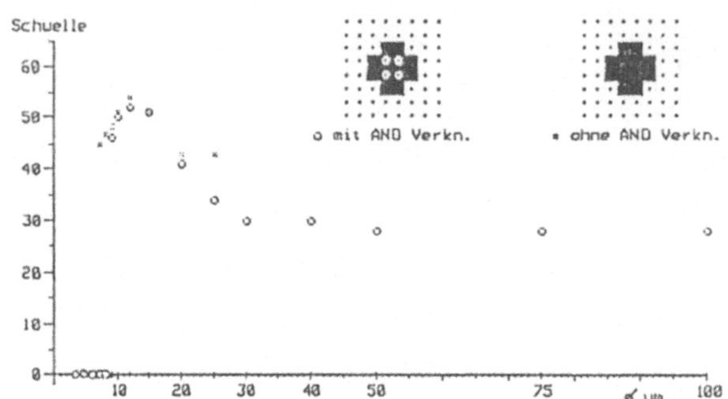

Abb.6 Filterwerte der Matrixfilterung (siehe Text)

Als Testobjekte wurden schwarze Kreisflächen mit verschiedenen Durchmessern verwendet, die auf einen Objektträger aufgedampft wurden. ( Messpräparat Fa. Heidenhain Strichplatte Nr. 19 a) Diese Objekte wurden über das Mikroskop mit einer CCD–Fernsehkamera aufgenommen. Der Vergleichswert wurde jeweils immer so hoch gewählt, daß das Objekt gerade noch detektiert wurde. Der so gefundene Ausgangswert der Filterung wurde dann gegen den Objektdurchmesser aufgetragen. Mit AND Verknüpfung erhält man eine sehr gute Unterdrückung kleiner Kreisflächen. Bei zu großen Kreisflächen wird die Zahl der übereinstimmenden Pixel durch die nicht gesetzten Randpixel verringert. Dadurch können auch deformierte Zellkerne noch detektiert werden.

## Literaturverzeichnis


/1/ N.J. PRESSMANN, G.L. WIED (Hrsg.): Proceedings of the Second International Conference on The Automation on Cancer Cytology and Cell Image Analysis (1979)

/2/ H.W.BOSCHMANN: Gynäkologische Zytodiagnostik für Klinik und Praxis Berlin: Walter de Gruyter (1973)

/3/ W.ABMAYR,G.BURGER,H.J.SOOST: Progress Report of the TUDAB Projekt for Automated Cancer Cell Detection. The Journal of Histochemistry and Cytochemistry Vol 27. No. 1 Page 604 (1979)

/4/ W.DILLENBURGER: Einführung in die Fernsehtechnik Berlin: Schiele und Schön (1964)

/5/ M.WIMMER,K.H. SCHMIDT,W.WAIDELICH: Nichlineare Matrixfilterung, Optoelektronik in der Technik, Hrsg: W. Waidelich, Springer (1989)

/6/ K.H.SCHMIDT,W.WAIDELICH: Bestimmung von Zellkernflächen in Video–Echtzeit, Optoelektronik in der Medizin, Hrsg: W. Waidelich, Springer (1989)

# Nichtlineare Matrixfilterungen

M. Wimmer, K.H. Schmidt und W. Waidelich
Institut für medizinische Optik
Barbarastraße 16, 8000 München 40

Die Gütemerkmale der Größenselektion nach dem Maskierungsverfahren [1] wurden insbesondere im Hinblick auf ihre Eignung für den Einsatz in der Zytodiagnostik untersucht. Der Automat zur Größenselektion soll atypisch vergrößerte Zellkerne in zytologischen Abstrichpräparaten finden. Diese Filterung nach Flächengröße muß schnell vor sich gehen und bei hoher Sensitivität gleichzeitig auch stark spezifisch [2] sein:
bei der Anwendung in der medizinischen Diagnostik sind hohe Falschnegativraten nicht tolerierbar. Häufige Fehlalarme (falschpositiv) stellen eine zusätzliche Arbeitsbelastung für das diagnostizierende Personal dar und der Zweck der Automatisierung wird verfehlt [3].

Eine zweidimensionale SIPO–Struktur rastert das 1–Bit helligkeitsaufgelöste CCD–Halbbild (CCIR–Norm) der Meßfläche ($320 \times 340 \mu m^2$) in ein Bildfeld aus binären Meßpixeln (MPX). Zu jedem MPX an einem Ort (x,y) gibt es eine N×N–Matrix aus Meßpixeln (Bildsituation) in dem Gebiet (i,j) mit $x \geq i > x-N$ und $y \geq j > y-N$. Jeder Bildsituation wird in jeweils einer einzigen Filteroperation ein vom Bitmuster abhängiger Filterwert zugeordnet.

In der speziellen Ausführung der untersuchten Anlage mit einer Gesamtvergrößerung des Mikroskop–Kamera–Systems von 16× entspricht einer Bildsituation von 32×32 CCD–Halbbildpixeln (CPX) im Videobild ein rechteckiger Flächenbereich von $35(h) \times 45(v) \mu m^2$ des Objektträgers..

Das Maskierungsverfahren

verwendet einen Vergleichsalgorithmus. Das Phantombild eines atypisch vergrößerten Zellkernes wird in die N×N-Maskierungsmatrix programmiert. Wegen der zufallsbestimmten Orientierung der Objekte muß diese Maske einen möglichst hohen Grad an Symmetrie aufweisen. Die schlechte Spezifität eines reinen Korrelationsalgorithmus wird durch die AND–Maskierung verbessert, bei der ein kleineres Kerngebiet des Phantombildes je nach Besetzung in der Bildsituation über die Gültigkeit des Filterergebnisses entscheidet.
Eine Masken–Filteroperation besteht aus drei Arbeitsschritten:

1. ermitteln des korrelativen Filterwertes; Filterwert = Anzahl der übereinstimmenden MPX zwischen Maskierungsmatrix und Bildsituation
2. vergleichen dieses Filterwertes mit einer vorgegebenen Detektionsschwelle;
   falls "Filterwert > Schwelle", dann Detektionssignal = 1 setzen, sonst: 0
3. testen des AND–Gebietes der Bildsituation auf Identität mit der AND–Maske;
   falls identisch, dann: Gültigkeit = 1 setzen, sonst: Gültigkeit = 0.

Das Alarmsignal (Trigger für die Abspeicherung der Position) ist die AND–Verknüpfung von Detektionssignal und Gültigkeit.

Experimentelle Untersuchungen werden durch intermodulare Wirkungen erschwert: Scanningtisch, Mikroskop, Kamera und Pegeldiskriminator (Helligkeit) beeinflussen sich gegenseitig und vor allem das Modul der Maskierungsmatrix in schwer kontrollierbarer Weise.
Ein weiteres Problem ist die Abhängigkeit des Flächenauflösungsvermögens von der speziellen Hardware–Realisierung. Der für Variationen zugängliche Parametersatz erlaubt keine allgemeinen Aussagen über die grundsätzlichen Grenzen einer Größenselektion nach dem Maskierungsverfahren.

Daher wurde eine Computersimulation (CS) des Scanningprozesses programmiert, bei der diese Beschränkungen wegfallen. Es wurde eine Objektbibliothek mit 597 verschiedenen Objekten in 20 Formklassen editiert. Durch Überlagerung mit 10 verschiedenen Störfeldern wurden insgesamt 6567 Bildfelder zur Analyse des Filterverhaltens verfügbar. 42% aller Objekte liegen im Dysplasieintervall ($80\mu m^2 \leq$ DYSP–Fläche $\leq 230\mu m^2$), d.h. stellen verdächtige Objekte dar.
In den Modellrechnungen wurde eine Mikroskop–CCD–Kombination zu Grunde gelegt, die bei unverändertem Aspektverhältnis der Pixel (h/v = 1.3) eine günstigere Größe des Maskenrahmens von $31(h)\times41(v)\mu m^2$ ermöglicht.

Die vom Maskierungsverfahren ermittelten Filterwerte $\eta$ zeigen eine sehr starke Abhängigkeit von drei Bildfeldparametern:

$$\eta = \eta(A,\rho,U) \qquad G1$$

mit $A$ = Objektfläche,
$\rho$ = Objektberandungskurve (geometrische Form) und
$U$ = Objektumgebung (benachbarte Strukturen).

Die Untersuchungsergebnisse zeigen, daß eine Selektion nach Flächengröße in der geforderten Genauigkeit grundsätzlich nicht allein anhand des Zahlenwertes von $\eta$ möglich ist. Nur mit starken Einschränkungen der Definitionsbereiche von $\rho$ und U ist das Maskierungsverfahren anwendbar. In Abstrichpräparaten ist der Werteumfang sowohl der Objektformen, wie auch der störenden Nachbarn deutlich zu groß. Dadurch entstehen systematische Fehler in der Beurteilung der einzelnen Bildfelder. Diese systematischen Fehler sind unabhängig vom Flächenauflösungsvermögen der Maskierungsmatrix. Fig. 1 zeigt die bestmöglichen Selektionsergebnisse als Falschraten-Kurvenpaare für vier verschiedene Auflösungsvermögen. Rasterbedingt unterscheiden sich die Maskenflächen zu jeweils optimal kreisangenäherten Masken bei verschiedenen Auflösungen (MPX/CPX = 16, 9, 4, 1). Die Anordnung der Falschratenkurven zeigt ausschließlich einen Zusammenhang mit der jeweiligen Maskenfläche.

| fn–Rate(80%) | 0.018 | 0.036 | 0.076 | 0.086 | |
|---|---|---|---|---|---|
| A | 140 | 133 | 125 | 114 | $\mu m^2$ |
| Auflösung | 11.7 | 1.3 | 20.8 | 5.2 | $\mu m^2$/MPX |

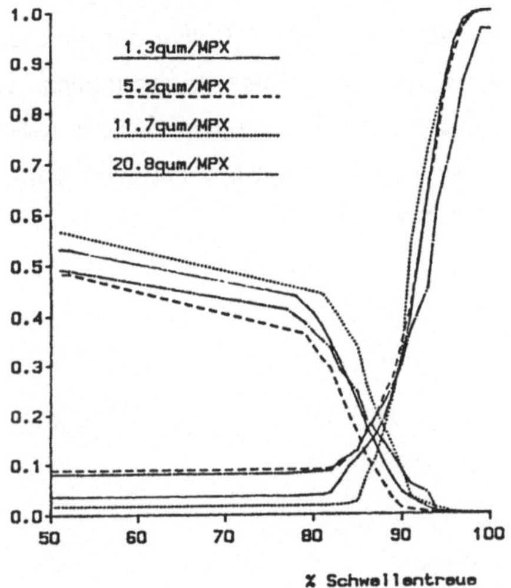


Fig. 1: Falschraten bei Maskierung.

Um zu besseren Selektionseigenschaften zu gelangen wurde ein Filtermodul entwickelt, welches das Detektionsargument A ermitteln kann. Dies ist nur durch eine Auswertung der Berandungskurve $\rho$ möglich, die zwischen Objektbereich und Umgebung zu unterscheiden erlaubt.

Das neue Filtermodul muß ebenfalls Video-Echtzeit-Verarbeitung ermöglichen und im Hinblick auf eine breite Einsetzbarkeit in der medizinischen Praxis kostengünstig realisierbar sein. Eine Minimierung des Bauteileaufwandes setzt voraus, daß die Randdetektion im für diesen Zweck günstigsten Koordinatensystem erfolgt.

Durch den Einsatz von PAL–Bausteinen können die verschiedenen benötigten Funktionen in einem übersichtlichen Modul integriert werden.

Das Randdetektionsverfahren (RDV)

verwendet einen N×N–Pixel überdeckenden Bewertungsrahmen mit strahlenförmig gruppierten Bewertungselementen. Innerhalb einer Gruppe liegende Elemente sind logisch miteinander verknüpft. Jedes Element kann die hierarchisch untergeordneten Gruppenmitglieder desensibilisieren. Die Hardware des Randdetektionsmoduls bildet ein Polarkoordinatensystem nach. Es werden die digitalisierten Ortsvektoren der Berandungskurve eines Objektes ermittelt.

Eine Filteroperation des RDV:

1. ermitteln des Filterwertes; Filterwert = Anzahl der Pixel innerhalb der Berandungskurve des Objektes
2. testen, ob der ganze Rand vollständig innerhalb des Bewertungsrahmens liegt; wenn nicht, dann: overflow–Markierung = 1 setzen, sonst: 0
3. testen, ob der Filterwert innerhalb eines Fensters liegt, das durch zwei vorgegebene Schwellen definiert ist; wenn ja, dann: Detektionssignal = 1, sonst: 0.

Alarmsignal ist (Detektionssignal AND NOT overflow-Markierung).

Die Filterwerte des RDV sind linear in der Objektfläche A. Abweichungen von der Linearität sind überwiegend auflösungsbedingt. Die Filtergüte kann durch Erhöhung des Flächenauflösungsvermögens den Erfordernissen angepaßt werden.

Fig. 2 zeigt typische Filterergebnisse des RDV. Die Filterwerte sind normiert. Normierungsnenner ist die maximale Flächenmaßzahl 196 (entspricht $1019\mu m^2$), die der 16×16–Bewertungsrahmen feststellen kann. Die jeweils äußersten Maßpixel des Rahmens dienen ausschließlich dazu, die overflow–Markierung zu setzen, wenn ein Element des Objektrandes auf sie fällt.

Fig. 3 belegt die hohe Qualität von Selektionsprozessen nach dem RDV. Genau wie in Fig. 1 wurden alle 6567 Bildfelder der Simulationsbibliothek in die Darstellung aufgenommen. Die maximale Sensitivität (Falschnegativ–Minimum) wird bereits bei Fenstereinstellungen nahezu identisch dem DYSP-Intervall erreicht, wodurch ein Arbeitspunkt des RDV bei sehr geringer Falschpositivrate (Schwellentreue = 99%, fp–Rate<0.08) wählbar ist.

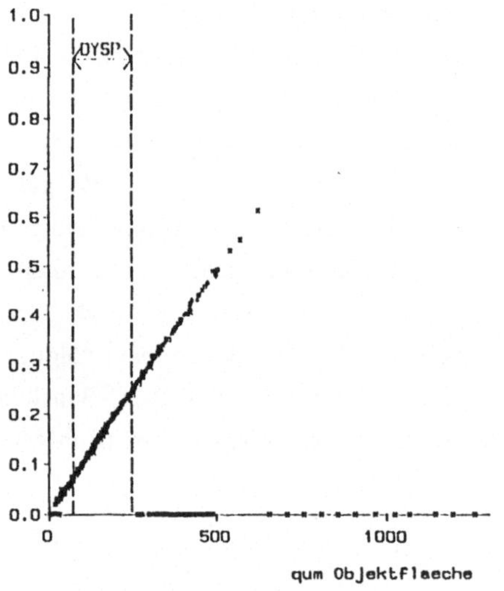


Fig. 2: RDV—Filterkurven.

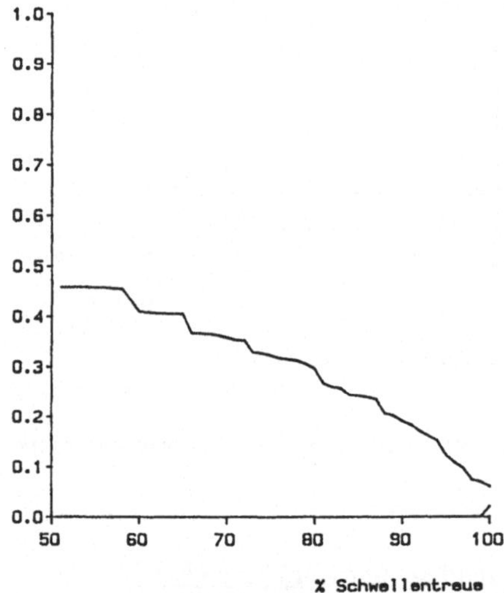


Fig. 3: Falschraten des RDV.

| | |
|---|---|
| Filterkurven: | normierte Flächenmaßzahl vs tatsächliche Fläche; |
| Falschratenkurven: | Fehler erster und zweiter Art vs Schwellentreue; |
| Schwellentreue: | Detektionsschwelle(n), bezogen auf die strengste Einstellung (100%). |

Die zweischwellige Selektion (Fensterkomparator) im RDV erschließt gegenüber der einschwelligen Methode des Maskierungsverfahrens neue Möglichkeiten: durch Definition mehrerer benachbarter Selektionsfenster können Histogrammdarstellungen der Flächengrößenverteitung von Objekten auf dem Präparat ermittelt werden.

[1]: K.H.SCHMIDT, W.WAIDELICH: Größenselektion in Video—Echtzeit, Optoelektronik in der Technik , Springer 1989.

[2]: G.A.LIENERT: Verteilungsfreie Methoden in der Biostatistik, Band II, 632ff, Verlag Anton Hain, Meisenheim am Glan 2.1978.

[3]: K.H.SCHMIDT, M.WIMMER, W.WAIDELICH: Bestimmung von Zellkern-Flächen in Video—Echtzeit, Optoelektronik in der Medizin, Springer 1989.

# The Fourier Diffractometry with Directionally Changed Incident Light Wave

Marek Daszkiewicz
Central Optical Laboratory, Warsaw, Poland

Diffraction pattern representation of images (optical Fourier transform or Wiener spectrum) is very useful for computer image processing. An accurate analysis of spatial frequencies requires very well corrected lenses, and the diffraction pattern must be sampled by means of a moving detector or a stable multiple detector array strictly in the Fourier plane.

The theoretical analysis of the diffraction pattern obtaining and sampling was provided. It was shown then the Fourier diffractometry with directionally changed incident light wave can be realised without above-mentioned limitations. This idea was applied for design a new generation of compact diffractometers with unsophisticated transforming lenses.

# 4. Umweltmeßtechnik
Environmental Measuring

# Nutzung von Laser-Streulicht-Techniken in der Wärme-, Strömungs- und Verfahrenstechnik

Alfred Leipertz
Lehrstuhl für Technische Thermodynamik, Universität Erlangen-Nürnberg, Am Weichselgarten 7, D-8520 Erlangen-Tennenlohe

Die meßtechnisch zu erfassenden Prozesse der Wärme-, Strömungs- und Verfahrenstechnik sind generell höchst komplexer Natur: es sind Zwei- und Mehrphasenströmungen turbulenter Art, in denen zudem gleichzeitig noch lokal und zeitlich variabel chemische Reaktionen ablaufen können. Als Meßgrößen in Frage kommen Teilchengrößen wie Partikeldurchmesser und deren statistische Verteilung, Strömungsgeschwindigkeit, Temperatur, Dichte und Konzentrationsverteilungen. Zur vollständigen Erfassung des physikalisch-technischen Vorganges sollten alle Daten möglichst gleichzeitig aufgenommen werden können, und, falls möglich, nicht nur punktförmig aufgelöst, sondern auch zwei- oder gar dreidimensional verteilt gleichzeitig, damit auch Feldstrukturen ("coherent structures") erkennbar sind. All diese Anforderung sind bis heute nicht, oder doch zumindest nicht gleichzeitig erfüllbar. Im folgenden wird versucht aufzuzeigen, was mit Hilfe der Laser-Streulicht-Techniken technisch realisierbar ist.

Als optische Verfahren bieten die Lasertechniken deutliche Vorteile gegenüber der Nutzung von mechanischen Sonden (z.B. Hitzdrähte, Thermoelemente und Absaugsonden) aufgrund ihrer berührungslosen und somit die Strömung und den Reaktionsprozess nicht störenden Arbeitsweise. Für die Erfassung der Teilchengröße, der Vektorgröße Geschwindigkeit und den Skalargrößen Dichte, Temperatur und Konzentration werden unterschiedliche Meßmethoden aufgezeigt. Wegen der Fülle der Übersichtsinformation kann auf Detailprobleme, die jedoch im konkreten Einsatzfall besonders zu berücksichtigen sind, nicht eingegangen werden. Solche sind meist den angegebenden Literaturstellen entnehmbar.

## Laser-Streulicht-Techniken

Abbildung 1 zeigt in schematischer Vereinfachung auf, was alles passiert, wenn Licht (z.B. in Form eines Laserstrahles) der Photonenenergie $h\nu_0$ in einen mit Partikeln (Staub, Ruß usw.) beladenen Gasraum geschickt wird. Neben einer Abschwächung des Lichtstrahles aufgrund von Absorptionen im Gas oder von den Partikeln treten einige Wechsel-

| Prozeß | Wechsel-wirkungs-partner | Abstrahl-frequenz | Streu-querschnitt [$cm^2/sr$] |
|---|---|---|---|
| Mie-Streuung | Partikel ∅ 10 μm | $\upsilon_o$ | $10^{-7}$ |
| Mie-Streuung | Partikel ∅ 0,1 μm | $\nu_o$ | $10^{-13}$ |
| Fluoreszenz | Molekül | $\nu_F \leqslant \nu_o$ | $10^{-19}$–$10^{-24}$ |
| CARS | Molekül | $\nu_o + \nu_R$ | $10^{-23}$ |
| Rayleigh-Streuung | Molekül | $\nu_o$ | $10^{-27}$ |
| lineare Raman-Streuung | Molekül | $\nu_o \pm \nu_R$ | $10^{-30}$–$10^{-31}$ |

Tabelle 1: Vergleich unterschiedlicher, lokal auflösender Laser-Verfahren

| Meßgröße | Laser-Verfahren |
|---|---|
| Strömungsfeld | |
| Geschwindigkeit u; Turbulenzgrad $\overline{u'^2}$; Scherspannung $\overline{u'v'}$ | Mie |
| Massenstrom ρu; Impulsstrom $\rho u^2$; Schwankungsgrößen, z.B. $\overline{\rho' u'}$ | Mie + Rayleigh/Raman |
| Verbrennungs-/Reaktionsfeld | |
| Temperatur T | Raman/CARS/Rayleigh |
| Konzentration c (Hauptkomponenten) | Raman/CARS |
| Konzentration c (Nebenkomponenten, Zwischenprodukte) | Fluoreszenz |
| Dichte ρ | Rayleigh/Raman |
| Temperatur-Nichtgleichgewichte | Raman/CARS |
| Schwankungsgrößen $\overline{u'T'}$, $\overline{u'c'}$ | Mie + Rayleigh/Raman |
| Strukturen | |
| lokal und Feld T | Rayleigh |
| Feld T | Raman |
| lokal und Feld c | Raman, Fluoreszenz |
| lokal und Feld ρ | Rayleigh |

Tabelle 2: Meßgrößen von Interesse und nutzbare Meßverfahren am Beispiel des turbulenten Verbrennungsprozesses

wirkungsprozesse auf, die im Vergleich der Größenordnung ihrer Erscheinungsstärke in Form des Streuquerschnittes in Tabelle 1 aufgeführt sind. Am Beispiel eines turbulenten Verbrennungsprozesses gibt Tabelle 2 eine Aufzählung der wichtigsten Meßgrößen, die als Momentanwerte (= zeitlicher Mittelwert + momentane Fluktuation) erfaßt werden sollen, und der dazu nutzbaren Laser-Verfahren, auf die im folgenden noch etwas detaillierter eingegangen wird. Die Fluoreszenztechniken sind Absorptions-Emissions-Prozesse und gehören somit eigentlich nicht zu den Streulicht-Techniken. Sie sind der Vollstänigkeit halber im Vergleich mit aufgeführt, werden hier aber nicht weiter betrachtet.

Partikelmeßtechnik und Strömungsgeschwindigkeit

Als stärkster Prozeß (Tab. 1) tritt die Wechselwirkung Photon (Lichtquant)-Partikel in Form der Mie-Streuung in Erscheinung, deren Abstrahlintensität mit gleicher Frequenz $\nu_0$ wie das eingestrahlte Laserlicht stark abhängt von der Größe der Streuteilchen und von der Beobachtungsrichtung (maximal in Vorwärtsstreuung). Sie wird standardmäßig genutzt zur Bestimmung der Strömungsgeschwindigkeit in Form der Laser-Doppler-Anemometrie (LDA) (1) und kann in anderen Anwendungen auch zur Messung der Größe der Streuteilchen (2) eingesetzt werden.

Die Messung der Partikelgröße geschieht neben den Ensemble-Techniken Lichtabschwächung und Fraunhofer-Winkelbeugung für kleine Teilchen mit der dynamischen Lichtstreuung über die Messung des Teilchen-Diffusionskoeffizienten (3) oder für größere Objekte über die direkte Anwendung der Mie-Theorie (90°-Anordnung (4) oder 2-Winkel-Messung, Abbildung 2). Die sogenannte Visibility-Technik auf Grundlage des Doppler-Verfahrens ermöglicht die gleichzeitige Bestimmung von Teilchengröße und Teilchengeschwindigkeit (5).

Neben der Nutzung des Laser-Doppler-Verfahrens kann eine Geschwindigkeitsmessung auch über eine Flugzeitmessung in Form des Laser-Zwei-Fokus-Verfahrens (L2F) (6) durchgeführt werden. Die Meßbereiche von LDA und L2F sind unterschiedlich (Gasphase: LDA ±300 m/s; L2F 1-3000 m/s). Die gleichzeitige Erfassung eines zweidimensional ausgedehnten Geschwindigkeitsfeldes ist möglich für kleine Geschwindigkeiten über das Speckle-Verfahren (7) und für hohe Gescchwindigkeiten (> 5 m/s) über die Fluoreszenztechnik (8), auf die ansonsten nicht weiter eingegangen wird. Mit ihr ist zudem eine Messung der Molekül-, also der Gasgeschwindigkeit direkt möglich, wozu für Punktmessungen auch nichtlineare Raman-Verfahren für w > 30 m/s eingesetzt werden können (9, 10).

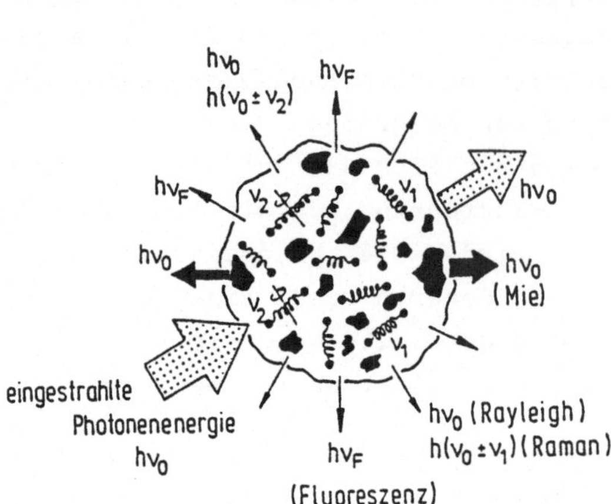


Abbildung 1: Schematische Darstellung der Wechselwirkungsprozesse Licht-Materie

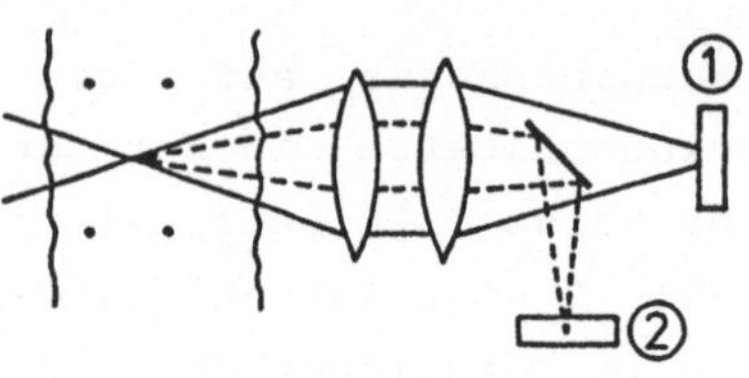


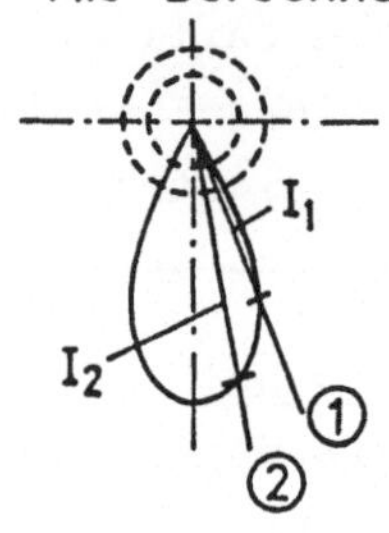


Abbildung 2: Teilchengrößenbestimmung aus dem Intensitätsverhältnis einer Zwei-Winkel-Messung

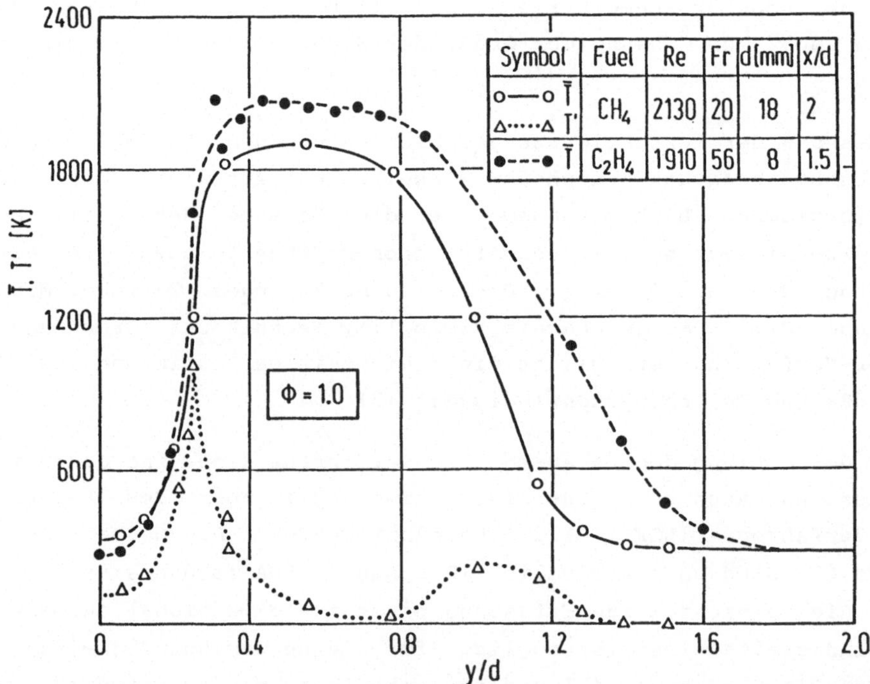


Abbildung 3: Radiale Temperaturverteilung (Mittelwert und rms-Wert) in zwei unterschiedlichen, stöchiometrischen Kohlenwasserstoff-Flammen bei etwa gleicher Höhenlage. Genutzt wurde die Laser-Rayleigh-Technik zur Meßwertgewinnung.

Dichte, Konzentration und Temperatur

Die Bestimmung dieser Skalargrößen geschieht bei kleinsten Konzentrationswerten über die Fluoreszenztechnik (11), die jedoch nicht für alle Gaskomponenten einsetzbar ist, und über die Rayleigh- und Raman-Verfahren, die beide extrem lichtschwach sind.

Die Rayleigh-Streuung erscheint frequenzunverschoben zur Lasereinstrahlung und ist deshalb anfällig gegenüber Laserreflexionen und der sehr viel stärkeren Teilchen-Mie-Streuung, was dazu führt, daß die Rayleigh-Streuung nur in technisch "sauberen", also weitgehend partikelfreien Fluiden eingesetzt werden kann. Sie bringt generell eine Dichteinformation hervor, die aber in vielen Anwendungen einfach in Konzentrations- (12) oder Temperaturinformationen (13) umgerechnet werden kann. Abbildung 3 zeigt ein über die Rayleigh-Technik aufgenommenes Temperaturprofil in einer Vormischflamme. Mit der Rayleigh-Streuung sind auch zweidimensionale Feldmessungen möglich (14), was ebenfalls für die noch schwächere Raman-Streuung (15) gilt. Trotz ihrer geringen Signalstärke und damit hohen Störanfälligkeit ist die Raman-Technik wegen ihrer großen Informationsfülle (Konzentration, Temperatur für alle Gase/Fluide, Besetzung von Energieniveaus) in der Meßtechnik unverzichtbar. Die erzielbare Konzentrations-Auflösung (10 - 100 ppm) ist wegen der geringen Intensitäten schlechter, aber doch für viele Anwendungen gut genug, abhängig auch von der möglichen Meßzeit (Zeitauflösung), die ebenfalls mit die erreichbare Meßgenauigkeit beeinflußt. Abbildung 4 zeigt als ein Meßbeispiel die in einer vorgemischten Freistrahlflamme aufgenommene Sauerstoff-Konzentrationsverteilung (16).

Die geringen Signalstärken und damit verbunden die hohe Störanfälligkeit macht die Einsetzbarkeit der linearen Raman-Streuung in technisch-verschmutzten Untersuchungsräumen problematisch oder gar unmöglich. Für solche Messungen hinsichtlich der Skalargrößen existiert derzeit praktisch nur ein nutzbares Meßverfahren, das nicht lineare Raman-Verfahren CARS (Coherent Anti-Stokes Raman Scattering). Es besitzt die positiven Eigenschaften der Raman-Verfahren (Informationsfülle), bringt jedoch um mehrere Zehnerpotenzen höhere Signalstärken hervor. Dies geht andererseits aber auf Kosten der generell einfachen Handhabung des linearen Effektes mit nun extrem vergrößerter Komplexität hinsichtlich Aufbau der Meßsonden (2 Laser werden benötigt, als Detektor ein Dioden-Array), des damit verbundenen Kostenaufwandes und der Signalauswertung, die nahezu ausschließlich nur über Computer-

Verfahren möglich ist. Dies führt dazu, daß die lineare Raman-Streuung, wann immer möglich, bevorzugt eingesetzt werden sollte. Auf die grundlegenden Aspekte der Raman-Verfahren und ihren technischen Anwendungsmöglichkeiten in der Verbrennungstechnik wird detailliert z.B. in (17) eingegangen.

Neben den aufgezeigten Molekültechniken kann auch die lichtstarke Mie-Streuung in ausgewählten Anwendungen zur Konzentrationsmessung eingesetzt werden, wenn nämlich eine Fluidkomponente gezielt mit Streuteilchen dotiert wird, siehe z.B. (18). In anderen Anwendungen kann, oftmals auch in Verbindung mit zweidimensional auflösenden Feldmeßtechniken, die Mie-Streuung genutzt werden, um charakteristische Strukturen, wie z.B. die Flammenfront in technischen Verbrennungen, sichtbar zu machen (19, 20).

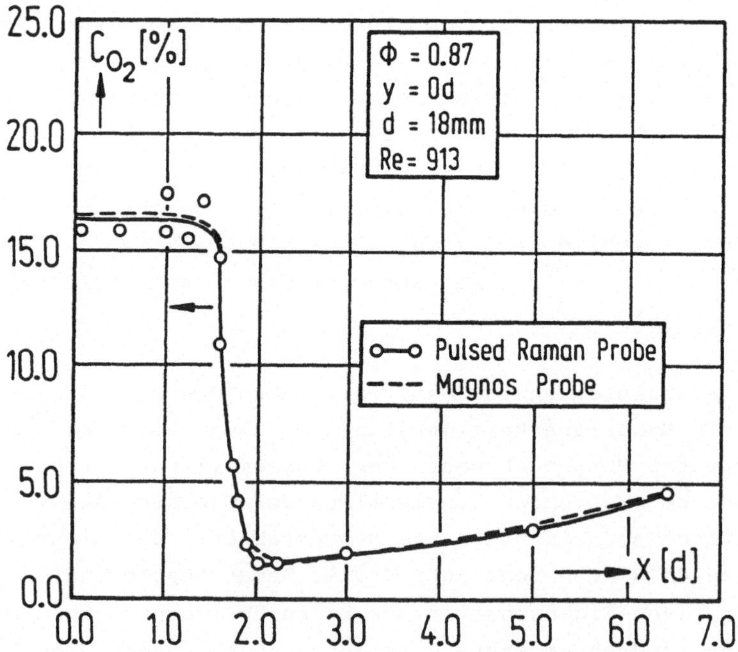


Abbildung 4: Axiales Konzentrationsprofil des Sauerstoffs in einer vorgemischten Methan-Luft-Rohrflamme im Vergleich von Laser-Raman- und Sonden-Messung (16).

Literatur


(1) F. DURST, A. MELLING, J.H. WHITELAW: Principles and Practice of Laser Doppler-Anemometrie. Academic Press, London-New York, 2. Auflage 1981

(2) R. KLEINE, G. GOUESBET, B. RUCK: Proc. SENSOR'82, Bd. 3, 15-42

(3) J. STREIB: Chem.-Ing.-Tech. 60, 138 (1988)

(4) F. DURST: J. Fluids Engng. 104, 284 (1982)

(5) A.J. YULE, N.A. CHIGIER, S. ATAKAN, A. UNGUT: J Energy 1, 220 (1977)

(6) R. SCHODL: Dissertation RWTH Aachen (1977)

(7) W. MERZKIRCH: Flow Visualization. Academic Press, New York, 2. Auflage 1987, S. 55-66

(8) B. HILLER, R.K. HANSON: Appl. Opt.27, 33 (1988)

(9) C.Y. SHE: Appl. Phys. B32, 49 (1983)

(10) E.K. GUSTAFSON, J.C. MC DANIEL, R.L. BYER: IEEE J. Quantum Electr. QE-17, 2258 (1981)

(11) A.C. ECKBRETH, P.A. BONCZYK, J. VERDIECK: Prog. Energy Combust. Sci. 5, 253 (1979)

(12) J. HAUMANN, G. WU, A. LEIPERTZ: Exp. Fluids 5, 230 (1987)

(13) A. LEIPERTZ, J. HAUMANN, G. KOWALEWSKI: VDI-Berichte 645, 543 (1987)

(14) A. LEIPERTZ, G. KOWALEWSKI, J. HAUMANN, G. WU: Proc. 2nd European Turbulence Conference, Springer-Verlag (in Druck)

(15) M.B. LONG, P.S. LEVIN, D.C. FOURGUETTE: Opt. Lett. 10, 267 (1985)

(16) J. HAUMANN, A. LEIPERTZ: Appl. Opt. 24, 4509 (1985)

(17) A. LEIPERTZ: Chem.-Ing.-Tech. 61, 39 (1989)

(18) M.B. LONG, B.T. CHU, R.K. CHANG: AIAA J. 19, 1151 (1981)

(19) A.O. ZUR LOYE, F.V. BRACCO: SAE Paper 870454 (1987)

(20) A. LEIPERTZ: in Instrumentation for Combustion and Flow in Engines (Eds. D.F.G DURAO et al.), Kluwer Acad. Publ., Dordrecht - Boston - London, 1989, S. 123-140

# Untersuchungen von Verbrennungsprozessen über das Rotation-CARS-Verfahren

A. Leipertz und E. Magens

Lehrstuhl für Laseranwendungstechnik, Ruhr-Universität Bochum, Universitätsstr. 150, D-4630 Bochum 1

Bei der Untersuchung von Verbrennungsprozessen ist zur Erfassung der komplexen Vorgänge der Wärme- und Stoffübertragung die lokale Aufnahme von Temperatur- und Konzentrationsverläufen von größter Bedeutung. Die Bereitstellung dieser Daten ist oftmals mit genügender Genauigkeit mit Hilfe mechanischer Sonden möglich, die andererseits aber in anderen Anwendungen zu unerlaubten Störungen des Strömungs- und Reaktionsablaufes führen. Hier ist der Einsatz störungsfreier, optischer Meßtechniken notwendig, für die lokal aufgelöste Messung in Form von laserinduzierter Fluoreszenz (1) und/oder der Laser-Streulicht-Verfahren, von denen die Laser-Raman-Streuung die größte Anwendbarkeitsbreite und Informationsfülle aufweist (als Anwendbarkeitsübersicht siehe z.B. Ref. 2). In technisch verschmutzten Verbrennungsprozessen wird als einzig nutzbares Verfahren das nichtlineare Raman-Verfahren CARS (Coherent Anti-Stokes Raman Scattering) betrachtet, das hier in Form des Rotations-CARS hinsichtlich seiner Nutzbarkeit in einfachen Methan-Luft-Flammen vorgestellt wird.

## Erscheinungsbild der CARS-Streuung

Die Einstrahlung zweier Laser mit den Frequenzen $\nu_1$ (Pumpstrahl) und $\nu_2$ (Stokes-Strahl), die zur Erzeugung des CARS-Effektes notwendig sind, in ein Gasmedium mit der molekülspezifischen Eigenfrequenz $\nu_M$ bewirkt eine energetische Wechselwirkung zwischen den Laserphotonen und den Gasmolekülen, die sich in unterschiedlichen Formen der Raman-Streuung bemerkbar macht. Von diesen wird hier nur der CARS-Effekt betrachtet, der unter der Einstrahlbedingung $\nu_M = \nu_1 - \nu_2$ hinsichtlich der Laser und bei Nutzung hoher Laserleistungen (MW-Bereich) spektral an der Stelle $2\nu_1 - \nu_2 = \nu_1 + \nu_M$ in Erscheinung tritt. Werden die Einstrahllaser auf eine Schwingungseigenfrequenz der Molekülart abgestimmt, erhält man ein Vibrations-CARS-Signal, bei Nutzung der reinen Rotationseigenfrequenz ein Rotations-CARS-Signal. Abbildung 1 zeigt diese Unterscheidung schematisch auf mit einigen Details hinsichtlich Meßwertgewinnung und spektraler Auflösung. Wie für alle Raman-Effekte gültig, ist eine Molekülpartialdichte-Information (Konzentration) erhältlich aus der einzelnen Linienintensität (meist bei Kenntnis des Temperaturwertes), eine Temperaturinformation aus dem Verhältnis mehrerer unterschiedlicher Linienintensitäten. Vibrations-CARS, das wegen seines großen spektralen Abstandes vom Pumplaser und seiner selbst bei hohen Temperaturen relativ hohen Intensität bisher meist meßtechnisch genutzt wird, hat den Vorteil der guten spektralen Trennung unterschiedlicher Gaskomponenten mit dem jedoch gleichzeitig damit verbundenen Nachteil, daß mehrere Gaskomponenten im Regelfall nicht gleichzeitig ausgemessen werden können (Ausnahmen siehe z.B. Ref. 3) und zur Aufnahme unterschiedlicher Gase unterschiedliche Farbstoffe im Dye-Stokes-Laser (für $\nu_2$) benutzt werden müssen. Nachteilig ist auch die Komplexität der Computerauswertung bei der Erzeugung der erwarteten Signalverläufe, die aus den Einzelintensitäten berechnet werden unter Zuhilfenahme von aufbauspezifischen Parametern und für die Auswertung genau gekannt sein müssen. Dies ist vereinfacht für den Rotations-CARS-Effekt, bei dem die Einzellinien für jedes Gas für sich deutlich getrennt sind. Da zudem fast jede Gaskomponente in dem gleichen Spektralbereich einen Signalanteil liefert, können diese gleichzeitig untersucht werden mit nur einem Farbstoff, falls bei Überlagerung unterschiedlicher Linien (siehe z.B. das Luft-Spektrum in Abb. 1) diese genügend gut zur Meßwertgewinnung getrennt werden können. Dies wird weitgehend erreicht durch Nutzung einer neueingeführten Fourier-Analysis-Technik in der Auswertung (4), die auch hier eingesetzt wird.

## CARS-Aufbau

Zur Erzeugung des CARS-Signales werden grundsätzlich zwei unterschiedliche Einstrahlfrequenzen (Laser) benötigt, die entsprechend der Molekülart von Interesse aufeinander abgestimmt sein müssen. Abbildung 2 zeigt schematisch den Aufbau einer typischen CARS-Apparatur in einer sog. dreidimensionalen BOXCARS-Anordnung (5), bei der zwei Pumplaser- und ein Stokes-Laserstrahl räumlich voneinander getrennt in das Untersuchungsvolumen eingestrahlt werden. Vorteil dieser Anordnung (siehe auch Abb. 3) ist, daß der erzeugte CARS-Strahl ebenfalls räumlich getrennt von den eingebrachten Laserstrahlen abgestrahlt wird. Die Abstrahlung erfolgt aufgrund der Impulserhaltung in genau nur eine mögliche Richtung. Zudem ist eine hohe lokale Auflösung erzielbar. Andere Einstrahlanordnungen (6) bieten bei unterschiedlichen Orts/ Raumauflösungen in der Messung oftmals andere spezifische Anwendungsvorteile, auf die hier nicht weiter eingegangen werden soll.

Hinter dem Untersuchungsbereich wird das CARS-Signal einem Spektrographen zugeführt, während unter möglichst exakt gleichen Einstrahlbedingungen in einer Referenzzelle (meist gefüllt mit einem Edelgas unter Hochdruck) ein "nichtresonantes Referenzsignal" erzeugt wird, das ebenfalls über den Spektrographen, aber getrennt vom eigentlichen Meßsignal, mit einem optischen Vielkanalanalysator (OMA) registriert und zur Normierung des Meßsignals hinsichtlich der Einstrahlintensitäten und speziell der spektralen Verteilung des Stokes-DYE-Lasers genutzt wird. Auf weitere Details wird hier nicht weiter eingegangen. Sie sind ausführlich z.B. in (6) dargestellt.

## Temperatur- und Konzentrationsmessung aus Rotations-CARS

Die Trennung unterschiedlicher Gaskomponenten geschieht im Fourier-Raum der CARS-Signale (3), wo über die Temperaturabhängigkeit der Fourier-Komponenten (Real- und/oder Imaginärteil) die Temperaturinformation erzielt wird. Abbildung 4 zeigt den für T = 1850 K in den Realraum zurückgerechneten, spektralen Rotations-CARS-Verlauf im Vergleich zu dem gemessenen Spektrum (oberer Verlauf). Für drei unterschiedliche Verbrennungsbedingungen in den Hochtemperaturbereichen einer vorgemischten, laminaren Methan-Luft-Flachbrennerflamme ergaben sich für jeweils 10 - 20 Einzelmessungen im Vergleich zu strahlungskorrigierten Thermoelementmessungen (Th) die Werte 1811 ± 75 K (Th: 1780 K), 1832 ± 85 K (Th: 1865 K) und 1969 ± 110 k (1970 K) und damit eine recht gute Übereinstimmung.

In Mischungsgebieten mit Außenluft ergeben sich bei kleineren Temperaturwerten deutlich bewertbare Abweichungen zwischen theoretischem und experimentellen Spektren (siehe Abbildung 5 für T = 400 K und das Partialdruckverhältnis $O_2/N_2$= 0.25), was zurückgeführt werden kann auf "unterschiedliche" Temperaturen für Stick- und für Sauerstoff durch das Entrainments von kalter Luft aufgrund der stärkeren Korrelation des Sauerstoffs zu dem Verbrennungsprozeß.

## Danksagung

Bei der Durchführung der Arbeiten waren beide Autoren noch Mitarbeiter der Ruhr-Universität Bochum. Jetzt ist A. Leipertz Ordinarius für Technische Thermodynamik an der Universität Erlangen-Nürnberg und E. Magens als Berater tätig für die Fa. Esytec GmbH in Bochum. Die Durchführung der Arbeiten wurden finanziell gefördert von der Stiftung Volkswagenwerk.

## Literatur


(1) A.C. ECKBRETH, P.A. BONCZYK, J.F. VERDIECK: Prog. Energy Combust. Sci. 5, 253 (1979)
(2) A. LEIPERTZ: Chem.-Ing.-Tech. 61, 39 (1989)
(3) A.C. ECKBRETH: SPIE Vol. 742, 34 (1987)
(4) T. LASSER, E. MAGENS, A. LEIPERTZ: Opt. Lett. 10, 535 (1985); A. LEIPERTZ, E. MAGENS, T. LASSER: AIAA-Paper 85-1569 (1985)
(5) J.A. SHIRLEY, R.B. HALL, A.C. ECKBRETH: Opt. Lett. 5, 380 (1980)
(6) A. LEIPERTZ: Habilitationsschrift, Ruhr-Universität Bochum (1984)


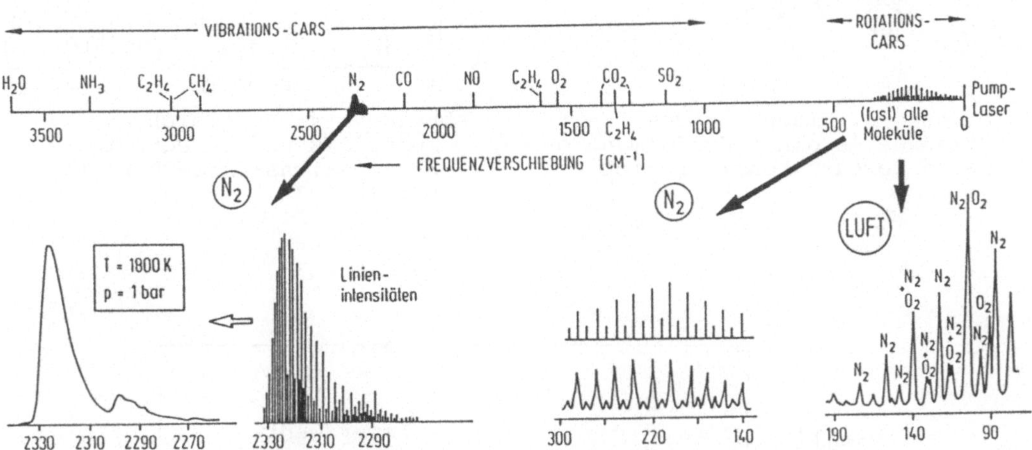


Abbildung 1: Schematische Darstellung von Vibrations- und Rotations-CARS in typischer Erscheinungsform

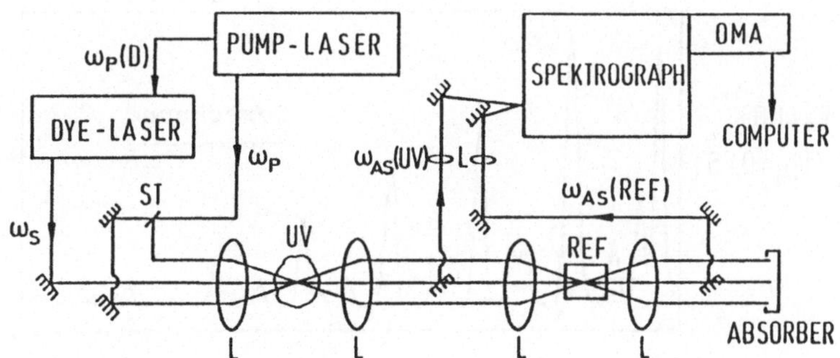


Abbildung 2: Schema eines typischen CARS-Aufbaus mit dreidimensionaler Boxcars-Anordnung

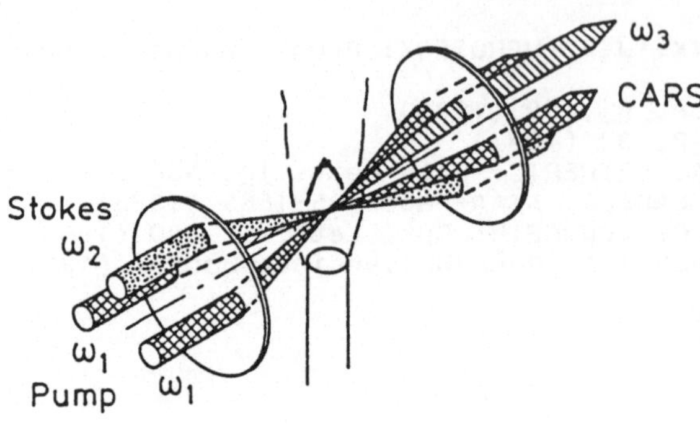


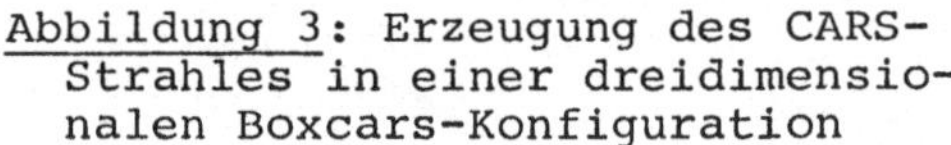

Abbildung 3: Erzeugung des CARS-Strahles in einer dreidimensionalen Boxcars-Konfiguration

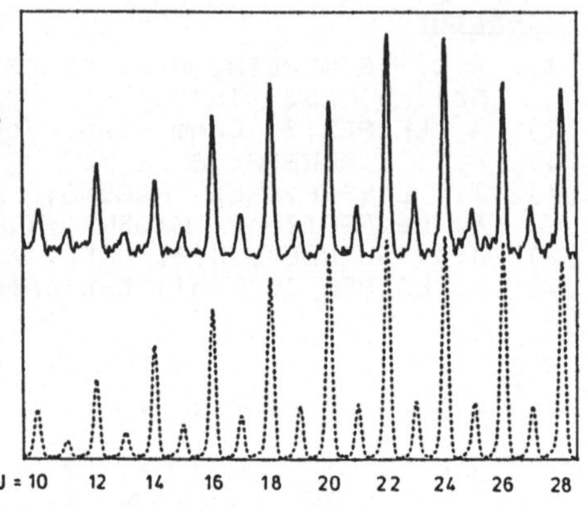


Abbildung 4: Vergleich experimentelles und berechnetes $N_2$-Rotations-CARS-Spektrum bei 1850 K

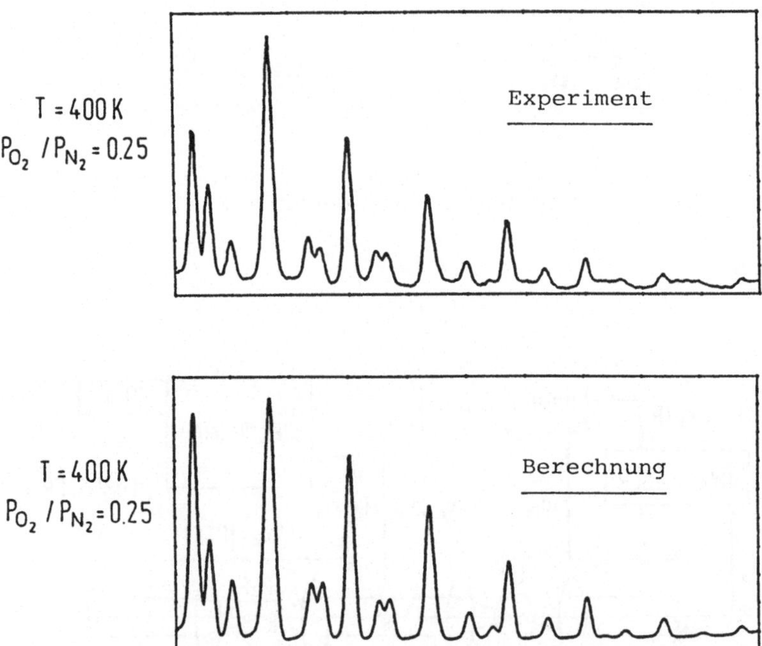


Abbildung 5: Vergleich experimentelles und berechnetes Flammen-Rotations-CARS-Spektrum in Niedertemperatur-Mischungsgebieten von Verbrennungsgasen mit kalter Umgebungsluft

# Einsatz der Laser-induzierten Chlorophyll-Fluoreszenz in der Waldschadensforschung

B. Ruth
Medis-Institut, Gesellschaft für Strahlen- und Umweltforschung mbH
München, D-8042 Neuherberg, F.R.G.

In Dunkelheit kommt der Photosynthese-Prozess innerhalb von etwa 20 min vollkommen zum Erliegen. Wird danach photosynthetisch aktives Licht eingestrahlt, so steigt die Fluoreszenz F(t) sehr rasch an und erreicht nach etwa 1 s ihr Maximum Fm (Kautsky-Effekt). Die Zeitabhängigkeit von F(t) wird dadurch verursacht, daß der Photosynthese-Prozeß zu Anfang nicht optimal funktioniert und das Licht zwar absorbiert, die Energie aber nicht weiterverarbeitet werden kann. Der Anstieg erfolgt mit unterschiedlichen Zeitkonstanten und gegebenenfalls auch über ein Zwischenmaximum. Nach dem Maximum sinkt F(t), z.T. ebenfalls über ein oder mehrere Zwischenmaxima, innerhalb von einigen Minuten auf den Gleichgewichtswert $F_s$ ab. Die verschiedenen Phasen der Fluoreszenz können einzelnen Komponenten des Photosynthese-Systems zugeordnet werden [1,2].
Die Fluoreszenz tritt im Wellenlängenbereich zwischen 650 nm und 800 nm auf und hat zwei Peaks bei etwa 685 nm und 730 nm. Die Zeitabhängigkeit der Fluoreszenz beider Peaks ist etwas unterschiedlich und kennzeichnet das Verhalten der beiden Photosynthese-Systeme (PS) I und II.
Im allgemeinen wird aus dem Fluoreszenzverlauf der Parameter $R = (F_m - F_s)/F_s$ betrachtet, der ein Maß für die potentielle Photosyntheseaktivität ist. Aus den Werten $R_{685}$ und $R_{715}$ für die beiden Fluoreszenzkomponenten wird $A = 1 - (R_{715} + 1)/(R_{685} + 1)$ berechnet. A zeigt die Effektivität der Anpassung des Energietransfers zwischen PSI und PSII an [3,4].

Für die Messung der Fluoreszenz wird das Licht eines He-Ne-Lasers (5 mW) in ein Faserbündel fokussiert und zum Versuchsobjekt im lichtdichten Meßkopf geleitet (siehe Fig. 1). Die Fasern dieses Bündels sind statistisch mit den Fasern von zwei weiteren Bündeln gemischt, die das Licht zu den zwei Detektoren (PM) leiten. Die Filter 685 nm und 730 nm bestehen aus Interferenz- und Kantenfiltern und selektieren das entsprechende Fluoreszenzlicht. Da die Quantenausbeute der Fluoreszenz die Größe von etwa $10^{-4}$ hat, muß das Anregungslicht sehr effektiv absorbiert werden, damit sein Anteil am Meßsignal gering ist im Vergleich zu dem des Fluorszenzlichts. Bei einer ungenügenden Separation wird ein beträchtlicher Teil des PM-Signal durch den Anteil des gestreuten Anregungslichts bestimmt. Bei Änderungen des Streuverhaltens, wie es z.B. durch ein Vergilben von Nadeln oder Blättern hervorgerufen wird, ist dieser Anteil zu berücksichtigen, insbesondere, wenn nur geringe Effekte auf die Fluoreszenz zu erwarten sind. Mit der verwendeten Filterkombination ist der Anteil des Streulichts im Fluoreszenzsignal für die beiden Detektionswellenlängen 685 nm und 730 nm 0.18% bzw. 0.55%.

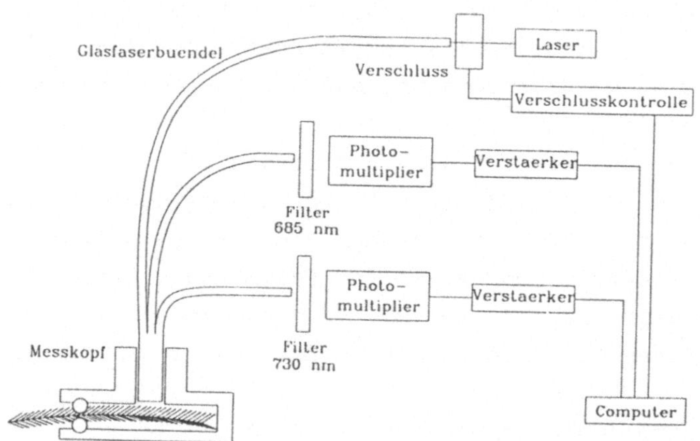


Fig. 1:
Apparatur zur Messung der Induktionskinetik

Die Photomultiplier-Signale werden über Verstärker mit einem Rechner registriert, der über eine Kontrolleinheit den Verschluß steuert (Öffnungszeit 4 ms). Da sich die Fluoreszenzintensität am Anfang sehr rasch ändert, bei Annäherung an den Gleichgewichtswert aber nur noch langsam, wird die Abtastrate variiert. Sie beträgt am Anfang 2 kHz und wird dann schrittweise auf 1 Hz reduziert. Die Verstärker haben eine Zeitkonstante, die der maximalen Abtastrate angepaßt ist.
In Fig. 2 ist an einem Beispiel eines Fichtenzweiges die zeitabhängige Fluoreszenz F(t) für die zwei Komponenten dargestellt (730 nm oben, 685 nm unten). Da die zeitliche Auflösung mehrere Größenordnungen überstreicht, ist die Zeitachse logarithmisch dargestellt. Der steile Anstieg am Anfang ist durch das Öffnen des Verschlusses verursacht. Es folgt ein Anstieg bis zum Zwischenmaximum (intermediate state) bei etwa 0,5 s und dann ein weiterer Anstieg bis zum Maximum. Man erkennt, daß sich beide Kurven sehr ähnlich verhalten. An der Form des Maximums ist allerdings ein Unterschied zwischen beiden Wellenlängen festzustellen.

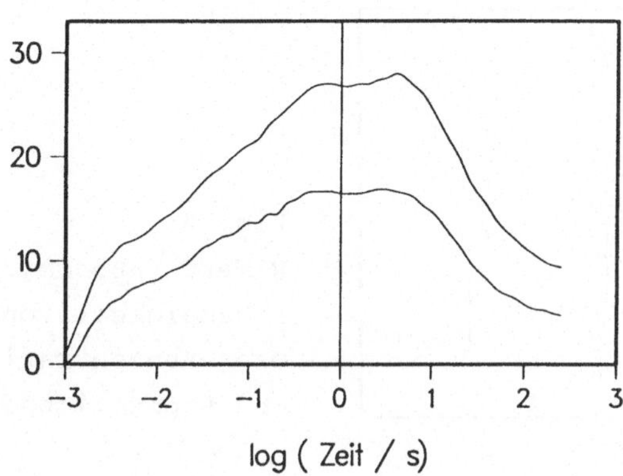


Fig. 2:
Induktionskinetik
eines Fichtenzweiges

In einem weiteren Beispiel soll der Einfluß von Ozon-Begasung von Fichten auf die verschiedenen Parameter der Fluoreszenz dargestellt werden. 4-jährige Fichten wurden in Expositionskammern bei gleichen Lichtintensitäten, Temperatur, Feuchtigkeit usw. einer Ozonbegasung von 1000 ppb bzw. 450 ppb ausgesetzt. 3 Tage nach Beginn wurde die erste Messung an je 4 Bäumen jeder Ozon-Konzentration und an 4 Kontrollbäumen durchgeführt. Dazu wurden die Bäume aus den Expositionskammern in eine Meßkammer mit reiner Luft und gleicher Temperatur gebracht. An jedem Baum wurden 5 Zweige in einer Verdunklungszeit von 20 min gemessen. Diese Messungen wurden mit gleicher Prozedur im wöchentlichen Abstand dreimal wiederholt. Aus den Messungen wurden die Parameter $R_{685}$, $R_{730}$, A und die Anfangssteigung $M_{685}$ und $M_{730}$ der Fluoreszenz bestimmt und für die Bäume einer Konzentration an jedem Meßtermin der Mittelwert gebildet.

Mit der entsprechenden Normierung wird in Fig. 3 am Beispiel $R_{685}$ die Wirkung der Ozonbegasung in Abhängigkeit von der Zeit dargestellt (o Kontrolle, ● 450 ppb Ozon, ■ 1000 ppb Ozon). Man erkennt die Abnahme von $R_{685}$ entsprechend der Konzentration und mit zunehmender Expositionsdauer. Der größte Effekt scheint schon zwischen dem 1. und 2. Meßtermin stattzufinden.

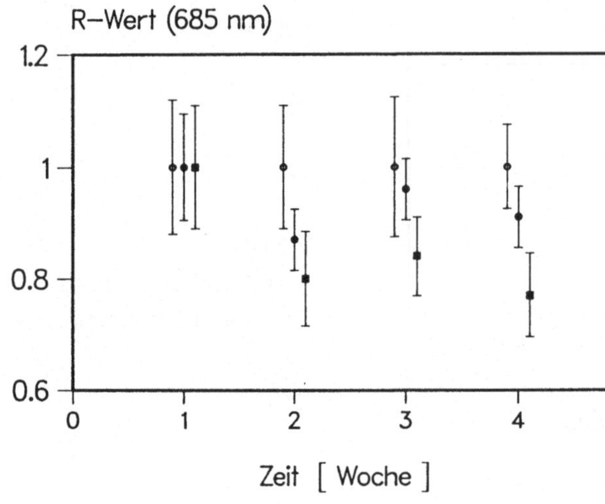


Fig. 3:
R-Wert (685 nm) in Abhängigkeit von der Ozon-Konzentration und Expositionsdauer

Eine ähnliche Abhängigkeit ist für $R_{730}$ zu finden. Die Steigungen selbst weisen außerordentlich große Streuungen auf, so daß sie normiert werden müssen. Mit zunehmender Konzentration und Begasungsdauer steigen die Werte $M_{685}/F_{m685}$, $M_{730}/F_{m730}$, $M_{685}/M_{s685}$ und $M_{730}/F_{s730}$ an. Auch diese Größen scheinen daher ein Indikator für eine Schädigung zu sein.

## References

[1] Franck UF, Hoffmann N, Arenz H, and Schreiber U (1969) Chlorophyllfluoreszenz als Indikator der photochemischen Primärprozesse der Photosynthese. Ber Bunsenges Phys Chem 73: 871-79.

[2] Krause GH and Weis E (1984) Chlorophyll fluorescence as a tool in plant physiology. II. Interpretation of fluorescence signals. Photosynth Res 5: 139-57.

[3] Lichtenthaler HK and Rinderle U (1988) The role of chlorophyll fluorescence in the detection of stress conditions in plants. Critical Reviews in Analytical Chemistry 19(1): S29-S85.

[4] Strasser RJ, Schwarz B, and Bucher JB (1987) Simultane Messung der Chlorophyll Fluoreszenz-Kinetik bei verschiedenen Wellenlängen als rasches Verfahren zur Frühdiagnose von Immissionsbelastung an Waldbäumen: Ozoneinwirkung auf Buchen und Pappeln. Eur J For Path 17: 149-157.

# Fiber-Optic Fluorescence Sensor for *in-vivo* Measurements of Photosynthetic Defects

H. Schneckenburger, W. Schmidt, P. Hammer, K. Hudelmaier and R. Pfeifer,
Fachhochschule AALEN, Beethovenstraße 1, D-7080 Aalen

## Introduction

The application of fluorescence techniques for an early detection of photosynthetic defects offers many advantages. The methods are non-invasive, highly selective for specific plant pigments of fluorescent coenzymes and appropriate for remote measurements of in vivo systems.

In previous experiments the induction and decrease of chlorophyll fluorescence under continuous illumination ("Kautsky curves") was used as a measure of photosynthetic efficiency [1]. At the beginning of light exposure the fluorescence of dark adapted organisms increases to a maximum value $f_{max}$, and then during the onset of photosynthesis decreases within about 5 min to a steady state value $f_s$, as indicated in Fig. 1. The ratio $(f_{max} - f_s)/f_s = f_d/f_s$ may therefore reflect the photosynthetic activity. Two contributions of fluorescence quenching -the chemical quenching and the so-called "energy quenching"- have been differentiated by pulse modulation fluorimetry [2]. More detailed methods include the detection od spectral changes [3] or fast picosecond kinetics of the individual photosystems [4,5].

Little is known about the reaction of photosynthetic organisms when they are excised or plucked, or kept for some time under laboratory conditions. It appears therefore essential to measure the fluorescence of intact organisms, e.g. leaves or needles kept on the trees. Compared with other "remote sensing" methods the

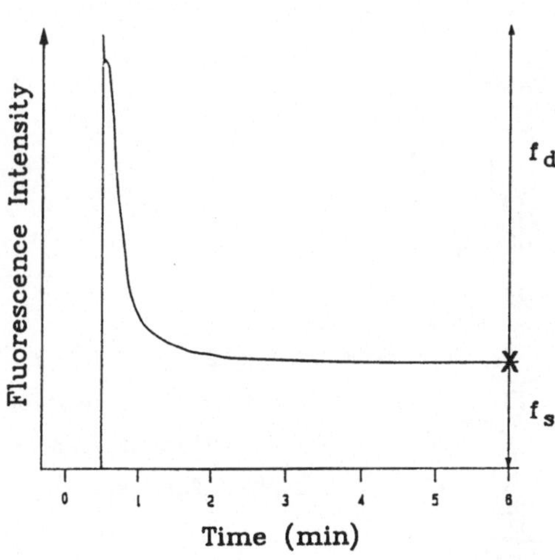


Fig. 1
Induction and decrease of chlorophyll fluorescence of a spruce needle measured in vivo via fiber optics (excitation wavelength 457.9 nm, detection range λ > 590 nm).

fiber-optic technique allows for a high local resolution, such as the measurement of individual needles which may represent a well-definded biological system.

In the fluorescence sensor described below the excitation and emission light are transmitted through the same fiber and seperated by specially adapted micro-optic devices. This keeps the system very compact and well applicable for remote measurements.

In the present paper preliminary results obtained from an experiment of exclusion of air pollutants in open-top chambers (Edelmannshof, Welzheimer-Wald), and comparative studies of individual spruces with different degrees of yellowing and needle losses (Freudenstadt, Black Forest) are reported. All measurements were carried out with green needles without any visible defects.

## Experimental Methods

The 457.9 nm beam of an air-cooled argon ion laser was coupled into the plain surface of a glass fiber with 100 µm of core diameter, and deflected in a microoptic bench (size 3 x 3 $cm^2$) via a dichroic mirror (Zeiss, FT 580) and adjustable selfoc lenses (Fig. 2).

The exciting beam was then transmitted through a 400 µm quartz fiber of 50 m of length which was kept at a distance of 0.6 mm from the needle surface in a specially developed adapter. The quartz material was selected such that the attenuation for both excitation and emission wavelengths was less then 30 dB/km resulting in a factor of 2 for the entire fiber. The core diameter of d = 400 µm was required to keep the power density of the irradiation below 40 $mW/cm^2$ (at an incident light power of 0.2 mW) and to allow for a detection angle $\Omega = A_D/l^2 = d^2\pi/4l^2 = 0.35$ sr, which was large enough in order to detect fluorescence intensities in the nanowatt range by the same fiber. The red fluorescence light passes the dichroic mirror and and an additional longpass filter ($\lambda \geq 590$ nm) and was detected by a silicon avalanche photodiode with a sensitivity of 1V/µW.

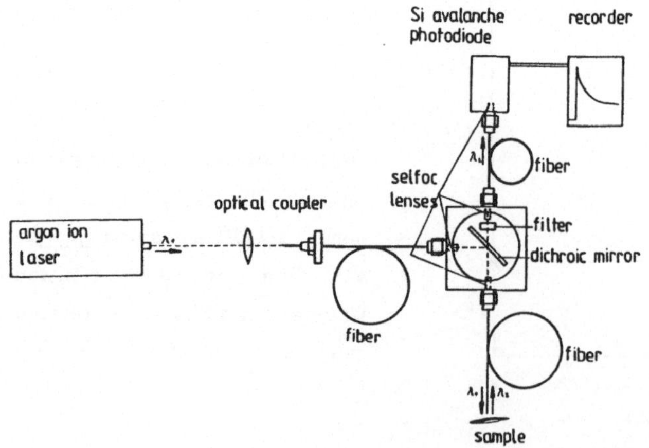


Fig. 2
Fiber-optic sensor for detection of chlorophyll fluorescence.

## Results and Discussion

The induction kinetics of fluorescence intensity of individual needles (age class 1987/88) from 2 spruces were measured under continuous illumination. These spruces had been exposed for 2 1/2 years in open-top chambers to environmental and filtered air (exclusion of $O_3$, $SO_2$, $NO_x$), respectively. The needles were measured after dark adaptation on the trees, immediately after plucking, and then for at least one week daily in the laboratory. They were kept humid for this time interval. Fig. 3 shows the ratio of fluorescence decrease and steady state fluorescence ($f_d/f_s$) measured during a first period in January 1989. For both spruces this ratio increased after plucking and remained constant from the first to the third day or even longer in the laboratory (data not enclosed in Fig. 3). Differences between the two spruces were considerably smaller than the changes of $f_d/f_s$ due to plucking. Different photosynthetic activities due to air pollutants can therefore not be

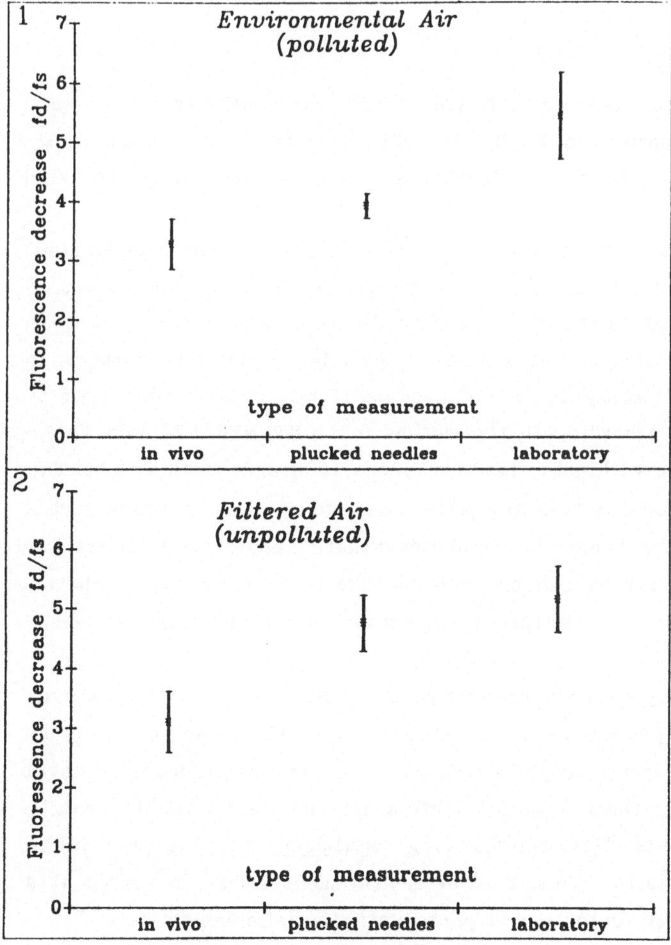


Fig. 3
Ratio of fluorescence decrease $f_d$ and steady state fluorescence $f_s$ of spruces kept under different condition in open-top chambers. Each value includes the standard deviation of 6 measurements of individual needles. The "laboratory values" were obtained 1 day after plucking the needles (January 1989).

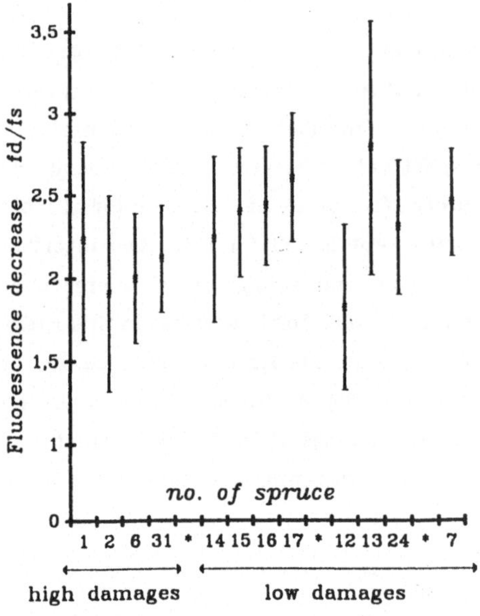


Fig. 4
Ratio of fluorescence decrease and steady state fluorescence ($f_d/f_s$) of 12 selected trees including the standard deviation of 12 parallel measurements each ("laboratory values", April 1989). High demages: ≥ 30% needle losses and yellowing; low damages: ≤ 10% needle losses and yellowing.

deduced from this kind of measurement. This result was confirmed by a second series of experiments performed in March 1989, showing lower values $f_d/f_s$– possibly a seasonal effect [6] – but no significant differences between the two kind of spruces.

Also the green needles of the different damage classes at the Freudenstadt location exhibited only slight variations of the ratio $f_d/f_s$ (Fig. 4). The values of those spruces showing high damages (≥ 30% of needle losses and yellowing) were in the lower range of the corrsponding values of the slightly damaged spruces. In addition, the chlorophyll contents of the needles of all spruces –measured by absorption spectroscopy according to the method of LICHTENTHALER and WELLBURN [7] – were the same within the limits of 400 – 1000 µg/g fresh weight. This indicates that the reaction of a tree to a certain damage may be the loss of part of its needles rather than the damage of the photosynthetic apparatus of the (remaining) green needles, as far as can be deduced from the fluorescence induction curves which give an integral measure of all primary steps of photosynthesis.

More informative may be measurements of the individual steps of photosynthesis, in particular the primary steps of energy transfer which can be studied by picosecond fluorescence spectroscopy [4,5,8]. A more immediate information about the status of the photosynthetic reaction centers, i.e. the plant's vitality, can be obtained from measurements of (particularly long-term) delayed luminescence (LDL), as reported previously [9,10]. This kind of measurement seems to represent a valuable tool for the early detection of photosynthetic deficiencies.

Acknowledgement

Current research is supported by the Europäisches Forschungszentrum für maßnahmen zur Luftreinerhaltung (PEF).

Literature

[1] H. K. Lichtenthaler, C. Buschmann, U. Rinderle, G. Schmuck: Radiat. Environ. Biopysics 25, 297 (1986).

[2] U. Schreiber, W. Bilger: NATO ASI Sciences, Vol. G15, 27 (1987).

[3] C. Buschmann, H.K. Lichtenthaler, in: Applications of Chlorophyll Fluorescence (H.K. Lichtenthaler, ed.), Kluwer Academic Publ., Dordrecht (NL), 1988, pp. 325.

[4] A. R. Holzwarth, J. Wendler, J., W. Haehnel: Biochim. Biophys. Acta 807, 155 (1985).

[5] H. Schneckenburger, M. Frenz: Radiat. Environ. Biophys. 25, 289 (1986).

[6] H. R. Bolhar-Nordenkampf, E. Lechner, in: Applications of Chlorophyll Fluorescence (H.K. Lichtenthaler, ed.), Kluwer Academic Publ., Dordrecht (NL), 1988, pp. 173.

[7] H. K. Lichtenthaler, A. R. Wellburn: Biochem. Soc. Transact. 603, 591 (1983).

[8] R. Sparrow, E. H. Evans, R. G. Brown, D. Shaw: J. Photochem. Photobiol. B3, 65 (1989).

[9] W. Schmidt, in: Applications of Chlorophyll Fluorescence (H.K. Lichtenthaler, ed.), Kluwer Academic Publ., Dordrecht (NL), 1988, pp. 211.

[10] Bürger, J., Schmidt, W.: Plant and Soil 109, 79 (1988).

# Ozonmessung mittels LIDAR am Hohenpeißenberg

H. Claude
Deutscher Wetterdienst, Meteorologisches Observatorium
Albin-Schwaiger-Weg 10, D-8126 Hohenpeißenberg

## Einleitung

Am Meteorologischen Observatorium Hohenpeißenberg wird seit mehr als 20 Jahren ein breit gefächertes Ozonmeßprogramm durchgeführt. Hierzu gehört insbesondere die Messung der vertikalen Ozonverteilung mittels Ballonsonden. Mit Hilfe dieses Datenmaterials wurden langfristige Ozontrends, das heißt eine Zunahme in der gesamten Troposphäre und eine Abnahme in der Stratosphäre erkannt und mittlerweile eindeutig nachgewiesen (WEGE, CLAUDE, HARTMANNSGRUBER 1989). Die zerstörende Wirkung der Fluorchlorkohlenwasserstoffe (FCKW) auf die Ozonschicht steht mittlerweile außer Zweifel (DEUTSCHER BUNDESTAG 1988). Modellrechnungen zu diesem Problem lassen vermuten, daß gerade in Höhen von etwa 40 km der stärkste Ozonabbau stattfinden wird (BRASSEUR, SIMON 1988). Da ballongetragene Sonden diese Höhen kaum erreichen und Satellitenmessungen noch immer zu ungenau sind, konnten die Modelle bisher dort durch Messungen nicht bestätigt werden. Genauere Messungen in diesem Bereich wurden erst durch die Lidartechnik möglich. Eines der ersten Ozonlidargeräte wurde erfolgreich auf der Zugspitze (2963 m) eingesetzt und lieferte Ozonprofile bis 50 km (WERNER et al. 1983). Das Lidar auf dem Hohenpeißenberg ist eine Weiterentwicklung dieses Systems und ist seit Oktober 1987 in jeder klaren Nacht im Einsatz (CLAUDE, WEGE 1989).

## Beschreibung des Systems

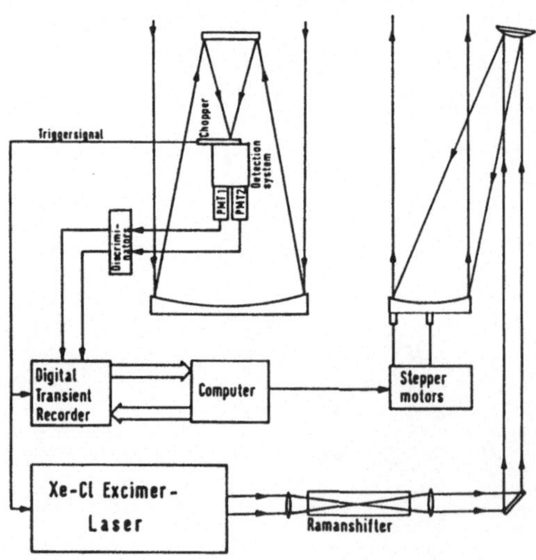


Abbildung 1: Schemazeichnung der Lidarapparatur auf dem Hohenpeißenberg.

Abbildung 1 zeigt den schematischen Aufbau des Systems. Kernstück der Anlage ist ein kommerzieller XeCl-Excimerlaser, der mit instabiler Resonatoroptik ausgestattet ist. Bei einer Repetitionsrate von 20 Hz liefert er Pulse mit einer Energie von etwa 280 mJ und 30 ns Dauer. Der Laser wird während des Betriebs von einer "Intelligent Laser Control" Einheit kontrolliert, die zudem die Schnittstelle zu dem das Meßprogramm vollautomatisch steuernden Rechner ist. Das vom Laser ausgesandte Licht mit der Wellenlänge 308 nm wird in die mit Wasserstoff gefüllte Ramanzelle fokussiert, in der die Referenzwellenlänge von 353 nm erzeugt wird. Das Wellenlängenpaar 308/353 nm wird sodann kollinear und simultan über eine aufweitende Aussendeoptik senkrecht in die Atmosphäre abgestrahlt. Hier kommt es zu Wechselwirkungen mit anderen Bestandteilen der Luft. Streuprozesse bewirken, daß ein Teil des ausgesandten Lichtes wieder zum Empfangssystem der Anlage zurückgelangt, wobei die Absorptionslinie (308 nm) in Abhängigkeit vom Ozongehalt der Luft mehr oder weniger stark absorbiert wird. Die Höheninformation ergibt sich aus der Laufzeitmessung. Der Empfangsspiegel (Ø 600 mm) fokussiert das rückgestreute Licht über einen Faltspiegel ins Nachweissystem. Mittels Strahlteiler werden hier beide Wellenlängen wieder getrennt und nach Durchgang durch schmalbandige Interferenzfilter zwei rauscharmen Photomultipliern zugeführt.

Ergebnisse

Die ersten Monate des operationellen Lidarbetriebs dienten vor allem der Erprobung des Geräts. Eingehende Vergleiche mit den konventionellen Messungen sollten zeigen, ob sich das System für Langzeituntersuchungen der stratosphärischen Ozonverteilung eignet.

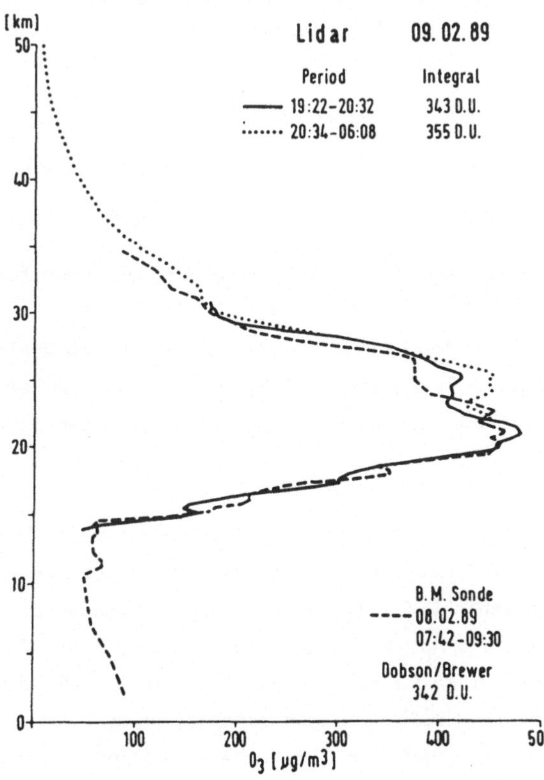


Abbildung 2: Vertikales Ozonprofil vom 8./9. Februar 1989, gemessen mit Lidar und Ozonsonde.

Abbildung 2 gibt als Beispiel die vertikale Ozonverteilung vom 08./09.02.1989 wieder. Die Ballonsondierung mit der naßchemischen Brewer/Mast-Sonde (strichliert) reicht von 2 bis 34 km und fand am Morgen des 08.02. statt. Die in der Folgenacht durchgeführte Lidarmessung setzt sich aus technischen Gründen aus zwei Anteilen zusammen. Zuerst wurde im Bereich 14 - 30 km (durchgezogen) gemessen und anschließend im Bereich 23 - 50 km (punktiert). Neben der offensichtlich sehr guten Übereinstimmung im nahezu gesamten Überlappungsbereich fällt im Höhenbereich um 25 km eine größere Abweichung der Profile auf, was auf reelle Strukturänderungen im Ozonprofil zurückzuführen ist. Diese konnten durch Lidarmessungen erstmals nachgewiesen werden. (PELON, MEGIE 1982, CLAUDE, WEGE 1988).

Die der Lidarmessung zeitlich nächstgelegene "Dobson"- oder "Brewer"-Spektrophotometermessung ist in Abbildung 2 unten rechts dargestellt. Der internationalen Konvention entsprechend werden diese Gesamtozonwerte in Dobson Units [D.U.] angegeben, wobei 1 D.U. 0.01 mm Ozonschichtdicke entspricht.

Die als INTEGRAL bezeichneten Werte stellen das Integral über das entsprechende lidargemessene Ozonprofil dar. Hierdurch steht ein weiteres Maß für die Meßgenauigkeit des Lidars zur Verfügung.

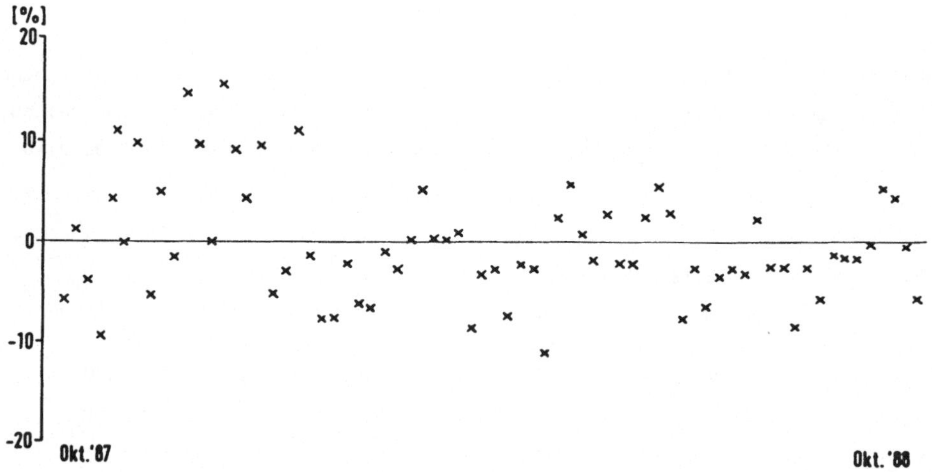


Abbildung 3: Relative Abweichung der Gesamtozonwerte (LIDAR) zu den Gesamtozonwerten aus Spektrophotometermessung.

Die Abweichung zwischen allen Lidar- und Spektrophotometermessungen ist außerordentlich gering (Abb. 3). Sie beträgt im Mittel lediglich 0.41 %, obwohl zwischen den Messungen meist mehrere Stunden Zeitdifferenz lagen, in denen sich das Gesamtozon sprunghaft ändern konnte (CLAUDE et al. 1989).

Auch der längerfristige Vergleich der Lidar- und der Ballonsondierungen beweist die gute Übereinstimmung der Messungen (Abb. 4). Dargestellt ist der Verlauf der reduzierten Schichtdicke (in D.U.) in Umkehrschicht 6, entsprechend einem Höhenbereich von 28 - 33 km, für die Zeiträume Januar bis April und Juli bis Oktober 1988. Die durchgezogene Linie verbindet die einzelnen Werte aus den Ballonsondierungen, die Lidarwerte sind durch Kreise markiert. Sie fügen sich außerordentlich gut in den durch die Sondierungen vorgegebenen Kurvenverlauf ein. Erkennbar wird jedoch auch ein Nachteil der Lidarmessung: Infolge schlechten Wetters waren von Mitte März bis Ende April überhaupt keine Messungen möglich.

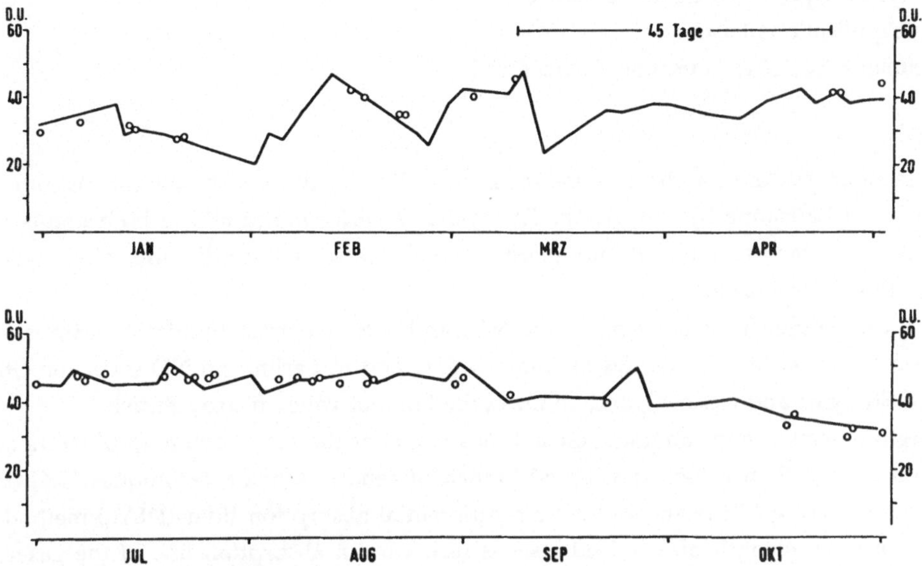


Abbildung 4: Verlauf der reduzierten Schichtdicke des Ozons im Höhenbereich 28 - 32 km, Ballonsondierung (——) Lidarmessung (o).

Insgesamt kann davon ausgegangen werden, daß aufgrund der bisher vorliegenden guten Erfahrungen und dem Bedarf an verläßlichen Messungen in der oberen Stratosphäre die begonnenen Langzeituntersuchungen fortgesetzt werden sollten.

Literatur.

(1) K. WEGE, H. CLAUDE, R. HARTMANNSGRUBER: A. Deepak Publishing, Hampton, Virginia (im Druck) (1989)
(2) DEUTSCHER BUNDESTAG (Hrsg.): Zwischenbericht der Enquete-Kommission (1988)
(3) G. BRASSEUR, P.C. SIMON: Aeronomica Acta 334 (1988)
(4) J. WERNER, K.W. ROTHE, H. WALTHER: Proc. Quadr. Ozone Symp., D. Reidel (1985)
(5) H. CLAUDE, K. WEGE: A. Deepak Publishing, Hampton, Virginia (im Druck) (1989)
(6) J. PELON, G. MEGIE: J. Geophys. Res., 87 (1982)
(7) H. CLAUDE, K. WEGE: Conference Abstracts 14th International Laser Radar Conference, Innichen, Italien (1988)
(8) H. CLAUDE, B. GEH, R. HARTMANNSGRUBER, T. HOHMANN, K.W. ROTHE, F. SCHÖNENBORN, H. WALTHER, K. WEGE: Erscheint in den Berichten des Deutschen Wetterdienstes (1989)

# LIDAR-Pollution Monitoring of the Atmosphere

H.J. Kölsch, P. Lambelet, H.G. Limberger, P. Rairoux, S. Recknagel, J.-P. Wolf, L. Wöste
Ecole Polytechnique Fédérale de Lausanne
Centre d'Applications Laser
(CH) Ecublens, CH-1015 Lausanne, Switzerland

A mobile lidar system has been developed since 1985 at the Swiss Federal Institute of Technology at Lausanne by our group. The system's performance allows both immission and emission measurements of four main air pollutants: sulfur dioxide, nitric oxide, nitrogen dioxide and ozone [1-4].

Emission campaigns have been made on $NO_2$ and $SO_2$, whereas immission campaigns have been made on $SO_2$ (in the Swiss Rhone valley and in Berlin), on NO (over the cities of Lyons, Stuttgart and Geneva), and on $O_3$ in the Limmat valley nearby Zurich.

Lidar (light detection and ranging) research has begun at the very beginning of lasers and has become since then a well developed branch of remote sensing techniques [5,6]. For pollution monitoring of the atmosphere the differential absorption lidar (DIAL) method is applied: one wavelength of a pulsed laser is tuned to an absorption line of the gaseous pollutant in consideration ($\lambda_{on}$), the other to the wing of this line ($\lambda_{off}$) having a smaller absorption coefficient. Both wavelengths are then emitted at high repetition rate into the atmosphere in an alternating manner. The backscattered light is collected by a telescope and focused onto a PMT transferring the electric output signal to a digitalizing transient recorder. Comparison of both backscattered intensity versus distance plots results in the expression of the pollutant's mixing ratio in parts per million (ppm = $1/10^6$) for emission or parts per billion (ppb = $1/10^9$) for immission analysis, respectively.

The mobile system developed in our institute has the following configuration (cf. fig. 1): two XeCl excimer pumped dye lasers (bandwidth 20 ns) with adjacent frequency doubling crystals furnish both required wavelengths at 80 pps. Then, the 10-fold expanded beam is sent into the atmosphere. The backscattered light is collected by a 40 cm diameter newtonian telescope and focused onto a PMT protected by a narrow band interference filter.

Emission measurements were made recently in Berlin (cf. fig. 2). The influence of transboundary air pollution could be demonstrated analysing a stack being situated in East-Berlin while the lidar system had been placed in the western part of the city. In this case the relatively stable atmosphere prevented the sulfur dioxide rich plume to come down to the ground, but still 500 ppb of sulfur dioxide inside the plume some 1200 m off the stack could be measured.

Immission measurements on nitric oxide were made in Lyons , Stuttgart and Geneva. In contrast with Lyons, Stuttgart is situated in a vessel surrounded by mountains. Thus very often pollutants can accumulate to considerable concentrations (cf. fig. 3).

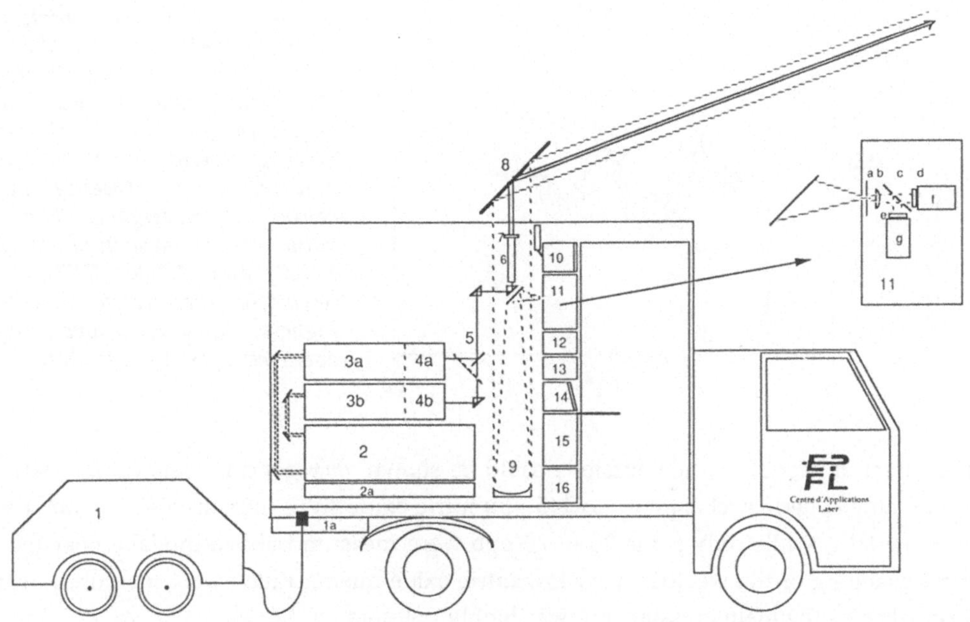


*Figure 1: 1 power generator, 1a cooling device, 2 excimer pump-laser, 2a gas stock, 3ab dye lasers, 4ab SHG: BBO crystal, 5 50% beam splitter + chopper, 6 beam expander, 7 fundamental blocking filter (option), 8 scanning mirror, 9 telescope, 10 video camera + monitor (option), 11 receiver box, 11a iris diaphragm, 11b lens, 11c dichroic beam splitter, 11d vis 11e uv narrow band filters, 11fg PMT, 12 transient digitizer, 13 computer, 14 graphic display, 15 data storage, 16 plotter.*

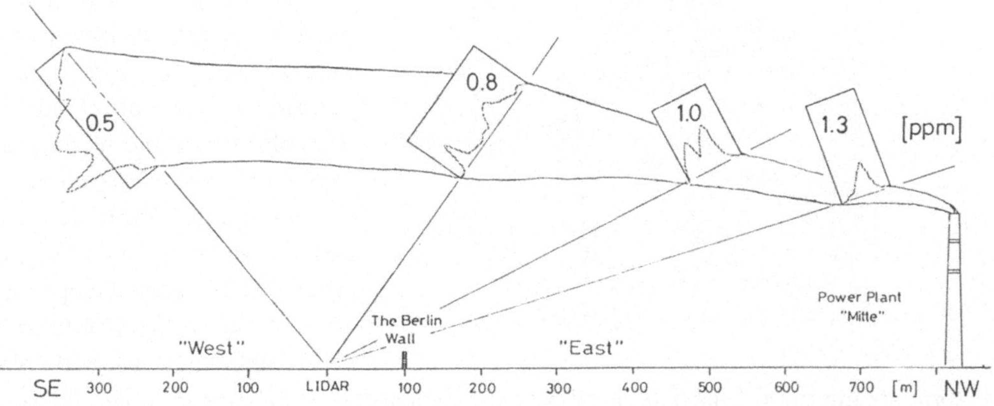


*Figure 2: Berlin-Kreuzberg at Köpenicker Straße: vertical scan of sulfur dioxide on December 20, 1988 between 15:00 and 21:00 CET. Sulfur dioxide mixing ratios are given in parts per million (ppm). The $SO_2$ emission of the Power Plant 'Mitte' in East-Berlin is visualized by four examples of the scan. The plume's structure ($\lambda_{off}$ signals) and the measured mixing ratios (oblongs) are shown.*

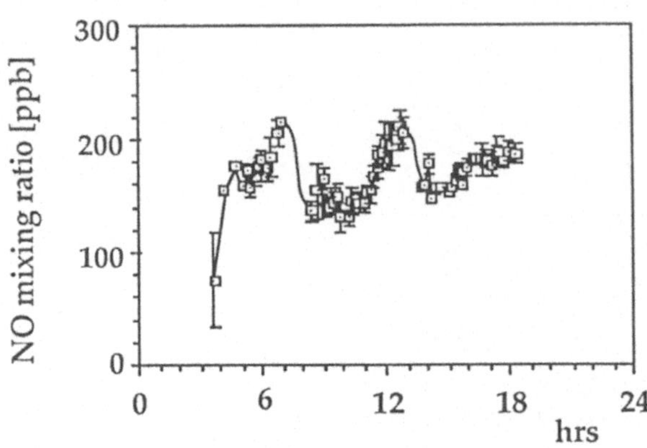


*Figure 3: Stuttgart: nitric oxide measurements on October 19, 1988 between 4:00 and 19:00 CET. The graph shows the diurnal variation of the nitric oxide mixing ratio over a heavy polluted main crossing in the center of Stuttgart. The peak values were measured at 7:00, 13:00 and 17:00 CET, where normally the traffic density is highest. Integration over 300 m, averages over 10 minutes.*

The direct impact of traffic emissions could be shown very good in Geneva. In a situation of low atmospheric exchange up to 145 ppb nitric oxide were measured at a main crossing near the lake, while only some 20 to 70 ppb were measured above the lake near the city. After changing of the weather, very low nitric oxide mixing ratios were measured over the lake, whereas the main crossing still was highly polluted (cf. fig. 4).

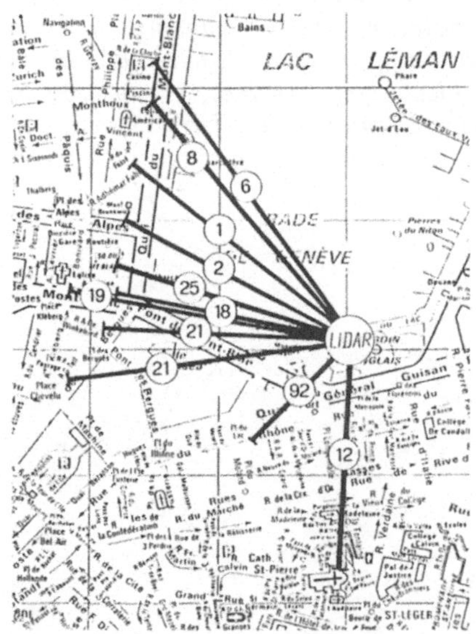


*Figure 4 : Geneva: horizontal scan of nitric oxide on February 13, 1989 at 15:00 CET, after dissipation of the weather conditions with little atmospheric exchange.*

Ozone measurements were made on a rural site nearby Zurich, where the diurnal ozone variations were observed (not shown): the ozone mixing ratio rose from about 30 ppb in the morning at six a.m. to about 100 ppb at two p.m. and decreased again to reach some 30 ppb again at ten p.m. A very interesting observation could be made when a storm sprang up at 7:45 p.m.: until 8:30 p.m., when the storm calmed down, the ozone content rose to some 70 ppb again in cause of ozone rich air masses brought along. Thereafter, the normal decrease of the ozone mixing ratio went on.

Sulfur dioxide immission measurements were performed in Berlin. Figures 5 and 6 show examples of both horizontal and vertical scans in a typical wintry situation. The vertical $SO_2$ distribution could be measured up to several hundred meters above the surface towards all directions. This way the input of air pollutants from different directions could be visualized giving an explicit insight in the transboundary air pollution problem.

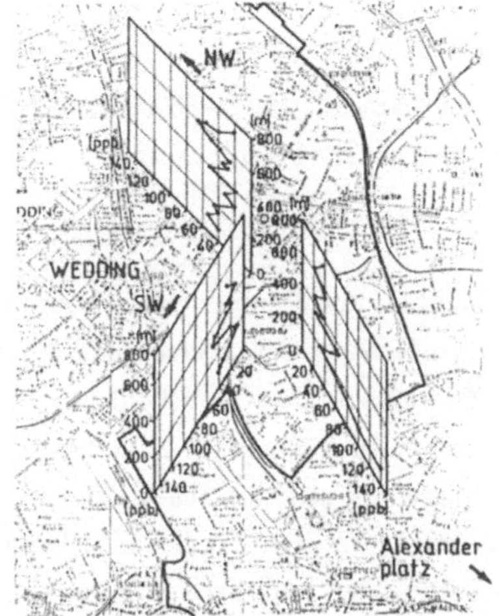


*Figure 5*
*Berlin-Wedding at Humboldthöhe: tridimensional map of three vertical scans of sulfur dioxide on December 16, 1988.*

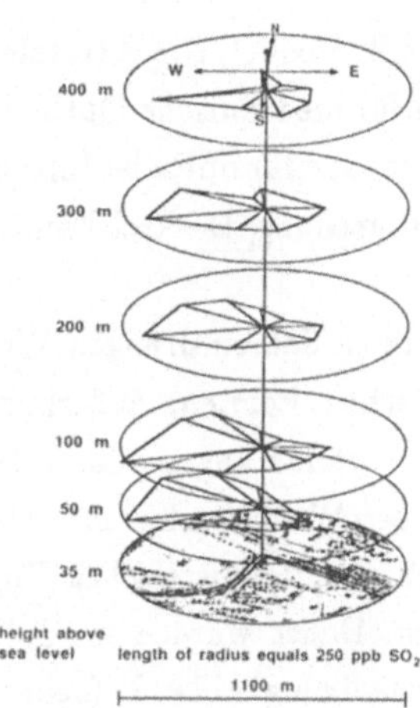


*Figure 6*
*Berlin-Kreuzberg at Köpenicker Straße: tridimensional map of sulfur dioxide on January 27, 1989.*

It has been demonstrated that air pollution monitoring by lidar is now a well developed technique having a large field of applications. Emission measurements at industrial sites as well as immission measurements over cities or in rural areas can be performed in a routine manner with a high degree of sensitivity. For that reason lidar systems can certainly find their practice in the future at public environmental protection agencies, which can draw valuable information from lidar data, or at industries, which need to monitor emissions within their area.


[1] Kölsch, H.J., P. Rairoux, J.P. Wolf and L. Wöste: "New Perspectives in Remote Sensing using excimer-pumped Dye Lasers and $\beta$-$BaB_2O_4$ Crystals", 14th International Laser Radar Conference in San Candido / Innichen (Italy), June 20-24, 1988, pp. 484-487.

[2] "Swiss LIDAR surveys pollutants in the Alps", Lambda Physik Highlights (Göttingen), Nº 12, August 1988, pp. 3 - 4.

[3] Kölsch, H.J., P. Rairoux, J.P. Wolf and L. Wöste: "Simultaneous NO and $NO_2$ DIAL Measurements using BBO Crystals", Appl. Optics, **28**, 1 June 1989, to appear.

[4] Beniston, M., M. Beniston-Rebetez, H.J. Kölsch, P. Rairoux, J.P. Wolf and L. Wöste: "Correlations Between Lidar Measurements and Numerical Models in Air Pollution Research", submitted to J. Geophys. Research.

[5] Measures, R.M.: Laser Remote Sensing - Fundamentals and Applications, John Wiley & Sons, New York, 1984.

[6] Measures, R.M.: "Laser Remote Chemical Analysis", John Wiley & Sons, New York, 1988, pp. 308-318.

# Reflexionsspektrometrische Messungen an Zweigen geschädigter Fichten

H.Hiendl[1], E.Hoque[2], P.J.S.Hutzler[2]

[1] Institut für medizinische Optik der Universität München, Barbara Str. 16, D–8000 München 40.

[2] Arbeitsgruppe für optische Informationsverarbeitung, Gesellschaft für Strahlen– und Umweltforschung, D–8042 Neuherberg.

In den letzten Jahren drangen Waldschäden, die sich bei Fichten, der dominierenden Baumart in den deutschen Forsten, äußerlich vor allem in Verlust, Verfärbung der Nadeln und morphologischen Veränderungen manifestieren, zunehmend in das Bewußtsein der Öffentlichkeit. Um das Ausmaß der Waldschäden mit luftgestützten Verfahren messen zu können ist es notwendig die spektralen und farbmetrischen Eigenschaften und ihre Veränderung mit der Schädigung genauer zu kennen. Daher wurden im Juli '88 an 15 ca. hundertjährigen Fichten der Schadensklassen 0 (ohne Schädigung) bis 3 (sehr krank) reflexionsspektroskopische und farbmetrische Untersuchungen vorgenommen.

Dazu wurde von diesen Fichten aus dem Bereich der Spitze in südlicher Richtung, Äste entnommen, die auch in einem Luftbild gut sichtbar wären. Von ihnen wurden jeweils fünf Gruppen mit je zwölf gleichartigen Proben, die für die Äste charakteristisch erschienen, wie Nadeln unterschiedlichen Jahrgangs, Rindenteile, Flechten, Zapfen entnommen und auf ihren Reflexionsgrad bei 17 Wellenlängen im Bereich 480–850nm untersucht. Dabei wurde ein Zeiss KM3 Reflexionsspektrometer verwendet, mit dem der Reflexionsgrad der Proben bei senkrechter Beleuchtung und einem Beobachtungswinkel von 45$^{\circ}$ gemessen werden konnte. (Näheres dazu: HOQUE) Anschließend wurden zur Datenreduktion Mittelwerte und Standardabweichungen über die Reflexionsgrade jeder Gruppe bei den gemessenen Wellenlängen gebildet.
Die Bestimmung der Farben der Probengruppen erfolgte durch Vergleich mit einer Farbmustersammlung, den Standard Leaf Color Charts, von T.Kiucho und M.Yazawa, die gemäß dem amerikanischen Munsell System aufgebaut und in dem von uns untersuchten Bereich besonders fein geteilt ist. Waren die Proben nicht eindeutig einem einzigen Farbmuster zuordbar, weil sie teilweise nicht gleichmäßig gefärbt bzw. gefleckt waren, dann wurden als Farben die Muster identifiziert, die dem Farbeindruck, der durch die gesamte Probe hervorgerufen wurde, am ähnlichsten waren, bzw. wurden die Farben der Flecken und der Umgebung getrennt bestimmt und hinterher durch additive Farbmischung gemäß ihrer Flächenanteile errechnet.
Die erhaltenen Werte wurden über Tabellen (WYSZECKI) in das von der CIE 1931 normierte Farbsystem mit den Normvalenzen XYZ umgerechnet.

Ergebnisse der reflexionsspektroskopischen Untersuchungen:

Zuerst sollen kurz die für die Reflexion von Pflanzenblättern bestimmenden Effekte erläutert werden. Diese sind zum einen Oberflächeneigenschaften des Blattes (Brechungsindex und

Rauhheit der cuticulären Wachsschicht) und zum anderen die Zusammensetzung, Menge und Verteilung der Blattfarbstoffe, die innere Blattstruktur (Anordnung von Zellwänden, Zellorganellen) und die Meng und Verteilung von Wasser im Blatt. Die Pigmente sind an der Absorption im Sichtbaren maßgeblich beteiligt. Wasser ist hauptsächlich für die Absorption von Strahlung im Infrarot verantwortlich.

Dies läßt sich auf die hier vorgestellten Untersuchungen anwenden. Die Reflexionsminima bei Nadelproben im Blauen (ca.480nm) und Roten (ca.680nm) werden hauptsächlich durch Absorptionsbanden der Pigmente verursacht. Im langwelligeren Rot bzw. Infrarot, wo diese Pigmente nicht mehr absorbieren, nimmt die Reflexion hohe Werte an. Die Wasserabsorptionsbanden liegen ausserhalb unseres Messbereiches.

Anhand einiger typischer Reflexionskurven von Nadeln seien die Veränderungen mit der Schädigung aufgezeigt:

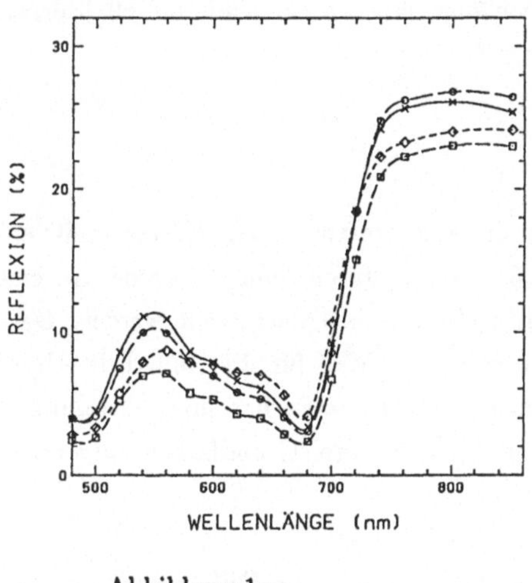


Abbildung 1a

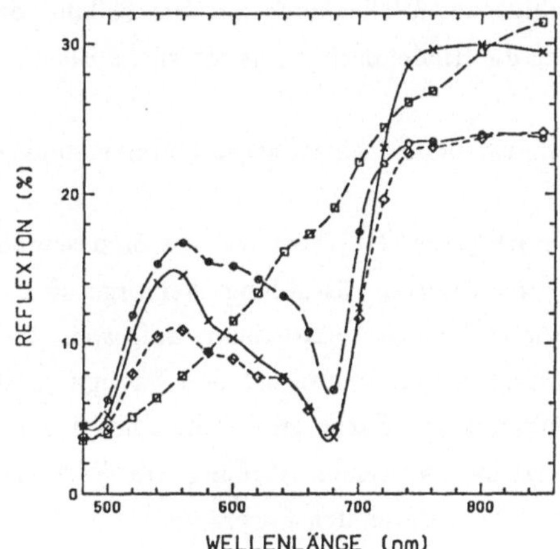


Abbildung 1b

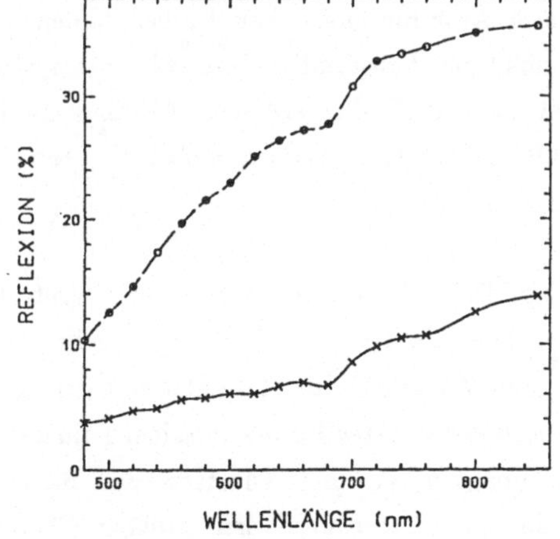


Abbildung 2

Legende
1a) Neuaustrieb,
1. Jahrgang,
2. Jahrgang,
3.,4. Jahrgang,
1b) Neuaustrieb,
1. Jahrgang,
1.–3. Jahrgang,
2. Jahrgang,
2) Rinde Neuaustrieb,
Rinde alt.

Die Reflexionskurven von Nadeln unterschiedlichen Jahrgangs wenig geschädigter Bäume (Abb.1a) überlappen sich stark und weisen geringe Unterschiede auf. Hervorstechend ist jedoch, daß die Nadeln des Neuaustriebes (Jahrgang 0) durchweg höhere Reflexionswerte als ältere Nadeln besitzen. Weit stärker unterscheiden sich die Reflexionswerte von Nadeln unterschiedlichen Jahrgangs stark geschädigter Bäume (Abb. 1b). Hier zeigen sich Unterschiede in der Kurvenform vor allem im Gebiet zwischen 560 und 660nm. Bei gesunden grünen Nadeln fallen die Reflexionswerte nach dem Reflexionsmaximum im grünen bei ca. 550nm im längerwelligen Bereich sehr schnell ab, wobei bei stark verfärbten Nadeln dieser Abfall weniger ausgeprägt ist. Hier bleiben die Reflexionswerte länger auf einem hohen Wert und fallen in diesem Gebiet weniger schnell ab.
Die Reflexionswerte von Rindenproben zeigen ein wesentlich einfacheres Verhalten (Abb.2). Sie besitzen eine starke Absorption im kurzwelligen Bereich und ihre Reflexion steigt mit zunehmender Wellenlänge an. Bei 680nm, der Wellenlänge der starken Chlorophyllabsorption, zeigen die Rindenproben nur schwache Einsattelungen.

Ergebnisse der Farbmetrischen Untersuchungen:

Die Farbe eines Objektes ist eine Sinnesempfindung, die von der von einem Körper emittierten oder remittierten Strahlung hervorgerufen wird. Sie kann durch einen Vektor in einem dreidimensionalen Vektorraum, aufgespannt durch drei Grundfarben dargestellt werden. Dessen Richtung bestimmt Farbart und Sättigung, sein Betrag ist ein Maß für die Helligkeit. Um die Darstellung der Farbe zu vereinfachen beschränkt man sich oft auf Farbart und Sättigung und benutzt die Farbtafeldarstellung. Die Farbtafel ist eine durch die drei Grundfarben aufgespannte Schnittebene durch den Farbraum.

Da die genannten Farbdarstellungen es nicht erlauben aus der Länge des Differenzvektors zweier durch ihre Farbvektoren bestimmter Farben Aussagen über Farbunterschiede zu machen, wurden, um zu untersuchen ob und in welchen Bereichen sich Ansammlungen von Proben bilden, die Farbvalenzen der Nadelproben in das empfindungsgemäß gleichabständige $U^*V^*W^*$ Farbsystem (WYSZECKI) transformiert. In diesem System ist der empfindungsgemäße Abstand zweier Farben einfach durch die euklidische Norm des Differenzvektors gegeben, wobei $U^*$ und $V^*$ Farbart und Sättigung bestimmen und $W^*$ der Helligkeit entspricht.

Die Clusteranalyse zeigt, daß sich drei Cluster bilden. Den Clusterzentren kann man grob die Farbnamen Rötlich, Gelbgrün und Grün zuordnen. Die Cluster 1 und 2 liegen sehr nahe beisammen. Sie überlappen sich in der Dimension $W^*$ und $V^*$. Der Cluster 3 besitzt eine geringere Helligkeit $W^*$ als die vorgenannten und unterscheidet sich von Cluster 1 stark in seiner Dimension $U^*$. Betrachtet man die Zugehörigkeit der Nadelproben in den Clustern zu Bäumen unterschiedlicher Schadklassen, so stellt man fest, daß in Cluster drei, dem größten Cluster, überproportional Nadeln von Bäumen niederer Schadklassen vertreten sind und in den anderen beiden Clustern die Nadeln höherer Schadstufe überwiegen.

| Cluster-nummer | Clusterzentren und Standardabweichungen U* | V* | W* | Anteil d. Proben im Cluster zu Schadkl. 0–2 |
|---|---|---|---|---|
| 1 | 30 ± 10 | 33 ± 6 | 63 ± 9 | 44% |
| 2 | 1 ± 6 | 39 ± 5 | 62 ± 6 | 33% |
| 3 | –11 ± 6 | 26 ± 5 | 46 ± 6 | 83% |

Um die Lage der Clusterzentren näher darzulegen ist in Abbildung 3 die Lage der Nadelproben in einer empfindungsgemäßen Farbtafel eingezeichnet. Abbildung 4 zeigt einen Ausschnitt daraus.

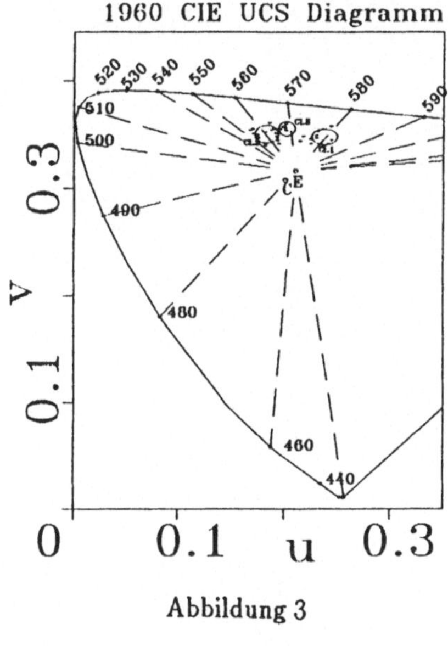


Abbildung 3

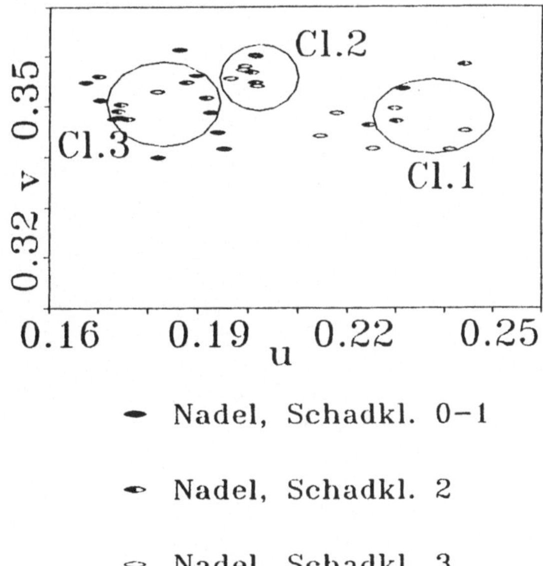


Abbildung 4

Zusammenfassung und Ausblick

Nadeln geschädigter Bäume weisen Veränderungen in ihrem Reflexionsspektrum auf. Diese Veränderungen zeigen sich stark im grünen und gelben Spektralbereich. Sie führen zu Veränderungen der Farbe, was sich wiederum in der Clusterung im Farbraum wiederspiegelt.

Es ist zu klären, ob nicht Farbmessungen kombiniert mit einer einfachen Farbmeßmethode bei der Waldschadenskartierung nutzbringend eingesetzt werden könnten.

Literatur:

L.W. BLANK: Nature, Bd. 314, Nr. 6009 (1985): 311–314
W.ELLING, D. KNOPPIK: Allg. Forstzeitung Nr. 18, 1986: 431–432.
E.ELSTNER: Naturwissenschaftl. Rundschau, 36. Jg., Heft 9 (1983): 381–388.
D.GATES et.al.: Appl. Optics, Bd. 4, Nr. 1 (1965): 11–20.
H.W.GAUSMAN: Remote Sens. Environ., Nr. 6 (1977):1–9.
E.HOQUE et.al.: Remote Sens. Environ., Nr. 26 (1988): 171–184.
G.KORTÜM: Reflexionsspektroskopie. Berlin 1969.
G.WYSZECKI, W.S.STILES: Color Science. New York, 1967

# 5. Laser-Materialbearbeitung Materials Processing Using Lasers

5.1 Lasersysteme, Diagnostik, Optik
Laser-Systems, Diagnostics, Optics

5.2 Anwenderforum »Laser-Anwendungen Industrie«
Application Seminar: »Laser in Industry«

5.3 Oberflächenveredeln
Laser Surface Treatment

5.4 Schweißen/Welding

5.5 Schneiden/Cutting

5.6 Anwenderforum »Laser-Anwendungen Automobilbau«
Application Seminar: »Laser in Car-Manufacturing«

5.7 Mikrobearbeitung/Micro Treatment

5.8 Chemische Bearbeitung
Chemical Treatment

# Fiber Technology in Processing with Laser Radiation

Marshall G. Jones, General Electric,
Schenectday, New York, USA

Fiber optic waveguide technology will be addressed as pertaining to laser material processing. The fundamental concepts of laser energy coupling in and out and transmission through fiber optics will be reviewed with emphasis on quartz core fibers and neodym:yttrium-aluminum-garnet (Nd:YAG) lasers (1.06 $\mu$m wavelength). These fundamentals will consider the effect of fiber injected laser beam quality and fiber delivered beam quality. The benefits and disadvantages of fiber optic/laser based material processing will be addressed. Examples will include low power applications; traditional and welding and material removal processes; and multiple beam concepts. Some of the basic safety issues for fiber technology will also be included. In addition to reviewing some history and state-of-the-art of enabling fiber/laser based processing, some of the challenges for emerging fiber technology will be outlined.

# Zündverhalten von hochfrequenzangeregten $CO_2$-Lasern

M. von Borstel
TRUMPF Lasertechnik GmbH
Johann-Maus-Straße 2
D-7257 Ditzingen

A. Giesen, R. Paul
Universität Stuttgart
Institut für Strahlwerkzeuge
Pfaffenwaldring 43
D-7000 Stuttgart 80

## 1. Einleitung

Schnelles und sicheres Zünden der Laserentladung ist eine wichtige Voraussetzung für den Einsatz von $CO_2$-Lasern in der industriellen Fertigung. Eine Zündzeit von 50 ms führt bei einer Vorschubgeschwindigkeit der Maschinenachse von 6m/min bereits zu einer 2 mm langen Strecke, die nicht vom Laser bearbeitet wird.
In diesem Vortrag wird über die Untersuchung des Zündverhaltens eines HF-angeregten $CO_2$-Lasers (TLF 1500) berichtet. Es wird gezeigt, daß durch Optimierung der elektrischen Beschaltung deutlich kürzere Zündzeiten erreicht werden können.

## 2. Messung der Zündzeit

Eine wichtige Voraussetzung für die experimentelle Untersuchung des Zündverhaltens von HF-angeregten $CO_2$-Lasern ist die Entwicklung eines einfachen und genauen Meßverfahrens zur Bestimmung der Zündzeit.

Die Zündzeit ist definiert als Zeitverzögerung zwischen dem Einschalten der Hochfrequenz und dem Aussenden von Laserlicht. Da zum schnellen Messen des Laserlichtes eine pyroelektrische Detektion nötig ist, der pyroelektrische Detektor jedoch nicht das Einschalten der Hochfrequenz detektieren kann, wurde ein einfacheres Verfahren gesucht.

Die Gegenüberstellung von fünf ausgewählten Signalen, die Rückschlüsse über die Zündzeit zulassen, zeigt, daß das Signal der Rückwärtsleistung zur Messung der Zündzeit besonders geeignet ist. Die Rückwärtsleistung besitzt sowohl beim Einschalten der Hochfrequenz als auch beim Durchzünden der Entladung eine sehr steile Flanke, die eine genaue Messung der Zündzeit ermöglicht. Die Zeitverzögerung zwischen dem Durchzünden der Entladung und dem Laserbetrieb ist vernachlässigbar gering. Diese Messung ist auch für Servicetechniker beim Kunden sehr einfach durchzuführen, da außer einem Speicheroszilloskop kein weiteres Meßgerät benötigt wird.

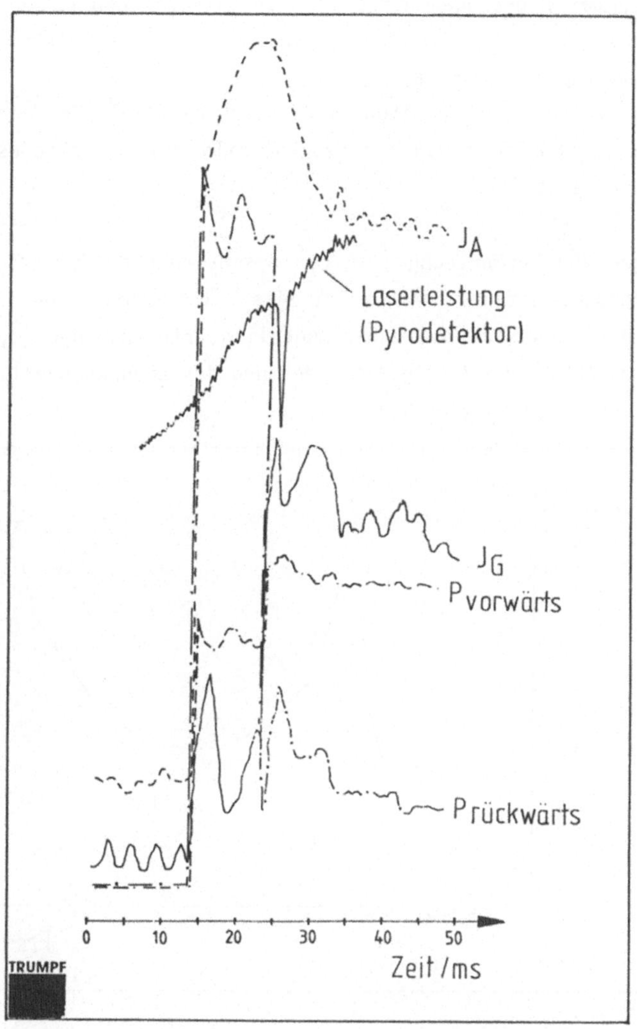


Abb.1: Zündvorgang eines HF-angeregten $CO_2$-Lasers
($I_A$ Anodenstrom des Röhrengenerators, $I_G$ Gitterstrom des Röhrengenerators)

### 3. Abhängigkeit der Zündzeit von den Eigenschaften des Lasersystems

Die Zündzeit des Lasers ist abhängig von der Spannung an den Elektroden beim Zündvorgang, vom Lasergasdruck und der Lasergasmischung, vom Elektrodenabstand und der Elektrodengeometrie und von der Anzahl der freien Ladungen im Gas, die im wesentlichen durch die Zeitdauer seit dem letzten Brennen der Entladung gegeben ist.

In diesem Vortrag wird nur über die Optimierung der Spannung an den Elektroden berichtet, da alle anderen Parameter durch technische Randbedingungen, wie z.B. eine homogene Entladung und ein hoher Wirkungsgrad des Lasers festgelegt sind.

Die Spannung an den Elektroden hängt von den elektrischen Daten des Hochfrequenzsenders, von der Länge der Zuleitungen und von den elektrischen Bauelementen im Laserkopf und im Anpaßnetzwerk ab.
Zur Aufklärung dieser Abhängigkeiten wurde durch parallele Messungen und Rechnungen (PAUL, GIESEN, von BORSTEL) ein Ersatzschaltbild des Laserkopfes mit Zuleitungen und Anpaßnetzwerk erstellt.

Die Auswirkungen von Veränderungen in der Beschaltung des Lasers wurde durch eine Simulationsrechnung bestimmt und experimentell überprüft. Nur durch die Simulationsrechnungen ließen sich die experimentellen Untersuchungen auf ein sinnvolles Maß beschränken. Abbildung 2 zeigt eine Messung des Spannungsverlaufs an den Laserelektroden für den ungezündeten Fall.

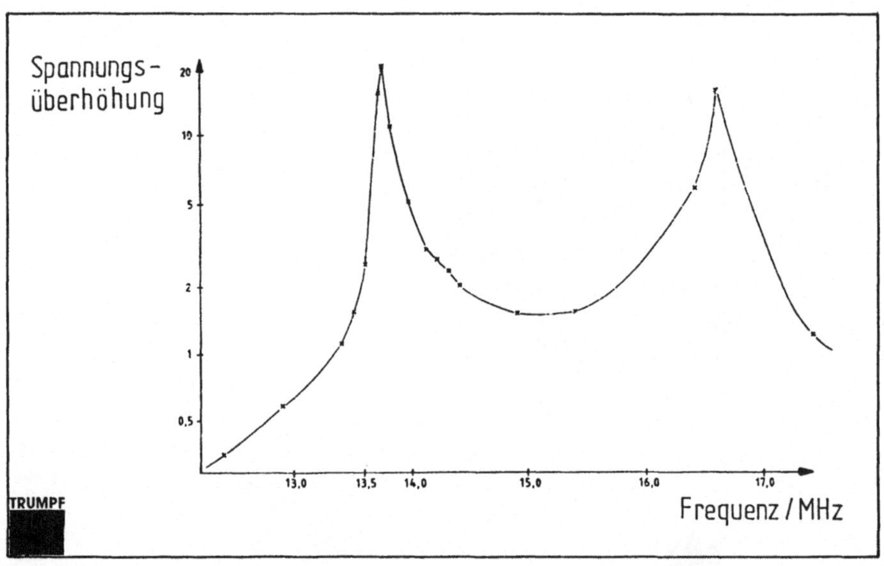


Abb. 2: Spannungsüberhöhung an den Elektroden des TRUMPF Lasers TLF 1500 für den ungezündeten Fall in Abhängigkeit von der HF-Anregungsfrequenz

Die frequenzabhängige Darstellung der Spannung an den Elektroden ist, obwohl die HF-Anregungsfrequenz konstant 13,56 MHz beträgt, für das Planen und Verstehen der Experimente sehr hilfreich. Einfache Änderungen in der Beschaltung, z.B. Änderung der kapazitiven oder induktiven Beiträge einzelner Bauelemente verschieben nur die Lage der Spannungskurve im Frequenzspektrum.

**4. Optimierung der Laserzündzeit**

Die Annahme, daß eine höhere Zündspannung die Zündzeit verkürzt, konnte experimentell abgesichert werden. Zur Optimierung der Laserzündzeit müßte grundsätzlich nur noch die Beschaltung so ausgelegt werden, daß die Spannungsüberhöhung bei der Anregungsfrequenz 13,56 MHz maximal ist.

Die Optimierung wird jedoch durch drei weitere Randbedingungen erschwert, die für den gezündeten Laser erfüllt sein müssen:

1. Die reflektierte Leistung bei cw-Laserbetrieb sollte möglichst Null sein, d.h., daß das Anpaßnetzwerk und der Laserkopf im gezündeten Fall auf 50 Ohm abgestimmt sind.
2. Die vorgeschriebenen Betriebsdaten des HF-Senders, im wesentlichen die Ströme der Endstufen, müssen eingehalten werden.
3. Die elektrischen Verluste in den Zuleitungen und in dem Anpaßnetzwerk sollen gering sein.

Eine weitere "industrielle" Randbedingung mußte bei allen Untersuchungen berücksichtigt werden. Es wurden nur kostengünstige elektrische Bauteile verwendet, z.B. wurde auf den Einsatz von Vakuumkondensatoren verzichtet.

Nachdem die Beschaltung des Lasers so eingestellt wurde, daß nahe bei 13,56 MHz eine große Spannungsresonanz vorliegt und auch die Randbedingungen für den gezündeten Fall grob erfüllt sind, erfolgt die Optimierung durch ein iteratives Verfahren. Die Bauteile des Anpaßnetzwerkes und des Laserkopfes werden so abgeändert, daß die Randbedingungen 1. bis 3. für den gezündeten Fall erfüllt sind. Die bei der Änderung ebenfalls verschobene Spannungsresonanz im ungezündeten Fall läßt sich über die Änderung der Kabellänge auf 13,56 MHz verschieben. Da die Veränderung der Kabellänge in geringem Maße auch die elektrischen Betriebsparameter des gezündeten Lasers beeinflußen, muß dieses Verfahren mehrfach wiederholt werden. Durch die Optimierung der Beschaltung des Lasers können Spannungsüberhöhungen bis zu einem Faktor 20 erzielt werden. Für diesen Laser erhält man mittlere Zündzeiten kleiner 1 ms.

**Literatur**

R. PAUL, A. GIESEN, M. von BORSTEL: Anpassung hochfrequenzangeregter Laser an die Energieversorgung, Laser 89 (1989)

# Strömungsmaschinen als Umwälzgebläse für $CO_2$-Laser

F. Diedrichsen*, H. Öbels**, W. Winkelströter*, H.-H. Henning*

*Gebr. Becker GmbH & Co., D 5600 Wuppertal 2
**Fraunhofer-Institut für Lasertechnik, D 5100 Aachen

Bei modernen $CO_2$-Gaslasern hoher spezifischer Leistung wird das Gas, nachdem es im Resonator durch die Anregung aufgeheizt worden ist, in einem Kühlsystem auf eine möglichst niedrige Temperatur heruntergekühlt. Die bei diesem kontinuierlich ablaufenden Prozeß eingesetzten Umwälzgebläse müssen je nach Lasertyp unterschiedlichen Anforderungen gerecht werden. Hierbei können die Laser nach Bauart (axial-, transversalgeströmt), nach Anregung (Gleichspannungs-, Hochfrequenzanregung), nach den spezifischen Gasmischungen und nach den abgegebenen Laserleistungen, die derzeit zwischen 0,5 kW und 25 kW liegen, unterschieden werden. Während die ersten drei Kriterien für die aufzubringende Druckdifferenz verantwortlich sind, ist der erforderliche Volumenstrom proportional zur Laserleistung.

Der Trend zu hohen Volumenströmen (aufgrund steigender Laserleistungen) bei vergleichsweise kleinen Druckdifferenzen legt den Einsatz von Strömungsmaschinen anstelle der zur Zeit vorwiegend eingesetzten Rootsgebläse nahe. Strömungsmaschinen werden überall in Indu-

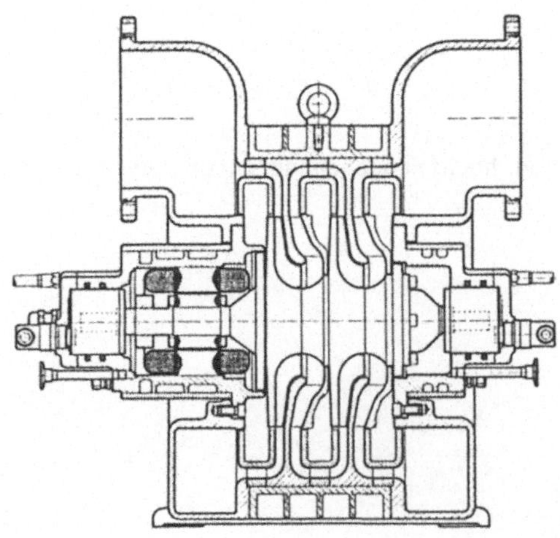

Bild 1: Radialumwälzgebläse für $CO_2$-Laser

strie und Technik bei ähnlichen Anwendungsfällen eingesetzt. Bild 1 zeigt ein Radialgebläse /1/ , das für den Einsatz in Laseranlagen für besondere Anforderungen hinsichtlich Betriebsbereich, Vakuumdichtigkeit und Sauberkeit entwickelt wurde.

Die Strömungsmaschinen unterscheiden sich von den Kolbenmaschinen , zu denen auch die Rootsgebläse zählen, in ihrer Arbeitsweise: Bei den Kolbenmaschinen wird dem Gas die Druckenergie durch eine volumetrische Kompression zugeführt. An diese schließt sich ein Ausschiebevorgang an. Strömungsmaschinen beschleunigen das Gas durch ihr Laufrad. Die Drucksteigerung erfolgt durch die Umsetzung der Geschwindigkeitsenergie. Dieser Vorgang spielt sich teilweise im Laufrad und teilweise in dem diesem folgenden Leitapparat ab. Diese Funktionsunterschiede sind die Ursache für das unterschiedliche Betriebsverhalten der beiden Maschinentypen.

Die von Strömungsmaschinen erzeugbare Druckdifferenz $\Delta p$ ist außer von systemabhängigen Größen Gasart, Dichte (also Systemdruck) und Temperatur im wesentlichen von der Laufradumfangsgeschwindigkeit (d.h. von der dem zu förderden Gas aufprägbaren Geschwindigkeitsenergie) abhängig. Durch die Einführung des Druckverhältnisses $\Pi$ kann der Druckaufbau des Gebläses unabhängig vom Systemdruck dargestellt werden:

$$\Pi = \frac{p_{Druck}}{p_{Saug}}$$

$$= \frac{\Delta p_{Ges} + p_{Saug}}{p_{Saug}}$$

Wenn eine Vergrößerung der Umlaufgeschwindigkeit mit Rücksicht auf Wirtschaftlichkeit und Zuverlässigkeit nicht sinnvoll ist, kann eine weitere Drucksteigerung durch die Anordnung mehrerer Laufräder, die das Gas nacheinander durchströmt, erzielt werden. Man spricht dann von einem mehrstufigen Gebläse.

Bild 2 gibt einen Überblick über die Druck- und Volumenstromanforderungen der unterschiedlichen Lasertypen und der bei diesen einsetzbaren Strömungsmaschinen. Sind kleine Volumenströme bei relativ großen Druckdifferenzen zu erzeugen, bieten sich Seitenkanalverdichter als eine preisgünstige Alternative zu den bekannten Radialverdichtern an.

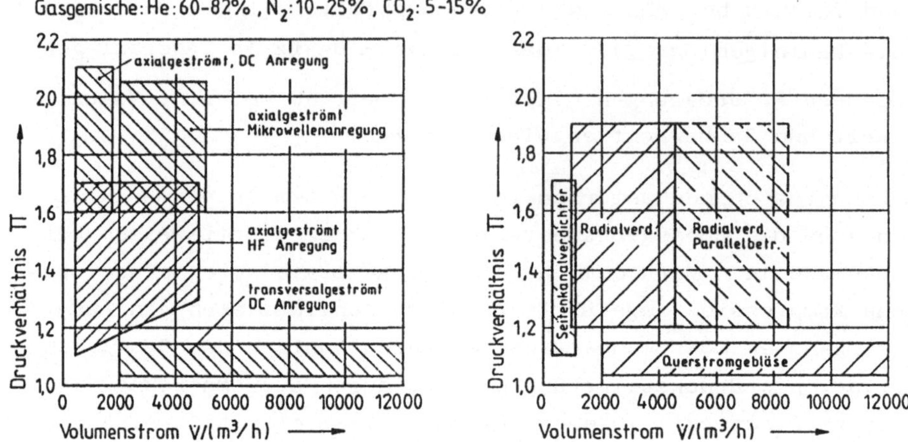


Bild 2: Einsatzbereiche verschiedener Strömungsmaschinentypen

Ein Laser ist strömungstechnisch gesehen eine Parallel- bzw. Reihenschaltung von Rohren, Krümmern und Wärmetauschern. Für diese kann in erster Naherung eine quadratische Abhängigkeit des Druckverlustes von der Strömungsgeschwindigkeit v (also vom Volumenstrom) angesetzt werden (siehe auch /2/. S. 97 Gl. 159): $\Delta p = \lambda \cdot (l/d) \cdot (\varrho/2) \cdot v^2$.

Die Widerstandskennlinie hat also in erster Näherung die Gestalt einer Parabel (Bild 3), deren Verlauf von den Einzelwiderständen des Systems abhängig ist. Erwähnenswert ist hierbei die Abhängigkeit des Strömungswiderstandes von der eingekoppelten Leistung. Der Widerstandsbeiwert $\lambda$ ist von der Art der Strömung (laminar oder turbulent), von der Reynoldszahl $Re = d * v / \nu$ und von der Rohrrauhigkeit abhängig. Die kinematische Viskosität $\nu$ ist ihrerseits abhängig von der jeweiligen Gasmischung und vom Systemdruck ($\nu \sim 1/p$). Bei Versuchen zur Bestimmung der nötigen Gebläsedaten müssen also die bei normalem Laserbetrieb verwendeten Parameter eingehalten werden.

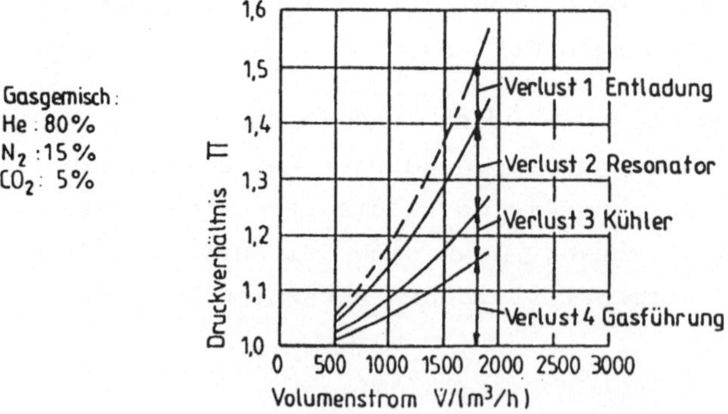


Bild 3: Strömungsverluste eines axialgeströmten $CO_2$-Laser

Der typische Verlauf einer Radialverdichterkennlinie (Bild 4) kann mit einer zweidimensionalen Strömungsbetrachtung sehr anschaulich erklärt werden (siehe /3/, Seite 222) und ist durch konstruktive Maßnahmen innerhalb bestimmter Rahmenbedingungen beeinflußbar. Bei der Konstruktion wird ein Auslegungspunkt zugrunde gelegt. Im Bereich um diesen Punkt erzielt die Maschine den besten Wirkungsgrad. Die größte Druckdifferenz wird bei einem bestimmten minimalen Volumenstrom erzeugt. Dieser sollte nicht unterschritten werden. Bei höheren Volumenströmen führen Fehlanströmungen und Strömungsverluste neben den strömungstechnischen Besonderheiten zu einem Druckabfall.

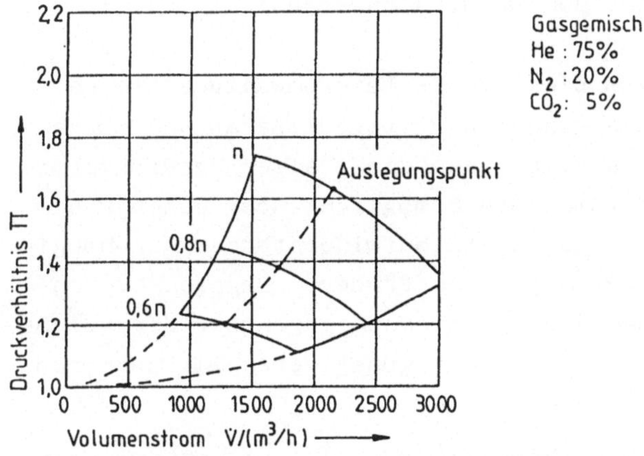


Bild 4: Kennfeld eines Radialgebläses

Der Betriebspunkt von Laser und Gebläse ergibt sich aus dem Schnittpunkt von Laser- und Strömungsmaschinenkennlinie. Dieser sollte im Bereich des Auslegungspunktes liegen. Aus Gründen der Wirtschaftlichkeit scheidet eine individuelle Neukonstruktion für jeden Laser aus. Es ist sinnvoller, ein modulares Konzept zu verwenden. Dieses wird dann den jeweiligen Gegebenheiten angepaßt. Hierbei stehen verschiedene Wege offen. Der Druck kann durch die Wahl unterschiedlicher Laufraddurchmesser, der Volumenstrom durch unterschiedliche Laufradbreiten und größere Eintrittsdurchmesser verändert werden. Eine gleichzeitige Änderung von Druck und Volumenstrom ist auch durch Variation der Drehzahl möglich (Bild 4). Eine weitere Anpassung an einen bestimmten Betriebspunkt erfolgt durch die Einstellung von Vor- und Nachleitbeschaufelung.

Der von Strömungsmaschinen geförderte Volumenstrom ist vom zu fördernden Gasgemisch weitestgehend unabhängig (Bild 5).

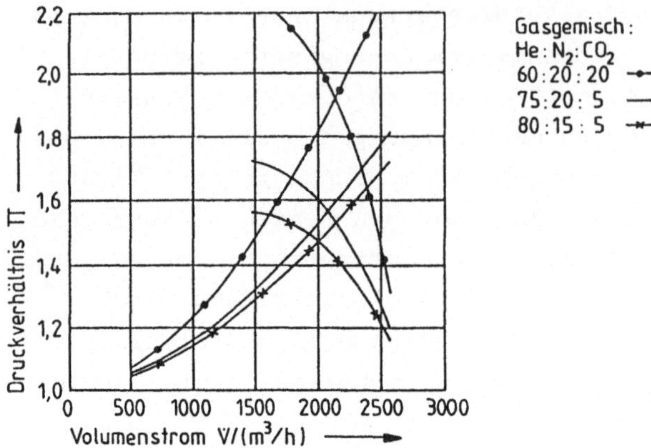


Bild 5: Einfluß der Gasart auf den Kennlinienverlauf

Strömungsmaschinen treten beim Einsatz als Laserumwälzgebläse gegen die bislang überwiegend verwendeten Rootsgebläse an und müssen sich an diesen messen. Die positive Eigenschaft aller Verdrängermaschinen ist die "harte" Kennlinie. Sie ermöglicht über einen breiten Druckbereich einen von der den Kreislaufwiderständen unabhängigen weitgehend konstanten Volumenstrom zu fördern. Dagegen bieten Strömungsmaschinen die Vorzüge der dynamischen gegenüber der volumetrischen Kompression, die allgemein einen günstigeren Wirkungsgrad aufweist.

Der Anwender erhält so eine sehr kompakte Maschine mit einem guten Wirkungsgrad, die als rotierendes Teil lediglich eine Rotorwelle aufweist. Der bessere Wirkungsgrad ermöglicht eine Verkleinerung der Nachkühler. Durch den Fortfall eines Synchronisationsgetriebes entfallen eine erhebliche Geräusch- und Schwingungsquelle und die Gefahr der Kontamination mit den im Schmiermittel enthaltenen Kohlenwasserstoffen. Die Umfanggeschwindigkeiten werden durch den Einsatz von Mittelfrequenzmotoren, wie sie auch im Werkzeugmaschinenbau für schnellaufende Antriebe verwendet werden, erreicht.

Wie anfänglich betont, werden in Zukunft immer leistungsstärkere Lasereinheiten gebaut werden. Dieses wird begünstigt durch die Entwicklung kompakterer Komponenten bis hin zu integrierten Systemen. Ein Schritt in diese Richtung ist auch die Integration von Gaskühlern im Gebläse. Hierdurch wird zum einen der Nachkühler verkleinert oder ganz vermieden, zum anderen die Wärmeabstrahlung des Gebläses in den Laserraum verringert.

Zusammenfassend kann gesagt werden, daß der Einsatz von Strömungsmaschinen dem Laserhersteller die Möglichkeit zu technisch-wirtschaftlichen Aufwertung seiner Produkte bietet. Strömungsmaschinenhersteller haben deshalb mittlerweile Gebläse für die besonderen Anforderungen der Laserindustrie entwickelt. Bei der Bearbeitung der auftretenden Fragestellungen sollte der Laserhersteller auf die Erfahrung des Gebläseherstellers zurückgreifen, um so zu einer optimalen Lösung zu gelangen.

Literatur:

(1) Offenlegungsschrift DE 3801 481 A1. Deutsches Patentamt, 20.1.88

(2) Zoebl, Kruschik: Strömung durch Rohre und Ventile, Wien, New York: Springer-Verlag 1978

(3) Pfleiderer, Petermann: Strömungsmaschinen, 5. Auflage. Berlin, Heidelberg, New York, London, Paris, Tokyo: Springer-Verlag 1986

# Planung und Wirtschaftlichkeit von Lasersystemen

H. Schunk und H. Trappmann
Fraunhofer-Institut für Produktionstechnologie (IPT)
Steinbachstraße 17, D - 5100 Aachen

Der Laser hat sich nach einigen Anlaufproblemen mittlerweile in der Produktion einen festen Platz gesichert. Auf Grund von Informationsdefiziten, in Verbindung mit den hohen Investitionskosten, bleiben jedoch viele technische und wirtschaftliche Potentialbereiche dieser neuen Technologie ungenutzt. Die Wirtschaftlichkeit von Laserstrahlanlagen wird häufig ausschließlich anhand von Maschinenstundensätzen beurteilt. Selbst wenn Maschinenstundensätze aus detaillierten Betrachtungen resultieren, reichen diese jedoch nicht aus, um die Auswirkungen des Lasers auf den gesamten Produktionsprozeß kostenmäßig zu erfassen.

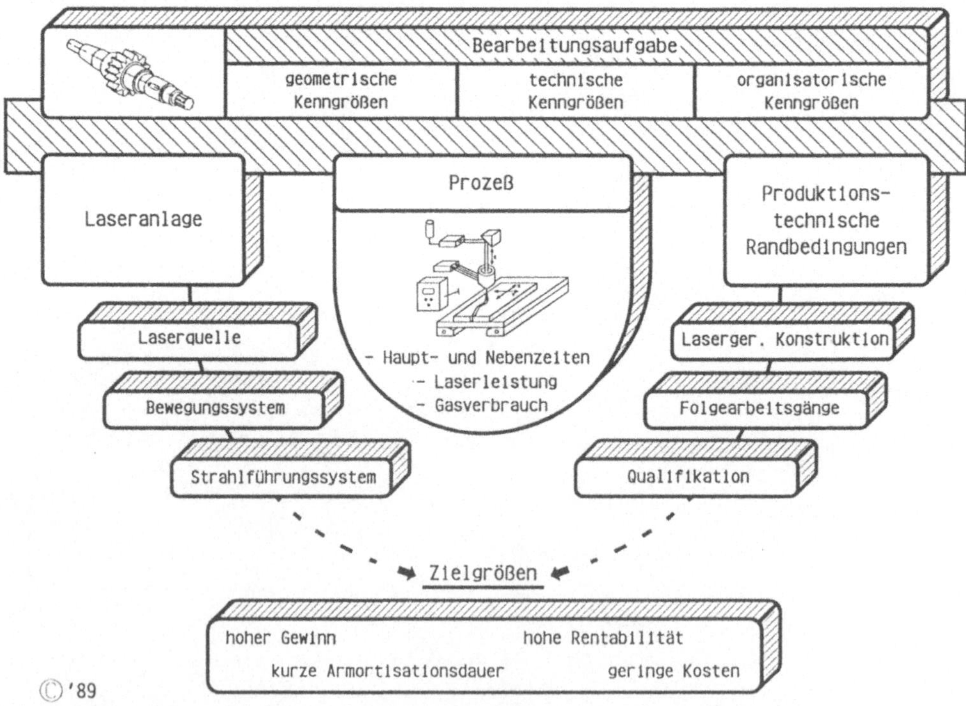


Bild 1: Planung von Laserstrahlanlagen

Die Vorzüge der Lasertechnologie können nur dann zu einer wirtschaftlichen Nutzung führen, wenn bereits in der Planungsphase der Laser in den gesamten Produktionsprozeß integriert wird . Ausgehend von der Bearbeitungsaufgabe sind unter Berücksichtigung des erforderlichen Prozesses sowohl die Laseranlage mit allen Komponenten als auch die technischen und organisatorischen Randbedingungen zu planen. Diese gesamthafte Planung bestimmt die Herstellkosten der Produkte und damit die Rentabilität als primäre Zielgröße der Investition (Bild 1).

Nur durch ein Denken in weit gefaßten Bilanzgrenzen lassen sich alle Vorteile des Lasers nutzen. Diese monetär beschreibbaren Auswirkungen können die hohen Maschinenstundensätze einer Laserstrahlanlage durchaus kompensieren, indem sie zu einer Reduzierung der Herstellkosten führen und damit die Rentabilität der Investition sicherstellen. Insbesondere bei den Verfahren Laserstrahlschweißen und -oberflächenbehandeln ist ein den gesamten Systemumfang betreffendes Planungsvorgehen erforderlich, welches alle Arbeitsschritte von der ersten Auseinandersetzung mit dieser Technologie bis zur Realisierung umfaßt. Bild 2 zeigt die grundsätzlichen Schritte dieser Vorgehensweise.

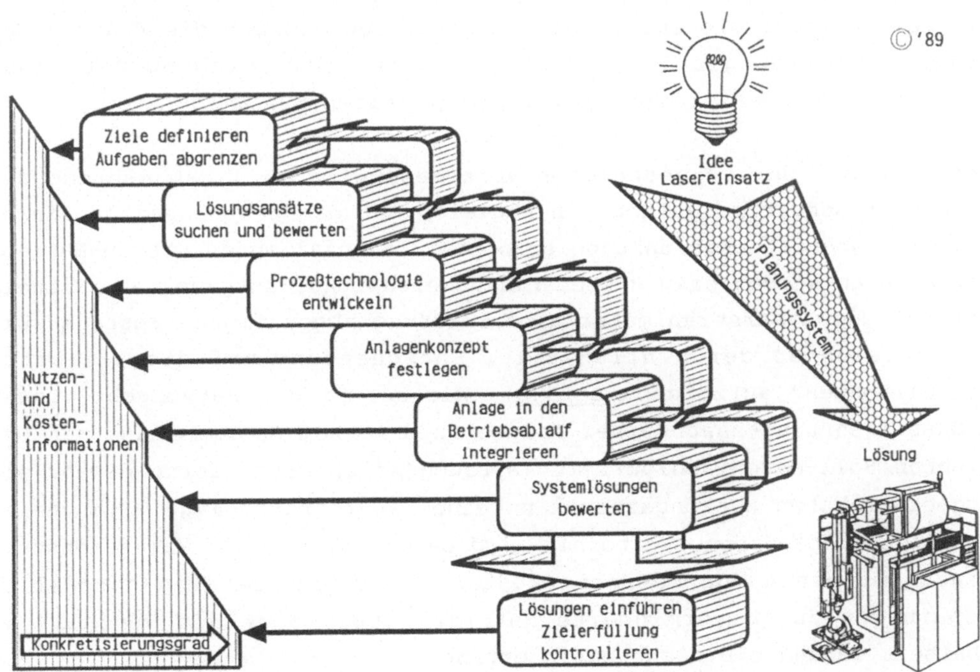


Bild 2: Planungssystem für die Laserstrahlmaterialbearbeitung

Im ersten Arbeitsschritt müssen die wirtschaftlichen und technischen Ziele für das Investitionsvorhaben formuliert werden. Hierzu ist es erforderlich, nicht nur qualitativ die zu beeinflussenden Größen zu benennen, sondern quantifizierbare Zielwerte vorzugeben, an denen das Planungsergebnis gemessen werden muß. Die Schnittstelle zwischen wirtschaftlichen und technischen Zielgrößen bilden Parameter wie Investitionsbedarf, Bearbeitungs- und Nebenzeiten, notwendiges Bedien- und Wartungspersonal oder erforderliche Zusatz- und Hilfsstoffe.

Diese kostenbestimmenden Parameter müssen im zweiten Arbeitsschritt, "Lösungsansätze suchen und bewerten", eingegrenzt werden. Diesem Arbeitschritt kommt besondere Bedeutung zu, wenn man die unter Umständen beträchtlichen Kosten zur Entwicklung der Prozeßtechnologie bedenkt. Bei positivem Ergebnis dieser Voruntersuchung werden in einer technischen Feasibility - Studie die getroffenen Annahmen verifiziert sowie weitere Kenngrößen ermittelt.

Im Rahmen der Anlagenauslegung wird anschließend ein Pflichtenheft erstellt, in dem die einzelnen Anlagenkomponenten mit ihren Leistungsdaten näher spezifiziert sind. Die Ergebnisse dieses Arbeitsschrittes können außerdem zur Auswahl und anschließenden Beurteilung der Angebote einzelner Anbieter dienen. Nachdem im nächsten Schritt die Planung der betrieblichen Integration erfolgt, schließt die Planung mit einer wirtschaftlichen Gesamtbewertung der ermittelten Systemlösungen.

Wesentlich bei der vorgestellten Vorgehensweise ist, daß während des Planungsfortschritts laufend ein Abgleich mit den festgesetzten Zielen durch eine Überwachungsfunktion erfolgt. Die anfallenden Kosten-Nutzeninformationen werden dazu systematisch erfaßt und ausgewertet. Mittels einer auf die Laserstrahlmaterialbearbeitung abgestimmten Kostenstruktur läßt sich so der Einfluß aller Entscheidung auf die Zielgröße "Herstellkosten" aufzeigen (Bild 3). Wie aus Bild 3 hervorgeht, steht der Maschinenstundensatz einer Anlage in direktem Zusammenhang mit der geplanten Soll-Maschinenlaufzeit (Nutzungszeit). Erst durch Gewährleistung einer hohen Nutzungszeit kann eine Laserstrahlanlage wirtschaftlich eingesetzt werden. Weiterhin wird deutlich, daß der Maschinenstundensatz nur einen von mehreren kostenrelevanten Faktoren darstellt. Einsparungen durch verminderte Materialkosten oder den Wegfall von Nacharbeit werden z.B nicht darin erfaßt.

Einen wesentlichen Kostenfaktor stellt die Anlage selbst dar. Durch eine auf die spezielle Aufgabenstellung abgestimmte Auswahl und Dimensionierung der Komponenten kann das Verhältnis Investitionskosten zu Nutzen optimiert werden. Bei der Entscheidung für bestimmte Anlagenkom-

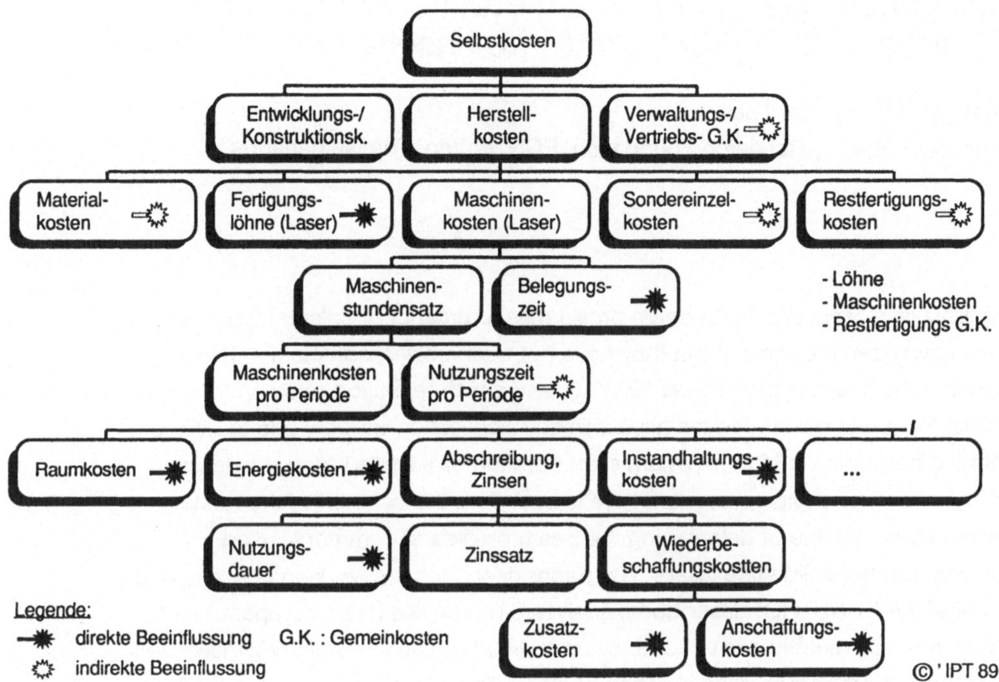


Bild 3: Ermittlung der Herstellkosten bei Einsatz des Lasers

ponenten oder Bauformen läßt sich der Einfluß auf die Zielgröße Herstellkosten direkt nachvollziehen. So lassen sich zum Beispiel durch Investitionen in die Prozeßsicherheit über eine on-line Prozeßüberwachung unter Umständen aufwendige metallurgische Untersuchungen in der Qualitätssicherung vermeiden. Abhängig von dem Verhältnis von Haupt- zu Nebenzeiten können bei bestimmten Bearbeitungsaufgaben auch durch Mehrstationenbetrieb erhebliche Einsparungen erzielt werden.

Bei der Planung der betrieblichen Einbindung ist eine optimale Anpassung der Lasermaterialbearbeitung an die Materialflüsse, Informationsflüsse und andere betriebliche Abläufe anzustreben. Hierzu muß eine technische und organisatorische Integration der Anlage erfolgen. Der Aufwand respektive die Folgekosten bei unzureichender Planung der Integration können einen erheblichen Umfang einnehmen.

Literatur.

H. SCHUNK, H. TRAPPMANN: VDI-Zeitschr. 9 130 (1988), S.87-90

H. SCHUNK, H. TRAPPMANN: Industrie-Anzeiger 87/88 (1988), S.26-30

H. SCHUNK, H. TRAPPMANN: Industrie-Anzeiger 90 (1988), S.50-52

# A Diagnostic Device for Beam Profile Measurements of Pulsed High Power Solid State Lasers

J. Bakker, J.G. van der Laan
Netherlands Energy Research Foundation, ECN, Petten, The Netherlands

The difficulties associated with beam profile measurements of pulsed high power lasers have been recognized but they have not been solved completely. This is especially the case for high power Nd:YAG lasers with repetition rates up to a few 100 Hz. Most diagnostic devices have a limited application window due to a fixed scanning frequency, a high minimum scan duration or a limited allowable laser beam power. The device presented here is based on the concept of the rotating needle and is capable of determining the beam profiles of commonly used flashlamp excited solid state lasers. The paper describes the working principle and lay-out of the ECNUTRON laser beam analyzer. The device has a compact detection head, variable scan frequency up to 400 Hz, variable beam diameter up to 15mm and a minimum scan duration of $10^{-4}$s. The spectral response is flat for the VIS and NIR spectral region. The pulse synchronisation and trigger delay allow for a time dependent profile measurement by scanning subsequent pulses. The beam profile consists of two orthogonal cross sections which can be displayed in real time. The spatial resolution is about $5 \cdot 10^3$ $\mu m^2$. Experimental results with a Nd:YAG laser are given.

# Vergleichende Betrachtungen zur Laserstrahldiagnostik von $CO_2$-Hochleistungslasern

S. Biermann, J. Hutfless, N. Lutz, M. Geiger
Forschungsverbund Lasertechnologie Erlangen (FLE)
Lehrstuhl für Fertigungstechnologie (LFT), Univ. Erlangen-Nürnberg
Egerlandstr. 11, D-8520 Erlangen

## 1. Einleitung

Bearbeitungsqualität und -geschwindigkeit werden bei der Lasermaterialbearbeitung wesentlich von den Laserstrahleigenschaften an der Wechselwirkungsstelle Laserstrahl-Werkstück bestimmt. Als entscheidende Größen sind oft die Strahlparameter Fokusradius und -lage nach der Arbeitsoptik zu betrachten. Während des Bearbeitungsprozesses lassen sich die Fokusparameter nicht direkt erfassen, sie können jedoch aus Meßdaten des unfokussierten Strahls on-line berechnet werden. Verschiedene kommerzielle und selbstentwickelte Strahldiagnostiksysteme wurden deshalb an einer $CO_2$-Laserschneidanlage der Leistungsklasse 1 kW für die Vermessung des fokussierten und des unfokussierten Strahls eingesetzt.

## 2. Verfahren zur Diagnostik von $CO_2$-Laserstrahlung

Die zur Diagnostik von $CO_2$-Laserstrahlung eingesetzten Detektorsysteme unterscheiden sich hinsichtlich Meßprinzip, Einsatzort am Hochleistungslaser, Kenngrößen des Detektors und Auswertungsmöglichkeiten.

Beim Einsatz von Bolometern und pyroelektrischen Detektoren muß ein Teil der Hochleistungslaserstrahlung ausgekoppelt werden. Zur Messung der Intensitätsverteilung im unfokussierten Strahl wurde ein Bolometer mit der oberen Grenzfrequenz von 20 Hz und ein Pyroelement zur Detektion von Signalen im kHz-Bereich eingesetzt. Die maximal zulässigen Leistungsdichten auf der Detektoroberfläche betrugen 2 bzw. 5 $W/cm^2$.

Sowohl für den fokussierten als auch für den unfokussierten Hochleistungslaserstrahl wurden zwei kommerziell erhältliche Meßsysteme mit pyroelektrischen Einzeldetektoren eingesetzt, wobei die Strahlauskopplung mit Hilfe einer durch den Laserstrahl rotierenden Meßnadel erfolgt: Der eingesetzte Laser Beam Analyser (LBA) /1/ benötigt zur Aufnahme zweier nahezu senkrechter Schnittlinien durch den Strahl ca. 1 ms und besitzt eine Ortsauflösung zwischen 7,5 und 20 µm. Die maximal zulässige Leistungsdichte beträgt im unfokussierten bzw. fokussierten Strahl mehr als $10^3$ bzw. $10^6$ W/cm$^2$. Das "Pinhole"-Meßgerät /2/ weist je nach eingebautem Nadeltyp eine Ortsauflösung zwischen 20 und 500 µm auf. In einer Meßzeit von ca. 4 s kann die vollständige Intensitätsverteilung in einem Strahlquerschnitt aufgenommen werden.

Die verwendete Pyricon-Kamera /3/ läßt sich im Gegensatz zu handelsüblichen Wärmebildkameras durch Einstellung des Verstärkungsfrequenzganges, Empfindlichkeitsanpassung und individuelle Wahl der Zeilenzahl an die jeweilige Anforderung anpassen und aufgrund ihrer spektralen Empfindlichkeit von 0.6 bis 20 µm auch zur Strahldiagnostik am $CO_2$-Laser einsetzen. Wird der aus dem Hochleistungslaserstrahl ausgekoppelte Meßstrahl synchron mit dem Abtastelektronenstrahl der pyroelektrischen Röhre gechoppt und eine Öffnungszeit kleiner als 20 ms eingehalten, so werden lokal Änderungen des Dipolmoments und damit Oberflächenladungen erzeugt, deren Größe der Strahlungsintensität am jeweiligen Ort proportional ist. Das zweidimensionale Ladungsprofil wird ausgelesen und als Grauwertbild auf einem Monitor dargestellt. Mittels Bildverarbeitung lassen sich Falschfarbendarstellungen und Schnittlinien durch das Strahlprofil erzeugen. Die maximale Leistungsdichte an der Bildaufnahmeschicht beträgt 50 mW/cm$^2$. Die Ortsauflösung ist besser als 100 µm bei einer Meßzeit von 20 ms.

## 3. Intensitätsverteilung und Divergenz des unfokussierten Strahls

Um die Intensitätsverteilung des Hochleistungslaserstrahls mit dem Bolometerdetektor oder der Pyriconkamera zu messen, wurden 0,2% der Laserleistung mit einem ZnSe-Strahlteiler ausgekoppelt. Da der Laser linear polarisiert ist, läßt sich der Meßstrahl durch einen Polarisator kontinuierlich weiter abschwächen. Ein Abscannen des Strahls mit dem Bolometerdetektor liefert die Intensitätsverteilung bei 200 W Laserleistung in einem Strahlquerschnitt, **Bild 1**. Die mit der Pyriconkamera aufgenommenen Messungen am selben Meßort zeigen, daß sich die Intensitätsverteilung bei verschiedenen Laserleistungen ändert, **Bild 2**. Mit kleineren Leistungen tritt der Intensitätsabfall in der Strahlmitte ausgeprägter auf ("Ringmode"), während die Intensitätsverteilung bei 1000 W eher einem "Gauß-Mode" ähnelt.

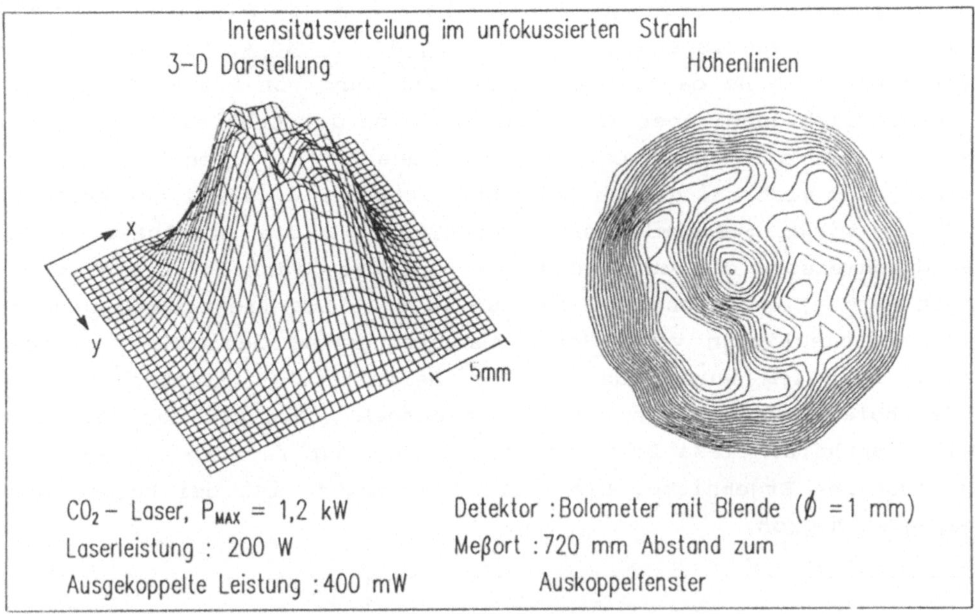


**Bild 1:** Strahldiagnostik am $CO_2$-Laser mit Bolometerdetektor

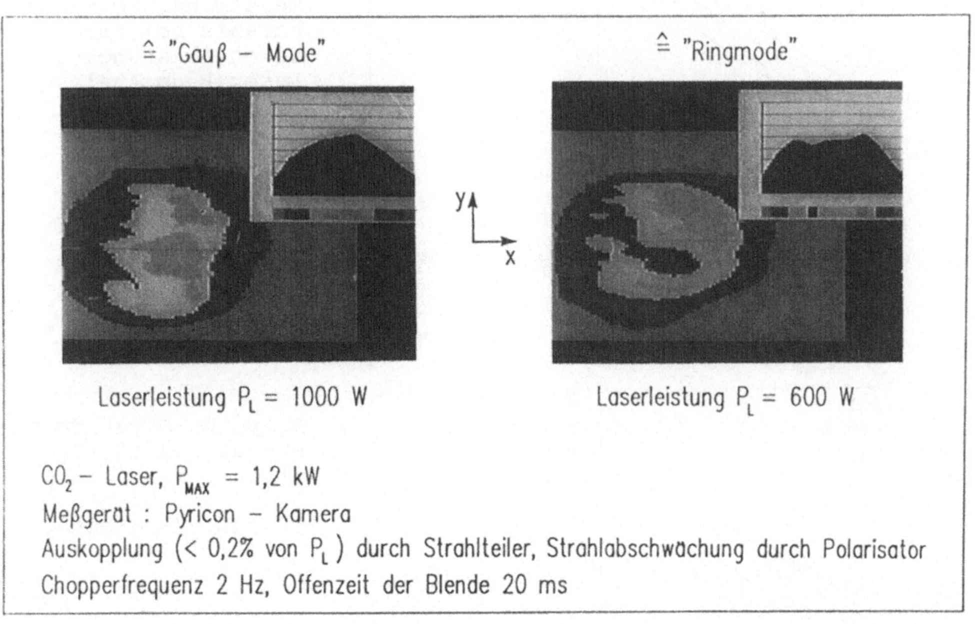


**Bild 2:** Messung der Intensitätsverteilung am $CO_2$-Hochleistungslaser mit Pyricon-Kamera

Mehrere Messungen des Strahldurchmessers in unterschiedlichem Abstand vom Auskoppelfenster ergeben, daß die Lage und der Radius der Strahltaille von der Laserleistung abhängen, **Bilder 3 und 4**. Die Strahltaille verlagert sich um ca. 3 m bei einer Änderung von 200 W auf 1000 W. Sie bewegt sich dabei über die feste Position der Arbeitslinse. Dieser Effekt ist auf die thermische Belastung des Auskoppelfensters zurückzuführen, das sich bei großen Leistungen stärker erwärmt, ausdehnt und als Linse wirkt ("Thermischer Linseneffekt"). Die Absolutwerte der Strahldurchmesser, die durch das LBA- und das "Pinhole"-Meßgerät ermittelt wurden, unterscheiden sich um 10 % . Dies liegt vorwiegend an den unterschiedlichen verwendeten Auswertungsmethoden: Die Radiusberechnung beim LBA wurde aus der $1/e^2$-Definition abgeleitet, während das "Pinhole"-Meßgerät von der Fläche ausgeht, die 86% der Gesamtintensität enthält. Diese Definitionen liefern nur für den reinen Gauß-Mode dieselben Ergebnisse. Die Fernfelddivergenz ist bei beiden Messungen gleich groß.

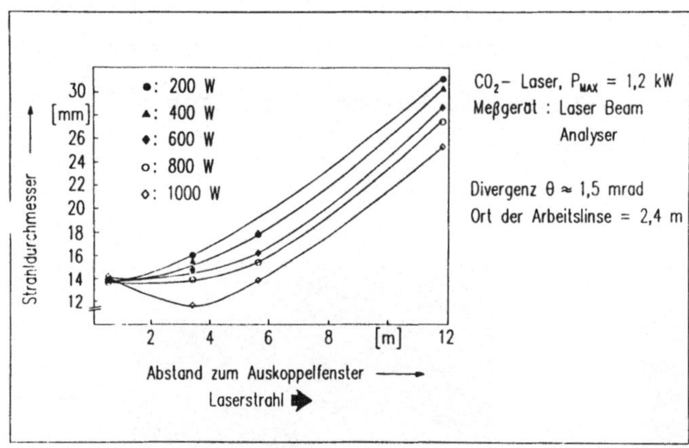


**Bild 3**: Strahldurchmesser des $CO_2$-Laserstrahls bei verschiedenen Leistungen, Laser Beam Analyser

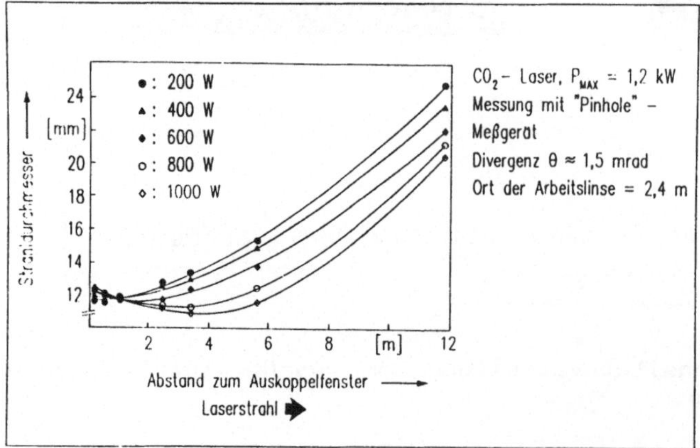


**Bild 4**: Strahldurchmesser des $CO_2$-Laserstrahls bei verschiedenen Leistungen, "Pinhole"-Meßgerät

## 4. Berechnete Fokusparameter

Die Abhängigkeit der Lage und des Radius der Strahltaille von der Laserleistung ergibt, daß sich auch der Fokusradius und die Fokuslage mit der Leistung ändern müssen. Die theoretischen Beziehungen zwischen den Strahlkenngrößen vor und nach der Arbeitslinse für einen Gaußschen Strahl geben einen Anhaltspunkt für die Ausbildung der Strahlkaustik nach einer Fokussieroptik, **Bilder 5 und 6**. Eine deutliche Abhängigkeit von der Laserleistung ist zwar nicht für den Fokusradius, jedoch für die Fokuslage zu erwarten. Der Fokusradius für einen Laguerre-Gauß Mode der Ordnung $TEM_{p,l}$ läßt sich durch Multiplikation des ortsabhängigen Strahlradius mit einem Modenfaktor $b^2 = 2p+l+1$ ermitteln /4/. Für einen reinen $TEM_{01}{}^*$ (Ringmode) gilt $b^2=2$.

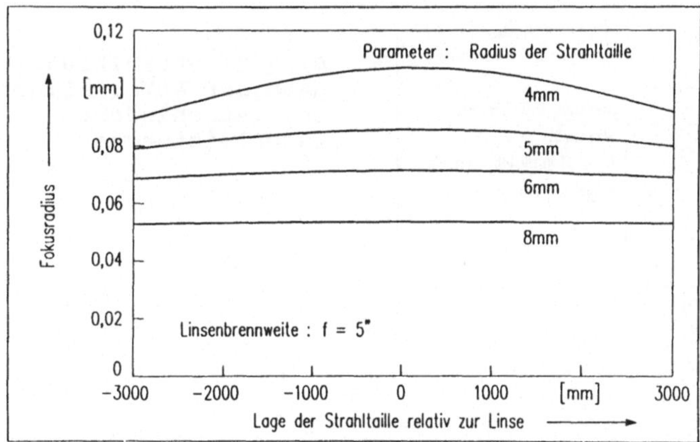


**Bild 5:** Berechneter Fokusradius in Abhängigkeit von der Lage der Strahltaille

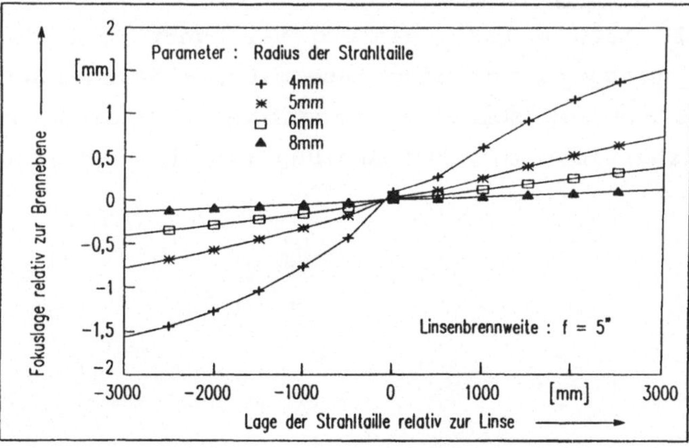


**Bild 6:** Berechnete Fokuslage in Abhängigkeit von der Lage der Strahltaille

## 5. Strahlkaustik des fokussierten Strahls

Die Messungen im fokussierten Strahl wurden an einem kommerziellen Schneidkopf mit einer wassergekühlten ZnSe-Meniskuslinse durchgeführt. Bei verschiedenen Laserleistungen unterscheiden sich die gemessenen Fokusradien nur im Rahmen der Standardabweichung der Meßwerte. Berechnet man die Fokuslagen für Laserleistungen von 200 und 800 W mit Hilfe einer gemessenen Rayleighlänge von 5,5 m und einer Strahltaillenverlagerung von 3 m, so erhält man eine Verschiebung der Fokuslage um ca. 1 mm. Tatsächlich verlagert sich der Fokus jedoch um 2 mm, **Bild 7**. Die Erhöhung des Werts für die Verschiebung der Fokuslage um ca. 1 mm kann auf die in die Berechnung nicht eingehende Leistungsabhängigkeit der Linsenbrennweite zurückgeführt werden, /5/.

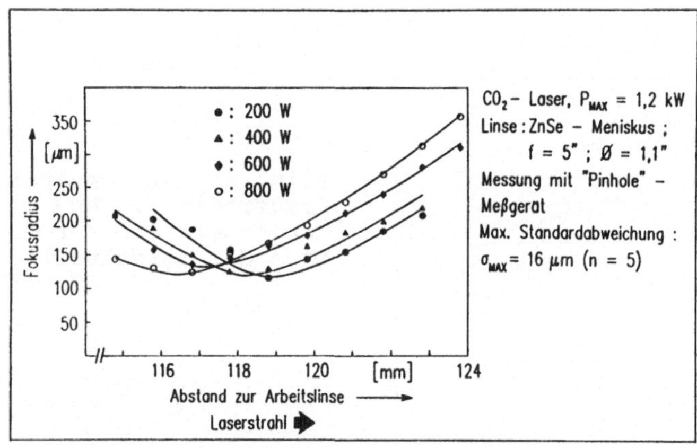


**Bild 7**: Strahlkaustik nach der Arbeitslinse bei verschiedenen Laserleistungen

Dieser "thermische Linseneffekt", der stark von der Effektivität der Linsenkühlung und dem Alterungszustand der Linse abhängt, wird an einem weiteren Beispiel in **Bild 8** verdeutlicht: Bei einsetzender Beaufschlagung der Linse mit 1000 W Laserleistung verlagert sich der Fokus innerhalb von 40 s um ca. 1 mm. Eine Lasermaterialbearbeitung mit gleichbleibender Fokuslage ist somit erst möglich, wenn sich die Linse im thermischen Gleichgewicht mit der Kühlung und der Umgebung befindet.

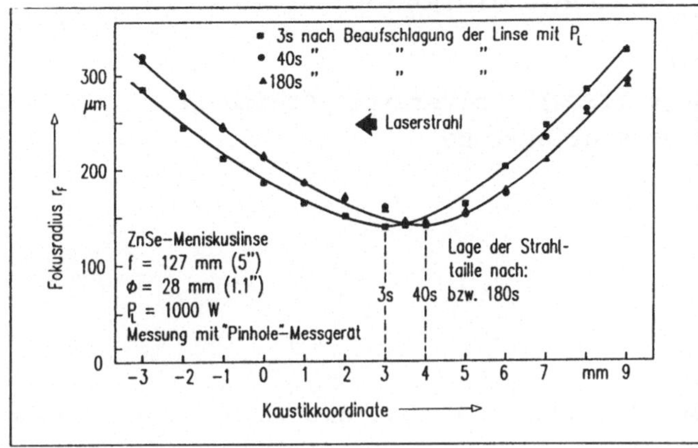


**Bild 8**: Verschiebung der Fokuslage einer gebrauchten Linse aufgrund thermischer Belastung

## 6. Zusammenfassung

Strahldiagnostikmessungen entlang des Strahlwegs bis zur Arbeitsoptik können auch während der Bearbeitung ohne unzulässige Beeinflussung des Laserstrahls durchgeführt werden. Die verschiedenen Detektorsysteme liefern reproduzierbare und miteinander vergleichbare Meßdaten. Anhand der Ergebnisse werden zuverlässige Abschätzungen der Fokusparameter ermöglicht. Die Leistungsabhängigkeit der Fokusparameter verdeutlicht die Problematik der Strahlführung insbesondere beim Einsatz sogenannter "fliegender Optiken" und bei prozeßbedingter Variation der Laserleistung.

## 7. Literatur


/1/ LIM, G.C.; STEEN, W.M.
Measurement of the temporal and spatial power distribution of a high-power $CO_2$-Laser beam.
Optics and Laser Technology, (1982)6, S. 149-153

/2/ KRAMER, R.; BEYER, E.; LOOSEN, P.; HERZIGER, G.
Strahldiagnostik an fokussierter und unfokussierter Laserstrahlung.
In: Waidelich, W. [Ed.] "Laser/Optoelectronics in Engineering", Berlin: Springer, 1987, S. 358-363

/3/ LUTZ, N.; BIERMANN, S.; HUTFLESS, J.; NUSS, R.
Vergleichende Untersuchungen der Strahlkenngrößen eines $CO_2$-Hochleistungsgaslasers.
Verhandl. DPG (VI)24 (1989), Vortragsnr. K-5.4

/4/ RIPPER, G., HERZIGER, G.
Werkstoffbearbeitung mit Laserstrahlung: Teil 5: Fokussierung von Laserstrahlung am Beispiel des $CO_2$-Lasers.
Feinwerktechnik & Messtechnik 92 (1984) 6, S. 297-302

/5/ GIESEN, A.; BORIK, S.; SCHREINER, U.; DAUSINGER, F.
Vermessung fokussierender Systeme für Hochleistungs-$CO_2$-Laser.
In: Waidelich, W. [Ed.] "Laser/Optoelectronics in Engineering", Berlin: Springer, 1987, S.483-487

# Adaptive Optik für $CO_2$-Hochleistungslaser

M. Bea, S. Borik, A. Giesen
Institut für Strahlwerkzeuge (IFSW), Universität Stuttgart
Pfaffenwaldring 43, D - 7000 Stuttgart 80

## 1 Einleitung

Untersuchungen an thermisch belasteten Komponenten zur Strahlführung und Strahlformung haben ergeben, daß die stets vorhandene Absorption besonders bei transmittierenden Optiken zu einer optischen Deformation führt [1,2]. Bei den beschriebenen Experimenten wurden verschiedene Optiken mit dem Licht von $CO_2$-Lasern durchstrahlt und gleichzeitig interferometrisch (HeNe-Interferometer) vermessen.

Die optische Deformation der untersuchten optischen Komponenten ist abhängig von ihrem Material, ihrem Bearbeitungszustand sowie der Leistungsdichte und der Bestrahlungszeit der auf sie einwirkenden Laserstrahlung. Durch die laterale Intensitätsverteilung im Laserstrahl führt die Aufheizung der optischen Komponente zu einer näherungsweise sphärischen Deformation ihrer Oberfläche. Weitere Wirkungsmechanismen sind Brechzahländerungen sowie Dichteschwankungen im aufgeheizten Material.

Die Folge dieser optischen Deformation ist eine Phasenfrontveränderung der elektromagnetischen Welle. Sie erzeugt bei fokussierenden Linsen aus ZnSe eine Brennweitenverkürzung sowie eine Vergrößerung des Strahldurchmessers im Brennpunkt.

Bild 1 zeigt hierzu die zeitliche Änderung der Brennweite einer ZnSe-Linse ($f_0$ = 127 mm) unter Einwirkung eines 1,25 kW-$CO_2$-Lasers. Die Zeitkonstanten für das Erreichen eines stationären Zustandes nach dem Aufheizen bzw. Abkühlen der Optik liegen bei 40 bis 50 s.

Derartige Veränderungen optischer Komponenten bei Bestrahlung können den Bearbeitungsprozeß negativ beeinflussen, so daß nach Wegen gesucht werden muß, die optische Deformation zu vermeiden bzw. zu reduzieren. Die gezielte Kompensation der Deformation stellt eine Möglichkeit dar, die Strahlqualität des Laserstrahls konstant zu halten.

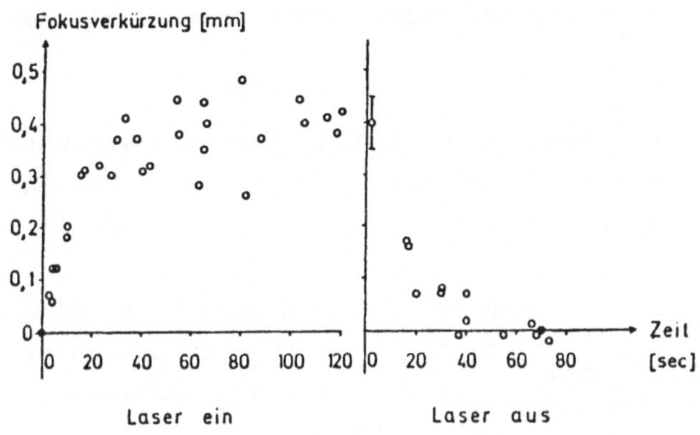


Bild 1: Zeitliche Brennweitenänderung einer ZnSe-Linse, $f_0$ = 127 mm, Laserleistung 1,25 kW.

## 2 Technologien zur Kompensation der optischen Deformation

Auf dem Markt gibt es bereits eine Vielzahl adaptiver Systeme, die diese Anforderung erfüllen. Als die wichtigsten sind hierbei monolithische piezoelektrische Spiegel (MPM) zu nennen [3]. Bei adaptiven Spiegeln dieser Bauart liegen an der Rückseite einer elastischen Spiegelfläche die sogenannten Aktuatorelektroden, eingebettet in ein piezoelektrisches Substrat (beispielsweise 61 Aktuatoren auf einer Kreisfläche von 20 cm Durchmesser). Bipolare Spannungen an den Elektroden erzeugen eine örtliche Auslenkung der reflektierenden Oberfläche.

Mit solchen Systemen lassen sich insbesondere völlig unsymmetrische Oberflächengestalten erzeugen. Durch Modulationsfrequenzen von einigen kHz ermöglichen sie beispielsweise die Kompensation atmosphärischer Szintillationen. Der Systempreis solcher Spiegel liegt bei mehreren 100 TDM.

Für die Kompensation der eingangs beschriebenen optischen Deformation lassen sich die Anforderungen an ein adaptives System deutlich reduzieren: So kann für rotationssymmetrische Laserstrahlen die Kompensation ebenfalls rotationssymmetrisch erfolgen. Als Bandbreite reicht ca. 1 Hz völlig aus. Als Folge dessen läßt sich ein sehr einfaches adaptives System aufbauen.

Ausgehend von der Technologie wassergekühlter, diamantgefräster Kupferspiegel, stellt die entwickelte adaptive Optik im wesentlichen ebenfalls einen wassergekühlten Kupferspiegel dar. Zur Erzeugung einer sphärisch aufgewölbten Spiegeloberfläche dient der Druck des Kühlwassers.

Belastet man, wie in Bild 2 skizziert, eine ringsum fest eingespannte Kreisplatte mit einer gleichmäßigen Flächenlast p, entspricht ihr innerer Bereich in guter Näherung einer Sphäre.

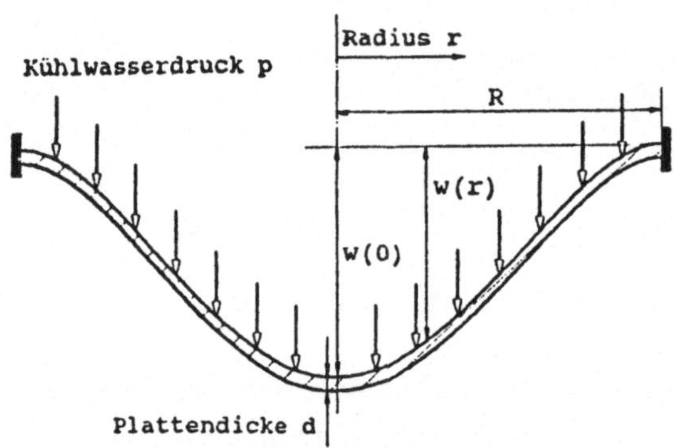


Bild 2: Durchbiegung einer ringsum fest eingespannten Kreisplatte unter gleichmäßiger Flächenlast.

Der Betrag dieser Auslenkung ist neben dem Wasserdruck p weiterhin abhängig von der Plattendicke d, der Querkontraktionszahl $\nu$ und dem Elastizitätsmodul E des verwendeten Materials [4]. Die Auslenkung w(r) eines beliebigen Punktes der Platte folgt dem hier dargestellten Polynom 4. Ordnung:

$$w(r) = \frac{3 \cdot p \cdot (1-\nu^2)}{16 \cdot E \cdot d^3} \cdot (r^4 + R^4 - 2 \cdot r^2 \cdot R^2) \quad .$$

Für die maximale Auslenkung w(0) in Plattenmitte folgt für Kupfer:

$$w(0) = \frac{0{,}168 \cdot p \cdot R^4}{E \cdot d^3} \quad .$$

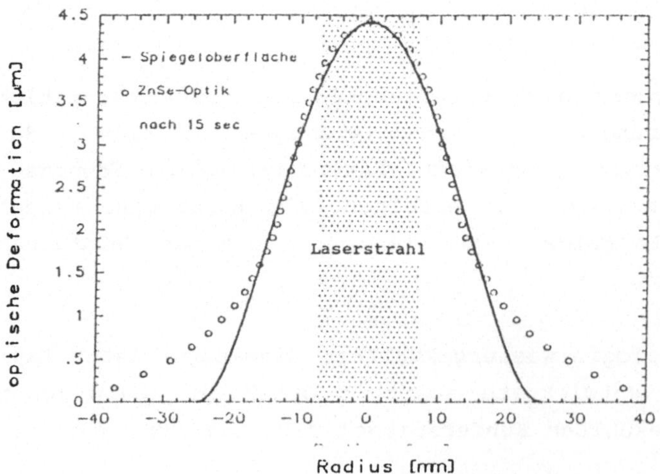


Bild 3: Vergleich der Spiegeloberfläche mit dem Betrag der optischen Deformation eines ZnSe-Auskoppelfensters.

Vergleicht man in Bild 3 die Oberflächengestalt der deformierten Spiegeloberfläche mit dem Betrag der optischen Deformation eines ZnSe-Auskoppelfensters, so findet man für den Bereich des Laserstrahldurchmessers eine gute Übereinstimmung der Phasenfrontänderungen. Die Voraussetzungen für eine ausreichende Kompensation der Phasenfrontfehler sind also mit dieser Spiegeloberfläche gegeben.

## 3 Konstruktive Lösung

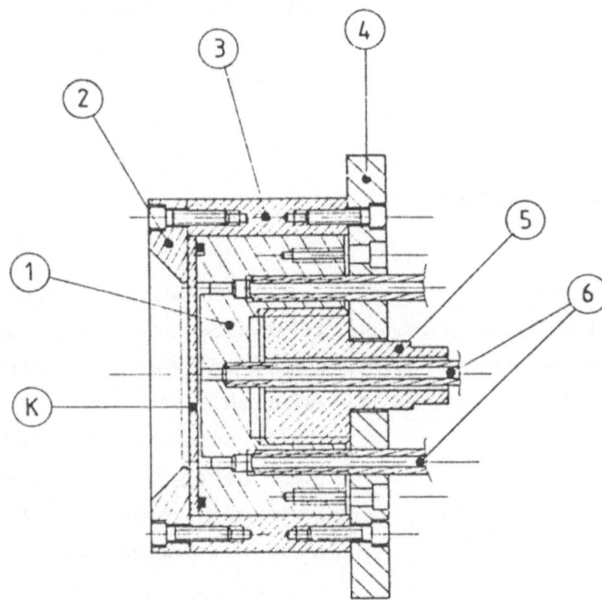


Bild 4: Adaptiver Spiegel (Schnitt)

Bild 4 zeigt die realisierte Ausführung der adaptiven Optik in einer Schnittdarstellung. Die Kupferscheibe (K) aus OFHC - Kupfer befindet sich in dem Gehäuse, bestehend aus den Teilen (2) bis (4). Eingespannt wird sie durch die Teile (1) und (5). Durch die mit (6) gekennzeichneten Anschlüsse zirkuliert das Kühlwasser. Es befindet sich unter statischem Druck und füllt einen Hohlraum hinter der Kupferscheibe.

Die reflektierende Kupferscheibe wird in diesem Aufbau rotationssymmetrisch deformiert. Die Verwendung von OFHC - Kupfer bietet optimale Reflexionseigenschaften für die Wellenlänge des $CO_2$ - Lasers, wobei das reflektierende Material eine ausreichende Kühlung erfährt. Die Zeitkonstante dieses Systems liegt im Bereich einer Sekunde. Die zulässige Auslenkung in Spiegelmitte beträgt ungefähr 50 $\mu$m. Die gesamte Apertur der Spiegelfläche umfaßt 50 mm, die Spiegeldicke beträgt 2 mm.

## 4 Messungen mit dem adaptiven Spiegel

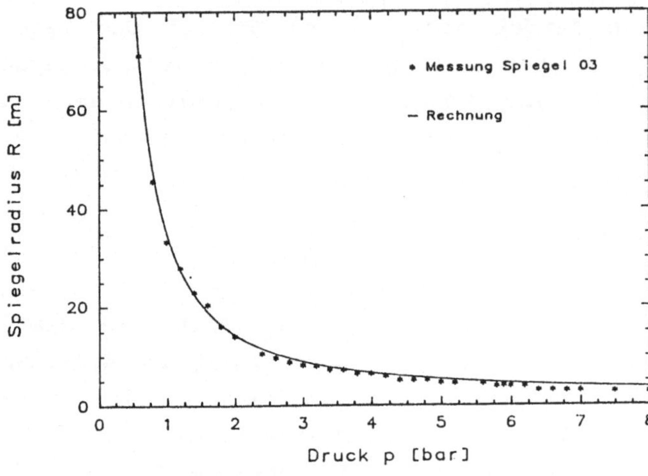


Bild 5 zeigt das Verhalten der reflektierenden Oberfläche in Abhängigkeit vom Kühlwasserdruck p. Aufgetragen ist der Krümmungsradius R für den zentralen Bereich des Spiegels, wobei die Meßwerte sowie die theoretische Kurve eingezeichnet sind.

Bild 5: Druckabhängiger Krümmungsradius R des Spiegels

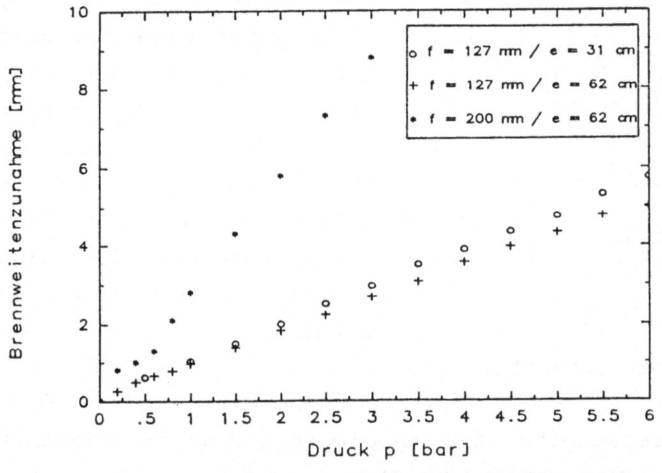


Zur Brennweitenänderung fokussierender Systeme nutzt man den zentralen Bereich (25 mm) der Kupferscheibe, da dieser Bereich in guter Näherung eine sphärische Fläche bildet.

Bild 6: Druckabhängige Brennweitenzunahme in Verbindung mit einer Fokussieroptik

Bild 6 zeigt die Brennweitenzunahme von Fokussierlinsen, wenn die adaptive Optik als Umlenkspiegel vor einer fokussierenden Linse benutzt wird. Die aufgetragenen Brennweitenzunahmen über dem Kühlwasserdruck p gelten für Fokussierlinsen mit Brennweiten von 127 bzw. 200 mm und einem Abstand e zwischen adaptiver Optik und Fokussierlinse von 31 bzw. 62 cm.

## 5 Zusammenfassung

Die vorgestellte adaptive Optik bietet die Möglichkeit einer in Echtzeit erfolgenden Phasenkorrektur in Laserbearbeitungsprozessen. Unzureichende Bearbeitungsergebnisse durch eine thermisch belastete Komponente lassen sich verhindern, da eine Brennweitenverkürzung und die damit verbundene Zunahme des Brennfleckdurchmessers kompensiert werden können.

Durch die Ausführung als wassergekühlter OFHC-Kupferspiegel ist die adaptive Optik sehr gut an die Anforderungen von $CO_2$-Hochleistungslasern angepaßt.

Die fertigungstechnische Unebenheit der Spiegeloberfläche liegt unter $^1/_{10}$ der Wellenlänge. Die nutzbaren Aperturen zur Brennweiten- und Phasenkorrektur betragen 30 bis 50 mm, wobei eine Brennweitenveränderung bis zu 20 mm möglich ist.

Die Herstellungs- und Betriebskosten dieser adaptiven Optik sind im Vergleich zu bisher bekannten adaptiven Systemen gering. Dies wird durch die einfache Technologie und die Anwendung bereits ausgereifter Herstellungsverfahren erreicht. Die Steuerung und Versorgung mit Kühlwasser gestaltet sich einfach, der Wartungs- und Reparaturaufwand ist ebenfalls gering.

## 6 Literatur

[1] A. GIESEN, S. BORIK, F. DAUSINGER: "Vermessung fokussierender Systeme für Hochleistungs-$CO_2$-Laser", Laser 87 / Optoelektronik in der Technik, 483-487, Springer Verlag (1987)

[2] S.BORIK, A. GIESEN: "Untersuchungen an thermisch belasteten Optiken", Laser 89 / Optoelektronik in der Technik, (1989)

[3] R.H. FREEMAN, J.E. PEARSON: "Deformable mirrors for all seasons and reasons", Appl. Opt. 21, 580-588 (1982)

[4] K. BEYER: "Die Statik im Stahlbetonbau", Springer Verlag, Berlin (1948)

# Investigations of Transmitting Optical Components for $CO_2$-Laser Radiation

E. W. Kreutz[1)], B. Lang[2)], R. Risters[2)]

1) Lehrstuhl für Lasertechnik, Rheinisch-Westfälische Technische Hochschule Aachen, Steinbachstr. 15, 5100 Aachen, FRG

2) Fraunhofer-Institut für Lasertechnik, Steinbachstr. 15 5100 Aachen, FRG

## 1. Introduction

Since the early days of laser physics and laser radiation sources the optical components such as mirrors, windows, output couplers, beamsplitters and lenses limit the performance of high power and high energy laser radiation sources and their applications as well. The continuous trends /1,2/ towards industrial laser radiation sources with increased output power, improved beam quality and easy beam modulation requires a corresponding improvement in the power-handling capability of the optical components.

The optical components usually take advantage of the use of thin film coatings /3,4/. These thin film coatings are widely used in a variety of applications either as structural overcoats or as functional coatings. The former case implies thin films on machine tools to decrease wear and protective overcoats on optical components to shield surfaces from an adverse environment. The latter case implies thin films on optical components for reflection modifications and wavelength selective or polarization sensitive uses as for interference filters and related components. A successful thin film coating claims for the survive of an optical component in an operating environment at least to the extent resulting to an improvement over a similar uncoated component.

Most of the optical components, which are used under extreme focusing conditions as for materials processing with laser radiation /5/, are provided with structural and functional coatings as well. The focusing properties mainly are governed by the phase distribution rather than the power density distribution of the laser beam with the optimum focusing parameters obtained either for plane or spherical phase fronts. On the other hand, the behaviour of optical components under stress as laser radiation has to be taken into account regarding the axial stability of laser beams within beam guiding multistation systems /6,7/ for processing with high power laser radiation. In order to pass the high-quality laser beam through optical components and multistation systems to the interaction zone only allows for phase-front aberrations, which don't exceed $\lambda/10$ to $\lambda/4$ to avoid any unwanted changes in the focusing and stability conditions.

As outlined the performance of high-power industrial laser radiation sources depends on the radiation hardness of the optical components and their optical performance is dominated by the optical absorption of the laser radiation /3/. The degradation of the optical components originates from the excess of generated heat via optical absorption. The present paper reports on measurements of temperature and geometry of transmitting optical components under stress with $CO_2$ laser radiation, which are investigated by thermography and interferometry.

## 2. Radiation Absorption and Damage Degradation

During the interaction of low intensity laser radiation with transmitting, reflecting and/or absorbing matter little or no effect may be observed with respect to the degradation of the material. When the intensity of the laser radiation is increased, however, the whole range of reversible interactions may become obvious such as temperature rise, strain, distortion, expansion, non-linear transmittance, electro-optic effects, second harmonic generation, optical parametric oscillation or self-focusing. When the intensity of the laser radiation is increased further these phenomena give way to nonreversible changes in the material or component such as cracking, pitting, melting, vaporisation and violent shattering /4/. These effects occur whenever the laser radiation is powerful enough either in average energy, peak energy or power density.

The performance of high-power optical components depends on their ability to carry and dissipate mainly the heat load created by the absorption of a fraction of the laser radiation energy passing through it or reflecting off their outer and inner surfaces. Therefore the optical constants and the thermophysical properties of the material under irradiation are of prime importance. Since the thermal conductivity of the optical components is relatively insensitive to the processes during the interaction of laser radiation with matter, variations in performance of optical components usually can be adressed to the variations of optical constants within the interaction process.

The described processes were more easily to overcome with high reflective than with transmittive optical components. The output coupling window of a laser resonator (Fig. 1) and the following focusing optics remain even today the most critical optical components in high power applications of laser radiation. The output coupling windows have to withstand not only several kW of optical power, which have to be transmitted without causing a deformation, but much higher power densities within the resonator have to be withstanded as well. It is clearly evident (Fig. 1), that temporal as well as spatial behaviour of a high power laser beam such as beam profile, mode-, divergence- and direction-stability depend largely on the performance

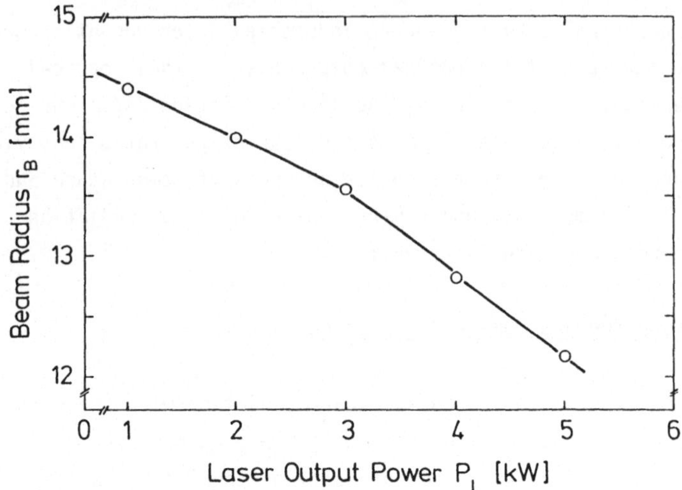


Fig. 1. Laser beam radius at some distance of an output coupling ZnSe window as function of laser output power for $CO_2$ laser radiation

of the optical resonator-components. These optical components turn out to be of ultra low loss and very high optical precision, which have to be fabricated and handled accordingly.

## 3. Results and Discussion

### 3.1 Thermography

Absorption of laser radiation is present to some degree in every optical component. In most of the power density distributions of laser radiation most of the optical energy is concentrated to the center of the beam, which leads to a non-uniform temperature distribution (Fig. 2) in the optical component. As seen from Fig. 2 the temperatures are high and low, respectively, in the center and at the periphery. Since most physical properties of optical components are temperature-dependent, non-uniform temperature distribution leads to physical changes which may distort the optical performance of the optical components (Section 2).

If the absorption is such that heat builds up in the optical component faster than it can be conducted away, catastrophic damage (Section 1) occurs. This so-called thermal runaway originates from the temperature-dependence of the absorption coefficient of any matter involved in the optical component. When the absorption coefficient rises steeply with temperature, the optical component absorbs the laser radiation energy at a high rate resulting in a further increase of temperature. This process continues until the optical component melts, burns, or fractures from the large stress created by thermal expansion of the center compared to the cooler periphery (Fig. 2).

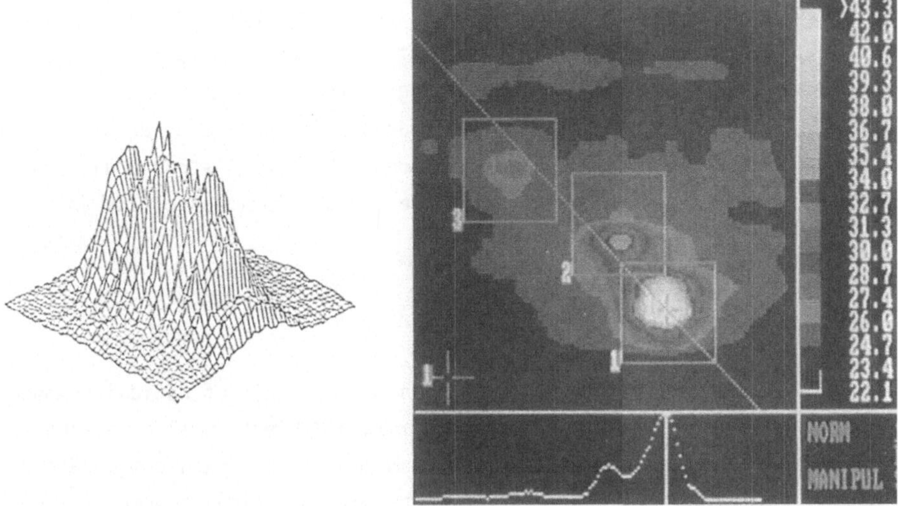


Fig. 2. Temperature distribution (above: at the surface; below: along the marked diagonal) of an output coupling GaAs window with antireflection coating under stress with $CO_2$ laser radiation (power density distribution left hand side, output power 4.0 kW, beam cross section 10.0 x 7.0 $mm^2$, maximum intensity 1.41 x $10^4$ $Wcm^{-2}$)

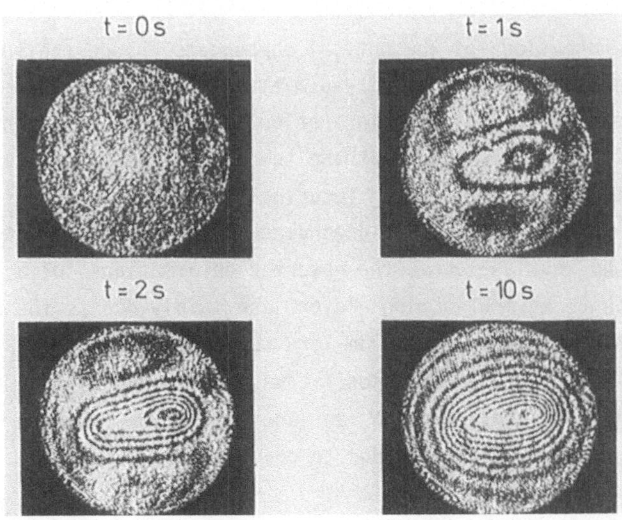


Fig. 3. Interferometric fringe patterns as a function of exposure time from the surface of an output coupling ZnSe window with antireflection coating under stress with $CO_2$ laser radiation (power density distribution as with Fig. 2, output power 4.0 kW, beam cross section 10.0 x 7.0 $mm^2$, maximum intensity 1,41 x $10^4 Wcm^{-2}$)

Optical components for high-power applications of laser radiation usually show a complex design with several coatings on a substrate comprising typically antireflection, partial reflection or total reflection. The observed absorption may result from the bulk of substrate and for coatings, from the interfaces coating/substrate and coating/coating as well as from the coating/air surface. Further investigations of the optical absorption in combination with other structural, chemical and electrical tools have to clarify the nature and the location of the absorption centers /8/.

3.2 Interferometry

According to the temperature distribution (Fig. 2) of optical components under stress with high-power laser radiation the unavoidable thermal expansion of the component materials causes the central heated material to expand compared to the cooler periphery resulting in a bulge in the center of an optical component. As seen from interferometric investigations (Fig. 3) the deformations of the optical component reveal the power density distribution of the incidenting beam indicating the negligible influence of heat conduction, i.e. the deformations of the surface of the optical component follow mainly the optical absorption. The deformation becomes higher with increasing exposure time as derived from the density of fringes in the interferogram.

The elongating deformations of the optical components change the focusing properties of optical components resulting for transmitting optical components in additional focusing with possible aberrations, for reflecting optical components in additional defocusing. It can also be shown that the temperature-dependent refractive index of optical components may lead to strong focusing or defocusing effects in transmitting optics depending on the temperature-dependence. Following the interferometric measurements and the outline above the observed deformations of a output coupling window coated with a antireflection layer are mainly due to the absorption of the antireflection coating (bulk, interface or surface) in agreement with the observations of other authors /9/. In addition, it may be concluded, that all the transmitting optical components provided with an antireflection coating will show drastic changes of their optical properties due to coating absorption.

4. Conclusion

The temperature and the geometry of transmitting optical components under stress with $CO_2$ laser radiation show strong distortions as regards thermography and interferometry. The optical and geometrical changes influence defocused and focused laser radiation with significant changes of the laser from quality.

References

/1/ G. Herziger, P. Loosen: in Optoelectronics in Engineering, Springer-Verlag, Berlin, Heidelberg, New York, London, Paris, Tokyo 685 (1987)

/2/ G. Herziger, E. W. Kreutz: Proceedings SPIE 1022, 2 (1988)

/3/ J. K. McIver, A. H. Guenther: Proceedings SPIE 650, 123 (1986) and references therein

/4/ R.M. Wood: Laser Damage in Optical Materials, Adam Hilger, Bristol, Boston (1986) and references therein

/5/ M. Bass, Ed.: Laser Materials Processing, North Holland Publ. Co., Amsterdam (1983)

/6/ U. Petschke, R. Kramer, U. Wolff, E. Beyer: Proceedings SPIE 1024, 95 (1988)

/7/ E. W. Kreutz, U. Petschke. VDI-Nachrichten in press

/8/ E. W. Kreutz: to be published

/9/ A. Giesen, S. Borik, U. Schreiner: in Proc. Boulder Damage Symposium Laser Induced Damage in Optical Materials (1986)

# Untersuchungen zur Laserfestigkeit schichtoptischer Bauelemente bei der Wellenlänge 1,06 µm

G. Zscherpe, R. Wolf, B. Steiger, D. Schäfer und B. Brauns
Ingenieurhochschule Mittweida, Platz der DSF 17, DDR - 9250 Mittweida
E. Hacker, H. Lauth und J. Meyer
JENOPTIK JENA GmbH, Carl-Zeiss-Straße 1, DDR - 6900 Jena

Eine wesentliche Voraussetzung für die Erhöhung der Zuverlässigkeit von Hochleistungslaseranlagen ist eine Verbesserung der Laserfestigkeit der verwendeten optischen Bauelemente. Entsprechende Untersuchungen erfolgten mit Hilfe eines Nd:YAG-Lasers (Impulsdauer 85 ns, Wellenlänge 1,06 µm) an Einzelschichten bzw. an den aus ihnen gebildeten Bauelementen, wobei der Strahldurchmesser auf der Probe 15 µm betrug.

An HF-gesputterten Tantaloxidschichten wurde der Einfluß des Sauerstoffgehaltes des Sputtergases auf die Zerstörungsschwelle $D_0$ dieser Schichten untersucht (Abb. 1). Bei $D_0$ handelt es sich um eine Einsatzschwelle, d. h., bei dieser Energiefluenz treten erste Zerstörungen auf (1). Außerdem wurde mittels RBS das Atomzahlverhältnis $N_O/N_{Ta}$ in diesen Schichten bestimmt.
Die starke Zunahme der Zerstörungsschwelle in Richtung des Druckverhältnisses von ca. 0,65 korreliert mit dem Ansteigen des Atomzahlverhältnisses bzw. mit dem über dem stöchiometrischen Maß von 2,5 liegenden Sauerstoffgehalt der Schichten. Das Konzept der Erhöhung der Laserfestigkeit von Oxidschichten durch den Einbau von zusätzlichem Sauerstoff konnte auch bei den produktiveren Aufdampfverfahren, z. B. für $ZrO_2$, erfolgreich erprobt werden.

$ZrO_2$-Schichten wurden sowohl konventionell durch Elektronenstrahlverdampfen als auch dotiert mit $SiO_2$ durch eine gesteuerte Simultanverdampfung aus getrennten Quellen hergestellt. Mit dem letzten Verfahren gelang es, insbesondere homogene Brechzahlprofile zu erreichen und in Verbindung mit einer Optimierung der Ausgangssubstanz eine Erhöhung der Laserfestigkeit (Tabelle 1) um den Faktor vier zu erzielen. Das drückt sich auch in einer signifikanten Reduzierung des Gehaltes an Kontaminationen (Kohlenwasserstoffe) aus, wie SNMS-Untersuchungen ergaben. Eine Übersicht über weitere Eigenschaften der $ZrO_2$-Schichten gibt die Tabelle 1.

Eine Erhöhung der Zerstörungsschwelle ist auch durch eine $CO_2$-Laserbestrahlung der unbeschichteten Substrate (Quarzglas) in der Bedampfungsanlage möglich (2). Die Bestrahlungsdauer betrug bei einer Leistungsflußdichte von ca. 80 $Wcm^{-2}$ 300 s, wobei sich die Substrate bis zum Aufschmelzen der Oberfläche aufheizten.

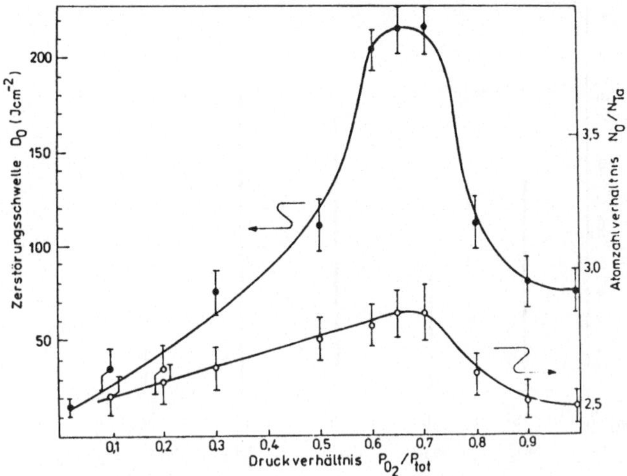


Abb. 1: Zerstörungsschwelle und Atomzahlverhältnis $N_O/N_{Ta}$ HF-gesputterter Tantaloxidschichten (optische Dicke $\lambda/2$) in Abhängigkeit vom Sauerstoffanteil des Arbeitsgases

| | $ZrO_2$ | $ZrO_2$ dotiert mit $SiO_2$ ca. 10 % |
|---|---|---|
| Struktur | kubisch/monoklin polykristallin | kubisch/monoklin polykristallin |
| Brechzahl | inhomogen | homogen |
| Absorptionskoeffizient | 5 $cm^{-1}$ | 0,3 $cm^{-1}$ |
| RMS-Rauhigkeit | 3,2 nm (d = 250 nm) | 1,3 nm (d = 250 nm) |
| TIS [1)] | $1{,}7 \times 10^{-3}$ | $7 \times 10^{-4}$ |
| Zerstörungsschwelle $D_o$ | 10 ± 5 J/cm² | 40 ± 6 J/cm² |
| Packungsdichte | 0.9 ... 0.93 | 0.97 ... 0.98 |

[1)] gemessen an einem 100%-Spiegel für 633 nm, Meßwellenlänge 633 nm

Tabelle 1: Eigenschaften von $ZrO_2$-Schichten

Nach Abkühlen auf Raumtemperatur und ohne Zwischenbelüften erfolgte mittels Elektronenstrahlverdampfung die Schichtabscheidung, zum Vergleich auch auf einem nichtbestrahlten gleichartigen Substrat. Die Abbildung 2 zeigt, daß eine Erhöhung der Zerstörungsschwelle $D_o$ bis um den Faktor 10 ($ZrO_2$) erreicht werden konnte. Hierbei handelt es sich um die maximalen Werte.

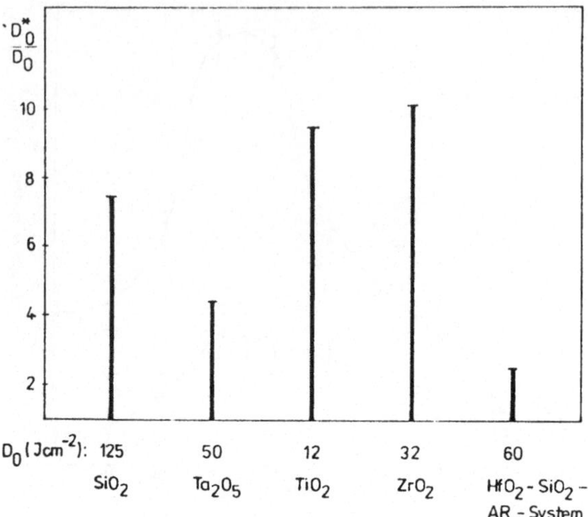


Abb. 2: Verbesserung der Zerstörungsschwelle $D_0$ von unterschiedlichen Einfachschichten der optischen Dicke $\lambda_0/4$ ($\lambda_0$=1060 nm) und eines Antireflexionssystems (AR) durch $CO_2$-Laservorbestrahlung ($D_0^*$)

Zur Einschätzung der Schichtqualität wurde als zerstörungsfreies Verfahren die lateral aufgelöste Absorptionsmessung eingesetzt, die in (3) beschrieben ist. Die Abbildung 3 zeigt den Verlauf der Absorption über eine Abtaststrecke von 2 mm auf der Oberfläche zweier dielektrischer Spiegel (25 $\lambda_0/4$ $ZrO_2/SiO_2$-Schichten) für die Wellenlänge 1,06 µm, die durch Elektronen- bzw. Laserstrahlverdampfung hergestellt worden sind.

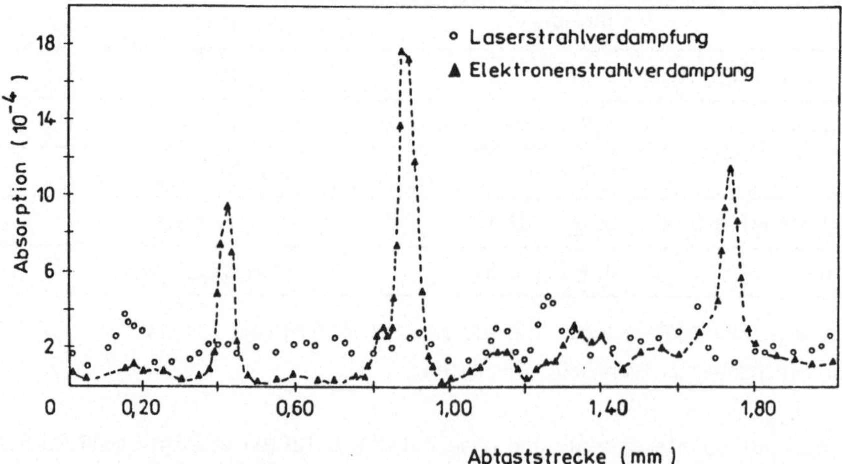


Abb. 3: Laterales Absorptionsprofil von zwei unterschiedlich hergestellten dielektrischen Spiegeln (25 $\lambda_0/4$ $ZrO_2/SiO_2$-Schichten) für die Wellenlänge 1,06 µm

Bei kleinerer mittlerer Absorption führt die Elektronenstrahlverdampfung zu ausgeprägten Absorptionsspitzen, die eine Erniedrigung der Laserfestigkeit, d. h. der Einsatzschwelle $D_o$, im Vergleich zur Laserstrahlverdampfung bewirkt (4).

Literatur.

(1) S.R. FOLTYN: NBS Spec. Publ. 669, 1984, S. 368 (National Bureau of Standards, U.S. Department of Commerce, Washington, DC)
(2) B. BRAUNS, D. SCHÄFER, R. WOLF, G. ZSCHERPE: Thin Solid Films, 138 (1986) 147
(3) T. BEIERLEIN, B. STEIGER, R. WOLF, G. ZSCHERPE, D. SCHÄFER: Feinwerktechnik & Messtechnik, 97 (1989) 23
(4) B. BRAUNS, D. SCHÄFER, R. WOLF, G. ZSCHERPE: Optica Acta, 33 (1986) 545

# Einsatzmöglichkeiten von Spiegelteleskopen in der Lasermaterialbearbeitung

B. Hollermann, G. Sepold, C. Binroth
Bremer Institut für angewandte Strahltechnik, Klagenfurter Str. 2, D-2800 Bremen 33

## 1. Einleitung

Die Flexibilität bei der Nutzung des Werkzeugs Laserstrahl kann durch den Einsatz eines in den Strahlengang eingebrachten Teleskops stark erweitert werden. In diesem Artikel werden einige Möglichkeiten, die sich aus dem Einsatz von Spiegelteleskopen ergeben, beschrieben und diskutiert. Zunächst werden einige grundlegende Beziehungen zur Geometrie eines Laserstrahls und zur Arbeitsweise von Teleskopen angegeben. Daran anschließend wird auf die Einsatzmöglichkeiten eines Teleskops in der Materialbearbeitung mit $CO_2$-Lasern

1. zur Steigerung der Leistungsflußdichte im Fokus,
2. zur Anpassung der Fokusgeometrie an das Werkstück und
3. zur Verringerung der Divergenz des freilaufenden Strahls

eingegangen.

## 2. Beschreibung der Strahlgeometrie durch den Fokussierkennwert

Die Strahlgeometrie (Kaustik) eines Laserstrahls wird eindeutig durch den Fokussierkennwert K beschrieben. Der Fokussierkennwert ergibt sich als Produkt aus dem Strahldurchmesser $d_0$ in einer Strahltaille (= engster Querschnitt) und dem dazugehörigen Divergenzwinkel $\alpha_0$

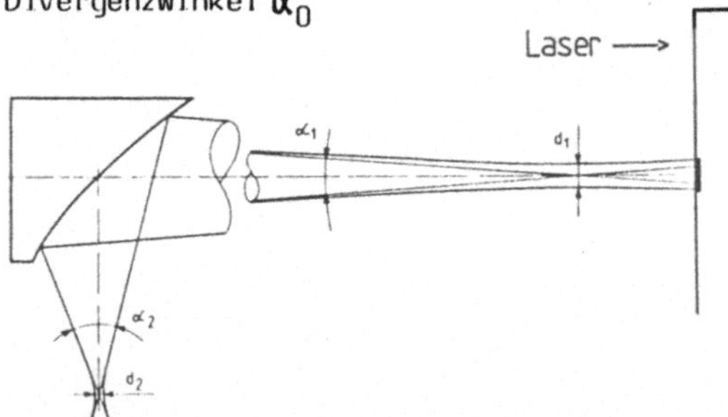


$$K = d_0 \cdot \alpha_0 = d_1 \cdot \alpha_1 \qquad (1)$$

K = Fokussierkennwert
$d_{0,1}$ = Strahldurchmesser in der Strahltaille
$\alpha_{0,1}$ = zu $d_{0,1}$ gehöriger Divergenzwinkel

Bild 1: Definition des Fokussierkennwertes

Der Fokussierkennwert stellt den für einen Laserstrahl charakteristischen Wert dar. Dieser Wert bleibt auch nach Übertragung des Laserstrahls durch ein optisches System, wie z.B. einem Fokussierspiegel oder einem Teleskop, konstant. Der Fokussierkennwert kann allein durch Messungen bestimmt werden. Die Kenntnis des Fokussierkennwertes ermöglicht dem Praktiker beispielsweise die Berechnung des Fokusdurchmessers, wenn der Fokusssierwinkel bekannt ist.

Die Relation des Fokussierkennwertes K zur Strahlkennzahl Z (DVS-Merkblatt Nr. 3203 Teil 2) ergibt sich aus dem Verhältnis des für diese Wellenlänge theoretisch erreichbaren Fokussierkennwertes $K_{00}$ zum gemessenen Fokussierkennwert K:

$$Z = K_{00} / K \qquad (2)$$

Für $CO_2$-Laser mit einer Wellenlänge von 10.6 $\mu$m ergibt sich ein theoretisch erreichbarer Fokussierkennwert von 13.5 $\mu$mrad, was der Strahlkennzahl Z = 1 entspricht.

## 3. Prinzip eines Teleskops

In der Lasermaterialbearbeitung mit $CO_2$-Lasern werden im allgemeinen Galileische Teleskope eingesetzt. Diese bestehen aus einem Aufweitungsspiegel, welcher den Laserstrahl in einem virtuellen Fokus abbildet (so werden Luftdurchbrüche aufgrund zu hoher Leistungsflußdichte in einem reellen Fokus vermieden; der virtuelle Fokus wird durch einen Kollimatorspiegel ins Unendliche abgebildet.

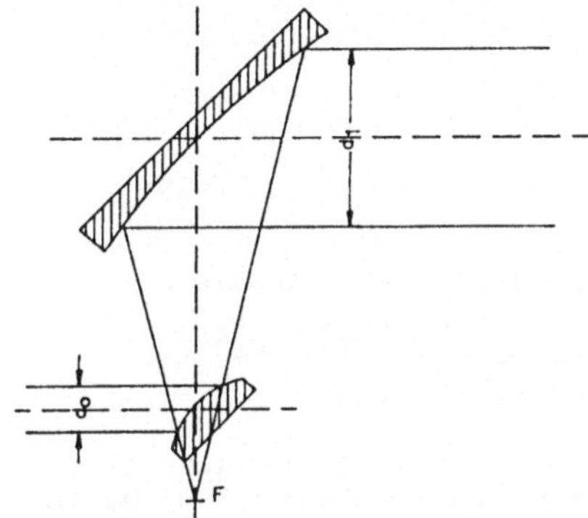


$d_0$ = Durchmesser des eintretenden Laserstrahls
$d_1$ = Durchmesser des austretenden Laserstrahls
F = gemeinsamer Brennpunkt von Aufweitungs- und Kollimatorspiegel

Bild 2: Prinzip eines Spiegelteleskops für die Laser-Materialbearbeitung

Das Aufweitungsverhältnis A als Verhältnis von Laserstrahldurchmesser am Teleskopaustritt $d_1$ zu Laserstrahldurchmesser am Teleskopeintritt $d_0$ ergibt sich aus dem Verhältnis der Brennweiten von Kollimator- und Aufweitungsspiegel ($f_2$, $f_1$):

$$A = d_1/d_0 = f_2/f_1 \tag{3}$$

Eine Aufweitung des Strahls bzw. eine Vergrößerung des Strahldurchmessers bewirkt nach (1) eine Verringerung der Divergenz. Dies ist bei gegebener Weglänge des Laserstrahls gleichbedeutend mit einer Verringerung der Strahldurchmesseränderung. Durch eine Verschiebung der Foki von Aufweitungs- und Kollimatorspiegel ist eine Beeinflussung der Divergenz des austretenden Strahls möglich. In einer gegebenen Entfernung vom Teleskop ist so der Strahldurchmesser in gewissen Grenzen regelbar.

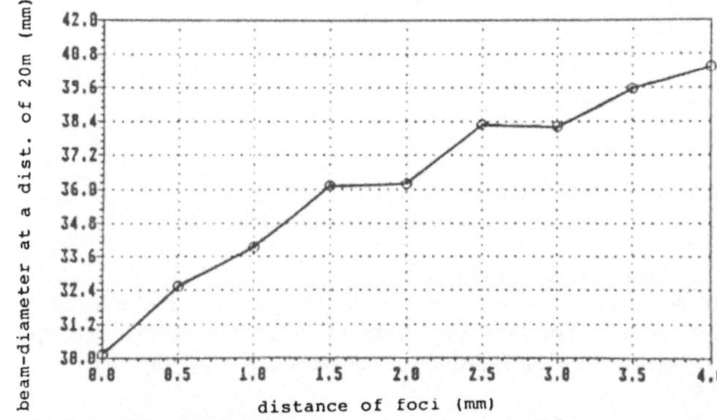


Fokussierkennwert des Laserstrahls: K = 35 µmrad; Abszisse: Defokussierung von Aufweitungs- und Kollimatorspiegel; Ordinate: Strahldurchmesser; Teleskop siehe Bild 4;

Bild 3: Strahldurchmesser in einer Entfernung von 20 m vom Teleskop

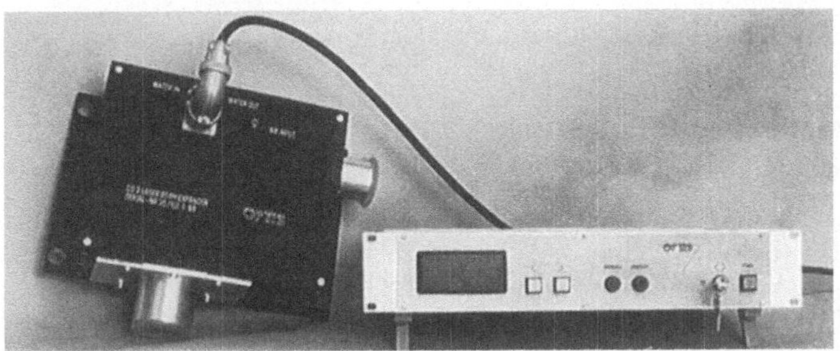

Bild 4: Industrieausführung eines regelbaren Teleskops (mit frdl. Genehm. Optis GmbH)

4. Erhöhung der Schweißgeschwindigkeit

Die maximale Schweißgeschwindigkeit, welche bei konstanter Schweißtiefe erreicht werden kann, ist speziell im Dünnblechbereich abhängig vom Fokusdurchmesser. Eine grobe Abschätzung kann - bei Vernachlässigung von Wärmeleitungsverlusten - über die Leistung, welche zum Verdampfen des vom Laserstrahl getroffenen Werkstoffes erforderlich ist, vorgenommen werden:

$$v = \frac{P}{Q \cdot t \cdot d} = \frac{P \cdot D}{Q \cdot t \cdot f} \qquad (4)$$

P = Laserstrahlleistung, v = maximale Schweißgeschwindigkeit, Q = spezifische Dampfwärme, t = Blechdicke = Schweißtiefe, d = Schweißnahtbreite = Fokusdurchmesser, D = Ausleuchtung der Fokussieroptik = Strahldurchmesser an der Fokussieroptik, f = Brennweite des Fokussierspiegels

Die maximale Schweißgeschwindigkeit ergibt sich danach umgekehrt proportional zum Fokusdurchmesser bzw. direkt proportional zur Ausleuchtung der Fokussieroptik. Da die Ausleuchtung in den meisten Fällen nicht optimal ist (häufig werden weniger als 50 % der Optik ausgenutzt), besteht hier die Möglichkeit, durch Regelung des Strahldurchmessers mit Hilfe eines Teleskops über eine Optimierung der Ausleuchtung den Fokusdurchmesser zu reduzieren und somit die Prozeßgeschwindigkeit zu steigern (Bild 5).

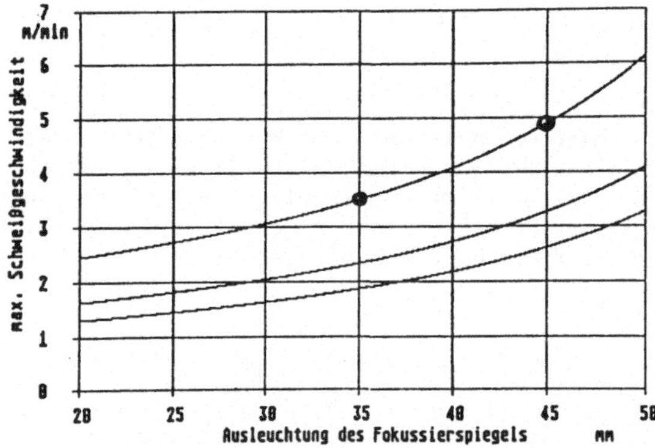


Bild 5: Berechnete, maximal erreichbare Schweißgeschwindigkeit in Stahl der Qualität St 37 (t=2 mm) als Funktion der Spiegelausleuchtung;

5. Anpassung der Fokussierung an die Bearbeitungstiefe

Besonders im Dickblechbereich (t>10 mm) ist eine Anpassung des Fokussierwinkels an die Werkstückdicke bzw. Bearbeitungstiefe erforderlich. Nach /1/ ergibt sich der optimale Fokussierwinkel $\alpha_{opt}$ als Quotient aus dem Fokussierkennwert K und der Werkstückdicke bzw. Bearbeitungstiefe t:

$$\alpha_{opt} = K/t \qquad (5)$$

Die Möglichkeit der Anpassung des Fokussierwinkels kann durch den Einsatz eines regelbaren Teleskops geschaffen werden; durch die variable Ausleuchtungsmöglichkeit der Fokussieroptik kann der Fokussierwinkel in weiten Grenzen angepaßt werden, wobei die Brennweite und damit der Arbeitsabstand konstant bleibt.

6. Verringerung der Divergenz

Beim Einsatz fliegender Optiken in der Lasermaterialverarbeitung und den dabei vorkommenden langen Strahlwegen ist ein möglichst konstanter Strahldurchmesser auf der Fokussieroptik über den gesamten Verfahrbereich Voraussetzung für ein vom Bearbeitungsort unabhängiges Bearbeitungsergebnis. Eine Verringerung der Srahldurchmesseränderung entlang des Verfahrweges ist gleichbedeutend mit einer Verringerung der Divergenz, was nach (1) eine Aufweitung des Strahls erforderlich macht. Bild 6 gibt zwei berechnete Kaustiken eines Laserstrahls (K = 50 µrad, ca. TEM-20) auf eine Distanz von 20 m bei verschiedenen Strahldurchmessern wieder; die Strahltaille wurde jeweils in eine Entfernung von 10 m gelegt.

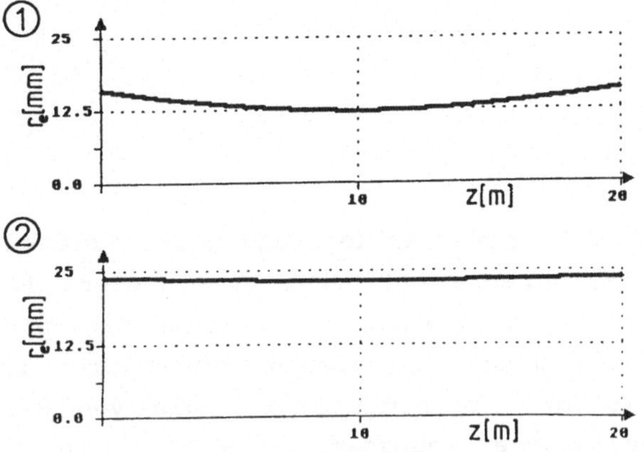


1) $d_E = 2 \cdot r_e(z=0) = 32$mm
$d_r = 2 \cdot r_e(z=10) = 25$mm

2) $d_E = 2 \cdot r_e(z=0) = 48$mm
$d_r = 2 \cdot r_e(z=10) = 46{,}8$mm

Bild 6: Berechnete Kaustiken eines Laserstrahls; K = 50 µrad;
$r_e$ = Strahldurchmesser; z = Entfernung vom Teleskop

Die Strahldurchmesseränderung $V_D$ ergibt sich als Quotient aus Eingangsdurchmesser $d_E$ und Durchmesser in der Strahltaille $d_r$:

$$V_D = d_E \,/\, d_r \qquad (6)$$

Bei einem Eingangsdurchmesser von $d_E$ = 32 mm ergibt sich $V_D$ = 1.283; durch Aufweitung um den Faktor 1.5 ($d_E$ = 48 mm) läßt sich die Strahldurchmesservariation auf $V_D$ = 1.03 verringern. Die Ausleuchtung geht quadratisch in die Leistungsflußdichte im Fokus ein: damit variiert die Leistungsflußdichte im Fokus beim Verfahren der Fokussieroptik entlang des Laserstrahls im Fall des nicht aufgeweiteten Strahls um den Faktor 1.65, im Fall des aufgeweiteten Strahls lediglich um den Faktor 1.06! Durch Aufweitung des Strahls läßt sich somit ein entscheidender Schritt in Richtung erhöhter Prozeßsicherheit vollziehen. Bei größeren Entfernungen oder höherer Modenordnung des Laserstrahls kann bei einer voregebenen Spiegelaperatur von z.B. d=50 mm nur durch entfernungsabhängige Nachsteuerung des Teleskops der Strahldurchmesser konstant gehalten werden.

## 7. Zusammenfassung

Es wurden die Einsatzmöglichkeiten von regelbaren Spiegelteleskopen zur Beeinflussung des Laserstrahls aufgezeigt. Diese lassen sich in drei Punkten zusammenfassen:

Durch Variation des Strahldurchmessers ist

1. die Ausleuchtung der Fokussieroptiken optimierbar: dies kann zu einem erheblichen Gewinn an Bearbeitungsgeschwindigkeit führen,
2. die Ausleuchtung variierbar; die kann zu einer optimalen Anpassung des Fokussierwinkels an die Bearbeitungstiefe genutzt werden und

Durch Aufweitung des Laserstrahls ist

3. der Strahldurchmesser über große Distanzen nahezu konstant zu halten; dies führt aufgrund der besseren Optimierbarkeit von Parametern zu einer erhöhten Prozeßsicherheit und -geschwindigkeit.

## 8. Literatur

/1/ ROTHE, R.: Beitrag zur Optimierung des thermischen Schneidens mit $CO_2$-Hochleistungslasern; VDI-Fortschritt-Berichte, Reihe 2, Nr. 113

# Absorptionsmessungen an optischen Komponenten und zwei Stahllegierungen bei 10,6 μm

A. Giesen, R.W. Serchinger
Institut für Strahlwerkzeuge (IFSW), Universität Stuttgart
Pfaffenwaldring 43, D-7000 Stuttgart 80

Bei Anwendungen im Bereich hoher Laserstrahlleistungen bestimmt die Absorption wesentlich die Einsatzgrenze optischer Komponenten. Bei Werkstoffen dagegen ist es wichtig zu wissen, mit welcher Einkoppelung man den Bearbeitungsprozeß beginnt. Aus diesem Grunde wurde die Absorption verschiedener optischer Komponenten sowie die von zwei Stählen unter realistischen Bedingungen gemessen.

## 1 Meßprinzip

Die Absorption A wird kalorimetrisch über die Temperaturerhöhung bei Bestrahlung gemessen. ZnSe- und KCl-Prüflinge werden in eine Meßhalterung aus Al eingespannt, in welcher sich ein Pt 100 - Temperaturmeßwiderstand der höchsten Genauigkeitsklasse befindet. Kupferspiegel werden durch drei spitzgedrehte Kunststoffschrauben, die in einen den Spiegel umgreifenden Messingring eingeschraubt sind, gehalten. Ein besonderer Pt 100 - Meßwiderstand mit Wärmekontaktfläche wird mit Wärmeleitpaste auf der Rückseite des Spiegels am Außenrand angeklebt. Die Stahlproben sind 80x10x10 $mm^3$ groß und haben nahe dem Stirnende eine Aufnahmebohrung für den Meßwiderstand. Sie werden unter Minimierung der Kontaktfläche von schlecht wärmeleitenden Kunststoffhaltern getragen.

Die Absorption A ist bei diesen Meßverfahren gegeben durch:

$$A\,[\%] = \frac{(\Sigma m_i c_i) \times \Delta T}{P \times \Delta t} \times 100\% \,.$$

Dabei bedeuten $\Sigma m_i c_i$ die Summe der mit ihren jeweiligen spezifischen Wärmekapazitäten multiplizierten Massen (Prüfling, Einzelteile der Meßhalterung, Pt 100) in J/K, $\Delta T$ die durch die Bestrahlung eingetretene Temperaturerhöhung in K, P die Laserleistung in W und $\Delta t$ die Bestrahldauer in s.

Aus obiger Gleichung ergeben sich zwei Auswerteverfahren (s. Bild 1).

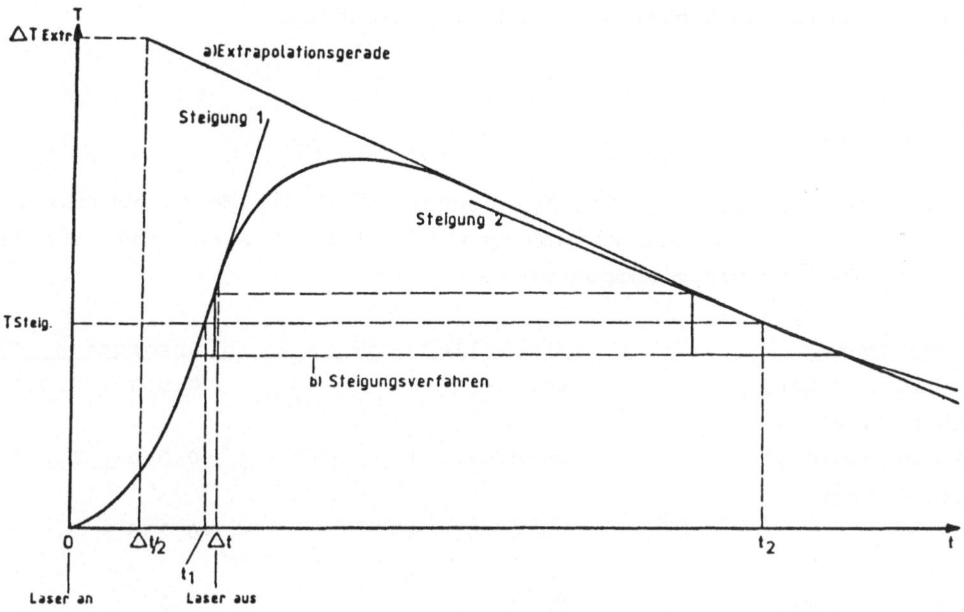


Bild 1: Auswerteverfahren zur Bestimmung der Absorption

Beim Pulsverfahren (Bestrahlungszeiten bis 60 s) geht man davon aus, daß die gesamte Energie instantan zum Zeitpunkt $\Delta t/2$ eingebracht worden sei. Die fiktive instantane Temperaturerhöhung $\Delta T$ zu diesem Zeitpunkt wird von der Abkühlkurve aus extrapoliert, so daß die während der Bestrahlung eintretenden Wärmeverluste herausgerechnet werden. Dieses Verfahren ist nur bei sehr hoher Wärmeleitfähigkeit der Probe zulässig. Bei Meßzeiten über 60 s ist die Annahme einer instantanen Energieeinkoppelung nicht mehr gerechtfertigt. In diesem Falle betrachtet man die Steigung der Temperaturmeßkurve dT/dt kurz vor Ende der Bestrahldauer, zu welcher dann noch der Betrag der Steigung der Abkühlkurve bei derselben Temperatur addiert werden muß, um wiederum eine Korrektur für die während der Bestrahlung eingetretenen Wärmeverluste anzubringen (zu den Verfahren siehe z.B. [1]).

Die optischen Komponenten wurden an Luft bei einer Strahlleistung von 1000 W auf der Probenoberfläche, einem Strahlfleckdurchmesser von 10,5 mm, einem Einfallswinkel von kleiner als 2,5° (P - pol) und einer Bestrahlzeit von 60 oder 90 s je nach Probe gemessen. Die Stahlproben wurden mit einem 3 W $CO_2$-Wellenleiterlaser (Mode: $TEM_{OO}$ - ähnlich) bestrahlt, auch hier wurde an Luft gemessen.

## 2 Ergebnisse

Für transmittierende optische Komponenten sind die Meßergebnisse in der nachstehenden Tabelle zusammengestellt (eingetragen sind jeweils die Werte für die beste Komponente).

| Komponententyp | Hersteller | Absorption [%] |
|---|---|---|
| 1,5"-KCL-Fenster, unbeschichtet | Dt. Herst.2 | 0,063 ± 0,003 |
| 1"-ZnSe-Fenster, unbeschichtet | US-Herst. 1 | 0,060 ± 0,004 |
| " | US-Herst. 2 | 0,130 ± 0,007 |
| 1"-ZnSe-Fenster, AR/AR-beschichtet | US-Herst. 1 | 0,17 ± 0,01 |
| " | Dt. Herst.1 | 0,20 ± 0,01 |
| " | US-Herst. 2 | 0,36 ± 0,02 |
| " | US-Herst. 3 | 0,89 ± 0,05 |
| 2"-ZnSe-Fenster, AR/AR-beschichtet | US-Herst. 1 | 0,22 ± 0,01 |
| " | Dt.Herst. 1 | 0,25 ± 0,01 |
| " | US-Herst. 3 | 0,38 ± 0,02 |
| 1,5"-, 2"-Schneidlinsen, AR/AR | US-Herst. 1 | 0,23 ± 0,01 |
| " | US-Herst. 2 | 0,23 ± 0,01 |
| " | US-Herst. 4 | 0,29 ± 0,02 |
| 1"-Laserauskoppler, R = 0,6 T = 0,4 | US-Herst. 1 | 0,09 ± 0,01 |

Vom US-Hersteller 3 lag jeweils nur eine Probe vor. Das 1"-AR/AR-Fenster wurde vom US-Hersteller 1 für Vergleichsmessungen zur Verfügung gestellt, alle anderen Proben wurden über die normalen Vertriebswege ohne Angabe des Prüfzwecks in der Bundesrepublik gekauft. Komponenten des US-Herstellers 1 erreichen nach Reinigung mit spektroskopisch reinem Aceton wieder den Absorptionswert der neuen Komponente, sofern die Verunreinigungen nicht eingebrannt sind.

Ferner wurden bei den gleichen Parametern (außer dem Einfallswinkel) Kupferspiegel aus OFHC-Cu, E-Cu und OFHC-Cu mit einer vergüteten Goldbeschichtung im Vergleich untersucht (alle von dt. Herst. 3). Die Spiegel aus OFHC-Cu und E-Cu wurden mit denselben Maschinenparametern gefertigt. Es ergaben sich die folgenden Absorptionswerte in % :

| Spiegel | 1,75° P-pol | 45° P-pol | 45° S-pol |
|---|---|---|---|
| OFHC-1 | 0,67 ± 0,04 | 1,02 ± 0,06 | 0,49 ± 0,03 |
| OFHC-2 | 0,71 ± 0,04 | 1,00 ± 0,06 | 0,49 ± 0,03 |
| E-Cu-1 | 0,71 ± 0,04 | 0,99 ± 0,06 | 0,52 ± 0,03 |
| E-Cu-2 | 0,67 ± 0,04 | 1,02 ± 0,06 | 0,50 ± 0,03 |
| OFHC-Cu + Au + Verg. | 0,13 ± 0,01 | 0,20 ± 0,01 | 0,10 ± 0,01 |

Der vergütete OFHC-Spiegel bietet außer geringerer Absorption auch noch den Vorteil, daß er sich durch Abziehen mit spektroskopisch reinem Aceton reinigen läßt.

Außerdem wurden Absorptionsmessungen in Abhängigkeit vom Einfallswinkel für P - polarisiertes Licht an je zwei Stahlproben C45 und Cf53 durchgeführt, und zwar in Luft bei Raumtemperatur. Die Proben waren geschliffen und hatten eine Rz - Rauhigkeit von 1,45 $\mu$m (gemessen nach DIN 9860 mit Perthometer S6P). Aus der gemessenen elektrischen Leitfähigkeit der Stähle wurden ihre optischen Konstanten n und k mit Hilfe der von Lenham und Treherne [2] erweiterten Drude - Theorie (z.B.in [3]) berechnet. Meßwerte und theoretische Kurven sind in den folgenden Bildern 2 und 3 dargestellt.

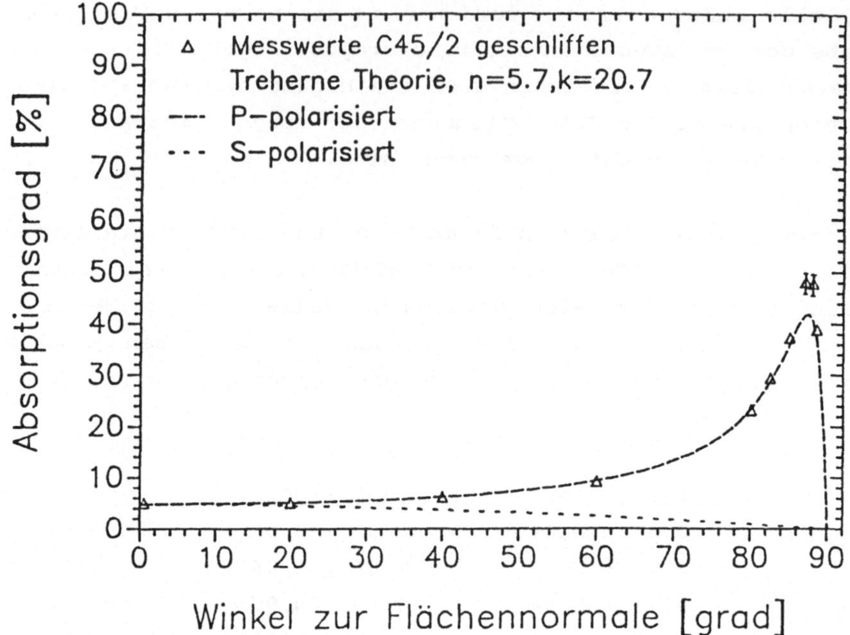


Bild 2: **Absorption von C45 (P - pol.)**

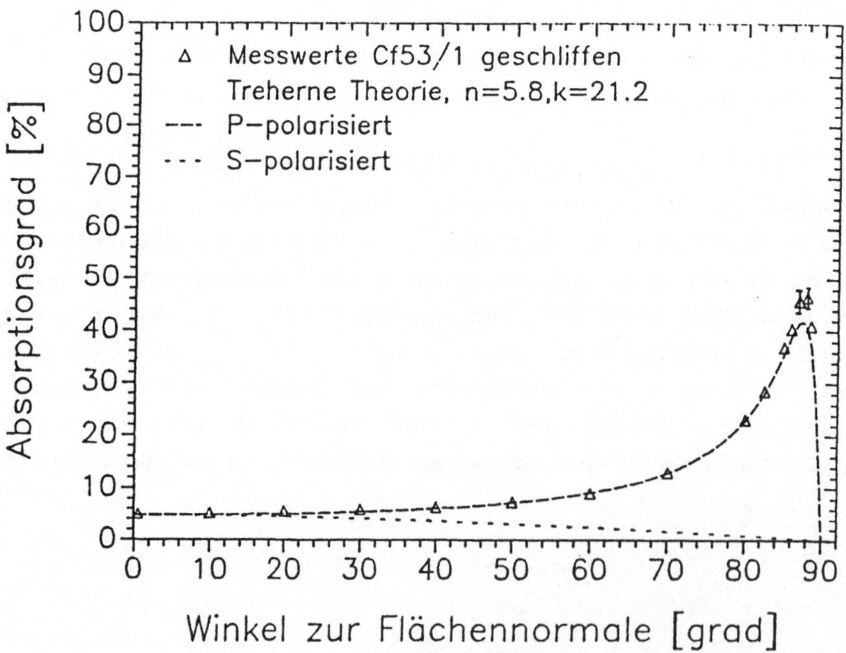


Bild 3: **Absorption von Cf53 (P - pol.)**

Im Rahmen der Fehlergrenzen ergibt sich außer in der Nähe des Pseudo-Brewster - Winkels gute Übereinstimmung zwischen Theorie und Experiment. Allerdings ist zu den Meßwerten anzumerken, daß die mittlere Oberflächenrauhigkeit der Proben von 1,45 μm im Vergleich zur Wellenlänge von 10,6 μm nicht zu vernachlässigen ist, es sich hier also um eine Messung an einer guten technischen Oberfläche handelt, nicht aber an einer perfekten, wie sie in der Theorie angenommen wird.

## 3 Zusammenfassung

Die vorliegenden Messungen an doppelt AR-beschichteten ZnSe-Optiken zeigen, daß zum gegenwärtigen Zeitpunkt ein Absorptionswert von 0,08% pro Beschichtung erreicht werden kann, das heißt 0,17% Absorption für die Gesamtkomponente. Bei Laserauskopplern aus ZnSe mit R = 0,6 kann ein Absorptionswert von 0,09% erreicht werden. Mit höheren Absorptionswerten sollte man sich daher bei kritischen Anwendungen im Hochleistungsbereich nicht zufrieden geben.

Kupferspiegel aus E-Cu zeigen keine schlechteren Absorptionswerte als solche aus OFHC-Cu. Für die Strahlführung bieten sich aufgrund ihrer sehr geringen Absorption mit Gold beschichtete und vergütete Kupferspiegel an. Erfahrungen über Dauereinsätze dieser Spiegel in der Materialbearbeitung mit Hochleistungslasern liegen allerdings im Augenblick noch nicht vor.

Bei Stählen ist eine Erhöhung der Anfangseinkopplung der Laserstrahlung durch schrägen Einfallswinkel nur in sehr begrenztem Umfang möglich. Der Pseudo - Brewster - Winkel liegt bei ungefähr 88°, also außerhalb des technisch handhabbaren Bereiches bis ca. 70°. Bei 70° beträgt die Absorption rund 12 %, also etwa das 2,5fache der Einkopplung bei 0°.

## Literatur:

[1] R. WOOD: Laser Damage in Optical Materials, Adam Hilger (1986)

[2] A. P. LENHAM, D. M. TREHERNE: JOSA 56, 1076 (1966)

[3] M. BORN, E. WOLF: Principles of Optics, Pergamon Press (1980)

# Beam Guiding and Shaping for Surface Processing with Laser Radiation

A. Gasser[1], E.W. Kreutz[2], K. Wissenbach[1]

1) Fraunhofer-Institut für Lasertechnik, Steinbachstraße 15, D-5100 Aachen, FRG

2) Lehrstuhl für Lasertechnik, Rheinisch-Westfälische Technische Hochschule Aachen, Steinbachstraße 15, D-5100 Aachen, FRG

## 1. Introduction

Laser radiation has found a wide range of applications as a machining tool for various kinds of materials processing. The machining geometry, the workpiece geometry, the material properties and the economic productivity claim for such systems with special design for beam handling and delivery in order to fully utilize the laser radiation for processing with optimim efficiency, maximum processing speed and high processing quality.

In the typical batch-processing environment parts are processed with laser radiation in a fraction of the total time which is needed for cycling the parts through the workcell. Thus, the laser radiation source may run idle much of the time while part handling, machine tool reprogramming, and part-program verification take place. Idle-time can be largely reduced by effectively sharing the laser radiation among several workcells. The versatile nature of the laser radiation of performing a broad range of thermal processes on a diversity of products is also best exploited when the laser radiation source is placed in a multi-workcell environment with a comprehensive approach to pointing, transporting, switching, shaping and focussing of the laser radiation. This time-sharing of the source is prerequisite to achieving maximum utilization with therby realizing the outstanding productivity afforted gains.

Despite the $CO_2$ laser radiation fiber optics may be used in the NIR-region for Nd:YAG laser radiation apart from lenses, prisms and mirrors for guiding of laser beams. The fibers offer the ability to take the laser radiation source away from the processing area and provide a very flexible positioning of the laser beam relative to the workpiece. Also it is possible to equip one laser with several fibers so different positions can be supplied with laser power using time- and/or energy-sharing techniques in a multiplexer-arrangement /3/ for flexible manufacturing.

The majority of applications for laser radiation in processing employ one working cell: the laser radiation source usually is fixed while the workpiece is moving. The necessary beam guiding depends on the system morphology. The beam handling is relatively easy for a 2D configuration. The beam handling is much more critical for 3D configuration where at least 5 axes are needed for moving of the laser beam. On some gantry systems flying optics have been installed with possible variations of the final spot diameter on the workpiece with the distance from the laser source according to the beam divergence. In some systems the laser radiation source, which is not very heavy, is embarked into the gantry moving with x-y-plane. The system morphology is governed by the required production rate as well as the volume and dimensions of the workpieces. The present papers reports on simple arrangements and equipments for beam shaping in surface processing with laser radiation.

## 2. Beam Delivery and Shaping

The use of optical components strongly affects the beam characteristics via power losses, loss of coherence, mode changes or polarization changes. The current design philosophy is based on the fact that the energy-carrying beam has no mass, which permits the use of light-weight components for guiding the beam to the area of processing. In the simplest case, the beam is directed to a first mobile mirror by which it is reflected to the second mirror located on the processing head. In robotics the number of mirrors is much higher. A multiplicity of mirrors can only be detrimental to the beam wave front, and reduces the available power. The desirability of using a minimum number of optical components is thus apparent, which may be achieved by two mature trends: development of mobile laser radiation sources and the development of optical components for beam delivery and -shaping. The former implies the design of light-weight sources /4/ of rugged design by limiting discontiuities in mechanical impedance to preserve adjustment and alignment /5/. The latter implies the utilization of the favourable properties of laser radiation by improvement of beam delivery and shaping techniques using static or moving optical components /4/.

The future developments of optical components rely on new applications for processing of areas hardly to access by conventional machining tools and for processing of complex workpiece geometries. The most simple arrangement uses a defocused or oscillating beam to cover an area such that the average power density is achieved for the processing. The homogenization were not successfull because of the laser beam and successive recombination for partition of the laser energy in the splitted beams. Other solutions with static optics are cylindrical mirrors (Section 3.2) or shaped lenses. This solution has very high efficiency and low cost constrains and the remaining non-uniformity of the laser beam density distribution at the workpiece surface. Nevertheless, this simple arrangement is promissing future application in combination with beam homogenization. Another important parameter is the angle between the main beam axis and the moving direction at the workpiece (Section 3.1). Actually rectangular, cylindrical or elliptical beam shapes can be used when this angle is constant during the treatment while only axial symmetrical beams can be used when this angle changes. Beam shaping optical systems for homogenization are the mirror integrator and (Section 3.3) and the waveguide integrator /4/. The mirror integrator consists of a segmented mirror with a set of square plane mirrors on a spherical surface each with a power tilt angle in order to direct all the reflected beams onto the surfce. The waveguide system consists of a highly reflecting pipe into which the collimated beam is focused. In the case of moving optics mainly three methods are used: beam oscillation along two axis, beam deflection with a polygonal mirror and beam rotation with three mirrors.

## 3. Beam Shaping

### 3.1 Angle of Incidence

The surface processing of workpieces with finite geometry compared to the optical and thermal penetration depth of optical radiation necessarily implies the control of processing parameters and/or the shaping of the power density distribution (Fig. 1) according to the workpiece geometry. During approaching a trailing edge with reducing thickness or any similar geometry of thin slabs the laser output power in surface processing has to be reduced compared to workpieces of constant high thickness to maintain the surface geometry and to avoid any processing distortions as well. The control of a processing parameter ensures surface modifications with suitable composition and microstructure accounting for heat reflection at inner or outer boundaries, for variations of the energy coupling due to coating defects, and for changes of laser power, mode configuration, beam diameter, and traverse speed, which may result altogether in different intensities, interaction times, and heating times achieving different heating and cooling rates and case depths.

As seen from Fig. 1 the assymetric power density distribution relies on an lower power density for the wedge of the saw-tooth and on a higher power density for the base of the saw-tooth with the corresponding surface temperatures resulting in the hardness distribution observed. The release of carbon from the surface originates in lower surface hardness with a more ductile saw-tooth wedge compared to the higher bulk hardness in the more brittle saw-tooth bas (Fig. 1).

### 3.2 Cylindric Mirrors

Surface processing with laser radiation is realized for radiation-induced treatments with temperature-time-transformation curves in the solidus-, liquidus- and vapor-range considering different heating and cooling rates with respect to the manufacturing application. In many cases the phase transitions involved require critical heating and cooling rates. High heating rates allow the rapid heating to critical temperatures to start the growth of intermediate phases, which are inevitably neces-

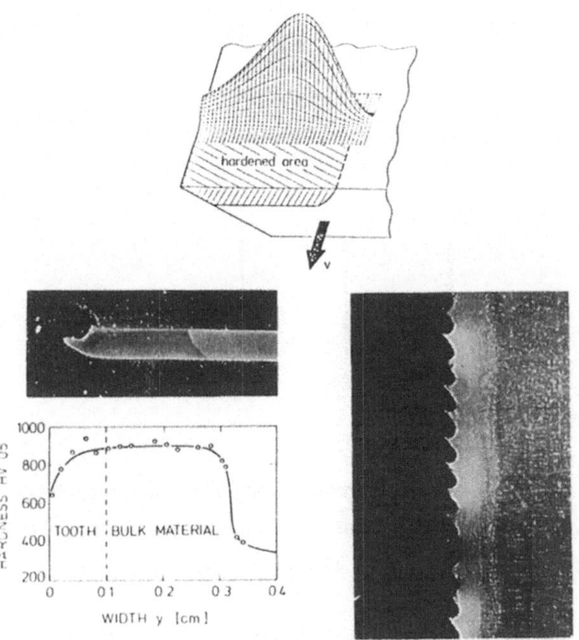


Fig. 1. Macrographs (cross-section and top view), hardness distribution and schematic arrangement for transformation hardening of a saw blade with $CO_2$ laser radiation (TEM°°, angle of incidence 72°)

sary as a starting phase for the subsequent quenching process. High cooling rates, on the other hand, avoid by rapid quenching the formation of unwanted metallurgical phases, which may be generated for slow quenching. For power density levels in the order of $10^3$-$10^4$ W/cm$^2$ heat transfer plays the most important role with mass transfer via diffusion determining the limits of dwell time required for phase transformations. With surface melting with power density levels in the range $10^5$ - $10^6$ W/cm$^2$ momentum transfer and convection play a significant role along with mass transport, which determine the non-equilibrium microstructure and composition of the solidified materials. For $I > I_B$ (breakdown intensity) vaporization and plasma formation play an important role in determining the surface morphology, energy coupling and case depths.

According to the outline above several transport phenomena occur simultaneously in surface processing with laser radiation depending on the energy density in the processing region. In addition to the variation with processing speed the variations of power density distribution, which may be done by confinement or elongation of a circular beam via two cylindric mirros (Fig. 2) in order to achieve the necessary heating or cooling rates for an unique materials processing effect. As seen from figure 2 the beam dimensions as obtained from diagnostic measurements /6/ correlate

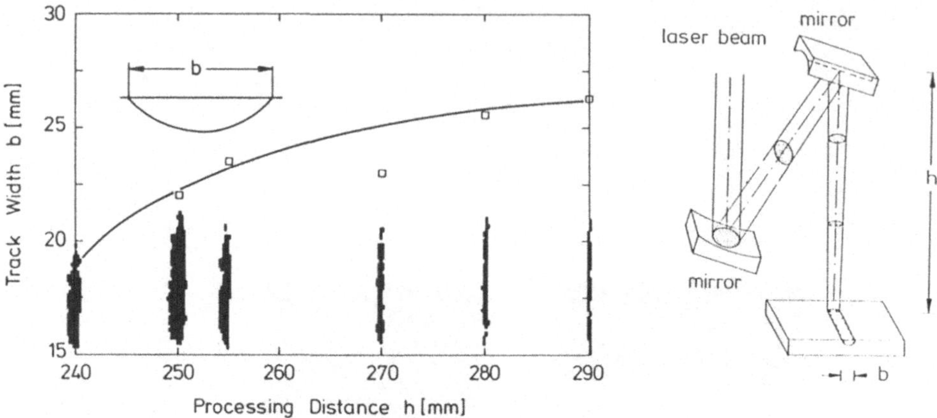


Fig. 2. Track width as a function of processing distance for beam shaping with two cylindric mirrors in transformation hardening of steel (42 CrMo4) with $CO_2$ laser radiation in relation to the beam cross-section

with the track widths as obtained from metallographic investigations. The disadvantage of this simple optical arrangement for beam shaping relies to the fact that the power density distribution originally present only is changed in its lateral dimensions without changing the properties - maximum and minimum power densities in combination with their temporal fluctuations - of the overall power density distribution. As a consequence the surface processing with laser radiation originates in an inhomogeneous processing effect throughout the interaction zone with possible melting if the surface temperatures exceed locally the melting temperature, which is unwanted, for example, during transformation hardening with laser radiation. This effect has to be overcome by using the integrator technic for beam shaping (Section 3.3).

### 3.3 Mirror Integrator

The surface treatment of workpieces with laser radiation claiming either for a certain processed geometry or for a complex processing track require in many cases the use of beam integrators /4/. The integrators (Fig. 3) take advantage of the fact that both the power density distribution and the beam cross-section as well are altered resulting in a nearly uniform power density distribution which is more or less independent of the original ones starting with. The magnitude of the resulting power density governs the processing geometry in combination with processing velocity determing both the energy density for an unique materials processing effect at the resulting dwell time. As seen from figure 3 the processed surface geometry as obtained from metallographic investigations broadens with the extension of the homogenized power density distribution (line focus) perpendicular to the direction of processing as derived from diagnostic measurements /6/. The depth of processing

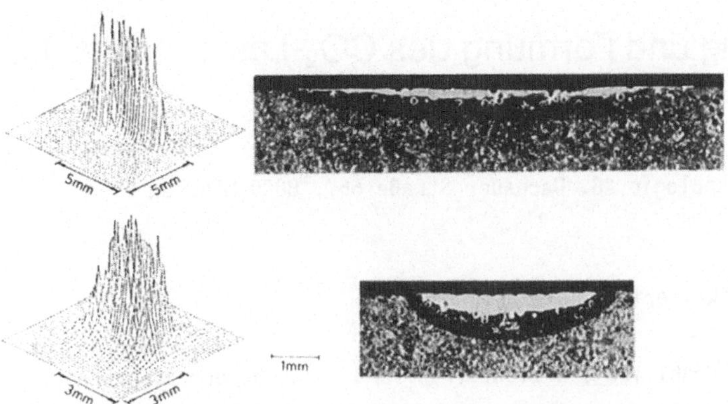


Fig. 3 Remelting of cast iron (GGG60) with $CO_2$ laser radiation (output power 4 kW, traverse speed 1 m/min, $CO_2$ gas flow 20 l/min, upper row: line focus; lower row: parabolic mirror)

is low because of the small extension of the homogenized power density distribution in the direction of processing , which yields a small interaction time. On the contrary, the width of the processed region is lower and the depth higher for a non-homogenized power density distribution from a parabolic mirror (Fig. 3). The higher extension of the power density distribution in the direction of processing yields a higher interaction time, which results in larger processing depths. Workpieces with complex processing tracks as racks, cams, notches, ball seats, bearing seats, edges, wedges or sealing surfaces,for example, require the design of more complex optics for guiding and shaping of laser radiation for surface processing /7/.

## 4. Conclusion

Flexible manufacturing systems integrating high power laser radiation sources are more and more employed in the industrial production line. The necessary beam guiding and shaping depends on the system morphology. Simple arrangements and equipments as variation of angle of incidence, combination of cylindric mirrors and use of integrators are useful for beam guiding and shaping in surface processing with laser radiation.

## References

/ 1/ E.W. Kreutz, U. Petschke: VDI-Nachrichten in press
/ 2/ D.J. Plankenhorn: Proceedings SPIE 1024, 85 (1988)
/ 3/ W.A. E. Goethals: Proceedings SPIE 1024, 79 (1988)
/ 4/ G. Herziger, E.W. Kreutz: Proceedings SPIE 1020, 2 (1988)
/ 5/ R. Merard, C. Quinque, M. Contre: Proceedings SPIE 801, 37 (1987)
/ 6/ E. Beyer, G. Herziger, R. Kramer, P. Loosen: Proceedings SPIE 650, 170 (1986)
/ 7/ A. Gasser, E.W. Kreutz, K. Wissenbach, to be published

# Führung und Formung des $CO_2$-Laserstrahles für die Oberflächenbehandlung

W. Amende, J. Buchner
M A N Technologie AG, Dachauer Straße 667, 8000 München 50

## 1. Auswahlkriterien

Der Laserstrahl ist ein Lichtstrahl und gehorcht dementsprechend den Gesetzmäßigkeiten der Optik. Zu seiner Modifizierung werden reflektierende Materialien (Spiegel) und transmittierende Medien (Linsen) eingesetzt. Bauweise und Funktionsprinzip der Optik richten sich nach dem gewünschten Brennfleck und seiner Bewegung.
Die Oberflächenbehandlung mit dem Laserstrahl besteht in einem flächigen Einwirken auf die Randzone durch bahn- oder punktförmiges Überstreichen mit dem Brennfleck. Eine ausgeprägte Tiefenwirkung wie beim Schweißen wird nicht angestrebt. Werden die Bahnen aneinandergelegt, so sind die Effekte an Stoßstellen und Überlappungszonen zu beachten. Diese können als ein gewichtiges Argument für die einzustellende Bahnbreite angesehen werden. Stellen die Stoßstellen eine Inhomogenität in Struktur oder Eigenschaften an der Oberfläche dar, so muß die Behandlung entweder in einer Einzelbahn oder in einer möglichst geringen Anzahl von Bahnen erfolgen. Das Ziel ist dann eine breite Bahn mit ausgeglichener Intensitätsverteilung.
Für die Arbeit an kompliziert geformten Bauteilen gewinnt die Zugänglichkeit für den Laserstrahl an Bedeutung. Davon sind insbesondere die Bauform der Arbeitsoptik und ihre Brennweite betroffen. Zur Behandlung schwerzugänglicher Bauteilzonen kann entweder eine Arbeitsoptik mit kleinen Abmessungen gewählt werden oder es wird versucht, den Laserstrahl nach Passieren der Arbeitsoptik mit Hilfe von Umlenkspiegeln an das Bauteil zu führen.

## 2. Einsatz des gebündelten Laserstrahles

Die Bahnbreite für das Umschmelzen und Auflegieren beträgt im Regelfall zwischen 1 und etwa 5 mm. Die Brennfleckabmessungen ergeben sich aus der erforderlichen Leistungsflußdichte und dem Bestreben nach kurzer und intensiver Einwirkung des Laserstrahles. Letzteres ist eine wichtige Voraussetzung für die Erzielung feinkristalliner Erstarrungsstrukturen. Die Bündelung des Laserstrahles für eine Umschmelzbehandlung kann mit Spiegeln oder Linsen erfolgen. Da normalerweise unterhalb der Schwellintensität zur Stichlochbildung gearbeitet wird, ist eine scharfe Fokussierung nicht erforderlich. Es können daher sphärische Spiegel oder Linsen langer Brennweite eingesetzt werden. Aus Gründen der Haltbarkeit ist Spiegeln der Vorzug zu geben.

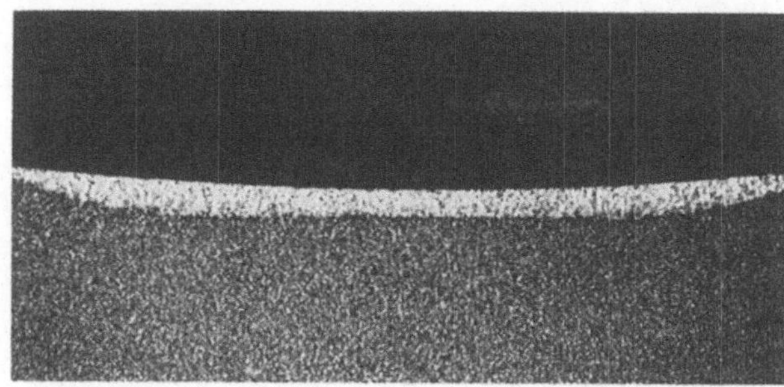

Bild 1: Querschnitt einer mit dem oszillierenden Brennfleck angelegten Schmelzbahn

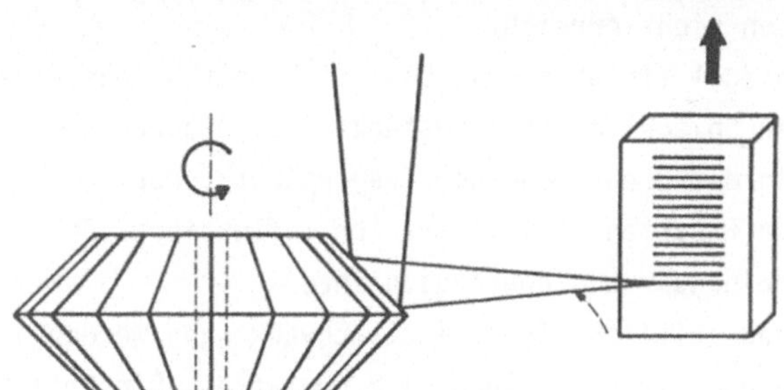

Bild 2: Die Ablenkung des Brennfleckes mit Hilfe des rotierenden Prismenspiegels

Breitere Bahnen können durch Oszillation des gebündelten Laserstrahles angelegt werden. Mit dieser Verfahrensweise wird auch der Konzentrationsausgleich in der Schmelze durch die zusätzliche Rührwirkung des Laserstrahles unterstützt. Die Oszillation kann einachsig oder zweiachsig erfolgen. Bild 1 den Querschnitt einer auf diese Weise umgeschmolzenen Bahn. Bei einer ausreichend hohen Schwingfrequenz wird durch die Bewegung eines Mikrobrennfleckes ein geschlossener Makrobrennfleck zusammengesetzt. Betrachtet man ein Flächenelement in diesem Brennfleck, so erfährt dieses eine Aufheizung, die von kurzen Zwischenabkühlungen durchsetzt ist. Deren Dauer wird von der Zeit bestimmt, die zwischen zwei äquivalenten Positionen des Laserstrahles liegt. Das Umschmelzen von Metallen hat zumeist eine Umkristallisation mit einer hohen lokalen Erstarrungsgeschwindigkeit zum Ziel. Dies setzt u.a. die rasche Relativbewegung des Brennfleckes auf der Bauteiloberfläche voraus. Für die Erzeugung von dünnen glasierten Schichten ist bereits eine Strahlbewegung von mehreren Metern/Sekunde vorzusehen. Für diese Anwendungsfälle wird die Richtungsumkehr der Strahlablenkung vermieden und die Bewegung des Brennfleckes mit gleichbleibendem Richtungssinn wird vorgezogen. Eine Möglichkeit dazu besteht in dem Einsatz eines rotierenden Prismenspiegels. Bild 2 zeigt Aufbau und Verfahrensprinzip. Der Laserstrahl trifft auf die rotierenden Prismenflächen. Er wird auf die Probenoberfläche abgelenkt und beschreibt eine gerade Bahn. Diese Bahn endet sobald der Strahl nicht mehr auf die Spiegelfacette trifft und von der nachfolgenden Teilfläche aufgenommen wird. Es beginnt dann eine weitere Bahn. Bei Vorschub des Werkstückes senkrecht zur Richtung der Einzelbahnen werden diese zu einer geschlossenen Schmelzfläche zusammengesetzt.

## 3. Die Formung des Laserstrahles

Für die Erzeugung von vergleichsweise breiten Bahnen mit einer ausgeglichenen Intensitätsverteilung besteht die Möglichkeit, den Laserstrahl an reflektierenden Optiken zu formen und Intensitätsunterschiede abzuschwächen. Im Interesse einer über die Bahnbreite gleichmäßigen Einwirkdauer des Laserstrahles wird der Brennfleck zu einem Rechteck geformt. Dabei wird in der Regel auf die Verwendung von Blenden verzichtet, da angesichts der Erzeugungskosten für einen Laserstrahl die ausgeblendeten Anteile einen hohen Verlust darstellen. Eine Glättung der Intensitätsverteilung wird mit Blenden nicht erreicht.
Verlustärmer arbeitet der Facettenspiegel (Integrator). Die Optik besteht aus einer konkaven Trägerplatte, die mit ebenen Spiegelfacetten bestückt ist. Die Facetten weisen auf einen gemeinsamen Punkt in der Brennebene der Trägerplatte. Der auftreffende Laserstrahl wird auf den Facetten in Teilstrahlen reflektiert. Die Teilstrahlen fallen im Brennpunkt ineinander und überlagern ihre Intensitätsverteilungen. Räumliche und zeitliche Intensitätsschwankungen werden auf diese Weise statistisch ausgeglichen und die Verteilung wird geglättet. Die übliche Brennweite dieser Systeme beträgt zwischen 500 und 1000 mm. Bild 3 zeigt einen mit einem Integrator erzeugten Brennfleck. Die übliche Kantenlänge der Facetten beträgt 10 mm und mehr. Der Integrator wird vorwiegend zum Umwandlungshärten, z. T. auch für Aufschmelzprozesse eingesetzt.

Bild 3: Mit einem Facettenspiegel erzeugter quadratischer Brennfleck mit einer Kantenlänge von 18 mm

## 4. Die Teilung des Laserstrahles

Soll mit zwei Brennflecken gleichzeitig gearbeitet werden, so ist die kontrollierte Teilung des Laserstrahles erforderlich. Für den industriellen Einsatz von Laserstrahlen hoher Leistung im 10 um-Bereich wurde dies bisher mit Hilfe eines Spiegelprismas verwirklicht, das in dachähnlicher Form zwei zueinander geneigte Reflexionsflächen aufweist. Das Teilungsverhältnis wird durch den Strahlanteil festgelegt, welcher auf die einzelnen Spiegelflächen fällt. Es kann also über die Lage der gemeinsamen Spiegelkante verändert werden. Unregelmäßigkeiten in der Intensitätsverteilung werden in den Teilstrahlen wiedergegeben.
Eine gleichzeitige Homogenisierung der Intensitätsverteilung in den Brennflecken kann dann erreicht werden, wenn der Laserstrahl an einem Spiegelkörper mit einer größeren Anzahl von Prismenflächen in zwei Scharen von Teilstrahlen zerlegt wird. Die Strahlenscharen werden in getrennten Spiegeln aufgefangen. Zur Zusammenführung der Teilstrahlen und deren Überlagerung in einem Brennfleck werden konkave Sammelspiegel eingesetzt. Bild 4 zeigt die Anwendung beim Laserhärten.

Bild 4: Die Laserhärtung eines Werkzeuges mit dem geteilten Laserstrahl

## 5. Zusammenfassung

Die industrielle Anwendung der Oberflächenbehandlung erfordert eine zuverlässige und reproduzierbare Adaption des Laserstrahles für verschiedene Einsatzfälle. Es werden einige Möglichkeiten zur Formung des Brennfleckes beschrieben. Entweder wird der fokussierte Laserstrahl so bewegt, daß eine flächige Bearbeitungszone entsteht oder es wird mit dem geformten Laserstrahl eine breite Bahn überstrichen. Mit Hilfe des geteilten Hochleistungslaserstrahles können Prozesse mit zwei gleichzeitig einwirkenden Brennflecken durchgeführt werden.

# Technique to Controll the Boring Process in Laser Beam Cutting

P. Abels, D. Petring, E. Beyer
Fraunhofer-Institut für Lasertechnik,
Steinbachstr. 15, D-5100 Aachen

Abstract

Research and development activities in the field of laser material processing aim increasingly at the realisation of techniques and devices for process diagnostic and process control /1,2,3/.

This paper will present a technique which makes it possible to drill different materials of a different thickness without changing the laser parameters of a cutting device.

In order to achieve this, the IR-radiation emitted by the interaction zone laser/workpiece is detected axially to the laser beam. Then, as a function of this, duty cycle and pulse frequency of the laser are automatically adjusted. This procedure helps to avoid erosion and explosive burns of the geometry of the hole during the process of drilling and to minimize the drilling time. Furthermore, one signal indicating the end of boring, may be used as steering signal to start the cutting process.

## The diagnostic device

The diagnostic device shown in Fig. 1 has been integrated into a conventional 5-axes laser cutting device in order to determine the correlation between the processing result and the thermal radiation emitted by the interaction zone laser/workpiece. The ZnSe-lense in the laser cutting head has two tasks: on one hand it focuses the $CO_2$ laser radiation onto the workpiece and on the other hand it transfers the thermal radiation from the region of the cutting front to the detector /2/. In this case, after having passed the lense, the thermal radiation is reflected by one mirror to the diagnostic mirror. Here, the radiation passes through a drill (45° normal to mirror), and via a 900 nm bandpass filter it incides into the photodiode. The filter avoids the falsification of the results of the measurements by reflected $CO_2$ laser radiation and other surrounding light.

If the pinhole diameter of the diagnostic mirror is adjusted to the applied laser mode ($TEM_{10*}$), this type of measurement does not affect significantly the intensity profile of the laser beam.

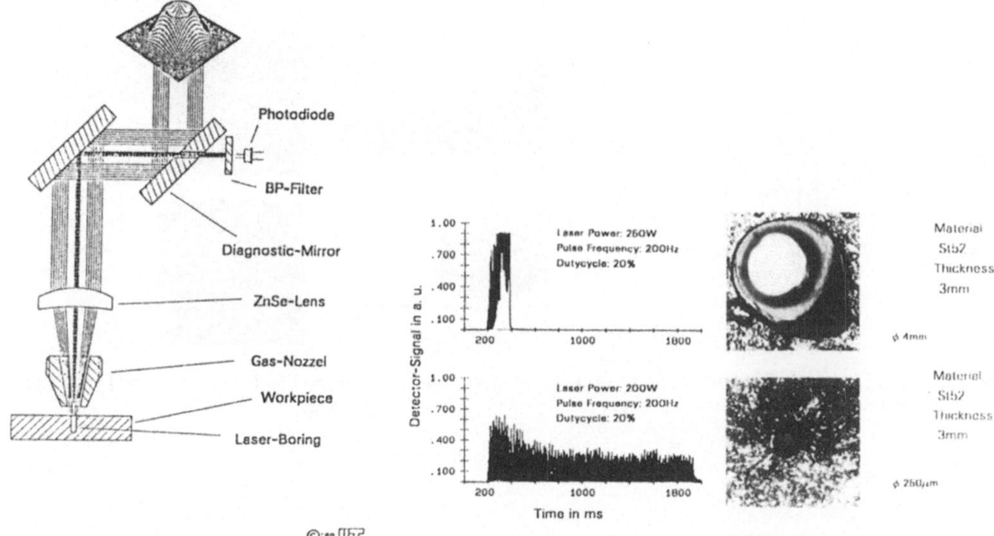


Fig. 1. Diagnostic device.

Fig. 2. Process control in laser drilling.

Process diagnostic during laser beam drilling

Fig. 2 shows the signals of the diode during two drills into a steel sheet of 3 mm thickness. The laser had a frequency of 200 Hz and a duty cycle of 20% at a mean power of 250 and 200 W. Oxygen was used as process gas. The figure shows the result of the treatment of both cases.

A mean laser power of 250 W results in an explosive boring of ≈ 4 mm diameter. The high pulse power leads to the storage of energy in the material. The material is heated up continuously in and around the processing zone. The diagnostic device registers this heating - the signal of the diode is not completely modulated. When the material in the region of the oxygen beam reaches its ignition temperature, it is not only the laser which determines the drilling geometry, but the cross section of the oxygen jet. In case of a mean laser power of 200 W, the drilling process can be considered as stable and the signal of the diode is modulated for the entire bore time. The processing result is a drill of 250 µm diameter.

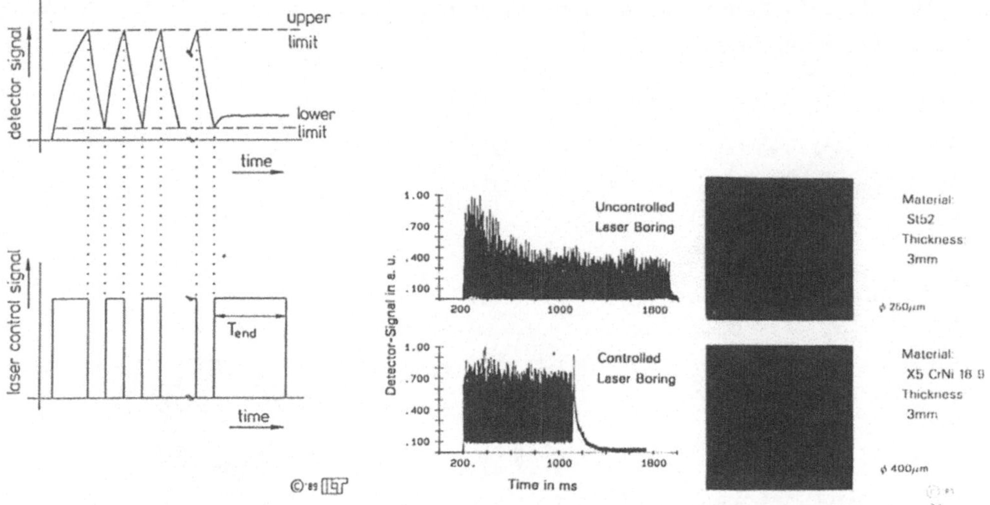


Fig. 3. Idealized detector - and laser control signal.

Fig. 4. Uncontrolled and controlled Laser drilling.

The control system

On the basis of the described process diagnostic, a control of the drilling process has been realized. Its task is to avoid a self burning of the bore geometry and to minimize the drilling time. The thermal radiation emitted by the interaction zone is a function of the pulse frequency and the duty cycle of the laser radiation, which represent the manipulated variables of the control circuit.

The essential of this kind of regulation is that the laser parameters are adjusted on-line so that the thermal radiation oscillates between a minimum and a maximum limit. Both values depend on the thermo-physical characteristics of the workpiece. A maximum limit guarantees that e.g. the process temperature of the workpiece will be reached. If the 900 nm-signal falls below a certain lower value, the surface temperature of the workpiece falls e.g. below the ignition temperature for oxidation such that the drilling process is interrupted. Fig. 3 shows the idealized 900 nm-signal for regulated drilling in combination with the corresponding laser steering signal. The thermal radiation increases after the first laser pulse. Just when the signal of the photodiode reaches the upper limit, the laser is switched off and the workpiece cooles off. Vice versa, the regulation switches on the laser radiation if the thermal radiation falls below the lower limit. This procedure is continued until a defined period of time has elapsed where the upper value has not been reached. This may only occur if the process of drilling is completed, i.e. no material is left which might be heated. In case of this situation the regulation disposes of a steering signal which, for a CNC-regulation may also function as a starting signal for the process succeeding the drilling process.

Process control during laser beam drilling

Fig. 4 shows the result of the processing and the thermal radiation of the interaction zone for the case of regulated and of unregulated laser drilling respectively. In case of regulated drilling, an oscillation of the signal of the diode may be observed between two limits. In contrast to unregulated drilling, the bore time has been reduced by 40% without affecting quality.

Fig. 5 illustrates the temporal course during the regulation phase when drilling high-grade-steel of 10 mm thickness. During the drilling process, the duty cycle increases in correspondance with the mean laser power to a constant level of 45 %. In opposition to this, the frequency of the laser radiation decreases from frequencies around 1 kHz to 500 Hz.

Fig. 6 shows cross sections of regulated laser drills in high-grade-steel for three different thicknesses are illustrated. For all of them, process parameters and the adjustment of the control unit have been constant. Attention has to be drawn to the fact that the drilling time for a sheet of 6 mm thickness has been longer than the drilling time for the sheet of 10 mm thickness. This remarkable result may be explained by the fact that shortly after the completion of the investigations at the sheets of 6 mm thickness, the output coupler of the used laser had to be exchanged. Thus it has to be concluded that already during the experimental runs the efficiency of the laser must have been reduced. Nevertheless, a satisfactory boring result has been achieved due to the adaptive regulation during laser beam drilling. Future work will aim on the extended application of the presented control technique for laser beam cutting and machining.

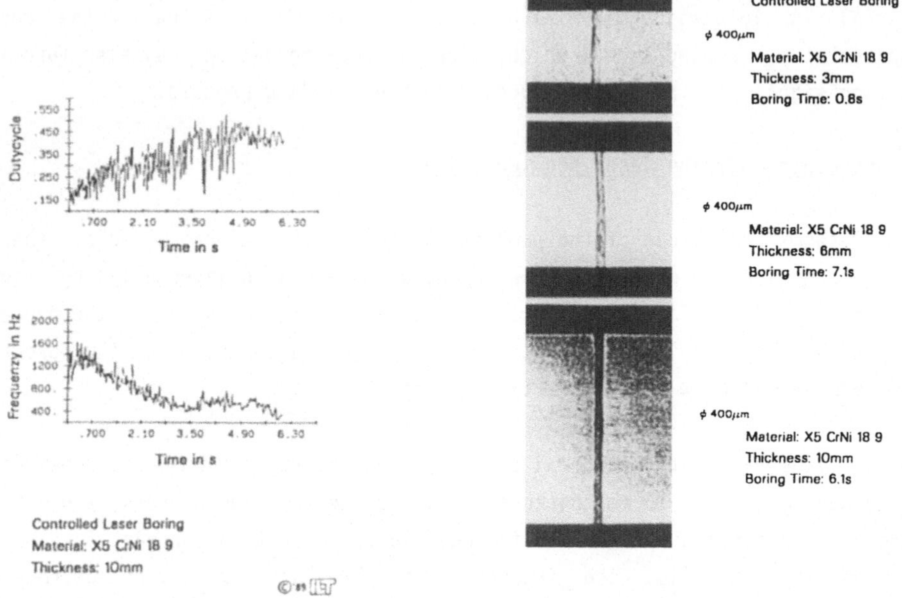


Fig. 5. Temporal course of duty cycle and frequency during controlled laser drilling

Fig. 6. Regulated laser drills


Acknowledgements

The support of this work by the Bundesminister für Forschung und Technologie is gratefully acknowledged.


References


/1/ Olsen, F. O.: Investigations in Methods for Adaptive Control of Laser Processing. Opto Elektronik Magazin, p. 168-75 Vol. 4 No. 2 (1988)

/2/ Decker, I.; Hansmann, M.; Ruge, I.: Facilities of Quality Control in Laser Cutting. SPIE Vol. 650 High Power Lasers and their Industrial Applications, p. 279-84 (1987)

/3/ Miyamoto, I.;Ohie, I.; Marcuo, H.: Fundamental Study of In-process Monitoring in Laser Cutting. 4th International Colloquium on Welding and Melting by Electrons and Laser Beam p. 683-92 (1988)

# Erfassen von produktionstechnischen Einflußfaktoren bei Laserschneidanlagen durch 2-D und 3-D Laser Prüfwerkstücke

C. Hardock/D

Im Bereich der Lasermaterialbearbeitung ist das Laserschneiden derzeit das in der Produktionstechnik am häufigsten eingesetzte Verfahren. Die weite Verbreitung sowohl in der Großserienfertigung als auch in der Einzelfertigung von Lohnbetrieben dokumentieren eine große Akzeptanz und unterstreicht die Stellung als Stand der Technik.
Dennoch beeinflussen technologische und produktionstechnische Parameter das Schneidergebnis und damit auch die Qualitätsstreuung in der Serienfertigung.
Um dem Anwender die Möglichkeit zu geben, die geeignetste Anlage für ein gegebenes Werkstückspektrum auszuwählen, wurden am IPA für das ein- und zweidimensionale Laserschneiden Prüfwerk-stücke entwickelt. Die Herleitung aus 24.000 lebenden lasergeschnittenen Blechteilen sowie das Prüfwerkstück selbst werden vorgestellt.
Des weiteren wird ein Meßsystem für die Handhabungseinrichtung der Laserbearbeitungsoptik bzw. der Werkstücke beschrieben. Dieses System weist eine Meßgenauigkeit von 1$\mu$m auf und kann bis zu 460.000 x-, y-Wertepaare bei hervorragendem dynamischen Verhalten speichern. Produktionstechnische Parameter werden durch eine On-line-Überwachung lasertechnologischer Parameter, die konstant gehalten werden sollen, erfaßt.
weiterhin werden die Ergebnisse von Meßreihen bei unterschiedlichen Laserarten vorgestellt. Dabei werden die Bewegungsdaten mit den Daten eines hochauflösenden Bildverarbeitungssystems durch eine kundenspezifische Software verglichen.

# Material- und Prozessoptimierung für die Laserbeschriftung

H.F. Jundt, D. Wildmann
GRETAG LASER SYSTEMS
CH-8105 Regensdorf

## 1. Einleitung

In der Praxis hat sich der Vektorbeschrifter mit gütegeschaltetem Nd:YAG Laser (bzw. seine frequenzverdoppelte Variante) als das universellste Beschriftungswerkzeug herauskristallisiert. Die Universalität beruht auf einer sehr grossen Parametervielfalt, die in weiten Grenzen entsprechend den Applikationswünschen kombiniert werden kann. Die Steuerung und die Parameterwahl erfordern einerseits eine sehr leistungsfähige und andererseits eine sehr benutzerfreundliche Software, wie sie beispielsweise mit LasVar realisiert wurde.

Hauptmärkte für die Laserbeschriftung sind zum Einen der Metallbereich und zum Anderen die Beschriftung von Polymerwerkstoffen (Kunststoffe). Beide Materialgruppen erfordern ganz unterschiedliche Optimierungsstrategien.

Ziel dieser Untersuchung war, die Metallgravureffekte mit den Material- und Prozessparametern zu korrelieren. Bei den Polymerwerkstoffen wird ein Verfärb- oder Bleichprozess angewandt, dessen Parameter und Grenzen ebenfalls hier erörtert werden. Darüber hinaus werdem im industriellen Einsatz sowohl Forderungen an die Beschriftunsqualität als auch an die Wirtschaftlichkeit gestellt. Diese beiden Aspekte stellen teilweise widersprüchliche Anforderungen an die Parameterwahl.

## 2. Parameterübersicht

Bei einem Vektorbeschrifter stehen folgende Parameter zur Auswahl:
- Leistung P, einstellbar via Lampenstrom
- Verfahrgeschwindigkeit v auf dem Werkstück (Dieser Parameter bestimmt die Beschriftungszeit und damit die Wirtschaftlichkeit).
- Güteschalterfrequenz f q

Die Güteschalterfrequenz beeinflusst wesentlich die mittlere Leistung Pm, sowie die Spitzenleistung Pd. Es hat sich gezeigt, dass gerade die Frequenzwahl entscheidend die Beschriftungsqualität beeinflusst.

Die Einführung des Überlappungsparameters b definiert durch

$$b = \frac{v}{fq * D} \quad (1)$$

mit D als Spotdurchmesser auf dem Werkstück, engt die Vielfalt möglicher und sinnvoller Parameterkombinationen drastisch ein. Es gilt nämlich für eine optimale Metallgravur die Beziehung

$$b < 1$$

und für einen optimalen Polymerverfärbprozess die Bedingung

$$b = 1.$$

Ein weiterer gravierender Unterschied liegt in der benötigten Energiedichte der beiden Applikationen. Man kann grob sagen, dass der Gravurprozess einige 10 J/cm$^2$ benötigt, hingegen kommt die Polymerverfärbung mit etwa 1J/cm$^2$ aus. Beide Beschriftungsprozesse beruhen auf Wärmeeffekten. Entsprechend wird die Wirkung von den Materialparametern Schmelzpunkt ($T_S$), Wärmeleitfähigkeit l, Wärmpekapazität c und Absorption abhängen. Wie aus den Daten in *Tabelle 1* zu erkennen ist, ergeben sich sehr unterschiedliche Verhältnisse für Metalle einerseits und Polymere andererseits.

| | Ts | C | Q | l | Absorption | |
|---|---|---|---|---|---|---|
| | °C | kJ/kgK | kJ/kg | w/mK | in % | 1/cm |
| Alu (AlMgSi) | 640 | 0.896 | 397 | 220 | 6 | --- |
| Ms (CuZn58Pb2) | 890 | 0.385 | 167 | 120 | 8.5 | --- |
| Stahl (X5CrNi189) | 1330 | 0.50 | 205 | 14.6 | 11 | --- |
| Stahl (ST 1303) | 1535 | 0.45 | 277 | 50 | 11 | --- |
| Polymer (PBTP) | 200 | 1.5 | --- | 0.23 | --- | 0.1 |
| Polymer (ABS) | 130 | 1.5 | --- | 0.18 | --- | 0.1 |
| Pigmente | --- | --- | --- | --- | --- | $1.10^5$ |

*Tabelle 1:* Physikalische Daten im Vergleich

## 3. Metallgravur

Die hohe Leistungsdichte bewirkt eine sehr rasche Aufheizung des Materials. Es treten Schmelz- und Verdampfungsprozesse auf. Die ausgetriebene Schmelze bildet einen unerwünschten Auswurf.

Nähere Betrachtungen ergeben, dass der Hauptteil der zugeführten Energie E zum Schmelzen des Materials verwendet wird. Danach gilt folgende, einfache Beziehung:

$$E = (c * Ts + q) * m \qquad (2)$$

mit q als spezifischer Schmelzenergie und im Masse des geschmolzenen Materials. Für die Betrachtung der Gravurtiefe z ist die zugeführte Energie pro Volumeneinheit interessant:

$$E/V = Q_S = (c * Ts + q) * \rho \qquad (3)$$

Die Gravurversuche wurden mit in *Tabelle 1* aufgeführten Metallen unternommen. Bei den durchgeführten Versuchen wurde die Energiezufuhr E und der Überlappungsparameter b konstant gehalten. Wegen der kegelförmigen Gravur gilt für die Gravurtiefe z

$$z \sim V \qquad (4)$$

und unter Benützung der Gl. (3)

$$z \sim 1 / (c * Ts + q) * \rho \qquad (5)$$

In *Tabelle 2* wurden die gemessenen Tiefen z den Werten nach Gl. (5) gegenübergestellt. In Anbetracht des einfachen Modells ist die Korrelation in guter Übereinstimmung. Der beim Gravurprozess zusätzlich erzeugte Gasdruck des verdampften Materials bewirkt die Austeibung des geschmolzenen Materials und so letztendlich die gemessene Tiefe z.
Offensichtlich haben andere Prozesse wie Absorption und Wärmeleitung keinen grossen Einfluss auf die Gravurtiefe.

| | z (in $\mu$m) | $1/Q_S$ (in m$^3$/J) |
|---|---|---|
| Alu (ALMgSi) | 36 | $3.8 \cdot 10^{-10}$ |
| Ms (CuZnPb2) | 20 | $2.3 \cdot 10^{-10}$ |
| Stahl (X5CrNi189) | 14 | $1.5 \cdot 10^{-10}$ |
| Stahl (ST 1303) | 12 | $1.3 \cdot 10^{-10}$ |

*Tab. 2:* Korrelation zwischen Gravurtiefe z und der materialspezifischen Schmelzenergie pro Volumeneinheit (b=0.2)

Eine weitere Untersuchung galt dem Einfluss des Überlappungsparameters b auf die Gravurtiefe z. Auf der Definition des Überlappungsparameters b nach Gl. (1) folgt, dass sich für Werte grösser 1 eine nur geringe Überlappung der einzelnen Punkte ergeben sollte (Gaussches Strahlprofil). Da jedoch bei allen untersuchten Materialien die zugeführte Energie weit über der Schwellenenergie für den Gravurprozess lag, wurde auch bei hohen b-Werten und leicht schmelzenden Materialien eine b-abhängige Gravurtiefe festgestellt. Die Wiedergabe der Daten erfolgt in *Figur 1.*

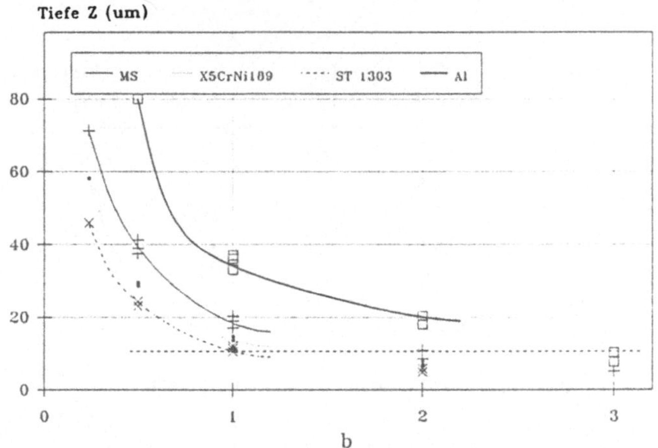


*Fig. 1:* Gravurtiefe als Funktion des Überlappungsparameters b und verschiedener Metalle

Eine applikationsspezifische Optimierung der Gravurtiefe ist damit von den Material- und Prozessparametern ableitbar.

## 4. Laserverfärben der Polymere

Zum Verständnis soll kurz auf das Verhalten pigmentierter Polymere bei Laserbestrahlung eingegangen werden. Die Absorption der Strahlung geschieht im Volumen entsprechend dem Lambert-Beer'schen Gesetz. Entscheidend ist, wie das Absorptionsverhältnis bei der gewählten Wellenlänge zwischen der Polymermatrix und dem Pigmentsystem ist. Überwiegt die Absorption durch Pigmente, so kann eine Verfärbung ohne grosse Schädigung und Veränderung des Polymerwerkstoffes erreicht werden. Ideal ist demzufolge eine Wellenlänge im Sichtbaren wie z.B. der frequenzverdoppelte Nd:YAG Laser sie liefert (= 532 nm). Eine schematische Darstellung des wellenlängenabhängigen Wechselwirkungsprozesses zeigt *Figur 2.*

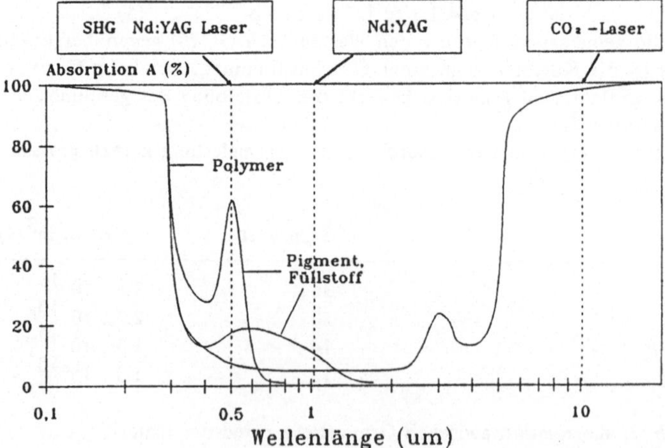


*Fig. 2:* Wellenlängenabhängige Absorption der Polymermatrix und Pigment

Die Optimierungsziele sind hier hoher Kontrast und hoher Beschriftungsdurchsatz. Die zusätzliche Forderung nach oberflächenschonender Beschriftung lässt sich nur mit dem Verfärbeprozess realisieren [1]. Eine Kontrastverbesserung kann sehr häufig durch Umstellen auf ein laseroptimales Pigmentsystem erreicht werden. Beispielsweise wurde bei ABS unter Beibehaltung der Grundfarbe eine Kontraststeigerung von K=2:1 auf fast K=1:4 erreicht. Werden diese Polymerwerkstoffe als Tastaturkappenmaterial verwendet, so müssen für die Beschriftung zeitoptimierte Algorithmen gefunden werden. Die Füllinien müssen so geführt werden, dass keine Kreuzungspunkte auftreten.

Wegen b=1 gilt gemäss Gl. (1)

$$D = v/fq \qquad (6)$$

womit einerseits der Punktrasterabstand durch v/f und andererseits durch den Spotdurchmesser festgelegt wird. Alle drei Parameter können in Grenzen variiert werden. Dies ist Aufgabe der Optimierung Zusätzlich liefert ein maximal grosser Punktrasterabstand die Grundlage zur Optimierung des Verfärbprozesses bei minimaler Beschriftungszeit. Die Grenzen des Kontrastes werden dann weitgehend bestimmt durch die thermische Belastungsgrenze der Polymermatrix.

Literatur:

[1] H. Hofmann et al., SPIE 744, 156 - 180 (1987)

# Optimierung der Strahlqualität beim Laserhärten

Burger, D.
Mercedes Benz AG, 7000 Stuttgart, Deutschland

**1. Einleitung**

Laserhärten hat gegenüber den konventionellen Härteverfahren die Vorteile - der geringen Verzüge, einer geringen Wärmebelastung des Werkstücks und der Selbstabschrekkung, es sind also keine Abschreckmittel notwendig. Durch die gute örtliche und zeitliche Steuerbarkeit der elektromagnetischen Strahlung kombiniert mit einer hohen Leistungsdichte ist ein partielles Härten von Werkstücken exakt lokalisiert möglich, nur dort wo es die Beanspruchung erfordert.

**2. Ansatz**

Diese Besonderheit der gut steuerbaren Leistungsübertragung soll im folgenden im Hinblick auf eine effiziente Gestaltung des Laserhärteprozesses näher betrachtet werden. Die Situation beim Laserhärten ist in Abbildung 1 dargestellt. Der rechteckige Strahl bewegt sich beim Härten im Vorschub mit der Geschwindigkeit v über das Werkstück hinweg. Die Gefügeumwandlungen laufen umso schneller ab, je mehr Prozeßenergie über den Strahlquerschnitt bei der gegebenen Einwirkzeit t unter Einhaltung einer Spitzentemperatur eingekoppelt wird. Durch eine hohe eingekoppelte Leistung ergibt sich ein hohes Temperaturniveau, wodurch die diffusionsgesteuerten Gefügeumwandlungen im Werkstück schnell ablaufen.

Es folgt daraus: $P = \text{Maximum}$

Die Energiebilanz von der an der Werkstückoberfläche im Bereich dx und dy absorbierten und durch die Wärmeleitung abgeführten Wärmeströme ergibt sich zu:

$$(1) \quad a\, I(x,y)\mathbf{n}\, dx\, dy = -\lambda \; \text{grad}\, T\, dx\, dy\ .$$

Nach der Multiplikation der Gleichung mit dem Normalenvektor **n** ergibt sich für den maximalen Wert der im Stahlsegment dx, dy eingekoppelten Leistung die Forderung:

$$(2) \quad -\mathbf{n} \;//\; \text{grad}\, T\ .$$

Diese Betrachtung gilt für beliebige Strahlsegmente dx,dy, daher folgt:

$$(3) \quad T = \text{const. in der bestrahlten Zone.}$$

**3. Berechnung der Temperaturfelder und der Intensitätsverteilung am Werkstück.**

Die rechnerische Temperaturfeldermittlung erfolgt für einen halbunendlichen Raum mit Hilfe der Green'schen Funktion der linearisierten Wärmeleitungsgleichung [1]. Die Berechnungen beschreiben das Einbringen von Härtespuren in dicke Werkstücke großer Ausdehnung [2]. Der Gesamtstrahl wird in n Strahlsegmente innerhalb denen eine konstante aber beliebige Intensität $I_i$ herrscht gemäß Abbildung 2 aufgeteilt [3]. Die Temperatur an einem Ort (x,y,z) ergibt sich als Superposition der Wirkung der einzelnen Wärmequellen zu

$$(4) \qquad T(x,y,z,t{=}0,v) = a \sum_{i=1}^{n} I_i \, k_i(x,y,z,v)$$

mit

$$(5) \qquad k_i(x,y,z,t{=}0,v) =$$

$$\frac{1}{4 \; c \, \varrho \; (D_T \, \pi)^{1/2}} \int_0^\infty dt' \, \frac{1}{t'^{1/2}} \left[ \operatorname{erf} \frac{(x_{ai} - vt' - x)}{(4 \, D_T \, t')^{1/2}} - \operatorname{erf} \frac{(x_{ei} - vt' - x)}{(4 \, D_T \, t')^{1/2}} \right]$$

$$\left[ \operatorname{erf} \frac{(y_{ai} \; - y)}{(4 \, D_T \, t')^{1/2}} - \operatorname{erf} \frac{(y_{ei} \; - y)}{(4 \, D_T \, t')^{1/2}} \right] \exp\left[\frac{-\,z^2}{4 \, D_T \, t'}\right]$$

Die Werte der Faktoren $k_i$ errechen sich aus der Integration der Gleichung, mit x,y,z,v als Ortsvariablen im Werkstück bzw. der Vorschubgeschwindigkeit des Strahles in x-Richtung, die Größen $x_{ai}$, $x_{ei}$, $y_{ai}$ und $y_{ei}$ sind die Koordinaten von Anfang und Ende der einzelnen Strahlsegmente, $D_T$ die Temperaturleitfähigkeit.

Werden nicht die Intensitäten sondern die Temperatur an n Punkten vorgegeben, so entsteht ein lineares Gleichungssystem, mit dem die zugehörige Intensitätsverteilung berechnet werden kann. Um jedoch die Willkür zu umgehen, genau so viele Gleichungen auszuwählen, wie Strahlsegmente vorliegen, wird die Methode der kleinsten Fehlerquadrate angewendet. Hierbei kann innerhalb des Strahlquerschnitts an einer beliebigen Zahl j von Orten die Temperatur vorgegeben werden. Diese Zahl j ist größer als die Zahl der Strahlsegmente. Durch die Minimierung der Abweichung S

$$(6) \qquad S = \sum_{s=1}^{j} \left( T'_j \; - T_j(I_i) \right)^2 \quad ; \quad dS \,/\, dI_i \; = 0$$

der vorgegebenen Temperaturen $T_j'$ von den $T_j(I_i)$, die aus Gleichung 4 folgen, durch Variation der Intensitäten $I_i$, ergibt sich die gesuchte Intensitätsverteilung. In der Abbildung 3 ist die sesselförmige Intensitätsverteilung zum Härten mit konstanter Temperatur innerhalb der bestrahlten Zone dargestellt. Die Abbildungen 4 und 5 zeigen im Vergleich die Temperaturfelder, die sich beim Härten mit der berechneten Intensitätsverteilung und beim Härten mit konstanter Intensitätsverteilung ergeben. Als wesentlicher Unterschied in den Temperaturfeldern fällt der schnelle Temperaturanstieg an Anfang des Strahls beim Härten mit konstanter Temperatur auf, während sich beim Härten mit konstanter Intensität ein allmählicher Anstieg der Temperatur ergibt.

**4. Abschätzung der Härtezonen.**
Voraussetzung für das Härten eines Werkstoffs mit einem ausreichenden Kohlenstoffgehalt ist eine Erwärmung, so daß eine Austenitisierung eintritt. Im frisch austenitisierten Zustand liegt eine inhomogene Kohlenstoffverteilung vor. Durch einen Diffusionsprozeß homogenisiert sich diese. Die durchschnittliche Wegstecke, Diffusionslänge $S_D$, die dabei die Kohlenstoffatome zurücklegen müssen, lassen sich aus den ZTA-Diagrammen ableiten und belaufen sich für einen perlitischen Ck 45 Werkstoff z. B. auf 6µm [4]. Die Berechnung der beim Laserwärmebehandeln erzielten ortsabhängigen Diffusionslänge muß die variable Temperatur mit einbeziehen und berechnet sich zu:

$$(7) \qquad S_D(x,y,z) = \left[ \int_{-\infty}^{\infty} 2\, D_c(T(x,y,z,t)\, dt \right]^{1/2}.$$

$$(8) \qquad D_c = D_0 \exp\left[ \frac{-H}{k_b\, T} \right] \qquad \begin{array}{l} H : \text{Aktivierungsenergie} \\ D_0 : \text{Diffusionskonst.} \end{array}$$

Die Härtezonen im Werkstück werden festgelegt mit den nach Gleichung 4 berechneten und in den Abbildungen dargestellten Temperaturfeldern. An den Orten wo nach Gleichung 7 eine Homogenisierung des Austenits vorliegt ($S_D \geq 6µm$ ) und eine genügend schnelle Abkühlung des Gefüges stattfindet ( ≥ 250 °C/s ) stellt sich eine Härtung ein. Die Ergebnisse sind in Abbildung 5 dargestellt. Dabei wird mit der berechneten Intensitätsverteilung für konstante Temperatur in der bestrahlten Zone eine doppelt so große Härtezone bei gleicher Bearbeitungsgeschwindigkeit erzielt. Die spezifische Energie, die benötigt wird um eine Volumeneinheit von Perlit in Martensit umzuwandeln, ist um 35% geringer.

**5. Konsequenzen und Ausblick**
Das Härten mit einer Intensitätsverteilung die zu einer konstanten Temperatur in der bestrahlten Zone führt ergibt eine deutlich gesteigerte Effizienz und eine geringere Wärmebelastung des Werkstücks. Eine Härtezone mit vorgebener Ausdehnung und Tiefe kann in gleicher Zeit mit weniger Laserleistung hergestellt werden. Damit kann vor allem die kritische Kostensituation, die bisher noch oft den Einsatz des Lasers zum Härten verhindert, entschärft werden. Erste Versuche mit einer programmierten Strahlwedeleinrichtung haben diese theoretischen Ergebnisse auch experimentell bestätigt. Entsprechende produktionstaugliche Enrichtungen für den industriellen Einsatz stehen noch nicht zu Verfügung. Sie müssen aber im Hinblick auf eine schnelle Einführung des Verfahrens in die Fertigung zügig entwickelt werden.

Literatur
[1] Cline, H. E., Anthony, T. R.; Journal of Applied Physics **48** (1977) 9, S.3895-3900
[2] Wissenbach K.,Umwandlungshärten mit $CO_2$- Laserstrahlung., Diss. TH Darmstadt 1985
[3] Burger, D., Beitrag zur Optimierung des Laserhärtens, Diss. Univ. Stuttgart 1988
[4] Orlich, J. Pietrzeniuk, H. P., Rose, A. Wiest, P., At.z. Wärmebeh. d. Stähle,1976

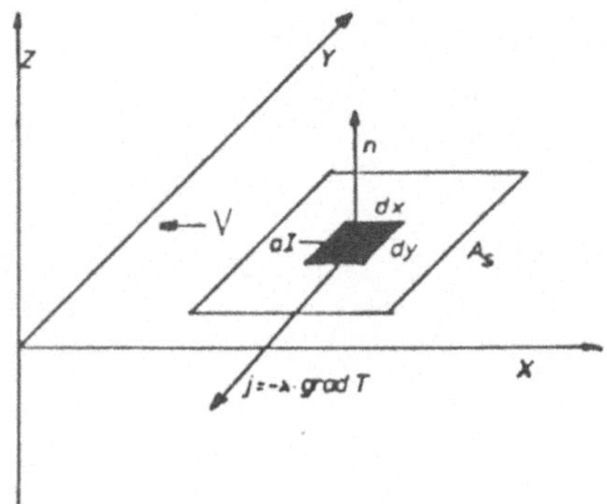


Abb. 1 Wärmestrombilanz

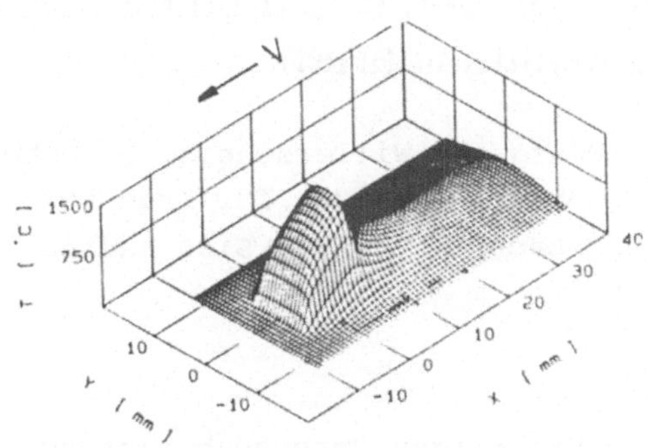


Abb. 4 Temperaturfeld für I= const. Strahl 10 x 10 mm, v= 10 mm/s, $T_{max}$ = 1450 °C

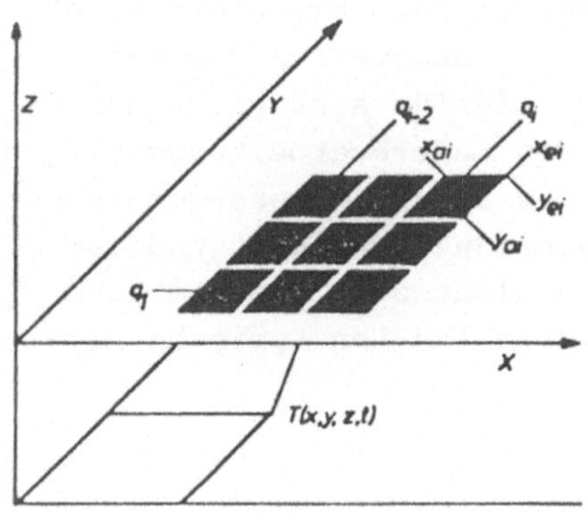


Abb. 2 Segmentierte Wärmequelle

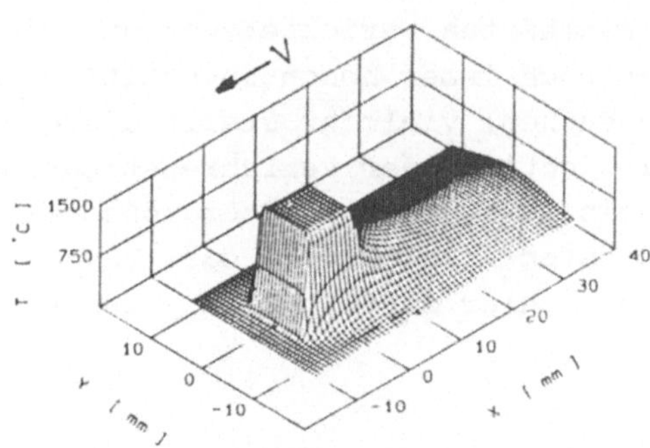


Abb. 5 Temperaturfeld für T=const.; Strahl 10 x 10 mm, v=10 mm/s, $T_{max}$ = 1450 °C

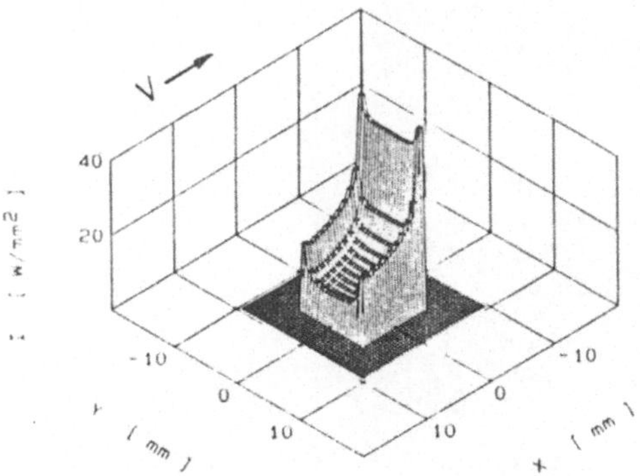


Abb. 3 Intensitätsverteilung für T=const. in der bestr. Zone, v=10 mm/s

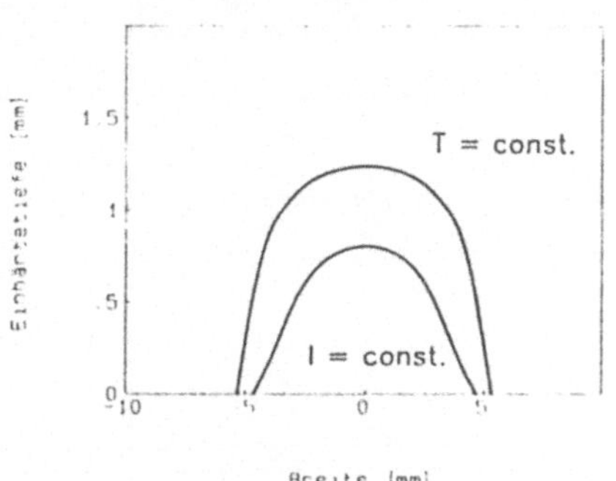


Abb. 6 Härtezonen für I=const. und T=const., v=10 mm/s, Strahl 10 x 10 mm, $T_{max}$ = 1450 °C

# Untersuchung der Korrelation zwischen Laserstrahlkenngrößen und dem Bearbeitungsergebnis beim Laserstrahlhärten

W. König, H. Willerscheid, D. Scheller
Fraunhofer-Institut für Produktionstechnologie - IPT
Steinbachstrasse 17, 5100 Aachen

Aus bisherigen Untersuchungen zum Laserstrahlhärten geht hervor, daß das Laserstrahlhärten ein ergänzendes Verfahren zu konventionellen Techniken der Randschichtwärmebehandlung darstellt und aufgrund seiner verfahrensspezifischen Vorteile ein potentielles Einsatzfeld in der industriellen Produktion besitzt. Dennoch kann bis heute nicht von einem industriellen Durchbruch des Fertigungsverfahrens Laserstrahlhärten berichtet werden. Die Gründe hierfür sind nicht nur in den noch immer hohen Investitionskosten von Laserbearbeitungsanlagen zu suchen; vielmehr stellt die Qualität des Bearbeitungsergebnisses hinsichtlich der verfahrenstechnischen Reproduzierbarkeit und der Beeinflussung durch Störgrößen einen noch nicht zufriedenstellend gelösten Problemkreis dar. Für das Laserstrahlhärten typische Härtungsfehler sind in Bild 1 zusammengestellt.

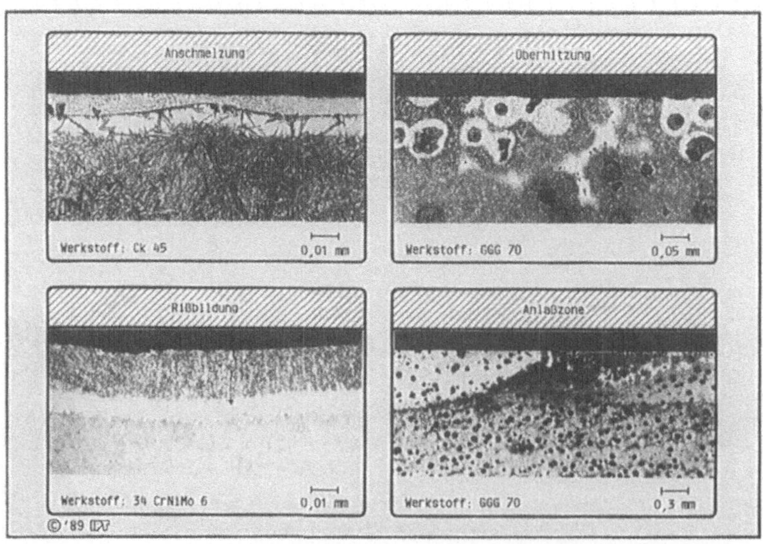


Bild 1: Härtungsfehler beim Laserstrahlhärten

Verursacht durch Unregelmäßigkeiten des "Werkzeugs Laserstrahl", die im folgenden näher erläutert werden, aber auch durch Störungen der Zusatz- und Hilfseinrichtungen (hier vor allem aufgrund fehlerhafter Beschichtung mit dem zur Steigerung der Absorption notwendigen Coatingwerkstoff) oder durch nicht den Spezifikationen entsprechenden Werkstückwerkstoff kommt es zu unerwünschten Anschmelzungen oder Überhitzungen oberflächennaher Zonen. Im Bereich der Oberflächenanschmelzungen kommt es außerdem zur Bildung von Mikrorissen. Weniger durch Störeinflüsse als durch die limitierte Spurbreite, die von der maximal zur Verfügung stehenden Laserstrahlleistung abhängt, treten bei Bearbeitung größerer Flächen Anlaßzonen im Bereich der Spurüberlappungen auf.

Härtungsfehler sind nicht selten bedingt durch Abweichungen der Intensitätsverteilung des Laserstrahles von vorgegebenen Sollwerten. Gründe hierfür liegen in der Langzeitstabilität der Strahlquellen, die beeinflußt wird durch die Lasergaszusammensetzung, die elektrische Anregung und die Komponenten des Resonators, besonders die Resonatoroptiken und deren Kühlung. Ebenso verändern Störgrößen der laserexternen Strahlführung und -formung die Intensitätsverteilung des Strahles.

Laserstrahlkenngrößen müssen außerdem immer dann berücksichtigt werden, wenn die mit einer Laboranlage (Laserstrahlquelle A) optimierten Parameter auf die Produktion mit einer Strahlquelle B übertragen werden sollen. Intensitätsverteilungen unterschiedlicher Strahlquellen sind in Bild 2 dargestellt. Bedingt durch die verschiedenen Resonatorkonfigurationen weisen Hochleistungslaser deutlich voneinander abweichende Strahldurchmesser und Intensitätsverteilungen auf, die ohne externe Strahlformung zu unterschiedlichen Härtungsergebnissen führen.

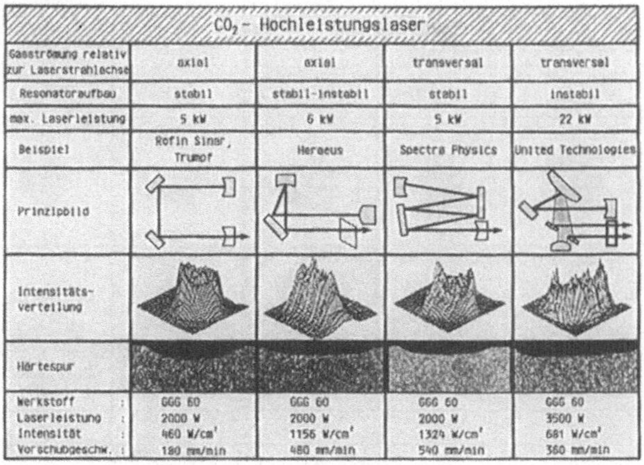

| $CO_2$ - Hochleistungslaser | | | | |
|---|---|---|---|---|
| Gasströmung relativ zur Laserstrahlachse | axial | axial | transversal | transversal |
| Resonatoraufbau | stabil | stabil-instabil | stabil | instabil |
| max. Laserleistung | 5 kW | 6 kW | 5 kW | 22 kW |
| Beispiel | Rofin Sinar, Trumpf | Heraeus | Spectra Physics | United Technologies |
| Prinzipbild | | | | |
| Intensitäts-verteilung | | | | |
| Härtespur | | | | |
| Werkstoff :<br>Laserleistung :<br>Intensität :<br>Vorschubgeschw. : | GGG 60<br>2000 W<br>460 W/cm²<br>180 mm/min | GGG 60<br>2000 W<br>1156 W/cm²<br>480 mm/min | GGG 60<br>2000 W<br>1324 W/cm²<br>540 mm/min | GGG 60<br>3500 W<br>681 W/cm²<br>360 mm/min |

Bild 2: Einfluß der Intensitätsverteilung auf das Bearbeitungsergebnis beim Laserstrahlhärten

Das Bearbeitungsergebnis eines Härtungsvorganges wird geprägt durch die Temperatur-Zeit-Folge im Werkstück. Die Aufheizzeit bzw. Haltezeit auf einem bestimmten Temperaturniveau ist beim Laserstrahlhärten durch die Strahlabmessungen und die Vorschubgeschwindigkeit gegeben, die als Stellgröße in der Regel mit Hilfe einer CNC-Steuerung eingestellt wird. Die Strahlabmessungen weisen je nach Strahlquelle deutlich unterschiedliche Grundformen auf, die bei der Vorgabe der Stellgrößen, vor allem zur Vermeidung von Härtungsfehlern, zu berücksichtigen sind. In Anlehnung an die Definition des Radius des Gaußschen Strahls an dem Ort, der durch den $1/e^2$-Abfall der Intensität gekennzeichnet ist (86%-Fläche), lassen sich die Strahlen handelsüblicher Quellen klassifizieren. Zu unterscheiden sind die Grundformen Ellipse mit Sonderfall Kreis, Rechteck mit Sonderfall Quadrat (üblicherweise erzielt durch Strahlintegratoren) und Ringformen, die - bedingt durch die Strahlauskopplung - bei instabilen Resonatoren auftreten (Bild 3).

Werden die Strahlabmessungen mit Hilfe der Strahldiagnostik gemessen und ist die Vorschubgeschwindigkeit bekannt, so läßt sich die maximale Einwirkzeit überwachen, die unter Berücksichtigung der in das Werkstück eingekoppelten Leistung eine Prozeßkenngröße darstellt und die einen werkstoffabhängigen Grenzwert nicht überschreiten darf. Abweichungen von den Strahlabmessungen treten auf durch fehlerhafte Optiken oder falsche Werkstückpositionierung relativ zum Fokuspunkt (Härten mit defokussiertem Laserstrahl) bzw. zur Brennebene der Optik; desweiteren wirkt sich "thermal blooming", die Aufweitung oder

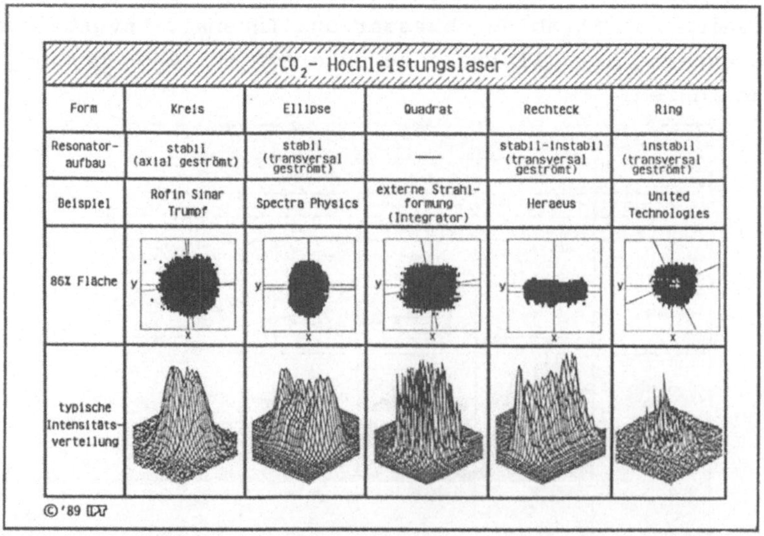

$CO_2$- Hochleistungslaser

| Form | Kreis | Ellipse | Quadrat | Rechteck | Ring |
|---|---|---|---|---|---|
| Resonatoraufbau | stabil (axial geströmt) | stabil (transversal geströmt) | — | stabil-instabil (transversal geströmt) | instabil (transversal geströmt) |
| Beispiel | Rofin Sinar Trumpf | Spectra Physics | externe Strahlformung (Integrator) | Heraeus | United Technologies |
| 86% Fläche | | | | | |
| typische Intensitätsverteilung | | | | | |



Bild 3: Klassifizierung der Laserstrahlintensitätsverteilung hinsichtlich der 86%-Fläche

Fokussierung bei gleichzeitiger hoher Absorption der Strahlung durch Gaseinflüsse innerhalb der Strahlführung oder der Arbeitsstation, auf die Strahleigenschaften an der Bearbeitungsstelle aus.

Zur Erzielung einer gleichmäßigen Einhärtung ist die Symmetrie des Laserstrahls in Vorschubrichtung von vordergründigem Interesse. Die Symmetrie des Strahls in Vorschubrichtung läßt sich durch die leistungsbezogene Kennzahl $S_P$ oder durch die Symmetriekennzahl $S_I$ beschreiben, die sowohl die Intensitätsverteilung als auch die Strahlfläche berücksichtigt (Bild 4).

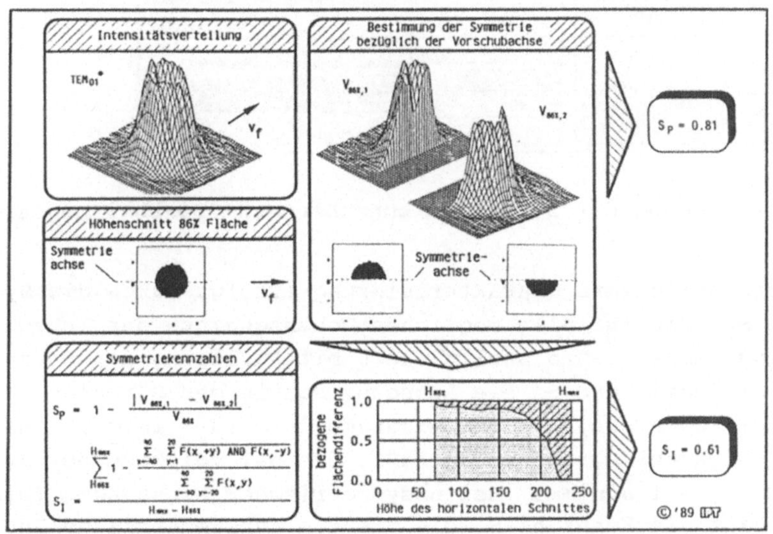


Bild 4: Symmetriekennzahlen der Laserstrahlintensitätsverteilung

Legt man die Vorschubachse beim Laserstrahlhärten durch den Schwerpunkt der 86%-Fläche des Laserstrahls, so ergibt die Differenz der so geteilten Intensitätsverteilung ($V_{86\%,1} - V_{86\%,2}$) bezogen auf das der Laserstrahlleistung äquivalente Volumen $V_{86\%}$ eine charakteristische Kennzahl $S_P$ für die Leistungsverteilung. $S_P$ stellt ein Maß für Gleichförmigkeit der mit diesem Laserstrahl zu erzielenden Einhärtungsgeometrie dar. Liegt in Anlehnung an die Qualitätskennzahl $K^*$ der Laserstrahlung eine vollkommene Symmetrie bei dem Wert $S_P = 1$ vor, so wurde experimentell ermittelt, daß eine mit hinreichender Genauigkeit symmetrische Einhärtung bei Symmetriezahlen $S_P > 0{,}8$ vorliegt, wie auch in Bild 5 zu erkennen ist.

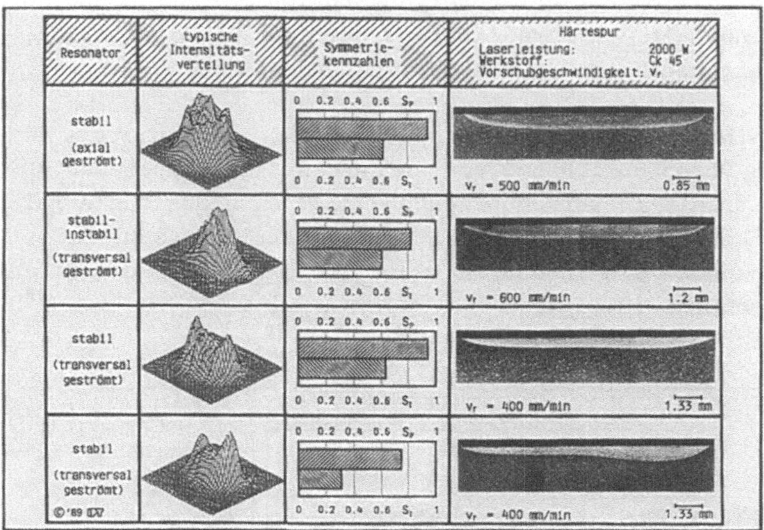


Bild 5: Zuordnung der Symmetriekennzahlen zum Bearbeitungsergebnis

Eine differenziertere Charakterisierung erfolgt durch die Symmetriekennzahl $S_I$, die für alle möglichen Höhenschnitte der Intensitätsverteilung - die Grenze stellt die 8 bit Auflösung der Strahldiagnostikeinheit dar - die Achsensymmetrie des Strahles bewertet. Die Einzelergebnisse, die das Diagramm in Bild 4 zeigt, sind in der Symmetriekennzahl $S_I$ zusammengefaßt, die bei vollkommener Symmetrie den Wert $S_I = 1$ annimmt. Bei unsymmetrischer Einhärtung (Bild 5 unten) weist die Kennzahl $S_I$ die Ursache "unsymmetrische Intensitätsverteilung des Laserstrahls" mit einer gegenüber der Kennzahl $S_P$ größeren Empfindlichkeit nach. Der experimentell ermittelte Grenzwert liegt für vorgegebene Achsensymmetrie des Strahls in Vorschubrichtung bei $S_I = 0,5$.

Zusammenfassend ist festzuhalten, daß die Kenntnis der Abmessungen und der Intensitätsverteilung des Laserstrahls Aussagen über das zu erwartende Bearbeitungsergebnis zulassen. Bei bekannten Grenzwerten des zu bearbeitenden Materials hinsichtlich maximaler Intensität und Einwirkzeit (Prozeßdiagramme) ist der Optimierungsaufwand bei der Verfahrensoptimierung deutlich zu reduzieren.

Literatur:

/1/ AMENDE, W.; Härten von Bauteilen und Werkstoffen des Maschinenbaus mit dem Hochleistungslaser; VDI-Verlag, Düsseldorf, 1985

/2/ KÖNIG, W., WILLERSCHEID, H.; Laserstrahlhärten von Bauteilen aus Gußeisen; Vortrag anläßlich der Laser '87

/3/ SCHMITZ-JUSTEN, C.; Einordnung des Laserstrahlhärtens in die fertigungstechnische Praxis; Dissertation RWTH Aachen, 1986

/4/ OEBELS, H., KRAMER, R., LOOSEN, P.; Kennzahlen in der Strahldiagnostik von $CO_2$-Lasern; Vortrag anläßlich der Laser '89

# Erfahrungen zum Laserstrahl-Drahtbeschichten

R. Becker, C. Binroth, G. Sepold
Bremer Institut für angewandte Strahltechnik
Klagenfurter Str. 2, D 2800 Bremen 33

## 1. Einleitung

Obwohl Laser auf Gebieten der Oberflächenveredelung besondere Möglichkeiten bieten (Ausbildung neuartiger Phasen, Gefügebeeinflussung, geringe Wärmebelastung, gezielte Führung des Laserstrahls etc.), werden Verfahren des Laserstrahl-Legierens und -Beschichtens bisher nur vereinzelt industriell angewendet. Verfahren, bei denen Schichtmaterialien zunächst konventionell aufgetragen werden (Galvanik, Plasmaspritzen o.ä.), und dann mit dem Laserstrahl behandelt werden, sind oft zu teuer und für den industriellen Einsatz aufwendig /1/. Einstufige Beschichtungsverfahren, wie das Laserstrahl-Sprizten /2/ und das Laserstrahl-Drahtbeschichten befinden sich im Stadium der technologischen Entwicklung zur industriellen Reife und versprechen nicht nur technologische Vorteile sondern auch Verbesserungen der Schichteigenschaften. Beim Laserstrahl-Drahtbeschichten wird der Zusatzwerkstoff während des Laser-Einwirkens in Drahtform zugeführt und aufgeschmolzen. Ziel beider Verfahrensvarianten kann sowohl das Neubeschichten als auch die Regenerierung von Funktionsflächen technischer Bauteile sein.

## 2. Einflußgrößen des Drahtbeschichtungsprozesses

Eine Vielzahl von Einflußparametern beeinflussen den Drahtbeschichtungsprozeß. Hierzu zählen die Laserstrahlleistung, Vorschubgeschwindigkeit, Brennweite und Fokuslage, Arbeitsgas-Anstellwinkel, Zusatzdraht-Anstellwinkel, Drahtvorschubgeschwindigkeit, Art des Arbeitsgases und Volumenstrom, Drahtfokuslage, Arbeitsgasdüsendurchmesser, Abstand der Arbeitsgas- und Drahtzufuhrdüse, Drahtdurchmesser und Art des Zusatz- und des Substratwerkstoffs, um nur einige Einflußgrößen zu nennen. Der Prozeß und einige

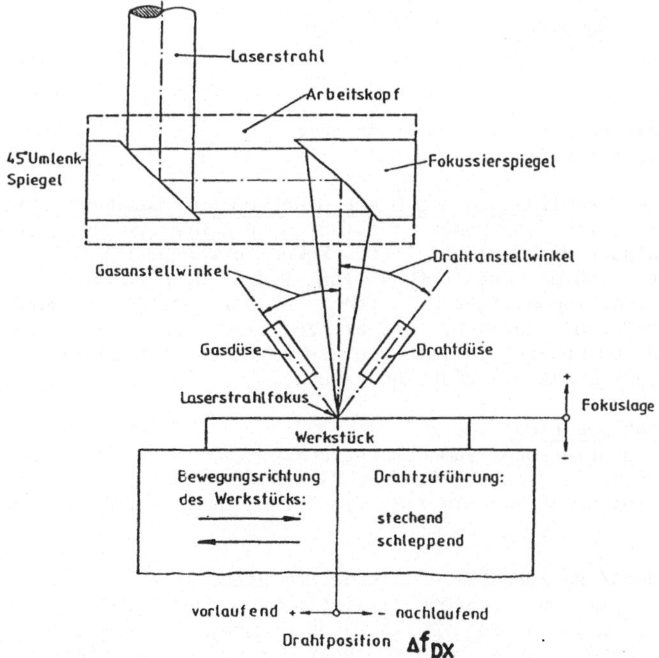


Bild 1: Einflußgrößen des Drahtbeschichtungsprozesses

Einflußgrößen sind in Bild 1 schematisch dargestellt. Über den Einfluß dieser Bearbeitungsparameter auf das Beschichtungsergebnis ist noch wenig bekannt. Lediglich auf dem Gebiet des Verbindungs-Schweißens mit Zusatzdraht liegen Untersuchungen vor /2 - 5/.

Zum Laserstrahlschweißen mit Zusatzdraht lassen sich jedoch nur bedingt Aussagen auf das Laserstrahlbeschichten mit Zusatzdraht übertragen. Während beim Laserstrahlschweißen mit Zusatzdraht tiefe, schmale Nähte gewünscht werden, ist beim Laserstrahlbeschichten eine möglichst breite Schmelzzone mit geringen Aufmischungen durch den Grundwerkstoff bei gleichmäßiger Beschichtungsdicke gewünscht. Dies bedingt grundsätzlich andere Überlegungen zur Führung und Formung des Laserstrahls und der Drahtzuführung.

Im folgenden sollen Ergebnisse zum Einfluß der Strahlführung und der Drahtführung auf das Beschichtungsergebnis unter Berücksichtigung der speziellen geometrischen Verhältnisse der Kolbenringnut eines Großdieselmotors (Bild 2) kurz berichtet werden. Diese Untersuchungen wurden mit dem Ziel durchgeführt, bei vorgegebener Düsengeometrie eine möglichst geringe Einbrandtiefe beim Laserstrahldrahtbeschichten zu erreichen, d.h., eine geringe Aufmischung, die definiert ist als das Verhältnis von Einbrandtiefe zur Gesamtdicke der Schmelzzone.

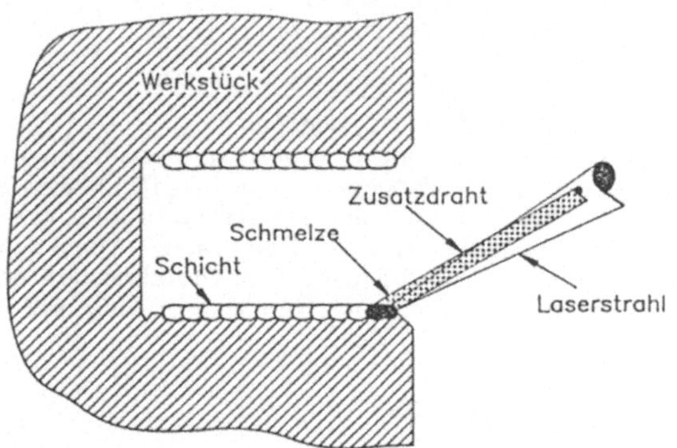


Bild 2: Prinzipielle Darstellung vom Beschichten einer Kolbenringnut (Querschnitt)

## 3. Einfluß von Laserstrahlführung und Drahtzuführung auf das Beschichtungsergebnis

Untersuchungen zum Einfluß von Laserstrahlführung und Drahtzufuhr wurden an einem 5 kW-$CO_2$-Multimodelaser durchgeführt (mttl. Fokussierkennwert K = 150 /umrad). Als Brennweite wurde f = 150 mm gewählt (Fokuslage i.d.R. 0, Fokusdurchmesser 0,6 mm). Der Zusatzdraht (hochchromhaltiger Fülldraht, Durchmesser 1,6 mm) wurde unter einem Winkel von $35^{o}$, stechend zugeführt, vgl. Skizze, Bild 1. Als veränderliche Größen wurden der Einfluß von Laserstrahlleistung und Vorschubgeschwindigkeit, die Drahtposition und die Drahtförderrate untersucht.

### 3.1 Einfluß der Drahtposition

Die Anordnung des Zusatzdrahtes zum Laserstrahl und zur Schmelzzone beeinflußt den Abschmelzvorgang (Bild 3) hinsichtlich der Gleichmäßigkeit und der Spritzverluste sowie die Schichteigenschaften, wie z.B. die Härte, über den Abbrand an Legierungselementen.

Prinzipiell kann der Zusatzdraht z.B. hinter dem Brennfleck, nachlaufend angeordnet werden, so daß er primär in die Schmelze eintaucht und dort durch die Restwärme eingeschmolzen wird, Bild 3a. Möglich ist jedoch auch, eine Positionierung direkt in den Brennfleck des Laserstrahls, Bild 3b, oder darüber hinausreichend (vorlaufend). In diesem Fall wird der Draht primär durch den Laserstrahl erschmolzen und als Schicht auf die Werkstückoberfläche aufgetragen, Bild 3c.

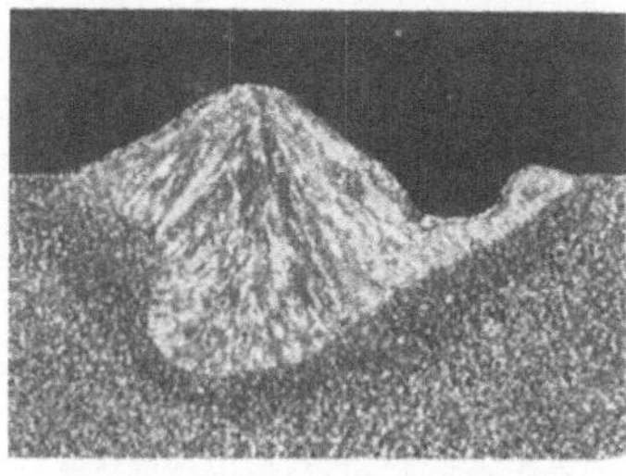

a) $\Delta f_{DX}$ = -0,6 mm

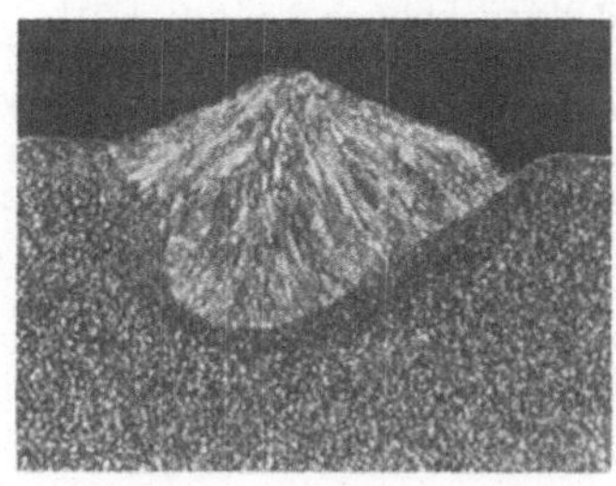

b) $\Delta f_{DX}$ = 0 mm

c) $\Delta f_{DX}$ = 0,6mm



Bild 3: Einfluß der Drahtposition $\Delta f_{DX}$ in der Vorschubrichtung auf den Nahtquerschnitt
P = 3,5 KW, $v_W$ = 20 mm/s, $V_D$ = 20 mm/s, Adlerätzung

Es ist zu sehen, daß sich über die Drahtposition auch die Einbrandtiefe verändern läßt. Eine Grenze ist allerdings durch die Produktionssicherheit gegeben, die bei Vorschub des Drahtes in Richtung Fokus wächst.

Im ersten Fall, Bild 3a, schmilzt der Laserstrahl vollständig die Werkstückoberfläche auf. Er dringt tiefer in die Oberfläche ein; dies führt zu verstärkter Aufmischung. Im Bild 3b wird die Laserstrahlenergie teilweise zum Aufschmelzen des Zusatzdrahts aufgebraucht. Die Werkstückoberfläche wird demzufolge weniger stark angeschmolzen. Es wird eine deutliche Verringerung der Aufmischung erreicht. Dies wird in den Schliffbildern (Bild 3a bis 3c)) deutlich. Unter sonst gleichen Bedingungen wurde in diesem Beispiel eine Verringerung der Aufmischung von 60 % auf 40 % erzielt.

### 3.2 Einfluß der Drahtzuführgeschwindigkeit

Die Erhöhung der Drahtzuführgeschwindigkeit $v_D$ (Bild 4a bis c) führt bei gleichbleibender Werkstück-Vorschubgeschwindigkeit $v_w$ zu einer höheren Auftragsdicke, bei fast gleicher Einbrandtiefe d.h. zu einer geringeren Aufmischung.

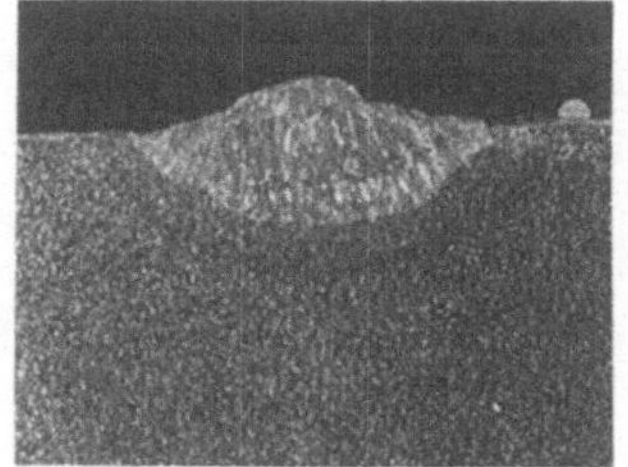

a) $v_D$ = 10 mm/s

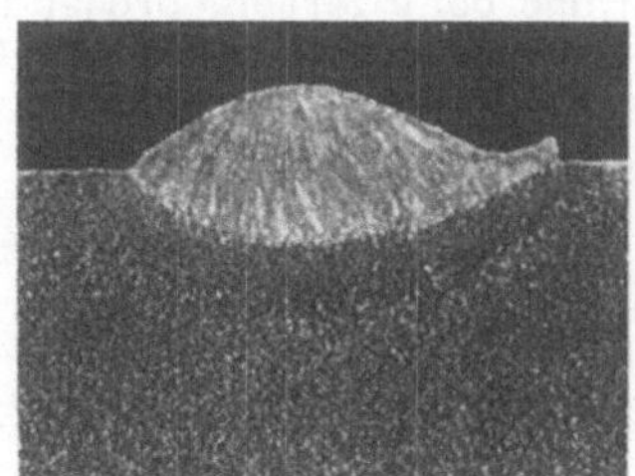

b) $v_D$ = 20 mm/s

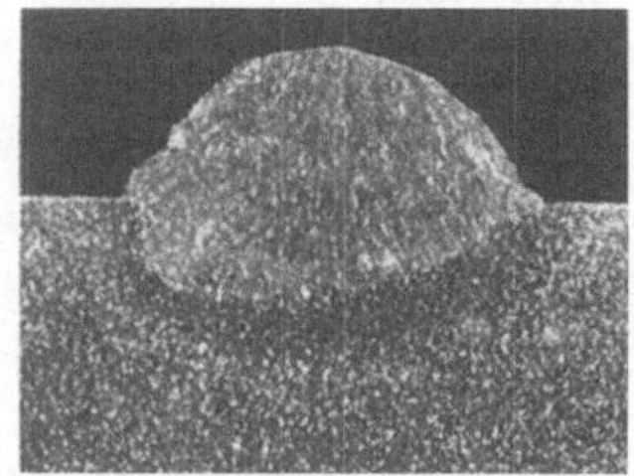

c) $v_D$ = 40 mm/s



Bild 4: Einfluß der Drahtzufuhrgeschwindigkeit $v_D$ auf die Auftragsdicke
P = 3 kW, $v_W$ = 20 mm/s, Querschliffe, Adlerätzung

Dies könnte darauf zurückgeführt werden, daß unter den gewählten Bedingungen die Energieaufteilung des Laserstrahls in einen Anteil zum Aufschmelzen des Zusatzdrahtes und einen weiteren Teil zum Einschmelzen der Oberfläche annähernd konstant bleibt und unabhängig von der Drahtförderrate ist. Eine Grenze ist durch die insgesamt zur Verfügung stehende Laserstrahlleistung zum Aufschmelzen des Zusatzdrahtes gegeben.

## 3.3 Einfluß von Leistung und Vorschubgeschwindigkeit

Leistung und Vorschubgeschwindigkeit beeinflussen das Ergebnis bezüglich des Aufmischungsgrades nur wenig. Beispielsweise führen eine Verringerung der Leistung oder Erhöhung der Vorschubgeschwindigkeit zu feineren Beschichtungen mit geringerer Dicke und geringerem Einbrand bei etwa gleicher Aufmischung unter sonst gleichen Bedingungen.

Das Ergebnis eines Beschichtungsversuches mit optimierten Bedingungen bei schrägem Strahleinfall und überlappenden Spuren zeigt Bild 5.

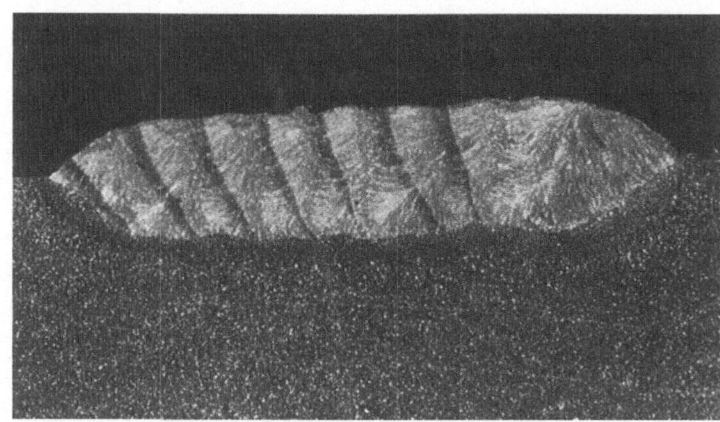

1mm

Bild 5: Querschliff durch acht überlappende Spuren
$P = 3$ kW, $V_w = 20$ mm/s, $V_D = 15$ mm/s,
$\Delta f_{DX} = 0{,}6$ mm, seitlicher Versatz zwischen den Spuren 1 mm, Adlerätzung

## 4. Beschichtungsergebnisse und Anwendung

Bei schrägem Laserstrahleinfall (Einfallswinkel $60^{\circ}$), Positionierung des Drahtes im Brennfleck oder darüber hinaus und optimierter, großer Drahtförderrate werden nach gegenwärtigem Stand Aufmischungsgrade von ca. 30 % bis 40 % erzielt. Es wird erwartet, daß sich dieses Ergebnis durch Optimieren der Einflußparameter noch verbessern läßt. Als bisher günstige Parameter unter den in Kap. 3 angegebenen Bedingungen wurden ermittelt:

- Leistung: 3 - 4 kW,
- Vorschubgeschwindigkeit: 10 - 30 mm/s
  und Drahtvorschub 10 - 40 mm/s

dies entspricht einer Auftragsleistung von 0,5 - 2 kg/h.

Ein Anwendungsbeispiel zum Drahtbeschichten zeigt Bild 6. Hierin ist das Beschichten der Flanke einer Kolbenring-Nut dargestellt. Kolbenring-Nuten unterliegen während des Betriebes starkem Verschleiß und werden für Großdieselmotoren deshalb von Zeit zu Zeit regeneriert. Konventionelle Schweißverfahren versagen hierbei aufgrund zu hoher Wärmeeinbringung. Kolbenring-Nuten werden deshalb heute vorzugsweise hartverchromt. Diese Hartverchromungen weisen jedoch nur eine geringe Standfestigkeit auf. Die Regenerierung muß daher häufig wiederholt werden. Das Laserverfahren bietet hier Möglichkeiten, die Arbeiten mit geringer Wärmebelastung durchzuführen. Mit Hilfe des Laserstrahldrahtbeschichtens werden ca. 1 mm dicke Verschleißschutzschichten auf den Flanken der Kolbenring-Nuten aufgetragen. Der Laserstrahl trifft streifend auf die Kolbenringflanken auf und führt dort zum Einschmelzen des Zusatzdrahtes. Die ebenen Beschichtungen mit geringer Welligkeit erfordern nur geringen Aufwand einer Nachbearbeitung. Die Probleme der Schichtgeometrie könnten somit gelöst werden. Weitere Untersuchungen befassen sich z.B. mit der spannungsinduzierten Rißbildung.

Bild 6: Laserstrahlbeschichten von Kolbenringnuten

## 5. Zusammenfassung

Laserstrahl-Drahtbeschichten ist ein neuartiges Verfahren der Oberflächenveredlung, bei dem der Zusatzwerkstoff in einem Arbeitsgang zugeführt wird. Vorliegende Untersuchungen haben gezeigt, daß das Verfahren prinzipiell machbar ist. Hierbei können kommerziell erhältliche Zusatzdrähte auch mit größerem Drahtdurchmesser (z.B. Fülldraht, 1.6 mm) bei nicht allzu großen Laserleistungen von 3 bis 4 kW verarbeitet werden. Laserstrahlführung, Drahtposition beeinflussen die Aufmischung. Ein Anwendungsbeispiel, das Beschichten von Kolbenringnuten, wurde vorgestellt.

## 6. Danksagung

Die Autoren danken dem BMFT, vertreten durch das VDI-TZ, für die Förderung dieser Arbeit.

## Schrifttum

/ 1/ BECKER, R.; SEPOLD, G.: Metall Oberfläche 41 (1987) 329 - 332

/ 2/ BECKER, R.; BINROTH CH. u. SEPOLD G.: ECLAT'88, DVS-Berichte 113, S. 121 - 123, DVS-Verlag, Düsseldorf, 1988

/ 3/ CLEEMANN, L.: Schweißen mit $CO_2$-Hochleistungslasern, Technologie Aktuell 4, VDI-Verlag Düsseldorf 1987

/ 4/ ARATA, Y., et al: Electron and Laser Beam Welding Proc. of the Int. Conf. Tokyo 1986 Pergamon Press, Frankfurt 1986, S. 159 - 169

/ 5/ RUGE, J.; OESTMANN, C. et al: Electron and Laser Beam Welding Proc. of the Int. Conf. Tokyo 1986 Pergamon Press, Frankfurt 1986, S. 193 - 203

/ 6/ SASAKI, H.; NISHIYAMA, N.; KAMADA, A.: Laser Welding with Filler Wire, 3'eme CISFFEL, Herausgeber: CEA, Paris, Lyon 1983, S. 569 - 576,

# Oberflächenveredeln thermisch gespritzter Schichten mittels $CO_2$-Laser

E.-R. Sievers, H.-D. Steffens, W. Brandl und Ch. Buchmann
Lehrstuhl für Werkstofftechnologie der Universität Dortmund,
Otto-Hahn-Str. 6, D - 4600 Dortmund 50

## 1. Einleitung und Problemstellung

Die durch das thermische Spritzen im Niederdruck aufgebrachten Schutzschichten, Bild 1, aus dem hochschmelzenden Sonderwerkstoff Tantal weisen keine ausreichende Korrosionsbeständigkeit auf. Als Gründe für dieses ungünstige Verhalten können sowohl werkstoffbedingte Parameter, wie das Spritzpulver, das an der Oberfläche mit Oxiden kontaminiert sein kann, als auch prozeßbedingte, wie eine zu hohe Abkühlrate der Spritzpartikel, angesehen werden.

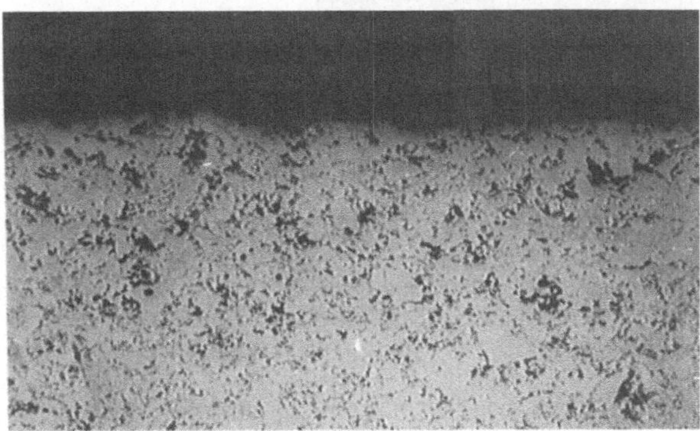

50 /um

Bild 1:

Im Niederdruck plasmagespritzte Tantal-Schicht (ungeätzter Querschliff)

So sind in der Regel feinverteilte Poren, aber auch unregelmäßig angeordnete große Einschlüsse die kennzeichnenden Merkmale derartiger Schichten. Darüber hinaus besitzt die Oberfläche eine erhebliche Rauhigkeit, so daß es in den Vertiefungen und Hinterschneidungen zu einer Aufkonzentration aggressiver Bestandteile aus dem umgebenden korrosiven Medium kommt, und die Tantalschicht an diesen Stellen bevorzugt aufgelöst wird.

Vom korrosionschemischen Standpunkt her lassen sich wirksame Verbesserungen lediglich erzielen, wenn die Oberfläche versiegelt wird, sei es mit Elektronen- oder Laserstrahlen, die über eine exakte Leistungsdosierung eine Legierungsbildung mit dem Substrat verhindern. Die Elektronenstrahltechnologie besitzt den Vorteil, daß das Umschmelzen der Schicht in einem prozeßnotwendigen Vakuum von über $10^{-3}$ hPa stattfindet. Zum einen können die in der Schicht gelösten Gase entweichen, zum anderen kann durch die eingebrachte Energie, verbunden mit dem niedrigen Umgebungsdruck, ein Zersetzen von Oxiden und Nitriden zumindest teilweise erreicht werden. Darüber hinaus läßt sich der Strahl nahezu trägheitslos ablenken und ermöglicht somit eine Vielzahl von Oszillationsformen. Dagegen findet der Umschmelzprozeß mit dem Laserstrahl unter einer inerten Schutzgasatmosphäre statt. Nebenzeiten, wie sie beim EB-Anschmelzen durch das Evakuieren auftreten, fallen nicht an. Bezüglich der Strahlablenkung ist diese beim Laserstrahl mit einem höheren gerätetechnischen Aufwand gleichfalls zu realisieren.

Wägt man die jeweiligen Vor- und Nachteile gegeneinander ab, so bietet sich das Veredeln mit dem Elektronenstrahl aus technologischen Gründen, und das Veredeln mit dem Laserstrahl aus wirtschaftlichen Gründen an. Letztendlich bleibt die Frage zu klären, welche elektrochemischen Eigenschaften aus den einzelnen Varianten resultieren bzw. ob es ausreichend erscheint, die Laserstrahltechnik zum Umschmelzen der Oberfläche einzusetzen.

## 2. Versuchsführung

Für die Untersuchungen wurde Tantal gewählt, das aus zweierlei Gründen recht interessant ist, Tabelle 1. Zum einen weist Tantal im Vergleich zu anderen Werkstoffen eine hervorragende Korrosionsbeständigkeit in zahlreichen Medien auf und läßt sich daher universell einsetzen. Ein beispielhaft aufgeführter austenitischer CrNi-Stahl, aber auch Titan - das recht häufig zur Oberflächenveredelung herangezogen wird - kann dagegen nur in bestimmten Medien eingesetzt werden. Zum anderen bereiten die physikalischen Eigenschaften von Tantal gewisse Probleme, die es zu lösen gilt. So läßt sich Tantal aufgrund seines hohen Schmelzpunkts von 3030 °C lediglich mit fokussierten Strahlen relativ leicht aufschmelzen. Wesentlich kritischer verhält es sich bei dem thermischen Ausdehnungskoeffizienten, der um den Faktor zwei geringer ist, wenn es sich bei dem Substrat um Stahl mit einem Ausdehnungskoeffizienten von etwa $12 \cdot 10^{-6}\ K^{-1}$ handelt.

| Merkmal \ Werkstoff | CrNi-Stahl | Titan | Tantal |
|---|---|---|---|
| Korrosionsbeständigkeit in | | | |
| - oxid. Medien | + | + | + |
| - reduz. Medien | - | - | + |
| - $Cl^-$-Medien | (-) | + | + |
| Schmelzpunkt [°C] | 1470 | 1670 | 3030 |
| Schmelzenthalpie [J/g] | 374 | 435 | 159 |
| Ausdehnungskoeffizient [$10^{-6}\ K^{-1}$] | 16,5 | 8,4 | 6,5 |

Tabelle 1: Kennzeichnende Merkmale ausgewählter Schichtwerkstoffe

Aufgrund der recht unterschiedlichen Ausdehnungskoeffizienten des Schichtwerkstoffs und des Substrats sowie unterstützt durch sehr steile Temperaturgradienten zum Substrat kommt es stets zu einer durch Eigenspannungen initiierten Rißbildung in der Schicht, wenn nicht vorgewärmt wird. Mit einem Aufheizen durch einen defokussierten Elektronenstrahl auf Temperaturen von etwa 300 °C treten dagegen keine Segmentierungen in der Schicht auf. Um beim Laserstrahl-Anschmelzen ähnliche Bedingungen zu schaffen, wurden die Proben in einem Heizofen vorgewärmt.

a) Draufsicht ⊢—⊣ 80 µm

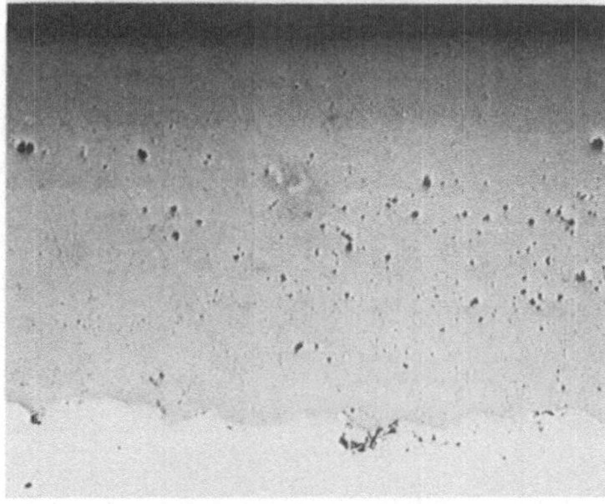

b) ungeätzter Querschliff ⊢—⊣ 100 µm

Bild 2: Elektronenstrahl-angeschmolzene Tantalschicht

Im Falle der EB-angeschmolzenen Schicht - die aufgrund der gewählten Strahlführung in der Draufsicht (Bild 2 a) durch einzelne, sich überdeckende Spuren senkrecht zur Vorschubrichtung gekennzeichnet ist - verdeutlicht der Querschliff (Bild 2 b), daß sowohl der Porenanteil als auch die Oberflächenrauhigkeit reduziert wurde.

Mit einer Leistung von 0,3 kW und einer Vorschubgeschwindigkeit von 10 mm/s erschmolz der oszillierend geführte Strahl einen Querschnitt, der, bei einer Breite von etwa 3,5 mm, eine Tiefe von 0,15 mm aufweist.

Der auf eine Leistung von 4 kW eingestellte $CO_2$-Laserstrahl - als Schutzgas diente ein Gemisch aus Argon und Helium - wurde dagegen punktförmig fokussiert und in Vorschubrichtung mit einer Geschwindigkeit von 20 mm/s geradlinig geführt. Dementsprechend setzt sich die angeschmolzene Schicht aus aneinander gereihten Spuren zusammen (Bild 3 a), die jeweils einen Aufschmelzquerschnitt von etwa 0,17 $mm^2$ besitzen (Bild 3 b).

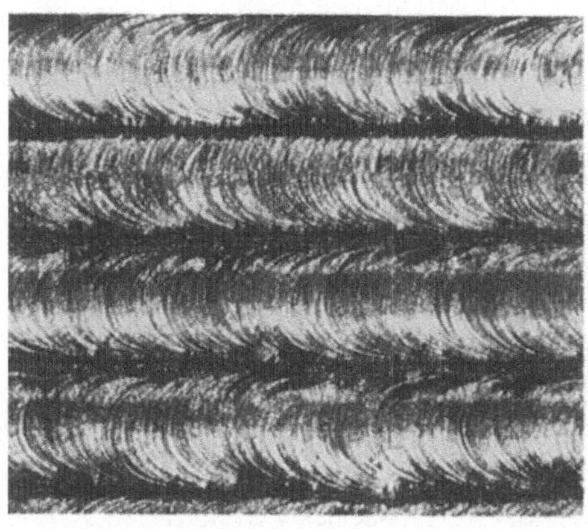

a). Draufsicht 1 mm b). ungeätzter Querschliff 200 /um

Bild 3: Laserstrahl-angeschmolzene Tantalschicht

Die elektrochemischen Untersuchungen belegen zweifelsfrei die Effektivität des Nachbehandelns, wobei jedoch zum anschaulichen Vergleich zunächst das Polarisationsverhalten einer unbehandelten Schicht im Vergleich zu technisch reinem Tantal gezeigt sei (Bild 4 a). Die Schicht weist bei der anodischen Polarisation sehr hohe Stromdichten bis zu 1000 $\mu A/cm^2$ auf. Vergleichsweise liegen die Passivstromdichten des technisch reinen Tantals unter einem $\mu A/cm^2$.

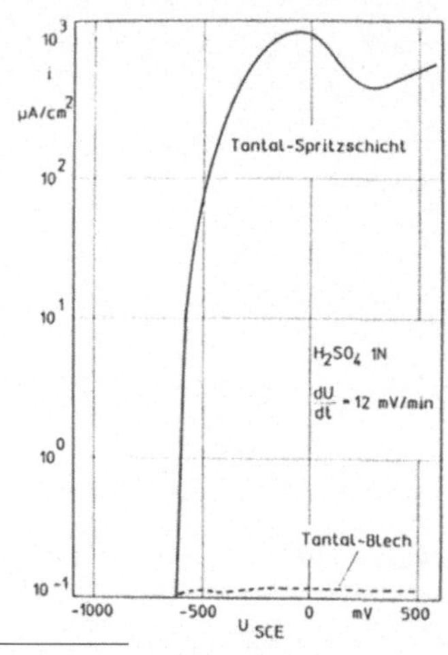


a) Technisch reines Tantal im Vergleich zu einer unbehandelten Spritzschicht

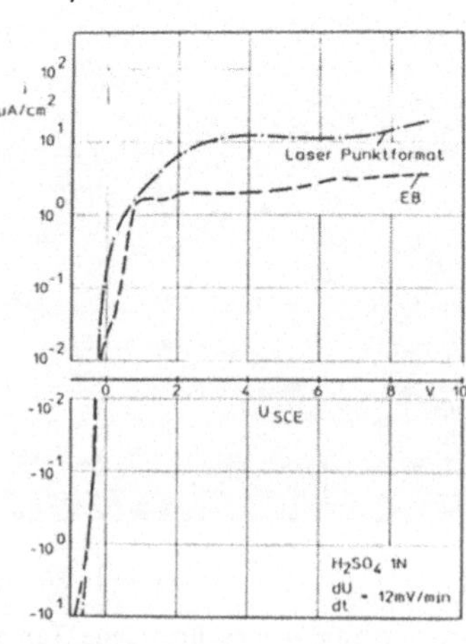


b) Elektronen- bzw. Laserstrahlangeschmolzene Tantal-Spritzschicht

Bild 4: Polarisationsverhalten

Dagegen erreicht man durch das Strahlveredeln ein erheblich günstigeres elektrochemisches Verhalten (Bild 4 b), welches beim Elektronenstrahl-Anschmelzen dem des technisch reinen Tantals sehr nahe kommt. So liegen die Stromdichten über einem weiten anodischen Potentialbereich von etwa zehn Volt um zwei $\mu A/cm^2$. Zum Vergleich weist die Laserstrahl-veredelte Schicht im gegenwärtigen Versuchsstadium noch höhere Stromdichten von etwa 10 $\mu A/cm^2$ auf.

## 3. Diskussion der Ergebnisse

Das deutlich verbesserte Korrosionsverhalten der veredelten Tantalspritzschichten gegenüber einer unbehandelten ist - neben einer Homogenisierung und gerichteten Erstarrung des Schichtwerkstoffs - ursächlich auf zwei Mechanismen zurückzuführen.

1. Zum einen können beim Einsatz des Elektronenstrahls im Vakuum die im Tantal-Gitter gelösten Gase wie Sauerstoff, Wasserstoff und Stickstoff entweichen. Messungen mit Hilfe der Heißgasextraktion ergeben prozentuale Abnahmen von jeweils etwa 30 %, wobei diese Werte integral über die Gesamtschicht erfaßt wurden; die tatsächlichen Gehalte in den Anschmelzspuren dürften noch erheblich günstiger liegen.

2. Zum anderen findet ab etwa 1550 °C die Zersetzung des höherwertigen Tantal-Pentoxids $Ta_2O_5$ zu niederwertigerem Tantaloxid TaO statt, das anschließend von der Oberfläche verdampft. Dieser Mechanismus trifft auf das Elektronen- und das Laserstrahl-Anschmelzen gleichermaßen zu.

## 4. Zusammenfassung und Ausblick

Bauteile, die aggressiven Medien ausgesetzt sind, lassen sich wirkungsvoll mit einer thermisch aufgebrachten Tantalschicht schützen. Es bedarf jedoch in jedem Fall einer strahltechnischen Nachbehandlung. Die besten Ergebnisse hierbei wurden bislang mit dem Elektronenstrahl erzielt. Obwohl das Laserstrahlveredeln unter einer inerten Schutzgasatmosphäre und nicht im Vakuum abläuft, ließen sich auch mit diesem Verfahren deutliche Verbesserungen im elektrochemischen Verhalten der umgeschmolzenen Schichten erzielen. Die vorgestellten Ergebnisse zum Laserstrahl-Veredeln sind ein Ausgangspunkt für zukünftige Arbeiten. Diese haben zum Ziel, sowohl die Prozeßführung als auch die Auswirkung der Schutzgasart und -reinheit, welche eine herausragende Bedeutung bei diesem Verfahren darstellt, auf das elektrochemische Verhalten näher zu ergründen.

*Die Untersuchungen zum Oberflächenveredeln von thermisch gespritzten Tantalschichten mit dem Elektronenstrahl wurden mit Mitteln der Deutschen Forschungsgemeinschaft vorgenommen. Für diese Förderung sei gedankt.*

# Erfahrungen zum Laserhärten bei komplizierter Bauteilgeometrie

D. Pollack, H. Paul und W. Reitzenstein
AdW der DDR, Zentralinstitut für Festkörperphysik und Werkstofforschung
Helmholtzstraße 20, DDR-8027 Dresden

Die Laseroberflächenbehandlung wird im ZFW seit etwa 10 Jahren mit dem Ziel verfolgt, einerseits durch weitgehende werkstoffwissenschaftliche Durchdringung der Beziehungen zwischen Prozeßführung und Behandlungsergebnis und andererseits durch eine am konkreten Maschinenbauteil orientierte Optimierung der Laserbehandlung die technologische Sicherheit für eine erweiterte Industrieeinführung der Laseroberflächenveredlung zu geben. Der komplizierte Zusammenhang zwischen Behandlungsparametern, Werkstoff und Behandlungsergebnis ist im Bild 6 dargestellt. Die zentrale Einflußgröße ist das im Bauteil entstehende Temperaturfeld.

Zur Erzeugung beanspruchungsgerechter Gefüge und Strukturen werden neben der Umwandlungs- und Umschmelzhärtung in zunehmenden Maße auch alle weiteren Varianten der Laseroberflächen-Behandlung ,wie Legieren, Einschmelzen von Hartstoffen und Beschichten mit Hartlegierungen genutzt. Der fortgeschrittenste Stand wird gegenwärtig beim Umwandlungshärten ausgewiesen, da die Zusammenhänge von werkstofflichen, laser- und maschinentechnischen Prozeßparametern, Umwandlungszonengeometrie weitestgehend untersucht und die Ergebnisse bereits auf konkrete Maschinenbauteile auch mit komplizierten Geometrien industriell angewendet werden.

## 1. Applikationsforschung

In Abhängigkeit von der Zielfunktion eines jeden konkreten Anwendungsfalles gilt es, das jeweils "ideale Temperaturfeld" zu erzeugen. Das wird gewährleistet, wenn die hardwareseitige Ausrüstung neben Lasergenerator und Handlingstechnik mit leistungsfähigen Strahlübertragungs- , -fokussierungs- und -formungsmodulen ergänzt wird. Diese Ausrüstung ist im ZFW gegeben mit Hochleistungslasern vom Typ GTL 452 bzw. GTL 472 mit Ausgangsleistungen von 3 kW bzw. 5 kW (Bild 1 und 2) und NC- und CNC-gesteuerten Führungsmaschinen in Portal- bzw. Doppelportalausführung mit Schnittstellen zur Lasereinbindung zum Einsatz.

Dabei erfolgte eine jeweils aufgabenspezifische Ausrüstung, beginnend von großformatigen 2D-Blechbearbeitungsanlagen bis zur 3D-Materialbearbeitung mit 6 gleichzeitig steuerbaren Achsen. Zur Strahlführung und -formung steht ein modulares System zur Verfügung deren Komponenten zur Realisierung der erarbeiteten Applikationen entwickelt worden sind. Besonders hervorzuheben sind, der

- Bearbeitungskopf für Innenflächen zum Härten von Bohrungen $\geq$ 200 mm und einer Tiefe $\leq$ 1000 mm (Bild 3).
- 3D-Bearbeitungskopf, bestückbar mit Schneid-, Härte- oder Scannerkopf (Bild 4).

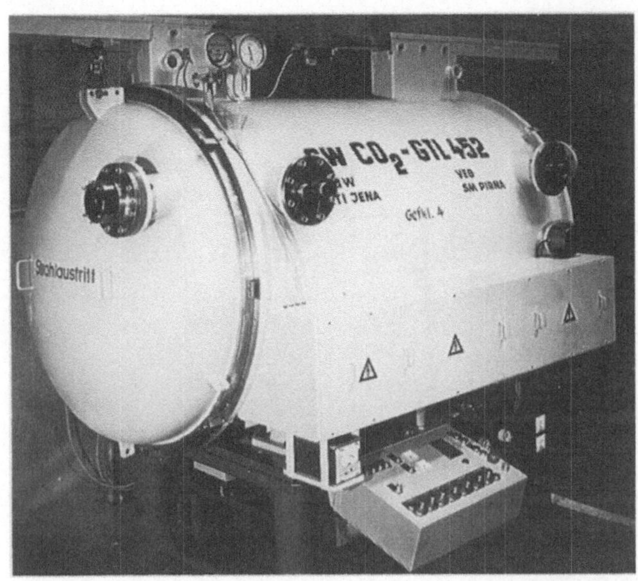


Bild 1: $CO_2$- Hochleistungslaser GTL 452

Bild 2: CNC-gesteuerte Laserbearbeitungsmaschine

Bild 3: 3D-Bearbeitungskopf mit
Scannerkopf

Bild 4: Bearbeitungskopf für Innenflächen

Damit steht eine leistungsfähige Hardware zur Verfügung, die Industrieüberführungen insbesondere unter dem Aspekt formkomplizierter Maschinenbauteile gestattet.

## 2. Rechnergestützte Optimierung der Prozeßparameter

Eine möglichst genaue Einstellung der angestrebten Oberflächentemperatur, die Erfüllung der sich aus dem Verwendungszweck des Bauteils ergebenden Forderungen an die Spurgeometrie bei bestimmter Laserleistung und die zur Gewährleistung der Abschreckrate erforderliche Begrenzung der Lasereinwirkungszeit erfordern eine mathematische Prozeßoptimierung auf der Grundlage von Temperaturfeldberechnungen. Der numerische Zusammenhang zwischen den Prozeßdaten (Leistungsdichteverteilung, Leistung, Strahldurchmesser, Bearbeitungsgeschwindigkeit), den thermophysikalischen Werkstoffeigenschaften (Wärmeleitfähigkeit, Schmelztemperatur, Umwandlungstemperatur) und dem Behandlungsergebnis (Einhärtetiefe, Spurbreite, Flächenleistung usw.) ist selbst mit Großrechnern nur in Näherungen vorausberechenbar(Bild 4). Nach unseren Erfahrungen erhält man mit analytischen Lösungen der linearisierten Wärmeleitungsgleichung für geometrisch einfache Standardbauteilformen (Halb- und Viertelraum, Platte, Keil) ausreichend genaue Ergebnisse. Auf diese Weise haben wir graphische Darstellungen der Beziehungen zwischen Prozeßparametern, Oberflächentemperatur, Abkühlzeit und Spurgeometrie erhalten, die sich bei der operativen Prozeßsteuerung in der Praxis bereits gut bewährt haben.

Zur einfachen schnelleren Ermittlung der Zusammenhänge ist im Weiteren im ZFW das Optimierungsprogramm GEOPT für Personalcomputer entwickelt worden, das mit Datenbasen kommuniziert, die sowohl die vorher für charakteristische Fälle mit einem Großrechner ermittelten Beziehungen zwischen Prozeß- und Zielgrößen als auch Informationen über benötigte Werkstoffeigenschaften enthalten. Mit GEOPT können für vorgegebene Prozeßparameter die maximale Oberflächentemperatur und die Spurabmes-

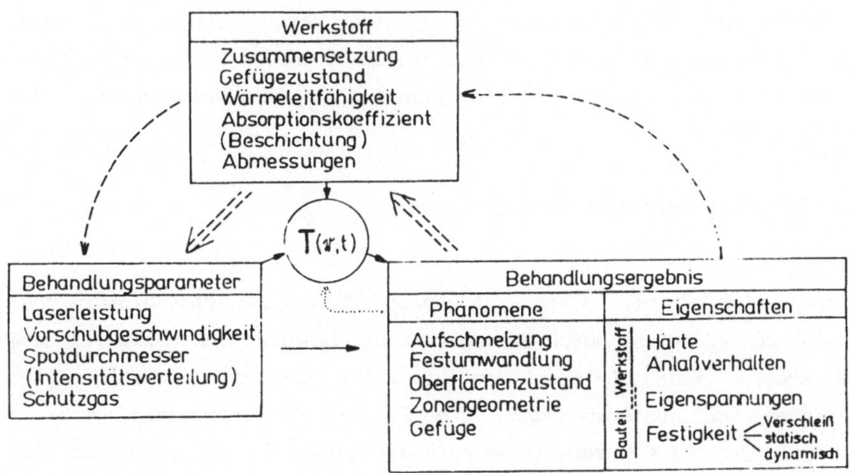


Bild 5: Zusammenhang zwischen Behandlungsparametern, Werkstoff und Behandlungsergebnis

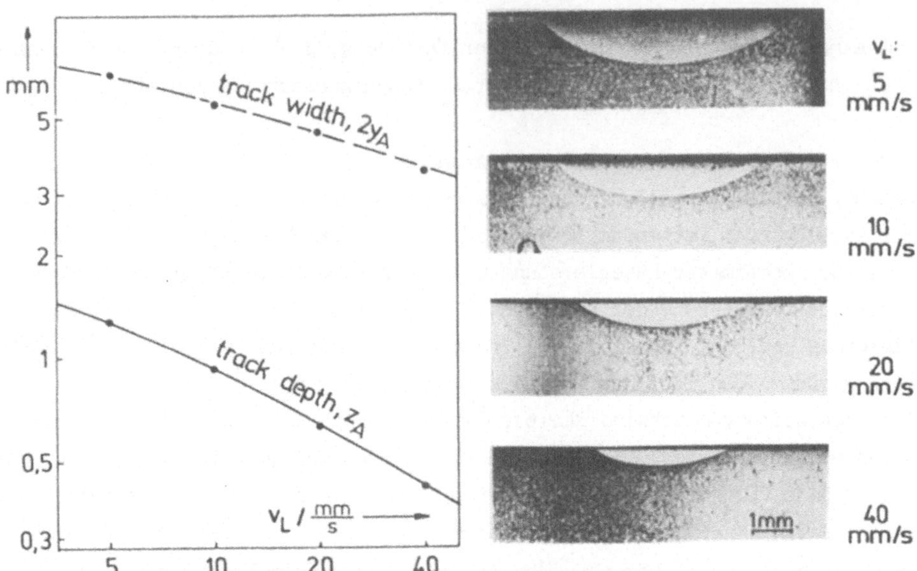


Bild 6: Vergleich der berechneten Spurgeometrie mit Meßergebnissen für 40Cr4 bei 4 Bearbeitungsgeschwindigkeiten (Laserleistung 1 kW)

sungen bestimmt und auch, bei umgekehrter Fragestellung, diejenigen Prozeßparameter erhalten werden, die zu einer vorgegebenen Oberflächentemperatur bzw. Spurgeometrie passen. Darüberhinaus erlaubt GEOPT, wichtige Zielgrößen wie Spurtiefe und -breite Flächen- und Volumenleistung unter verschiedenen einschränkenden Bedingungen zu optimieren (Bild 6). GEOPT berücksichtigt die Leistungsdichteverteilung im Brennfleck und die Bauteilgeometrie und kann auch bei oszillierender Strahlführung angewandt werden. Zukünftige Arbeiten betreffen die Anwendung des Programms zum Umschmelzhärten von Stahl und Gußeisen.

## 3. Applikationsbeispiele

Mit den im ZFW entwickelten Basistechnologien und gerätetechnischen Lösungen sowie der flexiblen Laserstrahlformung mittels eindimensionaler Strahloszillation wurden für eine Vielzahl von Bauteilen Technologien für verschleißbildgerechte Härtezonen entwickelt und getestet.

Als Beispiele sollen angeführt werden:

### Turbinenschaufeln

Bei Endstufenschaufeln der im Naßdampfbereich arbeitenden letzten Stufe von Grundlastturbinen können diese durch eine optimierte Laserhärtung (Bild 7) gegen die intensive erosive Belastung durch den Aufprall kondensierter Wassertröpfchen geschützt werden. Bei Untersuchungen zum Tropfenschlagverschleiß wurde mit der Laserhärtung gegenüber dem vergüteten Ausgangszustand der Verschleiß um den Faktor 60 gesenkt (Bild 8). Damit wurde eine entscheidende Voraussetzung für eine kostenattraktive Regenerierung der 210 MW-Turbinenschaufel geschaffen.

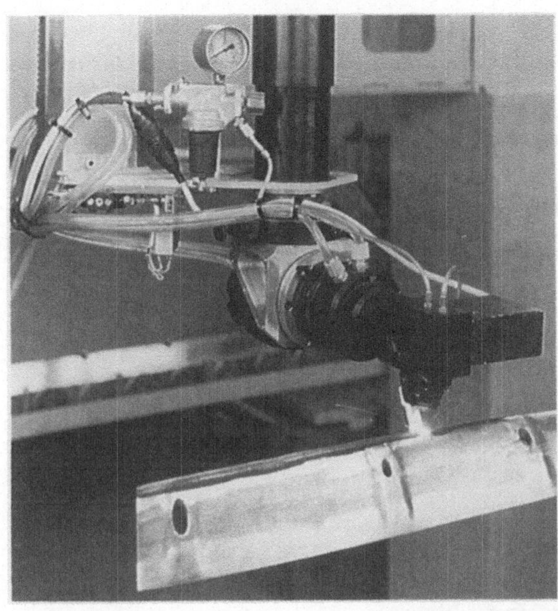

Bild 7: Laserhärten von Turbinen-
schaufeln

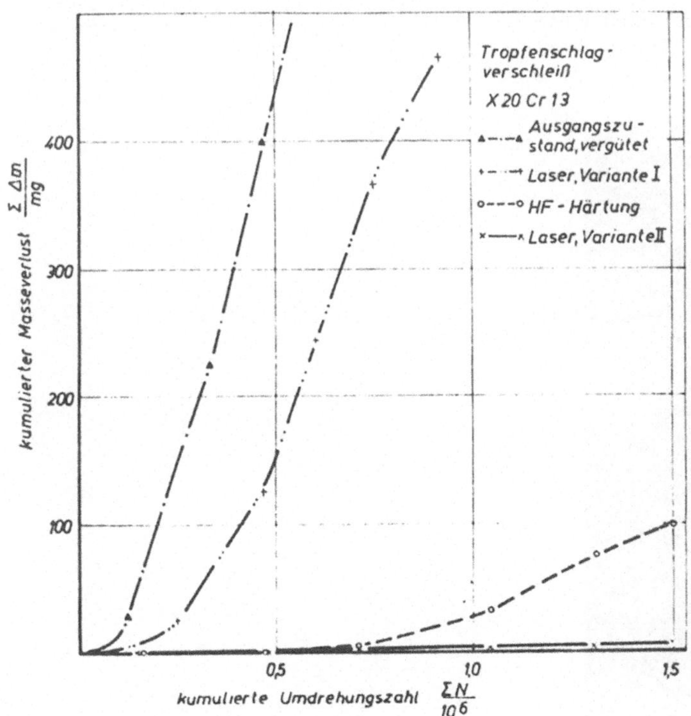


Bild 8: Masseverlust des Stahles X20Cr13 in Abhängigk. von der Umdrehungs-
zahl des Tropfenschlagsimulators

Zylinderlaufbuchse

In die Zylinderlaufbuchsen von Großdieselmotoren werden Härtespuren mit dazwischen liegenden ungehärteten Freispuren erzeugt, die auf der Innenmantelfläche in einem bestimmten Winkel zur Achse der Zylinderlaufbuchse verlaufen (Bild 9). Außer der

Bild 9: Lasergehärtete Zylinderlaufbuchse

Bild 10 :Laserbearbeitungsanlage zum Zylinderlaufbuchsenhärten

Spuranzahl wird entsprechend der Verschleißbeanspruchung in den einzelnen Zonen die Härtetiefe entlang der Bearbeitungszone variiert. Durch die verschleißgerechte Härtung wird die Bestrahlungszeit im Vergleich zu Technologien mit konstanter Härtetiefe erheblich verkürzt (Bild 10). Darüberhinaus gestattet diese Basistechnologie eine Variante temperaturbildgerecht zu härten, d.h. im oberen Buchsenteil, der höheren Betriebstemperaturen unterliegt, temperaturbeständigeren Ledeburit (Schmelzphasen-Härtung) und in dem unteren Teil Martensit (Festphasenhärtung) auf ein und derselben Spur zu erzeugen.

Zusammenfassung

Aufbauend auf den im ZFW vorliegenden werkstoffwissenschaftlichen Grundlagen und den entwickelten hard- und softwaremäßigen Lösungen konnten Basistechnologien für die Laseroberflächenveredlung von Bauteilen mit komplizierten Oberflächengeometrien erarbeitet werden, die sich auf weitere beliebige, formkomplizierte und großformatige Bauteile auf Eisenbasiswerkstoffen übertragen lassen. Dabei hat sich die rechnergestützte Prozeßoptimierung als äußerst vorteilhaft und nutzerfreundlich erwiesen.

Literatur.

(1) B. Brenner, W. Reitzenstein, G. Wiedemann, W. Storch, H.Junge: 4.Tagung Lasertechnologie Jena, 2.-4.11.87
(2) W. Storch, B. Brenner, K. R. Schulze: Schweißtechn. 38, 551 (1988)
(3) Forschungsbericht des ZFW zur "Laseroberflächenveredlung von großformatigen und formkomplizierten Bauteilen", Dresden, 11/88
(4) Patentanmeldung WPF 02F/320 4463

# Oberflächenhärten von Kaltarbeitsstahl, Warmarbeitsstahl und Kunststofformenstahl mit Laserleistungen bis 4 kW

M. Bohrer, B. Walter, D. Schuöcker
Forschungsinstitut für Hochleistungsstrahltechnik, TU Wien.
A-1030 Wien, Arsenal Objekt 207

Zahlreiche Industriebauteile (Kurbelwellen, Zahnräder usw.) werden nur an der Oberfläche auf Verschleiß beansprucht. Diese Bauteile müssen also nur an der Oberfläche hart sein, während der Kern möglichst zäh sein soll. Mit Laserleistungen bis 4 kW wurde die Oberfläche der Werkstoffe auf Härtetemperatur erhitzt. Die Intensitätsverteilung des Laserstrahls, sowie die zeitliche Konstanz der Laserleistung wurden mit einem Strahlanalysator gemessen. Bei der Bearbeitung wurde sowohl eine flächenförmige Fokussierung als auch eine linienförmige Fokussierung mittels Segmentspiegel verwendet. Der Temperaturverlauf im Werkstück wurde mit Thermochromstiften und Thermoelementen beobachtet. Von den gehärteten Werkstoffen wurden Schliffbilder angefertigt und die Mikrohärteprüfung durchgeführt.
Die hohe Basisreflexion und die hohen erforderlichen Temperaturen zeigen, daß Laserleistungen von über 2 kW nötig sind.

# Laserstrahlhärten mit dem $CO_2$-Laser und dem Festkörperlaser

C. Meyer, E. Beske

Laser Zentrum Hannover e.V. - LZH
Vahrenwalderstr. 7, 3000 Hannover 1

## Einleitung

Mit der Entwicklung von kW-Festkörperlasern gewinnt dieser Lasertyp für die Materialbearbeitung zunehmend an Bedeutung /1-5/. Insbesondere der Einsatz zur Oberflächenbehandlung, die aufgrund der erforderlichen hohen Ausgangsleistungen bislang dem $CO_2$-Laser vorbehalten war /6-9/, erscheint vielversprechend /10-12/. In vergleichenden Untersuchungen wurden Randschichthärtungen mit einem $CO_2$-Laser und einem kW-Festkörperlaser durchgeführt. Die Untersuchungen konzentrierten sich dabei auf den Einfluß der Vorschubgeschwindigkeit und Laserstrahlintensität auf das Härtungsergebnis.

## Versuchsdurchführung

Für die Versuche stand ein 1,5 kW $CO_2$-Laser und ein 1,2 kW Festkörperlaser, der kontinuierlich betrieben wird, zur Verfügung. Die Strahlübertragung des Festkörperlasers erfolgt mittels einer Gradienten-Index-Lichtleitfaser mit einem Kerndurchmesser von 0,6 mm. Die Intensitätsverteilung am Faseraustritt ist gaußförmig. Alle Leistungsangaben beziehen sich auf die Stelle des Arbeitsflecks.

Die Härtungen wurden mit defokussiertem Laserstrahl bei einem Arbeitsfleckradius von $r_w$=2,8 mm, respektive einer Arbeitsfläche von $A_w$=25 $mm^2$ durchgeführt. Bei der Vorschubhärtung mit einem kreisrunden Laserstrahl nimmt die Strahleinwirkzeit von einem maximalen Wert in Spurmitte kontinuierlich auf den Wert null im Bahnrandbereich ab (Bild 1). Zur Normierung wird eine mittlere Strahleinwirkzeit $t_{bm}$, definiert. In dieser Kennzahl werden der Arbeitsfleckradius und die Vorschubgeschwindigkeit in Relation gesetzt.

Als weiterer untersuchter Prozeßparameter wird die mittlere Intensität im Arbeitsfleck $I_m$ eingeführt. Sie ergibt sich aus dem Verhältnis der Laserleistung zur Arbeitsfleckgröße.

Die Härtungen erfolgten an dem typischen Wellenstahl 42 CrMo 4 im vergüteten Zustand. Als Probenmaterial wurden Platten mit einer Dicke von 9,5 mm verwandt, um einen Einfluß der Wandstärke auf das Härtungsergebnis weitgehend auszuschließen. Die Probenoberfläche war geschliffen mit einer gemittelten Rauhtiefe von $R_z$=7,4 $\mu$m.

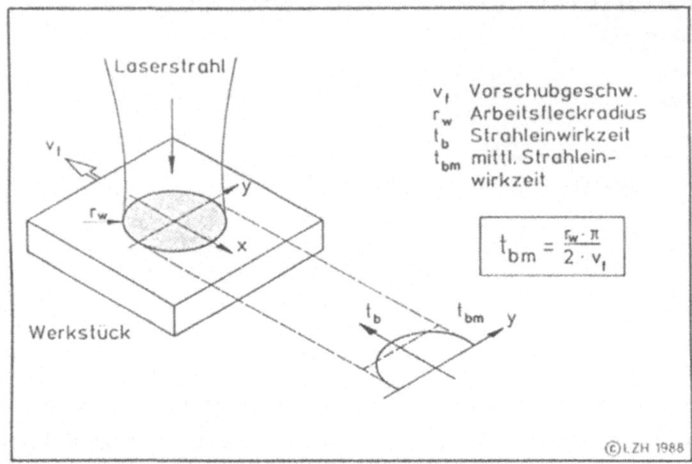


Bild 1: Definition der mittleren Strahleinwirkzeit

## Härtungen mit dem $CO_2$-Laser ohne Graphitbeschichtung

Bei senkrechtem Strahleinfall war es nicht möglich, Randschichthärtungen mit dem $CO_2$-Laser an der geschliffenen nicht graphitierten Oberfläche durchzuführen (Bild 2). Während bei einer mittleren Intensität von $I_m$=4500 W/cm$^2$ zwar Anlauffarben auf der Werkstückoberfläche aber keine Randschichthärtungen feststellbar sind, kommt es bereits bei einer Intensität von 4560 W/cm$^2$ (entsprechend nur 15 W Laserleistung mehr) nach einer kurzen Vorschubstrecke zu einem Anschmelzen der Oberfläche. Bis zu der Stelle der Anschmelzung sind keine Aufhärtungen meßbar.

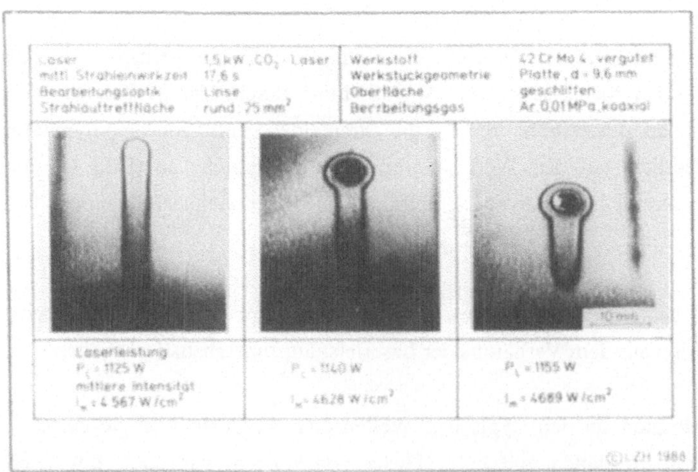


Bild 2: Randschichthärtungen mit dem $CO_2$-Laser ohne absorptionserhöhende Beschichtungen

Ursächlich für dieses Verhalten ist die geringe Absorption der Metalloberfläche bei der Wellenlänge des $CO_2$-Lasers /13-15/. Zur Kompensation der starken Reflexionen ist die Laserleistung zu erhöhen. Bei Temperaturen oberhalb ca. 200 °C kommt es zum Anlaufen der Werkstückoberfläche und die Absorption nimmt zu. Die Oxidschichtbildung und die Höhe der Absorption stehen in rascher, sich gegenseitig verstärkender Wechselwirkung miteinander. Die Oberfläche wird aufgeschmolzen.

Unter den beschriebenen Versuchsrahmenbedingungen ist eine Randschichthärtung mit dem $CO_2$-Laser nicht möglich. Die Werkstückoberfläche wurde daher mit einem Spraygraphit beschichtet. Die Schichtdicke betrug 12 µm.

Für die kürzere Wellenlänge des Festkörperlasers ist dagegen die Oberflächenabsorption der geschliffenen Werkstückoberfläche so hoch, daß auf eine absorptionserhöhende Beschichtung verzichtet werden kann. Die Versuche mit dem Festkörperlaser erfolgten ohne Graphitcoating.

## Vergleich der Randschichthärtungen des $CO_2$-Lasers und kW-Festkörperlasers

Bei den Laserstrahlhärtungen mit defokussiertem Laserstrahl ergeben sich im Querschliff linsenförmige Einhärtungsprofile. An diesen Profilen wurden die maximalen Einhärtungstiefen ausgemessen.

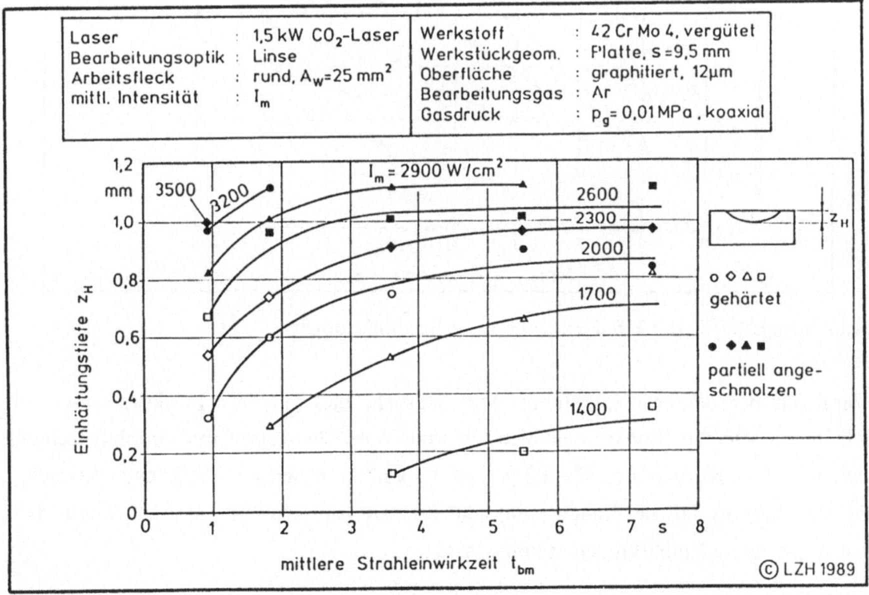


Bild 3: Einhärtungstiefen der $CO_2$-Laserstrahlhärtungen

Für den $CO_2$-Laser sind in Bild 3 die Einhärtungstiefen als Funktion der mittleren Strahleinwirkzeit für verschiedene mittlere Intensitäten (respektive Laserleistungen) dargestellt. Gehärtet wurde mit mittleren Strahleinwirkzeiten von 0,9 bis 7,3 s und mittleren Intensitäten von 1400 bis 3500 W/cm$^2$. Die eingezeichneten geschlossenen Symbole (Meßpunkte) gelten für Randschichthärtungen mit partiellen Oberflächenanschmelzungen. Ohne partielle Anschmelzungen sind folglich Einhärtungstiefen bis $z_H$=0,8 mm erreichbar.

Deutlich wird in dem Diagramm, daß die Kurven konstanter mittlerer Intensität bei steigender Strahleinwirkzeit asymptotisch gegen Grenzwerte laufen. Die maximal erzielten Einhärtungstiefen mit partiellen Anschmelzungen betragen $z_H$=1,1 mm.

Analog zu obigem Diagramm sind in Bild 4 die erzielten Einhärtungstiefen für den kW-Festkörperlaser mit Lichtleitfaser dargestellt. Die Härtungen erfolgten im gleichen Bereich der mittleren Strahleinwirkzeiten und mittleren Intensitäten.

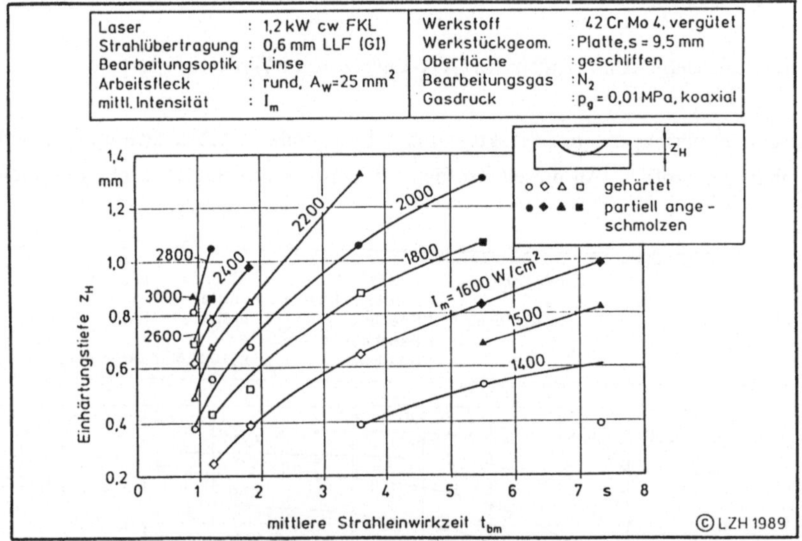


Bild 4: Einhärtungstiefen der kW-Festkörperlaser-Strahlhärtungen

Beim Vergleich der beiden Diagramme wird deutlich, daß mit dem Festkörperlaser ohne Graphitbeschichtung gleiche Einhärtungstiefen wie mit dem $CO_2$-Laser mit Graphitbeschichtung erreicht werden. Die Kurven des Festkörperlasers verlaufen jedoch nicht asymptotisch, sondern monoton steigend, so daß bei hohen mittleren Intensitäten und Strahleinwirkzeiten größer zwei Sekunden sogar tiefere Einhärtungen erzielbar sind.

Da gleiche Versuchsrahmenbedingungen vorlagen, ist aus den Ergebnissen zu folgern, daß der Absorptionsgrad der FKL-Strahlung dem der $CO_2$-Laserstrahlung mit Graphitbeschichtung entspricht. Die hohe Absorption bei der Wellenlänge des Festkörperlasers ist auf eine starke Zunderschichtbildung zurückzuführen /16/.

## Zusammenfassung

Bei senkrechtem Strahleinfall lassen sich mit dem Festkörperlaser im Gegensatz zum $CO_2$-Laser Randschichthärtungen an geschliffenen Werkstückoberflächen ohne absorptionserhöhende Beschichtungen durchführen. Daraus ergeben sich wesentliche verfahrenstechnische Vorteile. Arbeitsgänge zum Beschichten der Oberfläche und dem anschließenden Entfernen des Coatings entfallen. Denkbar ist damit z.B. die Fertigbearbeitung einer Welle auf der Drehmaschine in einer Aufspannung: 1. Schruppen, 2. Randschichthärten mit dem Festkörperlaser und Lichtleitfaser, 3. Schlichten durch Hartdrehen.

Das diesem Bericht zugrundeliegende Vorhaben wird mit Mitteln des BMFT unter dem Förderkennzeichen 13EU0054 gefördert. Die Verantwortung für den Inhalt der Veröffentlichung liegt bei den Autoren.

## Literatur

/1/ H.K. Tönshoff, H. Semrau: Proc. ASME-Symposium, Chicago 1988
/2/ C. Meyer, A. Rosenthal, V. Bödecker: Industrie-Anzeiger 51, 110 (1988)
/3/ K. Dickmann, C. Meyer, V. Bödecker: Industrie-Anzeiger 57/58, 110 (1988)
/4/ R. Bütje, C. Meyer, V. Bödecker: Industrie-Anzeiger 59/60, 110 (1988)
/5/ C. Emmelmann, C. Meyer, H. Semrau: Industrie-Anzeiger 63/64, 110 (1988)
/6/ W. Amende: Härten von Werkstoffen und Bauteilen des Maschinenbaus mit dem Hochleistungslaser, VDI-Verlag, Düsseldorf 1985
/7/ R. Dekumbis: Fachberichte für Materialbearbeitung 11/12, 63 (1986)
/8/ C. Schmitz-Justen: Dr.-Ing. Diss., RWTH Aachen 1986
/9/ K. Wissenbach, A. Gillner: Laser und Optoelektronik 3 (1985)
/10/ A. Rosenthal, C. Meyer, V. Bödecker: Industrie-Anzeiger 53/54, 110 (1988)
/11/ H.W. Bergmann: IPA-Tagung: Laser in der Produktion, Stuttgart 1988
/12/ A. Rosenthal, H.K. Tönshoff: Industrie-Anzeiger 46, 110 (1988)
/13/ G. Sepold, W. Jüptner: Beitrag zur Erwärmung von Metallen durch Absorption von Laserstrahlung, Interner Institutsbericht BIAS/Bremen 1980
/14/ K. Behler, A. Gillner, G. Herziger, E.W. Kreutz, K. Wissenbach: Annals Conf. of the Materials Research Society Europe, Strasbourg 1984
/15/ G. Beyer, K. Wissenbach, G. Herziger: Feinwerktechnik 3, 92 (1984)
/16/ H.K. Tönshoff, C. Meyer: HTM 1, 44 (1989)

# Laser Thermal Hardening of Cutting Tools

A. A. Solovjev
Department of Laser Treatment
Mechanical Engineering Scientific Society
Omsk, 644021

The necessity of rapid development and reduction into practice of the technological processes of laser thermal hardening and alloying of cutting tools, stamps, press moulds and equipment components, providing their stable increasing service resistance in machining of heat resistant and special materials, including here the technological processes of laser plasma tool steels working, makes the investigation of heat and plasma effects which can be observed in above mentioned processes rather actual.

Today tool steels continue to play a leading role in cutting treatment of structural materials. These steels are used in manufacturing 75 per cent of cutting tools. The existance of different alternative methods of surface hardening demands scientific selection of optimal way of hardening treatment giving tools maximum operation stability coupled with high reliability and effeciency.

The majority of laser technological processes are based on heat effect of laser beam on materials. That is why the distribution of temperature field in the zone of laser effect, rate of heat and cooling of metal in the zone of heating, the depth of heating, etc. are of great interest.

In order to plan the realization of necessary technological parameters, one must get necessary temperature field in depth when the part is being heated by the laser beam. It can be reached by selection of general parameters of laser emission, that is the emission power density and time of pulse (scanning rate). Empirical selection of these parameters is non-essential. It is quite natural to set and solve the problem of optimization as it is proposed in our report.

Differential equations of heat conduction for two-ply model under ideal heat contact are dealt here:

$$\frac{1}{a_1} \cdot \frac{\partial T_1}{\partial \tau} = \frac{\partial^2 T_1}{\partial z^2}$$

$$\tau > 0 ; \quad h \geq z \geq 0$$

$$\frac{1}{a_2} \cdot \frac{\partial T_2}{\partial \tau} = \frac{\partial^2 T_2}{\partial z^2}$$

$$\tau > 0 \; ; \quad \infty > z \geq h$$

Limiting boundaries of the problem have the following form:

$$z = 0 \; ; \quad -\lambda_1 \frac{\partial T_1}{\partial z} = q_0$$

$$z = h \; ; \quad T_1 = T_2 \; ; \quad -\lambda_1 \frac{\partial T_1}{\partial z} = \lambda_2 \frac{\partial T_2}{\partial z}$$

$$z = 0 \; ; \quad T_1 = T_2 = 0$$

Here $a_1$, $a_2$, $\lambda_1$ and $\lambda_2$ - heat conduction efficiency of the coating, temperature conductivity efficiency of the coating and backing.
The $T_1(z,\tau)$ and $T_2(z,\tau)$ functions of temperature fields of the coating and backing are the solution of the above mentioned system of the differential equations with allowance for limiting boundaries:

$$T_1(z,\tau) = \frac{2q_0}{\lambda_1}\sqrt{a_1\tau}\; ierf\left(\frac{z}{2\sqrt{a_1\tau}}\right) + \frac{2q_0\sqrt{a_1\tau}}{\lambda_1} \cdot$$

$$\cdot \sum_{n=1}^{\infty} (-g)^m \cdot \left[ ierf\, \frac{2nh + z}{2\sqrt{a_1\tau}} + ierf\, \frac{2nh - z}{2\sqrt{a_1\tau}} \right]$$

$$T_2(z,\tau) = \frac{2q_0}{\lambda_1}\, a_1\tau\, (1-g) \sum_{n=0}^{\infty} (-g)^n \cdot$$

$$\cdot\, ierf \left[ \frac{2(n+1)h + (z-h)\;\sqrt{a_1}/\sqrt{a_2}}{2\sqrt{a_1\tau}} \right]$$

where

$$g = \frac{\lambda_1/\sqrt{a_1} - \lambda_2/\sqrt{a_2}}{\lambda_1/\sqrt{a_1} + \lambda_2/\sqrt{a_2}}$$

The solution of the problem of optimization is realized by the method of dichotomy. The set of programs in Fortran IV which help to solve the problems of optimization and output data in two variants - either only with the output of recommendable parameters of laser emission or with the output of parameters and the depth of the temperature field of the material subjected to machining has been made.

In consequence of the effect of an active heat source in surface coating of the material which is being trated we can watch the changes in phase and chemical composition of the material, changes of the dislocative structure owing to phase hardening in the process of recrystalization and strain produced by blast wave, etc.

The results of experiments show that the ferric carbonate alloys hardening through the laser emission is the total result of martensite transformation and increasing of the number of defects of thin crystal structure due to the fixation of non-equilibrium structures in the process of rapid heating and cooling.

Cutting feature of titanium alloys is the localization of heat in stragnant zone which is caused by low temperature conductivity of the titanium.

Owing to this fact when the cutting rate is higher, the temperature in the zone of cutting is growing. With other conditions being equal the temperature in the zone of cutting titanium is 200-300K higher than the zone of cutting medium carbonic steels. For machining of titamium alloys hard alloys based on titanium are not applicable, but for BK group of hard alloys diffuse wear of cutting tools is a serious problem.

The ХН56ВМТЮ-ВД, ХН555МТКЮ type and some other heat resistant alloys on the nicel base have not the less low machiningness by cutting according to resistance of cutting tools.

Cutting tools of different sizetypes subjected to laser treatment (LT) were tested in machining of parts made of heat resistant alloys on the titanium and nicel base. Simultaniously cutting tools subjected to hardening treatment by the method of the ionic plasma spraying (IPS) of glow discharge were tested. The results of comparative tests are shown in the table below:

| Name of a tool | Material the tool is made of | Material the part is made of | Mode of operation | Resistance (quantity of parts) | | |
|---|---|---|---|---|---|---|
| | | | | WT* | IPS | LT |
| 1.Drill | Р12Ф2К8М3 | ВТ3-1 | half-rough | 12 | 14 | 16 |
| 2.Drill | Р18 | ХН56ВМТЮ-ВД | --"-- | 10 | 15 | 18 |
| 3.Cutter | Р18 | 10Х11Н23ТВ-МР | --"-- | 300 | 320 | 450 |
| 4.Counterbore | Р12Ф2К8М3 | ХН45МТЮ-ВР | raised vibrations | 38 | 65 | 53 |

| | | | | | | |
|---|---|---|---|---|---|---|
| 5.Counterbore | P18 | --"-- | --"-- | 39 | 60 | 50 |
| 6.Drill | P12Ф2K8M3 | XH56BИTЮ-BД | --"-- | 9 | 10 | 15 |
| 7.Ram | P18 | 15M12H2MФBAB | impact loads | 4 | 5 | 11 |
| 8.Counterbore | P9K5 | XH78T | clean | 11 | 32 | 27 |
| 9.Reamer | P9K5 | XH62БKTЮ-ИД | --"-- | 5 | 19 | 15 |
| 10.Counterbore | P12 2K8M3 | --"-- | --"-- | 7 | 15 | 10 |

* Without treatment

# Surface Treatments of Metals with Excimer Lasers

E. Schubert, H.W. Bergmann
FLE, Universität Erlangen-Nürnberg (FRG)

## Abstract

If a metal surface is exposed with an intensive ultraviolet light pulse, surface contaminations like organic films or oxide layers can be removed. It is demonstrated that irradiation of lead frames with the light of an XeCl Excimer laser improves the bondability.

## Introduction

Some years ago, when people talked about laser processing, they were always thinking of $CO_2$- or Nd:YAG-lasers /1/. The third high power laser, i.e. the Excimer laser, was mainly used for pumping tunable dye lasers. More recently Excimer lasers have successfully been used for cutting /2/, marking /3/, structuring and surface treatments /4-6/. In the present paper it is demonstrated how Excimer lasers can be used for surface modifications of lead frames.

## Experimental

Pure metals and technical based lead frames were exposed with UV light of a XeCl laser and analysed by means of metallographic techniques and reflectometry. The experimental setup is shown in Fig 1, the process parameters and investigated materials are given in Table 1. If electronic properties of technical devices are altered by means of a new process, it is necessary to carry out a sufficiently high number of measurements, so that the results are statistically significant. Therefore 80-100 measurements were carried out for the determination of one value for the resistivity and up to 600 for the determination of one value of the tensile strength of bonded samples (lead frames).

## Results and Discussion

In reality, the surface of a substrate is built up in a quite complicated manner. For example, if one considers an atomic cleavage plane under normal atmospheric conditions an anorganic non-metallic layer (oxide layer) will form above the substrate and on top of that organic contaminations will cover the sample. This is, however, still a simplification because metallic substrates undergo during their line of production deformations, heat treatments and a number of contacts with different materials. To many people in surface technology it is obvious that the first micron layer of a component shows completely different properties compared to the bulk. If such a surface is exposed with an ultraviolet radiation, different types of interaction may occur. In the organic layer with localized charge carriers the incoming photons can break the bonds and remove the layer by photo ablation, see Fig. 2a. The anorganic non-metallic layer underneath with localized electrons can either be evaporated or melted into the substrate, depending on the materials data (melting temperature and evaporation temperature of the layer and the substrate). In the metallic material with free charge carriers the electromagnetic wave is coupled into the surface up to a depth that is determined by the skin effect and the high frequency conductivity of the material. Heating, melting, evaporation and finally plasma formation characterize the different steps that can be observed with increasing intensity of the light. The situation becomes even more complicated if not only pure metals are considered but also alloys with homogeneous solid solution crystals or even heterogeneous arrangements of different phases /4,5/. However, as mentioned above, even a "pure" metal can be difficult because all the various steps of production left their "finger prints" in the surface layer. Fig. 2b indicates the complication of the model if a technical deformation is assumed. This is most obviously demonstrated in Fig. 3 where a polished polycrystalline copper substrate was exposed with the ultraviolet light. The laser pulse has removed, the highly deformed top layer and the grinding marks that lay underneath are visible again. The results of the bond tests are summarized in Table 1. Again it was found that the occurrence of a plasma strongly influences the quality of the bond. Below the plasma threshold all characteristic values were improved. The method of failure was shifted from the liftoffs in the bonding area to fractures in the bond-wires. Most important is the improvement of the minimum tensile strength, because this value is crucial for the production security, see Fig. 4. The reasons for the improvements are not yet understood, but cleaning and smoothening in the sub-micron range are certainly responsible for the better properties. An irradiation above the plasma limit results in a decrease of the bonding quality. The minimum tensile strength seems to be a very sensitive indicator for the optimal energy density because of its maximum slightly below the plasma threshold. An unsolved problem of industrial bonding procedures is the occurrence of non-bondable Ag-lead frames, only detectable by a very low minimum tensile strength in the bond test. A determination by the color of the surface or the ultimate failure of the bondings may be local, trans-

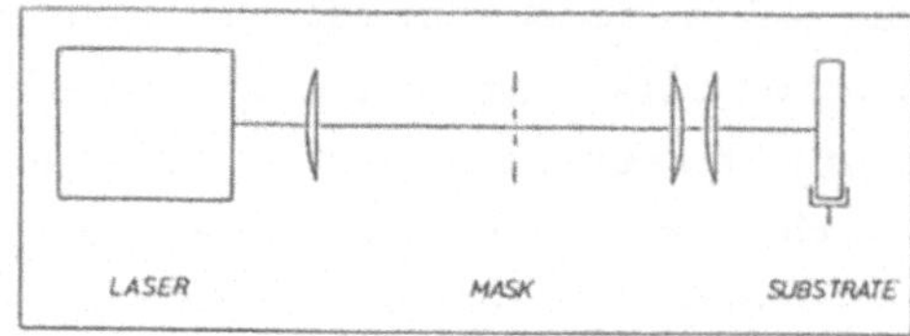


Fig. 1: Experimental set-up

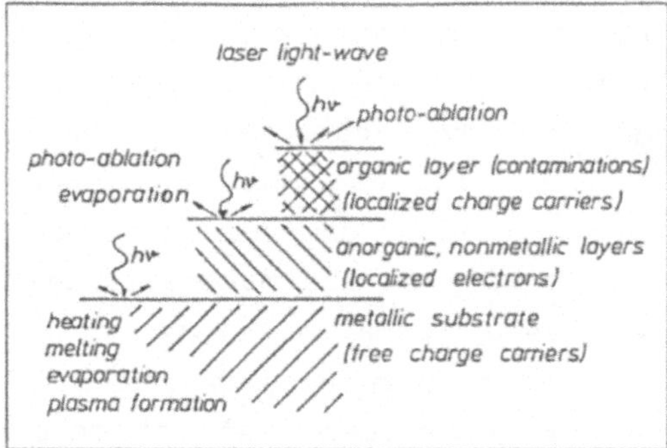


Fig. 2a: Laser-irradiation of a non deformed technical metal

Fig. 2b: Laser-irradiation of of a deformed technical metal

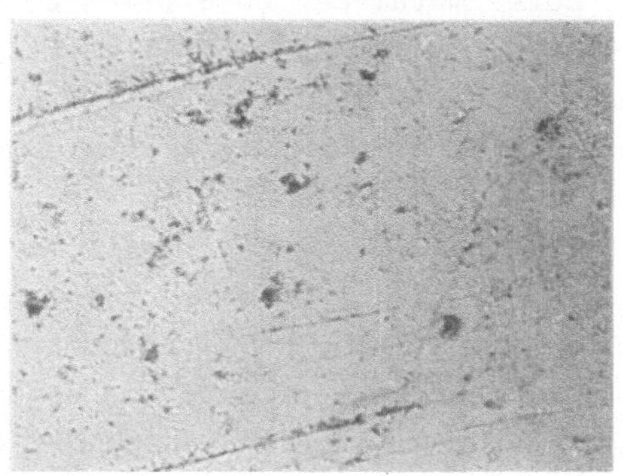

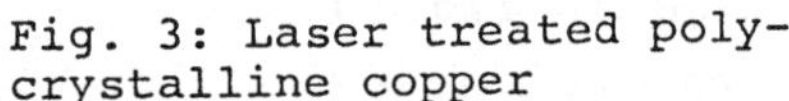

Fig. 3: Laser treated poly-crystalline copper

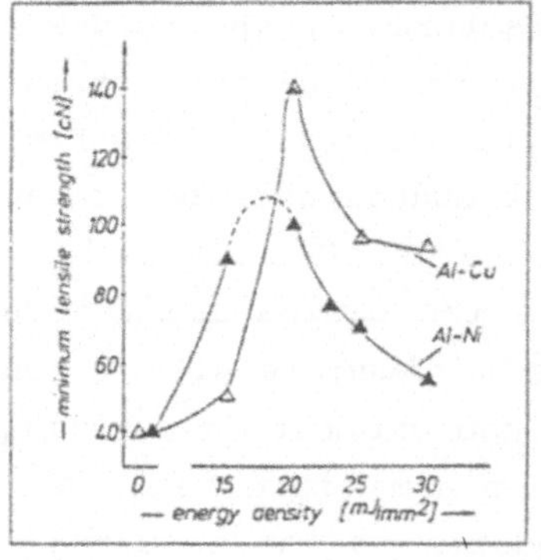


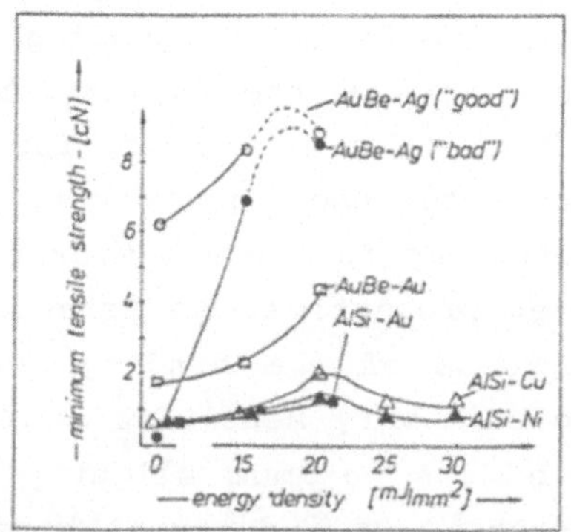


Fig. 4: Influence of laser-irradiation on the minimum tensile strength for various wire-layer combinations

missive organic contaminations because oxide layers would influence all characteristic values. Especially the ultimate tensile strength should then be lowered. Irradiation with low energy densities can evaporate these organic compounds and therefore rise the minimum tensile strength into the range of non-contaminated samples, see Fig. 4. These local contaminations cannot be removed by any other cleaning technique. Excimer laser irradiation therefore seems to be a method for achieving constant production quality of electronic components.

Table 1: Bonding behavior of laser-irradiated samples

| bond-comb. (wire-layer) | E $mJ/mm^2$ | X(ult) cN | var. % | X(min) cN | wire-break % | tests |
|---|---|---|---|---|---|---|
| AuBe-Au | 0 | 9.4 | 19 | 1.9 | - | 297 |
| | 15 | 9.5 | 17 | 2.3 | - | 97 |
| | 20 | 10.1 | 11 | 4.3 | - | 151 |
| AlSil-Au | 0 | 4.3 | 37 | 0.7 | 62 | 298 |
| | 15 | 4.7 | 30 | 0.9 | 81 | 117 |
| | 20 | 5.2 | 29 | 1.1 | 82 | 183 |
| Al-Cu | 0 | 166 | 28 | 40 | 49 | 299 |
| | 15 | 201 | 17 | 50 | 96 | 81 |
| | 20 | 203 | 11 | 140 | 98 | 82 |
| | 25 | 193 | 14 | 95 | 98 | 112 |
| | 30 | 188 | 15 | 95 | 99 | 97 |
| AlSil-Cu | 0 | 3.9 | 33 | 0.7 | 55 | 586 |
| | 15 | 4.3 | 28 | 0.8 | 98 | 119 |
| | 20 | 5.1 | 25 | 1.8 | 72 | 194 |
| | 25 | 5.6 | 21 | 1.2 | 74 | 177 |
| | 30 | 4.8 | 23 | 1.4 | 86 | 192 |
| Al-Ni | 0 | 162 | 19 | 40 | 96 | 266 |
| | 15 | 162 | 19 | 90 | 100 | 39 |
| | 20 | 172 | 17 | 100 | 98 | 37 |
| | 25 | 166 | 17 | 70 | 99 | 52 |
| | 30 | 151 | 18 | 55 | 98 | 59 |
| AlSil-Ni | 0 | 4.0 | 40 | 0.7 | 38 | 566 |
| | 15 | 3.5 | 51 | 0.8 | 38 | 82 |
| | 20 | 3.8 | 42 | 1.2 | 62 | 104 |
| | 25 | 3.6 | 42 | 0.7 | 58 | 127 |
| | 30 | 4.1 | 37 | 0.8 | 66 | 120 |
| AuBe-Ag | 0 | 10.6 | 18 | 6.2 | 100 | >50 |
| (good | 10 | 11.9 | 13 | 8.3 | 100 | >50 |
| bond.beh.) | 20 | 11.4 | 16 | 8.7 | 100 | >50 |
| AuBe-Ag | 0 | 10.5 | 29 | 0.1 | 94 | >50 |
| (not | 10 | 11.9 | 18 | 6.8 | 100 | >50 |
| bondable) | 20 | 12.3 | 14 | 8.5 | 100 | >50 |

X(ult)= ultim. tensile strength, X(min)= min. tensile strength
var. = variation of values, tests = number of single-tests
wire-break = percentage of failure by wire breaks

Acknowledgment

This work was supported by the European Community (Eureka 205) and by the companies Siemens AG, UB KWU, and W.C. Heraeus.

## References

/ 1/ C.W. Draper, P. Mazzoldi (ed.): Laser Surface Treatment of Metals, (1986), Dordrecht, Netherlands

/ 2/ V. Hohensee, U.J. Schmatjko, Laser-Magazin 1, (1987), 1-4

/ 3/ U. Sowada, H.-J. Kohlert, D. Basting, World Laser Almanac, (1988), Coburg, 50

/ 4/ H.W. Bergmann, E. Schubert, Proc. Surf. Eng. with High Energy Beams, Lissabon (1989), to be published

/ 5/ S.-Z. Lee, H.W. Bergmann, B. Juckenath, Opto Elektronik Magazin, Vol. 4 No. 4 (1988), 380

/ 6/ E. Schubert, H.W. Bergmann, Proc. ISATA 9 (1989), Florenz, in print

# Residual Stress Formation in Laser Treated Surfaces

M. Roth[+], R. Hauert[+], A. Frenk[++], M. Pierantoni[++] E. Blank[++]
[+]Swiss Federal Laboratories for Materials Research, 8600 Dübendorf
[++]Swiss Federal Institute of Technology, 1015 Lausanne Switzerland

## 1. Introduction

Laser surface modification involving liquid-solid phase transformations is associated with the formation of tensile residual stresses which can hamper the production of crack-free surface coatings and limit the practical use of laser treated engineering parts. Since tensile residual stresses negatively influence wear and corrosion resistance - as well as the resistance against static and dynamic loading, it is of primary importance to know how different processing routes affect the residual stress state. This paper thus investigates the development of residual stresses during laser processing and subsequent heat treatment. The following examples have been chosen:

- remelting of martensitic stainless steel,
- cladding of steel with Stellite,
- alloying of Al-Si with Fe.

## 2. Experiments

Cross-sections of the laser treated surfaces were investigated using optical microscopy. Residual stresses were measured by X-ray diffraction. This non-destructive method mainly records so-called 1st kind residual stresses which are nearly homogeneous across large areas. However, any changes of residual stresses perpendicular to the surface can be measured by stepwise removal of material by electropolishing. Residual stresses were calculated by applying the $\sin^2\psi$-method.

## 3. Laser Surface Remelting of Martensitic Stainless Steel

Laser surface remelting of X22 CrMoV12 1 was performed with a 1.5 kW $CO_2$-laser with two different processing parameters:

| laser process | power density | interaction time | beam diameter | step distance | remelted depth |
|---|---|---|---|---|---|
| "1" | $4.7*10^4$ W/cm$^2$ | 60 ms | 2 mm | 0.72 mm | 250 $\mu$m |
| "2" | $3*10^6$ W/cm$^2$ | 0.5 ms | 0.25 mm | 0.23 mm | 125 $\mu$m |

Due to the relatively low scanning speed with a defocused beam we obtain for process "1" a deeper melted layer than for process "2". The correspondent residual stress profiles are plotted in Fig. 1. We note

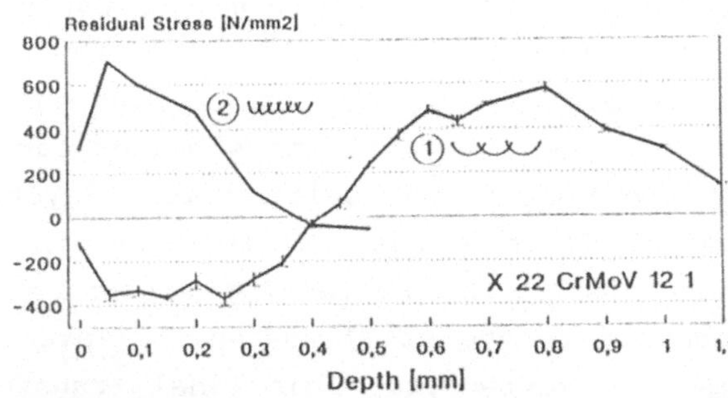


Fig. 1: Residual depth profiles of laser surface remelted X22 CrMoV12 1. Process "1" with long interaction time: compressive residual stresses. Process "2" with short interaction time: tensile residual stresses.

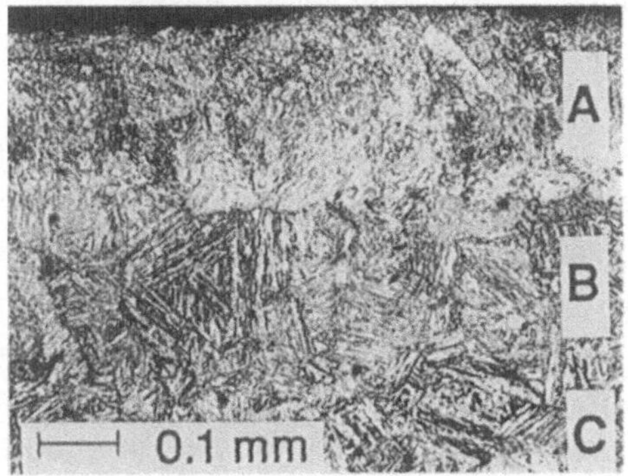


Fig. 2: Microstructure according to "1": A) melted zone, B) HAZ C) base material

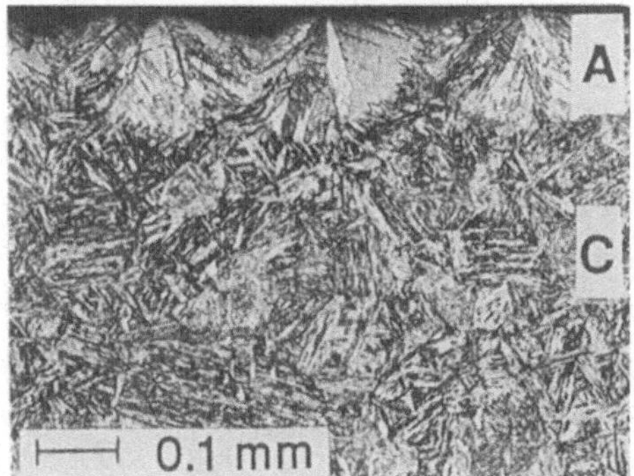


Fig. 3: Microstructure according to "2": A) melted zone, C) base material (no HAZ)

compressive residual stresses in the melted layer of "1" and tensile stresses in "2". Metallographic cuts were made in order to analyze the laser treated surfaces. The micrograph according to process "1" (Fig. 2) shows underneath the melted layer A (0.25 mm) another hardened layer B with a thickness of about 0.2 mm. In this heat affected zone (HAZ) austenitizing with subsequent martensite formation has taken place. On the other hand, the microstructure obtained by a short interaction time (Fig. 3) exhibits only a melted layer with a sharp transition into the base material, without any distinguishable heat - affected zone. A qualitative explanation for the two residual stress states can be given based on the different thermal cycles provided by process "1" and "2": During the heating period, compressive residual stresses are built up at the outer surface, because the expansion of the laser irradiated surface is retarded by the underneath cold material. At the austenitizing temperature, the compressive residual stresses are lowered to some extent due to formation of austenite which has a smaller volume than ferrite. When the material enters into the liquid state all stresses break down to zero. It may be supposed that chromium carbides are dissolved during melting, thereby increasing the carbon content in the melt. Carbide enrichment probably is more pronounced in process "1" than in process "2" because of the longer interaction time. As a result of rapid solidification causing supersaturation with carbon, layer A then is left with a higher carbon content than layer B. During cooling in the solid state, layer B transforms into martensite before layer A due to its lower actual temperature and higher $M_s$-temperature. The martensite expansion of layer B is plastically accommodated by the still austenitic layer A. Eventually, layer A transforms into martensite. This final transformation is supposed to develop the measured compressive stresses.

In the case of process "2" the tendency towards formation of compressive stresses only is measureable at the very outer surface, see Fig. 1, whereas the main subsurface region is under tensile stress. It is believed that the martensitic transformation of the melted layer cannot compensate these tensile stresses resulting from thermal contraction. Several reasons can be involved to rationalize the absence of compressive stresses: (i) Relaxation of tensile thermal stresses in the austenitic layer is less efficient with respect to process "1" owing to a much shorter interaction time. These stresses are not compensated by the martensitic transformation. (ii) The transforming layer is comparatively thin and just acts as a transient zone for inversion from tensile to compressive stresses. This effect still is accentuated by an insufficient overlap between adjacent laser tracks, producing juxtaposed laser tracks with intercalated substrate structure, see Fig. 3. (iii) Finally, there might be a smaller specific volume change induced by the martensitic transformation resulting from a lower carbon content in the austenite, as above mentioned.

## 4. Laser Surface Cladding of Steel with Stellite

Laser cladding was carried out with a carbon steel as substrate and a Stellite as coating material. The coating was achieved by blowing a Stellite powder in an inert gas stream into the melted bead. Main composition elements of the Co-base powder "Stellite 6" are Cr (28%), C (1.1%), W (4.7%), Ni (0.7%) and Fe (0.7%). By suitable adjustment of the laser scan speed with the powder feed rate one can produce (at 1.5 kW laser power) coatings with thickness ranges between 0.3 and 1 mm. The corresponding cladding rates are mainly a function of the focused beam diameter and the step distance between the laser tracks. They are in the range of 5 to 12 $cm^2$/min for this material. Fig. 4 gives an example of such a coating which consists of two crosswise applied layers. We observe a good bonding of the layer to the substrate without any pores and a fine dendritic microstructure which is due

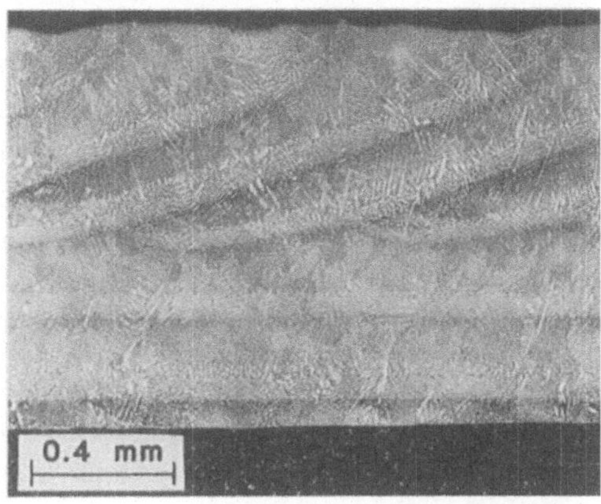


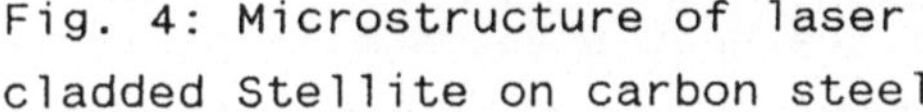

Fig. 4: Microstructure of laser cladded Stellite on carbon steel

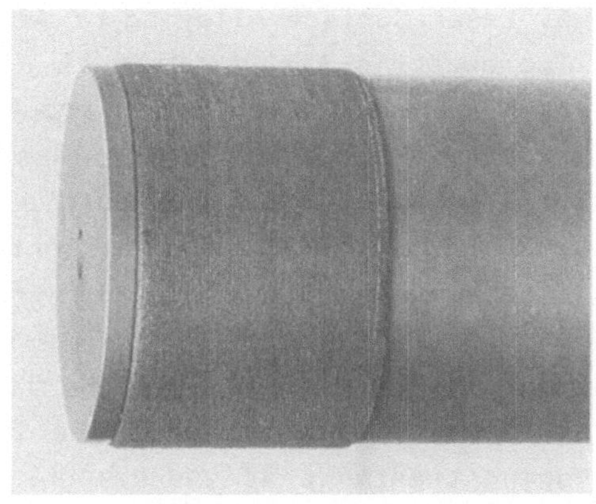

Fig. 5: Stellite cladding on steel cylinder (diameter: 63 mm)

to high cooling rates. After laser cladding, high tensile residual stresses are recorded which can be substantially reduced by a subsequent heat-treatment at $650^{0}C/0.5$ h (1). However, this holds only for a cladded <u>plate</u> which is bent during the heat-treatment, thus relieving the tensile stresses in the layer. For technical application, this bending has to be eliminated by a subsequent grinding operation. If a <u>cylinder</u> made of carbon steel is cladded (see Fig. 5) then a post heat treatment does not release the tensile residual stresses because the symmetry of the sample does not allow for stress relaxation by bending. Assuming that residual stresses are released during annealing at $650^{0}C$, the existence of residual stresses after thermal treatment can be explained by the higher thermal expansion coefficient of the layer compared to the substrate ($16*10^{-6}/K$ and $14*10^{-6}/K$ respectively). However, by using a substrate with a higher thermal expansion coefficient than Stellite the inverse effect can be achieved. This is demonstrated by (2) where the same cylinder made of austenitic stainless steel (X2 CrNiMo 18 12) with a thermal expansion coefficient of $18.5*10^{-6}/K$ was Stellite cladded. In this case, annealing at $900^{0}C$ gives compressive residual stresses in the coating (Fig. 6).

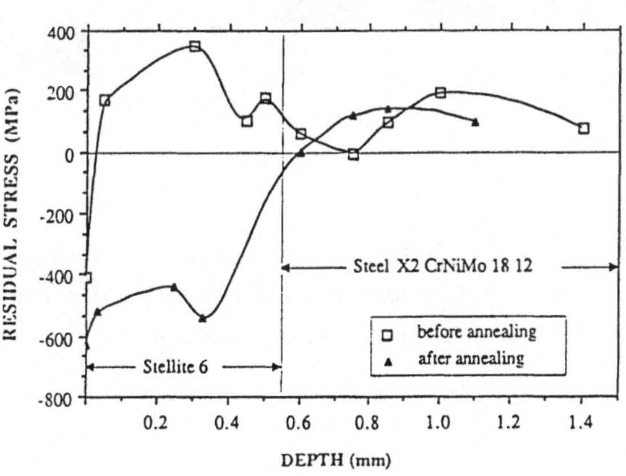


Fig. 6: Residual stresses in Stellite on X2 CrNiMo18 12 before and after annealing (2).

5. Laser Surface Alloying of Al-Si

The eutectic Al-7wt% Si cast alloy was alloyed with iron by applying the following fabrication routine (3): (i) electroplating of Al-Si substrates with iron; (ii) laser remelting of the surface; (iii) aging treatment. By this procedure a surface layer of 80 - 90 $\mu$m thickness was produced with an iron content of 16wt% (see Fig. 7). In Fig. 8, first results of residual stress measurements on these layers are plotted for samples in the as-lasered condition and after heat treatment. As expected, after the laser treatment prevail tensile residual stresses. These stresses are reduced to some extent by a subsequent aging treatment at 220$^0$C/100h followed by air cooling. However, when quenching the specimen in water residual stresses become nearly zero. This effect is even more pronounced if the heat treatment is performed at 350$^0$C where compressive residual stresses are obtained after water quenching. This behaviour again appears to be influenced by the thermal expansion coefficient which is smaller in the laser treated surface than in the substrate owing to the high iron content of the layer. Rapid cooling by water quenching results in the formation of compressive residual stresses since the thermal contraction of the substrate is comparatively high and the resulting thermal stresses cannot be relaxed by creep because of lack of time. For the specimen heat-treated at 350$^0$C, a residual stress depth profile was recorded which is shown in Fig. 9. We note the occurence of high compressive stresses. The depth of the stress profile corresponds to the thickness of the laser alloyed zone.

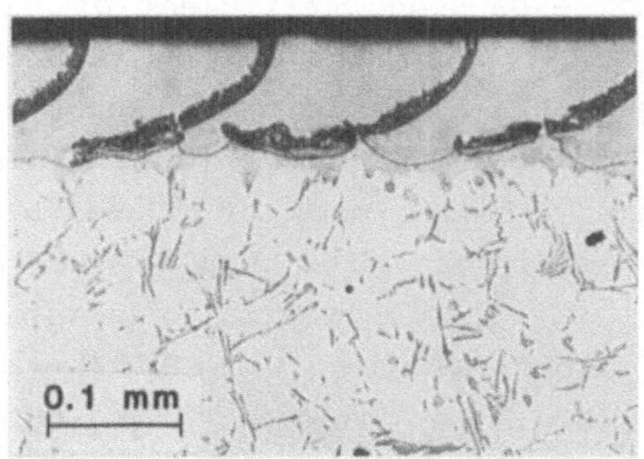


Fig. 7: Microstructure of eutectic Al-7wt%Si laser surface alloyed with 16wt% Fe

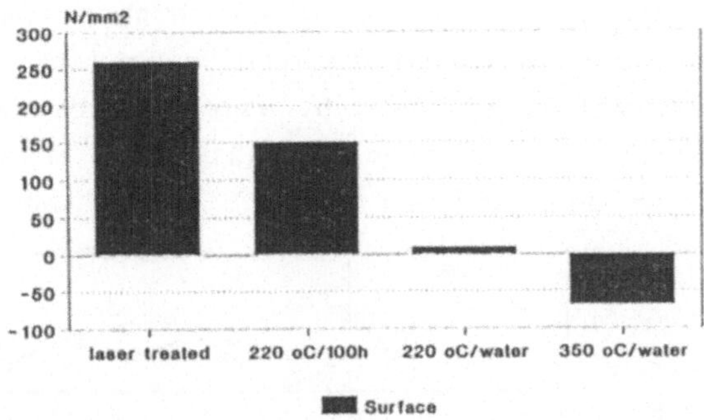


Fig. 8: Residual stresses in AlSi7Fe 16 for the as-lasered condition and for different heat treatments

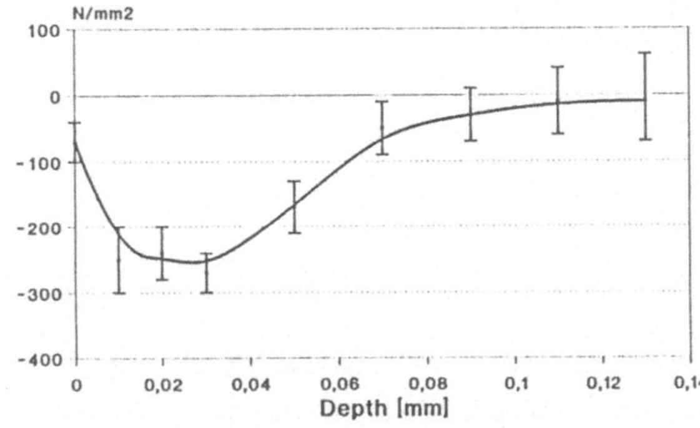


Fig. 9: Residual stress depth profile in Al-7wt%Si laser surface alloyed with 16wt% Fe. Compressive residual stresses are due to aging at 350$^0$C and subsequent rapid cooling by water quenching.

## 6. Conclusions

Residual stresses were measured by the X-ray method in different laser treated surfaces. Additionally, the influence of heat treatments on the residual stress state was evaluated.

a) Laser remelting of X22 CrMoV12 1 with short and long interaction times resulted in tensile and compressive residual stresses, respectively. While the formation of compressive stresses was related in a straightforward manner to the phase transformations induced by the temperature/time cycle, a combination of insufficient strain accomodation at high temperature and subcritical thickness of the remelted layer was thought to be responsable for the absence of compressive stresses in the case of short interaction times.

b) In laser cladding of "Stellite 6" on steel high tensile residual stresses were produced. By annealing subsequent to laser treatment, compressive residual stresses were induced in the surface provided the thermal expansion coefficient of the coating was smaller than that of the substrate. In the opposite case, i.e. thermal expansion coefficient of the coating higher than that of the substrate, stress relief only was possible by bending of the specimen.

c) An Al-7Si casting surface-alloyed with 16% Fe exhibited tensile residual stresses in the laser-treated state. Transformation into compressive stresses occured by water quenching after heat treatment. This effect was attributed to the difference between the thermal coefficients of substrate and coating and to the suppression of stress relaxation by creep of the substrate in the case of water quenching.

## 7. Acknowledgment

We are grateful to the Swiss Nation. Foundation for financial support.

## 8. Literature

(1) M. ROTH, R. HAUERT, P.O. BOLL: ECLAT 88, p. 180/182, DVS 1988

(2) R. DEKUMBIS: LIM-6, Birmingham 1989

(3) M. PIERANTONI et al.: Mat. Science and Engin., A110 L17-L21 (1989)

# Schweißen von Dickblech bis 25 mm bei Laserstrahlleistungen von 20 kW

M. Funk, U. Köhler, K. Behler, E. Beyer
D-AACHEN, FRG

Die Laserstrahlleistung ist ein Parameter der den Schweißprozeß, insbesondere Geschwindigkeit und Einschweißtiefe maßgeblich beeinflußt. Die Mehrzahl der derzeit industriell zum Schweißen eingesetzten $CO_2$-Laser verfügen über Strahlleistungen bis zu 5KW.
In diesem Beitrag werden Schweißergebnisse mit Laserstrahlleistungen bis 20KW vorgestellt. Variiert werden neben der Laserleistung auch die Blechdicke (10, 15, 20, 25mm), die Fokussieroptik, die Geschwindigkeit sowie die Schweißposition.
Die Ergebnisse zeigen, daß die bisher bekannten und industriell genutzten Vorteile des Laserstrahlschweißens sich auch auf größere Blechdicken übertragen lassen.

# Tiefschweißen mit gepulstem $CO_2$-Laserstrahl

Th. Wahl, J. Scholz, F. Dausinger
Universität Stuttgart
Institut für Strahlwerkzeuge (IFSW)
Pfaffenwaldring 43
7000 Stuttgart 80

## 1. Einleitung

Das Schweißen mit $CO_2$-Lasern ist eine mittlerweile industriell akzeptierte und eingesetzte Technologie. Vorteile des Laserschweißens sind insbesondere die gezielte, punktuelle Wärmeeinbringung und der daraus resultierende geringe Verzug. Benutzt werden zumeist kontinuierlich arbeitende Laser. Über Arbeiten mit gepulstem Laserstrahl wurde bislang nur wenig berichtet. Angeführt seien zwei japanische Gruppen [1,2], die jedoch nur mit kleinen Frequenzen gearbeitet haben.

In der vorliegenden Arbeit werden erste Ergebnisse aus einer umfangreichen Untersuchung zum Schweißen mit einem hochfrequent (bis ca. 10kHz) pulsbaren $CO_2$-Hochleistungslaser der 5-kW-Klasse vorgestellt.

## 2. Erwartungen zum gepulsten Schweißen

Wichtige Kenngrößen des Schweißens sind die Einschweißtiefe und die Nahtbreite. Für die Einschweißtiefe gilt dabei näherungsweise folgende Proportionalität [3]:

$$d \sim I_f * r_f,$$

wobei $I_f$ die Strahlintensität im Fokus und $r_f$ der Fokusradius bedeuten.

Das Nahtvolumen ist näherungsweise durch die absorbierte Streckenenergie gegeben. Daher liegt die Vermutung nahe, daß sich durch Schweißen mit gepulstem Laserstrahl die Nahtbreite und dadurch die Wärmebeeinflussung der Nahtumgebung vermindern lassen, ohne daß es zu Einbußen in der Einschweißtiefe kommt.

Insgesamt darf erwartet werden, daß die bekannten Vorteile des Laserstrahlschweißens durch das Pulsen stärker ausgeprägt werden können, wobei möglicherweise eine Einbuße in der Schweißgeschwindigkeit in Kauf genommen werden muß.

## 3. Versuchsbeschreibung

Die Schweißversuche wurden an einem kommerziellen schnell längs geströmten, hochfrequenzangeregten 5 kW-$CO_2$-Laser durchgeführt. Der Strahl wurde durch ein Teleskop mit der Vergrößerung M=2 aufgeweitet und durch ein 14 m langes Strahlführungssystem mit insgesamt 9 Spiegeln auf die Bearbeitungsstation gelenkt. Durch dieses Strahlführungssystem kamen von ca. 5,4 kW Laserausgangsleistung ca. 4,2 kW (bei cw-Betrieb) am Werkstück an. Der Srahldurchmesser betrug am Eingang der Fokussieroptik ca. 38 mm. Zur Fokussierung wurde eine Off-axis-Paraboloid-Spiegeloptik mit einer Schnittweite von 150 mm gewählt. Damit betrug die Fokussierzahl ca. 4. Der Fokusdurchmesser wurde mit einem Nadeldetektor zu ca 300 $\mu$m bestimmt. Zum Schutz der Optik wurde ein Querjet eingesetzt. Als Arbeitsgas dienten ca. 10l/min Ar aus einer Ringdüse.

Die Pulshöhe wurde konstant gehalten und entsprach der cw-Leistung. Variiert wurden die Pulsparameter Pulslänge und Pulspause.

Als Probenmaterial wurde ein titanstabilisierter Chrom-Nickelstahl (X6CrNiTi 18 10, Werkstoff-Nr. 1.4541) verwendet. Die Schweißproben wurden konventionell metallographisch präpariert und mikroskopisch vermessen. Dabei wurden die in Bild 4 definierten Größen benutzt.

## 4. Ergebnisse

In ersten Versuchen wurde im Bereich 33% < ED < 66,7% und 100 Hz < f < 10.000 Hz der Einfluß der Pulsparameter auf die Bildung von Spritzern untersucht. Es ergab sich, daß nur bei Pulspausen kleiner als 120 $\mu$sec bei allen Geschwindigkeiten spritzerarme Schweißungen mit guter Oberraupentopologie zu erzielen waren (Bereich "gut" in Bild 1). Bei größeren Pulspausen war, teilweise geschwindigkeitsabhägig, vor allem bei Eindringtiefen größer als 2 mm starkes Spritzen zu beobachten, das zu Nahteinschnürungen, besonders beim Durchschweißen, um teilweise mehr als 10% des Querschnitts führte (Bereich "geschwindigkeitsabhängig" bzw. "schlecht" in Bild 1). Diese Bereiche wurden bei den folgenden ausführlicheren Experimenten nicht weiter untersucht.

Die Einschweißtiefe lag beim gepulsten Schweißen beinahe durchgehend unter der bei cw-Schweißungen mit gleicher Schweißgeschwindigkeit (Bild 2).

Die Erwartung auf eine geringere Nahtbreite wurde bestätigt (Bild 3 und 4), und zwar nicht nur beim Vergleich von Schweißungen mit gleicher Einschweißtiefe, sondern sogar beim Vergleich von Schweißungen mit gleicher Streckenenergie. Dabei konnte die Naht-

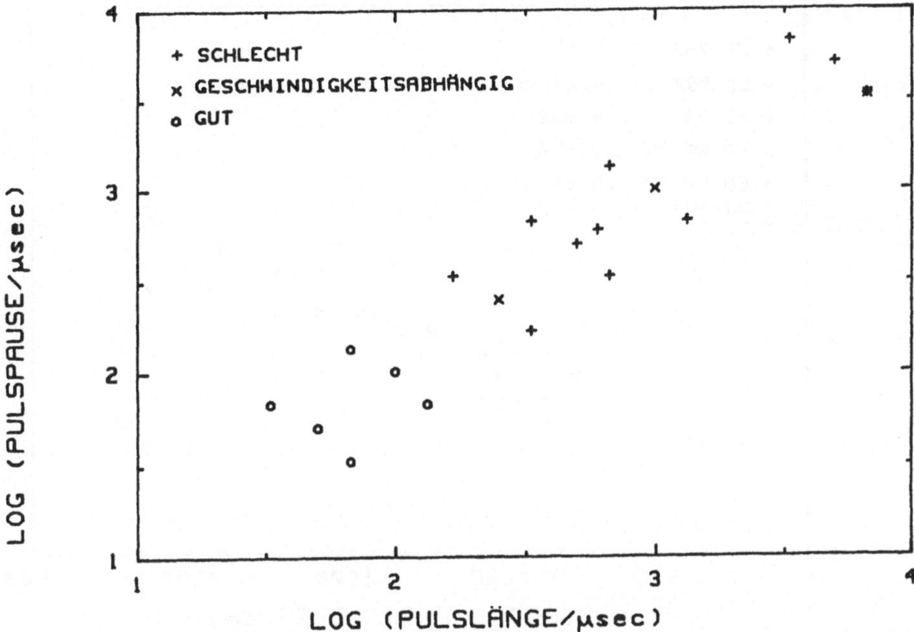


Bild 1: Spritzerbildung und Oberraupenqualität in Abhängigkeit von den Pulsparametern. In einigen Fällen waren diese Merkmale auch von der Schweißgeschwindigkeit abhängig. $P_L$ (cw): 4200 W

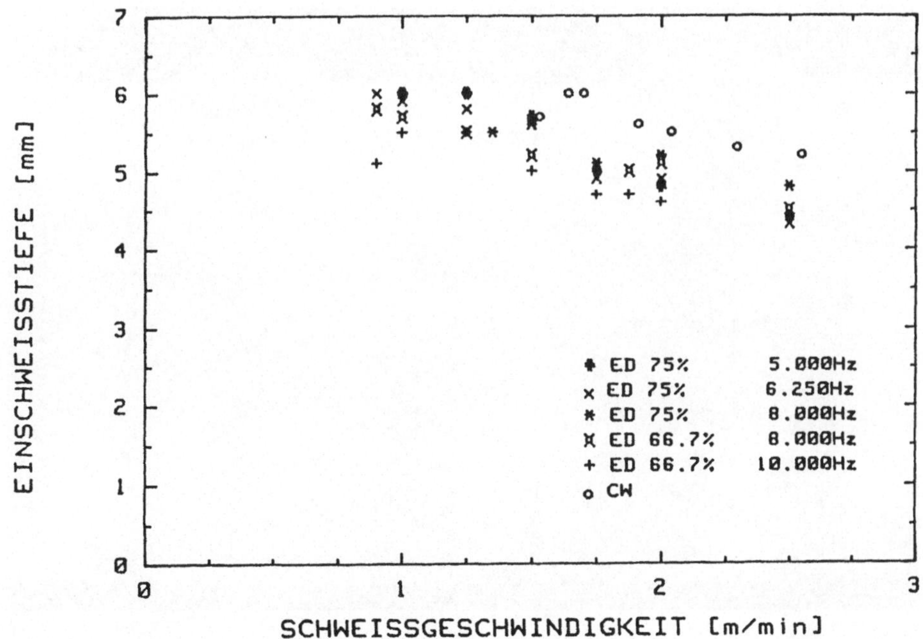


Bild 2: Einschweißtiefe in Abhängigkeit von der Schweißgeschwindigkeit bei cw und verschiedenen Pulsparametern. PL (cw): 4200 W

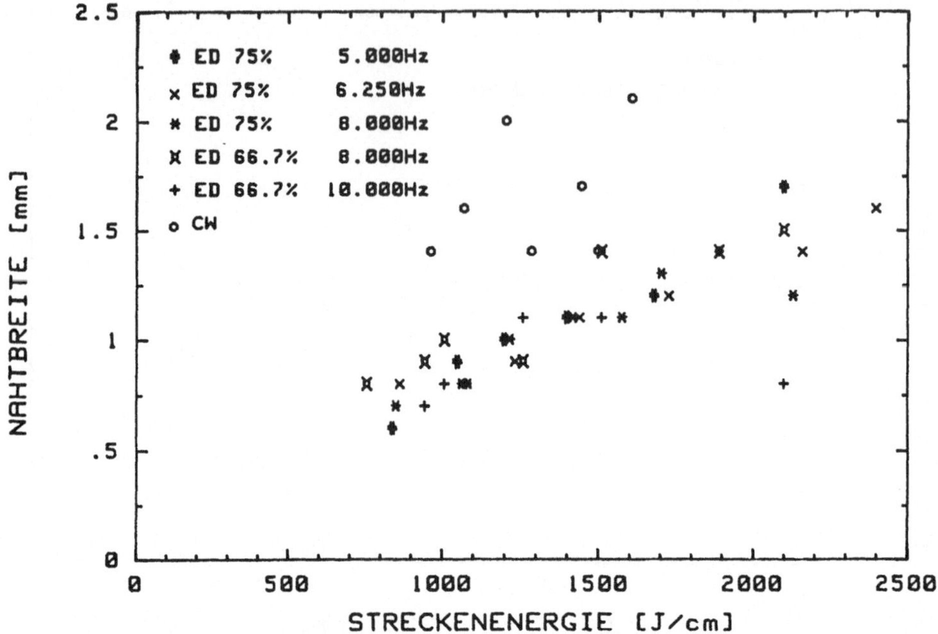


Bild 3: Nahtbreite in Abhängigkeit von der Streckenenergie bei cw und verschiedenen Pulsparametern.

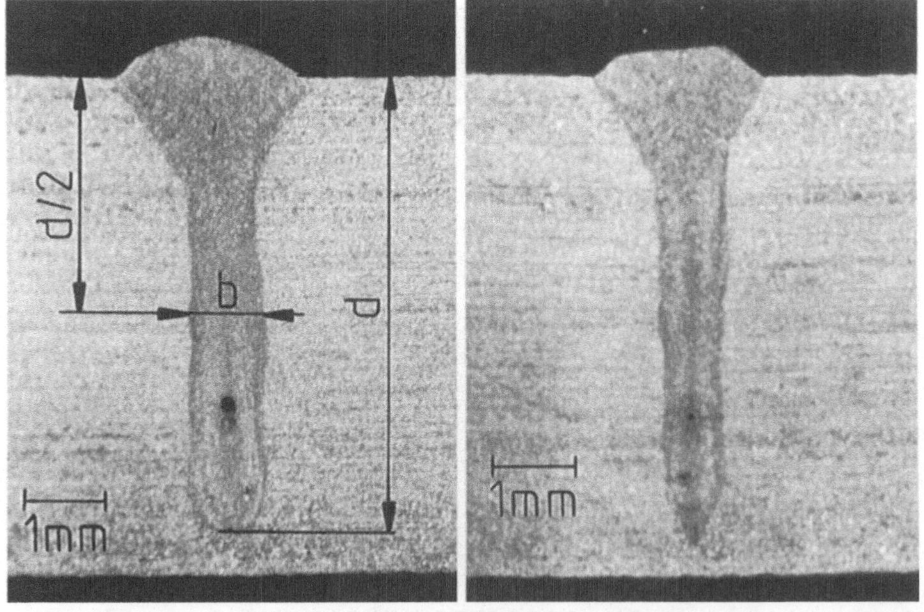


Bild 4: Vergleich einer typischen cw- (links) mit einer gepulsten Schweißnaht (rechts,ED 75%, f=8000 Hz) gleicher Streckenenergie (1200 J/cm).

breite auf bis zu 50% reduziert werden. Es wurden Tiefen- zu Breiten-Verhältnise bis größer 7 erreicht. Dabei fällt auf, daß im untersuchten Pulsparameterbereich keine eindeutige Abhängigkeit der Nahtbreite von den Pulsparametern zu beobachten ist.

## 5. Zusammenfassung und Ausblick

Es konnte gezeigt werden, daß durch gepulstes Schweißen die erwarteten geringeren Nahtbreiten und somit kleinere Wärmebeeinflussung erreicht werden kann, ohne daß die Einschweißtiefe deutlich geringer wird.

Die Untersuchungen zum gepulsten Schweißen werden fortgeführt. Hauptzielrichtungen sind:

- größere Einschweißtiefen
- Pulsformung zur Vermeidung von Spritzern
- andere Werkstoffe.

Diese Arbeit wurde mit Mitteln des BMFT im Rahmen des Verbundprojekts "Schweißen mit $CO_2$-Hochleistungslasern" gefördert.

## Literatur:

[1] S. Kimura, S. Sugiyama, M. Mizutame: "Welding properties with high power pulsed $CO_2$-Lasers", The Changing Frontiers of Laser Materials Processing, Proceedings of the 5th International Congress on Applications of Lasers and Electrooptics ICALEO '86, Arlington, Virginia, S. 89-96, (1986).

[2] T. Ishide, S. Shono, T. Ohmae, H. Yoshida, A. Shinmi: "Fundamental Study of Laser Plasma Reduction Method in High Power $CO_2$ Laser Welding", LAMP '87, Proceedings of the International Conference on Laser Materials Processing - Science and Application, Osaka, Japan, S. 187-919, (1987).

[3] L. Cleemann (Hrsg.): VDI-Handbuch "Schweißen mit $CO_2$-Hochleistungslasern", VDI - Verlag, Düsseldorf, (1987).

# Improvement of Energy Coupling of Welding Aluminium by $CO_2$-Lasers

R. Schäfer, K. Behler, E. Beyer

Fraunhofer Institut für Lasertechnik, Steinbachstraße 15, D-5100 Aachen

## ABSTRACT

Due to the material properties like

- high reflectivity
- high thermal conductivity
- low ionisation energy

aluminium is weldable by $CO_2$-Lasers only under appropiate conditions. Possibilities to increase the energy coupling will be discussed in this paper. The suitable application of assist gas is one possibility. Hereby it is necessary to accomodate the composition of the assist gas supply to the process parameters (beam intensity, focal length, welding speed, material composition and so on). With optimized parameters it is possible to weld aluminium sheets of thicknesses > 6mm.

## INTRODUCTION

Due to specific properties the welding of aluminium is only possible with suitable parameter conditions. Especially in the beginning of the process the ignition of the laser-induced plasma will be complicated due to the high reflectivity and the high thermal conductivity. To guarantee a reliable plasma ignition it is necessary to provide the process with intensities of more than $3*10^6$ W/cm$^2$. But due to the low ionisation energy of aluminium (6eV) an increase of intensity leads to an overheating of the plasma. Combined with this overheating a decreasing of energy coupling appears. When using nitrogen it is possible to control and stabilize the plasma. After passing an intensity $I > 6*10^6$ W/cm$^2$ it is necessary to add helium to the nitrogen assist gas to prevent plasma shielding above the workpiece.
The application of suitable working gas and its supply makes it possible to enlarge the processing range, because the density and the energy of the plasma electrons and thus its optical properties may be influenced positively. Very important are the flow characteristics of the assist gas in the welding area. The gas flow charac-

teristics depend on the gas pressure, the nozzle diameter and gas supply parameters, like the incident angle of the nozzle and the distance a between nozzle and welding area.

INFLUENCE OF THE ASSIST GAS

In the intensity range $3*10^6$ W/cm$^2$ < I < $6*10^6$ W/cm$^2$ nitrogen is a useful working gas. A comparison with helium shows different influences on the welding process (Fig. 1). Longitudinal cross sections of welds performed with nitrogen show a homogenous melt pool and those done with helium show considerable porosity, strong turbulence in the melt pool and surfaces with defects which are not reproducable.

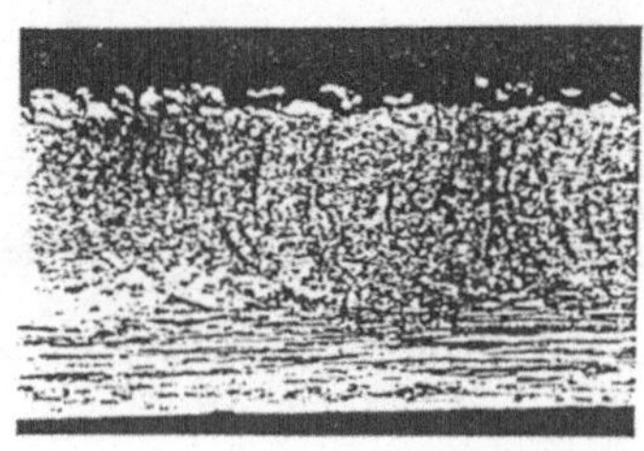

1. Seam
60 l/min.
Nitrogen

1mm

2. Seam
60 l/min.
Helium

1mm

Material: Aluminium

$P_L$ = 2.9 kW ; $r_F$ = 140 µm ; F = 8
v = 4.2 m/min.

©'88 ILT

Fig. 1:
Influence of the assist gas on the melt pool.

The effect of helium to supress plasma generation is so efficient that under certain conditions plasma ignition will totally be inhibited (Fig. 2). The stronger cooling and the increased recombination rate of the plasma electrons could be the reasons for this phenomena. Without a laser-induced plasma the absorbed energy is only able to melt the surface. As an effect of reduced absorption of laser radiation the reflected beam induces feed back in the laser resonator causing possible damage of mirrors and partial reflectors.

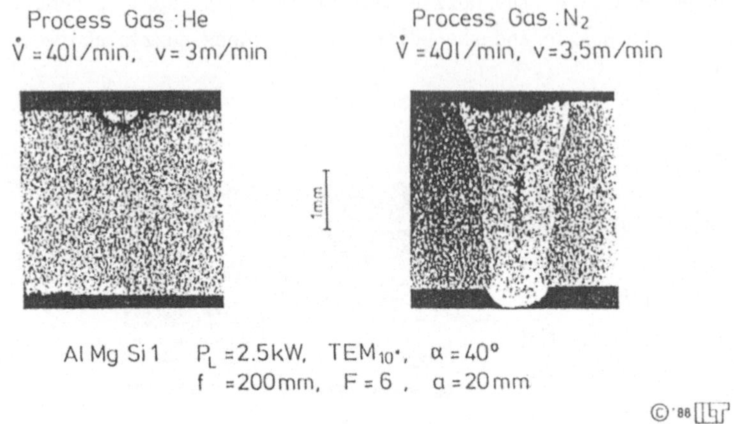


Fig.2: Influence of the assist gas on the energy coupling

The monitored laser-power-fluctuations during aluminium welding without plasma ignition confirm that these problems are really caused by optical feed back (Fig. 3). Using the monitored signals within a closed loop circuit it is possible to control laser power efficiently and prevent damage of the resonator optics.

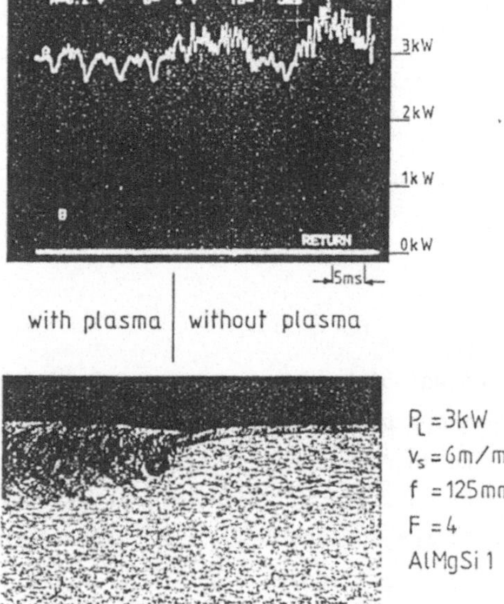


Fig. 3: Monitored optical feed back caused by welding with plasma ignition and without plasma ignition.

INFLUENCE OF ASSIST GAS FLOW RATE

When using the processing parameters of Fig. 4 the process needs a minimum flow rate (V > 30 l/min) to prevent plasma shielding and to get a high rate of energy coupling. The longitudinal cross section in Fig. 4 shows the effect of plasma shielding and high energy coupling at the critical flow rate. In the first part of the seam high energy coupling occurs. But due to the preheating of the workpiece, the evaporation rate and the heating of the plasma increases. Consequently, at this constant flow rate, plasma shielding occurs in the second part of the seam. The area of transformation between deep penetration effect and shielding effect is shown in this photograph. At higher flow rates, the plasma is stabilized and influenced in a way that plasma shielding is prevented and the energy coupling increases with increasing gas flow.

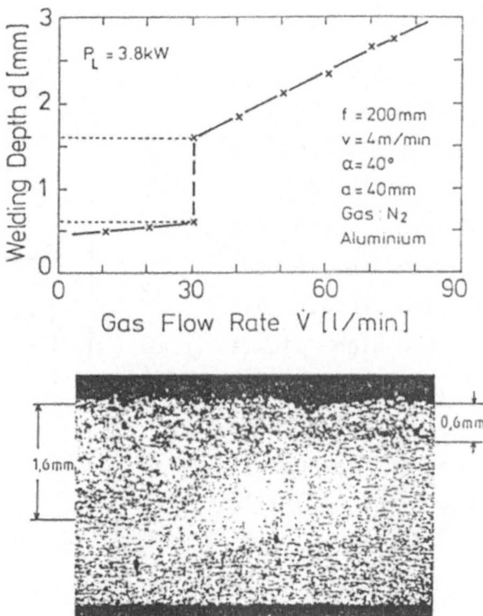


Longitudinal Cross Section at $\dot{V}$ = 30l/min

© '88 ILT

Fig. 4: One possibility to influence the gas flow and the energy coupling is the flow rate. In order to prevent plasma shielding, the welding process needs a minimum flow rate, which depends on the remaining process parameters. In this example, the minimum flow rate is V > 30 l/min.

INFLUENCE OF NOZZLE POSITION

Refering to the nozzle distance from the working area three ranges must be distinguished (Fig. 5):

here a<15mm : Too high flow rates effect a high cooling rate and turbulence of the plasma. This leads to a reduction of energy coupling.

15mm<a<35mm : Range of optimal energy coupling

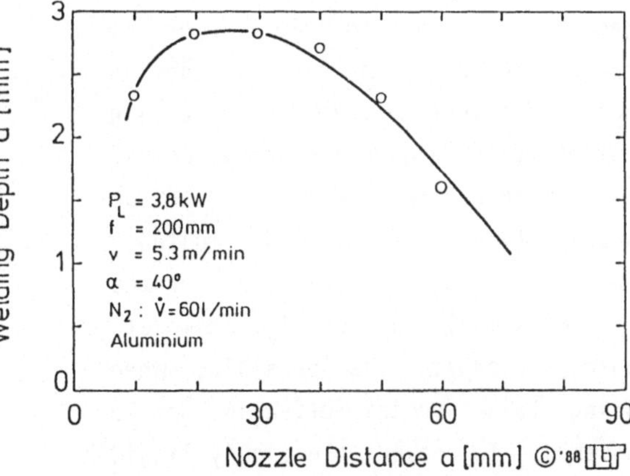


Fig. 5: Influence of nozzle distance a on the welding depth.

a>35mm : Too low flow rates effect a heating and thus a plasma shielding The welding depth decreases with increasing nozzle distances.

When using an on-axis gas supply the welding depth decreases in comparison to the prescribed nozzle configuration (Fig. 6). Due to the high plasma density it is necessary to supply the process with higher flow rates, whereby the melt is pressed out of the melting pool when using the on-axis gas supply.

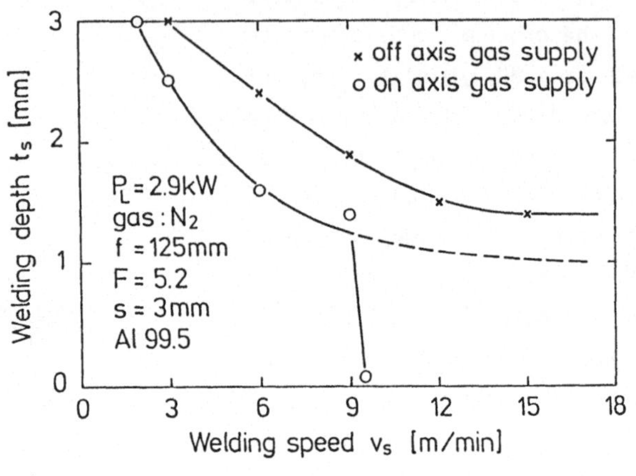


Fig. 6: Comparison between on-axis and off-axis gas supply in aluminium welding.

In addition to that the process reacts very sensibly on gas flow fluctuations in contrary to the prescribed nozzle configurations.

IB the intensity range $I > 6*10^6$ W/cm$^2$ the metal vapour density and thus the plasma density are increasing so strong, that nearly the whole laser power will be absorbed above the workpiece if nitrogen is used as a working gas. In contrast to lower intensity ranges the supply of pure nitrogen is not sufficient to move the shielding intensity to higher intensity levels. But in the case of additional helium supply (V > 20 l/min) and simultaneously increased total flow rates (V > 80 l/min) a nearly complete energy coupling is possible, when using this special off-axis nozzle assembly. To prevent the highly liquid melt pool to be pressed out by the fast flow gas yet it is necessary to increase the nozzle distance a thus

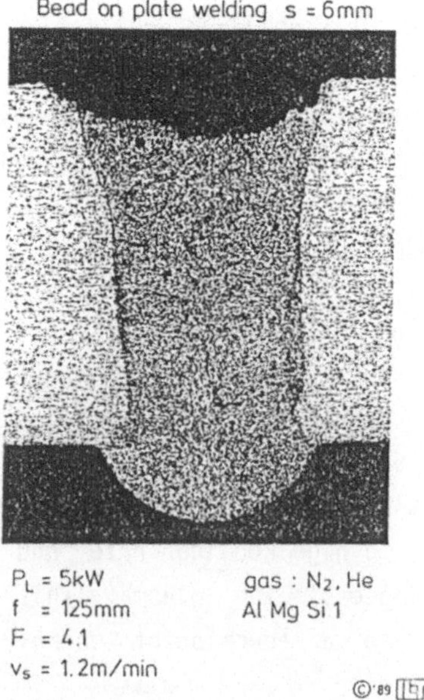


Fig. 7: With optimized parameters and with a laser power greater than 4 kW welding depths > 6 mm can be achieved.

causing a higher gas flow rate to be adjusted. With optimized parameters in this intensity range and with a laser power greater than 4kW welding depths > 6mm are possible (Fig. 7).

## SUMMARY

The intensity ranges $I < 3*10^6$ W/cm$^2$ and $I > 3*10^6$ W/cm$^2$ separate two different sets of welding parameters. In the higher intensity range an increased nozzle distance combined with a high assist gas flow rate is necessary due to the highly liquid melt and the high plasma density. It is essential to add helium to the assist gas in order to reduce the plasma absorption above the workpiece in oppositon to welding in the low intensity ranges. The shown results demonstrate that it is possible to move the shielding range to higher intensities. With these parameters welding depth greater than 6mm can be achieved.

## REFERENCES

/1/ BEHLER, K.; BEYER, E.; SCHäFER, R.;
"Laserschweißen von Aluminium" ALUMINIUM 2/89

/2/ OHMINE, M.; MIRAMOTO, S.;
"Study on welding of aluminium and aluminium alloy with $CO_2$-Laser"; 4th int. colloq. on welding and melting by electrons and laser beam, Cannes 26.9-30.9.89

/3/ BINROTH, CH.; BREUER, J.; SEPOLD, G.; ZUO, T. C.;
"Laser beam welding of welding aluminium alloys", Europ. Conf. on Laser Treatment of Materials 1988, Bad Nauheim 13/14

# Modell zur Beschreibung der Energieeinkopplung von $CO_2$-Laserstrahlung beim Tiefschweißen

M.Beck, F.Dausinger, H.Hügel
Institut für Strahlwerkzeuge, IFSW, Universität Stuttgart
7000 Stuttgart 80, Pfaffenwaldring 43

## 1. Einleitung

Beim Schweißen mit Laserstrahlen tritt oberhalb einer material- und verfahrensabhängigen Schwellintensität eine drastische Vergrößerung der erzielbaren Schweißtiefe auf. Ursache dieses Tiefschweißens ist die Ausbildung einer Dampfkapillare, welche das tiefe Eindringen des Laserstrahls in das Werkstück ermöglicht.

Zeitgleich mit der Entstehung der Dampfkapillare erhöht sich die Einkoppelung der Laserstrahlung in das Werkstück (1). Zur Erklärung dieser Beobachtung sind schon seit Jahren verschiedene Modellvorstellungen in der Diskussion. Einerseits wird die verstärkte Energieeinkoppelung in das Werkstück durch ein laserinduziertes Plasma erklärt, das als Leistungsübertrager wirkt (2), andererseits wird Vielfachreflexion im Dampfkanal als Ursache für die beobachtete hohe Gesamtabsorption angenommen (1).

Im Folgenden soll ein theoretisches Modell vorgestellt werden, welches es ermöglicht, abhängig von den Material- und Prozessparametern die für das Tiefschweißen entscheidende Schwellintensität und die zu erwartenden Schweißtiefen zu berechnen. Darüber hinaus kann der Einfluß der Energieeinkopplung auf den Bearbeitungsprozess quantitativ diskutiert werden (3).

## 2. Modellbeschreibung

Die sich beim Laserschweißen ausbildende Dampfkapillare ist vollständig von Schmelze umgeben und wird durch ein stetiges Abdampfen an der Kapillaroberfläche und das Ausströmen des Metalldampfes stabil erhalten. Anhand kalorischer Messungen kann gezeigt werden, daß der Energieverlust durch den ausströmenden Metalldampf gegenüber der im Bauteil abgeleiteten Energie klein ist (4). Unter Vernachlässigung dieser Verluste kann die Kapillargeometrie aus einem lokalen Gleichgewicht zwischen der pro Zeit an ihrer Oberfläche absorbierten und der im Bauteil abgeleiteten Energie berechnet werden. Die abgeleitete Energie wird mit einem zweidimensionalen Wärmeleitmodell berechnet, bei welchem die Materialparameter und die

Vorschubbewegung des Werkstückes in die Lösung eingehen (5). Die Dampfkapillare wird dabei als rotationssymmetrisch angenommen.

Die in jedem Oberflächenelement der Dampfkapillare absorbierte Energie kann nicht direkt aus der Intensitätsverteilung der einfallenden Laserstrahlung berechnet werden. Mehrfache Reflexion der Strahlung an der Kapillarwand und möglicherweise eine Absorption in einem Plasma bewirken eine Umverteilung der Energie in der Wechselwirkungszone. Die Berechnung der in jedem Oberflächenelement absorbierten Energie muß daher die Rückwirkung der Kapillargeometrie mitberücksichtigen. Hierzu wird der mit frei wählbarer rotationssymmetrischer Intensitätsverteilung einfallende Strahl in parallele Teilstrahlen zerlegt. Diese werden mittels geometrischer Optik einzeln verfolgt und an der Kapillarwand reflektiert bis sie die Kapillare wieder verlassen. An der Kapillaroberfläche wird Absorption entsprechend den Fresnel'schen Beziehungen angenommen. Hieraus ergibt sich sowohl die Verteilung der von der Kapillaroberfläche absorbierten Energie, als auch der Anteil der von der Kapillare zurückreflektierten Energie. Mit der so gewonnen Verteilung der absorbierten Energie wird die Kapillargeometrie neu berechnet und der folgende Iterationsschritt eingeleitet (Bild 1). Die Rechnung beginnt bei ebener Oberfläche und wird nach Erreichen einer stationäre Kapillargeometrie abgebrochen.

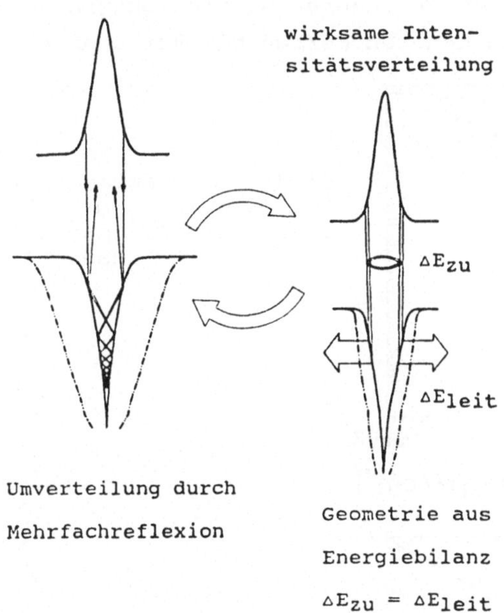


Bild 1: Iterative Berechnung der Kapillargeometrie und der absorbierten Energie.

Die experimentell beobachtete Konvektion in der Schmelze (6) erhöht den Wärmetransport durch die Schmelze hindurch an das umgebende feste Material. Sie wird im Modell durch einen Faktor K berücksichtigt, mit dem der Wärmeleitungskoeffizient der Schmelze "künstlich" erhöht wird ($\lambda_{KSchmelz} = K \cdot \lambda_{Schmelz}$).

Auf dem Weg durch die Dampfkapillare können die Teilstrahlen von einem gegebenenfalls darin vorhandenen Volumen-Plasma absorbiert werden. Die Diskussion der Plasmaeinflusses auf den Bearbeitungsprozess erfolgt an anderer Stelle (7).

## 3. Ergebnisse

Die Bilder 2 und 3 zeigen, daß oberhalb einer materialabhängigen Schwellintensität infolge der Vielfachreflexion eine erhöhte Gesamtabsorption und eine Zunahme der Kapillartiefe zu erwarten ist. Die optischen Eigenschaften der Oberfläche von St37 (n=13.6,k=23.8) wurden mit der Drude-Theorie aus der elektrischen Leitfähigkeit bei 1532 °C berechnet. Die optischen Eigenschaften von Aluminium bei 660°C (n=22.3, k=30.3) wurden mit der von Treherne erweiterten Drude Theorie berechnet, welche neben der elektrischen Leitfähigkeit die Gittereigenschaften des Metalls mitberücksichtigt. Die Schwellintensität ist bei Aluminium aufgrund des geringeren Absorptionsgrades und der besseren Wärmeleitfähigkeit zu höheren Werten hin verschoben.

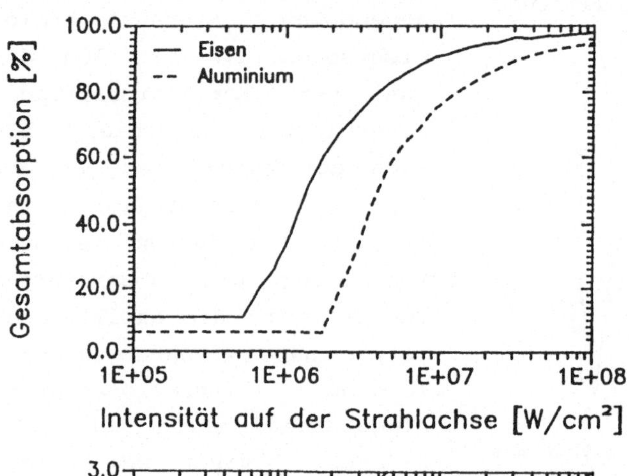


Bild 2: Gesamtabsorption für Aluminium und Eisen, ohne Plasmaeinfluß, $P_l$=1000 W, Mode=$TEM_{00}$, v=2m/min.

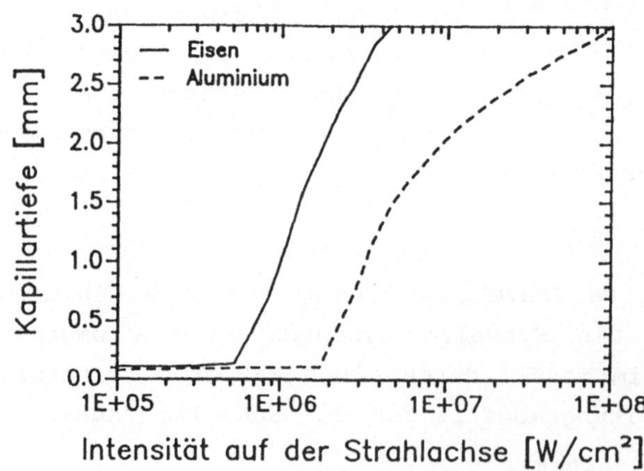


Bild 3: Kapillartiefe für Aluminium und Eisen, ohne Plasmaeinfluß, $P_l$=1000 W, Mode=$TEM_{00}$, v=2m/min.

Bild 4 vergleicht Ergebnisse für Eisen mit entsprechenden Experimenten (8). Der Rechnung wurde die im Experiment mit einer rotiernden Nadel gemessene Intensitätsverteilung zugrundegelegt. Es zeigt sich eine gute Übereinstimmung im Bezug auf das Schwellverhalten. Unter Berücksichtigung eines erhöhten Energietransports durch Konvektion in der Schmelze (K=1.5) wird diese gute Übereinstimmung auch für die berechnete Schmelzbadtiefe erreicht.

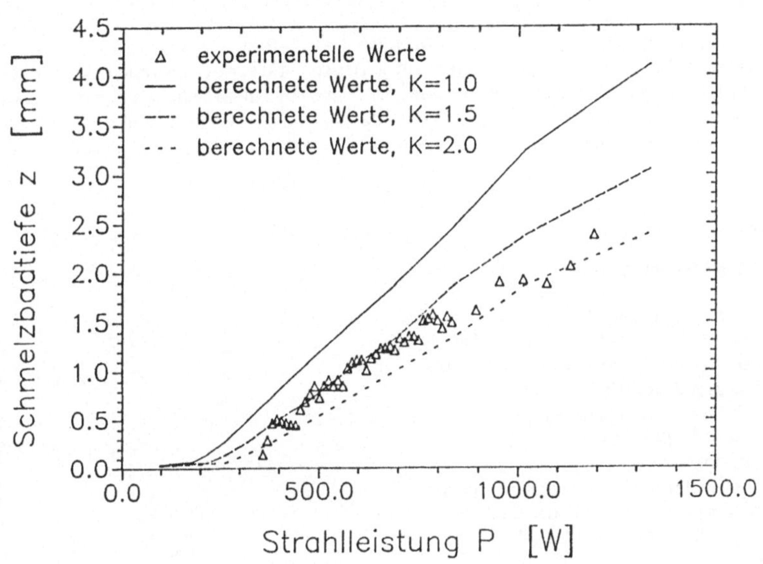


Bild 4: Berechnete Schmelzbadtiefe im Vergleich mit dem Experiment. St37, $d_f \approx 250 \mu m$, v=2m/min.

4. Literatur

(1) M.Schellhorn: "Transientes Absorptionsverhalten von Metallen in der Startphase des Laserschweißprozesses", Opto Elektronik Magazin 4, 1988, S.156.

(2) "Schweißen mit $CO_2$-Hochleistungslasern", Hrsg. L.Cleemann, Technologie-Aktuell 4, VDI_Verlag Düsseldorf, 1987

(3) M.Beck: "Modellierung des Tiefschweißeffekts beim Lasertiefschweißen", Studienarbeit, Universität Stuttgart, Institut für Strahlwerkzeuge, 1988.

(4) J.K.Kristensen, L.H.Hansson, F.L.Smidt: "Key-hole Formation, Temperatur distribution and Thermal Cycle in Elektron Beam Welding", Elektron and Laser Beam Welding, Pergamon Press, 1986, S.119.

(5) Dowden J., Davis M., Kapadia P.: "The Flow of Heat and the Motion of the Weld Pool in Penetration with a Laser", J.Fluid Mech. 126, S.123-146, 1983.

(6) Arata Y.: "Challenge to Laser advanced Materials Processing", Proc. of LAMP 87, S.3-13, Osaka, May 1987.

(7) M.Beck, F.Dausinger, H.Hügel: "Studie zur Energieeinkoppelung beim Tiefschweißen mit Laserstrahlung", Laser und Optoelektronic Magazin 3, 1989.

(8) K.Kaltenbach: "Optische Untersuchung zur Wechselwirkung Laserstrahl/Werkstück beim Schweißen", Diplomarbeit, Universität Stuttgart, Institut für Strahlwerkzeuge, 1989.

# Aspekte des Laserstrahlschweißens von Aluminiumlegierungen

T.C. Zuo, C.A. Binroth, G. Sepold
BIAS - Bremer Institut für angewandte Strahltechnik,
Ermlandstraße 59, D-2820 Bremen 71

## 1. Einleitung

Wie in einer Vielzahl von Veröffentlichungen berichtet, ist das Laserstrahlschweißen von Aluminium und Aluminiumlegierungen schwierig. Bei der Bearbeitung dieser Werkstoffe bereitet das hohe Reflexionsvermögen Schwierigkeiten. Problematisch sind auch die sich ausbildenden Poren und die Heißrißanfälligkeit bestimmter Legierungstypen. Im vorliegenden Bericht werden die Methoden zur Lösung der beschriebenen Probleme dargestellt.

## 2. Versuchsbedingungen

- Als Strahlquelle diente ein quergeströmter 5 kW-$CO_2$-Laser mit Multimode-Strahlverteilung.
- Um die Reproduzierbarkeit der Schweißprozesse zu garantieren, benutzen wir als Prozeßüberwachungsgeräte:
  - Laserstrahldiagnosesystem
  - Hochgeschwindigkeitskamera- und Videorecorder
- Die Versuche wurden überwiegend an der aushärtenden Legierung AlMgSi0,7 durchgeführt. Die Werkstücke hatten Dicken von 2 mm, 4 mm und 6 mm.
  Als Zusatzwerkstoff wurde SG-AlMg4,5MnZr mit den Durchmessern 0,8 mm und 1,0 mm eingesetzt.
- Die variable Düsenhalterung und die Düse mit fester geometrischer Anordnung sind im Bild 1 gezeigt

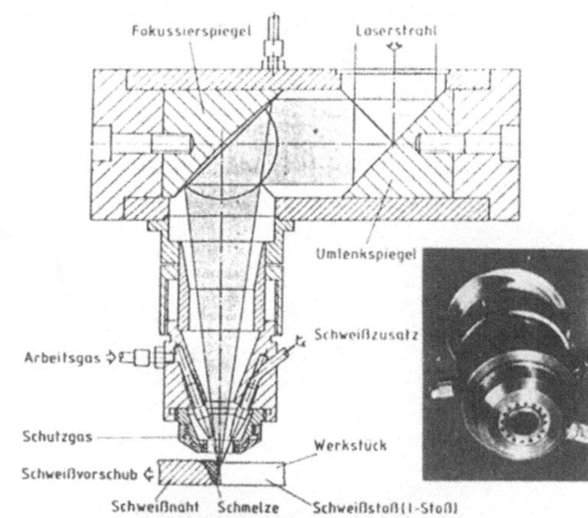

Bild 1: Schweißdüse für das Laserstrahlschweißen mit Zusatzdraht für Aluminium
Oben: feste Düse, Unten: variable Düse

## 3. Versuchsergebnisse und Folgerungen

### (1) Maßnahmen zur Erhöhung der Eindringtiefe von CO2-Laserstrahlen

Mit Hilfe folgender Maßnahmen ist ein Erhöhen der Eindringtiefe von $CO_2$-Laserstrahlen in gewissem Maße möglich /1/:

- Erhöhen der Laserleistungsflußdichte:
  - durch eine möglichst hohe Laserstrahlleistung,
  - durch einen möglichst großen Strahldurchmesser an der Fokussieroptik,
  - durch Verwenden eines Lasers mit hoher Strahlqualität,
  - durch Arbeiten mit möglichst kurzer Brennweite,
  - durch Minimieren der Anzahl der optischen Elemente im Strahlengang;
- Veränderung des Oberflächenzustandes der Bauteile;
- Gezielte Kontrolle des Plasmas durch Anwendung eines Arbeitsgases;
- Benutzung von absorptionsfördernden reaktiven Gasen.

Einige Maßnahmen davon kann man in der Praxis aber nicht einsetzen. Zum Beispiel erzielt man mit Sauerstoff oder Stickstoff als Arbeitsgas zwar tiefe Schweißnähte, Bild 2 (a), das Aussehen der Schweißnähte ist jedoch sehr schlecht. Es gibt viele weiße punktförmige Einschlüsse ($Al_2O_3$) und schwarze nadelförmige Einschlüsse (AlN) in der Schweißnaht. Die Schweißnahtversprödung ist infolgedessen groß.

Als mögliche Lösungsansätze unter Beibehaltung der Strahlquelle ergeben sich:

- Verhinderung eines abschirmenden Plasmas durch gezielten Einsatz von Arbeitsgas (Bild 2 b) und
- Vergrößerung des Strahldurchmessers an der Fokussieroptik (Bild 3)

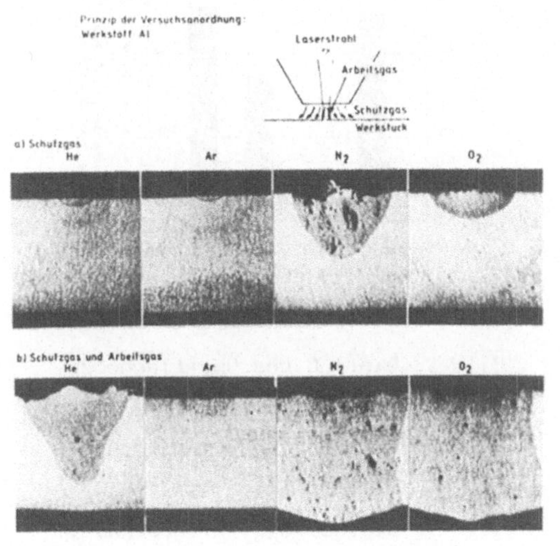


Bild 2: Einfluß verschiedener Gase auf die Schweißtiefe
P = 4 kW, f = 150 mm,
Strahldurchmesser am Fokussierspiegel: d = 30 mm, K = 140 µmrad
Schweißgeschwindigkeit: $V_s$ = 40 mm/s,
Schutzgas (Sg) 10 l/min,
Arbeitsgas (Ag) 4 l/min,
Werkstoff: AlCuMg2
Blechdicke: s = 3,2 mm, Dix-Keller-Ätzung

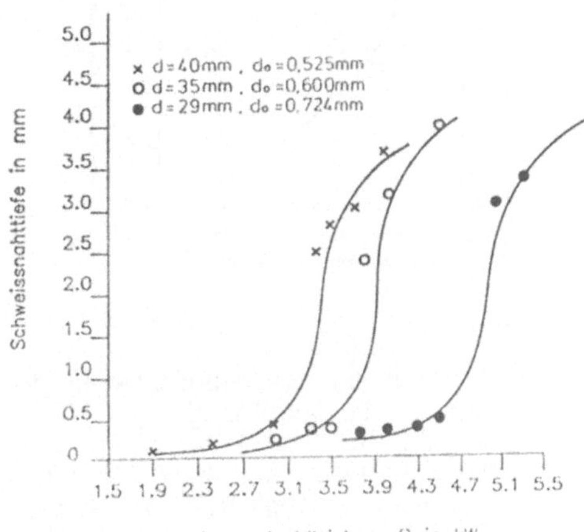


Bild 3: Einfluß der Laserstrahldurchmesser auf die Eindringtiefe
f = 150 mm, Δf = o,
$V_s$ = 50 mm/s, Sg = 16 l/min He
Ag = 4 l/min He,
Werkstoff: AlMgSi0,7
s = 6 mm, Strahldurchmesser: d,
Fokusdurchmesser: $d_o$

## (2) Maßnahmen zur Verminderung von Poren in der Schweißnaht

Daß sich beim Schweißen von Aluminium Poren bilden, ist bekannt. Nach den Versuchsergebnissen können die Poren in zwei Arten eingeteilt werden:

- durch Wasserstofflöslichkeit in der Schmelze indudzierte Poren,
- durch den natürlichen Oberflächenoxidfilm ($x\ (Al_2O_3)\ .\ y\ (H_2O)$) induzierte Poren.

Die beiden Porenarten erfordern unterschiedliche Maßnahmen zu deren Vermeidung.

Die erste Sorte von Poren wird durch geeignete Schweißparameter bzw. möglichst hohe Schweißgeschwindigkeit vermindert (Bild 4), da die Aufnahme von Wasserstoff hierbei reduziert wird. Die Bewertungsgruppe AS-Al nach DIN 8563, Teil 11, wird hinsichtlich der Gaseinschlüsse nur erreicht, wenn die Schweißgeschwindigeit bei 2 mm dickem Al-Blech größer als 50 mm/s ist.

Die zweite Art von Poren, die durch den Oxidfilm induziert werden, kann man nur durch eine Vorbehandlung der Oberflächen vermeiden. Die Versuchsergebnisse sind in Bild 5 dargestellt. Um die AS-Klasse der Schweißnähte zu erreichen, muß man den Oxidfilm in der Fuge z.B. mit einem Schaber entfernen. Eine andere Möglichkeit gibt es zur Zeit nicht.

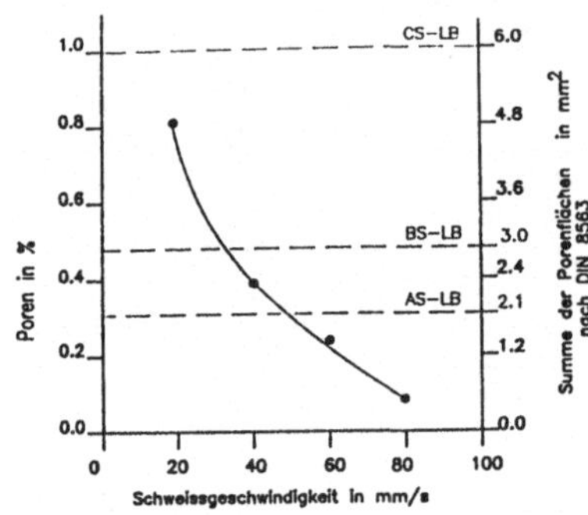


Bild 4: Einfluß der Schweißgeschwindigkeit auf die Porenbildung
P = 3,5 kW, F = 150 mm, $\Delta f$ = o, Sg = 10 l/min Ar, Ag = 9 l/min He, Werkstoff: AlMgSi0,7, s = 2 mm, I-Naht, Bewertungsgruppe der Laserschweißnaht nach DIN 8563, Teil 11, AS-LB, BS-LB, CS-LB (zulässiger Bereich)

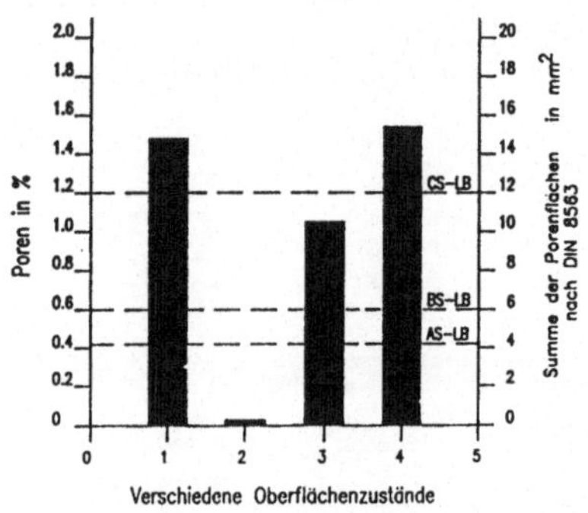


Bild 5: Einfluß des Oberflächenzustandes auf die Porenbildung
P=4,5 kW, F=150 mm, $V_s$=40mm/s
$\Delta f$ = o, Sg = 16 l/min Ar, Ag = 9 l/min He, Werkstoff: AlMgSi0,7, s = 4 mm, 1. ohne Bearbeitung, 2. geschabt, 3. Drahtbürste, 4. Schleifpapier (Korund)

## (3) Maßnahmen zur Vermeidung von Rissen

Beim Laserstrahlschweißen der warmaushärtbaren Aluminiumegierung AlMgSi0.7 entstanden oft Risse. Nach der Art sind es typische interkristalline Heißrisse.

Die Heißriß-Theorie /2/ ergibt drei Lösungsmethoden zu deren Vermeidung:

1. Verringerung der Verformungsgeschwindigkeit $d\varepsilon/dt$ im TIS
2. Erhöhung des Verformungsvermögens $P_{min}$ im TIS
3. Verringerung des Temperaturintervalls der Sprödigkeit - TIS .

In Bild 6 wird gezeigt, daß durch verringerte Schweißgeschwindigkeiten $d\varepsilon/dt$ vermindert und Risse vermieden werden können. Aber diese Ergebnisse wurden nur bei langsamen Geschwindigkeiten erreicht. Dieses ist für das Laserstrahlschweißen aber nicht günstig, weil damit die Porenbildung vermehrt einsetzt. Deshalb müssen andere Wege gesucht werden.

Im Bild 7 ist ein Ergebnis des Laserstrahlschweißens von Aluminium mit Zusatzwerkstoff dargestellt. Durch den Zusatzwerkstoff wird das Verformungsvermögen erhöht. Mit dieser Methode kann man bei hoher Geschwindigkeit rißfreie Schweißnähte erzeugen. Man bekommt ein feinkörniges Gefüge, hohe Härte der Schweißnaht und vermeidet eine Kristallisation von langgestreckten Dendriten und Randkerben, Bild 8. Weil die Wärmeeinflußzone beim Laserstrahlschweißen sehr viel geringer ist, wurden Aufschmelzungsrisse in diesem Bereich bisher nicht gefunden. Das bedeutet, daß mit Zusatzdraht das Laserstrahlschweißen von hochfesten Aluminiumlegierungen möglich ist.

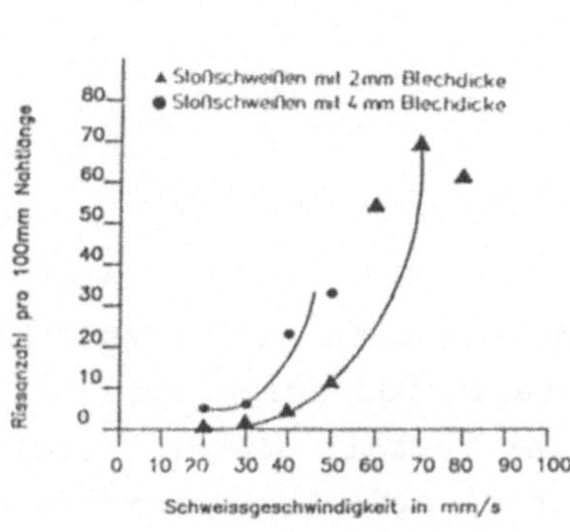


Bild 6: Einfluß der Schweißgeschwindigkeit auf die Rißanfälligkeit
P = 4 kW, f = 150 mm, Δf = o,
Sg = 16 l/min Ar, Ag = 9 l/min He,
Werkstoff: AlMgSi0,7

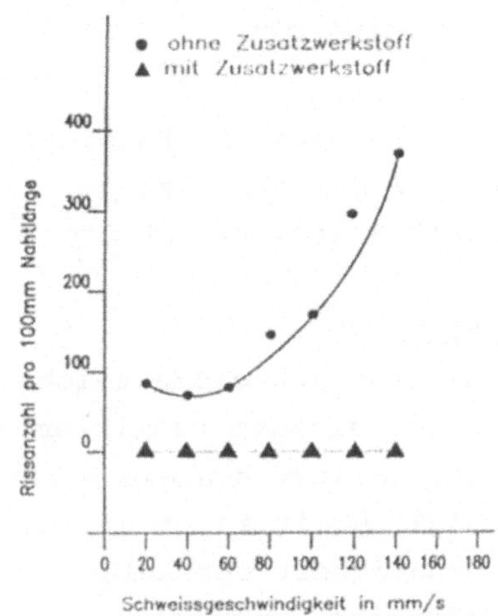


Bild 7: Einfluß des Zusatzdrahtes auf die Rißanfälligkeit
P = 4 kW, f = 150 mm, Δf = o,
Sg = 16 l/min Ar, Ag = 9 l/min He,
Grundwerkstoff: AlMgSi0,7,
s = 6 mm, Zusatzwerkstoff:
AlMg4,5MnZr, Ø = 1 mm,

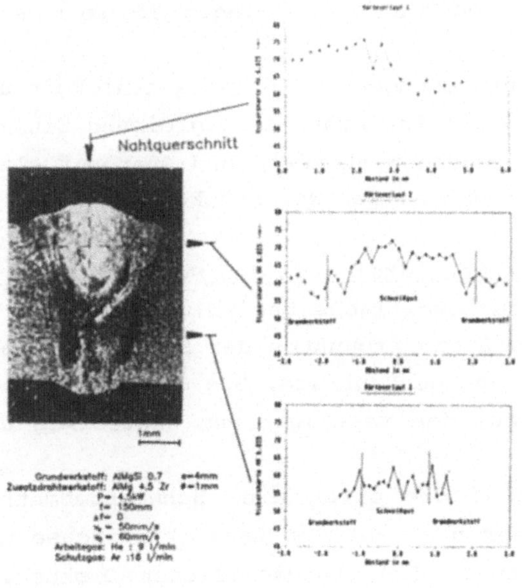


Bild 8: Schweißnahtform und Härteverlauf des LB mit Zusatzdraht
P = 4,5 kW, f = 150 mm,
Δf = o, $V_s$ = 50 mm/s,
Ag = 9 l/min He,
Sg = 16 l/min Ar
Grundwerkstoff: AlMgSi0,7,
I-Naht, s = 4 mm,
Zusatzwerkstoff: AlMg4,5MnZr,
Ø = 1 mm, $V_D$ = 60 mm/s.

Schrifttum

/1/ Ch. Binroth; J. Breuer; G. Sepold; T.C. Zuo: Laserstrahlschweißen von Aluminiumlegierungen, "ECLAT'88" DVS-Bericht 113, S. 38 - 41

/2/ N.N. Prokhorov; B.F. Takuschin; Schweißtechnik (Berlin) 18, H. 1, S. 8/11 (1968)

# Genauigkeitsanforderungen beim Laserstrahlschweißen mit Industrierobotern

R. Wahl, W. Bloehs, F. Dausinger
Institut für Strahlwerkzeuge (IFSW)
Universität Stuttgart, Stuttgart, D

## 1. Einleitung

Das Laserstrahlschweißen zeichnet sich im Vergleich mit klassischen, unter Robotereinsatz realisierten Schweißverfahren durch eine scharf begrenzte, relativ schmale Wirkzone aus. Der Vorteil dieser gezielten Einwirkmöglichkeit birgt in sich den Nachteil erhöhter Anforderungen an die Genauigkeit der Relativbewegung zwischen Laserstrahl und Werkstück. Als eine grundsätzliche Machbarkeitsbedingung beim robotergeführten Laserstrahlschweißen gilt, daß die von der jeweiligen Schweißgeometrie zugelassene maximale Fehlpositionierung zwischen Laserstrahl und Fügestelle, abzüglich der maximalen Abweichung der Ist-Bahnen der verwendeten Roboteranlage von der vorgesehenen Soll-Bahn größer oder gleich der maximalen Abweichung der Ist-Lagen der Fügestellen an den Werkstücken von ihren Soll-Lagen im Raum sein muß.

Die nachstehend aufgeführten Untersuchungen zu Anlagengenauigkeit und erzielbaren Nahtgeometrien sollen die für einen erfolgreichen Einsatz in der Fertigung tolerierbaren - durch Werkstück- und Spannmitteltoleranzen verursachten - Lageabweichungen der Werkstücke aufzeigen.

## 2. Genauigkeitsanforderungen in Abhängigkeit von der Schweißgeometrie

Der Abstand von Fokus und Werkstückoberfläche beeinflußt die entstehende Nahtform /1/, die Lage des Auftreffpunktes der Strahlachse auf der Werkstückoberfläche die entstehende Nahtlage. Die Genauigkeitsanforderungen ergeben sich daher aus den tolerierbaren Nahtformen und Nahtlagen.

Die entscheidende Einflußgröße auf die durch eine Schweißgeometrie gestellten Anforderungen ist daher die Lage von Laserstrahlachse und Stoßebene der Werkstücke zueinander. Zur grundsätzlichen Diskussion werden hier nur solche Fälle untersucht, bei denen die Laserstrahlachse senkrecht auf der Werkstückoberfläche steht.

Bei einer Überlappnaht leitet sich die Genauigkeitsanforderung in der Normalenrichtung aus der aus Festigkeitsgründen erforderlichen Mindestnahtbreite in der Stoßebene ab. In der Lateralrichtung kann die Überlappzone ausgenützt werden.

Bei einer I-Naht am Stumpfstoß sind die Genauigkeitsanforderungen in der Normal- und Lateralrichtung verkoppelt und lauten: Erreichung einer geforderten Mindestschweißtiefe mit einer aufgrund der Ungenauigkeit der Arbeitsbewegung und den Werkstücktoleranzen erforderlichen Mindestnahtbreite.

## 3. Bahn-Wiederholgenauigkeit der Roboter-Laserstrahlschweißanlage

Die Roboter-Laserstrahlschweißanlage des IFSW arbeitet mit bewegtem Laserstrahl und ist aus handelsüblichen Komponenten aufgebaut: 5 kW $CO_2$-Laser Trumpf TLF 5000, Industrieroboter KUKA IR 161/25, Strahlführungssystem Zeiss SFS 07-7, Fokussieroptik Zeiss LBK-FP2, KUKA-Abschaltsicherung.

Alle Meßbahnen wurden in Teach-In-Technik programmiert, so daß keine Aussagen zur Genauigkeit off-line-programmierter Bahnen möglich sind. Während der Meßfahrten war keine korrigierende Sensorik eingesetzt. Es wurde bis zu Arbeitsgeschwindigkeiten von 10 m/min gemessen.

Zunächst wurden die 1 m langen geraden Meßbahnen nur durch ihre Anfangs- und Endpunkte programmiert. Bei den Messungen ohne Laserstrahlschweißwerkzeug ergaben sich die größten Abweichungen der Ist-Bahnen von der Soll-Bahn während der Anfahrbewegungen bzw. an den Reversierstellen von Einzelachsen. Sie betragen bahnabhängig bis zu 0.6 mm bzw. 0.69 mm bei 8 m/min.

Eine deutliche Verbesserung des Bahnverhaltens ergibt sich durch das Einprogrammieren zusätzlicher Bahnpunkte (Stützstellen) in das Bewegungsprogramm. Auch die schädliche Auswirkung des Reversierens von Einzelachsen kann so ausgeglichen werden. Da für den Mindestabstand von Stützstellen jedoch steuerungs- und bahngeschwindigkeitsabhängige Grenzen bestehen, können die höherfrequenten Bahnabweichungen in der Anfahrphase nicht korrigiert werden.

Zum Vergleich wurden Messungen mit angeschlossenem Laserstrahlschweißwerkzeug durchgeführt. Wird deutlicher Abstand zu den singulä-

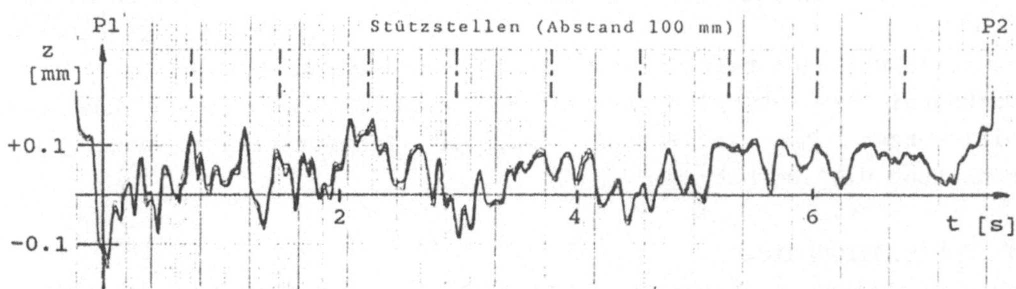


Bild 1: Bahnabweichungen z in Normalenrichtung bei 8 m/min: 4 Meßfahrten, P1 u. P2 voll überfahren, P1P2: 1000 mm, mit Laserstrahlschweißwerkzeug

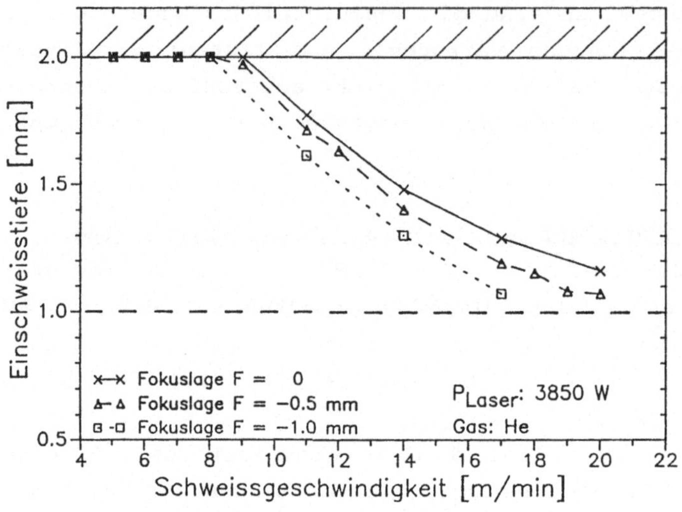


Bild 2: Überlappschweißen von 2 * 1 mm St 1405 mit Fokuszahl 4.5

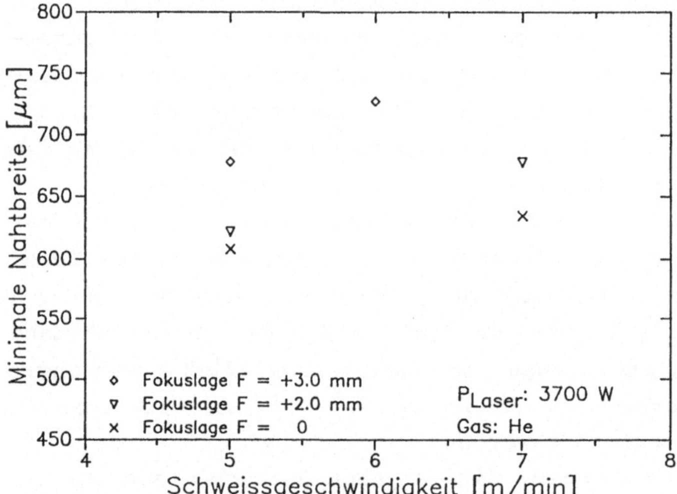


Bild 3: Blindschweißen in 1 mm St 1405 mit Fokuszahl 9

ren Stellungen des Strahlführungssystems eingehalten, so ändert sich das Bahnverhalten der Anlage nicht. Durch dämpfende Eigenschaften des Werkzeugs werden die Anfahrungenauigkeiten teilweise sogar reduziert.

Ein Maximum an Bahngenauigkeit wird erreicht, wenn eine mit dynamisch geteachten Stützstellen versehene Bahn aus voller Fahrt durchfahren wird (dynamisches Teachen: Nachprogrammieren von Stützstellen auf Basis von Aufzeichnungen von Bahnfahrten). Die in Bild 1 gezeigte Bahn ist auf der hinteren, 600 mm langen Bahnstrecke, welche für Schweißungen in Wannenlage benutzt wird, auf diese Weise programmiert. Die hier auftretende maximale Ungenauigkeit der Arbeitsbewegung beträgt 0.14 mm.

Unabhängig von der Programmiertechnik zeigt sich immer, daß die Differenzen der Ist-Bahnen mehrerer Bahndurchläufe zueinander höchstens 0.02 mm betragen.

## 4. Schweißergebnisse

Zur Ermittlung erzielbarer Nahtgeometrien wurden in der Wannenlage Überlappschweißungen an spaltfrei gespanntem zweilagigem, sowie Blindschweißungen an einlagigem 1 mm starkem, unbeschichtetem Blech

St 1405 ausgeführt. Die Laserstrahlung war linear und unter 4° parallel zur Vorschubsrichtung polarisiert. Als Schutzgas diente Helium. Bei den Schweißungen mit Fokuszahl 4.5 werden sehr gute Einschweißtiefen/Arbeitsgeschwindigkeits-Verhältnisse erzielt, so daß im Überlapp bis zu 20 m/min erreicht werden (Bild 2). Die erzielten Nahtbreiten sind jedoch gering, was der Forderung nach Festigkeit der Überlappverbindung bzw. der lateralen Genauigkeitsanforderung am Stumpfstoß entgegensteht. Mit einer Fokuszahl von 9 lassen sich dagegen breitere Nähte erzeugen. Die größten Nahtbreiten werden bei Schweißtiefen erzielt, die knapp geringer oder gerade gleich Werkstückdicke sind (z.B. Bild 4). Die erzielten Ergebnisse sind in den Bildern 3 bis 6 für eine Variation der Fokuslage im Bereich mehrerer Millimeter um die Werkstückoberfläche dargestellt.

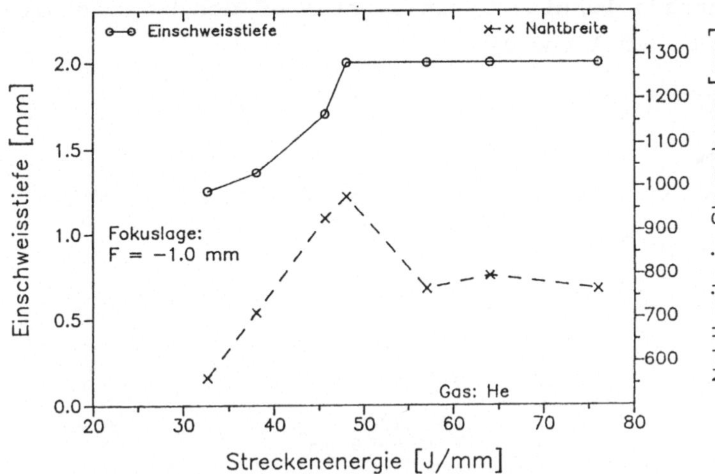


Bild 4: Überlappschweißen von 2 * 1 mm St 1405 mit Fokuszahl 9

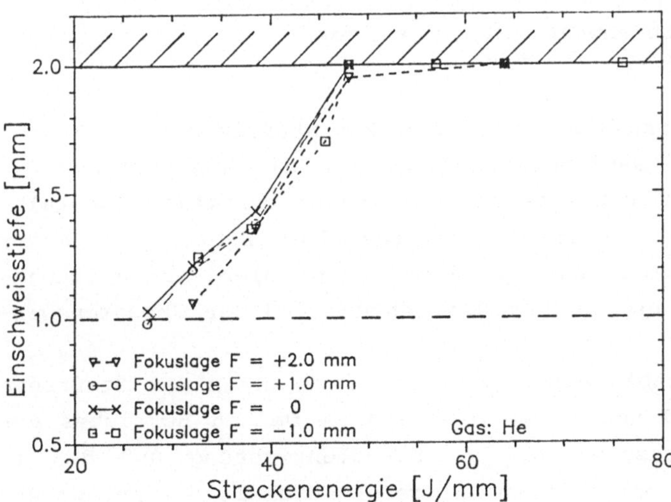


Bild 5: Überlappschweißen von 2 * 1 mm St 1405 mit Fokuszahl 9

## 5. Zusammenfassende Bewertung

Auf Basis der gemessenen Anlagengenauigkeiten und erzielten Nahtgeometrien fällt die Bewertung der heutigen industriellen Einsatzmöglichkeiten des robotergeführten Laserstrahlschweißens im 1 mm-Stahlblechbereich wie folgt aus:

- <u>I-Naht am Stumpfstoß</u> (Laserstrahlachse parallel zur Stoßebene):
Die Hälfte der minimalen Nahtbreite abzüglich der Ungenauigkeit der Arbeitsbewegung stellt die maximal tolerierbare Fehlpositionierung der Werkstücke in Lateralrichtung dar. Diese Anforderung ist auch im günstigsten Fall - gerade Bahnfahrt mit konstanter Geschwindigkeit- noch sehr hoch (vgl. Bilder 1 und 3).

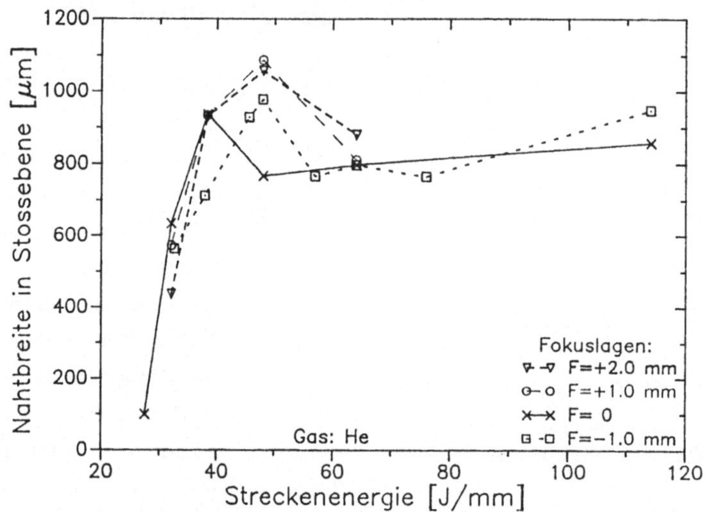


<u>Bild 6:</u> Überlappschweißen von 2 * 1 mm St 1405 mit Fokuszahl 9

- <u>Überlappnaht</u> (Laserstrahlachse senkrecht zur Stoßebene):
Die laterale Genauigkeitsanforderung ist durch die konstruktive Beeinflußbarkeit der Überlappbreite der Werkstücke unkritisch gestaltbar. Ist die aus Festigkeitsgründen erforderliche Nahtbreite in der Stoßebene festgelegt, kann aus Bild 6 der dazu tolerierbare Schwankungsbereich der Fokuslage in Normalenrichtung und der Streckenenergie abgelesen werden.
Für geforderte Mindestnahtbreiten von 0.7 - 0.8 mm in der Stoßebene ergeben sich - aufgrund des ±1 mm bis ±1.5 mm weiten Bereiches der tolerierbaren Fokuslagenschwankung in Normalenrichtung und den in Kapitel 3 dargestellten erzielbaren Anlagengenauigkeiten - potentielle Einsatzmöglichkeiten in der Fertigung.

Die vorgestellten Ergebnisse wurden im Rahmen eines durch das BMFT geförderten und noch laufenden Forschungsvorhabens erzielt.

Literatur.
(1) L. CLEEMANN (Hrsg.): VDI-Technologie Aktuell, Band 4, Schweißen mit $CO_2$-Hochleistungslasern, VDI-Verlag (1987)

# New Welding Processes with High Power Pulsed YAG-Lasers

**AP Hoult, G Burrows, CLM Ireland, AW Pasternak, TM Weedon**
**Lumonics Ltd, Rugby**

## Introduction

There has been much recent interest in high average power solid state lasers. This has been stimulated by interesting laser and process development by Lumonics under the EU6 and EU249 Eureka projects. This has demonstrated average power up to 2.3kw and the reliable transmission of this power through an optical fibre. More recently lasers of peak power over 40kw have been demonstrated and will shortly be available. This paper summarises some welding results obtained with these lasers. We will show how a good understanding of the importance of peak laser intensity has helped the development of two distinct families of industrial laser products, shown schematically in fig 1.

## Multilase - the Parallel Approach

This product was launched at IMTS in 1988 and a number of units are now in service. Typically three beams are delivered by fibre to an output housing where they are combined and focussed at a common machining head. This simple robust design includes a final focussing lens of 80mm focal length.

Experiment has shown that any increase in peak intensity ie an increase in energy or decrease in pulse length, will cause an increase in weld aspect ratio. The dominant factor however is usually spot size as intensity varies as the square of the laser spot diameter. Also, the focal length of the final machining lens is important in practical welding applications for two reasons.

(a) With a longer focal length lens, the peak intensity changes less rapidly away from the focus giving better control over the welding process.

(b) To weld deeper, above 3mm, relatively high peak intensities ($10^6 W/cm^2$) must be used. Some weld spatter is inevitable, but using a longer focal length machining lens, protection of this lens is very much easier.

Because of reduced beam quality and low peak power associated with continuous wave solid state lasers, very short focal length lenses must be used to achieve this intensity. However, using a pulsed laser with high peak power capability, a much longer focal length lens, typically 80mms can be used.

Welding at low peak intensity, (approx $10^4 W/cm^2$) and high repetition rates - upto 1500Hz using sequential pulses on Multilase systems, gives conventional conduction limited welds. These welds consist of a seam of overlapping spots, fig 3. In this regime heat input is small and the threefold increase in mean power available results directly in a threefold increase in weld rate. As the average power is increased the point is reached at which solidification does not occur between pulses and a continuously molten weld pool exists. This superficially ressembles a weld made using a conventional arc source, but the pulse frequency of the laser causes much molten metal stirring. This leads to high quality porosity free welds, fig. 4.

If we now increase the peak intensity above the value for conduction limited welds, approx $10^6 W/cm^2$, we achieve a non-linear improvement in efficiency of weld performance due to physical entrapment of the beam within a "keyhole". This keyhole is then maintained by the pressure of metal vapour.

<u>Oscillator-Amplifier Lasers - the Series Approach</u>

To achieve intensities of approximately $10^6 W/cm^2$ in an industrial product a lkw average power oscillator-amplifier laser was developed. This laser is capable of a wide range of welding performance - from conduction limited spot welding to high efficiency high aspect ratio keyhole type welds, fig 5. The high beam quality of this laser gives an advantage in the production of deeper welds. Also, as high peak intensities are readily achieved, even longer focal length lenses, typically 120mm, may be used. This gives a larger spot size and a longer depth of focus. Practically this has two advantages. Firstly positional tolerances in relation to the beam and hence part fit-up and positioning is less critical. Secondly, because of the less rapid change in peak intensity along the axis of the beam, control of the welding process is easier.

## Applications

The foremost attraction of the YAG laser is its wavelength. At 1.06um it allows the beam to be transmitted to the focus by optical fibres. These are free of the serious problems associated with transmitting high power $CO_2$ laser beams over long distances. This is the main reason for the interest of automobile manufacturers in this technology. For aerospace applications the ability to produce high quality automated welds out of vacuum is also attractive. Furthermore interest is emerging in the nuclear and power generation industries for remote repair and in the automated welding of tube to tube plate joints.

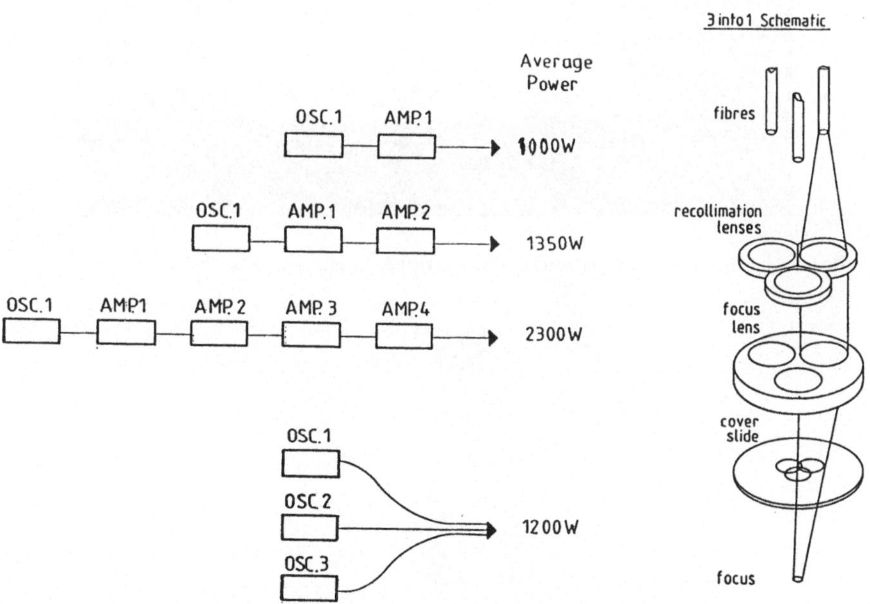


Fig 1. Diagram of Series/Parallel Route to High Power Lasers

Fig 2. Schematic of Multilase Welding/Cutting Head

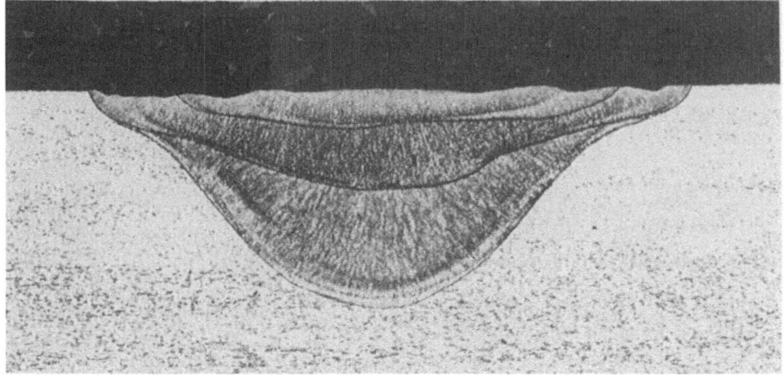

Fig. 3 Typical low power YAG laser conduction limited weld

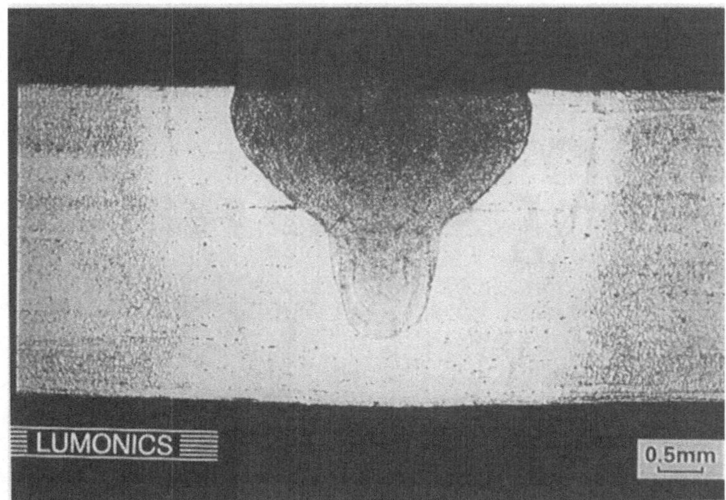


Fig. 4 Molten pool weld in Nimonic PK33, note high quality

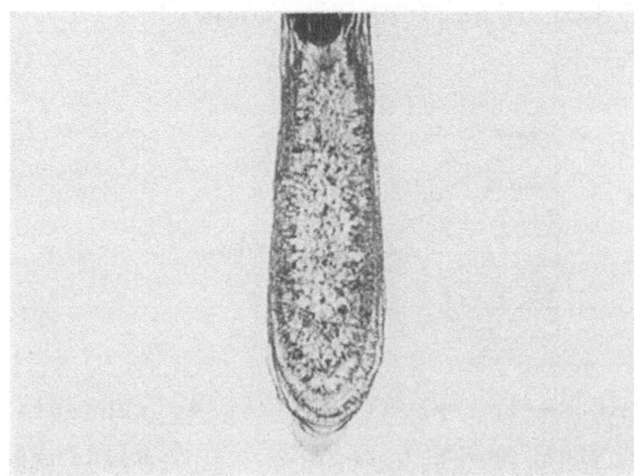

Fig. 5 High efficiency weld with lkw oscillator-amplifier, 6mm deep

# Laserstrahlschweißen mit kW Nd:YAG-Laser und Lichtleitfaser

H.K. Tönshoff, E.U. Beske, C. Meyer,
Laser Zentrum Hannover e.V.-LZH, Vahrenwalder Str. 7, 3000 Hannover 1

## Einleitung

In Zeiten immer größer werdender Mechanisierung der Fertigungsabläufe gewinnt das Schweißen mittels Hochleistungsfestkörperlaser und Lichtleitfaser gerade in der dreidimensionalen Bearbeitung immer mehr an Bedeutung /1-6/. Dieser Artikel befaßt sich mit Tiefschweißungen. Die Untersuchungen zeigen die Einflüsse der Prozeßparameter Fokuslage, Schutzgasart und Schutzgasdruck auf die Einschweißtiefe beim Schweißen mittels kW-Festkörperlaser.

## Versuchsdurchführung

Die Experimente wurden mit einem 1,2 kW cw-Festkörperlaser durchgeführt. Die Strahlübertragung erfolgte dabei mit einer Gradienten-Index-Faser, die einen Kerndurchmesser von 0,6 mm besitzt. Die Fokussierung wird mit einer Bearbeitungsoptik, die eine Brennweite von f = 42 mm aufweist, realisiert. Das Bearbeitungsgas wird koaxial zum Laserstrahl durch eine Düse mit einem Durchmesser von 2,7 mm auf die Bearbeitungsstelle geführt /7/.

Die Tiefschweißungen erfolgten an 10 mm dicken Platten aus dem Werkstoff X5 CrNi 18 9. Um einen Einfluß der Nahtvorbereitung auf das Schweißergebnis auszuschließen, wurden Blindnähte geschweißt. Bei den Untersuchungen zum Einfluß der Fokuslage wurden die Proben unter einem Winkel von 5$^{o}$ zur Horizontalen eingespannt. Dadurch ergab sich eine kontinuierliche Veränderung der Fokuslage über der gesamten Schweißnahtlänge. Bei den Untersuchungen zum Einfluß des Schutzgases auf das Bearbeitungsergebnis wurden die Proben horizontal eingespannt, um den Abstand Düse/Werkstück $z_n$ = 3,5 mm über die gesamte Schweißnahtlänge konstant zu halten.

Es sei an dieser Stelle betont, daß es sich um erste Untersuchungen zum Einfluß des Schutzgases beim Schweißen mit Hochleistungsfestkörperlasern handelt, ohne den Anspruch, optimale Schweißergebnisse erzielt zu haben.

## Einfluß der Fokuslage auf die Einschweißtiefe

Der Einfluß der Fokuslage auf die Einschweißtiefe ist in Bild 1 für drei verschiedene Schweißgeschwindigkeiten $v_f$ = 100, 500 und 1000 mm/min dargestellt. Bei Verwendung von Stickstoff als Bearbeitungsgas wurde bei 1000 W Laserleistung eine maximale Einschweißtiefe von d = 3,85 mm bei der Fokuslage oberhalb des Werkstückes $z_f$ = +1,05 mm und $v_f$ = 100 mm/min erzielt. Der Einfluß der Vorschubgeschwindigkeit ist bei $z_f$ = +1 mm größer als bei $z_f$ = -3 mm.

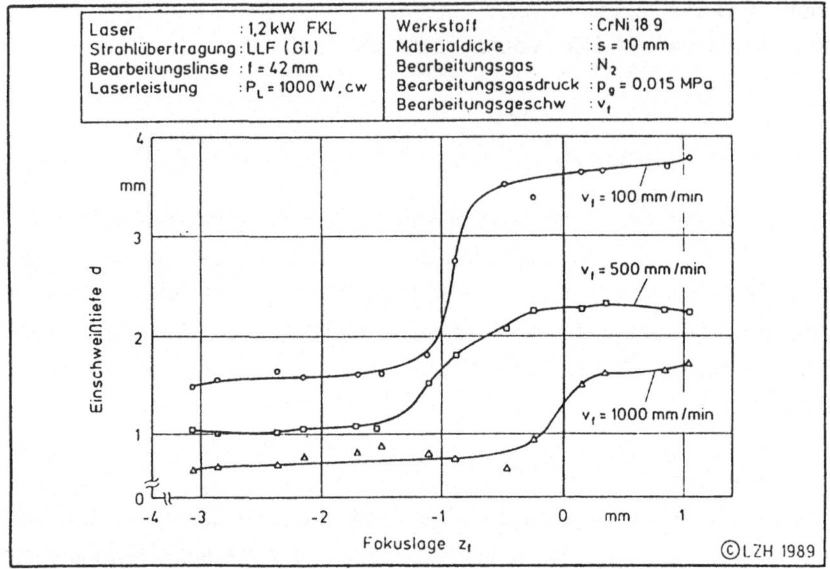


Bild 1: Einschweißtiefe als Funktion der Fokuslage für verschiedene Schweißgeschwindigkeiten

Zwischen $z_f$ = +1 mm bis $z_f$ = +0,14 mm bleibt die Einschweißtiefe nahezu konstant, es werden bei allen Geschwindigkeiten die maximalen Einschweißtiefen erreicht. Durch die hohe Intensität des Laserstrahls auf der Werkstückoberfläche bildet sich eine Dampfkapillare, durch die der Laserstrahl tief ins Material eindringen kann. Im Bereich von $z_f$ = +0,14 mm bis $z_f$ = -2 mm nimmt die Einschweißtiefe stetig ab. Da die Intensität auf dem Werkstück kleiner wird, kann die Dampfkapillare nicht mehr weit genug offen gehalten werden, wodurch weniger Energie im Dampfkanal zur Verfügung steht.

Von $z_f$ = -2 mm bis $z_f$ = -3 mm sinkt die Einschweißtiefe nur noch leicht ab. Es sind nur noch geringe Einschweißtiefen zu erreichen, da die Prozeßbedingungen des Wärmeleitungsschweißens vorliegen. Entscheidend für die Einschweißtiefen ist die Wärmeleitfähigkeit des Materials.

**Einfluß des Schutzgases auf die Einschweißtiefe**

In Bild 2 ist der Einfluß der Schweißgeschwindigkeit auf die Einschweißtiefe für verschiedene Bearbeitungsgase dargestellt. In dem dargestellten Bereich von $v_f$ = 0,1 m/min bis 1 m/min nimmt die Einschweißtiefe bei steigender Bearbeitungsgeschwindigkeit für alle Bearbeitungsgase ab, da die zum Schweißen zur Verfügung stehende Streckenenergie sinkt.

Bei niedrigen Bearbeitungsgeschwindigkeiten kann eine Plasmabildung aufgrund der hohen Metalldampfdichte entstehen. Deshalb ist es wichtig, durch ein geeignetes Bearbeitungsgas die Plasmaabschirmung zu unterdrücken. Bei hohen Geschwindigkeiten ändert sich die lokale Metalldampfdichte und somit die Plasmaabsorption, wodurch das Schutzgas an Bedeutung verliert.

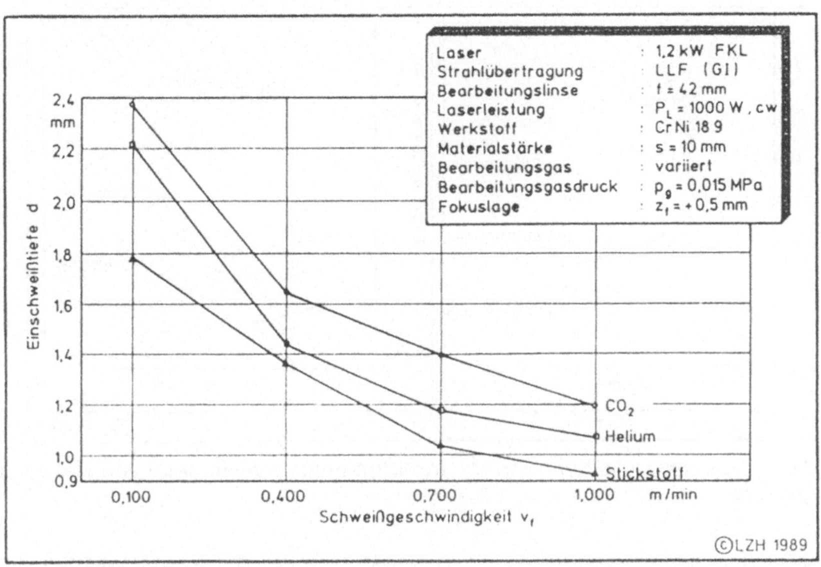


Bild 2: Abhängigkeit der Einschweißtiefe von der Schweißgeschwindigkeit bei Verwendung verschiedener Schutzgase

Anders als mit dem $CO_2$-Laser /8-10/ lassen sich beim Festkörperlaserschweißen die größten Einschweißtiefen mit $CO_2$ als Bearbeitungsgas gefolgt von Helium und Stickstoff erzielen. Ursächlich für dieses Verhalten ist die im Vergleich zum $CO_2$-Laser kürzere Wellenlänge der Nd:YAG-Strahlung.

Der Verlauf der Einschweißtiefe über der Fokuslage unter Verwendung von Helium als Schutzgas ist in Bild 3 für zwei verschiedene Gasdrücke und drei verschiedene Bearbeitungsgeschwindigkeiten dargestellt. Die maximalen Einschweißtiefen lassen sich in dem untersuchten Bereich mit einem Schutzgasdruck von $p_g$ = 0,015 MPa und einer Vorschubgeschwindigkeit $v_f$ = 100 mm/min erzielen. Bei dem Schutzgasdruck $p_g$ = 0,015 MPa werden bei steigender Fokuslage die Einschweißtiefen für alle aufgeführten Bearbeitungsgeschwindigkeiten geringer. Der Einfluß der Bearbeitungsgeschwindigkeit ist bei einer Fokuslage nahe der Werkstückoberfläche größer als bei Fokuslagen, die weiter von der Oberfläche entfernt sind. Es ist anzunehmen, daß aufgrund der hohen Intensitäten ein

Plasmas auf der Werkstückoberfläche gebildet wird und dadurch die Laserleistung zu einem Großteil in das Material eingekoppelt wird.

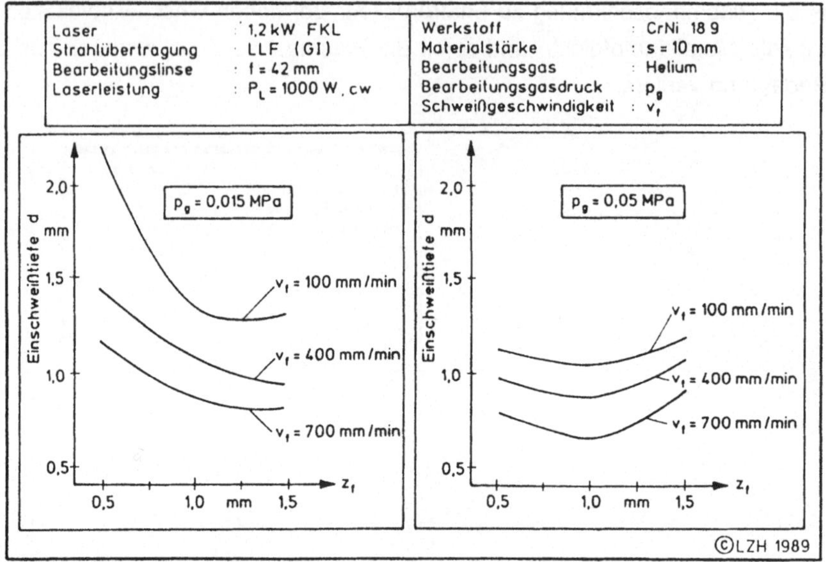


Bild 3: Einfluß des Gasdrucks beim Laserschweißen unter Verwendung von Helium als Schutzgas

Bei Erhöhung des Schutzgasdruckes auf 0,05 MPa nimmt die Einschweißtiefe und der Einfluß der Fokuslage auf die Einschweißtiefe ab. Ein Grund für dieses Verhalten könnte sein, daß der erhöhte Volumenstrom das Plasma zum Teil wegbläst und es somit die Energieeinkopplung nicht unterstützen kann. Weiterhin kann durch den erhöhten Druck zum einen die Dampfkapillare zugedrückt werden, zum anderen wird die Wirkstelle stärker abgekühlt.

Bei der Verwendung von $CO_2$ als Bearbeitungsgas (Bild 4) steigt bei größerer Fokuslage die Einschweißtiefe. Vermutlich bildet sich bei hohen Intensitäten (Fokuslage nahe der Werkstückoberfläche) ein Gasplasmas, welches die Laserstrahlung absorbiert. Bei geringeren Intensitäten kann sich das Gasplasma nicht mehr halten, die Energie wird vor der Schweißstelle nicht abgeschirmt und die Einschweißtiefe steigt.

Wird der Gasdruck (und dadurch der Volumenstrom) des Schutzgases erhöht, verhindert die schnellere Strömung des Gases die Bildung eines Gasplasmas oberhalb des Metalldampfplasmas. Es werden bei hohen Intensitäten die besten Einschweißtiefen erreicht.

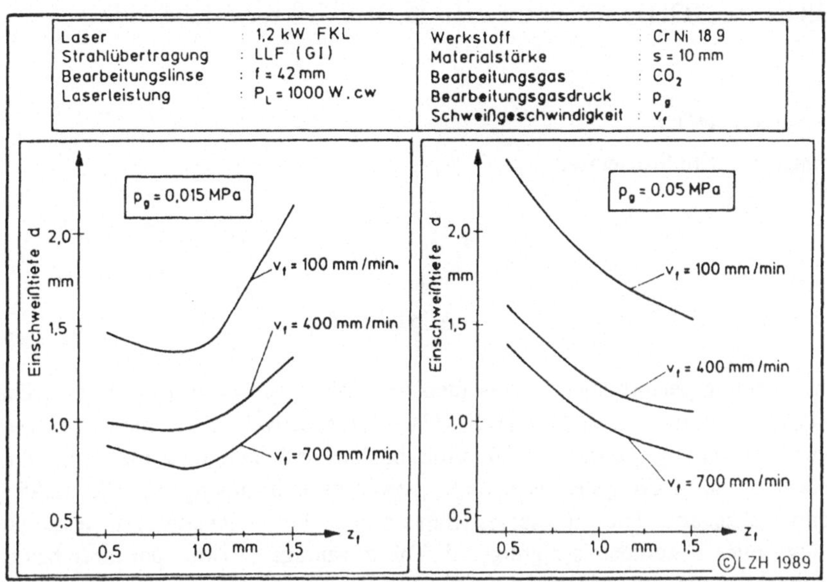


Bild 4: Einfluß des Gasdrucks beim Laserschweißen unter Verwendung von $CO_2$ als Schutzgas

## Zusammenfassung

Bei den vorgestellten Tiefschweißversuchen ist der Einfluß des Schutzgases und der Fokuslage auf die Einschweißtiefe untersucht worden. Die höchsten Einschweißtiefen wurden mit $CO_2$ als Schutzgas erreicht, gefolgt von Helium und Stickstoff. Es wurde aufgezeigt, daß die optimale Fokuslage abhängig von der Art und dem Druck des verwendeten Schutzgases ist.In weiteren Untersuchungen, die am LZH zu dem Thema Schutzgaseinfluß beim Schweißen mit Hochleistungsfestkörperlasern durchgeführt werden, soll ein geeignetes Schutzgas und der optimale Schutzgasdruck ermittelt und eine zum dreidimensionalen Schweißen geeignete Schutzgaszufuhr entwickelt werden.

Das diesem Bericht zugrundeliegende Vorhaben wurde mit Mitteln des Bundesministers für Forschung und Technologie unter dem Förderungskennzeichen 13EU0054 gefördert. Die Verantwortung für den Inhalt dieser Veröffentlichung liegt bei den Autoren.

## Literatur

/1/ K. DICKMANN, C. MEYER, V. BÖDECKER: Industrie-Anzeiger 57/58, 110 (1988)
/2/ R. BÜTJE, C. MEYER, V. BÖDECKER: Industrie-Anzeiger 59/60, 110 (1988)
/3/ H.K. TÖNSHOFF, H. SEMRAU: DVS-Berichte 118 (1989)
/4/ C. MEYER, E.U. BESKE, H. SEMRAU, C.L.M. IRELAND, A.P. HOULT, R. GRUNDMÜLLER: Laser Magazin 1 (1989)
/5/ E.U. BESKE: Produktion 13 (1989)
/6/ C. MEYER, H. SEMRAU: Laser Magazin 1 (1988)
/7/ C. MEYER, A. ROSENTHAL, V. BÖDECKER: Industrie-Anzeiger 51 (1988)
/8/ E. BEYER: Dissertation, Darmstadt 1984
/9/ W. SOKOLOWSKI, K.BEHLER, E.BEYER: Laser 87, München 1987
/10/ E. BEYER: Schweißen mit $CO_2$-Hochleistungslasern, VDI-Verlag, 1987

# Welding Performance of Util 6 and 14 kW-Lasers

J. S. Foley, UTIL

R. F. Duhamel, UTIL

J. Timmins, Geat Industrielaser

**ABSTRACT**

Laser welding performance is presented for United Technologies Industrial Lasers (UTIL) 6 and 14 kW lasers, models SM11-6 and SM21-14, respectively. Performance of the 6 kW system is presented for welding speeds up to 20 m/min in sheet and plate thicknesses from 0.8 to 6.4 mm. Performance of the 14 kW system is given for power levels from 4 to 14 kW for welding speeds up to 8 m/min in sheet and plate thicknesses from 1.6 to 12.7 mm. Sensitivity of welding performance to focusing optics F number is highlighted. The advantage of twin spot laser beam welding to increase the high speed boundary at which humping instability occurs is shown.

## 1.0 INTRODUCTION

The lasers of UTIL are continuous wave $CO_2$ systems featuring high speed transverse flow, DC electric discharge, and unstable resonator cavity optics. Modular design permits parallel stacking of modules to achieve multiples of single module power levels. Technical advances in the blower system and electrode design incorporated in the SM design have resulted in doubling the nominal 3kW output of the TM series to 6 kW per module. This paper reports on the performance of the SM11-6 one module laser with a continuous duty rating of 6 kW and the SM21-14 (Fig. 1) two module laser rated at 14 kW. These lasers retain the proven dependability features of the original TM modular laser series, are equipped with aerodynamic windows and utilize all reflective water cooled optics for continuous, reliable operation at high power.

## 2.0 WELDING PERFORMANCE SENSITIVITY TO FOCUS SYSTEM F NUMBER

The welding performance of UTIL 6 and 14 kW laser systems is compared at 6 kW in Fig. 2 for low carbon steel (LCS). For these welding tests the lasers were configured with unstable oscillator cavity optics of magnification 2. Data are shown of the welding speed performance for full, continuous bead-on-plate penetration as a function of plate thickness. These data are for three focal lengths of 165, 305, and 508 millimeters and a nominal beam size of 50 millimeters; the corresponding focal F numbers are 3.3, 6.0, and 10, respectively. Two of the systems are SPAWR (165 and 508 mm) focus heads and the other is a 45 deg-off-axis parabolic head of UTIL design. The 165 mm SPAWR focus head is a 90 deg-off-axis parabola and the 508 mm focus head is a two mirror cylindrical/spherical design. The three focus heads are water cooled with the SPAWR and UTIL systems rated for 10 and 20 kW, respectively.

Of particular interest in Fig. 2 is the crossover in speed capability with F/# (i.e. focal F number defined as focal length divided by beam diameter) at the various plate thicknesses. At a plate thickness of about 6 mm the highest speed capability (2.0 m/min) was achieved with the F/10 optics. At a sheet thickness of about 4 mm, the highest speed capability was over 4 m/min and was achieved with F/6 optics. At a sheet thickness of 2.5 mm, or less, the highest speed was attained with the F/3.3 optics.

Fig. 1 UTIL 14kW Laser Model SM21–14

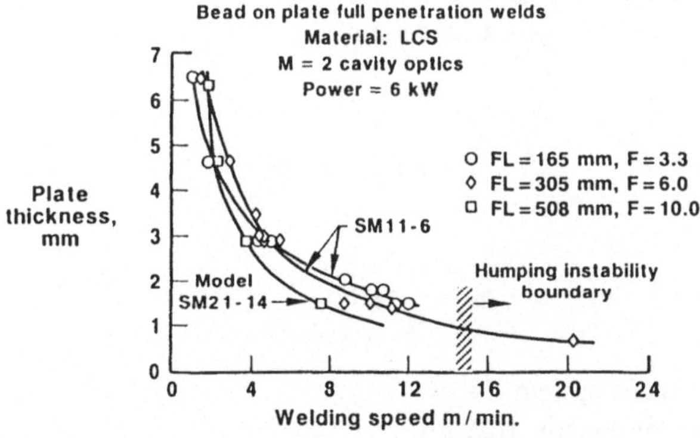


Fig. 2 UTIL Laser Welding Performance

The highest welding speed, 20 m/min, in the test series was achieved with the 45 deg–off–axis, F/6 parabola in 0.7 mm thick LCS sheet. At this speed the surface bead was unstable showing periodic humps and cavities. Investigations at UTIL of humping instability have shown that this phenomenon is a function of melt pool length and appears to correlate with the Froude number. The humping instability boundary is not well defined and humping conditions have been observed at speeds as low as 12 to 15 m/min. Tests have shown that if the Froude number, based on weld pool length, is less than 2.0 the weld is stable and humping does not occur. Therefore, at high speeds, increase in weld pool length appears to reduce humping. One potential means for increasing pool length is the use of "twin–spot" or tandem laser beam welding, where the spots are in–line in the direction of weld motion, instead of the conventional single beam spot. An example of the smoother weld bead achieved with the twin-spot approach is compared with a single spot weld in Fig. 3.

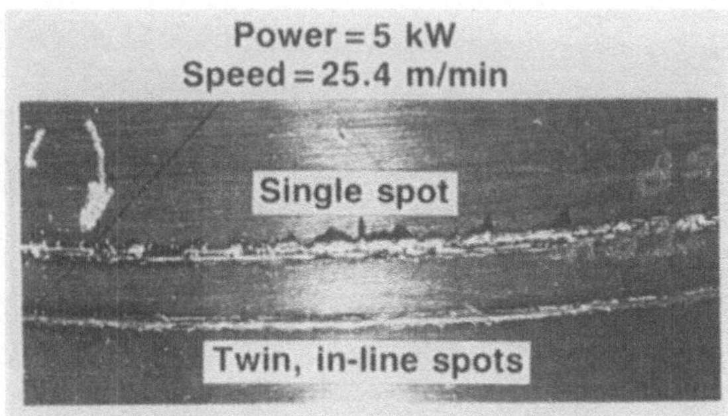


Fig. 3 High Speed Weld Bead Comparison

The welding performance sensitivity to F/# based on the data of Fig. 2, is shown in Fig. 4 for sheet and plate thicknesses from 0.8 to 6.4 mm at 6 kW. In the thinner steel sheet the highest welding speed is achieved at the lowest F/# tested and welding performance falls off rapidly as F/# increases. For the thickest plate the best welding performance is obtained at the highest F/#. Also shown is the F/# required for a Rayleigh distance (i.e. geometric depth of focus) equal to the plate thickness. The Rayleigh distance ($Z_R$) is a function of the focal plane spot size ($d_s$) and the optics F/# as given by:

$$Z_R = \frac{\pi d_s^2}{4\lambda Q} = d_s F \quad (1)$$

$$d_s = \frac{4}{\pi} Q\lambda F \quad (2)$$

where

F = focus system F/#
$\lambda$ = wavelength, 10.6 μm
Q = beam quality factor, 4.5 assumed

Since the actual beam quality factor for these tests was not known, the theoretical value of 4.5 for a plane wave with central obscuration of 50% (M=2), was chosen. At higher beam quality factors the optics F/# required for a depth of focus equal to the plate thickness would decrease from those shown in Fig. 4, and increase for lower beam quality factors. These data suggest that the best welding performance occurs when the focusing optics F/# is selected so that the depth of focus is approximately equal to the plate thickness.

## 3.0 WELDING PERFORMANCE OF UTIL 14 kW LASER

The welding performance of a UTIL 14 kW laser is shown in Fig. 5 for 4 to 14 kW in sheet and plate thickness between 3.2 to 12.7 mm for both LCS and stainless steel (SS). The data were

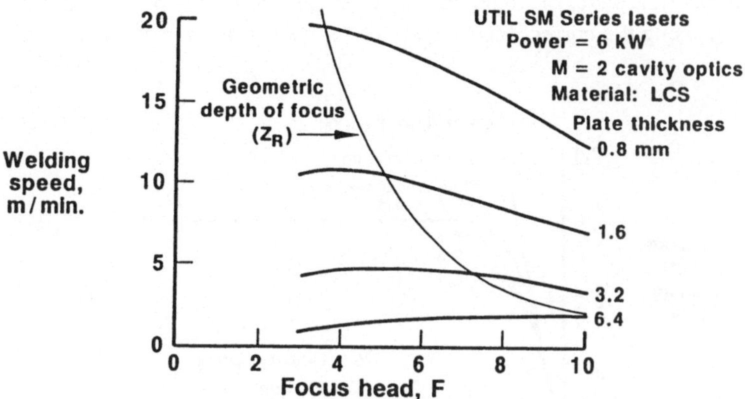


Fig. 4 Welding Performance Sensitivity to Focusing Optics

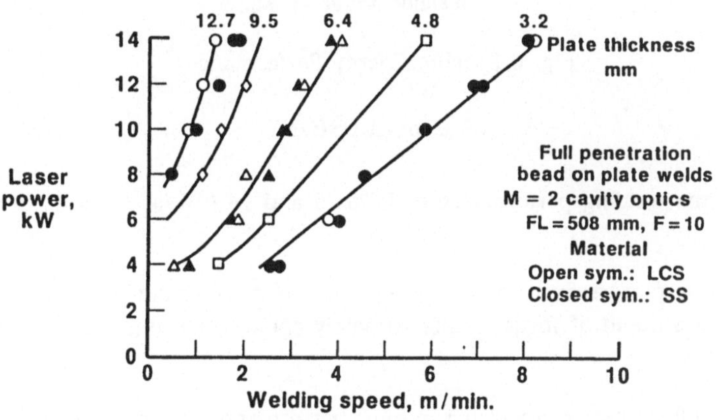


Fig. 5 UTIL Laser SM21-14 Welding

obtained using unstable oscillator cavity optics of magnification 2, a beam diameter of 50 mm and F/10 focusing optics of 508 mm focal length. For these tests, the welding performance for each plate thickness is about the same for the LCS and SS steel, except for 12.7 mm thick plate, where welding speed performance in SS is as much as 30% higher than in LCS at the higher power levels.

A correlation of the SM21-14 laser data is shown in Fig. 6 as a function of welding speed and the inverse of the specific energy (P/tV). P, t and V are the laser power, plate thickness and weld speed, respectively. The inverse specific energy parameter relates the area in the plane of the weld (i.e. the plate thickness multiplied by the length of the weld) to the energy deposited in this area to form the fusion zone. If this parameter included the weld width it would reflect the volume of material melted divided by the energy input and would be proportional to the process melting efficiency. The correlation shows that at low speeds the laser performance is proportional to the specific power (P/t = 0.6 kW/mm) and at high speeds the welding performance reaches a maximum melting efficiency at approximately 2.5 m/min. Above this speed the product of welding speed (V) and plate thickness (t) is constant for a given laser power. Since these results are for one F which is near optimum for 6.4 mm plate, the maximum inverse specific energy parameter can be increased substantially by choosing the correct focusing optics for each plate thickness as indicted in Fig. 4.

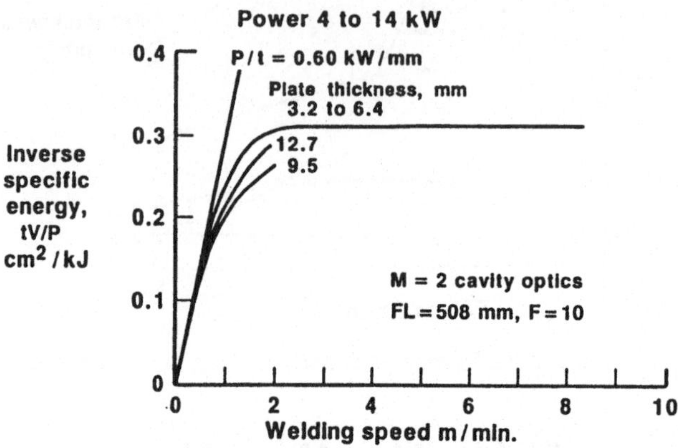


Fig. 6 Specific Energy Performance

## 4.0 CONCLUSIONS

A review of the welding performance of UTIL 6 and 14 kW lasers leads to the following conclusions:

- Best welding performance for full penetration welds is obtained when the focusing optics depth of focus is approximately equal to the thickness of plate being welded.
- At low welding speeds (about 0.5 m/min) performance appears governed by the specific power (P/t). The value required in deep penetration welding is about 0.6 kW per millimeter of plate thickness.
- At high speed (above about 2.5 m/min) the welding performance is a function of the welding specific energy (P/tV) parameter.
- At welding speeds above approximately 15 m/min humping instability can be delayed to higher speeds by the use of twin spot laser beam welding.

# Wechselwirkungen zwischen WIG-Schweißlichtbogen und fokussiertem Laserstrahl

H. Cui Harbin Institute of Technology, VR China

I. Decker, J. Ruge

Institut für Schweißtechnik, TU Braunschweig, D

## 1. Einleitung

Die Gemeinsamkeit zwischen dem Lichtbogen- und dem Laserstrahlschweißen liegt in der Bildung eines Plasmas oberhalb des Einwirkortes /1/. Daher richteten sich die den Untersuchungen zugrundeliegenden Fragestellungen auf die Beeinflußbarkeit des Schweißlichtbogens durch einen fokussierten Laserstrahl und auf die mögliche technische Bedeutung eines solchermaßen kombinierten Schweißverfahrens /2,3/.

Hier beschränken wir uns auf den Fall, daß Lichtbogen und Laserstrahl gemeinsam auf der Blechoberfläche auftreffen und daß die Laserleistung im Vergleich zur Lichtbogenleistung klein ist. Bild 1 zeigt die Anordnung der Versuchsanlage. Der Brenner ist unter einer Neigung von etwa 40° zur Strahlachse angebracht. Das Werkstück wird senkrecht zur Bildebene unter dem feststehenden Schweißkopf hinweg bewegt.

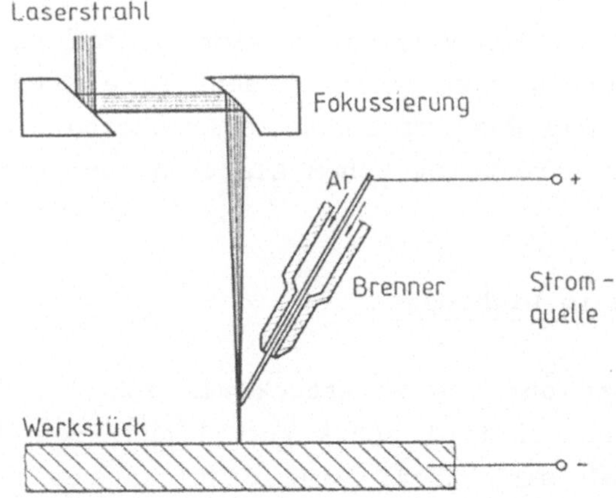


Bild 1:
Anordnung von Schweißoptik und WIG-Brenner beim Laserstrahl-unterstützten Lichtbogenschweißen

## 2. Zündverhalten des durch den Laserstrahl unterstützten Lichtbogens

Die Anwesenheit eines fokussierten Laserstrahls erleichtert das Zünden eines Lichtbogens wesentlich. Bereits bei Verwendung einer Laserleistung von nur 100 W steigt der sicher zündbare Abstand zwischen Elektrode und Werkstück von 2,5 mm auf 7,5 mm. Eine Erhöhung der Laserleistung verbessert zwar das Zündverhalten noch weiter, ermöglicht aber keine merkliche Vergrößerung des Zündabstands mehr . Bild 2 zeigt darüberhinaus, daß eine nochmalige Abstandsvergrößerung zulässig ist, wenn auch die WIG-Elektrode selbst sich im Einflußbereich des konvergierenden Laserstrahls befindet.

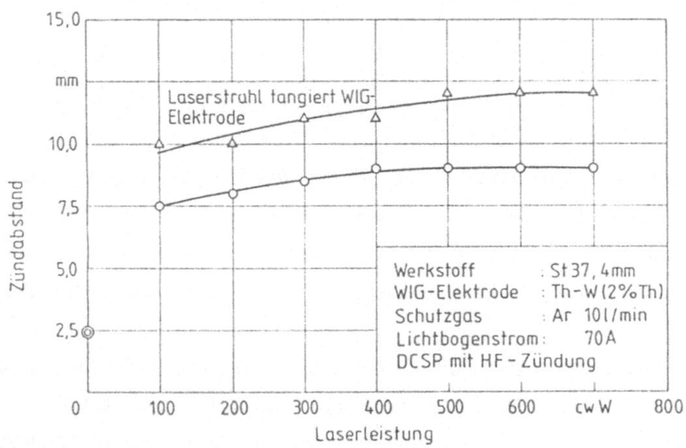


Bild 2: Möglicher Zündabstand Elektrode-Werkstück für verschiedene Elektrodenpositionen

Trotz dieses deutlich verbesserten Zündverhaltens kann jedoch nicht auf die Hochfrequenz-Zündeinrichtung verzichtet werden. Eine Zündung ohne Hochfrequenz setzt voraus, daß das durch den Laser oberhalb des Werkstücks induzierte Plasma die Strecke zwischen Elektrode und Werkstück vollständig überbrückt.

## 3. Leistungsflußdichteverteilung im Lichtbogen

Die Stromverteilung sowohl direkt auf dem Werkstück als auch in der Lichtbogensäule wird durch den Laserstrahl stark beeinflußt. Bei der gewählten Versuchsanordnung ergab sich stets eine deutlich verengte Lichtbogensäule und damit eine höhere Stromdichte im Lichtbogen. Bild 3 zeigt den Hauptkanal des Lichtbogenstroms, in dem sich 80 % des gesamten Stroms befinden, ohne und mit Laserunterstützung in einer Projektion von der Seite. Hierbei wurde über die zeitlich fluktuierenden Lichtbogenzustände gemittelt.

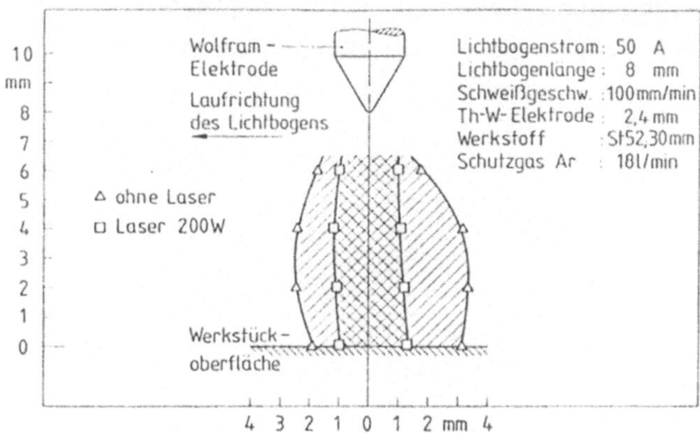


Bild 3: Mittlere Ausdehnung des Lichtbogens (bezogen auf 80% des Gesamtstroms)

## 4. Schweißergebnisse

Die mit dem Laserstrahl-unterstützten Lichtbogen erzielten Schweißnähte besitzen eine sehr gleichmäßige Oberraupe. Bild 4 zeigt eine Schweißnaht, die bei einer Lichtbogenlänge von 10 mm hergestellt wurde. Nach dem Ausschalten des Laserstrahls war eine gleichmäßige Einschweißung bei diesem extremen Elektrodenabstand nicht mehr möglich. Der Lichtbogen riß nach kurzer Zeit vollständig ab.

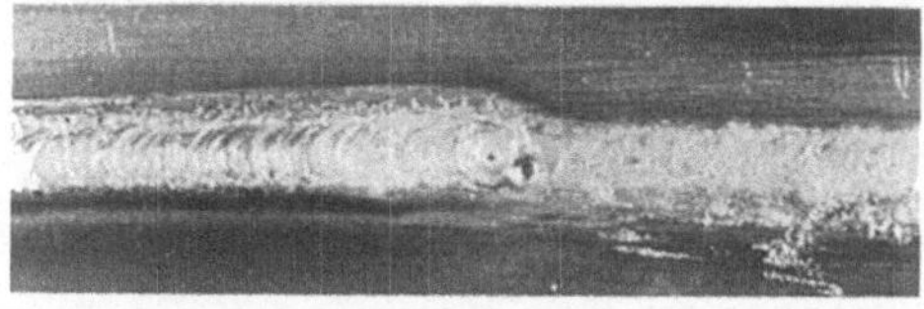

Bild 4: Oberraupe einer bei einem Elektrodenabstand von 10mm und einer Schweißgeschwindigkeit von 150mm/min an 4mm dickem Stahl St52 geschweißten Naht. Schweißung von links nach rechts, zunächst mit Laserunterstützung, dann Laser abgeschaltet (Lichtbogenstrom 70A, Laserleistung 700W)

Bild 5 zeigt die Abhängigkeit der Schweißnahtkenngrößen Nahttiefe und Nahtbreite von der Schweißgeschwindigkeit. Bei Unterstützung des Lichtbogens durch den Laserstrahl ist eine Schweißung mit wesentlich höherer Geschwindigkeit möglich. Den Zusammenhang zwischen der Lichtbogenlänge und der Einbrandtiefe der Schweißnaht zeigt Bild 6: Im Gegensatz zum Schweißen ohne Laserunterstützung nimmt die Einbrandtiefe der Schweißnaht bei Erhöhung der Lichtbogenlänge von 2mm auf 14mm nur wenig ab.

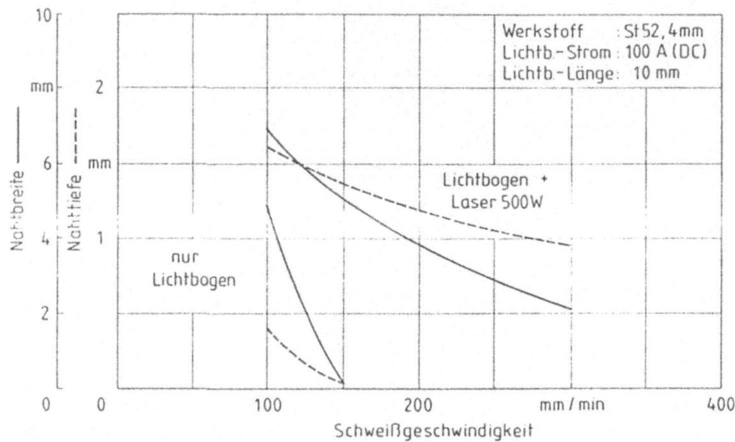


Bild 5: Nahtgeometrie beim laserunterstützten WIG-Schweißen in Abhängigkeit der Schweißgeschwindigkeit

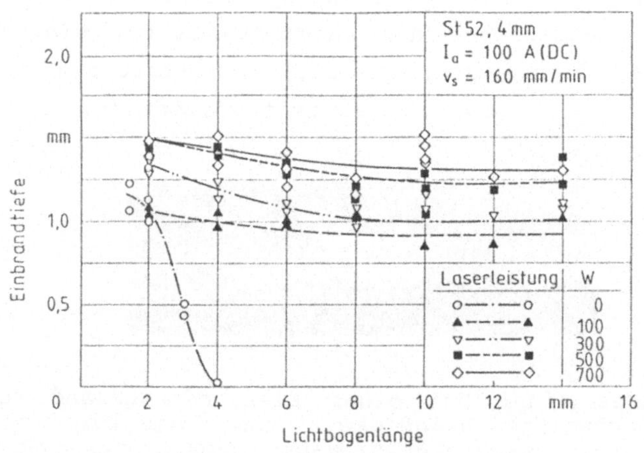


Bild 6: Einbrandtiefe beim laserunterstützten WIG-Schweißen in Abhängigkeit der Lichtbogenlänge

## 5. Physikalische Wechselwirkungen

Der Laserstrahl bewirkt beim Zünden eines Lichtbogens:

(a) gezieltes Erhitzen des Werkstückes und Erzeugen des für die Zündung und den Aufbau des Lichtbogens erforderlichen Plasmas,

(b) Verringerung des effektiven Entladungsstreckenwiderstandes durch Abdampfen von leicht ionisierbarem metallischen Dampf und

(c) zusätzliche Anregung der Teilchen in der Entladungsstrecke durch das elektromagnetische Wechselfeld des Laserstrahls.

Nach dem Zünden liefert das durch den Laserstrahl induzierte Plasma an der Werkstückoberfläche die für den Lichtbogen unentbehrlichen Ionen, so daß der Anodenbrennfleck am Ort des Laserstrahlbrennflecks stabil bleibt und zugleich eine Intensitätssteigerung im Lichtbogen erreicht wird.

## 6. Zusammenfassung

- Bei Einwirkung eines fokussierten Laserstrahls erhöhen sich die Zündbarkeit und die Stabilität des Lichtbogens in ausgeprägter Weise.
- Die Leistungsflußdichte im Lichtbogen wird erhöht.
- Die mit dem Laserstrahl-unterstützten Lichtbogen erzielten Schweißnähte haben ein optisch besseres Aussehen. Insbesondere die Nahttiefe wird erhöht und ist weniger abhängig von der Schweißgeschwindigkeit und der Lichtbogenlänge.

## Literatur:

[1] HERZIGER, G.: VDI Berichte 535 (1984), S.2/14.
[2] STEEN, W. M.: J. Appl. Phys. 51(1981), S.5636/41.
[3] DIEBOLD, T. P., C. E. ALBRIGHT: Weld. J. 63(1984), S.18/24.

Diese Untersuchungen wurden durch die Stiftung Volkswagenwerk finanziell unterstützt.

# Factors of Influence on Welding 3-Dimensional Workpieces

U. Wolff, A. Gillner, J. Appold, E. Beyer
Fraunhofer-Institut fuer Lasertechnik
Steinbachstr. 15, D-5100 Aachen

Materials processing with laser radiation is increasingly applied in large-scale industry. This implies that the research of the fundamental principles of welding technology has to be extended to the sector of production technology.

Specific problems, resulting from this extension in the development and the running of a production system require the exact knowledge of the different factors influencing and determining the working process. As far as laser material processing of 3-dimensional workpieces is concerned, these problems regard accuracy of the positioning, the load capacity and dynamic behaviour of the handling systems, the access to the welding location which is limited by the complexity of the workpiece geometry, clamping devices as well as the guide of the processing gas and the seam tracking systems. Both, defaults in the form due to the processing as well as faults due to a wrong position, lead to a deviation from the planned welding seam. Fig. 1) shows a handling system which consists of an external beam guiding system coupled to an industrial robot. Fig. 2) shows which of the factors mentioned above are to be considered and how they can be categorized into a scheme consisting of different definition groups of 3-d-processing. Up to now, the investigations have been concentrated on determining and optimizing those process parameters which are given by the chosen material, the beam parameters and the seam geometry. These includes investigations concerning the defects in the seam (gaps etc.). In order to achieve an efficient and optimized working process of 3-d-workpieces, the influencing factors have also to be found out as they are essential for the coupling of the laser beam handling systems to the laser sources. Even if the process conditions are optimal, the physical possibilities of the handling system and its control have a negative influence on the welding speed which is supposed to pursue the programmed welding course and simultaneously balance the tolerances caused by shape and position (e.g. deformation, gaps). Moreover, the working process is made more difficult by the given values of seam width and seam course as well as by the clamping devices which

Abb.1 Car body welding with laser beam and roboter system

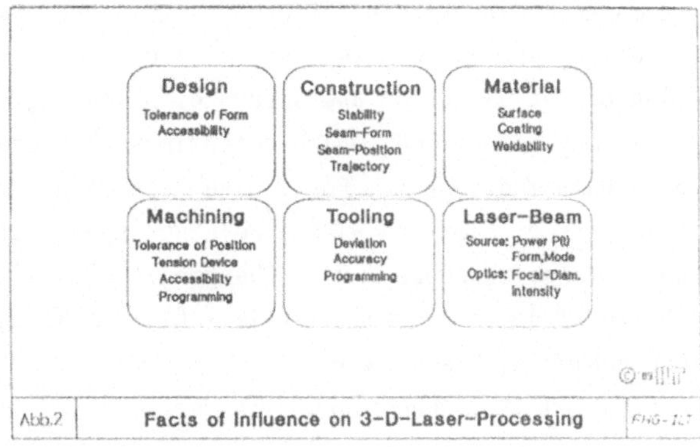


Abb.2 Facts of Influence on 3-D-Laser-Processing

complicates the accessibility, the space required for a proper conduction of the working gas, the seam tracking devices and not least, by the sensitiveness of the process concerning the flux of the working gas. For further classification, the 3-d workpieces are divided in massive (e.g valve-shaft) and voluminous parts. As the massive parts can be handled easily and only show low tolerances concerning their shape, they have already been introduced in mass production.

Volume parts, i.e. used in car body construction are mostly manufactured by presses. They differ in sheet thickness (car body sheets 0.7 - 1.5 mm, chassis components 1.5 - 3 mm) and their contour differs in radius. The smaller radius of chassis components corresponding with the high speed of the laser weld process requires corresponding accelerations which means that the demands on the handling system increase. In welding sharp edged voluminous parts with a material thickness between 3 and 6 mm, the possible welding speed is limited by the attainable maximum velocity of the robot system in case of reorientation of the direction of the laser beam round the edges. The calculation of the velocities, where the dynamic deviations of the robot system from the programmed track exceeds the limits of tolerance where the welding process is still possible, has to be considered for each type of machine. This is necessary for general statements concerning the permitted tolerances of the process itself according to deviations of the position of laser beam. The seam widths as a property of calculation of stiffness are to be evaluated by changing the process parameters (like variation of speed, position of focal point relative to surface of part). Here fig. 3 illustrates the influence of focal position during welding overlap joints. The reference position ($Z_0$) has been defined by setting the focal position at the surface of the sample (medium fig.). It can be shown that the maximum deviations of the focal position, where full penetration welding can be guaranteed, range from 1 mm above to 2 mm below the surface of the workpiece. The different shapes of the welding

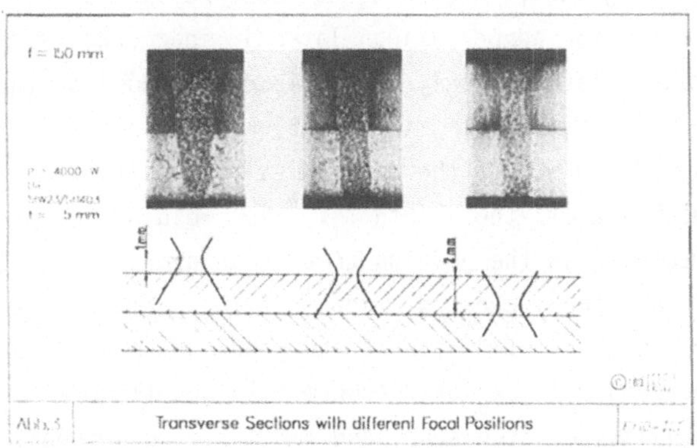


Abb.3 Transverse Sections with different Focal Positions

seams according to the different positions can be seen clearly. If the focus is situated above the workpiece, a wider seam develops, which is also due to a variation of the direction and amount of shielding gas. With these results, a tolerance field may be defined, which determines the necessary dynamic seam tracking accuracy of a handling system. For a given set of parameters for welding metal sheets of a thickness of 5 mm and with a welding speed of about 2 m/min the acceptable tolerance range is about 3 mm. Changing the focal length to higher values to increase the focal depth has only little influence on the value of the tolerance range.

For achieving higher welding speed it is necessary to produce higher intensities to get a sufficient deep penetration welding. In fig. 4 a comparision between two optics with a focal length of 150 mm and 300 mm is shown by illustrating the focal radius in accordance to the focal position as well as to the corresponding lines of constant intensity. It can be seen that the range of intensity above 5 $10^3$ W/cm2 is very small for the optics with f = 300 mm. This leads to a decreasing tolerance range for welding speeds up to 10 m/min. Using an optic with shorter focal length opens a wider range of tolerance with intensities above $10^7$ W/cm2. At the same time, it has to be mentioned that for welding 3-dimensional parts the accessibility is decreased drastically and, due to the lower beam radius the requirements of the lateral deviations of the handling system is increased in welding butt joints. According to these results an increase for compensating lateral inaccuracies of seam width can only be realized by reducing the processing speed. A reduction of the welding speed to 50% of the maximum value results in a doubling of the width of the welding gauge, measured in the joining area of an overlap weld. Though the increased width of the seam may lead to higher stiffness of the produced part, the process will be less economical and the overall quality of the seam, due to large underbeads, decreases.

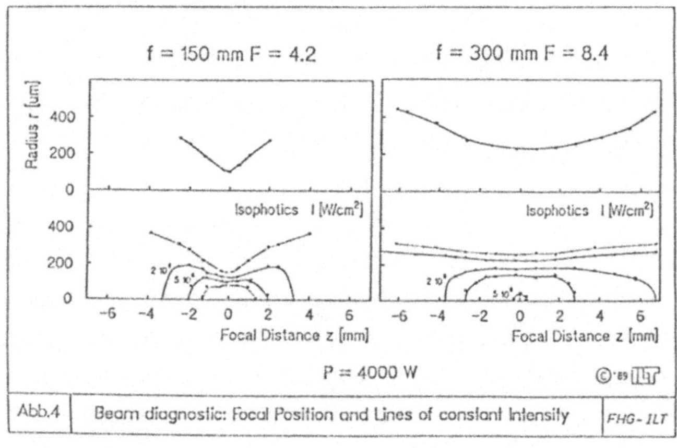


Abb.4 Beam diagnostic: Focal Position and Lines of constant Intensity FHG-ILT

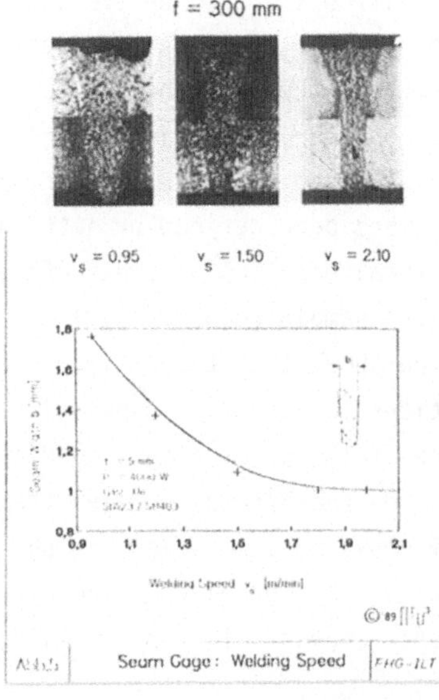


Abb.5 Seam Gage: Welding Speed FHG-ILT

In welding thin metal sheets with high processing speeds, the polarisation of the laser beam due to multiple folded resonators has a great influence, especially for welding 3-dimensional parts. In extreme cases, linear polarized laser radiation may incide vertically (s) or parallely (p) to the area of incidence. Fig. 6 illustrates results of welding experiments with linear and circular polarised light. Particularly in the case of treatment of plane sheets treated by karthesic handling systems (max. no. of linear axes: 3), advantage can be taken of the linear polarised radiation inciding parallel to the angle of incidence. However these advantages cannot be used in case of devices with external beam guiding systems and a large number of mirrors (see fig. 1), because the direction of polarisation changes depending on the position of the optics in the working area. These variations result from relative movements of the different beam bending mirrors against each other. This leads to the conclusion that for 3-dimensional laser beam welding with speeds exceeding 4 m/min the polarisation has to be circular to avoid different weld seam qualities along the seam.

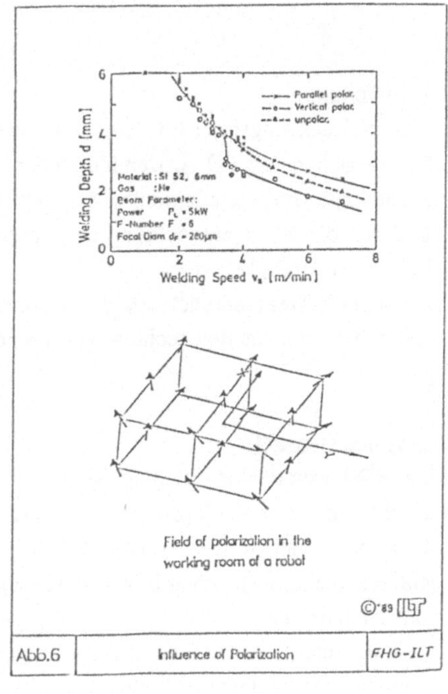

Abb.6 Influence of Polarization

Conclusion

Three dimensional laser processing of workpieces raises a number of new questions concerning the peripheric conditions in production engineering. As far as the investigations of the dynamic behaviour of the trajectory are concerned, a sufficient field of tolerances could be set up for processing speeds up to 2m/min.

# CAD/CAM-Kopplung einer 3D-Laserbearbeitungsanlage mit Industrierobotern

J. Milberg, F. Garnich, H. Schwarz
Institut für Werkzeugmaschinen und Betriebswissenschaften, TU München
Karl-Hammerschmidtstr. 5, 8011 Dornach

## 1. Einleitung

Während Leistungslaser im Bereich der zweidimensionalen Bearbeitung schon ihr Marktsegment erobert haben, stehen der 3D-Anwendung noch Hemmnisse entgegen. Ein "Durchbruch" für die 3D-Lasertechnologie wird vor allem unter den drei folgenden Voraussetzungen erwartet:

1. durch die Weiterentwicklung der Laserbearbeitungsanlagen hinsichtlich höherer Genauigkeiten und Bahngeschwindigkeiten.
2. durch die Weiterentwicklung der Spanntechnik zum Laserstrahlschweißen.
3. durch die informationstechnische Einbindung der Laseranlage in flexibel automatisierte Fertigungsanlagen

## 2. Systemauswahl

Die 3D-Laserstrahlbearbeitung ist prinzipiell mit kartesischen Portalsystemen oder Knickarmrobotern durchführbar. Portalanlagen haben ihre Domäne im Bereich sehr großer Werkstücke, die in einer Aufspannung bearbeitet werden sollen. Für die Verwendung eines Knickarm-Industrieroboters zur Laserstrahlbearbeitung sprechen folgende Vorzüge:

-kostengünstig
-leichter integrierbar in bestehende Fertigungslinien und Materialfluß
-günstiges Verhältnis von Größe des Arbeitsraumes zu benötigter Stellfläche
-Innenbearbeitung von Karosserien möglich
-für den Anwender vertraut in Bedienung und Service, da Serienprodukt
-geringe bewegte Massen
-Strahlführungssystem mit konstanter oder nur gering variierender Strahllänge
daher nahezu konstanter Strahldurchmesser am Eingang der Optik
und damit konstante Intensität im Brennpunkt

Bei Industrierobotern ist zwischen den Optionen der internen und externen Laserstrahlführung (LSF) zu entscheiden. Die interne Strahlführung weist weniger Kollisionsprobleme auf. Die externe Strahlführung bietet den Vorteil der höheren Anlagenflexibilität: Roboter können im Servicefall leichter ausgetauscht werden oder durch andere Modelle ersetzt werden. Alternativ kann die Strahlführung abgelegt werden und der Roboter die Werkstückbewegung ausführen (kinematische Umkehr). Dies ist bei kleinen, leichten Werkstücken von Vorteil.

Höchste Flexibilität bei vergleichsweise geringen Kosten verspricht also der Laser in Verbindung mit einem Industrieroboter zur Handhabung des Strahlführungssystems. Am Institut für Werkzeugmaschinen und Betriebswissenschaften (iwb) der Technischen Universität München wurde daher im Rahmen eines vom BMFT geförderten Forschungsvorhabens ein KUKA 161/25 Roboter mit externer Strahlführung von Zeiss installiert. Als Laserquelle kommt der TLF 5000 von Trumpf zum Einsatz.

Ziel des Forschungsvorhabens ist die Realisierung einer automatisierten Laserbearbeitungszelle, in der so unterschiedliche Verfahren wie Schneiden, Schweißen und gegebenenfalls auch Oberflächenbehandeln zur Anwendung kommen können. Aus der Forderung nach Einbindung der Laser-Industrieroboterzelle in flexibel automatisierte Fertigungssysteme ergab sich als Hauptziel des Forschungsvorhabens die Entwicklung von Off-line-Programmierverfahren, die es erlauben, die geforderten Bahngenauigkeiten zu erreichen und eine Datendurchgängigkeit im Sinne von CAD/CAM zu ermöglichen.

## 3. Rechnergestützte Layoutplanung mit dem System USIS

Die Planung einer Laserbearbeitungsanlage mit Roboter und externer Strahlführung bedingt eine Optimierung bei der Aufstellung der Komponenten. Dabei müssen die komplizierten kinematischen Gegebenheiten von Roboter und Strahlführungssystem berücksichtigt werden. Das am iwb entwickelte universale Simulationssystem USIS wurde für den Entwurf von Roboterarbeitszellen und zur Programmerzeugung am Bildschirm konzipiert (1,2). Geometriedaten aus der Konstruktionsabteilung können über Konvertierungsprogramme in die Simulation übernommen werden. Es existieren Interfaces zu gängigen CAD-Systemen. Für die Layoutgestaltung und Positionierung der Werkstücke stehen dem Anwender eine Reihe CAD-ähnlicher Funktionen zur Verfügung. Die Planung läßt sich aufgrund der Visualisierung von Layout und Verfahrensablauf effektiv durchführen.

Um nun das Anlagenlayout Laserroboterzelle zu optimieren, wurden alle Komponenten in USIS geometrisch und kinematisch modelliert (Bild 1). Die Geometrie der Komponenten des Strahlführungssystems konnte in Form von CAD-Daten im IGES-Format vom Anlagenlieferanten übernommen werden. Die Achsbewegungen und -beschränkungen wurden realitätsgetreu implementiert. Die Achsbewegungen von Roboter und Strahlführungssystem lassen sich als Drahtmodell in Echtzeit am Bildschirm darstellen. Hierfür ist es nötig, die einzelnen Achswinkel aus der anzufahrenden Koordinatenposition berechnen zu können. Die Lösung wird geometrische Rücktransformation genannt. Sie ist im allgemeinen nicht eindeutig bestimmbar, da oft eine Position mit verschiedenen Armstellungen angefahren werden kann. Im Falle des Knickarmroboters KUKA 161/25 existiert eine analytische Lösung, für das LSF jedoch nicht. Deshalb mußte für die kinematische Rücktransformation des LSF eine iterative, numerische Lösung gefunden werden (3). Nun ist es möglich, diese kom-

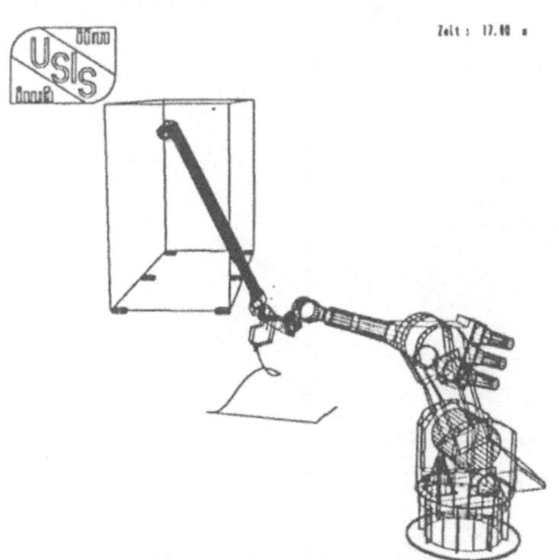


*Bild 1: Simulation der Laserbearbeitungsanlage*

plexe, gekoppelte kinematische Kette grafisch zu simulieren. Die Simulation ihrerseits bietet die Voraussetzung zur grafisch interaktiven Off-line Programmierung der Laserbearbeitungsanlage. Zur besseren Anschaulichkeit sind schattierte, statische Bilder erzeugbar.

4. Off-line-Verfahren zur automatischen Bahnprogrammierung von Laseranlagen

Da der Laser hauptsächlich bei Bauteilen komplexer Geometrie eingesetzt wird, ist die Programmierung der Bearbeitungsaufgabe sehr aufwendig. Im Folgenden wird dargestellt, wie aus der Geometrieinformation einer 3D-CAD-Konstruktion ein Bewegungsprogramm für einen Roboter automatisch erstellt wird (Bild 2).

Die zu bearbeitenden Objekte werden zunächst mit Hilfe des CAD-Systems EUCLID konstruiert. Um die Geometrieinformation zur automatischen Laserbahngenerierung nutzen zu können, wurde ein Anwenderprogramm (Automatische-Laserbahn-Generierung) entwickelt, das als Untermenü in EUCLID eingebunden ist. Mit Hilfe von ALG werden ausgehend von der 3D-CAD Information automatisch Roboterprogram-

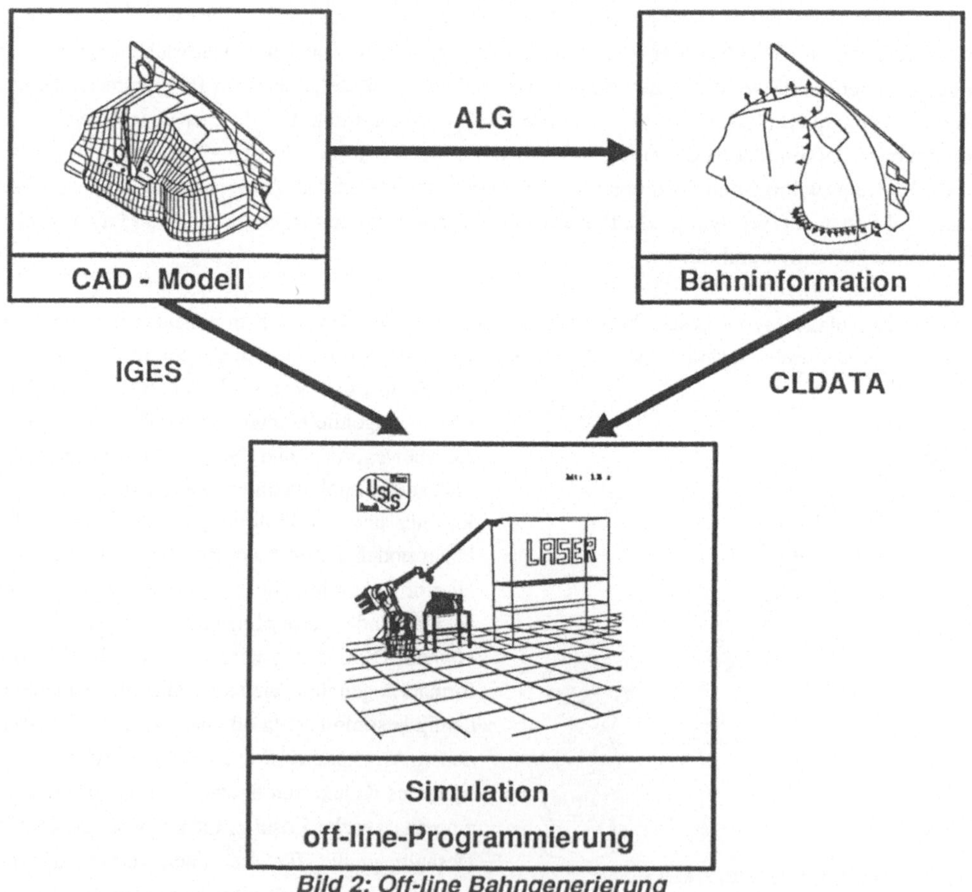


*Bild 2: Off-line Bahngenerierung*

me zur Laserbearbeitung erzeugt. Technologieangaben wie Werkstoff, Werkstückdicke, Fokuslage etc. zur Festlegung der Bearbeitungstechnologie können im Programmiersystem ALG interaktiv eingegeben werden. Die Bahnen werden am CAD-Modell geplant und dekodiert. Für das Generieren von Bahnen und Linien gibt es verschiedene Möglichkeiten. Ein Linien bzw. Polygonzug wird durch eine Anzahl von Punkten bestimmt. Diese können graphisch und numerisch eingegeben oder auf den Objekten interaktiv identifiziert werden. Er kann auch aus einer Schnittoperation, Projektion oder durch Aneinanderreihung mehrerer Linienzüge entstehen. Zusätzlich stehen dem Anwender Funktionen zur Erzeugung von Kreisen, Rundungen, Kreisbögen, Bezierkurven etc. zur Verfügung. In ALG stellt die Linie bzw. Kurve einen Schneidspalt oder eine Schweißbahn auf dem Werkstück dar. Es können je nach Bearbeitungsaufgabe offene- oder geschlossene Linienzüge generiert werden. Die Bahn muß nicht gerichtet sein, die Laufrichtung kann gebebenenalls im Off-line-Simulationssystem verändert werden. In ALG wird zusätzlich die Länge einer Schweiß- oder Schneidbahn berechnet. Aus dieser Bahnlänge und der im Technologiemodul eingegebenen Bahngeschwindigkeit wird die Bearbeitungszeit ermittelt. Über den Maschinenstundensatz erfolgt ein erste Kostenabschätzung. Die Abspeicherung der absoluten Koordinaten und Orientierungen erfolgt im CL DATA Format. Bei der Lasermaterialbearbeitung muß das "Werkzeug" Laserstrahl im allgemeinen orthogonal auf der Werkstückoberfläche stehen. Deshalb wird zu jedem Oberflächenpunkt die zugehörige Normalenrichtung abgespeichert. Diese Positionen werden mit einem Postprozessor (TRANSDAT) in ein spezielles Datenformat umgewandelt, das von USIS lesbar ist. Das System USIS erzeugt aus diesen Daten Befehlssätze, die von der jeweiligen Robotersteuerung verstanden werden. Die Dekodierung hierfür erfolgt schrittweise. Zunächst wird die Bahn in ihre Subelemente zerlegt. Rundungen und Kreisbögen werden polygonalisiert. Durch Visualisierung der Bewegungen in Echtzeit am Graphikterminal können die Positionen und der Bewegungsablauf in der Simulation getestet werden. Dies ist insbesondere bei der gekoppelten Kinematik von Roboter und Strahlführungssystem von großer Bedeutung. Kritische Situationen und Kollisionen werden erkannt und können dementsprechend korrigiert werden; sollten nämlich im Programm noch Modifikationen nötig sein, so können diese eingefügt und in die Simulation einbezogen werden. Das automatisch erzeugte Roboterprogramm wird nach dieser "Off-line-Kontrolle" über eine DNC-Schnittstelle an die entsprechende Steuerung übergeben.

Das diesem Bericht zugrundeliegende Vorhaben wurde mit Mitteln des Bundesministers für Forschung und Technologie (Förderungskennzeichen 13 N 5547) gefördert. Die Verantwortung für den Inhalt dieser Veröffentlichung liegt bei den Autoren.

Literatur.

(1) J. MILBERG, P. WRBA: ZwF 81, 484-488 (1986)
(2) A. TAUBER, G. SCHUSTER: CAE Journal 4, 30-39 (1988)
(3) A. TAUBER: Robotersysteme 3 (1989) zur Veröffentlichung vorgesehen

# Berührungslose Schallemissionsanalyse beim Laserpunktschweißen

C. Hamann, B. Läßiger

C.H.: Siemens AG, Otto-Hahn-Ring 6, 8000 München 83

B.L.: TU München, Physik Department E 13

## 1. Einleitung

Die Schallemissionsanalyse (SEA) wird seit einigen Jahren diskutiert, um als begleitende Prozeßkontrolle zur Lasermaterialbearbeitung eingesetzt zu werden. Schallemission (SE) ist definiert als das plötzliche Freisetzen von Energie im Festkörper in Form von elastischen Schwingungen /Norm/. Als Ursache kommen z.B. mechanische Belastung, Phasenübergänge oder thermische Spannungen in Frage. Somit zeigt die SE eine Änderung in dem Augenblick an, in dem sie auftritt. Es ist eine direkte Rückkopplung zwischen Prozeß und Maschine möglich.

Der typische Frequenzbereich, der zur SEA herangezogen wird, liegt im Bereich von 100 kHz bis 1 MHz, um Maschinen- und Umgebungsgeräusche bei der Messung auszuschließen. Deshalb werden piezoelektrische Detektoren an den zu überwachenden Bauteilen befestigt. Wichtig ist dabei die Kopplung von Detektor und Bauteil, meist unterstützt durch einen Kleber oder eine Flüssigkeit, da durch die Kopplung die Signalübertragung wesentlich beeinflußt wird.

Seit Mitte der siebziger Jahre wurden einige Anwendungen der SEA bei der Lasermaterialbearbeitung veröffentlicht /J.W. Whittaker/ M.A. Saifi/ EPA/, aber in der Massenfertigung konnte sich das Verfahren bisher nicht durchsetzen. Um die Schwierigkeiten der reproduzierbaren Kopplung zu umgehen, wurde die berührungslose SEA vorgeschlagen, und zwar mittels einer Metallplatte mit Loch, eingebaut im Strahlengang zwischen Fokussieroptik und Werkstück /M.C. Jon/, oder eines fokussierenden Metallspiegels /W.M. Steen/, oder Befestigung eines Sensors am Gehäuse der Fokusoptik /C. HAMANN/. Diesen drei Verfahren ist gemeinsam, daß sie den durch die Luft übertragenen Schall, der während der Bearbeitung entsteht, aufnehmen. Bei den Messungen stellte sich jedoch heraus, daß die Ergebnisse auch von der reflektierten Laserstrahlung beeinflußt werden. In der vorliegenden Arbeit wird über eine Möglichkeit berichtet, die Schallemission von dem durch Erwärmung des Empfängers erzeugten Schall zu trennen.

## 2. Versuchsaufbau und -durchführung

Für die Messungen wurde ein gepulster Nd:YAG-Laser KLS 321 verwendet. Um Einflüsse der thermischen Linse des Laserstabs auf die Strahlqualität und damit das Bearbeitungsergebnis auszuschließen, wurde der Laser bei einer konstanten mittleren Leistung von 105 W betrieben. Die Brennweite der Bearbeitungsoptik betrug 100 mm, bearbeitet wurden Stahl X5 CrNi 18 9 und Reinaluminium. Bei der konstanten Intensität von ca. $2.10^6 W/cm^2$ wurde die Pulslänge von 1 ms bis 10 ms in Schritten von 1 ms variiert. An Stahl stiegen die Schallemissionsenergie, gemessenen an der Fokusoptik, die am Werkstück gemessene und die Schweißtiefe nahezu proportional mit der Zeit . Bei Alu blieben die SE am Werkstück und die Schweißtiefe während aller Pulslängen konstant, dagegen nahm die SE an der Optik linear mit der Zeit zu.

Zur Klärung dieses Widerspruchs wurden eine bzw. zwei Quarzglasplatten der Größe 100x100 $mm^2$ und 3 mm dick, bestückt mit breitbandigen piezoelektrischen Sensoren, zwischen Optik und Werkstück in den Strahlengang gebracht, siehe Bild 1 /Offenlegungsschrift/. Die Platten haben eine Transparenz von 90-70% bis über 4 $\mu$m Wellenlänge /QS/, sind somit für die Laserstrahlung und für Teile der Wärmestrahlung transparent. Während der Bearbeitung wurden die SE an der Optik, an einer Glasplatte und am Werkstück und das Bearbeitungsleuchten bei einer Wellenlänge kleiner 530 nm sowie der Laserpuls mit schnellen Transientenrekordern aufgezeichnet. Die Laserpulslänge betrug 5 ms, die Pulsenergie wurde auf 2,5 J und 7,5 J eingestellt, die mittlere Leistung betrug wiederum 105 W.

## 3. Ergebnisse

In Bild 2 ist die Schallenergie, berechnet als zeitliches Integral des Amplitudenquadrates des SE-Signals, für die verschiedenen Versuche aufgetragen.
Messungen an der Glasplatte ohne Werkstück bzw. -halterung im Strahlengang ergaben, daß die Laserstrahlung alleine keinen Schall in der Platte erzeugt (Bild 2a). Deshalb muß der Schall, der während der Materialbearbeitung an der Platte gemessen wird, durch die Bearbeitung verursacht werden. Die SE an der Glasplatte hängt bei Stahl davon ab, ob an der werkstück- oder optikseitigen Platte gemessen wird. Während an der werkstückseitigen Platte wiederum ein Signal - ähnlich dem des Werkstücks - empfangen wird, liegt auf der optikseitigen Platte, abgesehen von einem kleinen Signal in der ersten

Millisekunde, praktisch nur Rauschen vor. Bei Aluminium als Werkstück liegt die größte SE vor, wenn sich nur eine Platte im Strahlengang befindet. Werden zwei Glasplatten in den Strahlengang gebracht, ist an beiden Platten das Signal gleich groß.

Ohne Glasplatte gibt es bei Schweißungen an Stahl ein Signal an der Optik, dessen Verlauf dem Signal am Werkstück ähnelt /C. HAMANN/. Werden eine bzw. zwei Platten in den Strahlengang eingebracht, gibt es nur in der ersten Millisekunde Schallemission. Die SE-Energie fällt um den Faktor 8-10, siehe Bild 2b. Das Maximum der SE wird zu dem Zeitpunkt erreicht, zu dem das Bearbeitungsleuchten sein Maximum hat, dann erfolgt ein exponentielles Abklingen.
Bei Aluminium ist ein wesentlich geringerer Einfluß der Glasplatten auf die SE an der Optik festzustellen. Die SE an der Optik hat ihre höchste Energie ohne Platten, sie wird proportional zur Anzahl der Platten abgeschwächt. Allerdings ist der Signalverlauf immer ähnlich. Obwohl keine Schweißung, sondern nur ein Aufschmelzen an der Oberfläche stattfand, sind die SE-Werte deutlich höher als bei Stahl.

## 4. Diskussion

Die Glasplatten stellen für den Schall eine harte Wand dar, sind aber für das Laserlicht und Teile der Wärmestrahlung transparent. Solange von dem Werkstück Laserstrahlung reflektiert wird, heizt sie die Fokussieroptik auf, was zur SE führt.
Bei den Stahlschweißungen steigt die SE an der Optik, bis das Bearbeitungsleuchten ein Maximum erreicht. Die Strahlung wird danach im Plasma und in dem Keyhole absorbiert, die Optik kühlt wieder ab. Gleichzeitig breitet sich Schall von der Bearbeitungsstelle aus, der an der werkstückseitigen Glasplatte detektiert wird. Die optikseitige Platte ist vom Schall abgeschirmt, es kann deshalb kein Signal gemessen werden.
Bei Aluminium kommt es zu keiner Plasma- oder Stichlochbildung, das Werkstück reflektiert während der ganzen Bearbeitung . Dementsprechend hoch ist die SE an der Optik. Durch Einsetzen der Platten wird die reflektierte Laserstrahlung nur um den Bruchteil der natürlichen Reflektion, pro Platte ca. 4%,reduziert. Es erfolgt also ständig eine Aufheizung der Optik, was sich in SE äußert. Die Schallemissionsenergie sinkt nur gering im Vergleich zu Stahl. Das Signal an den Glasplatten hat die Form des an der Optik, die Ursache ist noch nicht genau geklärt.

## 5. Zusammenfassung

Es wurde gezeigt, daß die hohen SE-Werte an der Optik bei Schweißungen von Aluminium durch reflektierte Laserstrahlung erzeugt werden. Bei der berührungslosen Schallemissionsmessung in der Lasermaterialbearbeitung sind deshalb Materialien, die die reflektierte Laserstrahlung absorbieren, nur bedingt geeignet, um SE zu messen. Das SE-Signal wird durch Aufheizung des Empfängers verfälscht. Allerdings bietet das Verfahren die Möglichkeit zu unterscheiden, ob ein Plasma gezündet wurde oder nicht. Erst durch Verwendung von Empfängermaterialien, die für die Laserstrahlung transparent sind, kann wirklich der vom Werkstück emittierte Schall berührungslos gemessen werden.

## Literatur

/Norm/ Normenentwurf der DGzfP

/Offenlegungsschrift/ Nr. 89 P 8036 DE, Vorrichtung zur berührungslosen Schallemissionsmessung

/EPA/ Europäische Patentanm. Nr. 0 064 532, A beam-machine method and apparatus and a product made thereby

/J.W.Whittaker/ In-Process Acoustic Emission Monitoring of Laser Welds, 2nd Int. Conf. on AE, S. 247

/M.A.Saifi/ Laser Spot Welding and Real Time Evaluation, IEEE J. of Quant. Elec., Vol. QE-12, No.2, Feb. '76

/M.C.Jon/ Noncontact Acoustic Emission Monitoring of Laser Beam Welds, Welding J., Sept. '85, S. 43

/W.M.Steen/ In Process Beam Monitoring, SPIE Konferenz, Quebec, Juni '86, S. 37

/C.Hamann/ Acoustic Emission and Its Application to Laser Spot Welding, to be publ., Konferenzband ECO 2, Paris, April '89

/QS/ Datenblatt Deutsche Quarzschmelze, Quarzglas 214

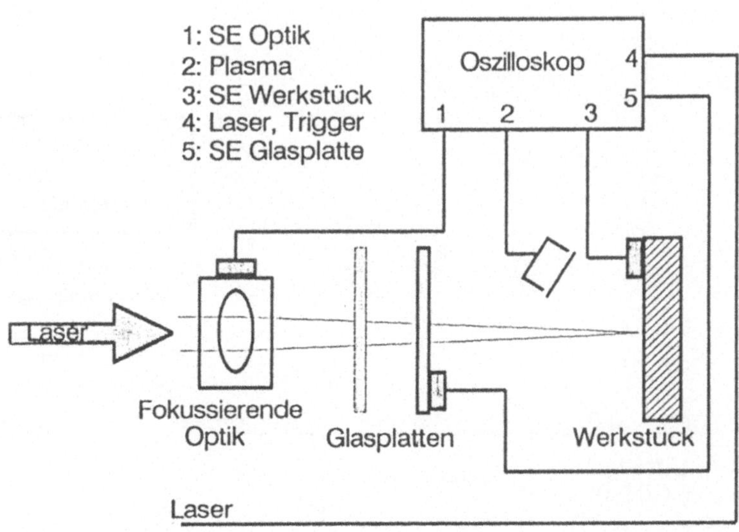


Bild 1: Versuchsaufbau zur Ermittlung der SE an der Optik

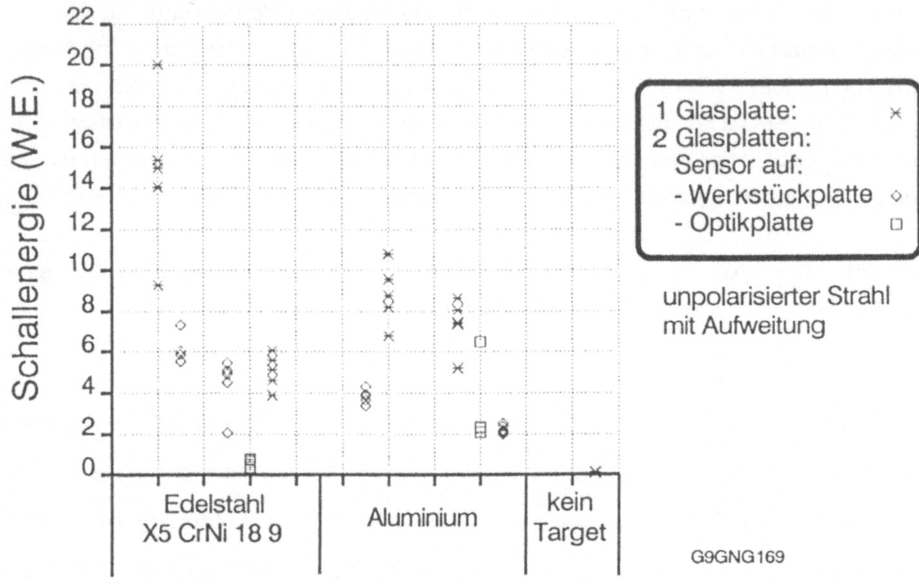


Bild 2a: Energiewerte der Schallemission an der Glasplatte

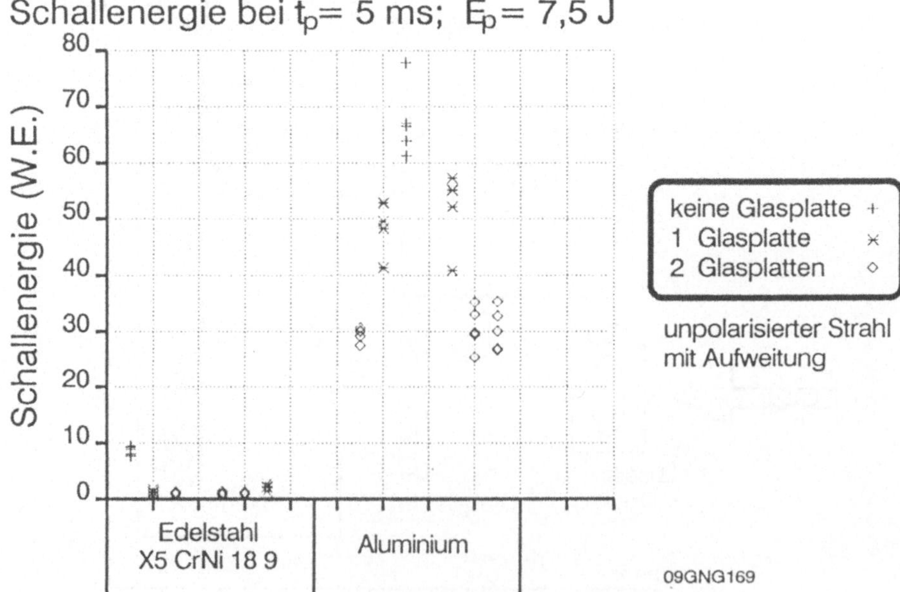


Bild 2b: Energiewerte der Schallemission an der Optik

# Cutting of Aluminium and Titanium Alloys by $CO_2$-Lasers

B. Juckenath, H.W. Bergmann, M. Geiger, R. Kupfer
FLE, Universität Erlangen-Nürnberg (FRG)

## Abstract

Al and Ti are critical metals for laser cutting because of dross formation and their high affinity to atmospheric gases resulting in decreased properties of cut parts. The present paper outlines current experiences in laser cutting of Al- and Ti-based aerospace alloys.

## Introduction

Laser cutting of deep drawing steel sheets is well established for both 2D and 3D parts /1-4/. Recently flexible manufacturing including laser cutting and welding is considered in aerospace industry, where low-weight, high-strength materials like Al- and Ti-alloys or fiber reinforced plastics are commonly used. Oxygen assisted burn cutting of thin steel sheets with $CO_2$-lasers has obtained a high degree of performance, /5/. However, laser cutting becomes more difficult, if thicker sheets or high alloyed steels like austenitic or ferritic once are cut. The affinity of Al- and Ti-alloys alloys to atmospheric gases requires special precautions if finished component quality is desired and post treatments have to be avoided /6-8/. In a previous paper /8/ the influence of process parameters (assist gas, feed rate, power and focal plane position etc.) on the microgeometry of the cut kerf was investigated. In the present paper macrogeometrical aspects and the influence of the process to the material properties were determined.

## Experimental

The investigated materials are given in Table 1. Cutting was carried out with a Rofin Sinar RS1000 and a Trumpf CNC-table using a 5" ZnSe-lense and an automatic distance control. A coaxial ring nozzle was applied which allowed to cut with gas pressures up to 8 bar. The microstructure in the heat affected zone (HAZ), the hardness profiles, the formation of cracks, the occurrence of pitting corrosion and the mechanical properties of cut test samples were investigated.

## Results

Cutting Al-alloys with the parameters given in Table 2 resulted in the absence of almost no adherent dross in moderate roughness values and microcracks in the cut kerf. In Fig. 1 the programmed contour of a laser cut test piece is shown. From the various geometrical arrangements informations about the cutting process can be derived. In Fig. 2 the obtained test piece is shown. The cut width is 0.3-0.4mm at the beam entrance and 0.2-0.25mm at the beam exit side. The roughness of the cut kerf is approximately $R_z$=26.6 µm for the AlLi-alloy and $R_z$= 33.1µm for the AlZnMgCu-alloy. The determined roughness was almost independent of the cutting direction and similar at beam entrance and exit side. The obtained inaccuracies are typical for cutting these alloys and have to be considered for cutting of finished components. Laser cutting leads to a pronounced HAZ in which the hardness values

Table 1: Chemical Composition of the Materials Investigated

| alloy | Al | Cu | Mg | Zn | Li | HV0,1 | alloy | Al | Fe | Ti | V | HV0,1 |
|---|---|---|---|---|---|---|---|---|---|---|---|---|
| 3.4384 -02. | bal. | 1,5 | 2,3 | 5,7 | - | 160- 170 | 3.7024/ 3.7025 | - | 0,20 | bal. | -- | 140 160 |
| 3.8090 | bal. | 1,0- 0,6 | 0,6- 1,3 | - - | 2,2- 2,7 | 90- 100 | 3.7164 | 5,5- 6,5 | <0,25 | bal. | 3,5 4,5 | 310 330 |

Table 2: Optimized Cutting Parameters for Al-Test Pieces

| alloy | thickness mm | power kW | feedrate m/min | foc.pos. mm | noz.dis. mm | pressure air bar |
|---|---|---|---|---|---|---|
| 3.4384/3.8090 | 1.6 | 1.0 | 0.8 | -1 | 1 | 4/8 |

Table 3: Mechanical Properties of Al-Test Samples

| alloy | property | las. cut | milled | alloy | property | las.cut | milled |
|---|---|---|---|---|---|---|---|
| 3.4384 -02. | $R_m$/N/mm$^2$ | 525 | 545 | 3.8090 | $R_m$/N/mm$^2$ | 300 | 331 |
| | $R_{p0,2}$/N/mm$^2$ | 370 | 389 | | $R_{p0,2}$/N/mm$^2$ | 181 | 201 |
| | $A_{10}$/% | 22 | 14 | | $A_{10}$/% | 26 | 21 |

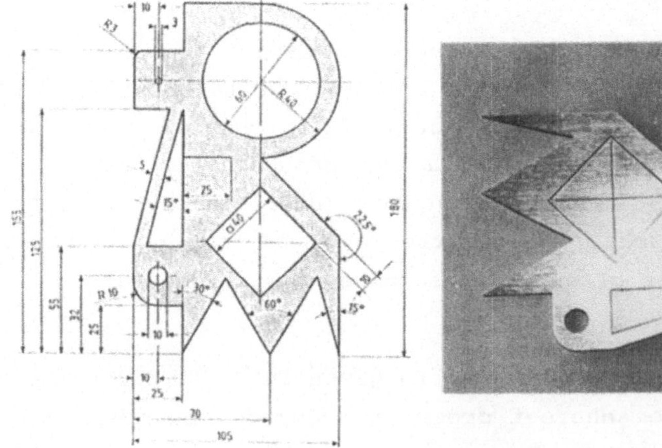

Fig 1: Programmed test contour   Fig 2: Laser cut test piece (3.8090)

are deteriorated. Fig. 3 shows the microstructure and the corresponding hardness profiles from the cut kerf into the bulk material. One can see a small, typically 10 µm thick molten layer, which has resolidified in form of columnar crystals onto the substrate. In this layer intercrystalline oxides are present. As a result of overaging, a deterioration of the hardness values is found in a layer of about 1 mm thickness. In this zone pitting corrosion occured. Laser cutting of sheets in the homogenized state and/or post heat treatments are possible methods to overcome problems arising from the HAZ. However, it is not possible to avoid the 10 µm thick layer with selective oxidation. The mechanical properties of a test piece depend on surface conditions and heat treatment. In Fig. 4 a laser cut sample before and after tensile test is shown together with typical stress-strain curves. For both Al-alloys these can be compared with those of milled samples, see Table 3. One can observe that the elongation to fracture values has increased, however, the fracture strength and the yield strength values have decreased by approximately 5% or 10%, respectively. This was expected from the width of HAZ and the hardness decrease in this area.

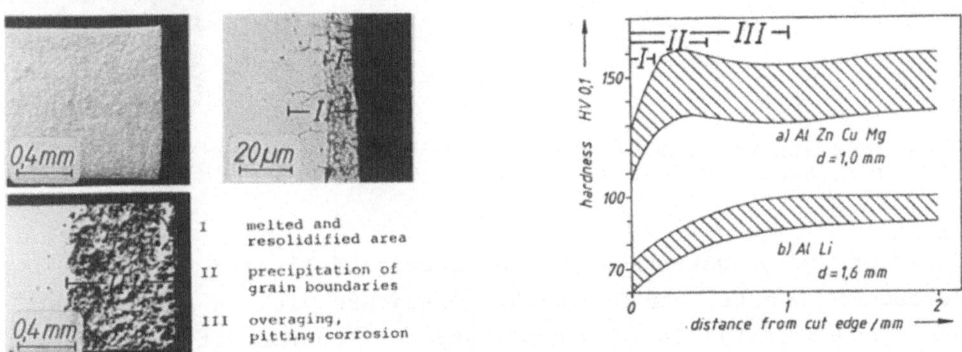


Fig. 3: Microstructure and hardness profiles for Al-alloys

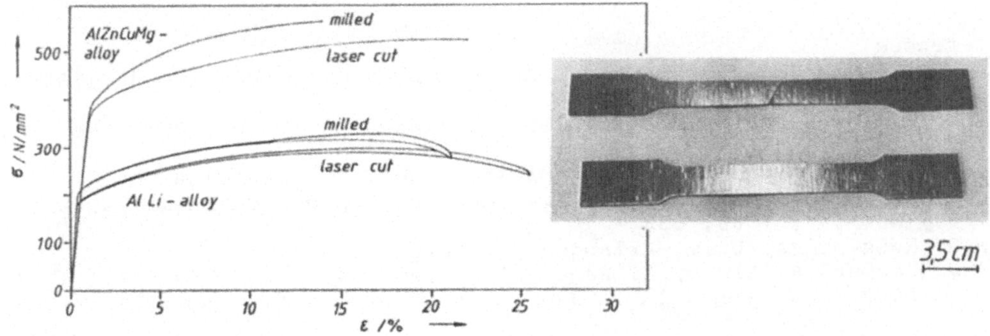


Fig. 4: Typical stress-strain curves and Al-test samples

The use of a ring nozzle and pressures up to 9 bar, which showed good results for cutting Al did not lead to a dross free cut kerf for Ti sheets. Higher power, lower cutting speed and gas pressures of 4-5 bar have to be applied. Moreover avoiding dross formation is much more sensitive to the actual settings of the process parameters. Laser cutting of Ti requires an inert assist gas, see Fig. 5 otherwise pick-up of atmospheric gases occurs resulting in an hardness increase. For cp-Ti this increase is correlated directly to the amount of gases in solution, and the hardness profiles indicate the quality of the cuts. In the HAZ of the alloy TiAl6V4 a hardness increase resulting from the pick-up of gases and the influence of structural changes due to the thermal cycle are superimposed, see. Fig. 5.

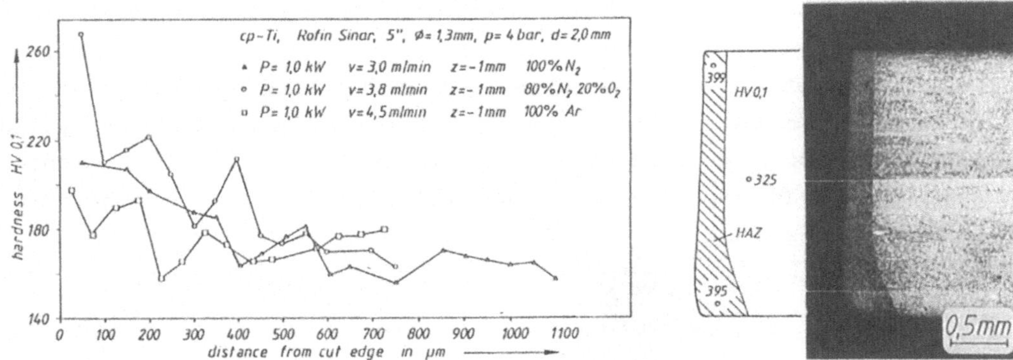


Fig. 5: Hardness profile of cp-Ti and cut kerf of TiAl6V4 (d=2.5mm, P=0.6m/min, a=1mm, z=-4mm, p=4bar He)

## Conclusion

The present investigations show that sheets of Al- and Ti-alloys used in aerospace industry can be cut by $CO_2$-lasers with in general sufficiently good quality. In same applications, however, it may be necessary to remove a 10 to 100 µm thick layer from the cut kerf, in which a modified microstructure is present.

## References

/1/ M. Geiger, H.W. Bergmann, R. Nuss, Blech Rohre Profile 35 (1988), 10, 811

/2/ Y. Arata, H. Marno, T. Miyamoto, S. Takenchi, Trans. JWRI, Vol. 8, 1979, No. 2, 15

/3/ F.O. Olsen, Opto-Elektronik Magazine Vol. 4, 1988, 168

/4/ J. Powell, K. Schenzinger, I.A. Menzies, Opto-Elektronik Magazine, Vol. 4, No. 6/7, 1988, 638

/5/ R. Nuss, Diss. Univ. Erlangen-Nürnberg, 1989

/6/ J. Decker, R. Giere, J. Ruge, Aluminium, 64. Jhrg. 1988, 11, 1144

/7/ J. Decker, J. Ruge, Y.-H. Han, Schweißen u. Schneiden (1985), H8, 365

/8/ H.W. Bergmann, M. Geiger, R. Nuss, B. Juckenath, S. Biermann, Proc. ISEM9, Nagoya 1989, 404

# Laser Beam Cutting of Highly Alloyed Thick Section Steels

D. Petring, P. Abels, E. Beyer, W. Nöldechen, K. U. Preissig
Fraunhofer Institut für Lasertechnik
Steinbachstr. 15, D-5100 Aachen

## Introduction

At present, highly alloyed steels in the thickness range above 8 mm can be cut by laser radiation to only a limited extent. The high portion of alloying constituents is indeed reducing the thermal conductivity and thus the thermal losses during the cutting process. But on the other hand, especially with the most established laser cutting technique - laser oxygen cutting - the alloying elements are leading to detrimental effects even in the lower thickness range /1-4/.

Chromium oxides with a high melting point do not dissolve in the metallic melt. This condition causes a limitation of the exothermic reaction in the upper part of the cutting front. At the same time, the high viscosity of the oxide layer complicates the melt ejection. Thus, in the lower region of the cutting front, the oxide film is bursted by stagnating melt volume and subsequently an uncontrollable exothermic superreaction occurs. As is well known, this results in deep erosion, selective burning and high dross attachment.

In order to solve these problems even in the sheet thickness range between 10 and 30 mm, 5 procedural variants of $CO_2$ laser beam cutting have been investigated and optimized.

## Laser oxygen cutting under extreme focusing conditions

If laser beam power, laser mode and beam diameter on the focusing system are fixed, the cutting quality and maximum speed are largely influenced by the applied focal length and the focal position relating to the surface of the workpiece. Both parameters affect the spatial distribution of the intensity and of the absorption coefficient on the cutting front /3/. The inclination and the curvature of the cutting front are developed in such a way that the local power input is balanced in each point /7,8/.

As an example, the variation of the focal position when cutting 10 mm thick stainless steel (fig. 1) demonstrates that extreme values can lead to a significant increase of the maximum cutting speed.

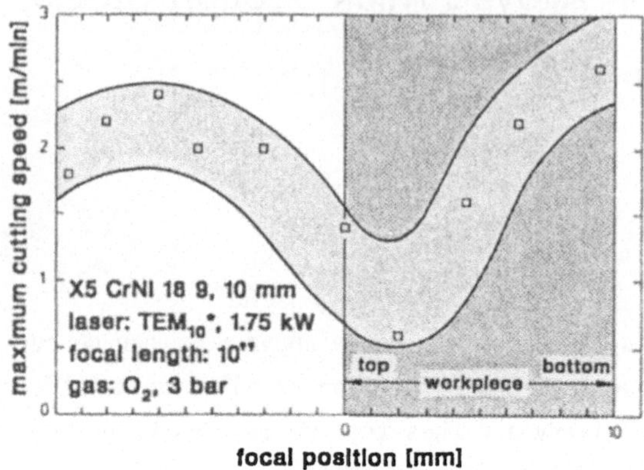


Fig. 1 Influence of the focal position on the cutting speed

Laser oxygen cutting with special nozzle configurations

Using a conventional coaxial oxygen nozzle, the local stagnation of melt in the cutting kerf and the resulting exothermic super reaction with self-burning in the lower cutting front region is leading to a slow cutting speed and to cutting edges with high roughness, deep erosion and extreme dross attachment (fig. 2 a).

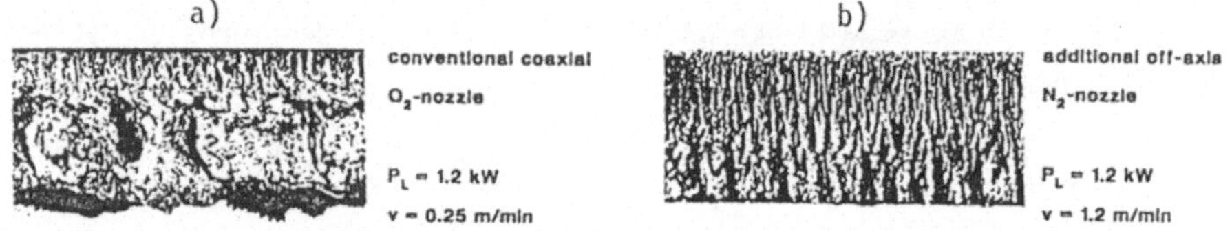


Fig. 2 Increase of cutting speed and quality by using an additional off-axis nozzle (material: X5CrNi1810, 10 mm)

The additional application of an off-axis logging inert gas nozzle can multiply the cutting speed (fig. 2b). Moreover, the roughness of the cutting edge decreases and erosion and dross attachment are significantly reduced. The inert gas jet is guiding and bordering the central oxygen jet and supports the melt ejection by supplementary momentum transfer. In the lower cutting front region, a mixing of the gas components occurs. In this way, the super reaction is avoided. The steep cutting front enables a homogeneous absorption distribution /3,7/. If required, the single off-axis nozzle can be replaced by multiple nozzles arranged concentrically or by a ring nozzle.

Laser oxygen cutting in the pulse mode

By pulsing the laser radiation, not only the temporal behaviour of the cutting front temperature but also the exothermic reaction is modulated. If the pulse-off time is long enough, the interaction zone can cool down below the ignition temperature of the material. The oxidation process is interrupted because it cannot continue without a heat source. Thereby, it is possible to diminish the exothermic reaction without slowing up the melt and dross ejection by reducing the oxygen pressure.

The duty cycle of the laser pulses has a principal influence (fig. 3). At a constant pulse peak power, the average laser power and the duration of the exothermic reaction is scaling with the duty cycle. The maximum cutting speed is increased in accordance with this. The main quality criterion is the erosion - free cutting depth $s_f$ (fig. 3). There exist relative maxima of quality as a function of the cutting speed. Rising the duty cycle, the position of the relative maximum is shifted to a higher cutting speed but the attainable quality is decreased. Erosion-free cutting edges only occur in a small parameter range.

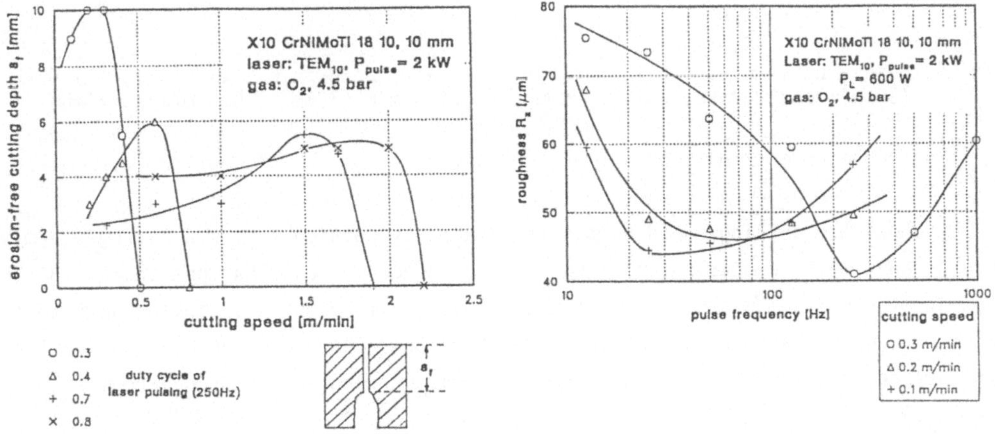


Fig. 3 Cut quality versus cutting speed and duty cycle of laser pulsing

Fig. 4 Variation of laser pulse frequency for fine adjustment of cut quality

For fine adjustment of the cutting quality with regard to the roughness, the pulse frequency (fig. 4) and the oxygen pressure have to be varied. In figure 5, some laser cuts in thick stainless steel plates are shown which have been optimized with the described procedure.

## Laser beam cutting with mixed gases

To adjust the portion of oxidation energy and the ejection efficiency of the cutting gas in the cw laser mode separately, a dosed admixture of an inert gas to the oxygen jet suggests itself /5/. The mixing proportion has to be adapted to the demand for energy, the total gas pressure to the requirement of momentum transfer. The

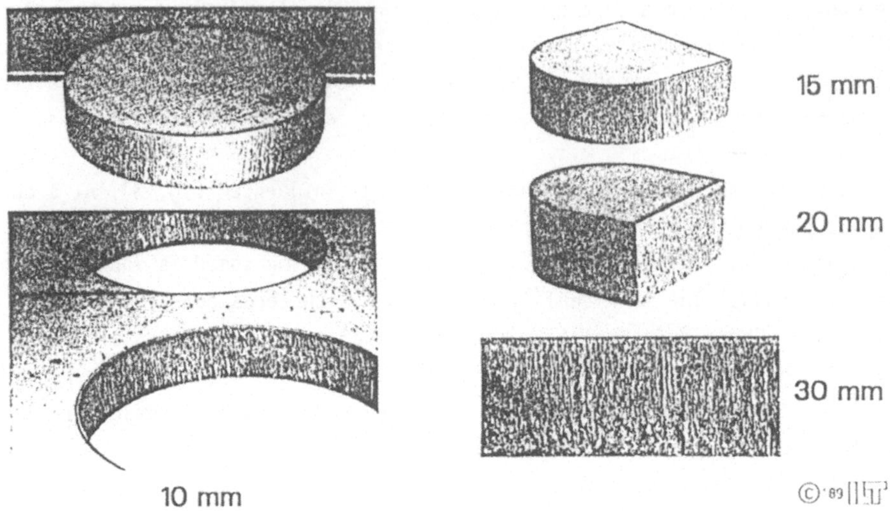


Fig. 5 Laser cut samples in stainless steel; laser power: 0.6 kW (10mm) - 1.9 kW (30mm); pulse mode; cutting speed: 0.1 m/min (30mm) - 0.3 m/min (10mm)

inert gas used here is nitrogen.

Fig. 6 shows the cutting speed versus the mixing proportion. Even a nitrogen admixture of only 10 % reduces the maximum cutting speed to less than one third. By increasing the part of nitrogen, the cutting speed is monotonously sinking down to the value of proper laser fusion cutting. On the other hand, erosion and dross attachment are reduced and the oxid layer gets thinner or even partly transparent.

However, the cutting edges do not reach the surface quality which was realized in the pulse mode.

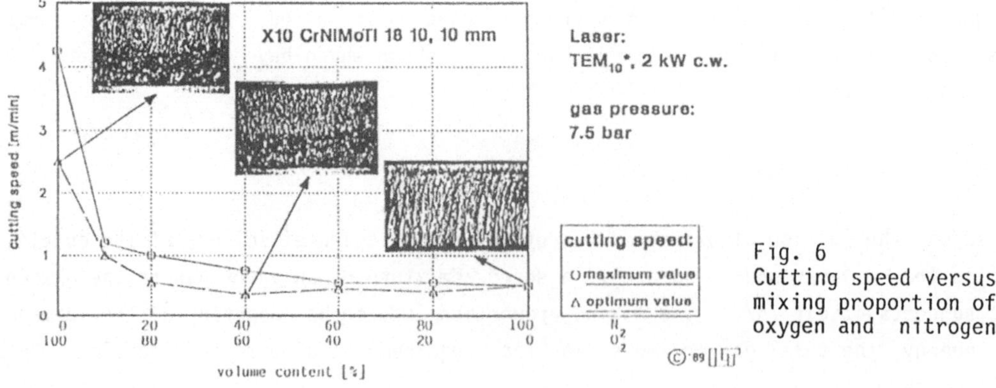


Fig. 6
Cutting speed versus mixing proportion of oxygen and nitrogen

Laser fusion cutting

Because of their comparatively low thermal conductivity, highly alloyed steels are well suitable for laser fusion cutting. Corresponding investigations on thin sheets up to 6 mm or less have already been published /3,6/. Particularly for the stainless steels, a cutting edge free of oxide is an essential quality criterion to keep the corrosion resistance without refinishing. In Fig. 7, the maximum cutting speeds for sheets up to 15 mm thickness and different laser powers are listed.

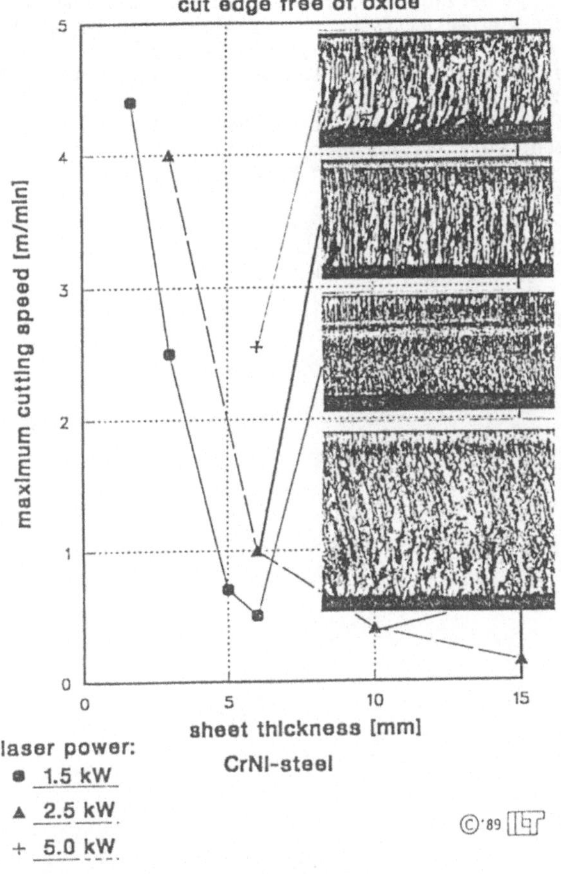


Fig. 7 Laser fusion cutting

The choice of the cutting gas parameters, e.g. nozzle design, stand-off, alignment and pressure concerning the efficiency of melt ejection, is supported by Schlieren-diagnoses of the supersonic phenomena within a simulated cutting kerf / 3 /. To produce burrless cutting edges with low roughness, a high gas pressure (more than 10 bar) and a large nozzle aperture (2 mm or more) is helpful. To optimize the laser beam parameters theoretically, a model for the computer-simulation of the cutting front has been developed / 8 /.

Summarizing remark

The efficiency of the five described procedural variants of $CO_2$-laser beam cutting can be enhanced by combining them in the appropriate way. The right method of combination depends on the dominantly aspired cutting result with regard to speed, quality and oxidation. The 30 mm cut in fig. 5 could only be realized by the simultaneous utilization of laser pulse mode and off-axis inert gas nozzle.

Acknowledgements

The support of this work by the Bundesminister für Forschung und Technologie, Thyssen AG and Rofin Sinar Laser GmbH is gratefully acknowledged.

References

/1/ Arata, Y.; Maruo, H.; Miyamoto, I.; Takeuchi, S.: Quality in Laser-Gas-Cutting Stainless Steel and its Improvement. Trans. JWRI, Vol. 10, Part 2, 1-11 (1981)

/2/ Powell, J.; Menzies, I.A.; Schenzinger, K.: Metallschneiden mit dem $CO_2$-Laser. Werkstatt und Betrieb 121, 8, 656-60 (1988)

/3/ Petring, D.; Abels, P.; Beyer, E.; Herziger, G.: Werkstoffbearbeitung mit Laserstrahlung. Teil 10: Schneiden von metallischen Werkstoffen mit $CO_2$-Hochleistungslasern. Feinwerktechnik und Messtechnik 96, 9, 364-72 (1988)

/4/ Han, Y.-H.: Laserstrahlbrennschneiden von hochlegierten Stählen. Optoelektronik Magazin, Vol. 5, No. 1, 52-4 (1989)

/5/ Nielsen, S.E.: Laser Cutting with High Pressure Cutting Gases and Mixed Gases. PhD thesis, Inst. Manfg. Eng., Tech. Univ. of Denmark, (1985)

/6/ Weick, J.M.; Storz, W.: Neue Aspekte zum Trennen von Metallen mit $CO_2$-Lasern. Laser und Optoelektronik, 2, 48-51 (1988)

/7/ Petring, D.; Abels, P.; Beyer, E.: Absorption Distribution on Idealized Cutting Front Geometries and its Significance for Laser beam Cutting. SPIE Vol. 1020, High Power $CO_2$ Laser Systems and Applications, 123-31 (1988)

/8/ Petring, D.; Abels, P.; Beyer, E.: The Absorption Distribution as a Variable Property During Laser Beam Cutting. Proc. ICALEO, Santa Clara, (1988)

# Geschwindigkeitsbegrenzende Faktoren beim Laserstrahlschneiden von schwer trennbaren metallischen Werkstoffen

F.Dausinger, R.Edler, U.Schreiner, E.Bächle, K.Riehle
Institut für Strahlwerkzeuge (IFSW), Universität Stuttgart,
D 7000 Stuttgart 80, Pfaffenwaldring 43

## 1. Einleitung

Die industrielle Anwendung des Trennens mit $CO_2$-Lasern ist bei metallischen Werkstoffen heute im wesentlichen auf Stahlbleche begrenzt. Werkstoffe wie Kupfer, Aluminium, Messing und Magnesium gelten noch als schwer bzw. nicht trennbar. Im Folgenden werden einige Ergebnisse von ausführlichen Schneidversuchen an diesen Metallen vorgestellt. Bei den Untersuchungen stand der Vergleich bzw. das Hervorheben grundsätzlicher Unterschiede zu Stahl im Vordergrund des Interesses. Daher wurde bewußt auf Sondermaßnahmen wie Spezialdüsen /1/ oder extreme Drücke /2/ verzichtet, die beispielsweise bei Aluminium erhebliche Verbesserungen bringen.

## 2. Versuchsbeschreibung

Für die Untersuchungen stand ein 1,5 kW Laser mit einem Mode nahe $TEM01^*$ zur Verfügung. Es wurde mit linear polarisiertem Strahl mit Polarisation parallel zur Vorschubsrichtung geschnitten. Zur Fokussierung wurde eine Spiegeloptik verwendet, deren optische Qualität vergleichbar der von handelsüblichen Schneidlinsen ist /3/. Mit einer Fokussierzahl $F \approx 4$ ergab sich ein Fokusdurchmesser von 0,2 mm. Für das Bearbeiten von Buntmetallen, wo starke Reflexionen auftreten, erwiesen sich Spiegeloptiken aufgrund ihrer thermische Belastbarkeit als besonders vorteilhaft.

Es wurden sowohl Brenn- als auch Schmelzschnitte durchgeführt. Als Schneidgase wurden Sauerstoff und Argon mit Kesselüberdruck vor der Düse bis zu 0,57 MPa verwendet. Der Gasstrahl wurde durch eine Düse mit einem 1 mm langen zylindrischen Auslauf und einem Öffnungsdurchmesser von 1 mm geformt. Nach anfänglicher Optimierung wurde mit einem Düsenabstand zur Blechoberfläche von 0,3 mm gearbeitet.

Zur Charakterisierung der Schnittergebnisse wurde die maximal erreichbare Schnittgeschwindigkeit herangezogen. Darunter wird die Geschwindigkeit verstanden, bei der das Werkstück gerade noch vollständig getrennt werden konnte.

## 3. Versuchsergebnisse

Die maximalen Schnittgeschwindigkeiten für Stahl, Messing und Aluminium bei einer Laserleistung von 1000 W am Werkstück und von Kupfer bei 1200 W gibt Bild 1 wieder. Für die Messingschnitte wurde Argon verwendet, da sich mit Sauerstoff keine akzeptable Schnittqualität erzielen ließ. Die anderen Metalle wurden mit Sauerstoff geschnitten. Im Vergleich der Metalle ergaben sich bei Stahl die höchsten, bei Kupfer die niedrigsten Schnittgeschwindigkeiten. Auffällig ist, daß bei kleinen Blechdicken die Werte von Aluminium und Messing an die von Stahl heranreichen. Bei größeren Blechdicken werden dagegen nur Bruchteile der Stahlwerte erzielt.

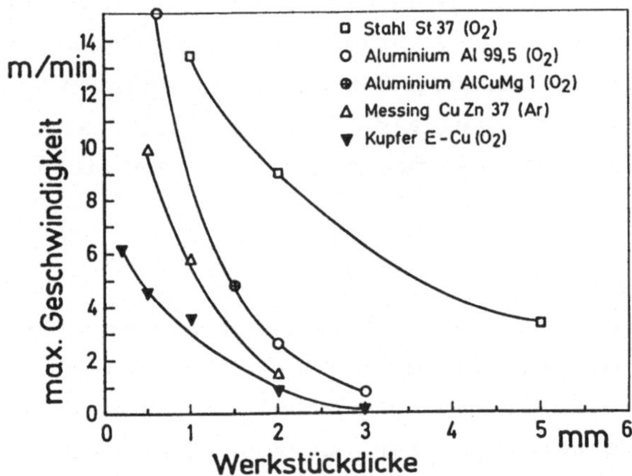


Bild 1: Maximale Schnittgeschwindigkeit in Abhängigkeit von der Blechdicke bei 1000 W (beziehungsweise 1200 W bei Kupfer) Laserleistung. In Klammern sind die verwendeten Schneidgase angegeben.

Die Bilder 2 und 3 zeigen bei verschiedenen Materialien mit Argon erreichte Geschwindigkeiten in Abhängigkeit von der Laserleistung. Es tritt eine materialspezifische Schwell-Leistung $P_s$ zutage, unterhalb der Trennen nicht möglich ist. Oberhalb der Schwelle wächst die maximale Schneidgeschwindigkeit nahezu proportional zur Laserleistung mit der Steigung m. Für unterschiedliche Materialien ergeben sich hier signifikant unterschiedliche Steigungen. Zum Beispiel zeigen Messing (Bild 2) und Aluminium (Bild 3) eine deutlich höhere Steigung als Stahl, was dazu führt, daß sich die jeweiligen Kurven bei hoher Leistung überschneiden.

Mit zunehmender Blechstärke wächst, wie der Vergleich der Bilder 2 und 3 zeigt, die Schwell-Leistung an und nimmt die Steigung ab.

## 4. Diskussion der Ergebnisse

Aus einer Leistungsbilanzrechnung ergibt sich, daß die Steigung im v-$P_L$-Diagramm im wesentlichen vom Absorptionsgrad A und dem Wärmebedarf $Q_f$ des ursprünglich in der Trennfuge enthaltenen Materials bestimmt wird:

$$m \sim A/Q_f \ .$$

Der Wärmebedarf $Q_f$ ergibt sich neben den Fugenabmessungen (Spaltbreite b, Blechdicke d) aus den Materialparametern Dichte $\rho$, spezifischer Wärme c, Schmelztemperatur $T_s$ und Schmelzwärme $q_s$ sowie aus der Aufheizung der Schmelze über die Schmelztemperatur $\Delta T$:

$$Q_f \approx b \cdot d \cdot \rho \cdot (c \cdot (T_s + \Delta T) + q_s - q_r) \ .$$

Die theoretisch maximal mögliche Steigung erhält man für idealen Schmelzaustrieb, bei dem das aufgeschmolzene Material ohne weitere Aufheizung sofort ausgetrieben wird ($\Delta T \approx 0$). Beim Brennschneiden wird der Wärmebedarf um die Reaktionswärme $q_r$ vermindert.

Die beobachtete Schwell-Leistung kann durch Wärmeableitungssverluste erklärt werden /4/. Sie wächst mit zunehmender Materialdicke, Wärmeleitfähigkeit und Schmelztemperatur und abnehmendem Absorptionsgrad.

Mit den obigen Leistungsbilanzbetrachtungen lassen sich die im vorherigen Kapitel beschriebenen experimentellen Ergebnisse qualitativ verstehen:

1. Die in Bild 2 und 3 beobachtete höhere Schwell-Leistung bei Messing und Aluminium im Vergleich zu Stahl wird von Wärmeableitungsverlusten und von geringerer Absorption verursacht.

2. Die in Bild 2 und 3 zutage tretenden höheren Steigungen bei Aluminium, Messing und der Magnesiumlegierung im Vergleich zu Stahl sind mit dem geringeren Wärmebedarf für das Aufschmelzen zu verstehen, der sich aus der geringeren Dichte und dem niedrigeren Schmelzpunkt dieser Metalle ergibt.

3. Bei ausreichend hoher Laserleistung kompensiert der geringere Wärmebedarf für Erwärmen und Aufschmelzen bei Aluminium und Messing die höhere Schwell-Leistung im Vergleich zu Stahl.

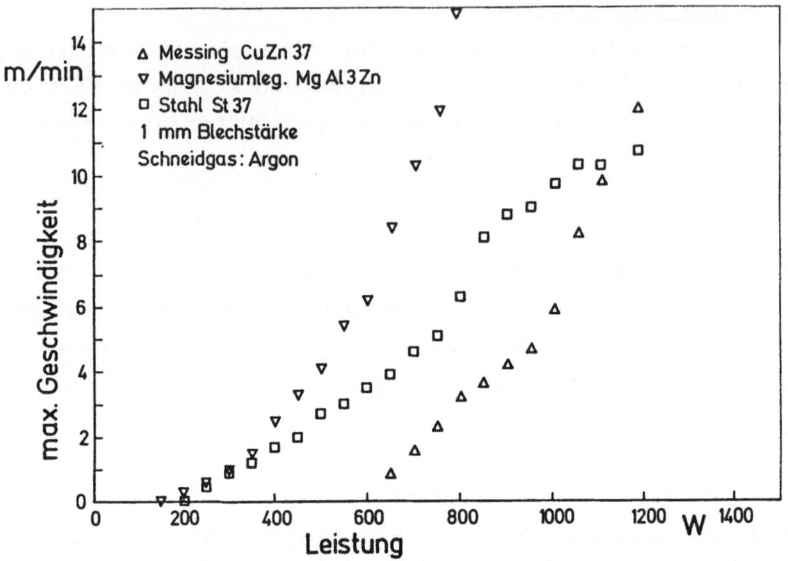


Bild 2: Maximale Schnittgeschwindigkeit in Abhängigkeit von der Laserleistung bei 1 mm Blechstärke, Schneidgas Argon.

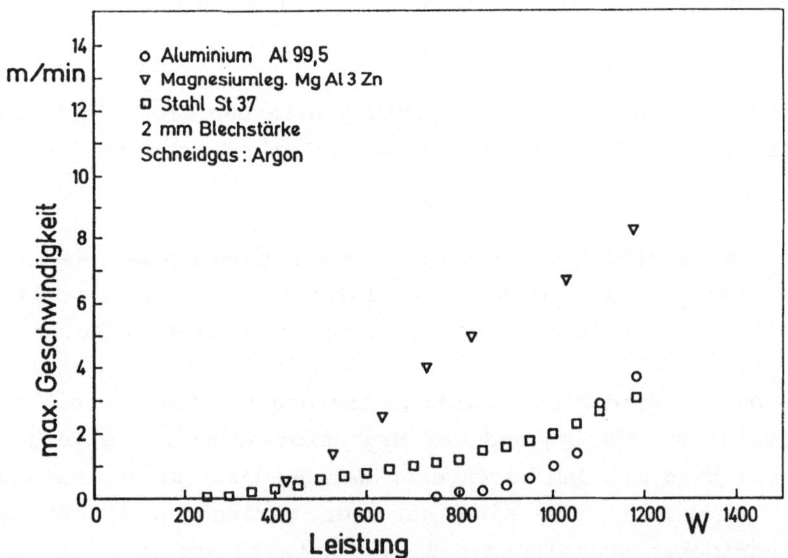


Bild 3: Maximale Schnittgeschwindigkeit in Abhängigkeit von der Laserleistung bei 2 mm Blechstärke, Schneidgas Argon.

4. Bei Metallen mit höherem Wärmebedarf ist diese Kompensation nicht zu erwarten. Dadurch werden die generell niedrigeren Trenngeschwindigkeiten bei Kupfer (siehe Bild 1) erklärt.

## 5. Zusammenfassung

Die Darstellung im v-$P_L$-Diagramm erweist sich als nützlich für eine vergleichende Diskussion der Eignung verschiedener Werkstoffe für das Laserstrahlschneiden. Sie zeigt das Zusammenspiel der Materialparameter, die über die Leistungsbilanz die Maximalgeschwindigkeit bestimmen. Dadurch wird verständlich, warum sich bei leichten Materialien trotz geringerer Absorption höhere Schneigeschwindigkeiten als bei Stahl erreichen lassen, wenn die Laserleistung ausreichend hoch über der Schwell-Leistung gewählt wird.

Diese Arbeit wurde von der Robert Bosch GmbH und dem Bundesministerium für Forschung und Technologie unterstützt.

Literatur

/1/ J.M.WEICK, W.STORZ, "Neue Aspekte zum Trennen von Metallen mit $CO_2$-Lasern", Laser und Optoelektronik, April 1988, S.48.

/2/ I.DECKER, R.GIERE, J.RUGE, "Einfluß der Werkstoffeigenschaften beim Laserstrahlschneiden von Aluminiumwerkstoffen", 2.Europäische Konferenz über Laser-Materialbearbeitung ECLAT'88, Bad Nauheim, DVS-Bericht Band 113, Oktober 1988, S.9.

/3/ A.GIESEN, S.BORIK, U.SCHREINER, F.DAUSINGER, "Vermessung fokussierender Systeme für Hochleistungs-$CO_2$-Laser", Optoelektronik in der Technik, Laser 87, Herausgeber W.Waidelich, Springer-Verlag 1987, S.483.

/4/ G.SIMON, S.ROSSMANN, R.FINKE, private Mitteilung.

# Einfluß der Legierungselemente auf den Laserstrahlschneidprozeß

Y.-H. Han Inst. f. Tech. Physik, DLR Stuttgart, D

I. Decker J. Ruge Institut für Schweißtechnik, TU Braunschweig, D

## 1. Einleitung

Während des Schneidvorgangs wirken mit dem Erwärmen und Aufschmelzen des Werkstoffs drei physikalische Teilprozesse zusammen: die Absorption des Laserstrahls in der Schnittfuge, die chemische Reaktion des Metalls mit dem Schneidgas und der Austrieb der Schlacke/Schmelze durch die Schneidgasströmung.

Das Zulegieren fremder Atome zu einem Metall bewirkt eine Erhöhung des optischen Absorptionsvermögens und zugleich einen Abfall der Wärmeleitfähigkeit. In bezug auf die dadurch günstigere Energiebilanz verbessert sich tendenziell die Schneideignung des Werkstoffs mit zunehmendem Legierungsgehalt.

Beim Laserstrahlbrennschneiden ist jedoch die chemische Reaktion von zentraler Bedeutung. Die Reaktionsgeschwindigkeit hängt dabei wesentlich von der Stabilität der entstehenden Oxide, d.h. von der Differenz der freien Enthalpien vor und nach der Reaktion ab, sofern die Reaktionspartner ungehindert aufeinander treffen können. Andernfalls spielen Diffusionsvorgänge eine die Reaktion begrenzende Rolle. Unter diesem Gesichtspunkt muß die Schlackenfilmdicke, also die Entfernung zwischen den Reaktionspartnern Metall und Sauerstoff des Schneidgasstrahls, so gering wie möglich gehalten werden. Dafür ist es erforderlich, daß die Schlacke eine niedrige Viskosität und eine geringe Grenzflächenspannung aufweist.

## 1. Schneidversuche

Um zu klären, wie Legierungselemente den Schneidprozeß beeinflussen, wurden Schneidversuche an hochlegierten Stählen und einigen anderen Legierungen durchgeführt. Die Versuchsbleche (Tabelle 1) wurden überwiegend durch Laserstrahlbrennschneiden mit kontinuierlich betriebenen $CO_2$-Lasern getrennt. Ergänzend wurde auch der Einfluß des Pulsbetriebs auf die Schnittqualität untersucht, und bei ausgewählten Werkstoffen wurde das Laserstrahlschmelzschneiden angewandt. Die Blechstärke betrug jeweils 3 mm.

| Nr. | Werk.-Nr. | Bezeichnung | Nr. | Werk.-Nr. | Bezeichnung |
|---|---|---|---|---|---|
| 1 | 1.3343 | S 6-5-2 | 2 | 1.3912 | Ni36 |
| 3 | 1.4016 | X8Cr17 | 4 | 2.0872 | CuNi10Fe1Mn |
| 5 | 2.4061 | LC-Ni99.6 | 6 | 2.4360 | NiCu30Fe |
| 7 | 2.4619 | NiCr22Mo7Cu | | | |

Tabelle 1: Versuchswerkstoffe

## 2. Einfluß des Schlackenaustriebs und selektive Verbrennung

Je nach Werkstoff und Blechdicke wird die Schnittqualität bekanntermaßen von einer Vielzahl von Verfahrensparametern beeinflußt: Laserleistung, Schneidgeschwindigkeit, Schneidgaszusammensetzung, -druck bzw. -strömungszustand je nach Schneiddüse, Beschaffenheit der Strahlkaustik, Fokuslage, u.a.. Die Schnittqualität hängt jedoch in ganz wesentlichem Maße davon ab, in welcher Weise die Schlacke aus der Schnittfuge ausgetrieben wird. Ist die Schlacke zähflüssig, kommt es zu einer Schlackenanhaftung an den entstehenden Schnittflächen. Dies erhöht die Wärmeeinbringung in die Schnittkanten, was zu einem stärkeren Verbrennen des Werkstoffs und damit zu einer Minderung der Schnittflächenqualität führt. Ist die Schmelztemperatur der Schlacke höher als die des Grundwerkstoffs, findet die Erosion in der zwischen der Schlackenschicht und dem noch festen Werkstoff liegenden Schmelzschicht statt. Dies setzt ebenfalls die erreichbare Schnittqualität deutlich herab.

Eine gute Schnittqualität wurde trotz eines hohen Legierungselementeanteils beispielsweise beim Schnellarbeitsstahl S6-5-2 erzielt. Die Ursache liegt in der Schlackenzusammensetzung: Der Grundwerkstoff enthält Elemente (6% Mo, 2% V), die sich beim Schneiden zu niedrig schmelzenden Oxiden ($MoO_3$: 795°C, $V_2O_5$: 647°C) unter hoher Wärmeabgabe umwandeln. Aus entsprechenden Phasendiagrammen /1/ kann entnommen werden, daß diese Oxide die Schmelztemperatur der Schlacke insgesamt niedrig halten.

Beim Laserstrahlbrennschneiden von Werkstoffen, die Legierungselemente wie Cr, Ni oder Al enthalten, läßt sich eine vergleichbare Schnittqualität nicht erreichen. Aufgrund einer selektiven Verbrennung weichen die Elementanteile in der Schmelzzone und in der Schlacke von denen des Grundwerkstoffs ab. Die Schmelzzone von z.B. X5CrNi18 9 reichert sich mit Nickel an, während sie an Chrom verarmt (Bild 1): An der Verbrennung nimmt Chrom aufgrund seiner hohen Affinität zu Sauerstoff bevorzugt teil. Gleichzeitig wird der Austrieb der Schlacke erschwert, da ein schon kleiner $Cr_3O_3$-Gehalt die Viskosität von Eisenoxid-Schlacken merklich erhöht (Bild 2).

## 4. Schneidparameteranpassung

Das Ausmaß der selektiven Verbrennung kann unter Verwendung thermodynamischer Gesetzmäßigkeiten abgeschätzt werden /1/. In Tabelle 2 sind für die Legierungspaarung Eisen/Chrom diejenigen Konzentrationen angegeben, bei denen es zu einem gleichmäßigen Abbrand beider Elemente kommt. Entsprechen die Elementgehalte nicht dem Reaktionsgleichgewicht, läuft die Reaktion selektiv im Sinne einer Annäherung an den Gleichgewichtszustand ab. Bei T = 2000 K wird Eisen erst dann entsprechend seinem Elementanteil oxidiert, wenn die Konzentration von Cr in der Schmelze auf 1,9 % abgefallen ist. Bei T = 3000 K hingegen wird dieser Zustand schon bei 15.6% Cr erreicht. Für die Schneidparameterwahl bedeutet dies, daß z.B. beim Schneiden von X8Cr17 eine Prozeßtemperatur von 3089 K angestrebt werden sollte.

| Temp. K | Cr% | Fe% | / | Temp. K | Cr% | Fe% |
|---|---|---|---|---|---|---|
| 2000 | 1.9 | 98.1 | / | 2200 | 3.5 | 96.5 |
| 2400 | 6.0 | 94.0 | / | 2600 | 9.0 | 91.0 |
| 3000 | 15.6 | 84.4 | / | 3089 | 17.0 | 83.0 |

Tabelle 2: Grenzkonzentrationen der selektiven Verbrennung

Eine vollständig theoretische Behandlung des Schneidvorgangs würde auch die korrekte Einbeziehung der Transportvorgänge in der Schnittfuge erfordern. Die oben gemachten Aussagen erwiesen sich zur Erklärung der Vorgänge beim Pulsbetrieb jedoch schon als nützlich: Beim Übergang zum Superpulsbetrieb (Pulsleistung kurzzeitig höher als

Laserleistung im cw-Betrieb) kann die selektive Verbrennung aufgrund der höheren Prozeßtemperatur nahezu unterdrückt werden. Das wegen der damit geringeren Viskosität bessere Ausfließverhalten der Schlacke führt zu einer besseren Schnittqualität, und die erreichbare Schneidgeschwindigkeit ist gegenüber dem kontinuierlichen Betrieb des Lasers mit entsprechender mittlerer Strahlleistung höher.

## Literatur

/1/ Die einzelnen Ergebnisse sind ausführlich dargestellt in: HAN, Y.-H.,: Werkstoffveränderungen beim Laserstrahlschneiden von Stählen, Ni-Basis- und Cu-Ni-Legierungen und deren Einfluß auf die Schwingfestigkeit. Dissertation, TU Braunschweig 1988

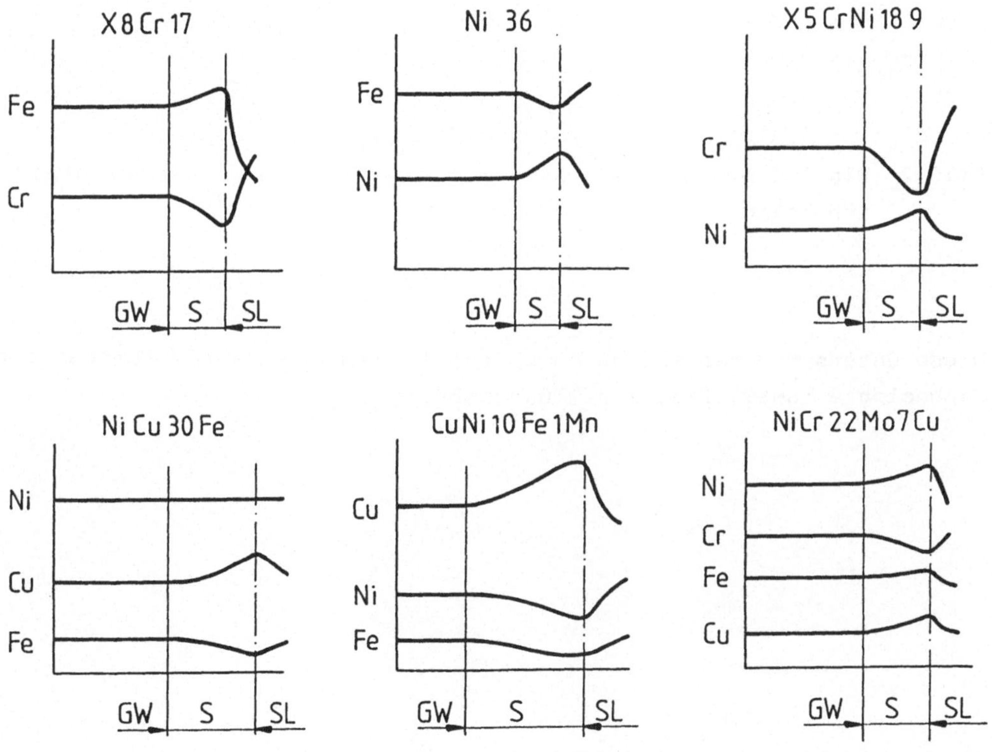


Bild 1: Elementverteilung an laserstrahlgeschnittenen Blechen aus verschiedenen Werkstoffen (GW: Grundwerkstoff, S: aufgeschmolzene Zone, SL: anhaftende Schlackenschicht)

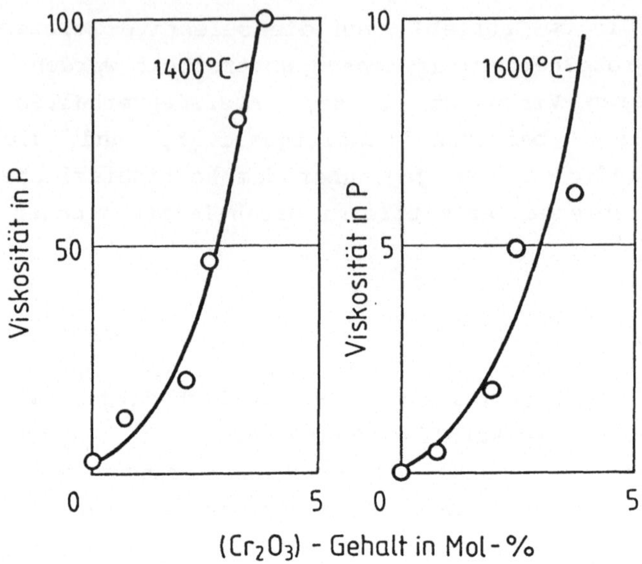


Bild 2: Einfluß des $Cr_2O_3$-Gehalts auf die Viskosität eisenoxidreicher Schlacken

Diese Untersuchungen wurden durch den Bundesminister für Forschung und Technologie (BMFT) finanziell unterstützt.

# Einfluß der Sauerstoffreinheit auf die Schneidgeschwindigkeit und die Schneidkosten beim Laserstrahlschneiden

Hermann Mair, Linde AG, Technische Gase, D-8023 Höllriegelskreuth und
Johann Herrmann, Linde AG, Technische Gase, D-8044 Unterschleißheim

Ob ein durch Laserstrahlbrennschneiden hergestelltes Bauteil gute Schnittqualität aufweist, die Schnittunterkante schlackenfrei ist, hängt von den vorgewählten Schneidparametern ab, z. B. der Laserleistung, der Schneidgeschwindigkeit, dem Schneidsauerstoffdruck, dem Düsenabstand, der Fokuslage, dem zu schneidenden Werkstoff usw. Ein sehr wichtiger Einflußfaktor ist die Sauerstoffreinheit. Um zu untersuchen, wie sich die Sauerstoffreinheit beim Laserstrahlbrennschneiden auswirkt, wurden anhand von Schneidversuchen an verschiedenen Blechdicken und mit verschiedenen simulierten Sauerstoffarten die maximal mögliche Schneidgeschwindigkeit ermittelt, bei der die Schnittunterkante schlackenfrei und die Gratbildung ein Minimum ist.

Bild 1 zeigt Laserbrennschnitte an 4 mm Blech St 1203 bei verschiedenen Sauerstoffreinheiten.Im Bildausschnitt oben, die Rückseite der Schnittfuge und die Schnittfläche, hergestellt mit Sauerstoff der Reinheit 99,999 % und mit 1,65 m/min geschnitten. Im Bildausschnitt Mitte, die Rückseite der Schnittfuge und die Schnittfläche, hergestellt mit Sauerstoff der Reinheit 99,45 %, geschnitten mit etwa 1 m/min.

| | $O_2$-Reinheit [%] | Schneidgeschwindigkeit [m/min] |
|---|---|---|
| 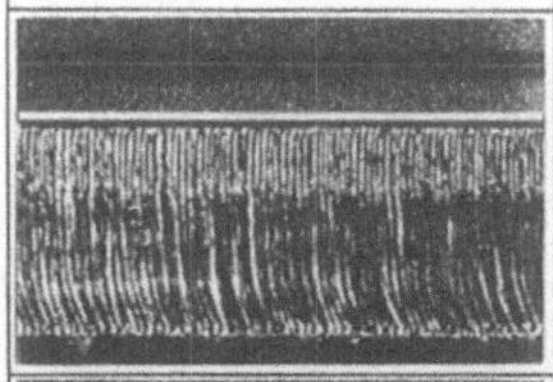 | 99,999 | 1,65 |
| 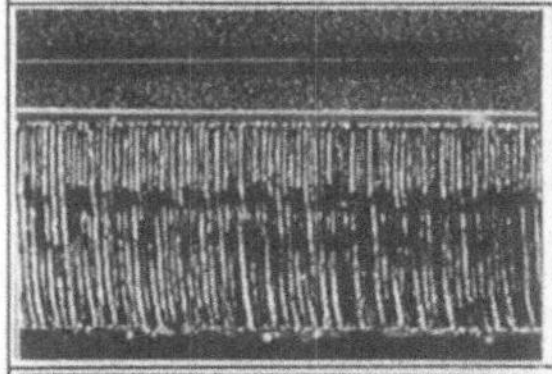 | 99,45 | 1,08 |
| 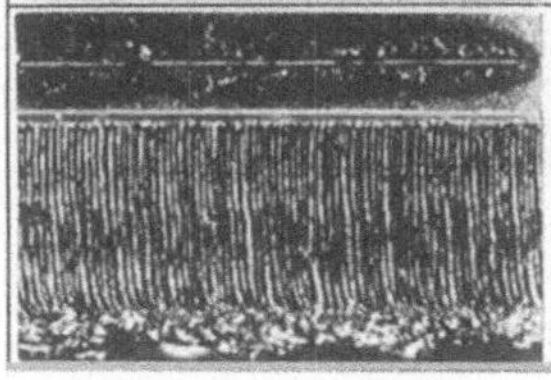 | 99,05 | 1,08 |

Bild 1:
Rückseite der Schnittfuge und Schnittfläche mit Schnittrillen von Laserstrahlschnitten an 4 mm Blech St 1203; Laserleistung 600 W
Der Schnitt mit Sauerstoff 99,45 % Reinheit wurde nicht mit maximal möglicher Schneidgeschwindigkeit geschnitten. Er soll nur den Unterschied zu Schneidergebnissen mit Sauerstoff 99,05 % Reinheit darstellen.

Zum Vergleich im Bildausschnitt unten, ein Schnitt mit Sauerstoff der Reinheit 99,05 % ebenfalls geschnitten mit etwa 1 m/min. Sowohl an der Schnittunterseite als auch an der Schnittfläche ist die anhaftende Schlacke gut erkennbar. Solche Schnitte sind in der Praxis nicht verwendbar, die Beseitigung der angeschmolzenen Schlakke wäre viel zu aufwendig.

Den Einfluß der Sauerstoffreinheit auf die Schneidgeschwindigkeit bei 3 mm Blech St 1203 zeigt Bild 2. Die eingezeichneten Punkte beziehen sich auf die Schneidgeschwindigkeit, die bei der jeweiligen Sauerstoffreinheit gerade noch schlackenfrei möglich sind. Die Unterseite der ausgeführten Schnitte zeigt das Bild 3.

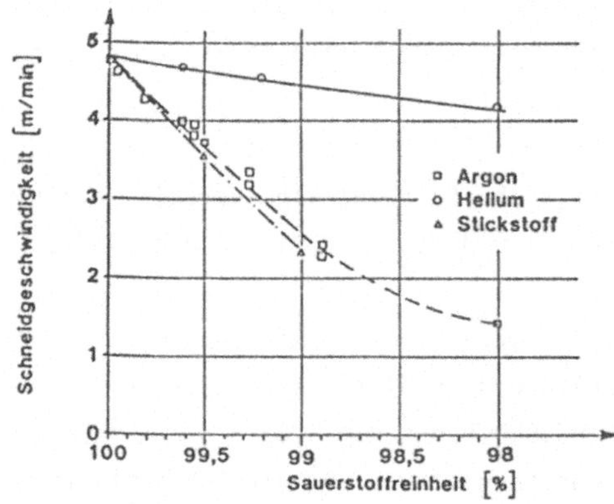


Bild 2
Einfluß der zum Schneidsauerstoff 99,999 % Reinheit zugemischten Gase Argon, Helium und Stickstoff auf die Schneidgeschwindigkeit bei 3 mm Blech. Die Schneidgeschwindigkeit bezieht sich auf schlackenfreie Schnitte beim Schneiden mit 1000 W Laserleistung. Aufgrund der geringen Unterschiede der Siedepunkte zwischen Argon (-186 °C ) und Sauerstoff (-183 °C ) bestehen Verunreinigungen im Sauerstoff hauptsächlich aus Argon.

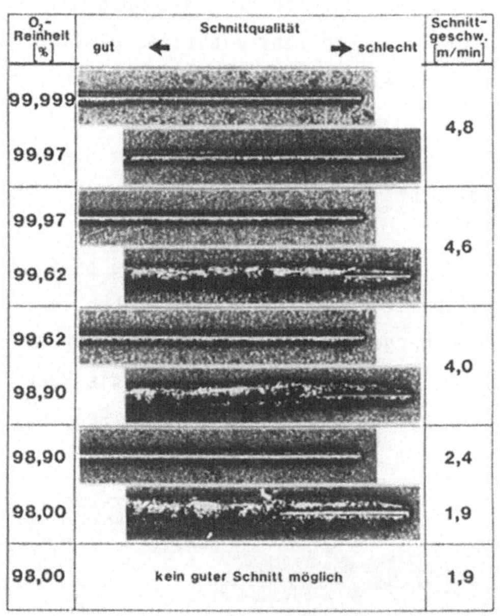


Bild 3
Schnittfugen von Laserstrahlbrennschnitten an 3 mm Blech St 1203 von der Strahlaustrittsseite gesehen, Laserleistung 1000 W

Die nach links versetzten Schnitte sind schlackenfrei, d.h. gut, bei den nach rechts versetzten Schnitten haftet Schlacke an der Schnittunterseite, d.h. der Schnitt ist schlecht. Mit Sauerstoff der Reinheit 99,999 % konnten bis 4,8 m/min schlackenfreie Schnitte hergestellt werden. Bei Verwendung von Sauerstoff der Reinheit 99,97 % war mit gleicher Schneidgeschwindigkeit kein schlackenfreier Schnitt möglich. Erst bei Reduzierung der Schneidgeschwindigkeit auf 4,6 m/min waren schlakkenfreie Schnitte möglich.Die Wiederholung des Schnittes mit Sauerstoff der Reinheit 99,62 % zeigt, daß die Schneidgeschwindigkeit von 4,6 m/min zu hoch ist und Schlacke an der Schnittunterkante haftet.

Erst durch Reduzierung der Schneidgeschwindigkeit auf 4 m/min sind mit Sauerstoff 99,62 %, das entspricht etwa dem Standardsauerstoff, schlackenfreie Schnitte möglich.

Das nächste Bild zeigt weitere Schnitte mit abnehmender Sauerstoffreinheit. Bei 1 % verunreinigtem Sauerstoff ist erst bei 2,4 m/min ein schlackefreier Schnitt möglich. Bei 2 % verunreinigtem Sauerstoff ist bei den vorgewählten Schneidparametern kein schlackenfreier Schnitt möglich.

Derartige Schneidversuche wurden nicht nur an 3 mm Blechen, sondern auch an 1, 2, 3, 4, 6 und 8 mm Blechen durchgeführt, Bild 4. Der Trend ist bei allen Blechdicken ähnlich, mit zunehmender Verunreinigung des Schneidsauerstoffes muß langsamer geschnitten werden um schlackefrei schneiden zu können.

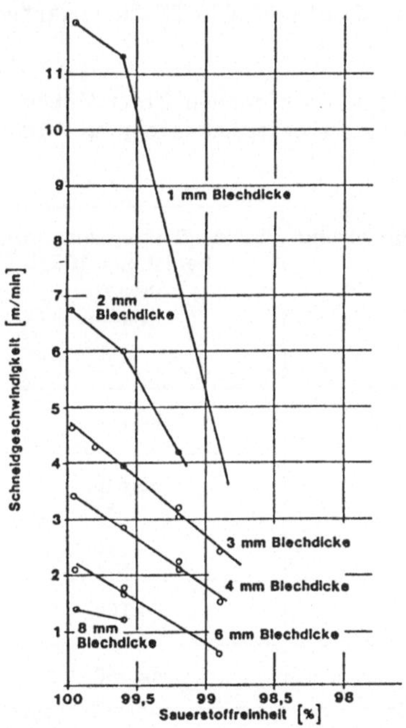


Bild 4
Einfluß der Sauerstoffreinheit auf die Schneidgeschwindigkeit bei verschiedenen Blechdicken und 1000 W Laserleistung

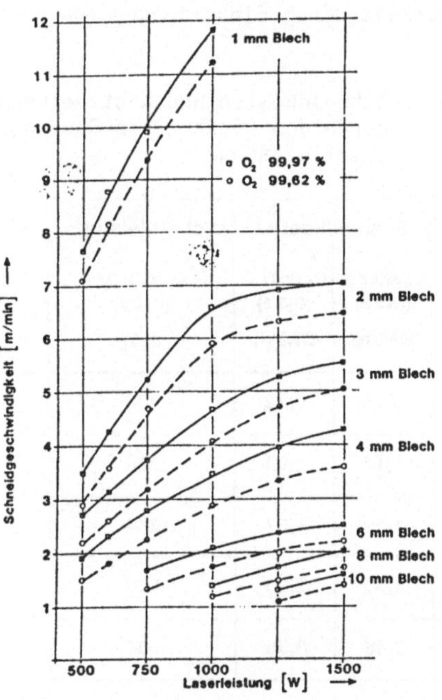


Bild 5
Maximale Schneidgeschwindigkeit für schlackenfreie Schnitte mit Sauerstoff 99,62 % bzw. 99,97 % Reinheit bei verschiedenen Laserleistungen und unterschiedlichen Blechdicken

Den Einfluß der Laserleistung auf die Schneidgeschwindigkeit mit Sauerstoff der Reinheit 99,62 % verglichen mit Sauerstoff 99,97 %, bezogen auf 1, 2, 3, 4, 6, 8 und 10 mm Blech zeigt dieses Bild 5.

Der Einfluß der Sauerstoffreinheit ist bei allen Blechdicken und den unterschiedlichen Laserleistungen deutlich erkennbar. Sauerstoff höherer Reinheit ermöglicht stets schnelleres Schneiden. Bei Blechdicken unter 2 mm bringt eine höhere Laserleistung über 1000 W nur noch geringfügige Steigerung der Schneidgeschwindigkeit, wobei der Einfluß der Sauerstoffreinheit trotzdem gegeben ist.

Welche Vorteile für den Anwender der Einsatz von reinerem Sauerstoff bringen kann, ist in Tabelle 1 enthalten.

In der 1. Spalte die Blechdicke. In der 2. und 3. Spalte die Schneidkosten. Der Einfachheithalber wurde Sauerstoff der Reinheit 99,62 % (2.5) mit Sauerstoff der Reinheit 99,97 % (3.5) verglichen. Diese Kostenrechnung ist auf einen Fertigungskostensatz von 255,00 DM/h bezogen. Wie der Fertigungskostensatz ermittelt wird, ist aus einer frühren Arbeit entnommen /1/. Eine ausführliche Kostenanalyse wird im DVS-Bericht /2/ veröffentlicht. Für Sauerstoff 2.6 wurde 3,50 DM/m³ und Sauerstoff 3.5 4,70 DM/m³ angenommen. Aufgrund der Schneidleistung, Spalte 4, ergibt sich je nach Blechdicke eine Schneidkosteneinsparung von 24,00 DM/h bis 45,00 DM/h, Spalte 5. Auf 1 Jahr hochgerechnet, Einschichtbetrieb angenommen, bei 1000 Stunden Verfügbarkeit wären Einsparungen von jährlich 23.000 DM bis 44.000 DM zu erwarten.

Tabelle 1: Schneidkosten und Kosteneinsparung für die verschiedenen Blechdicken durch den Einsatz von Sauerstoff 99,97 % (3.5) beim Schneiden mit 1000 W Laserleistung

| Blech-dicke | Schneidkosten | | Schnittleistung | Schneidkosteneinsparung | Schneidkosteneinsparung/a bei 1 Jahr = 1000 h |
|---|---|---|---|---|---|
| | $O_2$ 99,62 % ($O_2$ 2.5) | $O_2$ 99,97 % ($O_2$ 3.5) | $O_2$ 99,97 % ($O_2$ 3.5) | $O_2$ 99,97 % ($O_2$ 3.5) | $O_2$ 99,97 % ($O_2$ 3.5) |
| mm | DM/m | DM/m | m/h | DM/h | DM |
| 2 | 0,78 | 0,72 | 396 | 23,76 | 23.760,- |
| 3 | 1,17 | 1,03 | 276 | 38,64 | 38.640,- |
| 4 | 1,59 | 1,37 | 204 | 44,88 | 44.880,- |
| 6 | 2,55 | 2,20 | 126 | 44,10 | 44.100,- |
| 8 | 3,86 | 3,35 | 84 | 42,84 | 42.840,- |

Um diese Vorteile garantiert nutzen zu können, muß man mit definierter Sauerstoffreinheit schneiden. Voraussetzung dafür ist, für das Laserstrahlbrennschneiden, Sauerstoff höherer Reinheit, z. B. Sauerstoff 3.5, zu beschaffen.

## Schrifttum

/1/ Mair, H.:
Thermisches Trennen
"Einfluß der Sauerstoffreinheit auf die Schneidgeschwindigkeit sowie Einflüsse der Schneidgeschwindigkeit auf die Schlackenzusammensetzung und die Schlackenhaftung beim Brennschneiden"
DVS-Bericht 1982, Band 74, Seite 21 - 28

/2/ Mair, H.:
"Einfluß der Sauerstoffreinheit auf die Schneidgeschwindigkeit und die Schneidkosten beim Laserstrahlbrennschneiden"
DVS-Bericht 1989, Band 123

# Festigkeitseigenschaften laserstrahlgeschnittener Stähle

R. Giere, I. Decker, J. Ruge

Institut für Schweißtechnik, TU Braunschweig

## 1. Einleitung

Bei heutigen Laserschneidanlagen ist eine gute Schnittflächenqualität auch für das Schneiden hochfester Feinkornstähle bereits selbstverständlich. Neben der geometrischen Beschaffenheit der Schnittfläche können die metallurgischen Veränderungen im Randbereich eines geschnittenen Bauteils von entscheidender Bedeutung für dessen weitere Verwendbarkeit sein. Es muß die Frage nach dem Einfluß des Schneidprozesses auf die mechanisch-technologischen Eigenschaften des Bauteils gestellt werden. Erst dann läßt sich entscheiden, ob die jeweils gewonnene Schnittqualität den technischen Einsatz ohne eine Nachbearbeitung erlaubt.

Am Beispiel hochfester Feinkornstähle wird gezeigt, welchen Einfluß der Schneidprozeß auf die Härte und den Eigenspannungszustand im Randbereich der Probe hat. Die im Experiment ermittelten statischen und dynamischen Festigkeitswerte von laserstrahlgeschnittenen Proben werden mit denen durch Plasmaschneiden, autogenes Brennschneiden und durch spangebende Bearbeitung hergestellter Proben verglichen.

## 2. Versuchsbedingungen

Als Versuchswerkstoffe wurden zwei mikrolegierte Feinkornbaustähle unterschiedlicher Festigkeit mit einer Dicke von 5 bzw. 6 mm verwendet. Ihre chemische Zusammensetzung ist in der nachfolgenden Tabelle zusammengestellt.

| | C | Si | Mn | P | S | Al | Cr | Mo | Ni | V | Nb | Ti |
|---|---|---|---|---|---|---|---|---|---|---|---|---|
| T StE 960 V | 0,17 | 0,27 | 0,71 | 0,009 | 0,002 | 0,027 | 0,62 | 0,36 | 1,62 | 0,07 | - | - |
| Q StE 690 TM | 0,07 | 0,48 | 1,33 | 0,013 | 0,003 | 0,041 | 0,03 | 0,10 | - | - | 0,057 | 0,18 |

Tabelle 1: chemische Zusammensetzung von Schmelzproben in %

Die Bleche wurden mit einem 1,5 kW-$CO_2$-Laser getrennt. Folgende Schneidparameter wurden verwendet:

| | | | |
|---|---|---|---|
| Laserleistung | 1,2 kW | Strahlmode | $TEM_{oo}$ |
| Gasart | $O_2$ | Gasdruck | 0,1 MPa |
| Schneidgeschwindigkeit | 1,2 m/min | Linsenoptik | ZnSe mit 5"-Brennweite |

Erwartungsgemäß konnten die Bleche bartfrei bei guter Schnittqualität getrennt werden. Bezüglich der Rechtwinkligkeits- und Neigungstoleranz sowie der gemittelten Rauhtiefe $R_z$ genügen die Schnittflächen der Güte I nach DIN 2310 Teil 5.

## 3. Härtemessungen

Die Härtemessungen ergaben einen steilen Härteanstieg in einem Randbereich von 100-150 µm Breite (Bild 1). Bemerkenswert ist, daß trotz der hohen Härte keinerlei Rißbildung an der Schnittfläche oder in angrenzenden Bereichen zu erkennen ist. Mikroskopische Untersuchungen der WEZ zeigen martensitisches Härtegefüge und Zwischenstufengefüge.

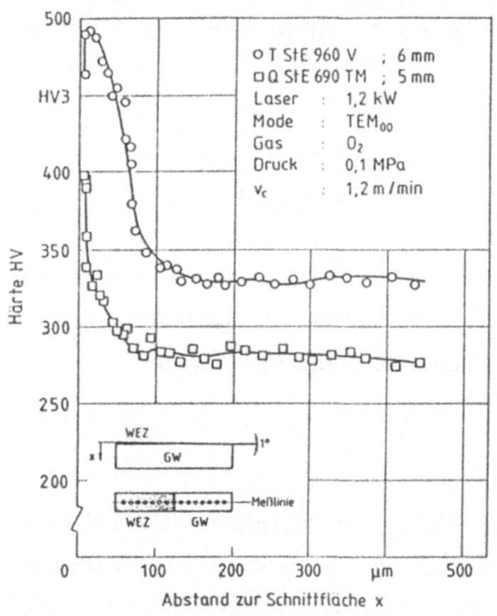


Bild 1: Härtemessung an einem 1°-Schrägschliff laserstrahlgeschnittener Feinkornstähle

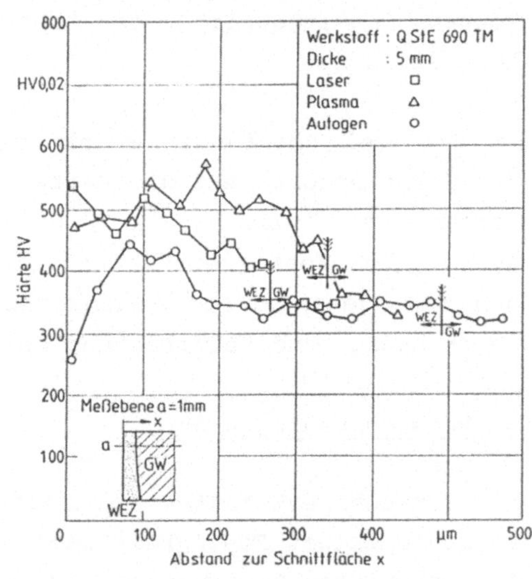


Bild 2: Vergleich der Härte bei verschiedenen thermischen Trennverfahren

Die im Grundwerkstoff verteilten Ausscheidungen sind im schnittflächennahen Bereich nicht mehr erkennbar. Als Hauptursache für die hohe Härte konnte mittels Mikrosondenanalyse die Aufkohlung des schnittflächennahen Bereichs auf den 3,5 - 4,5 fachen Wert des unbeeinflußten Werkstoffs ermittelt werden.

Einen Vergleich der entstehenden Härteverläufe beim Plasma-, autogenen Brenn- und Laserstrahlschneiden zeigt Bild 2. Daß der autogen getrennte Stahl eine geringere Härte aufweist, kann auf die anlassende Wirkung der Heizflamme zurückgeführt werden. Die Härte des laser- und plasmageschnittenen Stahls erreicht etwa die gleiche Höhe. Der beeinflußte Bereich ist beim Laser jedoch deutlich schmaler. Die Differenz in den Härtewerten zwischen Bild 1 und Bild 2 ist auf die unterschiedliche Prüfkraft bei der Messung zurückzuführen. Die Verwendung der Mikrolast-Härteprüfung gestattet hier nur einen Vergleich zwischen den unterschiedlich behandelten Proben.

## 4. Eigenspannungen

Durch röntgenographische Messungen an einem 1°-Schrägschliff wurde der Eigenspannungszustand im schnittflächennahen Bereich ermittelt. Da es sich um gewalzte Bleche handelt, liegen im Ausgangszustand Druckeigenspannungen vor. Diese werden im schnittflächennahen Bereich aufgrund der Gefügeumwandlung erheblich verstärkt (vgl. Bild 3). Dies erklärt, daß trotz der hohen Härte keine Risse im schnittflächennahen Bereich auftreten. Dazwischen befindet sich eine Zone verminderter Druckeigenspannungen: Der Werkstoff wird in dieser Zone bei der Erwärmung während des Schneidens durch das umgebende Material an einer freien Ausdehnung gehindert und dabei plastisch gestaucht. Beim Zusammenziehen während der Abkühlung bauen sich Zugeigenspannungen auf. Diese überlagern die bei der Herstellung der Bleche erhaltenen Druckspannungen.

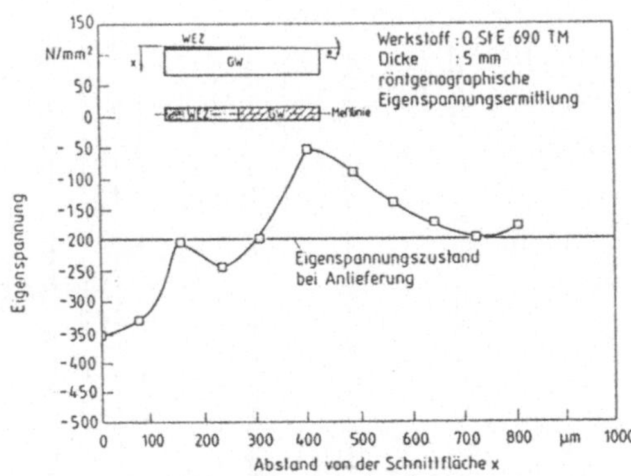


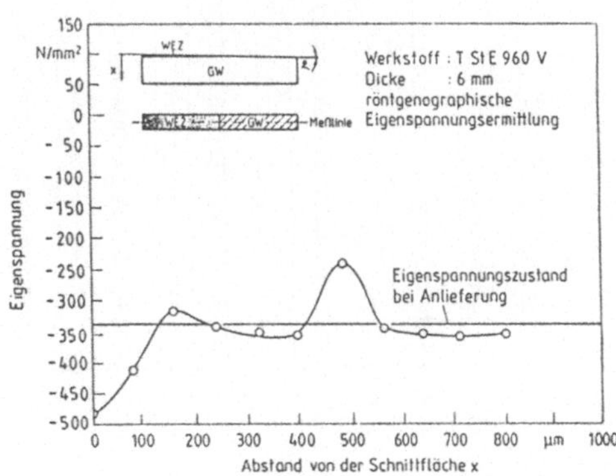


Bild 3: Eigenspannungen in hochfestem Feinkornbaustahl nach dem Laserstrahlbrennschnitt

a) Q StE 690 TM b) T StE 960 V

## 5. Festigkeitseigenschaften

Um den Einfluß der eben beschriebenen Effekte auf die Festigkeitseigenschaften eines Bauteils zu ermitteln, wurden sowohl statische Zugversuche wie auch dynamische Lebensdauerversuche durchgeführt. Dabei wurden die laserstrahlgeschnittenen Proben mit autogen- bzw. plasmageschnittenen und gefrästen Proben verglichen. Zusätzlich wurde bei einem Teil der laserstrahlgeschnittenen Proben die beeinflußte Randschicht in einer Breite von 0,5 mm mechanisch abgearbeitet.

### 5.1 Zugversuche

Die Bilder 4 a und 4 b zeigen die Ergebnisse von vergleichenden Zugversuchen. Nach DIN 50150 kann entsprechend einer Korrelation zwischen Vickershärte und Festigkeit für den StE 690 in der schmalen Randschicht eine wesentlich erhöhte Zugfestigkeit von etwa 1290 N/mm² erwartet werden und für den StE 960 ca. 1595 N/mm².

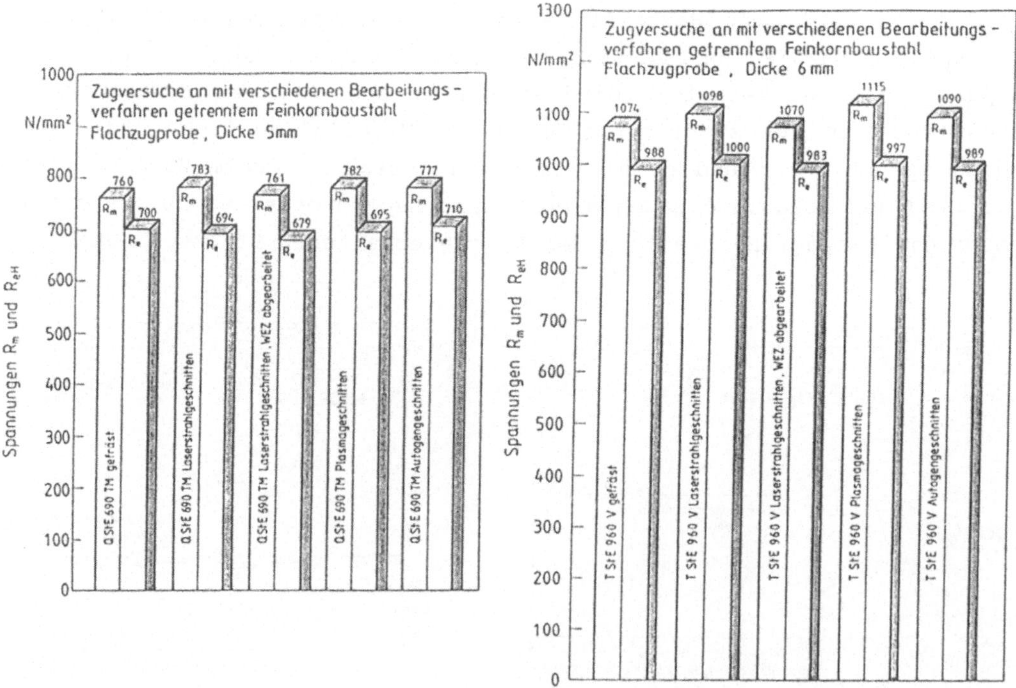


Bild 4: Vergleichender Zugversuch bei thermisch und spangebend bearbeiteten Proben
a) Q StE 690 TM b) T StE 960 V

Tatsächlich ist die Zugfestigkeit der thermisch getrennten Proben insgesamt etwas höher als die der mechanisch bearbeiteten. Die für eine Konstruktion ausschlaggebende Streckgrenze bleibt allerdings etwa in gleicher Höhe. Für eine nur statisch belastete Konstruktion kann ein laserstrahlgeschnittenes Bauteil demnach ohne Gefahr eingesetzt werden.

## 5.2. Lebensdauerverhalten

Die laserstrahlgeschnittenen Proben wurden analog zum Zugversuch mit den durch andere Fertigungsverfahren hergestellten Proben verglichen. Dabei zeigte sich, daß die LB-geschnittenen Werkstücke bei hohen Schwingspielzahlen die besten Festigkeitswerte erreichen (Bild 5).

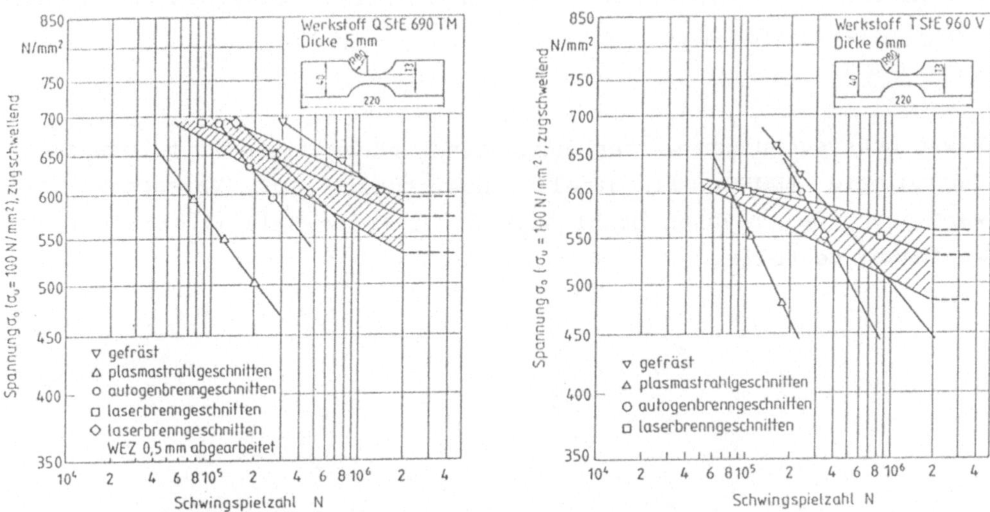


Bild 5: Schwingfestigkeit laserstrahlgeschnittener Stähle; zugschwellend

a) Q StE 690 TM b) T StE 960 V

Im Vergleich zu den gefrästen Proben kann dies auf den die Festigkeit begünstigenden Druckeigenspannungszustand zurückgeführt werden /1/. Die durch Unterwasser-Plasmaschneiden hergestellten Proben sind durch eine große Profiltiefe und einen starken Kanteneinzug gekennzeichnet. Dieses Verfahren eignet sich besser zum Schneiden größerer Blechstärken (d≥15mm), so daß ein direkter Vergleich der Plasma- und LB-geschnittenen Proben nur mit Einschränkungen möglich ist. Autogen hergestellte Schnittflächen weisen an der Schnittoberkante eine schmale entkohlte Zone auf /2/. Dies könnte die Ursache der verminderten Lebensdauer sein. Bei LB-geschnittenen Proben konnten solche Bereiche bislang nicht festgestellt werden.

Auffällig ist die große Streuung der Ergebnisse bei den thermisch getrennten Proben. Scharfe Schnittkanten und eine unregelmäßige Schnittriefenstruktur begünstigen diese Erscheinung. Ein Abrunden der Schnittkanten führt zu gleichmäßigeren und insgesamt etwas besseren Ergebnissen.

## Literatur

/1/ D. MUNZ: Härterei-Technische Mitteilung 22 (1967) Heft 1

/2/ HOFE,H.V., WIRTZ,H., u. H.-P. HARTWIGSEN: Schweißen und Schneiden 19 (1967) Heft 5

Diese Untersuchungen wurden durch den Bundesminister für Forschung und Technologie (BMFT) finanziell unterstützt. Die Versuchswerkstoffe wurden von der Thyssen Stahl AG und der Peine-Salzgitter Stahl AG zur Verfügung gestellt.

# Trennen mit $CO_2$-Hochleistungslasern: Analyse der Schnittqualität – Parametervariationen

F. Eichhorn, M. Faerber, J. Schneegans

Institut für Schweißtechnische Fertigungsverfahren der RWTH Aachen

Die Laserstrahlschneidtechnologie ist bei der Metallbearbeitung im Feinblechbereich bereits eingeführt, wobei hohe Schneidgeschwindigkeit, Schnittqualität und Flexibilität sowie geringe Wärmebeeinflussung diese Technologie auszeichnen. Ein zunehmendes Angebot an Laserstrahlleistung und -qualität eröffnet in jüngerer Zeit zudem Anwendungsperspektiven bis in den Mittelblechbereich.
Die Grundlagen für den relativ jungen Einsatzbereich des Laserstrahlbrennschneidens mit $CO_2$-Hochleistungslasern ab 2 mm Blechdicke sollen hierzu im Rahmen eines vom BmFT geförderten Forschungsvorhaben als Teil eines Forschungsverbundes geschaffen werden, aus dem einige Ergebnisse zum Einfluß verschiedener Parameter auf die erzielbare Schnittqualität vorgestellt werden sollen.

Versuchsdurchführung: Bei Änderung einzelner Parameter wie der Laserstrahlleistung, des Schneidgasdrucks, der Düsenform und des Arbeitsabstandes wurden 2 mm dicke Versuchsbleche aus unlegiertem Stahl kammförmig eingeschnitten, wobei die Schneidgeschwindigkeit bis zum Auftreten von Anhaftungen an der Schnittunterseite (Bartbildung) erhöht wurde. Die erzielte Schnittqualität wurde mit geeigneten Kenngrößen nach DIN 2310 bewertet. Von diesen Kenngrößen werden im folgenden insbesondere die gemittelte Oberflächenrauhigkeit $R_z$ (in 2/3 Blechdicke) und die Schnittspaltweite W (jeweils 0,2 mm von der Blechoberfläche entfernt gemessen) einer näheren Betrachtung unterzogen. Bei der Interpretation der Ergebnisse von $R_z$ ist dabei ein Streufeld von $\pm$ 20 % zu berücksichtigen. Die allgemeinen Angaben zu den durchgeführten Schneidversuchen sind in Tafel 1 zusammengestellt.

Schneidergebnis im Schneidgasdruckbereich bis zu 4 bar: Die Versuche wurden mit dem $CO_2$-Hochleistungslaser RS 1000 bei 1000 W Strahlleistung und einer Fokuslage z auf der Blechoberfläche durchgeführt. Die eingesetzte Schneidgasdüse hatte eine Düsenöffnung b von 1,5 mm, der Arbeitsabstand h wurde auf 1 mm eingestellt. Die sich damit ergebenden Änderungen der Oberflächenrauhigkeit $R_z$ für steigende Schneidge-

| | | |
|---|---|---|
| Werkstoff: | ST 14, 2 mm | |
| Laser: | RS 1000 (Rofin Sinar) | TLF 1500 (Trumpf) |
| Strahldurchmesser (1000 W): | 15 mm | 15,8 mm |
| Intensitätsverteilung: | TEM 10* | TEM 00 (1500 W) |
| Polarisationszustand: | zirkular | |
| Betriebsart: | cw | |
| Linsenbrennweite: | 5", Meniskus | |
| Fokusdurchmesser (1000 W): | 220 µm | 206 µm |
| Schneidgasdüse: | konisch zulaufend, Bohrung zylindrisch, 2 mm lang<br>Bohrungsdurchmesser: 1 und 1,5 mm | |
| Schneidgas: | Sauerstoff 2.6 | |

Tafel 1: Allgemeine Angaben zu den Laserstrahl-Brennschneidversuchen

schwindigkeiten bei verschiedenen Schneidgasdrücken sind in Bild 1, links dargestellt: Bei Einsatz des geringstmöglichen Schneidgasdrucks von 0,6 bar (0,06 MPa) läßt sich die typische Änderung von $R_z$ mit steigender Schneidgeschwindigkeit vollständig erkennen: Mit steigender Schneidgeschwindigkeit und damit steigender Prozeßtemperatur nimmt $R_z$ bis auf einen Minimalwert ab und steigt anschließend bis zur Bartbildung (x-Markierung) wieder an. Mit steigendem Schneidgasdruck verschiebt sich dieses "Fenster" bartfreier Schnitte hin zu höheren realisierbaren Schneidgeschwindigkeiten. Dabei ist der Schneidgeschwindigkeitsbereich minimaler Oberflächenrauhigkeit $R_z$ deutlich größer und durch Bartbildung begrenzt, so daß der erneute Anstieg von $R_z$ erst jenseits der Grenzgeschwindigkeit (Bartbildung), also im für diese Versuche uninteressanten Schneidgeschwindigkeitsbereich, festzustellen ist.

Mit steigendem Schneidgasdruck und somit steigender Gasströmungsgeschwindigkeit vergrößert sich neben der Zahl der Oxidationspartner der Impuls auf Schmelze und Schlacke. Ab ca. 1,9 bar tritt an der Düsenöffnung eine Nachexpansion ein, wodurch sich der Gasstrahl, auf Überschallgeschwindigkeit beschleunigt, als Folge von Verdichtungs- und Verdünnungsstößen ausbildet, wie von /1/ u.a. bereits beschrieben wurde (vgl. auch Berger in diesem Vortragsband). Bei der Oberflächenrauhigkeit sind in diesem Druckbereich nur noch deutlich schlechtere minimale Meßwerte zu erzielen, vgl. Bild 1, links.

Im Bild 1, rechts ist zu diesen Versuchen die ermittelte Schnittspaltweite W und die Unebenheit U für Schneidgasdrücke von 1 & 4 bar (0,1 und 0,4 MPa) dargestellt. Bei kleiner Schneidgeschwindigkeit wird der Werkstoff infolge endlicher Wärmeleitung in einem breiten Bereich um den Laserstrahl auf Entzündungstemperatur erwärmt, so daß ein relativ breiter Schnittspalt entsteht. Mit steigender Schneidgeschwindigkeit verkleinert sich dieser Bereich, so daß bei hohen Schneidgeschwindigkeiten die obere Schnittspaltweite $W_o$ in etwa dem Durchmesser des fokussierten Laserstrahles entspricht. Die untere Schnittspaltweite nimmt in etwa proportional zu $W_o$ geringere Werte an, so daß ein in Richtung Blechunterseite etwas verjüngter Schnittspalt entsteht.

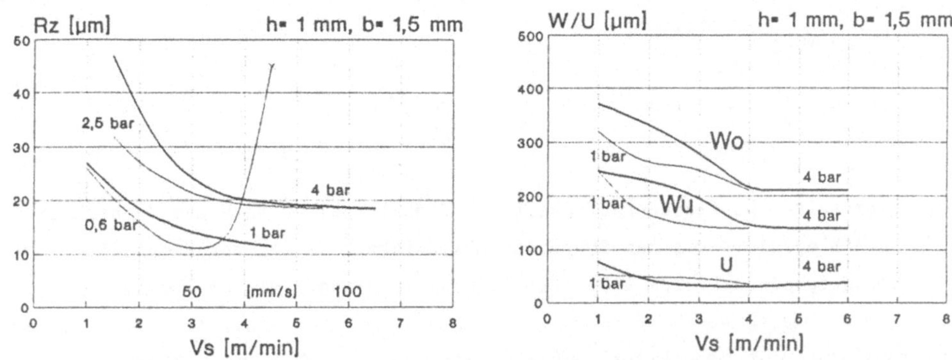


Bild 1:Gemittelte Oberflächenrauhigkeit $R_z$, Schnittspaltweite W und Unebenheit U in Abhängigkeit von der Schneidgeschwindigkeit Vs für unterschiedliche Schneidgasdrücke, RS 1000, $P_l$= 1000 W, z= 0, h= 1 mm, b= 1,5 mm

Schneidergebnis bei Schneidgasdrücken von 4 bis 8 bar: Anlagenbedingt konnte mit o.a. Versuchsaufbau nur ein maximaler Schneidgasdruck von 4 bar realisiert werden, so daß Versuche mit höheren Drücken auf einer anderen Laserstrahlschneidanlage durchgeführt werden mußten. Dazu konnte der $CO_2$-Hochleistungslaser TLF 1500 bei einer Strahlleistung von **1000 W** und einer Fokuslage auf der Blechoberfläche eingesetzt werden. Die verwendete Schneidgasdüse hatte einen Öffnungsdurchmesser b von 1 mm; der Arbeitsabstand h wurde auf 0,5 und 1 mm eingestellt.

Die Änderung der Oberflächenrauhigkeit $R_z$ bei dem Arbeitsabstand von h= 1 mm für unterschiedliche Schneidgeschwindigkeit und Schneidgasdrücke ist im Bild 2, links dargestellt. Bei einem Schneidgasdruck von 4 bar läßt sich im Gegensatz zu den Versuchen mit der 1,5 mm - Düse eine etwas geringere Oberflächenrauhigkeit $R_z$ bei einer Grenzgeschwingkeit von ca. 6 m/min (1,5 mm - Düse: 6,5 m/min) feststellen. Eine Erhöhung des Schneidgasdrucks ergibt nur eine geringfügige Änderung der Grenzgeschwindigkeit auf ca. 6,5 m/min bei 8 bar. Bei den Schnittspaltweiten, Bild 2, rechts, wurde eine deutliche Aufweitung der unteren Schnittspaltweite mit steigender Schneidgeschwindigkeit insbesondere bei einem Schneidgasdruck von 4 bar festgestellt.

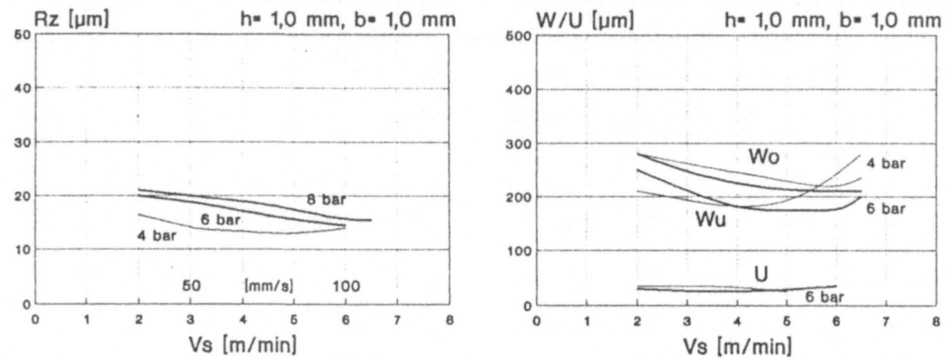


Bild 2: Gemittelte Oberflächenrauhigkeit $R_z$, Schnittspaltweite W und Unebenheit U in Abhängigkeit von der Schneidgeschwindigkeit Vs für unterschiedliche Schneidgasdrücke, TLF 1500, $P_l$= 1000 W, z= 0, h= 1 mm, b= 1,0 mm

Eine Verminderung des Arbeitsabstandes auf h= 0,5 mm, Bild 3, links ergab dagegen deutlich höhere Grenzgeschwindigkeiten von ca 6,5 m/min bei einem Schneidgasdruck von 4 bar und ca 7 m/min bei 6 bar. Mit einem Schneidgasdruck von 8 bar konnten nur sehr rauhe Schnittflächen erzeugt werden. Die Schnittspaltweiten, Bild 3, rechts, entsprechen in ihrem Verlauf den mit der 1,5 mm - Düse erzielten.

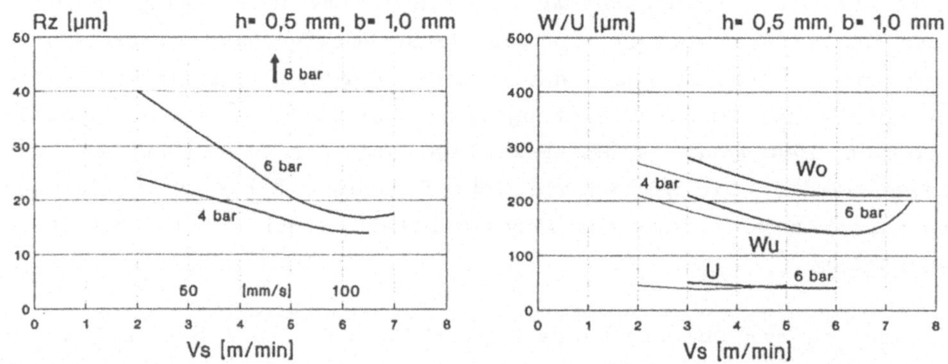


Bild 3: Gemittelte Oberflächenrauhigkeit $R_z$, Schnittspaltweite W und Unebenheit U in Abhängigkeit von der Schneidgeschwindigkeit Vs für unterschiedliche Schneidgasdrücke, TLF 1500, Pl= 1000 W, z= 0, h= 0,5 mm, b= 1,0 mm

Weitere Versuche wurden mit einer Laserstrahlleistung von 1500 W durchgeführt: Ein Arbeitsabstand von h= 0,5 mm ergab nur mit einem Schneidgasdruck von 4 bar eine akzeptable Schnittqualität, wobei eine

gegenüber der Laserstrahlleistung von 1000 W auf ca 7 m/min erhöhte Schneidgeschwindigkeit eingesetzt werden konnte. Bei einem Arbeitsabstand von h= 1 mm konnte mit einem Schneidgasdruck von 4 bar eine Erhöhung der Schneidgeschwindigkeit auf ca 7 m/min und mit 6 bar sogar auf ca 8 m/min realisiert werden, wobei Rauhigkeiten von unter 20 µm $R_z$ gemessen wurden. Ein Schneidgasdruck von 8 bar führte erst bei einem Arbeitsabstand von h= 2 mm zu einem befriedigenden Ergebnis.
Aufgrund der hohen Laserstrahlleistung wurde eine verglichen mit $P_l$ = 1000 W größere Aufweitung des oberen Schnittspaltbereichs ermittelt, die erst bei sehr hohen Schneidgeschwindigkeiten (kurz vor der Grenzgeschwindigkeit) bis auf den Fokusdurchmesser abnimmt. Bei dem Arbeitsabstand h= 1 mm wurden wie bei 1000 W Strahlleistung deutlich größere untere Schnittspaltweiten gemessen.

Zusammenfassung: Mit einer **1,5 mm - Schneidgasdüse** konnten mit 4 bar Schneidgasdruck und 1000 W Laserstrahlleistung bei einem Arbeitsabstand von **h= 1 mm** bartfreie Schnitte mit Schneidgeschwindigkeiten von 6,5 m/min und Oberflächenrauhigkeiten von weniger als 20 µm $R_z$ realisiert werden (St 14, s= 2 mm). Die Schnittspaltweite entspricht dabei an der Strahleintrittsseite dem Durchmesser des Fokus und verjüngt sich geringfügig zur Strahlaustrittsseite hin. Ein vergleichbares Ergebnis wurde mit einer **1 mm - Düse** allerdings bei einem Arbeitsabstand **h= 0,5 mm** festgestellt. Bei einem Arbeitsabstand von h= 1 mm wurden dagegen sehr geringe Rauhigkeiten $R_z$ aber auch geringere Grenzgeschwindigkeiten sowie größere untere Schnittfugenweiten ermittelt. Der größere Kernbereich hoher Strömungsgeschwindigkeit bei der 1,5 mm - Düse scheint gegenüber der 1 mm - Düse eine stabilisierende Wirkung zu haben.
Mit höherer Laserstrahlleistung (1500 W) konnte eine deutlich höhere Schneidgeschwindigkeit realisiert werden, wobei die bei 1000 W Strahlleistung beschriebenen Nachteile der 1 mm - Düse verstärkt auftraten.
Mit steigendem Schneidgasdruck müssen größere Arbeitsabstände gewählt werden, da sich die Expansionsfront von der Düsenöffnung weg verlagert. Dabei schien mit Drücken von mehr als 4 bar noch eine Erhöhung der Effizienz möglich zu sein; weitere Versuche mit einer 1,5 mm - Düse lassen hierzu noch interessante Ergebnisse erwarten.

Literatur:

/1/ B. A. Ward: ICALEO 1984 in L.I.A. 44, 94 (1985)

# Untersuchungen von Laserschneiddüsen

P. Berger, M. Herrmann und H. Hügel
Institut für Strahlwerkzeuge (IFSW), Universität Stuttgart
Pfaffenwaldring 43, D - 7000 Stuttgart 80

## 1. Einleitung

Die Prozesse, die beim Laserschneiden im Schnittspalt ablaufen, werden außer vom Laserstrahl und den Materialeigenschaften des zu trennenden Werkstücks auch vom Gasstrahl, der die Schmelze austreibt, bestimmt. Der Gasstrahl wird in den meisten Fällen durch eine einfache konische Düse, die koaxial mit dem Laserstrahl angeordnet ist, erzeugt. Bei gegebener Düse kann der Gasstrahl durch zwei Parameter beeinflußt werden. Dies sind der Gasdruck und der Düsenabstand. Beide Parameter werden durch Schneidversuche ermittelt und sind abhängig von den Werkstoffeigenschaften, der Werkstoffdicke und den Schnittanforderungen. Typische Werte für den Kesseldruck sind 0,5 bis 5 bar Überdruck und einige Zehntel Millimeter bis wenige Millimeter für den Düsenabstand.

Während für viele Materialien bei heute üblichen Materialdicken die Schneidgeschwindigkeit durch die absorbierte Laserleistung begrenzt ist, gibt es auch Fälle, wo der Materialaustrieb eine Begrenzung darstellt. An diese Grenze stößt man um so eher, je leistungsfähigere Laser zur Verfügung stehen. Schwierigkeiten mit dem Materialaustrieb treten dann besonders bei dicken Blechen und bei speziellen Materialien wie Aluminium oder bei einigen Edelstählen auf. In diesen Fällen wird dann oft mit den höchsten einstellbaren Drücken gearbeitet.

## 2. Untersuchungen des Freistrahls

Mit steigendem Druck wird indessen die Effizienz des Gasstrahls bei Verwendung einfacher Düsen immer schlechter. Verdeutlichen läßt sich dieser Effekt mit Schlierenaufnahmen des Freistrahls (Abb.1). Man erkennt, daß sich mit steigendem Druck der Gasstrahl zunehmend aufweitet, so daß dann von dem von der Düse ausströmenden Gas immer weniger in den Schnittspalt einströmt. Außerdem kann man beobachten, daß sich mit steigendem Druck zunächst schräge Verdichtungsstöße bilden und ein immer breiter werdender senkrechter Verdichtungsstoß, eine sogenannte Machsche Scheibe, hinzukommt. Die Totaldruckverluste durch einen solchen Verdichtungsstoß sind bei hohen Drücken beträchtlich. So redu-

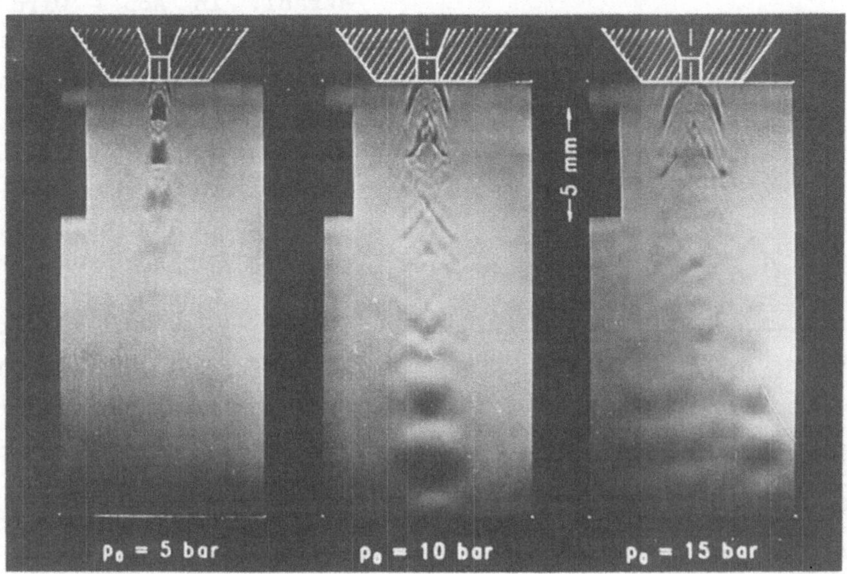


Abb.1: Schlierenaufnahmen von Freistrahlen einer konischen Schneiddüse.

ziert sich der Totaldruck hinter dem Stoß bei einem Kesseldruck von 5 bar auf zirka 40 %. Bei 10 bar sind hinter dem Stoß nur noch etwa 20 % des Totaldrucks, der vor dem Stoß bestand, vorhanden.

Bringt man nun ein Werkstück, im einfachsten Fall eine ebene Platte, in den Gasstrahl und nähert dieses ausgehend von großen Abständen der Düse an, beeinflußt man den Gasstrahl. Insbesondere verschiebt sich die Machsche Scheibe zur Düse hin. Für sehr geringe Abstände verliert sie dadurch an Wirkung. Dies äußert sich darin, daß immer geringere Totaldruckverluste auftreten und der Druck an der Werkstückoberseite bei weiterer Annäherung zunimmt (Abb.2).

Aus der starken Änderung der Gasstrahleigenschaften bei Variation des Düsenabstandes, die schon in Arbeiten von WARD [1] festgestellt wurde, kann man ableiten, daß dieser Abstand im allgemeinen sehr genau eingestellt werden muß, wenn man reproduzierbare Schneidergebnisse erzielen will. Außerdem wird aus Abb.2 klar, daß man in den meisten Fällen mit der Düse sehr nahe an das Werkstück herangehen muß, was die Gefahr einer Beschädigung erhöht.

Diese Nachteile treten bei Verwendung einer Lavaldüse, einer speziell für ein festgelegtes Verhältnis zwischen Kessel- und Umgebungsdruck konturierten Düse, nicht auf. Sie entläßt einen homogenen Parallel-

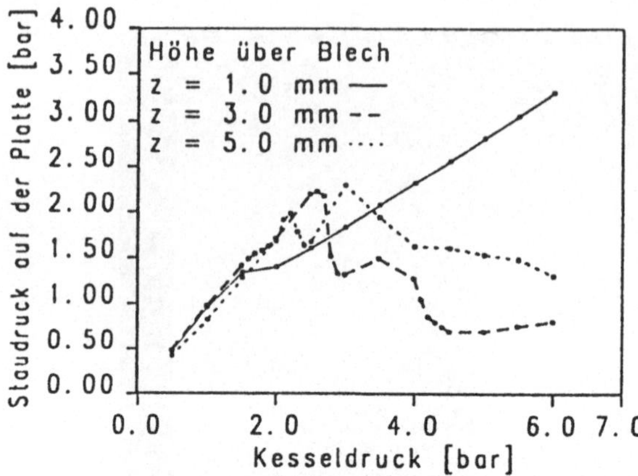


Abb.2: Gemessener Staudruck auf der Oberseite einer ebenen Platte als Funktion vom Kesseldruck und vom Abstand zwischen Düse und Platte

strahl. In Abb.3 wird deutlich, daß selbst bei einigen bar Druckdifferenz zum Auslegungsdruck die Parallelität nur wenig gestört ist. Damit werden die Gasstrahleigenschaften am Werkstück unabhängig vom Düsenabstand. Da sich bei Lavaldüsen an die engste Stelle ein divergenter Teil anschließt, muß jedoch, um die Abstandsunabhängigkeit voll nutzen zu können, entweder eine langbrennweitige Optik verwendet werden, oder es muß eine "Off-Axis"-Anordnung gewählt werden.

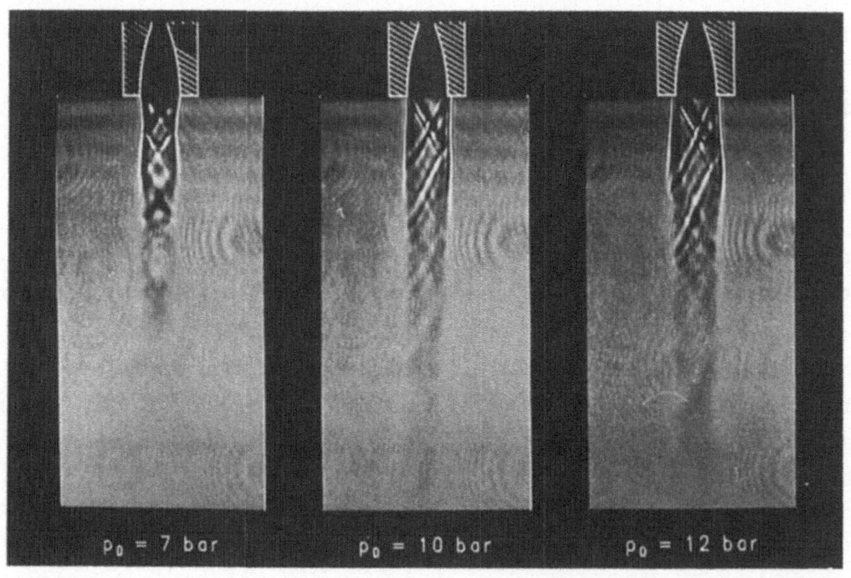


Abb.3: Schlierenaufnahmen von Freistrahlen einer Lavaldüse, die für 10 bar ausgelegt ist.

3. Untersuchungen im Schnittspalt

Von noch größerem Interesse sind natürlich die Strömungseigenschaften im Schnittspalt. Um diese zu ermitteln, wurden Modelluntersuchungen an einem nachgebildeten Schnittspalt aus Glasplatten durchgeführt. Die Schnittfront wurde dabei durch eine 10°-Kante simuliert und die Strömung im Inneren mit Schlieren- und Interferenzmethoden diagnostiziert. Einige Untersuchungen von Verdichtungsstößen an der Schneidfront wurden auch ohne Glasplatten, d.h. nur an der 10°-Kante, durchgeführt. Dies ist gerechtfertigt, da die Ausbildung von Stößen, die auf die Schnittfront treffen, im oberen Bereich der Kante und des Spalts sehr ähnlich ist, sich aber an der reinen Kante besser beobachten läßt (Abb.4).

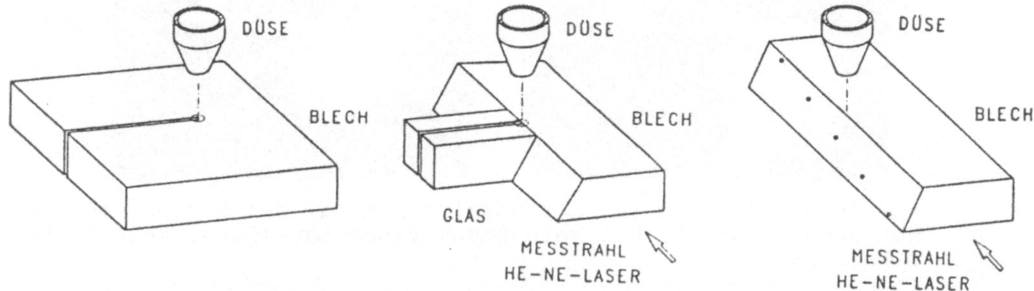


Abb.4: Simulation der Schnittspaltgeometrie. a) Anordnung beim Laserschneiden, b) Nachbildung des Schnittspalts mit Glasplatten und einer 10°-Kante, c) Nachbildung der Schnittfront mit einer 10°-Kante

Bei der konischen Düse treten entlang der Schnittfront viele Verdünnungen und Verdichtungsstöße, oft einhergehend mit lokalen Grenzschichtaufdickungen und Strömungsablösungen, auf [2,3]. Die Aussagen der optischen Untersuchungen korrelieren gut mit Druckmessungen längs der Schnittfront (Druckmeßstellen siehe Abb.4c) ). Das hat zur Folge, daß sowohl die Druck- als auch die Geschwindigkeitsverteilung entlang der Schnittfront großen Schwankungen unterworfen ist [3]. Es konnte ermittelt werden, daß der stärkste Stoß darauf zurückzuführen ist, daß die Düse nicht an den Gasdruck angepaßt ist. Die anderen Stöße werden durch die Schnittspaltgeometrie verursacht. Abb.5 zeigt zwei Schlierenaufnahmen von der Schnittfront, die so beleuchtet wurden, daß nur die stärksten Verdichtungsstöße zu erkennen sind. Während man bei der konischen Düse zwei schräge Verdichtungsstöße sieht, existiert bei der Lavaldüse nur noch der von der Schnittspaltkante herrührende Stoß.

Die Vermeidung von Stößen an der Schnittfront hat zur Folge, daß die Strömungsgrenzschicht dünn bleibt. Damit kann der Impuls von der Gasströmung gut auf die Schmelze übertragen werden. Die quantitativen Auswirkungen auf den Schneidprozeß werden in Versuchsreihen ermittelt, erste Resultate bestätigen die Erwartungen.

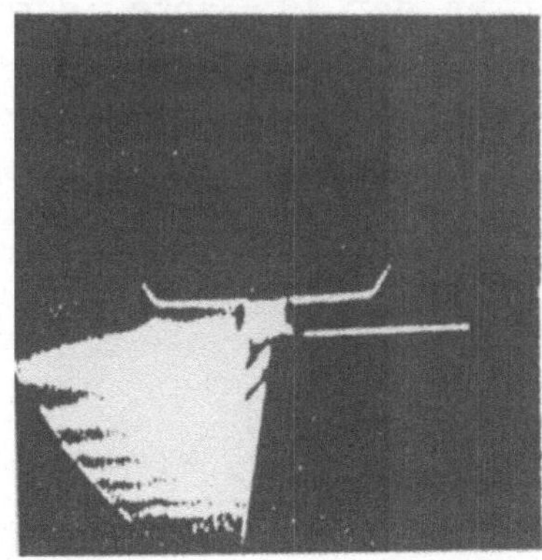

Abb.5: Schlierenaufnahmen von der Schnittfront a) bei Verwendung einer konischen Düse, b) bei Verwendung einer Lavaldüse, jeweils bei 5 bar.

## 4. Zusammenfassung

Lavaldüsen gestatten die Erzeugung homogener Gasstrahlen, was zu einer deutlichen Reduzierung der gasdynamischen Stöße im Schnittspalt führt. Dies begünstigt einen erhöhten Schmelzaustrieb. Zudem erzeugen sie über weite Strecken parallele Strahlen, die größere und veränderliche Abstände zwischen Düse und Werkstück erlauben und so die Verfahrensflexibilität erhöhen.

Einfache konische Düsen zeigen bei hohen Drücken bereits im Freistrahl komplizierte Stoßstrukturen, die mit hohen Verlusten einhergehen. Diese sind die Ursache dafür, daß man beim Schneiden mit ihnen sehr nahe an das Werkstück herangehen muß. Doch auch dann verursachen sie im Schnittspalt schräge Verdichtungsstöße, die zu einer Verminderung der Impulsübertragung vom Gasstrahl auf die Schmelze führen.

## 5. Literatur


[1] J.FIERET, M.J.TERRY, B.A.WARD: SPIE Vol.801 High Power Lasers (1987)

[2] D.PETRING, P.ABELS, E.BEYER, G.HERZIGER: Feinwerktechn. & Messtechn. 96 (1988) 9

[3] M.HERRMANN, P.BERGER: Lasersymposium '88, DFVLR (ITP) und Universität Stuttgart (IFSW) (1988)


Die hier vorgestellten Arbeiten wurden im Rahmen des VDI-Verbundprojekts "Trennen mit $CO_2$-Hochleistungslasern" durchgeführt.

# Kombiniertes Laserstrahlschneiden und -schweißen von Blechformteilen

A. Rief, R. Nuss, M. Geiger

Forschungsverbund Lasertechnologie Erlangen (FLE)
Lehrstuhl für Fertigungstechnologie (LFT)
Universität Erlangen-Nürnberg
D-8520 Erlangen, BRD

## 1. Einleitung

Das Laserstrahlschweißen von Blechformteilen im I-Stoß mittels $CO_2$-Laser erfordert eine hohe Maßgenauigkeit der zu fügenden Bauteile. Bei der Herstellung von Fügeflächen und -kanten durch spanende oder spanlose Fertigungsverfahren ist immer mit Maß- oder Formabweichungen in bezug auf die gewünschte Sollgeometrie zu rechnen. Daher liegt es nahe, die hohen Anforderungen an die Stoßgeometrie durch einen vorangehenden Laserstrahlschneidvorgang nach **Bild 1** zu erfüllen. Für Schweißnähte im Außenhautbereich von Fahrzeugkarosserien stellt sich zusätzlich die Forderung nach bester Oberflächengüte, bei der ein vorangegangener Fügevorgang nicht mehr erkennbar sein darf. Dazu ist es notwendig, daß bei einer Schweißung **ohne** Zusatzwerkstoff ein Nahtdurchhang erzielt wird, der für die mechanische Bearbeitung der Schweißnaht auf der Strahlaustrittseite als "Modelliervolumen" dient.

Es sind besonders hohe Anforderungen an Prozeßführung und Spanntechnik zu erfüllen, denn für beide Arbeitsgänge ist eine gleichbleibende Einspannung der Preßteile notwendig. Sowohl für die Schneid- als auch für die Schweißbearbeitung sind gleiche Strahlquelle und gleicher Bearbeitungskopf vorgesehen (Laseranlage A).

## 2. Bearbeitungsqualität lasergeschnittener Blechteile

Als Werkstoff wurde Tiefziehblech St 1405 der Dicke 0,88 mm gewählt. Schneid- und Schweißversuche wurden auf der Laseranlage A durchgeführt, die aus einer Laserstrahlquelle mit 2,2 kW Ausgangsleistung und einer 5-Achsen-Führungsmaschine mit CNC-Steuerung besteht. Der

Laser ist schnell-axial-geströmt und verfügt über eine Hochfrequenzanregung und eine Modenstruktur nahe TEM $_{01}$*.
Zum Vergleich wurden Referenz-Schneidversuche auf einer Laseranlage B ausgeführt, die mit einer ebenfalls schnell-axial-geströmten gleichspannungsangeregten Laserstrahlquelle der Ausgangsleistung 1,2 kW bei nahezu Gaußscher Intensitätsverteilung ($TEM_{00}$) und einer 2-Achsen-Führungsmaschine ausgestattet ist.

Laseranlage A ist mit einer reflektiven, Laseranlage B mit einer transmissiven Optik ausgestattet.

Laseranlage B ist hinsichtlich Laserstrahlquelle und Führungsmaschine eine Laseranlage, die für Laserschneidanwendungen konzipiert wurde. An ihr wurden grundlegende Untersuchungen für die Genaubearbeitung beim Laserstrahlschneiden von Stahlblechen durchgeführt /1/.

Für alle Versuche wurde der cw-Betrieb gewählt.

Im Hinblick auf den nachfolgenden Fügearbeitsgang sind der Beginn der Gratbildung, minimale Schnittflächenrauhigkeit und Parallelität der Schnittflächen von großer Bedeutung. Die Parallelität der Schnittflächen läßt sich in Form der Schnittspaltweite - gemessen an 3 Stellen der Schnittfuge - ausdrücken, wobei hier weniger die absoluten Werte für Schnittspaltweite von Interesse sind, sondern vielmehr die relativen Unterschiede dieser Werte zueinander.

**Bild 2** zeigt die gemessenen Schnittspaltweiten nach DIN 2310 /3/.
Die Schnittspaltform kommt der Rechteckform und damit parallelen Schnittflächen um so näher, je kleiner in Bild 2 die Abstände der drei zusammengehörenden Kurvenzüge untereinander werden.

Die erzeugten Schnittspaltformen weisen bei beiden Anlagen eine nahezu konstante V-Form über den ganzen untersuchten Geschwindigkeitsbereich auf, wobei die Schnitte der Laseranlage B eine ausgeprägtere V-Form aufweisen, als die Schnitte der Laseranlage A. Die höheren Meßwerte für die Schnittspaltweite am Strahleintritt ergeben sich aus den Anschmelzradien der Schnittkante. Der Flankenwinkel liegt nahezu konstant zwischen 91,0° - 91,5° unabhängig von Laseranlage, Laserleistung und Schneidgeschwindigkeit.

**Bild 3** zeigt die gemittelte Rauhtiefe $R_Z$ in der Mitte der Schnittfläche bei verschiedenen Schneidgeschwindigkeiten nach DIN 2310 /3/. Die gemessenen Rauhtiefenwerte von Schnittergebnissen beider Anlagen liegen bei den entsprechenden Geschwindigkeitsbereichen sehr nahe beieinander.

Laseranlage A kann also für die geforderten Schneidaufgaben eingesetzt werden.

## 3. Nahtgeometrie von Schweißergebnissen

Fugenvorbereitung und -form zeigen sich im Schweißergebnis in Form von unterschiedlichem Nahtdurchhang, **Bild 4**.

Bild 4 zeigt diesen Einfluß im Quervergleich für die "ideale Stoßfuge" bei Blindnähten, für mechanisch geschliffene, rechteckige Stoßfugen und für die nichtideale Stoßfugenform von Laserschnitten der Laseranlage A.

Bei Blindnähten zeigt sich ein guter Nahtdurchhang; jedoch ist auf der Strahleintrittseite eine deutliche Nahtunterwölbung zu erkennen. Im Vergleich hierzu verhalten sich die Nahtgeometrie von Nähten mit geschliffenen Stoßfugenflächen ähnlich. Deutlich geringer ist der Nahtdurchhang bei Laserschnitten als Stoßfuge, weil durch die V-Förmigkeit des Laserschnittes weniger Material zur Verfügung steht.

Mit zunehmender Schweißgeschwindigkeit ist ein stark abnehmender Nahtdurchhang zu verzeichnen, **Bild 5**.

## 4. Metallographische Untersuchung der Schweißergebnisse

Bei hohen Schweißgeschwindigkeiten treten aufgrund von Selbstabschreckungseffekten hohe Abkühlgeschwindigkeiten und entsprechend hohe Härtemaxima der Schmelzzone mit schmaler Ausprägung der Wärmeeinflußzone (WEZ) auf, **Bild 6**.

Neben der Härteausbildung in einer Schweißnaht ist die Porenhäufigkeit ein wichtiges Qualitätskriterium. In **Bild 7** ist sie in Abhängig-

keit von der jeweiligen Schweißnahtvorbereitung und dem Einsatz der Prozeßgase Argon und Helium dargestellt. Die kleinste zu detektierende Porengröße liegt in Bild 7 bei 0,1 mm.
Es zeigt sich kein Zusammenhang zwischen Porenhäufigkeit und eingesetzter Laseranlage zur Herstellung des Laserschnittes, jedoch eine deutliche Korrelation zwischen eingesetztem Prozeßgas und Schweißgeschwindigkeit. Hohe Intensität und relativ kleine Schweißgeschwindigkeiten - also hohe Streckenenergie - ergeben bei der Verwendung von Helium als Prozeßgas eine größere Energieeinkopplung als bei der Verwendung von Argon. Die Porosität kann in diesem Fall auf örtliche Überhitzung des Werkstoffes zurückgeführt werden. Mit zunehmender Geschwindigkeit wird die in der Schweißzone umgesetzte Energie geringer und die Absorption des Plasmas oberhalb des Werkstücks nimmt ab /4/.

Überhitzungserscheinungen, die sich als Poren zeigen, können durch angepaßte Parameter für Streckenenergie oder Schweißgeschwindigkeit vermieden werden. Damit ist die Porenhäufigkeit von lasergeschnittenen Teilen vergleichbar mit der von Teilen mit geschliffenen Stoßflächen. Daraus kann geschlossen werden, daß dünne Oxidschichten keinen wesentlichen Einfluß auf die Porenhäufigkeit haben, vgl. /5/.

## 5. Kombiniertes Laserstrahlschneiden und -schweißen ohne Zusatzwerkstoff

Eine Möglichkeit, die gewünschten Qualitätsanforderungen bezüglich Nahtgeometrie und Porenhäufigkeit zu erfüllen, ist die Aufteilung des Schweißumfanges in die Arbeitsgänge "Heftnaht" mit anschließender "Glättungsnaht" ohne Zusatzwerkstoff. Das Schweißergebnis ist in **Bild 8** mit Makroschliff und Härteverlauf dargestellt. Durch die Nahtglättung ist wegen dem kerbwirkungsarmen Übergang von Grundwerkstoff und Schweißnaht eine Verbesserung der dynamischen Bauteileigenschaften zu erwarten.

## 6. Zusammenfassung

Die vorgestellten Ergebnisse zeigen, daß lasergeschnittene Bauteile mit hoher Bearbeitungsqualität auch mit dem Laserstrahl geschweißt werden können. Der industrielle Einsatz dieses Verfahrens wird dadurch erleichtert, daß die Schneid- und Schweißbearbeitungen auf derselben Laseranlage mit derselben Strahlquelle und mit demselben Bearbeitungskopf durchführbar sind.

Diese Arbeiten werden vom Bundesminister für Forschung und Technologie sowie den Firmen Daimler-Benz AG und Trumpf GmbH + Co gefördert.

## 7. Literatur

/1/ NUSS, R.; BIERMANN, S.; GEIGER, M.:
Precise Cutting of Sheet Metal with $CO_2$-Lasers.
Proc. of ECLAT 1986, 25. u. 26. Sept. 1986, Bad Nauheim.

/2/ NUSS, R.:
Untersuchungen zur Bearbeitungsqualität beim Fertigungssystem Laserstrahlschneiden.
Diss., Erlangen 1989.

/3/ DIN 2310, Thermisches Schneiden Teil 5,
4. Entwurf: Laserstrahlschneiden von metallischen Werkstoffen, Verfahrensgrundlagen, Begriffe, Güte, Maßtoleranzen.
Berlin: Beuth, 1988.

/4/ BEYER, E; BEHLER, K.; PETSCHKE, U.; et al.
Schweißen mit $CO_2$-Lasern.
Laser und Optoelektronik 18 (1986) 1, S. 35-46.

/5/ CLEEMANN, L. (Hrsg.):
Schweißen mit Hochleistungslasern.
Düsseldorf: VDI-Verlag, 1987.

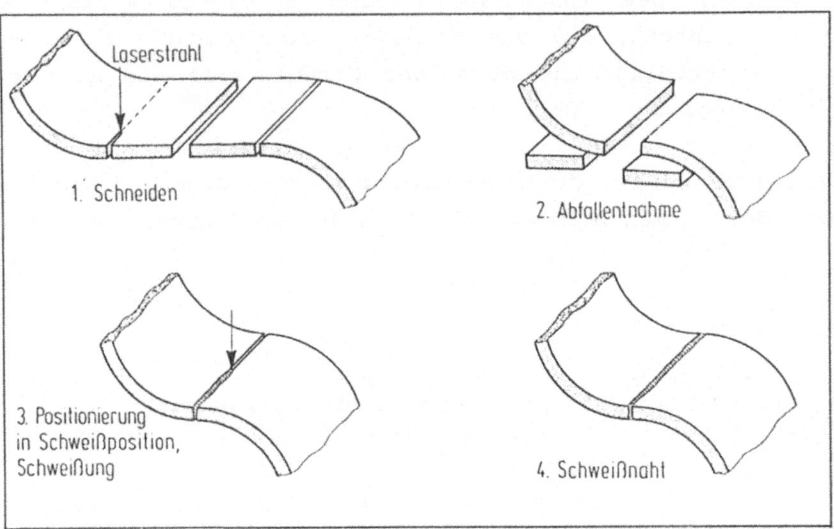


**Bild 1:** Prinzip der kombinierten Laserstrahlschneid- und -schweißbearbeitung

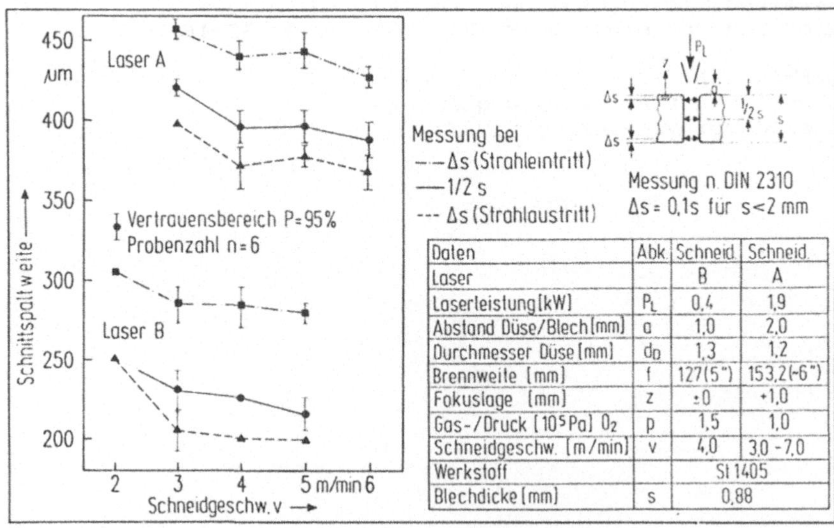


| Daten | Abk. | Schneid. | Schneid. |
|---|---|---|---|
| Laser | | B | A |
| Laserleistung [kW] | $P_L$ | 0,4 | 1,9 |
| Abstand Düse/Blech [mm] | a | 1,0 | 2,0 |
| Durchmesser Düse [mm] | $d_D$ | 1,3 | 1,2 |
| Brennweite [mm] | f | 127 (5") | 153,2 (~6") |
| Fokuslage [mm] | z | ±0 | +1,0 |
| Gas-/Druck [$10^5$ Pa] $O_2$ | p | 1,5 | 1,0 |
| Schneidgeschw. [m/min] | v | 4,0 | 3,0 - 7,0 |
| Werkstoff | | St 1405 | |
| Blechdicke [mm] | s | 0,88 | |

**Bild 2:** Schnittspaltweite in Abhängigkeit von der Schneidgeschwindigkeit

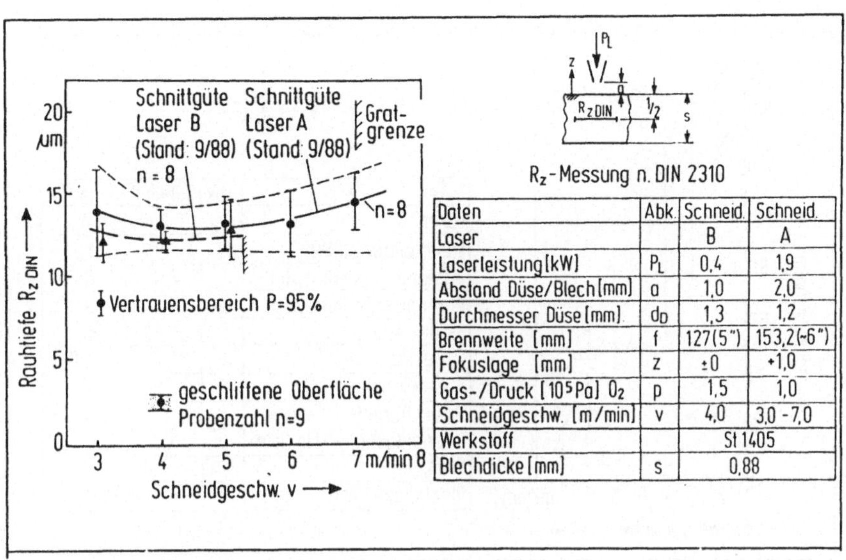


| Daten | Abk. | Schneid. | Schneid. |
|---|---|---|---|
| Laser | | B | A |
| Laserleistung [kW] | $P_L$ | 0,4 | 1,9 |
| Abstand Düse/Blech [mm] | a | 1,0 | 2,0 |
| Durchmesser Düse [mm] | $d_D$ | 1,3 | 1,2 |
| Brennweite [mm] | f | 127(5") | 153,2(~6") |
| Fokuslage [mm] | z | ±0 | +1,0 |
| Gas-/Druck [$10^5$ Pa] $O_2$ | p | 1,5 | 1,0 |
| Schneidgeschw. [m/min] | v | 4,0 | 3,0 - 7,0 |
| Werkstoff | | St 1405 | |
| Blechdicke [mm] | s | 0,88 | |

**Bild 3:** Feingestalt der Schnittfläche in Abhängigkeit von der Schneidgeschwindigkeit

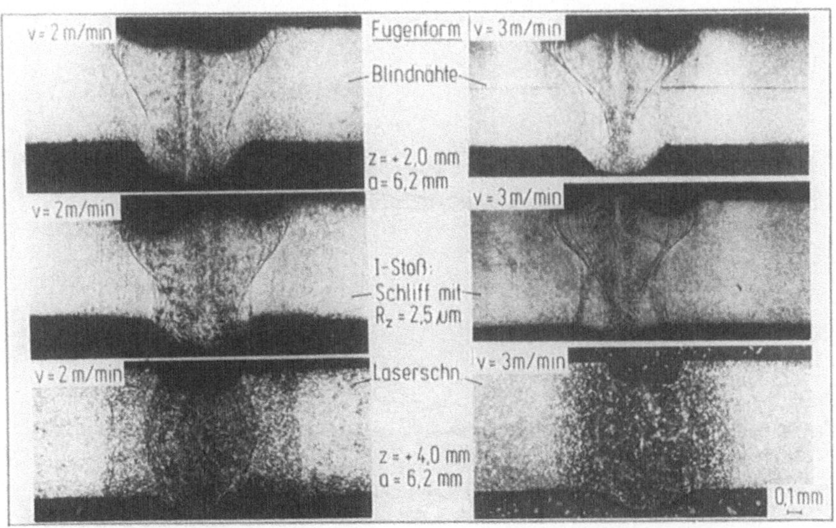


**Bild 4:** Einfluß von Stoßfugenform und Fokuslage auf die Schweißnahtgeometrie

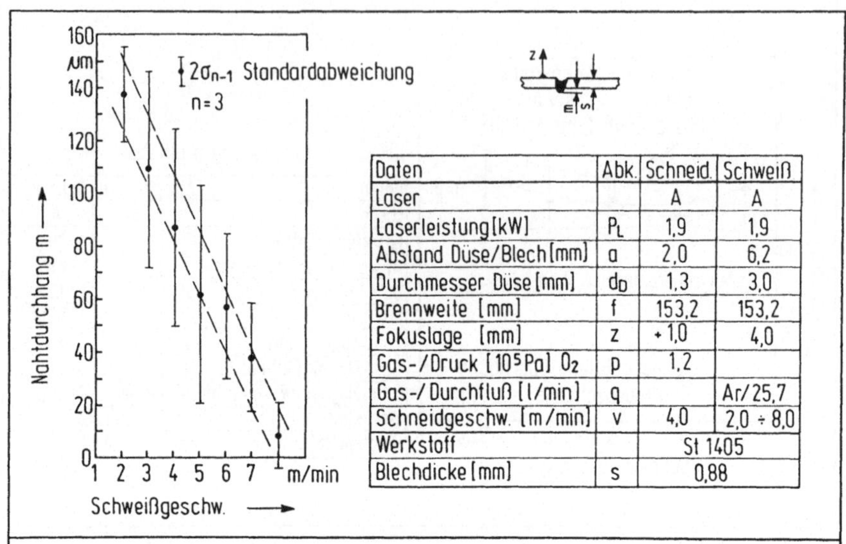


| Daten | Abk. | Schneid. | Schweiß |
|---|---|---|---|
| Laser | | A | A |
| Laserleistung [kW] | $P_L$ | 1,9 | 1,9 |
| Abstand Düse/Blech [mm] | a | 2,0 | 6,2 |
| Durchmesser Düse [mm] | $d_D$ | 1,3 | 3,0 |
| Brennweite [mm] | f | 153,2 | 153,2 |
| Fokuslage [mm] | z | +1,0 | 4,0 |
| Gas-/Druck [$10^5$ Pa] $O_2$ | p | 1,2 | |
| Gas-/Durchfluß [l/min] | q | | Ar/25,7 |
| Schneidgeschw. [m/min] | v | 4,0 | 2,0 ÷ 8,0 |
| Werkstoff | | St 1405 | |
| Blechdicke [mm] | s | 0,88 | |

**Bild 5:** Einfluß der Schweißgeschwindigkeit auf die Nahtausbildung beim kombinierten Laserstrahlschneiden und -schweißen

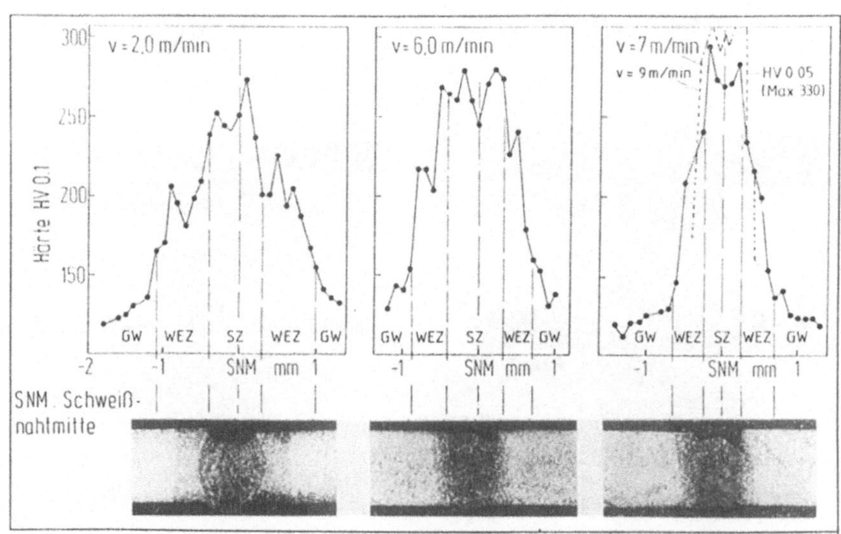


**Bild 6:** Härteverläufe bei verschiedenen Schweißgeschwindigkeiten

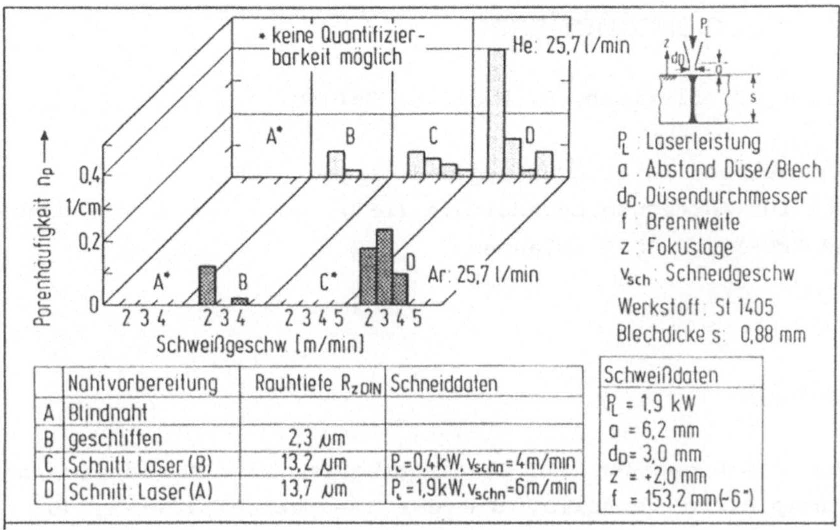


| | Nahtvorbereitung | Rauhtiefe $R_{z\,DIN}$ | Schneiddaten |
|---|---|---|---|
| A | Blindnaht | | |
| B | geschliffen | 2,3 µm | |
| C | Schnitt: Laser (B) | 13,2 µm | $P_L$ = 0,4 kW, $v_{schn}$ = 4 m/min |
| D | Schnitt: Laser (A) | 13,7 µm | $P_L$ = 1,9 kW, $v_{schn}$ = 6 m/min |

| Schweißdaten |
|---|
| $P_L$ = 1,9 kW |
| a = 6,2 mm |
| $d_D$ = 3,0 mm |
| z = +2,0 mm |
| f = 153,2 mm (-6") |

**Bild 7:** Porenhäufigkeit in Abhängigkeit von Nahtvorbereitung und Prozeßgas

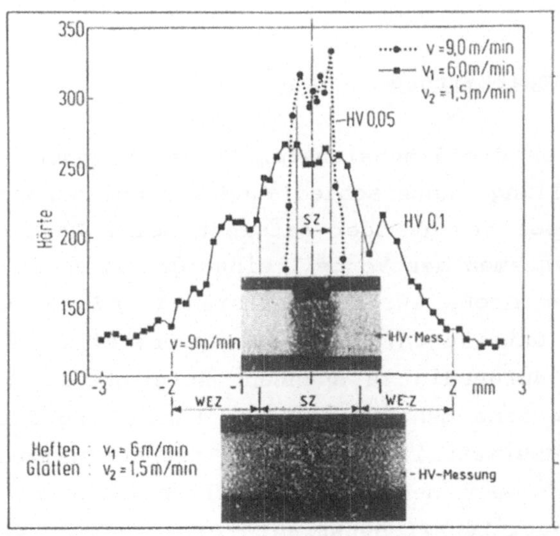


**Bild 8:** Schweißergebnisse bei unterschiedlicher Prozeßführung

# Bearbeitung von Blechformteilen mit $CO_2$-Hochleistungslasern

P. Hoffmann, S. Biermann, R. Nuss, M. Geiger

Forschungsverbund Lasertechnologie Erlangen (FLE)
Lehrstuhl für Fertigungstechnologie (LFT), Univ. Erlangen-Nürnberg
Egerlandstr. 11, D-8520 Erlangen

## 1. Einleitung

Schneiden und Schweißen von Blechformteilen mit $CO_2$-Lasern ist wegen der prinzipiellen Vorteile, die der Laserstrahl bietet, er ist ein hochgenau, berührungslos, verschleißfrei und schnell arbeitendes Werkzeug, zu einer in der industriellen Anwendung anerkannten Technik herangereift. Neueste Anlagen- und Verfahrensentwicklungen befassen sich mit der 3D-Bearbeitung /1,2/. Hier zeichnen sich interessante Einsatzmöglichkeiten ab, wie zum Beispiel das kombinierte Laserstrahlschneiden und -schweißen von Karosseriebauteilen /3/.

## 2. Anlagen zur 3D-Bearbeitung

Zur Erzeugung einer dreidimensionalen Relativbewegung bieten sich je nach Aufgabenstellung unterschiedliche Maschinenkonzepte an. Das Werkstück kann dabei bewegt oder ortsfest sein. Robotersysteme haben gegenüber Portalsystemen den Vorteil einer größeren Bewegungsfreiheit, sind jedoch in der Größe ihrer Arbeitsräume und der Genauigkeit der Relativbewegungen unterlegen. Große Blechformteile, wie z.B. Karosseriebleche, sind aufwendig zu spannen. Aufgrund des hohen Gewichtes der Spannzeuge ist eine mehrdimensionale Handhabung dieser Werkstücke mit den für die Lasermaterialbearbeitung typischen Prozeßgeschwindigkeiten von 4 m/min oder mehr wirtschaftlich nicht realisierbar. Die Relativbewegung Werkstück/Laserstrahl wird daher weitgehend über Strahlführungssysteme unter Einsatz sogenannter "fliegender Optiken" ausgeführt. **Bild 1** zeigt das Konzept einer komerziellen Portalanlage mit einem Arbeitsraum von 3x2x1 $m^3$, wie sie zur Laserstrahlschneid- und -schweißbearbeitung angeboten wird.

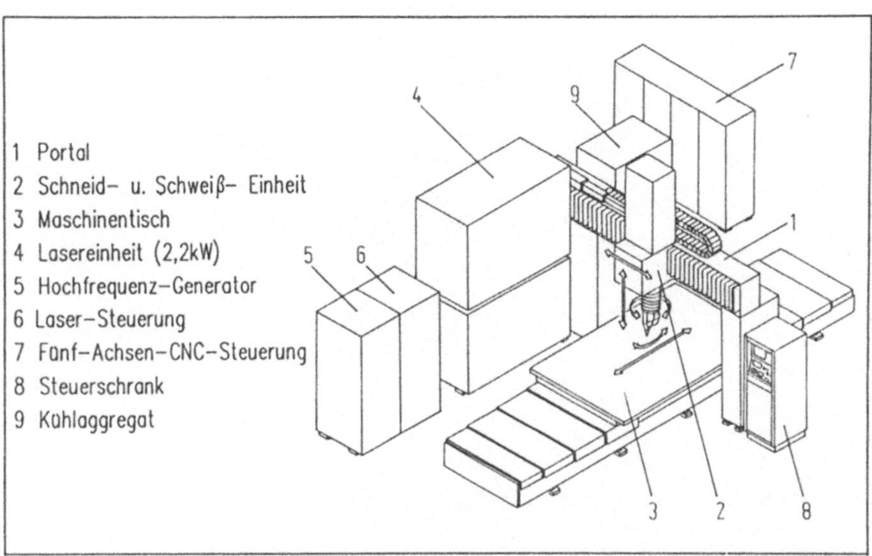


**Bild 1:** Portalanlage zum Laserstrahlschneiden und -schweißen

## 3. Einflüsse auf die Bearbeitungsqualität

Um ein gleichbleibend hohes Niveau der Bearbeitungsqualität über den gesamten Arbeitsraum zu gewährleisten, müssen entweder alle Prozeßparameter im System Laserstrahl - Führungsmaschine - Arbeitsgas - Werkstoff unabhängig von Arbeitsort und -richtung konstant bleiben oder bei Änderung eines Parameters an die neue Bearbeitungssituation automatisch angepaßt werden /4/.

Im folgenden soll anhand eigener Untersuchungen diskutiert werden, inwieweit sich die Eigenschaften des Werkzeugs Laserstrahl am Bearbeitungsort durch den Einsatz "fliegender Optiken" ändern können.

### 3.1 Laserstrahlintensität im Fokus

Der Einsatz von Maschinensystemen mit bewegten Optiken bedingt eine Abhängigkeit der Eigenschaften des fokussierten Laserstrahls als Funktion des Bearbeitungsortes, **Bild 2**. Infolge der Divergenz $\Theta$ ändert sich der Strahlradius $r_0$ mit dem Abstand $l_A$ vom Auskoppelfenster des Laserresonators. Der Strahlradius an der Bearbeitungsoptik ist mitbestimmend für den minimal erreichbaren Fokusradius $r_F$.

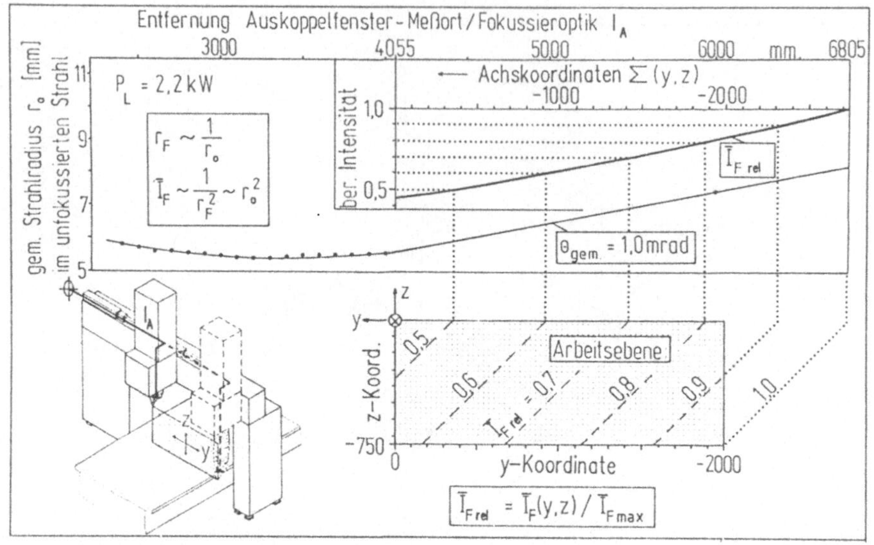


**Bild 2:** Einfluß des Strahlverlaufs des unfokussierten Laserstrahls auf die Intensität $\bar{I}_{F\,rel}$ im Fokus

Für diesen minimalen Radius $r_F$ gilt unter Vernachlässigung der Abbildungsfehler der Fokussieroptik /5/:

(1) $$r_F \approx \frac{\lambda}{\pi} \cdot \frac{f}{r_0} \cdot b^2$$

λ: Wellenlänge
f: Brennweite Abbildungsoptik
b: Faktor zur Berücksichtigung der Modenordnung

Die im Fokus erzielte, mittlere Intensität $\bar{I}_F$ errechnet sich für den Gaußmode-Laserstrahl wie folgt:

(2) $$\bar{I}_F \approx \frac{P_L \cdot 0{,}86}{r_F^2 \cdot \pi}$$

$P_L$: Laserleistung

Unter Berücksichtigung, daß λ, f, π, und b innerhalb eines Anlagensystems konstante Größen sind und die Laserleistung unverändert bleibt, gilt nach Einsetzen von (1) in (2):

(3) $$\bar{I}_F \sim 1/r_F^2 \sim r_0^2$$

Die mittlere Intensität $\bar{I}_F$ des fokussierten Laserstrahls ist damit proportional zum Quadrat des Strahlradius $r_0$ an der Abbildungsoptik.

Übertragen auf das untersuchte Anlagensystem, **Bild 1**, ergibt sich, daß trotz einer Strahldivergenz $\theta$ von nur 1 mrad bezogen auf den halben Strahlöffnungswinkel die mittlere Intensität $\bar{I}_F$ im fokussierten Strahl bei extremen Positionen des Bearbeitungskopfes im Arbeitsraum auf weniger als 50% des Maximalwertes abnehmen kann, **Bild 2**.

Durch vergleichende Untersuchungen zum Schneiden und Schweißen mit ausgewählten Bearbeitungsparametern konnte der Einfluß unterschiedlicher Intensitäten im Fokus auf das Bearbeitungsergebnis bestätigt werden. Es wurden zwei Bearbeitungsorte mit unterschiedlich langen Strahlwegen $l_A$, 4,4 m bzw. 6,5 m, vom Auskoppelfenster zur Abbildungsoptik gewählt. In **Bild 3** sind die Ergebnisse zum Laserstrahlschneiden von 1 mm Tiefziehblech gegenübergestellt.

$P_L$ = 2,2 kW, a = 1mm, z = 0mm, $O_2$: p = 1,8 bar f = 6"

| Entfernung Abbildungsoptik-Auskoppelfenster $l_A$ | 6540 mm | 4350 mm | |
|---|---|---|---|
| $r_{0\,gem}$ [$\mu$m] | 8,0 | 5,8 | |
| $\bar{I}_{F\,rel}$ | 0,94 | 0,48 | |
| v [m/min] | 6 | 6 | 5,3 |
| Rauhigkeit $R_{ZDIN}$ [$\mu$m] | 12,1 | 18,1 | 13,4 |
| Schnittspalt [mm] | 0,37 | 0,45 | 0,49 |
| Schliffbild Schnittspalt St 1403 (1 mm) | 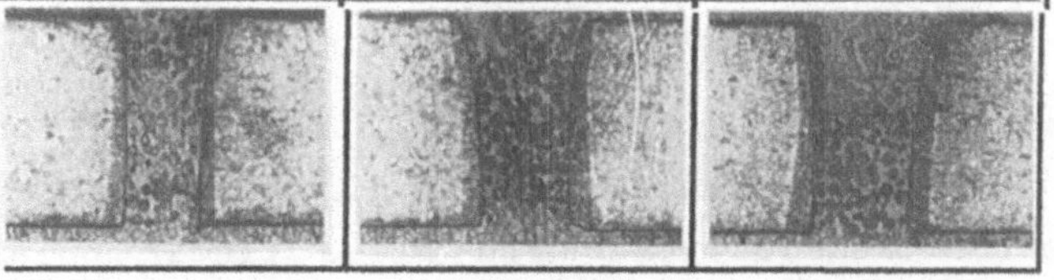 | | |

**Bild 3:** Einfluß der Strahlradien $r_0$ an der Abbildungsoptik auf die Bearbeitungsparameter beim Schneiden

Am ersten Bearbeitungsort wurde ein Strahlradius $r_0$ von 8,0 mm, am zweiten ein solcher von 5,8 mm gemessen. Die Intensität $\bar{I}_{F\,rel}$ im Fokus ist am ersten Bearbeitungsort so hoch, daß mit einer Schneidgeschwindigkeit von 6m/min noch gute Schnittergebnisse erzielt werden konnten. Am zweiten Bearbeitungsort ließen sich ähnlich gute Schnittqualitäten, d.h. Schnittflächen niedriger Rauhigkeit und ohne Bart nur bei Zurücknahme der Schneidgeschwindigkeit auf 5,3 m/min erzielen. In bezug auf die Schnittspaltweite ist hier aufgrund des größeren Fokusradius mit einer Zunahme um 0,1 mm zu rechnen. Ergebnisse zum Schweißen sind in **Bild 4** beispielhaft dargestellt. Um eine zuverlässige Durchschweißung zu erreichen war bei den niedrigeren Intensitäten am zweiten Bearbeitungsort eine Korrektur der Fokuslage notwendig.

| $P_L$ = 2,2 kW, a = 6mm, Argon: 18 l/min | | | f = 6" |
|---|---|---|---|
| Entfernung Abbildungsoptik-Auskoppelfenster $l_A$ | 6540 mm | 4350 mm | |
| $r_{0\,gem}$ [µm] | 8,0 | 5,8 | |
| $\bar{I}_{F\,rel}$ | 0,94 | 0,48 | |
| v [m/min] | 4,5 | 4,5 | 4,25 |
| z [mm] | +3 | +3 | +2 |
| Schliffbild Blindnaht St 1403 (1 mm) | | | |

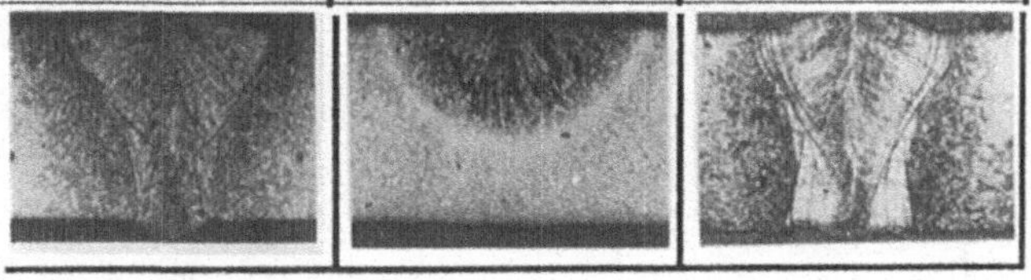

**Bild 4:** Einfluß des Strahlradius $r_0$ an der Abbildungsoptik auf die Bearbeitungsparameter beim Schweißen

## 3.2 Polarisation

Moderne Laserstrahlquellen emittieren überwiegend Licht mit räumlich festgelegter Polarisationsrichtung. Zur Erzielung einer richtungsunabhängigen Bearbeitungsqualität wird diese linear polarisierte Laserstrahlung meist durch $\lambda/4$ Phasenschieberspiegel in zirkular polarisierte Laserstrahlung umgewandelt. Wie Untersuchungen gezeigt haben, führen Abweichungen von dieser zirkularen Verteilung zu einer Beeinträchtigung der Bearbeitungsqualität /6,7/. **Bild 5** verdeutlicht Polarisationszustände des Laserstrahls in der untersuchten Anlage. Der im Resonator erzeugte Laserstrahl ist linear polarisiert, Messung I. Nach einer Umwandlung im ECQ (Enhanced cutting quality) ist die Laserstrahlung zirkular polarisiert, Messung II. Nachfolgende, mehrfache Strahlumlenkungen ohne Verwendung einer Phasenkompensation führen zu einer elliptischen Polarisation des Laserstrahls, Messung III.

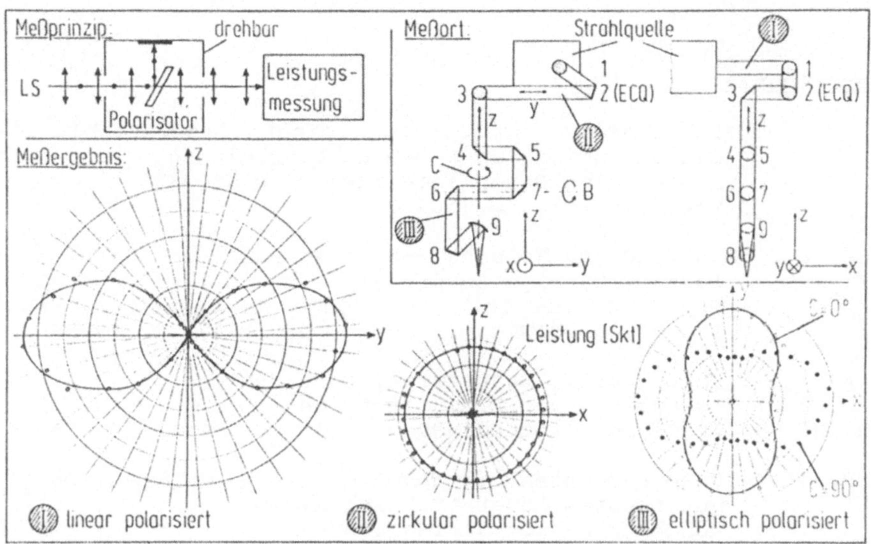


**Bild 5:** Polarisationszustände des Laserstrahls in der Strahlführung

Neben der Abhängigkeit der Strahlqualität vom Bearbeitungsort muß demnach bei bewegten Strahlführungssystemen mit mehrfacher Strahlumlenkung auch mit einem Einfluß der Bearbeitungsrichtung auf die Bearbeitungsqualität gerechnet werden.

## 4. Ausblick

Für die Lasermaterialbearbeitung an räumlich geformten Blechteilen ergeben sich bedingt durch die Anlagenkonzeption besondere Gesichtspunkte zur Prozeßführung. Die Eigenschaften des Werkzeugs Laserstrahl, z.B. der minimale Fokusradius, sowie Intensität und Polarisation können sich in Maschinen mit bewegten Strahlführungssytemen in Abhängigkeit von Bearbeitungsort und -richtung ändern. Zur Erzielung einer gleichbleibend hohen Bearbeitungsqualität wird dann eine Anpassung der Prozeßparameter wie Bearbeitungsgeschwindigkeit oder Fokuslage notwendig.

Die Verfasser danken dem Bundesminister für Forschung und Technologie und den die Forschungsaktivitäten fördernden Unternehmen für die finanzielle Unterstützung der Arbeiten, aus denen die vorgestellten Ergebnisse stammen.

**Literaturverzeichnis**

/1/ RÖDER, W. Führungsvorrichtung für einen Laserstrahl zur dreidimensionalen Werkstückbearbeitung Europäische Patentanmeldung Nr.0185 233 Veröffentlichung 25.6.86

/2/ NILSSON, K. SARADY, I. Cutting and Welding 3-Dimensional Sheet Metal Parts with High Accuracy Proc. of the 1st Int. Conf. on Lasers in Manufacturing (LIM1), Brighton, UK, 1983, S. 79-86

/3/ RIEF, A. NUSS, R. GEIGER, M. Kombiniertes Laserstrahlschneiden und -schweißen von Blechformteilen In diesen Proceedings

/4/ NUSS, R. Untersuchungen zur Bearbeitungsqualität im Fertigungssystem Laserstrahlschneiden München: Hanser Verlag 1989

/5/ RIPPER, G. HERZIGER, G. Werkstoffbearbeitung mit Laserstrahlung Teil 5: Fokussierung von Laserstrahlung am Beispiel des $CO_2$-Lasers Feinwerktechnik und Meßtechnik 92(1984)6 S. 297-302

/6/ NUSS, R. BIERMANN, S. Auswirkung der Polarisation beim Laserstrahlschneiden Laser und Optoelektronik 19(1987)4, S. 389-392

/7/ LOOSEN, P. BEYER, E. KÜCHLER, R. KRAMER, R. Einfluß der optischen Rückwirkung auf die Lage der Polarisationsebene beim Laserstrahlschweißen und -schneiden Waidelich, W. [Ed.] "Optoelekronik in der Technik", Berlin: Springer 1986, S. 353-358

# Car Body Welding with Laser Radiation

Ralf Imhoff, Klaus Behler, Eckhard Beyer
Fraunhofer-Institut für Lasertechnik, Aachen, FRG

Abstract

In this paper some examples are discussed concerning overlap and butt welding of uncoated and zinc-coated plates with a typical thickness between 0.7 and 2 mm. The advantages of welding with polarized laser beam is discussed. An example for on-line process control is explained.

## Introduction

In car body welding, laser beam welding is of evergrowing competition to resistance spot and - projection welding. The advantages of laser welding are a high flexibility combined with a high welding speed. The continous laser beam gives, compared with a spot welded seam, a higher loading capacity of the welded components. This leads to a reduction of material thickness and, therefore, to a reduction of the weight of the car body.

## The Influence of a Gap on Overlapped Welded Joints

Figure 1 shows the influence of an occuring gap between the overlapped metal sheets on the seam geometry. A gap width of about 0.1 mm does not cause any undercut of the seam. By welding sheet with a thicknss of 0.8 mm a gap with a width greater than 0.4 mm will lead to defect seams. In some cases even in the upper sheet gets cutted by the laser beam.

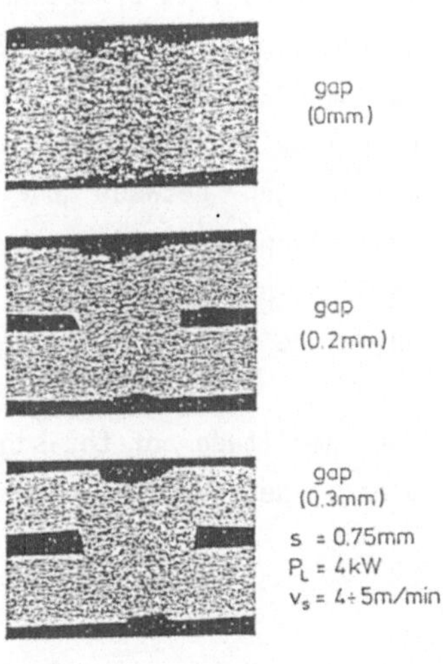

In every case, there is a decrease in the maximum welding speed with an increasing gap width, as seen in Figure 2. Additionally this figure illustrates the influence of focal length on the welding speed. A shorter focal length, which offers a higher laser intensity, will permit a higher welding speed. An increasing gap width tends to drop this advantage. A slit of a width of 0.4 mm will only be bridged by use of a higher focal length, f = 200 mm and more.

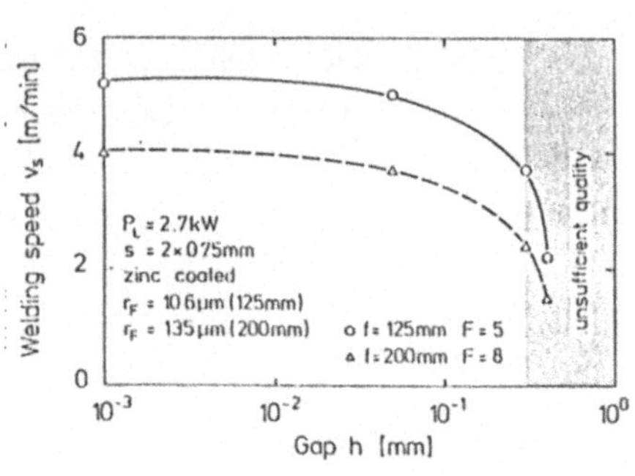


As far as zinc-coated metal sheets are concerned the use of a slight gap seems to be useful to improve the emanation of the vaporized zinc out of the molten region. This is shown in figure 3. This weld is part of a three-dimensional workpiece whitch is normally welded by resistance spot welding. Furthermore it can be seen, that the laser seam is positioned very near to the bended parts of the workpieces. This effect may result in a reduction of flange extent, as far as the clamping devices allows a such reduction. Welding by using the remaining gap between the workpieces can only procedured by the aid of an on-line process control which will guide the working station.

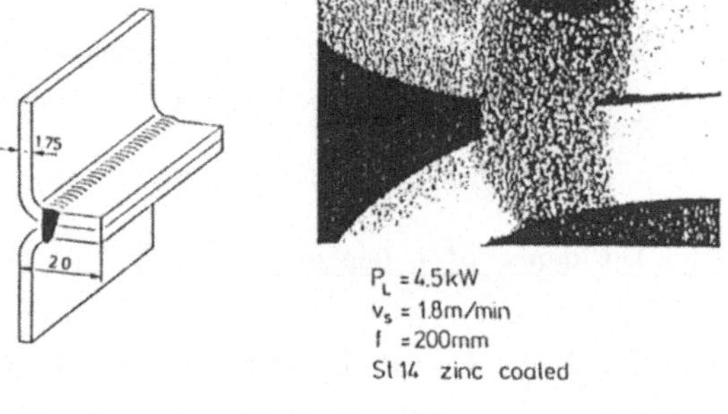


The amplitude of the signal of the photo-diode, which analyses the laser induced plasma, decreases as soon as an undercut of the seam occures.

## Welding with Polarized Laser Beam

The figures 4 and 5 represent weld using a polarized laser beam. The beam component which is polarized vertically on the area of incidence is being strongly reflected at the surface of the metal sheet. After several reflections on the surface the laser beam is guided into the welding area. The laser energy is coupled into the workpiece without evaporation of the base material, thus, without development of a laser induced plasma. Similar to resistance spot welding only contact-zone of both sheets is molten.

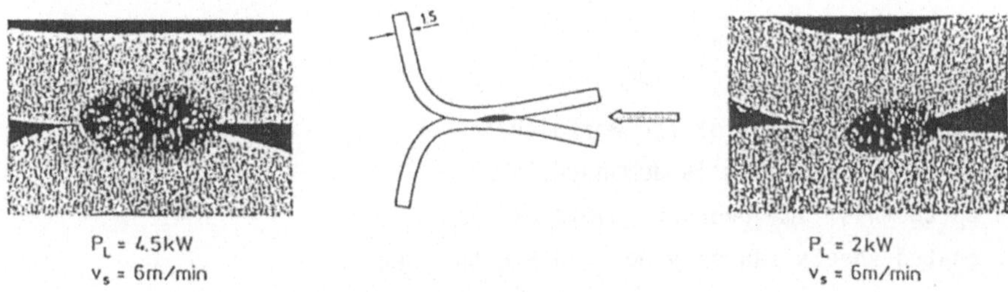


A reduction of line energy leads to a decrease of the seam width, and the load carrying seam depth remains nearly constant.

The whole process is indifferent to a displacement of the laser beam and therefore suitable to robot welding, even at high speed levels.

Figure 6 demonstrates the results of dymamic torsion investigation. It is revealed that the stability of specimens welded by laser beam is much higher than the one welded by resistance spot welding. It should be noted that the reason for the breakdown is not the laser weld seam. The first cracks appear in the base material. This means that by using laser specific construction concepts and materials which are adapted to the characteristics of a laser weld, it is possible to yield improvements in car body construction as regards the reduction of weight as well as an increasing stability.

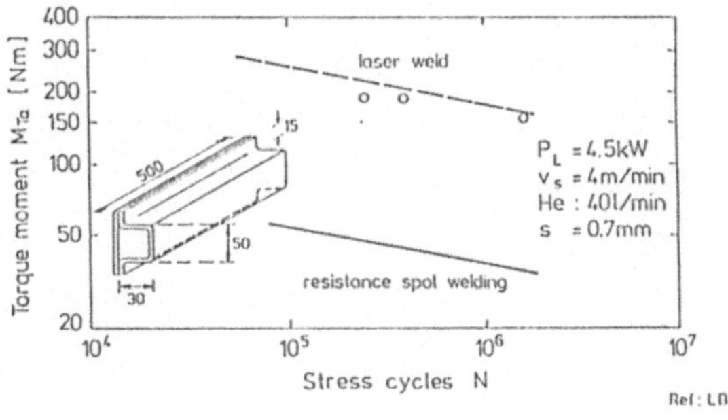

## Conclusion

The laser beam welding offers a variety of possible applications in car body production. The advandtages are compared to resistance spot welding:

- high stiffness of the welded workpieces,
- high dymanical capacity,
- high flexibility,
- high processing speed,
- possibility of on-line control.

However one has to consider

- exact positioning of the workpiece and the laser beam is demanded,
- up to this time overlap joints of zinc coated sheets can only be welded with a gap.

# Process Monitoring and Process Control of Laser Beam Welding

W. Gatzweiler, D. Maischner, F. J. Faber, S. Juchem, E. Beyer
Fraunhofer-Institut für Lasertechnik, 5100 Aachen, W.-Germany

## I. Introduction

The result of laser beam welding is mainly determined by the interaction of the energy coupling, the pressure in the keyhole, the melt movement and the material constants. A model for these dynamic processes is usually necessary for process monitoring or control. The presented model is based on measurements of the radiation emission in different wavelength ranges, the sound emission and the height of the luminous phenomenon. It shows the dependence of these measurable values from the pressure in the keyhole. Process monitoring is presented which shows the usefulness of the presented model.

## II. The influence of the internal pressure on values which are measurable on-line

The influence the pressure has on values which are measurable on-line - radiation emission, sound emission and the height of the luminous phenomenon above the workpiece - can be described qualitatively.

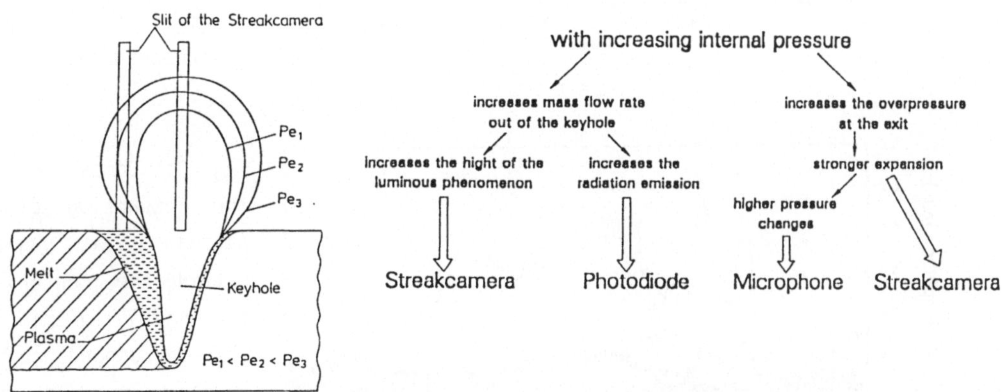


Fig. 1: Influence of an increasing pressure on the radiation emission, expansion and the height of the luminous phenomenon and the sound emission.

Fig. 1 shows the results of an increasing pressure in the keyhole. The mass flow rate out of the keyhole increases. The consequence is an increase of the height of the central part of the luminous phenomenon measured with a streak camera and an increase of the radiation emission of the luminous phenomenon measured with a photodiode. Whether the luminous phenomenon results from outflowing plasma or metal vapour can be decided with the help of interference filters. The radiation emission of the metal vapour in a short wavelength range is lower than the emission of the plasma, because the average kinetic energy of the electrons in the metal vapour is lower than in the plasma.

For overcritical outflow which is the important case for deep penetration welding, the increased pressure also increases the overpressure at the exit. The result is a stronger expansion of the plasma or metal vapour and higher pressure changes in the enviroment measured with a microphone. The stronger expansion can be demonstrated by measuring the height of the plasma outside and in the central part.

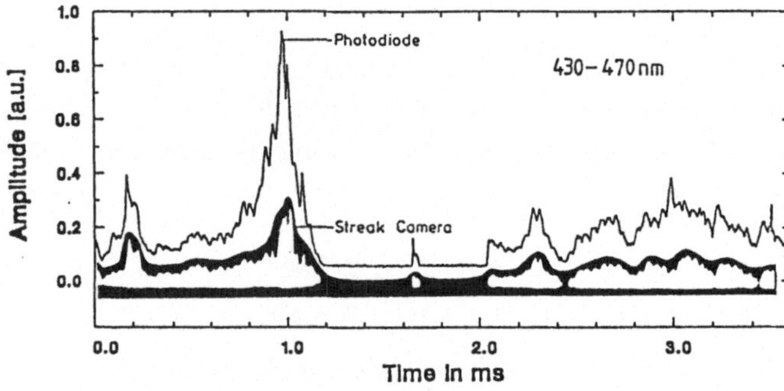


Fig. 2: Correlation between the height of a central part and the radiation emission of the plasma caused by the common dependence upon the mass flow rate out of the keyhole.

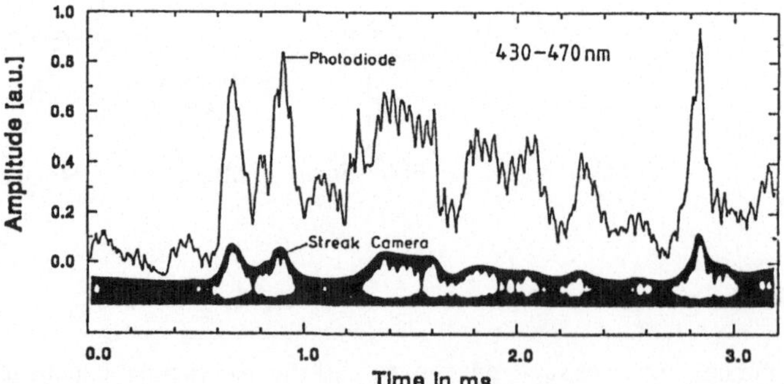


Fig. 3: Comparison of the expansion of the plasma (slit position outside the center) and the radiation emission. The correspondence is usually limited to high peaks of the photodiode signal due to high internal pressure.

Fig. 2 shows the correlation between the temporal changes of the whole radiation emission of the plasma and the height of the central part of the plasma in the wavelength range from 430 nm to 470 nm. Both signals are not constant but reflect the temporal changes of the internal pressure. The steepness of a peek depends on the pressure change per-time, where a positive edge of a peak reveals a pressure increase. The fig. 2 shows time periods where the pressure is low and therefore no plasma flows out. Depending on the pressure of the process gas it can penetrate into the keyhole /1/.

Fig. 3 shows the dependence of the whole radiation emission and the expansion of the plasma outside the keyhole. The streak camera measures the height of the plasma at a distance higher than the radius of the keyhole. It only detects plasma if the overpressure at the exit is higher than a minimum of the pressure. This minimum increases with increasing distance of the slit to the center of the plasma. The correlation of the two signals is usually limited to high peaks of the photodiode's signal as the reason for such peaks is a higher internal pressure which results in a higher overpressure at the exit.

The correlation between the radiation emission and the sound emission is shown in Fig. 4. At the beginning of the laser pulse metal vapour fluctuations can be detected before plasma fluctuations occur. Both types of fluctuations go hand in hand with pressure variations in the environment. The signal of the microphone shows a time delay based on the lower sound speed compared with the speed of light. The discussion has shown that the plasma fluctuations, the sound emission, the expansion and the height of the plasma or metal vapour reflect the changes of the internal pressure.

## III. The interaction of the internal pressure with the melt dynamic

The pressure in the keyhole depends on the evaporation rate of the metal vapour. As the evaporation rate depends on the melt movement, the plasma fluctuations also reflect the melt movement. An experimental proof for the interaction of the evaporation rate with the melt dynamic is shown in fig. 5. The upper curve shows the welding depth as a function of the welding speed. For the dotted curve, the polarisation of the laser beam is vertical, for the other curve, the polarisation is parallel to the welding direction. Only for speeds superior to a threshold speed - in this case 4.2m/min - the welding depht for the vertical direction is lower than for the parallel direction.

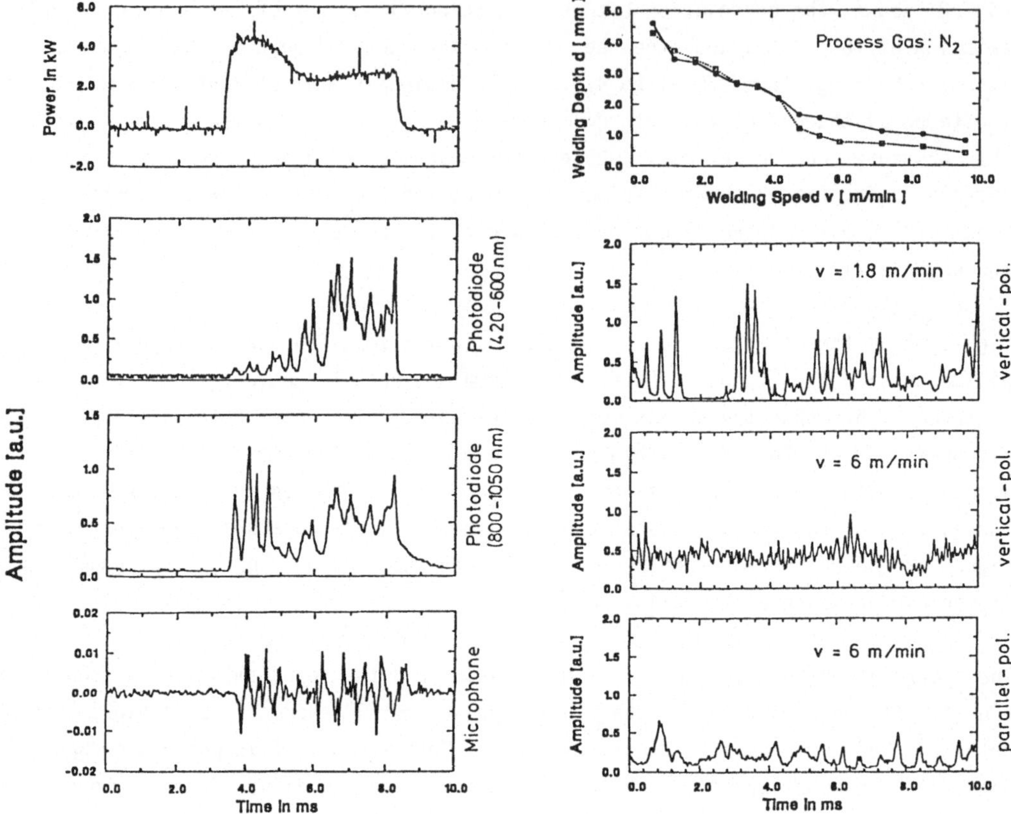


Fig. 4: The metal vapour fluctuations as well as the plasma fluctuations go hand in hand with pressure variations in the environment.

Fig. 5: Only for welding speeds exceeding 4.2 m/min, the welding depth and the plasma fluctuations depend on the polarisation direction.

The threshold speed is lower if helium is used as process gas. This is a proof for the fact that the process gas can penetrate into the keyhole and influences the process /2/.

The measurements of the radiation emission of the amplitude of the plasma do not reveal any important differences of the plasma fluctuations for welding speeds inferior to the threshold value. For speeds higher than the threshold speed, the amplitude of the plasma fluctuations depends on the polarisation direction. In case of vertical polarisation, the frequencies of the modulation are higher.

This can be explained by the different absorption distribution of the $CO_2$-radiation in the keyhole for the different polarisation directions.

In the case of a vertical direction to the welding direction, the maxima of the absorption are on the side walls and on the bottom side /3,4/. The energy necessary for heating up the front results from convective heat transport from the sides to the front. This melt partly flows to the rear and passes the locations of a higher absorption of the $CO_2$ radiation again.
in.

If the polarisation direction is parallel to the welding direction, the maximum of the absorption occurs on the front side. The melt which flows around the keyhole does not cross the location of a higher absorption again. Therefore, the frequencies of the modulation of the evaporation rate is lower for the parallel direction than in the case of a vertical polarisation direction.

This result shows the interaction of the modulation of the evaporation rate and the melt movement. It also shows that for speeds lower than the threshold speed, a remarkable different melt movement for the examined polarisation direction cannot be detected.

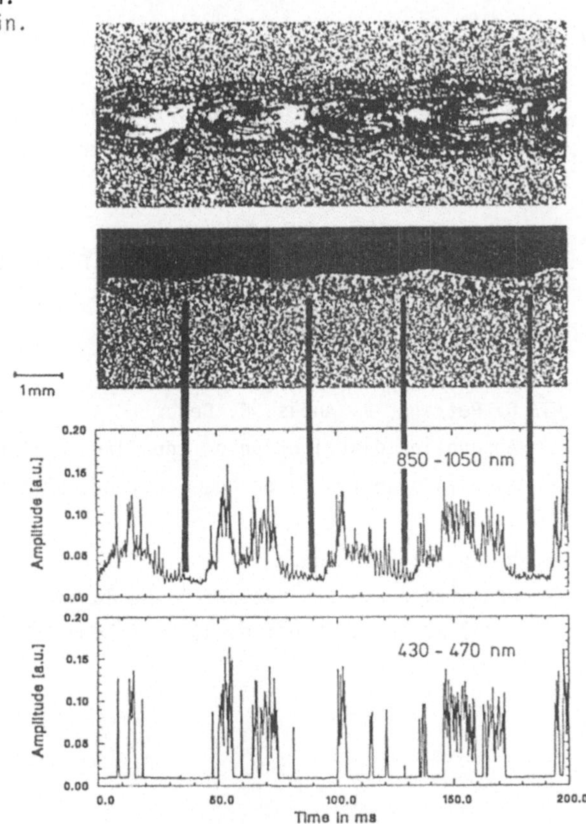


Fig. 6: Detection of throats in the welding seam.

## IV. Example for process monitoring

Throats in the welding seam may occur if the energy coupling of the $CO_2$ radiation to the workpiece is reduced during welding with low line energy. A comparison of the welding depth with the radiation emission does not show a correlation with the radiation (430-470nm) of the blue plasma (Fig. 6). The throat goes hand in hand with a decrease of the welding depth as well as the amplitude of the signal in the long wavelength range (850-1050nm) because the evaporation rate decreases due to a lower energy absorption.

## V. Summary

Values which can be measured on-line as e.g. radiation emission and the expansion of the luminous phenomenon or the sound emission reflect the temporal changes of the pressure in the keyhole. The changes of the pressure are mainly determined by the interaction between energy coupling, melt dynamic and the evaporation rate. The understanding of this relation helps to realize process monitoring or control.

## VI. References

/1/ W. Gatzweiler, D. Maischner, E. Beyer
On-line plasma diagnostics for process control in welding with $CO_2$ lasers
SPIE Vol 1020, 1988

/2/ W. Gatzweiler, D. Maischner, F. J. Faber, C. Derichs, E. Beyer
Model of dynamic behaviour in laser beam welding
Proc. SPIE 1989

/3/ D. Petring, P. Abels, E. Beyer
Absorption distribution on idealized cutting front geometries and its significance for laser beam cutting, SPIE Vol. 1020 (1988), 123-131

/4/ W. Schulz, K. Behler
Adjustable redistribution of the laser intensity between two adjoining metal surfaces, Proceedings SPIE 1989

# Relaisfederjustierung mittels gepulster Nd:YAG-Laser

Christoph Hamann, H.-G. Rosen
Siemens AG, Otto-Hahn-Ring 6, 8000 München 83

## 1. Einleitung

Das KRD 2 ist ein Miniaturrelais für Schwachstromanwendung mit 2 Wechsler-Kontakten, siehe Bild 1 /U. Kobler/. Die beiden Mittelfedern sind als Doppelkontakte ausgebildet und werden aus einem stufig gefrästen Band durch Stanzen und Biegen gefertigt. Im Laufe der Fertigung werden an die Mittelfedern je eine Stromzuführung - aus hochleitfähigem Material - mit je zwei Laserschweißpunkten befestigt. Die durch die einzelnen Fertigungsschritte entstandenen Toleranzen ergeben eine zu große Streubreite und würden sowohl die Kontaktgabe als auch das Schaltverhalten des Relais negativ beeinträchtigen.

Zur Reduzierung der Fertigungstoleranz wird der Überhub der Kontakte eingestellt. Der Überhub ist die Strecke, die der Kontakt nach dem Berühren des Gegenkontaktes zurücklegen müßte, um in die Ruhestellung zu gelangen. Mit dieser Größe kann der Druck zwischen Kontakt und Gegenkontakt und die Streubreite der Funktionswerte eingestellt werden.

Um einen definierten Bereich für den Überhub zu erreichen, wird die Mittelfeder mittels Laser justiert. Dies geschieht durch punktweises Anschmelzen der Oberfläche der Mittelfeder. Die Lage der Mittelfeder bzw. der Überhub zwischen der Mittelfeder und den innenliegenden Gegenkontakten wird durch eine zwischen Anker und Joch gelegte Lehre bestimmt. Diese Laserjustierpunkte werden so lange gesetzt, bis der Kontakt öffnet. Die Fertigungstoleranz des Überhubs wird dadurch von 0,22 bis 0,38 mm auf 0,12 bis 0,17 mm reduziert und somit auch die Kontaktkraft in einen engen Streubereich gebracht.

## 2. Experimentelle Durchführung und Diskussion

Ungeklärt war bisher, inwieweit die Mittelfeder durch die Schweißungen und die Justierpunkte verdreht wird, welchen Einfluß Pulsenergie und Positionierung der Punkte auf den Justierweg hat, und wie lange die Feder braucht, um thermisch zu relaxieren.

Für die Messungen wurde die holographische Interferenzmethode verwendet, da mechanische Verfahren das Meßergebnis verfälschen und für berührungslose Methoden das Objekt zu klein bzw. die Veränderung zu gering ist.

a) Messungen beim Schweißen

Es gibt zwei Verfahren, die Stromzuführung auf die Mittelfeder zu schweißen. Zum einen kann über die Kante geschweißt, zum anderen in die Schweißlappenmitte, siehe Skizze in Bild 2. Für das Kantenschweißen werden ca. 6J Pulsenergie benötigt, für die Mittenschweißung 10J-11J, allerdings hat das zweite Verfahren den Vorteil der geringeren Justierempfindlichkeit. Die Federbiegung durch das Schweißen liegt zwischen 1 $\mu$m und 15 $\mu$m. Jeweils der erste Schweißpunkt erzeugt eine kleinere Verbiegung als der zweite. Ursache ist, daß nach dem ersten Schweißpunkt durch die Oberflächenoxidation die Energieeinkopplung stärker ist. Durch die Schweißpunkte wird die Feder in der Längsachse verdreht, siehe Bild 2b. Da aber durch den 2. Schweißpunkt der ohnehin kleine Winkel von <0,02° annähernd kompensiert wird, kann die Torsion der Feder durch das Schweißen vernachläßigt werden.

b) Einfluß der Justierpunktenergie

Zur Ermittlung der optimalen Justierenergie wurde die Energie von 1J bis 4J variiert, siehe Bild 3. Bei 1J Pulsenergie wird die Oberfläche nur aufgewärmt, bei 2 J erfolgt die Aufschmelzung der Oberfläche und bei größeren Energien dringt die Schmelze in den Werkstoff vor, aber nur einen Bruchteil der Werkstückdicke. Der Justierweg nimmt mit der Pulsenergie zu, die Streuung ist aber relativ hoch. Ursachen sind Absorptionsschwankungen der Oberfläche.

Der Torsionswinkel ist für die verschiedenen Pulsenergien mit <0,03° vernachlässigbar klein. Der Winkel, erzeugt durch Pulse an der Oberkante, dreht überwiegend in die entgegengesetzte Richtung, wie der an der Unterkante erzeugte. Somit wird der Torsionswinkel im Rahmen der Streuung kompensiert, wenn die Justierpunkte abwechselnd oben und unten gesetzt werden.

c) Positionierung der Justierpunkte

Für weitere Versuche wurde eine Energie von 4J gewählt, da mit dieser Energie der Justierweg von ca. 150 /um in ungefähr 5 bis 10 Pulsen zurückgelegt werden kann, ein einzelner Punkt aber keine so starke Biegung erzeugt, daß die Toleranzbreite überschritten wird. Es wurden hintereinander drei Spalten mit je drei Punkten quer zu Federlängsachse erzeugt, jede Spalte um 0,5 mm gegenüber der vorhergehenden verschoben. Die Verschiebung entspricht 10% der Länge von Justierpunkt bis zum Kontakt. Zusätzlich wurden Punkte nur in der 2. oder 3. Spalte gesetzt. Im Rahmen der Streuung der Meßwerte ist der Justierweg unabhängig von dem Ort der Justierung.

d) Relaxationszeit nach dem Justieren

Direkt nach dem Justieren befindet sich die Mittelfeder in einem thermischen Nichtgleichgewicht. Die Oberfläche der Feder ist ungleichmäßig warm, auch in die Tiefe gibt es einen Temperaturgradienten. In Bild 4 ist die Verbiegung der Kontakte über der Zeit aufgetragen, nachdem 9 Justierpunkte gesetzt waren. Die Relaxation erfolgt entgegen der Justierrichtung. Erst nach ca. 5 min ist die verbleibende Bewegung kleiner 1% von dem mittleren Justierweg von 150 /um.

## 3. Zusammenfassung

Mittels holographischer Interferometrie wurde die Federverbiegung beim Schweißen und Justieren der Mittelfeder am Kleinrelais D2 gemessen. Die Verdrehung der Feder durch die Bearbeitung kann vernachlässigt werden. Dagegen muß berücksichtigt werden, daß die Feder ca. 5 min braucht, bis der Relaxationsweg kleiner 1% des Justierwegs ist.

Mein Dank gilt Frau J. Fait, die im Rahmen ihrer Diplomarbeit die holographischen Messungen durchführte.

## Literatur

/U. Kobler/ Das Kleinrelais D2, ein Miniaturrelais hoher Zuverlässigkeit; Siemens Components 21 (1983), Nr.4, S.148

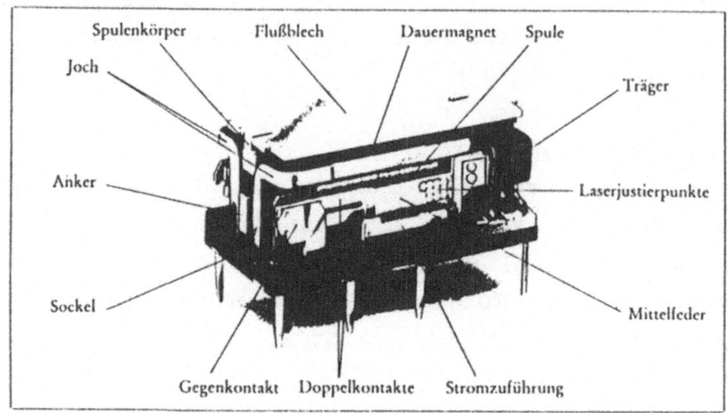


**Bild 1** Aufbau des Kleinrelais D2 (Abbildung ohne Schutzkappe)

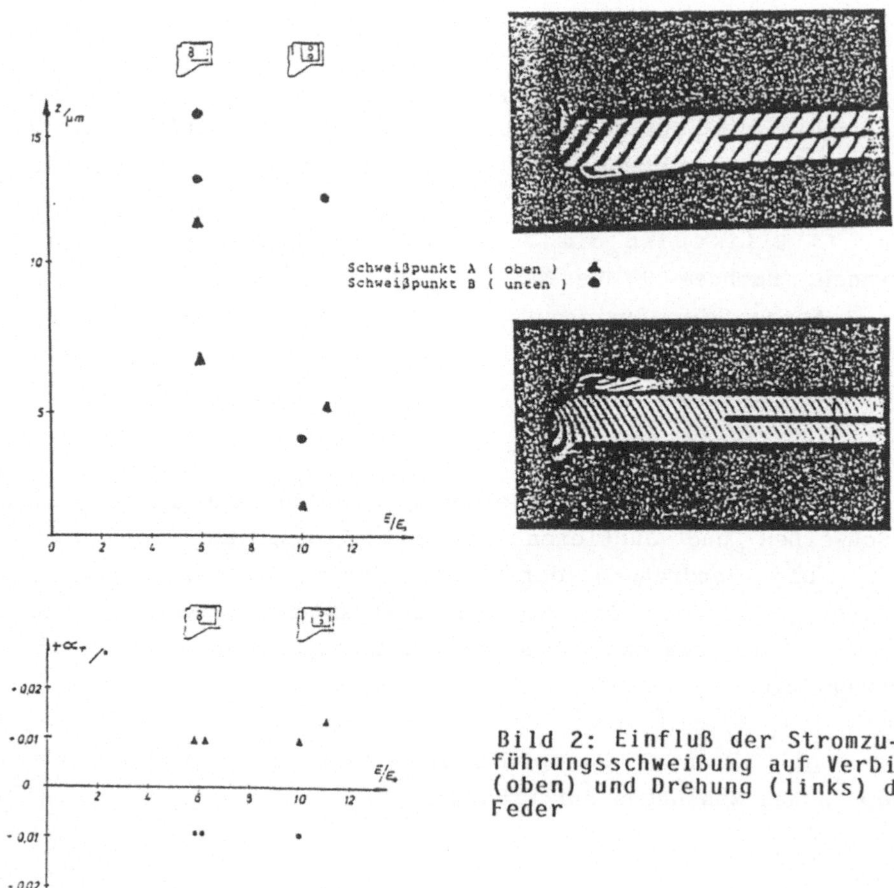


Bild 2: Einfluß der Stromzuführungsschweißung auf Verbiegung (oben) und Drehung (links) der Feder

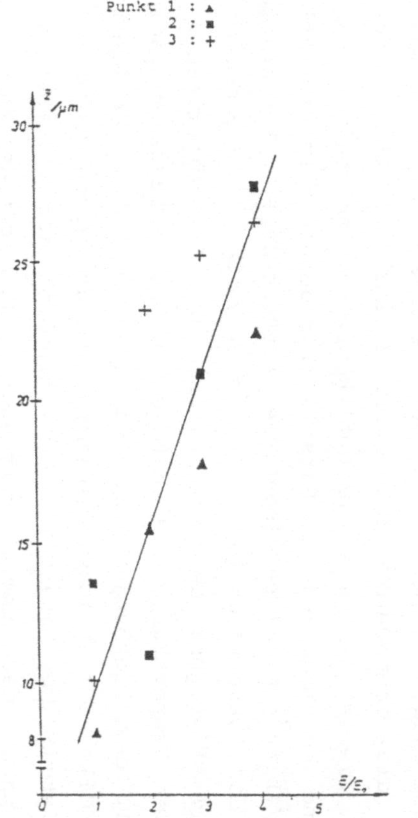


Bild3: Einfluß der Pulsenergie auf den Justierweg

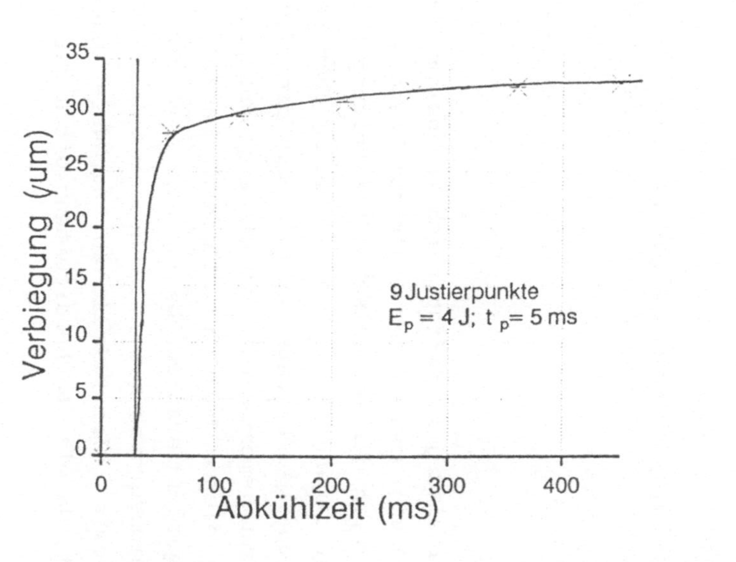


Bild4: Relaxationsweg der Mittelfeder nach dem Justieren

# Der Einfluß des »thermal-lensing«-Effekts bei der Materialbearbeitung mit Festkörperlasern

U.Hildebrandt

SIEMENS AG, Otto-Hahn-Ring 6, 8000 München 83

## 1. Einleitung

Bei der Materialbearbeitung im Mikrobereich (Schneiden, Bohren in Dimensionen von 20-200 µm) gewinnt der Laser zunehmend an Bedeutung, da zum einen dieser Bereich der mechanischen Bearbeitung nur sehr schwer oder überhaupt nicht zugänglich ist, zum anderen aber neue Technologien wie z.B. die opt. Nachrichtentechnik oder die Miniaturisierung der elektronischen Bauelemente eine zuverlässige und präzise Bearbeitungsmöglichkeit in diesem Bereich erfordern. Dabei wird vor allen die Einhaltung enger Toleranzen bzgl. der Dimensionierung (z.B. gleicher Bohrlochdurchdurchmesser bei verschiedenen Werkstoffen und Materialstärken) sowie eine möglichst aufwurf- oder gratfreie Bearbeitung verlangt, da eine Nachbearbeitung oft nicht möglich ist.

## 2. Microbearbeitung mit dem Nd-YAG-Laser

Ein entscheidender Parameter bei der Materialbearbeitung mit dem Laser ist die erreichbare Intensität I auf der Oberfläche des Werkstücks. Sie ist bei gegebener Optikkonfiguration abhängig von der Leistung und der Divergenz des Strahls. Für gepulste Festkörperlaser gilt: $I = E_p/(t_p * r^2 * \pi)$ (Ep=Pulsenergie, $t_p$=Pulslänge, r=Fokusradius), wobei für den Fokusradius gilt: $r \sim f * \Theta$ (f= Brennweite der Optik, $\Theta$ =Divergenz des Strahls)/1/. Bei Festkörperlasern ist aufgrund des Temperaturprofils und der damit verbundenen radialen Abhängigkeit des Brechungsindizes im Laserstab, der als Linse im Resonator wirkt, die Divergenz abhängig von der Pump- und damit der Ausgangsleistung des Lasers/2/. Eine Erhöhung der Pulsenergie hat somit aufgrund der damit verbundenen Divergenzänderung nicht automatisch eine grössere Intensität am Werkstück zur Folge, eine Erhöhung der Taktfrequenz, um die Schnittgeschwindigkeit zu vergrössern, kann zur Verschlechterung und bei hochreflektierenden Werkstoffen sogar zum Abbruch des Schneidvorgangs führen. Um eine gleichbleibende Intensität im Fokus bei Erhöhung der Pulsenergie oder

der Taktfrequenz zu gewährleisten, ist eine korrigierende Massnahme im Resonator erforderlich.

## 3. Modenblenden

Durch das Einsetzen von Blenden in den Resonator lässt sich die Anzahl der schwingungsfähigen Moden begrenzen und so die Divergenz verringern. Abb.1 zeigt den Divergenzverlauf als Funktion der Brechkraft bei unterschiedlichen Blendenradien. Gleichbleibende Divergenz, d.h. gleicher Fokusdurchmesser, bei steigender Pumpleistung erhält man, in dem man Blenden entsprechend der "Isodivergenzie"(siehe Abb.1) einsetzt. Da bei kleineren Blenden auch das Modenvolumen im Lasermedium abnimmt, gewährleistet diese Methode, wie aus Abb.1b ersichtlich ist, keine gleichbleibende Intensität im Fokus. Es muss daher für jeden Blendendurchmesser sichergestellt werden, dass das gewünschte Bearbeitungsergebnis erzielt wird.

## 4. Resonatorinternes Teleskop

Eine weitere Möglichkeit zur Korrektur des "thermal-lensing"-Effektes besteht in dem Einsetzen eines variablen Teleskops in den Resonator. Dadurch wird der Resonator optisch verlängert und die Divergenz entsprechend verringert. Entscheidender ist jedoch die Möglichkeit, durch eine entsprechende Dejustierung $D=d_{12}-(f_1+f_2)\neq0$ des Teleskops($d_{12}$=Abstand der Teleskoplinsen, $f_{1,2}$=Brennweiten der Linsen) die Brechkraft $f_R$ des Laserstabes zu kompensieren und dadurch trotz steigender Pumpleistung die Divergenz konstant zu halten/3/. Abb.2a zeigt den Vergleich der Divergenz eines Resonators mit und ohne Teleskop. Da zusätzlich der "filling-factor" des aktiven Mediums erhalten bleibt ,lässt sich die Pulsenergie bei gleichbleibender Taktfrequenz (i.e. die Intensität) oder die Taktfrequenz bei gleichbleibender Pulsenergie (i.e. die Schnittgeschwindigkeit) beträchtlich erhöhen, ohne dass sich der Fokusradius ändert(siehe Abb.2b).

## 5. Diskussion

Der Einfluss des "thermal-lensing"-Effekts von Festkörperlasern bei der Materialbearbeitung lässt sich durch Einsetzen von Modenblenden oder eines justierbaren Teleskops in den Resonator
korrigieren. Dabei bietet das Teleskop gegenüber den Blenden mehrere Vorteile. Eine deutliche Erhöhung der Laserleistung auf der Werk-

stückoberfläche unter Beibehaltung des Fokusradiusses ist nur mit dem Teleskop möglich. Die Flexibilität einer Laserbearbeitungsstation in der Fertigung wird durch ein Teleskop wesentlich erhöht, da einer Änderung der Werkstückeigenschaften (Werkstoff, Oberfläche, Materialstärke etc.) durch ein (evtl. automatisches) Verschieben einer Teleskoplinse bei laufendem Laser Rechnung getragen werden kann.

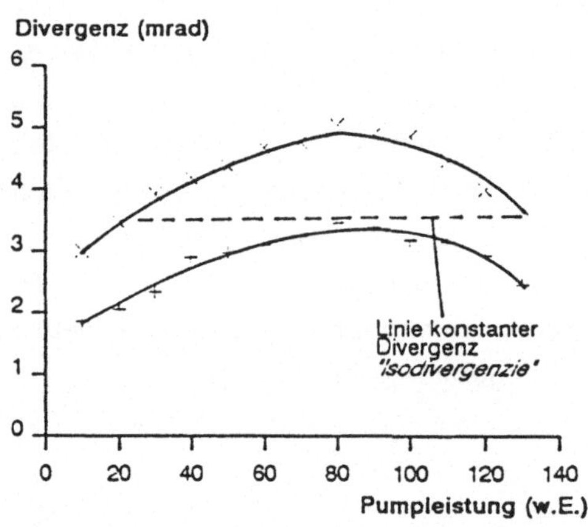


Abb 1A Divergenz als Funktion der Pumpleistung bei untersch. Modenblenden( X-6mm,+-3mm) sowie Linie konstanter Divergenz

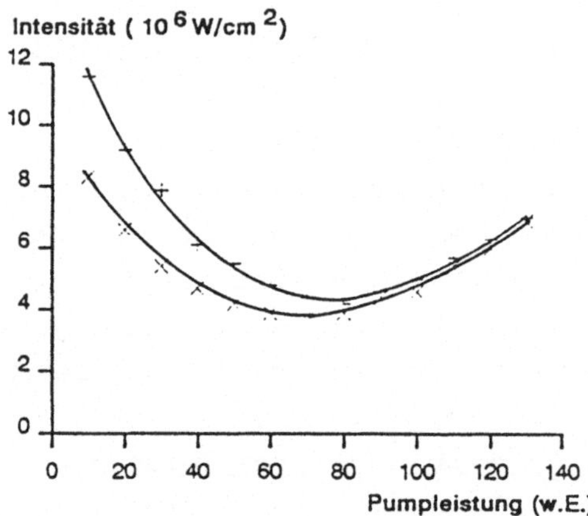


Abb.1B Entsprechende Intensität im Fokus. Durch kleineres Modenvolumen abnehmende Intensität-

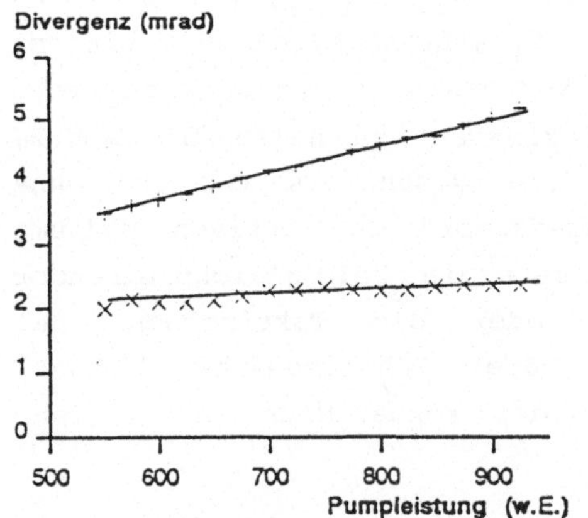


Abb.2A Divergenz als Funktion der Pumpleistung für Resonator ohne (+) und mit Teleskop (X)

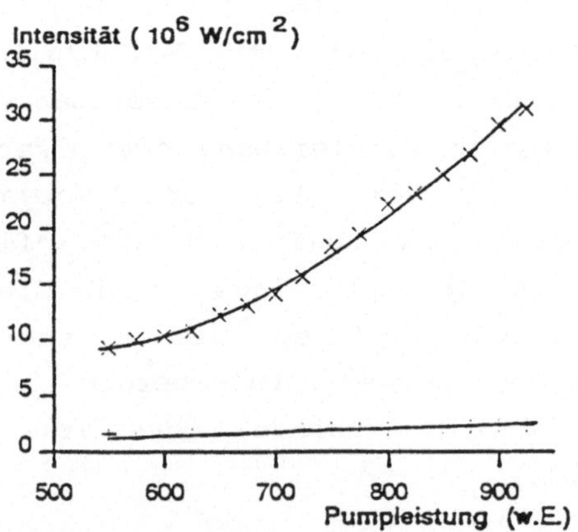


Abb.2B Intensität im Fokus. Beim Resonator mit Teleskop (X) deutliche Steigerung bei konstantem Fokusradius

Literatur:

/1/ G.HERZIGER: Feinwerktechnik & Messtechnik 91,(1983),4,S156
/2/ H.P.KORTZ,R.IFFLÄNDER,H.WEBER: Appl.Opt.,Vol.20,(1981),S4121
/3/ D.HANNA,C.SAWYERS,M.YURATICH: Opt.Comm.,Vol.37,(1981),S359

# Laserstrahlschneiden faserverstärkter Kunststoffe

**R. Müller, S. Biermann, M. Geiger**
**Forschungsverbund Lasertechnologie Erlangen (FLE), Lehrstuhl für Fertigungstechnologie (LFT) Universität Erlangen-Nürnberg, D 8520 Erlangen**

## Einleitung

RRIM-PUR (faserverstärktes reaktionsspritzgegossenes Polyuretan) mit 20 % Kurzglas findet zunehmend Verwendung in der Kfz-Industrie für Teile im Innen- und Außenbereich. Bei mechanischer Nachbearbeitung bringt es jedoch einen hohen Werkzeugverschleiß mit sich, wodurch Bedarf an geeigneten Trenntechniken besteht /1/. Mittels Laserstrahl läßt sich dieser Werkstoff verschleißfrei, schnell und berührungslos schneiden.

## Verwendete Maschinen und Geräte

Es kam ein DC-angeregter schnell längsgeströmter $CO_2$-Laser der Leistungsklasse 1 kW, aufgebaut auf eine kommerzielle NC-gesteuerte XY-Führungsmaschine, zum Einsatz. Die Beurteilung der Bearbeitungsergebnisse erfolgte sowohl licht- als auch rasterelektronenmikroskopisch. Die Rauheit wurde mit optischen und mechanischen Meßwertaufnehmern ermittelt, **Bild 1**, wobei sich zeigte, daß der mechanische Meßwertaufnehmer Spuren auf der empfindlichen Oberfläche hinterläßt. Der optische Sensor arbeitet dagegen berührungslos und verfügt über ein etwas höheres Auflösungsvermögen. Er benötigt jedoch eine bestimmte Mindestreflektion von der zu messenden Oberfläche, um die Fokuslage des Meßstrahls nachregeln zu können. Ist diese Forderung nicht erfüllt, z. B. durch leicht geschwärzte Schnittflächen oder durch seitliche Reflektion des Laserlichts an schräg liegenden Glasfasern, so kann keine Messung erfolgen. Der Aufnehmer unterbricht dann die Messung oder er läßt sich gar nicht erst in Meßposition bringen /2/.

## Vorgänge an der Schneidfront

Der fokussierte Laserstrahl tritt vom Arbeitsgasstrom unterstützt in der Werkstoff ein. Durch die hohe Energiedichte verdampft der Matrixwerkstoff an der Schneidfront und offensichtlich auch ein Teil der verstärkenden Glasfasern, die sich als grauer Niederschlag auf der Schnittfläche nachweisen lassen. Der Verdampfungsprozeß ist mit einer Volumenzunahme verbunden, wodurch der Kunststoffdampf von der

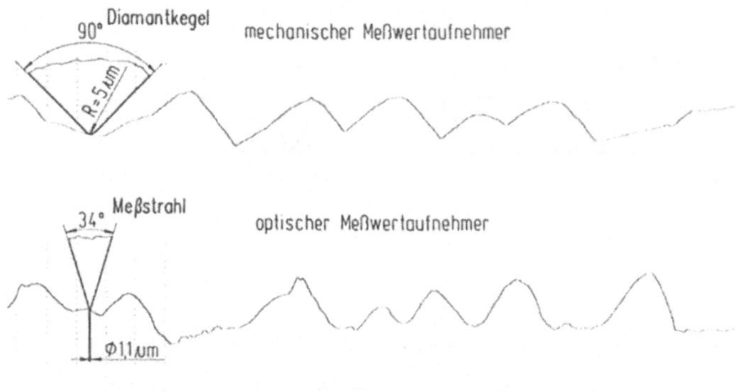


**Bild 1**: Mechanisch und optisch aufgenommenes R-Profil von laserstrahlgeschnittenem RRIM-PUR.

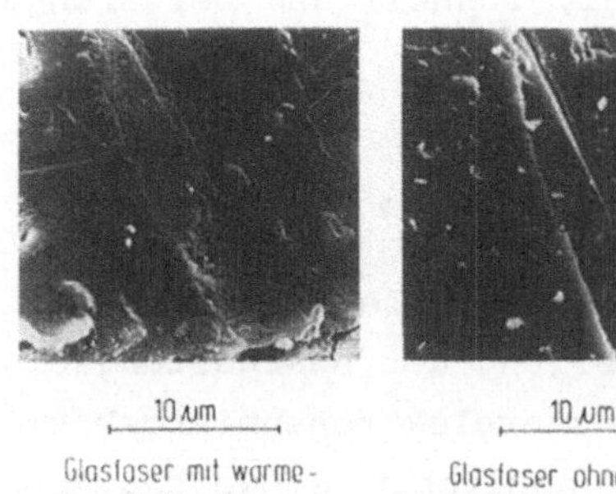


**Bild 2**: Wärmebeeinflussung des Matrixwerkstoffs beim Laserstrahlschneiden von RRIM-PUR.

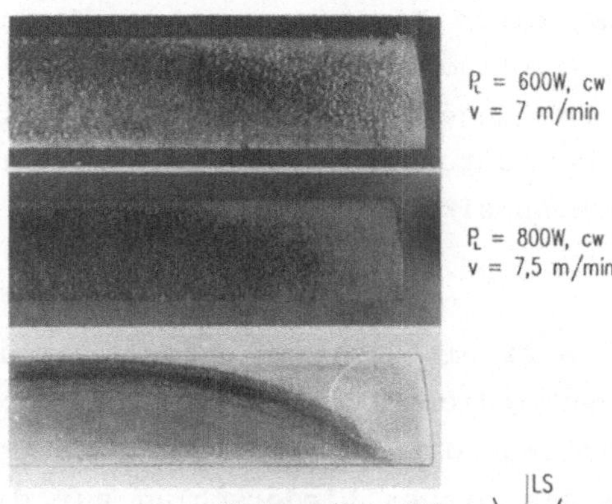


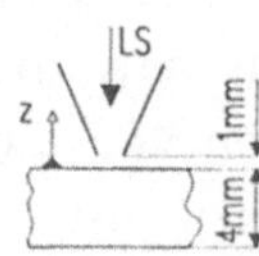


**Bild 3**: Schnittende beim Laserstrahlschneiden von RRIM-PUR mit 20% Kurzglas. Schneidrichtung von links nach rechts.

Schneidfront weg in den Schnittspalt expandiert und an der Werkstückober- und -unterseite austritt. Mit zunehmender Schneidgeschwindigkeit nimmt die Schnittfuge eine V-Form an, wodurch dem expandierenden Werkstoffdampf in Richtung Werkstückunterseite ein größerer Strömungswiderstand entgegensteht als in Richtung Werkstückoberseite. Bei Verwendung von Sauerstoff als Arbeitsgas kann sich dieser Werkstoffdampf beim Austritt aus der Schnittfuge an einzelnen heißen Glaspartikeln entzünden und unter heftiger Flammenentwicklung abbrennen. Die Werkstückoberseite wird dabei um die Schnittfuge herum erheblich geschädigt.

**Ausbildung der Schnittfläche**

Das Matrixmaterial zeigt keine Verkohlung und die kurz aus der Schnittfläche hervorstehenden Glasfasern weisen abgerundete Enden auf, sie sind fest eingebettet und zeigen keine Delamination. Rings um die Fasern, die Wärme aus dem Schneidprozeß aufnehmen konnten, findet sich ein ca. 0.5 $\mu m$ breiter wärmebeeinflußter Matrixbereich, der sich in das Grundmaterial erstrecken kann. Er ist jedoch stets auf eine Breite von ca. 0.5 $\mu m$ um die Glasfaser begrenzt. **Bild 2 links** zeigt eine Faser, die sich ursprünglich bis in die Schnittfuge erstreckte. Die Veränderung des Matrixwerkstoffes am Übergang Glasfaser/Kunststoff in einer Breite von ca. 0.5 $\mu m$ ist deutlich zu erkennen. **Bild 2 rechts** zeigt dagegen eine Glasfaser ohne wärmebeeinflußte Zone im umgebenden Matrixmaterial. Dafür ist deutlich eine Delamination der Glasfaser zu erkennen, die sich vermutlich aus dem Schleifprozeß bei der Probenvorbereitung ergab. Die Tatsache, daß Fasern mit einem wärmebeeinflußten Übergang zum Matrixmaterial bei gleicher Schleifbeanspruchung der Probenoberfläche deutlich geringere Neigung zur Delamination zeigen als Fasern, die keiner thermischen Beanspruchung unterlagen, läßt darauf schließen, daß die wärmebeeinflußte Kunststoffphase die Glasfaser besser umschließt, als es dem ursprünglichen Matrixmaterial möglich war.

**Sekundärschädigung der Schnittfläche**

Die heißen Zersetzungsprodukte strömen zunächst entgegen der Schneidrichtung durch die Schnittfuge, wobei sie auf die Schnittflächen einwirken. Die hohe Temperatur des Dampfes führt vermutlich dazu, daß der Matrixwerkstoff gegenüber den Verstärkungsfasern zurücktritt, wobei sich eine leichte Schwärzung ergibt. Mit zunehmender Entfernung von der Schneidfront kühlt der verdampfte Fugenwerkstoff ab, so daß sich Kondensate bilden könnnen. Die Substanz mit der höchsten Verdampfungstemperatur schlägt sich zuerst nieder. Kondensiertes Glas

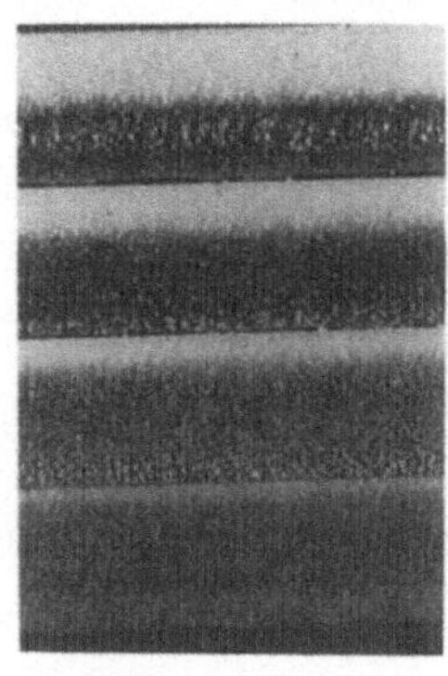

Schneidgeschw

v = 0,1 m/min

v = 0,5 m/min

v = 1 m/min

v = 2 m/min

Material: RRIM-PUR mit
20 % Kurzglas und
40 % Luftbeladung
Leistung: $\overline{P}_L$ = 460 W
Super Puls: $t_i$ = 0,1 ms, $t_o$ 0,6 ms
Linse: f = 5"
Gas: $p_{O_2}$ = 5 $10^5$ Pa
Fokuslage: z = -2 mm
Strahlkennzahl: K≈0,42

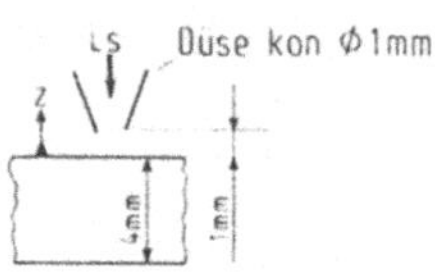


**Bild 4:**
Einfluß der Schneidgeschwindigkeit auf die Schnittflächenausbildung beim Laserstrahlschneiden von RRIM-PUR.

p = 4,8·$10^5$ Pa
80% Ar 20% $O_2$
z = +2mm

p = 5·10 $Pa^5$ $O_2$
+8·10 $Pa^5$ Luft
durch Schleppdüse
z = +3mm

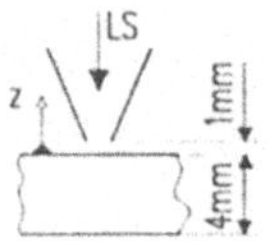


$P_L$ = 1000W, cw
v = 1m/min

Strahlkennzahl: k = 0,45
Linse: f = 127 mm (5")
Düse kon. ⌀ 1mm
(Schleppdüse, zyl. ⌀ 1mm)

**Bild 5:**
Einfluß der Schleppdüse auf die Schnittflächenausbildung beim Laserstrahlschneiden von RRIM-PUR.

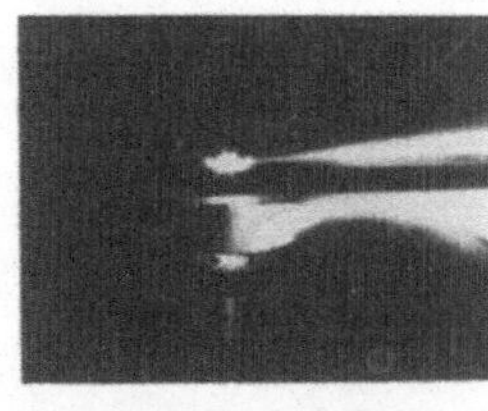

Schnittfugenaustrieb ohne Zusatzgas durch die Ringdüse
Schneidgeschw. v = 5 m/min
Leistung: $P_L$ = 1000 W, cw
Linse: f = 5"
Arbeitsgas: $p_a$ = 1 $10^5$ Pa, $O_2$
Zusatzgas: $p_z$ = 4·$10^5$ Pa, Luft
Fokuslage: z = ± 0 mm
Düsenabstand: a = 1 mm
Strahlkennzahl: K≈0,42

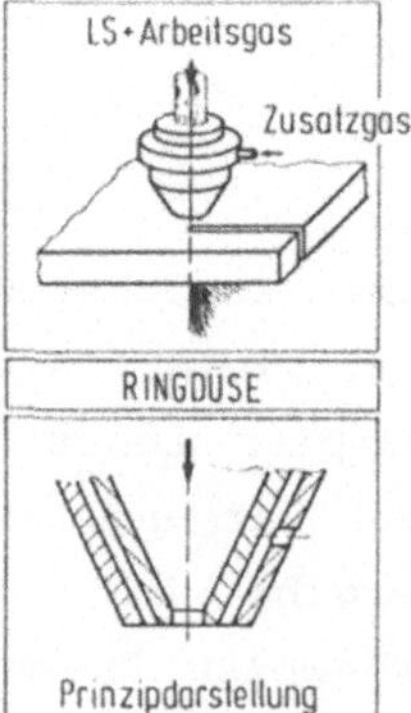


Schnittfugenaustrieb mit 4·$10^5$ Pa Druckluft als Zusatzgas durch die Ringdüse
Material: RRIM-PUR mit 20% Kurzglas und 40% Luftbeladung
Dicke: s = 4 mm

**Bild 6:**
Ausbildung des Schneidfugenaustriebs unter Verwendung einer Duo-Düse beim Laserstrahlschneiden von RRIM-PUR.

bildet daher einen grauen Belag und überdeckt die zuvor entstandene Schwärzung, so daß die gesamte Schnittfläche grau erscheint. **Bild 3** zeigt am Beispiel zweier Schneidproben aus RRIM-PUR die Schnittfläche am Schnittende. Dadurch, daß der Laserstrahl plötzlich aus dem Werkstoff austritt und die Zufuhr weiterer Zersetzungsprodukte in die Schnittfuge somit schlagartig gestoppt ist, wird der Ablauf der Sekundärschädigung praktisch "eingefroren". Man erkennt gut den nicht geschwärzten Bereich nahe am Probenende. An diesen thermisch kaum geschädigten Bereich schließt sich die oben beschriebene, geschwärzte Zone an, die in ein helles Grau übergeht, das sich durch die hier niedergeschlagenen Glaspartikelchen ergibt. An der Strahleintrittseite fällt auf der Schnittfläche ein heller Streifen thermisch gering beeinflußten Werkstoffs auf, der mit zunehmendem Abstand vom Probenende kleiner wird. Dieser Streifen läßt sich durch den Staudruck des Schneidgases erklären, der auf der Strahleintrittseite des Werkstücks ansteht und einem Austreten der heißen Zersetzungsprodukte nach oben entgegenwirkt. Mit zunehmendem Abstand zur Schneidfront geht der Einfluß des Schneidgases zurück, so daß sich nach ca. 10 mm auch der obere Probenrand dunkel verfärbt.

**Einfluß der Schneidgeschwindkeit auf die Sekundärschädigung der Schnittfläche**

Es ist zu erwarten, daß sich an der Schneidfront zwei Gasströmungen überlagern, nämlich die des Arbeitsgases in Schnittdickenrichtung und die des von der Schneidfront abdampfenden Fugenwerkstoffs vorwiegend normal zur Schneidfront. Die zeitlich zugeführte Menge an Arbeitsgas ist konstant. Die pro Zeiteinheit entstehende Menge an Zersetzungsprodukten und die Neigung von Schneidfront und Schnittflanken sind dagegen abhängig von der Schneidgeschwindigkeit. D.h., daß der Partikelstrom senkrecht zur Schneidfront mit abnehmender Schneidgeschwindigkeit ebenfalls kleiner werden muß und der Einfluß der Arbeitsgasströmung in Schnittdickenrichtung zunimmt. **Bild 4** bestätigt diese Hypothese am Beispiel von vier Proben, die mit unterschiedlichen Geschwindigkeiten geschnitten wurden. Die Vergrößerung des Streifens ohne Ablagerungen mit abnehmender Schneidgeschwindigkeit ist deutlich zu erkennen. Die Breite dieses Streifens läßt sich jedoch durch Verringerung der Schneidgeschwindigkeit nicht beliebig vergrößern. Die obere Probe in **Bild 4** zeigt, daß sich dieser Streifen auf bis zu 60% der Probendicke von 4 mm ausweiten läßt, daß jedoch gleichzeitig die restlichen 40% der Schnittfläche erheblich thermisch geschädigt werden. Erklären läßt sich dieser Sachverhalt durch die hohe eingebrachte Streckenergie in Verbindung mit dem starken Druckabfall des Arbeitsgases in Schnittdickenrichtung.

**Einfluß des Gasdruckes auf die Schnittflächenausbildung**

Durch den Aufbau einer Schleppdüse läßt sich zusätzlich zum mit dem Laserstrahl koaxialen Gasstrom ein weiterer Gasstrahl mit hohem Druck in die Fuge einkoppeln. Es ist deutlich zu erkennen, daß sich die Schwärzung der Schnittfläche durch den zusätzlichen Druckluftstrahl von $8 \cdot 10^5$ Pa weitgehend vermeiden läßt, **Bild 5**. Aufgrund dessen wurde eine Ringdüse mit konzentrischem Kernstrahl entwickelt, die die Zufuhr eines zweiten Arbeitsgases durch einen Ringspalt mit Drücken erlaubt, die weit über den Drücken liegen, die die Fokussierungslinse in Verbindung mit der konventionellen Düse zuläßt. Der Ringspalt erlaubt auch Konturschnitte, da stets ein Teil des Zusatzgasstromes in die Schnittfuge eingebracht werden kann. In **Bild 6** sind zwei Aufnahmen des Schneidprozesses dargestellt. Die linke Aufnahme zeigt starke FLammenentwicklung sowohl über als auch unter dem Werkstück. Bei der rechten Aufnahme bewirkt der zusätzliche Einsatz von $4 \cdot 10^5$ Pa Luft durch den Ringspalt der Duo-Düse bei sonst gleichem Parametersatz einen deutlich besser beherrschbaren Prozeßablauf ohne jede Flammen entwicklung.

**Zusammenfassung**

Am Beispiel des Werkstoffs RRIM-PUR (faserverstärktesreaktionsspritzgegossenes Polyurethan) mit 20 % Kurzglas wird der Laserstrahlschneidvorgang untersucht und beschrieben. Der Einfluß wichtiger Prozeßparameter auf die Schnittflächenausbildung wird aufgezeigt und eine optimierte Gasführung vorgestellt.

**Danksagung**

Das diesem Bericht zugrundeliegende Vorhaben wurde mit Mitteln des Bundesministers für Forschung und Technologie und den Firmen Pebra GmbH Esslingen und Mobik GmbH Gerlingen unter dem Förderkennzeichen 13 N 5503/3 gefördert. Die Verantwortung für den Inhalt dieser Veröffentlichung liegt bei den Autoren.

**Literatur**

/1/ R. NUSS, R. MÜLLER, M. GEIGER: Laser cutting of RRIM-polyurethane components in comparison with other cutting techniques, in: Lasers in manufacturing LIM5, H. Hügel [Hrsg], Springer, Berlin 1988, S. 47-57

/2/ R. MÜLLER, M. GEIGER: $CO_2$-laser cutting fiber reinforced polymers, Proc. of SPIE Vol. 1132 (1989)

# Einige Besonderheiten beim Schneiden von Keramiken

J. Breuer, G. Sepold — BIAS, Bremer Institut für angewandte Strahltechnik
Klagenfurter Str. 2, D-2800 Bremen 33

J. Drozak, H. Steffens — Lehrstuhl für Werkstofftechnologie
Otto-Hahn-Str. 6, D-4600 Dortmund 50

## 1. Einleitung

Der Einsatz von Keramiken als Konstruktionswerkstoff wird heute oft noch dadurch behindert, daß geeignete Verfahren zur Bearbeitung fehlen oder unwirtschaftlich sind. So schränken ihre für die Anwendung vorteilhaften Eigenschaften hohe Härte und hohe Temperaturbeständigkeit die Bearbeitbarkeit zur Herstellung der Endform stark ein. Problematisch ist beispielsweise, wenn in den vorgeformten Körper Ausschnitte oder Bohrungen einzubringen sind. Deshalb ist in grundlegenden Untersuchungen der Frage nachgegangen worden, ob mit Hilfe des Laserstrahlschneidens diese Arbeiten durchführbar sind.

## 2. Untersuchte Werkstoffe und Eigenschaften des verwendeten Lasers

Die Schneiduntersuchungen erfolgten an Siliziumnitridkeramik ($Si_3N_4.Y_2O_3$; Handelsbezeichnung SSN; Dichte 3,25 $g/cm^3$; keine offenen Poren) und an dichtgesinterter Aluminiumoxidkeramik ($Al_2O_3$; Handelsbezeichnung Degussit Al 23; Dichte 3,8 $g/cm^3$; keine offenen Poren) /1/. Aufgrund der Werkstoffeigenschaften kann man bei ersterer von einem überwiegenden Sublimierschneidprozeß ausgehen, bei letzterer Keramik von einem überwiegenden Schmelzschneidprozeß. Mit dem Laserstrahl wurden aus 4 mm dickem Probenmaterial 4 mm breite und 50 mm lange Streifen abgetrennt und lichtmikroskopisch sowie röntgenographisch untersucht. Die Probenabmessungen wurden so gewählt, daß diese direkt für Vierpunkt-Biegeversuche, einem für sprödharte Werkstoffe üblichen Prüfungsverfahren zur Ermittlung von Festigkeitskennwerten, verwendet werden konnten. Weiterhin wurden an den geschnittenen Oberflächen der Proben Rauheitsmessungen mit der Diamantnadel vorgenommen.

Als Laser stand ein 1,5 kW $CO_2$-Laser mit niedriger Modenordnung zur Verfügung. Erste Untersuchungen zeigten, daß bei beiden Werkstoffen ein Bruch der Probe nur dann zu vermeiden war, wenn mit gepulster Laserstrahlung geschnitten wurde. Der verwendete Laser verfügte über eine Impulseinrichtung, die Impulslängen von minimal ca. 50 $\mu s$ zuließ. Ferner war durch Erhöhen der Anregungsspannung eine gegenüber der Dauerstrichleistung mehrfach überhöhte Spitzenleistung einstellbar (Superpulsbetrieb).

Zunächst wurde das zeitliche Impulsverhalten des auf Superpulsbetrieb eingestellten Lasers mit Hilfe eines pyroelektrischen Sensors diagnostiziert und die Leistung in Abhängigkeit von der Zeit für verschiedene Impulslängen aufgetragen, Bild 1.

Es zeigte sich, daß die Leistungsüberhöhung bei Impulslängen im Bereich von 100 Mikrosekunden um den Faktor 5 über der nominellen Laserleistung lag. Bei Impulslängen im Bereich einiger Millisekunden war nur noch eine Überhöhung um den Faktor 2 festzustellen. Lagen die Impulslängen wenig über 10 Millisekunden, so trat nur eine sehr geringfügige Leistungsüberhöhung auf. Bei weiterer Impulsverlängerung wurde die nominelle Laserleistung nicht mehr erreicht.

## 3. Schneiden von Siliziumnitridkeramik

Vom Werkstoff Siliziumnitrid ist bekannt, daß er sich bei hohen Temperaturen nach der Reaktion $Si_3N_4 \rightarrow 3Si + 2N_2$ zersetzt. Beim Laserstrahlschneiden wird ein Teil des sich dabei bildenden Dampfes aus der Fuge ausgetrieben. Weiterhin kommt es, wenn man Sauerstoff als Schneidgas verwendet, was sich als vorteilhaft herausgestellt hat, zu einer Reaktion mit dem freigewordenen Silizium; es bildet sich Siliziumdioxid, welches sich als erstarrte Schmelzschicht auf der Schnittfläche anlagert. Damit sich

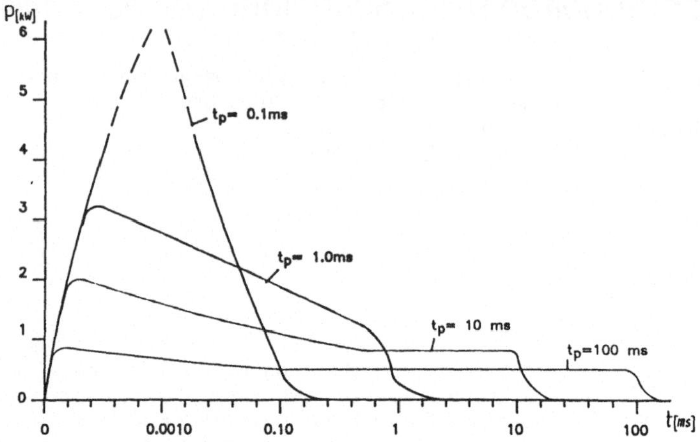


Bild 1: Laserstrahlleistungen als Funktion der Zeit für verschieden lange Laserstrahlimpulse

Rauheitsmessungen:

| | | $R_Z$ | $R_A$ | $R_T$ |
|---|---|---|---|---|
| Lasergetr. Fläche: | Oben | 6,92 | o,9o | 9,4o |
| | Mitte | 4,83 | o,77 | 6,35 |
| | Unten | 6,87 | 1,37 | 8,81 |
| Herstellerfläche : | | 8,19 | 1,15 | 11,o3 |

Biegefestigkeit: ca. 12o N/mm²

| | | | |
|---|---|---|---|
| $CO_2$-Laser | : 15oo W (cw) | Gasart | : $O_2$ |
| Mittl. Leistg. | : 35o W | Gasdruck | : 4 bar |
| Impulsdauer | : 5o us | Fokuslage | : o mm |
| Impulspause | : 35o us | Schneidgeschw. | : 125 mm/min |
| Brennweite | : 5 Zoll | Werkstückdicke | : 4 mm |

Bild 2: Schneiden von Siliziumnitridkeramik Schnittfläche, Schnittparameter und Kennwerte

die Vorgänge auf kleine Materialvolumen beschränken und diese Schicht auf den Schnittflächen sehr dünn bleibt, müssen die zur Verfügung stehenden Reaktionszeiten kurz sein. Dies ist mit den kürzesten einstellbaren Laserstrahlimpulsen von 50 $\mu$s sehr gut möglich. Es bilden sich dünne und zugleich glatte Schichten aus, Bild 2.

Rauheitsmessungen haben ergeben, daß die Oberflächenqualität der Schnittfläche so gut ist wie die Herstelleroberfläche. Es konnte allerdings bisher nicht vermieden werden, daß sich Risse ausbildeten, die bei ungünstiger Bearbeitungsparameterwahl als Makrorisse weit ins Materialinnere hinein verliefen. Die im Vierpunkt-Biegeversuch ermittelten maximalen Festigkeiten betrugen nur ca. 40 % der Festigkeit, die an mechanisch getrennten Proben ermittelt wurde.

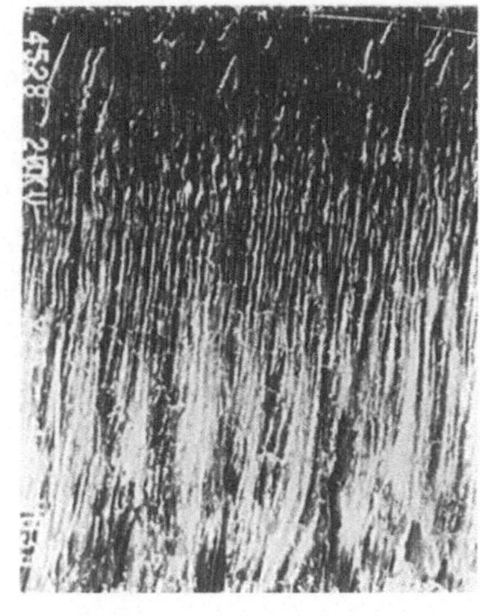

0.5mm

Rauheitsmessungen:

| | $R_Z$ | $R_A$ | $R_T$ |
|---|---|---|---|
| Lasergetr. Fläche : Oben | 1o,oo | 1,6o | 12,9o |
| Mitte | 22,9o | 3,6o | 28,oo |
| Unten | 25,oo | 4,7o | 33,1o |
| Herstellerfläche : | 9,87 | 1,63 | 11,8o |

Biegefestigkeit: ca. 11o N/mm²

| | | | |
|---|---|---|---|
| $CO_2$–Laser | : 15oo W (cw) | Gasart | : $O_2$ |
| Mittl. Leistg. | : 135 W | Gasdruck | : 4 bar |
| Impulsdauer | : 5 ms | Fokuslage | : o mm |
| Impulspause | : 5o ms | Schneidgeschw. | : 65 mm/min |
| Brennweite | : 5 Zoll | Werkstückdicke | : 4 mm |

Bild 3: Schneiden von Aluminiumoxidkeramik
Schnittfläche, Schneidparameter und Kennwerte

## 4. Schneiden von Aluminiumoxidkeramik

Bei der Aluminiumoxidkeramik führen kurze Laserstrahlimpulse nicht zum Ziel. Hier handelt es sich um einen Prozeß mit überwiegendem Schmelzanteil. Aufgrund der hohen Schmelzviskosität muß das Fugenmaterial über einen längeren Zeitraum flüssig bleiben, bis es vollständig mit Hilfe des Schneidgasstrahls aus der Schnittfuge ausgetrieben worden ist. Der obere Bereich der dabei entstehenden Schnittfläche ist relativ glatt, die Rauheit und Riefenausbildung nimmt nach unten hin zu, Bild 3.

Nähere Untersuchungen haben gezeigt, daß sich ein Schichtsystem ausbildet, bei welchem Schmelze aus der momentanen Lasereinwirkzone über den bereits erstarrten Werkstoff an der Schnittfuge geschoben wird. Dieses Verhalten kann nur durch eine verbesserte Schneidgaszuführung, z.B. durch geeignete Hochleistungsschneiddüsen, positiv beeinflußt werden. Dazu sind noch weitere Untersuchungen erforderlich.

Zu erkennen ist in der Abbildung ferner, daß sich eine Vielzahl von Rissen, insbesondere von Querrissen im unteren Schnittbereich, ausbilden. Dieses ist auf den großen Temperaturgradienten in der Schnittzone zurückzuführen, welcher zu hohen Zugspannungen führt. Ein Reduzieren der Spannungen könnte beispielsweise durch Vorwärmen ermöglicht werden. Auch hierzu sind weitere Untersuchungen vorgesehen.

Die bisher erzielten Rauheiten der Schnittoberfläche sind ungefähr doppelt so hoch wie die der Herstelleroberflächen. Die gemessenen Festigkeitskennwerte lagen aufgrund der Rißbildung bei etwa 65 % der Festigkeit von mechanisch getrennten Proben.

## 5. Zusammenfassung

Die Untersuchungen zum Schneiden von 4 mm dicker Keramik mit einem superpulsbaren 1,5 kW $CO_2$-Laser haben gezeigt, daß Siliziumnitridkeramik mit sehr kurzen Impulsen (50 $\mu$s) getrennt werden kann. Zum Schneiden von Aluminiumoxidkeramik sind aufgrund der aus der Schnittfuge auszutreibenden hochviskosen Schmelze Impulse von einigen Millisekunden erforderlich. Die im Vierpunkt-Biegeversuch festgestellten Festigkeiten sind geringer als die Festigkeiten, die beim mechanischen Trennen erreicht werden (40 % bei $Si_3N_4$ und 65 % bei $Al_2O_3$). Die Rißfreiheit ist bei beiden Keramikarten im vorliegenden, dichtgesinterten Zustand nicht gewährleistet. Zusammenhänge zwischen dem Schädigungsgrad durch die Rißbildung und der durch Rauheitsmessungen ermittelten Oberflächenqualität der Schnittflanken konnten nicht nachgewiesen werden.

Berücksichtigt werden muß jedoch auch, daß für den Anwender das Kriterium Festigkeit nicht in jedem Falle im Vordergrund steht. Vielmehr werden keramische Werkstoffe meist dann eingesetzt, wenn hohe Härte und gute Temperaturbeständigkeit gefragt sind. Handelt es sich dabei dann zusätzlich um großflächige Bauteile, so machen sich Schädigungen in der geschnittenen Randzone erster Erfahrung nach in weitaus geringerem Maße bemerkbar.

## 6. Danksagung

Die Autoren danken dem BMFT, vertreten durch das VDI-TZ, für die finanzielle Unterstützung der Arbeiten.

## 7. Literatur

/1/ SALMANG, H.; SCHOLZE; H: Keramik, Teil 1, Allgemeine Grundlagen und wichtige Eigenschaften, Springer-Verlag Berlin, Heidelberg, New York 1982

/2/ BARTSCH, S.; HANNOVER, D.: Fachberichte für Metallbearbeitung, Vol. 64, No. 6, 1987, S. 531 - 536

# Removal and Drilling of Metals by Excimer Laser Radiation

W. Schulze*, R. Poprawe**, E. W. Kreutz***

*Fraunhofer Institut für Lasertechnik, Aachen **Thyssen Lasertechnik, Aachen ***Lehrstuhl für Lasertechnik, RWTH Aachen
Steinbachstr. 15, D-5100 Aachen, FRG

**Abstract**

Drilling of metals by excimer laser radiation is influenced mainly by the generated surface plasma, which absorbs a reasonable part of the incident laser radiation. The recoil of the expanding plasma originates in expulsing of the melt out of the processing area.

**Introduction**

Excimer lasers are used for micromachining of different materials. Typical processing geometries range from 1 to some 100 µm. Applications are microdrilling or cutting with high surface quality and small kerf width.

Defined and reproducible machining with excimer laser radiation requires the knowledge of the different processing parameters influencing the processing quality. The influence of laser intensity on the drilling efficiency, the bore formation, -geometry and -quality are investigated as a function of the number of laser pulses. The results also may be used for other applications of excimer laser processing.

**Energy transfer**

The mechanisms of energy coupling into matter depend on the intensity I, i. e. on the time shape of the laser pulse. At small intensities in the beginning of a laser pulse (fig. 1, upper half) the energy coupling is governed by the natural absorption coefficient of the material. The reflectivities of polished copper and aluminium, determined with laser pulses of low intensities (below the breakdown intensity $I_B$), are 25% and 50% at a wavelength of 248 nm (KrF*).

With increasing intensity versus time the surface of the workpiece reaches the melting temperature $T_M$ and a small layer of melt is formed.

Further increasing of the laser intensity above the breakdown intensity ($I \geqq I_B$) leads to the formation of a processing plasma. Necessarily the surface temperature exceeds the vaporization temperature $T_V$. The laser radiation is now partly absorbed in the vapour-plasma above the workpiece /1/. The absorbtivity of this vapour is characterized by the absorption length $1/\alpha$. For absorption lengths which are smaller than the dimensions of the processing plasma, the main part of the laser energy is absorbed in the plasma.

Fig. 1 shows time-resolved measurements of incident laser pulse, reflected laser pulse and plasma light emission. At a time of about 5 ns after the beginning of the laser pulse (fig. 1, upper half) an onset of strong absorption (fig.1, middle) can be observed simultaneously with the beginnig of plasma light emission (fig. 1, lower half). Plasma emission reaches its maximum during the laser pulse duration.

Higher pulse energy leads to a steeper increase of the intensity in the beginning of the laser pulse (see fig. 1, upper half) and therefore the plasma generation starts earlier.

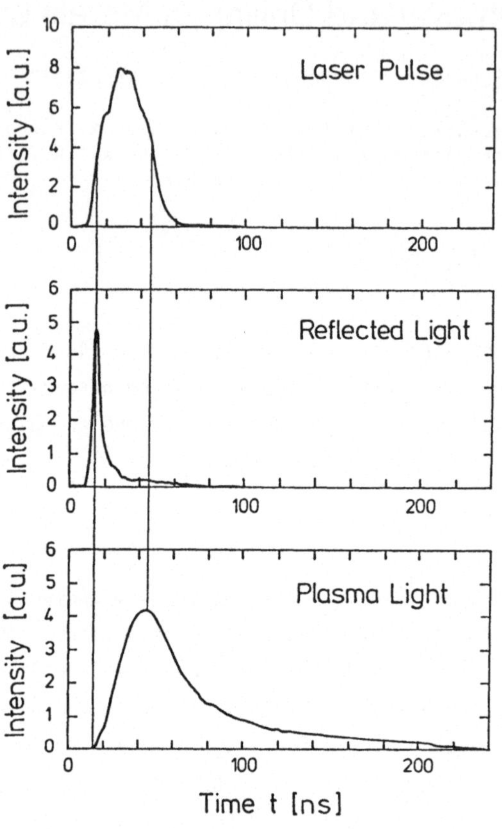


Fig. 1: Time correlation of laser pulse, reflection signal and plasma light during copper drilling with excimer laser radiation (KrF*, $I= 6\times10^8$ W/cm$^2$)

**Efficiency of removal**

In fig. 2 the drilling depth is plotted as a function of the number of laser pulses for different laser intensities. The intensity distribution of the laser beam

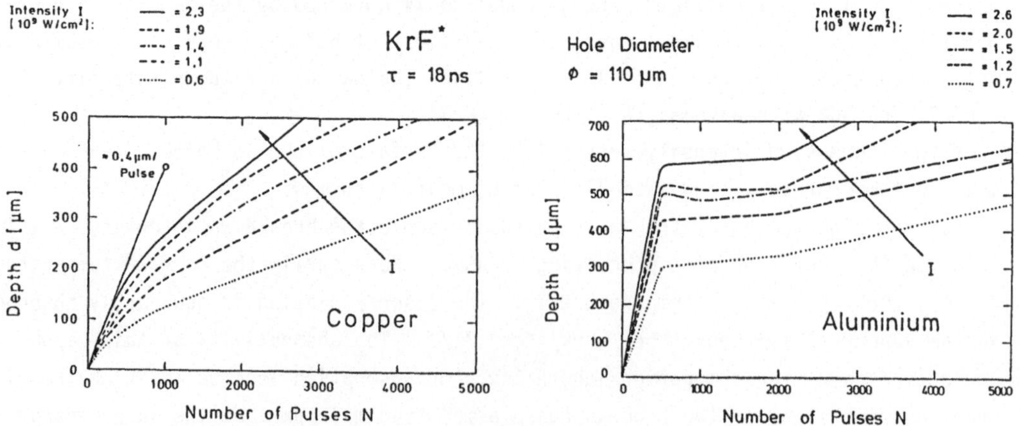


Fig. 2: Drilling of copper and aluminium: removed depth as a function of the quantity of laser pulses for different laser intensities

on the surface is homogeneous over the processing area. As the drilling depth increases, the processing velocity decreases for both materials. Higher intensitiy leads to faster drilling but the efficiency of processing (energy / removed volume) is less than in the case of lower intensity (see fig. 4).

Aluminium shows an unusual behaviour. At a pulse number of about 500 the drilling velocity drops to very small values and increases once again at pulse numbers greater than 2000. The depth where the drilling efficiency abruptly decreases scales with the root of intensity. Possible explanations are:

1. effect of multiple reflection in drilling geometry
2. plasma shielding effect
3. plasma effect on melt expulsion
4. decreased absorption by conical hole geometry.

The drilling velocity has a maximum value of 1,2 μm/pulse for aluminium and 0,4 μm/pulse for copper. The amount of energy necessary for removal due to pure vaporization E can be calculated by

$$E = \rho \times V \times [\, c\,(T_V - T_0) + E_V + E_M \,] \qquad (1)$$

$\rho \times V$: vaporized mass [kg] c: specific heat capacity [J/kg×K] $T_0$: temperature [K]
$T_V$: vaporization temperature [K] $E_V$: heat of vaporization [J/kg]
$E_M$: heat of fusion [J/kg].

The values are: E= 53,4 KJ/cm$^3$ for copper and E= 36,8 KJ/cm$^3$ for aluminium /2/. The measured drilling efficiencies are smaller by a factor of 10 to 20 than the calculated ones. Hence a great amount of laser energy is lost because of heat conduction, reflection or absorption in the plasma.

Fig. 3 shows the temperature distribution in copper during laser irradiation at a time, when the vaporization temperature $T_V$ is reached at the surface, calculated with a 1 dim. heat conduction model /3/. The calculated times to reach $T_V$ (typically a few ns for intensities in the range of $10^9$ W/cm$^2$) are in good agreement with the experimental ones (fig. 1). The following assumptions and conditions have been taken into account:

1. absorption coefficient of solid and melted phase are set equal to 75%
2. heat conduction coefficient of liquid and solid phase are set equal
3. time shape of laser intensity is taken into consideration
4. heat of fusion is neglected.

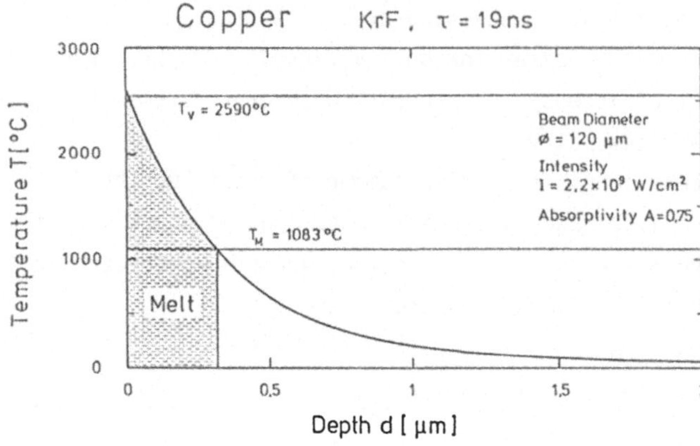


Fig. 3: Calculated temperature distribution during excimer laser irradiation of copper at the time, when the vaporization temperature $T_V$ is reached at the surface

This model leads to depths of the melting layers of about 0,3 μm in the case of copper and of 0,5 μm (A = 0,5, I = $2{,}2\times10^9$ W/cm$^2$) in the case of aluminium. These calculated melt dimensions are close (by a factor of 2) to the experimentally determined values of removal per pulse. Even in the case that energy transfer into the workpiece stops completely with onset of vaporization, the melted amount of material is sufficient to explain the measured drilling velocities, when the melt is subsequently expulsed by means of the expanding plasma.

## Development of Drilling Geometry

Fig. 4 shows the drilling depth as a function of the integrated fluence and the development of the drilling geometry with the number of the inciding laser pulses. For both metals low intensity processing is more efficient.

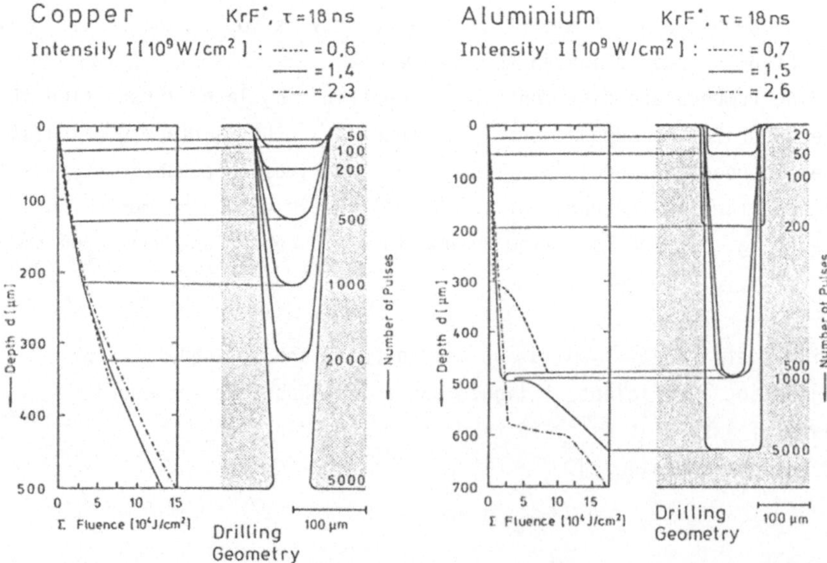


Fig. 4: Drilling efficiency and development of hole geometry for drilling of copper and aluminium with excimer laser radiation

In the beginning of the drilling process the geometry is given by the spatial intensity distribution of the laser beam. With increasing depth of the hole the geometry becomes conical. The plateau in drilling velocity in the case of aluminium corresponds to a widening of the bottom part of the hole. In the broadened hole geometry further drilling is possible. In the case of aluminium a widening of the upper part of the hole at aspect ratios of 1 to 2 can be seen, which is caused by the expanding plasma. This widening - in the shown example about 10% to 20% - is reduced for deeper drilling geometries.

**Quality of bore**

During the drilling process of metals the surface morphology of the bore changes, as shown in SEM pictures in fig. 5. At aspect ratios of 1 the surface is rather rough. Further processing leads to a smoothening of the surface in the upper part of the hole because of recondensation of melt and/or material vapour. The effect may even be caused by smoothening due to the laser induced plasma by energy transfer or pressure effects. For aluminium, surface roughnesses of less than 1 µm are possible and for copper in the order of 2 µm as shown in the picture.

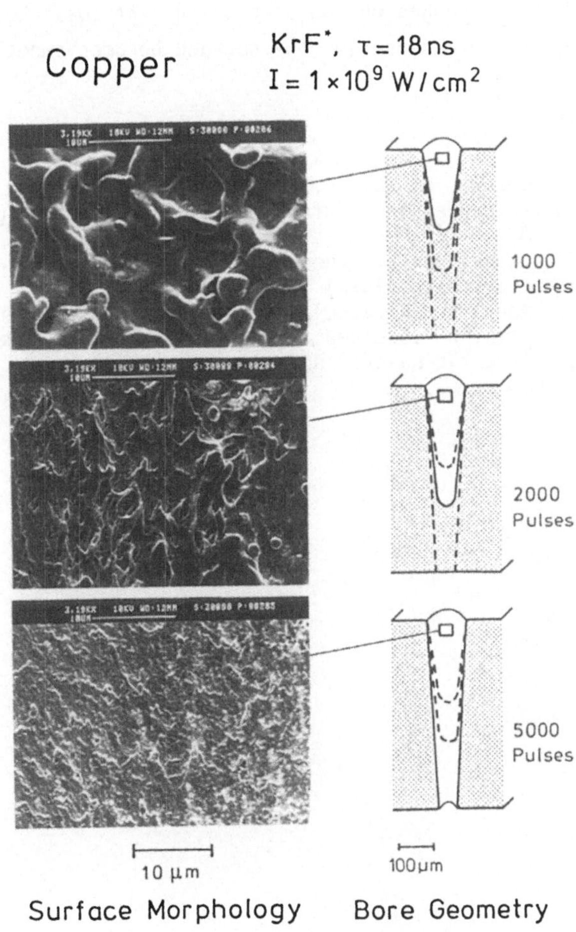


**Fig. 5:** Drilling of copper: development of surface quality during processing

**Conclusion**

The drilling process of metals with excimer laser radiation is investigated for copper and aluminium as a function of incident laser intensity. Bore geometry, surface quality and drilling efficiency (necessary energy / removed volume) are taken into account. Processing with smaller intensities is more efficient. Depending on the hole geometry the efficiency drops with increasing hole depth. In the case of copper the drilling velocity decreases slowly with the drilling depth, whereas in case of aluminium the drilling velocity drops abruptly at an intensity-dependent depth. A heat conduction model is presented which allows to calculate the depth of melt layers. The measured drilling efficiencies may be explained by heating up the metal until a plasma is generated and subsequent expulsion of the melt by recoil of the plasma. Due to the expanding plasma a widening of the bore diameter may occur. This effect depends on intensity and bore geometry as well. The surface morphology in the hole changes during processing. At small hole depth surface is rather rough. Because of recondensation the surface becomes smoother with increasing hole depth.

**Literature**

/1/ R. Poprawe, E. Beyer, L. Bakowsky, G. Brumme and G. Herziger: Limitation of laser processing intensity by laser induced gas breakdown, Proc. Laser '83 (1983)

/2/ H. Kuchling: Taschenbuch der Physik, Verlag Harri Deutsch, Thun und Frankfurt/Main (1978)

/3/ M. Aden, H. Kromphola, S. Pflüger, M. Wehner, K. Wissenbach: Numerische und analytische Lösungen eindimensionaler Wärmeleitungsprobleme, ILT Bericht, Institut für Lasertechnik, Aachen (1988)

# Ablation with Ultrashort UV Excimer Laser Pulses

S. Küper, M. Stuke

Max-Planck-Insitut für biophysikalische Chemie
Dept. Laserphysik, P.O. 2841, D-3400 Göttingen

The defined removal of material from surfaces can be achieved by fast energy coupling into the material. We describe experimental results on the use of UV excimer laser pulses with pulse durations in the range 300 fs to 60 ns. Ultrashort excimer laser pulses can induce absorption even in weakly absorbing materials, so that these are ablated with etch rates on the order 0.5 to 1 $\mu$m per pulse for a fluence of about 1 J/cm$^2$, which is not possible using standard laser pulses for these materials. Details for organic polymers and anorganic crystals will be given together with a model describing the observed incubation phenomena and surface morphology.

# Controlled Decomposition of Organometallics for Laser Surface Processing

S. Küper, M. Stuke

Max-Planck-Insitut für biophysikalische Chemie
Dept. Laserphysik, P.O. 2841, D-3400 Göttingen

The use of UV excimer lasers at 193nm, 248nm and 308 nm and of tunable UV frequency converted dye lasers in the range 195nm to 308nm for the controlled decomposition of organometallic precurser molecules will be described. Results for metal-alkyls with emphasis on the elements Al, Ga, As, Te and the alkyl ligands $CH_3$, $C_2H_5$, i-$C_4H_9$ and other ligands H, Cl are presented. We can show, that by proper use of laser wavelength and ligand combination an organometallic precurser molecule can be decomposed into products of interest for surface modification. We shall describe results obtained in the gas phase and when these molecules are in contact to surfaces of practical interest (Si, $SiO_2$, $Al_2O_3$ and others). Features of a new excimer laser surface processing and diagnostics machine will be given.

# Beschriften von Kunststoffen mit Frequenzverdoppeltem Nd:YAG-Laser

D. Wildmann, B. Pietsch*, H.F. Jundt
GRETAG LASER SYSTEMS, CH-8105 Regensdorf
*CIBA-GEIGY, Division Pigmente, CH-4002 Basel

## 1. Einleitung

Für Werkstoffe wie Metalle und Keramik hat die Laserbeschriftung inzwischen grosse Bedeutung erlangt [1, 2]. Insbesondere für hochqualitiative Produkte wird auch in der kunststoffverarbeitenden Industrie die Laserbeschriftung immer wichtiger. Bei grosser Beanspruchung des Werkstückes wurden bisher ein teurer Zweifarben-Spritzguss oder ein Sublimationsdruck im Transfer- oder Thermodiffusionsverfahren angewandt. Bei niedriger Beanspruchung reichen meist billigere Verfahren wie der Tampondruck, der Siebdruck oder der flexiblere Ink-Jet aus.

Grundsätzlich kann festgehalten werden, dass ein modernes Beschriftungsverfahren bei vorgegebenen Qualitätsanforderungen hohen Ansprüchen bezüglich Wirtschaftlichkeit genügen muss. Ein wesentlicher Einflussfaktor auf die Wirtschaftlichkeit einer industriellen Beschriftungsanlage ist ihre Flexibilität verbunden mit Netzwerkfähigkeit - Eigenschaften, die bei der Laserbeschriftung dank modernster Software gegeben sind.

## 2. Beschriftungseffekte auf Kunststoffen

Bei Kunststoffen können vier verschiedene Beschriftungseffekte unterschieden werden. Die in der Folge erläuterten Effekte werden durch Änderung der Laserparameter (Leistung, Repetitionsrate, Fokusdurchmesser, Ablenkgeschwindigkeit) erreicht, sind aber auch teilweise materialabhängig.

I) Der **Abtrag einer dünnen Deckschicht** ist nur mit speziell präpariertem Material wie laserbeschriftbaren Kunststoffolien möglich. Das Wegbrennen einer beispielsweise schwarzen Deckschicht auf einem weissen Basismaterial ergibt hohe Kontrastwerte bei guter Abriebfestigkeit. Insbesondere bei weisser Beschriftung auf dunklem Grund können Verschmutzungen jedoch eine Kontrastminderung bewirken.

II) Der **Abtrag von Matrixmaterial (Gravur)** ist mit allen Kunststoffmaterialien möglich. Hohe Qualitätsansprüche bezüglich Kontrast, Abriebfestigkeit oder Design-Anwendungen können mit diesem Beschriftungseffekt jedoch nicht befriedigt werden.

III) Die **Oberflächenveränderung (Schäumen/Schmelzen)** ist eine thermische Beeinflussung der Kunststoffmatrix. Durch die Erwärmung wird das Material geschmolzen. Dadurch bilden sich Gaseinschlüsse, die das auftreffende Licht diffus streuen. So entsteht ein weisser Schriftzug auf dunklem Grund. Meist sind die Beschriftungen nicht sehr abriebfest und wenig druckstabil. Die entstehende Reliefstruktur kann porös werden, was beim Eindiffundieren von Schmutz über längere Zeiträume zu Kontrastminderungen führen kann.

IV) Eine **Farbveränderung** unter der Oberfläche des Kunststoffes ist der qualitativ beste Effekt bezüglich Kontrast, Abriebfestigkeit, Haltbarkeit und Oberflächenqualität. Spezielle Veränderungen, bzw. Ausbleichen der Farbe beruhen wesentlich auf dem Einsatz geeigneter Pigmente und Füllstoffe.

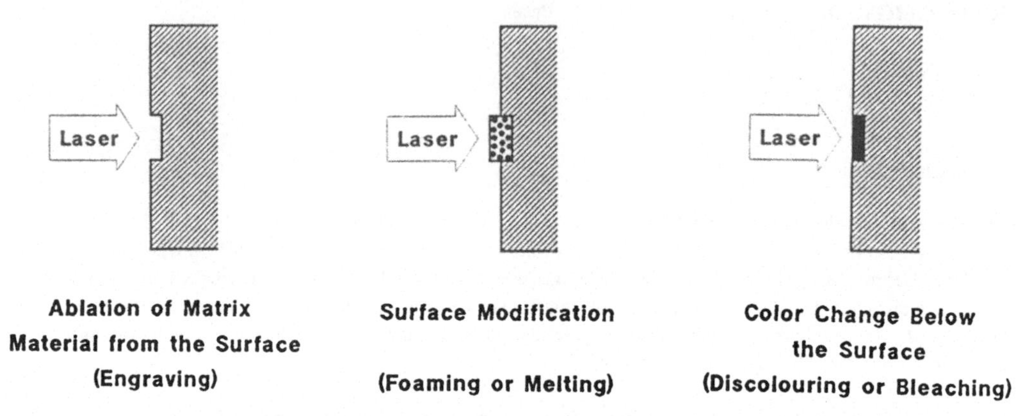


*Fig. 1:* Beschriftungseffekte

Die in *Fig. 1* gezeigten Effekte (II bis IV) kommen selten in reiner Form vor. Ohne besondere Vorkehrungen sind Farbänderungen immer mit einer Zerstörung der Kunststoffoberfläche verbunden. Mit Material-, resp. Pigmentmodifikationen und einer angepassten Laserquelle ist es jedoch möglich, eine reine Farbveränderung ohne Oberflächenzerstörung zu erhalten. Auf diese Effekte soll im folgenden speziell eingegangen werden.

## 3. Farbänderungseffekte mit dem frequenzverdoppelten Nd:YAG Laser

Ein Kontrasteffekt auf Kunststoffen kommt grundsätzlich durch die Absorption der Laserstrahlung im Material zustande. Die absorbierte Energie äussert sich durch zwei verschiedene Wirkungen: Einerseits kann das absorbierte Licht das Material aufheizen (Schäumen, Schmelzen), andererseits können auch eingelagerte Pigmente und Füllstoffe verändert werden (Verkohlen, Zersetzen).

### 3.1. Dunkelfärbung

Die Dunkelfärbung von speziell pigmentierten Kunststoffen entsteht durch die lokale Zerstörung von organischen bzw. anorganischen Pigmenten und Füllstoffen. Wie in *Fig. 2* ersichtlich absorbieren die Basispolymere im sichtbaren Bereich des Lichtspektrums praktisch nicht. Die Polymere sind entweder transparent (z.B. Polystyrole, Polycarbonate) oder opak (z.B. ABS). Die eingelagerten farbgebenden Pigmente oder bestimmte Füllstoffe absorbieren insbesondere das grüne Laserlicht des frequenzverdoppelten Nd:YAG Lasers (532 nm) um Grössenordnungen besser als die Polymermatrix. Die benötigte Pulsintensität zur Schwärzung der Pigmente ist demzufolge weit unter der Zerstörschwelle der Kunststoffmatrix.

Bei der fundamentalen Wellenlänge des Nd:YAG Lasers (1064 nm) ist das Verhältnis zwischen Pigment- und Polymerabsorption nicht so vorteilhaft *(Fig. 2)*. Eine Dunkelverfärbung bei dieser Wellenlänge ist daher sehr oft mit einer leichten Gravur verbunden.

Um eine optimale Schwärzung des Materials zu erreichen, ist darauf zu achten, dass die Pulslänge des Lasers so kurz wie möglich gehalten wird (<100 ns). Nur so wird garantiert, dass einerseits die für die Schwärzung notwendige hohe Spitzenintensität zur Verfügung steht, andererseits die thermische Belastung des Polymers möglichst klein gehalten wird.

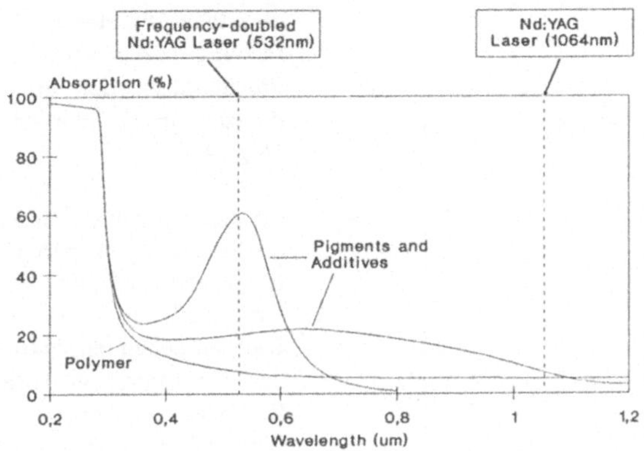


*Fig. 2:* Absorptionsspektrum von Polymeren und Pigmenten

Eine ausführliche Abhandlung der oberflächenerhaltenden Beschriftung von Thermoplasten findet sich in [3].

3.2. Ausbleichen

Hochwertige organische Pigmente bestimmter Klassen reagieren differenzierter auf die hohe Spitzenleistung eines frequenzverdoppelten Nd:YAG Lasers. Diese Pigmente verkohlen nicht, sondern verlieren ihre Farbe zum Beispiel durch eine selektive Zerstörung des Cromophors unter Bildung farbloser Fragmente. *Fig. 3* zeigt ein typisches Temperaturverhalten eines solchen Pigments (eingelagert in einer Kunststoffmatrix). Das Pigment geht mit steigender Temperatur teilweise in Lösung und vergrössert so seine Oberfläche. Dadurch entsteht eine Farbvertiefung - das Material wirkt dunkler. Steigt die Temperatur weiter an, wird über einer gewissen Schwelle der Cromophor zerstört. Das Pigment zerfällt in farblose Fragmente.

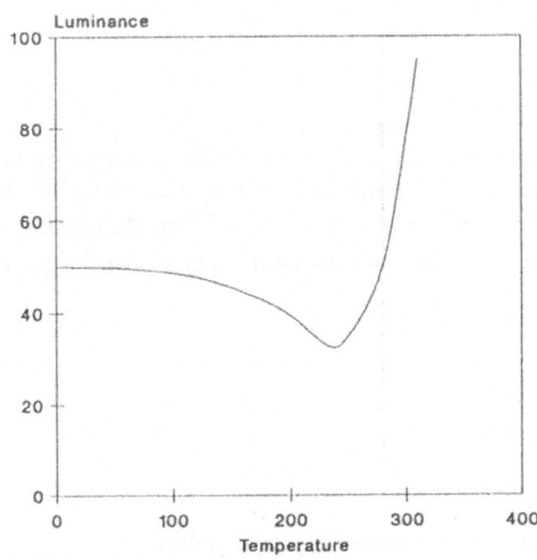


*Fig. 3:* Ausbleichverhalten

Verschiedene Pigmente reagieren unterschiedlich empfindlich auf die grüne Laserstrahlung. Durch Verändern der Laserleistung können daher einzelne Pigmente selektiv ausgebleicht werden. Kombiniert man zum Beispiel gelbe und blaue Pigmente unterschiedlicher Empflindlichkeit, kann bei geeigneter Pulsintensität eine selektive Ausbleichung der blauen Komponente erreicht werden. Auf diese Weise entsteht eine gelbe Beschriftung auf grünem Untergrund. Wird die Pulsintensität weiter erhöht, geht die Beschriftung zunehmend in weiss über.

Die Oberflächenerhaltung ist nebst hohem Kontrast eine der zentralen Forderungen einer hochqualitativen Beschriftung. Gerade bei heller Beschriftung auf dunklem Hintergrund verhindert eine glatte Oberfläche die Diffusion von Verschmutzungen in die beschrifteten Stellen. Der Kontrast bleibt über lange Zeit stabil. Die Realisierung des zerstörungsfreien Ausbleicheffekts ist aber von einigen Faktoren abhängig. Die wesentlichen Einflussgrössen sind:

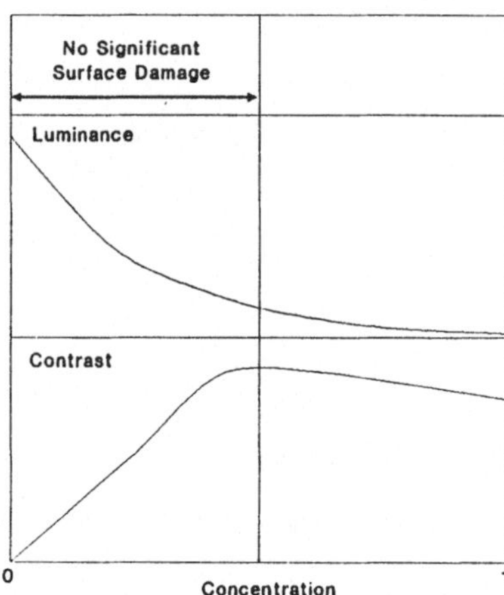


*Fig. 4:* Kontrastverhalten

- die **individuelle Absorptionscharakteristik der einzelnen Pigmente.** Wie bei der Dunkelverfärbung ist das Verhältnis zwischen Pigment- und Polymerabsorption ein wesentlicher Faktor, der die zerstörungsfreie Beschriftung erst ermöglicht *(Fig. 2).*

- die **Konzentration der Pigmente.** *Fig. 4* zeigt eine qualitative Abhängigkeit des Beschriftungskontrastes und der Helligkeit der gewählten Farbeinstellung von der Pigmentkonzentration. Die farbgebenden Pigmente müssen in genügender Konzentration vorhanden sein, so dass die Zielfarbe erreicht wird. Bei stark erhöhter Pigmentkonzentration tritt jedoch Schäumung und Zerstörung der Oberfläche auf, da die Eindringtiefe des Laserlichtes kleiner wird und die Absorption der eingestrahlten Energie somit in einem kleineren Volumen stattfindet. Die Schäumung führt zwar normalerweise zu einem guten Kontrast, ist jedoch meist verbunden mit bereits erwähnten Qualitätsnachteilen.

- die **Dispergierung der Pigmente.** Sie kann einen wesentlichen Einfluss auf eine homogene Volumenabsorption der Laserstrahlung haben.

- die **Wahl des Polymers.** Die chemischen Reaktionen zwischen Polymer und organischen Pigmenten unter Einwirkung von Wärme sind vielfältig und kaum analytisch zu beschreiben (PA). Grundsätzlich sind einzelne Polymere, die hohe Verarbeitungstemperaturen benötigen (PC), schwieriger zu pigmentieren, da die Anzahl der einsetzbaren organischen Pigmente mit steigender Prozesstemperatur sinkt. Beste Resultate wurden in POM, PBTP und Polyolefinen erzielt. Bedingt durch Scherkräfte können insbesondere Glasfasern die Prozesstemperatur während der Verarbeitung lokal sehr stark erhöhen.

## 4. Schlussfolgerungen

Der vorgestellte zerstörungsfreie Beschriftungseffekt auf Kunststoffen erlaubt die Anwendungsbereiche für die Laserbeschriftung wesentlich zu erweitern. Eine weisse oder helle Beschriftung in verschiedensten Farbtönen, die abriebfest, konstant im Kontrast und flexibel in der Herstellung ist (Losgrösse 1), öffnet neue Perspektiven für die moderne just-in-time Fertigung in der kunststoffverarbeitenden Industrie.

## Literatur

[1] H. JUNDT, J. JUNGHANS, SPIE 744, 147-155 (1987)
[2] D. WILDMANN, H. JUNDT, Proc. 4th Int. Conf. on Infrared Physics, 751-756 (1988)
[3] H. HOFMANN et. al., SPIE 744, 156-180 (1987)

Die Autoren danken M. Hofmann, Forschungszentrum CIBA-GEIGY Marly für die Beratung in Fragen der lasersensiblen Pigmentierung von Kunststoffen und P. Junod, Forschungszentrum CIBA-GEIGY Marly und R.C. Sykes, Division Pigmente CIBA-GEIGY, Basel für die Unterstützung der vorliegenden Arbeit.

# Mikrokennzeichnen mittels Laser

L.P.Boruc (1), M.Eckstein (2), B.-U.Zehner (2)
(1) University of Technology, Warszawa / PL
(2) Technische Hochschule Ilmenau / DDR

Die Laserkennzeichnung von Erzeugnissen findet aufgrund ihrer allgemein bekannten Vorzuege im Produktionsprozess breite Anwendung. Typische Anwendungsfaeller der industriellen Laserkennzeichnung sind die sogenannte "harte" Kennzeichnung von metallischen Oberflächen (Maschinenbauteile, Werkzeuge) sowie die "weiche" Kennzeichnung von nichtmetallischen Oberflächen (elektronische Bauelemente Verpackungen). Im ersten Fall werden gewöhnlich Nd: YAG Laser und Galvanometer - Ablenksysteme genutzt. Die zweite Art der Kennzeichnung (nach Maskenbeschriftung genannt) wird mittels $CO_2$ - TEA Impulslasern oder Excimerlasern realisiert.

Von Mikrokennzeichnen spricht man, wenn die Hoehe s eines einzelnen alphanumerischen Zeichens weniger als 1 mm betraegt. Dies wird notwendig, wenn das zu kennzeichnende Objekt klein ist oder die Möglichkeit, die Kennzeichnung mit dem unbewaffneten Auge zu lesen, nicht besteht. Beim herkömmlichen Kennzeichnen ist die Lesbarkeit der Zeichen das grundlegende Kriterium zur Beurteilung des Prozesses. Sehen wir eine CCD-kamera zur Erkennung der Zeichen vor, treten wir in den Bereich der Mikrokennzeichnung ein. Die Grösse des Zeichens wird in diem Bereich praktisch nur durch die Möglichkeit ihrer Herstellung begrenzt. Bei der sogenannten "harten" Kennzeichnung verbindet sich die Erzeugung kleiner Zeichen mit Problemen der Mikrobearbeitung mit Laser sowie des Mikroscanning.

Aus der Sicht der Laserbearbeitung lässt sich die minimale Hoehe s der Zeichnen mit folgender Formel bestimmen :

$$s = 10\, C_{nm}^2\, f/w_1 \cdot \lambda/\pi$$

$C_{nm}$ ist ein vom Modenbetrieb des Lasers abhängiger Faktor (fuer $TEM_{oo}$ ist $C_{nm} = 1$), f ist die Brennweite des Objektivs, $\lambda$ die Wellenlänge der Strahlung und $w_1$ ist der Strahl-radius vor dem fokussierden System. Aus der Formel kann man leicht aussagen zur Realisierbarkeit von Mikrokennzeichnung Ablesen. Die programmierbare Auflösung von Galvanometer-Ablenksystem ist hoch (ab 0,002 mm) und reicht zur Erzeugung kleiner Zeichen aus.

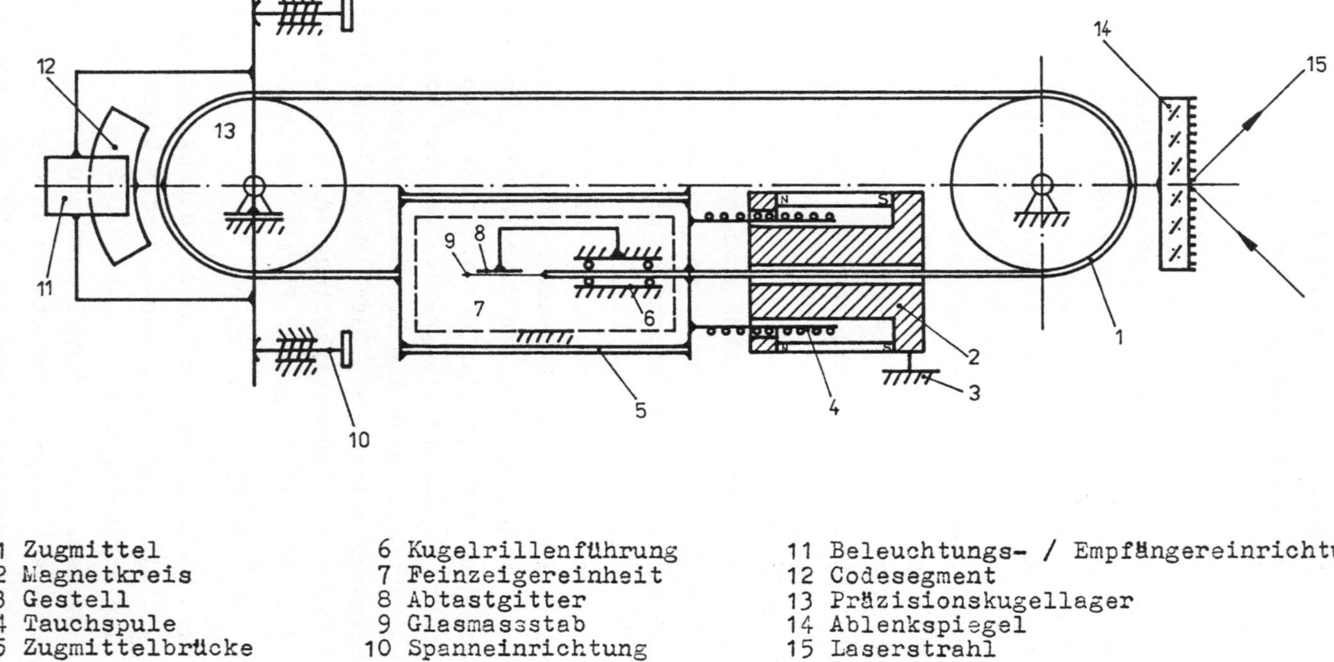


1 Zugmittel
2 Magnetkreis
3 Gestell
4 Tauchspule
5 Zugmittelbrücke
6 Kugelrillenführung
7 Feinzeigereinheit
8 Abtastgitter
9 Glasmassstab
10 Spanneinrichtung
11 Beleuchtungs- / Empfängereinrichtung
12 Codesegment
13 Präzisionskugellager
14 Ablenkspiegel
15 Laserstrahl

Bild 1: Elektromechanischer Prinzipaufbau des Scanners

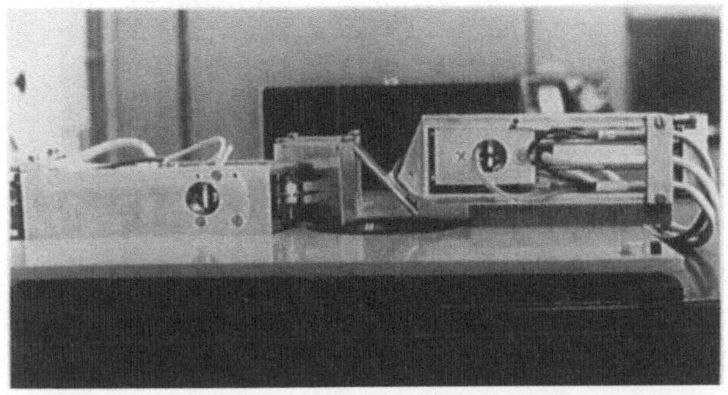

Bild 2: Zwei Scanner mit f $\theta$ - Objektiv als Laboraufbau (pre - objective scanning)

Bild 3: Mikrokennzeichnungen

Solche Systeme zur "harten" Mikrokennzeichnung ermöglichen die Herstellung von Zeichen der Hoehe s = 200 µm, bei einer Grösse des Arbeitsfelder von 20 x 20 Quadratmillimeter.

Die Beurteilung der Qualität dieser Zeichen zeigt jedoch, dass in diesem Anwendungsfall die gut bekannte und mehrfach erprobte Systemlösung zur "harten" Kernzeichnung versagt.

Beim Einsatz konventioneller Galvanometerscanner in Grenzbereichen der Lasermikrobearbeitung (einschliesslich Mikrokennzeichnung) werden ihre systembedingten Fehler bemerkbar:

- Wobbelfehler, hervorgerufen durch die Lagerstellenausbildung des elektromechanischen Aufbaues
- thermische Drift (Nullpunktdrift und Wiederholfehler).

Durch diese Fehlerquellen werden sowohl Positioniergenauigkeit (Auflösung) als auch Wiederholgenauigkeit begrenzt, auch wenn die Scanner mit analogen Messsystemen in einem geschlossenen Regelkreis betrieben werden (1).

Es wurde an der TH Ilmenau, ausgehend von diesem technischen Stand, ein neues Scannersystem entwickelt (2) und unter Laborbedingungen getestet. Bild 1 zeigt den elektromechanischen Prinzipaufbau des Scanners.

Kernstück des Scanners ist eine Lineareinheit, bestehend aus einem elektrodynamischen Gleichstrommotor nach dem Tauchspulprinzip und einem linearen inkrementalen Wegmesssystem. Eine Linearbewegung des Motors wird über ein geschlossenes, dehnungsarmes und verspanntes Zugmittel in eine Drehbewegung gewandelt. Das Zugmittel führt über je zwei gegeneinander verspannte Präzisionskugellager, die den Ablenkspiegel beziehungsweise eine Codescheibe der Nullpunkterkennungseinheit tragen. Bild 2 zeigt zwei Labormuster des Scanners mit f$\theta$- Objektiv zur Strahlablenkung eines cw-Nd: YAG-Lasers mit Q-switch.

In Verbindung mit einer Ansteuereinheit (Messsysteminterpolation, Hardwareregler) konnten mit dem Funktionsmuster folgende Parameter realisiert werden (Mechanik):

- Schrittauflösung der Lineareinheit 0,4 µm
- Winkelschrittauflösung 30 µrad
- Wiederholgenauigkeit (einschliesslich Drift) ±30 µrad bei $10^7$ Schritten mit 30 µrad Schrittweite
- dynamisches Verhalten mit Spiegel 55 x 60 $mm^2$, 2,5 mm dick, Sprungweite 3 mrad:
  Positionierdauer mit Fehler ±90 µrad 3,7 ms
  Positionierdauer mit Fehler ±30 µrad 6,8 ms
- maximaler Ablenkbereich 0,75 rad
- Wobbelfehler nicht nachweisbar

Im Vergleich mit den in (1) zusammengefassten Parametern herkömmlicher Galvanometerscanner ist festzustellen, dass der neu entwickelte Scanner bei einer geringeren Dynamik aufgrund höherer bewegter Massen einschliesslich des Ablenkspiegels eine vergleichbare Winkelauflösung und eine wesentlich verbesserte Wiederholgenauigkeit durch Vermeidung von Drift und Wobbelfehlern aufweist.

Die Winkelauflösung kann durch weitere Interpolationsmassnahmen gesteigert werden. Die Funktionsfähigkeit des Modells wurde bis zu einer Auflösung von 7,5 µrad im Labor nachgewiesen. Diese ersten Versuchsergebnisse rechtfertigen weiterführende Forschungsarbeiten zu diesem Scannersystem.

Die Anordnung der Ablenkespiegel ausserhalb der Drehachse führt im Vergleich zu herkömmlichen Systemen, insbesondere bei der Kombination zweier Scanner, zu etwas komplizierteren Verhältnissen bei der mathematischen Beschreibung der Strahlablenkung. Diese ist jedoch exakt möglich, wobei sich für post-objektive-scanning Anordnungen die in (1) und (3) angegebenen Lösungen als Spezialfälle ergeben.

Der Scanner wurde in einem Versuchsaufbau in Verbindung mit einem cw-Nd:YAG-Laser (Bild 2), einem Mikrorechner und entsprechender Software (4) unter anderem zur Mikrokennzeichnung von Substraten eingesetzt. Mit dem verwendeten Planfeldobjektiv mit f = 153 mm waren auf dem Substrat Schrittauflösungen von etwa 9 µm erreichbar, die der absoluten Wiederholgenauigkeit entsprechen.

Bild 3 zeigt Beschriftungen (40-fache Vergrösserung) mit folgenden Parametern:

- Substrat $Al_2O_3$ - Keramik
- Laserparameter:
  $TEM_{00}$
  Impulsspitzenleistung 2 kW
  Impulsfolgefrequenz 1 kHz
- Beschriftungsgeschwindigkeit 5 Zeichen / Sekunde

Die hergestellten alphanumerischen Zeichen sind sowohl visuell als auch mit CCD-Bildverarbeitungssystemen problemlos lesbar. Die dargestellten Zeichen weisen eine Höhe von etwa 400 µm und eine Breite von 250 µm auf. Mit dem Versuchsaufbau und der Software sind alphanumerische Beschriftungen bis zu 200 µm Zeichenhöhe und 125 µm Zeichenbreite herstellbar.

Zusammenfassend kann festgestellt werden, dass mit dem entwickelten Scanner eine Lösung vorgeschlagen wurde, deren Grenzen noch nicht erreicht sind. Da insbesondere auf den Gebieten der Mikroelektronik und Mikromechanik zur durchgehenden Qualitätssicherung maschinenlesbare, flexible Kennzeichnungen auf immer kleinerem Raum erforderlich sind, werden die Untersuchungen zur Miniaturisierung von Laserkennzeichnungen auch künftig weitergeführt.

## Literatur

(1) Marshall, G.F.: Laser beam scanning. Marcel Dekker Inc., New York, Basel 1985

(2) Zehner, U. Heinrich, W.: Vorrichtung, insbesondere zur Präzisionslichtstrahlablenkung. DDR - Patentanmeldung, Aktenzeichen WP G02B/283 709.2

(3) Pelsue, K.: High speed read/write techniques for advanced printing and data handling. Proceedings of SPIE. Los Angeles, 1983. Vol. 390, S. 70 - 78

(4) Rühle, K.: Programmsystem Laserschrift. Friedrich-Schiller--Universität Jena, Sektion Physik, 1985

# Anforderungen an moderne Laserbeschriftungssysteme

P. Thöny, M. Ferri

GRETAG LASER SYSTEMS, CH-8105 Regensdorf

## Einleitung

Die industrielle Laserbeschriftung von Werkstücken verschiedenster Materialien wie Hartmetall, Buntmetall, Keramik und Kunststoff hat in letzter Zeit grosse Bedeutung erlangt. Mit modernen Laserbeschriftungssystemen kann dank hohem Durchsatz und grosser Flexibilität kostengünstig produziert werden. Die Leistungsfähigkeit eines Systems äussert sich vor allem in drei verschiedenen Bereichen:

- Software: Moderne Bedieneroberfläche, einfache Datenerstellung, CIM Lösungen mit Datenübername von CAD und Steuerung durch Leitrechner (CAM), Integration in komplexe Handlingsabläufe.
- flexibler Laser Laserquellen, die dem Material angepasst werden (Laserparameter und Wellenlänge).
- Handling: Baukastenartige Handlingslösungen, um individuell auf Materialflussprobleme eingehen zu können.

In diesem Vortrag soll vor allem auf die Software für Laserbeschriftungssysteme eingegangen werden.

## Anforderungen an die Software moderner Laserbeschriftungssysteme

Bei einer Marktstudie über die Anforderungen an die Software moderner Laserbeschriftungssysteme kristallisierten sich die folgenden Punkte heraus:

1. Die Datenerstellung soll einfach und leistungsfähig sein. Eine Dateneingabe in Tabellenform ist zu bevorzugen. Der Benutzer soll durch den Rechner mit einer exakten, von der Aktion abhängigen Hilfe unterstützt werden.
2. Marktakzeptanz: Ein weitverbreiteter Rechner und ein sehr bekanntes Betriebssystem sollen eingesetzt werden. IBM PC AT oder IBM PS/2 mit MS-DOS sind sehr verbreitet. Dadurch kann auf verschiedene käufliche Resourcen zurückgegriffen werden wie DFÜ via Netzwerk oder Modem, Datensicherung auf Band oder optische Disk u.s.w.
3. Offenes System: Datenaustausch mit CAD-Systemen soll über genormte Grafikdateien möglich sein. Das Dateiformat der Laser-Software soll aus einfach zu interpretierenden ASCII- Zeichen bestehen, um eine Integration in fremde Softwarepakete zu ermöglichen.
4. Mehrere Aufgaben müssen gleichzeitig behandelt werden (Multitasking). Auf einem PC werden die Beschriftungsdaten erstellt. Gleichzeitig soll dieser PC mehrere Lasermaschinen für die Produktion steuern. Dieser PC kann wiederum von einem Leitrechner gesteuert werden.
5. Integration in Handling: Bauteile werden durch Rundtisch, XY-Tisch, Förderband, Roboter u.s.w. zur Beschriftung plaziert. Handlingsprogramme sollen einfach erstellbar sein und leicht mit Beschriftungsdaten kombinierbar sein.
6. Individuelle Bauteileerkennung soll möglich sein durch Kennzeichnung der Bauteile mittels Barcode, binären Codierstiften oder OCR-B Schrift, oder durch Bauteileerkennung mittels Bildverarbeitung.

7. Automatisierte Produktion: Eine Auftragsabwicklung im Batch Betrieb soll eine unbeaufsichtigte Produktion ermöglichen. Ausserdem sollen die Beschriftungssysteme von einem Anlagerechner (Host) gesteuert werden können. Heute findet ein Umdenkprozess statt: Die Fertigung soll rechnergesteuert kurz vor der Auslieferung erfolgen (just in time production). Dadurch entstehen kleinere Lagerkosten.
8. Variable Daten, die erst kurz vor der Beschriftung bekannt sind, sollen beschriftet werden können. Das sind zum Beispiel individuelle Bauteileabmessungen, Widerstandswerte, Datum der Fabrikation, variable Position und Lage der zu beschriftenden Bauteile, u.s.w.

Datenerstellung für Laserbeschriftungssysteme

In den letzten paar Jahren hat sich die Bedienerfreundlichkeit der Software im allgemeinen verbessert. Eine Tendenz zur Standardisierung der Benutzeroberflächen zeichnet sich ab. Microsoft Windows und Presentation Manager sind gute Beispiele dafür. Diese Benutzeroberflächen gestatten es, dass verschiedene Softwareprodukte sehr ähnlich aussehen und sehr ähnlich zu bedienen sind.

Eine Maus oder ein gleichwertiges Pointing Device ist aber Voraussetzung für diese Oberflächen. Das ist gut möglich im Bürobereich, kann aber in industriellen Umgebungen (sprich Ausbildung von Personal oder Schmutz) nicht gebraucht werden. GRETAG hat versucht, eine Benutzeroberfläche zu definieren, die sehr leicht erlernbar und einfach zu bedienen ist:

- Die Editoren sind tabellenorientiert.
- Mittels Funktionstasten und Pulldown-Menus werden Aktionen angewählt.
- Eine von der Aktion abhängige Hilfe von zwei Zeilen am unteren Bildrand zeigt ständig eine exakte Hilfe an (Sensitive Help).
- Mit der F1-Funktionstaste kann zudem eine ausführlichere Hilfe angefordert werden. Diese Hilfe ist auch von der Aktion abhängig.
- Die Enter-Taste dient zum Anwählen einer Aktion. Die Escape-Taste dient zum schrittweisen Rückzug von Aktionen.
- Die Maus wird folgendermassen unterstützt: Die Mausbewegung verschiebt den Cursor im Editor oder die Balken in einem Menu. Die zwei Tasten der Maus haben die gleiche Funktionen wie die Enter-und Escape-Tasten auf der Tastatur.

Die Laserbeschriftungs-Software LasVar verwendet diese Benutzeroberfläche, betrachte dazu *Figur 1.* In einem tabellenförmigen Editor können Beschriftungsprogramme erstellt werden.

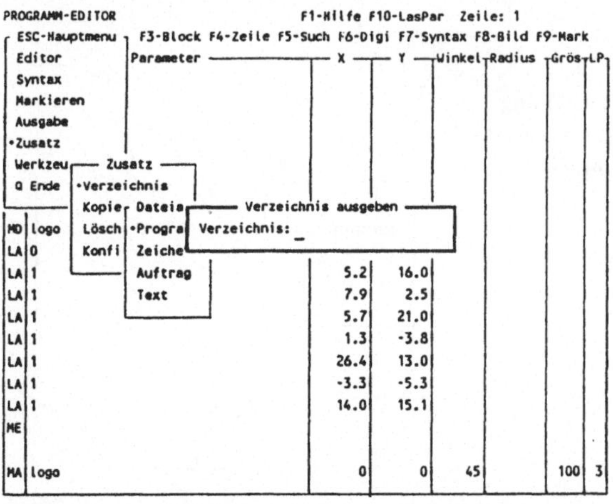


*Fig. 1:* Tabellenförmiger Editor mit Menus und von Aktion abhängiger Hilfe am unteren Bildrand

Es steht eine strukturierte Programmiersprache mit Echtzeiteigenschaften zur Verfügung. Es hat etwa 100 verschiedene Befehle, wobei ein Anfänger mit drei bis fünf verschiedenen Befehlen schon akzeptable Bilder erstellen kann. Die wesentlichen Befehle sind:

- Zeichenbefehle: Linien, Kreisbogen mit absoluten oder relativen Koordinaten.
- Textbefehle: Markieren von Text mit beliebiger Grösse, Richtung, Schrägstellung und auf Kreis. Verschiedene Zeichensätze.
- Barcode: Markieren von Barcode 39 und 2/5 interleaved.
- Handlingsbefehle: Steuerung von externem Handling via seriellen Schnittstellen oder Parallelports.
- Benutzerkommunikation: Befehle zum Dialog mit dem Bedienpersonal.
- Variablenbefehle: Integer-, String-, Boolsche- und Serienummervariablen stehen für variable Beschriftung und komplexe Handlingsabläufe zur Verfügung.
- Befehle für Strukturen: Schlaufen mit Bedingungen, Wiederholungen und Zählvariablen.
- Makrobefehle: Definition von Prozeduren oder Unterprogrammen, Import und Aufruf von Makros aus anderen Programmen.

Dank der leistungsfähigen Sprache LasVar kann die Datenerstellung zweistufig erfolgen. Komplexe Handlingsabläufe werden nur einmal von Fachleuten erstellt. Beschriftungsdaten können nachträglich mit kleinem Aufwand dazugefügt werden. Dank der LasVar Befehle für Benutzerkommunikation kann das Bedienpersonal bei der Produktion im Dialog schön geführt werden. So können auch angelernte Leute nach kurzer Einführung die Laseranlagen bedienen.

Beschriftungsdaten können auf verschiedene Arten erzeugt werden, betrachte dazu *Figuren 2 und 3*. Zeichnungen von CAD Systemen werden via standartisierten Grafikdateien wie HP-GL und DXF übernommen. Ebenso kann ein Scanner ein Bild einlesen. Diese Bilddatei in Pixelform kann in eine LasVar-Vektor-Datei umgewandelt werden. Vektororientierte Beschriftung ist im Gegensatz zur Pixelform sehr schnell, da nur die zu beschriftenden Stellen abgefahren werden. Ebenso kann die Grösse und Neigung von Objekten in Vektorform ohne Qualitätsverlust verändert werden.

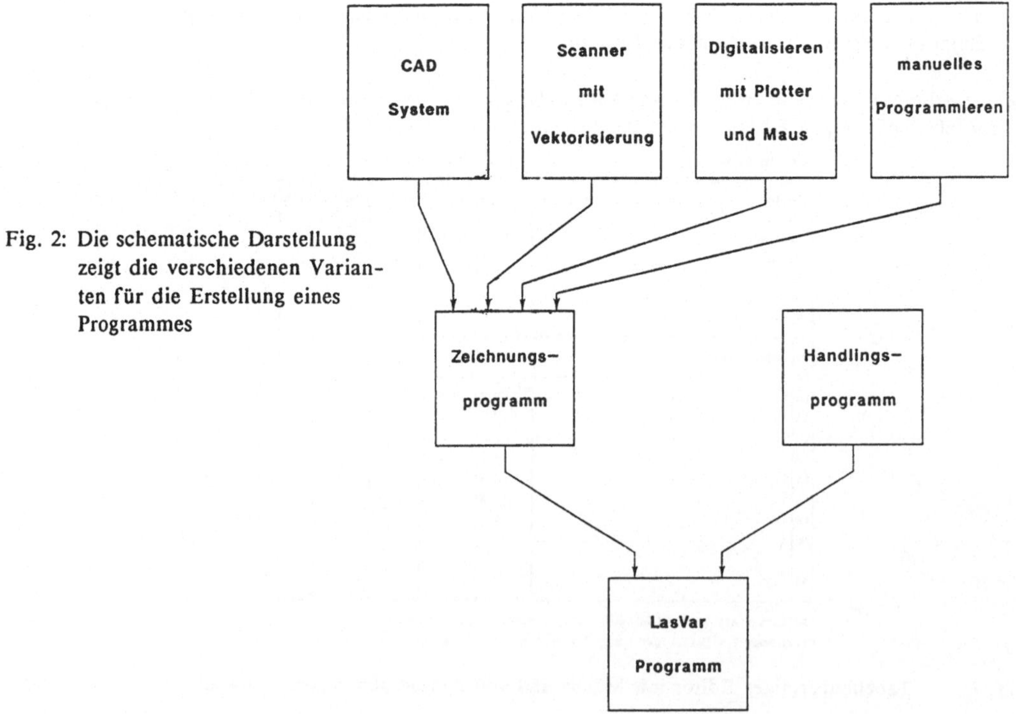


Fig. 2: Die schematische Darstellung zeigt die verschiedenen Varianten für die Erstellung eines Programmes

Ein Digitalisieren, d.h. ein punktweises Abfahren der Vorlage, kann mit Hilfe eines Plotters und der Maus realisiert werden. Schlussendlich können Zeichnungen auch manuell durch Ausfüllen der Tabellen erstellt werden.

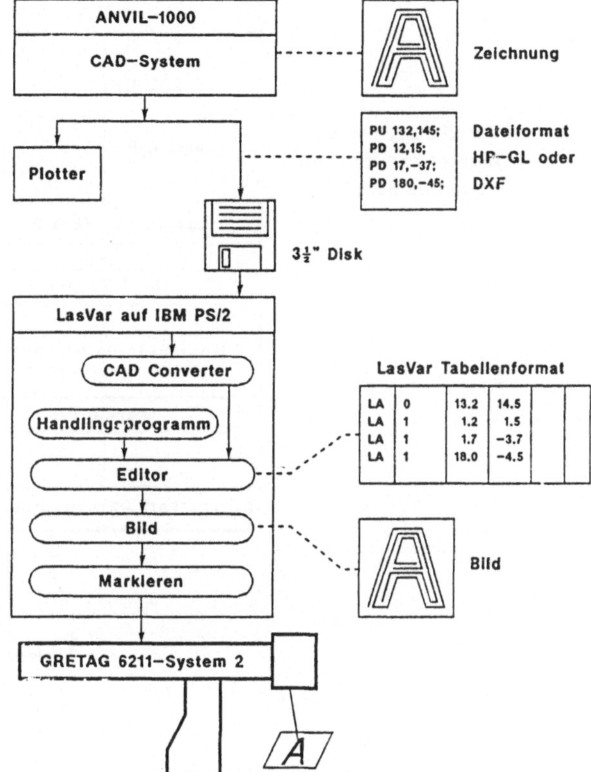


Fig. 3: Datentransfer von einem CAD System zur Laserbeschriftungsanlage

Software für die Produktion mittels Laserbeschriftungssystemen

Ein Laserbeschrifter kann erst mit einem dem Bauteil angepassten Handling optimal eingesetzt werden. Die Handlingseinheiten, wie XY-Tisch, Barcode-Leser, Türschalter u.s.w. müssen mit der Beschriftung synchronisiert werden. Das geschieht durch Handlingsbefehle in der Lasersoftware LasVar über serielle oder parallele Schnittstellen.

Bei der manuellen Produktion wählt das Personal das vorher erstellte Beschriftungsprogramm selber aus. Mit einer Auftragsliste kann eine Liste von Bauteilgruppen angegeben werden, die dann hintereinander und unbeaufsichtigt beschriftet werden. Voraussetzung ist hier natürlich ein Handling, das die Bauteile ohne manuelle Schritte transportieren kann.

Eine integrale Lösung erreicht man mit einer Verbindung zu einem Leitrechner oder Host. Betrachte dazu *Figur 4*. Ein Hostrechner steuert die Laserbeschrifter. Die Verbindung basiert auf serieller Schnittstelle oder Netzwerk (Ethernet, Token Ring). Dank ladbarem Treiber auf der Beschrifterseite können beliebige Protokolle implementiert werden. Die folgenden Befehle vom Host werden unterstützt:

- Laden und Starten von einem Beschriftungsprogramm
- Übermittlung von variablen Daten in beide Richtungen
- Statusabfrage, Transfer von Beschriftungsdaten in beide Richtungen, Verzeichnis und Löschen von Beschriftungsprogrammen.

Mit diesen Befehlen können die Laserbeschrifter voll ferngesteuert werden.

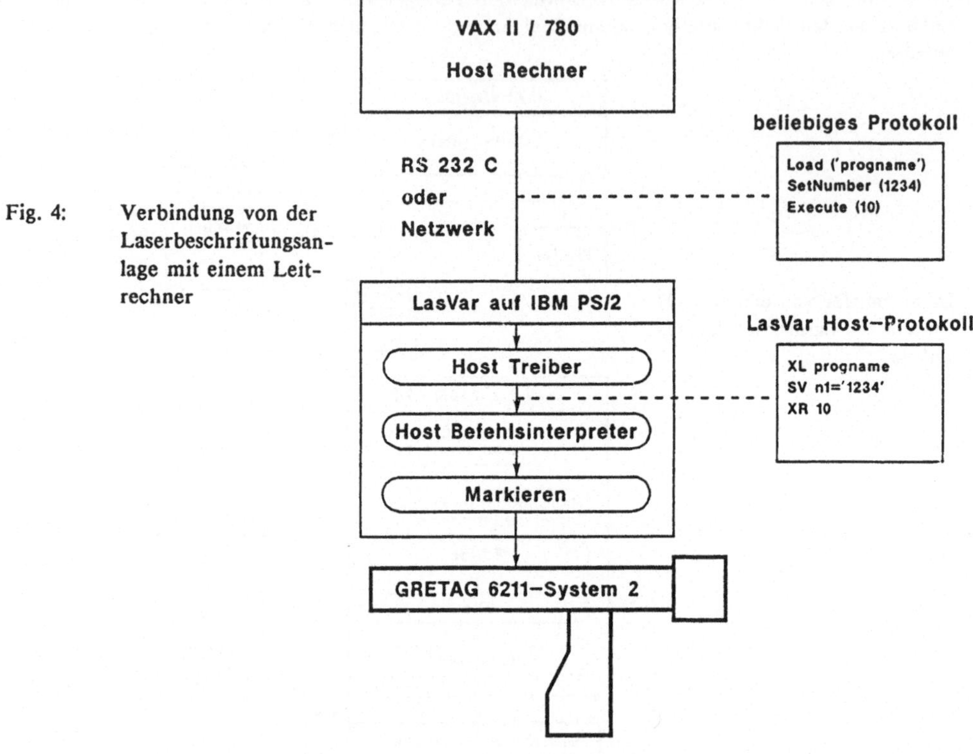


Fig. 4: Verbindung von der Laserbeschriftungsanlage mit einem Leitrechner

Bemerkung

Microsoft Windows und Presentation Manager sind eingetragene Warenzeichen von International Business Machines Corporation und Microsoft Corporation.

LasVar ist ein eingetragenes Warenzeichen von GRETAG AG, CH- 8105 Regensdorf.

# Laserinduzierte Abscheidung dünner Schichten aus der Gasphase

G. Reiße, K. Zimmer, F. Gänsicke, G. Zscherpe
Ingenieurhochschule Mittweida, Platz der DSF
Mittweida 9250, DDR

In diesem Beitrag wird über die laserinduzierte pyrolytische Abscheidung von Si-Schichten aus $SiH_4$ sowie von Mo- und W-Schichten aus $Mo(CO)_6$ mit Hilfe eines senkrecht einfallenden fokussierten Laserstrahles im Scanbetrieb bei kontinuierlichem Reaktionsgasdurchfluß berichtet.
Die Beschichtungsapparatur /1,2/ besitzt folgende Kenndaten: Argonionenlaser ILA-120, Multilinebetrieb, $TEM_{00}$-Mode und $P_L = 3,5$ W Strahlleistung; Gasdurchflüsse $Q = 0...100$ $cm^3$ $min^{-1}$; Reaktionsgasdruck $p = 13,3...2,7.10^4$ Pa; Gaußscher Radius im Fokus $r_g = 1,6...$ 15 µm; Scangeschwindigkeit $v_t = 0,02...0,2$ mm $s^{-1}$; Temperaturbereich der in der Reaktionskammer /3/ angeordneten Substrate $T_s = 77...$ 1000 K. Die in situ Kontrolle der Laserstrahlfokussierung auf der Substratoberfläche erfolgt durch Auswertung des reflektierten Laserstrahlanteils nach der Methode von McWilliams u. a. /4/. Die Auswertung des reflektierten Strahlanteils ermöglicht auch die Bestimmung der Schichtdicke während und nach dem Abscheideprozeß /5, 6/. Bei diesem Verfahren wird die sich mit dem Oberflächenprofil der aufwachsenden lateralen Schichtstruktur ändernde Intensitäts- und Winkelverteilung des reflektierten Strahlanteils in einer ersten Variante durch Ermittlung des maximalen Oberflächenprofilanstieges mit Hilfe von seitlich und senkrecht zur Laserstrahlbewegungsrichtung angeordneten Photodetektorarrays oder in einer zweiten Variante durch Auswertung der Intensität des durch die Fokussieroptik reflektierten Strahlanteils mit einer Photodiode nach Eichung für das abzuscheidende Schichtmaterial und den vorgegebenen Substrataufbau zur in situ Schichtdickenbestimmung genutzt. Modellbetrachtungen zur Si-Abscheidung aus $SiH_4$ zeigen /1, 2/: Die Diffusionsstromdichte des Silans steigt mit dem Silandruck bis zum Beginn der Diffusionsbegrenzung, der mit Verringerung der Fokusradien zu höheren Diffusionsstromdichten verschoben ist, linear an: bei $p_{SiH4} = 10^4$ Pa und $r_g = 10$ µm sind beispielsweise Diffusionsstromdichten von $j_D = 10^{21}$ $cm^{-2}$ $s^{-1}$ möglich, die bei vollständiger Abscheidung Si-

Abscheideraten von $R_a \approx 100$ µm $s^{-1}$ bewirken würden. Mit dem Diffusionskoeffizienten D und der temperaturabhängigen Reaktionsgeschwindigkeit C können die Grenzfälle diffusionsbegrenztes Abscheideregime für $r_g \gg D/C$ und reaktionsbegrenztes Abscheideregime für $r_g \ll D/C$ unterschieden werden. Definiert man als Strukturbreite den Wert, bei dem die Schichtdicke im Vergleich zur Spurmitte auf 1/10 abgefallen ist, so ergeben sich bei einer Substratoberflächentemperatur $T_{SO}$ $(r_g=0)$ = 1400 K und der Aktivierungsenergie $E_o$ = 188 kJ $mol^{-1}$ Strukturbreiten der Si-Linien von b = 0,7 . $r_g$. Bei der Abscheidung auf oxydierte c-Si-Substrate (40 nm $SiO_2$) kommt es mit zunehmender Schichtdicke infolge von Interferenzeffekten zum Anwachsen des Reflexionskoeffizienten von 0,24 auf 0,71, wodurch die Oberflächentemperatur und die Abscheiderate stark absinken und im Experiment, nach dem im Unterschied zum nichtpassivierten c-Si-Substrat abrupten Einsetzen der Abscheidereaktion bei geringerer Strahlleistung, eine Selbstbegrenzung der Schichtdicke $h_s$ beobachtet wird, die mit den Parametern $v_t$ = 0,1 mm $s^{-1}$, $r_g$ = 15 µm, $T_s$ = 500 K und $p_{SiH4}$ = 13 kPa im Leistunsbereich $P_L$ = 2,5...3,75 W bei $h_s$ = 53...56 nm liegt /6/. Diese Interferenzeffekte können durch geeignete Wahl der Oxidschichtdicke (x . 170 nm) nahezu vollständig vermieden werden.

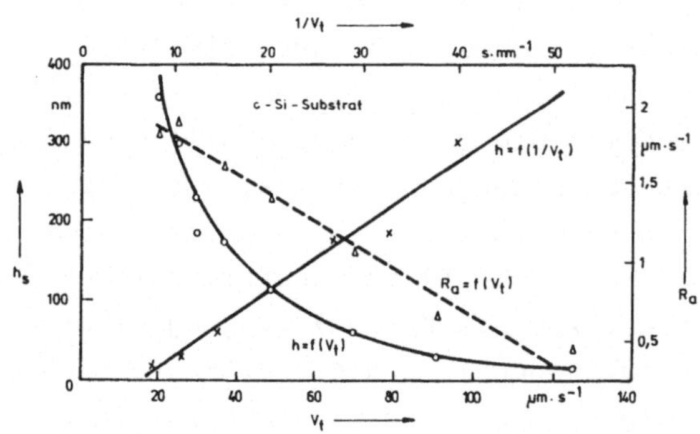


Bild 1.:

Abhängigkeit der Si-Schichtdicke $h_s$ und der Abscheiderate $R_a$ von der Scangeschwindigkeit $v_t$ ($r_g$ = 4 µm; $P_L$ = 1,56 W; $T_s$ = 300 K; $p_{SiH4}$ = 5,3 kPa)

Experimentell ermittelte Abhängigkeiten von Abscheideparametern sind in Bild 1 dargestellt. Als Ursache für die Vergrösserung der Abscheiderate mit sinkender Scangeschwindigkeit kommen scangeschwindigkeitsabhängige Änderungen der Oberflächentemperatur in Betracht. Die erreichbaren Strukturbreiten werden insbesondere vom Gaußschen Radius des Laserstrahlfokus, der Laserleistung und dem Substrataufbau bestimmt. Die Strukturbreite der Si-Linie auf c-Si-Substraten betrug z. B. b = 2 µm bei den Abscheideparametern $r_g$ = 4 µm; $P_L$ = 1,5 W; $T_s$ = 300 K;

$v_t$ = 0,09 mm $s^{-1}$, $p_{SiH4}$ = 5,2 kPa und $R_a$ = 5 µm $s^{-1}$. Mit steigender Laserleistung wird eine in Bild 2 dargestellte Zunahme der Strukturbreiten beobachtet, die auf eine Verschiebung der Abscheideschwelltemperatur in Richtung größerer Abstände vom Fokuszentrum zurückzuführen ist. Bei Überschreitung der Siliciumschmelztemperatur bildet sich ein Schmelzgraben aus. Das Aufschmelzen der Si-Schicht kann auch die Verringerung der Durchbruchfeldstärke und des Widerstandes der Passivierungsschicht bewirken. Die Schichtdicke der Si-Linien läßt sich durch mehrfache Bestrahlung vergrößern, wobei keine signifikante Erhöhung der Strukturbreite beobachtet wird. Die in Bild 3 erkennbare polykristalline Struktur der Si-Schichten ist durch in Richtung des Schichtwachstums orientierte, 300 nm x 500 nm große Kristallite charakterisiert, deren Größe sich aufgrund der geringeren Abscheidetemperatur am Spurrand verringert. Durch EDS- und RBS-Untersuchungen konnten keine Kontaminationen in den Si-Schichten nachgewiesen werden. Der spezifische elektrische Schichtwiderstand liegt im Bereich von $\varrho_{Si}$ = $10^5$ Ohm cm und verringert sich mit steigender Laserleistung, was möglicherweise auf die mit der Abscheidetemperatur zunehmende Kristallitgröße zurückzuführen ist. Schichten, die mit den Parametern $r_g$ = 15 µm, $T_s$ = 580 K; $v_t$ = 0,1 mm $s^{-1}$ und $p_{SiH4}$ = 13 kPa abgeschieden wurden, zeigten beispielsweise mit steigender Laserleistung $P_L$ = 2,3...2,7 W eine Verringerung von $\varrho_{Si}$ = 6 . $10^6$ Ohm cm auf $\varrho_{Si}$ = 1 . $10^4$ Ohm cm.

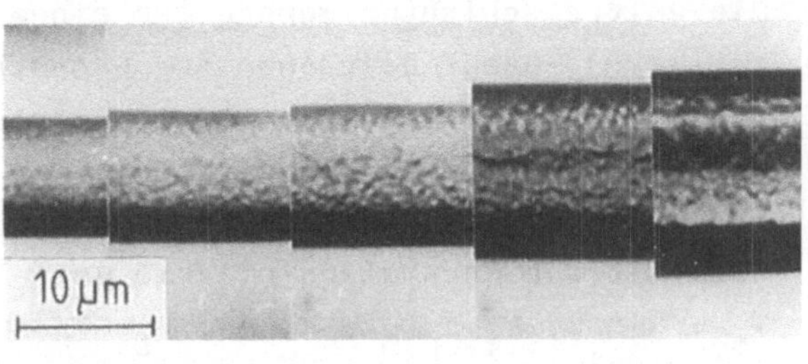


Bild 2.:

Lichtmikroskopische Aufnahme von Si-Linien auf oxydiertem (340 nm $SiO_2$) c-Si-Substrat ($r_g$ = 15 µm, $T_s$ = 580 K; $v_t$ = 0,1 mm $s^{-1}$; $p_{SiH4}$ = 13 kPa; $h_s$ 1,2 µm; $P_L$ = 2,3; 2,4; 2,5; 2,6; 2,8 W)

Die Abscheidung von Molybdänschichten erfolgte aus $Mo(CO)_6$-Dampf auf oxydierten (40 nm $SiO_2$) c-Si-Substraten bei einem Wasserstoffpartialdruck von 13 kPa. Mit den Parametern $r_g$ = 15 µm, $T_s$ = 350 K, $p_{Mo(CO)6}$ = 260 Pa und $v_t$ = 0,2 mm $s^{-1}$ wurden mit zunehmender Laserleistung $P_L$ = 2,25...2,7 W Schichtdicken von $h_s$ = 75...160 nm bei maximalen Abscheideraten von $R_a$ = 1,1 µm $s^{-1}$ und Strukturbreiten von 15...30 µm registriert. Die spezifischen elektrischen Schichtwiderstände von 100 nm dicken Schichten betragen

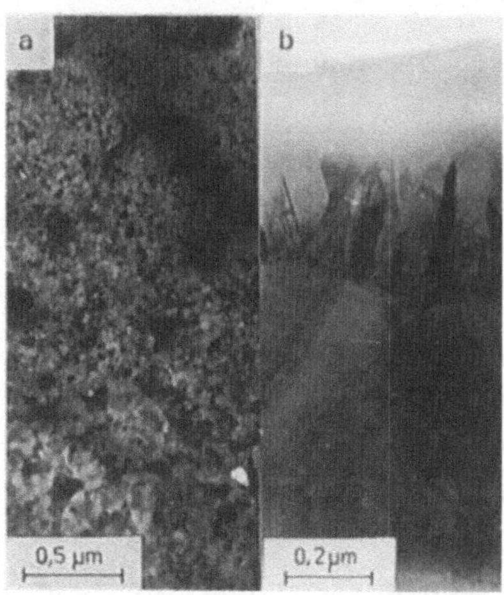


Bild 3.:

TEM-Aufnahme des Randgebietes einer Si-Linie (a) und des Querschliffes einer aus zwei Subschichten bestehhenden Si-Linie (b)

$\varrho_{Mo}$ = 1,2...3 mOhm cm. Eine Ursache für die hohen Widerstandswerte ($\varrho_{Mo_{bulk}}$ = 5,33 µ Ohm cm) ist die mittels AES-Untersuchungen nachgewiesene Sauerstoffkontamination von bis zu 50 at% in 50 nm Tiefe.

Die Wolframschichten wurden aus einem mit $W(CO)_6$-Dampf beladenen Argongasstrom von $Q_{Ar}$ = 3 $cm^3$ $min^{-1}$ bei einem Totaldruck $p_{tot}$ = 260 Pa auf oxydierte (340 nm $SiO_2$) c-Si-Substrate abgeschieden. Mit den Parametern $r_g$ = 15 µm, $T_s$ = 360 K; $P_{W(CO)6}$ = 40 Pa, $v_t$ = 0,02 $mm^{-1}$ und $P_L$ = 1,8...2 W betragen die Schichtdicke $h_s$ = 200 nm bei maximalen Abscheideraten von $R_a$ = 0,3 µm $s^{-1}$ und die Strukturbreiten b = 10... 18 µm. Die spezifischen elektrischen Schichtwiderstände liegen in Abhängigkeit von der Schichtdicke und den Abscheideparametern im Bereich von $\varrho_W$ = 90...12 µm Ohm cm; der Wert $\varrho_W$ = 12 µ Ohm cm wurde bei einer Schichtdicke von $h_s$ = 150 nm erreicht ( $\varrho_{W_{bulk}}$ = 5,51 µ Ohm cm). Mittels AES-Untersuchungen konnten in W-Schichten eine geringe Sauerstoffkontamination, jedoch kein Kohlenstoff nachgewiesen werden. Die geringere Kontamination der W-Schichten im Vergleich zu den Mo-Schichten ist neben materialspezifischen Faktoren vermutlich auf den geringeren Reaktortotaldruck und den dadurch verbesserten Abtransport von Reaktionsnebenprodukten und die geringere W-Abscheiderate zurückzuführen.

Literaturverzeichnis

(1) Zimmer, K.; G. Reiße, P. Adam: KDT-Lehrgang, Lasertechnik, Lehrmaterial 4, S. 32-41, Verlag Kammer der Technik Berlin, (1987).
(2) Zimmer, K.: Dissertation A, Ingenieurhochschule Mittweida, (1989).
(3) Reiße, G.: H. Exner, G. Zscherpe, K. Zimmer, S. Weißmantel: DD-WP B 23K 26/02 245833 A1, Anmeldetag: 6. 2. 86.
(4) McWilliams, B. M.; W. Chin, I. P. Herman, R. A. Hyde, F. Mitlitsky, I. C. Whitehead: Proc. of SPIE, 459 (1984) 49-55.
(5) Zimmer, K., G. Reiße, F. Gänsicke; G. Zscherpe: DD-WP, Aktenzeichen G01B/3139068, Anmeldetag: 23.3.88.
(6) Zimmer, K., G. Reiße, F. Gänsicke: 3. Konferenz zum wissenschaftlichen Gerätebau, Ingenieurhochschule Mittweida 13. bis 15. 9. 1988, Konferenzmaterial Bd. 3, S. 94-102.

# Laser Direct Writing of Platinum Lines

C.Garrido (1), D.Braichotte (2), H.van den Bergh (2), B.León (1) and M. Pérez-Amor(1)

(1)E.T.S.I.I. de Vigo, apdo.62, 36280-VIGO (Spain), (2)Ecole Polytechnique Federale, CH-1015 Lausanne (Switzerland)

ABSTRACT

Laser induced CVD has been used to produce platinum lines on glass substrates. The effect of the writing speed on the geometry, the resistivity and the morphology of the lines has been studied. The results are discussed in relation to the beam residence time and the temperature rise induced by the radiation. The later is calculated from a model. Line resistivities close to that of pure bulk platinum have been obtained.

## INTRODUCTION

Laser-induced Chemical Vapour Deposition (LCVD) allows fabrication of microstructures of various materials in a one-step process. This can have many applications in microelectronics, such as circuit repair[1], contacting, and the production of Schottky diodes[2], interconnections[3], etc. By choosing the suitable laser wavelength the desired LCVD reaction mechanism can be selected. In fact, with absorbing precursors and transparent substrates (or using either the laser beam parallel to the substrate or low power densities) deposition with UV light can take place via a photolytic process. On the other hand, with absorbing substrates and high power densities in a perpendicular configuration pyrolytic LCVD can be induced.

In this paper we report studies on the pyrolytic deposition of platinum lines on pyrex glass using the UV output (351-363 nm) of an argon ion laser. The precursor used is the organometallic compound platinum bishexafluoroacetyl-acetonate, whose partial pressure and absorption as a function of the temperature are known[4]. Since the glass substrate is transparent to the laser radiation, the pyrolytic process starts following an initial photolytic LCVD phase.

## EXPERIMENTAL

The experimental set up has been described previouly[5].Briefly, the UV radiation of an argon ion laser is focussed through a microscope objetive inside a vacuum cell, in which independent control of the reactant partial pressure and the substrate temperature is possible. The lines were obtained moving the substrate perpendicularly to the laser beam.

Samples were characterized by stylus profilometer and Scanning Electron Microscope to determine their geometry, morphology and structure, while the composition was analyzed by Auger Electron Spectroscopy.

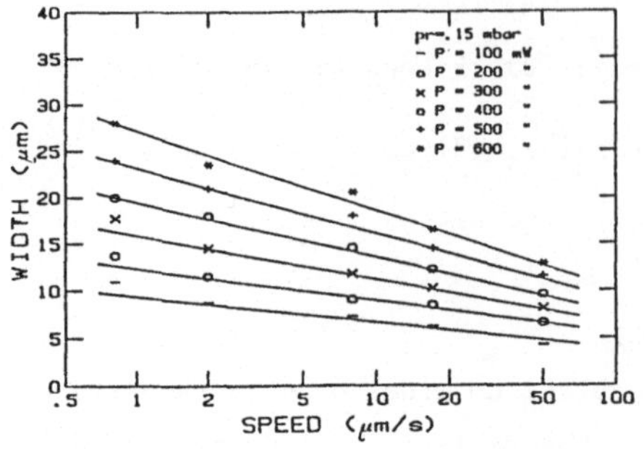


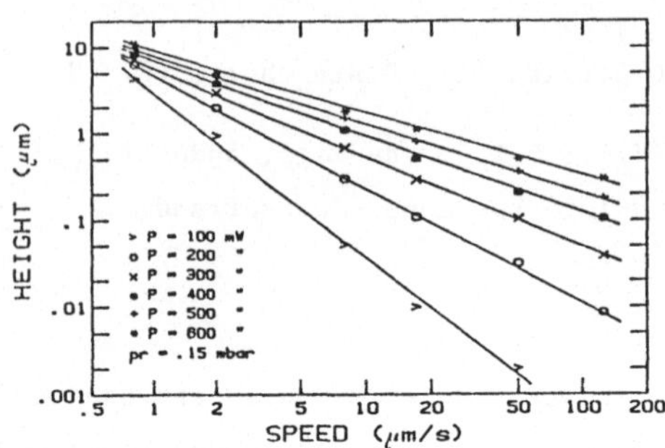


Fig.1 and 2. The width and the height respectively of the lines as a function of the writing speed at different laser powers. Metalorganic vapor pressure=0.15 mbar.

## RESULTS AND DISCUSSION

Figures 1 and 2 show the width and height of the lines as a function of the writing speed for various laser powers at a metalorganic partial pressure of 0.15 mbar. The spot diameter was 6 μm ($1/e^2$). For low powers it is possible to obtain line widths close to the spot diameter, and we have demostrated, that submicrom lines can be produced by reducing the spot diameter. As shown in Fig.1 and 2 , by modifying the writing speed great variations of the line height are obtained, whereas the line width is less affected. Based on the thermal model developed by us[6] temperature calculations have been performed at the center and the edge of the line in the laser incidence zone. This model revealed that variations in the writing speeds do not affect the temperature in the line, at least for our applied conditions. Therefore, since the growth of the line in height and width is determined by the temperature induced by the radiation at the center and at the edge of the line, different writing speeds vary only the residence time of the beam in each point, i.e., the time while the achieved temperature is maintained. Fig.3 shows the calculate final temperatures obtained with our model, both at the center and at the edge of the line, as a function of the writing speed for a laser power of 300 mW: both temperatures increase with speed because the line turns narrower and less high as the speed increases, while the temperature at the center is higher than the edge temperature leading to a larger thickness growth as observed. It should be pointed out, that the apparent temperature increase with the writing speed is due to the fact, that our model takes into account only the final geometry of the line and does not consider the intermediate widths and heights obtained in the deposition zone during the growing process. Nevertheless, for low speeds in the growing zone high temperatures are induced initially similar to those obtained at higher speeds but decreasing to the calculated values for later times. If one takes into account the residence time (defined by the relation between the reaction zone width and the writing speed) shown in Fig.4, this together with the temperature explains the observed influence of the writing speed on the line geometry.

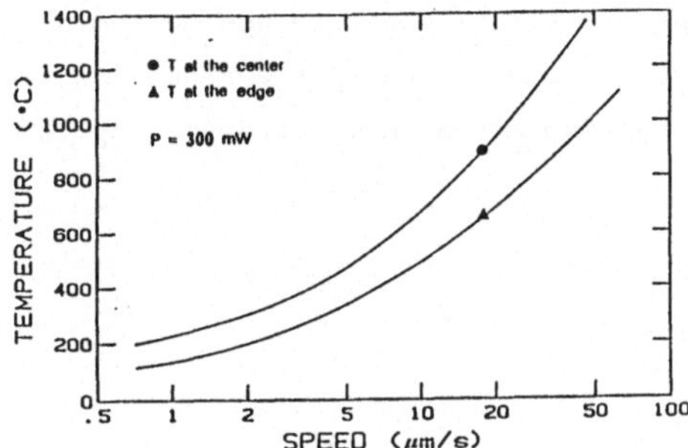


Fig.3. Calculated temperatures at the center and at the edge as a function of the writing speed at 300 mW laser power.

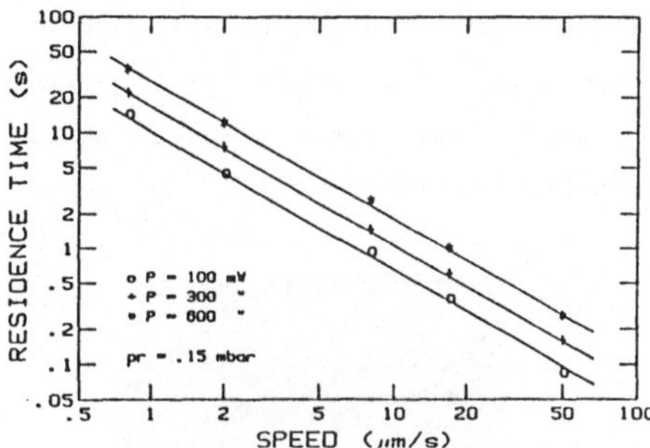


Fig.4. Residence time of the laser beam in each point of the lines as a function of the writing speed at different laser powers.

Regarding the line morphology, great differences arise depending on the processing conditions. In fact, as shown in Fig.5.a and 5.b, for high laser powers and vapour pressures and low writing speed, periodic structures can be produced, whose period grows with the vapour pressure and the laser power and with diminishing speed. As shown elsewhere[6] through our thermal model, these periodic structures are due to temperature oscillations in the line. Actually, at low speeds the lines are very wide and thick, so heat losses along the line are big, leading to a temperatura reduction and consequently to a decrease in growth rate. This produces a line narrowing and reduction in height, which again increases the temperature and the deposition growth rate. This cycle is repeated. There are some alternative explanations for such periodic structures which have been put forward in the literature[7].

Fig.6 shows the relative line resitivity related to the bulk resistivity of platinum as a function of the writing speed for various powers. For low speeds the resistivity is high, decreasing as the speed increases until it reaches a minimum, from which onward it grows again. In this case, the minimum grows with the power, and the speed at which it is obtained displaces to higher values as the power increases. Taking into account that all lines had about the samechemical composition as tested by Auger Spectroscopy, these results can be explained studying the morphology of the lines. For low speeds, periodic structures with large grains are produced (fig.5.b) resulting in high resistivities. As the speed increases, the line quality improves (Fig.5.c) as the residence time diminishes, obtaining for 100 mW and a speed of 8 μm/s resistivities close to that of pure, bulk platinum. As the speed increases over the resistivity minimum, the residence time becomes so small that bad interconnected material with the islands is obtained (Fig.5.d), thus enhancing the resistivity. The resistivity increasing with the laser power is due to the higher temperatures attained (and thus higher growth rates) leading to bigger structures and worse morphology, therefore enhancing the resistivity. The displacement of the minimum to higher speeds can be explained taking into account that the greater growth rate due to the higher temperature obtained for increased power must be compensated with a reduction of the residence time (greater speed) to obtain the optimum morphology corresponding to the resistivity minimum.

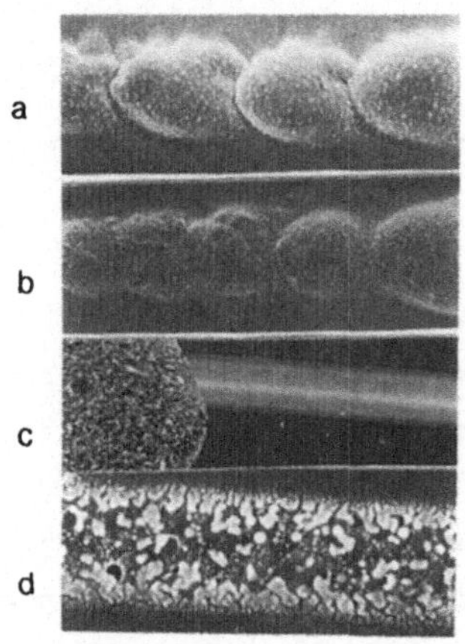


Fig.5. Scanning electron micrographs of Pt lines deposited at different writing speeds, vapor pressures and laser powers: (a) V=2 $\mu$m/s, pr=0.52 mbar and P=200 mW; (b) V=0.8 $\mu$m/s, pr=0.15 and P=200 mW; (c) V=8 $\mu$m/s, pr=0.15 mbar and P=100 mW; (d) V=50 $\mu$m/s, pr=0.15 mbar and P=200 mW.

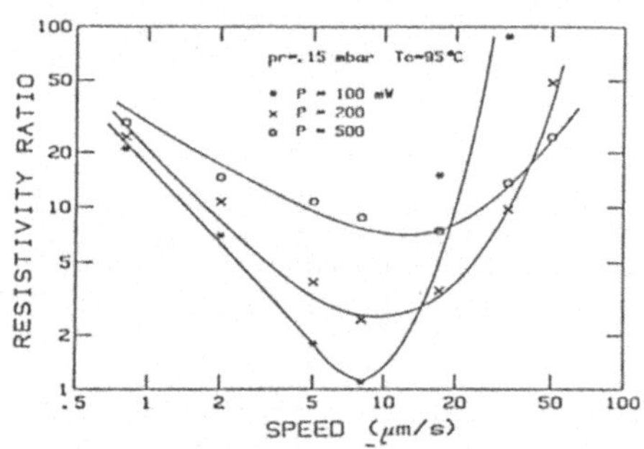


Fig.6. The resistivity ratio ($\rho/\rho_0$) as a function of the writing speed at three different laser powers. The metalorganic vapor pressure is 0.15 mbar and the cell temperature is 95°C.

## CONCLUSIONS

LCVD fabrication of high quality platinum lines has been achieved, both from the morphological and the compositional point of view. Under suitable conditions the lines have close to the same resistivity as the pure platinum. The growth mechanism has been well explained in light of the temperature induced and the beam residence time as calculated according a thermal model calculation.

## REFERENCES


1.- D.J. Ehrlich, Solid State Technol. December 1985, pp 81-85

2.- C.Garrido, D.Braichotte, H. van den Begh, B. León y M.Pérez-Amor, 35th National Vacuum Symposium and Topical Conference, October 3-7, 1988 Atlanta (U.S.A.).

3.- C.Garrido, D.Braichotte and H. van den Bergh, Appl. Phys.A,46, 285 (1988).

4.- D. Braichotte and H. van den Bergh, Proceeding of the International Conference on Laser'85.

5.- D. Braichotte, H. van den Bergh, Appl. Phys.A 45, 337 (1988).

6.- C. Garrido, Ph. Thesis, Univ, Santiago (Spain) (1989).
C. Garrido, B. León and M. Pérez-Amor, to be published.

7.- D. Bauerle, "Chemical Processing with Laser", Springer-Verlag, Heildelberg, Berlin (1986).

# Laser-Induced Chemical Vapor Deposition of Silica Films on Silicon and Stainless Steel

M.D. Fernández, P. González, B. León, M. Pérez-Amor

Departamento de Física Aplicada. University of Santiago. E.T.S. Ingenieros Industriales y de Telecomunicación de Vigo. P.O.Box 62. 36280 Vigo. SPAIN.

ABSTRACT

Silica films are widely used as dielectric insulators in microelectronic applications and as very good corrosion resistant coating for metals at high temperatures. Results on laser chemical vapor deposition of silica films on silicon and stainless steel substrates are reported. Growth curves of the obtained films are studied as a function of several parameters of the process. Sample characterization is also presented.

## INTRODUCTION

Lasers are widely used as tools in materials processing, in particular, in chemical vapor deposition (CVD) of thin films (1). Amorphous silica presents excellent properties as coating for surface passivation of metals, because it provides an effective diffusion barrier against the chemical migration in corrosion processes (2). As well, silica films are widely used as insulators in microelectronics.

Our group is studying the laser-induced CVD of silica films on both stainless steel and silicon substrates. Growth curves and sample characterization of silica films deposited on silicon using a $CO_2$ laser, as well as preliminary results of silica deposition on stainless steel, also with $CO_2$ laser, are presented here.

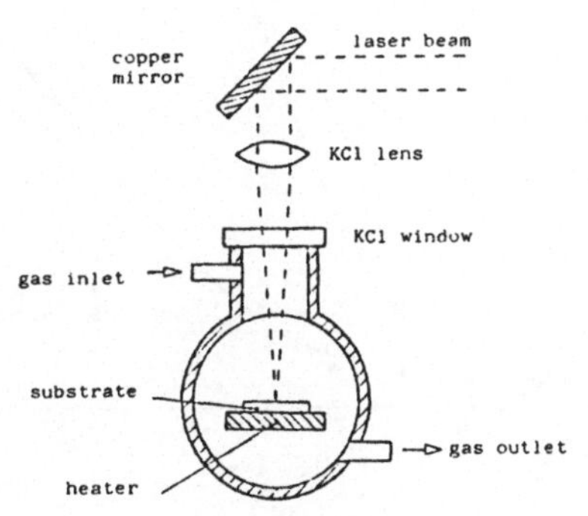


a)

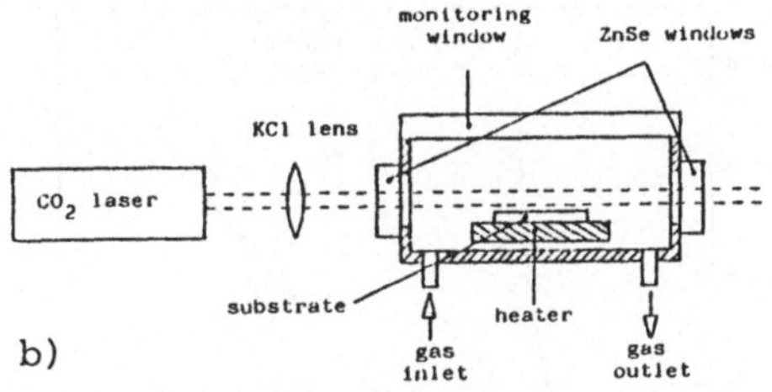


b)

Fig.1: Laser CVD set-up:
a) perpendicular configuration
b) parallel configuration

# SILICA ON SILICON

## EXPERIMENTAL

The experimental set-up is shown in Fig. 1a. The $CO_2$ laser beam at wavelength of 10.6 µm is focussed through a KCl lens and falls perpendicularly onto a silicon substrate heating the irradiated zone. Laser spot diameter on the substrate is 1 mm.

Reactants are silane and nitrous oxide which, at a substrate temperature above 700°C, react spontaneously yielding a silica film (3). As it is known, silicon presents very poor absorption for 10.6 µm radiation at room temperature. However, an increase in absorptivity is produced at higher temperatures (4), which is mainly due to the rising density of free carriers because of the thermal generation of electron-hole pairs. In order to improve laser light absorption by the silicon, substrates are heated at temperatures about 400°C into the chamber by a heater plate. Unpolished wafers have been used to reduce the power loss by reflection.

In our system gas mixture, total pressure, laser output power, and substrate temperature can be varied independently.

## RESULTS

A) GROWTH OF FILMS. Growth curves of silica films are presented in Figs. 2 and 3, where film thickness is plotted versus irradiation time, for several laser output powers and substrate temperatures. In every case the total gas pressure was 97 Torr, and the $N_2O:SiH_4$ partial pressure ratio was 40:1. Film thicknesses have been measured by an interference fringe method, using an optical microscope.

Fig. 2 shows that the deposition rate (the slope of curves) increases with increasing laser power.

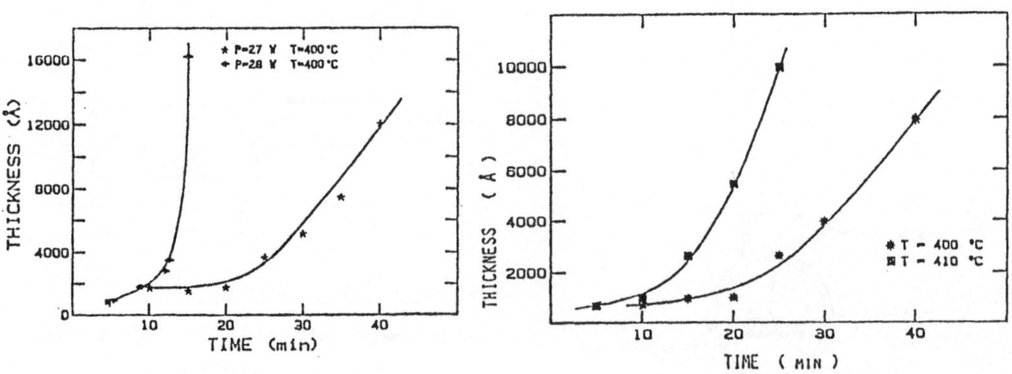


Fig. 2

Fig. 3

Fig. 3 shows that the slope increases with increasing substrate temperature (laser power 27 W) as expected because of higher radiation absorption by thermal enhancement of free carrier population. It means that we have a very simple and very effective method to tune the laser power absorbed in the substrate.

B) SAMPLE CHARACTERIZATION.

STICK-TAPE TEST has proved the good adhesion of obtained films.

An OPTICAL AND SCANNING ELECTRON MICROSCOPY study has demonstrated that spot diameters lie between 1 and 5 mm and maximum heights between 0.08 and 1.6 µm can be deposited with a suitable control of both substrate temperature and laser power, allowing an appropiate temperature at the laser spot for film growth. It means that by our method surprisingly uniform in thickness layers can be produced.

INFRARED TRANSMISSION SPECTROPHOTOMETRY allows the study of bond properties of the deposited silica. Films present the characteristic absorption peaks corresponding to the Si-O bond at 1075 and 880-800 cm-1 (see Fig. 4). The 1075 cm-1 peak is displaced towards the 1050-1068 cm-1 zone. This fact indicates that the oxide is not stoichiometric (5). The position of the 1050-1068 $cm^{-1}$ peak corresponds to the Si:O stoichiometry from 1:1.7 to 1:1.9 (better for films grown at higher laser powers).

The width of this peak at half maximum is between 83-91 $cm^{-1}$ for samples grown at 28 W-laser power and 400 °C-substrate temperature, which indicates a good, dense oxide (6). However, samples grown at 27 W-400°C present peak widths of about 90-100 $cm^{-1}$, that means a greater porosity of the oxide. Also, for the 27 W-400°C samples small absorption peaks due to the Si-O-H bond appear in the spectra at both 930 and 3500 $cm^{-1}$, whereas they are not present in the 28 W-400°C sample´s spectra.

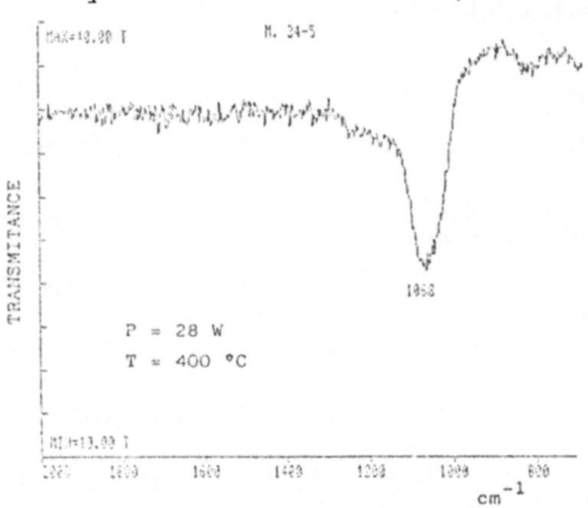


Fig. 4: IR spectrum

We have never obtained peaks due to the Si-H bond in the spectra.

As a conclusion, oxides produced at higher laser output power are more compact, and do not contain hydrogen.

## SILICA ON STAINLESS STEEL

Based on the study of Borsella´s group (7) we have made an attempt to deposit $SiO_x$ from $SiH_4$:$N_2O$:Ar mixtures in a flow system using our cw

$CO_2$ laser capable of delivering maximum 50 W power, in parallel configuration. In a series of preliminary experiments we obtained both silica powder formation and deposition of good adherent $SiO_x$ layers onto stainless steel substrates for $Ar:N_2O:SiH_4$ flow ratios of 35:9:3 sccm, and total pressures ranging from 80 to 160 Torr. The laser beam directed parallel to the substrate surface (see Fig. 1b), initiates homogeneous reaction due to gas phase heating. The species diffuse to the surface of the substrate held at 150°C, and forme layers of different appearance and thickness.

## CONCLUSIONS

We have demonstrated that silicon oxide localized films on silicon can be obtained by $CO_2$ laser-induced CVD from silane and nitrous oxide mixtures. The quality of films can be improved by an adequated control of both laser power and substrate temperature. Further experiments will clear the influence of other processing parameters such as total gas pressure and mixture ratio on growth rate as well as film properties.

On the other hand, our first results suggest that cw $CO_2$ laser-induced CVD from silane and nitrous oxide precursors might be an appropriate method for deposition of silicon oxide films onto metals, too.

## ACKNOWLEDGEMENT

We would like to thank Dr. J. Piqueras and Mr. J. Cárabe for help in sample characterization. This work was supported in part by the CAICYT, Research Project Ref. ME85-000, and by the European Economic Community under EURAM Project No. MA1E/0029/UK.

## REFERENCES

(1).- R. Solanki, C.A. Moore, G.J. Collins, Solid State Technol. 28, 220 (1985).

(2).- A.A. Ansari, S.R.J. Saunders, M.J. Benett, A.T. Tuson, C.F. Ayres, and W.M. Steen, NPL Report DMA (A) 119 (1986).

(3).- D.Dong, E.A. Irene, D.R. Young, J. Electrochem. Soc.125(5), 819 (1978).

(4).- M.R.T. Siregar, W. Luthy, K. Affolter, Appl. Phys. Lett. 36(10), 787 (1980).

(5).- P.G. Pai, S.S. Chao, Y. Takagi, G. Lucovsky, J.Vac.Sci.Technol.A 4(3), 689 (1986).

(6).- W.A. Pliskin, H.S. Lehman, J. Electrochem. Soc. 112(10), 1013 (1965).

(7).- E. Borsella, I. Fantoni, L. Caneve, in "Photo, Beam and Plasma Enhanced Processing", Eds. A. Golanski, V.T. Nguyen, E.F. Krimmel, p. 205, Les Editions de Physique, Paris 1987.

# Laser-Induced Chemical Vapor Deposition (LCVD) of Hydrogenated Amorphous Silicon Films

P. González, M.D. Fernández, B. León , M. Pérez-Amor

Departamento de Física Aplicada. Escuelas Técnicas Superiores de Ingenieros Industriales y de Telecomunicaciones de Vigo. Universidad de Santiago. P.O. Box 62. 36280 Vigo. SPAIN

ABSTRACT

Results of hydrogenated amorphous silicon films grown by photo-CVD with $CO_2$ laser for application in photovoltaic devices are reported. Processing conditions, thickness, electrical measurements, gap energy, and hydrogen content are determined.

## INTRODUCTION

Recently lasers have been applied in all kind of materials processing. Hydrogenated amorphous silicon has been deposited using either IR (1,2,3) or UV (4) lasers for application on photovoltaic and other technological fields.

A system with a $CO_2$ laser in parallel configuration for depositing a-Si:H has been set up based on the resonant absorption of silane because one of the vibrational modes of the $SiH_4$ molecule (944.213 $cm^{-1}$) is in resonance with the strongest $CO_2$ laser emission line (P(20)=944.195 $cm^{-1}$).

## EXPERIMENTAL

Our experimental system shown in Fig. 1 uses a CW $CO_2$ laser beam tuned at the P(20) line of 50 W maximum power. The substrates are positioned on a temperature controlled stage in a chamber where the reaction is initiated.

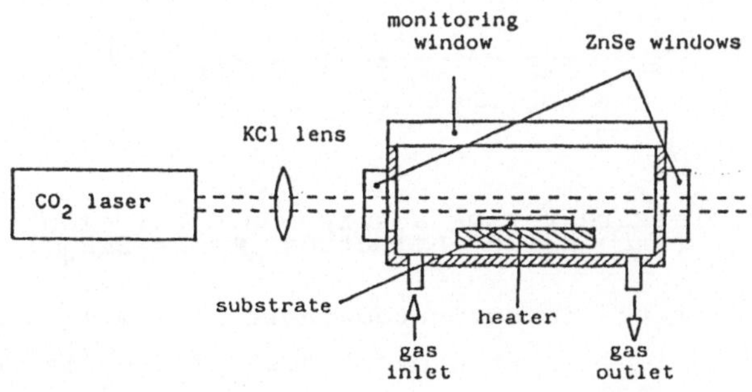


Fig. 1: LCVD in parallel configuration

In all experiments reported a parallel configuration is used where the beam passes through the ZnSe windows above the substrate surface. The distance between the substrate surface and the beam center is 9 and 10 mm. The samples are processed using a mixture of high purity argon and silane gas mixture at different flows controlled by complete mass flow meters. The total pressure in the chamber during deposition is measured by a capacitance manometer .

RESULTS AND DISCUSSION

During decomposition of silane under $CO_2$ laser irradiation both deposition rate, the appearence of the deposit (continuous well adhering film or powderly layer) and the optoelectronic properties of the deposited films are strongly dependent on laser power density, flux ratio and total pressure of the gases used and substrate temperature. Keeping all but one process parameters fixed the very narrow range for obtaining good quality deposition can be determined.

To initiate silane decomposition efficient gas phase heating is necessary. The fraction of laser power absorbed by the gas mixture is determined by the total pressure and $Ar/SiH_4$ ratios. The output power of the laser is 30±0.5 W and the maximum loss in power due to the windows is 25%. As shown in Fig. 2 an increase in the number of $SiH_4$ molecules causes increased absorption of the infrared radiation of the laser.

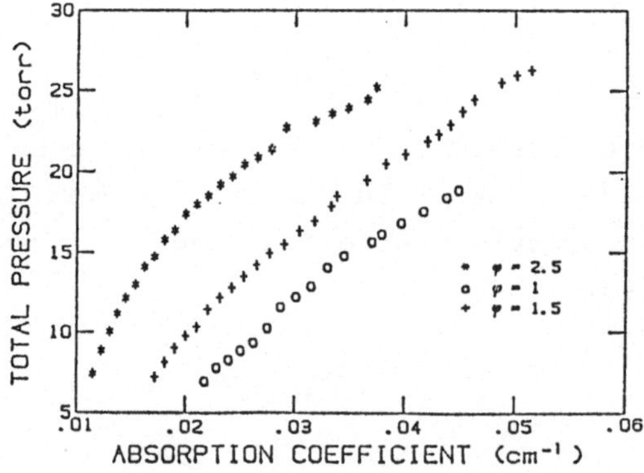


Fig. 2: Total pressure versus absorption coefficient of $Ar+SiH_4$ for three different ratios $\varphi = Ar/SiH_4$

For all flow rates investigated there is a well defined threshold for a-Si:H formation. Just above threshold deposition of films is possible in a quite narrow range while further increase in pressure results in powder formation.

The appropriate substrate temperature domain for LCVD preparation of hydrogenated a-Si lies between approximately 200 and 300 C.Our study revealed that to obtain the same deposition rate for different substrate temperatures ranging from 200 to 300 C different gas pressures were needed. In Fig. 3 this dependence is given for two $Ar/SiH_4$ ratios, the beam center being located 9 mm above the substrate surface. The growth rate is approx. 2 nm/min.

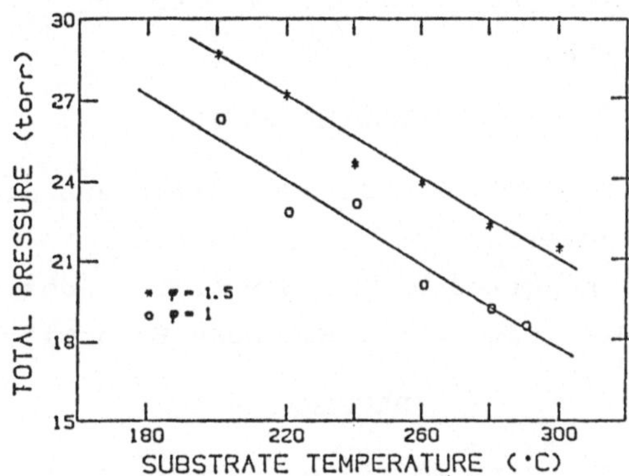


Fig. 3: Total pressure of $Ar+SiH_4$ versus substrate temperature for two $\varphi = Ar/SiH_4$ ratios.

For photovoltaic applications a principal parameter of the films is their photosensitivity. We have tested a series of films prepared using Ar and $SiH_4$ flow rates of 5 and 4 sccm, respectively, totalling 20.7 to 24.6 torr. In this case the distance between substrate surface and the center of the beam was 10 mm. After evaporating aluminium contacts we have measured both dark and photoconductivity of these films in planar geometry under AM1 illumination at room temperature. In Fig. 4 the dependence of photosensitivity on substrate temperature is given between 200 and 300 C. The maximum in $\sigma ph/ \sigma d$ ratio has been obtained at 280 C.

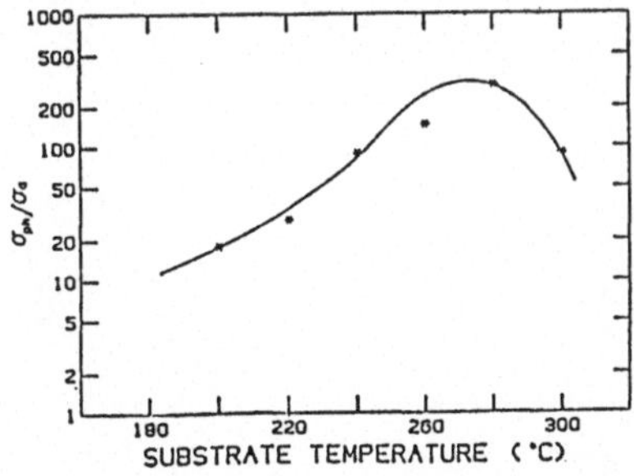


Fig. 4: Photo and dark conductivity ratio versus substrate temperature of samples grown at 5 sccm of Ar and 4 sccm of $SiH_4$.

For the same series of samples we have calculated optical gap values from transmittance and reflectance spectra measured in the UV-VIS-NIR spectral range between 250 and 2500 nm using the expression given by Tauc (5). The values obtained lie between 1.3 and 2.2 eV.

For checking the presence of hydrogen we have recorded IR spectra between 3000 and 350 $cm^{-1}$. In the spectra it is possible to distinguish the $SiH_2$ and $(SiH_2)n$ groups identified by the stretching mode $\nu$=2090 $cm^{-1}$ and by the bending modes $\nu$=890 $cm^{-1}$ and $\nu$=845 $cm^{-1}$ (6). We attribute the peak near 630 $cm^{-1}$ to the rocking mode of SiH, $SiH_2$ and $(SiH_2)n$ groups.

ACKNOWLEDGMENTS

We would like to thank M. T. Gutiérrez and J. Cárabe for their cooperation in characterization of the samples.

This work was soported by C.I.E.M.A.T. under contract n. EN35-0091-E (B) of the D.G. XII of the European Economic Community.

REFERENCES

(1) R. BILENCHI, I. GIANINONI, M. MUSCI: J. Appl. Phys. 53 (9), 6479 (1982)
(2) M. MEUNIER, T.R. GATTUSO, D. ADLER, J.S. HAGGERTY: Appl. Phys. Lett. 43 (3), 273 (1983)
(3) D. METZGER, W. HESCH, P. HESS: Appl. Phys. A 5, 345 (1988)
(4) D.H. LOWNDES, D.B. GEOHEGAN, D. ERES, S.J. PENNYCOOK, D.N. MASHBURN, G.E. JELLISON: Applied Surface Science 36, 59 (1989)
(5) G.D. CODY: Semiconductors and Semimetals 21B, Ed. J. Pankove, 11 (1984)
(6) P.J. ZANZUCCHI: Semiconductors and Semimetals 21B, Ed. J. Pankove, 113 (1984)

# $CO_2$-Laser-Induced CVD of Tin Dioxide Films

V.I.Dernovskii, E.A.Galiulin, L.V.Povolotskaya

Institute of Microelectronics Technology and High Purity Materials, USSR Academy of Sciences, 142432 Chernogolovka, Moscow District, USSR

Tin dioxide films are of interest as transparent conducting deposits. Well-developed are the methods of chemical vapour deposition of tin dioxode films in a continous reactor [1] . The conventional tin sources are tetramethyl tin, tetraethyl tin, tin dibutyldiacetate and tin acetylacetonate. Oxygen is most often used as an oxider. On deposition of tin dioxide in the tetramethyl tin-argon-oxygen system [2] the deposition rate was 5-40 nm/min. The resistivity of the films obtained was $10^{-2}$-$10^{-3}\Omega$ cm. The conductivity of the precipitates was increased by antimony and fluorine doping [1] . Tin dioxide deposition from tin dichloromethyl has been reported [3] . A glass plate was heated by a $CO_2$-laser with a power of 50 W. Films with a surface resistivity of no more than 200$\Omega$ / Square and 90% transmission have been obtained.

This paper reports investigations on deposition of tin dioxide films from the gas phase composed of tin tetramethyl, oxygen and argon onto a $CO_2$-laser heated quartz substrate.

## EXPERIMENTAL

Deposition was performed in a closed stainless steel reactor with an optical potassium chloride window and a pipe connection for evacuation and introduction of gases. The laser beam was perpendicular to the quartz substrate placed on a pedestal. The radiation was focused by a zinc selenide lens. The radiation power was varied in the range of 0.5-1.5 W. Scanning was made by displacement of the x-ray stage.

The precipitates obtained were observed in optical andscanning electron microscopes. The ratio of tin, oxygen and carbon was set by Auger-analysis. The samples were subjected to x-ray phase analysis. The form of the precipitates was determined by means of a profilometer. The electrophysical properties, namely, conductivity, concentration, carrier mobility, were defined by measuring the Hall effect.

## RESULTS AND DISCISSION

The experimental dependences of the deposition rate on laser radiation power are shown in Fig.1. The deposition rate is appreciably higher than that in the conventional technique [2] .

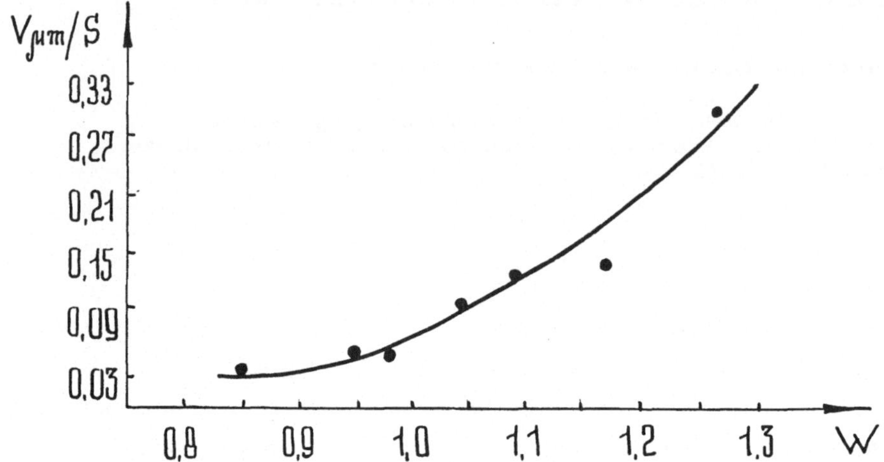


Fig.1 Dependence of the rate of tin dioxide deposition on laser radiation power ($P_{TMT}/P_{O_2}$=1/4).

The acceleration of the deposition process may be due to the greater rate of reagent-substrate delivery. For instance, for a spot radius of 250 m at 500 Torr the characteristic diffusion time is about 0.1 S (characteristic time of heat transfer 1S). In this case it is difficult to estimate the contribution of the convectional component of the mass exchange near the heated spot. Assume that the reaction of tin tetramethyl oxidation proceeds by the reaction

$$(CH_3)_4Sn + 8O_2 = SnO_2 + 4CO_2 + 6H_2O \qquad (1)$$

then the value of the Stefan flow is small compared to that of the diffusion flow. The experiments have revealed that the form of the precipitates is mainly determined by the tin tetramethyl-oxygen ratio in the gas phase. Two types of groove profiles were obtained (Fig.2).

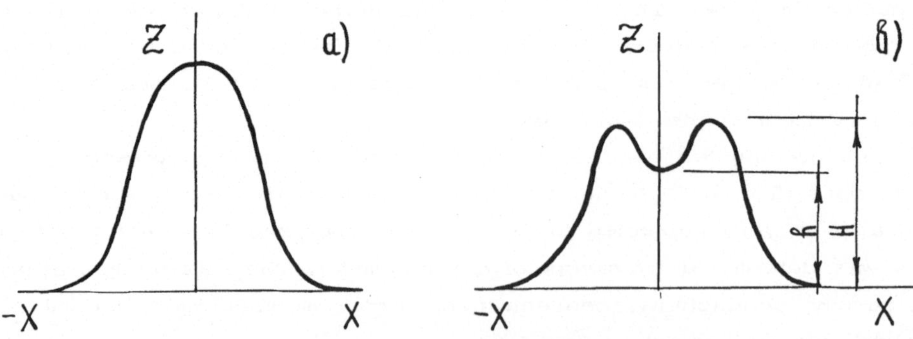


Fig.2 Groove profiles.

The precipitates shown in Fig.2a were obtained at a tin tetramethyl-oxygen ration of 1:2 and higher. A decrease in the oxygen content produces a fall-through in the middle of the groove. The occurrence of a fall-through

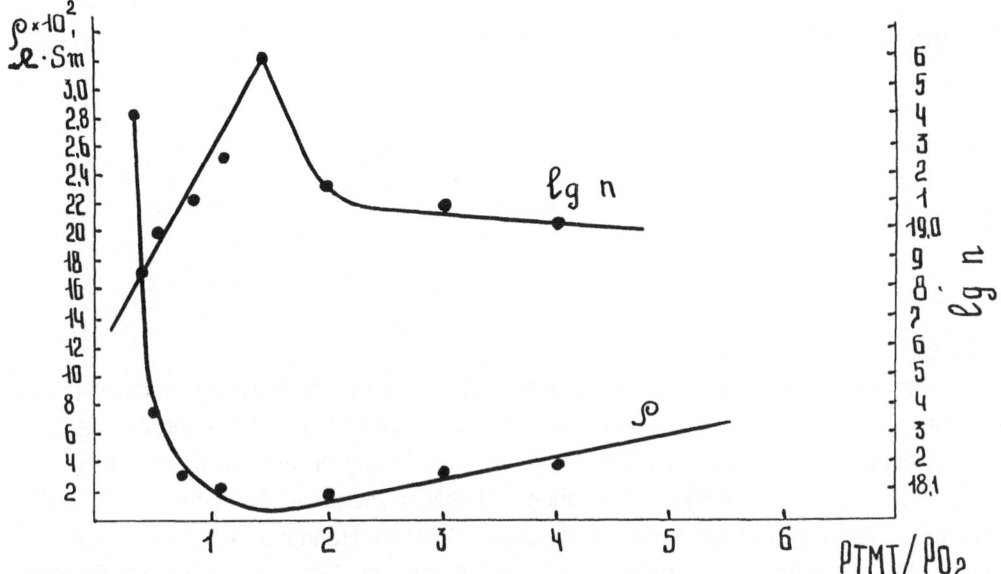


Fig.3 Dependence of resistivity and carrier concentration in films at a radiation power of 1 W.

is conditioned by the ratio of the rate of reagent transport to the reaction zone and the rate of reaction. It is expected that increasing temperature will increase the size of the fall-through by increasing the rate of reaction. Indeed, the ratio h/H for 0.8 W is 0.9, 0.8 for 0.9 W, 0.65 for 1.0 W. It should be noted that in some cases the groove exhibited a periodic structure.

Fig.3 shows variation of the electrophysical parameters according to the composition of the gas medium.

These dependences indicate that the conductivity is maximum at tin tetramethyl-oxygen ratios 1/1-1/4. The decrease in the conductivity of grooves obtained from oxygen-depleted mixtures is due to incomplete oxidation of tin. The high oxygen content in the gas phase is likely to decrease the oxygen vacancy concentration in the precipitate and oxygen vacancies are known to be responsible for the high conductivity of tin dioxide.

The experiments have revealed that conductivity and concentration of carriers are weakly dependent on laser radiation power. In the power range of 0.8-1.15 W the specific conductivity was $5\text{-}10^{-2}$ /cm, mobility 20 $cm^2/sV$..

REFERENCES

1. B.I. Kosyrkin, I.B. Baranenkov, A.V. Koshchienko, N.A. Golovanov. Metody poluchenija prozrachnych provodjashch pokrytii na osnove oksida olova (IY).- Zarubeznaja elektronika, 1984, N 10, s.69-86 (Russ.).
2. R.N. Ghoshtagore. Mechanism of CVD Thin Film $SnO_2$ Formation.-J.Electr. Soc. 1978, v.125, N 1, p.110-117.
3. O. Tabata, S. Kimura, S. Tabata, R. Makabe, S. Matsuura, Laser Heating CVD Technique.- Electrochem. Soc.Proc. 1981, v.81, N 7, p.272-274.
4. J.L. Vossen. Transparent Conducting Films.- Physics of Thin Films, 1977, v.9, p.1-71.

# Laserschneiden technischer Keramik

H.K. Tönshoff
Laser Zentrum Hannover e.V ,
Abteilung Fertigungstechnologie
C. Emmelmann

## Einleitung

Die technische Keramik erschließt sich aufgrund ihrer hohen thermischen, abrasiven und chemischen Beständigkeit immer neue Anwendungsbereiche im Maschinen- und Anlagenbau, der Elektrotechnik und nicht zuletzt der Biotechnologie. Bezüglich ihrer formgebenden Hartbearbeitung bereiten diese Eigenschaften jedoch erhebliche Probleme. Im Rahmen von BMFT-geförderten Forschungsvorhaben führt das Laser Zentrum Hannover e.V. technologische Prozeßoptimierungen für den thermischen Keramikabtrag mit $CO_2$-, Nd:YAG- und Excimer-Laserstrahlung durch. Nur durch genaue Parameteranpassung an Werkstoff sowie Materialstärke lassen sich in Abhängigkeit vom Lasertyp verschiedene Schneidanforderungen für Keramik mit hoher Schnittflächengüte und geringster laserinduzierter Rißbildung erfüllen.

## Thermische Materialschädigung durch das Laserschneiden

Hohe Schnittflächengüten lassen sich durch hohen Sublimationsabtrag bzw. geringen Schmelzfluß erzielen. Um Rißschädigungen während der Bearbeitung zu vermeiden, müssen thermische Werkstückspannungen durch geringe absorbierte Wärmemengen in der Wärmeeinflußzone und geringe laserinduzierte Temperaturgradienten minimiert werden /1/. Hierzu muß neben anderen Parametern insbesondere die mittlere Laserleistung durch geeignete Wahl der Pulsleistung, der Pulsdauer und -pause an den Werkstoff und die Materialstärke angepaßt werden /2/.

An $CO_2$-lasergeschnittenen Aluminiumoxid-Proben ($Al_2O_3$) konnte durch optische Rißuntersuchungen mit einem fluoreszierenden Penetrieröl eine Abnahme der mittleren Rißtiefe bei einer Senkung der mittleren Laserleistung nachgewiesen werden, wie in Bild 1 oben zu sehen ist /3/.

## Experimentelle Ergebnisse für das Laserschneiden von Keramik

Bild 2 zeigt die Schnittflächen von zwei Oxid- und zwei Nichtoxidkeramiken, welche durch Trennung mit angepaßter Nd:YAG-Laserstrahlung entstanden. Trotz geringer mittlerer Laserleistung (< 400 W) ermöglichen hohe Strahlintensitäten ($10^9$ W/cm$^2$) und kleine Fokusdurchmesser einer Nd:YAG-Laserkavität einen großen Sublimierabtrag, geringe Schnittfugenbreiten und damit geringe Wärmeeinflußzonen. Im Gegensatz zum $CO_2$-Laser läßt sich somit ebenfalls Siliziumkarbid, wie in Bild 2 rechts zu sehen, makrorißfrei laserschneiden /4/.

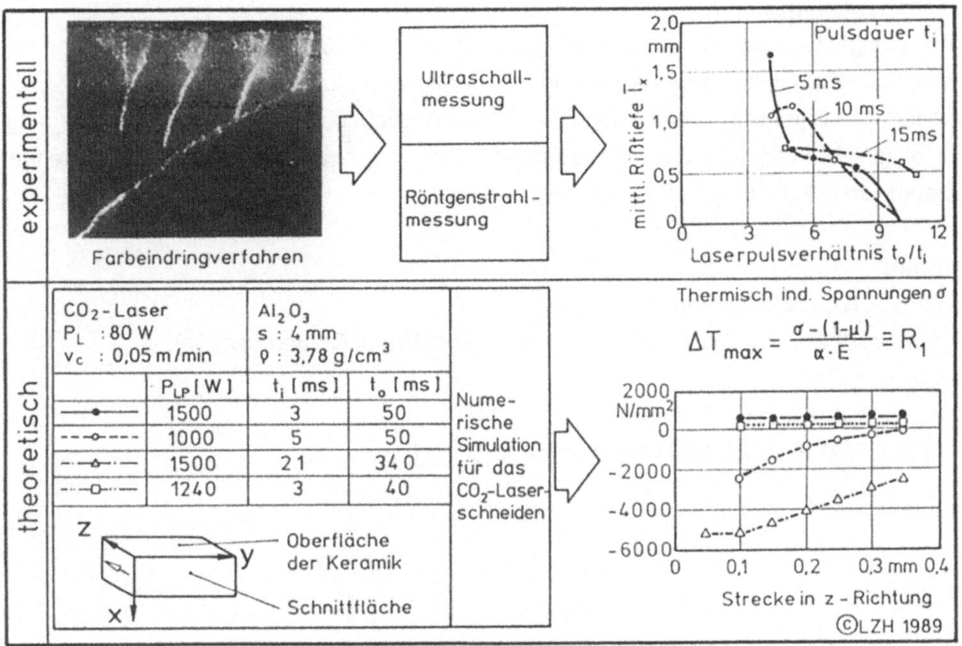


Bild 1: Rißschädigung beim $CO_2$-Laserschneiden von $Al_2O_3$

| Prozeßdaten | Laser : Nd:YAG, 400 W<br>F : 4,4 | $P_L$ : 180 W<br>$P_{LP}$ : 4,7 kW | $t_i$ : 0,7 ms<br>$f_p$ : 60 Hz | |
|---|---|---|---|---|
| $v_f$ (mm/min) | 5 | 25 | 150 | 15 |
| Werkstoff<br>Dicke [mm] | $Si_3N_4$<br>10 | $Al_2O_3$<br>5 | $ZrO_2$<br>5 | SiC<br>3 |
| $R_z$ [µm]<br>(oben - unten) | 20-80 | 40 - 60 | 60 | 20 |
| $w_k$ [mm] | 0,24 | 0,36 | 0,17 | 0,27 |

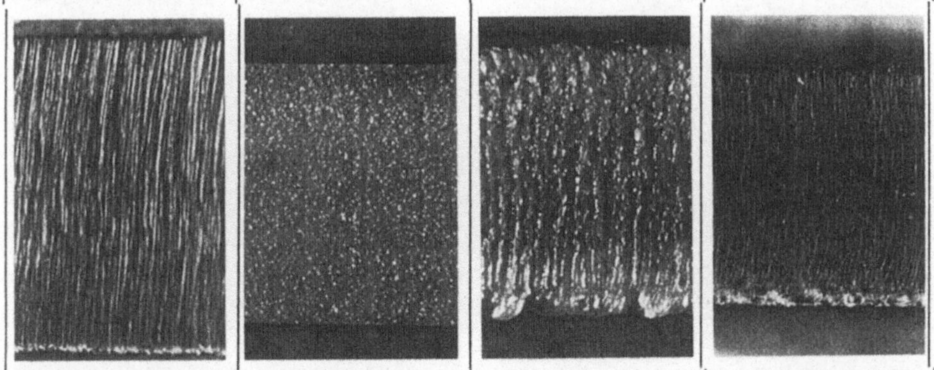

©LZH 1989

Bild 2: Nd:YAG-Laserschneiden von technischer Keramik

## Zusammenfassung

Durch geeignete Auswahl des Lasersystems und der Prozeßführung lassen sich technologisch und wirtschaftlich interessante Applikationen für das Laserschneiden von Keramik erschließen. Eine auf das Eigenschaftsprofil abgestimmte Laserleistung, Strahlpulsung, Fokussierung und Schneidgeschwindigkeit kann mit maximalem Sublimierabtrag bei geringster Streckenenergie Schmelz- und Rißbildung reduzieren bzw. vermeiden.

## Literatur

[1] ZIEGLER G.: Werkstofftechnik 16/85.

[2] TÖNSHOFF, H.K., EMMELMANN C.: Int. Power Beam Conference, 5/8, San Diego/USA.

[3] REITER H.: Techn. Mitteilung 4/87, S. 243-249.

[4] AFFOLTER P., SCHMID H.G.: Proc. SPIE 801/87, paper 32.

# Dünnschichterzeugung mit einem Hochenergie-Excimerlaser am Beispiel der Hoch-$T_C$-Supraleiter

G. Endres *, B. Roas ***+, L. Schultz **, K.J. Schmatjko *
Siemens AG, * UB KWU und ** Forschungslaboratorien, Erlangen
+ Physikalisches Institut der Universität Erlangen-Nürnberg,
D-8520 Erlangen

Neben einem weiten Anwendungsfeld in der Materialbearbeitung findet der Laser auch Einsatz bei der Erzeugung von dünnen Filmen. Durch den Laser wird dabei von einem Target unter Plasmaentwicklung Material abgetragen und auf einem gegenüberliegenden Substrat abgeschieden (vgl. Abb.1). Erste derartige Versuche wurden in der Vergangenheit unter anderem zur Herstellung von dielektrischen /1/ und ferroelektrischen /2/ Schichten durchgeführt. Seit Entdeckung der Hochtemperatur-Supraleiter wird der Laser auch bei der Herstellung von supraleitenden Dünnfilmen /3/ eingesetzt.

Ziel des Verfahrens ist die Erzeugung eines homogenen Films mit der Zusammensetzung des Targets. Dies erfordert einen die Stöchiometrie der Oberfläche erhaltenden Abtrag am Target, weiterhin die Bildung möglichst atomarer Komponenten, die am Substrat zum Film reagieren.

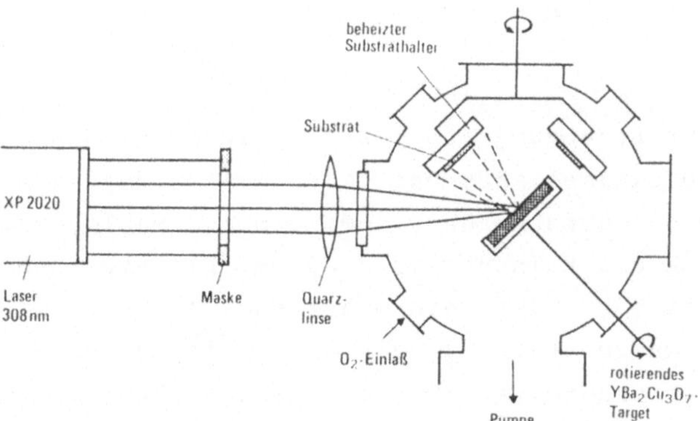


Abb. 1: Experimenteller Aufbau zur Erzeugung supraleitender Filme durch Laserverdampfen

Obwohl der Abtragprozeß in Einzelheiten noch ungeklärt ist /4/, werden diese Forderungen am besten durch gepulste Bestrahlung bei kurzen Wellenlängen erfüllt: Die optische Eindringtiefe ist gering und die kurzzeitige Energiezufuhr resultiert in einer sehr hohen Temperatur der Oberflächenschicht, vorausgesetzt, die charakteristische Zeit der Wärmeableitung ins Material ist lang gegen die Pulsdauer. Abb. 2 zeigt ein rechnerisches Ergebnis für $Al_2O_3$. Das Abtragverhalten der Einzelkomponenten wird dann bei ausreichender Energiedichte (Grenzenergiedichte) nicht mehr wesentlich von deren unterschiedlichen thermischen Eigenschaften bestimmt (stufenweises Verdampfen), sondern man erhält weitgehende Dissoziation aller Bindungen. Die Abhängigkeit der Stöchiometrieerhaltung von der Energiedichte wurde bereits bei Piezokeramik untersucht /5/, bei der dies durch den leichtflüchtigen PbO-Anteil besonders deutlich wird (Abb. 3).

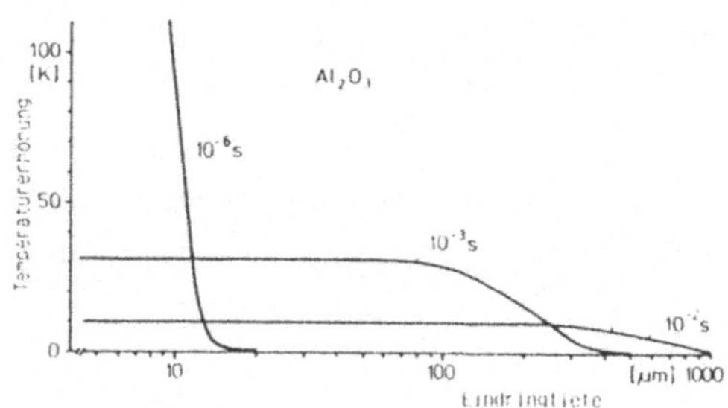

Abb.2: Rechnerischer Temperaturverlauf in $Al_2O_3$ während der Abkühlphase (Parameter: Zeitpunkt nach Pulsbeginn)

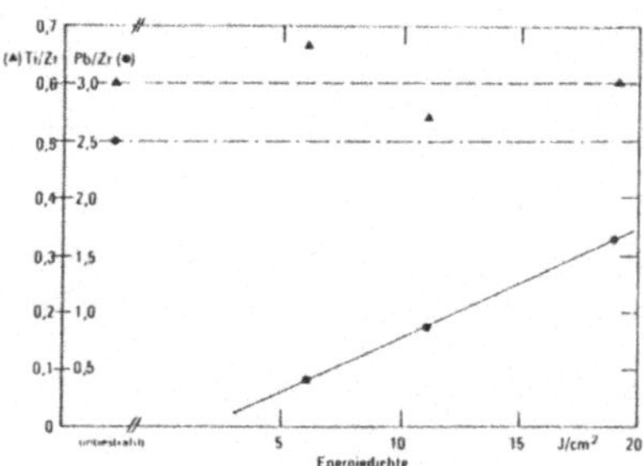

Abb.3: Zusammensetzung der Oberfläche einer Piezokeramik ($Pb\ Zr_xTi_{1-x}\ O_3$) in Abhängigkeit von der optischen Energiedichte am Bearbeitungsort (EDAX-Analyse)

Die Versuche zur Erzeugung von supraleitenden Filmen wurden mit einem Siemens XP 2020 Excimerlaser bei einer Wellenlänge von 308 nm (Halbwertsbreite 60 ns) durchgeführt. Bei einem Strahlquerschnitt von 5 x 4 cm² betrug die Pulsenergie 2 Joule. Die typische Pulswiederholfrequenz lag bei 5 Hz. Über ein Quarzfenster tritt der Laserstrahl in die Bedampfungskammer (Abb. 1) ein und trifft unter einem Winkel von 45° auf eine rotierende Tablette aus gesintertem $YBa_2Cu_3O_{7-x}$. Durch ein optisches System wird zunächst eine Maske homogen ausgeleuchtet, die ihrerseits auf das Target abgebildet wird. So wird über die bestrahlte Fläche eine konstante Energiedichte oberhalb der Grenzenergiedichte erreicht und Randzonen mit nichtstöchiometrischem Abtrag - wie z. B. bei direkter Fokussierung - vermieden. In einem Abstand von etwa 35 mm befindet sich das Substrat, das bis auf Temperaturen von 850 °C aufgeheizt werden kann. Die Temperaturkontrolle erfolgt über ein Pyrometer. Die Kammer kann auf einen Enddruck kleiner 10-6 mbar evakuiert werden. Während der Filmerzeugung läßt sich eine definierte $O_2$-Atmosphäre einstellen (s.u.).

Gute Filmqualität der Hoch-$T_c$-Supraleiter, d. h. insbesondere hohe kritische Ströme, sind bei korngrenzenfreien Filmen zu erwarten. Dies kann durch Vorgabe eines epitaktischen Wachstums auf einkristallinen Substraten erreicht werden. Als Substrate wurden daher $ZrO_2$, <100> $SrTiO_3$ und <100> MgO eingesetzt. Bei einer typischen Bedampfungsrate von etwa 4 Å/Puls konnten innerhalb von 5 Minuten Filme mit einer Dikke von 0,3 µm bis 0,6 µm auf einer Fläche mit einem Durchmesser von 20 mm abgeschieden werden. Die Schichtdicke nahm zum Rand hin um den Faktor 2 ab.

Die Einhaltung der Stöchiometrie auch in den abgeschiedenen Schichten wurde bei den Hoch-$T_c$-Supraleitern durch ICP (Ion coupled plasma atomic emission spectroscopy) und Rutherford-Rückstreuung nachgewiesen. Optimale Werte für die Ausbildung der gewünschten 1-2-3 Zusammensetzung der Filme lagen im Bereich 4-5 J/cm² (Abb. 4).

Röntgenbeugung, Suszeptibilitätsmessungen und Widerstandsmessungen nach der 4-Punkt-Methode dienten zur kristallographischen und elektrischen Charakterisierung der Filme. Die Bestimmung der kritischen Stromdichte erfolgte an einem auf photolithographischem Weg erzeugten Steg von 3 mm Länge und 20 µm Breite.

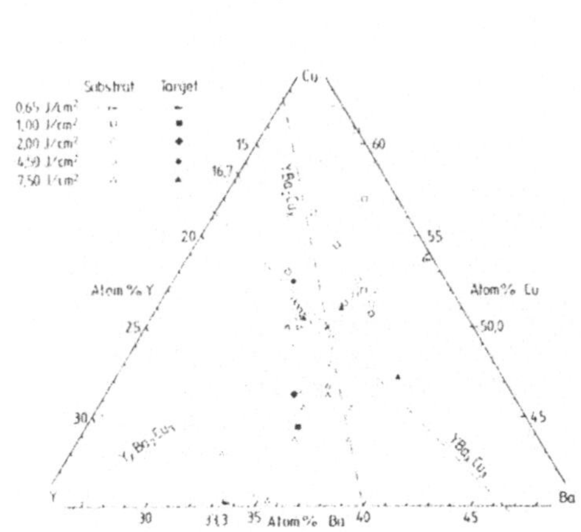


Abb.4: Stöchiometrische Zusammensetzung von Filmen und Targetoberflächen bei verschiedenen Energiedichten

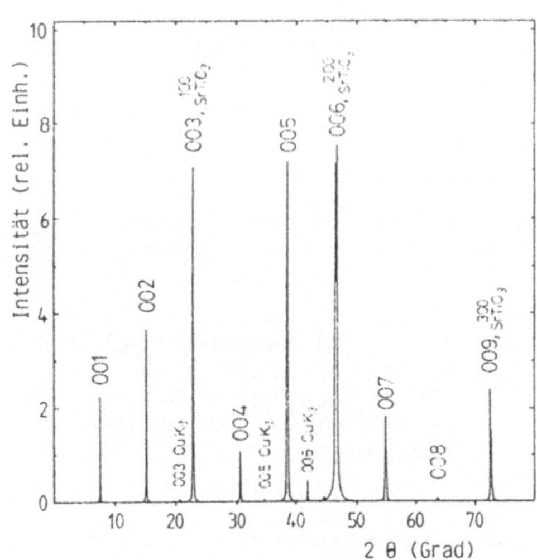


Abb.5: Röntgendiffraktogramm eines $YBa_2Cu_3O_{7-x}$-Filmes auf <100> $SrTiO_3$

Der in den Film eingebaute Sauerstoff bestimmt die kristalline Struktur und nimmt damit Einfluß auf die Supraleitfähigkeit. Bei einer Substrattemperatur von 720 °C bis 780 °C können in situ auf $ZrO_2$ polykristalline und auf $SrTiO_3$ und MgO einkristalline Filme erzeugt werden /6, 7/. Die bei einem Sauerstoffdruck von 0,3 mbar hergestellten epitaktischen Filme sind mit ihrer c-Achse senkrecht zur Substratoberfläche orientiert. Abb. 5 zeigt das Röntgendiffraktogramm eines $YBa_2Cu_3O_{7-x}$ Filmes auf <100> $SrTiO_3$. Fremdphasen sind nicht zu beobachten. Die sich für die c-Achse ergebenden Werte zwischen 11,67 Å und 11,69 Å weisen auf die vollständige Ausbildung der für die Supraleitung notwendigen orthorhombischen Struktur hin. Es treten keine Korngrenzen auf. Anzahl und Größe von auf den Filmen erkennbaren Partikelabscheidungen reduzieren sich beim Einsatz von Excimerlasern /6/.

Mehr als 100 Filme mit reproduzierbarer Qualität konnten hergestellt werden. Die induktiv und resistiv bestimmten Übergangstemperaturen lagen im Bereich zwischen 86 K und 91 K mit einer Übergangsbreite $\leq$ 2 K. Repräsentative Beispiele sind in den Abb. 6 und 7 dargestellt.

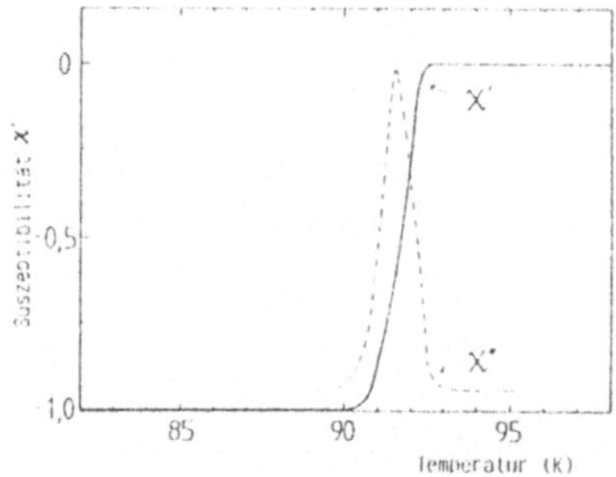


Abb.6: Real- und Imaginärteil der Suszeptibilität eines in situ erzeugten $YBa_2Cu_3O_{7-x}$-Filmes als Funktion der Temperatur

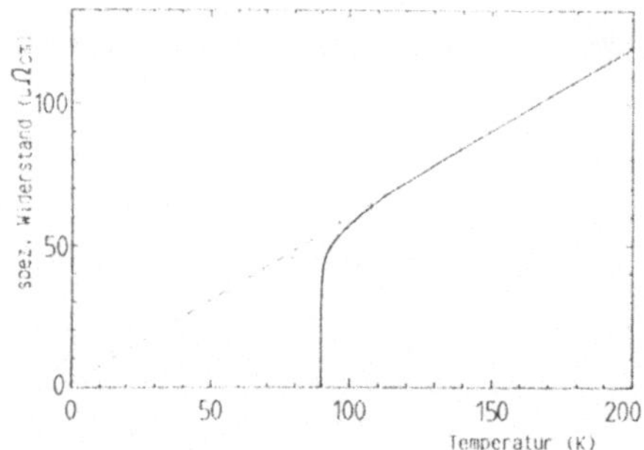


Abb.7: Widerstand eines $YBa_2Cu_3O_{7-x}$ Filmes in Abhängigkeit von der Temperatur

Bei der Temperatur des flüssigen Stickstoffs (77 K) wurden in den strukturierten $YBa_2Cu_3O_{7-x}$-Filmen Stromdichten bis zu $5.10^6$ A/cm² gemessen.

Das Laserverdampfen hat sich damit als ein sehr effektives Verfahren zur Herstellung von Filmen mit zahlreichen Verbindungsanteilen bei komplexer kristallographischer Struktur erwiesen. Die Bereitstellung entsprechend hoher Energiedichten führt zu einem stöchiometrischen Übertrag der vielatomigen Verbindung und erübrigt die Herstellung anangepaßter, nichtstöchiometrischer Targets, wie sie z. B. für andere konventionelle Sputterverfahren notwendig sind. In einem Einstufen-Prozeß lassen sich innerhalb weniger Minuten einkristalline Filme erzeugen. Der Einsatz von Hochenergie-Excimerlasern erlaubt bei großflächigem Abtrag auf dem Target die Herstellung ausgedehnter Filme bei gleichzeitiger Unterstützung der Aktivierung reaktiver Gaskomponenten.

Die technische Skalierung des Verfahrens kann über eine erhöhte Pulsfolgefrequenz des Lasers und über eine größere bestrahlte Fläche - und damit vergrößerte Materialmenge - erfolgen. Die Pulsfolgefrequenz ist erst bei Wechselwirkung des folgenden Pulses mit dem zuvor erzeugten Plasma begrenzt; Untersuchungen zum Verhalten derartiger Plasmen /8/ lassen dies jedoch erst im kHz-Bereich erwarten. Dort wird eine aktive Kühlung des Targets notwendig, da erste Messungen /5/ einen Anteil von etwa 10% der optischen Energie gezeigt haben, die bei typischen Pulsdauern der Excimerlaser zu einer Aufheizung des Targets, nicht aber zum Materialabtrag führen.

Beide o. a. Wege der Skalierung setzen Excimerlaser hoher optischer Leistung bei hoher Pulsenergie voraus, die durch Fortschritte bei der Geräteentwicklung kurzfristig verfügbar sein werden /9/.

**Literatur**


(1) H.M. SMITH, A.F. TURNER, Appl. Opt. 4, 147 (1965)

(2) S.V. GAPONOV, A.A. GUDKOV, E.B. KLYUENKOV, V.V. KROPOTIN Izvest. Aka d. Nauk, SSSR 44, 2097 (1980)

(3) D. DIJKKAMP, T. VENKATESAN, X.D. WU, S.A. SHAHEEN, N. JISRAWI, Y.H. MIN-LEE, W.L. MCLEAN, M. CROFT Appl. Phys. Lett 51, 619 (1987)

(4) B. DUTTA, X.D. WU, A. INAM, T. VENKATESAN Solid State Technology, February 1989, 106

(5) K.J. SCHMATJKO, G. ENDRES, U. SCHMIDT, P.H. BANZ Proc. SPIE, 957, 119 (1988)

(6) B. ROAS, L. SCHULTZ, G. ENDRES J. Less-Common Metals (1989) (in print)

(7) B. ROAS, L. SCHULTZ, G. ENDRES Appl. Phys. Lett., 53, 1957 (1988)

(8) R. POPRAWE, E. BEYER, G. HERZIGER Inst. Phys. Conf. Ser. 72, 67-72 (1984)

(9) H.L. JETTER, K.J. SCHMATJKO, M. SCHRÖDER Proc. SPIE, 1132, paper 17, Paris 1989

# Schmelzen von thermoplastischen Kunststoffen mit IR-Laserstrahlung

R. Klein*, E.W. Kreutz**, H. Pütz*, H. Rest***

*Fraunhofer-Institut für Lasertechnik, Aachen, **Lehrstuhl für Lasertechnik, RWTH Aachen, ***Bayer AG, Leverkusen

**Zusammenfassung**

Das Aufschmelzen von thermoplastischen Kunststoffen mit und ohne Faserverstärkung bei der Einwirkung von Nd:YAG- und $CO_2$-Laserstrahlung wird untersucht. Temperaturabhängige Absorptionsmessungen werden vorgestellt. Mit einem Wärmeleitungsmodell mit einem Quellterm entsprechend der optischen Eindringtiefe werden bei Vorgabe der Oberflächentemperatur Schmelztiefen berechnet und die Verfahrensparameter für das Schmelzen des Materials mit Laserstrahlung abgeschätzt, die mit experimentell ermittelten Verfahrensparametern verglichen werden. An den Ergebnissen erfolgt die Diskussion möglicher technischer Anwendungen zum Verschweißen thermoplastischer Kunststoffe und zum Wickeln faserverstärkter Thermoplaste (filament winding).

**Grundlagen**

Thermoplastische Polymerwerkstoffe können aufgrund ihrer Molekülkettenstruktur durch Zuführung von Energie erhitzt und aufgeschmolzen werden /1/. Bei amorphen Thermoplasten wird der Beginn der Schmelzphase durch die Fließtemperatur $T_f$ beschrieben. Bei teilkristallinen Thermoplasten bestimmt das Aufschmelzen der in der amorphen Phase eingebetteten kristallinen Bereiche die Schmelztemperatur. Bei dieser Temperatur haben die Makromoleküle eine hohe Beweglichkeit, die Molekülketten können aneinander abgleiten und der Kunststoff verhält sich plastisch. Innerhalb eines materialspezifischen Temperaturbereiches sind die Thermoplaste ohne Zerstörung der Molekülketten durch Kettenbruch schmelzflüssig, die Kunststoffe können verformt oder verschweißt werden. Neben den konventionellen Methoden zum Schmelzen von thermoplastischen Kunststoffen ist die Aufheizung durch Absorption von Laserstrahlung möglich.

Die Absorption elektromagnetischer Strahlung erfolgt bei Polymerwerkstoffen für Strahlung im NIR-Strahlungsbereich (z. B. Nd:YAG-Laser $\lambda$=1,06µm) durch elektronische Anregung gebundener Elektronen einzelner Atome oder Molekülbausteine. Im MIR-Strahlungsbereich (z. B. $CO_2$-Laser $\lambda$=10,6µm) wird die Strahlung durch Anregung von Vibrationsschwingungen absorbiert /2/. Unter Voraussetzung linearer Absorptionsmechanismen kann die Absorption durch das Lambert'sche Absorptionsgesetz

$$I(d) = I_0(1-R)\ \exp(-\alpha d) \qquad (1)$$

$I_0$ : **Intensität auf der Oberfläche**
$R$ : **Reflexionsgrad**
$\alpha$ : **Absorptionskoeffizient**
$d$ : **Materialstärke**

beschrieben werden. Das Reziproke des Absorptionskoeffizienten, die Eindringtiefe $\alpha^{-1}$ der Strahlung in den Polymerwerkstoff, hängt dabei von der

- Wellenlänge der Strahlung
- chemischen Zusammensetzung des Kunststoffes
- morphologischen Struktur des Kunststoffes
- Temperatur des Kunststoffes

ab.

Als Beispiel für die Wellenlängenabhängigkeit der Absorption sind in Fig. 1 Bearbeitungsergebnisse an PA 6 für Nd:YAG- und $CO_2$-Laserstrahlung bei gleichen Verfahrensparameter dargestellt. Während durch die Nd:YAG-Strahlung eine Aufschmelzung in der gesamten Materialstärke erfolgt, wird die $CO_2$-Strahlung in einer relativ zur Materialstärke dünnen Schicht absorbiert und der Kunststoff geschmolzen und verdampft.

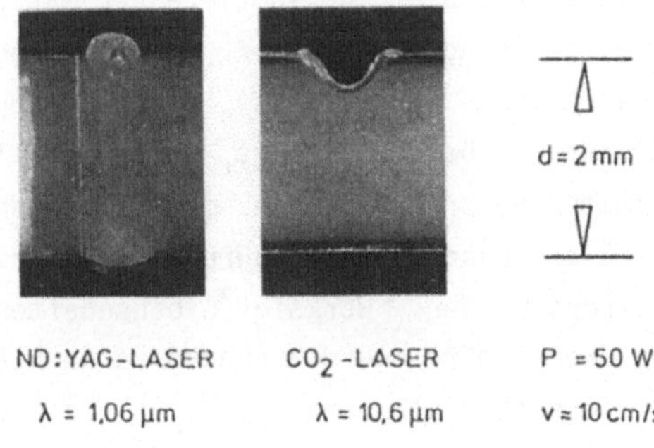


Fig. 1: Einfluß der Strahlungswellenlänge auf die Bearbeitung von PA 6 /8/.

Die Wechselwirkung der Laserstrahlung im Kunststoff ist abhängig von der mikroskopischen Umgebung der absorbierenden Bindungspartner im Molekülverbund /4/. Durch benachbarte Molekülketten, z. B. in Kristallitbereichen durch Nebenvalenzkräfte, können die Molekülschwingungen eingeschränkt sein. Die höhere Beweglichkeit der Kettensegmente bei höheren Temperaturen kann die Absorption erhöhen, so daß sich die Eindringtiefe der Strahlung in das Material verringert. Da die Wärmeleitfähigkeit bei Polymerwerkstoffen im allgemeinen sehr gering ist /1/, bleibt die Umsetzung der Strahlungsenergie in Prozeßwärme im wesentlichen auf den Einwirkungsbereich der Strahlung örtlich und zeitlich begrenzt. Für eine Anwendung von Laserstrahlung zum Schmelzen von thermoplastischen Werkstoffen ist somit die erreichbare Schmelztiefe, die unter anderem eine Funktion der temperaturabhängigen Eindringtiefe der Strahlung ist, ausschlaggebend. Glasfasern zur Verstärkung von Thermoplasten verringern im allgemeinen durch Absorption oder Streuung die Eindringtiefe der Laserstrahlung.

Die Laserleistung zum Schmelzen der thermoplastischen Matrix des Verbundwerkstoffes ist kleiner als die zum Schmelzen der Glasfasern. Aufgrund dieses Sachverhalts ist es möglich, bei der Verarbeitung von Halbzeugen aus Faserverbundwerkstoffen mit Thermoplastmatrix mittels Laserstrahlung die Matrixanteile einzelner Halbzeugschichten ohne Beeinträchtigung der festigkeitsbestimmenden Fasern zu verschmelzen und Formteile zu produzieren. Für eine optimale Prozeßführung müssen Schmelztiefe und Verfahrensparameter bekannt sein.

**Schmelztiefe und Verfahrensparameter**

Für die numerische Bestimmung von Schmelztiefen und Verfahrensparametern müssen die optischen Eigenschaften der Werkstoffe bekannt sein. Mit Transmissions- und Reflexionsmessungen wird der Absorptionsgrad und in Verbindung mit der Materialstärke die Eindringtiefe der Strahlung nach Gl.(1) /6/ bestimmt (Fig. 2). Mit einem eindimensionalen Wärmeleitungsmodell /7/, das die Absorption der Laserstrahlung im Material durch einen Quellterm entsprechend der optischen Eindringtiefe berücksichtigt, werden die Temperaturverläufe im Material nach einer bestimmten Bestrahlungszeit mit vorgegebenen Laserparametern analytisch bestimmt (Fig. 3). Eine Phasenänderung des Materials wird nicht berücksichtigt. Die Anisotropien der Werkstoffeigenschaften durch den morphologischen Aufbau bei Verbundwerkstoffe werden ebenso vernachlässigt. Unter Berücksichtigung der durch die Zersetzungstemperatur $T_D$ vorgegebenen Oberflächentemperatur kann die Schmelztiefe $z_m$ bestimmt werden.

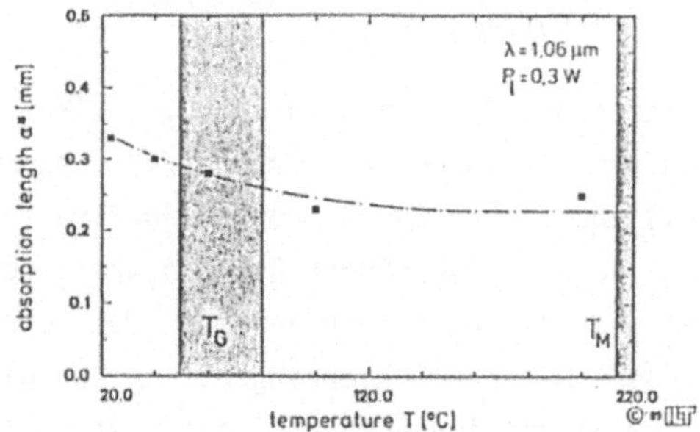


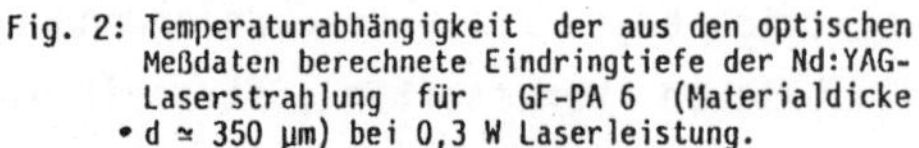
Fig. 2: Temperaturabhängigkeit der aus den optischen Meßdaten berechnete Eindringtiefe der Nd:YAG-Laserstrahlung für GF-PA 6 (Materialdicke • d ≃ 350 µm) bei 0,3 W Laserleistung.

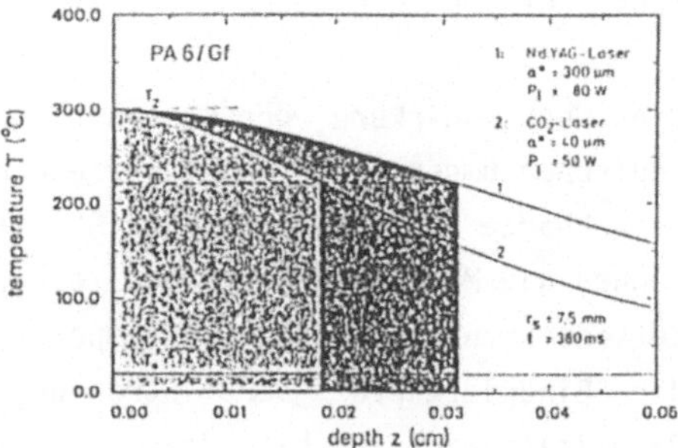


Fig. 3: Temperaturverlauf in GF-PA 6 für die Einwirkung von Nd:YAG- und $CO_2$-Laserstrahlung.

Eine Abschätzung der Verfahrensparameter für das Schmelzen des Werkstoffes im Einwirkungsbereich der Laserstrahlung kann mit einem Absorptionsmodell erfolgen,

$$t\,P_{abs}=V_{abs}\varepsilon_m\rho \qquad (2)$$

$P_{abs}$: absorbierte Leistung
$V_{abs}$: absorbierendes Volumen
$\varepsilon_m$: spez. Schmelzenergie
$\rho$ : Dichte

das aus der Energiebilanz von absorbierter Energie und der Änderung der inneren Energie des absorbierenden Volumens unter der Voraussetzung abgeleitet wird /8/, daß durch die Bearbeitung kein Material zersetzt und verdampft wird und keine Verluste durch Wärmeleitung in das angrenzende Material auftreten. Für diese Abschätzung der Verfahrensparameter unter Berücksichtigung der Phasenänderungsenergie für den Übergang vom festen in den schmelzflüssigen Zustand wird mit der Schmelztiefe und der Strahlquerschnittsfläche auf der Materialoberfläche das aufzuschmelzende Volumen vorgegeben.

Fig. 4 zeigt die grafische Darstellung der zum Anschmelzen einer Folie aus PA 6 bzw. eines Polystal-Profils* aus PA 6 mit Endlosglasfaserverstärkung nötige Laserleistung für Nd:YAG- Fig.4 Laserstrahlung als Funktion der Bearbeitungsgeschwindigkeit

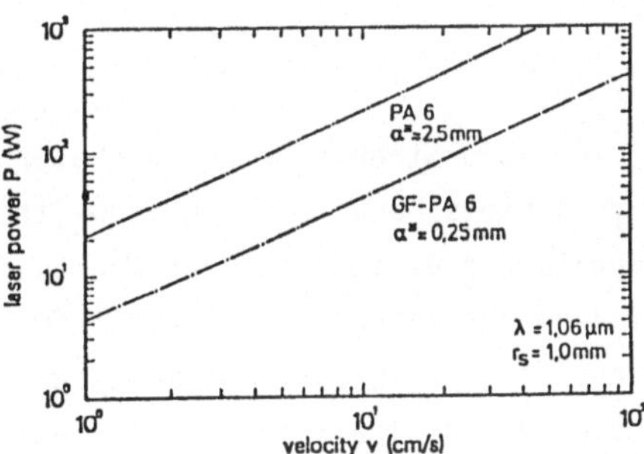


Fig. 4: Laserleistung als Funktion der Vorschubgeschwindigkeit (Gl. 2) zum Schmelzen von reinem (a) und glasfaserverstärktem (b) PA 6 für Nd:YAG-Laserstrahlung.

## Diskussion der Ergebnisse und Anwendungsmöglichkeiten

Die Anwendung von Laserstrahlung zum Aufschmelzen thermoplastischer Polymerwerkstoffe eröffnet die Möglichkeit Bauteile zu verschweißen, wenn die durch die Eindringtiefe der Strahlung in das Material vorgegebene Schmelztiefe in der Größenordnung der zu fügenden Materialstärken liegt. Dabei müssen die Verfahrensparameter auf die thermischen Eigenschaften des Werkstoffes abgestimmt werden, um eine Zersetzung des Materials zu vermeiden.

Fig. 5 zeigt als Anwendungsbeispiel eine Verschweißung zweier Polypropylen-Hohlzylinder. Die Bearbeitung erfolgte mit $CO_2$-Laserstrahlung bei einer Strahlleistung von 25 W und einer Umdrehungsgeschwindig keit der Zylinder von ca. 30 cm/s.

---

* Polystal ist ein eingetragenes Warenzeichen der Bayer AG für Halbzeuge aus Hochleistungsverbundwerkstoffen.

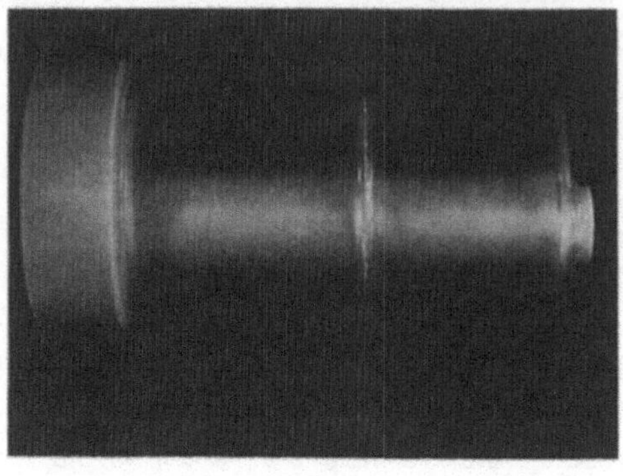

Fig. 5: Verschweißung zweier Polypropylen-Hohlzylinder mit $CO_2$-Laserstrahlung.

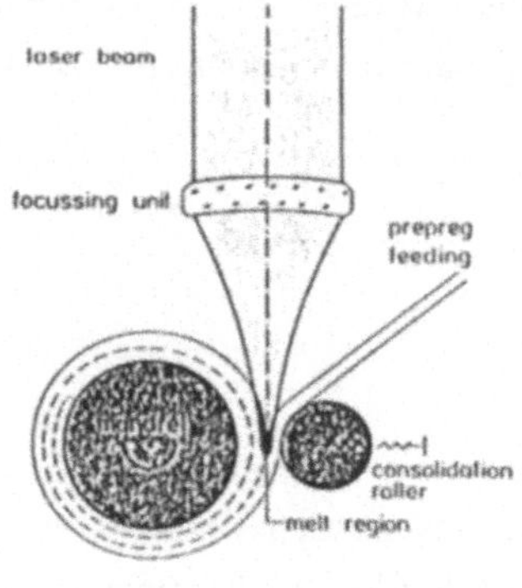


Fig. 6: Prinzipskizze zur Herstellung von Bauteilen aus Faserverbundwerkstoffen nach dem Wickelverfahren (filamen winding).

Die flexible Strahlführung der Laserstrahlung, bei $CO_2$-Strahlung durch bewegliche Spiegelsysteme und bei Nd:YAG-Strahlung durch Lichtleitfasern, erlaubt die Bearbeitung dreidimensionaler Bauteile. Eine Anwendung ist z.B. die Herstellung von Bauteilen aus Verbundwerkstoffen im Wickelverfahren (filament winding). Dabei werden die festigkeitsbestimmenden Fasern auf einen rotierenden Kern so abgelegt, daß die im Einzelfall im Formteil existierenden Kraftflußlinien der Faseranordnung entsprechen. Auf diese Weise lassen sich Bauteile mit sehr hoher spezifischer Festigkeit herstellen. Eine Prinzipskizze des Verfahrens zeigt Fig. 6. Als Ablagepunktheizung wurde wegen der hohen lokalen Energiedichte im Vergleich zu konventionellen Wärmequellen Laserstrahlung eingesetzt. Auf eine Vorheizung des Wickelprofils sowie auf die Beheizung des Wickelkerns wurde im Rahmen der hier erwähnten Versuche verzichtet.

In Fig. 7 ist als Beispiel ein Rohrkörperabschnitt dargestellt, der aus einem endlosglasfaserverstärkten Polyamid (Gf-PA 6) mittels laserunterstützter Wickeltechnik hergestellt wurde. Das verwendete Polystal-Profil mit rechteckigem Querschnitt wurde mit $CO_2$-Laserstrahlung bei einer Strahlleistung von ca. 60 W verarbeitet.

Aus einem glasfaserverstärktem Polyethylenterephtalat-Polystal-Profil (Gf-PET) wurde eine spiralförmig aufgebaute Kreuzwicklung mit Nd:YAG-Laserstrahlung bei einer Strahlung von ca. 70 W hergestellt. Fig. 8 zeigt den Zustand kurz nach Beginn des Wickelversuchs.

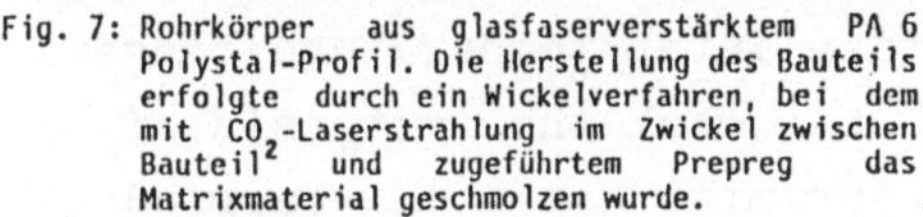

Fig. 7: Rohrkörper aus glasfaserverstärktem PA 6 Polystal-Profil. Die Herstellung des Bauteils erfolgte durch ein Wickelverfahren, bei dem mit $CO_2$-Laserstrahlung im Zwickel zwischen Bauteil und zugeführtem Prepreg das Matrixmaterial geschmolzen wurde.

Fig. 8: Spiralwicklung aus Gf-PET-Polystal-Profil. Die Herstellung des Spiralkörpers erfolgte durch ein Wickelverfahren, bei dem der Matrixwerkstoff während des Ablegens des Prepregs auf dem Wickelkörper durch Nd:YAG-Laserstrahlung aufgeschmolzen wurde.

Für eine optimiert Bearbeitung mit Laserstrahlung müssen die genauen Zusammenhänge der Strahlungseinwirkung und der physikalisch/chemischen Vorgänge in Bezug auf den Bearbeitungsprozeß bekannt sein. Bei der Vielfalt der Polymerwerkstoffe ist es unumgänglich, jedes Material im Anwendungsfall auf seine Eignung zur Bearbeitung mit Laserstrahlung zu untersuchen. Die Aussichten, mittels Laserstrahlheizung wirtschaftliche Verarbeitungsgeschwindigkeiten zu erreichen, sind gut.

**Literatur**

/1/ A. Franck, K. Biederbick
KUNSTSTOFFKOMPENDIUM
VOGEL-BUCHVERLAG, WÜRZBURG (1984)

/2/ F. Engelke
AUFBAU DER MOLEKÜLE
B. G. Teubner Verlag, Stuttgart (1885)

/4/ H. Günzler, H. Böck
IR-SPEKTROSKOPIE
Verlag Chemie, Weinheim 2. Auflage (1983)

/5/ J. Adrio
STRAHLUNGSEIGENSCHAFTEN PIGMENTIERTER KUNSTSTOFFE IM BEREICH DER TEMPERATURSSTRAHLUNG
Dissertation RWTH Aachen (1969)

/6/ H. Pütz
BESTIMMUNG DES OPTISCHEN VERHALTENS VON KUNSTSTOFFEN FÜR DIE WECHSELWIRKUNG MIT IR-LASERSTRAHLUNG
Diplomarbeit FH Aachen (1989)

/7/ M. Aden, H. Krompholz, S. Pflüger, M. Wehner, K. Wissenbach
NUMERISCHE UND ANALYTISCHE LÖSUNGEN EINDIMENSIONALER WÄRMELEITUNGSPROBLEME
ILT-Bericht (1988)

/8/ R. Klein, R. Poprawe, M. Wehner
THERMAL PROCESSING OF PLASTICS BY LASER RADIATION
Optoelectronics in Engineering Springer
Springer Verlag Berlin 8 (1987) 581

# The Application CW $CO_2$-Laser for Synthesis of the High-Temperature Superconducting Y-Ba-Cu-O Ceramics

S.A.MULENKO
INSTITUTE OF METAL PHYSICS, AS USSR, KIEV

Last time many works appeared to have been dealt with the high-temperature superconducting $Y$-$Ba$-$Cu$-$O$ tipe ceramics which was prepared from the mixture of $Y_2O_3$, $BaCO_3$, $CuO$ and $Y_2O_3$, $BaO$, $CuO$ powders while the solid-state synthesis at (700-1100)°C for a few tens hours. First synthesis of the $Y$-$Ba$-$Cu$-$O$ tipe ceramics with superconducting properties inthe temperature range (80-93)K was made by authors [1]. In this work the synthesis of the high-temperature superconducting ceramics was being carried out due to the heterogeneous heating of samples which have been received by pressing the mixture from $Y_2O_3$, $BaCO_3$, $CuO$ powders. The synthesis was being carried out due to the thermal heating of pressed pellets in a furnace at the atmosphere pressure. But this synthesis method of the high-temperature superconducting ceramics is quite not efficient owing to long synthesis time and also not economical as the heterogeneous heating of samples in a furnace.

To carry out homogeneous processes in particular the ceramics synthesis it is quite perspectively to apply laser radiation [2]. In the present work the solid-state synthesis of the high-temperature superconducting $Y$-$Ba$-$Cu$-$O$ ceramics based on $Y_2O_3$, $BaCO_3$, $CuO$ and $Y_2O_3$, $BaO$, $CuO$ powders was being carried out due to the homogeneous heating of samples with a 40 W cw $CO_2$-laser. The principle scheme of the experimental arrangement is presented in Fig.1.: 1-cw $CO_2$-laser; 2-screen; 3-rotary mirror; 4-pressed pellet made from powders; 5-holder of a pellet; 6-thermocouple; 7-bifilar oscillograph. To prepare the powder mixture for pellets the weight calculation was made of any mixture component according to the stoichiometry composition: $YBa_2Cu_3O_{6.5}$ at the total mass of powders to be equal 0.5 gr. and 0.25 gr. The prepared mixture of powders was pressed into pellets with 8 mm in diameter and 2 and 1 mm in thickness according. Pressed pellets were acted with cw $CO_2$- laser radiation. The solid-state synthesis temperature of the high-temperature superconducting $Y$-$Ba$-$Cu$-$O$ ceramics was

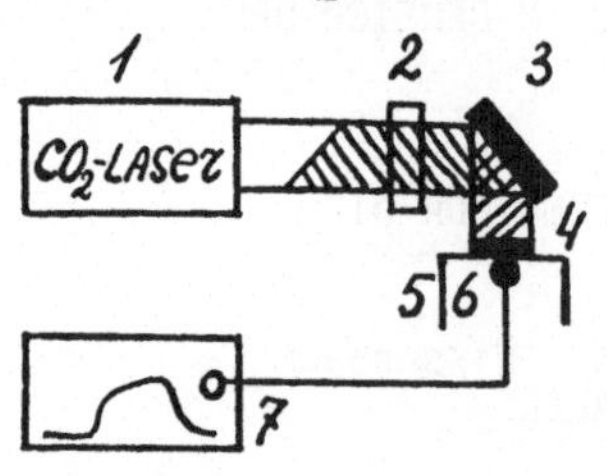

Fig.1.

about 500°C and 800°C according for samples with mass of 0.5 gr. and 0.25 gr. at heating velocity to be equal 50deg./s and I50 deg./s. Such temperature regimes were reached at the laser power density of 80 W/cm$^2$ on the sample surface. The temperature measurement and heating velocity measurement of the sample at the laser action has been made with a chromel-alumel thermocouple from which the signal was led to a bifilar oscillograph. Oscillograms of temperature measurements of samples and time derivatives of temperature at cw $CO_2$-laser radiation action are presented in Fig.2.:I,2-sample temperature and its time derivative for the pellet with the mass of 0.5 gr.; 3,4-sample temperature and its time derivative for the pellet with the mass of 0.25 gr.; $t_o$- time of the beginning the laser action on the sample; $t_p$- time of the finish the laser action on the sample. The exposure time of one pellet plane with laser radiation is about 30 s and the total exposure time of two pellet planes was I minute and 2 minutes. Having been synthetized under the action of cw $CO_2$-laser radiation ceramics samples were tested on the existence of the superconducting phase in them. For this purpose the measurement of the electric resistance for samples was being carried out in the temperature range (238-9)K. The four-point scheme of switch was applied while the measurement of the electric resistance. This temperature range was reached in a cryostat with liquid nitrogen and helium. The temperature dependence of relative electric resistances of samples in the range (238-9)K are presented in Fig.3.: I,4-sample is received from the mixture of $Y_2O_3$, $BaO$, $CuO$ powders while the exposure time of each pellet plane with the laser radiation during 30 s and 60 s; 2,3-sample is received from the mixture of $Y_2O_3$, $BaO$, $CuO$ powders while the exposure time of each pellet plane with the laser radiation during 30 s and 60 s too. It is seen from these temperature dependence that the exposure time having been increased from 30 s to

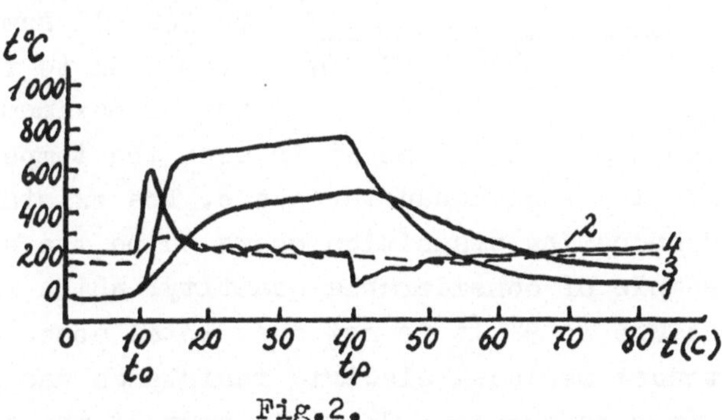

Fig.2.

60 s, the shift of the beginning of drop for the relative resistance of the sample took place to the range of more higher temperatures. Such manner of the behavious of the relative electric resistance of the sample shows the existence of the superconducting phase in the *Y-Ba-Cu-O* ceramics. While folling the temperature for all samples from 238K to the point of maximum meaning of the electric resistance $R_m(T)$ as it is seen the temperature dependence looks like the semi-conductor phase. The existance of not sharp the superconducting transition shows to be the semiconductor phase in a sample of considerable quantity. While falling the sample temperature to 9K it is not seen total absence of the electric resistance: residual electric resistance was about 0.I ohm and a few ohm in some samples. The main part of the superconducting phase in the *Y-Ba-Cu-O* ceramics is being formed with the laser action on a sample surface as the molecular oxygen takes part sufficiently in a chemical reaction only on the surface part of the sample with formation the stoichiometry ceramics composition: $YBa_2Cu_3O_{9-\delta}$ ($\delta \simeq 2.I$). As it was shown in work [3] the identification of the superconducting phase ($YBa_2Cu_3O_{9-\delta}$) had been made according X ray analysis datas. The *Y-Ba-Cu-O* ceramics consists of the semi-conductor phase $Y_2BaCuO_5$ too. So experimental results in the present work being explained quite well-founded the semi-conductor phase is formed simultaneously with the superconducting phase in the *Y-Ba-Cu-O* ceramics owing to lack of the molecular oxygen taking part not in all sample volume. It is to be note [4] that the usual solid-state synthesis of the high-temperature superconducting *Y-Ba-Cu-O* tipe ceramics was carried out in the oxygen flow during of I6 hours with preliminary heating at 700°C during of I4 hours and following cooling of samples up to 200°C.

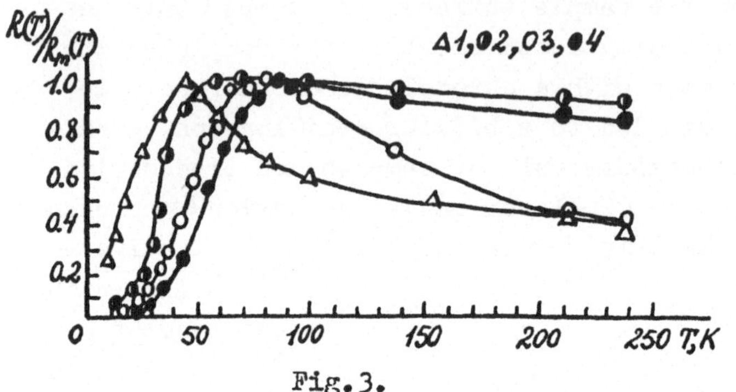

Fig.3.

It is to be note in conclusion that the solid-state synthesis of the high-temperature superconducting *Y-Ba-Cu-O* tipe ceramics with a cw $CO_2$-laser action in comparison with a usual synthesis has an obvious advantage owing to more short synthesis time. So the laser synthesis of the ceramics based on metaloxides may be applied for rapid receiving of the high-temperature superconducting phase on the material surface. The question of the solid-state rapid laser synthesis of the superconducting phase in all sample volume my be decided when the question connected with more intensive participation of the molecular oxygen in reactions of the solid-state synthesis will be resolved.

References

I.Wu M.K., Ashburn J.R., Torng C.J. et al. Phys.Rev.Lett., I987. v.58. N 9. P.908.

2.Stainfeld J. Laser induced chemical processes. M.Mir, I984. 306 P.

3.Cava R.J., Batlogg B., Van Dover R.B. et al. Phys.Rev.Lett., I987. v.58. N I6. P.I676.

4.Tomas G.A., Ng H.K., Millis A.J. et al. Phys.Rev.B., I987. v.36. N I. P.846.

# Laserbearbeitung von metallischen und nichtmetallischen Dentalmaterialien

G. Zscherpe, U. Seifert: Ingenieurhochschule Mittweida
H. Dobberstein, Hei. Dobberstein, R. Zuhrt: Charité der Humboldt-Universität zu Berlin, DDR

## 1. Einleitung

Die Verfahren der Lasermaterialbearbeitung, das Lasertrennen, -schweißen und -oberflächenveredeln halten sowohl Einzug zur Substitution klassischer Technologien als auch auf Grund ihrer spezifischen Vorzüge zur Ergänzung bisheriger Fertigungskonzepte. Es ist naheliegend, die zahlreichen Ansätze des Lasereinsatzes in der Fertigungstechnik für Metalle und auch Nichtmetalle auf die Dentaltechnik /1,2/ zu übertragen. Folgend wird unter diesem Aspekt über Untersuchungen und Ergebnisse der Laserbearbeitung von Dentalmaterialien Dentalzementen, Dentalkeramik und Metallegierungen berichtet.

## 2. Oberflächenmodifizierung von Detalzementen

Es wurden Randschichtumschmelzungen von Silikatzement und Zinkoxidphosphatzement mit einem $CO_2$-Laser durchgeführt. Eine geeignete Wahl der Laserparameter und der Vorschubgeschwindigkeit erlaubt einerseits die Tiefe der umgeschmolzenen Randschicht und andererseits das Erstarrungsgefüge zu beeinflussen. Bild 1 zeigt eine Bearbeitungsspur in Zinkoxidphosphatzement. Ausgangsmateril (A), Wärmeeinflußzone (WEZ) und Schmelzzone (S) sind im rasterelektronenmikroskopischen Bild gut zu unterscheiden. Die Mikrohärtetiefenprofile für Randschichten von Zinkoxidphosphatzement und Silikatzement (Bild 2) weisen auf eine signifikante Mikrohärteerhöhung in der Schmelzzone und eine Erniedrigung der Mikrohärte in der Wärmeeinflußzone hin. Bei einer weiteren Minimierung der Wärmeeinflußzone bieten die Ergebnisse Ansatzpunkte, den $CO_2$-Laser zum selektiven und flächenhaften Glätten und Oberflächenhärten von Dentalzementen einzusetzen.

## 3. Laserglanzbrand von Dentalkeramik

Eine Serie von Probekörpern aus Dentalkeramik-Dentinmasse wurde nach dem Hauptvakuumbrand entweder wie üblich im Ofen Glanz gebrannt oder mittels gepulstem $CO_2$-Laser mit einer zeitlich veränderlichen Pulssequenz bei einer Gesamtexpositionszeit bis zwei Minuten behandelt. Die qualitativen Vorteile des "Laserglanzbrandes"

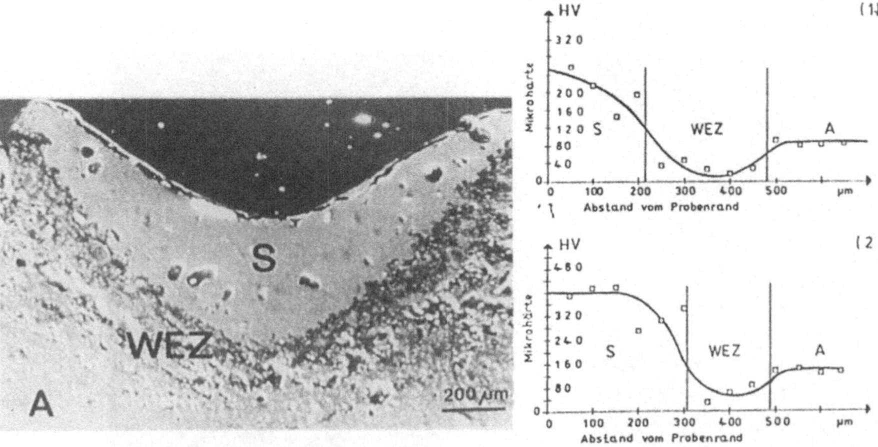


Bild 1: Laserspur in Zinkoxidphosphatzement Querschliff (S-Schmelzzone, WEZ-Wärmeeinflußzone, A-Ausgangsmaterial)

Bild 2: Mikrohärteprofil der Randschichten von Zinkoxidphosphatzement (1) und Silikatzement (2) Vickers-Härte (HV)

zeigt Bild 3. Nach dem Hauptvakuumbrand ist die Oberfläche unregelmäßig und weist Nester dendritischer Kristallisationen auf. Der Oberflächenbrand liefert geglättete Oberflächen. Dendritische Kristallisationen sind noch zahlreich vorhanden. Der Laserglanzbrand glättet großflächig. Die modifizierte Oberfläche imponiert makroskopisch durch ihre Homogenität und Kosmetik. Mittels defokussiertem $CO_2$-Laserstrahl läßt sich Dentalkeramik zeitgünstig thermisch behandeln und im Sinne einer Oberflächenhomogenisierung flächenhaft mit Glanzbrand versehen.

4. Laserschweißen von Dentalkeramik

Über das Fügen von $Al_2O_3$-Keramik mit $Co_2$-Laser bei Vorheizung bis kurz unter dem Schmelzpunkt mit Vorheizstrahl und Schweißstrahl wurde schon berichtet /3/. Um kritische materialzerstörende Temperaturgradienten zu vermeiden und materialfreundliche Temperatur-Zeit-Funktionen und damit verbundene laserinduzierte Spannungen zu minimieren, wurde auch mit einem Zweistrahlverfahren gearbeitet. Mit dieser Verfahrensvariante wurden 2 mm dicke Proben von dentalkeramischer Kern- und Dentinmasse auf 5 mm Länge sicher geschweißt (Bild 4). Die Verbindungen wurden mit Millisekundenimpulsen mit einer Schweißgeschwindigkeit bis 3 mm $s^{-1}$ ausgeführt. Der defokussierte Heizstrahl besorgte eine Vorheizung von 60 s und eine Nachheizung von 50 s. Die Probestäbe besitzen die Biegefestigkeit des Ausgangsmaterials. Die Mikroanalyse von Silizium, Aluminium und

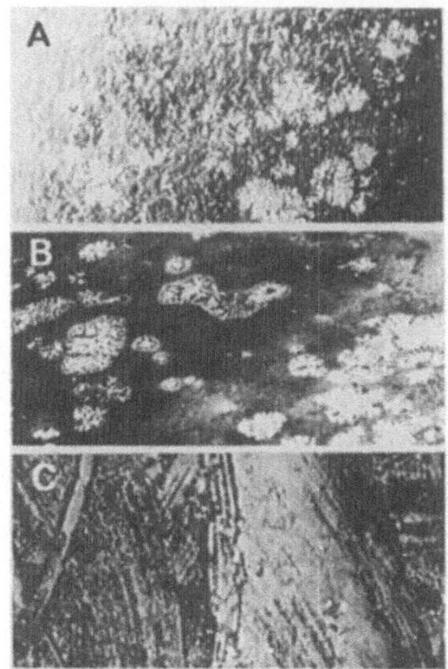


Bild 3: Rasterelektronenmikroskopische Aufnahmen von Dentalkeramik-Dentinmasse (A) Hauptvakuumbrand (B) Ofenglanzbrand (C) Laserglanzbrand

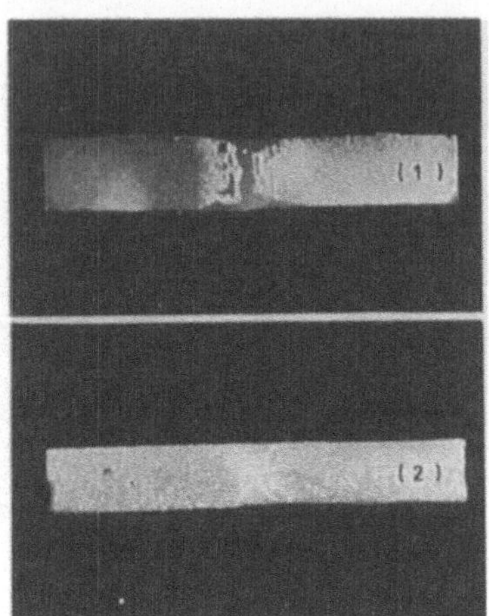


Bild 4: Lasergeschweißte Probekörper dentalkeramischer Massen Breite 5 mm, Dicke 2 mm (1) - Dentinmasse (2) Kernmasse

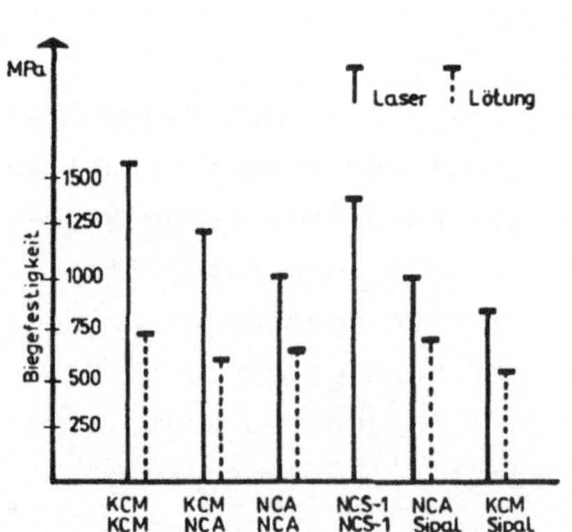


Bild 5: Biegefestigkeit von Laserkombinationsschweißungen im Vergleich mit Lötungen

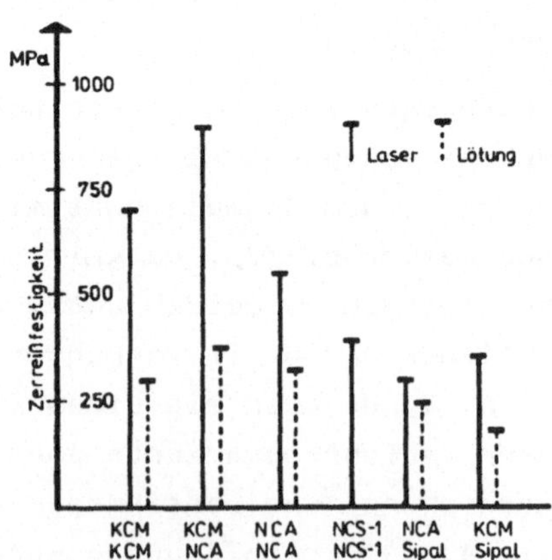


Bild 6: Zerreißfestigkeit von Laserkombinationsschweißungen im Vergleich mit Lötungen

Kalium in der Schweißzone und im Ausgangsmaterial weisen auf eine starke Homogenisierung in der Schweißnaht hin. Weitere systematische Untersuchungen lassen erwarten, daß gebrannte Dentalkeramik ohne Beeinträchtigung der Festigkeitseigenschaften mit dieser exotischen Fertigungstechnik gefügt werden können.

5. Kombinationsschweißungen von Dentallegierungen

Über das Punktschweißen und Nahtschweißen von metallischen Dentalwerkstoffen mit Nd:YAG-Laser im Pulsbetrieb wurde von VAHL, VAN BENTHEM, REBROW und SELENJOW schon berichtet /4/. In Anlehnung und Ergänzung dieser Arbeiten wurden Experimentalschweißungen mit dem Ziel der praktischen Überführung erprobt. Es wurden Probekörper 0,8 mm stark und 5 mm breit einer Kobalt-Basislegierung (KCM), einer Nickel-Basislegierung (NCA, NCS) und einer Silber-Palladium-Legierung (Sipal) zweiseitig stumpf geschweißt. Die Zerreiß- und Biegefestigkeitswerte der Laserschweißungen übertreffen die der konventionell angewendeten Lötverfahren (Bild 5 und 6). In der Schweißnaht findet eine Durchmischung der Legierungen statt. Eine Umlegierung konnte nicht nachgewiesen werden. Mit dem Laserstrahlschweißen bieten sich neue Möglichkeiten der rationellen und sicheren Verbindung von unterschiedlichen Dentalliegierungen an.

/1/ H. Doberstein: Diss. B., Humboldt-Universität Berlin 1989

/2/ U. Seifert: Diss. A, IH Mittweida 1988

/3/ G. Reiße, U. Seifert: G. Zscherpe: Silikattechnik 38 151 (1987)

/4/ Hei. Dobberstein, H. Dobberstein: Zahntechnik 29 117 (1988)

# 6. OE-Komponenten und Systeme
OE-Components and Systems

# IR-Komponenten, Stand der Technik, Zukunftstrends

Konrad J. Stahl

AEG Aktiengesellschaft
Geschäftsbereich Opto- und Vakuumelektronik
Söflinger Str. 100, D-7900 Ulm/Donau

## 1. Einführung

Für die technische Nutzung der Laser, die heute in großer Vielfalt und für Wellenlängen vom Röntgenbereich bis hin zum fernen Infrarotbereich des elektromagnetischen Spektrums zur Verfügung stehen, sind auch geeignete Strahlungsempfänger notwendig, welche die Laserstrahlung radiometrisch nachweisen oder - in elektrische Signale umgesetzt - in LIDARs oder zur Übertragung analoger und digitaler Informationen gebraucht werden.

Der folgende Beitrag beschränkt sich jedoch auf Strahlungsempfänger für den infraroten Spektralbereich von ca. 0,8 µm bis ca. 160 µm und stellt zunächst den Stand der Technik dar.

Die Zukunft verlangt aber sehr komplexe Sensoranordnungen, die nur noch in enger räumlicher Verbindung mit Signalauswerteschaltungen, in sogenannten Infrared Charge Coupled Device Focal Plane Arrays (IRCCD-FPA), verifizierbar sind. Diesen komplexen Detektoren und dem Zukunftstrend auf diesem Gebiet gilt der zweite Teil des Berichts.

## 2. Radiometrische Größen

Zum Verständnis der Eigenschaften von Sendern und Empfängern sind in der Tab. 1 die wichtigsten Größen definiert. Der Steradiant ist jener Raumwinkel, für den das Verhältnis der ausgeschnittenen Kugelteiloberfläche zum Quadrat des zugehörigen Kugelradius eins beträgt, d. h. $1\ \text{sr} = 1\ \text{m}^2/1\ \text{m}^2 = 1$.

Die angegebenen strahlungsphysikalischen Größen lassen die spektrale Verteilung der Strahlung unberücksichtigt. Die spektralen radiometrischen Größen werden auf die Wellenlängeneinheit 1 µm bezogen.

In der Tab. 2 werden die radiometrischen Größen den im sichtbaren Spektralbereich üblichen photometrischen Größen gegenübergestellt.

Tabelle 1: Übersicht über die radiometrischen Größen

| Symbol | Bezeichnung | Definition | Einheit |
|---|---|---|---|
| | *Grundgrößen* | | |
| $Q$ | Strahlungsenergie Strahlungsmenge | Produkt aus Strahlungsfluß und Zeit | J, Ws |
| $P$, $\Phi$ | Strahlungsleistung Strahlungsfluß | In der Zeiteinheit von einem Strahler abgegebene oder durch eine Fläche hindurchtretende Strahlungsenergie | W |
| | *Senderseitige Größen* | | |
| $L$ | Strahldichte | Von einem Sender pro Flächeneinheit in die Raumwinkeleinheit emittierter Strahlungsfluß | $W \cdot cm^{-2} \cdot sr^{-1}$ |
| $I$ | Strahlstärke | Von einem Sender in die Raumwinkeleinheit emittierter Strahlungsfluß | $W \cdot sr^{-1}$ |
| $M$ | Spezifische Ausstrahlung | Von einem Sender pro Flächeneinheit emittierter Strahlungsfluß in den Raumwinkel $2\pi$ | $W \cdot cm^{-2}$ |
| | *Empfängerseitige Größen* | | |
| $E$ | Bestrahlungsstärke | Auf eine Fläche pro Flächeneinheit einfallender Strahlungsfluß | $W \cdot cm^{-2}$ |
| $H$ | Bestrahlung | Auf eine Fläche pro Flächeneinheit eingefallene Strahlungsmenge, Strahlungsenergie | $J \cdot cm^{-2}$; $Ws \cdot cm^{-2}$ |

Tabelle 2. Gegenüberstellung von radiometrischen und photometrischen Größen und Einheiten (engl. Bezeichnungen in Klammern)

| Radiometrische Größe | Symbol | Einheit | Photometrische Größe | Symbol | Einheit |
|---|---|---|---|---|---|
| Strahlungsfluß (radiant flux) | $P$, $\Phi$ | W | Lichtstrom (luminous flux) | $\Phi$ | lumen (lm) |
| Strahldichte (radiance) | $L$ | $W\, m^{-2} \cdot sr^{-1}$ | Leuchtdichte (luminance) | $L$ | candela/m² (cd $m^{-2}$) |
| Strahlstärke (radiant intensity) | $I$ | $W \cdot sr^{-1}$ | Lichtstärke (luminous intensity) | $I$ | candela (cd) |
| Bestrahlungsstärke (irradiance) | $E$ | $W \cdot m^{-2}$ | Beleuchtungsstärke (illuminance) | $E$ | lux (lx) |

## 3. Definition der Infrarot-Wellenlängenbereiche

Der infrarote Spektralbereich wird üblicherweise in vier Bereiche unterteilt und mit englischen Bezeichnungen belegt:

| | | |
|---|---|---|
| SWIR | (Short wavelength IR) | 0,78 ... 3 µm |
| MWIR | (Medium wavelength IR) | 3 ... 7 µm |
| TIR | (Thermal IR) | 7 ... 30 µm |
| FIR | (Far IR) | 30 ... 1000 µm. |

Der SWIR-Bereich umfaßt die Anwendungen Restlichtkameras und optische Kommunikation, der MWIR-Bereich die Anwendungen Ortung und Verfolgung von Objekten erhöhter Temperatur ($T_z$ > 450 K), der TIR-Bereich die Anwendungen in thermischen Bildgeräten, LIDAR und Kommunikation in terrestrischen Bereich, während der FIR-Bereich im Augenblick nur für LIDAR-Anwendungen und Spektroskopie interessant ist.

## 4. Detektormechanismen

Je nach Art der Wechselwirkung der Strahlung mit der Detektormaterie unterscheiden wir zwei Detektorklassen:

a) Thermische (Nichtquanten-)Detektoren

b) Quantendetektoren

Typische Vertreter der thermischen Detektoren sind

- Strahlungsthermoelemente
- Bolometer (Metall-B., Halbleiter-B., Supraleitungs-B.)
- Pyroelektrische Detektoren.

Gemeinsam sind diesen Detektoren folgende Eigenschaften:

- Wellenlängenunabhängige Empfindlichkeit
- Lange Ansprechzeiten (Zeitkonstanten)
- Geringe Empfindlichkeit, aber hoher Dynamikumfang
- Niedriger Preis
- Keine Kühlung notwendig.

Die Quantendetektoren arbeiten nach dem Prinzip

- des äußeren Fotoeffekts (Fotomultiplier, Bildwandler, Bildverstärker) und
- des inneren Fotoeffekts (Fotoleiter, Fotodioden).

Zu den Fotodioden gehören die Fotoelemente, Fototransistoren, Foto-Lawinendioden, pn-Dioden, pin-Dioden und die Schottky-Dioden.

Die Quantendetektoren haben folgende Eigenschaften:

- Diskrete spektrale Empfindlichkeit
- Kurze Ansprechzeiten (Zeitkonstanten)
- Hohe Empfindlichkeit, aber mäßiger Dynamikumfang
- Bei längerwelligen Detektoren ( > 3 µm) Kühlung nötig.

## 5. Leistungsparameter der Detektoren

Die folgende Tab. 3 faßt die wesentlichsten Leistungsparameter, die zur Kennzeichnung von Detektoren notwendig sind, zusammen.

**Tabelle 3: Leistungsparameter von Detektoren**

| *Parameter, Symbol* | Definition | Definitionsgleichung |
|---|---|---|
| Empfindliche Fläche $A$ in $cm^2$ | Strahlungsempfindlicher Bereich zwischen den Elektroden eines Detektors | $A = l \times b$ oder $r^2 \pi$ |
| Hintergrundtemperatur $T_B$ in $K$ | Effektive Temperatur aller vom Detektor gesehenen Strahlungsquellen, ausgenommen die Zielstrahlung | |
| Spektrale Empfindlichkeit $R_s(\lambda)$ in V/W oder A/W | Verhältnis zwischen effektiver Signalspannung oder -strom eines Detektors zur auftreffenden effektiven, monochromatischen Strahlungsleistung bezogen auf einen unendlich großen Lastwiderstand | $R_s(\lambda) = \frac{U_s \text{ bzw. } I_s}{E_{eff} \cdot A}$ |
| Empfindlichkeit $R_s(BB)$ in V/W oder A/W | dto., jedoch bezogen auf die effektive Strahlungsleistung eines Schwarzen Körpers der Temperatur $T_{BB}$ | $R_s(BB) = \frac{U_s \text{ bzw. } I_s}{E_{eff} \cdot A}$ |
| Äquivalente Rauschleistung NEP$(BB)$ (Noise Equivalent Power) in W | Jene auf einen Detektor mit der Empfängerfläche $A$ auftreffende Strahlungsleistung eines Schwarzen Körpers, die ein Signal: Rauschverhältnis = 1 ergibt | $\text{NEP}(BB) = \frac{E_{eff} \cdot A \cdot U_R}{U_s}$ |
| Spektrale äquivalente Rauschleistung NEP$(\lambda)$ in W | dto., jedoch bezogen auf die effektive Strahlungsleistung einer monochromatischen Strahlungsquelle der Wellenlänge $\lambda$ | $\text{NEP}(\lambda) = \frac{E_{eff} \cdot A \cdot U_R}{U_s}$ |
| Zeitkonstante (Time Constant) in $s^{-1}$ | Ist die Ansprechgeschwindigkeit eines Detektors und wird durch jene Modulationsfrequenz definiert, bei der die Empfindlichkeit eines Detektors auf 0,707 (= 3 dB) seines Maximalwerts abgefallen ist | $\tau = \frac{1}{2\pi f_c}$ |
| Nachweisvermögen $D^*(T_{BB}, f, \Delta f)$ (Detectivity D-Star) in cm $W^{-1}$ $Hz^{1/2}$ | Der Reziprokwert der äquivalenten Rauschleistung NEP$(BB)$. Die Modulationsfrequenz, die Meßbandbreite und Temperatur des Schwarzen Körpers ist zu definieren. Das Nachweisvermögen wird normiert auf eine Empfängerfläche 1 $cm^2$ | $D^*(T_{BB}, f, \Delta f) = \frac{\sqrt{A}\sqrt{\Delta f}}{\text{NEP}} = \frac{\sqrt{\Delta f}\, U_s}{E \sqrt{A}\, U_R}$ |
| Spektrales Nachweisvermögen $D^*(\lambda, f, \Delta f)$ in cm $W^{-1}$ $Hz^{1/2}$ | Der Reziprokwert der spektralen äquivalenten Rauschleistung. Die Wellenlänge $\lambda$ der einfallenden monochromatischen Strahlung ist zu definieren. Im übrigen wie $D^*(T_{BB}, f, \Delta f)$ | $D^*(\lambda, f, \Delta f) = \frac{\sqrt{\Delta f}\, U_s}{E \sqrt{A}\, U_R}$ |

## 6. Detektormaterialien

Die wesentlichsten heute gebräuchlichen Materialien für die zwei Klassen von Detektoren sind in den folgenden Tab. 4 und 5 zusammengefaßt.

**Tabelle 4: Thermische Detektoren**

| Funktion | | Materialien |
|---|---|---|
| Strahlungsthermoelemente | | Cu-Konstantan, Bi-Ag, Ag-Pd, Bi-Te, Sb-Bi |
| Bolometer | (Metall) | Ag, Au, Pt |
| | (Halbleiter) | Oxide von Mn, Ni, Co, Sn |
| | (Supraleitung) | Nitride, Stannide von Nb, Ta, Pb, Sn, Sb |
| Pyroelektrische Detektoren | | SBN (Strontium/Bariumniobat) |
| | | PZT (Blei/Zirkontitanat) |
| | | PLZT (Blei/Lanthan/Zirkontitanat) |

**Tabelle 5: Quantendetektoren**

| Fotoleiter | | Fotodioden |
|---|---|---|
| Intrinsisch | Extrinsisch | pn-Effekt |
| CdS | Ge : Hg | Si |
| Si | Ge : Cd | Ge |
| Ge | Ge : Cu | GaAs |
| PbS | Ge : Au | InGaP |
| PbSe | Ge : Zu | InGaAs |
| InSb | Si : In | InAs |
| GaAs | Si : Ga | InSb |
| CdHgTe | Si : As | CdHgTe |
| | Si : Sb | PbSnTe |

Erl.: Bei den extrinsischen Fotoleitern stehen links das Grundmaterial und rechts die Dotierungsatome

## 7. Detektorleistungsparameter (Stand der Technik)

Die folgenden Tab. 6 - 8 fassen die wesentlichsten Leistungs- und Betriebsparameter von heute verfügbaren Detektoren zusammen. Es bleibt zu erwähnen, daß die thermischen Detektoren noch weit (Faktor 200) von der theoretisch erreichbaren Leistungsgrenze entfernt sind, während die Quantendetektoren sich dieser Grenze auf 10... 20% nähern. Beachtenswert sind die notwendigen Kühltemperaturen für Quantendetektoren.

**Tabelle 6: Leistungs- und Betriebsdaten von Nicht-Quantendetektoren (thermischen Detektoren)**

| Detektortyp | Betriebstemperatur $T$ K | Zeitkonstante $\tau$ ms | Nutzbarer Wellenlängenbereich µm | $D^*$ (500 K) cm $W^{-1}Hz^{-1/2}$ | NEP (500 K) W $Hz^{-1/2}$ |
|---|---|---|---|---|---|
| Strahlungsthermoelement | 300 | 10···100 | 0,6···20 (Irtran 4) | $\leqq 1{,}5 \cdot 10^9$ | $\sim 10^{-9}$ |
| Thermosäule | 300 | 0,5···400 | 0,6···35 (KRS 5) | $< 3 \cdot 10^9$ | $< 8 \cdot 10^{-9}$ |
| Thermistor-Bolometer | 300 | 0,01···30 | 0,6···20 | $\leqq 8 \cdot 10^8$ | $\leqq 9 \cdot 10^{-10}$ |
| Pyroelektrischer Detektor (TGS) | 300 | 1···100 abh. von NEP | 0,6···35 | $8 \cdot 10^8$ | $\leqq 5 \cdot 10^{-10}$ |
| Golay-Detektor | 300 | 20···50 | 5···1000 | $8 \cdot 10^9$ | $2 \cdot 10^{-9}$ |
| OEN-Detektor | 300 | ~1···5 | 3···20 | $2 \cdot 10^7$ | $1{,}5 \cdot 10^{-8}$ |
| InSb-Bolometer | 4,2 | 10 | 60···300 | $6 \cdot 10^{10}$ | $3 \cdot 10^{-10}$ |
| Supraleitungsbolometer (NbN) | 16 | ~0,5 | 1···1000 | $6 \cdot 10^9$ | $2 \cdot 10^{-10}$ |
| Supraleitungsbolometer (Carbon) | 2,1 | ~10 | 40···200 | $4 \cdot 10^{10}$ | $6 \cdot 10^{-10}$ (*) $\sim 10^{-15}$ |
| Supraleitungsbolometer (Ge) | 2,1 | 0,2···1 | 5···2000 | $3 \cdot 10^{11}$ | $5 \cdot 10^{-11}$ (*) $\sim 10^{-16}$ |

(*) bei reduziertem Hintergrund von 4,2 K

**Tabelle 7: Leistungs- und Betriebsparameter von extrinsischen Quantendetektoren**

| Material (Dotierung) | Betriebstemperatur $T$ K | Zeitkonstante $\tau$ ns | Peak-Wellenlänge $\lambda_p$ µm | Spektralbereich $\lambda$ µm | $D^*$ (500 K) cm $W^{-1}$ $Hz^{1/2}$ | $D^*$ ($\lambda_p$) cm $W^{-1}$ $Hz^{1/2}$ |
|---|---|---|---|---|---|---|
| Si:Zn | 70···110 | 10···50 | 2,4 | 2···2,5 | $8 \cdot 10^9$ | $6 \cdot 10^{11}$ |
| Si:Te (Se) | <120 | 50···100 | 3,5 | 3···4,2 | $2 \cdot 10^{10}$ | $2 \cdot 10^{11}$ |
| Si:In | ≦60 | <10 | 4,6 | 3···5,2 | $2{,}5 \cdot 10^{10}$ | $1 \cdot 10^{11}$ |
| Si:Te | ≦60 | <10 | 5,0 | 4···5,3 | $2{,}5 \cdot 10^{10}$ | $1 \cdot 10^{11}$ |
| Si:Mg | ≦50 | <5 | 11,5 | 8···12,0 | $5 \cdot 10^{10}$ | $1 \cdot 10^{10}$ |
| Si:Ga | ≦50 | <50 | 15,0 | 9···17,0 | $2{,}5 \cdot 10^{10}$ | $5 \cdot 10^{10}$ |
| Si:Al | <40 | 2···10 | 15,0 | 10···20 | $1{,}5 \cdot 10^{10}$ | $3{,}5 \cdot 10^{10}$ |
| Si:Bi | <40 | 1···10 | 17,5 | 9···22 | $2{,}5 \cdot 10^{10}$ | $6 \cdot 10^{10}$ |
| Si:As | <50 | 10···100 | 24 | 10···28 | $1 \cdot 10^{10}$ | $3 \cdot 10^{10}$ |
| Ge:Cd | 4,2 | 5···10 | 19 | 10···30 | $1 \cdot 10^{10}$ | $3 \cdot 10^{10}$ |
| Ge:Cu | 4,2 | 1···10 | 21 | 15···27 | $1 \cdot 10^{10}$ | $2 \cdot 10^{10}$ |
| Ge:Zn | 4,2 | 0,5···5 | 37 | 9···45 | $2{,}5 \cdot 10^{10}$ | $5 \cdot 10^{10}$ |
| Ge:Be | 4,2 | 0,1···10 | 50 | 20···65 | BLIP[1] | — |
| Ge:Gd | 4,2 | 0,5···50 | 90 | 75···100 | BLIP[1] | — |
| Ge:In | 4,2 | 1···10 | 110 | 10···140 | $2 \cdot 10^{10}$ | $7 \cdot 10^{10}$ |

[1] BLIP = Background Limited IR-Photon Detector (Leistung nur begrenzt vom Zielhintergrund)

**Tabelle 8: Leistungs- und Betriebsparameter von intrinsischen Quantendetektoren**

| Material | Betriebsart[1)] | Betriebstemperatur $T$ K | Zeitkonstante $\tau$ µs | Peak-Wellenlänge $\lambda_p$ µm | Spektralbereich $\lambda$ µm | $D^*$ (500 K) cm $W^{-1}$ $Hz^{1/2}$ | $D^*$ ($\lambda_p$) cm $W^{-1}$ $Hz^{1/2}$ bei 2 π FOV |
|---|---|---|---|---|---|---|---|
| Si | PV | 300 | $9 \cdot 10^{-2}$ | 0,9 | 0,6···0,9 | $\sim 10^7$ | $\leqq 2 \cdot 10^{14}$ |
| Si-Avalanche | PV | 300 | $\geqq 8 \cdot 10^{-5}$ | 0,9 | 0,25···1,9 | $< 2 \cdot 10^7$ | $\leqq 8 \cdot 10^{12}$ |
| Ge | PV | 300 | $\geqq 5 \cdot 10^{-5}$ | 1,5 | 0,9···1,8 | $5 \cdot 10^9$ | $\leqq 5 \cdot 10^{11}$ |
| GaInAs | PV | 300 | 0,01 | 2,1 | 1,2···2,3 | $8 \cdot 10^8$ | $5 \cdot 10^{10}$ |
| PbS | PC | 300 | 200···800 | 2,4 | 1,1···3,5 | $1{,}5 \cdot 10^9$ | $\leqq 1{,}5 \cdot 10^{11}$ |
| PbS | PC | 77 | $3 \cdot 10^3$ | 3,1 | 1,4···3,8 | $1{,}0 \cdot 10^{10}$ | $2 \cdot 10^{11}$ |
| InAs | PV | 77 | 0,5 | 3,1 | 1,8···3,8 | $2 \cdot 10^{10}$ | $7 \cdot 10^{11}$ |
| PtSi-SCHOTTKY-Barrier | PV | <70 | 0,01···0,05 | 0,9 | 0,8···5,5 | — | $8 \cdot 10^{10}$ ($\lambda_p = 4{,}6$) |
| PbSe | PC | 295 | 1···5 | 3,9 | 1,0···5,0 | $2 \cdot 10^8$ | $2{,}5 \cdot 10^9$ |
| PbSe | PC | 195 | 20···60 | 4,6 | 2,0···5,4 | $4 \cdot 10^9$ | $2 \cdot 10^{10}$ |
| PbSe | PC | 77 | 10···200 | 4,5 | 2,0···5,8 | $5{,}5 \cdot 10^9$ | $2{,}5 \cdot 10^{10}$ |
| InSb | PV | 77 | 0,1···2 | 4,9 | 2,0···5,5 | $5 \cdot 10^{10}$ | $2{,}5 \cdot 10^{11}$ |
| $Cd_{0,35}Hg_{0,65}Te$ | PC | 195 | 2 | 4,5 | 2,0···5,0 | $1{,}5 \cdot 10^{10}$ | $1{,}5 \cdot 10^{11}$ |
| $Cd_{0,35}Hg_{0,65}Te$ | PV | 195 | 0,2 | 4,5 | 2,0···5,0 | $1 \cdot 10^{10}$ | $1{,}5 \cdot 10^{11}$ |
| $Cd_{0,2}Hg_{0,8}Te$ | PC | 77 | 0,1···1 | 10,5 | 8,0···11,5 | $2{,}5 \cdot 10^{10}$ | $\leqq 7 \cdot 10^{10}$ |
| $Cd_{0,2}Hg_{0,8}Te$ | PV | 77 | 0,01···0,1 | 10,5 | 8,0···11,5 | $2 \cdot 10^{10}$ | $4 \cdot 10^{10}$ |
| $Pb_{0,8}Sn_{0,2}Te$ | PV | 77 | 0,25···0,5 | 11,0 | 8,0···11,5 | $2 \cdot 10^{10}$ | $4 \cdot 10^{10}$ |

[1)] PV = Photodiode, PC = Photoleiter

## 8. IRCCD-FPA-Detektoren

Die moderne Infrarottechnik benötigt meistens keine Einzeldetektoren mehr, sondern Vielfachdetektoren in Reihen- oder Mosaik-Anordnungen. Solche Multielementdetektoren benötigen einen gänzlich anderen Auslesemechanismus der Detektorsignale als einfache Detektoren, bei denen noch jedem Detektor eine Signalleitung zugeordnet werden kann.

Dies geschieht nunmehr mit Hilfe sogenannter elektronischer Speicher- und Schieberegister, die sich in der Fokalebene des Detektorsystems befinden müssen. Man spricht dann von den eingangs erwähnten ladungsgekoppelten IR-Detektoranordnungen in der Fokalebene, d. h. vom IRCCD-FPA.

Grundlage der CCD-Technologie bildet der MOS-(Metal Oxide Semiconductor)Kondensator, der elektrisch oder fotoelektrisch erzeugte Ladungen speichern kann.

Bild 1 zeigt schematisch eine solche Anordnung.

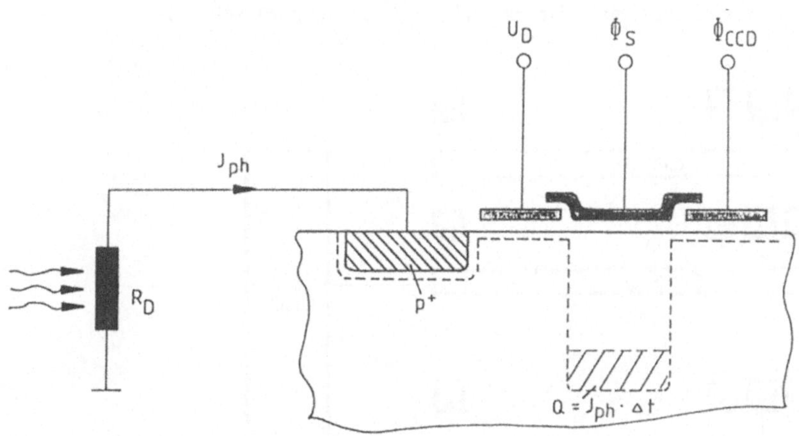


**Bild 1: Prinzip der Ladungsspeicherung**

Das Prinzip der Ladungsverschiebung veranschaulicht vereinfacht Bild 2. Durch sukzessive Veränderung der Gate-Spannungen $U_{\phi 1}$ und $U_{\phi 2}$ lassen sich Ladungen vom Potentialtopf unter $U_{\phi 1}$ in den Potentialtopf $U_{\phi 2}$ verschieben.

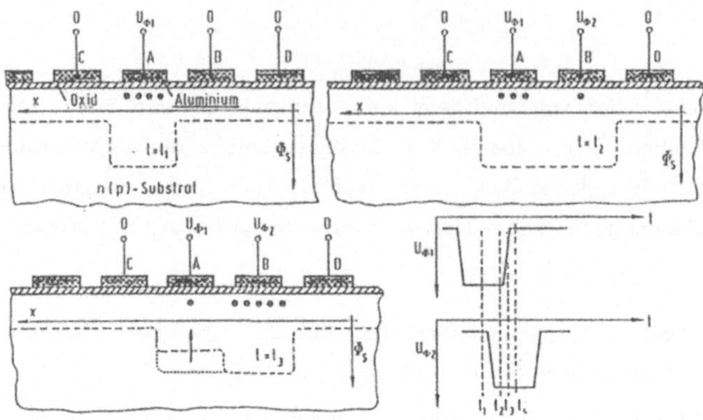


**Bild 2: Prinzip der Ladungsverschiebung**

Dies kann natürlich weiter fortgesetzt werden.

Mit solchen Anordnungen lassen sich Multiplex-Schaltungen aufbauen, die gespeicherte und bereits ausgelesene Ladungspakete weiterverarbeiten. Dies zeigt schematisch Bild 3, in dem eine zweidimensionale Detektor/CCD-Anordnung zu sehen ist.

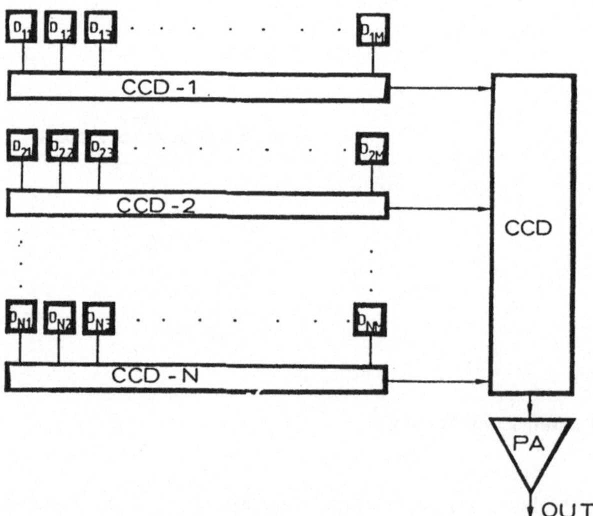


**Bild 3: Prinzip einer zweidimensionalen IRCCD-Anordnung**

Diese Detektor/CCD-Kombination kann nun nebeneinander liegend oder übereinander liegend (Sandwich-Technik) ausgeführt werden. Die für zweidimenionale Detektoranordnungen gebräuchlichste Technik ist die sogenannte Flipchip-Technologie, bei der jeder einzelne Detektor mit dem zugehörigen CCD über einen kleinen In-Kontakt (In-Bump) von ca. 15 µm Durchmesser verbunden ist. Dies zeigt schematisch Bild 4

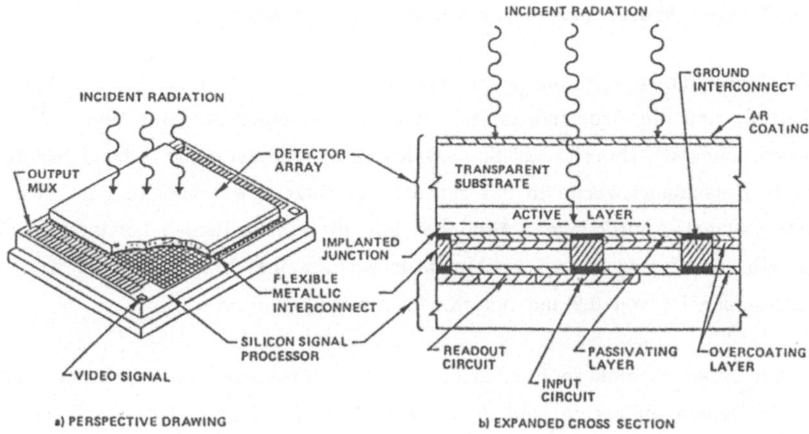


**Bild 4: Prinzip einer planaren IRCCD-Anordnung in Flipchip-Technologie**

anhand eines CdHgTe/CCD-Detektors. Die Bestrahlung erfolgt von der Rückseite der Detektoranordnung, die aus einer dünnen, auf einer IR-strahlungsdurchlässigen CdZnTe-Schicht epitaktisch aufgewachsenen CdHgTe-Fotodiodenschicht besteht.

Zur Verbesserung des durch die MOS-Kapazität vorgegebenen Dynamikbereichs werden zusätzliche Ladungsteilungsschaltungen (Partitioning), Schaltungen zur Unterdrückung eines konstanten Zielhintergrunds (Backgroundsuppression) und Schaltungen zur Ladungsabschöpfung überschüssiger Ladungen (Skimming) eingeführt. Zusätzlich verhindert eine Antiblooming-Schaltung ein Überschwemmen der CCD-Anordnung durch kurzzeitig auftretende Überstrahlung (z. B. Lichtblitze). Eine solche CCD-Anordnung zeigt Bild 5.

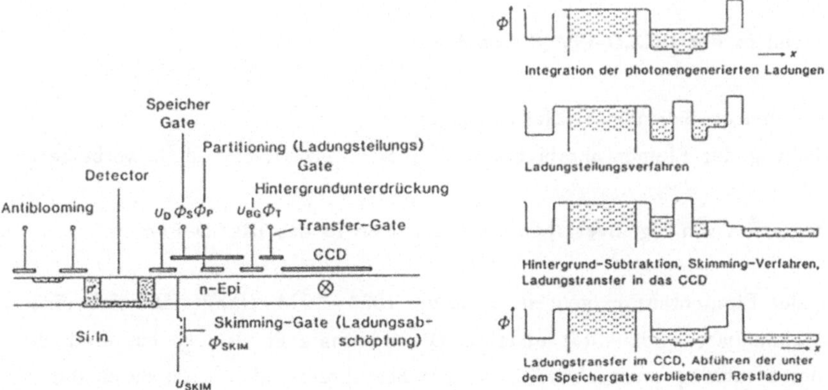


**Bild 5: Beispiel eines verbesserten IRCCD-FPA-Pixels am Beispiel Si:In**

## 9. IRCCD-FPA-Detektoren (Stand der Technik/Entwicklung)

Bei IRCCD-Anordnungen, die auf Si-Dioden-Basis im Bereich 0,7 ... 1,2 µm Wellenlänge arbeiten, sind die Arbeiten am weitesten fortgeschritten. Hier sind 512 x 512-Element-Anordnungen - bereits als Si-CCD-Kamera konfektioniert - handelsüblich. Für spezielle Forschungszwecke in der satellitengestützten Astronomie gibt es bereits 1000 x 1000-Element-Anordnungen. Ähnliches gilt für Platinsilizid-Schottky-Barrier-FPA. Hier gibt es bereits 512 x 512-Elementdetektoren, betrieben bei < 90 K. Diese Detektoranordnung ist von 0,9 µm bis ca. 4,5 µm empfindlich.

Die heute im Labor erreichten Elementdichten für Detektoren im 3 ... 5 µm- und 8 ... 12 µm-Wellenlängenbereich sind in der Tab. 9 zusammengefaßt.

**Tabelle 9: IRCCD-FPA-Detektoren für 3 ... 5 µm und 8 ... 12 µm**

| Material | Spektralbereich (µm) | Betriebstemp. (K) | Elementzahl | Pixelfläche (µm²) | Füllfaktor (%) |
|---|---|---|---|---|---|
| InSb | 3 ... 5 | 77 | 128 x 128<br>1024 x 1 | 100 x 100 | 60 |
| CdHgTe | 3 ... 5 | 195 | 256 x 256<br>512 x 30 | 100 x 100 | > 60 |
| Si : In | 3 ... 5 | < 50 | 64 x 64<br>1024 x 1 | 65 x 65 | > 90 |
| CdHgTe | 8 ... 12 | < 77 | 256 x 256<br>1024 x 1 | 100 x 100 | 65 |
| Si : Ga | 8 ... 12 | < 30 | 64 x 64<br>1024 x 1 | 75 x 75 | > 90 |

Erl.: Pixelfläche ist die Gesamtfläche Detektor + CCD.
Füllfaktor ist das Verhältnis von Pixelfläche zur nutzbaren Sensorfläche.

## 10. Zukunftstrend in der IRCCD-FPA-Technologie

Die künftigen Arbeiten haben zwei Zielrichtungen

- weitere Erhöhung der Elementanzahl bei verkleinerter Pixelfläche, d. h. verbesserte Auflösung
- weitere Integration von Signalverarbeitungsfunktionen in das IRCCD-FPA

Die Erhöhung der Elementanzahl geht in Richtung 1024 x 1024. Damit läßt sich eine nahezu TV-vergleichbare Bildqualität erzielen. Die minimale Pixelfläche ist durch die Wellenlänge der Strahlung vorgegeben (d. h. dem Streukreis), aber auch durch die Detektor- bzw. CCD-Technologie. Bei Si-Dioden-CCD können 10 x 10 µm² erreicht werden, bei längerwelligen Detektoren 25 x 25 µm². Die Füllfaktoren könnten 90 % erreichen.

In der Erweiterung der Signalverarbeitungsfunktionen im Detektor kommen sicherlich zu den bereits schon eingeführten Funktionen

- Speichern und Verschieben
- Multiplexen
- Hintergrundunterdrückung
- Antiblooming

noch folgende Funktionen hinzu:

- Verstärkung
- A/D-Wandlung
- Erzeugung der zum Betrieb der CCDs notwendigen Taktmuster und Treiberspannungen im Detektor
- Helligkeits- und Kontrastregelung

## 11. Zusammenfassung

Es wurde der Stand der Technik in IR-Detektoren - empfindlich im Spektralbereich 0,8 ... ca. 160 µm - aufgezeigt. Weiterhin wurde die moderne Technologie der IRCCD-FPA-Detektoren erläutert, der Stand der Entwicklung diskutiert und Zukunftstrends angesprochen (siehe Bild 6).

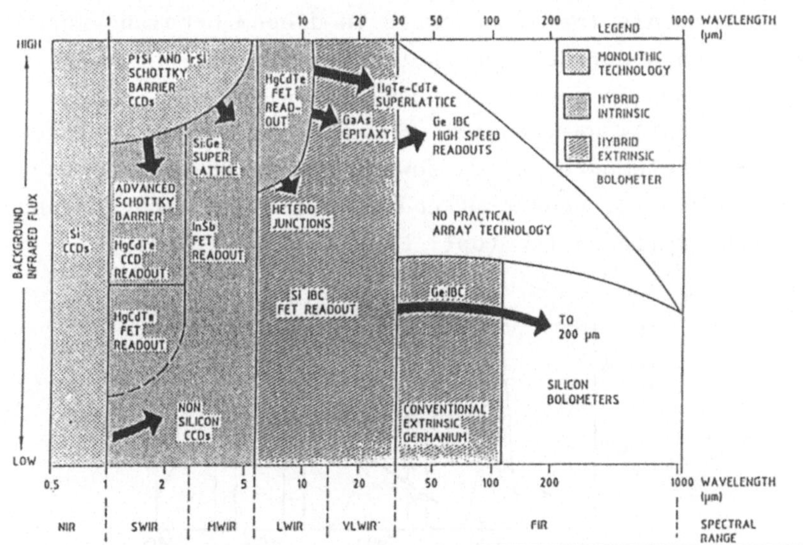


Projected Future Developments - Focal Plane Array

**Bild 6: Zukunftstrends in FPA-Entwicklung**

## 12. Literatur

K. STAHL, G. MIOSGA Infrarottechnik
Hüthig-Verlag, Heidelberg

# Stabilität von Photoelementen im Spektralbereich 250 NM bis 1800 NM

Klaus D. Stock und Rolf Heine
Physikalisch-Technische Bundesanstalt (PTB), Abt. Optik (4.11)
Postfach 3345, D-3300 Braunschweig

## 1. Einleitung

Photoelemente - auch Photodioden genannt - werden als Sensoren in Laserleistungsmeßgeräten für den optischen Spektralbereich eingesetzt. Gegenüber thermischen Empfängern, wie Thermosäulen oder Bolometern, haben sie den Vorteil, lediglich innerhalb eines begrenzten Spektralbereiches empfindlich zu sein. So sind sie z. B. aufgrund ihres endlichen Bandabstandes "blind" gegenüber störender thermischer Hintergrundstrahlung. Als gekapselte Halbleiterbauelemente sind Photoelemente - im Gegensatz zu thermischen Empfängern - klein in ihren Abmessungen und unproblematisch in ihrer Handhabung. Bild 1 zeigt den optischen Spektralbereich mit der derzeit größten Nachfrage aus Forschung und Industrie nach radiometrischen und photometrischen PTB-Kalibrierungen. Als Transfernormale in diesem Bereich werden überwiegend zwei Arten großflächiger Photoelemente verwandt: Silizium-Photoelemente erfassen sowohl den Bereich des visuellen Sehens als auch noch das 1. optische Fenster der optischen Nachrichtenübertragung. Germanium-Photoelemente sind sowohl im 1. Fenster (Nahbereich) wie auch im 2. und 3. Fenster (Fernbereich) der Nachrichtenübertragung über optische Wellenleiter (opt. Fasern) einsetzbar.

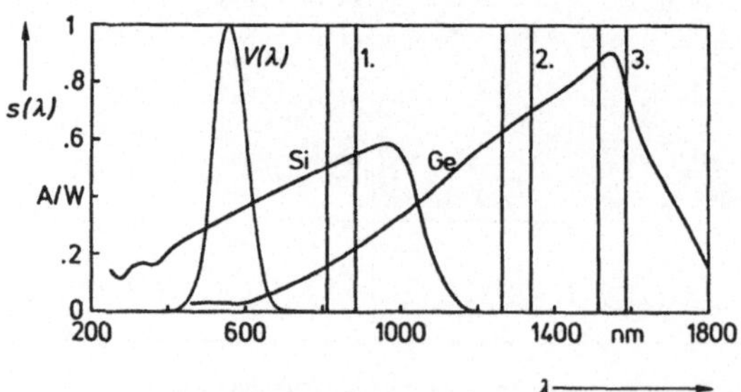


Bild 1: Spektralbereich mit der z. Z. stärksten Nachfrage nach radiometrischen (und photometrischen) Kalibrierungen in der PTB. Schwerpunkte: Bereich des visuellen Tagsehens (V(λ)-Kurve); Fenster (1., 2., 3.) der optischen Nachrichtenübertragung mithilfe optischer Wellenleiter. Spektrale Empfindlichkeiten s(λ) bei Raumtemperatur eines Silizium- (Si) und eines Ge-Photoelementes (Ge).

Für die Verwendung von Photoelementen als Transferstandards und in sonstigen Präzisionsmeßgeräten ist vor allem die zeitliche Konstanz (Stabilität) der Eigenschaften der verwendeten Sensoren wichtig. Bekannt ist, daß hohe Strahlungsleistungsdichten - insbesondere bei UV-Bestrahlung [1] - zur Veränderung der Empfindlichkeit [2] von Photoelementen führen können. Weitgehend unbekannt ist, daß sich die Empfindlichkeit von Photoelementen auch bei schonendster Behandlung, d. h. bei Lagerung ohne jegliche Strahlungsbelastung, beträchtlich ändern kann.

## 2. Stabilität von Si-Photoelementen

Schon erste Untersuchungen [3,4] zeigten, daß Si-Photoelemente - je nach Exemplar - lediglich innerhalb eines begrenzten Spektralbereiches hinreichende Stabilität aufweisen. Zur Beurteilung von Photoelementen ist die spektrale jährliche Alterungsrate $\alpha(\lambda)$ eine sehr nützliche Größe:

$$\alpha(\lambda) = \frac{1}{t_1 - t_0} \; \frac{s(\lambda, t_1) - s(\lambda, t_0)}{s(\lambda, t_0)} \qquad ...(1)$$

$s(\lambda, t)$ ist die absolute Empfindlichkeit eines Photoelementes zu den Zeitpunkten $t_0$ und $t_1$. Streng genommen ist auch die Alterungsrate $\alpha(\lambda)$ selbst eine (schwach) zeitabhängige Größe [3]. Bild 2 gibt am Beispiel zweier Si-Photoelemente einen Eindruck über die Variationsbreite beobachteter Alterungsraten. Element E zeigt im kurzwelligen Spektralbereich Abnahmen der Empfindlichkeit bis zu 12 % pro Jahr. Nur im Bereich von etwa 700 nm bis 1000 nm ändert sich die Empfindlichkeit deutlich weniger als 1 % pro Jahr. Bei Element H reicht dieser Bereich von etwa 250 nm bis 1000 nm - d. h. er schließt insbesondere auch den Bereich der $V(\lambda)$-Kurve und des 1. optischen Fensters ein (siehe Bild 1).

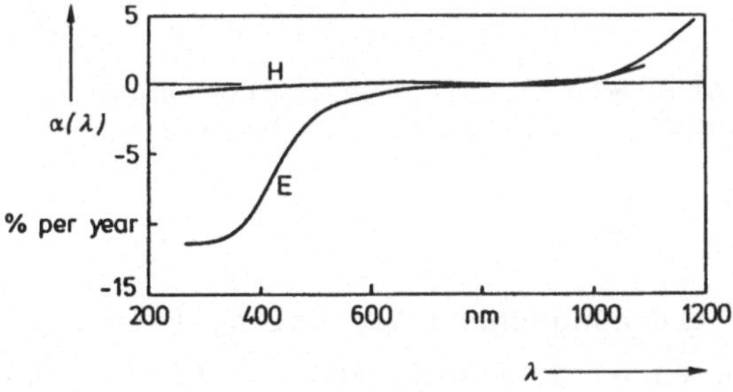


Bild 2: Alterungsraten $\alpha(\lambda)$ zweier Si-Photoelemente (E, H) von 10 mm Durchmesser bzw. Kantenlänge der empfindlichen Fläche ermittelt nach Gl. 1 aus Messungen der absoluten spektralen Empfindlichkeit im Abstand mehrerer Jahre.

Ausführlichere Untersuchungen haben erwiesen, daß verschiedene Exemplare des gleichen Photoelementetyps eine sehr ähnliche spektrale Alterungscharakteristik aufweisen können [5], insbesondere dann, wenn sie zur gleichen Charge gehören und gleich behandelt wurden. Allerdings ist eine Alterungsprognose für weitere Exemplare des Typs nicht möglich, da selbst das Beibehalten einer Typbezeichnung eine Konstanz der Herstellungsbedingungen - und folglich der Eigenschaften - nicht garantiert.

## 3. Stabilität von Ge-Photoelementen

Über das Alterungsverhalten von Ge-Photoelementen liegen bisher nur wenige publizierte Meßergebnisse vor [6]. Die Kurve J10 in Bild 3 gehört zu einem fast 10 Jahre alten Ge-Photoelement, das im Bereich des 2. und 3. Fensters der optischen Nachrichtenübertragung für viele Anwendungen hinreichend stabil ist. Die Kurve J5 gehört zu einem Ge-Photoelement, dessen Typ heute vielfach als Transfernormal für die Strahlungsleistungsmesssung im gesamten Spektralbereich der optischen Nachrichtenübertragung eingesetzt wird. Im ersten und zweiten optischen Fenster (siehe Bild 1) liegen die Alterungsraten deutlich unter 1 % pro Jahr. Eine stärkere Alterung ist im dritten Fenster zu beobachten.

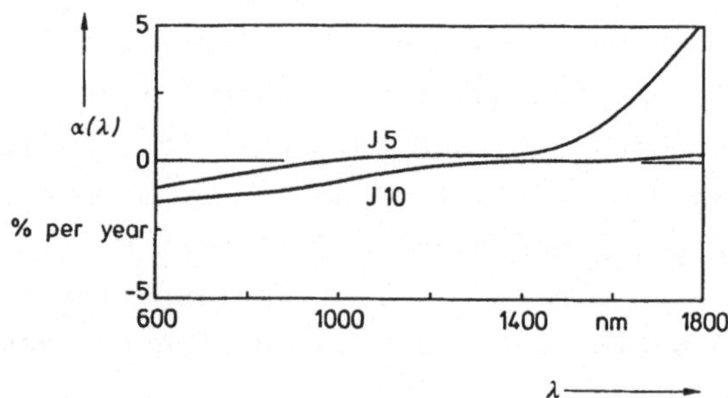


Bild 3: Alterungsraten $\alpha(\lambda)$ zweier Ge-Photoelemente (J5, J10) von 5 mm bzw. 10 mm Durchmesser ermittelt wie in Bild 2.

## 4. Schluß

Die spektralen Alterungscharakteristika (siehe Bild 2 und 3) der gezeigten Si- wie auch Ge-Photoelementen sind sich - abgesehen vom Spektralbereich - recht ähnlich. Im jeweils kurzwelligen Empfindlichkeitsbereich sinkt die Empfindlichkeit, während sie im jeweils langwelligen Bereich steigt. Auch viele andere untersuchte Typen zeigen dieses Verhalten [3-7].

Aufgrund der Wellenlängenabhängigkeit des Absorptionskoeffizienten in Si und Ge werden die jeweils kurzwelligen Photonen in einer dünnen Frontschicht vor der eigentlichen Verarmungszone absorbiert. Besonders im Bereich der Halbleitergrenzfläche zur Antireflexionsschicht gibt es Rekombinationsverluste photogenerierter Ladungsträger. Langzeitänderungen der Rekombinationsraten - ausgelöst durch z. B. Ionenwanderungen in der Antireflexionsschicht oder Diffusionen im Halbleiter - ändern die Empfindlichkeit des Photoelementes im kurzwelligen Bereich. Langwellige Photonen werden in tiefen Schichten des Halbleiters hinter der Verarmungszone absorbiert. Änderungen der Rekombinationszentren- oder Haftstellenkonzentrationen können Ursache für Alterungen im langwelligen Empfindlichkeitsbereich sein. Änderungen der Feuchte und der Temperatur der umgebenden Luft können diese Vorgänge wesentlich beeinflussen [7,8].

Die gezeigten Beispiele sollen verdeutlichen, daß Photoelemente nicht a priori stabil sind, selbst wenn man sie schonend genug behandelt. Die Kenntnis des spektralen Alterungsverhaltens erlaubt die - der gewünschten Anwendung bzw. Laserlinie entsprechende - richtige Auswahl des geeigneten Photoelementes und bestimmt die Größe der Rekalibrierintervalle der Meßgeräte.

Literatur


1 R. L. BOOKER, J. GEIST "Photodiode Quantum Efficiency Enhancement at 365 nm: Optical and Electrical", Appl. Opt. 22 (1982) 3987-3989.

2 DIN 5031: Strahlungsphysik im optischen Bereich und Lichttechnik Teil 2: "Strahlungsbewertung durch Empfänger" (3.1982).

3 K. D. STOCK und R. Heine "On the Aging of Photovoltaic Cells", Optik 71 (1985) 137-142.

4 J. L. GARDNER, F. WILKINSON "Response Time and Linearity of Inversion Layer Silicon Photodiodes", Appl. Opt. 24 (1985) 1531-1534.

5 K. D. STOCK "Spectral Ageing Pattern of Carefully Handled Silicon Photodiodes", Measurement 5 (1987) 141-144.

6 K. D. STOCK "Internal Quantum Efficiency of Ge Photodiodes", Appl. Opt. 27 (1988) 12-14.

7 R. KORDE, J. GEIST "Quantum Efficiency Stability of Silicon Photodiodes", Appl. Opt. 26 (1987) 5284-5290.

8 K. D. STOCK "Regeneration of the internal Quantum Efficiency of Si Photodiodes" in 'New Developments and Applications in Optical Radiometry' Hrsg. N. P. Fox und D. H. Nettleton, Inst. Phys. Conf. Ser. 92 (1989) 167-171.

# High-Sensitivity Fibre-Optic Spectrophotometer

S. Donati, G. Martini
Universita' di Pavia, Italy

Abstract

We describe a high-sensitivity spectrophotometer to be used for the measurement of fibre-optic spectral attenuation. The light source used is of the tungsten-halogen type and is electrically modulated, while the wavelength selection is obtained by a two-stage monochromator; the output radiation is detected by a two-photodiode detection head followed by a synchronous demodulator and a logarithmic converter. Measurements can be performed over the 800 - 1600 nm wavelength range, thus covering all the three low-attenuation windows of fibre-optic. The reported sensitivity of the instrument is -110dBm ($10^{-2}$ pW) at $\lambda$=980 nm, while the dynamic range is better than 30 dB over the full wavelength range.

Description of the system

The Fibre-Optic SpectroPhotometer (FOSP) is basically composed by a tungsten-halogen light source, a monochromator, a FO launch station, a detector unit and a data storage unit, such as an x-y recorder. Signal detection is performed using a lock-in amplifier, because the light launched into the fibre is modulated to avoid flicker-noise problems. Light modulation is usually achieved by a mechanical chopper, but we have choosen to electrically modulate the lamp (direct modulation) in order to avoid any vibration problem arising from the presence of a rotating wheel or a vibrating tuning-fork. The monochromator is an Oriel two-stage unit, in order to minimize stray-light, and is driven by a stepper-motor. The FO launching station comprises a 10X microscope objective and an NRC FO positioning stage. The detection unit contains a measurement and a reference channel, both equipped with low-noise InGaAs photodiodes; this photodetectors allow measurements to be performed over the 800-1600 nm spectral range, thus covering the three low-attenuation windows of major interest today in the applications. The spectral attenuation measurement is performed using the well-known cut-back technique [1]; the reference channel is only used to compensate the wavelength dependence of light power launched into the fibre due to blackbody emission of the source and to diffraction efficiency of the monochromator. The actual value of attenuation of a single-mode fibre-optic at each wavelength is then obtained as the difference between the logarithm of the received signal before and after cut-back of the fibre under test. A block-scheme of the setup is shown in fig.1.

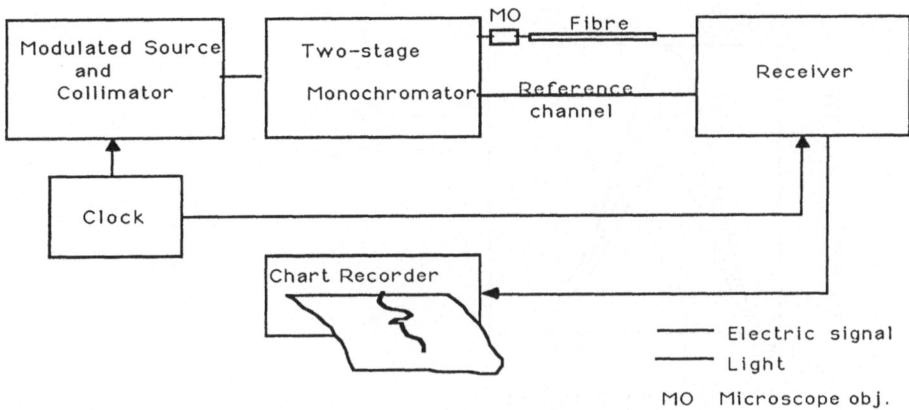


Fig.1. Block-scheme of the FOSP.

To obtain a spectral attenuation measurement a given amount of light power with controlled wavelength and spectral width must be launched into the fibre. The maximum power that can be launched into a fibre-optic depends basically on two factors: i) source radiance (R), and ii) fibre-optic acceptance (a). Taking into account the temperature dependence (i.e. Planck's law) of the source irradiance [2], the diffraction efficiency of the monochromator [3], the overall attenuation due to the various air-glass interfaces $\eta_I$, and the fibre-optic acceptance [4, 5], the power, $P(\lambda)$, launched into the fibre within an interval $\Delta\lambda$ around $\lambda$ can be written as:

$$P(\lambda)=\eta_I\{3(\lambda/\lambda_b)^3-(25/2)(\lambda/\lambda_b)^2+16(\lambda/\lambda_b)-(11/2)\}^2hc^2\Delta\lambda/\{2\pi\lambda^3[\exp(hc/k\lambda T)-1]\} \quad (1)$$

where h is Planck's constant, c is vacuum speed of light, k is Boltzmann's constant, $\lambda$ is vacuum light wavelength, $\lambda_b$ is blaze wavelength of the monochromator grating, T is absolute temperature and $M_\lambda$ is spectral irradiance in $W/m^3$. In eq.(1) we have fitted the diffraction efficiency of the single monochromator with a third-order polynomial (that holds for $0.6\lambda_b < \lambda < 1.6\lambda_b$). In fig.2 $P(\lambda)$ is plotted vs. $\lambda$ for $\eta_I = 80$ %, $\lambda_b = 1000$ nm, and $\Delta\lambda = 6$ nm, having T as a parameter. At a wavelength of 1000 nm and T=3000 K, for example, the launched power is only 0.38 nW. The detection of such a low power with high S/N ratio (>30 dB) requires a modulation-demodulation scheme. Usually the modulation is obtained by a mechanical chopper such as a tuning-fork but, to avoid any vibration problem as previously mentioned, we have choosen to electrically modulate the halogen lamp. After propagation along the full length of the fibre under test, the light is detected by a receiver comprising a photodiode with low noise preamplifier, a lock-in amplifier and a logarithmic converter. The frequency of modulation of the lamp has been choosen on the basis of measurements of the noise current spectral density of the photodiode , $S_n$, and of the relative frequency response of the lamp.

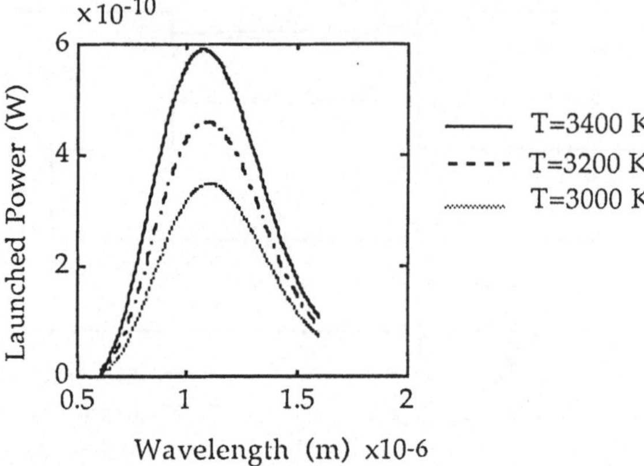


Fig.2. Launched power vs. wavelength.

We have measured the noise current spectrum of two InGaAs photodiodes: a Plessey P35-2604 and a Fujitsu FID 13Y32WS. Comparing the noise spectra of the two photodiodes and with the relative frequency response of the lamp we have found that maximum S/N is achieved at a modulation frequency of about 4 Hz using the P35-2604, and for frequency between 1Hz and 3 Hz using the FID13Y32WS, since the latter exhibits no flicker noise at frequencies above 1 Hz. We have also measured the differential resistance at zero bias, $R_d$, and the reverse saturation current of the two photodiodes, $I_o$, obtaining the following results:

| | | |
|---|---|---|
| $R_d = 11\ M\Omega$ | $I_o = 4.2\ nA$ | P35-2604 |
| $R_d = 9.2\ G\Omega$ | $I_o = 2.5\ pA$ | FID13Y32WS |

The noise current densities calculated from the values of $R_d$ and $I_o$ are reported in Table1, together with the mesured values, showing a good agreement between the calculated and measured value for the FID13Y32WS. In the case of the P35-2604, the difference between the value calculated from $I_o$ and the measured one is probably due to an overestimation of the reverse saturation current. The actual modulation frequency used in the system is 7 Hz, higher than the optimum value, because a modulation near to or below the corner frequency of the lamp's frequency response would shorten its life. This happens because during low frequency modulation the source undergoes a temperature cycling between about 3400 °K and near ambient temperature, thus disturbing the tungsten-halogen cycle [6]. The small S/N penalty due to the use of a 7Hz modulation frequency is compensated by the longest mean life of the lamp: it was measured to be 80 hours, while using low frequency modulation (say 3 or 4 Hz) with the same maximum temperature the mean life would be less then 6 hours.

Tab.1

| Photodiode | $2q(2I_0)$ [$A^2/Hz$] | $4kT/R_d$[$A^2/Hz$] | $S_n$[$A^2/Hz$] |
|---|---|---|---|
| P35-2604 | $2.7\times10^{-27}$ | $1.5\times10^{-27}$ | $1.6\times10^{-27}$ |
| FID13Y32WS | $1.6\times10^{-30}$ | $1.8\times10^{-30}$ | $1.6\times10^{-30}$ |

Table1. Photodiode's noise current spectral density.

To minimize noise with minimum bandwidth penalization we use a transimpedence preamplifier, whose basic scheme is shown in fig.3 with the relevant noise generators.

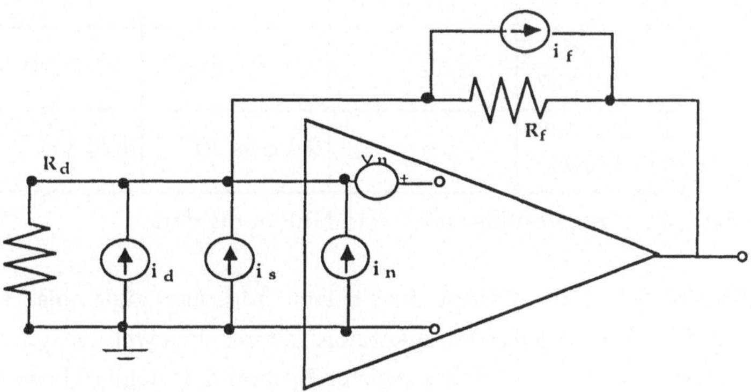


Fig.3. Preamplifier circuit with noise generators.

In fig.3 $i_d$, $i_s$, $i_n$ and $i_f$ are the noise current generators due to the photodiode dark current ($I_o$ in our case), the photogenarated signal current I, the operational amplifier input bias current $I_b$ and the feedback resistor $R_f$; $v_n$ is the input noise voltage generator of the operational amplifier. The total input noise current power spectrum is:

$$S_T = 2q[I + 2I_o + I_b] + 4kT/R_f + S_{vn}(1/R_f + 1/R_d)^2 \qquad (2)$$

where q is the electron charge and $S_{vn}$ is the input noise voltage power spectrum of the operational amplifier. In eq.(2) we have neglected the flicker noise term because at the frequencies of interest it is negligible. In the dark the term 2qI vanishes and the noise behaviour are determined by that of the photodiode and of the operational amplifier. As operational amplifier we have choosen the well known FET-input LF 357, having a very low input bias current and virtually no eccess noise. The measured input bias current of some samples of LF 357 is shown in Table2; the typical value 15 minutes after power-up is 20 pA, showing a very little variation from one sample to another.

Tab.2

| LF357 Sample n° | Input bias current $I_b$ [pA] | |
|---|---|---|
| | 1' after power-up | 15' after power-up |
| 1 | 35 | 20 |
| 2 | 95 | 21 |
| 3 | 70 | 20 |
| 4 | 85 | 20 |

Table2. Operational Amplifier input bias current.

Tab.3

| Photodiode | σ @ 1.55 μm [A/W] | $S_T$ [$A^2$/Hz] | NEP @ 1.55 μm [W/√Hz] |
|---|---|---|---|
| P35-2604 $R_f$ =100 MΩ | 0.9 | $1.77\times10^{-27}$ | $46.7\times10^{-15}$ |
| FID13Y32WS $R_f$ =1 GΩ | 1.0 | $24.56\times10^{-30}$ | $4.96\times10^{-15}$ |

Table3. Total preamplifier noise and NEP in the dark.

Using the P35-2604 this input bias current adds negligible noise, but with the FID13Y32WS it becomes the dominant noise source. In a well-designed preamplifier the noise term due to the feedback resistor $R_f$ should be negligible when compared with those arising from the photodiode dark current and from the operational amplifier input bias current; using the P35-2604 this result is achieved by means of a 100 MΩ resistor, while with the FID13Y32WS a resistor higher than 10GΩ should be used: practical considerations (microphonicity problems) suggest to use an $R_f$ not higher than 1GΩ. The noise due to the input noise voltage of the operational amplifier is negligible in each case because of the high values of $R_f$. In Table3 is shown the total input noise current and the NEP of the photodiode-preamplifier combination in the dark, using the measured $S_n$ values from Table1. The reference channel doesn't give rise any noise problem because of the much higher light level available. As previously mentioned, the light modulation is obtained by direct electrical modulation of the lamp instead of by means of any mechanical chopper, and the signal is recovered measuring the amplitude of the spectral component at the foundamental frequency of modulation with a lock-in amplifier. Using electrical modulation of the lamp instead of a machanical chopper, gives a 0.2 dB signal penalty that is largely compensated by the absence of any vibration problem. After demodulation the signals coming from the measurement and reference channel are logarithmically converted, and their difference is then fed to a chart recorder. In fig.4 is shown the recorder trace before and after cut-back of a 1.4 km FOS SM fibre, from which is possible to obtain spectral attenuation in dB/km.

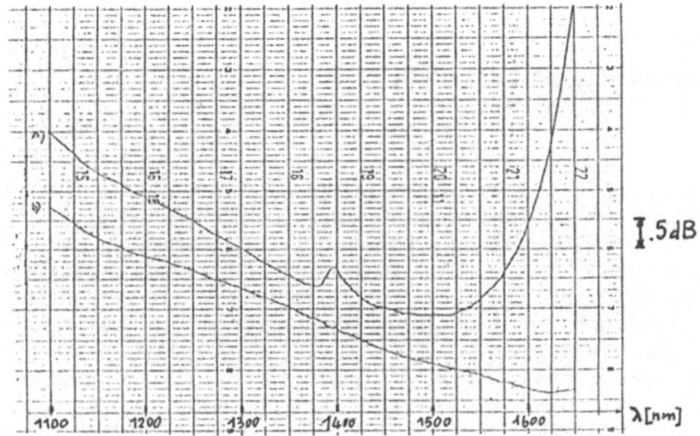


Fig.4. Recorder trace before and after cut-back of a 1.4 km FOS fibre.

## Conclusions

The proposed FOSP with direct electrical modulation of the light source, exhibit a high sensitivity (-110 dBm @ 980 nm) and a wide dynamic range (>30 dB) over the 800÷1600 nm wavelength range, while the measurement accuracy is of the order of 0.2 dB and the repeatibility is better than 0.5 dB. It is a laboratory instrument rugged and easy to use, useful for the quantitative evaluation of the spectral attenuation of optical fibre or of any fibre-optic passive component, such as all-fibre couplers. Moreover, its performances are better than those of any similar equipment to day available on the market.

## References

[1] G. Cancellieri, U. Ravaioli: "Measurements of Optical Fibers and Devices: Theory and Experiments" Dedham (MA), Artech House, 1984.

[2] W.G.Driscoll Ed., W. Vaugham Ass. Ed.: "Handbook of Optics" McGraw-Hill New York (1978).

[3] Oriel Mod. 7240 Series Operating Instructions.

[4] W. van Etten: "Coupling of LED Light into Single-Mode Fiber" J.Opt.Comm. 9 (1988))3,100-101.

[5] A.W.Snyder,J.D.Love: "Optical Waveguide Theory" London, Chapman & Hall, 1983

[6] G.M.Neumann: "Der Mechanismus des Wolfram-Halogen Kreisprozesses in Halogenglühlampen" Sonderdruck aus "Lichttechnik" 24 (1972) Heft 12 Seiten 605-607

# Special Optical Fibres

**Ryszard S. Romaniuk**

**IPE, Warsaw University of Technology**
Nowowiejska 15, PL-00-665 Warsaw

Special optical fibres are gaining in interest because of their increasing potential applications in optical sensing and (coherent) optical signal processing technologies. Classical optical fibres, optimized for communications, give much poorer performance of the sensory system than give specialty fibres optimized for sensing. The specialty fibres, at least some of their families, are technologically sensitized to the desired measurand and simultaneously desensitized to the most of harmful external reactions from the environment |SPIE vol.1011, vol.1128|. We are manufacturing our specialty fibres using three major technologies - all of them actually hybrid: multirod-in-tube (MRiT), multicrucible-zone-diaphragm (MZD) |SPIE vol.670| and mosaic assembling defibering (MAT/MAD) |SPIE vol.1085|. Some of these technologies use, in certain cases, MCVD and other high-temperature sub-stages.

The major groups of special optical fibres manufactured in our laboratory are: modified communications fibres, phase control fibres including polarization preserving and polarizing, specially doped optical fibres including rare earths, specially coated fibres, liquid core fibres and optical capillaries, multicore optical fibres (MOF), elliptical core, stripe core, helical core, regular polygon core, no-central-core fibres, complex shape core fibres, ionizing radiation hardened fibres, plastic and nonstandard material optical fibres, mid-IR and UV optical fibres and some families of exotic fibres (for example with semiconducting intermediate layer). The following devices and systems are manufactured from our fibres: microoptics, passive and active components compatible with the lightwave technology, sensors and smart structures (fibreoptic skins). Specialized fibreoptic sensors of temperature, pressure, strain, colour, pH, pO2, pCO2, fluid flows etc. have recently been used for experimental biomedical purposes. The performance of systems with special optical fibres has recently turned out to be much richer when compared with classical fibreoptic design. The major effort of our laboratory is to investigate possible sensitization processes (and fibre structure optimization) applied for specialty optical fibres to tailor their sensing/component/information processing characteristics to the demands of particular technical application.

An example of a SOF: theoretical and experimental investigation
of a single-mode quadruple-core optical fibre

Here we will give an example of a particular SOF we are now working on.A **quadruple core** SOF under analysis is single-mode and possesses four identical and equally spaced apart cores (square geometry). The cores are close enough to enable the fields to interact freely. The cores are not close enough to enable the fields to merge so as to give a single-extremum field distribution analogous to the fundamental mode of a classical optical fibre. Thus, the fundamental mode of a **quadruple-core optical fibre** is understood here in terms of a least order mode propagating simultaneously in four identical single-mode coupled cores.

We have solved the Maxwell equations for a quadruple core step-index optical fibre with classical initial and boundary conditions. The exact results of this analysis will be shown elsewhere |SPIE vol.1085|. The analysis reveals the presence of 20 fundamental modes and 24 coupled fundamental modes in a quadruple-core single-mode optical fibre.

Table 1 attempts to arrange the fundamental modes of a quadruple-core optical fibre and to denominate them. Figure 1 presents the profiles of several fundamental modes in a quadruple-core optical fibre with coupled cores. Figure 2 displays the results of our laboratory experiments with two samples of a single-mode quadruple-core fibre. Some of the fundamental and coupled modes have been visualized. The fibre has been excited by means of a quadruple-core compatible taper.

A quadruple-core single-mode optical fibre arouses serious hopes for applications in complex fibreoptic interferometric/sensors/signal processing circuits and photonic switching networks.

Table: Noncoupled and coupled fundamental modes in singlemode quadruple-core optical fibre; key to field value: o-max, x-min, :-zero ; field symmetricity is considered against xy axes: o o / o o (x axis horizontal, y axis vertical)

| No | mode name (fundamental group) | mode symbol | abbrev. m.symb. | no of modes | schematic field distribution | comments |
|---|---|---|---|---|---|---|
| 1 | symmetric | SSSS | S | 1 | oo xx<br>oo xx | |
| 2 | symmetric-antisymmetric | SSAA | SA | 1 | ox xo<br>ox xo | |
| 3 | antisymmetric-symmetric | AASS | AS | 1 | oo xx<br>xx oo | |
| 4 | antisymmetric | AAAA | A | 1 | ox xo<br>xo ox | |
| 5 | symmetric SA | SASA | SAS | 4 | ox xo<br>oo xx | |
| | symmetric AS | ASSA | ASS | | xo ox<br>oo xx | |
| | antisymmetric AS | ASAS | ASA | | oo xx<br>xo ox | |
| | antisymmetric SA | SAAS | SAA | | oo xx<br>ox xo | |
| 6 | coupled symmetric SA | S+SA | $\overline{\mathrm{SSA}}$ | 12 | o: x: :o :x<br>o: x: :o :x<br>SAS+SAA,ASA+ASS | coupled twincore modes |
| | c.antisymmetric AS | A+AS | $\overline{\mathrm{AAS}}$ | | :o o:<br>:x x: | |
| | c.symmetric AS | S+AS | $\overline{\mathrm{SAS}}$ | | :: oo<br>oo ::<br>SAS+ASS,ASA+SAA | |
| | c.antisymmetric SA | A+SA | $\overline{\mathrm{ASA}}$ | | ox ::<br>:: ox | |
| | c.symmetr.-antisymmetr. | S+A | $\overline{\mathrm{SA}}$ | | :o o:<br>o: :o<br>SAA+ASS,ASA+SAS | |
| | c.antisym.-symm. SA | SA+AS | $\overline{\mathrm{ASSA}}$ or $\overline{\mathrm{SAAS}}$ | | o: :o<br>:x x: | |
| 7 | c.symmetric SAS | S+SASA | $\overline{\overline{\mathrm{SSAS}}}$ | 8 | :o :x o: x:<br>:: :: oo xx | coupled single-core and three-core modes: anticlockwise commutation of mode pattern |
| | c.symmetric ASS | S+ASSA | $\overline{\overline{\mathrm{SASS}}}$ | | o: :o<br>:: oo | |
| | c.symmetric ASA | S+ASAS | $\overline{\overline{\mathrm{SASA}}}$ | | :: oo<br>o: :o | |
| | c.symmetric SAA | S+SAAS | $\overline{\overline{\mathrm{SSAS}}}$ | | :: oo<br>:o o: | |
| | c.antisymmetric SAS | A+SAS | $\overline{\overline{\mathrm{ASAS}}}$ | 4 | :: ox<br>o: :o | |
| | c.antisymmetric ASS | A+ASS | $\overline{\overline{\mathrm{AASS}}}$ | | :: xo<br>:o o: | |
| | c.antisymmetric ASA | A+ASA | $\overline{\overline{\mathrm{AASA}}}$ | | :o o:<br>:: xo | |
| | c.antisymmetric SAA | A+SAA | $\overline{\overline{\mathrm{ASAA}}}$ | | o: :o<br>:: ox | |
| | c.sym.-antisym. SAS | SA+SAS | | 8 | :: ox<br>:o o: | clockwise c.singlecore mode pattern commutation |
| | c.sym.-antisym. ASS | SA+ASS | | | :: xo<br>o: :o | |
| | c.sym.-antisym. ASA | SA+ASA | | | o: :o<br>:: xo | |
| | c.sym.-antisym. SAA | SA+SAA | | | :o o:<br>:: ox | |
| | c.antisym.-sym. SAS | AS+SAS | | 4 | o: :x<br>:: oo | |
| | c.antisym.-sym. ASS | AS+ASS | | | :o x:<br>:: oo | |
| | c.antisym.-sym. ASA | AS+ASA | | | :: oo<br>:o x: | |
| | c.antisym.-sym. SAA | AS+SAA | | | :: :: oo xx<br>o: x: :x :o | |

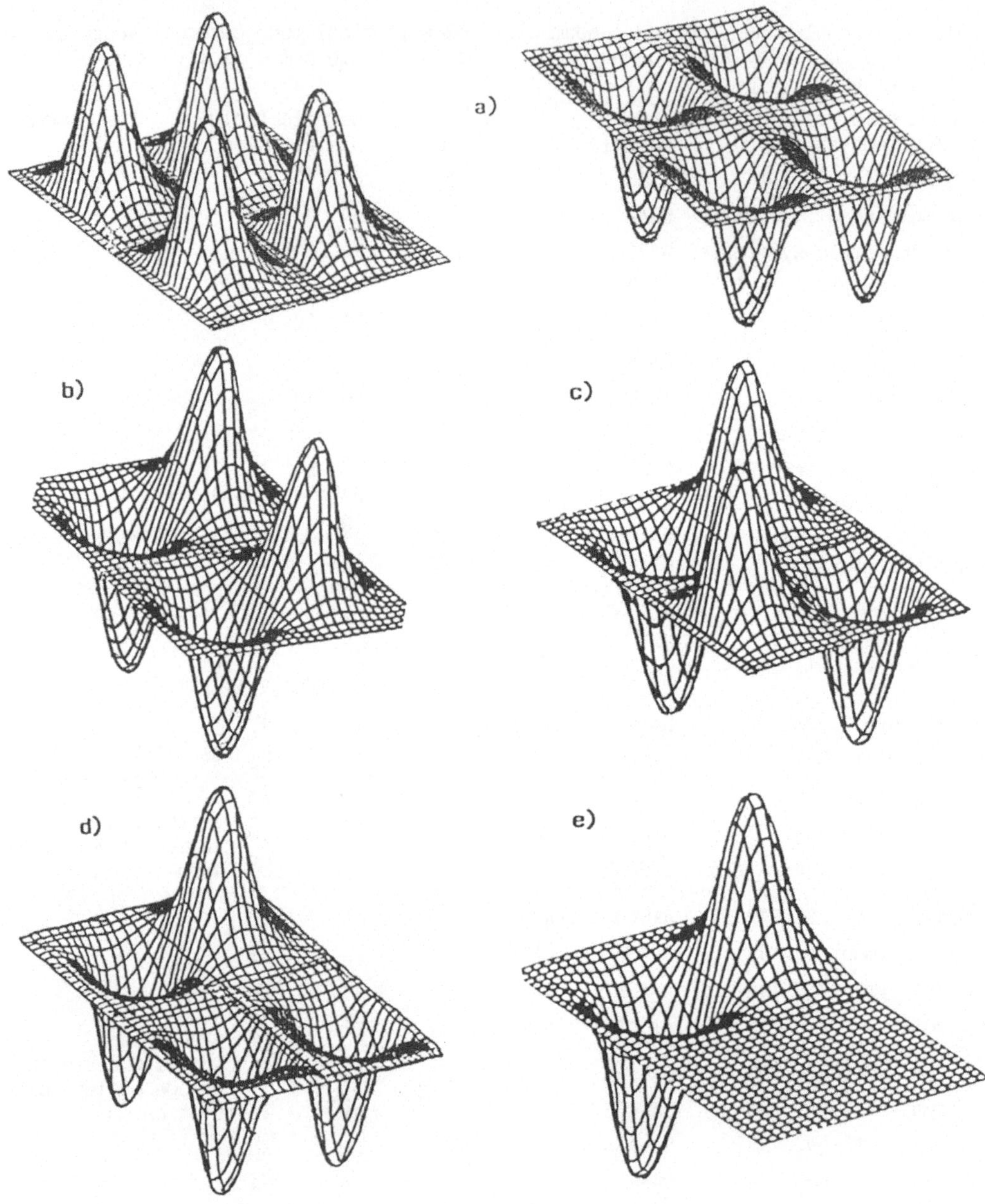


Fig.1. Computer generated fundamental mode field distributions (field profiles) in a single-mode quadruple-core optical fibre.

a) fundamental symmetric mode (S)
b) fundamental symmetric-antisymmetric mode (SA)
c) fundamental antisymmetric mode (A)
d) fundamental symmetric SA mode (SAS)
e) coupled antisymmetric SA mode ($\overline{ASA}$) = SAS + ASS

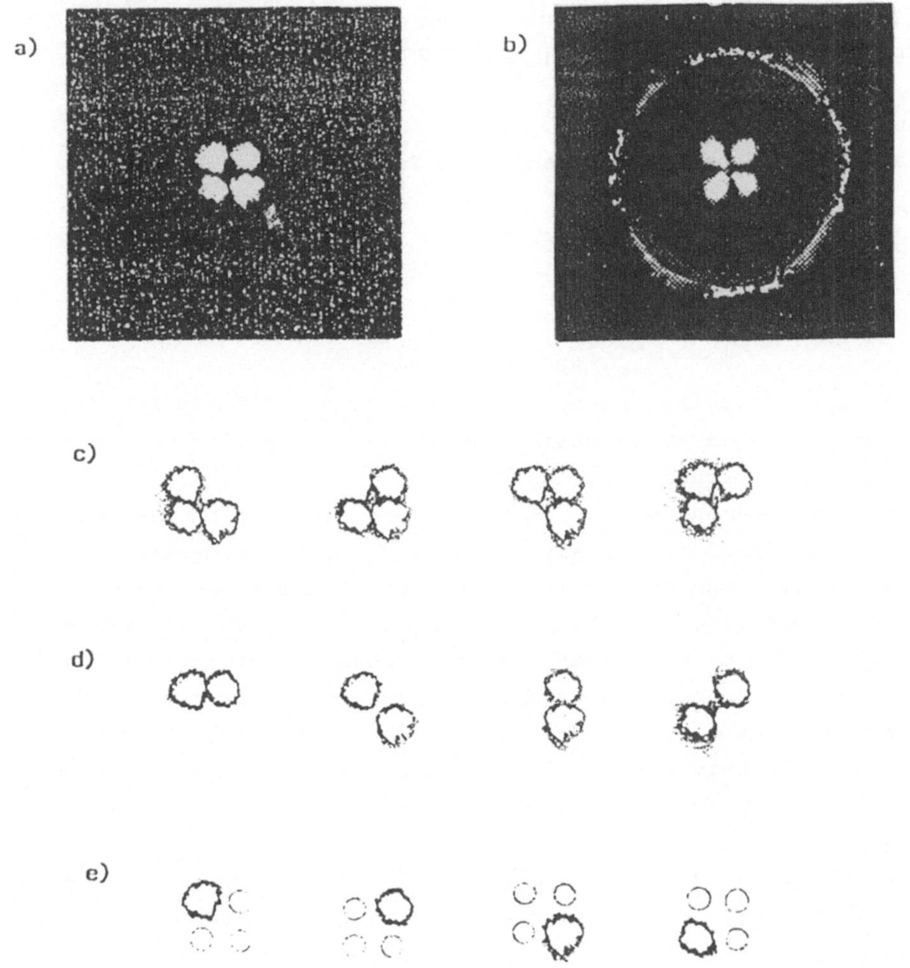


Fig.2. Photographs of near field patterns of noncoupled and coupled fundamental modes in a single-mode **quadruple-core optical fibre** (manufacturer Glass Works of Białystok, Dept. of Fibre Optics, courtesy of dr J. Dorosz),
data: core diameters 2,5μm, core separations 2,5μm, NA=0,05 quasi-step-index profile, technology MZD, soft optical glass, ultrapure glass buffer adjacent to the cores Øb=38μm, Øext=125μm,
**a)** symmetric fundamental mode of a quadruple-core optical fibre (S-mode), normalized frequency V=2,5, spot diameters 3μm, spot separations approximately 0,5-1μm,
**b)** antisymmetric fundamental mode (A-mode), normalized frequency V=2,0, spot diameters 4μm, spot separations 0,1-0,5μm, slightly different spot shape of A-mode is visible against S-mode,
**c)** coupled threecore modes excited in a quadruple-core single-mode optical fibre; anticlockwise commutation of a dark core by the succession of modes: SSAS,SASS,SASA, SSAS,
**d)** coupled twincore modes; pair commutation: $\overline{SAS}$, $\overline{SA}$, $\overline{SSA}$, $\overline{SA}$,
**e)** coupled singlecore modes; clockwise commutation of a white core by the succession of modes: SASAS,SAASS,SASAA, or anticlockwise: $\overline{SSAS}$,$\overline{SASS}$,$\overline{SASA}$,$\overline{SSAS}$.

# An Optical Fibre Magnetic Field Sensor System for Measuring Low Frequency Fields

Liu Yanbing
Huazhong University of Science and Technology

Zhang Jinru
Wuhan University of Technology

ABSTRACT

This paper describes an optical fibre magnetic field sensor system,developed by us oased on previous wored, for measuring D.C. or low frequency fields.

In the measurement of low frequency magnetic fields based on the principle of magnetostriction, such as the magnetic field of the earth, one of the main problems is the noise induces by the temperature fluctuations and low frequcncy vibrations. These low frequency noises can be reduced by letting the signal field to be carried by a high frequency carrier, provided by an oscillator. This was done in the work of P. Zhanzucchi [1]. In this system, two magnetostrictive rods were used as sensor head in order to maintain some balance of the two arms.

Based on this and other wored[1], [2], [3], we develop a sensor system which uses only one magnetostrictive rod , instead of two, as sensor head. Our system has the main advantages of the system of Zhanzucchi, but is much simply in its structure.

## DESCRIPTION OF THE SENSOR HEAD

The block diagram of our field sensor system is shown in Fig. 1. In this system, as usual, a two-arm Mach-Zehnder fiber interferometer is employed. But different from that of Zhanzucchi, the present system uses only one magnetostrictive rod coupled to the optical fibre as the sensor head. A coil, driven by an oscillator with frequency $\omega_0$, is would about the sensor rod to provide a bias field superimposed on the ambient signal field. Let the ambient signal field by Hx, the bias field provided by the coil be $H_0 \cos \omega_0 t$, with $\omega_0$ much higher than the frequency of the signal field Hx, then the totalfield applied to the sensor head is

$$H = Hx + H_0 \cos\omega_0 t \tag{1}$$

Now, assume that the change in fiber length per unit length $\Delta L/L$ of the sensor head produced by magnetostrictive materials, is an even function of the applied field H, neglecting high power term , we have approximately[1]

$$\frac{\Delta L}{L} = K\,H^2 \tag{2}$$

Substituting (1) in (2), it gives

$$\frac{\Delta L}{L} = K(Hx + H_0\cos\omega_0 t)^2 = \frac{1}{2}KH_0^2 + KH_x^2 + 2KHxH_0\cos\omega_0 t + \frac{1}{2}KH_0^2\cos 2\omega_0 t \tag{3}$$

In this way, the signal field Hx to be measured is made to be a modulating signal carried by a high frequency carrier $H_0\cos\omega_0 t$. Since $\omega_0$ is much higher than the frequency of Hx, comparing with the term $2KHx\ H_0\cos\omega_0 t$, $\frac{1}{2}KH_0+KH_x^2$ is the low frequency part, therefore for the detection of Hx and the reduction of low frequency noises, a high-pass filter much be used.

It should be stressed that, the noises, not arised from magnetic origin, such as the low frequency thermal and acoustic disturbances, can not be carried by the high frequency carrier $H_0\ \cos\omega_0 t$, as may be seen from equations (1),(2) and (3) therefore can be separated from the magnetic signal. This is the main feature of this approach. The second point is that, by using a AC bias field provided by the oscillator,the magnetostrictive rod will be continuously demagnetized, and as a result, the effects of the residual magnetization prior to the operation of the system can be removed.

## DESCRIPTION OF THE DETECTION SYSTEM

In our phase detection system, two feedback loops are employed, as shown in Fig.1. One is the feedback PZT modulation, which will keep the interferometer to operate at the quadrature point and thereby maintain the output as a linear function of input signal field Hx. The second is the compensation field, $H_c$, provided by the feedback compensation coil, which will compensate the signal field Hx and thereby reduces the effects of hysteresis is phenomena ]3].

A high pass filter is placed before the lock-in amplifier to filter away the low frequency part, $\frac{1}{2}KH_0^2+KH_x^2$, of equation(3). Therefore the input of the lock-in amplifier is proportional to $(2KHxH_0\cos\omega_0 t+\frac{1}{2}KH_0^2\cos 2\omega_0 t)$.

The lock-in amplifier plays the role of a demodulator as shown in Fig. 2. The two inputs, one, $2KH_xH_0\cos\omega_0 t+\frac{1}{2}KH_0^2\cos 2\omega_0 t$, comes from the high-pass filter, the other, $H_0\cos\omega_0 t$, comes from the oscillator, are multiplied in the lock-in amplifier to give rise to

$$2(KHxH_0\cos\omega_0 t + \frac{1}{2}KH_0^2\cos 2\omega_0 t)H_0\cos\omega_0 t$$

$$=2KH_0^2Hx + \frac{1}{4}KH_0^3\cos\omega_0 t+ KH_0^2Hx\cos 2\omega_0 t + \frac{1}{4}KH_0^3\cos 3\omega_0 t$$

Since $\omega_0$ is much higher than the frequency of Hx, passing through a low-pass filter, the output of the lock-in amplifier is proportional to $KH_0^2Hx$. The signal field Hx can therefore be detected.

## CONCLUDING REMARKS

The system developed here based on the previous works is capable of measuring DC as well as AC low frequency fields. It is of high sensitivity and high signal to noise ratio. It has the main advantages of the system Zanzucchi, but is much simply in the structure.

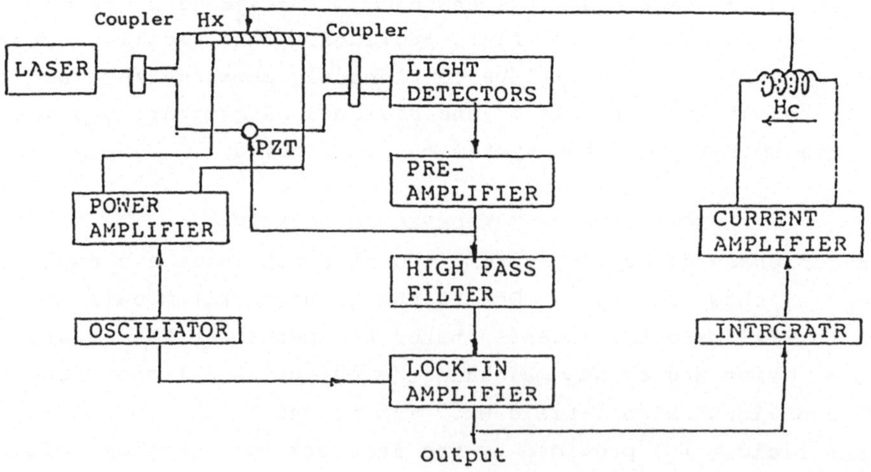


Fig. 1

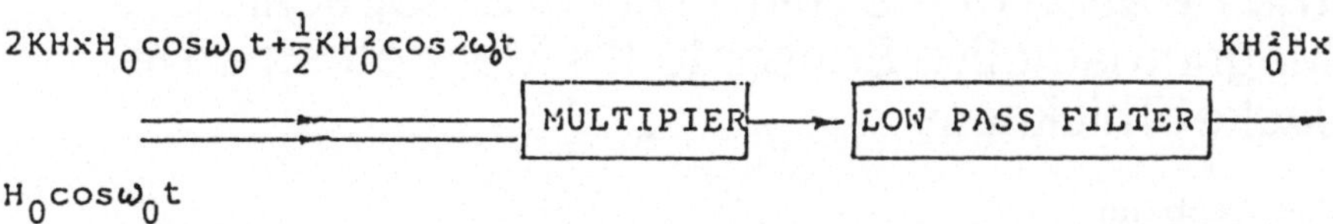


Fig. 2.

REFERENCES

[1] P.Zanzucchi, Optical fiber magnetometer for measuring D.C. and low frequency fields, U/S. Patent, Patent Number 4587487, May 6, 1986.

[2] K. Fritsch and G. Adamovskey, Single circuit for feedback stabilization of singlemode optical fiber interferometer, Rew. Sci. Instrum, 52 (7) July 1981 996.

[3] C.J. Nielsen, All fiber magnetometer with magnetic feedback compensation, 286/SPIE Vol. 566 Fiber Optical and Laser Sensor III (1985).

# The Relation of the Sensitivity of an Optical Fibre Magnetostrictive Sensor to It's Magnetostrictive Jacket Thickness

Liu Yanbing

Huazhong University of Science and Technology

Zhang Jinru

Wuhan University of Technology

Abstract

The relation of the sensitivity of an optical fibre magnetostrictive sensor to its magnetostrictive jacket thickness has been investigated in detail in this paper. Starting with the general formula for the magnetostrictive strains, we may obtain the common strain of the fibre glued with a magnetostrictive jacket by the application of the condition of mechanical equilibrium, afterwards, an explicit expression of the relation of sensitivity to jacket thickness is given according to the formulas of photoelastic theory.

## I. INTRODUCTION

Optical fibre magnetostrictive sensor was first proposed by A. Yariv and H. Winsor. However in their original paper[1], the effect of optical fibre on the magnetostrictive strains has not been taken into account. In other words, they only considered the limiting case of infinite jacket thickness or of infinitesimal fibre radius. Afterwards, J. Jarzynski and others[2] studied this effect, they considered the case of finite jacket thickness and finite fibre radius to find out the relation of the sensor sensitivity to its jacket thickness. However, they obtained only some curves, and no explicit expression for this relation has been given.

The relation of the sensitivity of an optical fibre magnetostrictive sensor to its magnetostrictive jacket thickness has been investigated in detail in this paper. Starting with the general formula for the magnetostrictive strains, we may obtain the common strain of the fibre glued with a magnetostrictive jacket by the application of the condition of mechanical equilibrium, afterwards, an explicit expression of the relation of sensitivity to jacket thickness is given according to the formulas of photoelastic theory.

## II. MAGNETOSTRICTIVE STRAINS

Assume that the magnetic field H is along the z-axis, the general formula for the strains of the magnetortrictive material may be expressed as[2]

$$S_1 = \frac{1}{E^H}T_1 - \frac{\sigma}{E^H}T_2 - \frac{\sigma}{E^H}T_3$$
$$S_2 = -\frac{\sigma}{E^H}T_1 + \frac{1}{E^H}T_2 - \frac{\sigma}{E^H}T_3 \quad (1)$$
$$S_3 = -\frac{\sigma}{E^H}T_1 - \frac{\sigma}{E^H}T_2 + \frac{1}{E^H}T_3 + d_{33}H$$

where S and T are strains and stresses respectively, $E^H$ and $\sigma$ are Young's modulus and Poissen's ratio, and

$$d_{33} = \left(\frac{\partial S}{\partial H}\right)_T .$$

When the magnetostrictive material is in a free body condition, we have

$$T = 0$$

one thus obtains from (1)

$$S_3 = d_{33}H = \varepsilon_0 , \quad (2)$$

and we call this strain $\varepsilon_0$ the free magnetostrictive strain. When the magnetostrictive material is glued together with an optical fibre, as shown in fig. 1,

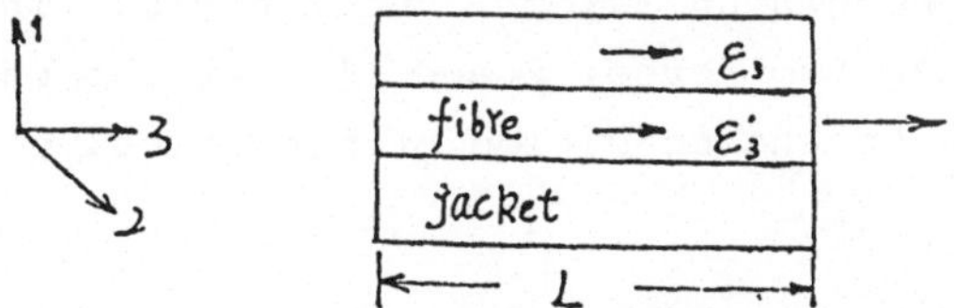


Fig.1. Optical fibre and its magnetostrictive jacket

due to the constraints exerted by the fibre, we should have

$$T_3 \neq 0 , \qquad T_1 = T_2 = 0 ,$$

then equation (1) becomes

$$S_3 = \varepsilon_3 = \frac{1}{E^H} T_3 + d_{33} H , \tag{3}$$

and we call this strain $\varepsilon_3$ the constraint magnetostrictive strain. The relation between both $\varepsilon_0$ and $\varepsilon_3$ may be obtained from (2) and (3)

$$\varepsilon_3 = \frac{1}{E^H} T_3 + \varepsilon_0 \tag{4}$$

Since the magnetostrictive jacket is firmly glued with the optical fibre, the strain $\varepsilon_3'$ of the optical fibre must be equal to the strain $\varepsilon_3$ of the magnetostrictive jacket, namely

$$\varepsilon_3 = \varepsilon_3' \tag{5}$$

However

$$\varepsilon_3' = \frac{1}{E^F} T_3'$$

where $T_3'$ is the stress of the optical fibre and $E^F$ is the Young's modulus of the fibre. Thus from (5) we have

$$\varepsilon_3 = \frac{1}{E^F} T_3' \tag{6}$$

Now, let $A^H$ and $A^F$ represent the cross section areas of the magnetostrictive jacket and the optical fibre respectively, then the elastic forces f and f' of the jacket and fibre are

$$\begin{aligned} f &= A^H T_3 \\ f' &= A^F T_3' \end{aligned} \tag{7}$$

For simplicity but without loss of generality, we may assume the thickness of the gluing layer is negligible. Therefore, there are altogether two forces f and f' exerting on our system, and according to the condition of mechanical equilibrium, it should be

$$f + f' = 0$$

namely

$$A^H T_3 = -A^F T_3' \tag{8}$$

with the use of (6), it gives

$$A^H T_3 = -A^F E^F \varepsilon_3 \tag{9}$$

Finally, the relation between $\varepsilon_3$ and $\varepsilon_0$ may be obtained from (4) and (9)

$$\varepsilon_3 = \frac{E^H A^H}{E^H A^H + E^F A^F} \varepsilon_0 \tag{10}$$

## III. SENSITIVITY

Note that the strain $\varepsilon_3$ computed in (10) is the strain of the optical fibre induced by the magnetostrictive jacket. This strain produces two effects, one is the change of the fibre length L, increased by an amount $\Delta L$, the other is the change of refractive index n, increased by an amount $\Delta n$, these in turn result in the change of phase of the light wave propagating in the fibre, the amount of change $\Delta\phi$ is

$$\Delta\phi = \frac{\omega}{c}\Delta(nL) = \frac{2\pi nL}{\lambda}\left(\frac{\Delta L}{L} + \frac{\Delta n}{n}\right) ,$$

where $\lambda$ is the light wave length in the free space, and

$$\frac{\Delta L}{L} = \varepsilon_3$$

thus we have

$$\Delta\phi = \frac{2\pi nL}{\lambda}\left(\varepsilon_3 + \frac{\Delta n}{n}\right) \tag{11}$$

In order to compute $\Delta n$, use is made of some related formulas of the photoelastic theory[1]

$$\left[\frac{1}{n^2}\right]_i = \sum_{j=1}^{6} P_{ij}\, \varepsilon_j , \qquad i, j = 1,2,\ldots 6$$

where $P_{ij}$ is called the photoelastic tensor, and $\varepsilon_j$'s are the six components of the strain tensor. Here we take[1]

$$P_{11} = P_{22} = P_{33} , \quad P_{12} = P_{21} = P_{13} = P_{23},$$

$$\varepsilon_1 = \varepsilon_2 = -\frac{1}{2}\varepsilon_3$$

and the shearing strains $\varepsilon_4 = \varepsilon_5 = \varepsilon_6 = 0$, thence we obtain

$$\Delta[\frac{1}{n^2}]_1 = \Delta[\frac{1}{n^2}]_2 = (P_{11} + P_{12})\varepsilon_1 + P_{12}\varepsilon_3$$

This gives

$$\Delta n_1 = \Delta n_2 = -\frac{n^3}{2}[(P_{11}+P_{12})\varepsilon_1 + P_{12}\varepsilon_3].$$

Since light wave is transversely polarized, $\Delta n$ in equation (11) should be taken to be

$$\Delta n = \Delta n_1 = \Delta n_2 = -\frac{n^3}{2}[(P_{11}+P_{12})\varepsilon_1 + P_{12}\varepsilon_3$$

we thus get

$$\Delta\phi = \frac{2\pi nL}{\lambda}[\varepsilon_3 - \frac{n^2}{2}[(P_{11}+P_{12})\varepsilon_1 + P_{12}\varepsilon_3]]$$

$$= \frac{2\pi nL}{\lambda}[1 - \frac{n^2}{4}(P_{12}-P_{11})]\varepsilon_3$$

Substituting (8) in the above equation, it gives

$$\Delta\phi = \frac{2\pi nL}{\lambda}[1 - \frac{n^2}{4}(P_{12}-P_{11})]\frac{E^H A^H}{E^H A^H + E^F A^F}\varepsilon_0 \tag{12}$$

Follow Yariv and Winsor [1], we take for nickel

$$\varepsilon_0 = KH^{\frac{1}{2}} \tag{13}$$

then equation (12) becomes

$$\phi = \frac{2\pi nL}{\lambda}[1 - \frac{n^2}{4}(P_{12}-P_{11})]\frac{E^H A^H}{E^H A^H + E^F A^F}KH^{\frac{1}{2}} \tag{14}$$

Now assume H is the superposition of a bias field $H_0$ and time-varying field $H_1$, with $H_0 \gg H_1$, then

$$H^{\frac{1}{2}} = H_0^{\frac{1}{2}} + \frac{H_1}{2H_0^{\frac{1}{2}}},$$

correspondingly, $\Delta\phi$ may also be expressed as the superposition of constant part $\Delta\phi_0$ and time-varying part $\Delta\phi'$. From (14), it is easy to obtain the time-varying part as follows

$$\Delta\phi' = \frac{2\pi nL}{\lambda}[1 - \frac{n^2}{4}(P_{12}-P_{11})]\frac{E^H A^H}{E^H A^H + E^F A^F}\frac{KH_1}{2H_o^{\frac{1}{2}}}$$

$$\frac{\Delta\phi'}{H_1} = \frac{-2\pi nL}{\lambda}[1 - \frac{n^2}{4}(P_{12}-P_{11})]\frac{KE^H A^H}{2H_0^{\frac{1}{2}}(E^H A^H + E^F A^F} \tag{15}$$

Substitute the related data[1]: $n=1.46$, $P_{11}=0.12$, $P_{12}=0.27$, $K=10^{-5}(oe)^{\frac{1}{2}}$ and $H_0=3(G)$, we then obtain

$$\frac{\Delta\phi'}{H_1} = -2.44\times 10^{-5}\left(\frac{L}{\lambda}\right)\frac{E^H A^H}{E^H A^H + E^F A^F} \qquad (16)$$

Since the cross-section area $A^H$ of the magnetostrictive material is a function of its thickness, accordingly equation (15) or (16) gives the relation between the sensitivity and the jacket thickness.

## IV. DISCUSSION

When the magnetostrictive jacket thickness is infinite or the optical fibre radius is infinitesimal, our formula (16) must go back to the formula given by Yariv and Winsor. Indeed when $A^H$ is infinite or $A^F$ is infinitesimal, it should be

$$\frac{E^H A^H}{E^H A^H + E^F A^F} \to 1 ,$$

consequently equation (16) becomes the formula given by Yariv and Winsor.

In addition, when

$$A^H \ll A^F \qquad (17)$$

we have

$$\frac{E^H A^H}{E^H A^H + E^F A^F} \to \frac{E^H A^H}{E^F A^F}$$

and equation (16) turns out to be

$$\frac{\Delta\phi'}{H_1} = 2.44 \times 10^{-5}\left(\frac{L}{\lambda}\right)\frac{E^H A^H}{E^F A^F} . \qquad (18)$$

When $A^H \ll A^F$, $A^H$ is approximately a linear function of its thickness, therefore equation (18) expresses the fact that sensitivity is a linear function of its magnetostrictive jacket thickness, a conclusion in agreement with the curve given by Jarzynski and others[2].

## LITERATURE

[1] A. Yariv and H.V. Winsor, Opt. Lett, 5, 87 (1980)

[2] J. Jarzyuski, J.H. Cole, J.A. Bucaro and C.M. Davis, Applied Optics, Volume 19, No. 22/5 November 1980.

# All-Fiber Wavelength Multiplexers

V. Annovazzi-Lodi, S. Donati
Dipartimento di Elettronica, Università di Pavia
Pavia, Italy

**Abstract.** This paper deals with the design and fabrication of monomode fiber couplers for wavelength multiplexing (WMPX) using the lapping technique. Following the guidelines of Snyder's low perturbation theory, which leads to the well-known description of power exchange between fibers in terms of a coupling coefficient and an effective interaction length, we derive the first-order correction due to the thin layer of oil or glue which is usually inserted between the fibers as an index matching element. We also discuss technological topics such as abradant characterization and depth control in the fiber machining. Experimental data are finally reported about a WMPX coupler made of standard telecommunication fiber (Pirelli SM 01) and designed for separation of the second and third transmission windows.
*This work was performed under a CNR-MADESS contract.*

## 1. Introduction

Two main application areas can be quoted for fiberoptic wavelength multiplexers (WMPX), i.e., the telecommunication field and the sensor one.

In telecommunication networks, this component can be employed both at a user and telephone exchange level in order to implement a full duplex interconnection on the same fiber or to allocate channels at different wavelengths thus increasing the available bandwidth. The main requirements of these applications, i.e., very low insertion loss and low unit cost, are matched by the well-known fusion technique. Optical couplers based on the fused biconical tapered structure [1] have been commercially available since a few years; this approach has prooven suitable for mass production, because of high yield and short machining times.

As for sensor applications, WMPX couplers allow to build multihead remote sensing on a single fiber or to implement sensor configurations where the phisical quantity to be measured is transduced into a wavelength-dependent modulation of an optical parameter. In this context, one must often use special birefringent fibres, such as bow-tie or panda, to preserve the polarization characteristic of the guided radiation. In this case, the lapping technique can be advantageously employed as it allows to machine fibres without completely releasing their built-in stress distribution. Another advantage of this approach is easy tuning of the splitting ratio vs. wavelength, a characteristic which can be available, if desired, even on the finished unit. Finally, the lapping technique involves a lower initial cost and an easier setting up of the machining parameters.

## 2. Theoretical background and coupler design

To design WMPX couplers, we started from the results of the perturbation theory by Snyder under the weakly guiding approximation [2]. A schetch of the coupler geometry is shown in Fig.1. Each fiber is cemented on a glass holder of bending radius R, thus making a half coupler. A part of the clad is removed so as to allow the cores to be close to each other at a minimum distance $d_0$; after trimming of position, the holders are cemented thus obtaining the whole coupler. It is found [2,3] that when an ideal lossless coupler is fed into port 1 by a power $P_1$, the power output from the other ports is:

$$P_3/P_1 = 1-\eta = \cos^2 ( C_0 L ) \quad (1)$$

$$P_4/P_1 = \eta = \sin^2 ( C_0 L ) \quad (2)$$

$$P_2 = 0 \quad (3)$$

In these equations, $C_0$ is the coupling coefficient evaluated at the minimum core-to-core separation $d_0$ and L is the so-called effective interaction length. These parameters can be expressed as [2,3]:

$$C_0 = (\pi \delta / w d_0 a)^{1/2} (u^2 / v^3) \exp( -w d_0 /a) / K_1 (w) \quad (4)$$

$$L = (\pi R a / w)^{1/2} \quad (5)$$

where v,u,w are the guiding parameters of Gloge's theory and d is the normalized index difference, while $K_1$ is the modified Bessel's function.

Once the fiber has been choosen, R and $d_0$ are the degrees of freedom that are left available for the design. This can be made from a collection of plots of $\eta$ vs. $d_0$ obtained from eqs. (1) through (5) entering the parameters of a given fiber. It is found that too small values of R result in a monomode trend of $\eta$ vs. $d_0$ so that complete $\lambda$ separation is not possible. On the other hand, too high values of R are unpractical as they require a very accurate control of the lapping process and of trimming. As an example, we report here on the design of a WMPX coupler for the division between the second and third transmission windows ($\lambda$=1300,1550 nm) made of a standard monomode fiber (Pirelli SM 01). The solution that was choosen by the above stated considerations, i.e., R=1m, $d_0$= 9.9$\mu$m, is shown in Fig.2 (full lines).

## 3. The intermediate layer

When the coupler is being assembled, an index matching fluid is put between the half couplers to compensate for the even small defects and/or lack of conformity of the polished surface.

Let $\Delta n$ the refractive index gap between the intermediate symmetrical layer of thickness d' and the fiber clad. As it is shown in detail in a different paper [4], this discontinuity results in a change of the coupling coefficient $C_0$ while L remains unchanged. If we first consider two straight parallel fibers at distance $d_0$ which are electromagnetically well separated so that their fundamental mode profile is essentially unmodified, the small perturbation theory apply, and further assuming $d' \ll d_0$ and $|\Delta n| \ll 1$, a simple analytical result is found for the first-order correction to $C_0$:

$$\Delta C=(1/2a)\ K\ d'\ \Delta n\ u^2/(v^2\ w)\ K_0(\ wd_0/a)/\ K_1{}^2(w) \qquad (6)$$

Reverting to the bent structure of a real coupler, where $d_0$ is now the minimum fiber distance and C is a function of z, we define, as usual:

$$C_0'\ L=\int_{-\infty}^{+\infty} C(z)\ dz \qquad (7)$$

Under umperturbed conditions, $C_0'=C_0$, as given by eq. (4). When the intermediate layer is present, C(z) in eq. (7) must be added the supplementary term $\Delta C$. Developping the integral using the asymptotic approximation for $K_0$, we finally get :

$$C'_0=C_0(\ 1+h\ ) \qquad (8)$$

$$h=(\ v\ d'\ \Delta n\ \pi)/(w\lambda\ \sqrt{2\delta}) \qquad (9)$$

We point out how this first-order correction does not depend on R and $d_0$ but only on the fiber guiding parameters and normalized index difference $\delta$.

In Fig. 2 (dotted lines) we report the correction on $\eta$ vs. $d_0$ at both wavelengths of interest due to an index matching layer 0.5 $\mu$m thick with $\Delta n= -10^{-2}$. As both plots are translated approximately of the same amount, we can conclude that, in this case, the multiplexer characteristics are not sensibly modified and we only require to trim on a different value of $d_0$ during positioning.

## 4. Fabrication Procedure

To give the fiber the desired bending radius R, glass plates of approx. 50 x 10 x 2 mm were used as holders on which the uncoated fiber was glued (see Fig.1). These half-couplers were then machined using a standard lapping unit with a rotating plate and a moving arm fitted with a special clamp.

Both diamond and alumina were tested as abradants. Diamond slurry as small as 1$\mu$m in particle size gave a number of fiber breakages, while a still finer size resulted in very long machining sessions. We therefore reverted to alumina powder (1$\mu$m ) dispersed in water and used on rigid cloth discs which prooved to be adequate as for finish quality, machining time and yield. This powder was characterized in detail. In Fig.3 the removed depth is plotted as a function of time for a number of fiber samples. The first part of the plot is highly nonlinear and corresponds to a condition of rapidly varying pressure, since the weight on the machine arm is constant while the section is increasing. The second part exhibit a quasi-linear trend. The following relation has been found to fit well the experimental data :

$$s=h\ v\ p^{\alpha}\ \phi^{\beta} t \qquad (10)$$

where v is the plate speed (turns / min), p is the pressure (Kg / $cm^2$ ), $\phi$ is the alumina particle size ($\mu$m ), t is the elapsed time (hours) and:

$h=1.2 \quad \alpha=0.3 \quad \beta=0.45.$

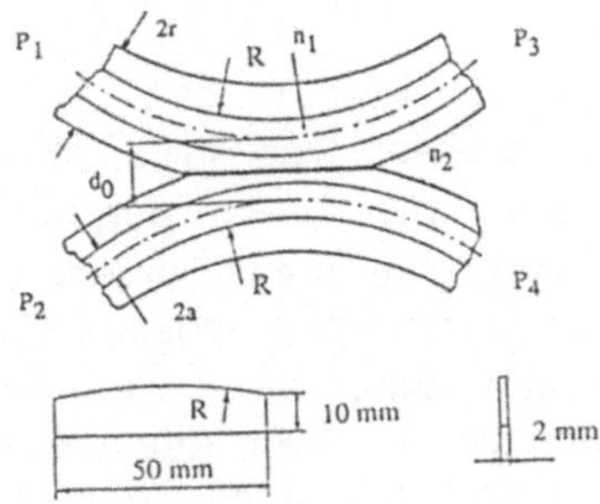


Fig.1 Geometry of a coupler

and of its holder.

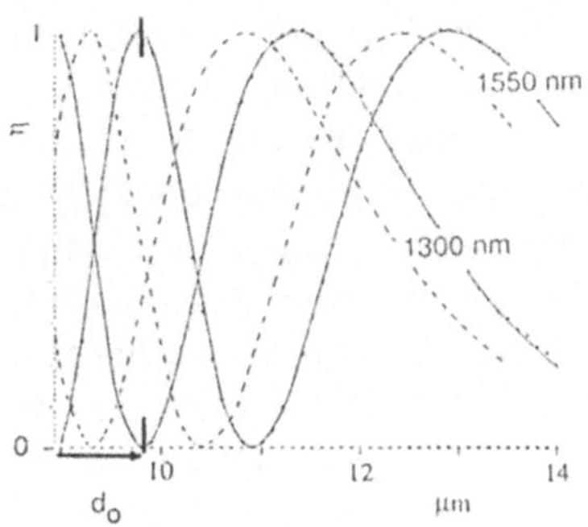


Fig.2 Diagram of $\eta$ vs. $d_0$ for R=1m (full lines); correction for $\Delta n\ d' = 5\ 10^{-9}$ (dotted lines).

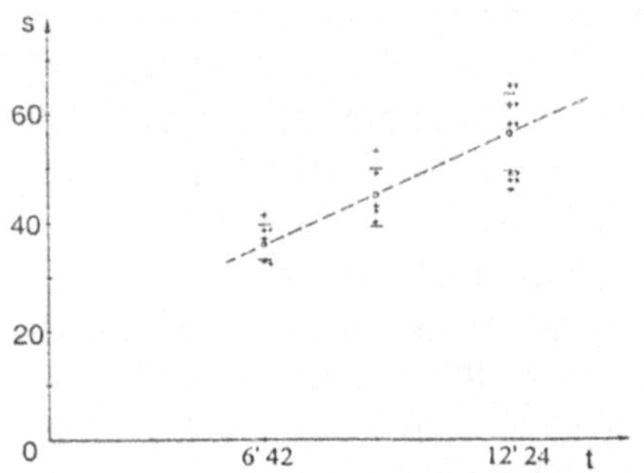


Fig.3 Experimental diagram of s vs. t.

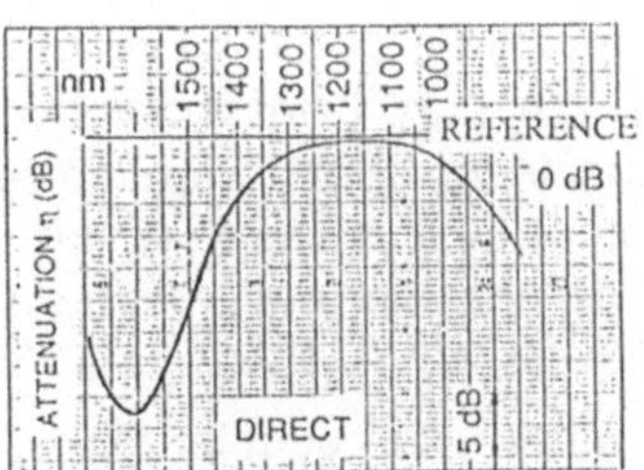


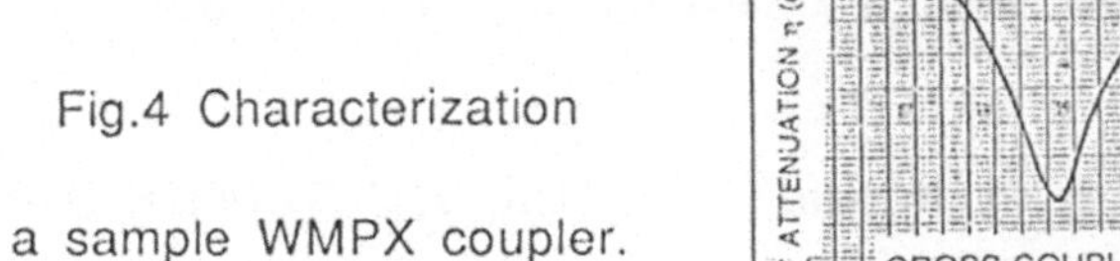


Fig.4 Characterization

of a sample WMPX coupler.

This fit was made around the values:

$v = 100$ turn / min $p = 20$ Kg / cm$^2$ $\phi = 1\ \mu$m.

To build the half-couplers, one obviously needs a procedure to control the removed depth of the fiber during lapping. Our interest was in a rapid diagnostic method ensuring a precision of less than 1$\mu$m. Very accurate methods are reported in literature which involve, e.g., the measurement of the power extracted from the fiber by oils of different refractive indexes [5]; however, they were found to require too much time as a routine characterization. A direct measurement of the transmitted power attenuation during lapping [6], though well-suited with diamond particles in oil on metal plates was not found to be easy to implement in our case since the power output exhibited strong fluctuations as the machine arm moved back and forth during lapping.

We therefore made up a different procedure involving time-discrete measurements. The fiber, after washing and drying, was fed by a He-Ne laser ( $\lambda$ =630 nm ) and the ratio was calculated between the transmitted power with and without an absorber put in close contact with the polished surface. This ratio was found to be very sensitive to the machining depth s in the region of interest. In addition, a high repetibility of the power launched into the fiber was not required.

After the lapping operation, the half-coupler were ready to be assembled to make the WMPX couplers. A couple of fibers were mounted with their holders on a micropositioning stage with five degrees of freedom and then put together after inserting an index-matching oil. Continous monitoring of the power output from ports 3 and 4 was made when launching at first into port 1 and then into port 2 to verify simmetrical operation. Small errors ( $\approx 1\ \mu$m ) in the machining depth were corrected in this phase by acting on the lateral displacement, i.e., varying the distance between the cores. Functional trimming of position was made using two lasers at the working wavelengths ($\lambda_1$ = 1300 nm, $\lambda_2$ = 1550 nm). Finally, after the half couplers were cemented to each other, the coupler was encapsulated and tested using a spectral attenuation analyzer.

As an illustration of the performances of the above described technique, we report in Fig. 4 the transmission curves of a sample coupler. This coupler essentially matches the design working wavelengths while exhibiting an excess loss of about 1 dB and an extinction ratio of 20 dB.

## References

[ 1 ] C. M. Lawson, P. M. Kopera, T. Y. Hsu, V. J. Tekippe, *Elec. Lett.*, Vol.23 (1984), 963-964.

[ 2 ] M. J. F. Digonnet, H. J. Shaw, *IEEE JQE* 18-4 (1982), 746-754.

[ 3 ] A. W. Snyder, *JOSA* 62-1 (1982), 1267-1277.

[ 4 ] V. Annovazzi-Lodi, in preparation.

[ 5 ] see, for instance: M. J. Digonnet et al.,*Opt. Lett.* 10-9 (1985), 463-465.

[ 6 ] S. T. Nicholls, *Elec. Lett.* 21-9 (1985), 825-826.

# Special Glasses for Optical Multimode Waveguides

Ch. Kaps and T. Possner*
Friedrich Schiller University, Department of Chemistry,
*Department of Physics, Am Steiger 3, DDR - 6900 Jena, GDR

It is well known, that glass is the most cheap material, which is available in larger planes for waveguiding components in the integrated optics (1). However, commercial crown glasses are not optimized for the generally used ion-exchange technique generating a change of refractive index in the glass surface by contact with convenient salt melts. Especially for fabrication of multimode waveguide systems sufficiently matched the refractive index profiles of 50 $\mu$m-graded-index fibres, commercial glasses are not optimized concerning the depth of the ion-exchange and also the change of the refractive index (with the exception of the crown-flint glass KF 3, ref. 2, 3, 4). Therefore in the last years special glasses have been developed for the exchange of alkali ions by thallium or silver cations (5, 6).
Only the $Tl^+$ and $Ag^+$ ions from the group of the singly charged cations are characterized by a sufficiently high electronic polarizibility and electrochemical mobility in oxide glasses as the above named preconditions for generation of multimode waveguides. The Na/Ag exchange is favoured because of the strong toxicity of thallium-containing salt melts. But the $Ag^+$ ions tend to a reduction in the glass by impurities as $Fe^{2+}$ or $As^{3+}$ introduced by the raws in the glass fabrication. The reduced silver forms colloidal precipitations causing coloration effects with a disadvantageous attenuation ($\gtrsim 1$ dB $\cdot$ cm$^{-1}$). Beside the well-known demands for high-purity in starting materials, the development of optical glasses for low lost waveguides is confronted with a qualitative new situation. The special glasses for the integrated optics must fulfil a pronounced combination of conventional optical properties ($n$, $\nu$ , $\tau_i$) with ion-transport parameters (e.g. diffusion coefficient D). The diffusive transport of the alkali ions in the glass is also the relevant process for questions of the chemical stability during grinding or polishing of the glass surface and resolution of metallic masks (Ti, NiCr), which are necessary for micro-fabrication.
We have investigated glasses of the alumo-boro-silicate type with a

$Na_2O$ content higher than 15 mol% and tested their Na/Ag exchange behaviour with respect to multimode components. In tab. 1 selected parameters of the special glasses A, B, C and D are compared with those of the commercial crown glasses BK 7 and KF 3 and new SCHOTT glasses BGG 35 and BGG 31 for multimode waveguides (6).

| Glass | Tg $^{o}C$ | $\varrho$ $g \cdot cm^{-3}$ | HS* $ml \cdot g^{-1}$ | $c_{Na}$ $10^{22} \cdot cm^{-3}$ | $n_d$ | $\sigma(Tg)$ $\Omega^{-1} cm^{-1}$ | $\tilde{D}_{Na/Ag}(360^{o}C)$ $cm^2 \cdot s^{-1}$ |
|---|---|---|---|---|---|---|---|
| A | 490 | 2.38 | 1.84 | 1.13 | 1.5119 | $6.3 \cdot 10^{-4}$ | $6.3 \cdot 10^{-10}$ |
| B | 560 | 2.44 | 0.77 | 1.02 | 1 5113 | $2.5 \cdot 10^{-3}$ | $2.5 \cdot 10^{-9}$ |
| C | 530 | 2.39 | 2.52 | 0.98 | - | - | - |
| D | 540 | 2.38 | 0.10 | 0.82 | 1.5027 | $5.0 \cdot 10^{-4}$ | - |
| BK 7 | 540 | 2.53 | 0.31 | 0.44 | 1.5167 | $1.6 \cdot 10^{-5}$ | |
| KF 3 | 460 | 2.57 | 0.80 | 0.81 | 1.5143 | $1.6 \cdot 10^{-4}$ | |
| BGG 35 | | | | | 1.5282 | | $4.8 \cdot 10^{-10}$ |
| BGG 31 | 466 | | | | 1.4756 | | $4.8 \cdot 10^{-10}$ |

Tab. 1 Selected glass parameters (* hydrolytic sensibility, TGL. 14809)

In spite of the hydrolytic stability of the glasses B, C and D the $Na^+$ mobility indicated by the electrical conductivity $\sigma$ at Tg is 30 to 150 times higher than those of the commercial glasses. Nevertheless, the Na/Ag interdiffusion coefficient $\tilde{D}_{Na/Ag}$ at 360 °C of the special glass B exceeds that of the SCHOTT types by a factor of about 5. Fig. 1 gives a survey of refractive index profiles after Na/Ag exchange in the glasses A and B, which enable max. changes of refractive index up to 0.15 and penetration depth up to about 500 $\mu m$ (for comparison Na/K exchange in BK 7, curve d, mech. stress effects, s. (7). The step-like profil e is generated by a field-assisted Na/Ag exchange in the glass B between an anode and cathode salt melt.

Fig. 2a, b demonstrates applications of the special glass B in form of a waveguiding and an optical image component.

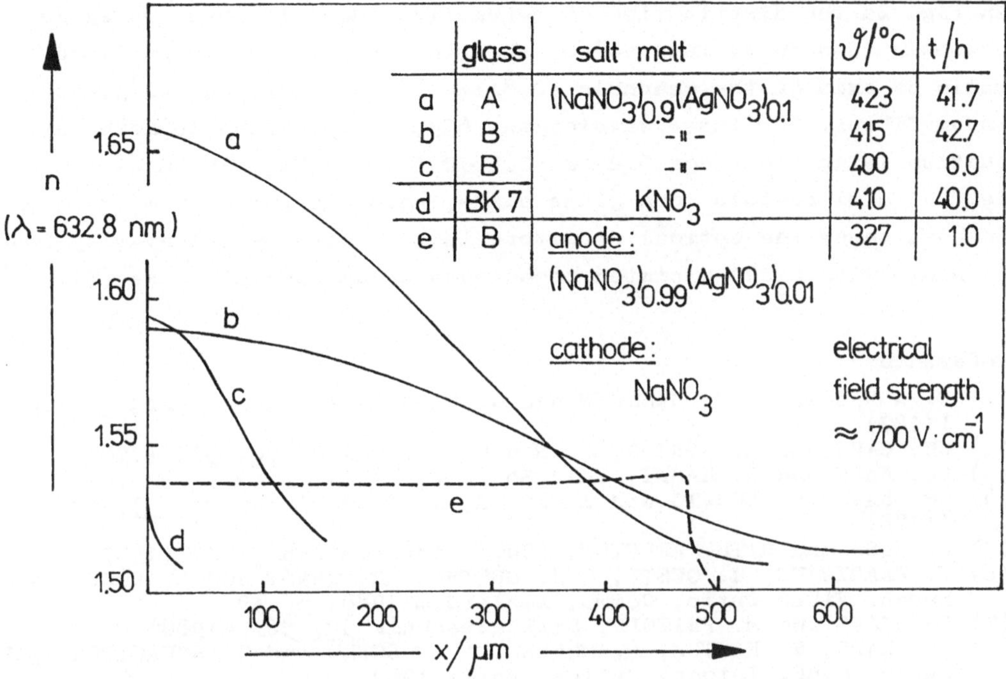


Fig. 1 Refractive index profiles (measured by RNF technique, TM mode)

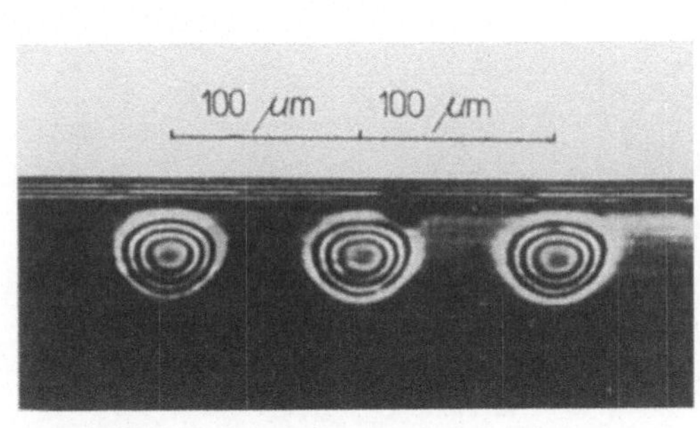


Fig. 2a Buried multimode waveguides

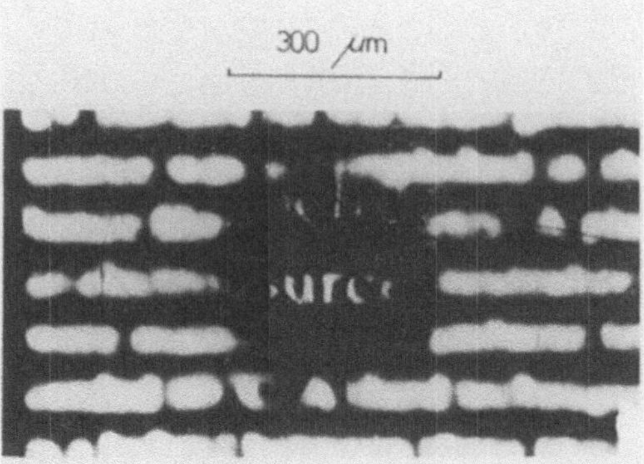


Fig. 2b Effect of a plane microlens

In Fig. 2a the distribution of refractive index in three waveguiding channels is seen by interferenz shearing-technique. The realized ratio of axis of the channels ($0.8/1 \approx 1$) is nearby that of graded-index fibres. For laser wavelengths $633 < \lambda < 850$ nm the achieved attenuation is in the range $0.2 < a < 0.5$ dB · $cm^{-1}$. Fig. 2b shows the effect of a micro-lens in a glass plate, which is put on a micro-fich. In both cases the optical structure is generated by a many-step ion-exchange with field-assisted techniques using special masks (8).

References

(1) F. AURACHER, H.F. MAHLEIN and G. WINZER, telecom report 10, 90 (1987)
(2) CH. KAPS and R. GÖRING, J. Non-Cryst. Solids 90, 573 (1987)
(3) CH. KAPS and H. KAHNT, Thin Solid Films (in press)
(4) CH. KAPS, W. LUDWIG and A. FELTZ, J. Thermal Analys. 33, 495 (1988)
(5) L. ROSS and R.TH. KERSTEN, SCHOTT information 3, 24 (1987)
(6) N. FABRICIUS, H. OESTE, H.J. GUTTMAN, H. QUAST and C. ROSS, 6th Europ. Fibre Optic, Comm., Amsterdam 1988, p. 59
(7) CH. KAPS and M. PETZOLD, Silikattechnik 33, 367 (1988)
(8) CH. KAPS, W. KARTHE, R. MÜLLER, T. POSSNER and G. SCHREITER, 5th Europ. Conf. Integr. Optics, Paris 1989

# Änderung der Eigenschaften optischer Komponenten bei Bestrahlung

H.P. Wagner, S. Borik, A. Giesen
Institut für Strahlwerkzeuge (IFSW), Universität Stuttgart
Pfaffenwaldring 43, D-7000 Stuttgart 80

Die Belastung optischer Komponenten durch Hochleistungslaser führt zu einer zeitabhängigen Variation der Eigenschaften dieser Komponenten. Die durch die Absorption bewirkte Erwärmung und deren Korrelation mit der optischen Deformation wurde mittels eines Finite-Elemente-Programms rechnerisch untersucht. Bestimmt wurden dabei zeitabhängig die räumliche Temperaturverteilung im Element, die daraus resultierende Verformung und die optische Weglängendifferenz. Die Ergebnisse werden im Vergleich mit Resultaten experimenteller Untersuchungen diskutiert.

## 1 Einleitung

Die in Hochleistungslasern und den dazugehörenden Strahlführungs- und Strahlformungssystemen eingesetzten optischen Komponenten absorbieren einen Teil der auftreffenden Strahlung und erwärmen sich infolgedessen [1,2]. Diese Erwärmung bewirkt eine zeitabhängige Variation der optischen Eigenschaften, welche die Strahlqualität und damit die Ergebnisse im Bearbeitungsprozess beeinflußt. In diesem Zusammenhang sind insbesondere das Auskoppelfenster des Lasers sowie die Bearbeitungsoptik zu nennen [3]. Es ist daher unabdingbar, das Verhalten der Optiken zu kennen und beschreiben zu können, um letztendlich die resultierenden Phänomene zu beherrschen.

## 2 Theoretische Untersuchungen

Die Berechnungen werden mit einem Finite-Elemente-Programm durchgeführt, wobei

- die Energieverteilung des Laserstrahls,
- die Absorption der Oberflächen (-beschichtungen) und
- die Absorption im Substrat

vorgegeben werden. Aus diesen Daten wird zunächst die pro Flächen- bzw. Volumenelement eingebrachte Energiemenge berechnet. Das Finite-Elemente-Programm errechnet daraus zusammen mit den Stoffeigenschaften die Temperaturverteilung. Hierbei gehen als weitere Parameter die Kühlvorgänge ein. Die Kühlung kann einerseits durch konvektiven Wärmeübergang in das mit den Oberflächen in Kontakt stehende Umgebungsgas und andererseits durch Wärmeleitung in die Fassung oder Konvektion über die Kühlflüssigkeit erfolgen. Die Energieabgabe über Wärmestrahlung kann hier vernachlässigt werden. Aus der Temperatur folgen mit dem thermischen Ausdehnungskoeffizienten und der Temperaturabhängigkeit der Brechzahl die mechanische Ausdehnung und die Änderung der Brechzahl. Diese Berechnungen werden zu mehreren Zeitpunkten nach "Beginn der Bestrahlung" durchgeführt.

Von besonderem Interesse für den Einsatz der Komponenten im Laserstrahl ist neben der Temperaturverteilung, die in Bild 1 in Form der Isothermen dargestellt ist und aus der die zulässige Belastung der Komponenten abgeleitet werden kann, die Variation der optischen Eigenschaften, bedingt durch die Änderung des optischen Wegintegrals. Dieses lautet

$$\overline{OP} = \int_0^{L(T)} n(T)\, dl,$$

wobei neben der mechanischen Ausdehnung die Temperaturabhängigkeit der Brechzahl zu berücksichtigen ist [2,4,5,6]. Das Wegintegral wird entlang geradliniger Bahnen parallel zur Symmetrieachse ausgewertet und ebenfalls als Funktion der Zeit dargestellt. Mittels dieser Daten kann dann unmittelbar die Phasenfrontdeformation in Einheiten der Wellenlänge des Laserlichtes abgelesen und die effektive Brennweite einer solchen "thermischen Linse" berechnet werden. Bild 2 zeigt die Änderung des Wegintegrals für verschiedene Zeitschritte über dem Radius aufgetragen.

## 3 Experimentelle Untersuchungen

Zum Vergleich und zur Absicherung der berechneten Daten wurden verschiedene Proben (transmittierende und reflektierende) unter definierten Bedingungen (Laserleistung, Strahldurchmesser, Intensitätsverteilung, Geometrie der Kühlung) interferometrisch vermessen. Bei allen Proben wurde zunächst die Absorption bei den im späteren Versuch realisierten Bedingungen bestimmt. Die im Interferometer gemessene Phasenverschiebung wurde dann sowohl als Funktion des Ortes als auch der Zeit ausgewertet.

In Bild 3 sind Meßergebnisse für ein ZnSe-Fenster im Vergleich mit den rechnerischen Ergebnissen dargestellt. Während die Zeitkonstante und die Flanken durch die Rechnung gut wiedergegeben werden, treten auf der optischen Achse Diskrepanzen von 10 bis 20% auf. Sie sind durch ungenügende Kenntnis der Materialparameter [4,5] sowie durch nur näherungsweise Berücksichtigung der tatsächlichen Intensitätsverteilung und des Strahldurchmessers begründet.

Bild 4 gibt die gerechneten und die gemessenen Werte für einen unbeschichteten OFHC-Kupferspiegel wieder, es zeigt sich sowohl in bezug auf die Deformation wie auch auf die Zeitkonstante eine gute Übereinstimmung. Der in Bild 5 vorgenommene Vergleich zwischen Kupferspiegeln und Optiken aus ZnSe macht folgendes deutlich:

- ZnSe: Die optische Deformation beträgt 5...10 $\mu$m. Die Zeitkonstante, mit der sich diese Deformation einstellt, liegt im Bereich von ca. 30 sec und damit im Zeitbereich zahlreicher Bearbeitungsprozesse.

- Kupfer: Die Deformation erreicht nur 0,1 bis 0,2 $\mu$m entsprechend 1/100 der Wellenlänge bei 10,6 $\mu$m. Die Zeitkonstante beträgt wenige zehntel Sekunden. Für praktisch alle gängigen Laseranwendungen ist diese kurze Zeitkonstante irrelevant, da sich die Deformation nahezu instantan mit Einschalten des Lasers einstellt und während der Bearbeitung als statisch angesehen werden kann. Sie ist z.B. mittels eines Teleskops leicht korrigierbar.

## 4 Zusammenfassung

Mit einem Finite-Elemente-Programm wurde das zeitabhängige Verhalten verschiedener Komponenten bei Bestrahlung mit Laserstrahlung berechnet. Insbesondere die Änderung der optischen Eigenschaften kann damit bestimmt werden. Experimente zur optischen Deformation wurden an unterschiedlichen Proben durchgeführt und bestätigen im Rahmen der Fehler von besser als 5 % (Kupfer) bzw. 5 bis 20 % (ZnSe) die gerechneten Werte. Damit sind also rechnerische Voraussagen über das Verhalten verschiedenster Komponenten möglich. (Für einige Materialdaten wird man sich jedoch noch um genauere Werte bemühen müssen.)

Der Vergleich zwischen transmittierenden Optiken aus ZnSe und (beschichteten) Kupferspiegeln fällt eindeutig zugunsten der letzteren aus: Kupferspiegel haben sowohl in bezug auf die Größe der Deformation als auch auf die Zeitkonstante entscheidende Vorteile gegenüber ZnSe-Optiken.

## 5 Literatur


[1] J.O. Porteus, Microcomputer Finite Difference Modeling of Laser Heating and Melting, im Druck

[2] II-VI Inc., Spezifikationen

[3] A. Giesen, S. Borik, U. Schreiner, F. Dausinger, Vermessung fokussierender Systeme für Hochleistungs-$CO_2$-Laser, Laser 87, Optoelektronik in der Technik, S. 483 (1987), Springer Verlag

[4] R.J. Harris, G.T. Johnston, G.A. Kepple, P.C. Krok, H. Mukai, Appl. Optics 16, 436 (1977)

[5] A. Feldman, D. Horowitz, R.M. Waxler, NBS Pub. 509, 74 (1977)

[6] M.D. Dodge, NBS Pub. 509, 83 (1977)


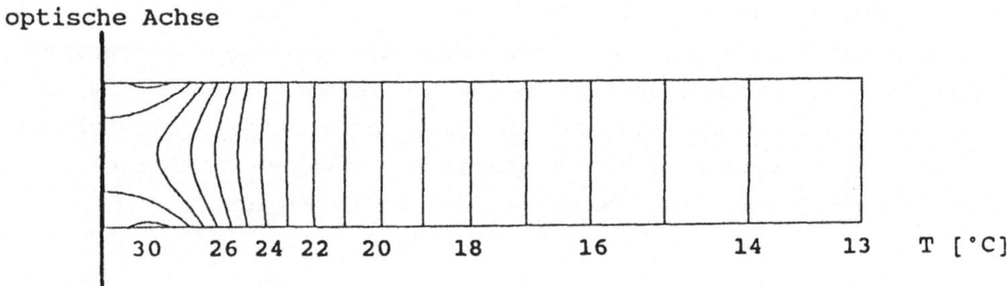


Bild 1: Gerechneter Verlauf der Isothermen nach 341 sec: ZnSe-Fenster, Durchmesser 50,8 mm, Dicke 4,76 mm. Laser: P = 1,06 kW, Mode: $TEM_{01}*$, Strahlradius 4 mm.

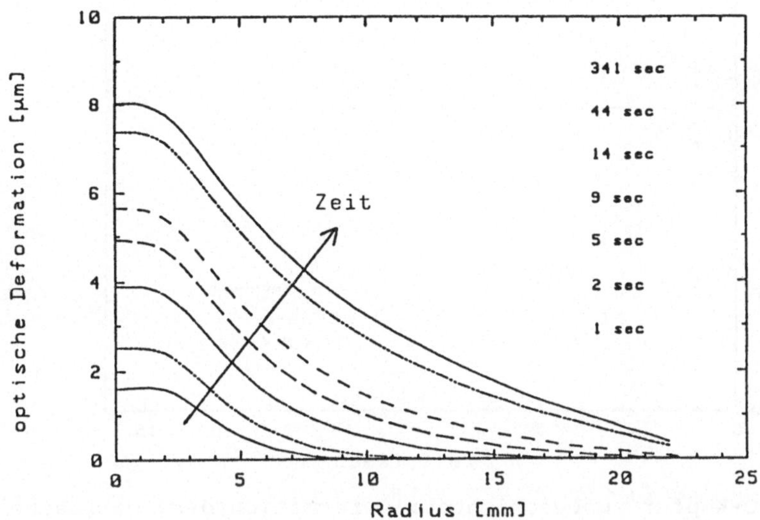


Bild 2: Gerechnete Änderung des optischen Wegintegrals nach 1, 2, 5, 9, 14, 44 und 341 sec über dem Radius der Probe aufgetragen. Daten siehe Bild 1.

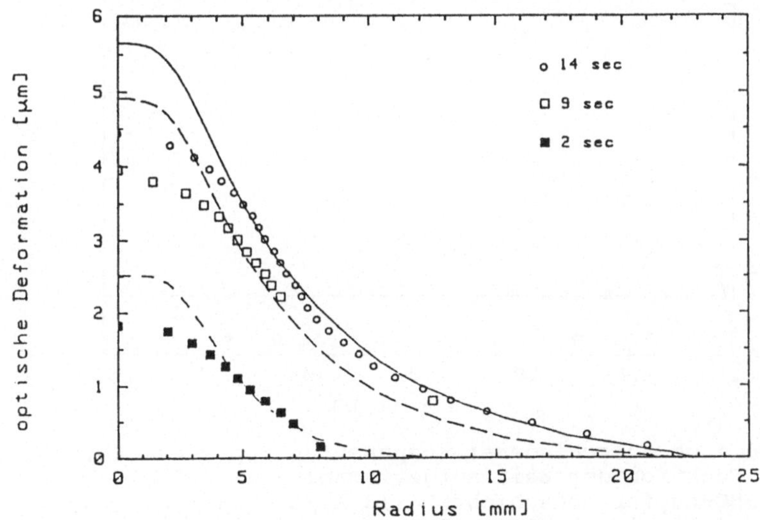


Bild 3: Optische Deformation über dem Radius aufgetragen: Kurven: gerechnete Änderung des optischen Wegintegrals nach 2, 9 und 14 sec über dem Radius der Probe aufgetragen (vgl. Bild 2), Punkte: zugehörige Meßwerte. Daten siehe Bild 1.

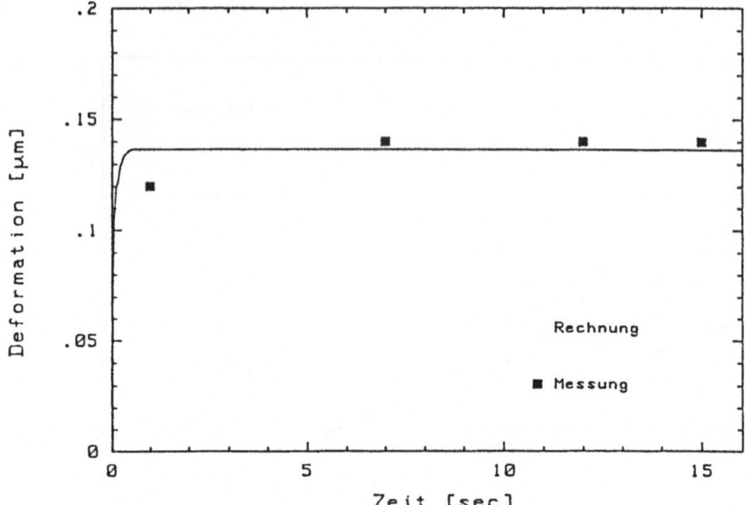


Bild 4: OFHC-Kupfer, unbeschichtet: Deformation der Oberfläche auf der optischen Achse als Funktion der Zeit. Laser: 870 W, Strahlradius 1,5 mm.
Kurve: gerechnete Werte, Punkte: Meßwerte.

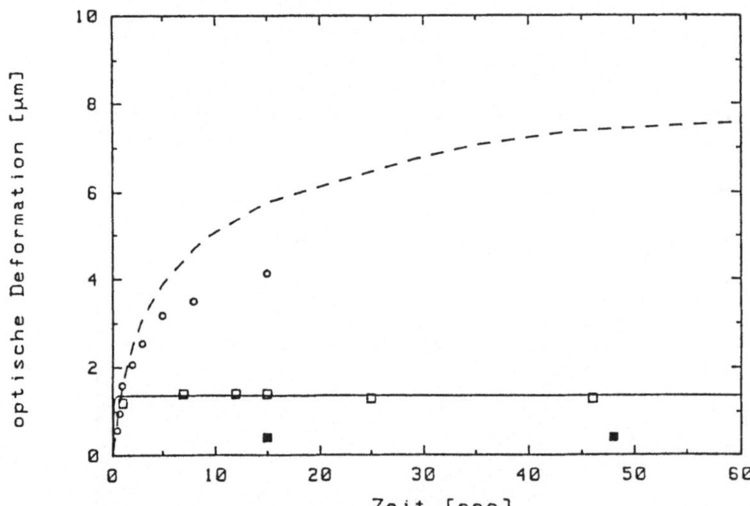


Bild 5: Vergleich verschiedener Komponenten, optische Deformation als Funktion der Zeit aufgetragen:

- OFHC-Kupfer, beschichtet (13 $kW/cm^2$, $\alpha$ = 0,20 %, Einfallswinkel 45°, P-Polarisation), Messungen: volle Quadrate, Darstellung 10fach überhöht;
- OFHC-Kupfer, unbeschichtet (8,3 $kW/cm^2$, $\alpha$ = 1,0 %, Einfallswinkel 45°, P-Polarisation), Messungen: offene Quadrate, Rechnungen: durchgezogene Kurve, Darstellung 10fach überhöht;
- ZnSe, AR/AR-beschichtet (1,3 $kw/cm^2$, $\alpha$ = 0,23 %, Einfallswinkel 2°), Messungen: offene Kreise, Rechnungen: unterbrochene Kurve.

# Damage Testing Facility for Optical Components Using Excimer Laser Radiation

K. Mann and H. Gerhardt

Laser-Laboratorium Göttingen e.V., Robert-Bosch-Breite 10

D-3400 Göttingen

## Introduction

Since laser induced damage of optical components has become a severe problem for the development of high power lasers during the last years, great efforts are made to improve the quality of the employed optics. This requires, however, the use of controlled damage testing experiments, which not only allow the accurate determination of damage thresholds, but can also give insight into the fundamental damaging processes [1].

At the Laser-Laboratorium Göttingen a damage testing facility for UV optical components has been installed, being part of the EUREKA program "High Power Excimer Lasers". It has been developed to a point where data can be taken routinely in order to guarantee reproducable results, including on-line evaluation of probe beam parameters and sample properties. The basic outline of this fully automated arrangement is described in this paper, together with the results of damage threshold measurements on various fluoride crystals at 248 nm. In addition, a procedure for a functional damage test on HR coatings is presented.

## Experimental

In Fig. 1 the experimental set-up used for damage threshold determination is shown schematically, including a sketch of the computer controlled data acquisition system.

An essential part of any damage testing experiment using pulsed laser radiation is the continuous variation of the laser fluence on the sample, followed by an inspection whether or not the respective pulse has caused damage. In our set-up the fluence can be varied by means of a dielectric filter with angle-dependent transmission. By rotating this attenuator with the help of a computer controlled stepper motor the output energy of the employed excimer laser (EMG 202 MSC ILC, Lambda Physik) and hence the energy density on the sample can be varied over almost two orders of magnitude. The necessary fluence values for controlled damage are obtained by focussing the beam onto the sample with a spherical lens.

As indicated in Fig. 1, three diagnostic beams are derived for characterization of the test laser pulse, i.e. measurement of

- pulse energy with a pyroelectric detector
- temporal waveform with a vacuum photodiode
- spatial profile

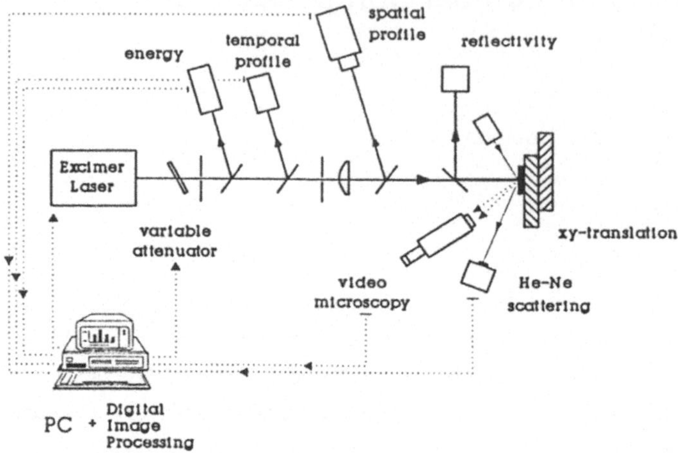


Fig. 1: Experimental arrangement

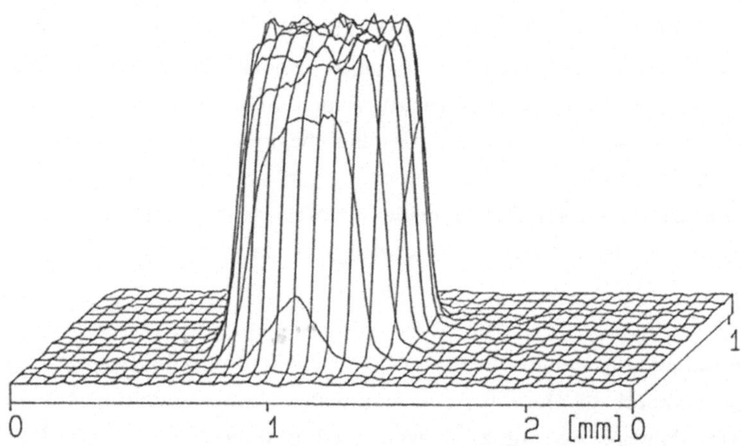


Fig. 2: 3D intensity profile of the test laser pulse at 248 nm

for each irradiating laser pulse. The spatial intensity distribution in a plane equivalent to the sample surface is measured with an UV laser beam profiling system, consisting of a special UV sensitive video camera and a PC-based digital image processing board (frame grabber). Details of this system are described elsewhere [2]. Fig.2 shows a 3D plot of the pulse profile at 248 nm as monitored with the camera. The relatively steep edges are obtained by imaging a circular aperture onto the camera plane (and hence the target surface), yielding a rather flat-topped distribution without occurence of "hot spots". During the measurements the intensity profile of each pulse is processed in order to calculate the correct fluence on the sample, taking into account pulse-to-pulse fluctuations of the beam.

## Damage recognition

In previous examinations it has been demonstrated, that from the various techniques applied for damage detection the microscopic methods are the most sensitive ones [3]. Hence, in addition to high magnification Nomarski microscopy (off-line) and He-Ne scattering (which is used for comparison) in our set-up a video microscopy system is employed for standard on-line damage detection (cf. Fig. 1): By means of a CCD camera connected to a stereo microscope the sample surface can be viewed in real time, i.e. during the damaging pulse, on a video monitor.

Since it has been shown that a further enhancement of the detection sensitivity is possible by appropriate methods of digital image processing [4], our video frame grabber is used also for digitization and analysis of the microscopic image. This is accomplished by storage of the images before and after the damaging pulse is applied, followed by a pixel-to-pixel comparison and pseudo colour processing of these two data sets. In this way even faintest laser induced changes on the sample are easily detectable.

## Measurement sequence for threshold determination

Damage thresholds are defined as the average of the lowest damaging and the highest non-damaging fluence. The actual values are determined under computer control by the use of a complex measuring program. The various steps of this automated measuring cycle are listed below:

1. Positioning the sample by a motor driven x-y-translation stage interfaced to the PC, using cursor keys; simultaneously the site to be tested is viewed on the video monitor by means of the video microscope
2. Storing the microscopic image in frame memory
3. Adjusting the attenuator transmission (i.e. pulse energy) with a PC triggered stepper motor
4. Triggering the excimer laser from the PC
5. Measurement of pulse energy, temporal waveform and spatial intensity profile of the excimer pulse; data transfer to the PC by A/D conversion and IEEE interface
6. Computation of the correct fluence (as described above) and power density
7. Comparison of the actual microscopic image with the previous image; colouring of altered pixels
8. Decision damage/no damage
9. Storage of all data

The sequence 1.-9. is then repeated for a new sample position and varied pulse energy, until the damage threshold has been determined by an iteration procedure.

## Damage thresholds of fluoride crystals

Since the UV transmission of many fluoride crystals is high, they are commonly used as optical components for excimer lasers, e.g. as resonator windows. For this reason a set of 6 commercial UV grade fluoride crystals has been tested at 248 nm ($\tau$ = 25 ns), together with two chloride crystals and a quartz substrate for comparison. The measurements were performed in the single pulse ("1 on 1") mode.
In Fig. 3 the results for rear, bulk as well as front surface damage are compiled, showing that in most cases damage starts on the rear surface. This known effect can be explained by the higher intensity on this surface due to constructive interference [5]. The highest damage thresholds are observed for $CaF_2$ as well as $MgF_2$ crystals ($F_D$ = 16-17 J/cm$^2$), being in good agreement with results of Rainer and Hildum ($CaF_2$: $F_D$ = 13 J/cm$^2$; $MgF_2$: $F_D$ = 19 J/cm$^2$ [5]) and Scott ($MgF_2$: $F_D$= 17.4 J/cm$^2$ [6]) for the same wavelength and similar pulse duration. On the other hand, Scott has measured for $CaF_2$ a threshold of only 3.3 J/cm$^2$. Since for a second $CaF_2$ crystal from another vendor we have also obtained a much lower value (6.8 J/cm$^2$), this deviation is conceivable, indicating a large scatter in quality for the various samples.
The discrepancy in the $CaF_2$ results was the motivation for a further investigation: Since the absorption of laser radiation is a preliminary condition for the subsequent damaging process, the dependence between damage threshold $F_D$ and absorption A has been examined. Fig. 4 shows the overall damage threshold of the various fluoride crystals as a function of A, as determined indirectly by subtracting the transmission T (measured at 248 nm with an UV-Spectrometer) and the reflectivity R (calculated from Fresnels formula for given index of refraction) from 100 % (= $I_O$). Obviously, a clear correlation between damage and absorption is obtained, although in this crude model scattering losses are neglected. In particular, the lower damage threshold of one of the $CaF_2$ crystals coincides well with a much higher portion of absorbed radiation, possibly due to a higher amount of impurities. Further investigations in this direction are in progress.
Another interesting result is also compiled in Fig. 4, i.e. the thresholds of 4 different $MgF_2$ crystals. Whereas two new crystals show very similar values ($\approx$ 16 J/cm$^2$), for two other samples, which had been used already as resonator windows in a KrF laser, considerably smaller thresholds are obtained, demonstrating the adverse influence of the fluorine environment.

## Functional testing of HR coatings

In a few cases of HR dielectric coatings it has been observed that laser induced changes on the sample, as seen by video microscopy, do not necessarily correlate with functional failure of the component. Hence an alternative technique is applied for damage recognition, which is of somewhat more practical importance for the performance of high reflecting optics, i.e. measurement of the change in reflectivity of the sample on the laser irradiated site.

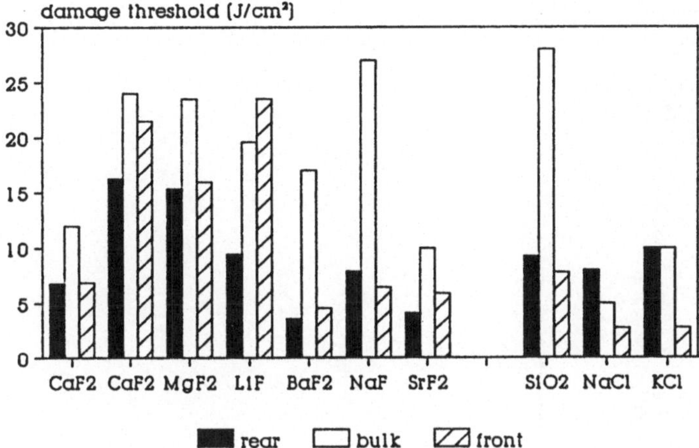


Fig. 3: Rear, bulk and front surface damage thresholds measured for various substrates at 248 nm

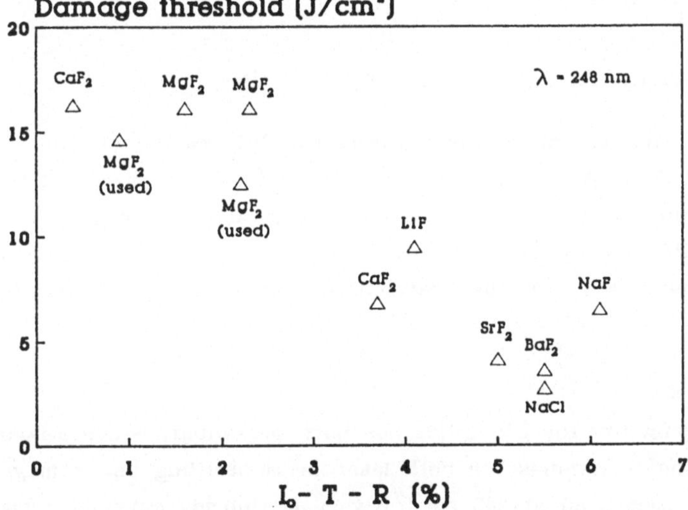


Fig. 4: Overall damage thresholds of Fig. 3, as a function of absorbed radiation (cf. text)

This is performed in the following way (cf. Fig. 1): With the help of a beam splitter the UV radiation reflected from the sample at normal incidence is measured with a pyroelectric detector. For any laser pulse this signal is related to the corresponding incident energy, yielding a relative measure for the reflectivity R of the sample. The measurement is performed at a fluence small compared to the damage threshold, once before and once after the damaging pulse is applied. Thus the loss in reflectivity $\Delta R$ on the tested site can be determined. By proper evaluation of the pyroelectric signals with the help of a digital storage oscilloscope as well as averaging over many pulses a sensitivity $< 0.2\ \%$ is achievable.

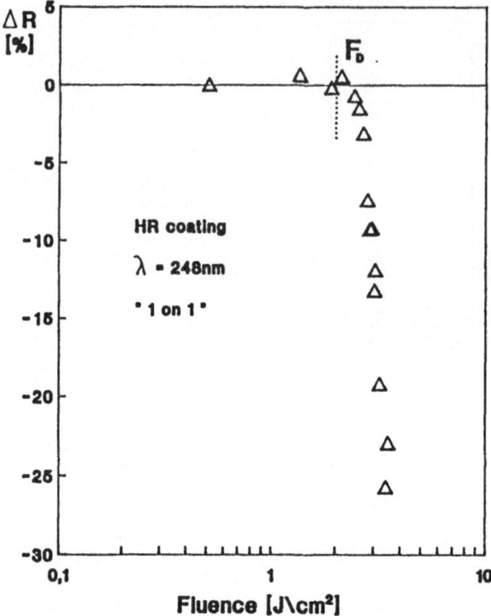


Fig. 5: Loss in reflectivity of HR coating on laser irradiated site

Fig. 5 shows an example of this technique for a commercial HR coating at 248 nm with an initial reflectivity > 99 %. Above the damage threshold $F_D$, as measured by video microscopy, the reflectivity drops drastically with increasing fluence, since increasing portions of the HR coating are ablated. Obviously, this functional test can be performed in a similar way for the transmitted signal, e.g. in case of substrates or AR coatings.

## Conclusion

An automated damage testing facility for UV optics has been presented, which makes use of digital image processing techniques for both laser beam profiling and damage detection. Damage thresholds measured at 248 nm for various fluoride crystals show a strong dependence from the amount of absorbed radiation determined at this wavelength. In addition, by measuring the loss in reflectivity on the laser-irradiated site, a functional damage test for HR optics has been proposed.

## References

[1] see e.g. "Laser Induced Damage in Optical Materials : 1986", NIST Spec. Publ. 752 (1986)

[2] K. Mann, H. Gerhardt in: "Laser und Optoelektronik" 4 (1989), to be published

[3] K. Mann, H. Gerhardt in: "Laser Induced Damage in Optical Materials : 1988", to be published

[4] S.E. Clark, D.C. Emmony, ibid.

[5] F. Rainer, E.A. Hildum in: "Excimer Lasers and Optics", SPIE Vol. 710 (1986)

[6] M.L. Scott, in: "Laser Induced Damage in Optical Materials: 1983", NBS Spec. Publ. 688 (1983)

# Maßanschluß einer linearen Halbleiterkamera

R. Christoph, H. Kramer
Friedrich-Schiller-Universität, Jena/DDR

D. Hantke
Amt für Standardisierung, Meßwesen und Warenprüfung, Berlin/DDR

In zunehmendem Maße werden mit Bildverarbeitungssystemen längenmeßtechnische Aufgaben gelöst. Aus diesem Grund ist der Maßanschluß solcher Systeme von wachsendem Interesse für die Anwender. Für die Präzisionsmessung mit grauwertverarbeitenden Auswerteverfahren zur Realisierung von Subpixelauflösungen /1/, /2/, /3/ ist eine Reihe von Fehlerquellen (Bild 1 /1/) zu berücksichtigen.

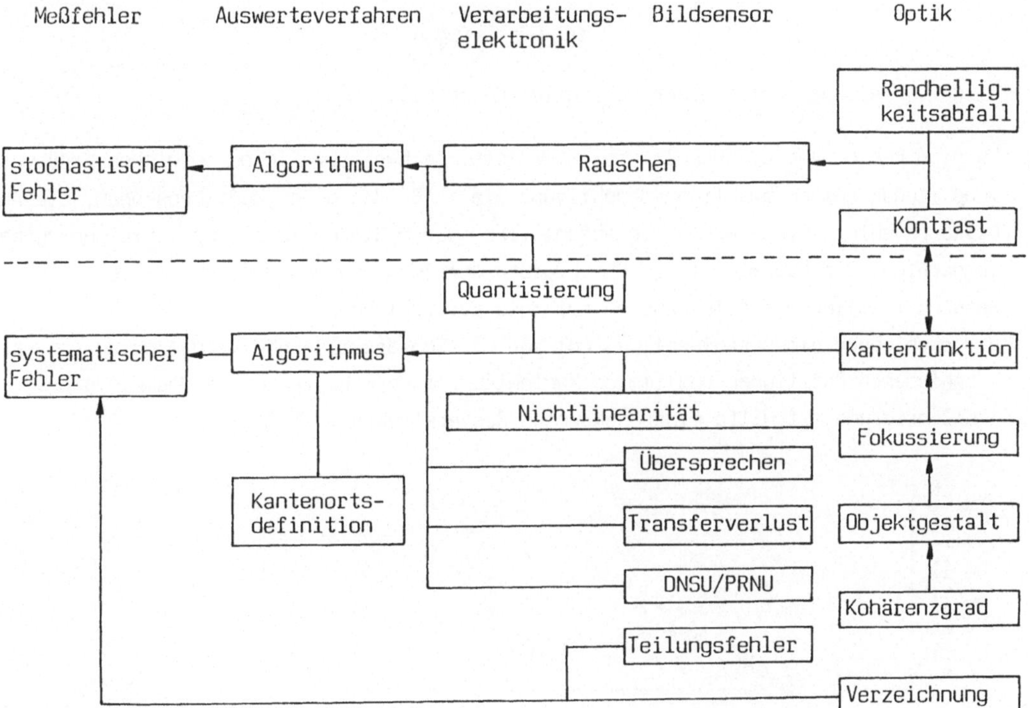


Bild 1. Fehlerquellen

Schwerpunkt des vorliegenden Beitrages ist die für einen Maßanschluß erforderliche Bestimmung der Auswirkungen von

- Teilungsfehlern des Sensors
- Abbildungsfehlern der Optik (Verzeichnung)
- Abweichungen vom nominellen Abbildungsmaßstab

sowie deren Korrektur. Zu den Teilungsfehlern von linearen Halbleiterbildsensoren wurde bereits in /4/ berichtet. In Bild 2 sind die Ergebnisse einer Teilungsmessung als Beispiel dargestellt.

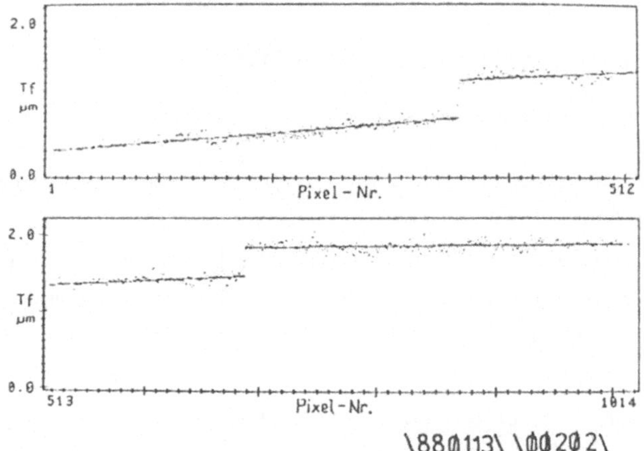


Bild 2. Teilungsfehler einer CCD-Zeile (Beispiel)

Es sind Fehler von einigen Zehntel Mikrometer nachweisbar. In der gleichen Größenordnung liegen bei hochwertigen Objektiven, wie z. B. denen von Meßmikroskopen, die Abbildungsfehler. Diese werden im wesentlichen durch die geometrische Verzeichnung hervorgerufen. Die experimentelle Überprüfung der Auswirkungen dieses Fehlers auf die Messung mit linearen Bildsensoren erfolgte auf zwei Wegen:

- Verschiebung eines Kantenbildes entlang der Sensorzeilen und Vergleich der an verschiedenen Positionen bestimmten Kantenlage mit den Werten eines Wegmeßsystems
- Kalibrierung mit Hilfe einer bekannten Rasterstruktur.

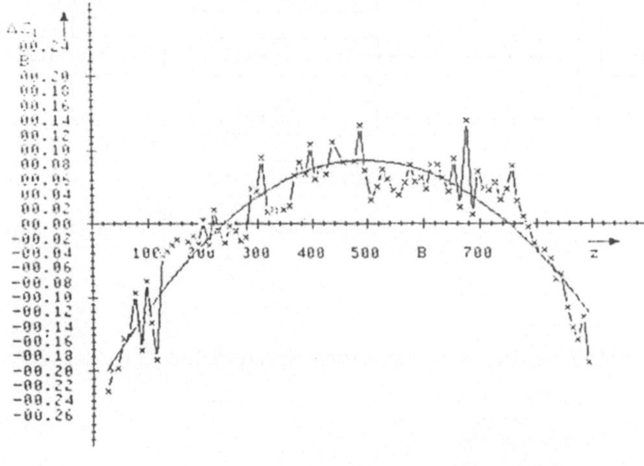


Bild 3. Verzeichnungsfehler (ß´ = 1)

Bild 3 zeigt nach der ersten Methode gewonnene Ergebnisse. Es wurde hier eine subpixelgenaue Bestimmung der Kantenlage nach dem fotometrischen Verfahren /1/, /2/ vorgenommen. Im Bild sind die Abweichungen der mit dem Bildsensor bestimmten Kantenorte von den Werten eines Laserinterferometers dargestellt (Angaben auf Pixelbreiten B bezogen, ß´= 1). Das eingezeichnete Ausgleichspolynom ist Ausdruck des Verzeichnungsfehlers der verwendeten Optik.

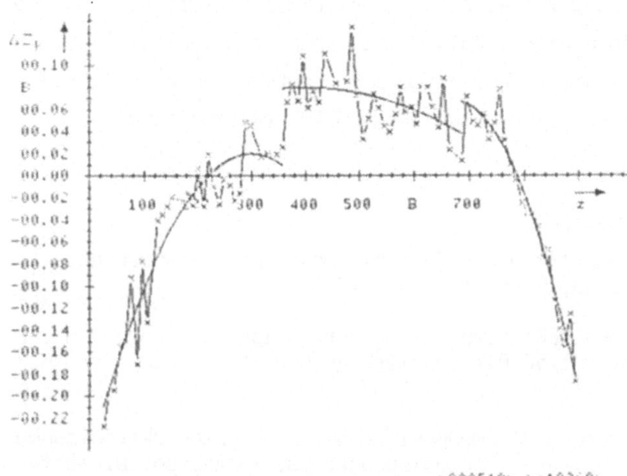


Bild 4. Bestimmung der Korrekturpolynome

In Bild 4 wurden bei einer analogen Messung drei, den Lagen der Maskenbereiche der Sensoren (s. Bild 2) entsprechende Polynome berechnet und eingezeichnet. Es kommen deutlich sowohl die Auswirkungen des Sensors, als auch die der Abbildungsfehler zum Ausdruck. Die Polynome können als Grundlage für eine Maßstabskorrektur bzw. zur Herstellung des Maßanschlusses dienen.

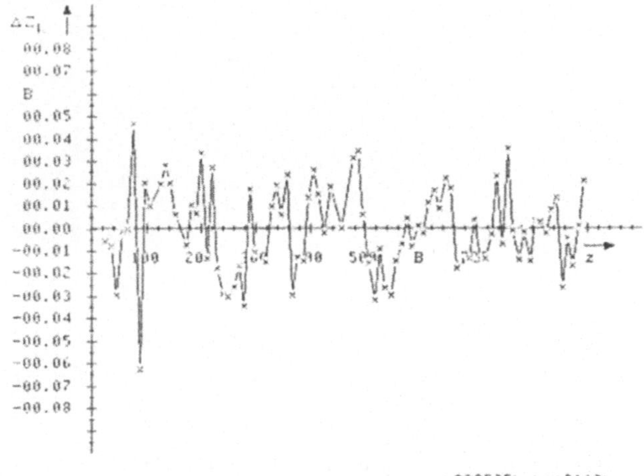


Bild 5. Resultierender Fehler nach Maßstabkorrektur

In Bild 5 sind die nach abschnittsweise durchgeführter Korrektur verbleibenden systematischen Meßfehler dargestellt. Die Kantenlagebestimmung erfolgte hier nach einem Korrelationsalgorithmus. Mit dem fotometrischen Verfahren ergeben sich annähernd identische Ergebnisse /1/. Im vorliegenden Fall beträgt die Standardabweichung über alle Meßpunkte 0,02 Bildpunktmittenabstände (entspricht 0,26 µm bei ß'= 1). Die Maximalwerte des Fehlers liegen bei 0,05 Bildpunktmittenabständen (0,65 µm). Vergleichbare Ergebnisse wurden bei Kalibrierung mit einer Rasterstruktur erzielt /5/. Es ist darauf zu verweisen, daß die vorliegenden Ergebnisse mit einem nicht für die optoelektronische Messung vorgesehenen Meßmikroskop vorgenommen wurden und durch geeignete Veränderung im optischen Kanal weitere Verbesserungen zu erwarten sind.

Literatur.

/1/ R. CHRISTOPH: Bestimmung von geometrischen Größen mit Fotoempfängeranordnungen Friedrich-Schiller-Universität Jena, Dissertation B 1988

/2/ H.-G. WOSCHNI, R. CHRISTOPH, H. KRAMER: Erweiterung der Auflösungsgrenze von Längenmeßsystemen mit CCD-Zeile unter 1/50 Pixelraster. Feingerätetechnik. Berlin 35 (1986)9

/3/ G. JOBS: Ein Beitrag zur Verringerung der Meßunsicherheit von optoelektronischen Längenmeßsystemen auf der Basis linearer Photodiodenarrays. TH Aachen, Dissertation A 1985

/4/ D. HANTKE, H. PHILIPP, G. SPARRER, J. TSCHIRNICH, R. CHRISTOPH, H: KRAMER: Zur Teilung von CCD-Zeilen. Laser '87: 8. Int. Kongreß, Tagungsband. Springerverlag 1987

/5/ H. KRAMER: Untersuchungen zur zweidimensionalen Kantenlagebestimmung mit CCD-Zeile im Subpixelbereich. Friedrich-Schiller-Universität Jena, Dissertation A 1988

# Optoelectronic Devices for the Visually Impaired Persons Present Applications and Expected Solutions

E. Kurcz
Polish Optical Works, Warsaw, Poland

## 1. Introduction

Among the visually impaired people there are partially sighted persons and the blind. The needs of above two groups of handicapped people can not be satisfied with the same kind of devices. Partially sighted person needs to be provided with vision improving devices /VID/ while the blind - with vision substituting devices /VSD/. Improved vision can be achieved by image magnification and/or light intensification, while the visual reception has to be substituted by the sense of touch or the sense of hearing.

## 2. Examples of present devices

Four significant groups of VID and VSD are being used by the visually impaired persons today. Their main features are presented below.

### 2.1 CCTV read-write systems /VID/

A typical CCTV read-write system /Fig.1/ consists of the magnifying optical unit, a camera and a monitor. The text or image being a subject of interest is observed by a macroscope-camera system and transfered to the CRT [1] or plasma [2] monitor. With such a system magnification up to 60 times is easily obtainable.

### 2.2 Light detectors /VSD/

A typical light detector /Fig.2/ has an optoelectronic sensor converting the light into electric current, which in turn is transduced to the sound or tactile stimulus of constant or variable intensity and/or frequency, enabling the blind person to be acquainted with the optical contrasts of the environment. By reception of such information a blind user is able to identify certain objects, thus improving his/her spatial orientation and mobility [3].

### 2.3 Obstacle detectors /VSD/

A typical optoelectronic obstacle detector /Fig.3/ operates like a lidar /optical radar/. An example can be the Swedish laser cane transmitting a narrow infrared beam aimed upward and ahead of the user [4]. The IR detector receives the beam reflected from an obstacle, causing an auditory or tactual signal to be trigerred. Such device has basic advantage of combining an optoelectronic detector with the function of conventional white stick.

2.4 Image recognizers /VSD/

All such devices have a TV camera on their input and a matrix of mechanical or electrical stimulators on their output /Fig.4/. Thus a shape of observed image can be converted into tactual shape recognizable by the blind user. However, only one device of such kind /"Optacon"/ has appeared on the market so far, receiving the world-wide acceptance [7]. The R/D work carried out at the Polish Optical Works on the remote image recognizer "Electrophthalm" resulted in three prototypes [5,6,8] good enough to confirm possibility of image recognition with the forehead skin /Fig.5/.

3. Evaluation of present solutions

A. The existent optoelectronic devices for the visually impaired persons are more suited to improve the eyesight than to substitute it.

B. The available optoelectronic devices for the blind are not sufficiently simple, quick and easy to use. Among their drawbacks are low information rate, mind and hands absorbing operation, big size and weight.

C. The blind urgently need devices improving mobility and space orientation, good anough to operate during the day and at night, in both indoor and outdoor conditions.

D. The gap between expectations and practical results still remains too wide suggesting that inconventional and interdisciplinary efforts should be initiated to provide blind people with easily perceptible information about the environment.

E. Most of VID and VSD prototypes were traditionally estimated and used by adults only. It seems to be worth of checking whether young children with their excellent memory and high mental flexibility could be or not better subjects for such experiments.

4. Expected solutions

The new solutions of the optoelectronic devices for the visually handicapped should adapt methods already accepted by the users and exclude methods being rejected. A main goal of the future development should be improved mobility and space orientation. Regarding that a visual disability results from a lack of light perception and image recognition, it seems reasonable to assume that both abilities can be restored or acquired by use of the relevant means. Among others, devices incorporated to the user's body should be considered. Such design philosophy requires a significant miniaturization but also helps to achieve it, as some encapsulations, fittings and controls together with power supply facilities can then be diminished or even neglected. Five examples of such solutions are presented below.

A. Light detecting glass eyeball /Fig.6/, built into human eyehole, having the solar battery supplying electrical or mechanical or acoustic stimulator. A glass eyeball can eventually have an insert facility comprising above optoelectronic system, stimulator and/or battery supply /VSD/.

B. Retina stimulating glass eyeball /Fig.7/, having coherent or incoherent light guide inside, for optical image or light beam transmission to the retina /experimental device/.

C. Light intensifier built into the spectacles'frame /Fig.8/. It could be worn by the blind using light detecting glass eyeball /VSD or by the severely impaired sighted persons/VID/.

D. Image recognizer /Fig.9/, composed of the subminiature head-born CCD camera and the forehead-adjacent matrix stimulator being a tactile display /VSD/.

E. Image recognizer /Fig.10/ composed of the head-born CCD camera and the computer aided electronic system with a voice or tactile or sound output, providing the blind person with a short-form /perhaps coded/ information about the environment.

## 5. Conclusion

Perhaps the state of knowledge is still insufficient to dream about the artificial sight. But progress observed during the recent decade in optoelectronics and computer technology as well as in medicine, psychology and bioengineering seems to create an opportunity for development of the next generation of technical aids for the visually handicapped. The aim of this paper is to suggest some new fields of cooperation between doctors and engineers. They are based on the new ideas and in certain cases even require the preliminary experiments to be done with animals and then also with young blind children. Such a way has never been checked but perhaps it is worth of doing that. Suggested partners: the world clinics and optoelectronics centers, the World Union of the Blind and the World Health Organisation.

References:

[1] T. FEUK: "A new CCTV system for the visually impaired". Chalmers University of Technology. Göteborg, Sweden, 1973.

[2] WORMALD INTERNATIONAL SENSORY AIDS: "Viewscan - the first trully portable electronic reading aid for the partially sighted. Christchurch, New Zeland, 1985.

[3] E. KURCZ: "Heliotrop - the set of optoelectronic instruments for the blind". Elektronika, No.6, 1978.

[4] G. JANSSON: "The detection of objects by the blind with the aid of a laser cane". Department of Psychology, University of Uppsala. Sweden, Report 172-1975.

[5] E. KURCZ: "Electrophthalm - the instrument for the blind". Elektronika, No.4, 1978.

[6] G. JANSSON: "Tactile guidance of movement". Department of Psychology, University of Uppsala. Sweden, 1982.

[7] J. LINVILL: "Research and development of tactile faccimile reading aid for the blind /the Optacon/. Stanford Electronics Laboratories Stanford University, USA, 1973.

[8] E. KURCZ: "Elektroftalm - a mobility aid with a tactile display" European conference on technical aids for the visually handicapped. Stockholm, Sweden, 1974. The Swedish Institute for the Handicapped.

BLOCK DIAGRAMS OF DISCUSSED DEVICES:

Fig.1 CCTV read-write system:

OBSERVED IMAGE — MACROSCOPE — CCD CAMERA — CRT or PLASMA MINITOR

Fig.2 Light detector:

LIGHT SOURCE — PHOTODETECTOR — ELECTRONICS — STIMULATOR

Fig.3 Obstacle detector:

OBSTACLE — LIDAR — ELECTRONICS — STIMULATOR

Fig.4 "Optacon"- reading aid /near image recognizer/:

NEAR IMAGE — CCD CAMERA — ELECTRONICS — MATRIX STIMULATOR

Fig.5 Electrophthalm - remote image recognizer:

REMOTE IMAGE — O.E. CAMERA — ELECTRONICS — MATRIX STIMULATOR

Fig.6 Glass eyeball lihgt detector:

LIGHT SOURCE — GLASS EYEBALL WITH INTEGRATED LIGHT DETECTOR

Fig.7 Retina stimulating glass eyeball:

LIGHT/IMAGE — GLASS EYEBALL WITH OPTICAL FIBRES SYSTEM — RETINA

Fig.8 Spectacles light intensifier:

LOW LIGHT LEVEL — LIGHT INTENSIFIER — HIGH LIGHT LEVEL

Fig.9 Spectacles image recognizer with a tactile output:

REMOTE IMAGE — SPECTACLES CCD CAMERA — MATRIX STIMULATOR

Fig.10 Spectacles image recognizer with a voice output:

REMOTE IMAGE — SPECTACLES CCD CAMERA — VOICE OUTPUT

# Subpicosecond Opto-Electronic Switches

M. Lambsdorff and J. Kuhl
*Max-Planck-Institut für Festkörperforschung*
*Heisenbergstr. 1, D-7000 Stuttgart 80, FRG*

E. Lopez, H. Leier, and A. Forchel
*IV. Physikalisches Institut, Universität Stuttgart,*
*Pfaffenwaldring 57, D-7000 Stuttgart 80, FRG*

A. Axmann, R. Osorio, and J. Rosenzweig
*Frauenhofer-Institut für Angewandte Festkörperphysik,*
*Eckerstr. 4, D-7800 Freiburg, FRG*

Optical excitation of photoconductive switches with ultrashort laser pulses has been demonstrated to be a powerful tool for the generation and measurement of picosecond and subpicosecond electrical pulses [1]. The recent advances in this rapidly developing field provide the capability to characterize the electrical response of fast electronic devices with picosecond resolution. Thus this new technique exceeds the 25 ps limit for the temporal resolution of conventional electronic equipment like sampling oscilloscopes by at least one order of magnitude.

Here we report on generation of electrical pulses as short as 0.5 ps and the propagation of such pulses on coplanar transmission lines. Finally, we present preliminary results about the application of a photoconductive switch to measure the pulse response of a MSM photodiode.

The material used in our experiment is photoconductive Silicon on Sapphire (SOS). The SOS must, however, possess ultrashort free carrier lifetimes which we ensured by a heavy $Si^+$ ion bombardment. The deep- level defects generated by the bombardment are known to act as highly efficient trap and recombination centers for optically generated carriers. We generated the electrical pulses by photoconductively shorting a charged coplanar transmission line [2] (Fig. 1a) via local excitation with 80 fs laser pulses derived from a colliding pulse mode-locked dye laser (photon energy 2eV) and focused between the lines. The transmission line structure consists of two parallel 5 $\mu$m wide and 0.5 $\mu$m thick Al lines separated by 10 $\mu$m and fabricated by optical lithography and lift-off processing on the photoconductive substrate. The beam of optical pulses is split into two and the shape of the electrical signal is measured by a fast photoconductive gap driven by a time-delayed sampling pulse (electrical cross correlation). Figure 1b shows the shortest electrical pulse, which we obtained from a switch with a $Si^+$ irradiation dose of $3 \times 10^{14}$ cm$^{-2}$. We determine an electrical pulse width of 0.5 ps by deconvolution of the cross correlation curve.

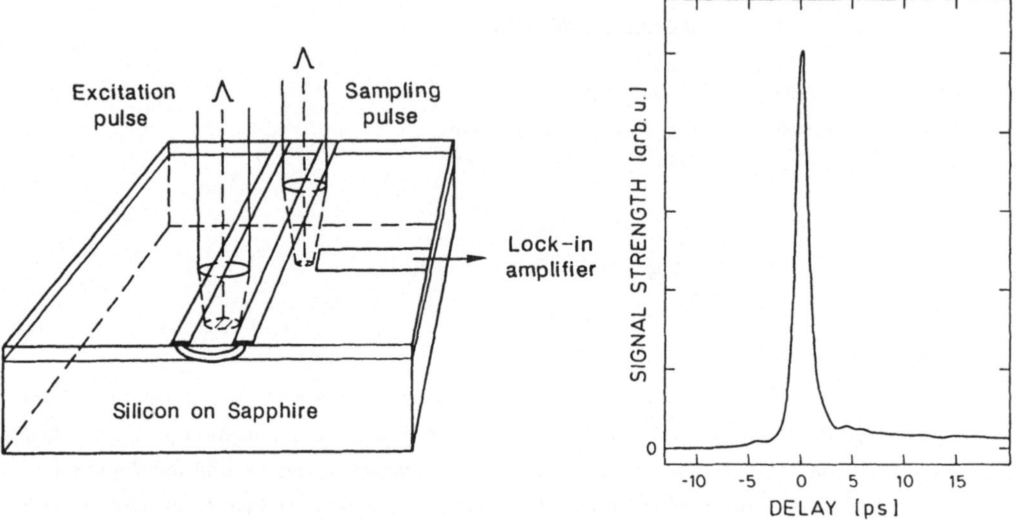


Fig. 1a: Experimental configuration.
Fig. 1b: Optically sampled electrical cross correlation obtained for an irradiation dose of $3 \times 10^{14}\ cm^{-2}$.

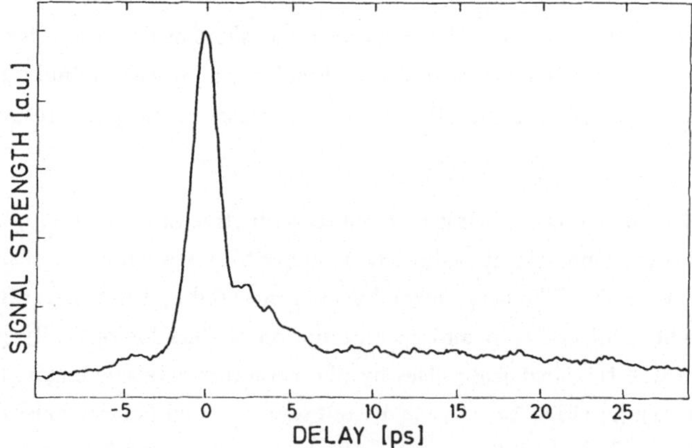


Fig. 2: Optically sampled cross correlation for 4 mm separation between excitation and sampling spot.

For potential application it is important to analyze the propagation characteristics of ultrashort electrical pulses on coplanar transmission lines. Subpicosecond electrical pulses have more than 1 THz spectral bandwidth. Thus propagation leads to pulse distortion arising from dispersion and frequency-dependent losses. The so-called sliding-contact excitation [2] allows us to analyze the propagation characteristics by continuously varying the distance between excitation and sampling spot (see Fig. 1a). The voltage pulse of Fig. 1b is obtained for 100 $\mu$m separation between excitation and sampling spot. As the distance is increased to 4 mm (Fig. 2), propagation effects can be observed as a broadening of the correlation function to 2 ps.

The dispersion of the coplanar stripline can be expressed as the variation of the effective dielectric constant with frequency. When the pulse travels down the transmission line, the high frequency components are delayed because they encounter a higher effective dielectric constant. Frequency-dependent attenuation arises first from the increase of the line resistance with frequency $\omega$ due to the skin effect ($\sim \omega^{0.5}$), and second from radiation losses ($\sim \omega^3$), a phenomenon analogous to the emission of Cerenkov-radiation in electro-optic materials [3].

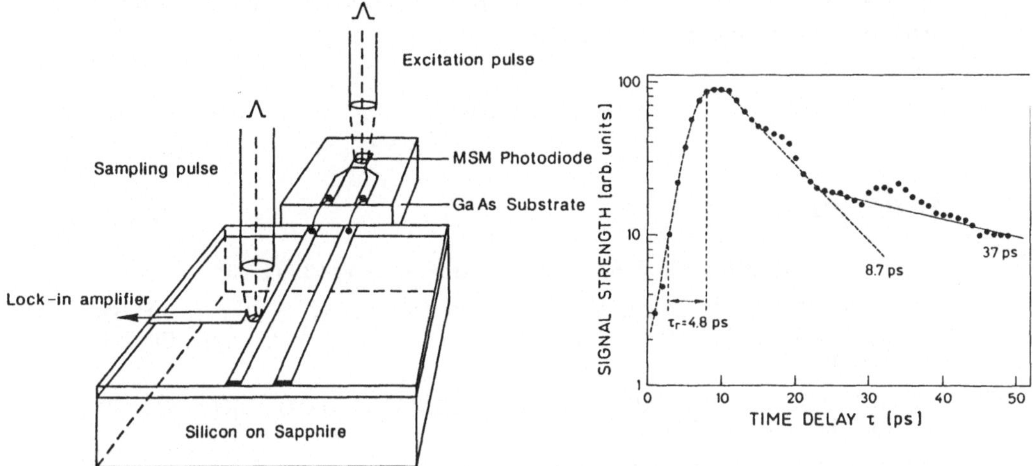


Fig. 3a: Picosecond measurement with the wire-bonded GaAs MSM photodiode.
Fig. 3b: Optically sampled photodiode impulse response (4V bias).

In the last section, we report the time-resolved characterization of a fast interdigitated GaAs metal-semiconductor-metal (MSM) Schottky-barrier photodiode by a picosecond photoconductive switch. For the diode, gold was used as the Schottky metal and the device has 25 $\mu$m $\times$ 30 $\mu$m active area and 1 $\mu$m wide fingers with 1,5 $\mu$m wide spacing. The frequency bandwidth of these photodiodes is known to be larger than that of conventional measurement techniques (sampling oscilloscopes with 15 GHz maximum bandwidth). Figure 3a shows the measurement set-up. The GaAs chip with the photodiode is wire-bonded to the radiation-damaged SOS-chip containing a coplanar line with 50 $\mu$m line width and spacing, and connected to a 4V bias voltage. The diode is excited with a 80 fs optical pulse at a repetition rate of 100 MHz and an average power of 63 $\mu$W. The signal on the coplanar line is measured by illumination of a fast sampling gap. The sampling measurement (Fig. 3b) yields a 10-90 % rise time of 4.8 ps, corresponding to a response frequency of 73 GHz. The rise time is limited by the RC-time constant of the diode and the finite frequency bandwidth of the connecting wire bonds. The current decay shows two exponential time constants, the first of which (8.7 ps) is attributed to the sweep-out of the electrons, and the second one (37 ps) to the sweep out of the lower-mobility holes. This result is in qualitative agreement with recent theoretical predictions on the dynamic behaviour of photocarriers in MSM diodes [4]. Van Zeghbroeck et al. have recently shown that the overall bandwidth of such diodes may exceed 100 GHz if a smaller active area (smaller parasitic capacitance), and significantly smaller finger spacings (shorter carrier transit times) are employed [5].

In conclusion, we have presented the application of ultrafast SOS opto-electronic switches towards generation and propagation of subpicosecond electrical pulses, as well as to characterize ultrafast MSM Schottky diodes.

## References

[1] D.H. AUSTON, IEEE J. Quantum Electron. QE-**19**, 639 (1983)

[2] M.B. KETCHEN, D. GRISCHKOWSKY, T.C. CHEN, C.-C. CHI, I.N. DULING, III, N.J. HALAS, J.-M. HALBOUT, J.A. KASH and G.P. LI, Appl. Phys. Lett. **48**, 751 (1986)

[3] D.H. AUSTON, K.P. CHEUNG, J.A. VALDMANIS, and D.A. KLEINMANN, Phys. Rev. Lett. **53**, 1555 (1984)

[4] W.C. KOSCIELNIAK, J.L. PELONARD, and M.A. LITTLEJOHN, Applied Phys. Lett. **54**, 567 (1989)

[5] B.J. VAN ZEGHBROECK, W. PATRICK, J.-M. HALBOUT, and P. VETTIGER, IEEE Electron Device Lett. **9**, 527 (1988)

# Recent Advances in Detectors for Single-Photon Counting

Branko Leskovar
Lawrence Berkeley Laboratory
Engineering Division
One Cyclotron Road
Berkeley, California 94720 U.S.A.

The time-correlated single-photon counting method has gained wide acceptance for investigating time behaviors of the fluorescence associated with electronic energy relaxation of excited molecules, optical ranging and communication experiments, plasma diagnostics and optical time domain reflectometry. The measurement of fluorescence lifetimes in studying the photophysical properties of organic molecules require photon detectors with high sensitivity and fast time response. The time width of the measuring system response in time-correlated single-photon counting experiments using picosecond light excitation is mainly determined by the single photoelectron time spread of photon detector. Recent progress that has been made in fast high-gain detectors using photoemission and secondary emission processes is reviewed and summarized. Specifically, performance characteristics are presented and compared of the ITT F4129, Hamamatsu R1564U and R2287U extended lifetime microchannel plate photomultipliers. Also characteristics of the Amperex XP2020 and RCA C31024 conventionally design photomultipliers are presented. Finally, the silicon avalanche photodiodes are compared with respect to their preliminary performance in time-correlated single-photon counting applications.

## Introduction

The time-correlated single-photon counting method has gained wide acceptance for investigating fluorescence time behaviors associated with electronic energy relaxation of excited molecules, optical ranging and communication experiments, plasma diagnostics and optical time domain reflectometry. Fluorescence lifetime measurements for studying the photophysical properties of organic molecules place a special requirement of sensitivity and fast time response on photon detectors.[1,2] During the past sixteen years the method has proved to be extremely powerful and has added significantly to our understanding of the dynamic physical and chemical processes which are important in molecular biology. Particularly important are measurements of the changes in fluorescence parameters which occur with changes in temperature, pH factor, ionic strength, salt composition and other factors when molecules are in solutions.

Among the different techniques available for subnanosecond fluorescence lifetime measurements,[1-5] the time-correlated single-photon counting method has gained wide acceptance. The sample is repeatedly excited with short light pulses and the resulting fluorescent pulses adjusted in intensity so that for most of the light flashes only one photoelectron is produced at the photocathode of a fast high-gain photon detector. This counting technique of lifetime measurement is based upon the concept that the probability distribution for the emission of a single photon of fluorescence following a single exciting light pulse is identical to the intensity-time profile of the cascade of all the photons which are emitted following a single flash of exciting light. The single photon emission probability distribution is built up by repetitive exposure of the sample to short bursts of exciting light and recording of the time of arrival of the first photon of fluorescence following each exciting pulse. This is the most sensitive of techniques for measuring lifetimes, offering excellent signal-to-noise ratio, wide dynamic range of several decades of light intensity, and subnanosecond lifetime measurement capabilities.[5] Measurements have shown that in situations where a subnanosecond lifetime must be accurately measured, the fundamental limitations on the precision of measurements are due to the following factors: the fluctuations in the light pulse waveshape, the single-photoelectron time spread of the photon detector,[6-7] the dependence of the measuring system on the excitation and emission wavelengths and the timing error introduced by the discriminator or other circuit elements used in the system. Consequently, a high-precision measuring system should operate with the shortest possible exciting light pulses, because the time spread in the light pulse waveshape is in absolute amounts smaller for narrower pulses. Also, the fastest photon detector with adequate gain and small afterpulsing phenomenon operated under an optimized condition[8-10] must be used, since it will have a relatively smaller value of single-photoelectron time spread.

## Single Photoelectron Time Spread Considerations

In a typical electrostatically focused photomultiplier the single photoelectron transit time spread is mainly caused by fluctuations of individual times of flight of photoelectrons and secondary electrons due to their different trajectories and their initial velocity differences, Fig. 1. The factors that contribute to the transit time spread are differences in trajectory length and in electrical field strength for different portions of the photocathode-first-dynode region, and between various dynode sections.

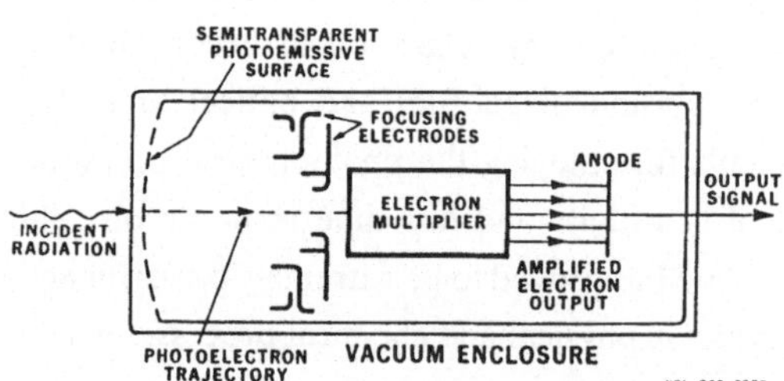


Fig. 1. Simplified component arrangement of a high gain photomultiplier.

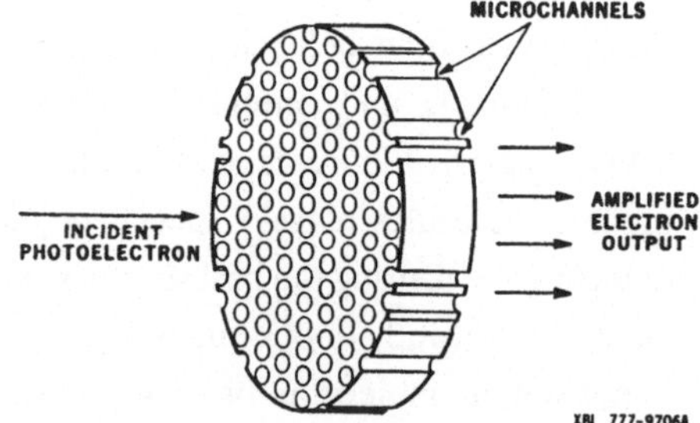


Fig. 2. Microchannel plate electron multiplier.

The total single photoelectron transit time spread consists of the photoelectron transit time spread between the photocathode and the first dynode of the multiplier, the electron transit time spread in the electron multiplier, and that between the electron multiplier and the anode.[6-9] The major causes of transit time spreads are the distribution of initial emission velocities of photoelectrons and secondary electrons, unequal electron path lengths between different electrodes and nonuniform electric fields. Generally, the initial stages of a photomultiplier contribute the greatest weight to the total transit time spread. In the latter stages, the larger number of electrons in the pulse provide many samples of transit time through the stage and reduce the transit time spread of that stage in the manner of the standard error of mean value. The variance of the total single photoelectron transit time, $t_\sigma^2$, is approximately given by the following equation[6]:

$$t_\sigma^2 \approx t_{CD1}^2 + \frac{t_{D1D2}^2}{g_1}(1 + g_{\sigma 1}^2) + \frac{t_{DD}^2}{g_1(g-1)}(1 + g_\sigma^2) \tag{1}$$

where $t_{CD1}^2$ is the variance of the photoelectron transit time between the photocathode and the first dynode, $t_{D1D2}^2$ is the variance of the electron transit time between the first and the second dynode, $t_{DD}^2$ is the variance of the electron transit time between two successive dynodes, $g_1$ is the gain of the first dynode, $g$ is the gain of all other dynodes, $g_{\sigma 1}^2$ is the variance of the gain $g_1$, and $g_\sigma^2$ is the variance of the gain $g$.

A total single photoelectron transit time spread, expressed by the full width of half maximum, is related to the standard deviation of the total transit time by the expression:

$$t_{\sigma FWHM} \approx 2.36\, t_\sigma \tag{2}$$

The contribution to the transit time spread by the unequal electron path lengths between different electrodes and the nonuniformity of electric fields at the dynodes can be minimized by proper design of the input electron optics and the electron multiplier. Therefore, this contribution can be made small enough so that the ultimate limitation on time spread is determined by initial velocity effects of photoelectrons and secondary electrons. Assuming a uniform electric field between the photocathode and the first dynode, and equal photocathode-to-first-dynode electron path lengths, the time spread between a photoelectron emitted with zero initial velocity and a photoelectron with velocity $\upsilon_o$ is approximately given by the following equation[6]:

$$\Delta t_n \approx \frac{\upsilon_o 1}{eV} m_o \tag{3}$$

where l is the distance between the photocathode and the first dynode, V is the voltage between the photocathode and the first dynode, and e and $m_0$ are the charge and mass of an electron, respectively.

It can be seen from this equation that transit time spread resulting from the initial velocity distribution is decreased by increasing the voltage between the photocathode and the first dynode. Similar considerations are valid for the secondary electron initial velocities in an electron multiplier.

It was shown in earlier papers that photomultipliers using a microchannel plate electron multiplier exhibit significantly better time resolution capabilities than conventionally designed electrostatically focused photomultipliers.[11-17]

The microchannel plate consists of a two dimensional array of thousand (or millions) of very small diameter short channel electron multipliers closely packed parallel to each other. Figure 2 shows the configuration of a typical plate.

Each electron multiplying channel is a continuous glass tube whose inside surface has a high resistance semiconductor coating which serves as a secondary electron-emitting surface. The array of glass microchannels are connected electrically in parallel by metal electrodes on opposite faces of the plate which is operated in high vacuum with a voltage applied between the two faces. When a voltage of about 1000V is applied between the electrodes, the semiconducting coating inside each microchannel provides a continuous potential gradient along its length. Incident photoelectron at the input end of the microchannel ejects electrons which are accelerated down the channel toward the positive end; the electrons collide with the wall of the channel many times while passing down the channel. The voltage gradient and channel diameter are adjusted so that, on the average, substantially more than one secondary electron is released at each collision. This is illustrated in Fig. 3.

Microchannels typically have diameters ranging from 6 to 50 $\mu$m and are spaced by distances ranging from 8 to 60 $\mu$m. The channel lengths are between 0.5 to 2.0 mm. Typically, a potential difference of 1000V across the microchannel plate will produce gains of about $10^3$ to $10^4$ for straight microchannels with the channel length-to-diameter ratio of 40. Because of the small channel size and high voltage involved, the total electron transit time is significantly shorter than for a conventional electron multiplier structure having the same gain.

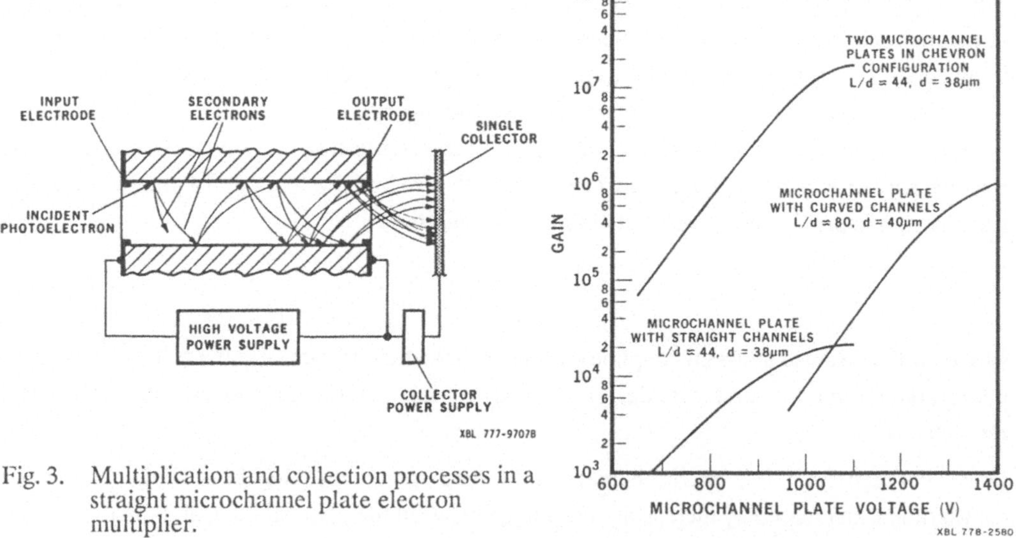


Fig. 3. Multiplication and collection processes in a straight microchannel plate electron multiplier.

Fig. 4. Microchannel plate gain as a function of the applied voltage per plate.

Typical electron gain voltage characteristics of single microchannel plates with straight and curved channels, and for channel chevron plates are shown in Fig. 4. The characteristics are given for an input signal current density of $10^{-12}$A/cm$^2$ and with an input electron energy of 300 eV for both the straight channel plate and the chevron plate. Both types of plates have a total standing current along the walls of channels (total of all channels) of 0.8 $\mu$A.

The electron gain of the microchannel plate is determined by the applied voltage and the length-to-diameter, L/d, of microchannels used in a particular plate. Above a certain value of the plate gain, the ion feedback leads to repetitive electron avalanches which saturate the channel, and cause field distortion due to wall charging. Both effects lead to temporary loss of gain at the plate output. As expected, the curved channel plate can be operated at a much higher gain before ion feedback causes gain saturation effects.

Based on the above mentioned work, further effort has been made to investigate and review the time and pulse-height resolution of some new generation commercially available photomultipliers. The measurements of the characteristics of these photomultipliers were made with a measuring system which has previously been described in Reference 6. The system has a time resolution of approximately 25 ps, FWHM.

Specifically, performance characteristics have been studied of the new Amperex XP2020 and RCA C31024 photomultipliers which use conventional multiplier structures. Furthermore, the characteristics have been investigated of a new generation of ITT F4129, Hamamatsu R1564U and R2287U extended life microchannel plate photomultipliers. Finally, silicon avalanche photodiodes are compared with respect to their preliminary performance in time-correlated single-photon counting applications.

The electrostatically focused Amperex XP2020 photomultiplier uses a 12 stage discrete dynode structure with a semi-transparent bialkali SbKCs photocathode having a useful diameter of 45 mm. Its peak spectral response is at 400 nm with a quantum efficiency of 26%. The photomultiplier has copper berillium dynodes instead of AgMgOS dynodes which were used previously in a similar device. The tube design is optimized to have a small single electron time spread and for high repetition rates in counting operations.

The RCA (Burle Tube Products) C31024 photomultiplier has a bialkali photocathode and five high gain gallium-phosphide dynodes. The photocathode has a peak response at 400 nm and a quantum efficiency of 27%. The minimum useful photocathode diameter is 46 mm.

The ITT F4129 photomultiplier has an S-20 photocathode with a maximum usable diameter of 18 mm and three microchannel plates in cascade for the electron multiplication. The plates are in a Z-configuration to reduce the positive ion feedback. The three plates are identical, having 12 $\mu$m diameter channels with length to diameter ratios of 40. Proximity focusing is used for the input and collector stages. In ITT F4129f device a protective film is provided between the photocathode and the microchannel plate which leads to a significant improvement in quantum efficiency, stability and life expectancy as well as in the total elimination of the afterpulses.

The Hamamatsu R1564U photomultiplier has a bialkali photocathode with a usable diameter of 18 mm, and two microchannel plates in cascade for electron multiplication.[17] The anode is matched to a 50 Ohm connector. The entrance of the first microchannel plate is covered with a thin aluminum film to prevent the bombardment of the photocathode by positive ions. As in the ITT photomultiplier this results in a significant increase in photocathode life, and stability of quantum efficiency.

The Hamamatsu R2287U photomultiplier like the R1564U has a bialkali photocathode with a maximum usable diameter of 18 mm but has three microchannel plates in cascade for the electron multiplication.[17] The anode is matched to a 50 Ohm connector. Again the entrance face of the first microchannel plate is covered by a thin aluminum film to prevent bombardment of the photocathode by positive ions.

The life of a microchannel plate photomultiplier without protective film is determined by a decrease in the photocathode quantum efficiency because of photocathode positive ion bombardment. The second determining factor is change in the channel wall secondary emission coefficient due to electron scrubbing, especially in high gain region of a channel. This is not effected by the protective film. The life of a device is defined as a total charge density accumulated at the anode at which device losses 50% of its overall responsivity.

**Results and Discussions**

The results of the measurements of characteristics of the Amperex XP2020, RCA C31024, ITT F4129, Hamamatsu R1564U and R2287U photomultipliers are summarized in Table 1. Also, some of the results are presented in Figs. 5-6.

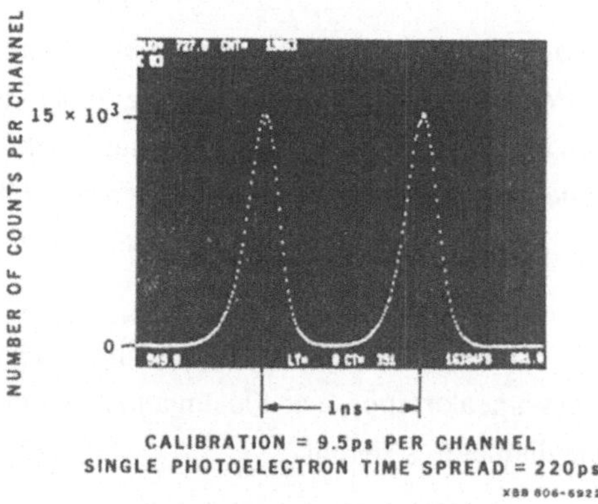


Fig. 5. Single photoelectron time spread of the F4129 photomultiplier with full photocathode illuminated.

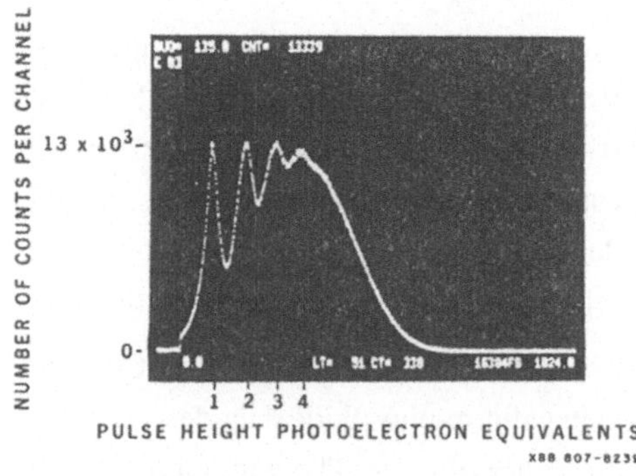


Fig. 6. Pulse-height spectrum of the F4129 operating at microchannel plate cascade voltage of $V_M$ = 2710V.

With full photocathode illumination, and with a light pulse produced by a 200 ps electrical pulse, the rise time, impulse response (FWHM), and single photoelectron time spread (FWHM), were 1.5 ns, 2.4 ns, and 0.51 ns, respectively for the XP2020. Measurement of the dark pulse spectrum showed that the photomultiplier pulse-height resolution is not good enough to show the one, two and three photoelectron peaks. This is typical for all conventionally designed photomultipliers using the first dynode with low gain.

The rise time, impulse response, and single photoelectron time spread for the C31024 photomultiplier were 0.8 ns, 1.0 ns and 0.4 ns, respectively. This device utilizes a negative-electron-affinity GaP (Cs) secondary emission surface on all five dynodes of the electron multiplier resulting in very fast time response and a high pulse-height spectrum resolution. With the spectrum peak-to-valley ratio of 2.17:1 an effective separation of spurious single photoelectron peak and the desired multiphotoelectron peaks can be achieved. The C31024 has shown resolution of four distinct photoelectron peaks.

The F4129 microchannel plate photomultiplier has a rise time, impulse response and single photoelectron time spread of 0.35 ns, 0.52 ns, and 0.2 ns, respectively. The device exhibits excellent timing capabilities and is significantly less sensitive to ambient magnetic fields than the best conventionally designed photomultipliers. This is mostly due to the small thickness of microchannel plates (approximately 2 mm), very strong applied electric field (5-10 kV/cm) and proximity focusing used between the photocathode and microchannel plate. Figure 5 shows two single photoelectron spectra spaced 1 ns apart. Figure 6 shows the photomultiplier pulse-height spectrum indicating the peak to valley ratio of 2.47:1 with optimized operating conditions. The F4129 has resolved four distinct photoelectron peaks. Also, the life of new generation F4129f device with a 7 nm thick ion barrier film is significantly increased when compared with the life of F4129.

The risetime, impulse response, and single photoelectron time spread for R2287U microchannel plate photomultiplier were approximately 0.28 ns, 0.62 ns and 0.10 ns, respectively.

Afterpulse time spectra measurements made on an ITT F4129f and a Hamamatsu R15764U have shown that the introduction of the protective film has resulted in total elimination of afterpulses. In contrast, all microchannel plate photomultipliers without protective film made by various manufacturers have demonstrated a strong afterpulsing phenomena and a photocathode quantum efficiency decrease during operating time.

In addition to above mentioned photomultipliers, silicon avalanche photodiodes have been recently considered for time-correlated single-photon counting applications.[18-21] Although they are not expected to attain such high resolution as photomultipliers, they have been considered as a possible alternative to conventionally designed and microchannel plate photomultipliers where ruggedness, small dimensions, low cost and low operating voltage are important. Also, avalanche photodiode can provide significantly higher quantum efficiency in the near infrared wavelength range. Suitable devices are commercially available with photosensitive active diameter of approximately 0.5 mm. This is sufficient for some applications although it is considerably smaller than that of typical photomultipliers.

For photon counting applications the avalanche diode is usually operated in the so called Geiger mode and is reverse biased beyond breakdown. An active quenching method is used to recognize the presence of photodetection as soon as possible after the event and an associate electronic circuit is employed to rapidly switch off the avalanche process and reset the diode allowing the next photodetection to occur. Preliminary measurements performed on RCA C30921S diode have shown that the best time resolution of 400 ps, FWHM, can be obtained with the device cooled at -40$^{o}$C and operating it with the maximum excess bias voltage of 40 V. Measurements were made using pulse laser diode as a light source, generating pulses of 40 ps in duration at 785 nm wavelength. Cooling device to -40°C was necessary to reduce the dark pulse count rate. The dark pulse count rate was approximately $20 \times 10^3$ counts per second at -40°C with the device biased 40 V above the breakdown voltage. At 0°C ambient temperature the dark pulse count rate was $240 \times 10^3$ counts per second at the same biasing voltage. This device can be operated at room temperature only if a fast gating of its output is used.

**Table 1.** Summary Characteristics Measurements of New Generation Conventionally Designed and Microchannel Plate Photomultipliers. Full Photocathode Illumination.

| | Amperex XP2020 | RCA C31024 | ITT F4129 | Hamamatsu R1564U | Hamamatsu R2287U |
|---|---|---|---|---|---|
| DC Gain | $>3 \times 10^7$ | $>10^6$ | $1.6 \times 10^6$ | $5 \times 10^5$ | $5 \times 10^6$ |
| Supply Voltage Between Anode and Cathode (V) | 2200 | 4000 | | 3400 | 3600 |
| Microchannel Plate Voltage (V) | | | 2500 | | |
| Rise Time (ns) | 1.5 | 0.8 | 0.35[a] | 0.27 | 0.28 |
| Electron Transit Time (ns) | 28 | 16.2 | 2.5[a] | 0.58 | 0.62 |
| Impulse Response, FWHM,(ns) | 2.4 | 1.0 | 0.52[a] | | |
| Single Photoelectron Time Spread, FWHM, (ns) | 0.51 | 0.4 | <0.20[a] | 0.09 | 0.10 |
| Multiphotoelectron Time Spread, FWHM, (ns) | 0.12[b] | 0.058[e] | 0.10[d] | | |
| Peak-to-Valley Ratio of Pulse-Height Spectrum with Optimized Operating Conditions | | 2.17:1 | 2.47:1[f] | | |
| Dark Pulse Count[g] (cps) | 450 | | 1800 | | |
| Quantum Efficiency % | 26 | 27 | 20 | 15 | 15 |
| Photocathode Diameter (mm) | 44 | 46 | 18 | 18 | 18 |

[a] These characteristics were measured for prototype packaged photomultipliers.

[b] Measured using 2500 photoelectrons per pulse.

[c] Measured using 100 photoelectrons per pulse.

[d] Measured using 800 photoelectrons per pulse.

[e] Measured using 1000 photoelectrons per pulse.

[f] Optimized operating condition for F4129 was $V_M$ = 2710V. In this case the photomultiplier gain was $6.6 \times 10^7$.

[g] Dark pulse summation is defined by: $\sum_{1/8 \text{ photoelectrons}}^{16 \text{ photoelectrons}}$ = counts per second.

## Acknowledgment

This work was performed as part of the program of the Electronics Research and Development Group, Electronics Engineering Department of the Lawrence Berkeley Laboratory, University of California, Berkeley. The work was partially supported by the U.S. Department of Energy under Contract Number DE-AC03-76SF00098. Reference to a company or product name does not imply approval or recommendation of the product by the University of California or the U.S. Department of Energy to the exclusion of others that may be suitable.

## References

1. Time-Resolved Fluorescence Spectroscopy in Biochemistry and Biology, R.B. Cundall and R.E. Dale, Eds., Plenum Press, New York (1983).
2. D.V. O'Connor and D. Phillips, Time-Correlated Single- Photon Counting, Academic Press, New York (1984).
3. P.R. Hartig, K.H. Sauer, C.C. Lo and B. Leskovar, Measurement of Very Short Fluorescence Lifetimes by Single Photon Counting, Rev. Sci. Instr., 47, No. 9, 1122-1129 (1976).
4. B. Leskovar, C.C. Lo, P.R. Hartig and K.H. Sauer, Photon Counting System for Subnanosecond Fluorescence Lifetime Measurements, Rev. Sci. Instr., 47, No. 9, 1113-1121 (1976).
5. B. Leskovar, Nanosecond Fluorescence Spectroscopy, IEEE Trans. Nucl. Sci., NS-32, No. 3, 1232-1241 (1985).
6. B. Leskovar and C.C. Lo, Single Photoelectron Time Spread Measurement of Fast Photomultipliers, Nucl. Inst. Meth., 123, No. 1, 145-160 (1975).
7. B. Leskovar, Accuracy of Single Photoelectron Time Spread Measurement of Fast Photomultipliers, Nucl. Inst. Meth., 128, 115-119 (1975).
8. B. Leskovar, Time Resolution Performance Studies of High-Speed Photon Detectors, Proc. of the 4th International Congress, Laser 79-Optoelectronics, Munich, West Germany, 581-586. Pub. by IPC Science and Technology Press Ltd., England (1979).
9. B. Leskovar, Recent Advances in High-Speed Photon Detectors, Proc. of the 6th International Congress, Laser 83-Optoelectronics, Munich, West Germany. Pub. by Springer Verlag: Optoelectronics in Engineering, 68-74 (1984).
10. B. Leskovar, The Afterpulse Time Spectra of High-Speed Photon Detectors, Proceedings of the 7th International Congress, Laser 85-Optoelectronics, Munich, West Germany. Published by Springer Verlag: Optoelectronics in Engineering, 148-157 (1986).
11. B. Leskovar, Microchannel Plates, Physics Today, 30, No. 11, 42-45 (1977).
12. B. Leskovar and C.C. Lo, Studies of Prototype High-Gain Microchannel Plate Photomultipliers, IEEE Trans. Nucl. Sci. NS-26, No. 1, 388-394 (1979).
13. D.H. Ceckowski, E. Eberhard and E. Carney, Proximity Focused Microchannel Plate Photomultiplier Tubes, IEEE Trans. Nucl. Sci. NS-28, 677-682 (1981).

14. C.C. Lo and B. Leskovar, Performance Studies of High-Gain Photomultiplier Having Z-Configuration of Microchannel Plates, IEEE Trans. Nucl. Sci., NS-28, No. 1, 698-704 (1981).

15. B. Leskovar and T.T. Shimizu, Time Resolution Performance Studies of Hamamatsu R1564U Microchannel Photomultiplier, IEEE Trans. Nucl. Sci., NS-34, No. 1, 427-430 (1987).

16. I. Yamazaki, N. Tamai, H. Kume, T. Tsuchiya and K. Oba, Microchannel-Plate Photomultiplier Applicability to the Time-Correlated Photon-Counting Method, Rev. Sci. Instrum, 56, No. 6, 1187-1193 (1985).

17. Microchannel Plate Photomultiplier Tubes (MCP-PMTS), Hamamatsu Technical Data Sheet, No. T-112 (February 1987).

18. R.G.W. Brown, R. Jones, J.G. Rarity and K.D. Ridley, Characterization of Silicon Avalanche Photodiodes for Photon Correlation Measurements, 2: Active Quenching, Applied Optics, 26, No. 12, 2383-2389 (15 June 1987).

19. RCA Inc., Electro Optics, Silicon Avalanche Photodiodes C30902 and C30921 Series data sheet, (March 1988).

20. A. Lacaida, S. Cova and M. Ghioni, Four-Hundred Picosecond Single-Photon Timing with Commercially Available Avalanche Photodiodes, Rev. Sci. Instrum, 59, No. 7, 1115-1121 (July 1988).

21. A.W. Lightstone and R.J. McIntyre, Photon Counting with Silicon Avalanche Photodiodes for Photon Correlation Spectroscopy, Presented at the O.S.A. Topical Meeting on Photon Correlation Techniques and Applications, May 30-June 2, 1988, Washington, D.C.

# Experimental Methods for Designing Flashlamps and CW Arc Lamps Used in Optically Pumped Lasers

Jon Loughboro and Barry Smith

ILC Technology, Inc. 399 Java Drive, Sunnyvale, CA 94089 USA

## Abstract

Theory is often insufficient to allow the designer to completely specify an optimizied configuration of a flashlamp or cw arc lamp. When theory is inconclusive, empirical methods yield practical solutions to the complex problems of lamp design. In these cases, custom tailoring of noble gas discharge light sources to the unique requirements of individual laser systems is necessary.

This paper discusses some of the practical aspects of the skills necessary for the design optimization of lamps used in optically pumped lasers. Iterative techniques for lifetime and efficiency improvements are offered and specific examples are presented in which these issues are encountered.

## Introduction

Experiment plays a significant role in the growth of an emerging technology. As the technology matures, its maintenance increasingly depends upon the correct use and understanding of the data base provided by previous experimentation: the level of on-going experimental activity decreases. In contrast to this scenario is the technology involving rare gas arc discharge lamps, which was born during the first half of this century with the advent of the pulsed xenon flashlamp for high speed photography. Equal and similar devices, filled with both xenon and krypton gas and operating in both continuous and pulsed modes, have been used for optically pumped solid state lasers since the early 1960's. Clearly this is a mature technology, and it is an interesting one in that the use of experimental methods still plays an important role in optimization of lamp configurations specified for use as optical pumps for lasers.

## The theoretical basis of lamp specification and its limitations

The task of specifying the optimum flashlamp or cw arc lamp for an optically pumped laser involves a series of choices and compromises. Information to guide one in making such decisions is available, primarily in the form of applications notes and technical manuals that explain the electrical, mechanical, and optical characteristics of these light sources. This literature[1,2] provides the theoretical basis from which to initiate the process of optimization of the arc discharge lamp.

Seldom does one encounter, however, a situation where all critical parameters of the pump source can be conclusively chosen at their optimum values on the basis of theory. A simple example will serve to illustrate.

One uncertainty frequently encountered in flashlamp design involves the choice of optimum gas filling pressure. Theory suggests[3] that for "good radiative efficiency" one should consider a fill pressure in the neighborhood of p, in units of torr, where

$$p = 225/d,$$

d being the lamp bore diameter in cm. At pressures greater than p, measurable but only moderate improvements in conversion efficiency may be expected. At pressures below Ø.5p, significant reductions in conversion efficiency should be expected.

One may wish to specify relatively high values of fill pressure based on the efficiency considerations noted above as well as the advantages of reduced rates of electrode sputter and envelope wear.[3] On the other hand, however, one may readily find warnings of the negative effects of the use of elevated gas pressures in flashlamps. These include increased difficulty of triggering, more troublesome simmering characteristics, extension of the light output rise time, and deteriorating positional stability of the plasma arc.

When confronted with such situations, the conscientious lamp designer must recommend several design options chosen on the basis of theory, augmented by an empirical method for determining the final and optimum lamp configuration.

## Finding solutions to lamp design problems using empirical methods

As in all problem solving projects, it is of greatest importance to correctly define the lamp design issue(s) that is(are) to be attacked, as well as any known restrictions upon possible solutions, before devoting effort to problem solving.

The problem of lamp instability in cw Nd:YAG lasers, for instance, is inadequately defined unless many characteristics of the instability are carefully specified. The laser designer should ask the following questions. Are all regions of the laser beam cross section uniformly fluctuating in power density or are the size, shape, and spatial distribution of power density of the beam profile shifting? Is the instability dependent upon lamp input power? Is the instability related in any way to instabilities in the lamp input current? Is the instability sensitive to the rate of coolant flow or coolant temperature? Does the instability change in a given lamp over the lifetime of the lamp? Responses to these queries vary depending upon the individual laser system experiencing the instability. The choice of lamp parameters to be manipulated in the pursuit of a new krypton arc lamp that is optimized for high stability depends upon the answers to the above questions. This manipulation process is known as custom tailoring of lamps to the unique requirements of individual laser systems.

Being grounded in empirical methods, custom tailoring of laser lamps is a procedure that requires a certain degree of patience and discipline from both the lamp designer and his customer. It has nevertheless proven itself to be highly successful in providing satisfying results.

## Practical aspects of design optimization of laser lamps

Rapid advancement through the iterative process that accompanies custom tailoring of a lamp design depends upon adhering to a number of guidelines.

1) Whenever possible, only one critical parameter should be changed with each successive iteration. This may not be as simple as it seems. For instance, one may wish to improve the positional stability of the plasma in a krypton arc lamp by reducing bore diameter. This change, in and of itself, increases lamp impedance: at a given input power the new lamp will operate at higher voltage and lower current than before. This may be an unwanted or intolerable condition due to power supply limitations. An appropriate reduction in gas pressure will eliminate this condition, but in doing so a second change is incorporated into this iteration. Fortunately, in this case both reduced bore diameter and reduced gas pressure independently exert positive influences upon arc positional stability. Combining both changes simultaneously will have a positive and additive effect.

2) Carefully characterize the baseline lamp while it is operating in the laser pumping chamber and driven by the laser's electrical system. The electrostatic, mechanical, thermal, and power characteristics of the laser hardware often affect the specific lamp behavior one is attempting to influence in the optimization process.

3) Determine whether or not the behavior targeted for improvement can be observed outside the mechanical and electrical confines of the laser hardware. If so, lamp optimization can progress through testing of iterative designs in non-laser equipment. If the behavior only occurs when using the laser hardware, optimization will hinge upon the availability of these components to serve as a test bed for iterative lamp designs.

4) Visually observe the lamp (using a very dark filter glass, such as a welder's mask) while under operation. This often requires that a specially designed piece of transparent hardware be fabricated for attachment to the pump chamber, but the pay-off is high. Visual information gained from observing a lamp while under operation is very informative and invaluable for troubleshooting.

## Iterative techniques for lifetime and efficiency improvements

When the task at hand is to increase lamp efficiency or improve lamp lifetime, it is helpful to apply two principles.

1. The degree of change incorporated into a lamp design feature often affects efficiency or lifetime as shown in Figure 1. Changing the feature over a range that allows one to determine the values of limits A, B, C, and D yields useful information. Explore iterations that assist in developing this understanding.

2. Mechanisms that determine lamp lifetime are almost always visually evident at a point in the life of the lamp far preceding end of life. This allows one to proceed through several iterations in a lifetime optimization program without running every lamp all the way out to end of life. An overall increase in lamp life results when a modification lengthens the visual detection time constant of the lifetime determining mechanism and vice versa. This principle can be used to eliminate negative design iterations early in their lives. Concentration may then be directed toward only the best candidates for lifetime improvement.

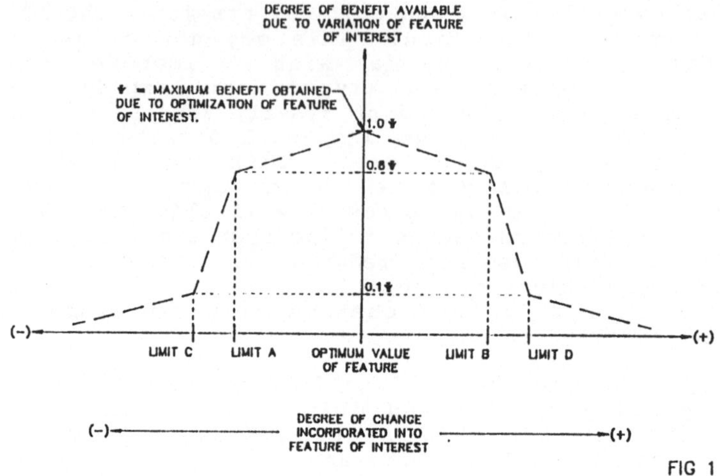


FIG 1

## Conclusion

Experimental methods, although often tedious and sometimes time consuming, are necessarily a part of optimizing optical pumps for lasers. Those who must work with these devices should acquire a good understanding of the basic technical characteristics of flashlamps and cw arc lamps.

Armed with this knowledge and adopting a disciplined approach toward the solution of problems involving laser pumps, rapid advancement through a series of lamp design iterations is possible. The guidelines presented in this paper are useful for minimizing wasted effort in coming to a final design configuration that is custom tailored to a particular laser application.

## References

1. ILC Technology, Inc., Engineering Note 178 - Optimizing Lamps for Solid State Lasers. Sunnyvale, CA.

2. PennWell Books/Laser Focus, The Industrial Laser Annual Handbook, 1987 Edition. Pages 105-126.

3. ILC Technology, Inc., An Overview of Flashlamps and CW Arc Lamps - Technical Bulletin 3. Sunnyvale, CA.

# Highly Stable Xenon Compact Arc Technology

MARC KRAMER

Lamp Division, Optical Radiation Corporation
1300 Optical Drive, Azusa, California 91702

## I. Introduction

High pressure xenon arc lamps produce a compact arc characteristically less than 10mm in length. The nearly 6000 degrees K color temperature closely approximates that of sunlight at 5900 degrees K.

Increasingly critical scientific, industrial, and theater projection applications have required greater light output stability than standard xenon arc technology provides.

This paper describes the causes of both short and long-term xenon arc lamp instability and the theory behind the development of an electrode technology permitting significantly improved stabilities compared to conventional lamp technology, without the use of complicated stabilization circuits.

## II. Definition of Compact Arc Lamp Stability

For discussion purposes, compact arc lamp stability will be defined for short-term, long-term, and re-strike.

Short-term stability refers to output phenomenon occurring within several second to sub-second periods. Variations of output radiation of this duration are almost always caused by arc movement.

"Arc wander" is defined as the movement of the attachment point of the arc on the cathode surface. Typically the arc moves around the conical tip of the cathode in a circular fashion, taking from a fraction to several seconds to circle the tip.

"Arc flare" refers to a momentary change in brightness, as the arc moves slightly and attaches to an area on the cathode tip having a preferential emissive quality than the previous attachment point. Both arc wander and arc flare can be attributed to the emissive quality of the lamp cathode, which will be described later.

A third type of short-term arc instability described as "flutter", or the rapid side to side displacement of the arc column as it is buffeted by the convection currents inside the bulb. The convection currents are caused by rapid heating of the xenon gas by the arc, and cooling by the walls of the envelope.

Long-term stability can be measured over minutes, hours, or days. Typical of this type of output variation is the lumen maintenance of a lamp, which is universally used in order to define lamp lifetime. In the case of compact arc lamps, average lifetime is measured in hours, and is defined as the point when the radiant intensity falls to a specified percentage of its initial value. This percentage is quoted as 25-50%, depending upon the policy of the lamp manufacturer. The decrease in radiant output is caused by a deposition of evaporated electrode material onto the inner wall of the bulb.

For most optical designs employing a compact arc lamp, an important aspect of long-term stability is the gradual displacement of the bright area (the arc "hot-spot" located at the cathode tip), as the cathode tip displacement is commonly referred to as "cathode burn-back". Lamp lifetime and cathode burn-back are closely related, as the material causing lumen deprecation at the bulb wall is almost entirely from the cathode.

Lamp stability is affected by external factors which are mentioned here only to make the user aware of their importance. These include the mechanical, thermal, and electrical aspects of mounting and operating the bulb. The mechanical and thermal requirements are provided by the lamp enclosure (lamp house), and the electrical by the power supply and electrical connections to the bulb. A good lamp power supply limits peak to peak DC ripple and current drift, and are commercially available with maximum DC ripple of less than .01% peak to peak and +/- 0.1% per hour current drift.

## III. Review of Traditional Electrode Technology

The types of lamp instability described can be attributed to the lamp electrode performance, primarily that of the cathode.

The cathode serves as the electron emitter, and its design is a compromise between the different demands necessary for desirable lamp operation. in compact arc lamps, it is typically made of tungsten, the work function of which is lowered by the addition of 2% to 4% thoria to the bulk material. The cathode is designed to operate at a temperature at which it will freely emit electrons, but not so hot as to readily evaporate, shortening lamp life. To allow for easy and reliable starting, the cathode tip must reach emissive temperatures quickly during the ignition phase. For desirable starting attributes, the electrode would like to be of a small diameter and/or have a very small included tip cone angle. However, this would lead to rapid evaporation of the tungsten during normal lamp operation, causing early wall blackening and lumen depreciation. Long operating life would readily be accomplished by increasing the diameter and included cone angle of the cathode tip. Such a cathode would not heat quickly enough to ensure reliable starting. Lastly, a cathode with too low an operating temperature will cause arc instability, as the arc moves about the surface of the tip, attaching to localized areas of low work function.

## IV. Highly Stable Xenon Compact Arc Cathode Technology

The problems of short-term lamp stability can, with the exception of arc flutter, be traced to the emissive properties of a particular cathode design, including the material from which is made. If the work function of the emitter is decreased, electrons will flow more readily from its surface at lower temperatures. Furthermore, the cathode will continue to function well until the supply of emissive material is exhausted.

Commonly used emitters consist of combinations of alkaline earth oxides, which have work functions as low as 1.1 eV. These emissions materials are commonly used in florescent low pressure gas discharge, and high pressure mercury lamps. This well-known technology is now applied to and optimized for use in the compact arc lamp.

Due to the high current loads and requirements for mechanical stability of the electrode structures, the new cathode resembles that of a conventional cathode. The emissive material is contained within the pores of a sintered tungsten tip brazed onto the supporting shank. The specific properties of the emission mixture and sintered tungsten tip determine the operational characteristics and lifetime of a lamp employing this type of cathode.

The short-term stability is improved due to the greatly lowered work function and steady supply of free electrons available from the cathode. Arc wander is eliminated as the arc readily attaches to the tip of the cathode, whereupon the localized heating frees the alkaline-earth oxide ions. The ample supply of emitter "wicks" to the tip through the pores and over the surface of the sintered tungsten structure, ensuring that there is no localized depletion of emissive material. Arc flare is reduced due to the low work function.

The long-term stability is improved due to the comparatively large reservoir of emissive material available to the arc. Lumen maintenance is improved dramatically as the depleted emitter deposits on the bulb wall as transparent oxides, therefore absorbing little of the light energy as it passes through the bulb.

Since the emissive material is supplied by the porous tungsten reservoir in a continuous fashion to the cathode surface, and the extremely small amount of evaporated tungsten combines at the surface as a tungstate, there is virtually no electrode erosion during lamp operation. Hence, there is no cathode "burn-back" during the normal lamp lifetime.

When the alkaline earth emission materials are depleted, the tungsten will begin to evaporate as it replaces the low work function emitter. This condition will become noticeable first by arc flaring and then bulb darkening, thereby defining the end of lifetime for a highly stable lamp requirement.

## V. Highly Stable Lamp Performance Compared to Standard Technology

All short-term stability measurements were done by imaging only the bright area of the arc onto a photo-transistor type detector. A pinhole aperture approximately .03 inches in diameter was located immediately in front of the detector. The magnification ration was adjusted so that only the focused bright spot of the arc passed through the aperture. The detector used was a radiometer which conveniently had amplified output which was in turn connected to a storage oscilloscope and chart recorder. Only the photopic portion of the lamp output spectrum was sampled in this experiment, by using a photopic filter over the detector input. The lens used is a reasonably good quality achromatic, to make focusing and studying the projected image easier on the eyes. The lamphouse was of an enclosed design, without force air or water cooling.

As this new cathode technology has presently been applied to the 150 watt size lamp, it was appropriate to compare its stability to conventional 150 watt lamps of the "gap-shortened" variety. Previously used for stable source requirements, these lamps have a 2mm arc gap and high xenon fill pressure, operating at 8.5 amps DC and 18 volts, typically. The new stable lamp has identical operational and total lumen output specifications.

The data generated by this test method allows the comparison of other 150W arc lamp optical systems and a determination made of a particular system's sensitivity to lamp instability.

For compact arc xenon lamps, the change in light output is nearly linear with lamp current over a small range about the rated current.

As determined, the short-term stability of the stable lamp is 0.50% peak to peak, or the equivalent of a 0.04 amp lamp current deviation. A typical value for a standard lamp type is 2.40% peak to peak fluctuation, equivalent to a 0.20 amp lamp current deviation. The drift of the standard lamp over a twelve hour period was also found to be greater than that of the stable lamp type.

Long-term stability was determined by measuring the total lumen output of the test lamp at 500 hour intervals during a cycled life test. As can be seen from the lumen maintenance charge, 85% of the original lumen output was produced at the 2000 hour point. On the particular sample tested, arc flare instability set in shortly after this point, defining end of lifetime.

## VI. Conclusion

Xenon compact lamps have successfully been utilized when there has been a need for a very bright point source. One of the major drawbacks for critical applications has been unstable output, when compared to incandescent sources. The application of mixed oxide thermionic emission materials to the compact arc lamp cathode has resulted in greatly improved short and long term stabilities, relative to conventional arc lamp technology.

# Orientierte Einkristallzüchtung von MgF2-Kristallen

L. Ackermann , H.A. Meier GmbH, D-7959 Hoerenhausen
R. Shauxia, Y. Zhang, VR China

1. Einleitung

$MgF_2$ kristallisiert in der Rutilstruktur, d. h. es besitzt tetragonale Symmetrie.
Wegen seines weiten spektralen Transmissionsbereichs von 0.11 bis 9.1 µm (> 80 % bei 160 nm) und des relativ hohen Transmissionsgrades von 94.8 % zwischen 0.7 - 5 µm Wellenlänge eignet sich $MgF_2$ als Fenster bzw. Linsenmaterial sowohl für UV als auch für IR-Strahlung.

Wegen seiner Doppelbrechung kann $MgF_2$ auch als Polarisator für den UV-Bereich eingesetzt werden.

Die Brechungsindizes bei $\lambda = 0.4 - 0.7$ µm und einer Temperatur von 21° sind

$n_o = 1.384 - 1.376$
$n_e = 1.396 - 1.387$

Die Anwendung für hochwertige optische Komponenten auch für die Laseroptik stellt besonders hohe Anforderungen an die Kristallqualität.

Zur Erziehung einer entsprechenden Kristallqualität wurden besondere Verfahren zur Vorbehandlung des Ausgangsmaterials und zur gerichteten Kristallzucht entwickelt.

2. Experimente

2.1 Vorbehandlung des Ausgangsmaterials

Als Ausgangsmaterial diente spektral reines $MgF_2$ Pulver (99.99 %). In den Ausgangsmaterialien gibt es immer gewisse Verunreinigungen an Oxiden bzw. anderen Anionen. Daher muß eine geeignete Flouridbehandlung durchgeführt werden um Störstellen durch Sauerstoffverunreinigung zu vermeiden.

Eine solche Reaktion könnte etwa lauten:

$$MgO + 2\,HF \rightarrow MgF_2 + H_2O\uparrow$$

beschrieben werden. Um diese Reaktion stattfinden zu lassen, wurden von uns zwei verschiedene Methoden getestet.

Bei der ersten Methode wird HF-Gas durch das Ausgangsmaterial geleitet (600 - 800°C). Bei der zweiten Methode wird $NH_4\ HF_2$ unter das $MgF_2$-Pulver gemischt und dieses erhitzt (250°C, 2 - 3 Stunden).
Mit beiden Methoden konnten vergleichbare Ergebnisse erzielt werden.

| | $O_2$-Gehalt (%) | |
|---|---|---|
| | vorher | nachher |
| Trockenmethode | 0.277 | 0.093 |
| Glühmethode | 0.320 | 0.098 |

## 2.2 Kristallzucht

Die Wachstumsgeschwindigkeit ist bei $MgF_2$ Kristallen in der c-Achse viel größer als in der a-Achse oder b-Achse.

Zur Kristallzucht wurde das Bridgeman-Stockberger-Verfahren im Hochvakuum ($10^{-5}$ torr) benutzt. Das Heizelement und der Tiegel bestand aus Graphit.

Bei der Züchtung von Kristallen ohne vororientierten Keim wurden Kristalle gezogen, deren Orientierung zwischen 10 - 45° von der c-Achse abweichen. Für die Ausbeute an nutzbarem Kristall ist dies sehr ungünstig, da die optischen Komponenten senkrecht zur c-Achse geschnitten werden müssen. Durch die erzwungenen unterschiedlichen Wachstumsgeschwindigkeiten in der a- bzw. b-Richtung entstehen Kristalle mit erheblichen Kristallbaufehlern und Rissen.

Durch die Verwendung eines in c-Achse geschnittenen Keims am Boden des Zuchttiegels konnten diese Probleme gelöst werden.

Eine Absenkgeschwindigkeit des Tiegels von 2 - 4 mm pro Stunde erwies sich als optimal. Der gezogene Kristall wurde nach der Zucht mit einer Geschwindigkeit zwischen 20° und 40°C pro Stunde abgekühlt.

## 3. Ergebnisse und Diskussion

Es wurden Kristalle mit Durchmessern 20-80 mm und Höhen von 40-70 mm gezüchtet. Die Kristalle zeigten maximale Abweichungen von der c-Achse von 15' bis 30'.

Die Ergebnisse haben gezeigt, daß es möglich ist, optisch sehr hochwertige Kristalle ohne Sprünge und Risse zu erhalten, wenn das Ausgangsmaterial entsprechend vorbehandelt wird und die Wachstumsrichtung durch vororientierte Keime vorgegeben wird. Dabei konnte gezeigt werden, daß die Vorbehandlung des Ausgangsmaterials mit $NH_4HF_2$ gleichwertig zur HF-Behandlung ist, wobei die Glühmethode aus Umweltgründen vorzuziehen ist.

Bei 3 mm dicke $MgF_2$-Kristallscheiben wurden typische Transmissionen von

50 % bei 0.12 μm
80 % bei 0.19 μm
94 % bei 2.50 μm

gemessen.

Die optische Absorption wurde mit K = 0.28 % (20 x 20 x 39 mm) ermittelt, die optische homogenität mit $3.5 \times 10^{-6}$ (Ø 45 x 9.5 mm).

# Exact Phase Space Tracing of Laser Beams Through Optical Systems

Walther A.E. Goethals
Advanced Production Automation bv
P.O. Box 200, NL-5500 AE Veldhoven, The Netherlands

Summary

An analysis method for laser optics has been developed that uses a geometrical description of laser beams in the "configuration phase space" in combination with exact ray tracing algorithms.
With this method it is possible to analyze optical systems in terms of laser beam parameters such as beam waist diameter, divergence, offset, pointing angle and beam quality, i.e. the parameters of interest for (industrial) laser optics designers.

## The Configuration Phase Space

Assume the z-axis of a co-ordinate system to represent the optic axis. A single (meridional) ray in the plane containing the x-axis and the z-axis can then be described by its deviation $x(z)$ and its inclination angle $dx(z)/dz = x'(z)$ relative to the optic axis. These parameters can be considered as the co-ordinates of the position vector $(x,x')$ in the so-called configuration phase space.

## Ray Tracing in Phase Space

When a ray passes through an optical system its position vector $(x,x')$ is transformed and the resulting vector describes a certain trajectory in the phase space. (See fig.1)
When the paraxial approximation ($\tan \alpha = \alpha$) is used these transformations are linear and can be determined using the well known ABCD transfer matrices for drift spaces and focussing actions. However, when the performance of a real optical system is to be determined, exact ray tracing, based on Snell's law and the precise shape and properties of the optical elements, has to be applied. For this purpose several computer programs for analysis and optimization of optical systems are available. These programs however do not always have the possibility for phase space analysis and/or representation.

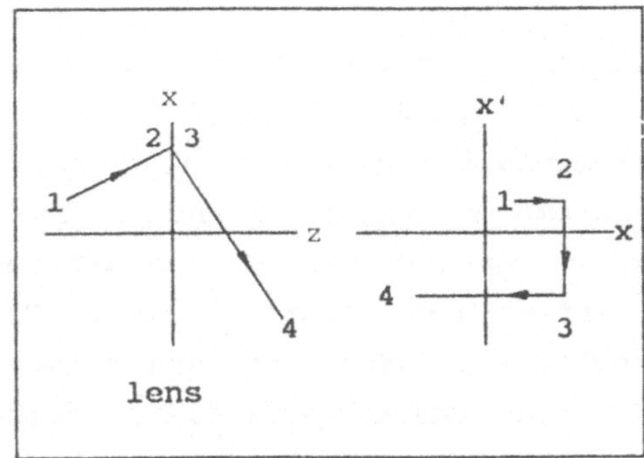


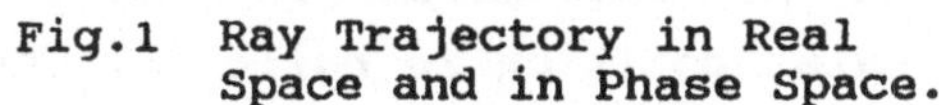
Fig.1 Ray Trajectory in Real Space and in Phase Space.

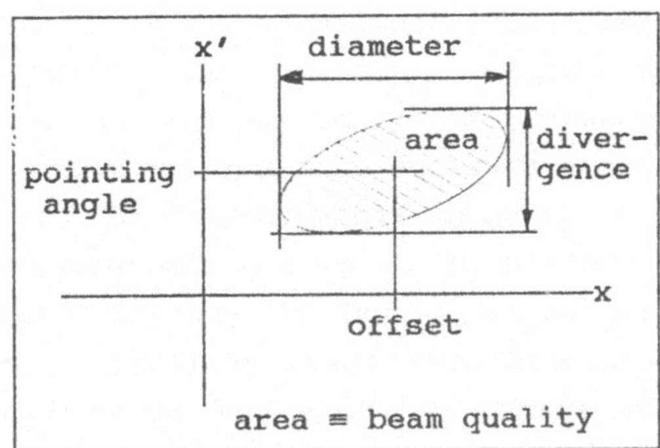


Fig.2 Parameters of a Laser Beam in Phase Space

Laser Beams in Phase Space

A laser beam consists of an ensemble of rays having a certain distribution in phase space. Knowledge of this distribution and its motion in phase space enables many beam parameter values to be derived; among others: beam diameter, divergence, offset from the optic axis and pointing angle. (See fig 2)

An interesting property of a beam in phase space is described by Liouville's theorem. According to this theorem a beam of rays fills a certain area in the x,x' phase space which may change its shape at further positions z but not the magnitude of its area. This area is a measure for the beam quality, and Liouville's theorem implies that the quality of a beam remains constant when it is passed through a conservative (no rays added or removed) optical system. Note that this theorem has general validity: it is not restricted to paraxial systems. Non-linear effects (aberrations) have no direct effect on beam quality!

From the geometrical analysis of stable resonators it appears that the x,x' phase space distribution of Gaussian and higher order mode laser beams covers an area with an elliptical envelope. The dimensions of the ellipse are determined by the beam waist size, the beam diameter and the divergence angle.

When the optical system is paraxial the transformed envelopes are also elliptical. Aberrations however deform the ellipse.

Beams from unstable resonators have phase space distributions in the shape of parallelograms or (irregular) polygons.

(See Lit.(1) for a more thorough treatment of the theory of laser beams and phase space.)

## Laser Beam Tracing

A computer program (LaserTrace) has been written that traces an ensemble of up to 360 ray vectors (x,x'), which determine the phase space envelope of a certain beam, using exact ray tracing algorithms. The program keeps record of the extreme values of x and x' as a function of z, giving the beam diameter and divergence. The average values of x and x' give the beam offset and pointing angle. The enclosed area (beam quality) is re-calculated when rays are removed by apertures. From the orientation of the phase space distribution the trend (converging or diverging) of the beam is derived. Also a procedure for determination of beam waist position is built in. The results are presented in a phase space plot, which immediately shows the effects of aberrations etc. The beam diameter values can be used for generation of beam envelope pictures. Fig.3 shows what tracing of a (phase space) elliptical beam through a lens with positive spherical aberration looks like in real and in phase space.

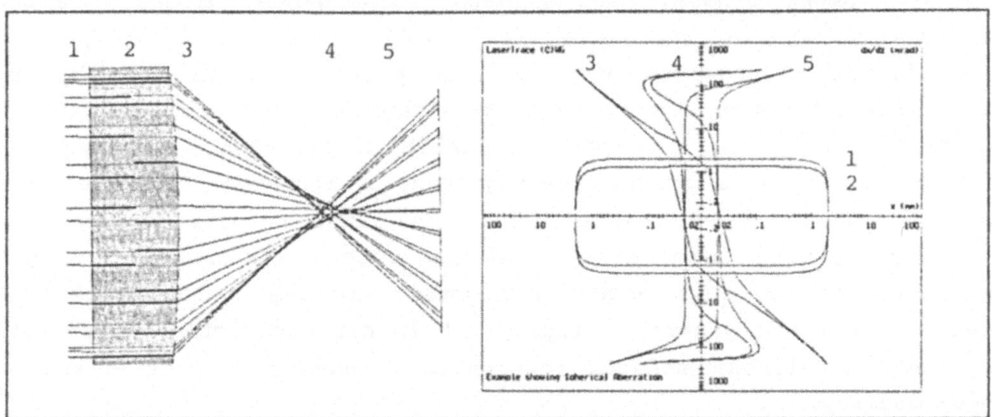


Fig.3 Tracing of a Multimode Laser Beam through a Single Lens

## Example

By means of an example we will show the analysis of a simple optical system for a multimode Nd:YAG laser, consisting of a beam expander and a flat field lens with a galvanometer scanner.

Fig.4 shows the optical configuration, the phase plot, the calculated beam envelope and a listing of the beam parameters

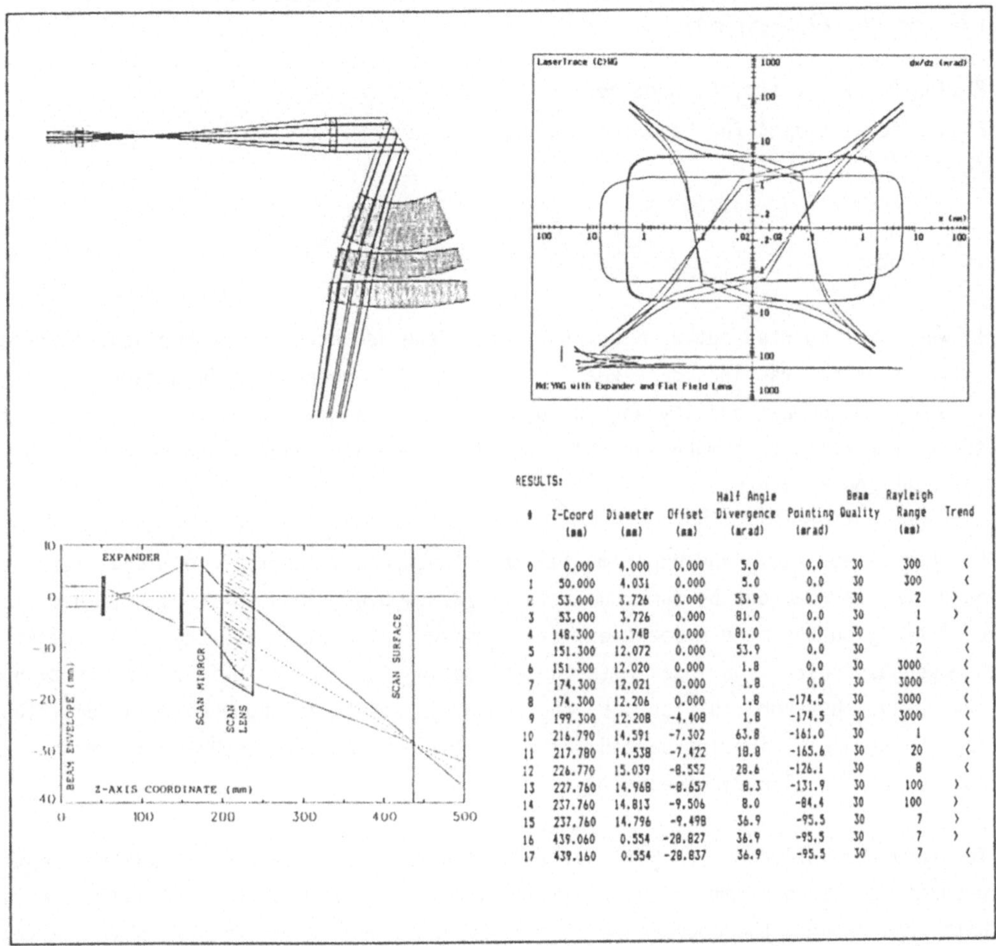


RESULTS:

| # | Z-Coord (mm) | Diameter (mm) | Offset (mm) | Half Angle Divergence (mrad) | Pointing (mrad) | Beam Quality | Rayleigh Range (mm) | Trend |
|---|---|---|---|---|---|---|---|---|
| 0 | 0.000 | 4.000 | 0.000 | 5.0 | 0.0 | 30 | 300 | < |
| 1 | 50.000 | 4.031 | 0.000 | 5.0 | 0.0 | 30 | 300 | < |
| 2 | 53.000 | 3.726 | 0.000 | 53.9 | 0.0 | 30 | 2 | > |
| 3 | 53.000 | 3.726 | 0.000 | 81.0 | 0.0 | 30 | 1 | > |
| 4 | 148.300 | 11.748 | 0.000 | 81.0 | 0.0 | 30 | 1 | < |
| 5 | 151.300 | 12.072 | 0.000 | 53.9 | 0.0 | 30 | 2 | < |
| 6 | 151.300 | 12.020 | 0.000 | 1.8 | 0.0 | 30 | 3000 | < |
| 7 | 174.300 | 12.021 | 0.000 | 1.8 | 0.0 | 30 | 3000 | < |
| 8 | 174.300 | 12.206 | 0.000 | 1.8 | -174.5 | 30 | 3000 | < |
| 9 | 199.300 | 12.208 | -4.408 | 1.8 | -174.5 | 30 | 3000 | < |
| 10 | 216.790 | 14.591 | -7.302 | 63.8 | -161.0 | 30 | 1 | < |
| 11 | 217.780 | 14.538 | -7.422 | 18.8 | -165.6 | 30 | 20 | < |
| 12 | 226.770 | 15.039 | -8.552 | 28.6 | -126.1 | 30 | 8 | < |
| 13 | 227.760 | 14.968 | -8.657 | 8.3 | -131.9 | 30 | 100 | > |
| 14 | 237.760 | 14.813 | -9.506 | 8.0 | -84.4 | 30 | 100 | > |
| 15 | 237.760 | 14.796 | -9.498 | 36.9 | -95.5 | 30 | 7 | > |
| 16 | 439.060 | 0.554 | -28.827 | 36.9 | -95.5 | 30 | 7 | > |
| 17 | 439.160 | 0.554 | -28.837 | 36.9 | -95.5 | 30 | 7 | < |

Fig.4 Exact Phase Space Analysis of a Laser Beam Scanning Optic

## Conclusions

Geometric analysis of laser optics has always been difficult to do with commercially available Optical Design Software.
Here a method has been described that enables exact calculation of geometric beam parameters of Gaussian, higher order and multimode, and unstable resonator laser beams passing through optical systems.

## Literature

(1) W.GOETHALS: Geometrical Optics of Laser Beams
in: The Physics and Technology of Laser Resonators,
Adam Hilger, 1989.

# Influence of Gain Distribution on the Properties of Unstable Resonators

Keming Du, P. Loosen, G. Herziger
Fraunhofer-Institut für Lasertechnik (ILT) Aachen, W.-Germany

## 1. Introduction

It was first pointed out by Siegman /1/ that the advantageous properties of unstable optical resonators include excellent transverse mode discrimination, large mode volumina, high beam quality and the possibility of solely using metal mirrors. It is these properties that make unstable optical resonator widely and successfully used for high power lasers.

Further theoretical and experimental investigations on unstable optical resonators have been carried out by numerous authors /2,3,4,5,6/. Most of them have been concentrating on the mode properties of passive resonators and the influence of inhomogeneous refraction index with the assumption that the gain is distributed homogeneously. However, in practice, the gain is not always homogeneously distributed and the gain distribution depends on e.g. the used pumping techniques and the uniformity of the electric field /7/.

To study the influence of gain distribution on the properties of unstable optical resonators, a program has been developed which is based on the Fox and Li method. With this program the dependence of the output power as well as the beam quality of a laser with unstable resonators on the gain distribution has been studied. The result will be presented later.

Experimental investigations have been made. The result corresponds to the theoretical results.

## 2. Theoretical model and results

### 2.1 Theoretical model

The model used here for studies of unstable optical resonators with active medium is shown in Fig. 1. The unstable optical resonator consists of two mirrors $M_1$ and $M_2$, the reflectivities of which are $R_1$ and $R_2$

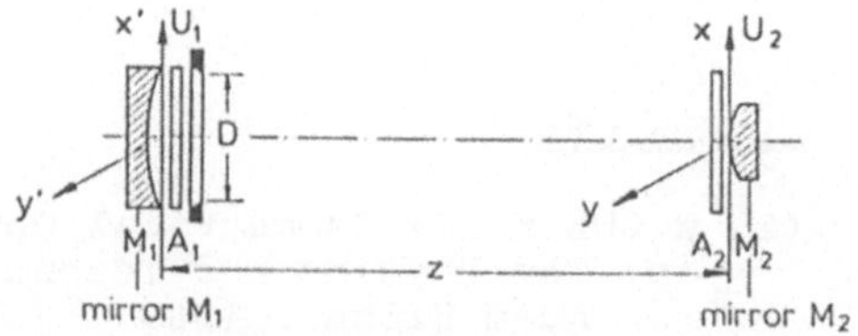


Fig. 1 Scheme of an unstable resonator with active medium.

respectively. The active medium is represented here by the two thin layers $A_1$ and $A_2$ on the two mirrors which are given by

$$A_1(x,y) = \exp\left(\frac{g_0(x,y)\ L/2}{1+(1+R_1)\frac{I_1(x,y)}{I_s(x,y)}}\right) \tag{1}$$

$$A_2(x,y) = \exp\left(\frac{g_0(x,y)\ L/2}{1+(1+R_2)\frac{I_2(x,y)}{I_s(x,y)}}\right) \tag{2}$$

with $I_1(x,y)=|U_1(x,y)|^2$ and $I_2(x,y)=|U_2(x,y)|^2$, where $g_0(x,y)$, $I_s(x,y)$ and L denote the small signal gain distribution, the saturation intensity distribution and the length of the active medium, and $U_1(x,y)$, $U_2(x,y)$ are the fields on the two mirrors $M_1$ and $M_2$, respectively.

With the diffraction theory the field on the mirror $M_1$ can be expressed as

$$U_1(x',y') = \frac{ik}{2\pi} A_1(x',y') \iint U_2(x,y)\ R_2M_2(x,y)\ A_2(x,y)\ \frac{ik|r-r'|}{|r-r'|} dxdy \tag{3}$$

In the similar way, the field on the mirror $M_2$ may be expressed as

$$U_2(x,y) = \frac{ik}{2\pi}A_2(x,y)\iint U_1(x',y')R_1M_1(x',y')A_1(x',y')\frac{ik|r-r'|}{|r-r'|}dx'dy' \tag{4}$$

where $M_1(x,y)$ and $M_2(x,y)$ represent the phase transformation by mirrors $M_1$ and $M_2$.

In the following we will confine our attention to the case where cylinder symmetry is valid. With the experimental result /7/ it seems to be reasonable to assume that

$$g_0\ (r) = g_0\ (0)\ (1+C_g r^2) \tag{5}$$

$$I_s\ (r) = I_s\ (0)\ (1+C_I r^2) \tag{6}$$

For given modulations $\eta_g$ and $\eta_I$ of the small signal gain and the saturation intensity by an active medium with diameter D, the constants $C_g$ and $C_I$ in eqs. (5) and (6) are given by

$$C_g = 4\eta_g\ /D^2 \tag{7}$$

$$C_I = 4\eta_I\ /D^2 \tag{8}$$

The eqs (1) - (8) discribe an eigenwert problem and can be solved numerically with the help of the Fox and Li iteration method. In the following section, the numerical solution for an unstable resonator with radius D = 2.4 cm, resonator length Z = 200, magnification M = 2 the average small signal gain $g_oL$ = 1.4 and the average saturation intensity $I_s$ = 1000 W/cm$^2$ will be presented.

## 2.2 Theoretical results

### 2.2.1 Near field distribution

Fig. 2 represents the intensity distribution on the mirror $M_2$. A clear difference can be observed between the intensity distributions for resonators with and without active medium. Comparison between the intensity distributions for the resonator with homogeneous and inhomogeneous gain shows that there is a slight tendency that the intensity distributions fit the gain and the saturation intensity distribution. In Fig. 3 the corresponding phase distributions are shown. It can be seen from this Fig. that there in no essential difference between the phase distributions. Thus, it can be concluded that the gain distribution has a slight influence on the intensity distribution but hardly influences the phase distribution.

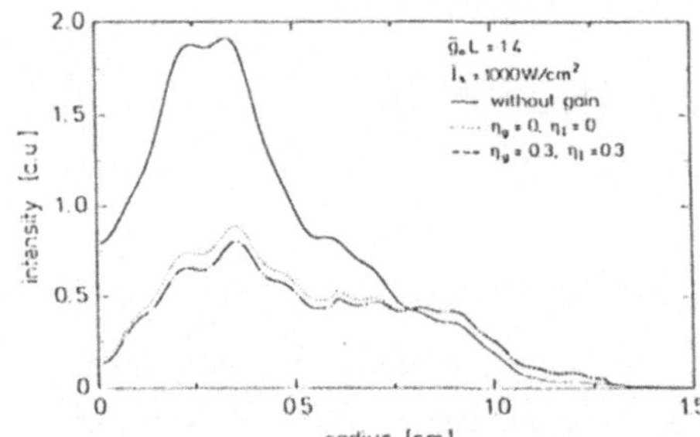


Fig. 2. Intensity distribution in the near field.

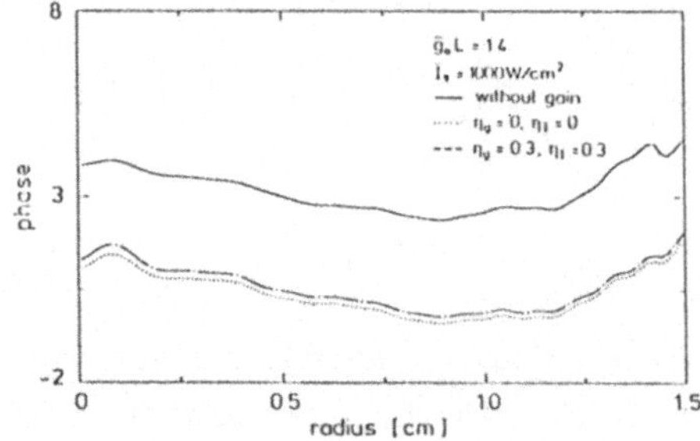


Fig. 3. Phase distribution in the near field.

### 2.2.2 Far field distribution and divergence angle

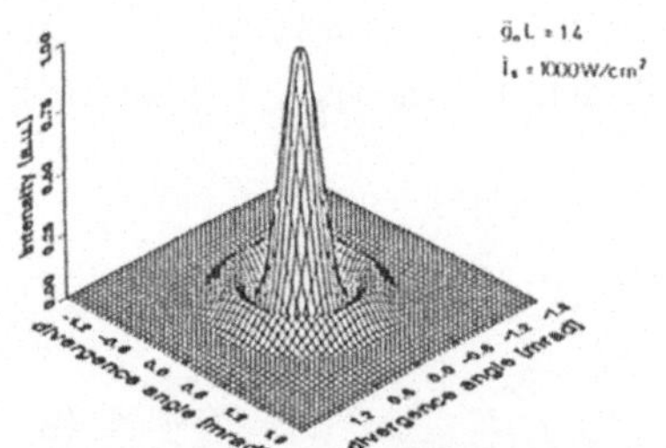


Fig. 4. Intensity distribution in the far field.

In Fig. 4 the far field intensity distribution of the passive resonator is given. The divergence angle is 0.95 mrad and the beam quality /8/ is about 0,32.

The influence of the distributed active medium on far field distribution has been studied. The results show that the divergence angle is independent on the gain and saturation intensity distributions and the beam quality by $\eta_g$ = 0.5 is only about 3% lower than it in the case of a homogeneouonly distributed active medium.

### 2.2.3 Dependence of output power on gain distribution

At a constant pumping power the relation between the output power and the gain distribution as well as the distribution of the saturation intensity has been studied. Fig. 5 shows the dependence of the output power on small signal gain distribution for 5 different saturation intensity distributions.

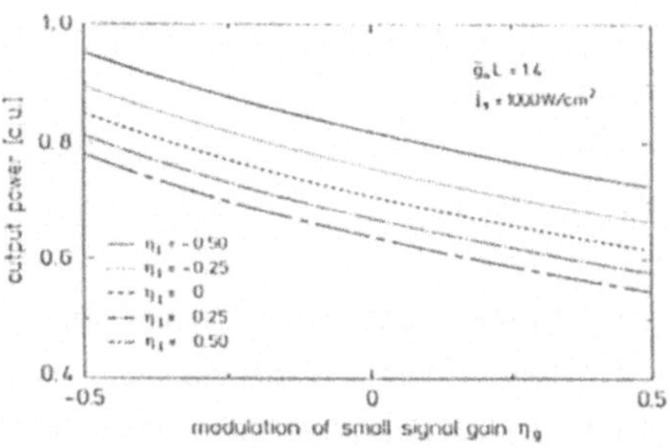

Fig. 5. Dependence of output power on the distributed active medium.

Fig. 5 reveals that the output power decreases with increasing modulation of the small signal gain $\eta_g$, and the same holds also for the output power and modulation of the saturation intensity. For an active medium, whose small signal gain and saturation intensity are homogeneously distributed ($\eta_g$ = 0 and $\eta_I$ = 0) the output power is app. 15% higher than it at $\eta_g$ = 0,15 and $\eta_I$ = 0,15. Therefore, it has to be stated that the effectiveness of a resonator for the case where the gain is concentrated in the center is higher than the one in the case where the gain at the edge is higher than in the center.

## 3. Experimental results

It is known from /7/, that at transversally RF-excited $CO_2$-lasers with cylindrical discharge tubes, the gain distribution and the saturation intensity distribution depends on the geometry of the electrodes. To study the influences of gain distribution on the properties of unstable resonators, two different geometries of electrodes, i. e. "standard" electrodes ($\eta_g$ = 0,15, $\eta_I$ = 0,15) and optimized electrodes with uniform electric field ($\eta_g$ = $\eta_I$ = 0) /7/ have been used in the experiments.

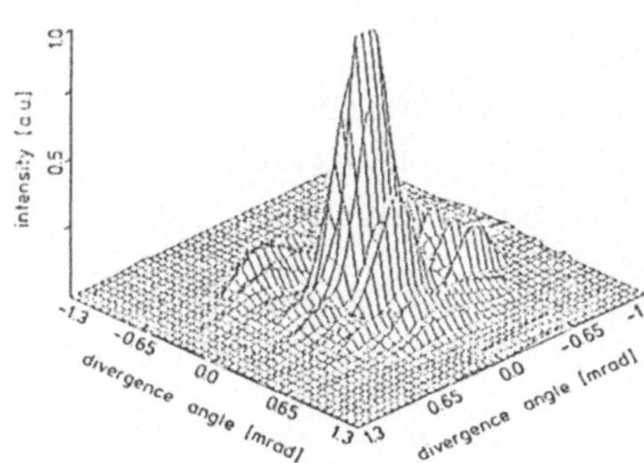

Fig. 6. Measured intensity distribution in the far field.

The experimental results show that the output power of the unstable resonator in the case optimized electrodes is about 20% higher than in the case of conventional electrodes. This result is well in agreement with the theoretical value in section 2.2.3.

The far-field distribution has been studied. Fig. 6 shows a typical three dimensional intensity distribution in the focus of a 7.5" ZnSe lens, the divergence angle is approximately 1 mrad while the theoretic value in section 2.2.2 is 0.95 mrad.

## 4. Conclusion

Theoretical and experimental investigations of the influences of gain distribution on the properties of unstable resonators have been carried out. The results show that the output power decreases with increasing modulations of the small signal gain and the saturation intensity distribution. The intensity distribution in the near field depends slightly on the small signal gain and saturation intensity distribution while the phase is hardly influenced by the small signal gain and saturation intensity distributions. The divergence angle is independent on the inhomogeneously distributed small signal gain and saturation intensity while the beam radius in the near field increases slightly with increasing modulations of the small signal gain and the saturation intensity distribution. The small increase of the beam radius in the near field results in a little decrease of the beam quality. Comparisons between the theoretical results and the experimental results show agreement with each other.

## References

/1/ A. E. SIEGMAN, Proc. IEEE, Vol. 53, March 277 (1965)

/2/ A. E. SIEGMAN et al, IEEE, J. Quantum Electronics, Vol. QE-3, No. 4, April, 156 (1967)

/3/ C. BERGSTEIN, Appl. Opt. vol. 7, 495 (1968)

/4/ D. B. RENSCH et al, Appl. Opt. Vol. 12, No. 5, May, 998 (1973)

/5/ E. A. SZIKLAS et al, Appl. Opt. Vol. 14, No. 5, Aug. 1974 (1975)

/6/ R. J. FREIBERG et al, IEEE, J. Quantum Electronics, Vol. QE-8, No. 12, 882 (1972)

/7/ H. SCHWEDE et al, Proc. of Laser'89 in Munich

/8/ O. MÄRTEN et al, Proc. of Laser'89 in Munich

# Magnetooptical Isolator for Partially Polarized Laser Beam

Andrzej W. Domański
Institute of Physics, Warsaw University of Technology
00-662 Warszawa, Koszykowa 75, Poland.

Faraday magneto-optical effect is often used in optical isolators. It is a nonreciprocal effect because after rotation through magnetooptical element at 45° and passing back through the same element the light is rotated another 45° in the same direction ( Fig. 1).

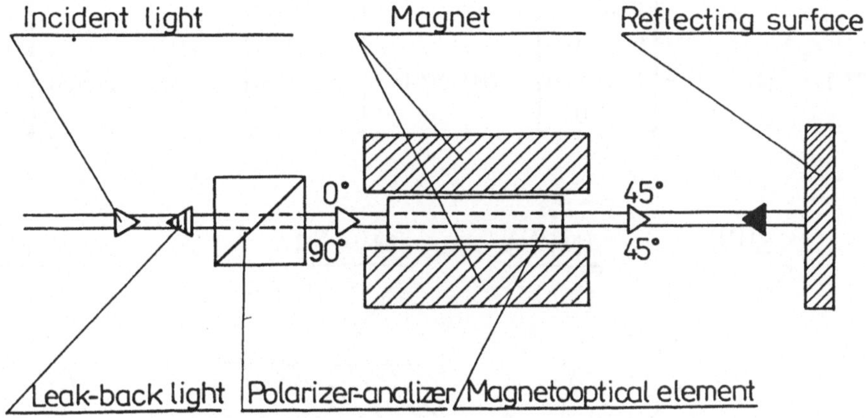


Fig. 1 Basic cofiguration for an isolator employing Faraday rotation.

Consequently in this case the back-reflected light emerges with a linear polarization direction which is ortogonal to the original direction, and a linear polarizer (which workes as an analyzer) at the input end will block it. Therefore optical isolators are particularly useful when using laser sources which are sensitive to back reflected light.

Main parameter characterising the optical isolator is the isolation ratio $I_R$ which is defined as [1]:

$$I_R = 10 \log (I_L/I_o) \qquad (1)$$

where $I_o$ is the incident light intensity and $I_L$ is the intensity that leaks back through the isolator. The best way of an analysis of high isolation ratio is to use the Mueller matrix formalism. Then four Stokes parameters are sufficient to specify the state of the field along the light path according to the matrix equation [2], [3]:

$$[S^{(L)}]=[M^{(A)}][M^{(45)}][M^{(R)}][M^{(45)}][M^{(P)}][S^{(P)}] \quad (2)$$

where $[S^{(P)}]$, $[S^{(L)}]$ are the Stokes parameters of incident and outgoing light beams:

$$[S^{(P)}] = \begin{vmatrix} S_0^{(P)} \\ S_1^{(P)} \\ S_2^{(P)} \\ S_3^{(P)} \end{vmatrix}, \qquad [S^{(L)}] = \begin{bmatrix} S_0^{(L)} \\ S_1^{(L)} \\ S_2^{(L)} \\ S_3^{(L)} \end{bmatrix} \quad (3)$$

and [M] – Mueller matrices for polarizer (P), magnooptical rotator (45°), reflecting surface (R) and analyzer (A) :

$$[M^{(A)}] = [M^{(P)}] = \begin{bmatrix} 1 & 0 & 1 & 0 \\ 0 & 0 & 0 & 0 \\ 1 & 0 & 1 & 0 \\ 0 & 0 & 0 & 0 \end{bmatrix} \quad [M^{(45)}] = \begin{bmatrix} 1 & 0 & 0 & 0 \\ 0 & 0 & -1 & 0 \\ 0 & 1 & 0 & 0 \\ 0 & 0 & 0 & 1 \end{bmatrix} \quad [M^{(R)}] = R \begin{bmatrix} 1 & 0 & 0 & 0 \\ 0 & 1 & 0 & 0 \\ 0 & 0 & 1 & 0 \\ 0 & 0 & 0 & 1 \end{bmatrix}$$

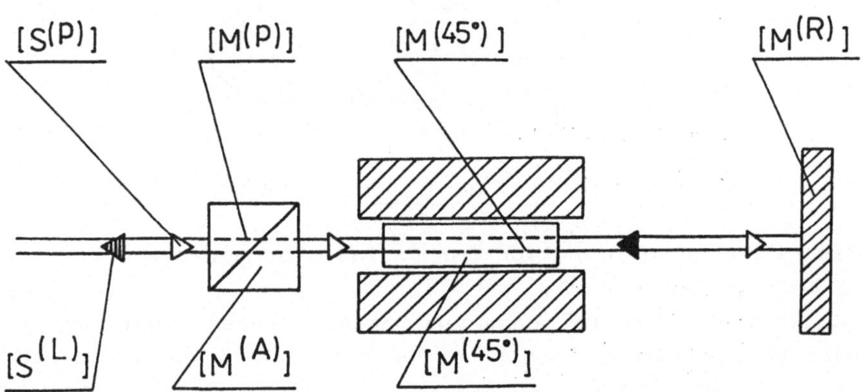


Fig. 2 Assignment of Stokes vectors and Mueller matrices to the elements of optical isolator.

Intensity of light which leaks back through the isolator may be described by one of the Stokes parameters:

$$I_L = S_0^{(L)} \quad (4)$$

As it is concluded from equation (2), this parameter depends on Stokes parameters of incident light $[S^{(P)}]$. In this way, it depends on degree of polarization of incident light because degree of polarization is strictly connected with Stokes parameters as next formula shows [4] :

$$P = \frac{\left\{[S_1^{(P)}]^2 + [S_2^{(P)}]^2 + [S_3^{(P)}]^2\right\}^{1/2}}{S_0^{(P)}} . \quad (5)$$

The degree of polarization may be increased, when the light is passing through the good quality polarizer $[M^{(P)}]$. After that the light propagates through magnetooptical elements which rotates plane of polarization at 45° $[M^{(45)}]$.

For real magnetooptical materials in which Faraday rotation takes place, there are some other magnetooptical and natural birefringences (linear and circular). It changes the state of polarization from linear to elliptical and Mueller matrix for this kind of material is very complicated.

Fortunately, linear and circular birefrengences do not change the degree of the polarization , but linear and circular dichroisms make it. It may be proved by an analysis of the properties of Mueller matrices describing the material which posses birefrengences and dichroisms. Mueller matrices for birefringences are unitary. Then nondiagonal elements have the same value and different signs [5]. Therefore it is easy to prove that the birefringences do not change the degree of polarization.

After reflection which is described by Mueller matrix $[M^{(R)}]$ the light comes back through the magnetooptical rotator $[M^{(45)}]$.

Next the light propagates through analyzer $[M^{(A)}]$. It may be proved, that for total polarized light, intensity of light behind the analyzer depends on the state of the polarization [2] . For the partially polarized light it depends on the degree of the polarization as well [6].

For this reason the isolation ratio depends on the changes in the state and degree of the polarization, particularly during passing through the magnetooptical element and back. Therefore it is very important to use magnetooptical materials in which there are no dichroisms, and in which, birefrengences are small (except circular magnetic birefrengence, i.e. Faraday rotation).

Literature.

[1] D. Manzi, Laser and Optronics, 8, 63 (1989)
[2] D. Clarke, J.F. Grainger, Polarized Light and Optical Measurement, Pergamon Press, Oxford (1971)
[3] B. W. Bell, Optical Eng., 28, 114, (1989),
[4] M. Born, E. Wolf, Principles of Optics, Pergamon Press, Oxford (1964)
[5] M.J. Beran, G.B. Parrent, Theory of Partial Coherence, Prentice-Hall (1964)
[6] A.W. Domański, SPIE Vol. 1018, Hamburg (1988)

# New CCD Technology

G. Simms
Photometrics LTD, Tucson, USA

Ultra Low Dark Current in CCDs with MPP Technology

CCD technology has matured to a point where essentially perfect devices can be fabricated in very large formats. The major limiting factor is still dark current. While dark current can be reduced to arbitrarily low levels through cooling, this is an inconvenience which can be avoided.

This paper describes a method for reducing the dark current in multiphase CCDs by a factor of thirty or more thus relaxing the cooling requirements in applications where long exposures are required. Multi pinned phase (MPP) technology is described in detail and test data are given from several CCD types operating in a variety of low light limit applications. Dark current as low as 10 picoamps/square cm at room temperature has been observed using MPP technology.

Applications which formerly required LN cooling can now be treated using thermoelectric coolers. Certain slow scan applications which required thermoelectric cooling can be served at room temperature with MPP technology.

# 7. Optische und Mikrowellenkommunikation Optical and Micro Waves Communication

# Faseroptische Systeme für TV/HDTV-Verteilung

C. Baack, G. Heydt und G. Walf
Heinrich-Hertz-Institut für Nachrichtentechnik Berlin GmbH
Einsteinufer 37, D - 1000 Berlin 10

Die Verteilung von Fernsehprogrammen ist neben dem Fernsprechen der bedeutendste Kommunikationsdienst für den privaten Teilnehmer und beeinflußt daher maßgeblich die Systementwicklungen für den Teilnehmeranschlußbereich. Neben dem Fernziel, die Fernsehverteilung in einem diensteintegrierten Breitbandübermittlungssystem (Breitband-ISDN) durchzuführen, wird wegen der hohen Leistungsfähigkeit der optischen Nachrichtentechnik zunehmend nach Möglichkeiten gesucht, diese Technik möglichst bald anstelle der Koaxial-Kabeltechnik für die TV-Verteilung einsetzen zu können. Nachfolgend werden die heute diskutierten optischen TV-Verteiltechniken, unter der Zielsetzung 100 TV/HDTV-Programme anbieten zu können, kurz dargestellt und gewertet. Hierbei soll die Frage offen bleiben, ob die TV-Verteilung über ein diensteintegriertes Breitbandkommunikationsnetz oder über ein separates Verteilnetz erfolgt. Die Techniken unterscheiden sich in ihrer Leistungsfähigkeit und in ihren technologischen Erfordernissen und hierdurch bedingt im Zeitpunkt ihrer Einsatzmöglichkeit.

Prinzipiell können die Übermittlungssysteme zur TV-Verteilung in Zeitmultiplexsysteme (time division multiplexing systems, TDM-systems) und in Frequenzmultiplexsysteme (frequency division multiplexing systems, FDM-systems) unterteilt werden, Bild. Die TDM-Systeme lassen sich wiederum unterteilen in Systeme mit einer relativ niederratigen Teilnehmeranschlußleitung mit einem bis vier Übertragungskanälen (150 Mbit/s bis 600 Mbit/s) und einem TV-Verteilkoppelnetz (switched TDM-system, S-TDM-system) und in Systeme mit sehr hohen Übertragungsraten (very high speed TDM-system, VHS-TDM-system), bei denen das gesamte TV-Programmangebot dem Teilnehmer gleichzeitig übermittelt wird (ohne TV-Verteilvermittlung).

Die FDM-Systeme sind zu unterteilen in elektrische Trägerfrequenzsysteme (subcarrier multiplexing system, SCM-system) und in optische Trägerfrequenzsyteme mit Direktdetektion (high density wavelength division multiplexing system, HD-WDM-system) und mit kohärenter Detektion (coherent multichannel system, CMC-system) . Die FDM-Systeme

tion (coherent multichannel system, CMC-system) . Die FDM-Systeme bieten ebenfalls die Möglichkeit, das gesamte TV-Programmangebot dem Teilnehmer gleichzeitig zu übermitteln und im Basisband sowohl analog als auch digital zu übertragen.

Zeitmultiplexsystem mit Verteilvermittlung, S-TDM-System:

Vorteilhaft bei den S-TDM-Systemen ist, daß die Anzahl der TV-Programme nur durch die Größe des Verteilkoppelnetzes bestimmt wird und durch dessen Ausbau prinzipiell beliebig erhöht werden kann. Aus technologischer Sicht ist eine sofortige Realisierung möglich. Die Anforderungen an die optischen Komponenten sind relativ niedrig. Nachteilig ist, daß im Vergleich zu den anderen Systemen ein Verteilkoppelnetz erforderlich ist und die beim Teilnehmer existierenden analogen Endgeräte nicht verwendet werden können. Bitratenstandards müssen vorliegen. Ferner können ernsthafte Probleme daraus entstehen, daß durch die zentrale Programmwahl die Fernsehgewohnheiten des Teilnehmers überwachbar werden.

Sehr hochratiges Zeitmultiplexsystem, VHS-TDM-System:

Bei den VHS-TDM-Systemen ergibt sich in Abhängigkeit vom Grad der Datenreduktion eine Summenbitrate von 3,4 Gbit/s bis 14 Gbit/s (34 Mbit/s bis 140 Mbit/s pro Kanal). Vorteilhaft ist, daß kein TV-Verteilkoppelnetz benötigt wird. Auf der anderen Seite werden sehr hohe Geschwindigkeisanforderungen an die elektronischen und optoelektronischen Bauelemente gestellt. Die existierenden Endgeräte können nicht verwendet werden. Bitratenstandards müssen vorliegen. Eine sofortige Realisierung ist nur bedingt möglich.

Elektrisches Frequenzmultiplexsystem, SCM-System:

Bei den SCM-Systemen /1/ werden die TV-Signale wie in der Koaxial-Kabeltechnik zu einem elektrischen Trägerfrequenzsystem zusammengefaßt. Die Modulation des Lasers erfolgt mit dem Summensignal. Für die Übertragung von 100 TV-Signalen wird bei analoger Basisbandmodulation eine Lasermodulationsbandbreite von 8 GHz benötigt. Bei der digitalen Basisbandmodulation ist je nach Datenreduktion eine Lasermodulationsbandbreite von 14 GHz bis 56 GHz erforderlich. Vorteilhaft ist, daß die erforderlichen Mikrowellenbauteile prinzipiell verfügbar sind und bei analoger Basisbandmodulation die existierenden Endgeräte weiterhin genutzt werden können. Nachteilig sind die hohen Geschwindigkeitsanforderungen an die optoelektronischen Bauelemente. Eine sofortige Systemrealisierung ist aus technologischer Sicht bei analoger Basisbandmodulation und einer reduzierten Kanalzahl (30-50) möglich.

Optisches Frequenzmultiplexsystem mit kohärenter Detektion, CMC-System:

Bei den CMC-Systemen werden die physikalischen Möglichkeiten der optischen Nachrichtentechnik am besten genutzt. Jedem TV-Signal ist ein optischer Träger zugeordnet. Die Programmwahl erfolgt vergleichbar dem Fernsehtuner mit einem im Fernsehgerät installierten optischen Überlagerungsempfänger. Aufgrund der hohen Selektivität des Empfängers und der hohen spektralen Reinheit der Laserdioden kann ein sehr geringer optischer Trägerabstand von 1 bis 5 GHz gewählt werden. Bei einer digitalen Basisbandmodulation ist eine Datenreduktion nicht erforderlich (TV: 218 Mbit/s, HDTV: 1 Gbit/s). An der Realisierung von Demonstrationssystemen wird z.Z. gearbeitet - z.B. RACE-Projekt 1010.

Optisches Frequenzmultiplexsystem mit Direktdetektion, HD-WDM-System:

Bei den HD-WDM-Systemen ist der optische Überlagerungsempfänger des CMC-Systems durch ein durchstimmbares optisches Filter ersetzt. Die Systeme haben ähnliche Eigenschaften wie die CMC-Systeme. Die Empfindlichkeit ist jedoch durch die Direktdetektion reduziert. Ferner liegt aufgrund der z.Z. noch erheblich geringeren Selektivität der Filter der Kanalabstand im Nanometerbereich. An der Realisierung von Demonstrationssystemen wird z.Z. gearbeitet, z.B. /2/.

Zusammenfassung

Für faseroptische Systeme für die TV/HDTV-Verteilung kommen in der nahen Zukunft aus technologischer Sicht nur Systeme in der S-TDM- oder SCM-Technik in Frage. Bei den SCM-Systemen ist vorerst der analogen Basisbandmodulation der Vorzug zu geben (keine TV-Coder erforderlich). Längerfristig ist auch der Einsatz der VHS-TDM-, der CMC- und der HD-WDM-Technik denkbar. Hierbei sind besonders der CMC-Technik große Chancen einzuräumen.

Literatur.

(1) R. OLSHANSKY, V.A. LANZISERA: Electronics Letters 23, 1196 (1987)
(2) K.W. CHEUNG et al.: Tech. Dig. OFC'89, THG 3 (1989)

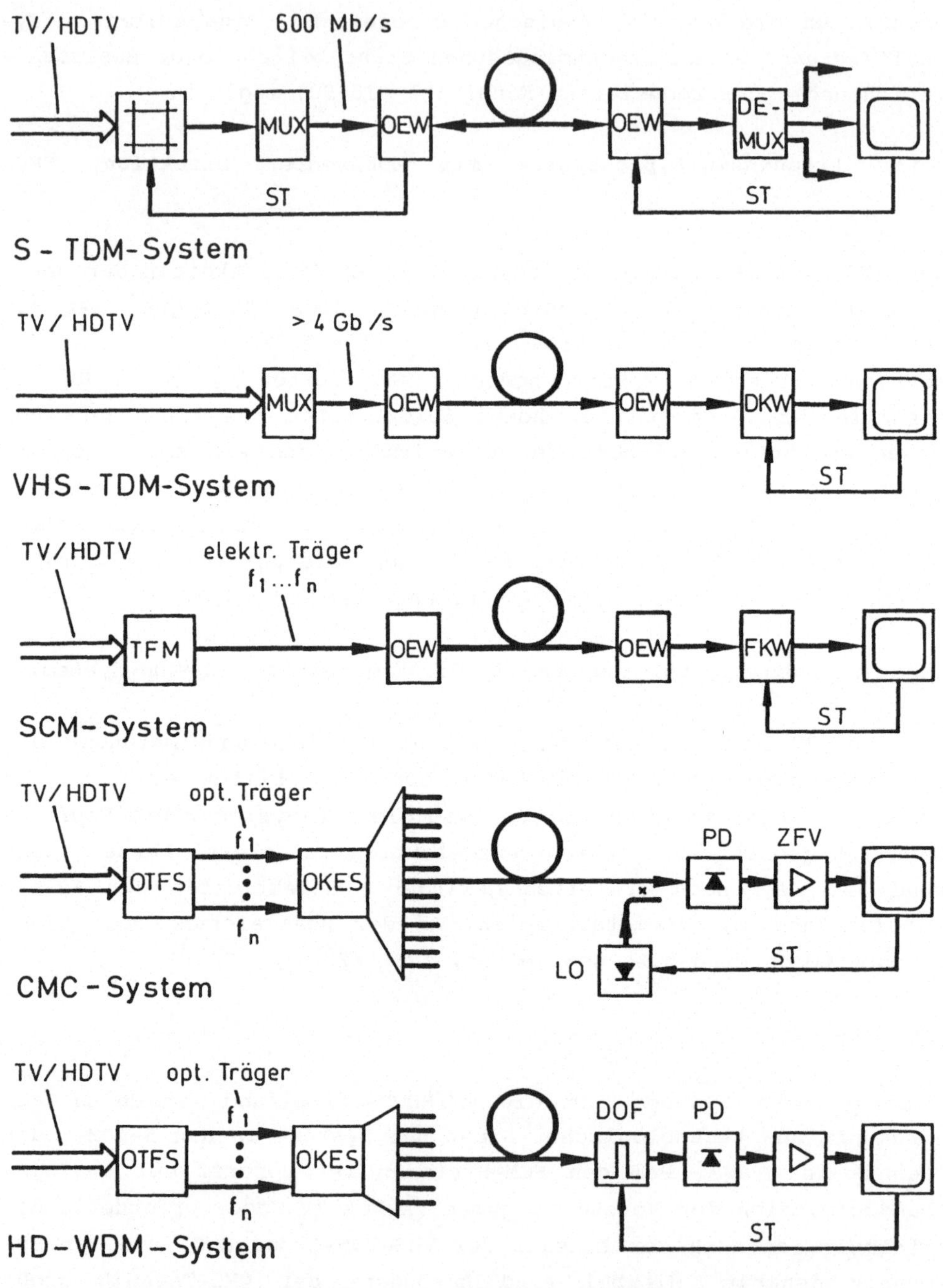


| | | | |
|---|---|---|---|
| DEMUX | Digitaler Demultiplexer | OKES | Opt. Kombination-Expansions-Stufe |
| DKW | Digitaler Kanalwähler | OTFS | Opt. Trägerfrequenz-Sendeeinheit |
| DOF | Durchstimmbares opt. Filter | PD | Photodiode |
| FKW | Frequenzselektiver Kanalwähler | ST | Steuersignal |
| LO | Lokaloszillator | TFM | Trägerfrequenzmodulator |
| MUX | Digitaler Multiplexer | ZFV | Zwischenfrequenzverstärker |
| OEW | Optoelektronischer Wandler | | |

# Passive Optical Networks in the Subscriber Loop

David W Faulkner and Jeffrey R Stern

British Telecommunications Research Laboratories, Martlesham Heath, Ipswich, IP5 7RE, England.

Introduction- Considerable investment is currently made in copper networks with limited capacity. This paper investigates options for the deployment of optical fibres to telephony-only customers, whilst allowing easy upgrade for broad band services.

Network topologies- Optical fibre networks may be deployed in any topology in new or "Green Field" sites. Elsewhere installation costs can be reduced if existing duct space is used. These ducts may not match the optimum physical topology for the network but could contain any logical topology. The present copper telephony network has a logical star topology. The duct routes, however, follow a physical tree topology with splitting nodes at the cabinet and at the final distribution point. A number of topology options are considered, together with the advantages, disadvantages and associated costs.

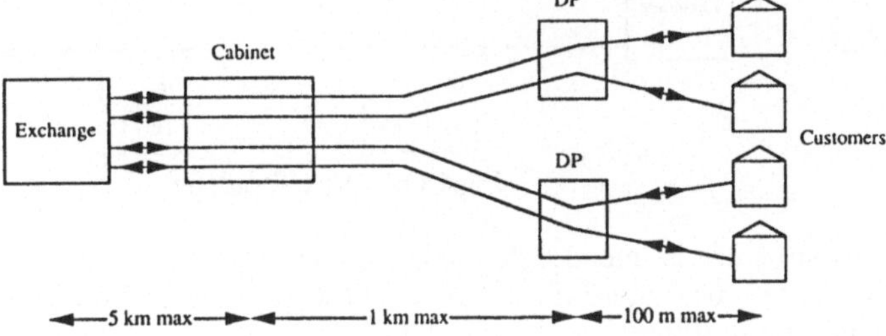


Fig. 1 Star Topology

A fibre optic star network could match the existing copper network and, with duplex transmission, would require only a single fibre per customer. Its advantages are reliability, security and simplicity. However, with no resource sharing, large numbers of fibres enter the exchange and two transceivers are required per customer. Resource sharing can be improved by moving active components into the field to provide a distributed-star network. This option is discussed later in the context of the tree topology.

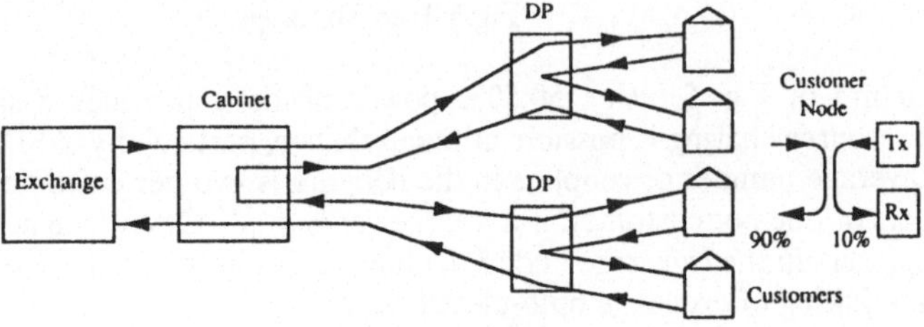


Fig.2 Ring Topology

A ring network using passive couplers near each customer has been proposed for coherent systems[1]. The signal and reference are transmitted in opposite directions around the ring, to give a a constant mixer product with fixed ratio couplers. Whilst coherent technology is immature, direct detection could be considered. The advantage of a ring network is that the head-end opto-electronics and fibre pair from the exchange are shared by many customers. However, the network requires one optical coupler per customer and is unable to use a transceiver. The reliability of a ring network is low because a failure in any link causes failure of the whole network. However, the use of a passive node improves the reliability over rings with active nodes and allows the possibility of WDM upgrades. Whilst coupling ratios could be optimised for downstream traffic, they cannot simultaneously be optimal for upstream traffic. A compromise would result in amplitude variation between channels and consequent receiver complexity.

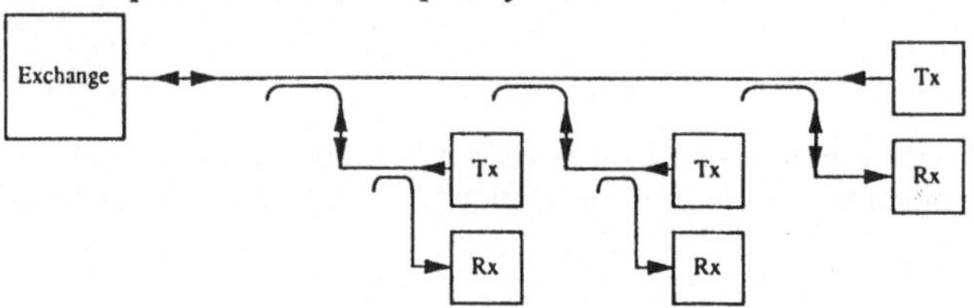


Fig.3 Bidirectional Bus Topology

The bi-directional bus is topologically similar to the ring except that there is no return fibre. With separate receivers and transmitters, two couplers per customer are needed. Otherwise with a transceiver, only one is required.

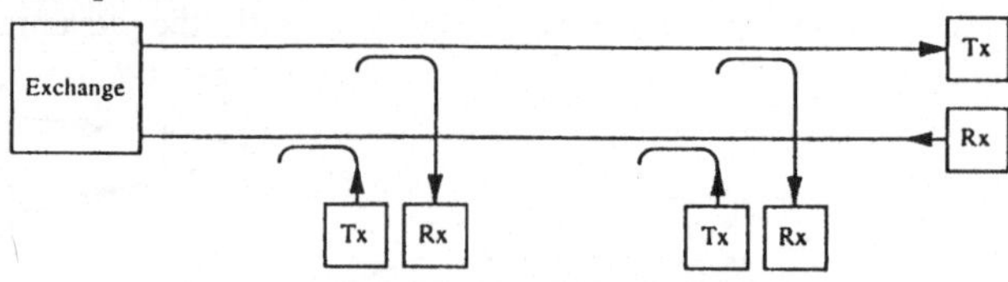


Fig.4 Dual Bus Topology

The dual bus structure is intended for unidirectional transmission with separate transmitters and receivers but since it uses more fibre than a bidirectional bus and precludes the use of transceivers, appears to offer no advantage.

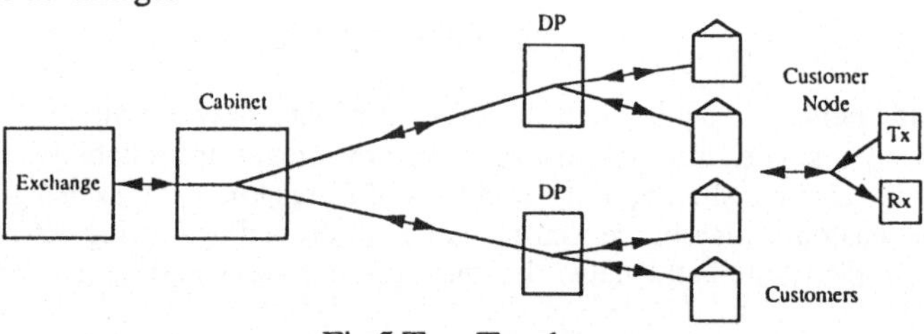


Fig.5 Tree Topology

The tree structure of Fig. 5, using 50:50% power dividers, provides a simple downstream path. Considerable resource sharing is possible at the exchange, particularly if FDM or TDM transmission is used. The average number of couplers in the network is two per customer with separate receivers and transmitters or one per customer, if a transceiver is used. Other tree networks, using wavelength division multiplexers in the exchange and as demultiplexers in the field, allow secure communications [2] but offer no sharing of exchange opto-electronics.

The distributed-star network is topologically similar to the tree except that active optoelectronics are located in the cabinet or DP. The primary distribution network carries multiplexed channels to the active node which demultiplexes and/or switches traffic for transmission on short point-to-point links to customers. The advantages of this network are that resource sharing is higher than the star and the security is high if the active node includes a switch. The chief disadvantages are that active nodes tend to present a barrier to upgrades and require additional power feed and maintenance. If the customer drop is optical, as is the objective of the paper, then two transceivers are required per customer.

Of the passive architectures, the tree topology appears to best meet the requirements of the local loop as it allows a high degree of resource sharing and allows easy upgrading. The opto-electronic components are readily available for a prototype system design which could be subsequently cost reduced when suitable transceivers become available. Whereas a ring system could also offer the same degree of resource sharing, couplers with appropriate splitting ratios are more expensive than for the tree network.

TPON System Design- Against this background, an experimental telephony over passive optical network (TPON) system was designed. It was decided that lowest costs would be achieved with a large splitting ratio and high resource sharing. Using time division multiplexing, a line rate of 20 Mbit/s provides sufficient capacity for 128 ISDN connections, with margin for transmission overheads. A 128 way power divider requires 7 ranks of conventional 2 x 2 power dividers each having a loss of 3.5 dB. Additional power dividers are required at each end to allow duplex transmission in the same wavelength band. Thus the splitter loss is 31.5 dB. A power budget of 45 dB is available from proprietary devices at 20 Mbit/s. The remaining 13.5 dB is available for fibre, splice losses and operational margin.

Access techniques considered for this network include FDM, TDM (synchronous and burst mode), and CDM (code division). Of these, synchronous TDM offers the advantages high efficiency and the prospect of relatively simple opto-electronics. The chief complication with TDM is the need for a variable delay in the customers' receivers to compensate for different round trip delays and to allow separate time slots to be allocated to each customer.

A frame structure is adopted which carries continuous data, clock and control signals. In the downstream transmission path, the data are scrambled to ensure that the signal is balanced and has adequate timing content. Conventional transimpedance receivers are used at the customer's terminals. The upstream transmission path is unusual as it employs optical time division multiplexing. Each customer's laser operates in separate time slots with a low duty cycle and low mean current. Cooling is therefore unnecessary and reliability is improved. Every 80 frames, a 244 $\mu s$ frame is left empty for ranging. During this interval a customer's transmitter is activated by the exchange and the arrival time of the pulse is measured at the exchange. The customer's variable delay line is then set to ensure that the correct time slot is accessed. Upstream data may be stored for up to one frame period, to allow gaps in transmission during the ranging interval, so the system clock rate is slightly higher than would be needed with continuous transmission.

The return signal is unbalanced and subject to amplitude variation between bits, depending upon the power level launched and the path loss. A dc restoration circuit is therefore used in the receiver to provide a reference level against which other amplitude thresholds may be set. The customers' laser amplitudes are controlled by the exchange so that the bit to bit amplitude variation is less than 1 dB. This is achieved by adding two further receive thresholds and a downstream telemetry channel which controls a customer's transmitter power. Although additional electronics are required for this, the customer's laser does not require a photodiode for power monitoring.

Cable TV Upgrade- For regulatory and technical reasons, cable TV and telephony systems have evolved separately. More recent requirements for interactive TV, telephony and data services has led to the design of cable TV systems with significant upstream capacity. Such systems can potentially satisfy all telecommunications requirements for the local loop. Conversely, telephone companies are not well placed to provide mixed service capability. Regulatory and technical constraints do not allow both telephony and broadcast TV on the same network. However, with the PON approach, virtually unlimited capacity is available for WDM upgrades from telephony to broad band services. By careful design, it should be possible to satisfy the requirements for telephony and/or cable TV.

The principle function of a cable TV system is to provide a wide choice of programmes. Normally, a number of 'free' channels are broadcast to all customers. Other channels have conditional access either by scrambling or switching. Conventional cable TV is carried on a coaxial tree network with high resource sharing, so there is less opportunity for economies than in the telephony network. Optical technology is therefore used to save the cost of cable and amplifiers in the primary distribution network. However as costs fall, and with careful system design, optical cable TV direct to the customer may become economic.

BPON Design Options- The objective in the design of BPON (Broadband Passive Optical Network) is to transmit a large number of TV channels to a large number of customers at low cost. Since receiver sensitivity is inversely proportional to the power budget, a compromise has to be met between the number of customers and the number of TV channels. Current studies indicate that digital TDM or FM subcarrier modulation offer the best receiver sensitivity at the expense of approximately equal bandwidth. VSB-AM on the other hand, would require less bandwidth but would have 20 dB less power budget[3]. This reduces the use of VSB-AM to PONs with a low splitting ratio. Whereas digital video transmission might seem expensive, a simple low-cost solution offers a number of advantages.

1. End to end performance is determined by the encoding rather than the modulation scheme or path loss.
2. The use of scramblers as an integral part of the transmission system allows secure subscription services to be offered without the need for additional encryption equipment.
3. High quality digital programme material is becoming available. This can be converted into a bandwidth efficient format for transmission to customers.
4. Consumer video equipment is becoming increasingly digital internally. Better performance would be achieved if digital I/O ports on TVs and VCRs could be supported by digital transmission.
5. A digital video switch introduces no transmission impairment and can be integrated with a multiplexer.
6. Advances in codec technology allow transmission capacity to be increased. Once an end to end digital service is established, new terminal equipment can be added without changing the network.

BPON Design- Fig.5 illustrates the system topology. A single fibre from the transmitter feeds a number of customers via optical splitters at distribution points along the system. Each customer receives the synchronous multiplex broadcast from the transmitter. Channels are accessed at the baseband rate using a novel delay-lock loop and sampling technique[4]. This provides data security and allows efficient use of the system capacity.

The head-end comprises video sources, encoders, scramblers, and multiplexers. Each video source is encoded at 69 Mbit/s allowing a comparatively low baseband signal rate whilst preserving adequate picture quality. The encoded channels are individually scrambled with a unique pseudo-random sequence. The 64:1 synchronous multiplexer is built up in four tiers. A silicon ECL circuit is used in the first tier and GaAs circuits are used in the others. The final stage interfaces directly to a laser via a bias network. The transmitter is a developmental BT&D Fabry Perot laser chip mounted in a sub-module and operating at 1.3 $\mu$m with up to 2 mW output. A low-impedance receiver was used with a bandwidth of 2.2 GHz and -23dBm sensitivity. In the customer-end electronics, the incoming data is split into two paths. The clock phase corresponds with the edge of a selected time slot in the incoming data. The clock is delayed to sample the incoming signal in the centre of a time slot and hence demultiplex a baseband channel. This data is descrambled, decoded and passed to the TV monitor.

WDM Upgrades- The telephony and cable TV networks as described could operate over separate networks. However, the prospects for early deployment would be greatly increased if the same fibre network could be used for both services. Fig. 6 shows how the two systems may be combined using simple WDM devices which separate the 1.3 and 1.5 $\mu$m windows. The presence of an additional bandpass filter in the 1.5 $\mu$m receiver path allows further services such as HDTV to be added using additional sources in the 1.5 $\mu$m band.

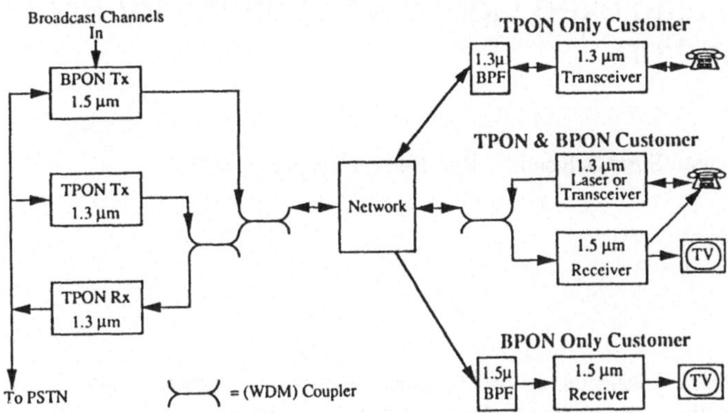


Fig.6 Combined Telephony and TV

Conclusion- The experimental systems described show how digital telephony and television could be distributed over optical fibres direct to the home. Once such a network is proved to be economical, virtually unlimited bandwidth would be available for future services.

Acknowledgement- The authors wish to thank the Director of Network Technology of British Telecommunications for permission to publish this paper.

References- [1] A.D. Albanese and R.C. Menendez,"Loop distribution using coherent detection," IEEE JSAC, vol. 6, No. 6, pp.959-973, July 1988.

[2] S.S. Wagner et al. "Experimental demonstration of a passive optical subscriber local loop architecture," IEE. Electronics Letters, Vol. 24, No. 6, pp. 344-346, 17 March 1988.

[3] D.J.T. Heatley, "Optical modulation and receiver sensitivity" University of Essex, UK, Dept. Electrical Engineering Science, PhD Thesis, July 1988.

[4] D.W. Faulkner, "Novel sampling technique for digital video multiplexing, descrambling and channel selection", IEE. Electronics Letters, Vol.24, No.11, pp.654-656.

# Subcarrier Multiplexed Lightwave Systems for Broadband Video Distribution

W. I. Way

Bellcore, 331 Newman Springs Road, Red Bank, New Jersey 07701

**Abstract**

Technologies and design considerations of subcarrier-multiplexed (SCM) lightwave systems for subscriber loop applications are reviewed. Advantages and limitations of various SCM systems are discussed.

**1. Introduction**

Radio frequency (RF) or microwave subcarrier multiplexing (SCM) has recently emerged as a potentially important multiplexing technique for lightwave systems[1] [2] [3] [4]. SCM systems have the advantage of flexibility over time-division-multiplexed (TDM) baseband digital lightwave systems due to the fact that services carried by different subcarriers are independent of each other, and require no synchronization. In addition, SCM systems are presently still more cost-effective than high-capacity TDM lightwave systems; thus they are attractive for near-term deployment in broadband subscriber loop systems.

This talk reviews possible near-term and long-term applications of SCM systems, and discusses the various system advantages and limitations.

**2. Multi-Channel Analog TV Transmission**

Frequency-modulated (FM) and amplitude-modulated vestigial-sideband (AM-VSB) television signals are the two most common types of analog TV signals transported by SCM lightwave systems. Systems transporting multi-channel FM-TVs are much more robust than systems transporting multi-channel AM-VSB TV signals[5]. The main reason is that an FM-TV signal requires only a carrier-to-noise ratio (CNR) of about 16-20 dB to achieve studio-quality reception (SNR > 56 dB). An AM-VSB signal, however, requires 40 dB minimum CNR to achieve only a marginal signal quality (SNR=CNR). FM systems are, therefore, much more immune against effects associated with optical reflections (resulting in increased intensity noise) and laser nonlinearity.

In this talk, I will review experimentally demonstrated systems that transport FM-TV signals. On-going research on multi-channel AM-VSB video transport will also be presented.

**3. Simultaneous Transmission of Analog and Digital Signals**

One of the main advantages of SCM systems is that multi-channel analog and digital signals can be simultaneously transported using a single laser diode. The basic configuration of an SCM system is shown in Fig.1. A number of baseband analog FM/AM video signals and baseband digital video/data/voice signals can be frequency-division- multiplexed by up-converting each baseband signal to a pre-assigned RF/microwave frequency[6] [7] [8]. Alternatively, baseband digital signals can be directly frequency-division-multiplexed with RF/microwave carried multi-channel FM signals[9] [10]. System examples that demonstrate the transmission feasibility of multi-channel low-bit-rate (~100 Mb/sec) digital signals, and a few channels of Gbit/sec signals will be given.

**4. Reflection-Induced Intensity Noise**

Owing to the strong interests in using optical fiber systems to transport multi-channel (e.g., 35 channels or more) AM-VSB CATV signals, there has been a significant effort in developing packaged laser diodes (LDs) with extremely low intensity noise and good linearity characteristics. For trunk line applications, each video channel requires a CNR typically better than 50 dB. However, for a single LD to carry N channels of AM-VSB video signals, the optical modulation index (OMI) shared by each channel is decreased by $\sqrt{N}$ ; in addition, the maximum OMI is limited by the tolerable nonlinear distortions. Therefore, the overall system intensity noise must be low in order to achieve the target CNR. Although commercially available long-wavelength LDs with built-in optical isolators can reach an RIN of -155 dB/Hz or lower, optical reflections generated in a practical lightwave system due to fiber connectors/splices can strongly increase the total system intensity noise[11] [12] [13] [14]. Investigations of the effects of direct reflections and multiple reflections on both DFB and Farby-Perot multi-longitudinal-mode LDs will be presented.

**5. Methods of Increasing Optical System Power Margin and Capacity**

Several methods of increasing the optical system power margin for multi-channel FM video systems, including applications of traveling-wave laser amplifiers[15] [16] and increasing OMI/channel will be presented. Combinations of SCM wavelength-division-multiplexed (WDM) systems can significantly increase the system capacity[17] [18]. Several examples will also be given.

**6. Conclusions**

Due to the convenience and cost-effectiveness of system implementations, SCM systems are potentially very important in introducing broadband services to subscriber loops. While technologies for multi-channel FM video transmission have become mature, low-cost multi-channel FM video demodulators for subscriber loop applications have yet to be developed; Multi-channel AM video transmission systems are currently limited to trunk-line applications, due to their high cost and limited system power budget. The high cost is mainly due to the stringent requirements on the laser diode linearity and the system intensity noise. We have studied various aspects of the system intensity noise, and proposed return loss requirements on optical fiber connector/splices. Improvement of laser linearity, however, requires further investigations.

Due to the flexibility and versatility of system operations - digital and/or analog signals, different signal bandwidth/bit-rates can all be transported by single optical carrier - SCM systems are also compatible with future ultra-high-capacity lightwave systems that employ high-density WDM technologies.

**Basic SCM System Configuration**

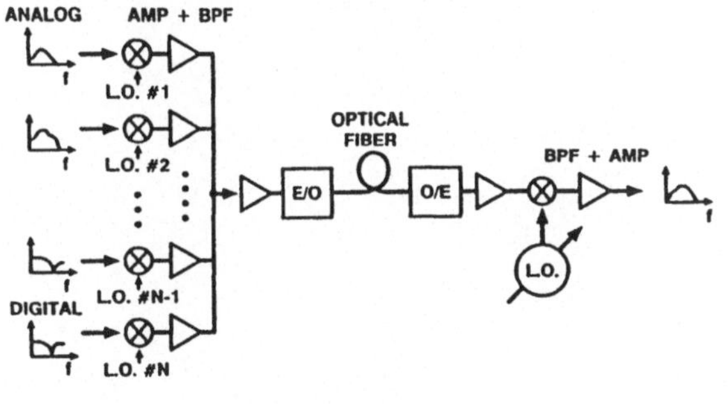

*REFERENCES*


1. W.I. Way, R.S. Wolff, and M. Krain, J. Lightwave Tech., vol.LT-5, pp.1325-1332, 1988.
2. R. Olshansky and V.A. Lanzisera, Electron. Lett., vol.23, pp. 1196-1198, 1987.
3. R. Olshansky, V. Lanzisera, and P. Hill, 14th European Conference on Optical Communication, Brighton, UK, 1988, p.143.
4. W. I. Way, to be published in IEEE Journal of Selected Area in Communications.
5. K. Fujito, et al, Conf. Digest, paper THO1, OFC 1988.

6. P. Hill and R. Olshansky, Electron. Lett., vol.24, pp.829-894, 1988.

7. D. D. Tang, Opt. Fiber Commun. Conference, Houston, 1989.

8. K. Runge and W. I. Way, Opt. Fiber Commun. Conference, PD18, Feb. 1989.

9. W.I. Way and C. Castelli, Electron. Lett., pp.611-612, 1988.

10. R. Olshansky, V. Lanzisera and O. Hill, Electron. Lett., 24, pp.1234-1235 , 1988.

11. W. I. Way, C. Lin, L. Curtis, R. Spicer, and W. C. Young, to be published.

12. K. Petermann and E. Weidel, IEEE J. Quantum Electron., vol.QE-17, pp.1251-1256, 1988.

13. R. W. Tkach and A. R. Chraplyvy, J. of Lightwave Technol., vol.LT-4, pp.1711- 1716, 1986.

14. M.M. Choy, J. L. Gimlett, R. Welter, L. G. Kazovsky, and N. K. Cheung, Electron. Letter, vol.23, pp.1151-1152, 1987.

15. W.I. Way, C.E. Zah, S.G. Menocal, C. Caneau, F. Favire, F.K. Shokoohi, T.P. Lee, and N.K. Cheung, 14th European Conf. on Opt. Commun., Brighton, UK, Part 2, pp.37-40, September 11-15, 1988.

15. W.I. Way, C.E. Zah, C. Caneau, S.G. Menocal, F. Favire, F.K. Shokoohi, N.K. Cheung, and T.P. Lee, Electron. Lett., vol.24, pp.1370-1372, 1988.

16. W. I. Way, C. E. Zah, S. G. Menocal, N. K. Cheung, and T. P. Lee, Opt. Fiber Commun. Conf., Houston, paper WC3, Feb. 1989.

16. W. I. Way, C. E. Zah, T. P. Lee, and N. K. Cheung, IEEE International Conf. on Communications, Boston, 1989.

17. C. Lin, H. Kobrinski, A. Frenkel, and C. Brackett, Electron. Lett., vol.24, pp.1215-1217, 1988.

18. K. W. Cheung, S. C. Liew, and C. Lo, Electron. Lett., vol.25, p.383, 1989.

# Optical Communication Between Satellites

G. Ohm
ANT Nachrichtentechnik
D-7150 Backnang

## 1. Introduction

In future global communication systems, transmission links between satellites and space stations or spacecrafts will play and important role and have therefore found much attention in recent years. Inter-orbit links (IOL) and inter-satellite links (ISL) are under consideration. An IOL is a link between a satellite in a geostationary orbit (GEO) and a satellite or spacecraft in low-earth orbit (LEO), whereas ISL denotes a link between two geostationary satellites.

Links of both types will be eventually employed in the Data Relay System (DRS) which is planned by the European Space Agency (ESA) to provide the necessary in-orbit infrastructure for their future space programmes as e.g. Columbus and Hermes |1|. The basis of this system are GEO satellites which can relay continuously data between user satellites or spacecrafts, being in low-earth orbits, and an earth station.

A Data Relais System is also of particular advantage for earth observation satellites. These satellites, which are normally in a low-earth orbit (typ. 800 km), have only for a short time of the circulation period direct access to an earth station. If the satellite is to observe continuously a certain part of the earth it requires either a large network of earth stations (real time data transmission) or an on-board tape recorder which stores the data and plays it back at a higher speed when an earth station is visible. With a DRS the data could be transmitted via a GEO satellite in real time to ground. Expensive earth station networks and the bulky and unreliable tape recorders, respectively, would become obsolete.

In a Data Relay System the use of two GEO satellites connected via an ISL would essentially increase the coverage. An increased coverage is also one of the advantages of an ISL in global communication systems as operated by INTELSAT |2|. Another attractive application of ISLs could be the interconnection of similar systems operated by different organisations, e.g. INTELSAT and EUTELSAT |3|.

IOLs and ISLs are from the technical point of view very similar and can use the same technology. Since they are outside the atmosphere, there is in principle no restriction in the choice of transmission frequency as it is the case for links down to earth, due to cloud and rain attenuation. Therefore, besides microwaves, which are commonly used for space communication, also available technologies at higher frequencies, i.e. in the mm-wave and optical range, can be envisaged.

The use of optical frequencies for space communications has been considered for more than 20 years. A lot of research and development has been done, and will be further required before this technology reaches the necessary maturity for operational space communication systems.

In the following, the suitable transmission frequencies and candidate technologies for the implementation of IOLs and ISL are shortly reviewed, in particular with respect to DRS applications. Then the choice of technology for an in-orbit experiment to be carried out by ESA, in order to demonstrate the feasibility and benefits of optical space communications, is described. Finally, the in-orbit experiment called SILEX (Semiconductor Laser Intersatellite Link Experiment) is presented with emphasis on laser diodes and the LEO terminal.

## 2. Suitable Frequencies

In contrast to other satellite communication links, IOLs and ISLs are completely outside the atmosphere where the wave propagation is not affected by the transmission medium. Therefore, the transmission medium imposes no constraints on the choice of frequency as it is the case with other communication systems.

For a general design consideration it is helpful to refer to the link equation

$$P_R = P_T \frac{G_R G_T}{L_P} \left(\frac{\lambda}{4\pi R}\right)^2 \qquad (1)$$

which establishes the relationship between the receive power $P_R$ and the transmit power $P_T$ at given distance R, wavelength $\lambda$, antenna gains $G_{R,T}$ and pointing loss $L_P$.

With parabolic reflector antennas the gain of the receive and transmit antenna becomes

$$G_{R,T} = \left(\frac{\pi D_{R,T}}{\lambda}\right)^2 \qquad (2)$$

where $D_{R,T}$ denotes the effective diameter of the receive and transmit antenna, respectively. Combining equations (1) and (2) leads to

$$P_R = \frac{P_T}{L_P} \left(\frac{\pi D_R D_T}{4 \lambda R}\right)^2 \qquad (3)$$

which gives the relationship between the main design parameters of a radio communication link.
Since the receive power is inversely proportional to the square of the wavelength ($P_R \sim 1/\lambda^2$), very high frequencies would allow extremely low transmit power. The upper limit in transmission frequency is given by the achievable antenna pointing accuracy, which should be a small fraction of the transmit beam divergence

$$\Theta_{R,T} = 2.44\ \lambda / D_{R,T} \quad \text{(full angle)} \tag{4}$$

in order to avoid too high pointing losses ($L_P$) or even complete loss of communication.
Nevertheless, very high transmission frequencies offer the advantage of high antenna gain at small diameter allowing operation with low transmit power. The only disadvantage is the high effort required for accurate pointing and tracking with extremely narrow beams. Since the requirements for pointing and tracking are, at least in a first approach, independent of the transmitted data rate or data channels, the advantage of high transmission frequency, in terms of mass and volume, increases with transmission capacity.

From the available high-frequency technologies only millimeter waves and optics come into consideration, separated by a difference in wavelength in the order of $10^4$. With optical technology at wavelengths in the µm range, small antenna (telescope) diameter provide already extremely high gain, allowing high-data rate transmission with low transmit power. The small telescopes, typically a quarter of a meter in diameter, create less disturbances to the host platform than the larger millimeter wave antennas. This reduces the power and fuel consumption for maneuvering and could result in higher lifetime. Additionally, the narrow beamwidth guarantees intercept-free communication and interference-free operation, and from the available frequency spectrum there is no limitation in transmission bandwidth.

The general advantages of optical frequencies for space communication have been recognized soon after the invention of the laser and led to numerous research and development activities in this field, particularly in the USA |4|. However, also in Europe the use of lasers for space communications has been pursued with increasing interest and effort, funded by national space agencies and ESA. The encouraging results motivated ESA to initiate its in-orbit demonstration project SILEX |5|, in the frame of which optical technology for possible use in DRS shall be developed.
The question whether eventually millimeter or optical waves will be used in DRS or other future space-to-space communication systems cannot be answered yet. The

choice will not merely depend on the experience gained with optics but also on the system requirements and constraints. A decisive factor might be the required data rate. However, one should always bear in mind that the result of a comparison depends also on the depth of the work and the parties involved.

## 3. Candidate Optical Technologies

The laser as optical transmitter plays a key role in any communication system design. Its optical and electrical performance determine the possible transmission techniques and the requirements of the various link elements and subsystems.

| Laser Type | Output Power mW | Wave-length µm | Direct Modulation | Line Width |
|---|---|---|---|---|
| $CO_2$ | 10000 | 10.6 | no | narrow |
| Nd:YAG (diode pumped) | 1000 | 1.06 | no [1] | narrow |
| GaAlAs (array, BS) | 1000 [2] | 0.8 | yes | broad |
| GaAlAs (single stripe) | 100 | 0.8 | yes | broad |
| InGaAsP (single stripe, DFB) | 10 | 1.3 | yes | medium |

[1] Direct modulation only at low bit rate possible

[2] Output power not in single lobe

Table 1 Candidate Optical Transmitters

Table 1 lists the lasers which are mostly considered for space application, together with its main characteristics. The achievable power ranges from about 10 mW at 1.3 µm to 10 W at 10.6 µm wavelenghts. Early system designs were in the beginning based on $CO_2$ lasers and then on Nd:YAG lasers as well. However, with the advance of small and reliable semiconductor lasers, in particular GaAlAs diodes, the high power gas and solid-state lasers lost attractiveness. One essential advantage of semiconductor lasers is that they can be easily modulated by varying the drive current (direct modulation) whereas $CO_2$ and Nd:YAG lasers require external modulation which results in additional signal loss, mass and power consumption. The main disadvantage of semiconductor lasers, the limited output power, might be overcome by use of phase-coupled laser arrays or broad-stripe (BS) lasers. Using GaAlAs, both types provide output powers up to 1 W, but unfortunately not in a diffraction-limited single lobe as required for free-space communication. However, methods exist to obtain a single-lobe far-field from such lasers by means of external optics |6|, |7| and might be developed to achieve space qualifiable hardware.

Another important characteristic of lasers for communication purposes is its line width. Only $CO_2$ and Nd:YAG lasers have up to now sufficiently narrow linewidths for applying coherent detection techniques which provide highest receiver sensitivity. However, also InGaAsP diodes are improving with respect to linewidth and should eventually allow coherent detection.

In any case, the suitability of a transmitter laser for a specific application depends to large extend on the possible modulation and detection schemes and their implementation. Modulation and detection techniques are closely related and cannot be treated independently. At the receive side either direct of coherent detection can be applied. The principles of both detection techniques are illustrated in Fig. 1.

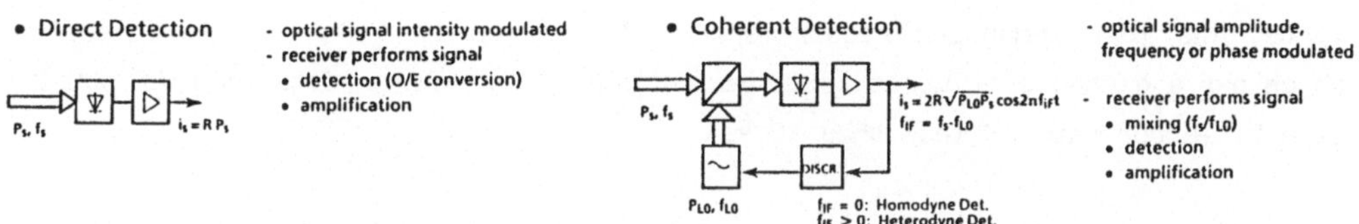


Fig. 1 Modulation/Detection Schemes

With direct detection the optical signal has to be intensity modulated and the receiver performs only signal (power) detection and amplification. The advantage of this modulation and detection scheme is that both the transmitter and receiver become very simple, lightweight and reliable. In case of laser diodes only the drive current is varied for modulation and there is no particular requirements on linewidth.

For coherent detection the optical signal can be either amplitude, frequency or phase modulated. The receiver then performs signal mixing with a local oscillator, detection and amplification. The optical local oscillator must be tunable in frequency and provide a sufficiently narrow linewidth. The desired mixing product is generated by the non-linear characteristic of the photo detector. If the local oscillator frequency is set equal to the signal frequency, the detection technique is called homodyne. However, if the receiver keeps a fixed difference between the signal and the local oscillator frequency, the so-called intermediate frequency (IF), the detection technique is named heterodyne. In theory, the homodyne receiver achieves 3 dB higher sensitivity than the heterodyne receiver independent whether amplitude, frequency or phase modulation is used.

The general advantages of coherent detection are high sensitivity and selectivity. Compared to direct detection, an improvement in sensitivity between 10 to 20 dB seems to be possible, in principle, depending on the modulation scheme used. However, practical space equipment with its inherent constraints is not expected to reach these values. Furthermore, the higher susceptibility of coherent systems to pointing errors |8| takes away some dB of their theoretical sensitivity advantage.

The eventually gained sensitivity improvement by a coherent receiver has to be paid for with a strong requirement on the transmitter linewidth, an external modulator (in most cases) and a complex and critical receive equipment with a tunable narrow-linewidth optical oscillator.

## 4. Choice of Technology for DRS

The choice of technology depends on various constraints and the system requirements. The most demanding requirement in DRS is on the IOL (return direction), which has a distance of up to 45000 km and shall transfer a data rate of 500 Mbps at a bit-error rate of less than $10^{-6}$.

In the beginning only $CO_2$ lasers appeared to be powerful enough to provide the high link capacity over the large distance, and research and development, mainly funded by ESA |9|, was concentrated on such a system. However, the intensive development activities in the field of fibre optics and compact disc players created semiconducted laser diodes which appeared as an attractive alternative to $CO_2$ lasers. ESA then initiated a study with the objective to assess and compare both technologies with respect to their application in DRS. The result showed clear advantages of a system with semiconductor lasers, relying on 0.8 µm diodes, in terms of mass, power consumption and reliability |10|. As a consequence, ESA continued its work now on the basis of semiconductor lasers and established a project, named SILEX, for in-orbit demonstration of optical communication.

The SILEX concept is mainly based on GaAlAs laser diodes (0.8 µm) in conjunction with direct detection and wavelength division multiplexing. The wavelength of 0.8 µm has beeen chosen because GaAlAs laser diodes provide the highest output power and receivers at this wavelength the highest sensitivity, if Si-Avalanche photo diodes (APDs) are used. Since the output power of one laser diode is not sufficient to transmit the required total data rate of about 500 Mbps, the use of 4 lasers operating at different wavelengths is envisaged, each transmitting one fourth of the total data rate.

In addition to this present baseline for DRS, alternative approaches are being considered at ESA and elsewhere, aiming at further mass and power reduction of the optical terminals. The key to smaller and lighter terminals lies possibly in the reduction of the telescope diameter. A smaller telescope diameter would not only reduce the telescope mass but also relax the requirements on the pointing, aquisition and tracking (PAT) subsystem due to the larger beam divergence. This could lead to further mass savings, however, at the cost of higher transmit power required. Higher transmit power (ca. 1 W) could be obtained from GaAlAs laser arrays or broad-stripe lasers, using external optics for beam shaping, or diode pumped Nd:YAG lasers. The use of Nd:YAG lasers would also allow to apply coherent detection which could be of further advantage due to the higher receiver sensitivity.

The results of the presently running and intended development activities in the field of high-power GaAlAs and Nd:YAG lasers will decide whether these lasers are the better choice for DRS and future applications.

## 5. The SILEX Project

### 5.1 Objectives and Requirements

Optical free-space communication is an unproven technology which requires feasibility demonstration before use in an operational system as DRS. In particular with optics, on-ground tests give only limited information on system performance due to the non-realistic environment (atmospheric turbulence, seismic distortions, no far-field condition). Therefore, ESA started the development of optical payloads within its payload and spacecraft development and experimentation program (PSDE) aiming at an in-orbit demonstration in 1993, based on todays technology |11|. The activities are performed within the framework of the project SILEX (Semiconductor Laser Intersatellite Link Experiment) with MATRA (F) as prime contractor and ANT as main subcontractor.

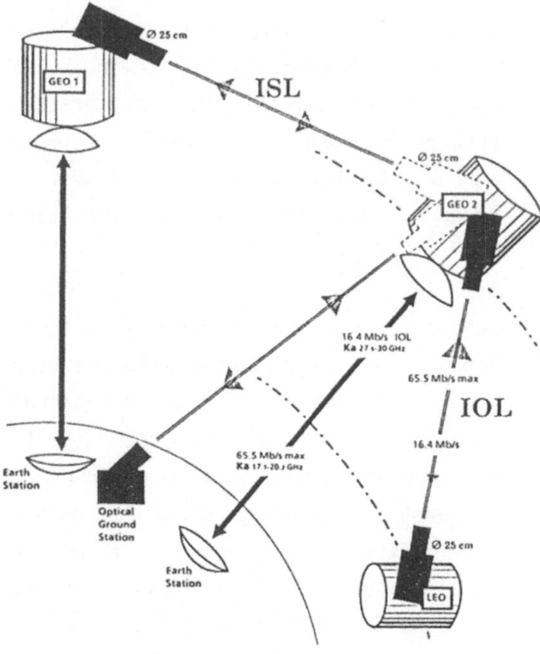


Fig. 2 SILEX Scenario

Fig. 2 shows the SILEX scenario with both ISL and IOL. Mainly for cost saving reasons the ISL between the two geostationary satellites GEO 1 and GEO 2, which was designed for bidirectional data transmission of 120 Mbps |1|, has been abandoned. For similar reasons the number of channels on the IOL return link has been reduced from 4 to 1, thus eliminating the interesting technical approach of wavelength division multiplexing. The link capacity is now 65.5 Mbps on the return link and 16.4 Mbps on the forward link. The bit rate on the return link can be reduced in two steps down to 16.4 Mbps. The feeder-link between GEO 2 and ground will be be realized at $K_a$-Band frequencies in the 20 and 30 GHz range, respectively. The optical ground station shown in Fig. 2 shall only serve for check-out purposes. According to the present planning, GEO 2 will be SAT 2, ESAs experimental satellite of PSDE, and LEO the French earth-observation satellite SPOT 4. Therefore, also image transmission from SPOT 4 to ground is foreseen in addition to the original mission objective of bit-error rate (BER) measurements.

## 5.2 Inter-Orbit Link

The main system parameters of the IOL are listed in Table 2. The centre wavelengths for data transmission are 819 nm on the forward link and 847 nm on the return link.

For the beacon, which is a powerful beam of higher divergence (ca. 6 W, 1 mrad) used for aquisition of the terminals, a wavelength of 850 nm has been chosen. The beacon transmitter is located on the GEO terminal and realized by an array of GaAlAs laser arrays.

For the data transmission quaternary pulse position modulation (QPPM) is used |12|. QPPM is a modulation or coding scheme, respectively, where two consecutive bits are encoded in one word comprising one pulse in four possible time slots. The use of QPPM offers several advantages in free-space optical communication systems |5| which eventually result in a better exploitation of the available laser power.

| | |
|---|---|
| **Transmission Capacity** | 16.384 Mbps forward<br>65.536 Mbps return<br>32.768 Mbps<br>16.384 Mbps |
| **Transmission Wavelength** | 819 nm forward<br>847 nm return |
| **Beacon Wavelength** | 850 nm |
| **Distance** | 45000 km max |
| **Bit Error Rate** | $10^{-6}$ max |
| **Modulation Scheme** | QPPM |
| **Transmit Power** (GaAlAs laser diode) | 27 mW average |
| **Receive Power** (Si-APD with FET LNA) | -58.8 dBm min return<br>-65.1 dBm min forward |
| **Antenna Diameter** | 25 cm (LEO/GEO) |
| **Beam Divergence** | 10 µrad max |
| **Pointing Error** | 1.6 µrad max |
| **Acquisition Time** (after prepointing) | 2 min max |

Table 2 SILEX IOL System Parameters

On both terminals the transmitter deliver an average output power of 27 mW. The receiver on the GEO terminal requires at least -58.8 dBm input power and on the LEO terminal -65.1 dBm in order to keep the bit-error rate below $10^{-6}$.

Both terminals are equipped with telescopes of 25 cm diameter allowing beam divergence below 10 µrad. The optical beams have to be pointed to the respective counter terminal with an accuracy of at least 1.6 µrad. The time for establishing the links, after the terminals have come into sight and been prepointed to each other, shall not exceed 2 minutes.

The above figures on beam pointing and tracking require unique technology with highest precision and are at the limit of feasibility.

## 5.3 Laser Diodes

The laser diodes are the key component of the optical transmission link. Their optical and electrical performance determine to a large extent the requirements on all subsystems. From the system requirements and the data of available diodes, the specifications given in Table 3 have been established.

| Parameter | | Value |
|---|---|---|
| Output Power, average/peak | | 30mW/104 mW |
| Pulse Duration (25% duty cycle) | | 7.6 - 30.5 ns |
| Wavelength, | Nominal Value | 819 nm/847 nm |
| (20°C) | Tolerance | ± 2 nm |
| | Shift by Ageing | ± 1 nm max |
| | Spread under Modulation | ± 2 nm max |
| Far Field | | Single Lobe |
| Astigmatism, | Nominal Value | 10 µm max |
| | Tolerance | ± 2 µm max |
| Wavefront Error | | λ/40 max |
| Lifetime | | 7 years |

Table 3 Laser Diode Specification

A determing parameter is the required output power. The specified average value of 30 mW corresponds to a peak value of 104 mW (due to QPPM operation), which is in all cases above the rated power given by the diode manufacturers. Therefore, and because of the limited knowledge of the manufacturers about the optical performance of their diodes, intensive pre-investigations have been carried out. More than 30 different diode types from various manufacturers in Japan, USA and Europe were tested with respect to power-current characteristic, spectrum, far-field pattern and wave-front quality |13|.

A few diode types met the specifications during the pre-investigation and have been selected for a comprehensive life testing programme, which shall provide the necessary information about the drift of the electrical and optical parameters, the degradation mechanisms, and finally the lifetime.

The Hitachi diode HL 8318G, which was the first one to pass the pre-investigation tests successfully, is described in the following in somewhat more detail.

Fig. 3 shows the construction of the HL 8318G. It is an index-guided laser with an upside-down structure. The active area is close to the heatsink which results in a low thermal resistance. The package cap, indicated by dashed lines, is removed in order to avoid degradation of the beam quality by the cap window.

A typical output spectrum of the HL 8318G is given in Fig. 4. The spectrum was taken at 20°C with pulses of 25 % duty cycle and 120 mW peak power. Under this condition the diode does not generate a pure mono-mode spectrum as with CW operation, but creates additional lines. Also, the spectrum depends strongly on temperature and drive conditions. For the present application, however, the detailed shape of the spectrum is of minor importance. System relevant is the power emitted in a specified spectral band. With the spectrum of Fig. 4, 95 % of power is emitted within a 3 nm band which is more than sufficient.

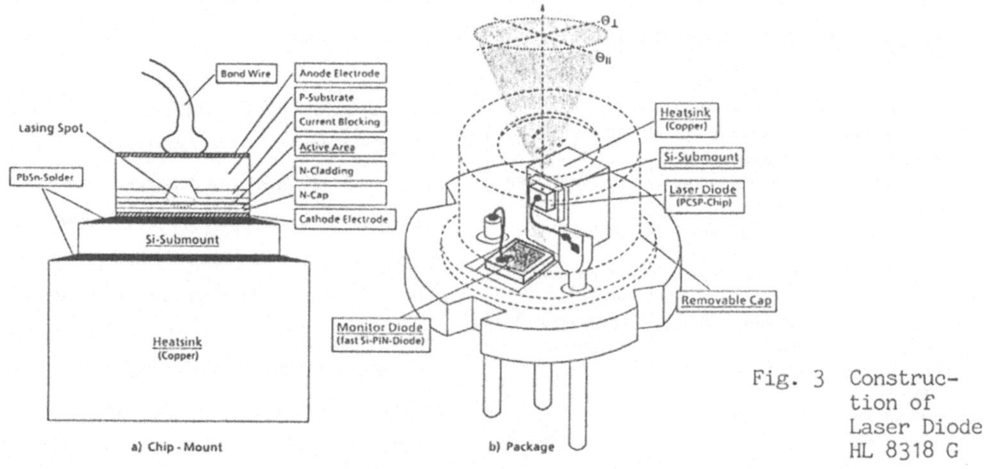


Fig. 3 Construction of Laser Diode HL 8318 G

Fig. 5 shows the results of a wavefront analysis on a HL 8318 G diode with pulsed operation as before. The graph depicts the phase distribution over the beam cross section. The effective wavefront error (rms value) is only 0.018 waves which is much lower than the specified value of $\lambda/40$. Such excellent wavefront quality was not expected from laser diodes before.

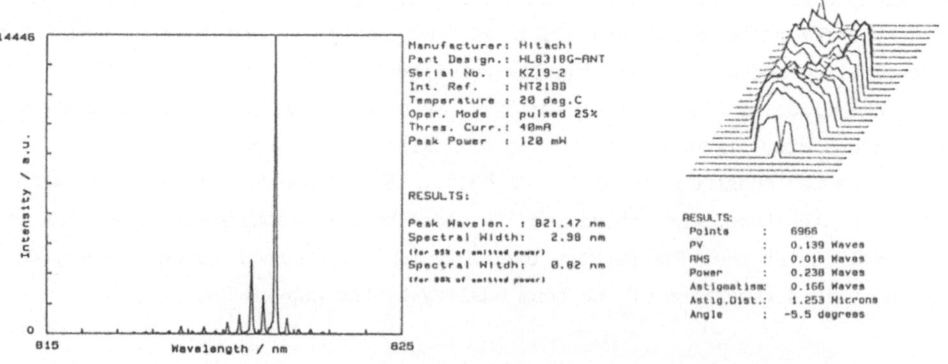


Fig. 4 Emission Spectrum of Laser Diode HL 8318 G

Fig. 5 Wavefront of Laser Diode HL 8318 G

## 5.3 LEO Terminal

The optical terminals on the LEO and GEO satellite are very similar with the present SILEX system baseline. The main difference lies in the beacon transmitter which only exists on the GEO terminal.
Fig. 6 shows a simplified block diagramme of the communication subsystem of LEO terminal, subdivided into a fixed and a mobile part. The communication equipment of the mobile part is mounted around the movable telescope.

The fixed part contains two transmit chains, one of which is normally in operation. The second chain serves for redundancy purposes. Each chain comprises a data generator (DG), providing pseudo-noise (PN) signals for the BER measurement, and a modulator converting the signals from the usual on-off keying (OOK) to QPPM. Mission telemetry (MTM) data with a bit rate of 800 kbps can be superimposed on the PN data. Instead of the PN signal, two image signals from SPOT 4 can be selected and transmitted.
The transmit signal of the fixed part is fed via a flexible coaxial cable to the mobile part, where a redundancy switch (RSW) selects one of three possible transmit chains. Each chain contains a laser driver (LDRI) and a laser diode transmitter package (LDTP) which performs the electro-optical signal conversion. The optical signal is then fed into the telescope.

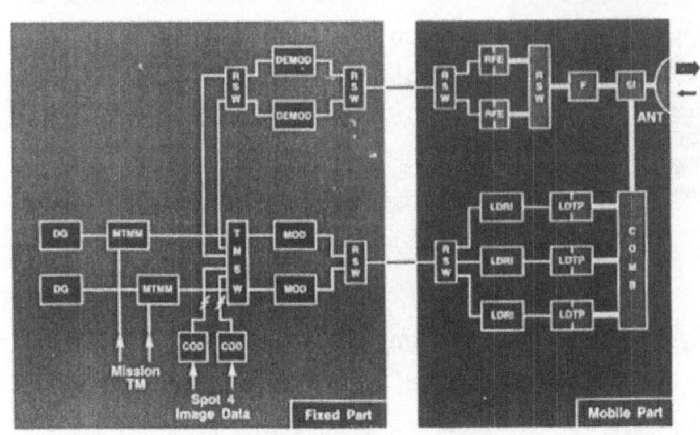


Fig. 6 Communication Subsystem of LEO Terminal

The telescope serves as transmit and receive antenna. The received signal is separated from the transmit path by a spectral isolator (SI) and, via a bandpass filter, forwarded to one of the receiver front-ends (RFE) which performs the opto-electrical conversion. In the subsequent demodulator (DEMOD) the signal is regenerated and converted from QPPM to OOK before it can be retransmitted to the GEO terminal.
The physical route of the optical signals in the mobile part of the terminal can be seen in Fig. 7 which depicts the optical subsystem. As already mentioned, the optical transmit beam is generated in one of the LDTPs (two are redundant) consiting essentially of a laser diode and a collimator. The beam passes at first an anamorphoser which transforms its elliptical cross section to a circular one.

After some reflections at various mirrors and the spectral isolator (SI), the beam reaches via a relay optic (OR 1) a $\lambda/4$ retardation plate, where its polarization is converted from linear to circular. Having passed the fine pointing mechanism (FPM), the beam gets into the telescope which expands the beam diameter from 8 mm to 25 cm.

The weak receive beam travels through the optics in the opposite direction. However, in contrast to the transmit beam it passes the SI and reaches one of the RFEs. The redundant RFE can be put into operation by removing a $\lambda/2$ retardation plate out of the beam.

Part of the receive beam is diverted in the SI and reaches, via a relay optic (OR 2), a tracking sensor (TSDU). The related control electronics steers the beam, by moving the mirrors of the FPM, in a way that it always hits the centre of the tracking sensor and with that also the RFE.

The FPM can only deflect the beam within small angles. For the large angles, required during tracking, the telescope with the optical head is moved in addition.

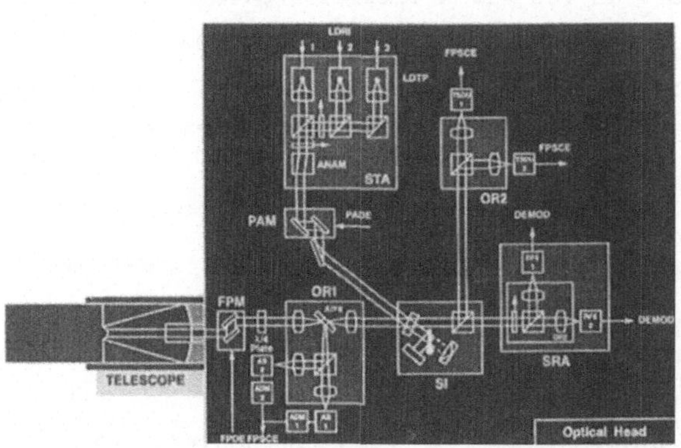


Fig. 7 Optical Sutsystem of LEO Terminal

Prior to the before described tracking phase, in which the data transmission takes place, the terminal is in the acquisition phase. During this phase the receive beam deviates so much from its target direction that it is reflected at a hole mirror (ATFS: acquisition and tracking field separator) toward an acquisition sensor (AS). The related control electronics then shifts the beam by means of the FPM until it passes the ATFS. At this moment, the tracking control loop takes over the beam steering and performs it at higher speed and accuracy as required for data transmission.

Another important function during data transmission is performed by the point-ahead mechanism (PAM). Because of the relative movement of the terminals to each other and the finite velocity of light, the transmit beam must be pointed somewhat ahead of the receive beam in order to reach the counter terminal. The point-ahead angle amounts up to 70 µrad and is set by the PAM on the basis of computed orbit data.

The main technical data of the LEO terminal are summarized in Table 4.

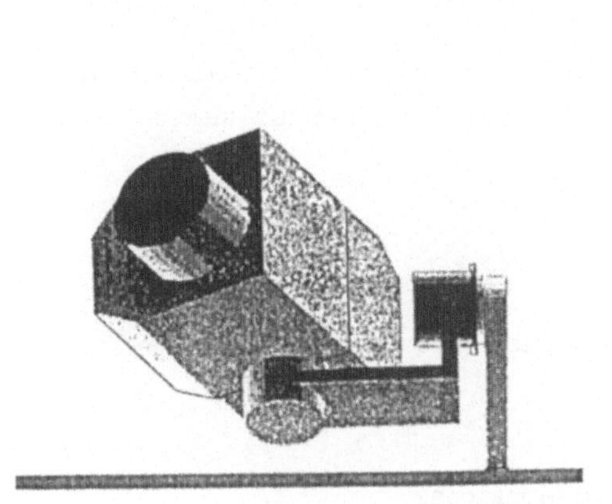

Fig. 8 Model of LEO Terminal

| | |
|---|---|
| **Transmitter:** | |
| • laser diode output power | 30 mW |
| • wavelength | 847 nm |
| • transmission rate | 65.5 Mbps max |
| **Receiver:** | |
| • receive power | -65 dBm min |
| • wavelength | 819 nm |
| • transmission rate | 16.4 Mbps |
| **Telescope:** | |
| • diameter | 25 cm |
| • loss (WFE, obscuration, transm. ect), TX/RX | 2.5 / 0.7 dB |
| • gain, TX/RX | 119.3 / 119.6 dB |
| **Relais Optics:** | |
| • loss, TX/RX | 3.5 / 3.2 dB |
| **Pointing:** | |
| • pointing error (stat., dyn.) | 1.6 µm |
| • pointing loss | 2.4 dB |
| **Power Consumption:** | |
| • mobile part | 54 W |
| • coarse pointing mechanism | 13 W |
| • fixed part | 53 W Σ 120 W |
| **Mass:** | |
| • mobile part | 44 kg |
| • coarse pointing mechanism | 23 kg |
| • fixed part | 19 kg Σ 86 kg |

Table 4 Main Data of LEO Terminal

Worth mentioning is the high antenna gain of almost 120 dB. This figure expresses a unique feature of optical free-space communication.

Fig. 8 depicts a simplified computer model of the LEO terminal mobile part including the coarse pointing mechanism (CPM). The upper hexagonal box, which surrounds the telescope, contains the electronics of the mobile part. The lower box comprises the optical bench with all the optical elements. The telescope reaches down to the top of the lower box and has a total length of 70 cm.

The CPM consists essentially of an L shaped bracket and two drive motors which are located in the orthogonal rotation axes. By means of the CPM, the mobile part can be pointed in any direction within a hemisphere with an accuracy of 0.01°.

## 6. Conclusion

Future global communication systems require transmission links between satellites and satellites and space stations. Optical frequencies are advantageous for this application, because they provide interference and intercept-free operation, high transmission capacity and low terminal mass and power consumption, at least at high bit rates. A first candidate for use of optical free-space communication is the European Data Relais System. With respect to this system, ESA is presently preparing an in-orbit demonstration of optical communication. The experiment (SILEX) is relying on GaAlAs laser diodes and direct detection in conjunction with quaternary pulse position modulation. With laser diodes emitting 30 mW average power at 0.8 μm and telescope diameters of 25 cm, a data rate of 65 Mbps will be transmitted over a distance of 45000 km. The narrow beam, however, requires a pointing accuracy better than 2 μrad. The in-orbit demonstration is scheduled for 1993.

References

|1| E. W. ASHFORD et. al.:
The ESA Data-Relay Satellite Programme.
ESA Bulletin, No. 47, August 1986

|2| R. J. COLBY:
The promise of ISLs:
Intern. Journal of Satellite Communications.
Vol. 6, April-June 1988

|3| A. PUCCIO and E. SAGGESE:
Identification of requirements for intersatellite links.
Intern. Journal of Satellite Communications,
Vol. 6, April-June 1988

|4| M. ROSS:
The history of space laser communication.
SPIE Proc. 885, Free-Space Laser Communication Technologies, 1988

|5| J. L. VANHOVE and C. NOELDEKE:
In-orbit demonstration of optical IOL/ISL - the SILEX project.
Intern. Journal of Satellite communications,
Vol. 6, April-June 1988.

|6| C. J. CHANG-HASNAIN et. al.:
High power with high efficiency in a narrow single-lobed beam from a diode laser array in an external cavity.
Applied Phys. Letters 50, May 1987.

|7| L. GOLDBERG and J. F. WELLER:
Narrow lobe emission of high power broad stripe lasers in external resonator cavity.
Electronics Letters, Vol. 25, January 1989

|8| C. C. CHEN and C. S. GARDNER:
Impact of random pointing and tracking errors on the design of coherent and incoherent optical intersatellite communication links.
IEEE Trans. on Communications, Vol. 37, March 1989

|9| H. LUTZ:
Optical Inter-satellite links.
ESA Bulletin No. 45, February 1986.

|10| J. L. PERBOS and B. LAURENT:
Assessment of optical communications systems for Data Relay Satellite.
Executive Summary, ESA Contract No. 6392/85/F/RD, 1986.

|11| B. FURCH et. al.:
Optical satellite links for ESA's space missions.
SPIE Proc. 810, 1987

|12| CH. NÖLDEKE:
Transmission schemes for the SILEX project.
ECO 2, Optical Space Communication, Paris,
April 1987, SPIE Proc. 1131.

|13| B. MENKE:
Investigation of communication laser diodes for the SILEX project.
ECO 2, Optical Space Communication, Paris,
April 1989, SPIE Proc. 1131.

# Vergleich verschiedener Nd:YAG-Lasersysteme für eine kohärente optische Satellitenkommunikation

G. Hacker

MBB-Raumfahrt Postfach 80 11 69 8000 München 80

## Einleitung

An Lasersysteme für eine kohärente optische Satellitenkommunikation werden sehr hohe Anforderungen gestellt. Solche Lasersysteme müssen nicht nur hohe Leistungen von mehr als 1 Watt und eine Lebensdauer in der Größenordnung von 10 Jahren haben, sondern sie müssen auch sehr frequenzstabil sein und eine Linienbreite von weniger als 100 kHz besitzen. Hinzukommen noch die Forderungen nach kleinen Abmessungen und hoher Unempfindlichkeit gegenüber äußeren Störeinflüssen wie z.B. Temperaturänderungen, Vibrationen etc. Dioden-gepumpte Festkörperlaser bieten ideale Voraussetzungen für ein solches Lasersystem und sind damit geeignet in den zukünftigen optischen Satellitenkommunikationssystemen der zweiten Generation i.e. in kohärenten Systemen eingesetzt zu werden.

## Entwicklungsrichtungen

MBB begann sehr frühzeitig mit der Entwicklung von Dioden-gepumpten Festkörperlasern für die Raumfahrt. Die ersten untersuchten Laser waren kleine, monolithische Nd:YAG-Stablaser. Abb. 1 zeigt das Schema eines solchen Lasers.

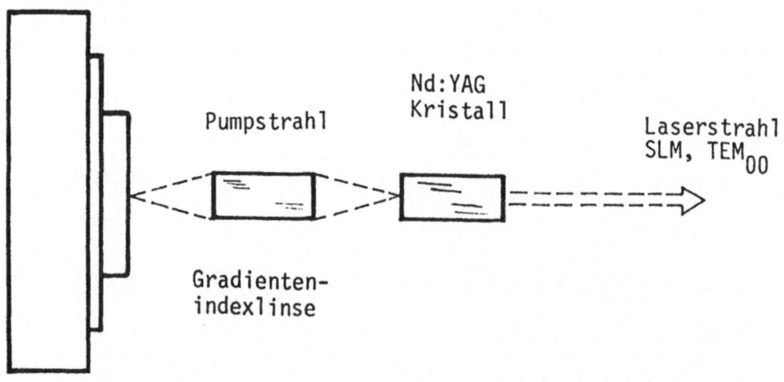


Abb. 1 Schema eines Dioden-gepumpten monolithischen Nd: YAG-Stablasers

Diese Laser wurden mit Diodenleistungen bis etwa 300 mW gepumpt und hatten CW-Ausgangsleistungen bis 70 mW. Ihre Linienbreiten waren mit einigen hundert kHz noch sehr breit. Ferner arbeiteten diese Laser transversal im Grundmode ($TEM_{00}$), hatten aber longitudinal mehrere Moden, sobald die Ausgangsleistung einige mW überschritt. Die weiteren Entwicklungen liefen daher im wesentlichen in zwei Richtungen. Zum einen wurde untersucht, mit welchen Maßnahmen die Leistung erhöht werden kann und zum anderen wie sich bei gleichzeitiger Leistungssteigerung die Linienbreite verkleinern läßt.

Zur Leistungssteigerung wurde ein Oszillator Verstärker- bzw. ein Injektion-locking-System vorgeschlagen. Als Oszillatorlaser war hierbei ein monolithischer Nd: YAG-Laser vorgesehen. Monolithisch sollte dieser Laser deshalb sein, um möglichst unempfindlich gegenüber akustischen Störeinflüssen zu sein und so eine möglichst kleine Linienbreite zu garantieren. Bei Festkörperlasern mit linearer Resonatorgeometrie ist Spatial-Hole-Burning durch den Aufbau einer stehenden Welle im Laserresonator ein weiterer, begrenzender Faktor für die single frequency $TEM_{00}$ Ausgangsleistung in diesen Lasern. Eine Methode, um diesen Effekt zu überwinden, ist die Verwendung einer Ringresonatorgeometrie anstatt einer linearen Geometrie.

## Monolithischer Nonplanarer Ringlaser

In einem Ring werden unidirektionale Wanderwellen ausgebildet, die einen gleichmäßigen Abbau der Inversion gewährleisten und so single-frequency Betrieb ermöglichen. Abb. 2 zeigt schematisch eine solche monolithische, non-planare Ringkonfiguration. Sie ist bekannt unter der Bezeichnung MISER (Mono lithic Isolated Single-mode End-pumped Ring) und wurde von Kane und Byer entwickelt.

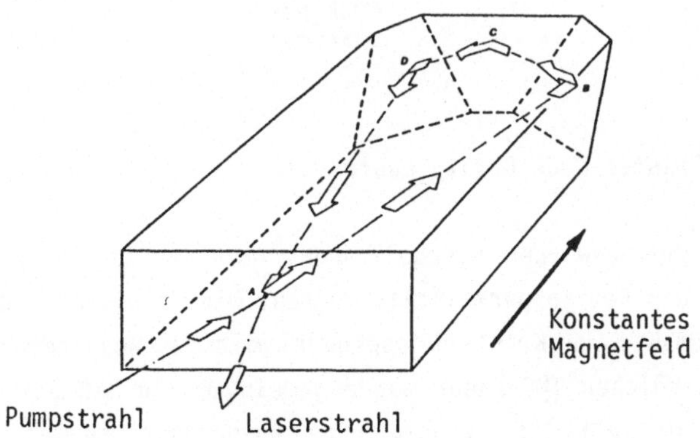


Abb. 2 Schema eines monolithischen nonplanaren Ringlasers (nach Kane et al.)

Voraussetzung für die Ausbildung von Wanderwellen in nur einer Richtung ist die Realisierung einer optischen Diode im Ringresonator. Die wichtigste Komponente einer solchen optischen Diode ist der Faraday Rotator. Seine Aufgabe ist es, über ein konstantes Magnetfeld die Drehrichtung und den Drehwinkel eines durchlaufenden, linear polarisierten Lichtstrahls festzulegen. Der Faraday Rotator ist gleichzeitig auch das begrenzende Element beim Übergang zu höheren Leistungen in einem MISER. Es lassen sich nicht beliebig hohe Magnetfelder zur Drehung der Polarisation erzeugen - die Funktion der optischen Diode verschlechtert sich. Single frequency $TEM_{00}$ Ausgangsleistungen von über 100 mW konnten mit MISER'n realisiert werden. Die Linienbreiten betrugen dabei unter 1 kHz. Leistungen um 1 Watt scheinen nach vorsichtigen Abschätzungen möglich zu sein.

## Twisted-Mode Cavity Laser

Eine weitere Methode, die Linienbreite eines Lasers zu reduzieren, ist die Verwendung einer Polarisationsdrehtechnik. Hierbei werden zwei $\lambda/4$-Plättchen so in den Laserresonator eingebracht, daß der Nd: YAG Kristall genau zwischen ihnen liegt. Einen solchen Laser bezeichnet man als Twisted-Mode Cavity (TMC) Laser. Das Schema eines solchen Lasers ist in Abb. 3 wiedergegeben. Der Übersichtlichkeit halber ist ein diskreter Aufbau gezeigt - er läßt sich aber auch quasimonolithisch realisieren.

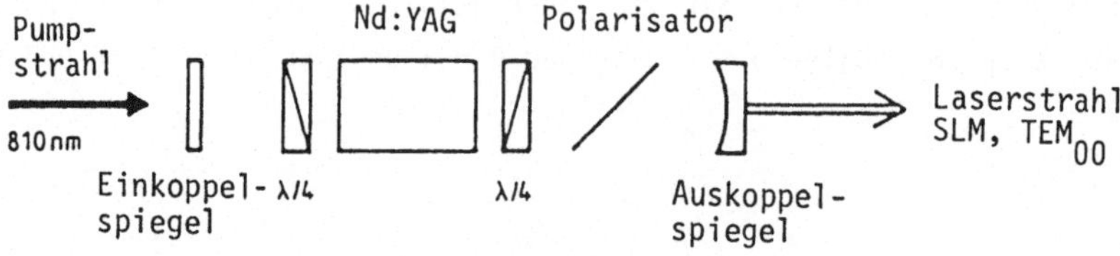


Abb. 3 Schema eines Twisted-Mode Cavity Lasers

Die beiden $\lambda/4$-Plättchen bewirken hierbei, daß die Polarisation des Strahls beim Durchgang durch den Festkörperkristall gedreht wird (twisted mode) und so die Inversion gleichmäßig im Kristall abgebaut wird im Gegensatz zu einer stehenden Welle. Ein solcher TMC-Laser wurde gemeinsam von MBB und der DFVLR realisiert. Bereits im Juli 1988 konnte eine Ausgangsleistung von 255 mW single frequency $TEM_{00}$ erzielt werden. Wenig später, im November 1988 konnte diese Leistung auf 500 mW erhöht werden. Eine Grenze dieser Leistungssteigerung wurde hierbei nicht ersichtlich, so daß wahrscheinlich schon im Mai 1989 eine Laserausgangsleistung von 1 W bei 1.064 µm single frequency $TEM_{00}$ erreicht sein wird. Als Pumpquelle diente im Fall der 255 mW Ausgangsleistung eine 1 Watt Laserdiode, im Fall der 500 mW waren es drei 1 Watt Laserdioden, deren Leistung über Lichtwellenleiter eingekoppelt wurde. Die gemessenen Linienbreiten lagen bei wenigen kHz.

## Zusammenfassung und Ausblick

Aus den durchgeführten Untersuchungen an einem Oszillatorlaser zeigte sich, daß der TMC-Laser geeignet ist, single frequency $TEM_{00}$ Ausgangsleistungen um 1 Watt und darüber zu realisieren. Damit erfüllt bereits ein solcher Laser die geforderten Spezifikationen der ESA für den Einsatz in einem kohärenten optischen Satellitenkommunikationssystem und benötigt keinen nachgeschalteten Verstärkerlaser bzw. angelockten Slavelaser. Beim MISER erscheinen single frequency, $TEM_{00}$ Ausgangsleistungen um 1 Watt auch möglich zu sein. Höheren Leistungen sind jedoch gewisse Grenzen gesetzt durch die Verwendung der optischen Diode. Weitere Untersuchungen werden erst zeigen, ab welcher Ausgangsleistung beim MISER bzw. beim TMC-Laser auf ein Oszillator Verstärker- bzw. ein Injektionlocking-System übergegangen werden muß.

## Literatur


/1/ SCHÜTZ, I., et al.: Mit Diodenlasern angeregte Festkörperlaser, Laser und Optoelektronik, 20 (3), 1988, S 39 - 45

/2/ KANE, T. J. et al.: Monolithic, unidirectional single-mode Nd: YAG ring laser, Optics Letters, 10, pp 65 - 67, Feb. 1985

/3/ HACKER, G.: A Comparison of Several Systems for Optical Intersatellite/Interorbit Links from a Systems Point of View, Proc. of the 8th Internat. Congress Laser 87, pp. 667 - 671, 1987

/4/ WALLMEROTH, K., et al.: High Power, CW Single-Frequency, $TEM_{00}$, Diode-Laser-Pumped Nd: YAG Laser, Electronics Letters, Vol. 24, No. 17, pp. 1086-1088, Aug. 18th 1988

/5/ SCHMITT, N.P., et al.: Diodengepumpte Festkörperlaser Proc. of the 9th Internat. Congress Laser 89, 1989

# 8. Mikrowellen Anwendungen
Micro Waves Application

# Elektromagnetische Wellen im Dienste der Verkehrssicherheit

R. Feld, K. Biehl,

FlexControl Gesellschaft f. Verkehrsraumanalyse mbH

Physikalische Meßtechniken auf der Basis elektromagnetischer Wellen werden in zunehmender Weise zur Überprüfung technischer Anlagen genutzt. Insbesondere dort wo der jeweilige Zustand der einzelnen Komponenten der Anlage für die sichere Funktionsweise wichtig ist, werden zerstörungsfreie Meßverfahren für die regelmäßige Kontrolle eingesetzt.

Für die Sicherheit im Straßenverkehr kommt dem optimalen Zusammenspiel von Mensch, Fahrzeug und Straße eine tragende Bedeutungen zu. In der Fahrzeugtechnik werden modernste Meß- und Prüfverfahren schon in der Entwicklungsphase eingesetzt, die sich auch in der Produktion und Qualitätkontrolle bis hin zur Autoinspektion bewährt haben. Dahingegen stehen zerstörungsfreie Meßverfahren im systematischen Erhaltungsmanagement der Straße und des Straßeninventars heute noch am Anfang.

**Grundlagen**

Grundsätzlich sind elektromagnetische Wellen für eine Vielzahl von Prüfverfahren geeignet. Dabei ist nach dem Grundsatz vorzugehen, daß das Meßproblem die zu verwendende Wellenlänge bzw. Frequenz bestimmt. Das heißt also, man muß die der jeweiligen Fragestellung angepaßten elektromagnetischen Wellen verwenden.

Ein ganz einfaches Beispiel ist das Retroreflexionsverhalten von Verkehrszeichen bei Dunkelheit. Hier können dann objektive Ergebnisse erzielt werden, wenn als Strahlungsquellen normales Abblendlicht genommen wird und als Meßsystem ein dem menschlichen Auge möglichst nahekommendes Gerät verwandt wird. Die Wellenlänge sollte sichtbares Licht sein. Die Messungen müssen Nachts erfolgen.

Soll möglichst tief in das Material eingedrungen werden, so empfiehlt es sich, entweder besonders kurze Wellenlängen, Gamma- oder Röntgenstrahlen, oder besonders lange Wellen, Mikrowellen, einzusetzen.
Gemessen wird dann die Wechselwirkung zwischen der eingestrahlten Welle und dem Material. In der Regel handelt es sich dabei um Reflexion bzw. Beugung.

Rationale Entscheidungen in der Straßenerhaltung basieren auf dem Wissen um die Qualität des bestehenden Straßennetzes und führen zu einem systematischen Management der Straßenerhaltung.

Die Zustandsbeurteilung besteht aus den folgenden Teilaufgaben:

- Sammlung von Information im Zuge einer Zustandserfassung
- Verarbeitung dieser Information im Rahmen einer Zustandsbewertung
- Prognose der in der Zukunft zu erwartenden Zustandsentwicklung und

- Prognose des in der Zukunft zu erwartenden Erhaltungsbedarfs (1).

Die systematische Erfassung und Beurteilung der Merkmale des Straßennetzes wird unter dem Begriff "Inventarisierung" zusammengefaßt.

Die Inventarisierung umfaßt folgende Arbeitsschritte:
- Erfassung und Aufbereitung
- Fortschreiben
- Ablegen und Speichern
- Auswerten und Darstellen (2).

Bei diesen Arbeitsschritten bedient man sich immer häufiger optischer Medien. Insbesondere die Erfassung mit Videomeßsystemen und die Darstellung über die Kombination Bildplatte und EDV-gesteuertes Informationssystem kommt bei den zuständigen Behörden zum Einsatz.
Zur Beurteilung des Straßenzustandes und der Qualität der Straßenausstattung werden Verfahren der Signal- und Bildverarbeitung eingesetzt (3).

**Meßtechnik**

Prinzipiell kann nahezu das gesamte elektronmagnetische Spektrum zum Einsatz kommen.

**Messen von Materialeigenschaften mit Gammastrahlen**

Mit Gammastrahlen können radiometrische Messungen der Raumdichte, Feuchte, des Hohlraumgehaltes, des Verdichtungsgrades und des Bindemittelgehaltes vorgenommen werden. Solche Geräte können auch unterhalb von Baumaschinen angebracht werden, sodaß z.B. fortlaufend der Verdichtungsgrad beim Walzen ermittelt werden kann. Mittels Radiographie können auch Risse im Bewehrungsstahl entdeckt werden. Radiographie ermöglicht ebenfalls Ermittlung von Korrosionserscheinungen.

**Endoskopie zur Untersuchung von Straßenbauwerken**

Mithilfe der Endoskopie können auch an sehr schlecht zugängigen Teilen von Bauwerken Untersuchungen erfolgen, wobei eine minimale Zerstörung des Bauwerkes erfolgt. Insbesondere wird die Endoskopie daher zum Prüfen von Fehlstellen und Hohlräumen an Betonbauwerken eingesetzt. Sie eröffnet auch Möglichkeiten zur Entdeckung von Einpressfehlern bei Spanngliedern im Spannbetonbau.

**Lasermeßsysteme**

Einigen Verfahren liegt die Lasertechnik zugrunde, die besonders dann zum Einsatz kommt, wenn Eigenschaften der Straßenoberfläche bestimmt werden sollen.

**Highspeed Road Monitor (HRM) zur Ebenheitsmessung**

Der Highspeed Road Monitor basiert auf der Lasertechnik. Sie erlaubt eine Ebenheitsmessung mit einer Geschwindigkeit von bis

zu 80 km/h. Das System wird von dem britschen Transport- und Research Laboratory betrieben (5).
Der HRM besteht aus einem einachsigen Anhänger, der von einem Fahrzeug gezogen wird. Der Meßanhänger besitzt einen etwa 4 m langen Träger, an dem 4 Lasersensoren befestigt sind. Diese Sensoren messen während der Meßfahrt laufend den Abstand zur Straßenoberfläche. Durch Kombination der vier Abstandswerte werden die Profilhöhen in Abhängigkeit vom Weg berechnet.
Im Zugfahrzeug befinden sich Rechner und Stromversorgung. Dabei werden die unmittelbar vorher ermittelten Profilwerte in die Berechnung einbezogen.

### Laser Road Surface Tester (RST) zur Bestimmung des Querprofils

Der Laser Road Surface Tester funktioniert ebenfalls mit Lasertechnik (6). Damit wird das Fahrstreifenquerprofil in einer Breite von 3,1 m der 11 Lasersensoren, die sich an der vorderen Stoßstange des Meßfahrzeuges befinden erfaßt. Die Messung erfolgt üblicherweise alle 5 m. Die maximale Spurrillentiefe wird für jedes Profil berechnet. Im Fahrzeug befinden sich ein Datenerfassungs- und Verarbeitungssystem. Die Auswertung der Messungen erfolgt während der Meßfahrt.
Bei der Messung wird nur die Form, nicht die Neigung des Querprofils erfaßt. Deshalb werden nur Profil- oder Spurrinnentiefe angegeben. Das System kann bei variablen Geschwindigkeiten bis zu 90 km/h aufzeichnen.

### Videomeßsysteme

Videomeßsysteme bedienen sich des sichtbaren Lichtes, das entweder durch eine geeignete Lichtquelle zugeführt wird, oder das als natürliches Sonnenlicht zur Verfügung steht.

### Dynamisches Querprofilmeßgerät

Auf der Videomeßtechnik basiert das dynamische Querprofilmeßgerät, das die ETH Zürich entwickelt hat (1).
Dabei wird eine stroboskopische Lichtspur vertikal in der Breite eines Fahrstreifens erzeugt und als Abbildung des Querprofils mit einer Fernsehkamera unter einem flachen Aufnahmewinkel aufgenommen. Die Koordinaten der Lichtpunkte, die durch eine kreiselgestützte Plattform exakt ermittelte Lage der Kamera und die Aufnahmesituation werden digital auf Magnetband gespeichert. Das System befindet sich auf einem einachsigen Anhänger.

Im Zugfahrzeug sind die Stromversorgung und Aufnahmesteuerungs- und Speichereinheit untergebracht.

Die Meßgeschwindigkeit beträgt bis zu 80 km/h. Der Abstand der Meßprofile beträgt normalerweise 25 m.

Als Meßwerte werden die Koordinaten von 240 Lichtpunkte auf bis zu 4,5 m Breite und 230 mm Höhe erfaßt. Die automatische Datenverarbeitung mit der Berechnung einer graphischen Profildarstellung wird im Labor vorgenommen.

Als Auswertungsergebnis wird gemäß der schweizer Norm SNV 640520A, die Muldentiefe und die theoretische Wassertiefe erhalten.

**Inventarisierung der Straßenausstattung mit FlexGeo**

Mit FlexGeo wird der Straßenraum mit einer Videomeßkamera so aufgenommen, daß die gesamte Straßeneinrichtung erfaßt wird. Die Kamera befindet sich 2.5 m über Straßenniveau. Die Kameraposition liegt immer über der Straßenlängsachse und gewährleistet so die Aufzeichnung der gesamten Straßenbreite. Die Kamera ist drehbar, sodaß sie auch in Kurven dem Straßenverlauf folgt. Ordnungsdaten und Stationierung (Kilometrierung) werden gemeinsam mit den Meßdaten aufgezeichnet.

Die Auswertung erfolgt mit Hilfe von Videoanalysemethoden. Damit können Eigenschaften wie Straßenbreite, Position von Verkehrszeichen, Höhe von Bauwerken, Form und Art der Fahrbahnmarkierung mit einer Genauigkeit von etwa 10 cm angegeben werden. Die örtliche Genauigkeit beträgt ca. 0,1 % der Meßstrecke. Das Straßeninventar wird in einer Datenbank abgelegt, die wiederum einen einfachen Zugriff auf das Meßbild ermöglicht. In der Datenbank werden ebenfalls Art, Inhalt und Aufstellungsort von Wegweisern und Verkehrszeichen erfaßt.

**System zur Untersuchung der visuellen Qualität von Verkehrszeichen und Verkehrseinrichtungen (Flexexpert)**

Flexexpert ist ein Meßsystem, das die objektive visuelle Bewertung von Verkehrszeichen und Verkehrseinrichtungen, insbesondere bei Dunkelheit, zuläßt. Hierbei werden die wichtigsten Größen, die deren Erkennbarkeit beeinflussen, erfaßt und ausgewertet (4).

Das System besteht aus 2 Komponenten:
- einem Aufnahmesystem, mit dem Daten des Straßenraumes bei Dunkelheit aufgezeichnet werden,
- und einem Rechnersystem, das eine elektronische Auswertung der erfaßten Daten ermöglicht.

Die Messungen erfolgen mit einem rechtsgelenkten Meßfahrzeug mit
- hochauflösender lichtempfindlicher Videomeßkamera, die aus dem Gesichtsfeld eines Fahrers die visuellen Daten des Straßenraumes aufzeichnet,
- Präzisionswegstreckenmesser, der eine genaue Verortung der aufgenommenen Straßendaten ermöglicht,
- Luxmeter, der die Beleuchtungsstärke am Kameraobjektiv mißt,
- Titelgenerator, Bildmischer und Videorecorder für die Zusammenführung und Speicherung aller Bild- und Textdaten,
- elektronisch stabilisiertem und kalibriertem Abblendlicht als Beleuchtungsquelle.

Zur Auswertung steht folgende Installation zur Verfügung:
- 68K-VME-Bus Multicomputer zur digitalen Bilderfassung und -verarbeitung,
- U-Matic-Videorecorder, Broadcasting Standard
- Programm zur elektronischen Bildverarbeitung für lichttechnische Auswertungen.

Das digitale Bild besteht aus 460.000 Bildpunkten. Vor Beginn einer Meßfahrt werden Eichnormale mit bekannten Leuchtdichten aufgezeichnet.

Das Flexexpert-Meßsystem arbeitet auf der Basis einer diskretisierten relativen Leuchtdichtemessung, aus der mit Hilfe der Aufzeichnung von Eichnormalen absolute Leuchtdichtewerte mit einer Genauigkeit von 0,1 cd/qm berechnet werden. Dabei wird die Leuchtdichte von Verkehrszeichen und Leiteinrichtungen in ihrer Relation zu Umfeldleuchtdichte ermittelt.

## GeoRadarSR zur Ermittlung des Straßenaufbaus und Untersuchung von Straßenschäden

Das GeoRadarsystemSR basiert auf der Reflexionsmessung von Mikrowellen im Bereich von 100 MHz und 1 GHz. Der Sender des GeoRadars erzeugt kurze elektromagnetische Impulse, die an Grenzschichten reflektiert werden (7). Der Sensor befindet sich an der Vorderseite eines Meßfahrzeuges. Im Meßfahrzeug befinden sich Steuer- und Datenaufzeichnungsgerät. Aufgezeichnet werden normalerweise Längsprofile.

Mit dem GeoRadarSR werden
- Veränderungen im Straßenaufbau ermittelt
- Dickenmessungen mit Genauigkeit von plus/minus 1 cm und
- Störungen im Straßenaufbau aufgezeichnet.

Messungen erfolgen mit einer Geschwindigkeit von 40-50 km/h.
Die Kalibrierung der Messung erfolgt normalerweise anhand von Bohrkernen.
Die Auswertung erfolgt mit Methoden der Signalanalyse oder Bildverarbeitung.

## Zusammenfassung

Zur Untersuchung der Qualität von Straßen und Straßenausstattung können heute eine Vielzahl von Meßmethoden, die auf elektromagnetischen Wellen unterschiedlichster Frequenz basieren, zum Einsatz kommen.

Die Messungen sind Grundlage eines kostenoptimalen Erhaltungsmanagements im Dienste der immer größer werdenden Anforderungen an die Verkehrssicherheit.
Während bei der Komponente Fahrzeug schon lange modernste Technologie eingesetzt wird, beginnt derzeit der zunehmende Einsatz moderner Meßsysteme zur Untersuchung der Komponente Straße.

Wir können auf diesem Gebiet für die nahe Zukunft eine interessante Entwicklung erwarten, die in erheblichem Maße der Sicherheit auf unseren Straßen zugute kommen wird.

## Literaturverzeichnis

(1) A. Schmuck, Straßenerhaltung mit System, Kirchbaumverlag Bonn, 1987
(2) Der Elsner, Handbuch für Straßen- und Verkehrswesen 1989, S. 891/I-892/I, Otto Elsner Verlagsgesellschaft Darmstadt

(3) S. Giesa, Sicherheitsbedingte Forderungen an die optische Funktion von Verkehrszeichen und Leiteinrichtungen, Straßen und Verkehr 2000, S 213-217, Berlin 1988
(4) Objektive Überprüfung von Verkehrszeichen, Verkehrsblatt 6, 1989, S. 170
(5) P. Jordan, P. Sulten, Ein Profilmesser für die schnelle Bewertung des Zustands von Straßenbefestigungen, Straße und Autobahn 35, Nr. 2, S. 53-60 (1984)
(6) Laser Road Surface Tester, Informationsschrift d. Swedish Road Administration
(7) D.J. Daniels, D.J. Gunton, H.F. Scott, Introduction to Subsurface Radar, IEE Proceedings F, Vol. 135, No. 4, August 1988

# Millimeterwellen-Kommunikation als Alternative zur optischen Kommunikation

W. Körner
AEG Aktiengesellschaft
Sedanstraße 10, D 7900 Ulm (Donau)

Bild 1

Das älteste **Fern-Kommunikationsmittel** der Menschen war die **optische Kommunikation.** Sie erfolgte mit Spiegelung des Sonnenlichtes oder auch durch Modulation des Feuers. Voraussetzung hierfür war die Beherrschung des Feuers - übrigens die wichtigste Erfindung in der Geschichte der Menschheit. Die uns überlieferten ersten regelmäßigen optischen Kommunikationen über größere Entfernungen mit einem "man made"-Sender (Feuer) fanden zwischen den **griechischen Inseln** statt. Der Empfänger war das menschliche Auge.

Etwa 2000 Jahre später gelang dem Menschen eine weitere wesentliche Erfindung, er lernte die elektrischen Ladungen zu bewegen und zu beherrschen. Damit wurden etwa ab Beginn dieses Jahrhunderts sowohl die optischen wie auch die niederfrequenteren elektromagnetischen Wellen zunehmend in den Dienst der menschlichen Kommunikation gestellt.

Für die Kommunikation ist nun von besonderer Bedeutung, daß die elektromagnetischen Wellen sich sowohl durch "leitende" Medien in ihrer Ausbreitungsrichtung führen lassen, sich aber auch als freie Wellen im Raum bewegen können. Die Ausbreitungseigenschaften in den Medien und im luftgefüllten Raum sind allerdings frequenzabhängig. Welche Möglichkeiten dies für die Kommunikation mit Frequenzen im optischen Bereich **(10 bis 1000 THz entsprechend 30 µm bis 0,3 µm)** und **mm-Wellenbereich (30 GHz bis 300 GHz entprechend 1 cm bis 1 mm)** bietet, möchte ich im folgenden näher ausführen.

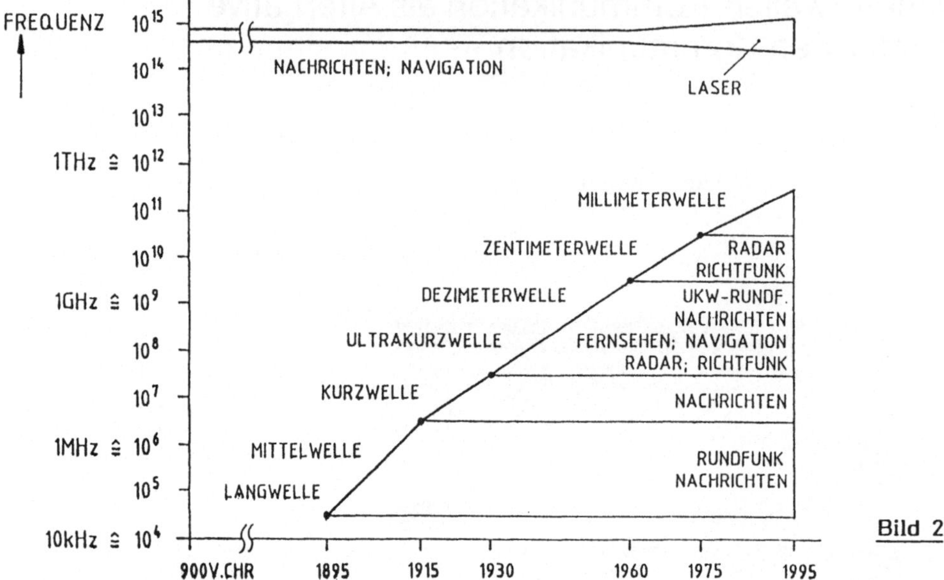


Bild 2

## 1. Leitungsgebundene Kommunikation

### 1.1 Optische Kommunikation

Die Monomod-Glasfaser mit einer Dämpfung von ca. 0,35 db/km bei 1,3 µm (230 THz) oder 1,5 µm (300 THz) ist eine eingeführte Technologie für Breitband-Fernkommunikationskabel. Die Bandbreite der Faser selbst beträgt mehrere 100 GHz bei einem Durchmesser von 0,125 mm. Die derzeitig zur Verfügung stehenden Laser-Halbleiter-Sender (z. B. InP/InGaP) mit ca. 10 mW Sendeleistung und auch die PIN-Empfangsdioden (InGaAs) schränken die Übertragungsbandbreite auf ca. 10 GHz je Faser ein.

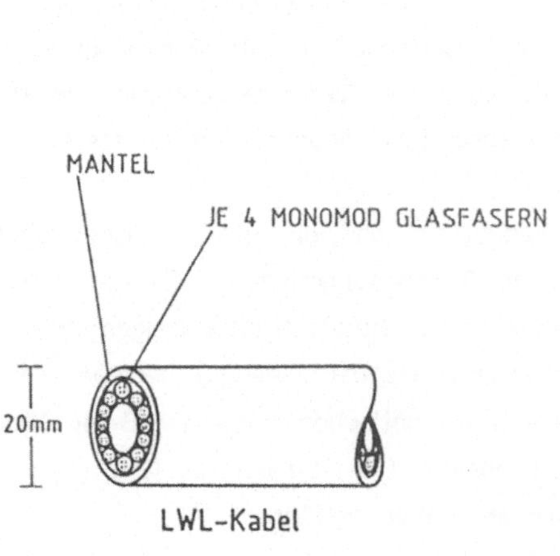


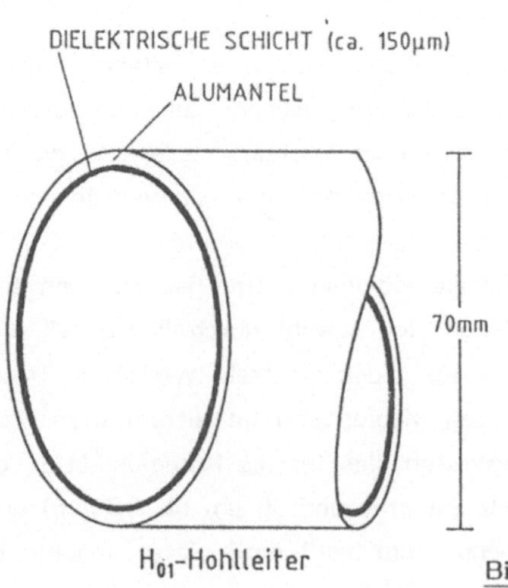


Bild 3

In den von der Post verlegten Glaserfaser-Ferntrassen-Kabeln sind 10x4 Fasern enthalten.

Sie lassen eine theoretische Übertragungs-Bandbreite von 400 GHz zu. Genutzt werden jedoch nur ca. 40 GHz (560 MBit/sec/Faser).

1.2 mm-Wellenkommunikation

Vor 10 Jahren wurde als Alternative zu den Lichtleitfasern noch der $H_{01}$-Hohlleiter im mm-Wellenbereich diskutiert. Die Bandbreite eines z. B. dielektrisch belegten 70-mm-Aluminium-Hohlleiters bei einem Krümmungsradius von ca. 200 m beträgt ca. 55 GHz bei einer Dämpfung 1,4 db/km /1/. Die überaus großen Anforderungen an die Fertigungsgenauigkeit des $H_{01}$-Wellenleiters, die großen Abmessungen, die eingeschränkten Verlegungsmöglichkeiten und letztlich der daraus resultierende höhere Preis für den verlegten Kabelkilometer eines $H_{01}$-Wellenleiters haben die mm-Wellen-Fern-Kommunikation gegenüber der optischen Kommunikation mittels Leitern wirtschaftlich uninteressant gemacht.

## 2. Kommunikation über Raumwellen

2.1 In der Erdatmosphäre

Die Kommunikation über Raumwellen in der Erdatmosphäre unterliegt sowohl im **optischen Frequenzbereich** als auch im **mm-Wellen-Frequenzbereich** teilweise erheblichen Störeinflüssen.

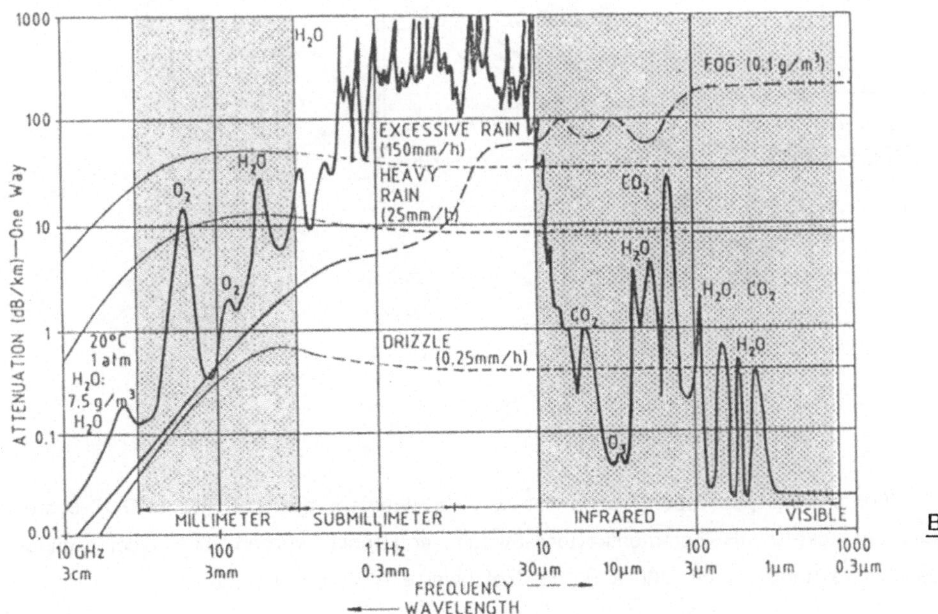


Bild 4

Sowohl im **mm-Wellen-Bereich** als auch im optischen Bereich gibt es Zonen hoher Dämpfung (ca. 30 db/km) und niederer Dämpfung (< 1 dK/km), hervorgerufen durch die **Gase der Atmosphäre** (rote Kurve) /2/. Der Einfluß von **Regen** (grüne Kurve) liegt vom **mm-Wellenbereich** bis hin in den **optischen Bereich** zwischen 0,8 und 60 db/km je nach Stärke des Niederschlag und der Tröpfchengröße. Beide Bereiche unterscheiden sich hierbei nur wenig. Hingegen liegt die Dämpfung durch Nebel (0,1 g Wasser/m$^3$) im **optischen Bereich** bei 50 bis 200 db/km (Mie-Streuung). Im unteren **mm-Wellenbereich** hingegen verbleibt die Dämpfung unter 1 db/km.

2.1.1 Optische Kommunikation

Da Nebel mit 0,1 g Wasser/m$^3$ in Süddeutschland etwa in 2 % der Zeit, d.h., akkumuliert während 174 Stunden im Jahr zu erwarten ist, haben optische freistrahlende Übertragungs-Systeme, bei Entfernungen von mehr als ca. 200 m in der Erdatmosphäre eine zu geringe Verfügungsrate.

So sind auch bislang optische Übertragungssysteme nur in geschlossenen Räumen (z. B. Fernsehsteuerung) oder im Freien auf kürzeste Distanzen (z. B. Garagentoröffnern) bekanntgeworden.

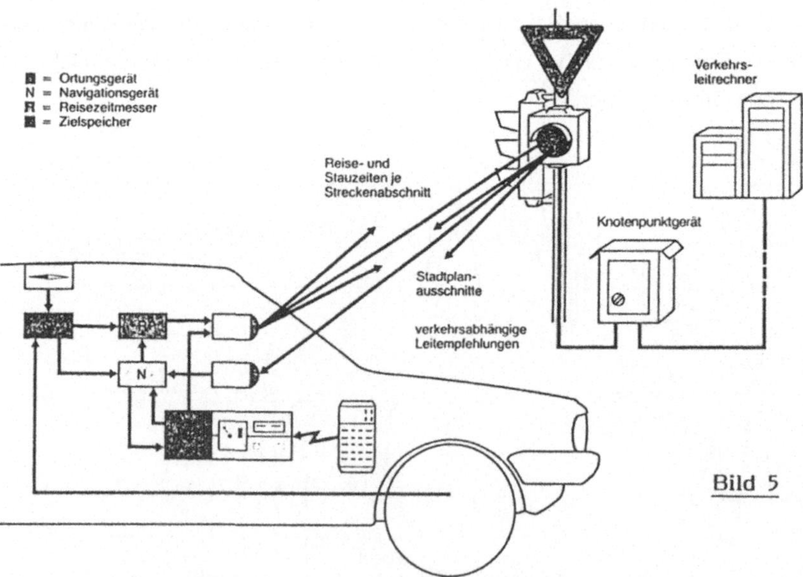


Bild 5

Als jüngstes Beispiel hierfür kann das von Fa. Siemens für das ALI-SCOUT-System /3/, entwickelte IR-Kommunikations-System angeführt werden. Die Übertragungsbandbreite liegt bei ca. 300 kHz, die Reichweite etwa bei 10-100 m.

2.1.2 mm-Wellen-Kommunikation

Günstiger liegen die Dämpfungsverhältnisse im niederen **mm-Wellen-Bereich** (30-55 GHz). Regen mit 25 mm/h (Wolkenbruch) kommt im Jahr höchstens in 0,03 % der Zeit, akkumuliert während 2,6 Stunden im Jahr, vor. Übertragungsstrecken bei 50 GHz haben damit eine Verfügungsrate von 99,97 %, was für Kommunikationsaufgaben meist ausreichend ist. Eine horizontale Übertragungsstrecke wird im allgemeinen 5 km nicht überschreiten. Von verschiedenen Firmen werden Richtfunksysteme in diesem Frequenzbereich angeboten /4/ /5/.

Die Fa. AEG Olympia entwickelt derzeitig ein mm-Wellen-Kommunikations-System für einen beliebig langen Funkkorridor. Es arbeitet bei 40 GHz und wird für die Übertragung betriebsleittechnischer Daten für den TVE (Magnetbahn) mit einer Bandbreite von 0,5 MHz eingesetzt. Wegen der doch deutlich auftretenden Interferenzerscheinungen im Funkfeld ist ein Sende/Empfangs-Diversity-System unbedingt erforderlich.

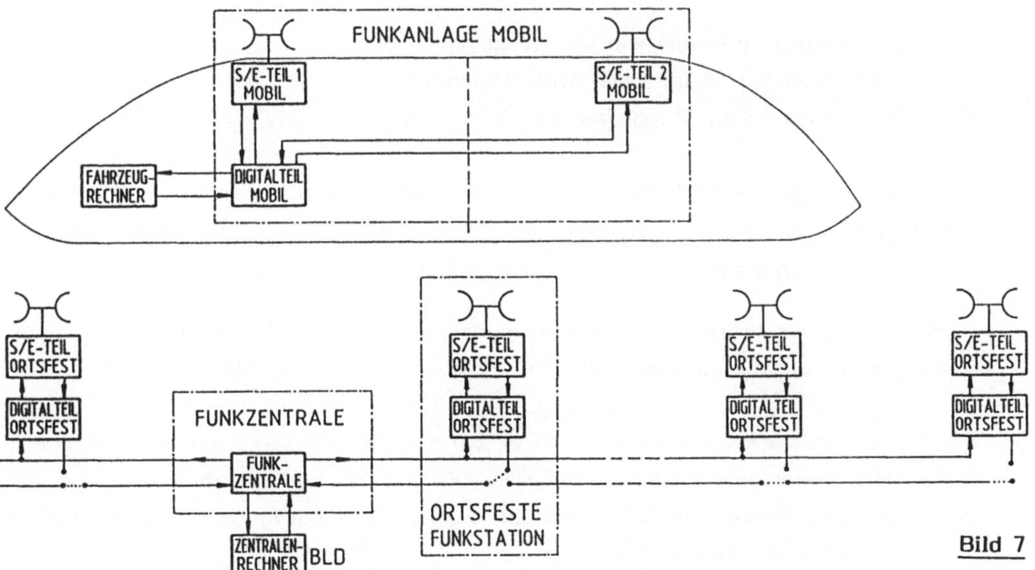


Bild 7

Der Abstand der Streckenstationen berägt max. 2 km. Sie sind durch Lichtleiterkabel mit der Funkzentrale verbunden.

Aus den Bildern 8a und 8b ist der prinzipielle Aufbau der Streckenfunkstation ersichtlich /6/. Die mm-Wellenfrequenzen gestatten mit kleinen Antennenaperturen eine gerichtete Funkfeldausbreitung entland der Schwebe-Trasse. Damit ist gewährleistet:

- Keine Störung anderer Funkdienste,
- keine Störung durch andere Funkdienste,

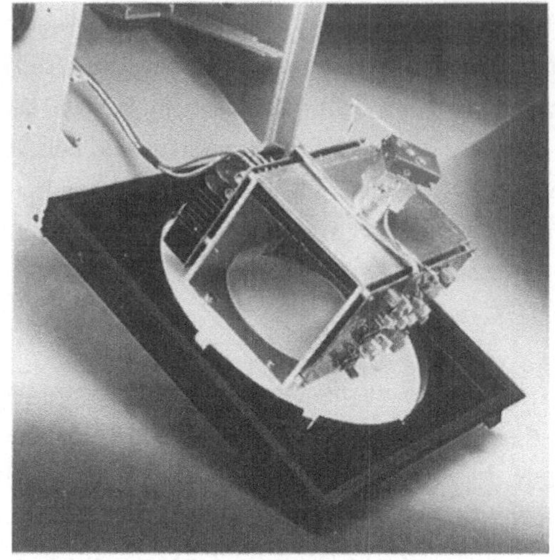

Bild 8

- Übertragung im Freien wie im Tunnel gleich gut,
- Möglichkeit der Übertragung hoher Datenraten (Messungen bis ca. 2 Mbit/sec mit Bitfehleraten < $10^{-5}$).

Für die Hochgeschwindigkeitsstrecken der Bundesbahn wurde ebenfalls ein Trassenfunksystem bei 40 GHz konzipiert, das 30 Sprachkanäle, 1 Datenkanal mit 300 kbit/sec, 3 UKW-Programme und 1 Eurosignal übertragen kann.

Im Bereich der **hohen Übertragungsdämpfung** bei 60 GHz (siehe Bild 5) werden mm-Wellen-Kommunikationssysteme in zweierlei Weise eingesetzt:

a) Für Kurzstreckenkommunikationen (< 200 m), die sich in kurzen Abständen mit gleicher Frequenz wiederholen können. Die Gefahr einer Überreichweite, wie im optischen Bereich möglich, besteht wegen der ständig vorhandenen großen Dämpfung der Atmosphäre nicht.

   Bild 8

   Als Beispiel hierfür kann auf ein bei AEG in Entwicklung stehendes Bakensystem AVES hingewiesen werden. Es kann wie das IR Bakensystem "ALI SCOUT" der Fa. Siemens etliche 100 Kbit-Daten pro sec übertragen. Zusätzlich kann AVES auch noch die Geschwindigkeit und die Fahrzeugart der vorbeifahrenden Fahrzeuge ermitteln.

b) Für militärische Funksysteme, die schwer aufklärbar sein sollen. Entsprechende Systeme sind in Entwicklung.

## 2.2 Außerhalb der Erdatmosphäre

Außerhalb der Erdatmosphäre sind derzeit weder optische noch mm-Wellen-Kommunikationssysteme operationell in Betrieb.

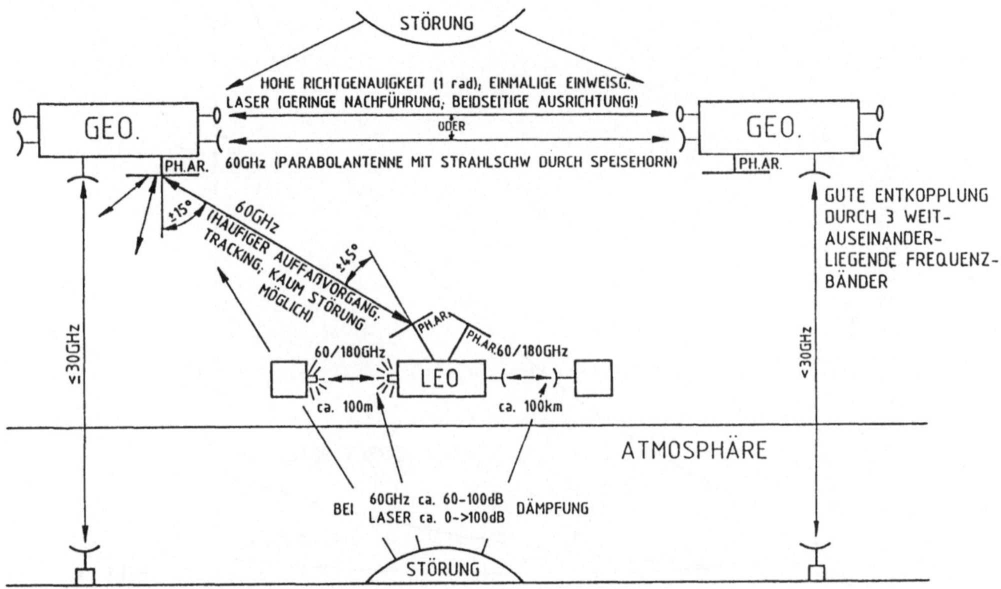


**Bild 9** Kommunikations-Systeme im Weltraum

Es werden folgende Verbindungen benötigt:

- GEO/LEO-GS
- LEO-GEO
- GEO-GEO
- LEO-LEO

Verbindungen zwischen GEO/LEO und GS führen durch die Erdatmosphäre. Es kommen wegen der hohen möglichen Streckendämpfungen keine optischen Verbindungen in Frage. Millimeter-Wellen-Kommunikationssysteme können bis höchstens 40 GHz betrieben werden.

Alle anderen Weltraum-Kommunikations-Systeme können aufgrund der Ausbreitungseigenschaften entweder auf optischen oder mm-Wellen-Frequenzen arbeiten. Mindest-Reichweite bei GEO-GEO ist 84 000 km, für LEO-LEO müssen wenige Meter bis einige 100 km vorgesehen werden.

Für mm-Wellen-Kommunikationssysteme ist ein Frequenzband um 60 GHz (WARC 79) vorgesehen, da eine starke Entkopplung (ca. 40-100 db) von Störungen an der Erdoberfläche möglich ist.

Betrachtet man nun die zu übertragenden Datenraten bei einem GEO/GEO-Link, so kann aus

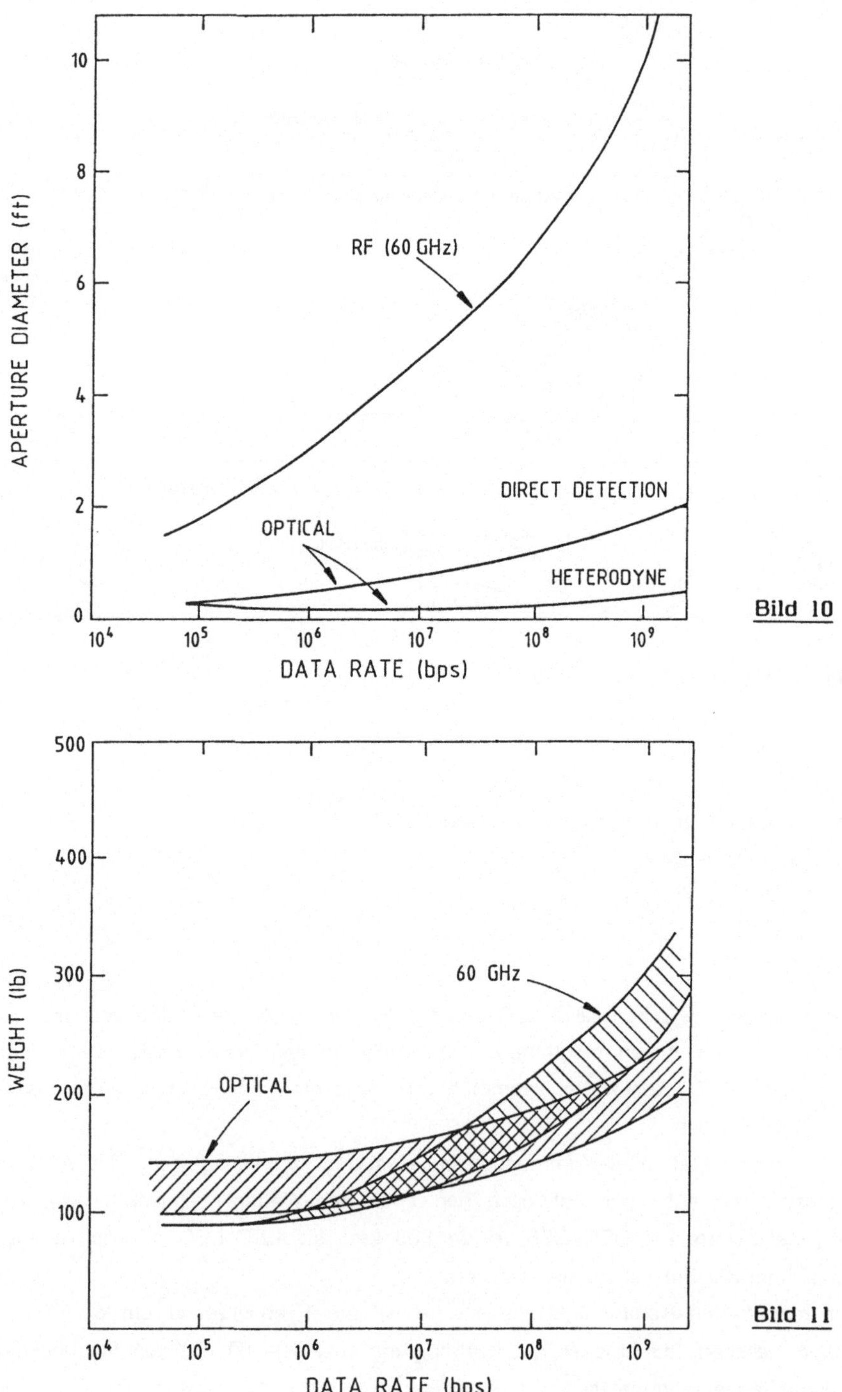


Bild 10

Bild 11

der notwendige Antennendurchmesser entnommen werden /7/. Beim mm-Wellen-System ergibt sich mit steigende Bitrate ein starker Anstieg des Antennendurchmessers. Hierbei wurde neben den Bedingungen der Freiraumwellenausbreitung der momentane Stand der Sende- und Empfangstechnik berücksichtigt.

Der Unterschied im Gewicht beider Systeme fällt weniger dramatisch aus. Man kann hieraus folgern, daß bei GEO/GEO-Links für Übertragungsraten > 100 Mbit/sec optische Systeme vorteilhafter als mm-Wellen-Systeme sind.

Bei GEO-LEO-Links muß zusätzlich das Verbindungsaufbauverfahren berücksichtigt werden, da diese Verbindungen, bedingt durch die periodisch auftretenden Unterbrechungen, ständig auf- und abgebaut werden müssen.

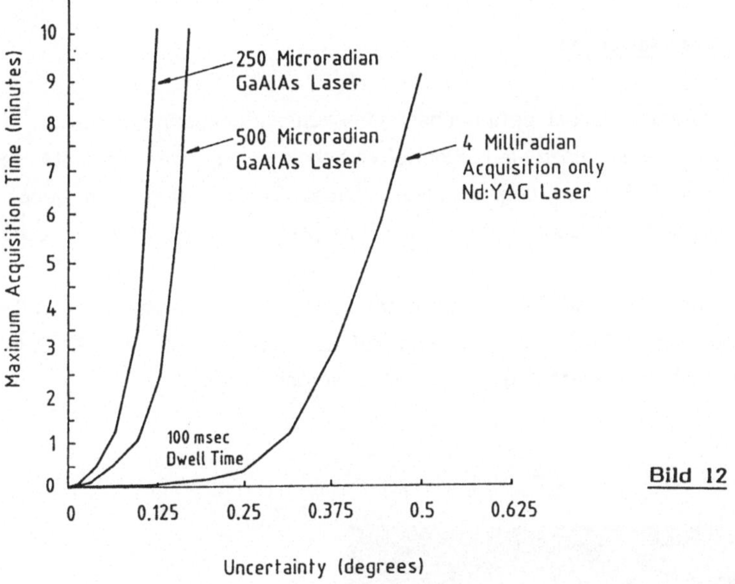


Bild 12

zeigt in Abhängigkeit eines vorgegebenen Unsicherheitsbereichs des Raumwinkels die Zeit, die zu einem Verbindungsaufbau notwendig ist, wobei der vom Sendestrahl abgedeckte Raumwinkel als Parameter dient.

Wie man aus dem Diagramm entnimmt, können durchaus Minuten vergehen, bis der Verbindungsaufbau zwischen den Satelliten abgeschlossen ist. Da die Sichtverbindung zwischen beiden Satelliten im Bereich von etwa 45 Minuten liegt, muß entweder eine Unterbrechung der Kommunikationsstrecke bis zu 10 % der Übertragungszeit in Kauf genommen werden oder es müssen zwei unabhängige Übertragungssysteme (doppeltes Gewicht!) vorgesehen werden.

Unter Berücksichtigung der fortschreitenden Technologie-Entwicklung im mm-Wellen-Bereich werden in weniger Jahren strahlgeschwenkte Antennen (phased Array) im 60-GHz-Bereich möglich sein. Damit scheinen sich für die GEO-LEO-Kommunikation mm-Wellen-Frequenzen besser als optische Frequenzen zu eigenen. Eine Phased-Array-Antenne im GEO hat zudem den Vorteil, daß mit mehreren LEOs im Zeitmultiplex Verbindungen hergestellt werden können. Dies erspart Antennenaufwand im GEO. In Kommunikationsverbindungen zwischen LEO-LEO bis zu 100 km Entfernung können bei 60 GHz mit Rundstrahlantennen bis zu $10^5$ Hz übertragen werden.

Diese Verbindungen sind dann frei von Störungen durch man-made noise von der Erde, wie es z. B. bei VHF-Verbindungen möglich wäre oder durch die Sonne, im Fall von optischen Verbindungen. Hier scheint eine besonders interessante Anwendung der mm-Wellen zu liegen.

## 3. Technische Voraussetzungen

Die bereits heute im Handel befindlichen mm-Wellen-Funkgeräte basieren im Hochfrequenzteil im wesentlichen auf Hohlleitertechnik oder, wenn bereits technisch fortschrittlich, auf FIN-Leitungstechniken. Diese Technologien sind jedoch noch nicht geeignet, bei Frequenzen über 20 GHz preiswerte Hochfrequenzschaltungen herzustellen.

Die AEG entwickelt deshalb seit mehreren Jahren Monolithische mm-Wellen-Integrationsschaltkreise (M³IC) auf GaAs und auf Si-Basis, die bis zu 100 GHz sowohl in Funk- als auch in Radaranlagen eingesetzt werden können.

Bild 13

zeigt einen M³IC-Empfängerschaltkreis bei 35 GHz, der einen ZF-Verstärker integriert hat. Entsprechende GaAs-Schaltkreise für Local-Oszillatoren, Dopplermeß-Systeme u.a. sind für Frequenzen zwischen 30 und 100 GHz in Entwicklung. Mit diesen Schaltkreisen wird es möglich sein, in wenigen Jahren der mm-Wellen-Technik sowohl in der Atmosphäre als auch außerhalb ein breites Anwendungsgebiet zu schaffen.

Literaturhinweise:


/1/ $H_{01}$-Hohlleiter u. Streifenleiter; W. Janssen, Hüttig-Verlag

/2/ AGARD-CPP-284; Goodman, J.M.
Environmental constraints in earth-space propagation

/3/ ALI-SCOUT - Ein universelles Leit- und Informationssystem für den Straßenverkehr.
R. von Tomkewitsch

/4/ PASOLINK 50 GHz, NES

/5/ TM 440, Mobile Microwave Link 40 GHz, ALCATEL, Thomson

/6/ Breitbandiges Mobilfunksystem in Millimeterwellentechnik für Hochgeschwindigkeitsbahnen

/7/ RF and Laser Space-based Communication Links:
another Perspective; R.H. Bittel et al.

# Entwicklung monolithisch integrierter GaAs-Millimeterwellenschaltungen

B. Adelseck, A. Colquhoun*, K.E. Schmegner, W. Schwab
AEG, Geschäftsbereich Hochfrequenztechnik, Ulm, D
*Telefunken electronic, Heilbronn, D

## Einleitung

Millimeterwellensysteme sind trotz der Fortschritte der vergangenen Jahre teuer in der Massenfertigung. Eine möglicher Fortschritt zu billigeren Systemkomponenten bei großen Stückzahlen ist die Fertigung der Schaltkreise in monolithischer Technik. Aktive und passive Schaltungselemente werden auf einem Halbleitersubstrat hergestellt, wobei es darauf ankommt, möglichst viele Funktionen auf einem Chip realisieren zu können. Besondere Anwendungsbereiche sind dabei die Frequenzen um 35 und 94 GHz (atmosphärische Dämpfungsminima) und um 60 GHz für schwer entdeckbare Kommunikation auf kurze Distanzen (Dämpfungsmaximum). Monolithische ICs versprechen ein Optimum der Herstellbarkeit von kleinen, leichten Komponenten zu akzeptablen Preisen bei Produktion in großer Stückzahl. Weltweit wird an solchen Chips gearbeitet /1-5/. AEG-Ulm entwickelte in letzter Zeit zusammen mit Telefunken electronic Heilbronn Mischer und Empfängermodule bei 35 und 60 GHz.

## Technologie

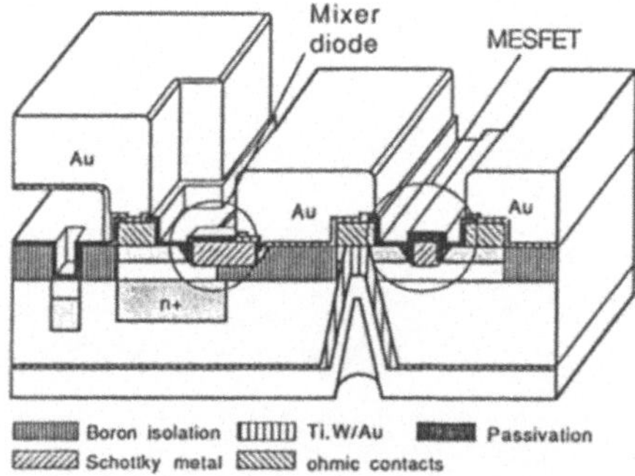


Bild 1: Schematischer Querschnitt der Technologie

Als Grundmaterial wurde wegen der Vorteile bei mm-Wellenfrequenzen GaAs gewählt. Bezogen auf dieses Substratmaterial wurde von Telefunken electronic eine Prozesstechnologie entwickelt, die das gleichzeitige Herstellen von Feldeffekttransistoren und mm-Wellen-Schottkydioden ermöglicht. Bild 1 zeigt einen schematischen Querschnitt durch mit der neusten Technologie hergestellten aktiven Elemente. Es handelt sich um die Kombination von selektiver Tiefimplantation von vergrabenen n+-Schichten und epitaktischen Aufwachsen weiterer n-Schichten durch MOCVD-Verfahren. Diese Methode hat der Vorteil, daß die Dicke und Dotierung der unterschiedlichen n+ und n-Schicht gesondert gesteuert werden können.

Eine gute HF-Schottkydiode zeichnet sich durch einen möglichst geringen Bahnwiderstand bei möglichst kleinem Kapazitätsbelag aus. Ersteres erreichte man durch mehrfache Implantation von Silizium bei unterschiedlichen Energien gefolgt von Ausheilen /6-7/. Es wurden höhe Ladungsträgerdichten und damit nur 20 Ω/▪ als Widerstandswert realisiert. Die MOCVD der n-Schichten in Diode und MESFET wurden in einem horizontalen Reaktor bei atmosphärischem Druck durchgeführt. Kleine Finger und Gatebreiten werden durch Elektronenstrahllithogrphie erreicht. Die direkt auf dem Wafer belichteten Strukturen haben eine minimale Breite von 0,3 $\mu$m. Die Feldeffekttransistoren haben eine recessed gate Struktur mit TiPtAu Metallisierung. Passiviert werden die Schaltungen mit $SiO_2$ und $Si_3N_4$, welches auch als Dielektrikum für Overlay-Kapazitäten Anwendung findet. Gegeneinander isoliert werden die aktiven Bauelemente durch Implantation von Bor. Die Technologie erlaubt die Herstellung von Luftbrücken und Durchkontaktierungen.

**Schottky-Dioden und MESFETs**

Eine große Anzahl verschiedener Dioden und Transistoren wurden hergestellt um einerseits die Prozesstechnologie zu untersuchen und zu stabilisieren, andererseits um genügend Daten über die Bauelemente zum Design von Schaltungen zu erhalten. Ziel war es zunächst Gegentakt-Dioden-Mischer und Zwischenfrequenzverstärker herzustellen. Bei den Dioden wurden inzwischen Grenzfrequenzen von $f_T$ = 2000 GHz erreicht. Die MESFET haben Grenzfrequenzen von bis zu $f_{max}$ = 70 GHz und Rauschzahlen von unter 1 dB bis 4 GHz.

**Monolithische Schaltkreise**

Bild 2 zeigt einen kompletten 35 GHz Empfänger Chip der aus einem Gegentaktmischer und Zwischenfrequenzverstärker besteht. Die Substratstärke wurde zu 200 $\mu$m gewählt. Um größere Probleme mit Mikrostreifenleitungsdiskontinuitäten und Koppeleffekten zu vermeiden, wurde für den Chip eine Normierungsimpedanz von 70 Ω gewählt. Signal- und Lokaloszillatorleistung werden durch einen Ringkoppler den Mischerdioden zugeführt. Da der Phasenunterschied an den Ausgängen eines solchen Kopplers 90° beträgt wurde eine Umwegleitung von der Länge einer Viertelwellenlänge integriert, um an den Dioden 180°-Phasenlage zu bekommen. Durch vier Stichleitungen an den vier Toren des Kopplers wurde eine relative Bandbreite von 15% erreicht /8/.

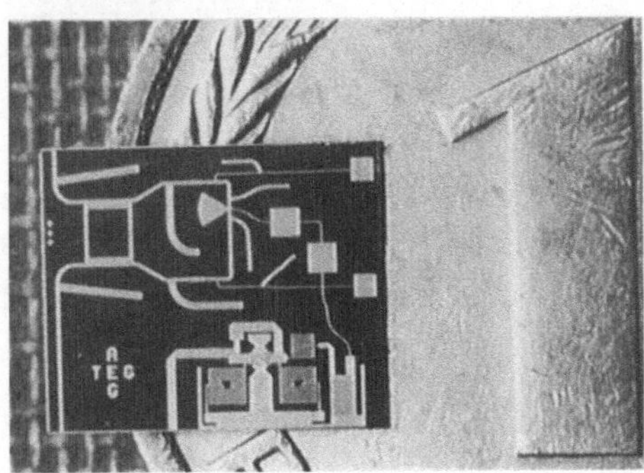


Bild 2: 35 GHz Empfänger-Chip

Zur Berechnung der Hochfrequenzschaltung in Mikrostreifenleitungstechnik wurden mehrere Programme geschrieben, die insbesondere Effekte von Leitungsdiskontinuitäten und Koppeleffekte zwischen Leitungen beschreiben. Die Berechnungen basieren dabei auf dem magnetischen Wandmodell für die Streifenleitung /9/. Die Genauigkeit wurde durch Messungen an Testschaltungen überprüft und beide zeigten sehr gute Übereinstimmungen.

Zwischen den beiden Mischerdioden wurde der Hochfrequenzkurzschluß als Radialstichleitung ausgeführt. Die Zwischenfrequenzen werden dem Verstärker durch ein Tiefpaßfilter zugeführt. Um den Arbeitspunkt der Mischerdioden beeinflussen zu können, wurden BIAS-Netwerke vorgesehen. Zwei Overlay-Kapazitäten dienen dabei als Gleichstromsperren zwischen Dioden und Leistungsteiler. Berechnung und Messung zeigten einen Konversionsverlust von 7,0 dB bei einer Rauschzahl von 6,5 dB (DSB) bei 1 GHz ZF

Der ZF-Verstärker ist einstufig ausgeführt und hat eine Bandbreite von 0,5 bis 1,5 GHz. Der Transistor hat bei 4 Fingern eine Gatebreite von 1 mm bei einer Gatelänge von 1 $\mu$m. Die BIAS-Netzwerke, bestehend aus je einer Spiralinduktivität und einer Overlaykapazität gegen Masse, wurden mit integriert. Ein Eingangsnetzwerk aus Spule und Interdigital-Kapazität paßt den Verstärker auf den Mischer an. Es wurde ein Anpassung besser 10 dB bei einer Verstärkung über 10 dB gemessen. Für den Gesamtchip wurden die in Bild 3 dargestellten Werte gemessen. Der maximale Konversionsgewinn betrug 6 dB bei ca. 9 dB minimaler Rauschzahl

Bild 4 zeigt einen realisierten 60 GHz Mischer-Chip. Hier konnte bei einer Zwischenfrequenz von 4,5 GHz ein Konversionsverlust von 7,5 dB bei einer Rauschzahl von 4,3 dB (DSB) erreicht werden. Außer einem zweistufigen ZF-Verstärker können auch Lokaloszillator auf MESFET-Basis inklusive eines Varaktordioden-Verdopplers hergestellt werden. Die Realisierung dieser Komponenten wurde in Angriff genommen, wobei diese Technologie weitergehende Integration erlaubt.

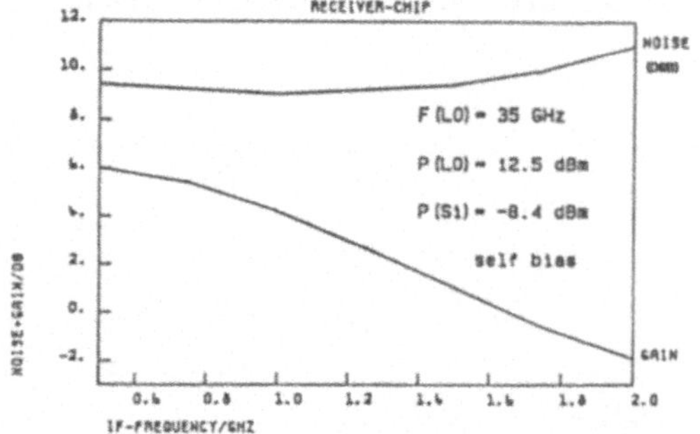


Bild 3: Konversionsgewinn und Rauschzahl des Empfängers

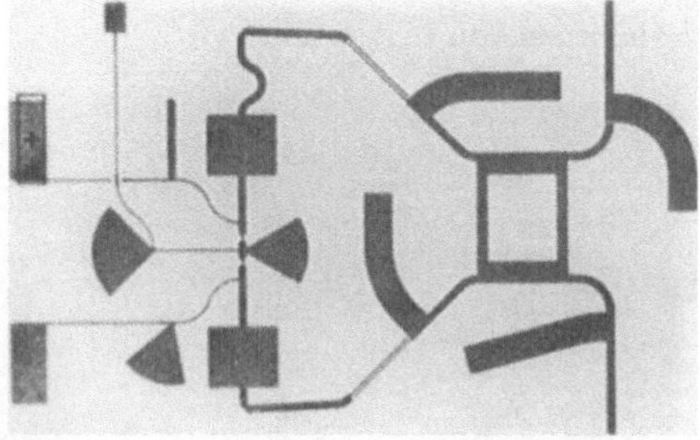

Bild 4: 60 GHz Mischer-Chip

**Zusammenfassung**

Es wurde eine Technologie entwickelt, die die Integration mehrerer Bausteine eines mm-Wellen-Frontends auf einem GaAs-Chip erlaubt. Mit Hilfe dieser Technologie wurden inzwischen Diodenmischer und Zwischenfrequenzverstärker realisiert. Eine Integration Mischer + Verstärker auf einem Chip wurde beschrieben. Weitere Integrationen (Lokaloszillator, Verdoppler) sind möglich und werden z.Zt. entwickelt.

Diese Arbeit wurde finanziert aus Mitteln des Bundesministerium der Verteidigung.

**Literatur**

/1/ Chu, A.; Courtney, W.E.; Sudbury, R.W.:"A 31 GHz monolithic GaAs mixer/preamplifier circuit for receiver applications", IEE Transactions on Electron Devices, Vol. ED-28, No. 2, 1981, pp. 149-154.

/2/ Bauhahn, P.; et al.: "94 GHz planar GaAs monolithic balanced mixer", IEEE, 1984, Microwave and Millimeter-wave Monolithic Circuits Symposium, pp.70-73.

/3/ Barker, G.K.; Badawin, M.H.; Mun, J.: "60 GHz monolithic GaAs Front-End Circuit for Receiver Applications", Electronics letters, 12th April 1984, Vol. 20, No. 8, pp. 334-336.

/4/ Bauhahn, P.; Contolatis, A.; Sokolov, Y.; Chao, C.: "30 GHz monolithic balanced mixer using an ion-implanted FEt-compatible 3-inch GaAs wafer process technology", IEEE 1986, Microwave and Millimeterwave Monolithic Circuits Symposium, pp. 45-49.

/5/ Jacomb-Hood, A.W.; et al.: "30 GHz + 60 GHz MMIC-MICROSTRIP MIXERS", GaAs IC-Symposium 1986, pp. 195-198.

/6/ Selders, J.; Colquhoun, A.; Schmegner, K.E.: "Planar GaAs mixer diodes for millimeter wave MMICs", Proceedings of the ESSDERC, 1987, Bologna.

/7/ Tabatabaie-Alavi, K.; et al.: "Rapid thermal annealing of Be, Si and Zn implanted GaAs using an ultra high power argon arc lamp", Appl. Phys. Lett., 43, No. 5, 1983, pp. 505-507.

/8/ Riblet, G.P.: "A Directional Coupler with Very Flat coupling, IEEE-MTT-26, Feb. 77, pp. 70-74.

/9/ Menzel, W.; Wolff, J.: "A Method for Calculating the Frequency Dependent Properties of Microstrip discontinuities. IEEE-MTT-25, Feb. 77, pp. 107-112.

# New Semiconductor Components for Low Noise High Frequency Communication

H. Dämbkes

AEG Research Center Ulm, Sedanstr. 10, D-7900 Ulm, FRG

Microwave technology has made its way into many areas of everyday life. Telephone and video signals are transmitted via radio links, millions of TV users and radio listeners already receive their programmes from direct-broadcasting satellites. Safe air traffic would be inconceivable without radar engineering and microwave communication. Be it in the navigation of ships on the high seas, in the communications systems of modern high-speed trains or in a live broadcast from a sports stadium, microwave technology has become an integral element of daily life in industrial society.

The importance of monolithically integrated mm-wave circuits ($M^3$ICs) was recognized several years ago /1/. They allow complete subsystems - e.g. a receiver circuit with mixer and IF amplifier - to be manufactured and built up on a single small chip, making the units extremely small, light and reliable.

Two problems arise when using GHz communications lines: the natural attenuation caused by the atmosphere and the increasing flood of electromagnetic radiation. Both effects result in the demand to use more sensitive systems and to manage even with very low transmitter power. The latter requirement is of particular importance for military applications, where the locatability of own transmitters plays a role. For a receiver circuit, this means using amplifiers with the lowest possible noise and highest possible gain. A reduction in receiver noise improves the signal-to-noise ratio and increases the sensitivity of the overall system.

This is the approach used at the Ulm Research Center in the development of new transistors and hetero layer structures based on gallium arsenide.

## Noise due to speed fluctuation

The basis of the amplification of high-speed signals in active components is the charge carrier current: as many charge carriers as possible should pass

---

This work is supported by Bundesministerium für Forschung und Technologie under contract No. NT 2754. The author is responsible for the content of this paper.

through the component as fast as possible, being modulated only by the input signal.

The main cause of high-frequency noise in microwave FETs is the fluctuation of speed of the electrons in the channel. This is a result of the interaction between the charge carriers and the atoms of the crystal lattice. The free electrons in the conductive channel of a field-effect transistor normally originate from dopant atoms which are specifically incorporated into the host crystal during processing of the material ("doping"). By releasing an electron, the dopant atom remains in its place in the lattice as a positively charged ion. For current transport the free electrons are accelerated by the external field, but they are also repeatedly attracted by the ionized donors. They collide with them, thus being decelerated and deflected. The effective forward speed is reduced and a wideband noise is superimposed on the pure signal. However, reducing the number of scattering centers also means reducing the carrier concentration and, consequently, the current, this being undesirable for the function of the component. This is a dilemma which cannot be resolved in a conventional semiconductor.

## Heterostructures offer advantages

Improved understanding of semiconductor physics and new methods for manufacturing ultra-thin monocrystalline layers have resulted in the development of a new class of components offering completely new possibilities: heterostructure components.

What is the specific advantage of such a structure? If a material with a large energy bandgap, e.g. aluminum gallium arsenide (AlGaAs), is combined with a material having a small bandgap, in this case gallium arsenide (GaAs), a potential well favoring the GaAs is formed at the interface. If n-doped AlGaAs is grown on undoped GaAs, the free electrons from the AlGaAs layer are transferred into the energetically more favorable potential dip in the undoped GaAs. A very thin layer of electrons is formed along the interface. With roughly 10 nm, the thickness of the potential well is so thin that movement of the electrons perpendicular to the interface is restricted and only discrete, i.e. quantized energy levels can be assumed. This is referred to as the formation of a two-dimensional electron gas. A very high electron density is obtained in this electron gas, even though no dopant ions are present: the free electrons are spatially separated from their donors! Consequently, they can move along the interface virtually without any collisions and reach very high effective speeds. If this effect is exploited by using the two-dimensional electron gas as the conductive channel of a FET, transistors with very high cutoff frequencies and very low noise are achieved.

Due to the extremely high mobility of the electrons in these structures, the transistors manufactured in this way are referred to as High Electron Mobility Transistors = HEMT. This name has since become a proprietary designation of Fujitsu, while other manufacturers and institutions selected a variety of other designations to describe the same effect: SDHT = Selectively Doped Hetero Transistor; TEGFET = Two-Dimensional Electron Gas FET; MODFET = Modulation Doped FET; HFET = Heterostructure FET.

## A versatile tool: molecular beam epitaxy

The manufacture of ultra-thin layer sequences with atomically sharp transitions necessary for the implementation of hetero transistors places extreme demands on crystal growth. A molecular beam epitaxy system for GaAs heterostructures has been available at the Ulm Research Center since August 1988. The central element is an ultra-high vacuum chamber in which the material to be grown hits the heated substrate in the form of a molecular beam. The molecular beam is generated by evaporating the species in question from exactly controlled oven cells. The desired material composition of the layer to be produced can be controlled by opening and closing the individual cells and varying the cell temperatures.

The ultra-high vacuum (approx. $10^{-10}$ mbar) has two effects on crystal growth: the semiconductor is produced in its pure form and can - due to the rapid change in the composition of the molecular beam - abruptly change from one material to the next at the atomic level. This means that the layers can be produced virtually as thin as desired, in extreme cases in subatomic layers (e.g. delta doping).

## Multiple use of advantages: the multi-quantum-well transistor

The use of low-scatter transport in the two-dimensional electron gas leads directly to the manufacture of hetero transistors of the kind shown in Fig. 1. Precisely this type of transistor was manufactured and investigated in detail. Evaluation of the properties revealed that there is only space for a certain number of electrons in the two-dimensional electron gas. The maximum charge carrier concentration per unit of area is limited to about $10^{12}$ electrons per $cm^2$. This restricts the maximum achievable current through the transistor to approx. 180 to 200 mA with a gate width of 1 mm and a typical gate length of 1 µm.

Exploiting the possibilities of molecular beam epitaxy, it seemed logical to make multiple use of the advantageous properties of the two-dimensional electron gas: by periodically growing carefully dimensioned AlGaAs/GaAs layer sequences, several conductive channels are produced, one on top of the other, with a two-dimensional

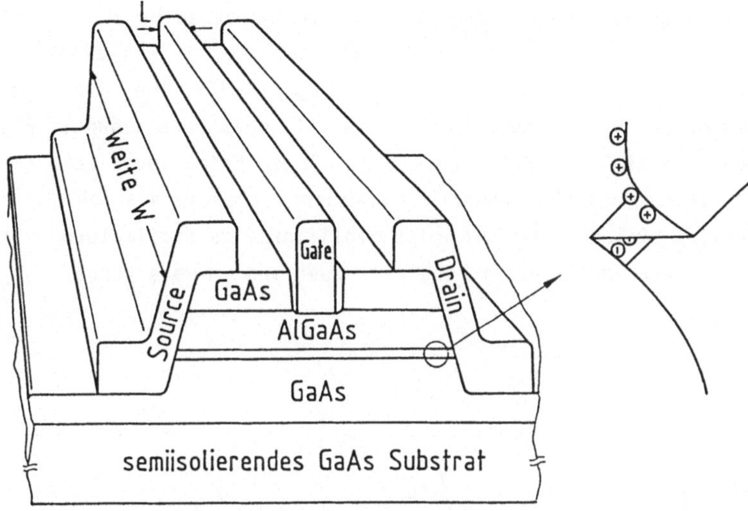


Fig. 1: Principle structure of a GaAs/AlGaAs hetero FET with the two-dimensional electron gas at the AlGaAs/GaAs interface.

electron gas being formed in each of them (Fig. 2). Transistors with this structure, which were developed in cooperation with the Research Institute of the German Bundespost, display considerable improvements in comparison with conventio-

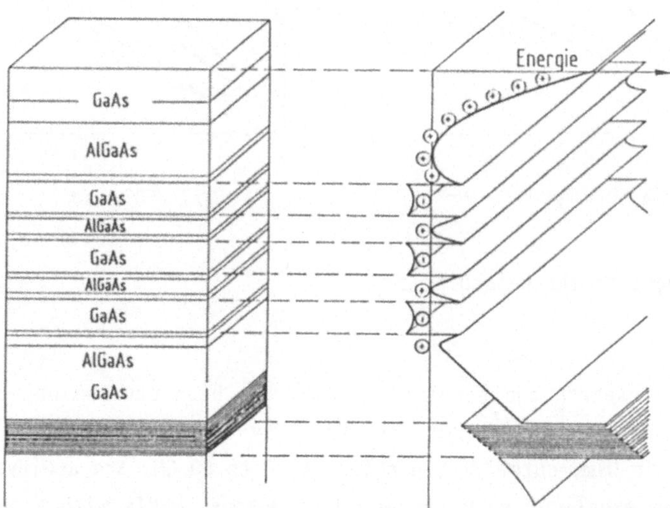


Fig. 2: Layer sequence and energy band profile of a multiple-quantumwell structure with three conductive channels

nal structures: the maximum current was increased by 100 %, this having an effect on the maximum output power /2/. Furthermore, it was also possible to raise the cutoff frequency in comparison with simple HEMTs. The advantages of hetero FETs in terms of cutoff frequency and, above all, noise are shown in Fig. 3. It can clearly be seen that the HEMTs have a far lower noise level than the conventional GaAs FETs. This means that powerful components are now available for use in GHz communications systems - as low-noise amplifiers, as oscillators in integrated circuits and as power amplifiers in the microwave and mm-wave range.

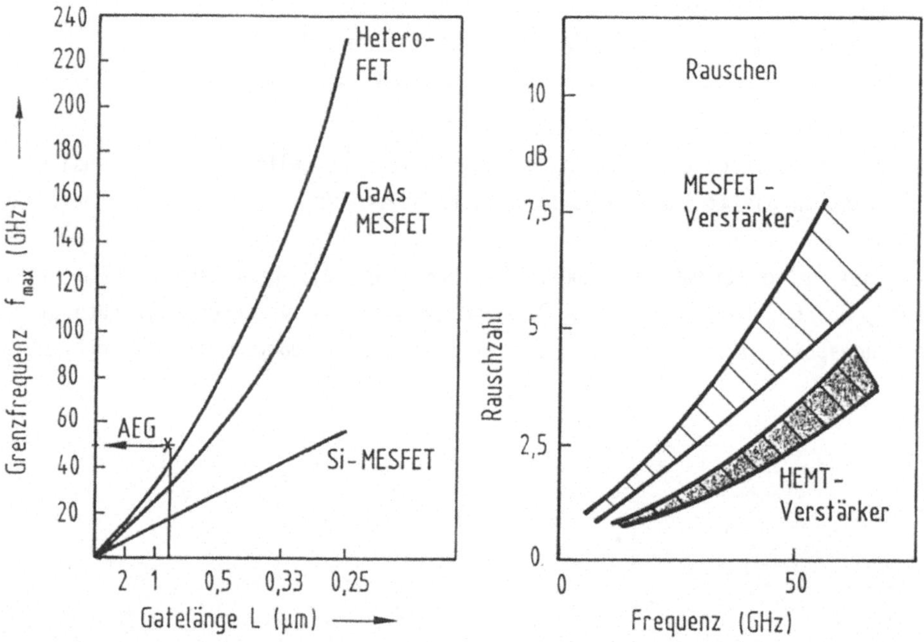


Fig. 3: Advantages of the hetero FETs

Up to now, the research and development work has been carried out on components with a gate length of about 1 µm, structured by optical lithography. At the AEG Research Center in Ulm, cutoff frequencies of 50 to 60 GHz are achieved with these transistors - an excellent value by world standards. HEMTs with a gate length of 0.1 µm, which will have cutoff frequencies in excess of 200 GHz, are currently being developed in cooperation with TELEFUNKEN electronic (Heilbronn) for use in the mm-waveband using electron beam lithography.

## Integration in circuits for GHz communications engineering

In addition to better noise properties and high cutoff frequencies, the hetero FET displays an important advantage for all circuitry applications: the minimum noise is not strongly dependent on the bias point. Furthermore, optimum noise matching is achieved near to the operating point for maximum gain. This behavior permits a high degree of flexibility in designing amplifiers. Thus, the hetero FET is also an ideal candidate for integrated circuits, for electronics as well as for optoelectronics.

Therefore, in order to integrate these transistors into the current range of $M^3$ICs /1/, the technological processes were developed so as to allow easy integration. The combination of the hetero layer sequence with previously developed technologies results in a completely planar circuit with hetero FETs. As in the $M^3$IC process, the active components are again insulated by implanting boron into the epitaxy layer. The passive elements are also produced in an identical fashion. One important prerequisite for designing hetero FETs was that the specific properties of these FETs should not be impaired by the technological manufacturing processes. Here, too, the necessary performance has been demonstrated.

Thus, a flexible technology is available for low-noise components in the GHz range. The first circuits will specifically exploit the advantages of the new components in low-noise pre-amplifiers for use in the X-band (10 to 12 GHz). In addition, AEG is developing a corresponding input amplifier for 60 GHz, thus demonstrating the way into monolithically integrated low-noise mm-wave engineering /3/.

## References

/1/ A. Colquhoun: A Monolithic Integrated 35 GHz Receiver Employing a Schottky Diode Mixer and a MESFET IF Amplifier, GaAs IC Symposium 1987, Technical Digest, pp. 151-154

/2/ H. Daembkes, Günter Weimann: Multiple quantum well AlGaAs/GaAs field-effect transistor structures for power applications, Appl. Phys. Lett. 52 (17), April 1988, pp. 1404 - 1406

/3/ A. Colquhoun et al.: Fully Monolithically Integrated 60 GHz Receiver, to be published in GaAs IC Symposium 1989, Technical Digest

# Millimeter-Wave Frequency Tripling in Bulk Semiconductors

Fritz Keilmann
Max-Planck-Institut für Festkörperforschung
7000 Stuttgart 80, Fed. Rep. Germany

The free charge carriers in lightly doped semiconductor crystals exhibit an optical nonlinearity throughout the infrared which strongly increases with wavelength. While at 10 μm wavelength the nonlinear frequency conversion is hardly measurable, we observe strong third harmonic conversion in the submillimeter region at 500 μm. This talk discusses theoretical considerations and preliminary experiments of extending third harmonic conversion into the millimeter wavelength region. It will be pointed out that the mechanism in question is distinct from the long-known nonlinearity which arises when the carrier temperature is periodically modulated by the microwave field, an effect which dies off at higher microwave frequencies. Sizable third harmonic conversion was obtained by shining a 200 kW millimeter-wave beam from a gyrotron at 70 GHz through a lightly doped n-silicon crystal.

Several applications in communications or materials processiong could benefit from powerful microwave sources in the high-frequency millimeter range. One field of current interest is the heating of fusion plasmas. For this purpose gyrotron tubes at 70 GHz are available, and at 140 GHz are in an advanced stage of development. However future fusion machines working with higher magnetic fields may require even higher frequencies, since plasma heating necessitates pumping the electrons at their cyclotron resonance.

The development of higher frequency gyrotrons becomes difficult because of the decreasing dimensions of the active region and closer tolerances on the electron beam confinement. An alternative way to achieve high frequency can be harmonic conversion. Here a prime requirement, namely that of a high power pump wave has already been met. On the other hand the question of which nonlinear medium to use for high-power millimeter wave harmonic conversion has not been addressed so far. From the point of power handling either high-temperature plasmas or low-temperature low-concentration semiconductor charge carriers seem good candidates. In the latter case the charge carriers, e.g. the mobile electrons in n-doped silicon, interact with the radiation. They are embedded in high dilution in a background crystal which has virtually no absorption of its own, and serves as an efficient heat sink with both high heat capacity and high heat conduction.

The dielectric response of the mobile carriers in a semiconductor is directly proportional to their concentration if below a certain limit given by the frequency. Both quantities of interest here, the absorption coefficient and the nonlinear susceptibility, thus are directly proportional to the carrier density and can be thought of as originating from the individual motion of each carrier as given by the Drude theory:[1]

$$m(v)\, dv/dt + m(v)\, v \,/\, \tau(v) \;=\; e\, E_0 \cos(\omega t)$$

where $E_0$ is the driving electric field amplitude, $\omega$ is the frequency, e and m are charge and effective mass of the carrier, respectively, and v and $\tau$ are the velocity and mean time between collisions of the carrier, respectively. The solution of the carrier motion v(t) contains harmonic frequencies and thus predicts generation of harmonic radiation. Due to time-reversal symmetry in the free carrier motion the second harmonic generation is forbidden, and the lowest order nonlinear process is that of third harmonic generation. The above formulation has assumed two contributions to the nonlinearity, namely (i) a dependence m(v) of the effective mass on the velocity, i.e. the nonparabolicity of the band structure, and (ii) a dependence $\tau(v)$ of the mean time between scattering events on the velocity (i.e. energy). A more rigorous theory has been given by refs. 2 and 3.

We have performed before third harmonic generation experiments with both n- and p-type Ge, Si and GaAs crystals at relatively high frequencies of 600 GHz in the submillimeter region.[4] Here we were able to absolutely determine nonlinear coefficients $\chi^{(3)}$. As a result, we established that $\chi^{(3)}$ scales proportional to the carrier density as predicted from the theory. Furthermore also the absolute value of $\chi^{(3)}$ could be shown to agree with the theory, and the existence of the relaxation contribution (ii) could be demonstrated for the first time.

In this contribution I describe an attempt to generate the third harmonic from a fundamental wave at 70 GHz where a high power gyrotron tube was available to us. Clearly this frequency is a factor of 9 lower from where we studied tripling before.[4] We anticipate from theoretical arguments that as the frequency is lowered from 600 GHz the nonlinear susceptibility due to the single carrier mechanism increases.

On the other hand the gyrotron frequency is 7 times higher than the microwave frequency (10 GHz) where some time ago a quite distinct nonlinear mechanism in semiconductors was evaluated, also for the purpose of frequency tripling.[5-7] In that work, experimentally up to 1% conversion efficiency was achieved and it was shown that the nonlinearity arises from the change of average carrier mobility as the carrier temperature is periodically modulated by the applied microwave field, i.e. at double the microwave frequency. This process becomes ineffective at higher microwave frequency when the carrier relaxation frequency is approached, since then the thermal equilibration does no longer follow the field modulation and thus the temperature modulation dies off.

Our setup attempts to assess the physics of millimeter-wave nonlinearity of n-Si, and at the same time, to build a prototype third harmonic converter for 70 GHz gyrotron radiation:

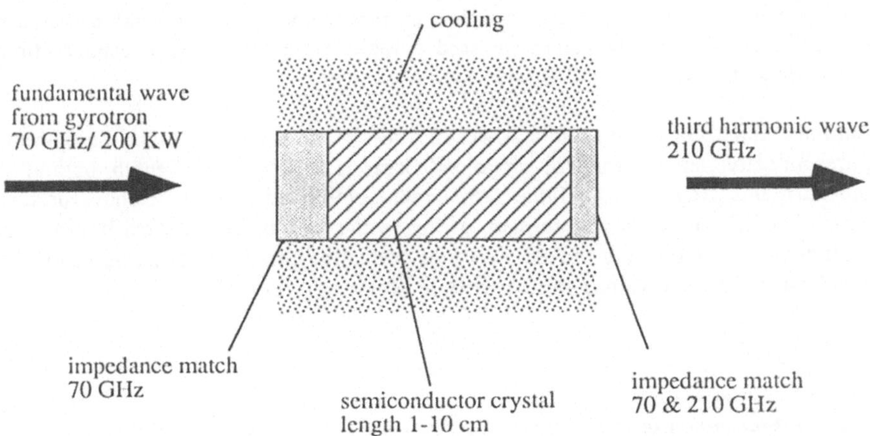


The input wave is from an oversized waveguide. The converter crystal either fills a metallic waveguide, or a free-space mode is used in this section. Cooling is necessary with c.w. irradiation but was omitted in our experiment which employs a single short pulse of up to 1 ms duration. The length of the crystal was varied by stacking several slabs. Two methods were applied to minimize surface reflection: one uses quarter-wave slabs of quartz glass as sketched above, the other uses a crystal cut and incidence such that Brewster's condition is fulfilled.

Theoretically the third harmonic power $L_{3\omega}$ depends on the interaction length d and the fundamental wave power $L_{\omega}$ according to eq. 1 in ref. 4 (because of misprints it is reproduced here in correct form)

$$L_{3\omega}(t) = \left(\frac{128\pi^2}{c}\right)^2 \left|\frac{N_{3\omega}+1}{(N_{\omega}+1)^3}\right|^2 |\chi^{(3)}|^2 (L_{\omega}(t))^3 \frac{8}{(\pi w^2)^3} \int |C(d)|^2 \exp(-6r^2/w^2)\, dF$$

where c is the speed of light and $\chi^{(3)}$ is the nonlinear susceptibility; w is the spot radius of the assumed fundamental Gaussian intensity distribution; $N_u = n_u - ic\alpha(u)/2u$ is the complex refractive index at frequency u; furthermore

$$C(d) = (\exp(-i\omega d\, (N_{\omega}-N_{3\omega})/c) - 1) \,/\, (N_{\omega}^2-N_{3\omega}^2)$$

is the coherence factor which depends on phase matching between fundamental and harmonic waves and on absorption. The dependence of the third harmonic signal on the interaction length is contained in the coherence factor. We expect for the 70 GHz experiment a similar behaviour as in the submillimeter region:[4] the dispersion of both the background crystal and the free carrier system is small enough so that no Maker oscillations develop, and the crystal length for optimum third harmonic conversion is of the order of the penetration depth of the fundamental and harmonic radiation.

The radiation from the gyrotron (Varian) at 70 ± 0.2 GHz propagates through mode- and polarization converters and a long circular metal tube. A suitable taper radiates a linearly polarized output beam with a near fundamental Gaussian mode with diameter of 14 mm. In the sample the beam propagates quasi-optically. Nearly perfect transmission through the interfaces is achieved. At the other end the radiation leaves the crystal as a free-space beam. The third harmonic is expected to leave the crystal in the same direction. Both beams then come to a high-pass filter consisting of a 5 mm thick brass plate. This is inclined at about 15° to reflect the s-polarized fundamental beam onto an absorbing target. Most importantly, it has a square array of circular holes drilled into it, with diameters 1 mm and a spacing of 1.2 mm. This filter has a calculated transmittance below $10^{-14}$ at 70 GHz.[8] At 210 Ghz the filter transmittance was measured to be ≥80% at normal incidence, but this value decreases to only 5-12% at 12° incidence. For detection we used pyroelectric elements with response times in the $10^{-4}$ s range whose absorptivity at 210 GHz was not known.

Using a gyrotron pulse length of 0.2 ms and a power of 150 kW we established that the optimum conversion requires an active length near $1/\alpha$, where $\alpha = 0.3\text{cm}^{-1}$ is the absorption length, both at the fundamental and harmonic frequencies, of the n-Si crystal employed. The efficiency for third harmonic conversion could not yet be determined, owing to the lack of detector calibration, and further, to the difficulty of establishing the efficiency of collecting the third harmonic beam. We estimate, however, that we have obtained third harmonic power of 100 W.[9]

*References*

(1) P. Grosse: *Freie Elektronen in Festkörpern*, Springer-Verlag, Heidelberg 1979
(2) C.C. Wang and N.W. Ressler: Phys. Rev. **188**, 1291 (1969)
(3) K.C. Rustagi: Phys. Rev. **B 2**, 4053 (1970)
(4) A. Mayer and F. Keilmann: Phys. Rev. **B 10**, 6962 (1986)
(5) K. Seeger: J. Appl. Physics **34**, 1608 (1963)
(6) B.V. Paranjape: Phys. Rev. **122**, 1372 (1961)
(7) P. Das: Phys. Rev. **A 138**, 590 (1965)
(8) F. Keilmann: Int. J. Infrared Millimeter Waves **2**, 259 (1981)
(9) F. Keilmann, R. Brazis, H. Barkley, W. Kasparek, M. Thumm and V. Erckmann: in preparation

# Die Krähennestantenne, Realisierungsmöglichkeiten einer räumlichen Phased-Array-Antenne

Dr. Rainer Maschen

Siemens AG, Bereich Funk und Radar, D-8044 Unterschleißheim/München

## 1. Einleitung

Bei der Radarüberwachung ist häufig eine permanente 360°-Azimutabtastung von besonderer Wichtigkeit. Die klassische planare Phased-Array-Antenne kann diese Forderung jedoch nicht unmittelbar erfüllen. Anstelle einer Überdeckung mit drei bis fünf planaren Arrays wird hier das vom FGAN-Institut für Funk und Mathematik vorgeschlagene Prinzip einer sog. "Krähennestantenne" untersucht, s.Abb. 1, /1-5/.

Die Krähennestantenne ist eine räumliche Gruppenantenne, bei der die einzelnen Strahlerelemente statistisch so in einem Kugelvolumen verteilt sind, daß ihre radiale, nach außen hin abnehmende Verteilungsdichte richtungsunabhängig ist. Durch diese Gruppengeometrie ist gewährleistet, daß die Form der Hauptkeule für alle Raumrichtungen erhalten bleibt und die Antennencharakteristik niedrige Nebenzipfel aufweist. Um Vorzugsrichtungen der Anordnung zu vermeiden, wurde eine Belegung gewählt, die sich im Prinzip nicht von der Theorie planarer Gruppen mit statistischer Elementeverteilung unterscheidet.

Bei einer Gleichverteilung der Elemente über das Volumen der Kugel ergibt sich in der Projektion ein Abfall der Elementedichte vom Zentrum der Kugel zum Rand hin. Dies führt zu einem Erwartungswert der ersten Nebenkeule von -20,6 dB und einer 3 dB-Breite von $33^\circ \lambda/R$, wobei R der Radius der Krähennestkugel ist. Die statistische Verteilung der Elemente sorgt für statistische Nebenkeulen. Der mittlere Nebenkeulenpegel hat ein Niveau von 1/N. Um eine Absenkung der ersten Nebenkeulen zu erreichen, wurde eine Taylor-Belegung gewählt, was zu dem in Abb. 2 abgebildeten Strahlungsdiagramm führt /6/.

## 2. Aufbau des Siemens-Experimentalmusters

Vom Forschungsinstitut für Funk und Mathematik (FGAN, Wachtberg-Werthhoven), das die theoretischen Grundüberlegungen erarbeitet hat, sind eine Reihe von Labormustern gebaut worden. Aufgabe des Siemens-Experimentalmusters ist es, die Realisierbarkeit einer ausreichend großen, mit industriellen Fertigungsmethoden aufgebauten Antenne nachzuweisen. Das aufzubauende Modell, das im X-Band betrieben wird, hat ca.2000 Strahlerelemente und einen Kugeldurchmesser von etwa 2 m. Somit lassen sich die meisten Probleme elektrischer, mechanischer und thermischer Art untersuchen.

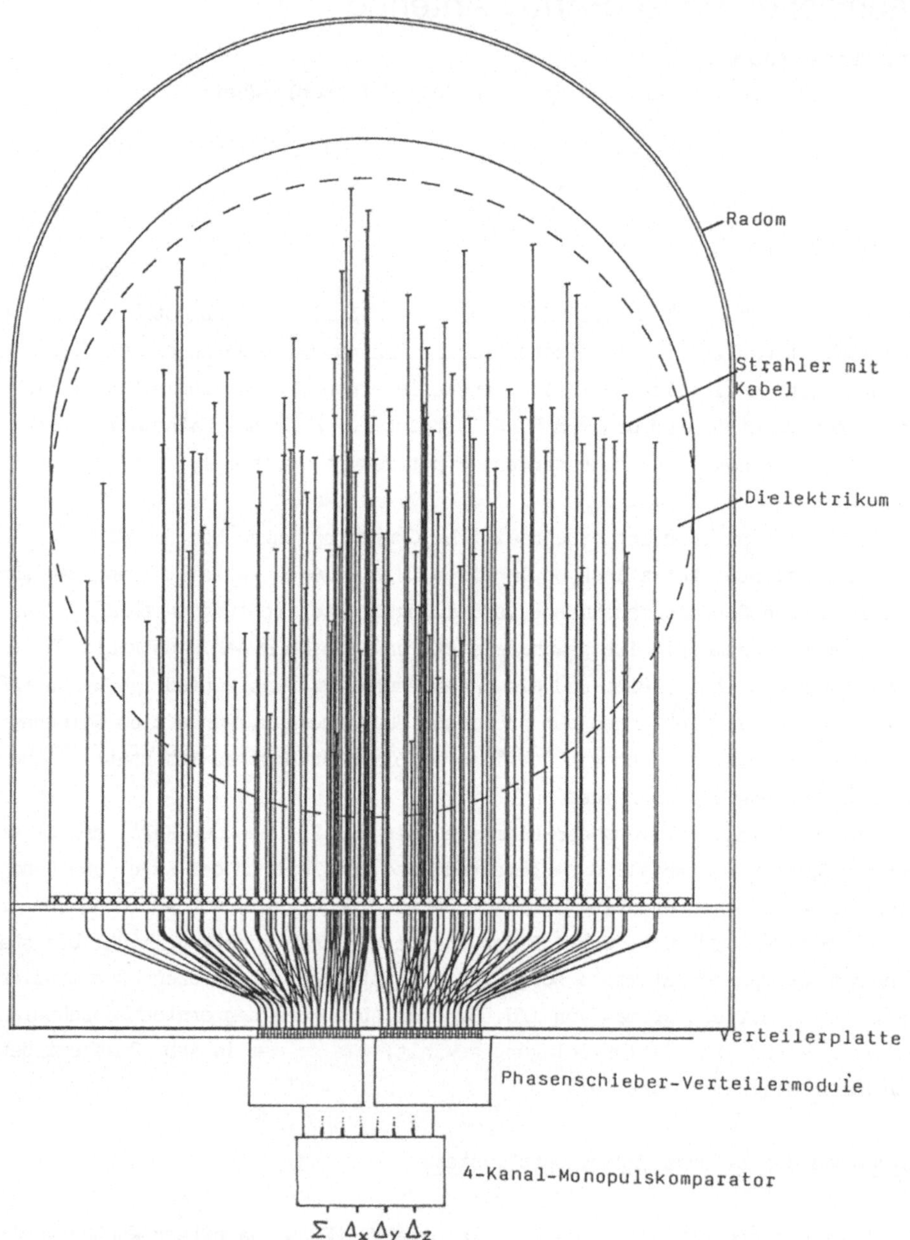


Abb. 1 Krähennestantenne mit 128 gezeichneten Strahlerelementen

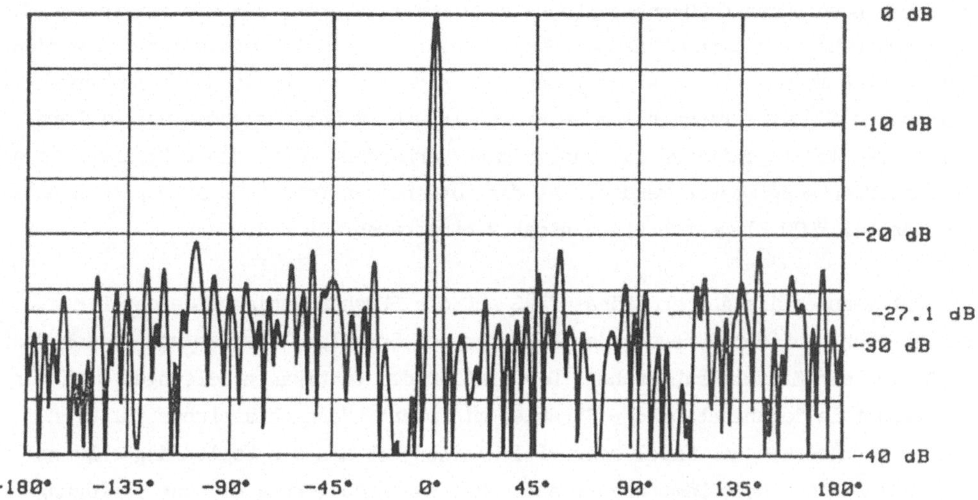


Abb. 2 Diagramm einer 512 Elemente Krähennestantenne

## 2.1 4-Kanal-Monopulsschaltung

Das Monopulsverfahren der Krähennestantenne entspricht prinzipiell den von planaren Antennen. Das Volumen der kugelförmigen Antenne wird in acht Teilvolumina, sog. Oktanten, aufgeteilt. Die Oktanten sind durch die x-y-, y-z- und x-z-Ebene abgegrenzt und werden signalmäßig getrennt gespeist. Durch Zusammenfassung der Signalwege entstehen am Komparatorausgang $\Sigma$ -, $\Delta_x$-, $\Delta_y$- und $\Delta_z$-Signale.
Das $\Sigma$-Signal ergibt sich durch die gleichphasige Zusammenfassung der Signalwege aller acht Oktanten. Werden die Signalwege der positiven und negativen z-Halbkugel gegenphasig zusammengeschaltet, entsteht das $\Delta_z$-Signal; das gleiche gilt für die $\Delta_x$- und $\Delta_y$-Signale. Den hier vorgestellten 4-Kanal-Monopulskomparator kann man sich aus zwei 3-Kanal-Monopulskomparatoren zusammengesetzt denken, - mit je einem $\Sigma'$-, $\Delta'_x$- und $\Delta'_y$-Kanal - , bei denen die sich entsprechenden Ausgangskanäle mit 180°-Hybrids zusammengefaßt sind. Die $\Sigma'$-Zusammenfassung ergibt das endgültige $\Sigma$- und $\Delta_z$-Signal, aus der Summation von $\Delta'_x$ bzw. $\Delta'_y$ resultiert das $\Delta_x$- bzw. $\Delta_y$- Signal. In Abb. 3 ist eine 4-Kanal-Monopulsschaltung abgebildet.

## 2.2 Konstruktive Besonderheiten

Von grundsätzlicher Natur ist einerseits die Forderung nach mechanischer Stabilität, was nur mit Hilfe eines stabilen Materials erreicht werden kann und andererseits die Forderung nach niedriger Dielektrizitätskonstante, die notwendig ist, um die Einflüsse der von dem Aufbau erzeugten Inhomogenitäten zu minimieren.

Die Abmessungen einer Krähennestantenne sind immer so groß, daß die zusätzlich durch das Dielektrikum erzeugten Phasendrehungen relativ zur Luft berücksichtigt werden müssen. Durch mathematische Algorithmen läßt sich die theoretische Phasendrehung im Dielektrikum für alle Raumrichtungen errechnen und im Phasenrechner abspeichern. Wären starke Inhomogenitäten im Kugelvolumen vorhanden, müßte jeder Strahler in alle Raumrichtungen ausgemessen werden. Bei der notwendigen feinen Abtastung im Raum ergäbe dies bei 2000 Elementen einen nicht vertretbaren Aufwand.

Ein nicht vernachlässigbarer Störeinfluß auf die Strahlungsdiagramme der Einzelstrahler rührt von der Streuung der Welle an den Strahlerelementen und an den Speiseleitungen der Einzelstrahler her. Der Einfluß der vertikalen Leitungen wird durch die horizontale Polarisation der Strahler minimiert. Vernachlässigbar ist er nur, wenn der Durchmesser der Kabel sehr viel kleiner ist als die Wellenlänge. Dünne Kabel haben jedoch hohe Dämpfung. Diese führt zur Reduzierung der zur Verfügung stehenden abstrahlbaren Leistung und damit der Systemreichweite. Außerdem führen die Verluste in den Kabeln zur Erwärmung der Antenne. Der Kompromiß zwischen Strahlabschattung und Dämpfung führt zu einem Semi-Rigid-Kabel mit einem Außendurchmesser von ca.2 mm. Das Dielektrikum des Kabels sollte aufgeschäumtes Teflon sein. Hierdurch kann der Durchmesser des Innenleiters größer werden als bei einem Standard Semi-Rigid-Kabel, wodurch die Dämpfung des Kabels erheblich reduziert werden kann. Letztlich muß mit einer mittleren Kabellänge von ca. 1,5 m und einer daraus resul-

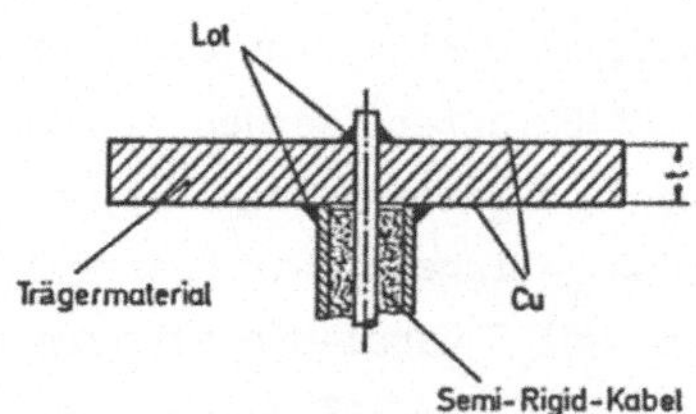


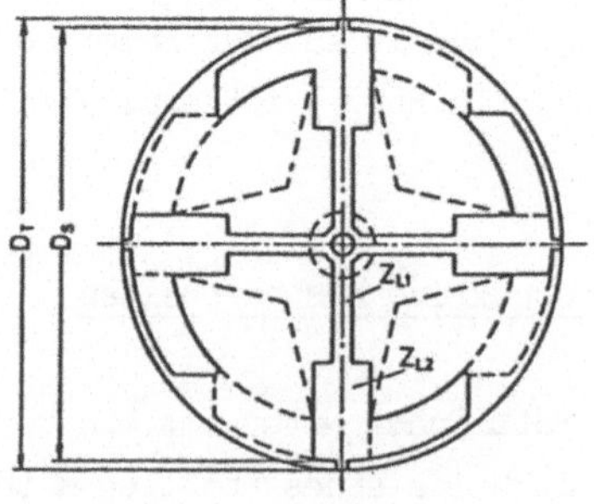


Abb. 4 Dipolringstrahler

tierenden Dämpfung von ca.3 dB gerechnet werden. Dies führt bei der für die gewünschte Reichweite nötigen Sendeleistung zu einer Erwärmung, die durch Kühlkanäle abgeführt werden muß.

## 2.3 Strahlerelement

Das Strahlerelement muß, wie bereits oben erwähnt, horizontale Polarisation aufweisen, um die Vielzahl der vertikal stehenden Speiseleitungen durchstrahlen zu können. Hierfür wurden Dipolringstrahler eingesetzt, dessen Verhältnis vom Durchmesser zur Wellenlänge etwa 0,4 beträgt. Bei kleineren Strahlern steigt das VSWR unzulässig an. Die Ausführung des Strahlers ist in Abb. 4 zu sehen. Im Azimutdiagramm hat er eine nahezu omnidirektionale Charakteristik, sein Elevationsdiagramm hat Cosinus-Charakteristik.

Bei der statistischen Auswürfelung der Elementepositionen muß in der horizontalen Ebene ein Minimalabstand eingehalten werden. Dieser ist dann erreicht, wenn das Strahlerelement die Speiseleitung des Nachbarstrahlers berührt. Zu große Strahlerelemente führen schnell zu einer starken Einschränkung bei der statistischen Auswürfelung der Positionen, d.h. sie führen im Kugelvolumen zu einem regelmäßigeren Positionsraster für die Elemente und damit zu einem Anstieg der Nebenkeulen. Außerdem ist zu beachten, daß Element und Kabel von einem dielektrischen Material gestützt werden müssen. Für die Verarbeitung wäre ein Abstand optimal, bei dem in der Projektion in die horizontale Ebene die Strahler keine Überschneidungen aufweisen. Dies ist aus den oben angeführten Gründen nicht zulässig.

## 2.4 Weitere Komponenten

Die Komponenten im unteren Teil des Aufbaus sollen im folgenden kurz behandelt werden: Die Strahlerkabel haben auf der Trägerplatte statistisch verteilte Positionen. Bis zu der nächsten Ebene, der Verteilerebene, s. Abb. 1, müssen die Kabel zu einem regelmäßigen Positionsraster umsortiert werden, damit sie an die Phasenschieber-Verteilermodule anschließbar werden. Mit Hilfe der Module werden die Strahlerkabel oktantenweise zusammengefaßt. Die Ausgänge dieser acht Gruppen werden mit dem 4-Kanal Monopulskomparator verbunden. Gegen Umweltschäden wird die Antenne durch ein Radom in Sandwich-Bauweise geschützt.

## 3. Zusammenfassung

In diesem Artikel wird eine räumliche Gruppenantenne mit statistisch in einem Kugelvolumen verteilten Strahlerelementen präsentiert. Die Antenne mit ca. 2000 Strahlerelementen und etwa 2 m Durchmesser ist die erste industriell gefertigte Krähennestantenne. Hauptmerkmal dieser Antenne ist, daß sie eine Strahlauslenkung in die gesamte obere Hemisphäre ermöglicht. Damit kann die Krähennestantenne vorteilhaft für multifunktionale Radarsysteme eingesetzt werden. Einige beim Aufbau einer Antenne dieser Größe vorhandenen Probleme werden vorgestellt und die zu beachtenden Randbedingungen erläutert.

## Literatur

/1/ W.D. Wirth; I.Gröger:
Gruppenantenne mit elektronisch gesteuerter Strahlschwenkung
Patentschrift P2822845.7, 1978

/2/ H.Wilden:
The Crow's Nest Radar - An Omnidirectional Phased Array System
Proc.of the Intern.Radar Conference, Washington 1980,pp.14-1 bis 14-6

/3/ H.Wilden:
Realisierung u.experimentelle Untersuchung einer räumlichen Gruppenantenne
DGON 1979

/4/ J.Ender, H. Wilden:
The Crow's Nest-Antenna - a Spatial Array in Theory and Experiment
Internat. Conference on Antennas and Propagation, York 1981

/5/ J.Ender, H. Wilden:
Gruppenantennen mit räumlich statistisch verteilten Elementen
DGON 1983

/6/ J. Ender, M. Wilden:
The Crow's-Nest Antenna - Special Aspects and Results
17th European Microwave Conference, 1987

# Eine Methode zur Bestimmung der Rauschparameter rauscharmer Mikrowellentransistoren

K.Oppelt und G.Flachenecker
Institut für Hoch- und Höchstfrequenztechnik
Universität der Bundeswehr
Werner-Heisenberg-Weg 39, 8014 Neubiberg

## 1. Einleitung

Eines der Hauptprobleme beim Aufbau rauscharmer Vorverstärker ist die Bestimmung der Rauschparameter der verwendeten Transistoren. Die Rauschparameter sind die minimale Rauschzahl $F_{min}$, der äquivalente Rauschwiderstand $R_n$ und die optimale Quelladmittanz $\underline{Y}_{opt}=G_{opt}+jB_{opt}$. Sind diese Rauschparameter bekannt, so kann man die Rauschzahl eines Transistors mit Hilfe von Gl. 1 aus der ihm angebotenen Quelladmittanz $\underline{Y}_Q = G_Q + j\, B_Q$ bestimmen.

$$F = F_{min} + R_n \cdot \frac{(G_{opt}-G_Q)^2 + (B_{opt}-B_Q)^2}{G_Q} \tag{1}$$

In Abhängigkeit von der Quelladmittanz ergeben sich die in Abb. 1 dargestellten Kreise konstanter Rauschzahl. Die Mittelpunkte dieser Kreise liegen auf einer Geraden parallel zur reellen Achse mit $B_Q = B_{opt}$. Dies wird für das meist zur Bestimmung der Rauschparameter angewendete Suchverfahren ausgenutzt. Bei diesem Suchverfahren mißt man zunächst die Rauschzahlen bei verschiedenen Quelladmittanzen mit jeweils $G_Q$ = const. Das relative Minimum der Rauschzahlen tritt bei $B_Q = B_{opt}$ auf. Dann generiert man unterschiedliche Quelladmittanzen mit $B_Q = B_{opt}$ = const und mißt die zugehörigen Rauschzahlen. Das absolute Minimum der Rauschzahlen ist mit $F_{min}$ identisch und befindet sich bei der Quelladmittanz $\underline{Y}_{opt}$. Man ist bei diesem Verfahren also darauf angewiesen, bestimmte, vorher festgelegte Quelladmittanzen zu erzeugen. Dies ist bei höheren Frequenzen, bei denen eine definierte Admittanztransformation mittels konzentrierter abstimmbarer Blindelemente nur noch schwer möglich ist, sehr problematisch. Verwendet man hingegen statt dem gezeigtem Suchverfahren ein Anpassungsverfahren, z.B. die Methode der kleinsten Fehlerquadrate, so ist es

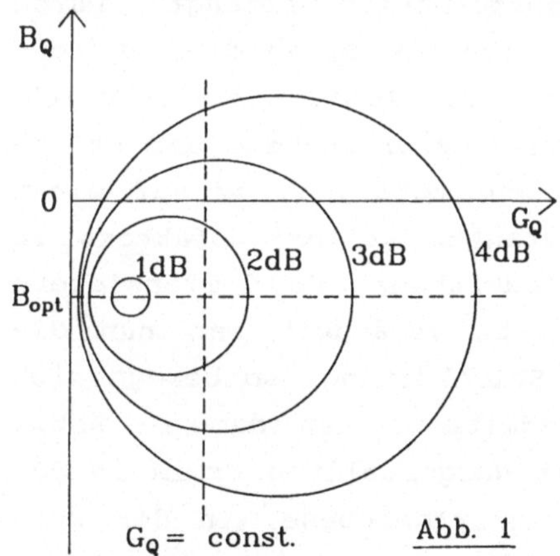


Abb. 1

nicht mehr nötig, bestimmte Quelladmittanzen zu erzeugen. Im folgenden wird das verwendete Anpassungsverfahren und die Methode zur Erzeugung variabler Quelladmittanzen beschrieben. Daraufhin wird der Einfluß gaußverteilter Meßfehler und die Lage und Anzahl der Quelladmittanzen auf das Bestimmungsverfahren untersucht.

## 2. Methode der kleinsten Fehlerquadrate

Bei diesem Anpassungsverfahren geht man davon aus, daß N mit einem gaußverteilten Meßfehler behaftete Datensätze $F^*$, $G_Q^*$ und $B_Q^*$ zur Verfügung stehen. Diese Datensätze sind über den bekannten mathematischen Zusammenhang der Gl. 1 miteinander verknüpft.

$$F^*_i = f(G^*_{Qi}, B^*_{Qi}) \qquad i = 1..N \tag{2}$$

Die Rauschparameter $F_{min}$, $R_n$, $G_{opt}$, $B_{opt}$ werden nun so bestimmt, daß die Summe der Fehlerquadrate minimal ist:

$$\sum_{i=1}^{N} \left\{ F^*_i - F_{min} - R_n \cdot \frac{(G_{opt}-G^*_{Qi})^2 + (B_{opt}-B^*_{Qi})^2}{G^*_{Qi}} \right\}^2 \overset{!}{=} \text{Min} \tag{3}$$

Gl. 3 ist nur eine Funktion der Rauschparameter und kann mit bekannten mathematischen Methoden gelöst werden.

## 3. Erzeugung variabler Quelladmittanzen

Die Quelladmittanzen werden, wie bei Mikrowellenstreifenleitungsschaltungen üblich, durch Leitungstransformation erzeugt. Durch Parallelschaltung einer leerlaufenden Stichleitung wird eine normierte Admittanz $\underline{Y}' = 1 + j B'$ erzeugt. Diese Admittanz wird durch eine zwischen Referenzebene und Stichleitung geschaltete Leitung auf einem Kreis konstanten Reflexionsfaktors in die Quelladmittanz der Transistors transformiert. Verändert man nun die Länge der Stichleitung, so bewegt sich die Quelladmittanz auf dem in Abb.2 gestrichelt dargestellten Kreis in der komplexen Admittanzebene. In der Praxis kann die Längenänderung dadurch erfolgen, daß man die Stichleitung in kleine Segmente aufteilt, die durch Lötbrücken miteinander verbunden werden können. Aufgrund der hohen Reproduzierbarkeit von Streifenleitungsschaltungen ist es damit möglich, die kompletten S-Parameter der Anpassungsschaltung an einer gesonderten Platine zu bestimmen. Aus diesen S-Parametern werden dann die Quelladmittanz des Transistors sowie

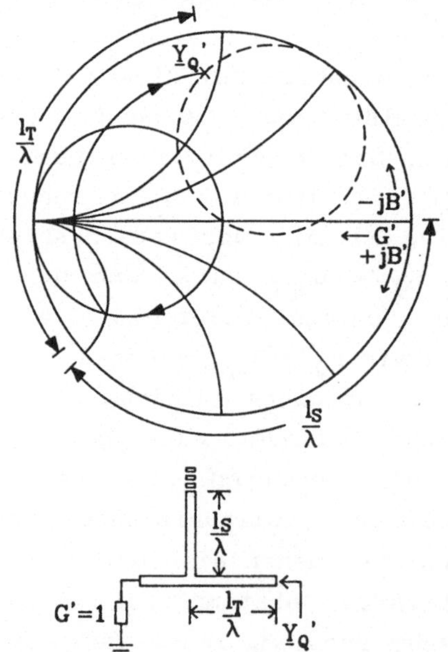

Abb. 2

die 'verfügbare Leistungsverstärkung' des Transformationsnetzwerkes bestimmt, um die die gemessene Rauschzahl korrigiert werden muß.

## 4. Rechnersimulation des Meßverfahrens

Zur Untersuchung des Einflußes von Meßfehlern sowie der Lage und Anzahl der Quelladmittanzen wird das Verfahren für einen vorgegebenen Satz von Rauschparametern an einem Rechner simuliert. Bei dieser Simulation werden die Quelladmittanzen so gewählt, als seien sie durch eine wie in Abschnitt 3. beschriebene Leitungstransformation erzeugt worden. Eine Menge von Quelladmittanzen, die sich aus der Transformation verschiedener Stichleitungslängen mit jeweils gleicher Leitungslänge zwischen Stichleitung und Referenzebene ergibt, wird im weiteren als Meßspur bezeichnet. Für diese Quelladmittanzen werden mittels Gl. 1 die zugehörigen Rauschzahlen berechnet. Nun werden die Meßfehler nachgebildet. Ausgehend davon, daß man die Quelladmittanz aus dem Reflexionsfaktor des Anpassungsnetzwerkes berechnet, wird nicht die Quelladmittanz sondern der Betrag und die Phase des Reflexionsfaktor durch eine gaußverteilte Zufallszahl RND mit der Streuung 1 folgendermaßen verfälscht:

$$|\underline{r}^*_Q| = |\underline{r}_Q| \cdot (1 + \sigma|\underline{r}_Q|) \qquad \text{mit } \sigma|\underline{r}| = \Delta|\underline{r}| \cdot \text{RND}$$

$$\arg(\underline{r}^*_Q) = \arg(\underline{r}_Q) + \sigma\arg(\underline{r}_Q) \qquad \text{mit } \sigma\arg(\underline{r}_Q) = \Delta\arg(\underline{r}_Q) \cdot \text{RND}$$

Für die Verfälschung der Rauschzahl wird der folgende Ausdruck verwendet:

$$F^* = F \cdot (1 + \sigma F) \qquad \text{mit } \sigma F = \Delta F \cdot \text{RND}$$

Aus den so veränderten Datensätzen werden nun mit Hilfe der Methode der kleinsten Fehlerquadrate die Rauschparamter bestimmt. Um die Streuung der Rauschparameter bei einer vorgegebenen Meßgenauigkeit bestimmen zu können, wird diese Simulation M-mal wiederholt und die Ergebnisse statistisch ausgewertet. Diese Statistiken werden für verschiedene Meßspuren erstellt.

## 5. Ergebnisse

In Abb.3 sind die Ergebnisse der Simulationen einiger Meßspuren dargestellt, wobei im oberen Smith-Chart die verwendeten Meßspuren eingetragen sind. Im unteren Smith-Chart sind die optimalen Quelladmittanzen eingetragen, die sich bei den M-Durchläufen der Simulationen ergeben haben. Darunter sind die Streuungen der Rauschparameter angegeben. Die angenommenen Meßfehler bei der Bestimmung der Reflexionsfaktoren der Quelladmittanzen und der zugehörigen Rauschzahlen sind bei allen Beispielen identisch. Sie betragen für die Rauschzahl $\sigma F = 4$ %, für den Betrag des Reflexionsfaktors der Quelle $\sigma|\underline{r}_Q| = 4$ % sowie für dessen Phase $\sigma\arg(\underline{r}_Q) = 2.3°$.

Im Fall (a) wird nur eine Meßkurve mit 9 Meßpunkten vorausgesetzt.

Für 69 % der Simulationen sind die Rauschparameter, die sich bei der Lösung des Anpassungsverfahrens ergeben, physikalisch nicht sinnvoll. Diese Werte werden bei den Statistiken ausgeschlossen. Im Fall (b) wird zusätzlich zu der Meßspur aus Fall (a) eine weitere Meßspur mit 9 Punkten hinzugefügt, was einen drastischen Rückgang der physikalisch nicht sinnvollen Lösungen bewirkt. Es ergibt sich nun auch eine deutliche Häufung der optimalen Quelladmittanzen. Wird, wie im Fall (c) gezeigt, durch diese Häufung eine weitere Meßspur gelegt, so ist die Streuung der Rauschparameter $F_{min}$ und $\underline{Y}_{opt}$ etwa so groß wie die Meßgenauigkeit mit der die Rauschzahlen und Quelladmittanzen gemessen werden können.

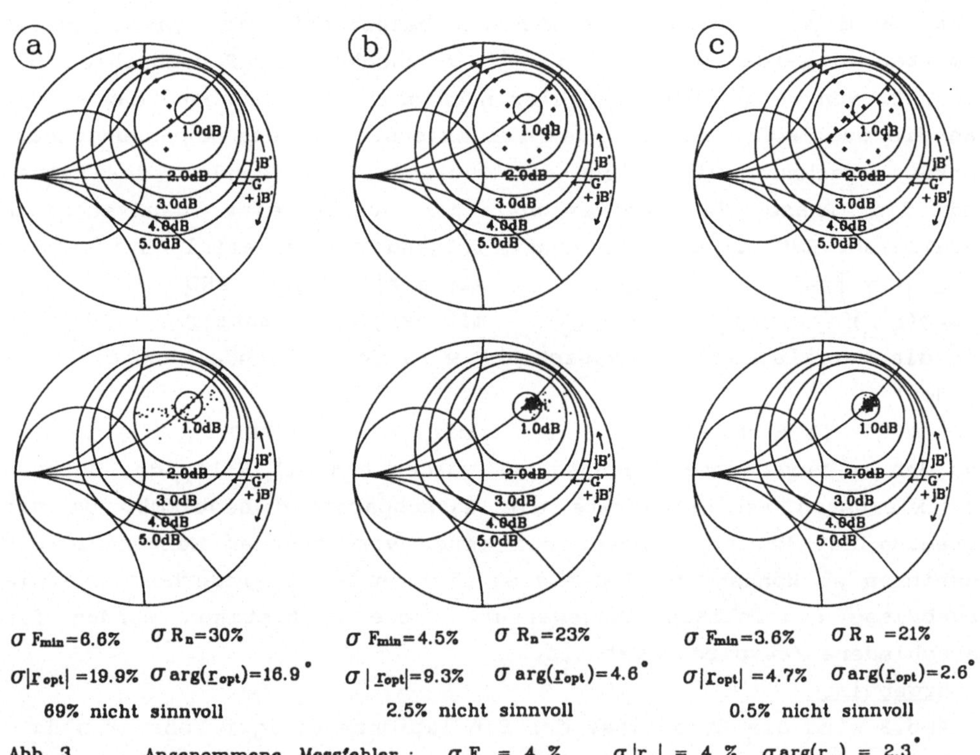


Abb. 3 Angenommene Messfehler : $\sigma F = 4\ \%$ $\sigma|\underline{\Gamma}_q| = 4\ \%$ $\sigma \arg(\underline{\Gamma}_q) = 2.3^\circ$

## 6. Zusammenfassung

Mit dem beschriebenen Verfahren können die Rauschparameter bestimmt werden, ohne daß bestimmte Quelladmittanzen erzeugt werden müssen. Schon mit nur 3 Meßspuren können die Rauschparameter mit einer Genauigkeit bestimmt werden, die sonst nur möglich wäre, wenn man die minimale Rauschzahl genau bei der optimalen Quelladmittanz messen würde.

# Einflüsse der Umgebung auf die Verfügbarkeit von Datenkanälen zwischen Satelliten und Kraftfahrzeugen

J. Brose und G. Flachenecker
Institut für Hoch- und Höchstfrequenztechnik
Universität der Bundeswehr München
Werner-Heisenberg-Weg 39, D-8014 Neubiberg

## 1. Einleitung

In Europa sind gegenwärtig drei Systeme zur Datenübertragung zwischen Satelliten und mobilen Teilnehmern in der Einführungs- oder Vorbereitungsphase: Das von der europäischen Raumfahrtbehörde (ESA) entwickelte PRODAT, das STANDARD-C der internationalen Seefunkorganisation INMARSAT und schließlich das europäische Pendant LOCSTAR der amerikanischen GEOSTAR-Entwicklung. Trotz unterschiedlicher Codierung, unterschiedlicher Zugriffsverfahren und unterschiedlicher Protokolle weisen diese Systeme einige wesentliche Gemeinsamkeiten auf. Die Betriebsfrequenzen liegen bis auf eine Ausnahme (LOCSTAR Downlink) im L-Band, als Raumsegment werden stets geostationäre Satelliten verwendet und die Linkbudgets weisen äußerst geringe Reserven auf. Auf Grund der niedrigen Erhebungswinkel unter denen geostationäre Satelliten in Europa zu sehen sind und wegen der geringen Linkreserven spielt die Struktur der vom mobilen Teilnehmer durchfahrenen Umgebung eine dominante Rolle für die Qualität der Übertragungsstrecke. Im folgenden werden einige wesentliche Ergebnisse der von uns durchgeführten Meßfahrten beschrieben.

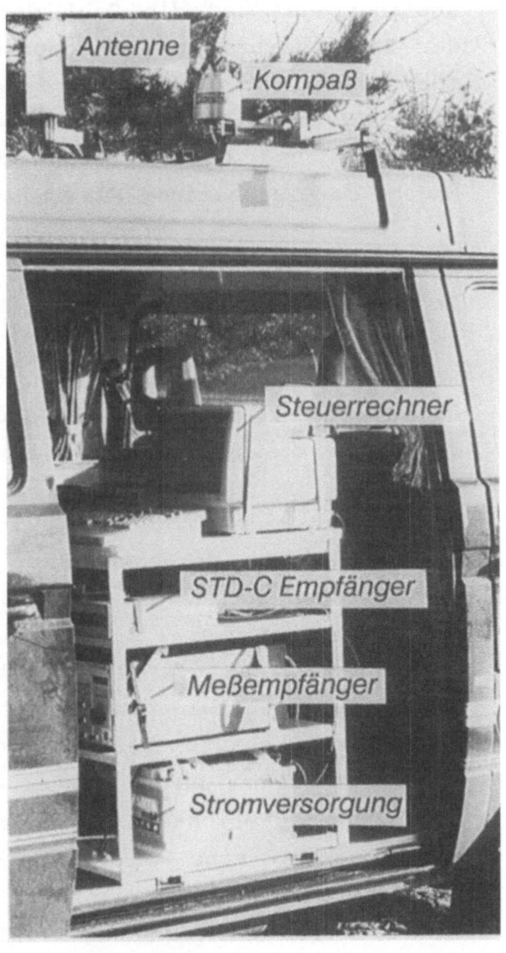


Abb.1: Meßfahrzeug

## 2. Meßfahrzeug

Ein Fahrzeug (Abb.1) wurde mit einem Meßempfänger, einem kommerziellen Satellitenterminal und einem Steuerrechner ausgestattet. Das vom Satelliten MARECS-B2 im L-Band abgestrahlte STANDARD-C-Signal wird von einer rundum empfangenden Antenne aufgenommen, mit einem LNA verstärkt und dann in einen "Pegelmeßzweig" und einen "Bitfehlermeßzweig" aufgeteilt. Die dekodierten Daten des Satellitenterminals werden paketweise dem Steuerrechner übergeben, der sie auf Übertragungsfehler untersucht und sequentiell die laufende Paketnummer, die zugehörige Bitfehlerrate, einen eventuellen Synchronausfall, den mittleren Empfangspegel und die Zahl der Minimalpegelunterschreitungen während der Paketübertragung in komprimierter Form auf Diskette ablegt. Die für diese Untersuchungen wesentlichen Daten über Hindernisse in Richtung zun Satelliten werden von einem Beobachter mit Hilfe eines Kompasses und eines Böschungswinkelmessers bestimmt und unter der Angabe der zugehörigen Paketnummer auf Band gesprochen.

## 3. Meßergebnisse

In den Nachtstunden und am frühen Morgen liegt der Ausgangspegel der Empfangsantenne wegen der geringen Transponderauslastung des Satelliten relativ konstant zwischen etwa -21 dB$\mu$V und -25 dB$\mu$V und damit etwa 14 dB über dem Grundrauschen. Bei diesem geringen S/N-Verhälnis schwankt der Signalpegel um etwa 1 bis 2 dB. Sobald das Fahrzeug in Bewegung ist, nehmen die Pegelschwankungen wegen Mehrwegeempfangs noch um etwa 1 dB zu. Um in den folgenden Darstellungen demgegenüber die Umgebungseinflüsse deutlicher hervortreten zu lassen, sind die Kurzzeitschwankungen durch Mittelung der Pegelwerte über 1 s unterdrückt.

Zunächst soll der Einfluß typischer Umgebungsbedingungen an Hand von zwei Beispielen phänomenologisch aufgezeigt werden:

In nahezu unbebautem Gelände treten in der Regel lediglich kurzzeitige Unterbrechungen durch einzelne Bäume oder Häuser auf, und die Pegelwahrscheinlichkeit geht von der Gaußverteilung bei stehendem Fahrzeug in eine Riceverteilung mit einem typisch etwa 4 dB niedrigeren Medianwert über.

Ein Beispiel für den Pegelverlauf im Vorstadtbereich mit mittlerer Bebauung zeigt die Abb.2. Wegen der in unterschiedlicher Höhe in den Signalweg hineinragenden Bebauung treten nahezu alle physikalisch möglichen Pegelwerte bereits in dem kurzen dargestellten Zeitfenster von 150 s auf. Die Pegelwahrscheinlichkeit ist folglich zwischen Maximalwert und Minimalwert näherungsweise gleichverteilt, wobei der Medianwert um etwa 10 dB unter dem im Stand gemessenen Wert liegt.

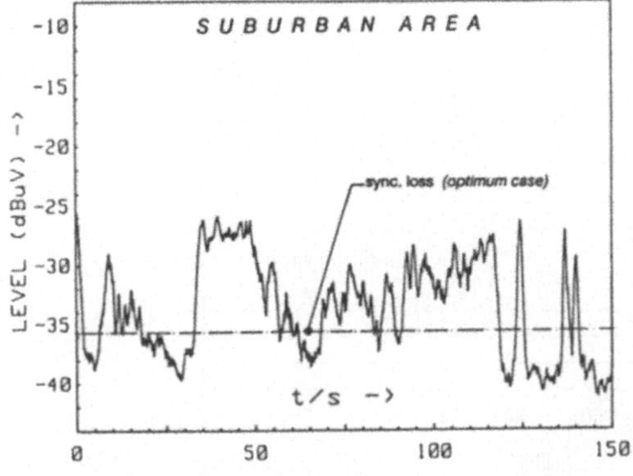


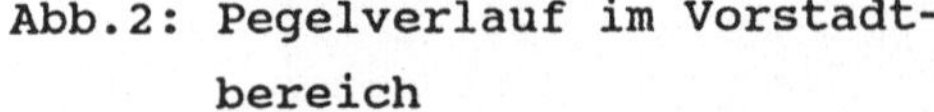
Abb.2: Pegelverlauf im Vorstadtbereich

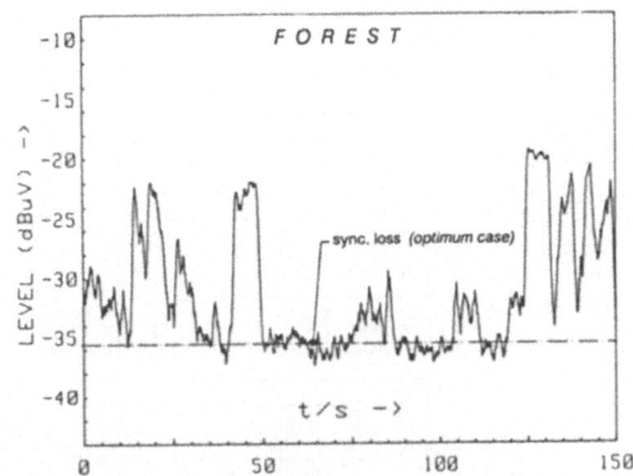


Abb.3: Pegelverlauf im bewaldeten Gebiet

In Abb.3 ist schließlich ein Fahrtausschnitt im stärker bewaldeten Gelände wiedergegeben. Auffällig ist, wie schlagartig ungestörter Empfang mit fast völlig blockiertem Signalweg abwechselt, was von der Umgebung her dem Wechsel von Lichtung zu dichtem Nadelwald entspricht. Die Pegelwahrscheinlichkeit ist multimodal verteilt und weist entsprechend den beiden Empfangszuständen ein Maximum bei sehr niedrigem und ein weiteres Maximum beim größtmöglichen Pegel auf. Der Medianwert liegt wiederum etwa 10 dB unter dem des frei stehenden Fahrzeugs.

Die Auswirkung der Umgebung auf die Datenübertragung selbst ist beispielhaft in der Abb.4 für ein 24 Minuten dauerndes Zeitfenster bei abwechselnder Umgebungsstruktur angegeben. Untereinander sind die Pegelunterschreitungshäufigkeit, die Bitfehlerrate BER, das Signal/Rauschverhältnis (S+N)/N, die vom Beobachter bestimmte Höhe und Dichte von Gebäuden oder Bäumen und der Synchronausfall angegeben. Ein Vergleich der Diagramme zeigt zunächst eine deutliche Korrelation zwischen dem Empfangspegel und der Bitfehlerrate. Der Empfangspegel wiederum hängt deutlich erkennbar von Höhe und Dichte der Bebauung bzw. Bewaldung ab.

Die unteren drei Diagramme zeigen schließlich, wie streng die Synchronisationsausfälle und die Signalwegunterbrechung durch Bäume und Häuser korreliert sind. Sobald die Bebauung oder die Bewaldung sehr dicht ist und gleichzeitig in den Signalweg hineinragt, fällt die Synchronisation aus. Aufgrund des vorherrschenden Landschaftsbildes sind die von der Bebauung hervorgerufenen Ausfälle in der Regel nur kurzfristig, während die Ausfälle bei Bewaldung typischerweise länger anhaltend sind.

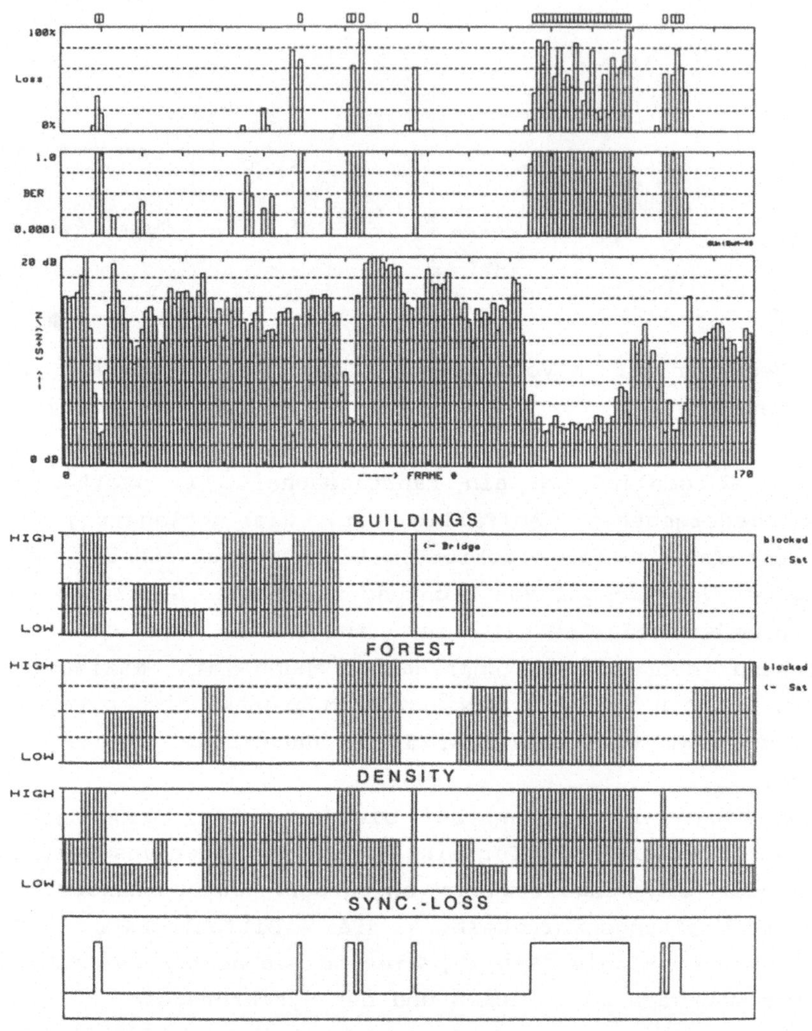


Abb.4: Meßergebnisse in gemischtem Gelände

## 4. Zusammenfassung

Die bereits mit einem einzigen Satelliten weit über Europa hinaus mögliche Datenkommunikation mit mobilen Teilnehmern eröffnet für eine Vielzahl von Anwendungen eindrucksvolle Möglichkeiten. Durch die niedrigen Erhebungswinkel geostationärer Satelliten im europäischen Bereich ist die Fahrzeugumgebung von entscheidender Bedeutung für die Übertragungsqualität der Strecke. Die vorgestellten Ergebnisse sollen einen Beitrag zur kritischen Einschätzung der Möglichkeiten aber auch der Grenzen dieser neuartigen Kommunikationsmöglichkeit liefern.

# Integrierte Mikrowellenschaltungen für einen Schwundsimulator 6,3 GHz - 7,1 GHz

Gerhard Hanke und Werner Lorek
Forschungsinstitut der Deutschen Bundespost, Darmstadt
Fachhochschule Darmstadt

## Einführung

Im Netz der Deutschen Bundespost ist eine Vielzahl von Trägerfrequenz-Übertragungssystemen installiert. Da die Übertragung durch die Atmosphäre geschieht, ist sie naturgemäß auch unbeeinflußbaren Störungen ausgesetzt, wie z.B. Dämpfungsänderungen durch Wettereinflüsse oder Schwundvorgängen, die insbesondere durch die Überlagerung von Wellen mit unterschiedlichen Laufzeiten entstehen und zu frequenzselektiven und sehr tiefen Einbrüchen der Empfangsfeldstärke führen. Vor allem digitale Richtfunksysteme sind empfindlich gegenüber solchen Effekten und es stellt sich deshalb die Aufgabe, diese Schwundvorgänge elektronisch nachzubilden um jederzeit reproduzierbare und quantitativ erfaßbare Messungen an Richtfunkgeräten durchführen zu können.

Frequenzselektive Schwundvorgänge lassen sich dadurch simulieren, daß dem Eingangssignal eines Richtfunkempfängers ein zweites, gleichartiges, aber in Amplitude und Phase veränderliches und zeitlich verzögertes Signal überlagert wird, wobei Amplitude und Phase von einem Zufallszahlengenerator gesteuert werden. Das überlagerte Signal kann außerdem noch in mehrere Komponenten mit unterschiedlichen und einstellbaren Laufzeiten aufgeteilt werden [1]. Mit Hilfe zweier solcher Schwundsimulatoren, die in definierter Weise miteinander verkoppelt sind, lassen sich darüberhinaus auch Diversity- und Kreuzpolarisationstests ausführen, Bild 1.

Um den Simulator möglichst kompakt aufbauen zu können, wurden fast alle Baugruppen als integrierte Mikrowellenschaltungen in Mikrostreifenleitungs-Technik realisiert. Die Steuerung des Simulators übernimmt ein Mikroprozessor, in dem auch die Eichkurven der Halbleiterbauelemente gespeichert sind [2]. Als Arbeitsbereich wurde das Richtfunkband von 6,3 - 7,1 GHz gewählt.

## Prinzip des Modulators

Die einfachste Möglichkeit, Amplitude und Phase eines Signals kontinuierlich zu ändern, besteht in der Zusammenschaltung zweier 0°/180°-Reflexionsphasenschieber, Bild 2a. Das Eingangssignal wird dabei in zwei um 90° gegeneinander verschobene Komponenten aufgeteilt und hinter den Phasenschiebern phasengleich addiert. Die Ausgangssignale der Phasenschieber laufen dann in Abhängigkeit vom Diodenspeisestrom im 0°-Bereich von einem Amplitudenmaximum zu einem Minimum und im 180°-Bereich vom Minimum zu einem Maximum. Durch entsprechende statistische Ansteuerung beider Phasenschieber läßt sich der gesamte Amplituden- und Phasenbereich überstreichen. Nachteile der Schaltung sind die stark nichtlinearen Steuerkennlinien, die Phasenunsicherheit im Amplitudenminimum und die geringe Bandbreite.

Durch die Trennung von Amplituden- und Phasensteuerung läßt sich die Schaltung wesentlich verbessern, Bild 2b. Die Phasenschieber sind nun digital zwischen 0° und 180° zu schalten, wobei gleiche Dämpfungswerte anzustreben sind. Die Signalamplituden werden unabhängig davon in elektronischen Dämpfungsgliedern eingestellt. Nachteilig ist, daß beim Phasenumschalten Amplitudensprünge im Ausgangssignal auftreten, die für digitale Richtfunksysteme sehr kritisch sind.

Es wurde deshalb schließlich ganz auf Phasenschieber verzichtet, Bild 2c, und eine Zusammenschaltung von vier elektronischen Dämpfungsgliedern gewählt, von denen jedes ein in der Amplitude einstellbares Signal mit einer der vier konstanten Phasenlagen 0°, 90°, 180° und 270° erzeugt. Diese Schaltung läßt sich sehr breitbandig ausführen, wobei die Dämpfungsglieder auf eine möglichst konstante Ausgangsphase in Abhängigkeit von der Durchlaßdämpfung optimiert werden müssen. Die Eichkurve jedes Dämpfungsgliedes, d.h. der Zusammenhang zwischen Diodenstrom und Dämpfung, wird in einem Mikroprozessor gespeichert, der über Digital-Analogwandler die Schaltung steuert.

## Ausgeführte Schaltung

Die Prinzipschaltung der verwendeten elektronischen Dämpfungsglieder ist in Bild 3 gezeichnet. Zwei 3dB/90°-Koppler werden symmetrisch über PIN-Dioden D und Leitungsstücke $L_1$ und $L_2$ miteinander verbunden. Diese Schaltung zeigt über einen weiten Frequenzbereich reelle Ein- und Ausgangsimpedanzen, eine hohe Dynamik und gutes Phasenverhalten, was im wesentlichen von den arbeitspunktabhängigen Diodenkapazitäten begrenzt wird und durch geeignete Wahl der Kompensationsleitungen $L_1$ und $L_2$ verbessert werden kann. Als Richtkoppler werden Langekoppler verwendet. Die Amplituden werden einerseits durch die Mindesteinfügungsdämpfung der Anordnung und andererseits durch die maximale Sperrdämpfung der Dämpfungsglieder begrenzt.

Bild 4 zeigt die Layoutschaltung des bereits optimierten Dämpfungsgliedes im Maßstab 2,7:1. Um die Forderung geringer Eingangs- und Ausgangsreflexionen und möglichst phasenunabhängiger Dämpfung im gesamten Frequenzbereich zu erfüllen, wurden auch hier Richtkoppler verwendet, deren vierter Ausgang mit 50 Ohm über eine $\lambda/4$-Leitung abgeschlossen ist. Die zusätzlichen Leitungen zu dieser Stelle dienen der reflexionsfreien Spannungszuführung für die drei PIN-Dioden. Gegenüber einer ersten Ausführung mit nur zwei Dioden pro Zweig verbessert die dritte Diode nicht nur die Sperrdämpfung sondern auch die Phasenkonstanz bei verschiedenen Dämpfungswerten. Einer beliebigen Erhöhung der Sperrdämpfung sind allerdings durch die Kapazitäten der Leitungslücken, die parallel zu den Dioden wirksam sind, und die Diodensperrkapazitäten Grenzen gesetzt.

In Bild 5 sind die gemessenen Phasenlagen bei verschiedenen Dämpfungen angegeben. Die Abweichung ist bis 14 dB $<$ 2° und steigt bis 30 dB auf 13° (der entsprechende Wert bei zwei Dioden und 30 dB war 35°). Als maximale Sperrdämpfung wurden mit drei Dioden 45 dB erreicht, eine Verbesserung von 10 dB gegenüber der Zweidioden-Version.

Durch die Hintereinanderschaltung von insgesamt vier Kopplern, die Verluste auf den Zwischenverbindungsleitungen und die Grunddämpfung der Dämpfungsglieder ergibt sich als Mindesteinfügungsdämpfung dieses Rayleigh-Modulators ein Wert von ca. 20 dB. Da dieser zu hoch schien, weil dadurch die Meßempfindlichkeit des Simulators beeinträchtigt wird, wurde ein einstufiger Verstärker konzipiert, der am Ein- und Ausgang des Modulators in die Zuleitungen eingefügt werden soll. Es mußte eine frequenzunabhängige Verstärkung gefordert werden sowie möglichst große Reflexionsdämpfungen am Ein- und Ausgang des Verstärkers. Deshalb wurde für den gewählten MESFET 2SK677 je ein Anpassungsnetzwerk am Ein- und Ausgang vorgesehen, deren Dimensionierung entsprechend den geforderten Verstärkerdaten optimiert wurde. In der Layout-Zeichnung (Bild 6) erkennt man neben der Spannungsgegenkopplung, $R_{180}$ und $C_1$, die verschiedenen Transformationsleitungen. Die Widerstände $R_{27}$ und $R_{18}$ sind auch noch Bestandteile der Anpassungsschaltung, während die Kapazitäten $C_1$ der Abtrennung von Gleichspannungen dienen, die über die dünnen, also hochohmigen Leitungen zugeführt werden.

Bild 7 zeigt als Meßergebnis, daß der Verstärker im geforderten Frequenzbereich bei konstanter Verstärkung von 6 dB Reflexionsdämpfungen von > 20 dB erreicht. Dadurch vermindert sich die Mindesteinfügungsdämpfung der Schaltung auf ca. 8 dB.

Bild 8 schließlich ist das Layout der kompletten dritten Version des Rayleigh-Modulators mit den integrierten Verstärkern. Wegen der räumlichen Beschränkung konnte die restliche Einfügungsdämpfung zwar um 12 dB verringert aber doch nicht vollständig beseitigt werden. Der Modulator ist aus sechs Einzelschaltungen zusammengebaut, die durch Abschirmwände voneinander getrennt sind. Die Maße des vernickelten Aluminiumgehäuses sind 80 x 75 x 20 mm³.

Literatur

[1] R. VALENTIN, K. METZGER, K. SCHNECKENBURGER
Performance Analysis of Diversity and Equalization Techniques Using a Selective Fading Simulator and Computer Modelling
Proc. of ICC`85, Chicago, pp. 1244-1248

[2] R. Valentin, R. Schneckenburger, G. Hanke
A New Fading Simulator for the Test of Digital Microwave Radio
Proc. of the 8th Colloquium on Microwave Communications, Budapest, 1986, pp. 443-444.

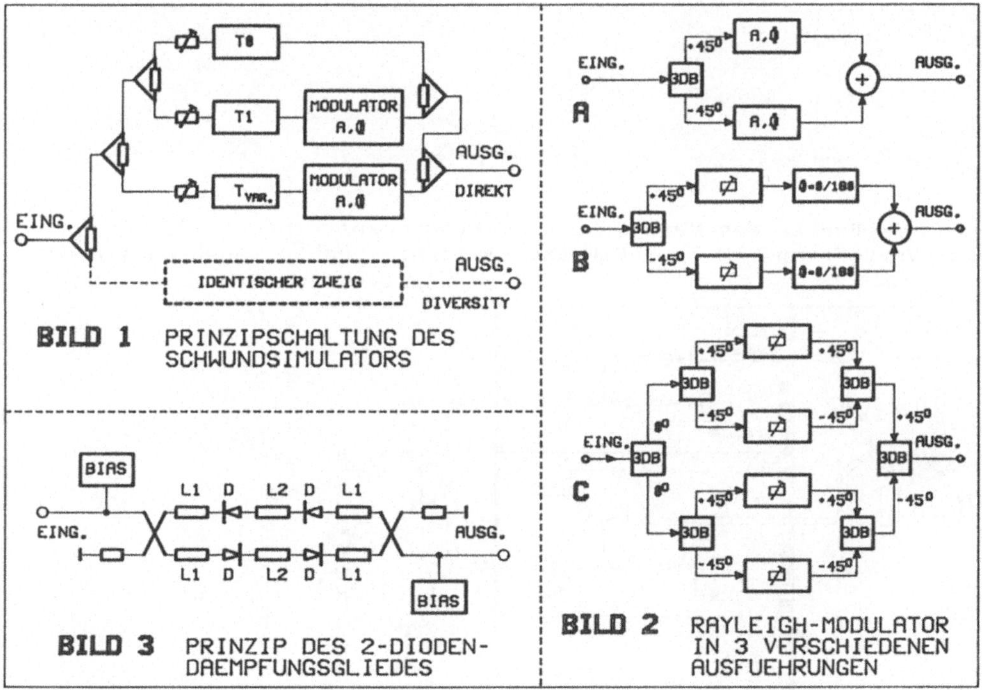


BILD 1 PRINZIPSCHALTUNG DES SCHWUNDSIMULATORS

BILD 2 RAYLEIGH-MODULATOR IN 3 VERSCHIEDENEN AUSFUEHRUNGEN

BILD 3 PRINZIP DES 2-DIODEN-DAEMPFUNGSGLIEDES

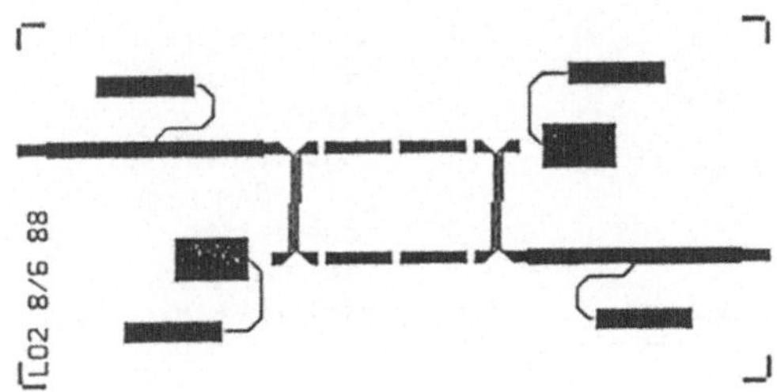


Bild 4 Layout des Dämpfungsgliedes (drei-Dioden-Version), Maßstab 2,7 : 1

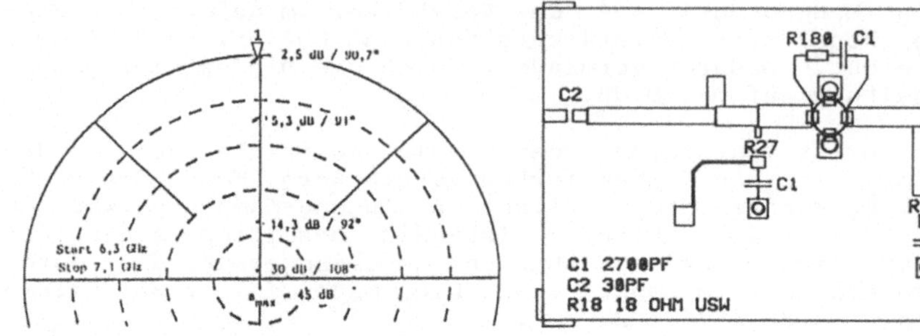


Bild 5 Phasenlagen in Abhängigkeit von der Dämpfung

Bild 6 Layout des Verstärkers (Maßstab 2 : 1)

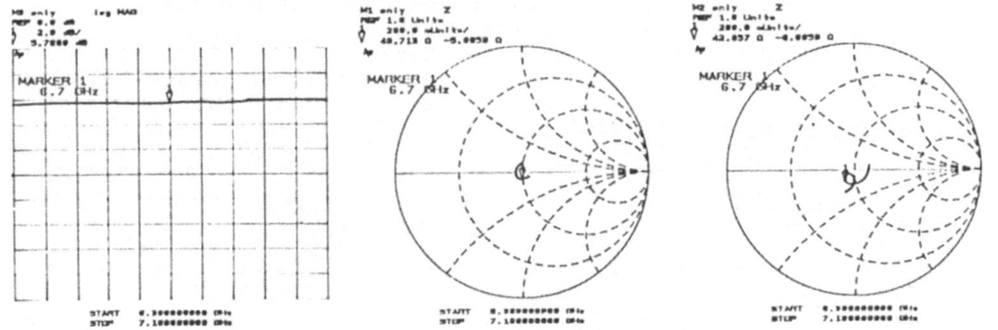


Bild 7 Meßwerte des Verstärkers im Frequenzbereich 6,3-7,1 GHz
links: Verstärkung, Mitte: Eingangsimpedanz, rechts: Ausgangsimpedanz

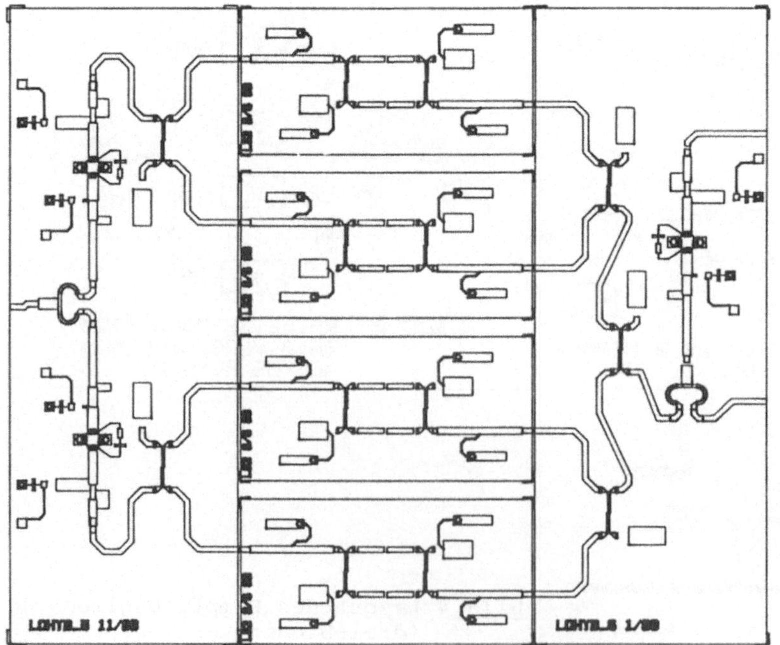

Bild 8

Layout eines Rayleigh-Modulators
Links: Eingangsschaltung,
Mitte: Dämpfungsglieder,
rechts: Ausgangsschaltung

# Resonant Biological Action of Millimeter Microwaves

Fritz Keilmann
Max-Planck-Institut für Festkörperforschung
7000 Stuttgart 80, Fed. Rep. Germany

Microwave influences on biological objects have often been reported in the literature. Most of them were explained on the basis of microwave-induced heating. There are some reports, however, where the microwave-induced heating is so small that a non-thermal mechanism of interaction has to be invoked. Several such mechanisms have been put forward theoretically.[1-4] They are based on either high-amplitude molecular vibrations or on spin-flip induced biochemical dynamics.

This talk emphasises experiments where the biological response was found to not only require very small intensity, typically of 1 mW or less, but to be sharply dependent on the microwave frequency. For example, yeast cells were reported to respond to 41697 MHz or 41782 MHz radiation within a width of ± 4 MHz only.[5] Frequency-dependent effects have been reported in the Soviet literature for quite some time, specifically also on animals[6] and recently, on man.[7] In the latter cases, it is claimed that effects are augmented when the irradiation is brought to sensitive zones on the body. Moreover, resonant irradiation e.g. at 56460 ± 10 MHz has been applied as a therapy to already a great number of patients.

Any explanation of these sharp resonances requires the involvement of a quantum or other resonant subsystem in the living cell. An experiment conducted at present attempts to establish whether the effect on yeast[5] is due to the electric or the magnetic component of the microwave radiation. The latter case is predicted from the triplet mechanism.[3]

Clearly, an establishment of the fundamental mechanism of resonant microwave interaction would be a great step forward. Chances of success seem by far greatest when cell cultures are the objects of investigation, given the long duration of biological experiments. Knowledge about the fundamental mechanism would give an immense advantage to further search in other frequency regions and with more complex organisms including man.

*References*

(1) H. Fröhlich: in *Advances in Electronics and Electron Physics* **53**, L. Marton and C. Marton eds., p. 85, Acad. Press, New York, 1980

(2) S.P. Sitko and V.I. Sugakov: Dokl. Acad. Nauk Ukr. SSR **No. 6**, Ser. A, pp. 65-67, (1984), in Russian

(3) F. Keilmann: Z. Naturforsch. **41c**, 795 (1986)

(4) F. Kaiser: in *Biological Coherence*, H. Fröhlich ed., p. 25, Springer-Verlag, Heidelberg 1988

(5) W. Grundler and F. Keilmann: Phys. Rev. Lett. **13**, 1214 (1983); W. Grundler and F. Keilmann: subm. to Z. Naturforsch. (1989)

(6) L.A. Sevastianova, A.G. Borodkina, E.S. Zubenkova, M.B. Golant, T.B. Rebrova and V.L. Iskritzkii: in *Effects of Nonthermal Influence of Millimeterwave Radiation on Biological Objects* (in Russian), N.D. Devyatkov ed., pp. 34-62, Institute of Radioelectronics, Moscow 1983

(7) E.A. Andreev, M.U. Belyi, W.A. Kutsenok, L.S. Livjenjez, W.I. Ljatsetskij, S.P. Sitko, M.I. Skopjuk, I.I. Talko and W.I. Judin: in *Application of Millimeter Wave Radiation of Low Intensity in Biology and Medicine* (in Russian), N.D. Devyatkov ed., pp. 58-83, Moscow 1985; S.P. Sitko, E.A. Andreev and I.S. Dobronravova: J. Biol. Phys. **16**, 71 (1988)

# Microwave Photoconductivity Technique for the Analysis of Semiconductor Materials

G.Betz, R.Ploschies, Ch. Winter, K. Kaehmer
Phoenicon Photoaktive Systeme GmbH
Bismarckstr. 58, D - 1000 Berlin 12

## 1. Introduction

Non-destructive and contact-free measurement techniques play an ever increasing role in semiconductor science and technology. In cooperation with the Hahn-Meitner-Institut Berlin we have developed a method basing on the contact-free measurement of photoconductivity - the fundamental property of semiconductor materials.

## 2. Photoconductivity

When photons hν are absorbed in a solid - here a semiconductor - electrons are excited to a higher energy level as shown in Fig.1. Normally, the result is an increase $\Delta\sigma$ of the electrical conductivity $\sigma$, especially, when the electrons are excited into the conduction band from localized states or valence band states.

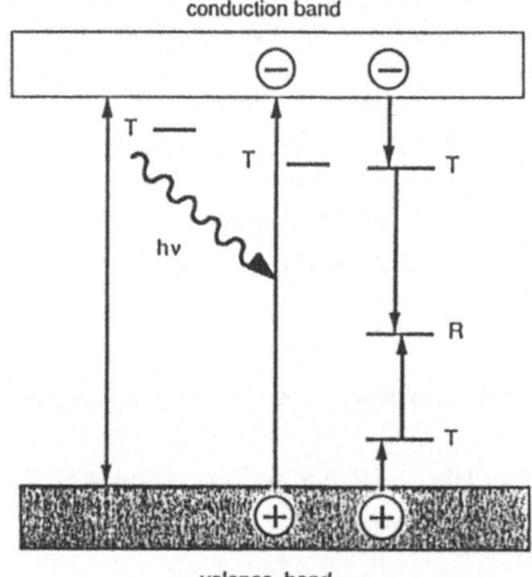


Fig. 1 Basic processes of photoconductivity visualized in an energy band scheme. $E_g$ is the value of the band gap, R,T are recombination and trap centers.

These excess carriers - free electrons and holes - recombine via different reaction channels. They can be trapped in traps T or in centers R, from where they recombine. A direct recombination of free electron and holes is possible, but rather improbable. Recombination leads to a decrease of the photoconductivity. Thus, from measurements of $\Delta\sigma$ informations about the defect states R, T can be obtained . Already a defect density of $10^{10}/cm^3$ influences the observed lifetime. Impurities and imperfections appear with concentrations of $10^{15}/cm^3$ and more. Since a defect concentration of $10^{15}/cm^3$ corresponds to a deviation of 10 ppb from the defect-free material, the lifetime as a parameter is much more sensitive to material quality than the resistivity or the mobility [1].

## 3. Method of Measurement

Instead of applying contacts the photoconductivity is detected here with the help of microwave radiation.

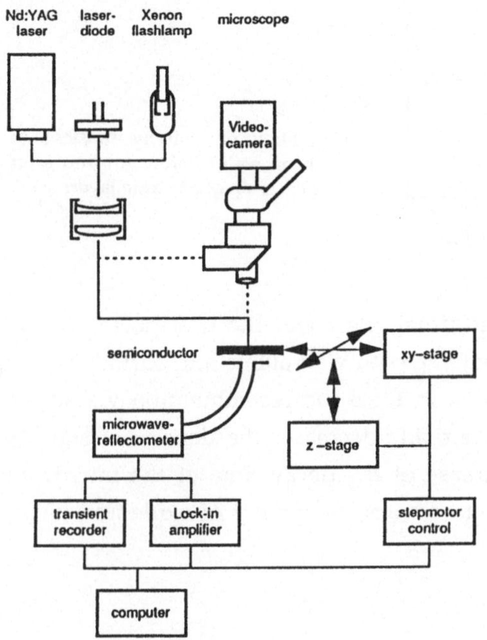


Fig.2 Modular set-up of the microwave photoconductivity instruments for the analysis of semiconductor materials and devices. The solid square shows the semiconductor sample placed on a transmission line. The light beam hits the semiconductor from top of the surface. Different light sources can be used depending on the application The transient recorder and the lock-in amplifier are used for signal processing.

The set-up developed by us is shown schematically in Fig.2. The microwave radiation is coupled to the sample via a transmission line in order to measure the ratio of the incident and the reflected microwave power P. This is done in the reflectometer obtaining the conductivity (sheet resistance) for a given geometry. Pulsed and cw-Laser, laser diodes and Xenon flashlamps are used for optical excitation dependending on the band edge $E_g$ and the sensitivity of the investigated material. The optical path is guided through a lens system or an optical microscope allowing the simultaneous visual inspection of the surface.

### 3.1. Time Resolved Microwave Photoconductivity

In case the excitation density is not too high ($\Delta P/P \approx 3$ %) the relation between $\Delta\sigma$ and the change in the reflected microwave power $\Delta P$ is linear[(2)]:

$$\frac{\Delta P}{P} = A \cdot \Delta\sigma, \quad A = \text{const.}$$

A light pulse excites excess charge carriers the concentration of which is determined by the change of the reflected microwave power. The microwave signal is digitized in a transient recorder. Time resolutions down to the picosecond time range had been achieved with an open transmission line used for coupling. With a resonator geometry the time resolution is lower due to the higher Q-factor.

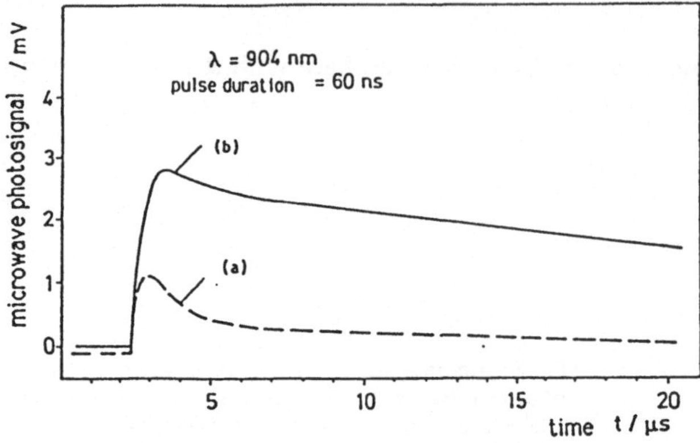


Fig.3 Photoconductivity transients of a silicon wafer before (a) and after (b) depositon of an oxide layer.

From the microwave conductivity transients informations about the transport processes can be obtained. The excess charge carriers recombine both via volume and surface defects. In case of single crystalline silicon wafers shown in Fig.3 the recombination via surface states dominates the volume recombination. The oxide decreases the density of states in the $Si/SiO_2$ - surface which is seen as an increase of the decay time of the microwave transient. Thus, the method allows for example to control the quality of oxide and nitride layers on silicon.

3.2. Scanning Microwave Photoconductivity

The charge carriers are excited pointwise by a focused laser beam while the semiconductor sample is scanned with a motorized xy-table (object scanning). Usually a modulated cw-laser is taken in order to apply the lock-in technique for a better signal/noise ratio.

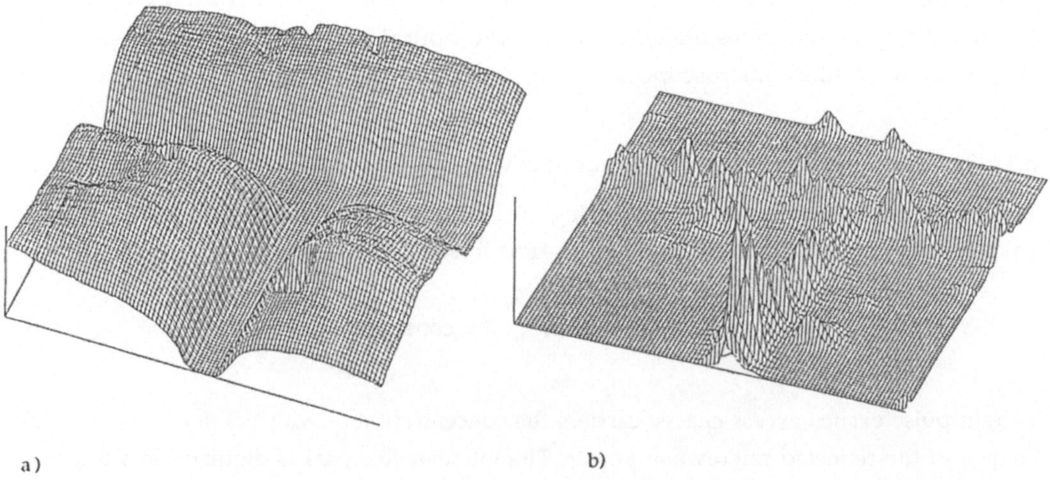


Fig.4 Microwave photoconductivity image (a) and scanning laser image (b) of a line defect in single crystalline silicon. One square represents 5 µm step width in x- and y- direction.

Out of the microwave signals the computer generates a photoconductivity image of the defect structure as a false color or a topographic plot as shown in Fig. 4. In order to investigate the influence of surface structure on the charge carrier dynamics these images can be combined with scanning laser images where the light reflected from the surface is detected [(3)].

## 4. Applications

Microwave photoconductivity methods are especially suited for the investigations of those starting materials and devices, where the function is based on the transport of minority carriers such as optoelectronic and bipolar devices. Minority carriers are also responsible for several malfunctions of MOS-devices where the function is governed by the transport of majority carriers. Crystal imperfections and impurities for example are causing locally higher generation rates of minority carriers which leads to the well-known latch-up effect. For CMOS-technology those wafers are advantageous, where a few minority carriers as possible can diffuse to the surface.

Device uniformity is above all a decisive factor for the economic production of GaAs-devices. This is especially valid for the enhancement-depletion type MESFET. From photoconductivity measurements informations can be obtained about the distribution of acceptors which are influencing the threshold voltage[(4)].

## Acknowledgement

The BMFT is thanked for granting this research and development activity (TOU 1557 0).

## References

(1) A.ROSE, Concepts in Photoconductivity and Allied Problems, Addison&Wiley, 1963
(2) M. KUNST, G. BECK, J. Appl. Phys. 60, 3558 (1986)
(3) G.BECK, M.KUNST, Rev. Sci. Instruments 57, 197 (1986)
(4) H.SHIMIZU, H.OHNO, H.HASEGAWA, Jpn. J. Appl. Phys. 21, 786 (1982)

# Bestimmung und Simulation von Reflektoroberflächenfehlern

Dr. Rainer Maschen
Siemens AG, Bereich Funk und Radar, D-8044 Unterschleißheim/München

## 1. Einleitung

Die Reflektorantennen-Fehlertheorie beschreibt die veränderte Charakteristik einer Antenne durch Fehler an dem Antennensystem, z.B. falsche Erregerjustage und statistische oder periodische Oberflächenfehler auf dem Reflektor.
Bis Anfang der fünfziger Jahre wurde den statistischen Antennenfehlern wenig Aufmerksamkeit geschenkt. 1952 veröffentlichte Ruze /6/ theoretische und praktische Ergebnisse über Effekte von Aperturfehlern auf das Antennenstrahlungsfeld von diskreten Antennenarrays und Parabolantennen. Die Ergebnisse beinhalten die Gewinnreduktion in Hauptstrahlrichtung und die Nebenkeulenanhebung. Ähnliche Betrachtungen erscheinen auch später in /3/, /5/, /8/ und mit anderer mathematischer Herleitung in /1/, /2/, /4/. Eine Art Überblick gibt Ruze 1966 /7/. Diese Arbeiten beschreiben hauptsächlich die Anhebung der Nebenkeulen durch Oberflächenfehler. Die Deformation der Hauptkeule kann dort vernachlässigt werden, da es sich nur um einen fehlerhaften Reflektor handelt und nicht um Mehrreflektorsysteme.

## 2. Grundlagen für das gestörte Strahlungsfeld eines Reflektors

In dieser Arbeit werden statistische Reflektoroberflächenfehler und deren Auswirkungen auf den Hauptkeulenbereich des Strahlungsfeldes behandelt. Hier wird davon ausgegangen, daß die Oberflächenabweichung senkrecht zur idealen Oberfläche stationär normal verteilt ist mit dem Mittelwert gleich Null und eine glockenförmige normierte Autokorrelationsfunktion aufweist. Im folgenden werden nur Phasenfehler im Aperturfeld betrachtet, Effekte durch Amplitudenfehler bleiben dagegen vernachlässigbar. Mit derartigen Fehlern auf dem Reflektor und einem fehlerfreien Anstrahlfeld ergibt sich die Fouriertransformation für das gestörte Strahlungsfeld. Ausgehend von der vom Einfallsfeld erzeugten Reflektor-Oberflächenstromdichte wird das Reflexionsfeld durch Integration über die vektoriellen Huygens-Wellen berechnet. Im Fresnelbereich kann das Fraunhofer-Feld erzeugt werden, wenn der quadratische Phasenterm durch Fokussierung kompensiert wird. Dadurch wird der Schärfentiefenbereich auf einen kleineren Bereich näher zur fokussierenden Apertur verschoben.

Für den Fokussierungsabstand ergibt sich damit exakt das Fraunhofer- (Fourier) Integral. Bei den folgenden Rechnungen wird der Kugelwellenterm nicht berücksichtigt. Das gewählte Koordinatensystem ist in Abb. 1 zu sehen. Für $\underline{F}_{10}$ im ungestörten Fall folgt mit $F_{00}$ als fehlerfreies Anstrahlfeld.

$$\underline{F}_{10} = k_a \int_{A_0} F_{00}\, \underline{K}_{01}\, d A_0 \qquad\qquad \underline{K}_{\nu\mu} = \exp\left[ j\, \beta\, ( x_\nu x_\mu + y_\nu y_\mu )\right]$$

$$= \frac{\beta_a}{2} \frac{\Lambda_{2a+1}(\beta_a \varrho_1)}{2a+1}$$

$$k_a = \frac{\beta_a}{2\pi} \qquad\qquad \begin{array}{lll} \beta_0 = 3{,}83 & & a = 0 \\ \beta_1 = 6{,}38 & \text{für} & a = 1 \\ \beta_2 = 8{,}77 & & a = 2 \end{array}$$

$$F_{00} = ( 1 - x_0^2 - y_0^2 )^{2a} \qquad a = 0 ; 1 ; 2$$

Für die Varianz des Betrages $\sigma_{1B}^2$ ergibt sich für $\varrho_1 \approx 0$ mit $\sigma_0^2$ für die Varianz des Phasenfehlers und $\Delta_0$ für seinen Korrelationsradius

$$\sigma_{1B}^2 \approx k_a^2/2\, \frac{\sigma_0^2 \pi^2 \Delta_0^2}{4a+1} \Big\{ E\, [ 1 - \Lambda_{4a+1}(2\beta_a \varrho_1) ] + \sigma_0^2/2\, \Big[ \sqrt{E}/2 - 3\,E -$$

$$- \frac{\Delta_0^2 ( 2a + 1 )^2 E^2}{( 4a+1 )\, \Lambda_{2a+1}^2(\beta_a \varrho_1)} \left\langle - 7/4 + \Lambda_{4a+1}(2\beta_a \varrho_1) - 3/4\, \Lambda_{4a+1}^2(2\beta_a \varrho_1) \right\rangle$$

$$+ \Lambda_{4a+1}(2\beta_a \varrho_1) ( \sqrt{E}/2 + 5\,E ) + \frac{8\pi \Delta_0^2 (4a+1)(2a+1)\, E^2 \Lambda_{6a+1}(\beta_a \varrho_1)}{\beta_a (6a+1)\, \Lambda_{2a+1}(\beta_a \varrho_1)} \Big] \Big\}$$

$$E = e^{- ( \beta_a \Delta_0 \varrho_1 / 2 )^2}$$

Für den Bereich $\varrho_1 > 0{,}5$ mit $I_n(x)$ als modifizierte Besselfunktion

$$\langle F_1 \rangle = \sqrt{\pi/2}\; \sigma_{1R}\, e^{- B_6} \left[ ( 1 + 2\, B_6 )\, I_0(B_6) + 2\, B_6\, I_1(B_6) \right]$$

$$\sigma_{1B}^2 = 2\, \sigma_{1R}^2 + \langle \underline{F}_1 \rangle^2 - \langle F_1 \rangle^2$$

$$= \sigma_{1R}^2 \left\{ 2 + 4\, B_6 - \pi/2\, e^{- 2 B_6} \left[ ( 1 + 2\, B_6 )\, I_0(B_6) + 2\, B_6\, I_1(B_6) \right]^2 \right\}$$

für $\varrho_1 > 0{,}5$ mit $B_6 = \langle \underline{F}_1 \rangle^2/4/\sigma_{1R}^2$

mit

$$\sigma_{1R}^2 \approx G/2\, \{ E\, [ 1 - \Lambda_{4a+1}(2\beta_a \varrho_1)] + \sigma_0^2/4\, E^{1/2}\, [ 1 + \Lambda_{4a+1}(2\beta_a \varrho_1)]\}$$

$$G = k_a^2 \sigma_0^2\, e^{-\sigma^2}\, \frac{\pi^2 \Delta_{x0} \Delta_{y0}}{4a+1}$$

In Abb. 2 ist die Varianz des Betrages dargestellt. Es werden Kurvenscharen für verschiedene $\Delta_0$-Werte gezeigt. Da es nur Lösungen für $\rho_1 \approx 0$ und $\rho_1 \geq 0{,}5$ gibt, muß dazwischen interpoliert werden.

## 3. Meßaufbau

In dem vorangegangenen Abschnitt wurden Ergebnisse für die Varianz des Betrages vorgestellt. Inhalt dieses Kapitels ist der Vergleich mit experimentellen Ergebnissen. Die Untersuchungen wurden bei einer Frequenz von 140 GHz durchgeführt.

Unabhängige Messungen können gemacht werden, wenn die Meßpunkte weiter als ein Korrelationsabstand voneinander entfernt sind. Im Nebenkeulenbereich lassen sich also für einen Reflektor auf einem Kreis mit $\rho_1$ = konst immer eine größere Anzahl von Meßpunkten finden, so daß für diesen Bereich statistische Aussagen mit Hilfe eines Reflektors gemacht werden können. In dem in dieser Arbeit betrachteten Bereich, d.h. der Hauptkeule, geht diese Methode nicht. Speziell für $\rho_1 = 0$ läßt sich aus einem Reflektor nur ein Wert gewinnen. Da es nicht sinnvoll ist, einige hundert Reflektoren zu verbeulen, wurde ein anderes Verfahren entwickelt. Werden Störungen im unmittelbaren Nahfeld eines Reflektors eingebaut, so sind sie im Fokusbereich des Strahlungsfeldes nicht von Reflektoroberflächenfehlern unterscheidbar. Deshalb wurde direkt vor dem Reflektor mit Erreger eine leitende, statistisch verbeulte Platte im Winkel von 45° angebracht, s. Abb. 3, die das Feld in Richtung Empfänger reflektierte. Die Platte war viel größer als für die Umlenkung des Strahles erforderlich. Für jede neue Messung konnte die Platte in einer mechanisch exakten Führung um etwas mehr als die Korrelationsbreite verschoben werden, so daß sich für eine Platte einige hundert unabhängige Meßwerte (auch für $\rho_1=0$) ergaben. Zur Überprüfung der Oberflächenstruktur wurde die Plattenoberfläche mit einem feststehenden Wegaufnehmer längs mehrerer Linien abgetastet.

In Abb. 4 ist der Verlauf entlang einer Linie dargestellt. Die Korrelationsfunktion des gemittelten Verlaufes ist in Abb. 5 zu sehen. Hier ergibt sich eine Oberflächenvarianz von $\overline{\delta_0^2} \approx 3{,}6\ 10^{-3} (\mathrm{mm})^2/\lambda^2$ und daraus die Varianz des Phasenfehlers $\sigma_0^2 \approx 0{,}12$ und $\Delta_0 \approx 0{,}05$. In Abb. 6 ist der Verlauf des Feldes $F_1$ an der Stelle $\rho_1=0$ in Abhängigkeit von der Plattenverschiebung $\rho_P$ dargestellt und in Abb. 7 die aus Einzelmessungen stammenden gemittelten Korrelationsfunktionen. In der Abb. 2 werden theoretisch errechnete Kurvenscharen und die Meßwerte gezeigt.

Die aus dem Feld ermittelten Oberflächenfehler haben eine Varianz $\sigma_0^2 \approx 0{,}11$ und eine Korrelationsbreite $\Delta_0 \approx 0{,}04$. Diese Zahlenwerte sind etwas kleiner als die, die von den Oberflächenmessungen stammen.

In diesem Kapitel wurde ein Verfahren untersucht, das die Simulation von Reflektoroberflächenfehlern zum Ziel hatte. Aufgrund der relativ guten Übereinstimmung des theoretischen Kurvenverlaufes mit den gemessenen Werten scheint dieses Verfahren eine gute, billige Alternative zu den sonst recht aufwendigen Methoden zu sein, bei denen Reflektoren beschädigt werden müssen. Das Verfahren erlaubt statistische Aussagen im Hauptkeulenbereich und vor allem für $\varrho_1=0$, wo diese sonst unmöglich sind.

## 4. Schlußbemerkungen

In dieser Arbeit wurden statistische Reflektoroberflächenfehler und deren Auswirkung auf das Strahlungsfeld vorgestellt. Hier wird hauptsächlich die Statistik des Hauptkeulenbereiches behandelt. In der Vergangenheit wurde dieser Bereich bei den statistischen Auswertungen wenig beachtet. Aussagen über zulässige Toleranzen von Reflektoroberflächenfehlern und deren Auswirkungen auf den Hauptkeulenbereich des Strahlungsfeldes sind notwendig und möglich, wie im letzten Kapitel bei den experimentellen Untersuchungen gezeigt werden konnte. Vor allem bei Mehrreflektorsystemen müssen Angaben über den Hauptkeulenbereich gemacht werden, da hier die Tranformation der Fehler über das Strahlungsfeld und die Korrelation der Strahlungsfeldfehler am Ende des Mehrreflektorsystems zu beachten ist.

## Literatur:

/1/ Bates, R.H.T.
Random errors in aperture distributions, IRE Trans., 1959, Vol.AP-7, p. 369

/2/ Bracewell, R.N.
Tolerance theory of large antennas, IRE Trans., 1961, Vol. AP-9, No.1, p.49

/3/ Cheng, D.K.
Effect of arbitrary phase errors on the gain and beamwidth characteristics of radiation patterns, IRE Trans., 1955, Vol.AP-3, No.3,p.145

/4/ Rahmat-Samii, Y.
An efficient computational method for characterising the effects of random surface errors on the average power pattern of reflectors IEEE Trans., 1983, Vol. AP 31, No. 1, p. 92

/5/ Robieux, J.
Influence de la précision de fabrication d'une antenne sur ses performances Ann. de Radioélectricité, 1956, Vol. 11, No. 43, p. 29

/6/ Ruze, J.
The effect of aperture errors on the antenna radiation pattern Suppl. al Nuovo Cimento, 1952, Vol. 9, No. 3, p. 364

/7/ Ruze, J.
Antenna tolerance theory - a review.; Proc. IRE, 1966. Vol.54, No.4, p.633

/8/ Vu Thé Bao, B.E.
Influence of correlation interval and illumination taper in antenna tolerance theory
Proc. Inst. Elec. Eng., 1969, Vol. 166, No. 2, p. 195

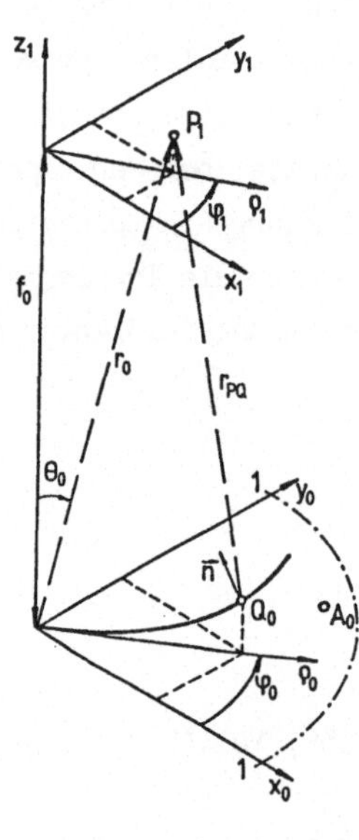


Abb. 1

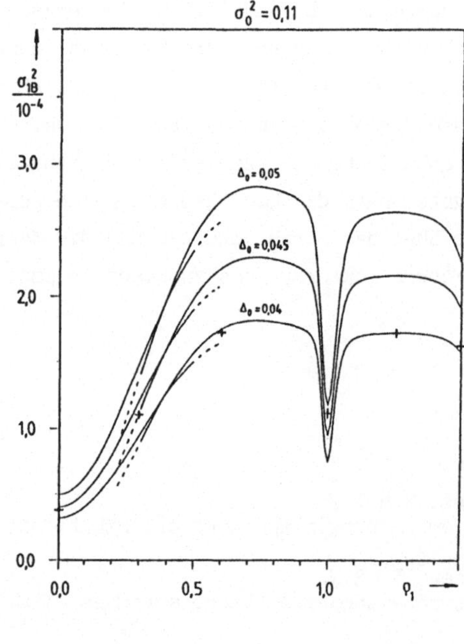


Abb. 2

Abb. 1 Koordinatensystem (die Längen sind auf $D_0/2$, $D_0$ ist auf $\lambda$ bezogen, $D_0$: Reflektordurchmesser)

Abb. 2 Kurvenschar von theoretisch ermittelten Verläufen von $\sigma_{1B}^2$ für a=1, dazu gekreuzt eingetragen die gemessenen Werte

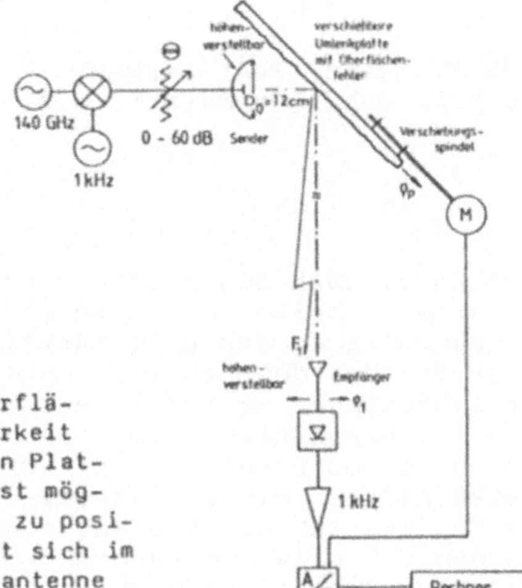


Abb. 3 Meßaufbau zur Bestimmung von Oberflächenfehlern. Die Höhenverstellbarkeit wird benutzt, um in verschiedenen Plattenhöhen zu messen. Der Sender ist möglichst nahe bei der Umlenkplatte zu positionieren, der Empfänger befindet sich im Fokusabstand (2,1 m) der Parabolantenne

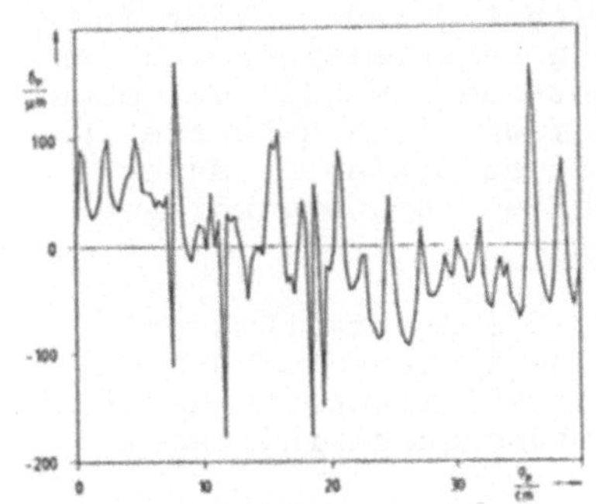

Abb.4 Plattenoberfläche entlang eines Schnittes

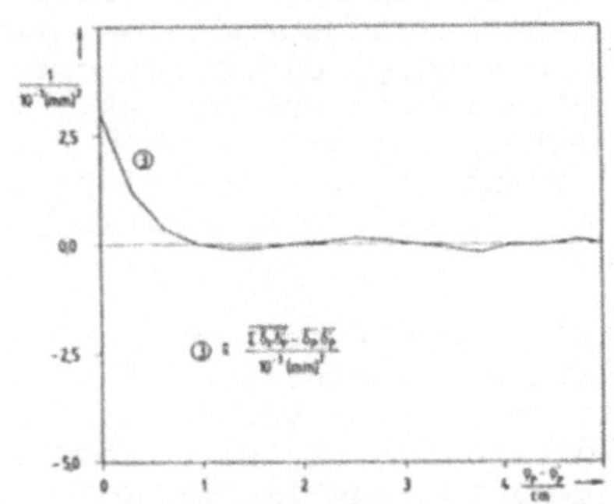

Abb.5 Die aus Einzelmessungen stammenden Korrelationsfunktionen gemittelt in Abhängigkeit von der Verschiebung dargestellt

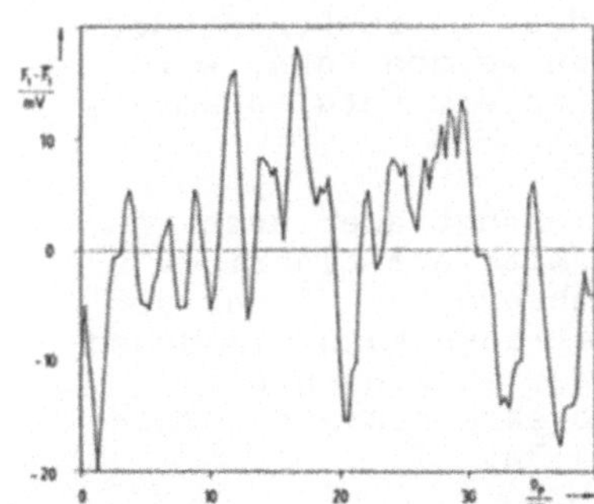

Abb.6 Verlauf des Feldes $F_1$ an der Stelle $\rho_1$ =0 in Abhängigkeit von der Plattenverschiebung

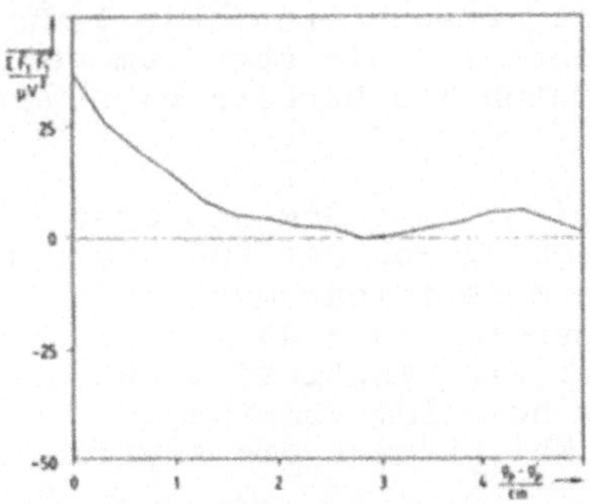

Abb.7 Die aus Einzelmessungen stammenden Korrelationsfunktionen gemittelt an der Stelle $\rho_1$ = 0 dargest.

# Einsatz des Georadars im Ingenieurbau

R. Vilhjalmsson R. Feld

miat GmbH, Mainz, West-Germany
FlexControl GmbH, Darmstadt, West-Germany

Das GeoRadar, auch Bodenradar genannt, ist ein vollkommen zerstörungsfrei arbeitendes Meßverfahren der Geophysik. Dieses elektromagnetische Scanning funktioniert etwa so wie ein Echolot, nur daß bei dem Echolot Schallwellen, beim GeoRadar aber elektromagnetische Wellen ausgesandt werden. Der Sender erzeugt kurze elektromagnetische Impulse. Diese Impulse werden an Grenzschichten im Boden reflektiert. Dabei legt das Signal zwischen dem Gerät und der elektromagnetischen Grenzschicht die Strecke gerade zweimal zurück (two way travel time, TWT). Diese Messungen werden daher TWT-Messungen genannt. Kennt man die Ausbreitungsgeschwindigkeit sehr gut, kann man mit TWT-Messungen den Ort einer reflektierenden Grenzschicht sehr exakt bestimmen. Um die Ausbreitungsgeschwindigkeit möglichst genau zu bestimmen, ist es notwendig, die elektromagnetischen Materialeigenschaften wie Leitfähigkeit und Dielektrizitätskonstrante möglichst genau zu ermitteln. Da die Messung der elektromagnetischen Parameter in der Praxis sehr kompliziert ist, wird das System normalerweise mit Hilfe von bekannten Grenzschichten (Bohrergebnisse) geeicht.

Wie aus der Optik bekannt ist, sind die, die Ausbreitungsgeschwindigkeit beeinflussenden elektromagnetischen Größen auch für die Reflektion verantwortlich, da ja Reflektion bekanntlich immer dort auftritt, wo sich die Ausbreitungsgeschwindigkeit einer elektromagnetischen Welle ändert.

Die elektrische Leitfähigkeit, und zwar ist hier auch die hochfrequente Leitfähigkeit zu berücksichtigen, führt zu einer starken Dämpfung (Absoption) der Radarwellen. Insbesondere die Ionen in den Zwischengitterschichten des Tons können, wenn sie wie beim feuchten Ton beweglich werden, schon nach kurzen Entfernungen absorbieren. Ein Radarsignal, das im trockenen oder gefrorenen Ton bis über 10m weit empfangen werden kann, wird im feuchten Ton bereits nach wenigen Dezimetern total absorbiert.

Wie tief man mit dem GeoRadar sehen kann, hängt aber auch von der Frequenz ab. Bei 900 Mhz beträgt die mittlere Eindringtiefe je nach Materialparameter 0,3 - 2,5 m, während bei 80 Mhz der Tiefenbereich 10 - 40 m oder noch mehr betragen kann. Im Gegensatz zur Eindringtiefe steht die Auflösung, so können bei 900 Mhz noch 1cm voneinander entfernte Objekte erkannt werden, bei 80 Mhz beträgt die Auflösung nur noch 3m!

Für die Hindernisortung im Mikrotunnelbau eignen sich daher Antennen mit 120 - 300 Mhz, um einen optimalen Kompromiss zwischen hoher Auflösung und großer Eindringtiefe zu erreichen.

Die Sendeantenne strahlt in rascher Folge (ca. 50.000 mal in der Sekunde) äußerst kurze elektromagnetische Impulse aus.

Idealisiert besteht jeder Impuls aus einer einzigen Periode einer Sinusschwingung. Beim GeoRadar fungiert die Antenne abwechselnd als Sende- und Empfangsantenne. Im Empfänger wird das Empfangssignal nach jedem Impuls an einer anderen Stelle abgetastet, so daß sich nach ca. 2.000 Impulsen ein vollständiges Empfangssignal rekonstruieren läßt. Fünfundzwanzigmal in der Sekunde steht somit ein Signal zur Verfügung, das auf Magnetband gespeichert wird. Auf dem Bildschirm oder Graphikplotter kann das Signal aufgezeichnet werden. Für jedes Signal stellt der Graphikplotter einen Querstrich auf dem Papierstreifen dar, wobei die Schwärzung die momentane Amplitude wiedergibt. Aufeinanderfolgende Signale werden somit nebeneinander auf dem Papierstreifen aufgezeichnet. Verändern sich die Signale mit der Zeit, etwa bei einer Vorwärtsbewegung der Sonde, kann dies längs des Papierstreifens verfolgt werden. Im allgemeinen enthält ein Signal des GeoRadar SR eine Fülle von Reflexen von unterschiedlichen Schichtgrenzen, aber auch von lokalisierten Streuzentren, z.B. Rissen oder Hohlräumen.

Eingesetzt wird das GeoRadar vorzugsweise im Straßenbau, bei der Altlasterkundung /1/ und bei der Archäologie /2/. Versuchsweise wurde das Verfahren dann 1987 im Mikrotunnelbau, und zwar in Berlin, erstmals eingesetzt.

In der Benekendorffstraße im Bereich Berlin-Reinickendorf war der Neubau eines Abwasserkanals geplant. Der Kanal sollte in geschlossener Bauweise durch vollautomatische Rohrvorpressung gebaut werden. Aufgrund der geologischen Verhältnisse (Geschiebemergel, bzw. Geschiebelehm) ist beim Rohrvortrieb mit Gesteinshindernissen zu rechnen, die die Arbeit behindern können und unter Umständen ausgegraben werden müssen. Es ist von erheblichem Interesse, größere Steine und andere feste Hindernisse im Verlauf der Kanaltrasse bereits vor Beginn der Bauarbeiten nachzuweisen und zu orten. Dann könnte ihre Entfernung bereits in der Ausschreibung berücksichtigt werden.

Aus diesem Grunde fand die Sondierung der geplanten Kanaltrasse am 2. und 3. Dezember 1987 statt.
Um einen gewissen Bereich auf beiden Seiten der Kanaltrasse zu erfassen, wurden 7 parallele Profile längs der Straße und des zum Teil unbefestigten Bürgersteigs gemessen, wovon 4 auf der asphaltierten Straße und 3 auf dem Bürgersteig lagen. Auf der Fahrbahn wurde die Sonde vom Meßfahrzeug mit einer Geschwindigkeit von ca. 3 km/h gezogen. Mit Hilfe eines am Vorderrat des Fahrzeuges angebrachten Präzisionslängenmeßgerätes wurden alle 5m in der Radaraufzeichnung Marken gesetzt. Damit ist eine Verortung der Daten mit einer Genauigkeit von plus/minus 0,5 möglich. Auf dem Bürgersteig mußte die Sonde wegen der Bäume von Hand gezogen werden. Dort wurden Marken alle 2,5m gesetzt. Zusätzlich wurden einige Profile im Bereich der Kreuzung Benekendorffstraße/Vierrutenberg sowie drei Querprofile an ausgewählten Stellen gemessen.

Die reflektierten Impulse wurden bis zu einer Laufzeit von 200 ns. aufgezeichnet. Das entspricht einer maximalen Tiefe von etwa 7m. Dort ist die geologische Struktur recht komplex. Kies-, Sand- und Tonlagen wechseln sich rasch ab. In Sand- und Kieslagen reicht der Radarstrahl bis in ca. 7m Tiefe, während in einer sehr markanten Tonlinse, die auf allen Profilen zwischen 100 und 135 m liegt, die Eindringtiefe bis auf ca. 2m zurückgeht. Aus den Radarschrieben wurde die Lage und Tiefe von diskreten Störkörpern bestimmt. Für genaue Tiefenangaben benötigt man zahlreiche Eichmessungen an Störkörpern bekannter Tiefe. Da diese hier nicht durchgeführt werden konnten, muß eine Fehlerbreite von plus/minus 0,5m angenommen werden. Die Ergebnisse werden Profilen (vertikal) und Karten (horizontal) dargestellt. Bereiche, wo man eine Anhäufung von meist kleineren Störkörpern beobachtet, wurden abgegrenzt. Es dürfte sich dort um Kies- und Geröllansammlungen (Geschiebe) handeln.

Auf etwa der ersten Hälfte der Strecke reicht die Eindringtiefe nicht aus, um Steine im Bereich des Kanals zu orten. Besonders deutlich ist dies zwischen 100 und 135 m. Dort verhindert die Tonlinse eine Einsicht in den Boden tiefer als ca. 2m. Im Radarschrieb zeigt sich die hohe Absorption des Tons dadurch an, daß die Signale bereits kurz unterhalb der Oberfläche schwach werden und das Bild praktisch keinen Kontrast aufweist.

Auf der zweiten Hälfte der Strecke hingegen erreicht die Sondierung den geplanten Kanal und geht teilweise sogar noch tiefer. Aufgrund der Radarsondierung erscheint die Durchpressung möglich, allerdings muß an mehreren Stellen mit größeren Steinen gerechnet werden.

Zusammenfassend läßt sich feststellen:

- Mit der Radarsondierung können Kies- und Geröllansammlungen sowie einzelne größere Steine geortet und ihre Tiefenlage angegeben werden,
- bei Sand- und Kieslagen reicht die Sondierung bis ca. 6m Tiefe (mit der hier verwendeten Technik), bei dicken Tonschichten ist die Eindringtiefe auf ca. 2m begrenzt.
- Tonlinsen können kartiert werden.

**Danksagung**

Die Autoren bedanken sich bei den Berliner Entwässerungswerken und ihren Mitarbeitern, besonders bei Herrn Dipl.-Ing. Möring und Herrn Dipl.-Ing. Stiesy, die auch die finanzielle Unterstützung dieser Untersuchungen ermöglichten, und jederzeit mit Rat und Tat zur Seite standen.

---

/1/ Erkundung von Altdeponien mit dem GeoRadar, R. Feld, R. Vilhjalmsson, D. Weber, WLb-Zeitschrift für den Umweltschutz 7-8, 57-58 (1988)

/2/ Das Geheimnis der Cheops-Pyramide, J. Vermeulen, Bild der Wissenschaft 2, 38-47 (1989)

# 9. Europäische Forschungsprogramme

# Informationen zum EG-Forschungsprogramm BRITE/EURAM

B. Vierkorn-Rudolph
Projektleitung Material- und Rohstofforschung, deutsche Kontaktstelle für das EG-Programm BRITE/EURAM
Postfach 19 13, D-5170 Jülich

Das EG-Forschungsprogramm BRITE/EURAM II basiert auf zwei getrennten Vorläuferprogrammen auf dem Gebiet Produktions- und Fertigungstechnologie sowie Materialforschung und -entwicklung: BRITE I (Basic Research in Industrial Technologies for Europe) und EURAM I (European Research on Advanced Materials). Da es bei den Forschungsthemen beider Vorläufer-Programme Überschneidungen gab, hat die EG-Kommission beschlossen, diese beiden Programme im neuen Rahmenprogramm als ein gemeinsames Programm fortzuführen.

Die Laufzeit von BRITE/EURAM II ist 1989 - 1992, das Budget beträgt 494,5 Mio ECU. Das Programm ist für alle Industrieunternehmen, Forschungsinstitute, Universitäten und andere interessierte Organisationen innerhalb der Europäischen Gemeinschaft und der EFTA-Länder zugänglich. Die Projekte müssen innovativ sein, in grenzüberschreitender Kooperation durchgeführt werden und auf vorwettbewerbliche Forschung ausgerichtet sein.

Es gibt innerhalb dieses Programms verschiedene Arten von Fördermaßnahmen:

- Forschungsanträge auf Kostenteilungsbasis
- Durchführbarkeitsstudien für kleine und mittlere Unternehmen
- koordinierte Aktionen.

Bei der Förderung auf Kostenteilungsbasis werden zwei Arten von Projekten unterschieden: Typ I-Projekte - angewandte industrielle Forschung; Typ II-Projekte - zielorientierte Grundlagenforschung. Bei Typ I-Projekten müssen mindestens zwei unabhängige Industrieunternehmen aus zwei Mitgliedsstaaten zusammenarbeiten, Universitäten und Forschungsinstitutionen können als zusätzliche Partner beteiligt werden. In der Regel übernimmt die EG-Kommission für derartige Vorhaben bis zu 50 % der Projektkosten, bei Universitäten, Fachhochschulen und Kliniken ist eine bis zu 100 %ige Förderung der Zusatzausgaben möglich. Zusatzausgaben beinhalten Personalkosten für speziell für dieses Projekt eingestellte Zeitarbeitskräfte sowie Kosten für Verbrauchsmaterialien und Ausrüstungsgegenstände, die für dieses Projekt benötigt werden usw. Die Gesamtkosten der geplanten Forschungsarbeiten sollen zwischen 1-3 Mio ECU betragen, die eingebundene Forschungskapazität soll mindestens 10 Mannjahre umfassen.

Bei Typ II-Projekten müssen mindestens zwei Institutionen aus zwei Mitgliedsstaaten zusammenarbeiten; dies können auch nur Universitäten/Forschungsinstitute sein. Bei Universitäten, Fachhochschulen und Kliniken beträgt die Förderung durch die Kommission bis zu 100 % der Zusatzausgaben. Die Gesamtkosten der Vorhaben sollen zwischen 0,4 - 1,0 Mio ECU betragen. Die eingebundene Forschungskapazität sollte mindestens 10 Mannjahren entsprechen. Außerdem ist es bei einem Vorhaben, das nur von Forschungsinstituten durchgeführt wird, notwendig, daß zwei unabhängige Industrieunternehmen dieses Projekt befürworten. Darüber hinaus muß je ein leitender Mitarbeiter dieser Unternehmen benannt werden, der bereit ist, an mindestens zwei Tagen im Jahr koordinierend an diesem Vorhaben mitzuarbeiten.

Die Durchführbarkeitsstudien richten sich an kleine und mittlere Unternehmen. Sie sollen dazu beitragen, die Realisierbarkeit eines Konzeptes, eines Verfahrens oder einer Apparatur nachzuweisen sowie die Partnersuche für eine zukünftige Beteiligung an einem BRITE/EURAM-Projekt zu erleichtern. Die Kommission übernimmt für derartige Studien 75 % der anfallenden Kosten bis zu einer Obergrenze von 25.000 ECU. Die Laufzeit für die Durchführbarkeitsstudien beträgt sechs Monate.

Die koordinierten Aktionen sollen dazu dienen, Forschungsarbeiten, die auf verwandten Gebieten bereits in verschiedenen Mitgliedsstaaten durchgeführt werden, aufeinander abzustimmen und zu einem Austausch der Ergebnisse beizutragen. Die Mittel der Gemeinschaft sind in diesen Fällen nur für die mit der Koordinierung verbundenen Kosten vorgesehen.

Die generellen Ziele des Programms BRITE/EURAM lassen sich für die einzelnen Bereiche wie folgt zusammenfassen:

Bereich 1: Technologien für fortschrittliche Werkstoffe
Entwicklung neuer und verbesserter Werkstoffe und der entsprechenden Materialverarbeitung

Bereich 2: Auslegungsmethodik und Qualitätssicherung für Produkte und Verfahren
Entwicklung von Techniken für eine erhöhte Produktqualität und Zuverlässigkeit.
Entwicklung von Verfahren für eine verbesserte Wartbarkeit von Produkten und Anlagen.
Entwicklung von geeigneten Materialien für kostengünstige Sensoren (in Ergänzung zu Arbeiten, die im Bereich Informationstechnologie durchgeführt werden).

Bereich 3: Anwendung von Fertigungstechniken
Übertragung von Fertigungstechniken aus Bereichen mit einem hohen Entwicklungsstand in solche mit einem gewissen Nachholbedarf.
Anpassung von Verfahren entsprechend den Anforderungen, die insbesondere von kleinen und mittleren Unternehmen gestellt werden.

Bereich 4: Technologien für Fertigungsverfahren
Entwicklung von neuen und verbesserten Verfahren für das Formen, Fügen und Verbinden von Teilen.
Entwicklung von neuen Verfahren im Bereich Oberflächentechnik und bei Katalyse und Membrantechnik.
Neue und verbesserte Verfahren im Bereich Pulverherstellung und Pulvermetallurgie

Bereich 5: Spezifische Tätigkeiten im Zusammenhang mit der Luftfahrt
Entwicklungen im Bereich Akustik und Aerodynamik, von Bordsystemen und -ausrüstung sowie bei Antriebssystemen.

Für die einzelnen Bereiche gibt es jeweils sog. prioritäre Themen, die in dem Informationspaket des jeweiligen Aufrufs enthalten sind. Diese prioritären Themen können von Aufruf zu Aufruf leicht variieren.

Die Abgabetermine für die 1. Aufforderung für die Einreichung von Anträgen waren:

| | |
|---|---|
| für Typ I- und II-Projekte (Bereich 1-4) | 12. Mai 1989 |
| für Typ I- und II-Projekte (Bereich 5) | 9. Juni 1989 |
| für Durchbarkeitsstudien (Bereich 1-4) | 14. April 1989 |

Anträge für die Durchführung von koordinierten Aktionen können zu jedem Zeitpunkt bei der Kommission eingereicht werden, vorzugsweise sollte dies jedoch in Zusammenhang mit den Abgabeterminen für einen Aufruf erfolgen.
Der nächste Aufruf für die Einreichung von Anträgen zu Typ I- und II-Projekten wird im Frühjahr 1990 erfolgen, der Abgabetermin wird Mitte 1990 sein. Dies gilt für die Bereiche 1-4, für Bereich 5 wird es keinen weiteren Aufruf geben. Der Aufruf für die Einreichung von Anträgen zu Durchführbarkeitsstudien wird wieder vor dem Aufruf für die Projekte auf Kostenteilungsbasis erfolgen.

Die Anträge müssen in drei getrennten Teilen eingereicht werden. Teil I enthält Angaben über Administration und Finanzen, Teil II die wissenschaftlich-technische Beschreibung der geplanten Arbeiten und Teil III Angaben zu den Partnern. Die Bewertung der Anträge erfolgt anhand einer Reihe von Kriterien. So müssen die Anträge z. B. mit den technischen Zielen und den prioritären Themen des Programms übereinstimmen und sie müssen sich mit innovativer Forschung und Entwicklung im vorwettbewerblichen Bereich befassen. Wichtig ist auch, daß die Vorschläge die formalen Randbedingungen (Art und Anzahl der Partner, Projektgröße etc.) erfüllen.

Weitergehende Informationen zu diesem Programm können entweder direkt bei der Kommission der Europäischen Gemeinschaften in Brüssel oder bei der deutschen Kontaktstelle für das Programm BRITE/EURAM angefordert werden.

# Laser und EUREKA

Dr. J. Billmann
VDI-Technologiezentrum
Graf-Recke-Str. 84
D-4000 Düsseldorf 1

EUREKA steht als Akronym für "European Research Coordination Agency" und ist eine Initiative mit den Zielen der Steigerung der Produktivität und Wettbewerbsfähigkeit der Industrien und Volkswirtschaften Europas durch verstärkte Zusammenarbeit von Unternehmen und Forschungsinstituten in Hochtechnologien. Hierzu soll die Zusammenarbeit bei der Entwicklung von zivilen Produkten, Systemen und Dienstleistungen gefördert und erleichtert werden.

Zum Verständnis von EUREKA und EUREKA-Projekten muß man berücksichtigen, daß es sich nicht um ein EG-Programm und auch nicht um eine Agentur (im Gegensatz zur ursprünglichen Idee) handelt, sondern um eine Idee, mit der die Bedeutung eines Projekts für die europäische Zusammenarbeit hervorgehoben werden soll; der EUREKA-Status hat für ein Projekt zunächst mehr symbolische Bedeutung. So ist eine öffentliche Finanzierung hiermit nicht automatisch verbunden. Wenn mit öffentliche Mitteln gefördert wird, dann durch die teilnehmenden Staaten, nicht durch die EG. Für die Projekte deutscher Teilnehmer bedeutet dies, daß die üblichen Förderrichtlinien auch auf EUREKA-Projekte angewendet werden.

Aus dem gesagten ergibt sich, daß EUREKA-Projekte folgenden Kriterien genügen müssen:

- Übereinstimmung mit den Zielen von EUREKA;
- Zusammenarbeit zwischen Teilnehmern (Unternehmen, Forschungsinstituten) in mehr als einem Land;
- Erwartung eines sichtbaren Nutzens aus der gemeinsamen Durchführung des Projektes;
- Einsatz von Hochtechnologien;
- Erzielung eines wesentlichen Fortschritts bei dem betreffenden Produkt, Verfahren oder Dienstleistung;

- technisch und organisatorisch ausreichend qualifizierte Teilnehmer;
- angemessene finanzielle Beteiligung der teilnehmenden Unternehmen.

Die Verfahren zur Anerkennung von Projekten als EUREKA-Vorhaben liegen in der Hand folgender Organisationen:

- der nationalen Koordinierungsstellen (hier: BMFT, Ref. 228)
- des EUREKA-Sekretariats in Brüssel
- der EUREKA-Ministerkonferenz (zuletzt 18. und 19.06.89 in Wien)

Laserprojekte

Bereits in der Grundsatzerklärung wird Lasertechnik als Schwerpunkt explizit genannt.

Daher wurde das EUREKA-Projekt "EUROLASER" als EU6 bereits am 05. und 06.11.85 auf der 2. Ministerkonferenz in Hannover als eines der ersten 10 EUREKA-Projekte angekündigt.

Dieses Definitionsphasenprojekt diente der Vorbereitung von weiteren F&E- Projekten durch die Evaluierung des Standes von industriellen Lasern, die Formulierung von Entwicklungszielen und die Untersuchung der Machbarkeit und Realisierungsmöglichkeiten.

Folgende Lasertypen wurden betrachtet:
- $CO_2$-Laser mit Leistungen zwischen 10 und 100 kW
- Festkörperlaser mit Leistungen zwischen 1 und 5 kW
- Excimerlaser bis 10 kW
- CO-Laser bis 5 kW
- FEL
- sonstige

Die Ergebnisse der Definitionsphase wurden am 02. und 03.07.87 in Paris auf dem EUROLASER-Workshop zusammenfassend dargestellt:

für Hochleistungs-CO2-Laser, -Festkörperlaser und -Excimerlaser wurde die Notwendigkeit festgestellt, in Zusammenarbeit auf europäischer Ebene zu industrietauglichen Systemen und Anwendungen zu kommen.

Diese Ergebnisse bilden die Grundlage für die EUROLASER-Projekte der Realisationsphase, in der folgende Projekte den Eureka-Status tragen:

EU83: 25 kW Lasercell project
EU113: Entwicklung eines industriellen CO-Lasers
EU155: Laser-Applikationsverbund
EU180: 10 kW CO2-laser modules and related systems
EU194: EUROLASER: Industrial application evaluation of high power lasers
EU204: Laser work station for surface treatment
EU205: EUROLASER: High power excimer laser
EU213: EUROLASER: HIPULSE Excimer laser project
EU226: EUROLASER: Hochleistungsfestkörperlaser
EU249: Fortschrittliche Produktionstechnologie mit Festkörperlasern

Die bisher genannten Projekte haben Hochleistungslaserquellen und Materialbearbeitung zum Inhalt.

Darüberhinaus gibt es weitere EUREKA-Projekte, in denen Laser eine Rolle spielen, z.B.

EU4: Textilbearbeitung
EU7: Umweltanalytik
EU10: flexibler Workshop
EU23: Analytik und Zerstörung chemischer Substanzen mit Lasern
EU42: Leichte Werkstoffe für Transportsysteme
EU222: Fast Prototypeable Analogene Transistor Array
EU355: EUROENVIRON-Abgasmeßsystem
EU383: Schwingungsmessung mittels Laser

Ansprechstellen:

- Dr. J. Stahl — Tel. (0211) 6214-592
  VDI-Technologiezentrum — Fax (0211) 6214-575
  Graf-Recke-Str. 84
  4000 Düsseldorf 1
  (für Laserprojekte unter deutscher Beteiligung)

- Bundesministerium für Forschung und Technologie
  Referat 228 — Tel. (0228)59-3438
  Postfach 20 02 40 — -3457
  5300 Bonn 2 — Fax (0228) 59-3607

- EUREKA-Sekretariat — Tel. (00322)2170030
  19H, Avenue des Arts — Fax: (00322)2187906
  B-1040 Brüssel

Literatur: EUREKA-Broschüre "Technologische Zusammenarbeit in Europa" (BMFT)

EUROLASER-Broschüre (wird gegenwärtig beim VDI-Technologiezentrum vorbereitet und gibt eine ausführliche Beschreibung der EUROLASER-Projekte; erscheint ca. November 1989)

EUREKA 1989 Bericht über den Projektfortschritt (BMFT)

# 10. VDI-Workshop

10.1 Lasersicherheit in der Materialbearbeitung

10.2 Analytische Laseranwendungen in der modernen Oberflächendünnschichttechnologie

# Sicherheitsphilosophie bei der Laseranwendung

Dr. Paul Schreiber
Bundesanstalt für Arbeitsschutz
Vogelpothsweg 50-52, D-4600 Dortmund 1

Das Unfallgeschehen beim Einsatz der Lasertechnik ist erfreulich gering. In diesem Vortrag geht es daher auch nicht darum, vor großen Gefahren zu warnen, sondern es sollen lediglich einige Zusammenhänge erhellt werden, warum in dem einen Fall kaum Schutzmaßnahmen erforderlich sind, in einem anderen Fall dagegen ein erheblicher Aufwand getrieben werden muß.
Näheres finden Sie u. a. in dem neuen Handbuch "Laser-Strahlenschutz" /1/.
Primär bedeutet Strahlensicherheit beim Lasereinsatz: Schutz des Augenlichtes. Insbesondere Schädigungen an der Netzhaut (Retina) sind irreparabel.
Neben der Strahlensicherheit ist selbstverständlich die elektrische Sicherheit ebenfalls von Bedeutung. Nicht wenige Laser arbeiten mit Hochspannung. Die Anforderungen an die elektrische Ausrüstung sind in DIN VDE 0836/02.77 geregelt.
Vom Einsatz eines Lasergerätes bzw. einer -anlage her lassen sich bez. des Strahlenschutzes grob zwei Fälle unterscheiden.
Im ersten erlaubt es der Arbeitsprozeß, den Laserstrahl so zu führen, daß ein engerer Bereich nicht verlassen werden muß. Dies bedeutet generell eine leichtere Kontrolle der Strahlführung und -abdeckung. Die mit den - später beschriebenen - Laserklassen verbundenen apparativen Anforderungen an die Geräte und organisatorischen Anforderungen beim Betreiben derselben reichen im allgemeinen aus, und der mit den Sicherheitsmaßnahmen vertraut zu machende Personenkreis ist in der Regel klein und kann leicht geschützt werden, z. B. durch Laserschutzbrillen.
Dieser Fall liegt wohl überwiegend beim Einsatz von Lasergeräten in der Fertigungstechnik vor, wie er Gegenstand dieser Vortragsreihe ist.
Wesentlich schwieriger stellt sich für die Einhaltung der Sicherheit die Situation dar, wenn für die durchzuführende Aufgabe der freie

Laserstrahl benötigt wird und dies u. U. noch über einen größeren Raumwinkel.

Welche Eigenschaften sind es nun, die Laser gegenüber anderen optischen Strahlern auszeichnen und die für den Schutz vor Laserstrahlen einen bisher in der Optik unbekannten Aufwand notwendig machen? Eine dieser besonderen Eigenschaften ist die hohe Leistungs- und Energiedichte, die die Laserstrahlung erreichen kann. Diese hohe Energiedichte bleibt infolge der geringen natürlichen Strahldivergenz beim Laser auch über größere Entfernungen erhalten.

Der nächste wichtige Parameter ist die Wellenlänge, mit der ein Laser strahlt. Der optische Spektralbereich ist definiert von 100 nm bis 1000 µm Wellenlänge, wobei der sichtbare Bereich sich von 400 bis 700 nm erstreckt. Für den gesamten Spektralbereich stehen praktisch Laser zur Verfügung, und die Ausweitung auf den Röntgenbereich wird ebenfalls nicht mehr lange auf sich warten lassen.
Warum die Wellenlänge eine wichtige Größe ist, geht aus dem Aufbau unseres Auges hervor. Entscheidend ist nun, an welcher Stelle des Auges die Absorption stattfindet. Bild 1 zeigt vereinfacht die optische Durchlässigkeit (Kurve 1) der Hornhaut, Linse und Augenkammer und daraus resultierend den Teil der Strahlung, der bis zur Netzhaut gelangt. Kurve 2 zeigt parallel dazu den Teil der durchgelassenen Strahlung, der von der empfindlichen Netzhaut absorbiert und damit biologisch wirksam wird /2/.

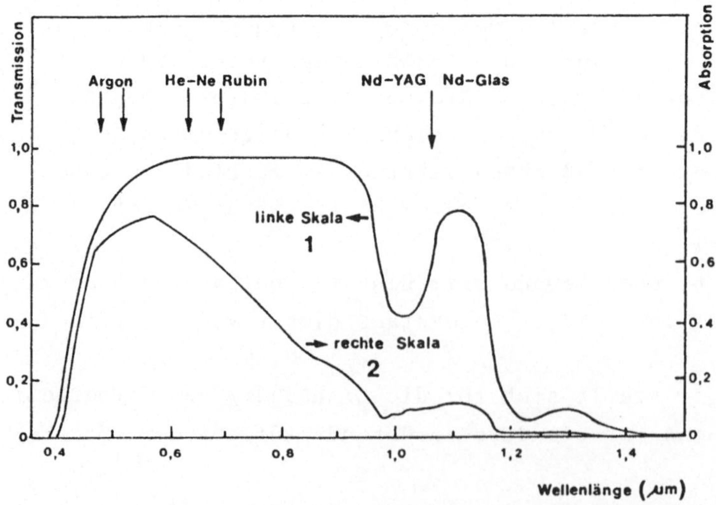


Bild 1: Spektrale Eigenschaften des menschlichen Auges

Im sichtbaren und nahen infraroten Bereich wird die Strahlung von dem Linsensystem auf die Netzhaut (Retina) fokussiert und dadurch die Leistungsdichte um Größenordnungen erhöht. Ein Strahl kann im ungünstigsten Fall auf einen Fleck von 10 bis 20 µm auf der Netzhaut fokussiert werden. Dies entspricht einer Steigerung der Leistungsdichte um den Faktor bis zu 500.000 und damit einer entsprechend höheren möglichen Schädigung. Daraus wird ersichtlich, daß die maximal zulässigen Bestrahlungswerte in diesen beiden Wellenlängenbereichen wesentlich niedriger sein müssen.

Der dritte wichtige Parameter ist die Dauer der Immission. Man unterscheidet kontinuierlich strahlende Laser und Pulslaser. Bei letzteren kann wiederum die Impulsfolge gleichabständig oder stochastisch sein. All dies geht in die sicherheitstechnische Bewertung eines Lasers ein.

Dies alles wird in den Tabellen mit den sogenannten "Maximal zulässigen Bestrahlungswerten" für die Exposition der Augen oder der Haut und einem Bewertungsschema, das man auf die vor Ort ermittelten Strahlparameter anwendet, berücksichtigt /3, 4/. Bild 2 zeigt, wie kompliziert der Verlauf der Grenzwerte in Abhängigkeit von der Wellenlänge und der Immissionsdauer ist.

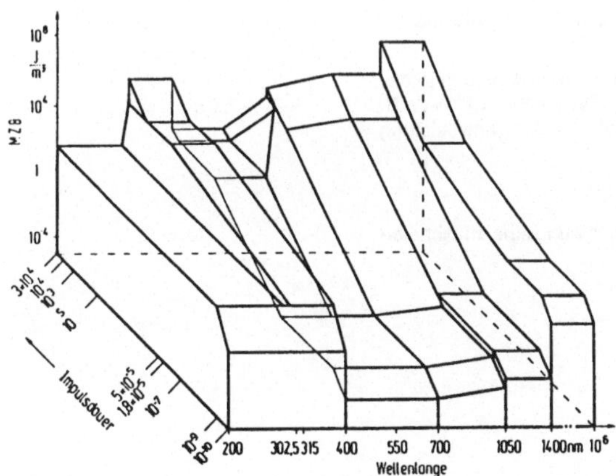


Bild 2: Grenzwerte für die "Maximal zulässige Bestrahlung" (MZB-Werte) /1/

Es ist leicht einzusehen, daß für die Praxis vereinfacht eine Einteilung der Laser bez. der Strahlensicherheit vorgenommen werden muß, die indirekt die vielen oben angesprochenen Faktoren berücksichtigt und es gestattet, die Schutzmaßnahmen weitgehend an dieser Einteilung zu orientieren.

Dies leisten die Laserklassen /3/, die auch von der Unfallverhütungsvorschrift (UVV) "Laserstrahlung" (VBG 93) übernommen worden sind /5/. Die Klassifizierung eines Lasers wird vom Hersteller durchgeführt.

Bild 3 zeigt die Zusammenhänge mit Beispielen für kontinuierlich strahlende Laser im sichtbaren Wellenlängenbereich.

Laser werden in 5 Klassen eingeteilt. Der Klasseneinteilung liegen folgende Überlegungen zugrunde:

**Klasse 1** – ungefährlich für das menschliche Auge

**Klasse 2** – ungefährlich für das menschliche Auge bei kurzzeitiger Exposition durch Lidschlußreflex (Blick in den Strahl bis zu 0,25 s)

**Klasse 3A** – ungefährlich für das menschliche Auge bei Bestrahlungszeiten bis 0,25 s, gefährlich für das menschliche Auge bei Verwendung von optischen Instrumenten, die den Strahldurchmesser verkleinern

**Klasse 3B** – gefährlich für das menschliche Auge und in besonderen Fällen für die Haut

**Klasse 4** – s e h r gefährlich für das menschliche Auge und gefährlich für die menschliche Haut. Brandgefahr!

Die Klasseneinteilung hat durch den Hersteller zu erfolgen. Hierzu einige Beispiele für die kontinuierliche strahlende Laser, die nur sichtbare Laserstrahlung aussenden (Wellenlängenbereich 400–700 nm). (1 nm = nanometer = $^{1}/_{1000.000}$ mm)

Klasse 1: Im Wellenlängenbereich 400–550 nm Laser mit einer Leistung bis $0{,}39 \cdot 10^{-6}$W.

Im Wellenlängenbereich 550–700 nm Laser mit einer Leistung in Abhängigkeit von der Wellenlänge von $0{,}39 \cdot 10^{-6}$W bis $69 \cdot 10^{-6}$W (z. B. für He-Ne-Laser, Wellenlänge 632,80 nm zulässige Ausgangsleistung $6{,}9 \cdot 10^{-6}$W).

Klasse 2: Laser mit einer Ausgangsleistung bis zu $10^{-3}$W.

Klasse 3A: Laser mit einer Ausgangsleistung bis zu $5 \cdot 10^{-3}$W und einer maximalen Leistungsdichte von $2{,}5 \cdot 10^{-3}$W/cm$^2$.

Klasse 3B: Laser mit einer Leistung bis zu 0,5 W.

Klasse 4: Laser mit einer Leistung über 0,5 W.

Bild 3: Laser-Klassen /6/

In bezug auf die Weiterentwicklung von Schutzeinrichtungen stehen zwei Notwendigkeiten im Vordergrund:

- Begrenzung der Streustrahlung auf den engeren Arbeitsbereich des Lasers
- Strahlüberwachung durch eine Streulichtüberwachungseinrichtung oder ähnliches.

Wichtige Arbeitsschutz-Diskussionspunkte heute sind u. a. eine praxisnahe Bewertung divergenter Laserstrahlung - Laserdioden, Diodenfelder, Lichtwellenleiter.

Weit wichtiger aber ist insbesondere in der Fertigungstechnik die Schadstoffproblematik. Gefahrstoffe können einmal aus dem Lasergerät selbst frei werden (z. B. Linsen, Spiegel oder das Lasermedium). Häufiger kommen sie jedoch aus dem zu bearbeitenden Material. Chrom- und Nickelstäube und -dämpfe sind bekanntermaßen gefährlich. Mehr noch aber sind hier Stoffe zu beachten, die üblicherweise thermisch nie so hoch belastet werden, z. B. alle Kunststoffe. Auch die Schneidatmosphäre ist von Bedeutung.
Die Untersuchungen dazu stehen noch am Anfang. Die Bundesanstalt für Arbeitsschutz hat eine Untersuchung bez. legierter Stähle, anderer Metalle und Kunststoffe durchgeführt bzw. durchführen lassen /7, 8/.

Literatur

/1/ E. SUTTER, P. SCHREIBER, G. OTT: Handbuch Laser-Strahlenschutz (Springer, Berlin, Heidelberg, New York, 1989)

/2/ G. HOLZINGER, W. KROY, P. SCHREIBER, E. SUTTER: Schutz vor Laserstrahlung (Bundesanstalt für Arbeitsschutz, Dortmund; Schriftenreihe Arbeitsschutz, Nr. 14, 1978)

/3/ DIN VDE 0837: Strahlungssicherheit von Lasereinrichtungen (Beuth, Berlin 1986)

/4/ DIN 56912: Sicherheitstechnische Anforderungen für Bühnenlaser und Bühnenlaseranlagen (Beuth, Berlin 1982)

/5/ Unfallverhütungsvorschrift "Laserstrahlung" (VBG 93), Hrsg. Berufsgenossenschaft für Feinmechanik und Elektrotechnik (Carl Heymanns, Köln 1988)

/6/ ASI Information 8.70/79 (D-LAS) Disco-Laser

/7/ J. AUFFAHRT, J. GROTEHANS, J. HÄGER: Gefahrstoffe im Dampf; Humane Produktion 3/89, S. 22

/8/ F.-W. BACH, T. VINKE, J.-S. WITTBECKER: Ermittlung der Schadstoffemission beim thermischen Trennen nach dem Laserprinzip, Forschungsbericht der Bundesanstalt für Arbeitsschutz (im Druck)

# Medizinische Sicherheitsaspekte: Was ist zur Vermeidung von Gefährdungen des Menschen beim Einsatz von Lasern zu beachten?

G. Müller, H.-P. Berlien und R. Hagemann
Laser-Medizin-Zentrum GmbH, Berlin
Prüfstelle für Medizinische Geräte an der Freien Universität Berlin, Krahmerstraße 6-10, 1000 Berlin 45

Hieß es vor ca. 25 Jahren noch: "Der Laser ist eine Lösung auf der Suche nach einem Problem", so ist dieses Wunderkind der Technik heute ein unverzichtbares und zuverlässiges Werkzeug der modernen Produktionstechnik. In den vergangenen zehn Jahren hat eine geradezu explosionsartige Verbreitung in vielen Anwendungsgebieten stattgefunden.
Es wird gegenwärtig damit gerechnet, daß im Jahre 2000 ca. 160.000 Beschäftigte in der Bundesrepublik mit Lasern arbeiten werden. Vor dem Hintergrund dieser dynamischen Entwicklung ist es wichtig, daß sich Hersteller und Anwender über Chancen und Risiken beim Einsatzes dieser modernen Technologie im klaren sind. Insbesondere die Aspekte des Arbeitsschutzes sind dabei von eminent wichtiger Bedeutung. Es wurde daher von Anfang an versucht, den jeweils verbindlichen Stand der Technik in entsprechenden Normen festzuhalten und darüberhinaus durch Gesetze, Regelwerke und Verordnungen den Herstellern und Betreibern Anregungen und Hilfestellungen für einen gefahrlosen Einsatz zu geben. Es seien hier, das Gerätesicherheitsgesetz (1), die Medizingeräteverordnung (2) und die Unfallverhütungsvorschriften der Berufsgenossenschaften mit ihren Durchführungsanweisungen (3) erwähnt.
Die Sicherheit energetisch betriebener Geräte und Anlagen hängt nicht nur von der technischen Sicherheit des Systems ab, sondern vor allem vom qualifizierten und sorgfältigen Umgang des Benutzers mit diesen Anlagen. Hier sei auf eine Studie von KECK (4) über die Häufigkeit der Ursachen von Unfällen beim Einsatz elektromedizinischer Geräte hingewiesen. Aus dieser geht hervor, daß:
64% auf falsche Anwendung der Geräte und Leichtsinn des Bedienungspersonals,
16% auf unzureichende elektrische Installationsanlagen oder mangelnde Wartung der Anlagen,
10% auf unzulängliche Instandhaltung der Geräte und schlechte Sicherheitsinspektionen,
8% auf fehlerhafte Planung oder Konstruktion der Geräte und
2% auf unvermeidbare oder unvorhersehbare Umstände zurückzuführen sind.
Nach dem Grundsatz - Erkannte Gefahr ist gebannte Gefahr - , ist es wichtig, die Gefahrenquellen der Lasersysteme, die bei Anwendung der Laserstrahlung unter Umständen entstehenden Gefahrenquellen und die möglichen Folgen im Schadensfall aufzuzeigen. Betrachtet man zunächst die Gefahrenquellen, so ist es sinnvoll zwischen primären und sekundären zu unterscheiden. Die primäre Gefahrenquelle stellt der Laserstrahl selbst dar. Die sekundären unterteilt man nochmals in direkte und indirekte, wobei man unter den direkten Gefährdungsmöglichkeiten solche versteht, die durch die Existenz des Gerätes selbst und beim Betrieb des Gerätes entstehen können. Sekundäre indirekte Gefahrenquellen sind solche, die beim Anwendungsprozeß entstehen (Tabelle 1).

Tabelle 1: Klassifizierung der Gefährdungsmöglichkeiten von Lasersystemen

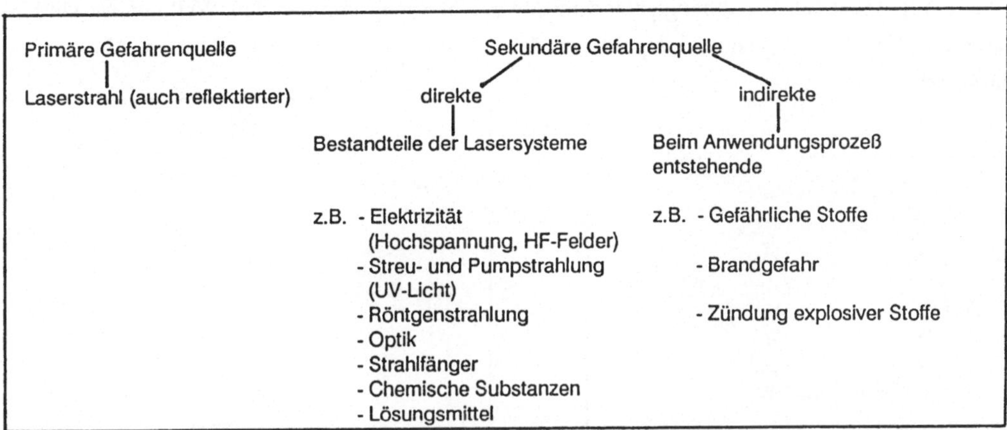


Betrachtet man den gefährdeten Personenkreis bei industriellen Laseranlagen, so sind die Facharbeiter die größte Gruppe, da sie im Produktionsprozeß die Anlagen bedienen. Hier ist jedoch auch der größtmögliche Schutz durch bauliche und apparative Sicherheitsmaßnahmen und qualifizierte Ausbildung möglich. Ein von der Anzahl kleinerer Personenkreis sind die Einrichter und Service-Techniker, die einem deutlich größeren Gefahrenpotential ausgesetzt sind, da sie von der Art ihrer Tätigkeit her häufig Sicherheitsmaßnahmen außer Kraft setzen müssen. Um Unfälle zu vermeiden, sollten sie über einen deutlich höheren Ausbildungsstandard verfügen. Eine noch kleinere, aber umso stärker gefährdete Personengruppe ist beim Hersteller von Laseranlagen zu finden, die Entwickler und Monteure der Anlagen, die zwar persönliche Schutzmaßnahmen ergreifen können, im übrigen aber dem vollen Risiko ausgesetzt sind.

Beim Einsatz von Lasern in der Medizin ergeben sich viele sicherheitstechnische Probleme, die sich bei industriellen Anlagen, wo man die Geräte so abschirmen kann, daß keine Laserstrahlung nach außen dringt, nicht stellen.

Aus arbeitsmedizinischer Sicht ist die Art der Gefährdung von Bedeutung. Die primäre Gefahrenquelle, der Laserstrahl, betrifft vor allen Dingen mögliche Schädigungen des Auges und der Haut. Die sekundären Gefahrenquellen sind, wie aus Tabelle 1 hervorgeht, nicht laserspezifisch. Die Folgen im Schadensfall sind unterschiedlichster Art. Es können unter anderem Vergiftungen, Zerstörungen durch Explosionen und Brände auftreten.

Im folgenden soll auf diese möglichen Gefährdungen näher eingegangen und Hinweise zu ihrer Vermeidung gegeben werden.

Vergleicht man eine konventionelle Lichtquelle mit einem Laser, so ist ersichtlich, worin der für eine mögliche Gefährdung wesentliche Unterschied besteht: Die konventionelle Lichtquelle strahlt in den Vollraum ab, der Laser in einem sehr kleinen Raumwinkel. Dadurch sind beim Laser extrem hohe Leistungsdichten vorgegeben. Das hat zur Folge, daß auch reflektierte oder remittierte Strahlung gefährlich sein, und die Strahlung auch noch in sehr weiter Entfernung von der Quelle Schäden verursachen kann. Die mögliche Schädigung ist abhängig von der Leistung der Strahlung, der Wellenlänge und der Einwirkzeit des Laserlichtes sowie vom Absorptionsverhalten des bestrahlten Materials. Abbildung 1 zeigt das Eindringverhalten elektromagnetischer Strahlung in das Auge. Strahlung aus dem sichtbaren Bereich und angrenzenden nahen Infrarot kann die Retina gefährden, UV- und IR-Strahlung hingegen die Linse und die Cornea. Die möglichen Augenschäden in Abhängigkeit von der zur Wirkung kommenden Wellenlänge sind zusammen mit dem Transmissionsspektrum der optisch klaren Augenmedien in Abbildung 2 dargestellt.

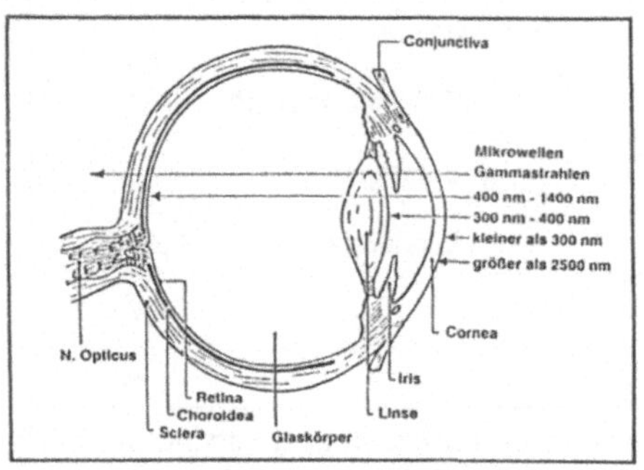


Abb. 1: Eindringtiefe elektromagnetischer Strahlung ins Auge

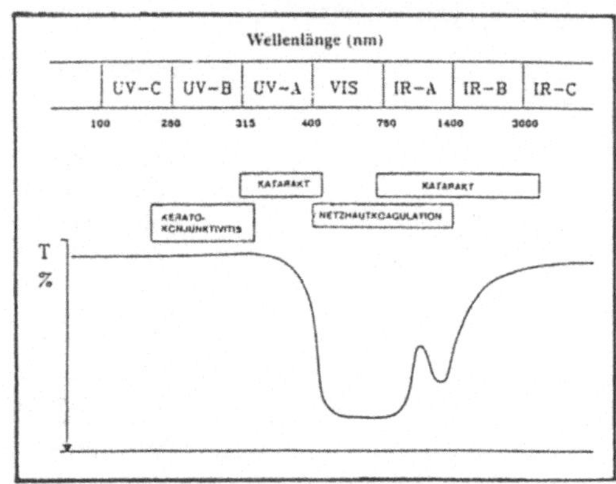


Abb. 2: Tranmissions der optisch klaren Augenmedien u. Augenschäden in Abhängigkeit von der Wellenlänge

Die größte Gefahr für das Auge geht von Lasern mit sehr hohen Energiedichten und von Lasern, die im sichtbaren und nahen Infrarot (400 nm - 1400 nm) strahlen, aus. Bei diesen wird die Strahlung von den lichtbrechenden Augenmedien auf die Retina fokussiert und bei Expositionen oberhalb der kritischen Leistungsdichte kommt es zur Netzhautkoagulation. Hohe Energiedichten bewirken eine Gewebeverdampfung und Eröffnung des Auges. Um das auftretende Risiko zu verdeutlichen, ist in Abbildung 3 die auf der Retina absorbierte Strahlungsdichte bei der üblicherweise auf die Retina projezierten Bildgröße der jeweiligen Strahlungsquelle dargestellt. Zusätzlich eingetragen sind Grenzwerte (in der Abbildung mit "a" gekennzeichnete Linie) der maximal zulässigen Bestrahlungsstärke unter Berücksichtigung des Lidschlußreflexes. Es wird deutlich, daß ein 1 mW He-Ne-Laser, der oft als Pilotlaser verwendet wird,eine höhere Leistungsdichte erreicht als bei einem Blick in die Sonne erzeugt werden kann. Die Folge einer Netzhautkoagulation ist ein Ausbleiche der bestrahlten Stelle, die nach einigen Wochen in eine bräunlich pigmentierte Narbe übergeht und in diesem Stadium nicht mehr von einer Narbe, hervorgerufen durch eine Entzündung, zu unterscheiden ist. Deshalb wurden auch die früher üblichen regelmäßigen Augenun tersuchungen für Personen, die mit Lasern arbeiten, abgeschafft. Im Schadensfall sollte auf schnellstem Wege eine Untersuchung in einer Augenklinik erfolgen, um den Schaden begutachten und dokumentieren und um die in diesem Fall geringen therapeutischen Möglichkeiten rechtzeitig anwenden zu können. Die Auswirkung eines Netzhautschadens auf das Sehvermögen hängt vom Ort der Schädigung ab. Eine drastische Verminderung der Seh-

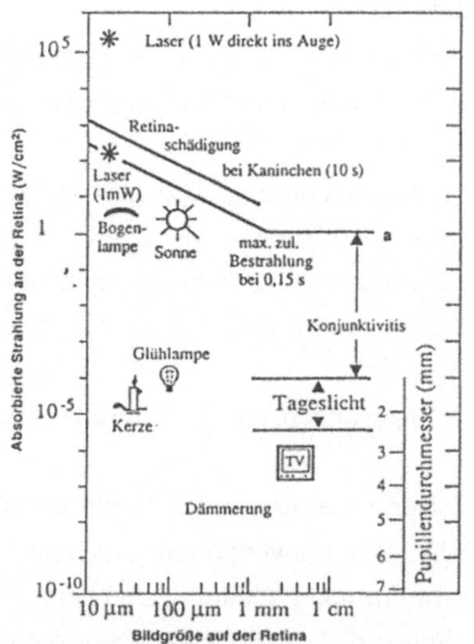


Abb. 3: An der Retina absorbierte Leistungsdichte in Abhängigkeit von der Bildgröße auf der Retina für einigeStrahlungsquellen

kraft tritt bei direktem Blick in den Laserstrahl auf, denn in diesem Fall wird der Strahl auf den Gelben Fleck, dem Zentrum der Netzhaut, fokussiert. Je weiter die Schädigung vom Gelben Fleck entfernt ist, desto geringer ist die Beeinträchtigung des Sehvermögens. Um diese Risiken zu vermeiden, ist die Verwendung von Schutzbrillen, unabdingbar und auch in den entsprechenden Unfallverhütungsvorschriften und Normen zwingend vorgeschrieben, wobei allerdings das Problem besteht, daß die derzeitigen Normen und Vorschriften lediglich auf einen Vollschutz für die Wirkstrahlung abheben und mögliche Gefährdungen durch Sekundär- und Streustrahlung in anderen Spektralbändern häufig unterschätzt werden. Hier wäre die Entwicklung intelligenter Schutzbrillen wünschenswert, die über Sensoren zur akustischen Warnung des Trägers bei Überschreiten vorher eingestellter, maximal zulässiger Bestrahlungswerte geeignet sind. Gleichzeitig ist es nach dem Stand der Technik möglich, über diese Sensoren auch eine zusätzliche Absorptionswirkung der Brillen zu schalten, wie dies heute beispielsweise bereits bei aktiven Schutzfiltern in der Schweißtechnik üblich ist.

Im Gegensatz zur Schädigung der Augen durch den direkten oder reflektierten Laserstrahl, die nahezu in allen Fällen irreversibel ist, sind Schädigungen der Haut bis hin zu offenen Verletzungen in aller Regel reversibel und daher von der Gefährlichkeit nicht so hoch einzustufen wie Augenschäden. Grundsätzlich muß man zwischen photochemischen und thermischen Wirkungen von Strahlung auf das Gewebe unterscheiden. Abbildung 4 gibt eine Übersicht über die Eindringtiefe von Strahlung in humanes Gewebe mit den Bereichen, in denen die häufigsten Schädigungen auftreten können. Da humanes Gewebe auch optische Eigenschaften wie Reflexionsvermögen, Transmission und Absorption besitzt, sei an dieser Stelle daran erinnert, daß Verbundwerkstoffe und heterogene mit Textur behaftete Materialien, wie es humanes Gewebe ist, auch hohe Streukoeffizienten besitzen, was zu einer erheblichen Remission von Strahlung führen kann. Ähnliche Werte sind auch von Verbundwerkstoffen, Schaumstoffen und textilen Geweben zu erwarten. Die thermischen Schädigungen der Haut beruhen im wesentlichen auf einer direkten Umwandlung der absorbierten Strahlung in Wärme. Die Temperaturerhöhung kann von der Denaturierung der Proteine über das Verdampfen bis zur pyrolytischen Zersetzung des Gewebes führen. Dabei ist die Einwirkdauer der erhöhten Temperatur ein wesentlicher Parameter, wie aus der Abbildung 5 deutlich wird.

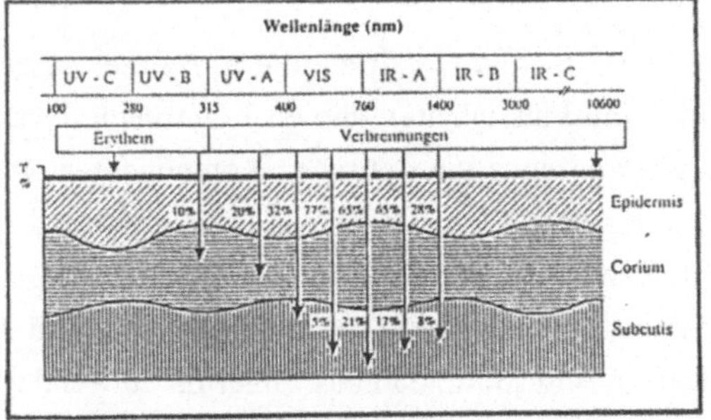


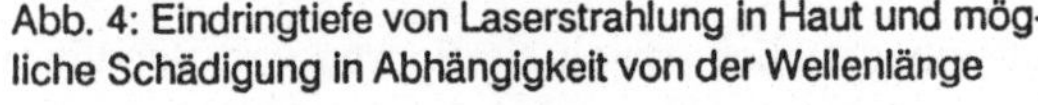
Abb. 4: Eindringtiefe von Laserstrahlung in Haut und mögliche Schädigung in Abhängigkeit von der Wellenlänge

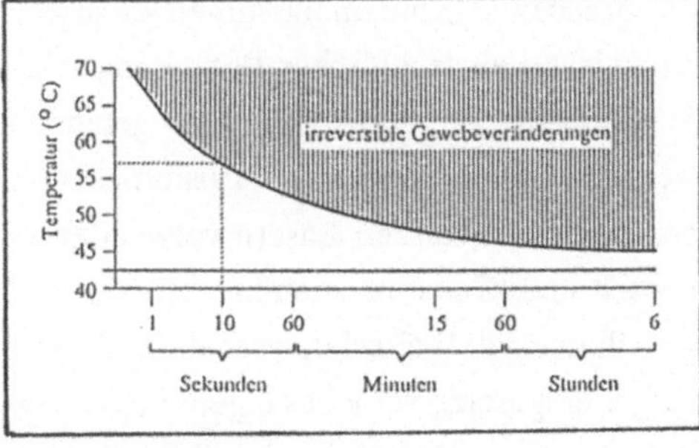


Abb. 5: Einfluß von Temperatur und Einwirkdauer auf die irreversible Gewebezerstörung

An dieser Stelle sei zusammenfassend auf die maximal zulässigen Bestrahlungswerte (MZB-Werte) nach der DIN 58837 hingewiesen (5). Was die in aller Regel bei Laseranlagen zur Anwendung kommenden DIN-Normen und Unfallverhütungsvorschriften nicht bzw. nur ungenügend berücksichtigen, sind Wirkungen, die durch photochemische Reaktionen hervorgerufen werden können. Dies betrifft auch die mutagene Wirkung von UV-Strahlung und mögliche direkte photochemische Reaktionen von systemischen oder Kontaktphotosensitizern. Wenn auch derzeit noch keine Schwellenwerte für derartige Risiken verbindlich festgelegt sind, so gilt es jedoch mindestens beim Einsatz von starken UV-Strahlern, dieses potentielle Risiko zu beachten, und es wäre wünschenswert, wenn die Gesetzgeber bzw. die entsprechenden Aufsichtsorgane auf eine schnellstmögliche Quantifizierung dieses Gefahrenspotentials hinarbeiteten.

Gemeinsam allen vorstehend genannten Gefährdungen und den ursächlichen Wirkungsprinzipien der Laserstrahlung im Gewebe, sei es Auge oder Haut, ist leider die Tatsache, daß keine verbindlichen Dosis-Wirkungs-Beziehungen bekannt, und keine entsprechenden Meßsysteme, wie sie im Bereich ionisierender Strahlung zum Stand der Technik gehören, zur Bestimmung der Wirkdosis verfügbar sind. Hier besteht ein wichtiger Nachholbedarf im Bereich von Forschung und Entwicklung, um auf diesem Gebiet eine solide Wissens- und damit Rechtsgrundlage zu schaffen. Der rein physikalische Begriff einer Dosis allein, wie er beispielsweise im § 3.2 der MedGV niedergelegt ist oder der Begriff der Strahlungsstärke in der DIN 58837, ist kein ausreichend genau definiertes Maß, um die verschiedenen Wirkungen auf Gewebe zu beschreiben.

Überwiegend wird die Strahlung in Lasern aus elektrischer Energie erzeugt. Die Anforderungen an die elektrischen Bauteile und Ausführungen sind in der DIN 58836-Bestimmung für die elektrische Sicherheit von Lasergeräten und -anlagen - festgelegt (6).

Die größte Gefährdung geht von Lasern aus, die mit Hochspannung betrieben werden. Bei diesen Geräten ist konstruktionsmäßig sicherzustellen, daß bei Zerstörung von Teilen (Kondensatorbank, optisches Pumpsystem) keine Gefahren in bezug auf unzulässige Berührungsspannungen an der Anlage auftreten.

Neben Fragen der elektrischen Sicherheit ist die direkte und indirekte Wirkung der nichtkohärenten Pumpstrahlung zu beachten. Sicherheitstechnisch ist diese wie die Laserstrahlung zu behandeln und man kann zur Ermittlung der maximal zulässigen Bestrahlung die MZB-Werte für Laserstrahlung zugrundelegen. Werden die Grenzwerte überschritten, so muß die Pumpstrahlung durch ein Schutzgehäuse eingeschlossen werden. Wird bei der Laseranwendung Sekundärstrahlung hoher Leistungsdichte frei, wie z.B. beim Schneiden und Schweißen von Metallen, so sind entsprechende Schutzmaßnahmen vorzusehen.

Von sicherheitstechnischer Bedeutung sind auch die stofflichen Gefahren, die vom Laser ausgehen. Hierzu gehören toxische bzw. gefährliche Gase und Flüssigkeiten, die als Lasermedium verwendet werden (Excimer-, Farbstofflaser). Dazu gehören auch die optischen Komponenten, wie sie in leistungsstarken Lasern verwendet werden. Sie bestehen aus Materialien, die größtenteils toxisch sind. Genannt seien hier Zinkselenid, Galliumarsenid, Germanium, Cadmiumtellerid und Berylliumoxyd. Weiterhin werden im Bereich der industriellen Materialbearbeitung häufig Strahlfänger eingesetzt, wobei es eigentlich selbstverständlich sein sollte, daß das früher oft verwendete Asbest nicht mehr eingesetzt wird. Aber auch die darüberhinaus verwendeten Materialien, wie Naturstein, Schamott oder Tonziegel, sind nicht unbedenklich soweit sie Spuren von Beryllium, das als krebserregend eingestuft wird, enthalten und beim Anschmelzen und Aufglasieren zu recht guten Spiegeln werden können und dann den Laserstrahl reflektieren. Hier ist sicherlich die Entwicklung dynamischer, sich selbst regenerierender Strahlfänger ein zukünftige Aufgabe.

Erwähnt werden sollen ebenfalls die sich noch im Experimentierstadium befindlichen Lichtleitfasern für Wellenlängenbereiche im Infraroten, die wie die in diesem Bereich verwendeten Linsen auch aus toxischen Materialien bestehen.
Es sollten seitens der Laserhersteller Angaben gemacht werden, wie die sachgerechte Behandlung und Entsorgung der Stoffe erfolgen sollte und welche Vorsichtsmaßnahmen im Störungsfall zu treffen sind.
Neben diesen, vom Laser selbst ausgehenden Gefahren, entstehen bei vielen Anwendungsprozessen toxische und möglicherweise karzinogene Stoffe. Als Beispiel sei hier das Schneiden genannt. Dabei wird das zu bearbeitende Material extremen thermischen Belastungen ausgesetzt, und es sollte geklärt werden, welche gefährlichen Stoffe bei den verschiedenen Materialien entstehen. Die Verpflichtung zu diesen Untersuchungen ergeben sich aus dem Chemikaliengesetz und der Gefahrstoffverordnung. Ermittelt wurden neben den Kohlenstoffoxyden auch nitrose Gase, Fluorwasserstoff, Ozon, Salzsäure und Phosgen sowie Schwermetall-Aerosole.
Als Schutzmaßnahmen sind geeignete Absaugvorrichtungen einzusetzen, so daß eine mögliche Überschreitung von MAK-, BAT- und TRK-Werten verhindert wird.
Neben diesen stofflichen Gefahren besteht beim Einsatz leistungsfähiger Laser immer eine latente Brand- und Explosionsgefahr. Dies gilt sowohl im Anwendungsbereich medizinischer Lasersysteme als auch im Bereich der Materialbearbeitung.
In aller Regel erfolgt die Entzündung von Flüssigkeiten und Gasen bei Dauerstrich-Lasersystemen nicht primär durch die Laserstrahlung, sondern erst sekundär durch die Aufheizung der Umgebung, die dann als Zünder wirkt. Lediglich bei Verwendung gepulster Lasersysteme, die im Bereich des optischen Durchbruchs und der Plasmabildung arbeiten, ist eine primäre Zündgefahr gegeben. Zur besseren Klassifizierung dieser Gefahrenpotentiale ist es empfehlenswert, in die bestehenden Normen und Richtlinien über Entzündbarkeit von Materialien und Flammpunkten die Zündschwellen bei Beaufschlagung mit Laserstrahlung unterschiedlicher Wellenlänge aufzunehmen.
Viele der vorstehend beschriebenen Gefährdungsarten sind bereits weitgehend in den bestehenden Unfallverhütungsvorschriften und Normen erfaßt. Jedoch sind die Erarbeitung einer Dosimetrie der Laserstrahlung in allen Spektralbereichen für die jeweiligen Wirkmechanismen sowie die Festlegung von Gefahrenklassen von Werk- und Arbeitsstoffen bei Beaufschlagung mit Laserstrahlung noch wichtige, zu bearbeitende Fragestellungen.

Literatur.

(1) Gesetz über technische Arbeitsmittel (Gerätesicherheitsgesetz) vom 24.6.68, zuletzt geändert am 18.2.86, BGBl.I, S. 272, Bundesanzeiger-Verlag Köln, Köln 1986
(2) Verordnung über die Sicherheit medizinisch-technischer Geräte (Medizingeräteverordnung-MedGV) vom 14.1.85, BGBl. I, S. 93, Bundesanzeiger-Verlag Köln, Köln 1985
(3) Unfallverhütungsvorschrift "Laserstrahlung" (VGB 93), Ed. Berufsgenossenschaft für Feinmechanik und Elektrotechnik, 1.4.1988
(4) G. Keck, Sicherheit und Instandhaltung medizinischer Geräte von der Sicht der Krankenhausverwaltung, Das Krankenhaus 1982, S. 63
(5) DIN 57837: Strahlungssicherheit von Lasereinrichtungen, Beuth-Verlag, Berlin, 1986
(6) DIN 57836 (VDE 0836): VDE-Bestimmung für die elektrische Sicherheit von Lasergeräten und -anlagen, Beuth-Verlag, Berlin, 1977

# Stand und Entwicklung berufsgenossenschaftlicher Vorschriften in der Lasersicherheit

Dipl.-Phys. Rüdiger Peuker
Berufsgenossenschaft der Feinmechanik und Elektrotechnik
5000 Köln 51

Von den gewerblichen Berufsgenossenschaften erlassene Unfallverhütungsvorschriften sind autonome Rechtsnormen und für die bei der jeweiligen Berufsgenossenschaft versicherten Unternehmen verbindlich, d. h. sie sind von Unternehmern und Beschäftigten zwingend zu beachten. Die Unfallverhütungsvorschriften sind so aufgebaut, daß generelle Anforderungen in Basis-Unfallverhütungsvorschriften geregelt sind, die durch spezielle Unfallverhütungsvorschriften, wie z. B. im Falle des Schutzes vor Laserstrahlung, ergänzt werden.

Eine Unfallverhütungsvorschrift besteht aus dem eigentlichen Vorschriftenteil und den Durchführungsanweisungen. Die Durchführungsanweisungen sind beispielhafte Regelungen, von denen abgewichen werden darf, wenn das im Vorschriftenteil genannte Schutzziel auf andere Art und Weise erreicht werden kann. In den Durchführungsanweisungen kann auf allgemein anerkannte Regeln der Technik, wie z. B. DIN-Normen, VDE-Bestimmungen oder VDI-Richtlinien verwiesen werden.

Bereits mit den ersten Anwendungen von Laserstrahlen im Labor Ende der 60er Jahre wurde den Gefährdungsmöglichkeiten durch Laserstrahlung seitens der Berufsgenossenschaften die gebührende Aufmerksamkeit geschenkt. So wurde zunächst ein Merkblatt für die Anwendung von Laserstrahlung erarbeitet, aus dem 1973 die Unfallverhütungsvorschrift "Laserstrahlen" (VBG 93) entstand.

In dieser Unfallverhütungsvorschrift wurden insbesondere Forderungen hinsichtlich baulich-technischer Schutzmaßnahmen (z. B. grundsätzliche Anforderungen an die Lasereinrichtung selbst und an die Bereiche, in denen Lasereinrichtungen betrieben werden), hinsichtlich der organisatorischen Schutzmaßnahmen (z. B. erforderliche Anmeldung, Bestellung von Laserschutzbeauftragten, Unterweisung der Beschäftigten) und an persönliche Körperschutzmittel (z. B. Verwendung von Laserschutzbrillen im Laserbereich) aufgenommen. Außerdem wurden ärztliche Vorsorgeuntersuchungen für Beschäftigte in Laserbereichen vorgesehen.

Das Unfallgeschehen ist nicht zuletzt dank dieser Maßnahmen erfreulicherweise sehr gering geblieben. Seit Inkrafttreten der UVV im Jahre 1973 sind nur sehr wenige Schäden bekannt geworden. Dabei handelt es sich ausschließlich um Vorfälle mit Hochleistungs-Lasern in Forschung, Labor und Entwicklung bzw. bei Instandhaltung. Das geringe Unfallgeschehen war einer der Hauptgründe, die bei einem ersten Nachtrag zur UVV im Oktober 1984 dazu führten, daß die ärztlichen Vorsorgeuntersuchungen ersatzlos entfallen konnten.

Ein weiterer wichtiger Gesichtspunkt, der zur Überarbeitung der UVV führte, war die auch internationale Einführung von Laserklassen in Abhängigkeit von der zugänglichen Laserstrahlung. Lasereinrichtungen werden in Klassen mit aufsteigendem Gefährdungsgrad eingeteilt: von Klasse 1 (völlig ungefährlich) bis Klasse 4 (sehr gefährlich). Je nach Klasse müssen bestimmte Schutzeinrichtungen vom Hersteller vorgesehen werden und entsprechende Kennzeichnungen vorgenommen werden. Mit der Einführung der Laserklassen und den weiterentwickelten Grenzwerten für die maximal zulässige Bestrahlung wurde eine grundlegende Überarbeitung der UVV erforderlich. Die neue Unfallverhütungsvorschrift "Laserstrahlung" ist zum 1.4.1988 inkraft getreten.

Der Geltungsbereich erstreckt sich gemäß § 1 auf alle Möglichkeiten des Auftretens von Laserstrahlung, also z. B. auch auf Übertragung von Laserstrahlung. Zur Anwendung von Laserstrahlung gehören nicht nur die bestimmungsgemäße Verwendung, sondern auch die Erprobung und Instandhaltung von Lasereinrichtungen.

In § 1 wurde weiterhin auf Wunsch des Arbeitsministerium der Hinweis aufgenommen, daß die Vorschriften der Medizingeräte-Verordnung unberührt bleiben. Die Medizingeräte-Verordnung umfaßt neben Forderungen zum Schutz des medizinischen Personals - das ja auch durch die UVV geschützt werden soll - zusätzliche Anforderungen für den Schutz der Patienten. In den Begriffsbestimmungen des § 2 werden zunächst die Klassen der Lasereinrichtungen mit aufsteigendem Gefährdungsgrad von Klasse 1 bis zur Klasse 4 definiert. Diese Laserklassen stimmen mit den Laserklassen nach DIN VDE 0837 überein. Eine kurze Übersicht zur Klasseneinteilung zeigt die nachfolgende Tabelle.

| Klasse | gefährlich für Auge direkt | gefährlich für Auge diffus | Haut | Brand Gefahr | Wellenlängen-Bereich | zusätzliche Bedingungen |
|---|---|---|---|---|---|---|
| 1 | nein | nein | nein | nein | UV - IR | 8 h (1000 s) |
| 2 | (nein) | nein | nein | nein | sichtbar | 0,25 s Lidschlußreflex |
| 3 A | (nein) | nein | nein | nein | sichtbar | 0,25 s Lidschlußreflex u. keine opt. Instrum. |
| | (nein) | nein | nein | nein | unsichtbar | 8 h (1000 s) u. keine opt. Instrum. |
| 3 B | ja | (nein) | (nein) | (nein) | UV - IR | |
| 4 | ja | ja | ja | ja | UV - IR | |

In den Begriffsbestimmungen sind ferner die Grenzwerte der zugänglichen Strahlung (GZS), die maximal zulässige Bestrahlung (MZB) und der Laserbereich definiert. Die Grenzwerte der zugänglichen Strahlung (GZS) sind die Maximalwerte zugänglicher Strahlung, die innerhalb der jeweiligen Klasse zugelassen sind. Die maximal zulässige Bestrahlung (MZB) ist der Grenzwert für Laserstrahlung, dem Personen unter üblichen Umständen ausgesetzt werden dürfen, ohne daß schädliche Folgen eintreten. Die MZB sind abhängig von der Wellenlänge der Strahlung, der Impulsdauer bzw. Expositionszeit, der Art der exponierten Organe (Auge bzw. Haut) und der Größe des Bildes auf der Netzhaut bei Strahlung im sichtbaren und im nahen Infrarot-Bereich (400 -1.400 nm). Der Laserbereich ist demnach ein Bereich, in welchem die Werte für die maximal zulässige Bestrahlung überschritten werden können.

Bei den Bau- und Ausrüstungsbestimmungen wird im § 3 der Unternehmer als Adressat der UVV genannt. In diesem Zusammenhang soll auch auf § 5 der UVV "Allgemeine Vorschriften" (VBG 1) hingewiesen werden, wonach der Unternehmer bei Auftragserteilung zur Lieferung technischer Arbeitsmittel schriftlich aufzugeben hat, daß das Arbeitsmittel den für ihn geltenden Unfallverhütungsvorschriften und im übrigen den allgemein anerkannten sicherheitstechnischen und arbeitsmedizinischen Regeln zu entsprechen hat.

Nach § 4 müssen Lasereinrichtungen den Klassen 1 bis 4 zugeordnet und entsprechend gekennzeichnet sein. Hinsichtlich der Einzelheiten des Verfahrens der Klassifizierung und Kennzeichnung wird in den Durchführungsanweisungen auf DIN VDE 0837 als zubeachtende Regel der Technik Bezug genommen. Die Klassifizierung ist eine Aufgabe des Herstellers der Lasereinrichtung und wird deshalb in der UVV nicht detailliert behandelt. Die Kennzeichnung einer Lasereinrichtung hängt von der Laserklasse ab. Laser der Klasse 1 sind nur mit einem Hinweisschild mit der Aufschrift "Laser Klasse 1" zu versehen. Lasereinrichtungen der übrigen Klassen werden mit Laserwarnzeichen und einem Hinweisschild gekennzeichnet. Dieses Hinweisschild weist auf Laserstrahlung hin, enthält in Abhängigkeit der Klasse Warnhinweise und nennt die Laserklasse. § 4 enthält weiterhin hinsichtlich des unbeabsichtigten Strahlens und des Schutzes vor anderen erzeugten Strahlen, wie z. B. UV-, HF- - oder Röntgen-Strahlung, entsprechende Forderungen.

Im Kapitel "Betrieb" wird nunmehr zwischen gemeinsamen Bestimmungen und zusätzlichen Bestimmungen für besondere Anwendungen unterschieden. In den Betriebsbestimmungen ergeben sich Erleichterungen für Lasereinrichtungen der Klassen 1, 2 oder 3A.

So besteht im § 5 die Anmeldepflicht nur noch für Lasereinrichtungen der Klassen 3B oder 4. Auch die schriftliche Bestellung von Sachkundigen als Laserschutzbeauftragten gemäß § 6 ist nur für den Betrieb von Lasereinrichtungen der Klassen 3B oder 4 erforderlich. Die dem Laserschutzbeauftragten vom Unternehmer zu übertragenden Aufgaben werden eindeutiger gefaßt und in den Durchführungsanweisungen umfassend erläutert. Es ist festzustellen, daß die UVV nunmehr als Mindestanforderung eine beratende und überwachende Funktion des Laserschutzbeauftragten festlegt. Allerdings ist durchaus auch das Modell des verantwortlichen Laserschutzbeauftragten möglich, indem der Unternehmer im Rahmen der Pflichtenübertragung weitere Pflichten auf den Laserschutzbeauftragten delegiert. Um auch kleineren Betrieben, in denen der Unternehmer u. U. die einzige Person ist, die von der Sachkunde her geeignet ist, die Funktion des Laserschutzbeauftragten auszufüllen, gerecht zu werden, wurde zusätzlich in den § 6 aufgenommen, daß der Unternehmer dann keinen Laserschutzbeauftragten zu bestellen hat, wenn er selbst sachkundig ist und den Betrieb der Lasereinrichtungen selbst überwacht. Hinsichtlich der Ausbildung des Laserschutzbeauftragten wird eine Teilnahme an einem berufsgenossenschaftlichen oder von der Berufsgenossenschaft anerkannten Kurs empfohlen.

Die Abgrenzung und Kennzeichnung von Laserbereichen in § 7 erfolgt in Abhängigkeit von der den Laserklassen. Der Betrieb von Lasereinrichtungen in geschlossenen Räumen ist für Lasereinrichtungen der Klasse 4 mit Warnleuchten an den Zugängen zu den Laserbereichen anzuzeigen.

Die Schutzmaßnahmen beim Betrieb von Lasereinrichtungen werden im § 8 behandelt, wobei nunmehr der Vorrang von technischen und organisatorischen Schutzmaßnahmen vor persönlichen Schutzausrüstungen deutlich herausgestellt wird. Die Durchführungsanweisungen sind aufgrund der vorliegenden Erfahrung wesentlich umfangreicher geworden und enthalten auch Hinweise über den Inhalt der erforderlichen Unterweisungen, Berechnungsverfahren für Laserschutzbrillen, Hinweise zu den besonderen Verhältnissen in Labor- und Entwicklungsbereichen.

Neu aufgenommen wurde in die UVV in § 9 eine Regelung für die Instandhaltung von Lasereinrichtungen, da insbesondere bei Lasereinrichtungen der Klasse 1, die eingebaute stärkere Laser enthalten, bei der Instandhaltung die Strahlung dieser stärkeren Laser freiwerden kann. Ändert sich während der Instandhaltung also die Klasse von Lasereinrichtungen, müssen die Bestimmungen für die höhere Klasse eingehalten werden. Dabei muß man unterscheiden, ob die Instandhaltung durch den Hersteller bzw. eine anerkannte Wartungsfirma vorgenommen wird oder aber durch den Betreiber selbst. Wird die Instandhaltung beim Betreiber durch eine Wartungsfirma bzw. Hersteller durchgeführt, muß die Wartungs- bzw. Herstellerfirma einen Laserschutzbeauftragten bereitstellen und für entsprechende Schutzmaßnahmen sorgen. Auf die Pflicht zur Koordinierung entsprechend § 6 der UVV "Allgemeine Vorschriften" (VBG 1) soll hingewiesen werden. Im Fall, daß die Wartung vom Betreiber selbst durchgeführt wird, wie das z. B. bei Materialbearbeitungslasern oftmals der Fall ist, muß selbstverständlich der Betreiber einen Laserschutzbeauftragten haben und während der Wartung die erforderlichen Schutzmaßnahmen für die auftretende Klasse durchführen.

§ 10 "Nebenwirkungen der Laserstrahlung" fordert Schutzmaßnahmen gegen eine Zündung brennbarer Stoffe oder explosionsfähiger Atmosphäre sowie gegen durch Laserstrahlung induzierte gesundheitsgefährdende Gase, Dämpfe, Stäube, Nebel, explosionsfähige Gemische oder Sekundär-Strahlungen.

Der § 11 "Beschäftigungsbeschränkungen" beinhaltet den Schutz von Jugendlichen beim Betrieb von Lasereinrichtungen der Klasse 3B oder 4. § 12 enthält Regelungen hinsichtlich der ärztlichen Versorgung bei Augenschäden. Diese Regelungen waren bisher - in der alten UVV - als Durchführungsanweisungen enthalten und wurden jetzt aufgewertet.

Bei den zusätzlichen Bestimmungen für besondere Anwendungen wurden für eine Reihe von Laseranwendungen spezielle, zusätzliche Anforderungen gestellt. So sind im § 13 zusätzliche Anforderungen für Lasereinrichtungen für Vorführzwecke aufgenommen wurden. Hier ist einmal an Diskotheken- und Bühnen-Laser gedacht, aber auch an die Situation auf Messen und Ausstellungen, wo in der Vergangenheit oftmals unzureichende Schutzmaßnahmen angewendet wurden. § 14 enthält zusätzliche Regelungen für Leitstrahlverfahren und Vermessungsarbeiten. Die bisherigen Ausnahmeregelungen für Baulaser wurden nun in Standardforderungen umgewandelt. Für den schulischen Bereich enthält § 15 zusätzliche Anforderungen an Lasereinrichtungen für Unterrichtszwecke. § 16 berücksichtigt die Besonderheiten bei der medizinischen Anwendung hinsichtlich des Schutzes des medizinischen Personals. Dabei werden besonders die Brand- und Explosionsgefahren, die Gefährdungen durch reflektierte Strahlung an Instrumenten, die Ausrüstung von optischen Einrichtungen, wie z. B. Mikroskopen mit Filtern und die Gefährdung durch Reflexion an Hilfsgeräten und Abdeckmaterialien angesprochen. § 17 enthält Regelungen für Lichtwellenleiter-Übertragungssysteme, insbesondere hinsichtlich des Austretens von Laserstrahlung bei Bruch von Lichtwellenleitern.

§ 18 nennt die Ordnungswidrigkeiten. In § 19 sind Regelungen enthalten für Lasereinrichtungen, die vor dem Inkrafttreten der Unfallverhütungsvorschrift bereits in Betrieb waren. Diese Lasereinrichtungen müssen im gewerblichen Bereich zwar nachklassifiziert werden, brauchen aber nicht mit den für die Klassen erforderlichen Schutzeinrichtungen nachgerüstet zu werden.

Durch die neue Unfallverhütungsvorschrift ergeben sich insbesondere für Lasereinrichtungen der Klasse 1, die zunehmend im gewerblichen Bereich eingesetzt werden, Erleichterungen beim Betrieb. Damit ist ein Anreiz zur Verwendung dieser ungefährlichen Lasereinrichtungen gegeben.

Für spezielle Anwendungsbereiche ist es möglich, die Schutzzielforderungen der UVV durch zusätzliche Regeln der Technik, wie z. B. berufsgenossenschaftliche Merkblätter, zu ergänzen. Eine solche Regelung liegt bereits für den Lasereinrichtungen, die in Diskotheken eingesetzt werden, in Form des Merkblattes "Disko-Laser" vor. Z. Zt. wird das berufsgenossenschaftliche Merkblatt "Schutzmaßnahmen bei Rundfunk- und Fernsehreparaturarbeiten sowie bei Antennenmontage" um Ausführungen für die Reparatur von CD-Playern ergänzt. Seitens der Berufsgenossenschaften wird geprüft, ob entsprechende Merkblätter für die medizinische Anwendung von Lasereinrichtungen und für die Materialbearbeitung mit Lasereinrichtungen erstellt werden sollen.

Außerdem wird die Einbindung neuer Regeln der Technik auf dem Gebiete der Lasersicherheit in die Unfallverhütungsvorschrift von den Berufsgenossenschaften laufend überprüft. In den außerberufsgenossenschaftlichen Gremien, die sich mit Fragen der Lasersicherheit beschäftigen, wird nach Möglichkeit seitens der Berufsgenossenschaften mitgearbeitet, so daß unnötige Doppelarbeit entfällt und neu erarbeitete Regeln der Technik in den Durchführungsanweisungen der UVV berücksichtigt werden können.

# Optimierung der Prozeßparameter bei der Mikroanalyse

S.Kaesdorf, H.Schröder, K.L.Kompa
Max-Planck-Institut für Quantenoptik
Ludwig-Prandtl-Str.10, D-8046 Garching

Durch den Einsatz von Lasern lassen sich bei geeigneter Prozeßführung sowohl die Quantifizierbarkeit wie die Empfindlichkeit klassischer Analyseverfahren steigern. Dies soll für den Fall der SALI-Methode (Surface Analysis by Laser Ionization (Ref.1)) gezeigt werden.

Ausgangspunkt für SALI ist die SIMS-Methode (Secondary Ion Mass Spectrometry).Da der Sekundärionenanteil des Teilchenstroms, der mit energetischen Ionen aus einer Oberfläche ausgelöst wird, sehr effizient detektiert werden kann, erreicht SIMS eine sehr hohe Empfindlichkeit kombiniert mit der Möglichkeit zur ortsaufgelösten Analyse. Eine quantitative SIMS-Analyse erfordert auf Grund von "Matrixeffekten" jedoch einen großen Aufwand oder ist, bei chemisch inhomogenem Aufbau der Probe, nicht möglich. Ursache der Matrixeffekte sind die komplizierten internen Ionisierungsprozesse, die zur Emission der Sekundärionen führen. Sie besitzen eine große Sensitivität bezüglich der chemischen Umgebung und eine hohe Elementselektivität . Zieht man deshalb zur Analyse die gesputterten Neutralen heran, werden Matrixeffekte weitgehend unterdrückt. Da der Neutralanteil der gesputterten Teilchen ca 3 Größenordnungen höher ist wie der Sekundärionenanteil, kann im Prinzip sogar eine Empfindlichkeitssteigerung gegenüber SIMS erreicht werden, falls die für die Massenanalyse nötige Nachionisierung der gesputterten Teilchen effizient durchgeführt werden kann. Im Folgenden soll gezeigt werden, daß die nichtresonante, im Sättigungregime arbeitende Multiphotonenionisation mit einem gepulsten Hochleistungslaser sich hierfür besonders eignet.

Bild 1 zeigt schematisch den experimentellen Aufbau für SALI. Mit der Ar-Ionenkanone (3 uA, 5 keV) werden Atome aus der Probenoberfläche ausgelöst, durch den parallel zur Oberfläche geführten Laserstrahl nachionisiert und anschließend mit dem Quadrupolmassenspektrometer in Bezug auf ihre Masse analysiert. Der Laserstrahl (KrF-Laser, Pulsenergie 250 mJ) wurde auf einen Fleckdurchmesser von ca 30 um fokussiert, der Abstand Probe-Fokus betrug ca 0.3 mm, der Abstand Probe-Eintrittsblende Detektionssystem ca 5 mm (Pro-

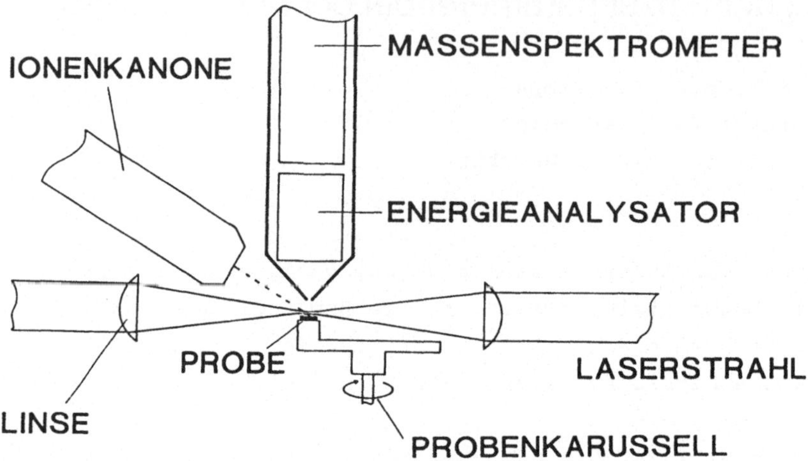


Bild 1: Schematischer Aufbau der Apparatur

benpotential 40 V). Wegen des unterschiedlichen Enstehungspotentials können die nachionisierten gesputterten Neutralen mit dem Zylinderspiegel-Energieanalysator von den Sekundärionen getrennt werden.

Bild 2 zeigt den Vergleich von SIMS- und SALI-Spektrum derselben Kupferprobe unter gleichen Sputterbedingungen. Das SIMS-Spektrum ist dominiert von den Na, K, Al Massenpeaks, die Sekundärionenintensität des Cu-peaks ist trotz der um Größenordnungen höheren Cu-Konzentration kleiner. Im SALI-Spektrum dominiert dagegen erwartungsgemäß der Cu-peak, Laserionisation von Argongas, das aus der Ionenkanone strömt, führt zum Ar-Massenpeak. Wegen ihres kleinen Ionisationspotentials verlassen bei den Elementen Na, K, Al die gesputterten Teilchen die Oberfläche mit hoher Wahrscheinlichkeit bereits im ionisierten Zustand, was zur charakteristischen Form des SIMS-Spektrums führt. Bei SALI wird dagegen durch die Prozeßführung eine für alle Elemente nahezu gleiche Ionisationswahrscheinlichkeit erreicht.
Die bereits aus diesen beiden Spektren erkennbare Unterdrückung von Matrixeffekten bei SALI wurde für andere Methoden der SNMS (Sputtered Neutrals Mass Spectrometry) bereits untersucht (Ref.2).

Für die Kalibrierung von SALI ist es unbedingt notwendig, daß die Ionisation in die Sättigung getrieben werden kann. Mit speziellen Lasersystemen wurde dies selbst für He gezeigt (Ref.3), Bild 3 zeigt, daß auch mit modernen kommerziellen Hochleistungslasern bei den meisten Elementen die Sättigung erreicht wird. Zur Sättigung der Ionisation von Cu, Fe, Ti, Ni, Ta, W werden ca $10^{11}$ $W/cm^2$ be-

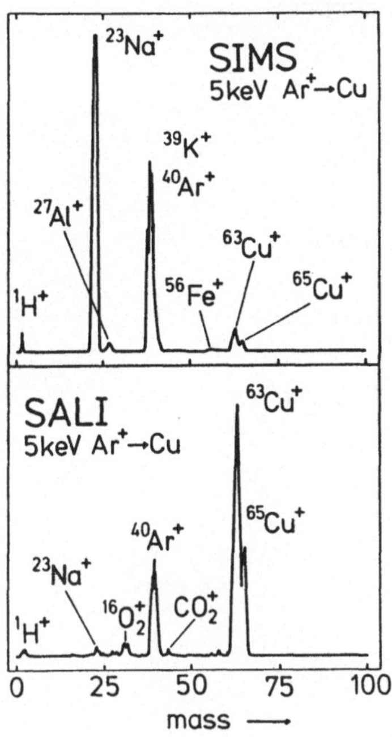


Bild 2:
Vergleich von SIMS- und SALI-Spektrum derselben Kupferprobe

nötigt, bei Si sind es ca $10^{11}$ W/cm$^2$. Die Zweifachionisation von W und Ta und die Einfachionisation von C kann mit der gegenwärtigen Fokussierungsgeometrie nicht gesättigt werden.

Die Kalibrierung von SALI vereinfacht sich, falls bei Erhöhung der Laserintensität ein Sättigungsplateau der Ionisation erreicht wird (Bild 3). Hierzu muß die bei Intensitätserhöhung auftretende Ausweitung des Wechselwirkungsvolumens (Ref.4) unterdrückt werden, was möglichst steile Intensitätsgradienten des Strahlprofils erfordert (ideal: Rechteckprofil).

Bei kleinen Intensitäten zeigen die Meßkurven in Bild 3 nicht die in einem log-log-plot erwartete Gerade mit Steigung N (N: Zahl der Photonen, die zur Ionisation benötigt werden, bei den Metallen von Bild 3: N=2). Detailuntersuchungen hierzu stehen noch aus, Ursachen für die zu kleine Steigung sind wahrscheinlich die Ionisation metastabiler gesputterter Atome sowie die Dissoziation als Konkurrenz zur Ionisation im Falle emittierter Cluster.

Wegen des kleinen duty cycle (ca $10^{-6}$) gepulster Laser ist die Ionenausbeute bei SALI trotz der Ionisierungswahrscheinlichkeit von nahezu 1 kleiner wie bei SIMS. Mit Flugzeitspektrometern, die es im Prinzip erlauben, das gesamte Massenspektrum mit einem Laserpuls aufzunehmen, kann dieser Nachteil weitgehend kompensiert werden.

3a:

3b:

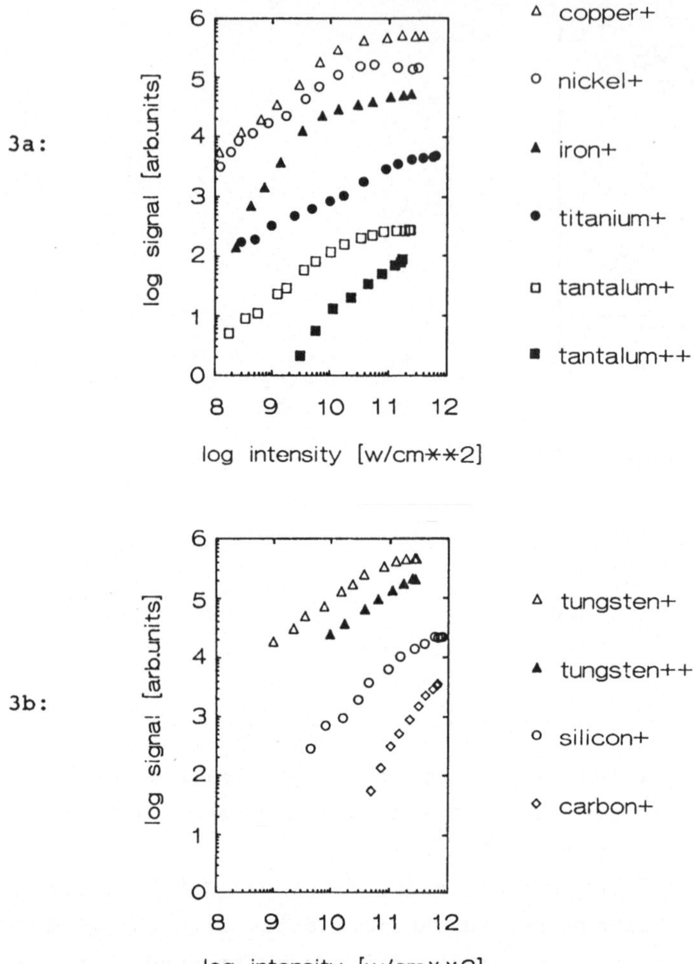


Bild 3a,3b: Abhängigkeit des Ionisationssignals von der Intensität

## Zusammenfassung

SALI bietet die hohe Empfindlichkeit und die Ortsauflösung von SIMS, läßt darüber hinaus jedoch auch eine quantitative Analyse ohne großen Aufwand zu. Zur Quantifizierung von SALI muß eine Sättigung der Ionisation erreicht werden, was moderne Hochleistungslaser ermöglichen.

Diese Arbeit wurde vom Bundesforschungsministerium gefördert.

## Literatur

(1) J.B.Pallix, C.H.Becker, N.Newman: MRS Bulletin, Aug.16(1987),p.52
(2) U.Kaiser, J.C.Huneke: MRS Bulletin, Aug.16(1987),p.48
(3) L.A.Lompre,A.L'Huillier,G.Mainfray,C.Manus: Physics Letters 112A,319(1985)
(4) S.Speiser,J.Jortner: Chemical Physics Letters 44,399(1976)

Springer